COMBUSTIÓN:
TEORÍA, APLICACIONES E INTRODUCCIÓN AL CÁLCULO

Autores
Eduardo Brizuela - César Dopazo - Sergio Elaskar
Andrés Fuentes Guillermo Hauke - José P. Tamagno
César Treviño Treviño

Coordinador
Eduardo Brizuela

COMBUSTION:
TEORÍA, APLICACIONES E INTRODUCCIÓN AL CÁLCULO

Combustión: teoría, aplicaciones e introducción al cálculo / Eduardo A. Brizuela ... [et al.]. - 1a ed . - Florida : Valletta Ediciones, 2016.
705 p. ; 22 x 15 cm.

ISBN 978-950-743-403-7
1. Ciencias Químicas. I. Brizuela, Eduardo A.
CDD 540

1ª edición: diciembre 2016

Hecho el depósito que marca la ley 11.723

Impreso en Argentina

Laprida 1780 (1602) Florida
Prov. de Buenos Aires - Rep. Argentina
Tel./Fax: 005411-4796-5244 / 4718-1172
E-mail: info@vallettaediciones.com
www.vallettaediciones.com

ÍNDICE

Introducción

Tipos de combustión

De todos los procesos químicos el de combustión es probablemente el más importante, puesto que en él se basa la civilización actual. La producción de calor por combustión es la base de los medios de transporte terrestre, aéreo y marítimo, y a su vez, de la generación de electricidad; estos son los pilares de la actividad humana en esta época.
Sin embargo, el tema combustión es mucho más amplio. El quemado bajo control de combustibles en calderas de vapor para calentar aire o para procesos piro-metalúrgicos (hierro), también en motores para producir empuje o potencia, o en chimeneas e incineradores para destruir residuos, son algunos ejemplos de combustión. También es combustión el quemado fuera de control de materiales combustibles, como en los casos de explosiones de gases y polvos (silos), o en incendios de bosques, edificios, y también en casos de combustibles líquidos derramados (accidentes).
La variedad de combustibles y de materiales combustibles es muy amplia. Podemos citar algunos:

- Madera
- Carbón de leña y de piedra
- Desechos de agricultura
- Nafta, diesel oil, fuel oil, kerosene
- Metanol, solventes
- Gas natural, gas comprimido de petróleo, gas de agua
- Polvo de cereales, pasto, ramas, leña
- Materiales celulósicos
- Polímeros
- Materiales de construcción, muebles
- Residuos urbanos
- Materia orgánica
- Residuos peligrosos

El oxidante es normalmente aire, pero incluso así puede no ser aire puro (postquemadores, incineradores). También puede ser un gas viciado enriquecido con oxígeno (incineradores). En casos más exóticos puede ser oxígeno puro (cohetes), ácido nítrico fumante, peróxido de hidrógeno (agua oxigenada), perclorato de potasio, flúor, etc.
La combustión resulta en el desarrollo de calor y la emisión de luz; estas son las características que distinguen a la combustión de otras reacciones químicas. Pero más significativo como indicador de combustión es la directa asociación que existe entre la generación de calor y los flujos de combustible, oxidante y productos de combustión; el acople entre estas variables es lo que define un problema de combustión. Por lo tanto, la práctica de este tema requiere ser muy versado en termodinámica, mecánica de los fluidos, transferencia de calor (en todas sus manifestaciones), transferencia de

masa y cinética química. Combustión es una disciplina que requiere un alto grado de conocimiento y dedicación.
Por otra parte, la sociedad incrementa constantemente su demanda de energía, y al mismo tiempo, exige mayor eficiencia y menor daño al medio ambiente en la producción de esa energía. Es así, que existe una demanda creciente de ingenieros y científicos capaces de comprender, controlar y mejorar los procesos de combustión.

Estudio de la combustión

Como en toda área de las ciencias naturales existen estudios teóricos y experimentales sobre el tema combustión.
Comenzando por el primero, una grave dificultad es que en la mayoría de sistemas y situaciones de flujo prácticas el flujo es turbulento. Las dificultades de tratamiento de flujos turbulentos acopladas a las características mencionadas anteriormente (cinética, entorno, transferencia de calor) han causado que el progreso de esta rama no haya sido tan rápido como debería. El diseño de sistemas de combustión y de control de residuos tradicionalmente se ha basado en métodos empíricos, experiencia y experimentación práctica. Los modelos físicos y matemáticos que se han usado han sido de rango de aplicación limitado y de formulación básica. El tema ha sido tratado fundamentalmente desde el punto de vista tecnológico, donde la cuestión principal es una de técnicas o "cómo hacerlo".
Paralelamente, ha habido un lento desarrollo de la ciencia de la combustión, en el que ha habido algún progreso en contestar los "porqué" más que los "cómo". Recién en los últimos años ha habido un significativo progreso con el desarrollo de descripciones matemáticas más completas, o sea, modelos de fenómenos de combustión. Estos modelos ya permiten el análisis detallado del flujo, la transferencia de calor y la distribución espacial de las velocidades de reacción dentro de un sistema. Estos modelos aún no son lo suficientemente versátiles ni han sido validados experimentalmente a un grado suficiente como para permitir a un ingeniero especialista en combustión utilizarlos para diseñar un combustor o una planta de quemado sin recurrir a datos experimentales, fórmulas empíricas o experiencia previa.
Sin embargo, estos modelos resultan muy útiles en la etapa de diseño, pues permiten analizar rápida y económicamente, en forma paramétrica, la influencia de los cambios en la geometría, las condiciones de entrada, etc.
Es por esto, que uno de los objetivos primordiales de la investigación en combustión es mejorar la performance de los modelos matemáticos de la combustión.

Modelado de la combustión

El término "modelado" se utiliza en variados contextos. Por ejemplo, en "Art of Partial Modeling" (Proceedings, IX Symposium (International) on Combustion, Pagina 833, 1962), D.B. Spalding discute el modelado en escala en el sentido físico, manteniendo los grupos adimensionales constantes, es decir, se aceptan algunas aproximaciones.
Otra acepción del término "modelado" es el reemplazo del sistema físico por las ecuaciones matemáticas que lo representan, por ejemplo, las ecuaciones diferenciales de conservación, y aún en éstas se hacen ciertas aproximaciones (por ej., descartar el

término viscoso). Si se utilizan las ecuaciones de conservación simplificadas se dice que se está usando un modelo con un menor grado de aproximación. En flujos turbulentos, las ecuaciones promediadas requieren el uso de nuevos "modelos" para cerrar las ecuaciones de orden superior (por ej. la teoría de la longitud de escala de la turbulencia). Las ecuaciones de diferencias finitas o de elementos finitos son "modelos" aproximados de las ecuaciones diferenciales parciales.
Refiriéndonos al estudio teórico de la combustión, nos interesan los modelos matemáticos que puedan dar soluciones analíticas que sean correctas en el sentido asintótico, es decir, que se pueda demostrar analíticamente que son válidos en casos extremos. Por ejemplo, si decimos que la velocidad característica de una reacción química está dada por

$$1/V = A/ Vc + B/ Vt$$

donde A, B son constantes y Vc y Vt son velocidades dadas por la cinética de las reacciones y la turbulencia del flujo, la expresión dará una velocidad similar a la menor de ellas, es decir, si la cinética es rápida la velocidad es función de la mezcla (es decir, la turbulencia), mientras que si la mezcla es muy homogénea o muy enérgica, la velocidad de reacción es función de la cinética química. En los dos casos límites el modelo da resultados correctos (asintótico).
Con estos modelos, la solución analítica o sus asíntotas suelen dar ideas respecto a la fuerte interdependencia que existe entre los distintos aspectos de la combustión, es decir, uno puede quizás descartar los efectos de la gravedad o de la compresibilidad del fluido. Esto es, suponiendo que el modelo sea una adecuada representación de la física del problema.
También nos interesan modelos más complejos, usualmente formados por una colección de modelos elementales, para representar sistemas complejos y prácticos. Esto nos lleva usualmente a soluciones numéricas (diferencias finitas o elementos finitos).

Objetivo de este texto

Como el lector habrá podido percibir, en este texto se exponen los conceptos y herramientas para que el estudiante o ingeniero pueda interiorizarse acerca del estudio de los aspectos y procesos generales de la combustión.

Es importante resaltar que se ha logrado presentar todo el material de este libro en castellano, fue realizado por autores hispanoparlantes que lograron transmitir su propia visión. Es el resultado del firme propósito de que el lector asimile correctamente los conceptos en su idioma, y deseando sea esto un incentivo que más adelante lo lleve a profundizar sus conocimientos, en éste y en otros idiomas.

Capítulo 1

Elementos básicos de física y química

Eduardo Brizuela

Unidades y nomenclatura

Se utilizarán en lo posible unidades SI, con lo que las principales constantes físicas son:

Constante Universal de los gases $\Re$= 8314.4 $m^2/s^2/K$
Aceleración de la gravedad terrestre g= 9.8065 m/s^2

El factor de conversión más necesario es: 1 cal = 4.1858 J

La nomenclatura más utilizada incluye:

a: velocidad del sonido (isentrópica) [m/s]
A: áreas [m^2]
C_p: capacidad calorífica [J/kg/K]
d: diámetro [m]
D: coeficiente de difusión [m^2/s]
E: energía de activación [J/mol]
f: fracción de mezcla [-]
h: entalpía por unidad de masa [J/kg]
H: entalpía por mol [J/mol]
l: longitud [m]
m: masa [kg]
n: número de moles [-]
p: presión estática [Pa]
P: presión total o de estancamiento [Pa]
Q: calor [J]
r: radio [m]
s: entropía por unidad de masa [J/kg/K]
t: temperatura estática [K]
T: temperatura total o de estancamiento [K]
u: velocidad paralela al eje x [m/s]
v: velocidad paralela al eje y [m/s]
w: velocidad paralela al eje z [m/s]
W: masa (peso) molecular [kg/mol]

x: fracción molar [-]
y: fracción de masa [-]
Z: escalar conservado, fracción de mezcla de una especie atómica [-]
ν: viscosidad cinemática [m^2/s]
μ: viscosidad dinámica [kg/m/s]
δ: densidad [kg/m^3]
Γ: coeficiente de difusión (equivalente a D) [m^2/s]

Elementos atómicos y sustancias compuestas. Números atómicos.
Los elementos que consideraremos son los de la Tabla Periódica de Elementos. En la naturaleza los elementos pueden presentarse solos o agrupados en combinaciones de dos o más elementos, iguales y/o diferentes, llamadas moléculas. Para evitar diferenciar entre sustancias formadas por átomos o moléculas llamaremos a todas las sustancias *especies* químicas.
Los elementos de la Tabla tienen asignado un número atómico, comenzando por el Hidrogeno, con el numero atómico 1. Las moléculas no tienen asignado un número atómico, pero se puede considerar como tal la suma de los números atómicos de los elementos que la componen. Los números atómicos de los elementos más usuales en la combustión de hidrocarburos son:

Elemento	Numero atómico
Hidrogeno	1
Carbono	12
Nitrógeno	14
Oxigeno	16
Azufre	32

Tabla 1.1: Números atómicos

Fluidos, gases.
Si bien existen casos de combustión que involucran reacciones químicas con sólidos o líquidos sin pasar por transformaciones tales como evaporación, gasificación, sublimación, etc., desde el punto de vista industrial los más importantes son los casos de combustión entre fluidos, ya sean vapores o gases.
En la gran mayoría de los casos los gases involucrados no son de una sola especie sino que están formados por una mezcla de gases de distinta especie.

Masa atómica y molecular
Una cierta cantidad de cada elemento de la Tabla Periódica posee una masa atómica en gramos igual a su número atómico. Las moléculas formadas por más de un átomo también poseen una masa molecular, calculada por la suma de números atómicos como se explicó más arriba.
La cantidad de átomos o moléculas que poseen esta masa se denomina un mol, y se detalla más abajo. Luego, la masa molecular tiene las unidades de gramos por mol, o bien kilogramos por kilomol.

En la tabla siguiente se dan las masas moleculares de algunos compuestos usuales en la combustión:

Compuesto	Fórmula	Masa molecular
Hidrógeno molecular	H_2	2
Nitrógeno molecular	N_2	28
Oxigeno molecular	O_2	32
Carbono	C	12
Monóxido de carbono	CO	28
Metano	CH_4	16
Etileno	C_2H_4	28
Propano	C_3H_8	44
Butano	C_4H_{10}	58
Hexano	C_6H_{14}	86
Octano	C_8H_{18}	114
Metanol	CH_3OH	32
Etanol	C_2H_5OH	46

Tabla 1.2: Masas moleculares

Ley de estado. Constante universal y particular.

La cantidad de masa contenida en un cierto volumen se denomina la densidad del gas. Al ser los gases compresibles, la densidad depende de la presión a que se encuentran. Igualmente, al ser el volumen de un gas función de la temperatura, también lo es la densidad.
Existe un número de expresiones matemáticas que relacionan presión, temperatura y densidad de un gas, de mayor o menor precisión. Para los fines presentes nos limitaremos a la Ley de Estado de los gases que se expresa como

$$P = \rho \frac{\Re}{W} T .$$

El cociente entre la constante universal y la masa molecular W se denomina la constante particular del gas.

Molécula/gramo, mol. Numero de Avogadro.
La cantidad de átomos o moléculas que suman la masa calculada según los números atómicos viene dada por el Número de Avogadro, que es aproximadamente igual a $6.023x10^{23}$ átomos o moléculas, por mol. Esta cantidad de átomos o moléculas se denomina un mol.
Luego, la masa molecular de una especie química viene dada por el número de gramos que se indicó más arriba, por mol.
Es común que a la masa molecular se la denomine peso molecular, lo que es inexacto.

Si reordenamos la Ley de Estado para leer

$$\frac{\Re T}{P} = \frac{W}{\rho},$$

notamos que el primer miembro no depende del gas en cuestión, y que el segundo miembro tiene las unidades de volumen por mol. De esto deducimos que, para valores de presión y temperatura dados, el volumen que ocupa un mol de cualquier gas es el mismo. Este es el volumen molar para esas condiciones de presión y temperatura
Por ejemplo, para las condiciones estándar de una atmosfera y 0°C, tenemos

P = 101325 Pa
T = 273.15K
Volumen molar = 0.0224 m^3/mol

En condiciones estándar un mol de todos los gases ocupa aproximadamente 22.4 litros.
En otras condiciones de temperatura y presión un mol ocupara otro volumen, que será el mismo para todos los gases, e involucra el mismo número de átomos o moléculas.
De lo anterior deducimos la importante conclusión que, al hablar de gases, es equivalente hablar de número de átomos o moléculas, o de volúmenes, o de moles. Esto nos será muy útil al tratar reacciones químicas.

Mezclas de gases. Fracción de masa y de volumen. Fórmulas de gases puros y empíricas.
Sea una mezcla de *i* gases de los cuales, en un volumen de control *V* haya n_i moles de cada uno. Definimos la fracción molar o de volumen:

$$x_i = \frac{n_i}{\sum n_i} = \frac{n_i}{n}$$

Si las masas moleculares de los gases son W_i, definimos la fracción de masa

$$y_i = \frac{n_i W_i}{\sum n_i W_i} = \frac{m_i}{m}$$

donde *m* indica la cantidad de masa total en el volumen de control.
De las expresiones anteriores:

$$y_i = x_i \frac{W_i}{W}$$

Luego, como por definición $\sum x_i = \sum y_i = 1$, resulta:

$$\frac{1}{W} = \sum \frac{y_i}{W_i}$$

y también

$$W = \sum x_i W_i$$

Las expresiones anteriores nos permiten calcular la composición fraccional en peso *(y_i)* y en volumen *(x_i)* de la mezcla, así como el número de moles n y la masa molecular de la mezcla W.
La presión parcial se relaciona con la densidad parcial de cada componente de la mezcla por

$$p_i = \rho_i \frac{\Re}{W_i} T$$

siendo $\rho_i = m_i / V$.
Luego, como

$$x_i = p_i / p$$

y $p = \rho \frac{\Re}{W} T$, resulta

$$\rho_i = y_i \rho$$

y también

$$\rho = \sum \rho_i$$

con lo que podemos obtener las presiones y densidades de los componentes y de la mezcla.
Otra manera de expresar la composición de la mezcla es por medio de las concentraciones, medidas en moles por unidad de volumen:

$$[i] = \frac{n_i}{V} = \rho \frac{y_i}{W_i} = \frac{\rho\, x_i}{W} = \frac{\rho_i}{W_i}$$

La suma de las concentraciones no es igual a uno:

$$\sum [i] = \frac{\sum n_i}{V} = \frac{n}{V} = \frac{\rho}{W} = \frac{p}{\Re T} \neq 1$$

El aire que se considera en las reacciones de combustión es el aire atmosférico, que consiste en una mezcla de gases. En esta mezcla se encuentra el oxígeno molecular O_2, el Nitrógeno molecular N_2, el dióxido de carbono CO_2, el vapor de agua H_2O, y varios gases inertes en menor proporción tales como Argón, Xenón, etc.
Como ni el N_2 ni los gases inertes del aire reaccionan durante la combustión, se los suele agrupar, y se considera que el aire está formado por 21% de O_2 y 79% de N_2. Es decir, que 1 kmol de aire contiene 0.21 kmol de O_2 y 0.79 kmol de N_2. En consecuencia, para obtener 1 kmol de O_2 se necesitan 4.762 kmol de aire.
La masa molecular *(W_a)* promedio de este aire, llamado comúnmente aire técnico simplificado (ATS) es W_a = 28.85 kg/kmol. Por lo tanto, si expresamos las relaciones anteriores en kg en vez de kmol, estas cantidades serán distintas. Un kg de aire contiene 0.233 kg de O_2 y 0.766 kg de N_2. La cantidad de aire necesaria para obtener 1 kg de O_2 es de 4.292kg de aire.

Cantidad de aire	Composición	
1 kmol	0.79 kmol N_2	0.21 kmol O_2
4.762 kmol	3.762 kmol N_2	1 kmol O_2
1 kg	0.767 kg N_2	0.233 kg O_2
4.292 kg	3.292 kg N_2	1 kg O_2

Tabla 1.3: Composición del aire técnico

En la tabla siguiente se indican algunas propiedades del ATS, a 0ºC y 101325 kPa (1atm).

	Símbolo	Valor	Unidad
Masa Molecular	W_a	28.85	kg/ kmol
Densidad	ρ_a	1.287	kg/ m^3

Tabla 1.4: propiedades del aire técnico

Los combustibles fósiles gaseosos más comunes son también mezclas de gases de composición variable. En la tabla siguiente se dan composiciones típicas (en porciento en volumen) de algunos combustibles:

Componente	Gas natural	Gas natural procesado	Gas licuado de petróleo	G as de carbón	Gas de horno
Metano, CH4	90.9	31.6	-	24.9	-
Etano, C2H6	5.0	1.6	-	-	-
Etileno, C2H4	-	-	-	1.9	-
Propano, C3H8	1.1	0.3	94.1	-	-
Propileno, C3H6	-	-	5.5	-	-
Butano, C4H10	0.3	0.2	0.4	-	-
Hidrógeno, H2	-	39.0	-	57.4	2.3
Monóxido de carbono, CO	-	9.7	-	7.7	26.7
Oxígeno, O2	-	0.2	-	1.0	-
Nitrógeno, N2	0.3	11.0	-	2.9	56.1
Dióxido de carbono, CO2	2.4	4.9	-	2.6	13.2
Vapor de agua, H2O	-	1.5	-	1.6	1.8
Peso molecular Kg/Kmol	17	14.9	44.0	10.4	29.4

Tabla 1.5: Composición típica de algunos gases

Los combustibles sólidos y líquidos también poseen composiciones variables, y se suelen identificar con fórmulas empíricas tales como las siguientes:

Gasolina	$CH_{2.01}S_{0.0004}$
Diesel oil	$CH_{1.75}S_{0.0009}$
Kerosene aviación	$CH_{1.88}$
Fuel oil	$CH_{1.68}S_{0.008}N_{0.0015}$
Antracita	$CH_{0.38}O_{0.016}S_{0.003}N_{0.003}$
Carbón Bituminoso	$CH_{0.71}O_{0.058}S_{0.002}N_{0.017}$
Lignita	$CH_{1.36}O_{0.24}$
Hulla	$CH_{1.19}O_{0.43}$
Pino Douglas	$CH_{1.67}O_{0.76}N_{0.0024}$
Cedro	$CH_{1.59}O_{0.71}N_{0.003}$
Bagazo	$CH_{1.50}O_{0.67}$

Tabla 1.6: Composición empírica de combustibles sólidos y líquidos

En estos casos la composición se da sobre una base de un átomo de carbón. Por ejemplo, la composición típica de un diesel oil consiste en hidrocarburos de 16 carbonos, por lo que la formula empírica del diesel oil seria $C_{16}H_{28}S_{.00144}$

Propiedades del aire y los gases combustibles

Las propiedades más importantes que caracterizan a los combustibles son:

- Composición.
- Poder calorífico.
- Viscosidad.
- Densidad.
- Límite de inflamabilidad.
- Punto de inflamabilidad o temperatura de ignición.
- Temperatura de combustión.
- Contenido de azufre.

Composición

La composición de un combustible es fundamental para poder determinar los parámetros característicos de la reacción de combustión. Además, establece si el mismo es apto o no para el uso que se requiere, en función de la presencia de componentes que puedan ser nocivos o contaminantes.
La forma habitual de indicar la composición de un gas es como porcentaje en volumen de cada uno de sus componentes, en condiciones normales de temperatura y presión.
Los componentes más habituales en un combustible gaseoso son:

- Hidrocarburos, de fórmula genérica C_nH_m
- Dióxido de carbono: CO_2.
- Monóxido de carbono: CO.
- Hidrógeno: H_2.

- Oxígeno: O_2.
- Nitrógeno: N_2.
- Dióxido de azufre: SO_2.
- Sulfuro de hidrógeno: SH_2.
- Vapor de agua: H_2O.

Muchas veces se suele expresar la composición seca del combustible, es decir, relativa a la masa de combustible sin agua. Llamando y_i' a la fracción másica de combustible sin agua, se tiene que

$$y_i' = y_i \frac{1}{1 - y_a}$$

siendo y_a la fracción másica de agua.

Poder calorífico.

El poder calorífico de un combustible es la cantidad de energía desprendida en la reacción de combustión, referida a la unidad de masa de combustible.

Viscosidad

La viscosidad es una propiedad intensiva (no depende de la cantidad de muestra que se tome para su estudio) que tiene importancia para combustibles líquidos. Su determinación se hace en forma experimental.
La viscosidad de los gases es función de la temperatura, y comúnmente se la evalúa utilizando la ecuación de Sutherland:

$$\mu = \left(\frac{T}{273.15} \right)^{3/2} \frac{273.15 + C_S}{T + C_S} \mu_0$$

siendo μ_0 la viscosidad dinámica a 0°C y 101325 Pa y C_S la constante de Sutherland, de la que se dan algunos valores:

Gas	C_S
Aire	122
N_2	107
O_2	138
CO_2	250
CO	102
H_2	70
H_2O (vapor)	673

Tabla 1.7: Constante de Sutherland

Densidad

La densidad es otra propiedad intensiva que se determina experimentalmente.
En el caso de combustibles gaseosos se utilizan tanto la densidad absoluta (kg/m^3) como la relativa al aire (adimensional), definida como

$$\rho_r = \frac{\rho}{\rho_a}$$

siendo ρ la densidad absoluta del gas y ρ_a la densidad absoluta del aire, ambas medidas en las mismas condiciones de temperatura y presión.
La densidad relativa tiene mucha importancia por el hecho de que determina, por ejemplo, si el gas se acumula en el techo o en el suelo, en caso de una fuga en un local cerrado.
La densidad absoluta del aire, en condiciones normales (0°C y 1atm), es de

$$\rho_a = 1.287\ kg/m^3$$

En las tablas siguientes se muestran valores medios orientativos de las densidades de los principales gases.

Gases combustibles	Densidad absoluta (kg/m³)	Densidad relativa
Gas natural	0.802	0.62
Butano comercial	2.625	2.03
Propano comercial	2.095	1.62
Propano metalúrgico	2.030	1.57

Tabla 1.8: Densidades de algunos gases combustibles

Gases	Densidad absoluta (kg/m³)	Densidad relativa
Aire	1.293	1
H_2	0.089	0.069
CH_4	0.716	0.554
C_2H_6	1.356	1.049
C_3H_8	2.020	1.562
i C_4H_{10}	2.669	2.064
n C_4H_{10}	2.704	2.091
C_5H_{12}	3.298	2.551
CO_2	1.973	1.526
N_2	1.250	0.967
CO	1.250	0.967
O_2	1.429	1.105
NH_3 (Amoníaco)	0.767	0.593
SO_2	2.894	2.238
SH_2	1.530	1.183
H_2O	0.804	0.622

Tabla 1.9: Densidades de gases varios

Si un combustible está formado por *n* componentes, cuyas densidades relativas son ρ_{ri}, se puede calcular la densidad relativa media del combustible gaseoso, como:

$$\rho_r = \sum_{i=1}^{n} x_i \rho_{ri}$$

Otra unidad de densidad que se utiliza comúnmente son los grados API (G). La relación que existe entre ρ (SI: kg/m^3) y G (°API) es:

$$G = \frac{141.5}{\rho} - 131.5$$

Punto de inflamación o temperatura de ignición.

Como se dijo, las reacciones químicas tienen lugar a todas las temperaturas. Sin embargo, si la temperatura de los reactantes es relativamente muy baja, pocas serán las reacciones que se completen por unidad de tiempo, el calor generado por unidad de tiempo será también bajo y considerando las pérdidas de calor al medio ambiente, la mezcla no incrementará su temperatura, y no se desarrollará la combustión propiamente dicha. Para que se produzca la reacción de combustión, la mezcla de reactantes debe partir de una temperatura mínima necesaria, que recibe el nombre de punto de inflamación o temperatura de ignición. Una vez que se alcanza dicha temperatura, el calor producido mantendrá la temperatura por encima de la de ignición o incluso la elevará, y la reacción continuará hasta que se agoten los reactantes.
Es obvio que esta temperatura mínima depende de muchos factores, no solo de la composición de la mezcla reactante sino también del medio ambiente y el aparato de combustión. Por lo tanto esta cantidad se determina experimentalmente según un método normado, y no debe esperarse que se cumpla en cualquier situación. Es útil para estimar la composición de los combustibles mezclas por comparación con patrones.

Límite de inflamabilidad

Se verá luego que las reacciones químicas (y la combustión incluye reacciones químicas) tienen lugar a cualquier temperatura, solo que a distintas velocidades. Sin embargo, si las proporciones de aire y combustible son muy diferentes de las óptimas es muy difícil establecer una combustión que se mantenga y propague. Luego, en la práctica, se determinan límites a las proporciones de gas y aire necesarias para la combustión.
Los gases más inflamables son el H_2 y el C_2H_2 (acetileno).
En la tabla siguiente se muestran los límites inferiores y superiores de distintos gases combustibles. Por ejemplo, una mezcla de NH_3 y aire es inflamable si contiene un porcentaje de NH_3 comprendido entre 15.5 y 27% en volumen.
Se debe tener en cuenta que estos son valores de guía y no limites absolutos.

Gases Fórmula (nombre)	Límites de inflamabilidad	
	Inferior	Superior
H_2	4.0	75.0
CH_4	5.0	15.0
C_2H_6	3.2	12.45
C_3H_8	2.4	9.5
$i\ C_4H_{10}$	1.8	8.4
$n\ C_4H_{10}$	1.9	8.4
C_5H_{12} (Pentano)	1.4	7.8
C_6H_{14} (Hexano)	1.25	6.9
C_7H_{16} (Heptano)	1.0	6.0
C_2H_4 (Etileno)	3.05	28.6
C_3H_6 (Propileno)	2.0	11.1
C_4H_6 (Butadieno)	2.0	11.5
C_2H_2 (Acetileno)	2.5	81.0
C_6H_6 (Benceno)	1.4	6.75
CO	12.5	74.2
NH_3	15.5	27.0
SH_2	4.3	45.5

Tabla 1.10: Límites de inflamabilidad

Si se quieren determinar los límites de inflamabilidad de una mezcla gaseosa, y considerando lo dicho más arriba sobre la liberación de calor por unidad de tiempo y la posibilidad de mantener y propagar la combustión, se puede utilizar la siguiente ecuación para el límite inferior:

$$L = \frac{1}{\sum_{i=1}^{n} \frac{x_i}{L_i}}$$

siendo x_i la fracción molar del componente i y L_i el límite de inflamabilidad de dicho componente. Para el límite superior

$$L = \sum_{i=1}^{n} x_i L_i$$

Temperatura de combustión.

Otra temperatura importante es la temperatura de combustión o temperatura máxima de llama que se alcanza durante el proceso de combustión. Esta cantidad depende aún más de los factores locales, y, como se verá, solo se puede determinar un valor máximo, la temperatura adiabática de llama.

Contenido de azufre.

Es importante conocer el contenido de S de los combustibles ya que esto determina la cantidad de SO_2 que aparecerá en los humos, como resultado de la combustión.
El SO_2 se oxida lentamente a SO_3 (trióxido de azufre) que es el responsable de las llamadas lluvias ácidas. Una forma de reducir la formación de SO_3 es controlar el exceso de aire, de forma tal que se emplee el "mínimo" exceso de aire posible.
Las reacciones de oxidación del S y SH_2 son las siguientes:
- En la combustión

$$S + O_2 = SO_2$$

$$SH_2 + \frac{3}{2}O_2 = SO_2 + H_2O$$

- En la atmósfera

$$SO_2 + \frac{1}{2}O_2 = SO_3$$

$$SO_3 + H_2O = H_2SO_4$$

siendo H_2SO_4, el ácido sulfúrico.

Reacciones químicas

Generalidades

Las reacciones químicas se escriben en forma similar a una ecuación matemática, como en los ejemplos anteriores, indicando en general en el primer término los reactantes y en el segundo los productos de reacción, separando ambos términos por un signo que puede ser el signo igual (=) o bien flechas hacia un lado o el otro o ambos (→, ← o ↔).
La diferencia con respecto a una ecuación matemática es que el signo de suma no indica la operación matemática sino el hecho que hay una mezcla de las especies químicas.
El signo igual y las flechas se refieren a la dirección en que procede la reacción. En general todas las reacciones químicas son reversibles, vale decir, pueden proceder en una u otra dirección. Sin embargo, la velocidad con que la mezcla del primer miembro reacciona y produce las especies del segundo miembro puede ser muy distinta de la velocidad en la dirección inversa. Si, por ejemplo, la dirección en sentido izquierda-derecha es muy superior, muchos autores eligen considerar la reacción como irreversible, y optan por utilizar la flecha hacia la derecha, y viceversa. El signo igual y la flecha con dos puntas debieran indicar que, en las condiciones en que se va a aplicar la reacción, las velocidades de reacción no son incomparables.
Las especies pueden estar acompañadas de coeficientes numéricos tales como

$$2H_2 + O_2 \leftrightarrow 2H_2O\ .$$

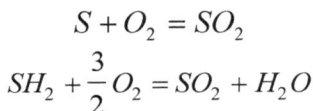

Estos coeficientes indican el número de átomos o moléculas, así como el número de moles o el volumen de la especie.

Las reacciones químicas se escriben siempre en términos de volumen; cuando sea necesario escribir una reacción en términos de masa se debe indicar con toda claridad.

Los coeficientes numéricos debieran ser enteros (ya que no podemos considerar, por ejemplo, media molécula), pero como también pueden considerarse como medidas de volumen, pueden ser fraccionarios si es necesario.

En general es buena práctica que el primer reactante tenga coeficiente unitario, por lo que la reacción puede escribirse

$$H_2 + \frac{1}{2}O_2 \leftrightarrow H_2O\,.$$

Reacciones de combustión

En las reacciones de combustión es común identificar entre los reactantes al combustible, que es la especie que se oxida, y el comburente, que es la especie oxidante.

Salvo que se indique lo contrario consideraremos como combustibles mezclas de combustibles fósiles (hidrocarburos), en estado gaseoso, con el posible añadido de azufre y compuestos con oxígeno y nitrógeno.

El comburente será siempre el aire que indicaremos como

$$O_2 + 3.762N_2\,,$$

haciendo notar que se trata de 4.762 moles de gas.

Algunos ejemplos de reacciones químicas que se utilizan para estudiar un proceso de combustión se muestran en la tabla siguiente. Dichas reacciones corresponden a reacciones completas de sustancias que pueden pertenecer a un combustible sólido, líquido o gaseoso. Es importante hacer notar que las reacciones fueron planteadas para 1 kmol de combustible y se ha utilizado oxígeno puro como comburente.

$$C + O_2 = CO_2$$
$$CO + 1/2\ O_2 = CO_2$$
$$H_2 + 1/2\ O_2 = H_2O$$
$$S + O_2 = SO_2$$
$$SH_2 + 3/2\ O_2 = SO_2 + H_2\ O$$
$$C_nH_m + (m/4 + n)\ O_2 = n\ CO_2 + m/2\ H_2O$$

Tabla 1.11: Algunas reacciones de combustión

Estequiometría

Introducción

Estequiometría deriva del griego, y significa "en la medida correcta". Se basa en que el número de átomos (o especies atómicas) no varía durante la combustión, de donde los números de moles de los distintos compuestos están relacionados.

La estequiometría es el factor dominante en combustión. En los sistemas premezclados las proporciones de aire y combustible son básicos en la determinación, por ejemplo, de los límites de inflamabilidad, la velocidad de la llama, la estabilidad de la llama, el campo de temperaturas, las características de ignición y la formación de contaminantes. En los sistemas premezclados la estequiometría no varía dentro de la llama: las proporciones de átomos de C, O y H son las mismas en todo el campo (despreciando pequeñas diferencias debido a las distintas difusiones moleculares y el efecto de la temperatura).
En sistemas no-premezclados la estequiometría varía en todo el campo y, precisamente, el proceso de combustión es dominado por la forma en que estas diferencias en composición se van eliminando. Introduciremos el concepto de fracción de mezcla f para describir la estequiometría de la mezcla en cualquier punto del combustor. Este es un concepto muy útil ya que nos permitirá pensar separadamente sobre los procesos de mezcla (físico) y de reacción (químico), especialmente en sistemas no-premezclados.

Estequiometría

La reacción de un hidrocarburo general $C_x H_y$ con aire se puede escribir

$$C_xH_y+\frac{1}{\phi}\left(x+\frac{y}{4}\right)(O_2+3.762N_2)\rightarrow \text{Productos}$$

Cuando $\phi=1$ decimos que es una reacción estequiométrica, en la que hay el oxígeno justo para convertir todo el carbón a CO_2 y todo el hidrógeno a H_2O. El parámetro ϕ es la equivalencia o riqueza de la mezcla.
Otros ejemplos de reacciones son:

$$\phi CH_4+2(O_2+3.762N_2)\rightarrow \text{Productos}$$

$$\phi 16.04+2(32+3.762x28.17)\rightarrow \text{Productos}$$

En la primera, metano quema con aire, que tiene un mol de O_2 cada 3.762 moles de N_2. Si $\phi>1$ se dice que la mezcla es rica, y los productos contendrán también H_2, CO y quizás metano sin quemar. Si $\phi < 1$ se dice que la mezcla es pobre y habrá oxígeno entre los productos de combustión. La segunda expresa el recuento de masas de los reactantes; el peso molecular de N_2 se ha incrementado ligeramente para tener en cuenta el argón y otros gases inertes del aire.
También podemos tener una fórmula empírica como:

$$\phi[CH_{0.71}O_{0.058}S_{0.02}N_{0.017}]+1.151(O_2+3.762N_2)\rightarrow \text{Productos}$$

$$\phi 14.1+1.151(32+3.762x28.17)\rightarrow \text{Productos}$$

El corchete es una formulación práctica del carbón bituminoso; se asume que el azufre se quemará dando SO_2 y que N irá a N_2. El oxígeno presente en el carbón reduce la necesidad de oxígeno del aire, de modo que el O_2 requerido es:

$$1+\frac{1}{4}0.71-\frac{1}{2}0.058+0.02=1.151$$

que es la cantidad en la fórmula.
Aunque la equivalencia es suficiente para describir la mezcla de reactantes, en cálculos de ingeniería se suelen usar otras definiciones. La equivalencia se define conceptualmente como

ϕ = átomos o moles de O requeridos para llevar C a CO_2, H a H_2O y S a SO_2 / átomos o moles de O presentes

Si deseamos trabajar en unidades de masa y no de átomos o moles, podemos escribir la fórmula estequiométrica general

$$F + s\,O_2 \rightarrow (s + 1)\,P$$

donde se ha omitido N_2, y la fórmula indica que 1 Kg de combustible (utilizamos F como inicial de combustible, o sea, fuel en inglés, para evitar confusión con el Carbono si utilizáramos C) reacciona con s Kg de O_2 para formar (s + 1) Kg de productos. El cociente O_2/ combustible es entonces s, y el cociente aire/ combustible (estequiométrico) es:

$$(A/F)_{st} = s\ .\ \text{masa de aire/ masa de } O_2$$

La fracción de masa de O_2 en aire está dada por

$$O_2/\ \text{Aire} = 32/\ (32+3.762\ .\ 28.17) = 0.232$$

luego $(A/F)_{st} = s/\ 0.232$
Si el cociente aire/combustible real es A/ F, la equivalencia estará dada por

$$\phi = (A/F)_{st}\ /\ (A/F)$$

Para el hidrocarburo general $C_x\ H_y$

$$s=\left(x+\frac{y}{4}\right)\frac{32}{12.01x+1.008y}$$

y $(A/F)_{st} = s/\ 0.232$
La fracción de aire teórica es $\lambda = 1/\ \phi = A/F\ /(A/F)_{st}$ y el exceso de aire en porciento es $e = 100(\lambda - 1)$
La tabla dá las relaciones $(A/F)_{st}$ de algunos combustibles.

Combustible	Fórmula	(A/F)st
Hidrógeno (g)	H_2	34.20
Carbono (s)	C	11.48
Monóxido de carbono. (g)	CO	2.46
Metano (g)	CH_4	17.20
Etileno (g)	C_2H_4	14.75
Propano (g)	C_3H_8	15.64
Butano (g)	C_4H_{10}	15.43
Hexano (l)	C_6H_{14}	15.21
Octano (l)	C_8H_{18}	15.09

Metanol (l)	CH_3OH	6.46
Etanol (l)	C_2H_5OH	8.98
Gasolina (l)	$CH_{2.01}S_{0.0004}$	14.76
Diesel oil (l)	$CH_{1.75}S_{0.0009}$	14.37
Kerosene aviación (l)	$CH_{1.88}$	14.58
Fuel oil (l)	$CH_{1.68}S_{0.008}N_{0.0015}$	14.09
Antracita (s)	$CH_{0.38}O_{0.016}S_{0.003}N_{0.003}$	11.76
Carbón Bituminoso (s)	$CH_{0.71}O_{0.058}S_{0.002}N_{0.017}$	11.37
Lignita (s)	$CH_{1.36}O_{0.24}$	9.77
Hulla (s)	$CH_{1.19}O_{0.43}$	7.43
Pino Douglas (s)	$CH_{1.67}O_{0.76}N_{0.0024}$	5.53
Cedro (s)	$CH_{1.59}O_{0.71}N_{0.003}$	5.75
Bagazo (s)	$CH_{1.50}O_{0.67}$	5.92

Tabla 1.12: Relaciones aire/combustible

NOTAS: 1. El combustible está en estado sólido (s), líquido (l) o gaseoso (g) según se indique.

2. El Fuel oil y los combustibles sólidos contienen cenizas y humedad. Estos datos son en base seca y libre de cenizas.

3. Las fórmulas para combustibles que no son sustancias puras son reducidos a la base del átomo de carbono unidad. Los actuales pesos moleculares se encuentran en el rango de 100 a 500.

Para mezclas de combustibles gaseosos

$(A/F)_{st}$	Gas Natural	Gas Natural procesado	Gas licuado de petróleo	Gas de carbón	Gas de horno
En volumen	9.85	4.63	23.7	4.18	0.693
En masa	16.1	9.02	15.6	11.6	0.682

Tabla 1.13: Relaciones A/F para gases comerciales

Otros parámetros a utilizar son la fracción de masa de los reactantes

$$y_i = \frac{\text{masa de la especie i}}{\text{kg de mezcla}}$$

Para el hidrocarburo general

$$y_{CxHy} = \frac{12.01x + 1.008y}{12.01x + 1.008y + \frac{1}{\phi}\left(x + \frac{y}{4}\right)(32 + 3.762.28.17)}$$

$$y_{O2} = \frac{\frac{1}{\phi}\left(x + \frac{y}{4}\right)32}{12.01x + 1.008y + \frac{1}{\phi}\left(x + \frac{y}{4}\right)(32 + 3.762.28.17)}$$

$$y_{N2} = \frac{\frac{3.762}{\phi}\left(x + \frac{y}{4}\right)28.17}{12.01x + 1.008y + \frac{1}{\phi}\left(x + \frac{y}{4}\right)(32 + 3.762.28.17)}$$

Es obvio que, en general $\Sigma y_i = 1$
Otro parámetro es la fracción molar

$$x_i = \frac{\text{moles de la especie i}}{\text{mol de mezcla}}$$

$$x_{CxHy} = \frac{1}{1 + \frac{1}{\phi}\left(x + \frac{y}{4}\right)(1 + 3.762)}$$

$$x_{O2} = \frac{\frac{1}{\phi}\left(x + \frac{y}{4}\right)}{1 + \frac{1}{\phi}\left(x + \frac{y}{4}\right)(1 + 3.762)}$$

$$x_{N2} = \frac{\frac{3.762}{\phi}\left(x + \frac{y}{4}\right)}{1 + \frac{1}{\phi}\left(x + \frac{y}{4}\right)(1 + 3.762)}$$

También $\Sigma\, x_i = 1$
Como por definición el peso molecular de la especie y es

$$W_i = \text{masa de la especie i / mol de la especie i}$$

resulta la abundancia específica

$$\Gamma_i = y_i / W_i = \text{moles de la especie i / kg de mezcla}$$

y también, si el peso molecular de la mezcla es W = masa de la mezcla/ mol de la mezcla,

$$\Gamma_i = x_i / W$$

Es inmediato que

$$\Gamma = \Sigma\Gamma_i = \Sigma\,(y_i / W_i) = \Sigma\, x_i / W = 1/W$$

La abundancia específica de la mezcla es la inversa del peso molecular de la mezcla.
Otra forma de medir la cantidad es la concentración

$$[i] = \text{moles de la especie i} / m^3$$

Dada la densidad de la mezcla ρ = Kg de mezcla / m^3

$$[i] = \rho y_i / W_i = \rho x_i / W = \rho \Gamma_i$$

Finalmente, en la práctica automotriz se suele usar el parámetro

$$\gamma = \frac{1/_{A/F}}{1/_{A/F} + 1/_{A/F_{st}}} = \frac{1}{1 + 1/_{\phi}}$$

que tiene rangos

$$0 \leq \gamma \leq ½ \qquad \text{mezcla pobre}$$

$$\gamma = ½ \qquad \text{mezcla estequiométrica}$$

$$½ \leq \gamma \leq 1 \qquad \text{mezcla rica}$$

cuya ventaja es que varía de 0 a 1 y no de 0 a ∞ como ϕ .

El otro parámetro de principal importancia es la fracción de masa f, definida conceptualmente en un volumen de control como

f = masa proveniente de la corriente de combustible/ Kg de mezcla

Notar que, como no se consideran reacciones nucleares, las masas no varían a causa de las reacciones químicas, por lo que f es un escalar (no es un vector como la velocidad o la fuerza) conservado durante la combustión.

Por el momento definimos el valor estequiométrico de f. Si el numerador fuese 1, el denominador sería $1+(A/F)_{st}$, por lo que

$$f_{st} = \frac{1}{1+(A/F)_{st}} = \frac{y_{O2,0}}{y_{O2,0} + s y_{F,F}}$$

donde $y_{O2,0}$ es la fracción de masa de O_2 en la corriente de aire (0.232), s ya fue definido y $y_{F,F}$ es la fracción de masa del combustible F en el chorro de combustible (usualmente 1, pero puede haber inertes en el chorro de gas).

Utilizando ϕ podemos dar una expresión para f

$$f = 1/(1+A/F) = \phi f_{st} / (1 - f_{st} + \phi f_{st})$$

que nos relaciona la equivalencia y la fracción de mezcla por medio de la constante f_{st}.

Notar que para combustión premezclada tanto f como ϕ son constantes en todo el campo mientras que para llamas no-premezcladas tanto ϕ como f varían en todo el campo.

Con respecto a la composición de los productos de combustión, esta no es determinada exclusivamente por la composición de los reactantes sino que depende fuertemente de la naturaleza del proceso de combustión y de la presión y temperatura de los productos.

A bajas temperaturas (< 1000 K), típicas del escape de muchos sistemas de combustión en la práctica, sólo se encuentran especies estables. Idealmente, para mezclas pobres (ϕ<1), los productos de reacción serán CO_2, H_2O, O_2 y N_2, aunque también pueden hallarse CO, H_2 y combustible sin quemar debido a que las reacciones

de combustión no se desarrollaron completamente. También se encontrarán trazas de NO y otras especies formadas en el seno de la llama, a las más altas temperaturas.
Cuando ϕ excede 1 (mezclas ricas), se comienzan a encontrar concentraciones de CO, H_2, combustible sin quemar y carbón libre (hollín).
También se encontrarán compuestos de azufre y cenizas, dependiendo de la composición del combustible.
Por otra parte, en la zona de alta temperatura del combustor se encuentran radicales libres (OH, O, N, H), especies activas (CH_2O, formaldehído) y especies intermedias (C_2H_2, importante en la formación de hollín). Muchas de ellas sólo existen en concentraciones apreciables en la zona de la llama.
Uno de los casos límites es la combustión adiabática, y el cálculo de la temperatura adiabática de combustión y la composición de equilibrio a esta temperatura es muy útil en el estudio de la llama.
En general podemos escribir para los productos

$$\text{REACTANTES} \rightarrow CO, CO_2, O_2, H_2, H_2O, OH, H, O, NO, N_2, \text{otros}$$

El gran desafío es la composición de la mezcla de productos.

Escalares conservados y fracción de mezcla

Sea $m_{l,i}$ la fracción de masa del elemento l en la especie i; por ejemplo, C en CO_2

$$m_{C,CO2} = 12/44$$

Luego, la fracción de masa de la especie atómica l (que denominamos Z para diferenciarla de y, que se aplica a sustancias no atómicas):

$$Z_l = m_{l,i}\ y_i = m_{l,i}\ x_i\ W_i/\ W$$

Esta fracción de masa no cambia con el progreso de las reacciones químicas, ya que, dado una masa de reactantes y productos, las especies químicas cambiarán pero el número de átomos, y su masa, no cambiarán. Es decir, este valor es un escalar (no es una variable vectorial) conservado (no es afectado por las reacciones químicas).
Cualquier combinación lineal de escalares conservados es un escalar conservado, siempre que los coeficientes no sean función de las reacciones químicas.
Hay otros parámetros que no cambian con las reacciones químicas; uno en particular, la entalpía total estandarizada (que incluye la entalpía química y el calor sensible) sólo cambia por transmisión de calor al exterior, y es por consiguiente un escalar conservado.
Para sistemas no-premezclados, podemos plantear en general el caso del croquis:

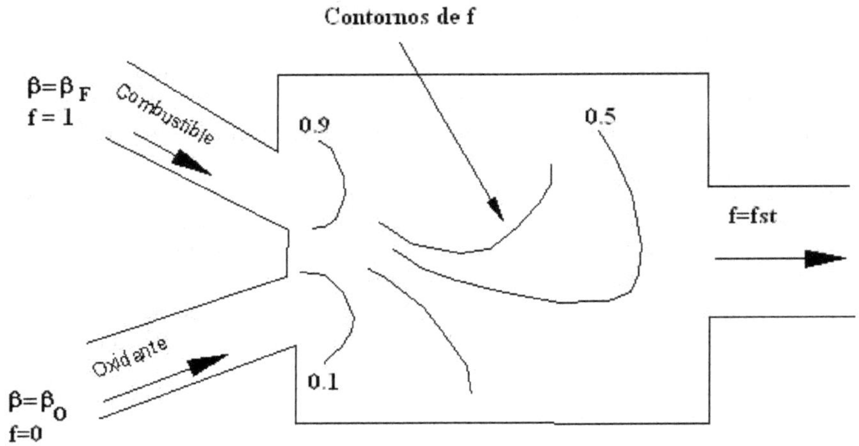

Figura 1.1: Sistema no-premezclado

Los reactantes entran al combustor por dos corrientes; en la de combustible, F, la fracción de mezcla es 1, y un escalar conservado cualquiera **β** toma el valor β_F; en la de oxidante O, la fracción de mezcla es cero y el escalar vale 0. Suponemos que las paredes del combustor no dejan fluir el escalar (por ejemplo, si el escalar es la entalpía, las paredes son adiabáticas). De este modo definimos la fracción de mezcla f como

$$f = \frac{\beta - \beta_O}{\beta_F - \beta_O}$$

en cualquier punto del reactor.
Si utilizamos la fracción de masa de los elementos atómicos como escalar (Zc, ZH, Zo, ZN) tendríamos, por ejemplo

$$f = \frac{Z_C - Z_{C,O}}{Z_{C,F} - Z_{C,O}}$$

Esto permite considerar casos donde el mismo elemento está presente en ambas corrientes, manteniendo $0 \leq f \leq 1$.
El mismo valor de f se obtendría usando otro de los escalares, digamos

$$f = \frac{Z_H - Z_{H,O}}{Z_{H,F} - Z_{H,O}}$$

Sin embargo, en sistemas con muy bajo número de Reynolds (llamas laminares de muy baja velocidad) la diferente difusividad de las especies puede hacer que el valor de f sea ligeramente distinto. El hidrogeno, por ejemplo, difunde mucho más fácilmente que el carbono, y en un volumen de control puede hallarse menos hidrogeno que el que corresponde al carbono según la fórmula del combustible.

Para minimizar esto se puede utilizar un escalar que sea combinación lineal de los escalares atómicos:

$$\beta = 2\, Z_C / W_C + ½\, (Z_H / W_H) - Z_O / W_O$$

Este escalar es cero para una mezcla estequiométrica: Zi/ Wi es el número de moles o átomos de la especie atómica, dividido por la masa de la mezcla en el volumen de control, y como la masa de la mezcla no cambia podemos prescindir de ella y considerar el número de moles o átomos. La fórmula indica que, en una mezcla estequiométrica, el número de moles de oxígeno es el doble de carbono más un medio de los moles de hidrógeno.

Con este escalar

$$f = \frac{\beta - \beta_O}{\beta_F - \beta_O}$$

$$\beta_O = \frac{-Z_{O,O}}{W_O} = -2\frac{y_{O2,O}}{W_{O2}}$$

$$\beta_f = 2\frac{Z_{C,F}}{W_C} + \frac{1}{2}\frac{Z_{H,F}}{W_H}$$

Nota: $Z_{O,O} = y_{O2,O}$; $W_{O2} = 2W_O$

En una zona estequiométrica la fracción de masa resulta:

$$\beta_{st} = 0; \qquad f_{st} = -\beta_O / (\beta_F - \beta_O) = 1/(1 - \beta_F / \beta_O)$$

Entonces

$$-\frac{\beta_F}{\beta_O} = \frac{y_{F,F} W_{O2}}{2 y_{O2,O} y_{F,F}} \left(2\frac{Z_{C,F}}{W_C} + \frac{Z_{H,F}}{2W_H} \right)$$

El último paréntesis nos dá el número de moles de O requeridos para quemar el C y el H en la corriente F; dividido por dos es el número de moles de O2, multiplicado por W_{O2} es el peso de O_2 y dividido por $y_{F,F}$ es el factor **s**, Kg de O_2 por Kg de combustible, estequiométrico. Luego

$$-\frac{\beta_F}{\beta_O} = \frac{y_{F,F}}{y_{O2,O}} s$$

$$f_{st} = \frac{1}{1 + \frac{y_{F,F}}{y_{O2,O}} s}$$

lo que da el mismo resultado que antes, es decir, para valores de f alrededor de f_{st} (que son los de más interés) es más exacto calcular f usando β que usando Z_O, Z_C, Z_H o Z_N individualmente.

Asumiendo que las difusividades son iguales, o que se ha elegido un escalar que minimiza sus diferencias, podemos utilizar f de varias maneras. Por ejemplo, la fracción de masa del elemento j (C, O, H o N) estará dada por

$$Z_j = f\, Z_{j,F} + (1-f)\, Z_{j,O}$$

Si el sistema es adiabático (h es un escalar conservado) la entalpía de la mezcla es

$$h = f\, h_F + (1-f)\, h_O$$

Tres escalares conservados muy importantes se derivan de la ecuación en peso

$$F + s\, O_2 \rightarrow (s+1)\, P$$

Las velocidades de reacción w de las tres sustancias están relacionadas por:

$$w_F = w_{O2}/\, s = -w_P/\, (s+1) = -w$$

donde w es la velocidad de la reacción. Esto simplemente quiere decir que si en la unidad de tiempo se consumen s Kg de O_2, se consume 1 Kg de combustible y se producen (s+1) Kg de producto.

Si formamos los escalares

$$\beta_1 = y_F - y_{O2}/\, s$$
$$\beta_2 = y_F - y_P/\, (s+1)$$
$$\beta_3 = y_{O2} - s\, y_P/\, (s+1)$$

derivando con respecto al tiempo, w = dy/ dt, resulta

$$d\beta_1/\, dt = w_F - w_{O2}/\, s = 0$$
$$d\beta_2/\, dt = w_F + w_P/(s+1) = 0$$
$$d\beta_3/\, dt = w_{O2} + w_P\, s/\, (s+1) = 0$$

Es decir, que β_1, β_2 y β_3 ni se producen ni se consumen con el paso del tiempo, o sea, son también escalares conservados.

Ejemplo

Plantear la ecuación de combustión completa, de un solo paso, para el propano (C_3H_8) en aire, con un 10% de exceso de aire.

Calcular, para los reactantes y los productos:

* Fracciones de masa
* Fracciones molares
* Peso molecular de la mezcla

Calcular también

* Parámetro λ
* Fracción de aire teórica
* Equivalencia
* Proporción de masa s
* Fracción de mezcla estequiométrica
* Fracción de mezcla actual
* Relación aire/ combustible estequiométrica
* Relación aire/ combustible actual

Solución:

Es inmediato que $e = 100(\lambda - 1) = 10$; luego $\lambda = 1.1$ y $\phi = 1/\lambda = 0.9090...$

Balanceamos los números de átomos de reactantes y productos para obtener:

$C_3H_8 + 5/\phi\, (O_2+3.762\, N_2) = 3\, CO_2 + 4\, H_2O + 5\, (1/\, \phi - 1)O_2 + (5/\phi\,)\, 3.762N_2$

$C_3H_8 + 5.5\, (O_2+3.762\, N_2) = 3\, CO_2 + 4\, H_2O + 0.5O_2 + 5.5\text{x}\, 3.762N_2$

Calculamos:

	Reactantes			Productos			
	C_3H8	O_2	N_2	CO_2	H_2O	O_2	N_2
Masa	44	176	580.58	132	72	16	580.58
Moles	1	5.5	20.735	3	4	0.5	20.735
y	0.0550	0.2198	0.7252	0.1649	0.0899	0.0200	0.7252
x	0.0367	0.2019	0.7613	0.1063	0.1417	0.0177	0.7344
W	29.3953			28.3542			
Moles	27.235			28.235			

NOTAR: como $x_i / W = y_i / W_i$ para las especies cuyo $W_i > W$, $y_i > x_i$ (ver C_3H_8, O_2, CO_2)

NOTAR: como hay más moles en P, $W_{prod} < W_{reac}$; la masa es la misma.

$s = 5 \times 32 / 44 = 3.6364$ (= Kg O_2/ Kg $F)_{st}$

$\gamma = 1/ (1+ 1/ \phi) = 0.4762 < 0.5$ (pobre)

Como $y_{O2,O} = 0.233$ e $y_{F,F} = 1$

$f_{st} = 0.233/ (0.233+s) = 0.0602$

$f = \phi f_{st}/ (1-f_{st}+ \phi f_{st}) = 0.0550$ ($< f_{st}$, pobre)

$(A/F)_{st} = s/ 0.233 = 15.6067$

$A/F = (A/F)_{st}/ \phi = 17.1674$

Capítulo 2

Termoquímica, cinética de las reacciones, equilibrio químico

Eduardo Brizuela

Termoquímica

La Termoquímica es una rama de la ciencia que tiene que ver con el intercambio de calor asociado a una reacción química. En otras palabras, se puede decir que tiene que ver fundamentalmente con la conversión de energía química a energía calórica y viceversa.

El intercambio de calor asociado a una reacción química es, en general, una cantidad indefinida y depende del camino. Sin embargo, si el proceso se realiza a presión o volumen constante, el calor intercambiado tiene un valor definido. Dicho valor está determinado sólo por el estado inicial y final del sistema. Esta es la razón por la cual el intercambio de calor en las reacciones químicas se mide en condiciones de presión o volumen constante.

Leyes termoquímicas

A. L. Lavoisier y P. S. Laplace (1780) enunciaron una ley que establece que: "*la cantidad de calor que debe suministrarse a un compuesto para descomponerlo en sus partes es igual a la involucrada cuando se forma dicho compuesto a partir de sus elementos*". Una forma más general de enunciar esta ley es decir que "*el intercambio de calor que acompaña a una reacción química en una dirección es exactamente igual en magnitud, pero de signo contrario, al calor asociado con la misma reacción en sentido inverso*".

Ejemplo

$CH_{4\,(g)} + 2\ O_{2\,(g)}$ --> $CO_{2\,(g)} + 2\ H_2O_{\,(l)}$ -890.6 kJ/mol, y

$CO_{2\,(g)} + 2\ H_2O_{\,(l)}$ --> $CH_{4\,(g)} + 2\ O_{2\,(g)}$ +890.6 kJ/mol, si ambas reacciones ocurren a 298K.

En 1840, G. H. Hess desarrolló la ley de la suma de calores constantes. Esta ley sostiene que *"la resultante del calor intercambiado a presión o volumen constantes, en una dada reacción química, es la misma si tiene lugar en una o varias etapas"*. Esto significa que el calor neto de reacción depende solamente de los estados inicial y final.

Ejemplo

El calor estándar de formación del CO_2, a partir de la siguiente reacción química

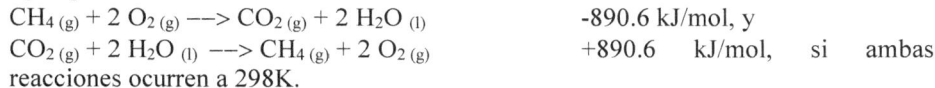

$$CO_{(g)} + \tfrac{1}{2} O_{2\,(g)} \text{ --> } CO_{2\,(g)} \qquad - 283.0 \text{ kJ/mol},$$

aun cuando esta reacción no se produzca en una sola etapa.

Calores estándar de formación

El calor estándar de formación de una sustancia, $\Delta H^o{}_f$ (J/mol), se define como el calor involucrado cuando se forma un mol de sustancia a partir de sus elementos en sus respectivos estados estándar. La temperatura estándar es de 298.15K (25°C) y la presión estándar es de 1 atmósfera.

El calor estándar de formación también se puede presentar como la entalpía de una sustancia en su estado estándar, $\Delta H^o{}_f$, referida a los elementos en sus estados estándar, a la misma temperatura. El subíndice $_f$ indica la formación del compuesto y el supraíndice ^{o} se refiere a que todos los reactantes y productos están en su estado estándar.

El estado estándar de los elementos se refiere a su estado de agregación, vale decir, el estado en que se encuentran normalmente en la naturaleza o usualmente en laboratorio.

Por convención, la entalpía de cada elemento en su estado estándar es cero, o lo que es lo mismo, el calor estándar de formación de dicho elemento vale cero. Por ejemplo, $H_{2(g)}$, $O_{2(g)}$, $N_{2(g)}$, $C_{(s,\ grafito)}$, $Cl_{2(g)}$, $F_{2(g)}$, $Fe_{(s)}$, $Ar_{(g)}$, $Na_{(s)}$, $He_{(g)}$, $K_{(s)}$, etc.

Ejemplos

a) Considere el calor estándar de formación del CO_2.

$$C_{(s)} + O_{2\,(g)} \text{ --> } CO_{2\,(g)}; \quad (\Delta H^o{}_f)_{CO2} \text{ a } 298\text{K} = -393.616 \text{ kJ/ mol}$$

Si, cuando se produce la formación de un compuesto, el sistema libera calor al medio (es decir, el medio absorbe el calor entregado por el sistema en la reacción exotérmica), entonces el $\Delta H^o{}_f$ del compuesto es negativo.

b) Considere la reacción

$$H_{2\,(g)} \text{ --> } 2\ H_{(g)} + 436.08 \text{ kJ/mol}$$

que genéricamente se puede escribir como

$$H_{2\,(g)} \text{ --> } 2\ H_{(g)} + 2\ \Delta H^o{}_{f,\ H}$$

siendo $(\Delta H^o{}_f)_{H,\ 298K} = 218.04$ kJ/mol. Es decir, cuando el sistema absorbe calor del medio para la formación de un compuesto, el $\Delta H^o{}_f$ del compuesto es positivo (reacción endotérmica).

Es importante mencionar que las sustancias con grandes calores estándar positivos de formación tienden a ser especies químicamente más activas.

En la tabla siguiente se indica el calor estándar de formación de distintas sustancias, a 298K.

Sustancia	ΔH^o_f(kJ/mol)	Sustancia	ΔH^o_f(kJ/mol)
C (g)	715.175	H (g)	218.039
C (c, diamante)	1.883	H_2 (g)	0.000
C (c, grafito)	0.000	H_2O (g)	-241.885
CO (g)	-110.568	H_2O (l)	-285.919
CO_2 (g)	-393.616	H_2O_2 (g)	-133.209
CH_4 (g)	-74.891	H_2O_2 (l)	-187.655
C_2H_6 (g)	-84.688	I (g)	107.274
C_3H_8 (g)	-103.872	I_2 (c)	0.000
C_4H_{10} (g)	-124.763	N (g)	472.905
i C_4H_{10} (g)	-131.627	NH_3 (g)	-45.909
C_5H_{12} (g)	-146.475	N_2 (g)	0.000
C_6H_6 (g)	82.947	NO	90.312
C_7H_8 (g)	50.011	NO_2	33.103
CH_2O (g)	-115.925	N_2O_3	71.145
CH_3OH(g)	-201.215	Na (g)	107.785
CH_3OH(l)	-238.629	Na (c)	0.000
C_2H_2 (g)	226.785	O (g)	249.254
C_2H_4 (g)	219.629	O_2 (g)	0.000
Cl (g)	121.039	O_3 (g)	143.127
Cl_2 (g)	0.000	S	279.056
HCl (g)	-92.334	SO_2 (g)	-296.913
HCN (g)	135.176	SO_3 (g)	-395.859
F_2 (g)	0.000	H_2S (g)	-20.423

Tabla 2.1: Calores estándar de formación

Calor de reacción

Para calcular el calor de reacción estándar se procede de la siguiente forma. Si se tiene una reacción química, caracterizada por la ecuación

$$aA + bB = cC + dD$$

el calor de reacción en un estado estándar será

$$\Delta H^o_r = \text{c}\ \Delta H^o_{f,C} + \text{d}\ \Delta H^o_{f,D} - \text{a}\ \Delta H^o_{f,A} - \text{b}\ \Delta H^o_{f,B}$$

Es decir, el calor de reacción en condiciones estándar, se calcula como la sumatoria de los calores estándar de formación de cada producto por su respectivo coeficiente, menos la sumatoria de los calores estándar de formación de cada reactante, por su respectivo coeficiente.

Ejemplo

Determine el calor de reacción para

$$C_2H_{4\,(g)} + H_{2\,(g)} \text{ --> } C_2H_{6\,(g)} + \Delta H_r$$

a partir de los siguientes calores de reacción a 298.15K.

i) $C_2H_{4\,(g)} + 3\ O_{2\,(g)} \text{ --> } 2\ CO_{2\,(g)} + 2\ H_2O_{(l)}$ - 1411.6 kJ/ mol

ii) $H_{2\,(g)} + \frac{1}{2}\ O_{2\,(g)} \text{ --> } H_2O_{(l)}$ - 285.8 kJ/ mol

iii) $C_2H_{6\,(g)} + 3\ ½\ O_{2\,(g)} \longrightarrow 2\ CO_{2\,(g)} + 3\ H_2O_{\,(l)}$ - 1560.2 kJ/ mol

Respuesta

Sumamos miembro a miembro las reacciones i) y ii) y restamos la iii) para obtener

$$\Delta H_r = -\ 137.2 \text{ kJ/ mol}$$

El calor de combustión puede ser considerado como un caso particular del calor de reacción. El ***calor de combustión*** de una sustancia es el calor liberado cuando un mol de combustible (por lo general un hidrocarburo) reacciona con el oxígeno para dar H_2O y CO_2.

Ejemplo

Calcule el calor de combustión del C_2H_6 en condiciones estándar.

Respuesta

Utilice la reacción iii) pero con el H_2O en estado gaseoso para obtener

$$\Delta H^o_r = -\ 1427.75 \text{ kJ}$$

Cuando el calor de reacción es negativo, dicho calor es liberado o entregado por el sistema, y el proceso se llama *exotérmico.* Si en cambio, el calor es positivo, el calor debe ser absorbido por el sistema durante la reacción química y el proceso se denomina *endotérmico.*

A veces se necesita calcular el calor de reacción a una temperatura T, distinta de 298K (T_o). En estos casos, se puede demostrar que el calor de reacción a una temperatura T se calcula como

$$\Delta H^o_{r,T} = c\,(\Delta H^o_{f,C} + \int_{To}^{T} C_{p,C}\, dT) + d\,(\Delta H^o_{r,D} + \int_{To}^{T} C_{p,D}\, dT)$$
$$-\ a\,(\Delta H^o_{r,A} + \int_{To}^{T} C_{p,A}\, dT) - b\,(\Delta H^o_{r,B} + \int_{To}^{T} C_{p,B}\, dT)$$

donde C_p es el calor específico a presión constante (o capacidad calorífica molar) y se encuentra tabulado para distintas temperaturas para la mayoría de las sustancias químicas. Dado que C_p depende sólo de T, se lo suele representar por una serie de potencias en T, de la forma

$$C_p = \alpha + \beta\, T + \gamma\, T^2 + \ldots$$

En las siguientes tablas se presentan valores de calor específico C_p (kJ/mol K) para diferentes sustancias, en un rango de temperaturas entre 200 y 5500K. Se recuerda que para obtener el C_p en [m^2/ seg^2 K] o sea en [J/ kg K] los valores de la tabla se deben dividir por la masa molecular en kg/mol.

T(K)	$O_{2(g)}$	$H_{2(g)}$	$N_{2(g)}$	$O_{(g)}$	$H_{(g)}$	$C_{(g)}$	$CO_{(g)}$	$H_2O_{(g)}$	$CO_{2(g)}$
200	28.473	28.522	28.793	22.477	20.786	20.912	28.687	32.255	32.387
298	29.315	28.871	29.071	21.899	20.786	20.843	29.072	33.448	37.198
300	29.331	28.877	29.075	21.890	20.786	20.842	29.078	33.468	37.280
400	30.210	29.120	29.319	21.500	20.786	20.819	29.433	34.437	41.276

500	31.114	29.275	29.636	21.256	20.786	20.809	29.857	35.337	44.569
600	32.030	29.375	30.086	21.113	20.786	20.803	30.407	36.288	47.313
700	32.927	29.461	30.684	21.033	20.786	20.800	31.089	37.364	49.617
800	33.757	29.581	31.394	20.986	20.786	20.798	31.860	38.587	51.550
900	34.454	29.792	32.131	20.952	20.786	20.797	32.629	39.930	53.136
1000	34.936	30.160	32.762	20.915	20.786	20.796	33.255	41.315	54.360
1100	35.270	30.625	33.258	20.898	20.786	20.796	33.725	42.638	55.333
1200	35.593	31.077	33.707	20.882	20.786	20.798	34.148	43.874	56.205
1300	35.903	31.516	34.113	20.867	20.786	20.802	34.530	45.027	56.984
1400	36.202	31.943	34.477	20.854	20.786	20.810	34.872	46.102	57.677
1500	36.490	32.356	34.805	20.843	20.786	20.819	35.178	47.103	58.292
1600	36.768	32.758	35.099	20.834	20.786	20.834	35.451	48.035	58.836
1700	37.036	33.146	35.361	20.827	20.786	20.856	35.694	48.901	59.316
1800	37.296	33.522	35.595	20.822	20.786	20.883	35.910	49.705	59.738
1900	37.546	34.885	35.803	20.820	20.786	20.917	36.101	50.451	60.108
2000	37.788	34.236	35.988	20.819	20.786	20.956	36.271	51.143	60.433
2100	38.023	34.575	36.152	20.821	20.786	21.004	36.421	51.784	60.717
2200	38.250	34.901	36.298	20.825	20.786	21.057	36.553	52.378	60.966
2300	38.470	35.216	36.428	20.831	20.786	21.115	36.670	52.927	61.185
2400	38.684	35.519	36.543	20.840	20.786	21.179	36.774	53.435	61.378
2500	38.891	35.811	36.645	20.851	20.786	21.247	36.867	53.905	61.458
2800	39.480	36.621	36.895	20.899	20.786	21.431	37.093	55.115	61.965
3100	40.023	37.343	37.088	20.970	20.786	21.627	37.268	56.076	62.301
3400	40.526	37.989	37.251	21.061	20.786	21.825	37.422	56.851	62.614
3700	40.994	38.574	37.402	21.171	20.786	22.017	37.570	57.488	62.932
4000	41.429	39.116	37.549	21.299	20.786	22.198	37.716	58.026	63.261
4300	41.830	39.636	37.688	21.441	20.786	22.365	37.855	58.496	63.375
4600	42.197	40.156	37.803	21.953	20.786	22.515	37.970	58.916	63.825
4900	42.527	40.702	37.868	21.752	20.786	22.647	38.031	59.295	63.932
5200	42.633	41.105	38.046	21.904	20.786	23.593	38.146	59.544	64.236
5500	42.792	41.557	38.156	22.051	20.786	24.838	38.242	59.858	64.512

Tabla 2.2: Calores específicos molares a presión constante

Los calores de reacción se pueden usar para determinar calores de formación de las sustancias. Por ejemplo, a partir de calores de combustión medidos experimentalmente en el laboratorio, se pueden determinar los calores de formación de algunos compuestos.

Ejemplo

Deduzca el calor de formación del CH_4 a partir de los calores de formación del H_2O y CO_2 y el calor de combustión del CH_4.

Respuesta

$$\Delta H^o{}_{f,\,CH4(g)} = \Delta H^o{}_{f,\,CO2(g)} + 2\,\Delta H^o{}_{f,\,H2O(g)} - \Delta H_r$$

Entalpias

La entalpía total por mol de una sustancia i está dada por

$$H_i = \Delta H_{f,i}(T^o) + \int_{T^o}^{T} Cp_i\, dT$$

donde $\Delta H_{f,i}$ (T) es el calor de formación de la sustancia i a la temperatura standard T (generalmente 25 C= 298.15 K), y $C_{p,i}$ es el calor específico por mol a presión constante de la especie i.

La entalpía así definida incluye los componentes mecánicos (energía potencial y cinética) y químicos, y por lo tanto sólo puede ser alterada por la adición o substracción de calor o trabajo al sistema. En un sistema adiabático (combustor térmicamente aislado) donde no se realiza trabajo por el gas o sobre el gas (la situación normal en un combustor), la entalpía es un escalar conservado.

Es común utilizar polinomios para calcular tanto H como Cp. Una forma usual es

$$\frac{H_i}{RT} = a_1 + \frac{a_2}{2}T + \frac{a_3}{3}T^2 + \frac{a_4}{4}T^3 + \frac{a_5}{5}T^4 + \frac{a_6}{T}$$

$$\frac{Cp_i}{R} = a_1 + a_2T + a_3T^2 + a_4T^3 + a_5T^4$$

Los coeficientes numéricos para las distintas sustancias pueden hallarse en el libro de Gardiner o en la publicación NASA- SP-273. Estos coeficientes son adimensionales, de modo que H_i tiene las unidades de RT y C_p las de R. La temperatura debe utilizarse en Kelvin.

La entalpía por unidad de masa es h_i, y resulta

$$h_i = H_i / W_i$$

Para una mezcla de sustancias la entalpía de la mezcla está dada por:

$$h = \Sigma y_i\, h_i = \Sigma\, \Gamma_i\, H_i$$

$$H = \Sigma\, x_i\, H_i = W\, \Sigma\, y_i\, h_i$$

$$h = H / W$$

donde W es el peso molecular de la mezcla.

Para una reacción química irreversible

$$\Sigma\, v_i^{'} M_i \rightarrow \Sigma\, v_j^{''} M_j$$

donde υ_i, υ_j son los números de moles de los i reactantes y los j productos y M_i, M_j las especies químicas, el Calor de Reacción está dado por

$$-\Delta H = -\Sigma(v_j^{''} H_j - v_i^{'} H_i)$$

El poder calorífico de un combustible es $-\Delta H$ para la reacción estequiométrica, dividido por el peso molecular del combustible. El poder calorífico inferior, que es el que se debe usar en los cálculos de ingeniería, es el que se obtiene cuando el agua

(H_2O) aparece como en gas entre los productos; si el agua ha condensado al estado líquido, se obtiene el poder calorífico superior:

PCS- PCI = entalpía de condensación del agua por kg de combustible

La entalpia de condensación del agua vale 44.01 kJ/mol de agua.

Las entalpías standard también se pueden obtener de las tablas de Kuo, de JANAF y otras referencias.

Ejemplos

Calor de formación

$$C\ (s) + 1/2\ O2\ (g) \rightarrow CO\ (g)$$

Entalpías a 298.15 K:

Para el C (s): 0
Para el O2 (g): 0
Para el CO (g): -110.57 kJ/ mol

Luego, calor de formación de CO = -110.57 - 1*0 - ½ *0 = -110.57 kJ/ mol

Calor de reacción

$$CH4 + 2\ O2 \rightarrow CO2 + 2\ H2O$$

H_{CH4} = - 74.891 kJ/ mol
H_{O2} = 0
H_{CO2} = - 393.616 kJ/ mol
H_{H2O} = -241.885 kJ/ mol

$$-\Delta Hr = -(-393.616 - 2*241.885 + 1*74.891 + 1*0) = 802.495\ kJ/\ mol$$
$$\Delta Hr = -802.495\ kJ/\ mol$$

La entalpia de condensación del agua referida al combustible es

$$44.01\frac{kJ}{mol_{H2O}}\frac{mol_{H2O}}{18g_{H2O}}\frac{36g_{H2O}}{16g_{CH4}} = 5.501\frac{kJ}{g} = 5501\frac{kJ}{kg}$$

Luego,

$$PCI = -\Delta Hr / W_{CH4} = 802.495/16 = 50155\ kJ/\ kg$$
$$PCS = PCI + \text{calor de condensación} = 55656\ kJ/\ kg$$

Cálculo aproximado de la temperatura adiabática de llama

Consideremos que se lleva a cabo un proceso de combustión completa en forma adiabática y que no se produce trabajo ni hay cambios en la energía cinética ni potencial. En dichos procesos, la temperatura de los productos se denomina temperatura adiabática de llama. Es la temperatura máxima que se puede alcanzar para los reactantes dados, porque cualquier transferencia de calor de los reactantes o cualquier combustión incompleta tenderia a disminuir la temperatura de los productos.

La temperatura adiabática de llama puede controlarse con el exceso de aire utilizado. Un cálculo aproximado puede hacerse utilizando los calores específicos. Por definición, la entalpía inicial (reactantes) es igual a la final (productos):

$$(\sum \Gamma_i H_i)react = (\sum \Gamma_i H_i)\ prod$$

Esto requiere previo conocimiento de las fracciones molares de los productos, y se verá en el apartado siguiente.

Para un análisis rápido se puede asumir que el calor específico de la mezcla es constante, y que toda la energía química reside en el combustible, y es igual al poder calorífico inferior Q_c, que es calor de reacción $-\Delta Hr$, por unidad de masa de combustible. Luego, la entalpía de la mezcla estará dada por

$$h = y_F Q_c + C_p T$$

Deducimos inmediatamente que, siendo h un escalar conservado (para el caso adiabático), es también un escalar conservado

$$\beta_4 = y_F + C_p T / Q_c$$

Como el consumo de combustible $\frac{dy_F}{dt} = -\frac{d}{dt}(\frac{CpT}{Q_c})$ y como el consumo de O_2 y la producción de P son iguales a s y -(s+1) veces respectivamente el consumo de combustible, también son escalares conservados

$$\beta_5 = y_{O2} + s\frac{CpT}{Q_c}$$

$$\beta_6 = y_P - (s+1)\frac{CpT}{Q_c}$$

Estos tres escalares conservados pueden ser usados con la fracción de mezcla para obtener la temperatura de los productos:

$$\beta_{4,F} = 1 + \frac{CpT_F}{Q_c}$$

$$\beta_{4,O} = 0 + \frac{CpT_O}{Q_c}$$

$$f = \frac{y_F + \frac{CpT}{Q_c} - \frac{CpT_O}{Q_c}}{1 + \frac{CpT_F - CpT_O}{Q_c}}$$

$$\beta_{5,F} = s\frac{CpT_F}{\mathrm{Q_c}}$$

$$\beta_{5,O} = 1 + s\frac{CpT_O}{\mathrm{Q_c}}$$

$$f = \frac{y_O + s\dfrac{CpT}{\mathrm{Q_c}} - 1 - s\dfrac{CpT_O}{\mathrm{Q_c}}}{s\dfrac{CpT_F - CpT_O}{\mathrm{Q_c}} - 1}$$

$$\beta_{6,F} = -(s+1)\frac{CpT_F}{\mathrm{Q_c}}$$

$$\beta_{6,O} = -(s+1)\frac{CpT_O}{\mathrm{Q_c}}$$

$$f = \frac{y_P - (s+1)\dfrac{CpT}{\mathrm{Q_c}} + (s+1)\dfrac{CpT_O}{\mathrm{Q_c}}}{-(s+1)\dfrac{CpT_F - CpT_O}{\mathrm{Q_c}}}$$

Estas tres relaciones junto con $\sum y_i = 1$ nos permiten calcular y_{O2}, y_F, y_P y T para cada f. Notar que se debe iterar un poco para obtener una buena aproximación de los términos C_p T ya que en realidad Cp es función de T.

Ejemplo

Estimar la temperatura adiabática de llama de la reacción

$$CH_4 + sO_2 \rightarrow (s+1)P$$

para una fracción de masa f = 1/7 y partiendo de una temperatura de 25°C para los reactantes.

Solución: Siendo la fracción de masa 1/7, es inmediato que habrán 3 moles de O_2, ya que entonces

$$f = \frac{\text{Masa de CH}_4}{\text{Masa Total}} = \frac{16}{16 + 3x32} = \frac{16}{112} = \frac{1}{7}$$

Luego, s = kg de oxidante/kg de combustible = 96/16=6.

Los productos serán:

$$CO_2 + 2H_2O + O_2$$

El poder calorífico ya lo habíamos calculado: Q_c = 50155 kJ/kg.

Obtenemos los calores específicos a 25°C = 298K de la tabla dada más arriba y los convertimos a unidades de masa en SI; el calor específico del metano CH_4 a 298 K es 8.4 kcal/mol K:

Para el combustible:

$$C_P = 8.4 \ {}^{\text{kcal}}\!/_{\text{mol}_F\ \text{K}}$$

$$c_P T_F = 8.4 \frac{\text{kcal}}{\text{kmol}_F\ \text{K}} 298\text{K} \frac{\text{kmol}_F}{16\ \text{kg}_F} 4.185 \frac{\text{kJ}}{\text{kcal}}$$

$$c_P T_F = 654.74\ \text{kJ/kg}$$

y para el oxidante:

$$C_P = 29.315 \ {}^{\text{kJ}}\!/_{\text{mol}_O\ \text{K}}$$

$$c_P T_O = 29.315 \frac{\text{kJ}}{\text{kmol}_O\ \text{K}} 298\text{K} \frac{\text{kmol}_O}{32\ \text{kg}_O} \frac{96\ \text{kg}_O}{16\ \text{kg}_F}$$

$$c_P T_O = 1637.97\ \text{kJ/kg}$$

Con esto resultan

$$\frac{c_P T_F}{Q_c} = 0.0131$$

$$\frac{c_P T_O}{Q_c} = 0.0327$$

Con estos valores y los de **f** y **s** resolvemos para obtener

$$y_F = y_O = 0$$

$$y_P = 1$$

$$\frac{c_P T}{Q_c} = 0.1728$$

Asumimos una temperatura del orden de 4300K, obtenemos de tablas los calores específicos de los productos a esta temperatura y los convertimos por unidad de masa, obteniendo para la mezcla $c_P = 1.984\text{kJ/kg}$. Resulta entonces T = 4368K.

Calculo de la temperatura adiabática de llama utilizando entalpías

Un cálculo más exacto y más sencillo puede hacerse utilizando las entalpias estándar. Cualquier ecuación química se puede expresar genéricamente como

$$\sum_{i=1}^{N} a_i\ R_i \rightarrow \sum_{j=1}^{M} b_j\ P_j$$

donde R_i son los N reactantes y P_j son los M productos y a_i y b_j son los respectivos coeficientes.

Si la combustión es adiabática el calor de reacción elevará la temperatura y la entalpia de los productos, por lo que podemos escribir

$$-\Delta H_r = \sum_{j=1}^{M} b_j \left(H_{T_f}^0 - H_{T_0}^0 \right)_j$$

Hemos escrito -ΔH_r ya que para una reacción exotérmica el calor de reacción es negativo.
El superíndice 0 indica que las entalpias están calculadas a una presión de referencia de una atmosfera..
Los valores de entalpias estándar se pueden hallar en la literatura, y más abajo se dan algunos datos.
Se debe notar que los valores de entalpia no son absolutos sino relativos a la entalpia a T_0, por lo que la ecuación anterior debe escribirse

$$-\Delta H_r = \sum_{j=1}^{M} b_j \left(\left(H^0_{T_f} - H^0_{T_0} \right) - \left(H^0_{T_1} - H^0_{T_0} \right) \right)_j$$

En general, los reactantes pueden no estar a la temperatura de referencia T_0 sino a una temperatura inicial T_1, que puede ser mayor o menor que la de referencia. Luego, debemos deducir el calor necesario haciendo

$$-\Delta H_r = \sum_{j=1}^{M} b_j \left(\left(H^0_{T_f} - H^0_{T_0} \right) - \left(H^0_{T_1} - H^0_{T_0} \right) \right)_j - \sum_{i=1}^{N} a_i \left(H^0_{T_1} - H^0_{T_0} \right)_i$$

Esta corrección solo es necesaria si la temperatura de los reactantes difiere mucho de la temperatura a que fue calculado el calor de reacción.
A continuación se presenta la tabla con valores de $H^o{}_T - H^o{}_{298}$ (kJ / mol) para distintas sustancias.

T (K)	$O_{2(g)}$	$H_{2(g)}$	$N_{2(g)}$	$CO_{(g)}$	$H_2O_{(g)}$	$CO_{2(g)}$	$CH_{4(g)}$
200	-2.836	-2.818	-2.841	-2.835	-3.227	-3.423	-3.369
298	0.000	0.000	0.000	0.000	0.000	0.000	0.000
300	0.054	0.053	0.054	0.054	0.062	0.069	0.067
400	3.031	2.954	2.973	2.979	3.458	4.003	3.863
500	6.097	5.874	5.920	5.943	6.947	8.301	8.203
600	9.254	8.807	8.905	8.955	10.528	12.899	13.133
700	12.503	11.749	11.942	12.029	14.209	17.749	18.640
800	15.838	14.701	15.046	15.176	18.005	22.810	24.679
900	19.250	17.668	18.222	18.401	21.930	28.047	31.212
1000	22.721	20.664	21.468	21.697	25.993	33.425	38.188
1100	26.232	23.704	24.770	25.046	30.191	38.911	45.562
1200	29.775	26.789	28.118	28.440	34.518	44.488	53.283
1300	33.350	29.919	31.510	31.874	38.963	50.149	61.319
1400	36.955	33.092	34.939	35.345	43.520	55.882	69.626
1500	40.590	36.307	38.404	38.847	48.181	61.681	78.172
1600	44.253	39.562	41.899	42.379	52.939	67.538	86.931
1700	47.943	42.858	45.423	45.937	57.786	73.446	95.878
1800	51.660	46.191	48.971	49.517	62.717	79.399	104.985
1900	55.402	49.562	52.541	53.118	67.725	85.392	114.242
2000	59.169	52.968	56.130	56.737	72.805	91.420	123.625
2100	62.959	56.408	59.738	60.371	77.952	97.477	133.121
2200	66.773	59.882	63.360	64.020	83.160	103.562	142.721

2300	70.609	63.388	66.997	67.682	88.426	109.670	152.409
2400	74.467	66.925	70.645	71.354	93.744	115.798	162.181
2500	78.346	70.492	74.305	75.036	99.112	121.944	172.029
2800	90.103	81.359	85.338	86.132	115.472	140.474	201.939
3100	102.029	92.455	96.436	97.287	132.156	159.116	232.297
3400	114.112	103.757	107.587	108.490	149.099	177.853	262.994
3700	126.341	115.243	118.786	119.739	166.252	196.685	293.959
4000	138.705	126.897	130.028	131.032	183.582	215.613	325.133
4300	151.195	138.710	141.314	142.368	201.061	234.640	356.474
4600	163.800	150.679	152.639	153.743	218.674	253.752	387.954
4900	176.510	162.806	163.991	165.161	236.407	272.920	419.542
5200	189.547	179.156	175.498	176.590	253.900	292.192	451.231
5500	202.357	187.354	186.931	188.049	271.812	311.502	482.995

Tabla 2.3: Entalpías molares estándar

Ejemplo

Determinar la temperatura adiabática de llama para la siguiente reacción química a T_i = 298K:

$$CH_4 + 3\ O_2 = CO_2 + 2H_2O + O_2$$

Respuesta

El calor de reacción ya lo habíamos calculado a 298K y era de 802.495 kJ/mol. Luego planteamos

$$802.945 = \left(H^0_{T_f} - H^0_{298}\right)_{CO2} + 2\left(H^0_{T_f} - H^0_{298}\right)_{H2O} + \left(H^0_{T_f} - H^0_{298}\right)_{O2}$$

Probamos con los valores de la tabla

A 4300K: 234.640 + 2x201.061 + 151.195 = 787.957

A 4600K: 253.752 + 2x218.674 + 163.800 = 854.900

Interpolando obtenemos 4367K.

Conceptos de cinética química

Cinética Química

El objetivo de la cinética química es el estudio de las velocidades de las reacciones químicas y de los factores de los que dependen dichas velocidades. De estos factores, los más importantes son la concentración y la temperatura. Haciendo un estudio sistemático de los efectos de estos factores sobre las velocidades, se pueden sacar conclusiones sobre el mecanismo por el que se verifican las reacciones químicas.

Velocidad de reacción

La velocidad de una reacción química mide el número de átomos o moléculas de reactantes que se convierten en productos en la unidad de tiempo, *en un volumen de control*. Si las unidades de concentración se toman en moles/ m^3, las unidades de velocidad serán moles/ m^3/s.

Es importante hacer notar que la velocidad de una reacción química puede presentar un valor numérico diferente según la forma en que se la defina y mida. Por ejemplo, si se considera la reacción

$$N_2 + 3H_2 = 2\,NH_3\,,$$

debido a que por cada mol de nitrógeno que reacciona se forman 2 moles de amoníaco, es evidente que la velocidad de formación del NH_3, ω_{NH3}, será el doble de la velocidad de desaparición del N_2, ω_{N2}.

$$\omega_{NH3} = \frac{d[NH_3]}{dt} = -2\frac{d[N_2]}{dt} = 2\,\omega_{N2}\,.$$

Por la misma razón, la velocidad de desaparición del hidrógeno, v_{H2}, es el triple de la velocidad de desaparición del nitrógeno, vN_2.

$$\omega_{H2} = -\frac{d[H_2]}{dt} = -3\frac{d[N_2]}{dt} = 3\,\omega_{N2}\,.$$

Orden de reacción

Se debe notar que si hay más átomos o moléculas en el volumen de control se producirán más reacciones por unidad de tiempo, por lo que la velocidad de reacción debe ser proporcional a las concentraciones de los reactantes.

En algunas reacciones, las velocidades son proporcionales a las concentraciones de los reactivos elevadas a una potencia. Si la velocidad es directamente proporcional a una sola concentración, se tendrá que

$$\omega = k[A]\,,$$

y se dice que la reacción es de primer orden. Un ejemplo de este tipo de reacción es la descomposición del etano en fase gaseosa

$$C_2H_6 = C_2H_4 + H_2\,.$$

En las condiciones experimentales usuales, la velocidad de aparición del eteno (igual a la desaparición de etano) es proporcional a la primera potencia de la concentración del etano.

El término segundo orden se aplica a dos tipos de reacciones: aquellas cuya velocidad es proporcional al cuadrado de una sola concentración

$$\omega = k[A]^2$$

y a aquellas cuya velocidad es proporcional al producto de dos concentraciones de diferentes reactivos.

$$\omega = k[A][B]\,.$$

Un ejemplo del primer tipo es la descomposición del yoduro de hidrógeno gaseoso

$$2HI = H_2 + I_2$$

en que la velocidad de izquierda a derecha es proporcional al cuadrado de la concentración de yoduro de hidrógeno.

La velocidad de reacción inversa es proporcional al producto de las concentraciones de yodo e hidrógeno, y en consecuencia, la reacción también es de segundo orden.

$$H_2 + I_2 = 2HI$$

Se conocen también reacciones de tercer orden, como la reacción de un óxido de nitrógeno y cloro, cuya velocidad es proporcional al cuadrado de la concentración del óxido y a la primera potencia de la concentración de cloro.

$$2NO + Cl_2 = 2NOCl$$

La reacción es de segundo orden respecto al óxido de nitrógeno y de primer orden respecto al cloro, su orden total es tres.

Esta situación puede generalizarse de la siguiente forma. Si la velocidad de una reacción es proporcional a la potencia α de la concentración de un reactivo *A*, a la potencia β de la concentración de un reactivo *B*, etc., su velocidad de reacción será

$$\omega = k[A]^{\alpha}[B]^{\beta}...$$

El orden de la reacción será

$$n = \alpha + \beta + ...$$

De acuerdo con la ley de acción de masas, la velocidad de reacción debe ser proporcional al producto de las concentraciones de los reactantes. Si los coeficientes de las especies son enteros, el orden de la reacción será un número entero, aunque en ciertos casos puede haber coeficientes fraccionarios. Las reacciones que cumplen con la ley de acción de masas se denominan reacciones elementales.

Una reacción elemental refleja efectivamente la física y la química de la reacción. Sin embargo, es común utilizar ecuaciones de reacción que no son elementales sino que son combinaciones de reacciones elementales, y por consiguiente su velocidad de reacción no es simplemente proporcional a las concentraciones de los reactantes. Por ejemplo, la velocidad de reacción entre hidrógeno y bromo cumple la ecuación cinética

$$\frac{d[HBr]}{dt} = \frac{k[H_2][Br_2]^{1/2}}{1 + \frac{k'[HBr]}{[Br_2]}}$$

Esta ecuación cinética compleja corresponde a la reacción

$$Br_2 + H_2 \rightarrow 2HBr$$

que es una condensación del mecanismo de reacciones elementales

$$Br_2 + M \rightarrow 2Br + M$$
$$Br + H_2 \rightarrow HBr + H$$
$$H + Br_2 \rightarrow HBr + Br \,,$$
$$H + HBr \rightarrow H_2 + Br$$
$$2Br + M \rightarrow Br_2 + M$$

cada una con distinta velocidad de reacción. La reacción condensada de un solo paso ya no cumple con la ley de acción de masas. En este tipo de reacciones no conviene hablar de orden de reacción, sino expresar la dependencia utilizando la ecuación cinética anterior.

Por lo tanto, no se debe intentar deducir el orden de una reacción de su ecuación estequiométrica, dado que esto será cierto únicamente si el mecanismo de reacción es el elemental.

En general, salvo que se sepa positivamente que la reacción es elemental, el orden de reacción debe considerarse una magnitud estrictamente experimental.

Constante de velocidad

La constante *k* de las ecuaciones anteriores representativas de un orden sencillo, se denomina *constante de velocidad* de la reacción. Es importante notar que sus unidades varían con el orden de reacción. Así, para una reacción de orden n, la unidad de *k* es

$$\text{kmol}^{\,1-n}\,(\text{m}^3)^{\,n-1}\,\text{s}^{-1}\,.$$

Teoría de la velocidad de reacción

La teoría cinética de los gases demuestra que la frecuencia de colisión de las moléculas de tipos 1 y 2 está dada por

$$Z_{1,2} = 2C_1C_2\sigma_{1,2}^2\sqrt{(2\pi RT\frac{W_1+W_2}{W_1W_2}} \,,$$

donde $\sigma_{1,2}$ es el diámetro promedio de las moléculas y W los pesos moleculares.

De estas colisiones, una porción $e^{(-E/\,RT)}$ tendrá una energía de colisión mayor que E, que se denomina la *energía de activación*, y es la energía requerida para romper los vínculos moleculares existentes y dar lugar a una nueva molécula. Luego, el número de colisiones por unidad de tiempo que resultan en una nueva especie es

$$Z_{1,2}\, e^{(-E/\,RT)}$$

Esta es la máxima velocidad de reacción entre las especies 1 y 2. En la práctica las velocidades de reacción son mucho menores debido a que no todas las colisiones ocurren con la orientación debida para desplazar el o los átomos deseados. Luego, podemos poner la constante de reacción como

$$K \propto Z_{1,2}e^{-\frac{E}{RT}}.\text{factor de forma}$$

El factor de forma puede ser también función de la temperatura (la orientación más favorable puede depender del estado de vibración de las moléculas), por lo que podemos escribir

$$k = \text{Const. } T^{1/2} f(T)\, e^{-\frac{E}{RT}}$$

que tiene la forma dada anteriormente.
El factor de forma no puede ser calculado teóricamente por la teoría cinética de los gases, y se debe medir experimentalmente, aunque hay teorías más modernas que aproximan los valores del factor de forma y las constantes numéricas.
Este desarrollo básico tiende a justificar la expresión de Arrhenius para la constante de reacción:

$$K = A\, T^{\beta}\, e^{-\frac{E}{RT}}$$

Las constantes de esta expresión genérica de la constante de reacción (A, β y E) están tabuladas para un gran número de reacciones y se pueden consultar en varias fuentes.

Mecanismos de reacción

La reacción entre reactantes gaseosos no tiene lugar simplemente por la colisión de moléculas de sustancias simples como por ejemplo

$$H_2 + H_2 + O_2 \rightarrow 2\, H_2O$$

Las reacciones avanzan por un proceso de reacción en cadena que involucra átomos y radicales cuyas valencias libres los convierten en portadores de cadena activos. Por ejemplo, la formación de ácido clorhídrico puede describirse por la cadena simple propuesta por Nernst:

$$Cl^- + H_2 \rightarrow HCL + H^+$$
$$H^+ + Cl_2 \rightarrow HCl + Cl^-$$

Estas dos reacciones son prevalentes respecto a la reacción molecular

$$Cl_2 + H_2 \rightarrow 2\, HCl$$

debido a la reactividad de la valencia libre de las especies Cl^- y H^+ . La reacción se acelera debido a que es exotérmica, aun cuando las concentraciones de los portadores de cadena permanezcan constantes; esta reacción, si no es controlada, produce una explosión.
Volviendo al sistema H_2 - O_2, las siguientes reacciones son importantes durante la fase inicial de reacción de una mezcla homogénea:

$OH + H_2 \rightarrow H_2O + H$	propagación	(1)
$H + O_2 \rightarrow OH + O$	desvío	(2)
$O + H_2 \rightarrow OH + H$	desvío	(3)
$H + O_2 + M \rightarrow HO_2 + M$	ruptura	(4)

La especie M es cualquier molécula o 'tercer cuerpo' que permanece esencialmente en la reacción excepto en lo que respecta a recibir energía para así balancear cantidad de movimiento y energía para las colisiones entre moléculas; en dos palabras, aumenta su temperatura.

El radical HO_2 es esencialmente inerte excepto en condiciones de baja temperatura donde puede tener lugar la reacción

$$HO_2 + H_2 \rightarrow H_2O_2 + H$$

En la fase inicial de la combustión las cuatro reacciones en conjunto no son exotérmicas. La reacción se acelera debido a las reacciones de desvío, que producen un aumento exponencial en la concentración de radicales libres, creando nuevas cadenas.

La velocidad de reacción está dada por la ley de acción de masas, que establece que la velocidad es proporcional a la concentración de los reactantes. Luego para la reacción (1)

$$\omega = k\,[OH][H_2]$$

Hemos visto que la concentración estaba relacionada a las otras variables por

$$[i] = \rho y_i \,/\, W_i = \rho X_i \,/\, W = \rho\,\Gamma_i$$

Estas concentraciones resultan en kmol/ m^3 o moles / litro; se debe tener cuidado en el uso de [i] y k para obtener ω en las unidades correctas.

Si las concentraciones de las distintas especies no son afectadas por procesos de convección y/o difusión, y en ausencia de otras reacciones:

$$\omega_{H2O} = \frac{d[H_2O]}{dt} = \omega$$

$$\omega_H = \omega$$

$$\omega_{OH} = -\omega$$

$$\omega_{H2} = -\omega$$

Nota: una velocidad de reacción negativa indica consumo, y una positiva producción.

La constante de reacción k es función de la temperatura solamente, y se adopta la forma general

$$k = AT^{\beta} e^{\frac{-E}{RT}}$$

donde A, β y E son constantes definidas para cada reacción; esto se verá en más detalle luego. Las constantes de reacción generalmente aumentan fuertemente con la temperatura, originando explosiones de origen térmico (a diferencia de explosiones por aceleración de desvíos en la cadena).

Para la reacción general $\sum \nu'_i M_i = \sum \nu''_i M_i$, la velocidad de reacción se escribe para la especie j:

$$\omega_j = \frac{d[j]}{dt} = (\nu''_j - \nu'_j)\omega = (\nu''_j - \nu'_j)k\prod_i [j]^{\nu'_i}$$

El orden de la reacción es $n = \sum \nu'_i$. Si la reacción general es una verdadera reacción elemental el orden de reacción es un número entero, ya que los ν'_i serán números enteros.

En las reacciones (1) a (4), las (1), (2) y (3) son de segundo orden, mientras que (4) es de tercer orden.

Las reacciones de primer orden generalmente ocurren cuando una molécula más bien compleja está en un estado excitado, por ejemplo, a alta temperatura y por consiguiente es inestable. Algunas reacciones de segundo orden aparentan ser de primer orden cuando uno de los reactantes está presente en concentraciones muy altas, y por lo tanto aparenta ser constante:

$$A + B \rightarrow C$$

$$\omega_A = -k\,[A][B]; \qquad n = 2$$

Si [B] >> [A] será aparentemente [B] = constante. Definimos k'= k [B] y $\omega_A = -k'[A]$; n = 1.

La presión puede también influenciar el orden de reacción. Por ejemplo, la reacción de pirólisis del metano

$$CH_4 + M \rightarrow CH_3 + H + M,$$

tiene una constante de reacción unimolecular k cuando [M] es muy alta (a altas presiones), debido a que podemos aproximar

$$[M] = \rho/ W = p/ RT,$$

mientras que a bajas presiones, cuando [M] es del orden de CH_4, la reacción es bimolecular (segundo orden)

$$CH_4 + M \rightarrow CH_3 + H + M,$$

cuya constante de reacción es k'.

Este caso se aproxima por medio de la expresión de Lindemann:

$$\omega = \frac{k[CH_4]}{1+\dfrac{\alpha}{[M]}}, \quad \alpha\text{=función de T}$$

Luego, si $[M] \gg \alpha$ $\quad \omega = k\,[CH_4]$ (primer orden),

$[M] \ll \alpha$ $\quad \omega = k\,[CH_4]\,[M]/\alpha$ (segundo orden),

con $k' = k/\alpha$ a muy bajas presiones.

Para el ejemplo de pirólisis del metano, el valor recomendado es $\alpha = 0.0063\, e^{(-9000/T)}$ [mol/ cm^3], donde [M] se calcula como

$$[M] = p/ RT \quad [mol / cm_3]$$

Si p está en atmósferas, R = 82.06 atm cm^3/mol K; si en Pa, R = 8.314 10^6 Pa cm^3/ mol K; la temperatura siempre en grados Kelvin. Si ρ está en kg/ m^3 y W en kg/ kmol

$$[M] = 0.001\,\rho/ W \quad [mol/ cm^3]$$

En general, cualquier reacción elemental también puede avanzar en la dirección inversa, de modo que, para la reacción (1)

$$H_2O + H \rightarrow OH + H_2$$

Si k_d es la constante de reacción en sentido (convencionalmente) directo, y k_r en sentido inverso, tenemos

$$\frac{d}{dt}[H_2O] = k_d\;[OH][H_2] - k_r\;[H_2O][H]$$

Una reacción se dice que está en equilibrio cuando la producción o consumo neto de una especie es cero. Luego,

$$\frac{d}{dt}[H_2O]_{eq} = 0 \rightarrow \frac{k_d}{k_r} = \frac{[H_2O][H]}{[OH][H_2]} = K$$

donde K es la constante de equilibrio (en este caso Kc por ser calculada en base a concentraciones) para la reacción reversible. Este es el concepto correcto de equilibrio cinético químico, en que las velocidades de reacción directa e inversa son iguales, no que son cero.
Como la constante de equilibrio es solo función de la temperatura, se la puede medir experimentalmente con gran precisión (por ejemplo, buscar a qué temperatura las concentraciones de H_2O, H, OH y H_2 permanecen constantes). En cambio, la medición de las velocidades de reacción es más engorrosa e imprecisa, por lo que se puede utilizar K para hallar o verificar una de las constantes de reacción versus la otra.
Una mezcla de especies químicas puede estar dando lugar a un número de reacciones químicas simultáneas. Por ejemplo, la combustión del metano CH_4 en aire requiere consideración de entre 30 y 70 reacciones simultáneas, dependiendo del grado de precisión deseado. Una misma especie química puede aparecer en muchas reacciones, y la velocidad de cambio de su concentración será la suma algebraica de las velocidades de cambio en todas las reacciones en que aparezca la especie. Por ejemplo, para el sistema bromo - hidrógeno:

$$1) Br_2 + M \xrightarrow{k_1} 2Br + M \qquad \text{(inicio)}$$

$$2) Br + H_2 \xrightarrow{k_2} HBr + H \qquad \text{(propagación)}$$

$$3) H + Br_2 \xrightarrow{k_3} HBr + Br \qquad \text{(propagación)}$$

$$4) H + HBr \xrightarrow{k_4} H_2 + Br \qquad \text{(propagación)}$$

$$5) 2Br + M \xrightarrow{k_5} Br_2 + M \qquad \text{(terminación)}$$

Notar que la reacción 4 es la inversa de la 2, y la 5 la inversa de la 1. La reacción inversa de 3 es sumamente lenta, y hemos despreciado las reacciones de disociación y recombinación de H_2, también por ser muy lentas. Luego, las velocidades de cambio de concentraciones son

$$\frac{d}{dt}[HBr] = \omega_2 + \omega_3 - \omega_4 = k_2[Br][H_2] + k_3[H][Br_2] - k_4[H][HBr]$$

$$\frac{d}{dt}[H] = \omega_2 - \omega_3 - \omega_4 = k_2[Br][H_2] - k_3[H][Br_2] - k_4[H][HBr]C_H C_{HBr}$$

$$\frac{d}{dt}[Br]C_{Br} = 2\omega_1 - \omega_2 + \omega_3 + \omega_4 - 2\omega_5 = 2k_1[Br_2][M] - k_2[Br][H_2] + k_3[H][Br_2] + k_4[H][HBr]$$

$$-2k_5[Br]^2[M]$$

etc.
Tenemos entonces un sistema de 5 reacciones con 6 especies químicas (5 si consideramos a M conocido). Veamos si se puede simplificar generando un sistema de reacciones reducido con menos reacciones y menos incógnitas.
La experiencia indica que, para los rangos de interés, los cambios en las concentraciones de H y Br son pequeños comparados con cualquiera de las velocidades de reacción. Luego, si hacemos d/dt [H] = d/dt [Br] = 0 resulta

$$\omega_2 - \omega_3 - \omega_4 = 0$$
$$2\,\omega_1 - \omega_2 + \omega_3 + \omega_4 - 2\,\omega_5 = 0$$

Sumando

$$\omega_1 - \omega_5 = 0 \quad \rightarrow \quad \omega_1 = \omega_5$$
$$k_1 [Br_2][M] = k_5 [Br]^2 [M]$$
$$[Br] = (k_1 / k_5)^{1/2} [Br_2]^{1/2}$$

Como 5 es la inversa de 1, podemos escribir $[Br] = (k_1)^{1/2} [Br_2]^{1/2}$
También sale que

$$\omega_2 = \omega_3 + \omega_4$$
$$k_2 [Br][H_2] = [H](k_3 [Br_2] + k_4 [HBr])$$

y utilizando la expresión anterior

$$[H] = \frac{k_2 [H_2] (K_1)^{1/2} [Br_2]^{1/2}}{k_3 [Br_2] + k_4 [HBr]}$$

Así logramos obtener las concentraciones de H y Br en función de las otras tres especies H_2, Br_2 y HBr. La aproximación usada al decir que d/ dt [i] = 0 se denomina *aproximación de estado estacionario*. Para la reacción H_2 - Br_2 esta aproximación dá resultados muy próximos a las observaciones experimentales.
La aproximación de estado estacionario aplicada a m especies en un sistema que involucra n especies permite obtener las m en función de las n - m restantes por medio de operaciones algebraicas simples, reduciendo el número de incógnitas. Es una hipótesis muy útil que se utiliza para generar mecanismos reducidos y, por ejemplo, la cinética de formación de NO.
Continuando con el sistema H_2 - Br_2 , de la conservación de átomos de Bromo podemos escribir

$$\frac{d}{dt}[Br_2] = -\frac{1}{2}\frac{d}{dt}([HBr] + [Br])$$

ya que cada molécula de Br_2 que se destruye debe dar lugar ya sea a dos de HBr, dos de Br o una combinación (suma) de estos casos.
Como [Br] = const

$$\frac{d}{dt}[Br_2] \cong -\frac{1}{2}\frac{d}{dt}[Br]$$

También por conservación de átomos de hidrógeno

$$\frac{d}{dt}[H_2] = -\frac{1}{2}\frac{d}{dt}([HBr] + [H])$$
$$\frac{d}{dt}[H_2] \cong -\frac{1}{2}\frac{d}{dt}[HBr] C_{HBr}$$

Considerando estas des expresiones podemos reducir el mecanismo original a un sistema global de un solo paso

$$H_2 + Br_2 \rightarrow 2\,HBr$$

Llegamos al mismo resultado operando con las reacciones 1 a 5. Si H está en estado estacionario, sumando 3, 4 y dos veces 2:

$$2\,Br + 2\,H_2 \rightarrow 2\,HBr + 2\,H$$
$$H + Br_2 \rightarrow HBr + Br$$
$$H + HBr \rightarrow H_2 + Br$$

$$H_2 + Br_2 \rightarrow 2\,HBr$$

La segunda aproximación (que Br está en estado estacionario) puede usarse para sumar 1 y 5, pero como 5 es la inversa de 1, el resultado es trivial:

$$Br_2 + M \rightarrow 2\,Br + M$$
$$2\,Br + M \rightarrow Br_2 + M$$

Ahora bien, si adoptando estado estacionario para H y Br se reduce el sistema de 5 reacciones a 1:

$$H_2 + Br_2 \rightarrow 2\,Hbr$$

cuál es la velocidad de reacción de ésta última?
Si la llamamos ω:

$$\frac{d}{dt}[HBr] = 2\omega \rightarrow \omega = \frac{1}{2}\frac{d}{dt}[HBr]$$

Teníamos previamente que

$$\frac{d}{dt}[HBr] = \omega_2 + \omega_3 - \omega_4 \quad \rightarrow \omega = \frac{1}{2}\,\omega_2 + \omega_3 - \omega_4$$

Luego, si partimos de valores conocidos de ω_2, ω_3 y ω_4 podemos obtener ω. Con ω conocido podemos obtener [HBr], [H_2] y [Br_2] (por medio de ecuaciones de transporte, que veremos luego), y con estas tres obtener H y Br de las expresiones algebraicas derivadas de la aproximación de estado estacionario. Obtenidas las cinco especies podemos recalcular ω_2, ω_3 y ω_4, y continuar en una solución iterativa.
Se ve así como la aproximación de estado estacionario conduce a la generación de mecanismos reducidos (de 5 reacciones a 1 reacción), reduciendo el número de incógnitas (de 5 a 3).
Por otro lado, como $\omega_2 = \omega_5 + \omega_4$

$$\frac{d}{dt}[HBr] = \omega_2 + \omega_3 - \omega_4 = 2\omega_3 = 2k_3[H][Br_2]$$

$$= \frac{2k_3k_2[H_2](K_1)^{1/2}[Br_2]^{1/2}}{k_3[Br_2] + k_4[HBr]}[Br_2]$$

$$= \frac{2k_2(K_1)^{1/2}[H_2][Br_2]^{1/2}}{1 + \dfrac{k_4[HBr]}{k_3[Br_2]}}$$

$$\text{Si } [HBr] << \frac{k_3}{k_4}[Br_2] \text{ resulta}$$

$$\frac{d}{dt}[HBr] \cong 2k_2 K_1^{1/2} [H_2][Br_2]^{1/2}$$

mientras que para el mecanismo reducido de un solo paso

$$\frac{d}{dt}[HBr] = 2k_{red} [H_2][Br_2]$$

Se ve que la constante de reacción del mecanismo reducido k_{red} seria

$$\frac{k_{red}}{[Br_2]^{1/2}} = k_2 K_1^{1/2}$$

o sea, el mecanismo reducido no obedece la ley de acción de masas; si pudiéramos reaccionar H_2 y Br_2 para producir directamente HBr, la constante de reacción no sería independiente de las concentraciones sino que sería

$$k_{red} \propto [Br_2]^{1/2}$$

Igualmente para

$$[HBr] >> \frac{k_3}{k_4}[Br_2]$$

$$\frac{d}{dt}[HBr] \cong 2\frac{k_2}{k_4} k_3 (K_1)^{1/2} \frac{[H_2][Br_2]^{3/2}}{[HBr]}$$

$$\text{y con } \frac{k_2}{k_4} = K_2$$

$$\frac{d}{dt}[HBr] \cong 2k_3 (K_1)^{1/2} K_2 \frac{[H_2][Br_2]^{3/2}}{[HBr]}$$

Luego, con altas concentraciones de HBr resultaría

$$k_{red} \propto [HBr]/[Br_2]^{1/2}$$

y, nuevamente, el mecanismo reducido no obedece la ley de acción de masas.

Del ejemplo tomamos las siguientes observaciones:

- El mecanismo reducido puede ser de un orden no entero; en este caso, el orden es 1.5.
- La constante de reacción del mecanismo reducido no es sólo función de la temperatura, sino también de las concentraciones de algunas especies.

Por estas razones es que la velocidad de reacción del mecanismo reducido (ω) se calcula utilizando las velocidades originales (ω_2, ω_3 y ω_4) que sí cumplen con la ley de acción de masas.

El método ejemplificado (reducción de un sistema de reacciones utilizando equilibrio químico y aproximaciones de estado estacionario) se utiliza hoy en día para reducir

sistemas de varias decenas de reacciones, como en el caso de combustión de hidrocarburos gaseosos en aire, a tres o cuatro reacciones involucrando unas pocas especies, lo que simplifica grandemente el modelado de estas llamas.
Los números de reacciones y de especies mayores del mecanismo reducido pueden especificarse a voluntad, desde el mismo mecanismo esqueletal hasta la reacción de un solo paso, añadiendo más suposiciones de especies en estado estacionario, reacciones en equilibrio, reacciones rápidas y lentas, etc. El mecanismo resultante será tanto menos fiel cuanto más se lo reduzca.
El proceso de reducción ha sido automatizado y codificado en el programa REDMECH de Göttgens y otros, de dominio público.
En el Apéndice B se ilustra la generación de un mecanismo de 4 pasos a partir de un mecanismo esqueletal de 18 pasos para el caso de la combustión del metano en aire (sin incluir la química del Nitrógeno).
Estos métodos no deben confundirse con los mecanismos simplificados, en los que el sistema original se reduce a unos pocos pasos en base a resultados experimentales y aproximaciones empíricas.

Equilibrio Químico

La segunda ley de la Termodinámica nos permite relacionar la constante de equilibrio de una reacción reversible al cambio en la energía libre de Gibbs para la reacción. Un ejemplo es la reacción de disociación que tiene lugar a altas temperaturas

$$CO_2 \Leftrightarrow CO + 1/2\ O$$

Las velocidades de reacción en ambas direcciones están dadas por la ley de acción de masas

$$\omega_d = k_d\,[CO_2]$$
$$\omega_r = k_r\,[CO]\,[O_2]^{1/2}$$

y la constante de equilibrio, a una temperatura y presión dadas, se define como $k_d/\,k_r$ cuando la reacción está en equilibrio, o sea, cuando $\omega_d = \omega_r$. Luego, la constante de equilibrio es:

$$K = k_d/\,k_r = [CO]\,[O_2]^{1/2} /\ [CO_2]$$

En general las concentraciones son proporcionales a las presiones parciales de modo que

$$K_p \equiv (P_{CO}\ \ P_{O2}{}^{1/2}) / P_{CO2}$$

La primera definición, calculada en base a las concentraciones, se denomina más propiamente K_c, y difiere de K_p en una constante, como veremos luego.
En general, para una reacción

$$\sum \nu_i' M_i = \sum \nu_i'' M_i$$

resulta

$$K_p = \prod_{i=1}^{N} P_i^{\nu_i'' - \nu_i'}$$

donde i cubre todas las especies (reactantes y productos).
La figura muestra las constantes de equilibrio para algunas reacciones típicas de combustión:

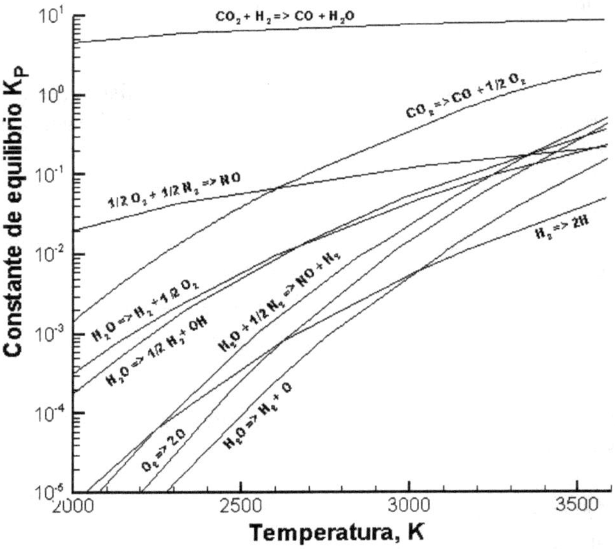

Figura 2.1: Constantes de equilibrio. Datos de Sutton [1]

La fracción termodinámica "energía libre de Gibbs" se define como G = H - TS. La Tercera Ley de la Termodinámica nos dice que la entropía es cero cuando T =0, lo que nos permite calcular la función de Gibbs.

Se puede demostrar que para un sistema en equilibrio a T y P constante la función de Gibbs es mínima y por consiguiente:

$$\Delta G = G_{prod} - G_{react} = \Delta G_0 + RT \ln (K_p) = 0$$

donde ΔG_0 es ΔG calculado a 1 atmósfera. Luego

$$K_p = \text{Cte.} \exp(- \Delta G_0 / RT)$$

donde la constante es en general una función de la temperatura y la reacción.

El cambio en energía libre de Gibbs a 1 atmósfera está dado por

$$\Delta G_0 = \sum_1^N (\nu_i'' - \nu_i')(G_0)_i$$

y las energías libres de Gibbs a 1 atm, en función de T, están tabuladas para las distintas especies químicas i en tablas como las de JANAF o en textos.

De este modo se calcula la constante de equilibrio K_p que nos relaciona las presiones parciales o las concentraciones.

Esto nos permite plantear un cálculo elemental de temperatura adiabática de llama. Digamos que la reacción es

$$C_xH_y + (x+y/4)/\phi\,(O_2 + 3.76N_2) \rightarrow aCO + bCO_2 + cO_2 + dH_2 + eH_2O + fOH + gH + hO + iNO + jN_2$$

En total son 11. Si suponemos que el resultado es un mol de productos

a + b + c + d + e + f + g + h + y +j =1

La conservación de átomos nos dice que

$$\frac{C}{H} = \frac{x}{y} = \frac{a+b}{2d+2e+f+g}$$

$$\frac{O}{H} = \frac{x+y/4}{\phi y} = \frac{a+2b+2c+e+f+h+i}{2d+2e+f+g}$$

$$\frac{N}{H} = \frac{3.76(x+y/4)}{\phi y} = \frac{i+2j}{2d+2e+f+g}$$

Si la reacción tiene lugar a 1 atm, $K_c = K_p$ (P=1), y podemos plantear las 6 ecuaciones de disociación

$$CO_2 \Leftrightarrow CO + \frac{1}{2}O_2 \quad ;K_1 = \frac{a\sqrt{c}}{b}$$

$$H_2O \Leftrightarrow H_2 + \frac{1}{2}O_2 \quad ;K_2 = \frac{d\sqrt{c}}{e}$$

$$H_2O \Leftrightarrow OH + \frac{1}{2}H_2 \quad ;K_3 = \frac{f\sqrt{d}}{e}$$

$$\frac{1}{2}H_2 \Leftrightarrow H \quad ;K_4 = \frac{g}{\sqrt{d}}$$

$$\frac{1}{2}O_2 \Leftrightarrow O \quad ;K_5 = \frac{h}{\sqrt{c}}$$

$$\frac{1}{2}O_2 + \frac{1}{2}N_2 \Leftrightarrow NO \quad ;K_6 = \frac{i}{\sqrt{ic}}$$

y la ecuación de energía

$$(\Sigma \text{ ni Hi})_{reac} = (\Sigma \text{ ni Hi})_{prod}$$

donde ni ≡a, b, c, etc.

Este sistema de 11 ecuaciones con 11 incógnitas se resuelve por iteración, adoptando un valor de T, calculando las constantes de equilibrio K1 - K6 y los coeficientes a - j, y chequeando el balance de la ecuación de energía.

La figura siguiente muestra un resultado típico para la combustión de H_2 en aire:

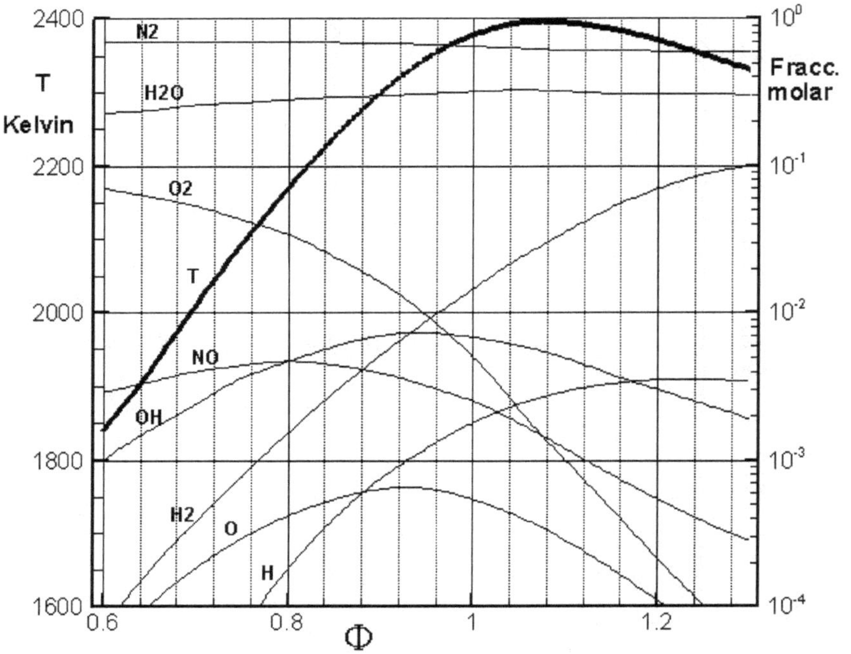

Figura 2.2: Equilibrio, llama de H_2 en aire

En la figura se aprecia que aún hay abundante cantidad de H_2 en la zona pobre ($\phi \ll 1$) y de O_2 en la zona rica. Las concentraciones de radicales libres (OH, H, O) son relativamente altas, especialmente en la zona estequiométrica. La concentración de óxido nítrico NO es máxima a un valor de equivalencia de 0.8, es del orden de 0.0045, o 4500 ppm; estos resultados son típicos de llamas en equilibrio.

La temperatura de llama es del orden de los 2400 K, y es máxima para una mezcla ligeramente rica (ϕ =1.08).

Otras propiedades de la constante de equilibrio Kp:

- Un valor de ΔG_0 alto y negativo corresponde a un valor grande de K_p, o sea, $k_d \gg k_r$, es decir, que a la temperatura de equilibrio la reacción será casi completa, con poco reactivo y muchos productos de reacción. Inversamente, un valor pequeño de ΔG_0 indica que las velocidades directas e inversas son similares.

- Conociendo algunas constantes de equilibrio se pueden calcular otras. Por ejemplo, sean las reacciones

$$H_2 + \frac{1}{2}O_2 \Leftrightarrow H_2O \qquad \text{Kp,}_{H2O} = \frac{p_{H2O}}{p_{H2}p_{O2}^{1/2}}$$

$$\frac{1}{2}H_2 \Leftrightarrow H \qquad \text{Kp,}_{H} = \frac{p_H}{p_{H2}^{1/2}}$$

$$\frac{1}{2}H_2 + \frac{1}{2}O_2 \Leftrightarrow OH \qquad \text{Kp,}_{OH} = \frac{P_{OH}}{p_{H2}^{1/2}p_{O2}^{1/2}}$$

(Notar que escribimos las reacciones para un mol de productos)
Por otro lado, para la reacción

$$H_2O \Leftrightarrow H + OH$$

$$Kp = \frac{p_H p_{OH}}{p_{H2O}} = \frac{Kp_H Kp_{OH}}{Kp_{H2O}}$$

- La constante de equilibrio puede calcularse en base a las presiones parciales (Kp), las concentraciones (Kc), las fracciones de masa y molares, o los números de moles. Dada la reacción estequiométrica general $\sum \nu_i' M_i \Leftrightarrow \sum \nu_i'' M_i$

Se definen

$$Kp(T) = \prod_i (P_{i,e})^{(\nu_i'' - \nu_i')} \qquad *$$

$$Kn(T) = \prod_i (n_{i,e})^{(\nu_i'' - \nu_i')}$$

$$Kc(T) = \prod_i ([i]_e)^{(\nu_i'' - \nu_i')}$$

$$Kx(T) = \prod_i (x_{i,e})^{(\nu_i'' - \nu_i')}$$

$$Ky(T) = \prod_i (y_{i,e})^{(\nu_i'' - \nu_i')}$$

* Pi,e es la presión parcial de la especie i en equilibrio.
Si llamamos $\Delta n = \sum$ (νi'' -νy'), las constantes están relacionadas por

$$Kp = (RT)^{\Delta n} Kc = (\frac{\rho RT}{n_T W})^{\Delta n} Kn = p^{\Delta x} Kx = (\rho RT)^{\Delta n} \prod_i W_i^{\nu_i'' - \nu_i'} Ky$$

La importancia de Kp es que, cuando $\Delta n \neq 0$, Kp es la única que es sólo función de T.

Algunos valores de energía libre de formación en kJ/ mol a 298.16 K son:

H_2O	-228.670
NO	86.710
NO_2	51.850
CO	- 137.310
CO_2	-394.480

CH_4	- 50.806
C_2H_6	- 32.894
C_3H_8	- 23.478

Tabla 2.4: Energía libre de formación

La dependencia de la energía libre de Gibbs con la temperatura se ejemplifica en la siguiente tabla (en KJ/ mol):

T (K)	CH_4	CO_2	H_2O	NO	O_2	N_2
298.16	-50.806	-394.480	-228.650	86.617	0	0
600	-22.988	-395.307	-214.088	82.842	0	0
900	8.491	-395.884	-198.168	79.055	0	0
1200	41.377	-396.240	-181.508	75.250	0	0
1500	74.740	-396.437	-164.458	71.517	0	0
1800	108.199	-396.529	-147.186	67.613	0	0
2100	141.666	-396.520	-129.785	63.796	0	0

Tabla 2.5: Energía libre de Gibbs y temperatura

Ejercicio

Una mezcla de 1 mol de N_2 y 0.5 moles de O_2 a 298.16 K es calentada hasta 4000 K a presión constante de 1 atm., obteniéndose una mezcla en equilibrio de O_2, N_2 y NO únicamente. Cuánto calor se debe entregar a la mezcla?

Solución

1) Estequiometría

La reacción es

$$N_2 + \frac{1}{2} O_2 \rightarrow a\, N_2 + b\, O_2 + c\, NO$$

Por conservación de átomos

$$N: \; 2 = 2a + c$$
$$O: \; 1 = 2b + c$$

El número total de moles $n_t = 1 - c/2 + \frac{1}{2} - c/2 + c = 3/2$

Luego

$$N_2 + \frac{1}{2} O_2 \rightarrow (1 - c/2)\, N_2 + (\frac{1}{2} - c/2)\, O_2 + c\, NO$$

Descartando los reactantes no consumidos, la reacción en equilibrio es

$$c/2\, N_2 + c/2\, O_2 \leftrightarrow c\, NO$$

o bien

$$\frac{1}{2} N2 + \frac{1}{2} O2 \leftrightarrow NO$$

2) Equilibrio químico

Calculamos la constante de equilibrio $K_{p,NO}$ para la reacción $\frac{1}{2} N_2 + \frac{1}{2} O_2 \leftrightarrow NO$

$\Delta G^0 = \sum (\nu i'' - \nu i') \Delta G_{f,i}^0$
Para O_2 y N_2, $\Delta G_f^0 = 0$. Luego, de Tablas:

$$\Delta G^0(298.16\ K) = \Delta G_{f,NO} = 86617\ J/\ mol$$
$$\Delta G^0(4000\ K) = \Delta G_{f,NO} = 40168\ J/\ mol$$

Expresamos - ΔG^0 como una ley lineal: $-\Delta G^0 = a + bT$
Con los datos de tablas

$$-\Delta G^0 = -90359 + 12.548T$$
$$-\Delta G^0/\ RT = -90359/\ RT + 12.548/R \qquad R = 8.314\ J/\ mol\ K$$

$$Kp = e^{\frac{12.548}{R}} \quad e^{-\frac{90359}{RT}} = 4.502e^{-\frac{10868}{T}}$$

a 4000 K

$K_{p,NO} = 0.3$

Notar que $K_d < K_r$

Utilizando la expresión de K_p en función del número de moles:

$$Kp = \frac{n_{NO}}{n_{O2}^{1/2}\ n_{N2}^{1/2}} \left(\frac{p}{n_t}\right)^{1-1/2-1/2} = \frac{n_{NO}}{n_{O2}^{1/2}\ n_{N2}^{1/2}}$$

$$\frac{c}{(1-\frac{c}{2})^{1/2}(\frac{1}{2}-\frac{c}{2})^{1/2}} = 0.3$$

Resolviendo la ecuación resulta $c = 0.1825$ de donde $a = 0.90875$ y $b = 0.40875$
y la reacción es $N_2 + \frac{1}{2} O_2 \rightarrow 0.90875\ N_2 + 0.40875\ O_2 + 0.1825\ NO$

3) Termoquímica

El calor requerido consiste en el calor de reacción más el calor necesario para llevar los productos a 4000 K:

$$\Delta H_{req} = Hr + \sum \Delta H_i\ \nu_i$$

De tablas

$\Delta H_{f,NO} = 90312\ J/\ mol$
$\Delta H_{f,O2} = \Delta H_{f,N2} = 0$
$Hr = 0.1825 * 90312 = 16482\ J$ (endotérmica)

De tablas

$\Delta H_{NO} = 132706\ J/\ mol$

$\Delta H_{O2} = 138705$ J/ mol
$\Delta H_{N2} = 130028$ J/ mol

$$\sum \Delta H_i \, \nu_i = 132706 * 0.1825 + 138705 * 0.40875 + 130028 * 0.90875 = 199077 \text{ J}$$

$$\Delta Hreq = 215.56 \text{ kJ}$$

Referencias

[1] Sutton, G. P.; "Rocket propulsion elements", J. Wiley & Sons, New York, 1949.

Capítulo 3

Casos elementales de combustión, sistemas de reacciones

Eduardo Brizuela

Modelos de combustión rápida

Si la química es suficientemente rápida con respecto a la fluido-mecánica podemos considerar que, una vez que los reactantes han arribado al volumen de control por difusión/convección y están íntimamente mezclados, la concentración de reactantes y productos se puede estudiar exclusivamente en base a las reacciones químicas.
En este caso tenemos dos modelos de reacción relativamente sencillos que proporcionan la composición de la mezcla. Estos son el modelo *de un solo paso* y el de *equilibrio químico.*
En el modelo de un solo paso consideramos la reacción

$$A + bB \rightarrow cC + dD$$

(que puede extenderse a más productos).
La fracción de mezcla en cualquier punto del campo puede obtenerse por su definición:

$$f = \frac{[A]W_A}{[A]W_A + [B]W_B} .$$

Dada la velocidad de la reacción w, los consumos y producciones de las especies son $w_A = -w$, $w_B = -bw$, $w_C = +cw$, y $w_D = +dw$. Si formamos los escalares

$$\beta_1 = [A] - [B]/b$$

$$\beta_2 = [A] + [C]/c$$

$$\beta_3 = [A] + [D]/d$$

$$\beta_4 = [B]/b + [C]/c$$

$$\beta_5 = [B]/b + [D]/d$$

y derivamos con respecto al tiempo, como $d[i]/dt = w_i$,

$$\frac{d\beta_1}{dt} = w_A - w_B / b = -w + w = 0 ,$$

$$\frac{d\beta_2}{dt} = w_A + w_C / c = -w + w = 0, \text{ etc.},$$

lo que prueba que β_1–β_5 no se crean ni se destruyen en el tiempo, o sea, son escalares conservados.
Multiplicamos β_1 por aW_A/W y queda:

$$\beta_1 = [A]\frac{W_A}{W} - [B]\frac{W_B}{W}\frac{W_A}{W_B}\frac{1}{b}.$$

Llamamos *s* al coeficiente estequiométrico de la especie B, en unidades de masa:

$$s = \frac{bW_B}{W_A},$$

y, como

$$[A]\frac{W_A}{W} = y_A,$$

resulta

$$\beta_1 = y_A - \frac{y_B}{s}.$$

Similarmente, si llamamos

$$s' = \text{masa producida de } C \text{ por unidad de masa de } A,$$

y

$$s'' = \text{masa producida de } D \text{ por unidad de masa de } A,$$

quedan

$$\beta_2 = y_A + \frac{y_C}{s'},$$

$$\beta_3 = y_A + \frac{y_D}{s''},$$

$$\beta_4 = y_B + y_C\frac{s}{s'},$$

y

$$\beta_5 = y_B + y_D\frac{s}{s''}.$$

Notamos que $s'+s''=s+1$.
Utilizamos ahora β_1 para formar *f*:

$$f = \frac{\beta_1 - \beta_{1B}}{\beta_{1A} - \beta_{1B}},$$

$$\beta_{1A} = y_{AA},$$

$$\beta_{1B} = -\frac{y_{BB}}{s}.$$

donde y_{BB} es la fracción de masa de la especie B en la corriente de entrada B (normalmente igual a 1, pero puede haber alguna especie inerte). Luego,

$$f = \frac{y_A - \frac{y_B}{s} + \frac{y_{BB}}{s}}{y_{AA} + \frac{y_{BB}}{s}} .$$

Distinguimos ahora el valor estequiométrico de f, aquel para el cual ni A ni B aparecen entre los productos. Luego, si $f > f_e$ habrá menos B que el necesario y aparecerá A entre los productos. Para este caso, en la mezcla $y_B = 0$ y resulta

$$f = \frac{y_A + \frac{y_{BB}}{s}}{y_{AA} + \frac{y_{BB}}{s}} .$$

Cuando $f = f_e$ será también $y_A = 0$ y entonces

$$f_e = \frac{\frac{y_{BB}}{s}}{y_{AA} + \frac{y_{BB}}{s}} .$$

De las dos últimas relaciones, para $f > f_e$

$$y_A = \frac{y_{BB}}{s}\left(\frac{f}{f_e} - 1\right) (1),$$

$$y_B = 0\ (2) .$$

Considerando ahora β_2 y con igual procedimiento:

$$\beta_{2A} = y_{AA} ,$$

$$\beta_{2B} = 0 ,$$

$$f = \frac{y_A + \frac{y_C}{s'}}{y_{AA}} .$$

Luego,

$$y_C = s'\left[f\ y_{AA} - \frac{y_{BB}}{s}\left(\frac{f}{f_e} - 1\right)\right] (3) ,$$

y considerando β_3

$$y_D = s''\left[f\ y_{AA} - \frac{y_{BB}}{s}\left(\frac{f}{f_e} - 1\right)\right] (4) ,$$

En la región $f < f_e$ será $y_A = 0$. Considerando β_1 obtenemos

$$f = \frac{-\frac{y_B}{s} + \frac{y_{BB}}{s}}{y_{AA} + \frac{y_{BB}}{s}} .$$

$$y_B = y_{BB}\left(1-\frac{f}{f_e}\right)(2'),$$

$$y_A = 0\,(1').$$

y considerando β4 y β5:

$$y_C = s' f\ y_{AA}\ (3'),$$

$$y_D = s'' f\ y_{AA}\ (4').$$

Este modelo de un solo paso se puede representar en el plano y-*f* como se muestra:

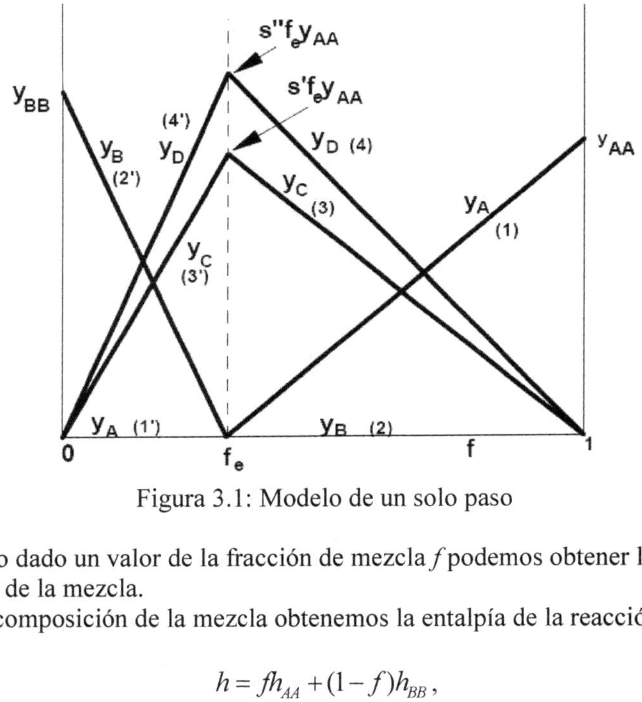

Figura 3.1: Modelo de un solo paso

De este modo dado un valor de la fracción de mezcla *f* podemos obtener la composición de la mezcla.
Obtenida la composición de la mezcla obtenemos la entalpía de la reacción adiabática como:

$$h = fh_{AA} + (1-f)h_{BB},$$

o bien como

$$h = \sum_i y_i h_i\ .$$

Para obtener la temperatura de la mezcla es común reducir el orden del polinomio, por ejemplo, al segundo grado:

$$h_i = a_{1i} + a_{2i}T + a_{3i}T^2,$$

Luego,

$$h = \left(\sum_i y_i a_{1i}\right) + T\left(\sum_i y_i a_{2i}\right) + T^2\left(\sum_i y_i a_{3i}\right),$$

y la temperatura se obtiene resolviendo la ecuación de segundo grado, ya que h es conocido.

Alternativamente, si el calor de reacción por mol de A es $-\Delta H_r$ podemos calcular la temperatura T_a de la reacción adiabática del balance:

$$hM_A = \frac{-\Delta H_r}{W_A} M_A = \left(M_A + M_B\right) c_p \left(T_a - T_m\right),$$

donde M_A y M_B son las masas de las especies y donde utilizamos un calor específico por unidad de masa medio y la temperatura de la mezcla sin reaccionar:

$$T_m = fT_{AA} + \left(1-f\right) T_{BB}.$$

Si el número de moles de B lo damos como el valor estequiométrico b dividido por la equivalencia ϕ, operando obtenemos

$$\frac{-\Delta h_r}{c_p} = \left(1 + \frac{s}{\varphi}\right)\left(T_a - T_m\right).$$

Dado que estamos considerando química rápida, en el caso de procesos premezclados la mezcla de reactivos dá lugar a los productos en forma inmediata. Sin embargo puede ser de utilidad definir una variable θ de avance de la reacción, desde la mezcla inerte hasta la reacción completada. Con lo anterior definimos entonces

$$\theta = \frac{T - T_m}{T_a - T_m}.$$

El avance de reacción varía entre 0 y 1.

También definimos los valores de las fracciones de mezcla de A, B, C y D en la mezcla inerte:

$$y_{Am} = fy_{AA},$$
$$y_{Bm} = \left(1-f\right) y_{BB},$$
$$y_{Cm} = 0,$$
$$y_{Dm} = 0.$$

En la reacción premezclada la fracción de mezcla toma un único valor. Para el caso de $f<f_e$ las fracciones de mezcla de A, B, C y D se pueden obtener a partir de la figura siguiente:

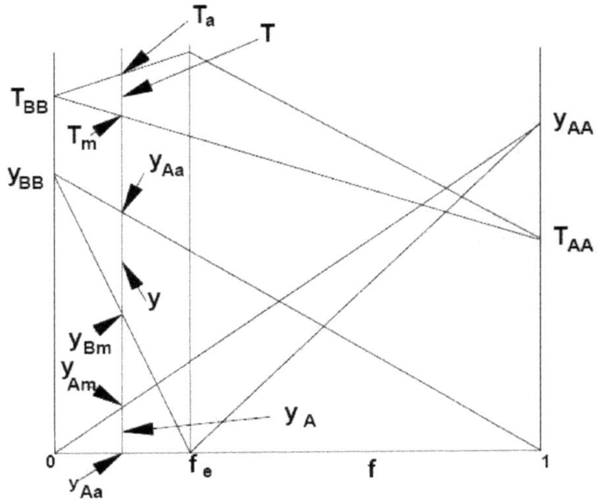

Figura 3.2: Combustión premezclada

Resultan:

$$y_A = \theta\, f y_{AA},$$

$$y_B = \left[\theta\left(\frac{f}{f_e} - f\right) + 1 - \frac{f}{f_e}\right] f y_{BB},$$

$$y_C = \theta\, s'\, f y_{AA},$$

$$y_D = \theta\, s''\, f y_{AA}.$$

Para la región $f > f_e$ similarmente resulta:

$$y_A = \left[\theta\, f_e\left(\frac{1-f}{1-f_e}\right) + \frac{f - f_e}{1 - f_e}\right] y_{AA},$$

$$y_B = \theta(1-f)\, y_{BB},$$

$$y_C = \theta\left(\frac{1-f}{1-f_e}\right) s'\, f_e y_{AA},$$

$$y_D = \theta\left(\frac{1-f}{1-f_e}\right) s''\, f_e y_{AA}.$$

Para la temperatura, en ambas regiones:

$$T = \theta\left(T_a - T_m\right) + T_m.$$

El modelo de un solo paso nos da la composición de la mezcla con sólo conocer f, pero no resulta en ninguna especie intermedia o menor. Para esto es necesario un modelo que admita la existencia de más especies y reacciones.

El segundo modelo simple es el de equilibrio químico: se asume que la química es rápida y la mezcla de un número de especies es estable en el tiempo a una dada temperatura.
Se nota que esto no implica que no estén sucediendo reacciones químicas ni que todas las velocidades de reacción sean cero, sino que, para todas las especies, las velocidades de creación y de destrucción están balanceadas.
La composición de una mezcla definida por su fracción de mezcla y su presión es sólo función de la temperatura a través de las constantes de reacción

$$k = AT^{-\beta} e^{-E/RT}.$$

Luego, podemos formar una tabla donde, dados f y h obtenemos la composición y_i y la temperatura de la mezcla.
El equilibrio de la mezcla puede hallarse utilizando la energía libre de Gibbs, como se ha visto en el capítulo anterior.
Esto se puede hacer automáticamente utilizando, por ejemplo, el programa EQUIL o DEQUIL, variantes del programa STANJAN, de dominio público, o el programa CEA de la NASA. Estos programas hallan la composición de equilibrio dadas f y T, o h y T, o T y P, etc., y se pueden especificar las especies involucradas sin especificar el mecanismo esqueletal, o el mecanismo deseado.
La figura siguiente ilustra el resultado para una mezcla de CH_4 y aire, inicialmente a 336K. No se especificó un mecanismo de reacción sino solamente las 17 especies CH_4, CO_2, H_2O, CO, H_2, N_2, CH_3, H, O, OH, HCO, HO_2, CH_2O, O_2, CH_3O, H_2O_2 y C, (este último para balancear si fuera necesario durante el cálculo). Se muestran la temperatura (caso adiabático) y algunas especies:

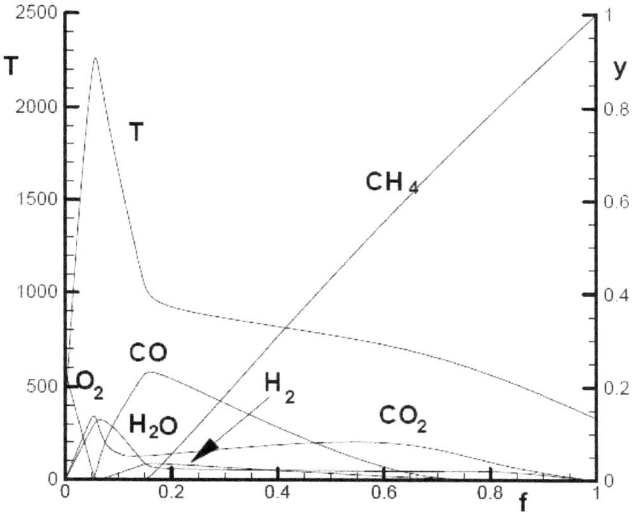

Figura 3.3: Llama de metano en aire, equilibrio

El modelo de equilibrio sí permite calcular algunas especies intermedias y menores. Sin embargo, aún no se tiene en cuenta la fluido-mecánica, es decir, la convección y difusión.
Estos métodos, de un solo paso y equilibrio químico, pueden utilizarse para dar una solución aproximada rápida, o bien para generar una condición inicial para la resolución numérica completa. En ambos casos se incorpora el modelo en forma de tablas de y_i versus f o de y_i versus f y h.

Casos de combustión técnica

La combustión de hidrocarburos en aire involucra centenares de reacciones químicas elementales y decenas de especies químicas. El cálculo de tales problemas está fuera del alcance del ingeniero de diseño o de operación de una planta térmica, por lo que se plantean casos simplificados de combustión denominada técnica, basados en el análisis de la reacción de un solo paso.
Considerando la riqueza de la mezcla se presentan tres casos:

1. Combustión con exceso de combustible (combustión rica)
2. Combustión estequiométrica
3. Combustión con exceso de aire (combustión pobre)

Los productos de la combustión de los hidrocarburos en aire se denominan genéricamente humos, y están constituidos por dióxido de carbono, agua y el nitrógeno del aire, comúnmente denominado balasto. En los casos de combustión rica o pobre aparecerán también entre los productos de combustión el combustible (rica) o el aire (pobre) que haya en exceso.
Estos casos, en los que sólo aparecen las especies mencionadas, se denominan de combustión completa.
Como se menciona más arriba, se forman en la combustión muchas otras especies, y ocasionalmente algunas de ellas aparecen entre los productos. Estos son casos de combustión incompleta. En el análisis técnico se analizan solamente dos casos que son de interés económico y ambiental de acuerdo a si:

1. Los humos contienen monóxido de carbono CO (combustión de Ostwald)
2. Los humos contienen CO e Hidrógeno molecular H_2 (combustión de Kissel)

Ambos casos pueden presentarse para distintos valores de riqueza de mezcla.

Combustión completa

Reacción general

Para el hidrocarburo de composición general C_nH_m escribimos la reacción de combustión completa estequiométrica:

$$C_nH_m+(n+m/4)(O_2+3.762N_2)=nCO_2+\frac{m}{2}H_2O+(n+m/4)\,3.762N_2\,,$$

para la combustión con exceso de combustible:

$$C_nH_m + \frac{(n+m/4)}{\varphi}(O_2 + 3.762N_2) =$$

$$\frac{n}{\varphi}CO_2 + \frac{m}{2\varphi}H_2O + \frac{(n+m/4)}{\varphi}3.762N_2 + \left(1-\frac{1}{\varphi}\right)C_nH_m; \varphi > 1$$

y con exceso de aire:

$$C_nH_m + \frac{(n+m/4)}{\varphi}(O_2 + 3.762N_2) =$$

$$nCO_2 + \frac{m}{2}H_2O + (n+m/4)(3.762N_2 + O_2)\left(\frac{1}{\varphi}-1\right); \varphi < 1$$

Luego, podemos calcular la composición de los productos de combustión para cualquier valor de la riqueza de mezcla o la fracción de mezcla. La composición fraccional de los humos puede computarse asumiendo el agua en estado de vapor (humos húmedos) o condensada (humos secos).

Ejemplo

Calcular la composición de los humos en la combustión completa estequiométrica del combustible cuya composición molar se detalla:

CH_4	45%
H_2	35%
CO	15%
O_2	2%
N_2	3%

Planteamos las reacciones:

$CH_4 + 2\ (O_2 + 3.762\ N_2) = CO_2 + 2\ H_2O + 2*3.762\ N_2$ 0.45

$H_2 + ½\ (O_2 + 3.762\ N_2) = H_2O + ½\ 3.762\ N_2$ 0.35

$CO + ½\ (O_2 + 3.762\ N_2) = CO_2 + ½\ 3.762\ N_2$ 0.15

$O_2 = O_2$ 0.02

$N_2 = N_2$ 0.03

Los productos de combustión para un mol de combustible resultan así:

$0.45\ (CO_2 + 2H_2O + 2 * 3.762\ N_2) + 0.35\ (H_2O + ½\ 3.762N_2) + 0.15\ (CO_2 + ½\ 3.762N_2) + 0.02\ O_2 + 0.03\ N_2$

Agrupamos:

$$0.6\ CO_2 + 1.25\ H_2O + 4.3563\ N_2 + 0.02\ O_2$$

Al ser la combustión estequiométrica no debe haber aire entre los productos de combustión, por lo que restamos el término 0.02 O_2 y su complemento $3.762*0.02N_2$, con lo que los productos son:

$$0.6\ CO_2 + 1.25\ H_2O + 4.2811\ N_2$$

Para los reactantes, tenemos

$(0.45\ CH_4 + 0.35\ H_2 + 0.15\ CO + 0.02\ O_2 + 0.03\ N_2) + 0.45\ (O_2 + 3.762N_2) + 0.35* ½$
$(O_2 + 3.762N_2) + 0.15* ½\ (O_2 + 3.762N_2) - 0.02\ O_2 - 0.03 * 3.762N_2$
Agrupamos:

$$(0.45\ CH_4 + 0.35\ H_2 + 0.15\ CO + 0.02\ O_2 + 0.03\ N_2) + 1.13\ (O_2 + 3.762N_2)$$

Podemos ahora calcular todos los parámetros de la combustión. Obtenemos:

4) La masa molecular del combustible

$$W_c = \sum x_i W_i (\text{combustibles}) = 13.58 \text{ kg/kmol}$$

b) La densidad del combustible relativa al aire.

$$\rho_r = \frac{W_C}{W_A} = 0.47$$

c) La masa molecular de los humos húmedos

$$\sum x_i W_i \ (\text{humos}) = 27.527 \text{ kg/kmol}$$

d) La masa molecular de los humos secos

$$\sum x_i W_i (\text{humossin } H_2 0) = 29.967 \text{ kg/kmol}$$

e) La densidad de los humos húmedos a 0° C y 1 atm

$$\rho_h = \frac{W_h}{W_A} \rho_A = 1.228 \text{ kg/m}^3$$

f) La relación molar oxígeno – combustible = 1.130 kmoles de O_2/ kmol de combustible

g) La relación molar aire – combustible = 1.13 * 4.762 = 5.381

h) La relación másica aire – combustible

$$5.381 \frac{W_A}{W_C} = 11.43 \text{ kg aire/kg combustible}$$

4) La relación molar humos húmedos – combustible

$$\sum n_i (\text{productos}) = 6.131 \text{ m}^3 \text{ humos/m}^3 \text{ combustible}$$

j) La relación másica humos húmedos – combustible

$$6.131 \frac{W_h}{W_C} = 12.428 \text{ kg humos/kg combustible}$$

k) La relación molar humos secos – combustible

$$\sum n_i (\text{productos, sin } H_2O) = 4.881 \text{ m}^3 \text{ humos/m}^3 \text{ combustible}$$

l) La relación másica humos secos – combustible

$$4.881 \frac{W_{hs}}{W_C} = 10.771 \text{ kg humos/kg combustible}$$

m) La relación masa de humos húmedos – volumen de combustible

$$12.428\ \rho_r \rho_A = 7.517 \text{ kg humos/m}^3 \text{ combustible}$$

n) La relación masa de humos secos – volumen de combustible

$$10.771\,\rho_r\rho_A = 6.515 \text{ kg humos/m}^3 \text{ combustible}$$

o) La composición molar (en %) de los humos húmedos.

Composición de	los humos húmedos
CO_2	0.600 * 100 / 6.131 = 9.79 %
H_2O	1.250 * 100 / 6.131 = 20.39 %
N_2	4.281 * 100 / 6.131 = 69.83 %

p) La composición molar (en %) de los humos secos.

Composición de	los humos secos
CO_2	0.600 * 100 / 4.881 = 12.29 %
N_2	4.281 * 100 / 4.881 = 87.71 %

Combustión incompleta

La combustión incompleta puede presentarse en mezclas ricas, pobres o estequiométricas. En cualquier caso la resolución del problema puede encararse con los procedimientos ya vistos de balance de especies atómicas y las leyes de la estequiometría.
Se estudiarán dos casos de combustión incompleta que son de aplicación usual en la operación de plantas térmicas: la Combustión de Kissel, en la que los inquemados son el CO y el H_2, y la Combustión de Ostwald, en la que hay un solo inquemado, el CO. Para ambos casos se encuentran soluciones gráficas que permiten una rápida evaluación de las condiciones globales de la combustión, la eficiencia de la combustión y la producción de contaminantes ambientales. Estos diagramas se pueden utilizar para supervisar una instalación de combustión. Las grandes calderas, por ejemplo, poseen instrumentos para analizar los gases de combustión. Debido a que estos instrumentos reciben los gases fríos, el agua condensa en la pesca de medición, y el análisis es en base seca. Se mide la fracción molar (% en volumen) de O_2 y de CO_2, lo que permite saber rápidamente si hay inquemados. Con la medición de temperatura y un ábaco o tabla se pueden hallar las concentraciones de los inquemados.

Combustión de Ostwald

Planteo general

La reacción química de la combustión incompleta de un hidrocarburo C_nH_m (no confundir n y m subíndices del número de átomos de carbono e hidrógeno en el hidrocarburo con n: número de moles y m: masa, definidos anteriormente), que contiene CO en los humos, es:

$$C_nH_m + \left(n + \frac{m}{4} - \frac{x}{2} + z\right)O_2 + 3.762\left(n + \frac{m}{4} - \frac{x}{2} + z\right)N_2 =$$

$$(n-x)CO_2 + xCO + \frac{m}{2}H_2O + zO_2 + 3.762\left(n + \frac{m}{4} - \frac{x}{2} + z\right)N_2$$

Se han llamado x a los moles de CO y z a los moles de O_2 en los humos, para un mol de combustible.

Tenemos entonces los moles de humos secos:

$$n_s = n + 3.762\left(n + \frac{m}{4}\right) - 3.762\frac{x}{2} + 4.762z$$

Se definen las fracciones molares de CO_2 como α y la de O_2 como ω:

$$\alpha = \frac{n-x}{n_s}$$

$$\omega = \frac{z}{n_s} \;\square\square$$

Reordenamos la ecuación de n_s para obtener:

$$n_s = \frac{n + 3.762\left(\frac{n}{2} + \frac{m}{4}\right)}{1 - 4.762\omega - \frac{3.762}{2}\alpha}$$

Luego, con los valores medidos de α y ω obtenemos n_s.

Diagrama de Grebbel

Si no hay CO en los humos ($x = 0$) podemos reordenar n_s para obtener

$$\alpha = \alpha_m\left(1 - 4.762\omega\right)$$

donde

$$\alpha_m = \alpha(x = z = 0) = \frac{n}{n + 3.762\left(n + \frac{m}{4}\right)}$$

En el plano (ω, α) esta ecuación se denomina la línea de Grebbel, y representa la combustión completa con exceso de aire.

Si definimos el exceso de aire como

$$e = \frac{z - \frac{x}{2}}{n + \frac{m}{4}}$$

podemos reordenar la ecuación de n_s para obtener

$$\alpha = 1 - \omega\left(\frac{3.762}{e} + 3.762 + 1\right)$$

Esta es la ecuación de una familia de rectas con foco en (0,1) cuya intersección con la línea de Grebbel define el exceso de aire. La figura siguiente muestra la línea de Grebbel y las líneas de exceso de aire constante para la combustión completa.

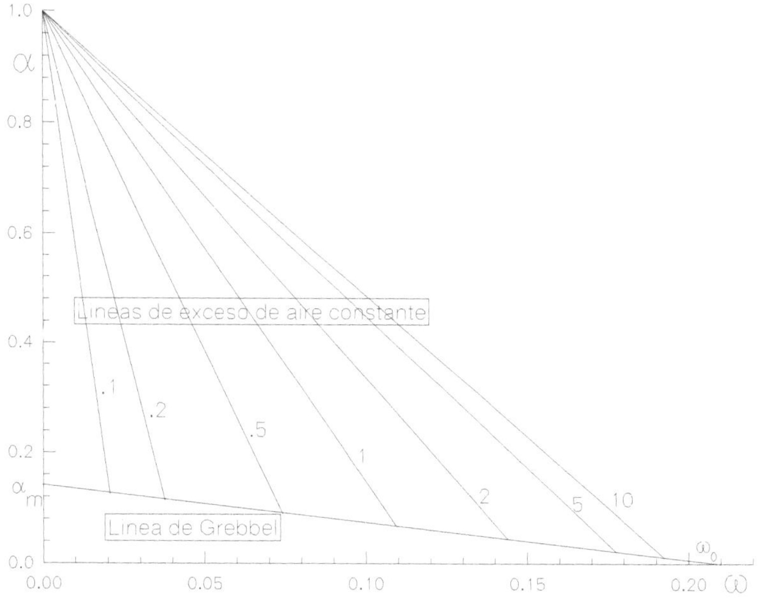

Figura 3.4: Diagrama de Grebbel

Diagrama de Ostwald

Si llamamos γ a la fracción molar de CO en los humos secos:

$$\gamma = \frac{x}{n_s}$$

podemos operar con n_s para obtener

$$\alpha = \left(\frac{3.762}{2}\alpha_m - 1\right)\gamma + \alpha_m\left(1 - 4.762\omega\right)$$

Esta ecuación representa líneas paralelas de concentración de CO constante, que forman el diagrama de Ostwald. La línea que corresponde a γ□= 0 es la línea de Grebbel.

Utilizando el exceso de aire podemos operar con n_s para obtener

$$\alpha = \frac{n+2\left(n+\frac{m}{4}\right)e-\omega\left\{n+2\left[n+3.762\left(n+\frac{m}{4}\right)+4.762\left(n+\frac{m}{4}\right)e\right]\right\}}{n+3.762\left(n+\frac{m}{4}\right)(1+e)}$$

Esta ecuación representa una familia de líneas de exceso de aire constante. La línea de $e = 0$ pasa por $(\alpha_m,\ 0)$ y por $(0,$ □ $\alpha_m/(2+\alpha_m))$. Las líneas de exceso de aire constante tienen un foco en (1,-2). La línea de $e = \infty$ pasa por ω□$=1/4.762 = 0.21$. El menor exceso de aire corresponde al punto $\alpha = \omega = 0$, y resulta $e = -\ n/(2\ (n + m/4))$ (al ser negativo indica un defecto de aire).
La figura siguiente muestra las líneas de exceso de aire constante.

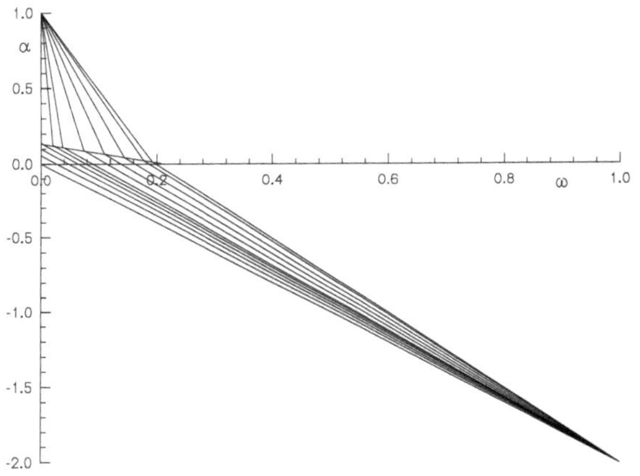

Figura 3.5: Construcción del diagrama de Ostwald

La figura siguiente muestra la parte central de la figura anterior, que forma el diagrama de Ostwald para la combustión incompleta con presencia de CO, para el propano (C_3H_8):

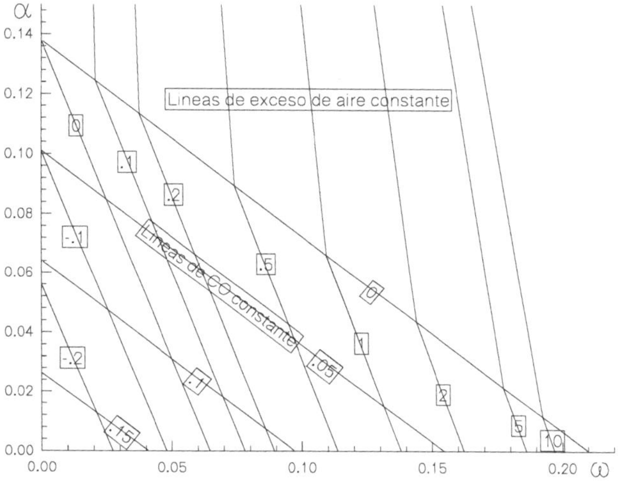

Figura 3.6: Diagrama de Ostwald para el Propano en aire

La combustión de Ostwald también puede representarse como un nomograma, como se ve en la figura siguiente:

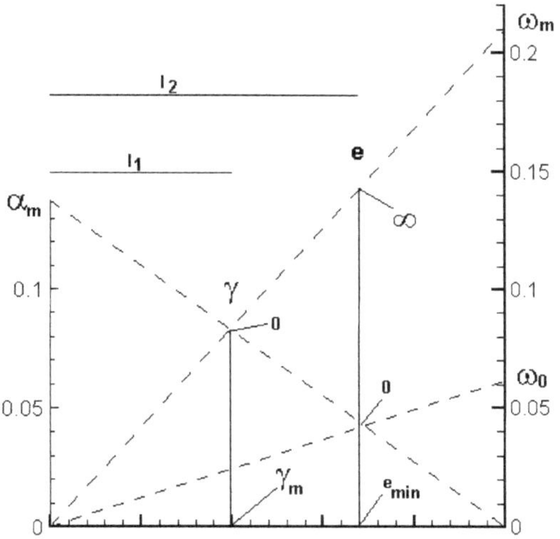

Figura 3.7: Nomograma para la combustión de Ostwald

La construcción de este nomograma es como sigue: se trazan los ejes de α y ω en los extremos de un eje horizontal de largo L, con rangos máximos

$$\alpha_m = \frac{1}{1+k\left(1+\frac{m}{4n}\right)}$$

$$\omega_m = \frac{1}{k+1}$$

$$k = 3.762$$

Para la fracción molar de CO, γ, su escala tendrá una altura $\boldsymbol{h_1}$ y ubicamos la escala a una distancia l_1 del eje de α tal que

$$\frac{\omega_m}{L} = \frac{h_1}{l_1}$$

$$\frac{\alpha_m}{L} = \frac{h_1}{L-l_1}$$

con lo que

$$\frac{l_1}{L} = \frac{1}{1+\frac{\omega_m}{\alpha_m}}$$

$$h_1 = \frac{l_1}{L}\omega_m$$

El valor máximo de CO se obtiene haciendo α=ω=0:

$$\gamma_m = \frac{\alpha_m}{1-\frac{k}{2}\alpha_m}$$

y se ubica sobre el eje horizontal. El factor de escala es h_1/γ_m, y para un valor dado de ω obtenemos la alturade γ como

$$h = \frac{l_1}{L}\omega$$

y el valor de γ de

$$\gamma = \frac{h_1 - h}{\text{factor de escala}}$$

La escala es lineal.

Para el propano:

ω	h	γ %
0.0000	0.000000	18.55
0.0402	0.015928	15
0.0968	0.038323	10
0.1534	0.060717	5
0.2100	0.083112	0

Para el exceso de aire **e** tenemos tres valores a ubicar.
Con α=e=0 obtenemos el valor de ω:

$$\omega_0 = \frac{n}{n+2\left[n+k\left(n+\frac{m}{4}\right)\right]}$$

Con ω=e=0 obtenemos el valor de α:

$$\alpha = \frac{n}{n+k\left(n+\frac{m}{4}\right)} = \alpha_m$$

La interseccion de estas dos lineas, (α_m , 0)—(0 , 0) y (0 , 0)—(0 , ω_m) define el punto e=0. La altura de la escala sera h_2 y planteamos

$$\frac{\omega_0}{L} = \frac{h_2}{l_2}$$

$$\frac{\alpha_m}{L} = \frac{h_2}{L-l_2}$$

Con lo que resulta la ubicación de la escala de e y la altura del punto e=0:

$$\frac{l_2}{L} = \frac{1+2\left[1+k\left(1+\frac{m}{4n}\right)\right]}{1+3\left[1+k\left(1+\frac{m}{4n}\right)\right]}$$

$$h_2 = \frac{l_2}{L}\omega_0$$

El valor mínimo de e se obtiene haciendo α=ω=0:

$$e_{\min} = -\frac{1}{2\left(1+\frac{m}{4n}\right)}$$

Notar que es negativo, vale decir, es un defecto de aire. Este punto se ubica sobre el eje horizontal.
El valor máximo del exceso es infinito (aire puro) y se corresponde con $\omega=\omega_m$, α=0. La altura de este punto estará dada por

$$h_{\infty} = \frac{l_2}{L}\omega_m$$

La escala no es lineal. Para otros valores de exceso, con α=0 tomamos valores de e y obtenemos

$$\omega = \frac{n + 2\left(n + \frac{m}{4}\right)e}{n + 2\left[n + k\left(n + \frac{m}{4}\right) + (k+1)\left(n + \frac{m}{4}\right)e\right]}$$

$$h = \frac{l_2}{L}\omega$$

Para el propano:

e %	ω	h
-30	0.000000	0.000000
-20	0.026951	0.018635
-10	0.047781	0.032552
0	0.064350	0.043840
10	0.077848	0.053036
20	0.089057	0.060673
50	0.113588	0.077385
100	0.137946	0.093980
200	0.162132	0.110457
500	0.186148	0.126819
∞	0.210000	0.143069

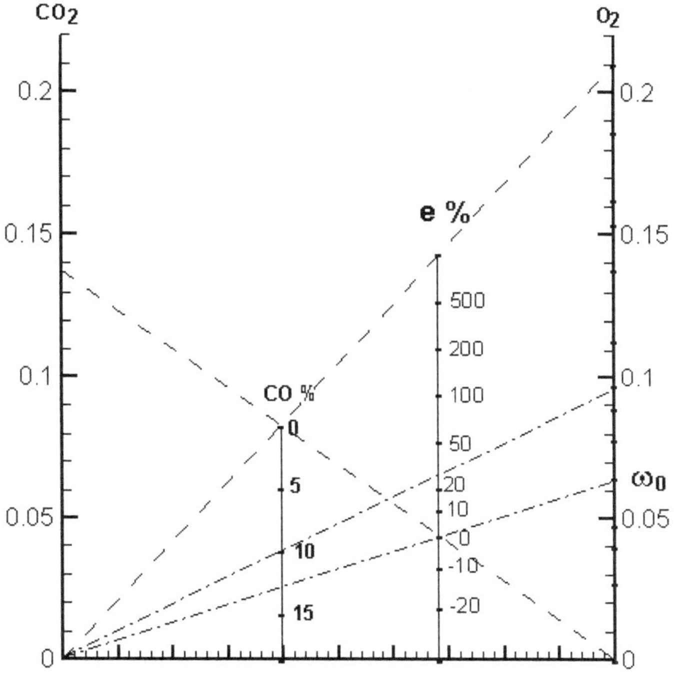

Figura 3.8: Nomograma para el Propano

Ejemplo: Combustión de Ostwald

Obtener los parámetros característicos de la combustión de Ostwald de un propano comercial. Una muestra del mismo arroja la siguiente composición en volumen: 0.63% de C_2H_6, 87.48% de C_3H_8 y 11.89% de C_4H_{10}. El análisis de los humos da un 5% de O_2 (ω) y un 8% de CO_2 (α).

Hallamos los números de átomos del combustible compuesto:

$n = 0.0063 * 2 + 0.8748 * 3 + 0.1189 * 4 = 3.1126$

$m = 0.0063 * 6 + 0.8749 * 8 + 0.1189 * 10 = 8.2252$

Obtenemos n_s = 27.3187 kmol humos secos/ kmol combustible, y luego *z*, *x* y el exceso:

$x = 0.9271$ kmol CO/ kmol humos

$z = 1.3659$ kmol O_2/ kmol humos

$e = 0.1746$

Los cálculos restantes son inmediatos:
Recta de CO constante: $\alpha = 0.1129 - 0.6572\ \omega$
Recta de exceso de aire constante: $\alpha = 0.1895 - 2.1895\ \omega$
Composición de los humos secos
$x_{CO2} = 0.08$ kmol CO_2/ kmol humos secos
$x_{CO} = 0.0339$ kmol CO/ kmol humos secos
$x_{O2} = 0.05$ kmol O_2/ kmol humos secos
$x_{N2} = 0.8361$ kmol N_2/ kmol humos secos
Composición de los humos húmedos
$x_{CO2} = 0.0695$ kmol CO_2/ kmol humos húmedos
$x_{CO} = 0.0295$ kmol CO/ kmol humos húmedos
$x_{H2O} = 0.1308$ kmol H_2O/ kmol humos húmedos
$x_{O2} = 0.0435$ kmol O_2/ kmol humos húmedos
$x_{N2} = 0.7267$ kmol N_2/ kmol humos húmedos

Combustión de Kissel

Planteo general

La reacción química incompleta de un hidrocarburo C_nH_m con CO y H_2 en los humos es:

$$C_nH_m + \left(n + \frac{m}{4} - \frac{x+y}{2} + z\right)O_2 + 3.762\left(n + \frac{m}{4} - \frac{x+y}{2} + z\right)N_2 =$$
$$(n-x)CO_2 + xCO + \left(\frac{m}{2} - y\right)H_2O + yH_2 + zO_2 + 3.762\left(n + \frac{m}{4} - \frac{x+y}{2} + z\right)N_2$$

Se han llamado y a los kmoles de H_2 en los humos, para un kmol de combustible.

Los moles de los inquemados y de O_2 en los productos no pueden obtenerse por balance de especies atómicas y es necesario plantear alguna otra relación entre los inquemados. Se considera entonces la llamada reacción del gas de agua

$$CO_2 + H_2 \Leftrightarrow CO + H_2O$$

que se asume en equilibrio, por lo que las reacciones directa e inversa deberán tener iguales velocidades de reacción. Se plantea entonces:

$$k_d[CO_2][H_2] = k_i[CO][H_2O]$$

El cociente de las constantes de reacción directa e inversa k_d/k_i es la constante de equilibrio de la reacción, denominada K:

$$K = \frac{k_d}{k_i} = \frac{[CO][H_2O]}{[CO_2][H_2]} = \frac{x\left(\frac{m}{2} - y\right)}{(n-x)y}$$

Para estimar K en función de la temperatura de los humos se pueden utilizar las siguientes aproximaciones empíricas:

$$K = 3.4x10^{-6}T^2 - 2.08x10^{-3}T + 0.39 \quad (500°C \leq T \leq 1000°C)$$

$$K = 4.28x10^{-3}T - 2.57 \quad (1000°C \leq T \leq 1500°C)$$

Para un combustible dado n y m son conocidos. Si se miden la temperatura y las concentraciones de CO_2 $(n\text{-}x)$ y oxígeno (z) de los humos, el problema tiene solución. La combustión de Kissel puede plantearse en forma gráfica. Partimos de

$$n_s = n + 3.762\left(n + \frac{m}{4}\right) - 3.762\frac{x+y}{2} + 4.762z + y$$

El número de moles de los humos secos es función de z. Sin embargo, el número de moles de CO_2 $(n\text{-}x)$ no lo es. Cuando $z = 0$ tendremos $\omega = 0$ y

$$\alpha_1 = \frac{n-x}{n_s(z=0)}$$

Pero como

$$n_s(z=0) = n_s - 4.762z = n_s\left(1 - 4.762\omega\right)$$

resulta

$$\alpha_1\left(1 - 4.762\omega\right)n_s = n - x = \alpha\, n_s$$

y finalmente

$$\alpha = \alpha_1\left(1 - 4.762\omega\right)$$

En el plano $(\alpha-\omega\square)$ esta es la ecuación de una línea recta, la línea de Grebbel, que pasa por los puntos $(\alpha_1, 0)$ y $(0, \omega_1)$, donde ω_1= ¼.762 = 0.21. Esta línea representa todas las posibles fracciones molares de CO_2, en base seca, para las distintas fracciones molares de O_2, también en base seca.

Las líneas verticales corresponden a $\omega\square = z/n_s$ = constante, y representan los casos de contenido constante de oxígeno en los humos secos.

Debido a la no linealidad de la relación entre x e y en la ecuación de gas de agua las líneas de exceso de aire constante y contenido de CO constante no son rectas, y deben obtenerse resolviendo el sistema de ecuaciones para cada valor de ω.

La figura siguiente muestra la línea de Grebbel y las líneas de exceso de aire y de CO constantes:

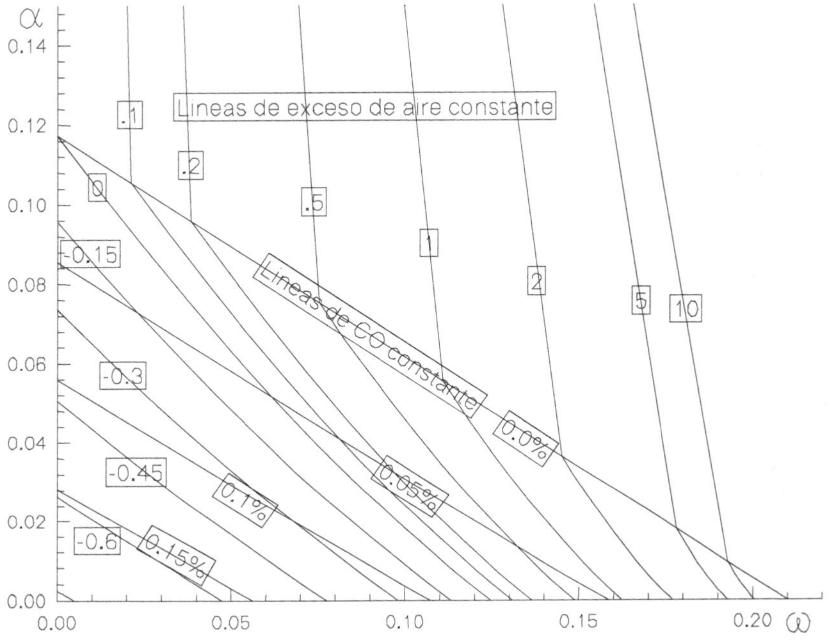

Figura 3.9: Combustión de Kissel

Ejemplo: Combustión de Kissel

Estudiar la combustión de Kissel del metano, para una temperatura de 1000ºC. El análisis de los humos secos da una fracción molar de CO_2 (α) de 0.100 y una fracción molar de O_2 (ω) de 0.025.

Para el metano $n = 1$, $m = 4$.
Calculamos el valor de K a 1000ºC ,obteniendo $K = 1.7066$.
Asumimos un valor de n_s y calculamos

$$n - x = \alpha\, n_s$$

$$z = \omega\, n_s$$

Obtenemos x, y con K y x obtenemos y. Verificamos

$$n_s = n + 3.762\left(n + \frac{m}{4}\right) - 3.762\,\frac{x + y}{2} + 4.762z + y$$

e iteramos para resolver. Obtenemos:

$n_s = 9.5144$ kmol humos secos/ kmol combustible
$x = 0.0485$ kmol CO/ kmol humos
y = 0.058 kmol H_2/ kmol humos

z = 0.2379 kmol O_2/ kmol humos

Composición de los humos secos
x_{CO2} = 0.1 kmol CO_2/ kmol humos secos
x_{CO} = 0.0051 kmol CO/ kmol humos secos
x_{H2} = 0.0061 kmol H_2/ kmol humos secos
x_{O2} = 0.025 kmol O_2/ kmol humos secos
x_{N2} = 0.8638 kmol N_2/ kmol humos secos

Composición de los humos húmedos
x_{CO2} = 0.083 kmol CO_2/ kmol humos húmedos
x_{CO} = 0.0042 kmol CO/ kmol humos húmedos
x_{H2O} = 0.1695 kmol H_2/ kmol humos húmedos
x_{H2} = 0.0051 kmol H_2/ kmol humos húmedos
x_{O2} = 0.0208 kmol O_2/ kmol humos húmedos
x_{N2} = 0.7174 kmol N_2/ kmol humos húmedos

Sistemas de reacciones elementales

La combustión en general no procede según una sola reacción química sino que comprende un gran número de reacciones simultáneas. Para poder estudiarlas individualmente es necesario que se trate de reacciones elementales.
Las reacciones elementales obedecen a la ley de acción de masas . Es común encontrar en la literatura reacciones que no obedecen a la ley de acción de masas. Por ejemplo, para la reacción

$$CH_4 + 1\frac{1}{2}O_2 \rightarrow CO + 2H_2O$$

la velocidad de reacción recomendada es

$$w = 5.3x10^{18}\, e^{-57/\Re T}\,[CH_4][O_2]^{1/2}[H_2O].$$

Esto evidencia que la reacción considerada no es una reacción elemental sino que se ha obtenido experimentalmente o por combinación de reacciones elementales.
El paso de reactantes a productos finales rara vez tiene lugar entre sustancias simples en una sola reacción. Por ejemplo, la combustión del Hidrógeno

$$2H_2 + O_2 \rightarrow 2H_2O$$

no es una reacción elemental, no obedece a la ley de acción de masas y no tiene lugar en la naturaleza. Lo que sucede es que hay un número de reacciones elementales simultáneas cuyo resultado es lo que denominamos productos, que pueden ser o no, por ejemplo, H_2O, dependiendo de las condiciones finales. Para el caso del ejemplo las reacciones elementales más importantes son:

1. $2O + M \leftrightarrow O_2 + M$
2. $O + H + M \leftrightarrow OH + M$

3. $O + H_2 \leftrightarrow H + OH$
4. $O + HO_2 \leftrightarrow OH + O_2$
5. $O + H_2O_2 \leftrightarrow OH + HO_2$
6. $H + O_2 + M \leftrightarrow HO_2 + M$
7. $H + 2O_2 \leftrightarrow HO_2 + O_2$
8. $H + O_2 + H_2O \leftrightarrow HO_2 + H_2O$
9. $H + O_2 \leftrightarrow O + OH$
10. $2H + M \leftrightarrow H_2 + M$
11. $2H + H_2 \leftrightarrow 2H_2$
12. $2H + H_2O \leftrightarrow H_2 + H_2O$
13. $H + HO_2 \leftrightarrow O + H_2O$
14. $H + HO_2 \leftrightarrow O_2 + H_2$
15. $H + HO_2 \leftrightarrow 2OH$
16. $H + H_2O_2 \leftrightarrow HO_2 + H_2$
17. $H + H_2O_2 \leftrightarrow OH + H_2O$

Como se ve, aún para el caso sencillo de la combustión del Hidrógeno con oxígeno hay que considerar 17 reacciones simultáneas que involucran 9 especies químicas, incluyendo al "gas de baño", indicado por M.
Para situaciones más complejas el número de reacciones y especies crece rápidamente.
Por ejemplo, para la combustión del metano en aire el mecanismo elemental recomendado por el Gas Research Institute de USA como Mecanismo 2.11 (ver Apéndice A) consta de 274 reacciones entre 49 especies. En el apéndice B se da un sistema mas sencillo de 18 reacciones y 13 especies.
Es importante destacar que todas estas reacciones obedecen a la ley de acción de masas.
Estos listados de reacciones elementales no incluyen todas las reacciones posibles, sólo aquellas consideradas significativas. Por esto se los denomina "mecanismos esqueletales".
La composición de la mezcla de gases dependerá del tiempo, del escurrimiento y de las condiciones de frontera. Hay diversas herramientas que simplifican algo el problema y permiten estimar la composición de la mezcla. Se pueden citar las hipótesis de equilibrio, estado estacionario, adiabaticidad, etc.

Mecanismos simplificados

Para el modelado de la combustión en motores de combustión interna es conveniente tener un sistema de reacciones que, sin ser tan complejo como el sistema esqueletal, permita obtener especies significativas con menos esfuerzo computacional.
Para la combustión de metano, propano y metanol, Paczko et al. [1] proponen el sistema reducido para metano:

$$CH_4 + 2H + H_2O = CO + 4H_2$$
$$CO + H_2O = CO_2 + H_2$$
$$2H + M = H_2 + M$$
$$O_2 + 3H_2 = 2H + 2H_2O$$

Para el metanol se reemplaza la primera reacción por

$$CH_3OH + 2H = CO + 3H_2$$

Para el propano se reemplaza la primera reacción por dos reacciones paralelas:

$$C_3H_8 + 2H + 2H_2O = 2CO + 7H_2 + CO_2$$
$$C_3H_8 + 4H + 3H_2O = 3CO + 9H_2$$

Las velocidades de reacción y la manera de obtener las concentraciones de las especies en estado estacionario y en equilibrio se encuentran en la referencia.
Para hidrocarburos líquidos (C_4 a C_8), Hautman et al. [2] recomiendan

$$C_nH_{2n+2} \to (n/2)C_2H_4 + H_2$$
$$C_2H_4 + O_2 \to 2CO + 2H_2$$
$$CO + \frac{1}{2}O_2 \to CO_2$$
$$H_2 + \frac{1}{2}O_2 \to H_2O$$

En la referencia se encuentran las formas empíricas de las velocidades de creación/destrucción de las especies.

Referencias

[1] Paczko, G; Lefdal, P. M., and Peters, N; Reduced reaction schemes for methane, methanol and propane flames; Proceedings, 21st Symposium (International) on Combustion, Combustion Institute, paginas 739-748, 1986.
[2] Hautman, D. J.; Dryer, F. L.; Schug, K. P., and Glassman, I.; A multiple-step overall kinetic mechanism for the oxidation of hydrocarbons; Combustion Science and Technology, Vol. 25, páginas 219-235, 1981.

Capítulo 4

Fluidodinámica de mezclas de gases. Parte I: Visión molecular de la materia y medios continuos

César Dopazo

Conceptos básicos

Descripción molecular de un fluido

La materia está compuesta por moléculas. Es posible describir la estructura molecular de gases mediante los métodos de la Mecánica Estadística o de la Teoría Cinética de Gases.

La jerarquía de ecuaciones de BBGKY (Bogoliuvov-Born-Green-Kirkwood-Yvon) describen la dinámica de un número elevado de moléculas que interaccionan entre sí. La ecuación para N moléculas incluye la interacción entre (N+1) del total y es, por tanto, no cerrada; se han de hacer hipótesis que aproximen la interacción entre (N+1) moléculas en función de la dinámica de N moléculas. La ecuación de Boltzmann, un caso particular de las anteriores para una molécula, es

$$\frac{\partial f}{\partial t} + \mathbf{V} \cdot \nabla_{\mathbf{x}} f + \mathbf{A} \cdot \nabla_{\mathbf{v}} f = \left(\frac{\partial f}{\partial t}\right)_c$$

donde f (**x**, **V**, t) es la función de distribución de la velocidad de una molécula, situada en **x** en el tiempo t. f (**x**, **V**, t) d**x** d**V** es el número probable de moléculas con posiciones entre **x** y **x** + d**x** y velocidades entre **V** y **V** + d**V** en el tiempo t. $\nabla_{\mathbf{x}} = \left(\frac{\partial}{\partial x}, \frac{\partial}{\partial y}, \frac{\partial}{\partial z}\right)$ y $\nabla_{\mathbf{v}} = \left(\frac{\partial}{\partial V_x}, \frac{\partial}{\partial V_y}, \frac{\partial}{\partial V_z}\right)$ son los operadores de derivación parcial con respecto a **x** y a **V**, respectivamente. **A** es la aceleración producida por una fuerza externa sobre la molécula. El lado derecho, $\left(\frac{\partial f}{\partial t}\right)_c$, representa el efecto de las colisiones entre moléculas en la variación de f; este término no es conocido en función de f y se han de hacer hipótesis sobre su estructura para resolver la ecuación.

La ecuación se convierte en la de Maxwell-Boltzmann, que se puede resolver con métodos clásicos de perturbaciones. En esta formulación molecular, las variables macroscópicas se obtienen por integración de f y sus momentos. Por ejemplo,

$$n(\mathbf{x}, t) = \int d\mathbf{V} \; f(\mathbf{x}, \mathbf{V}, t)$$

es el número de moléculas por unidad de volumen. La integran se extiende sobre todos los valores posibles de **V** y **d V** = d V_x d V_y dV_z. Si m es la masa de una molécula de densidad, ρ, del fluido mono-componente es

$$\rho(\mathbf{x}, t) = m \; n(\mathbf{x}, t)$$

La velocidad del flujo se define como

$$\mathbf{v}(\mathbf{x},t) = \frac{1}{n(\mathbf{x},t)} \int d\mathbf{V}\ \mathbf{V}\ f(\mathbf{x},\mathbf{V},t)$$

La velocidad de agitación molecular se define como

$$\mathbf{V}' = \mathbf{V} - \mathbf{v}(\mathbf{x},t)$$

Se define la velocidad de difusión como

$$\mathbf{V}^D = \frac{1}{n(\mathbf{x},t)} \int d\mathbf{V}\ [\mathbf{V} - \mathbf{v}(\mathbf{x},t)]\ f(\mathbf{x},\mathbf{V},t)$$

que, para un fluido mono-componente es nula.
La temperatura de traslación del gas se define como

$$\frac{3}{2}\ k\ T = \frac{1}{2}\ m\ \left[\frac{1}{n} \int d\mathbf{V}\ [\mathbf{V} - \mathbf{v}(\mathbf{x},t)]^2\ f(\mathbf{x},\mathbf{V},t)\right]$$

siendo k la constante de Boltzmann.
Tomando el primer término de un desarrollo asintótico, en términos de Ω, relación entre el tiempo entre colisiones y un tiempo característico del movimiento, y usando la ecuación del Maxwell-Boltzmann, se obtiene la solución

$$f_o\ (\mathbf{x},\mathbf{V},t) = n\ \left(\frac{m}{2\,\pi\, k\, T}\right)^{3/2} \exp\left\{-\ \frac{m\,[\mathbf{V} - \mathbf{v}(\mathbf{x},t)]^2}{2\,k\,T}\right\}$$

que corresponde a una situación de equilibrio termodinámico. El tensor de esfuerzos se define como

$$\tau_{ij} = \int d\mathbf{V}\ \ m\ [V_i - v_i(\mathbf{x},t)]\,\left[V_j - v_j(\mathbf{x},t)\right] f(\mathbf{x},\mathbf{V},t) = \rho\ \overline{V_i'\,V_j'}$$

donde la barra indica promedio probabilístico. Con equilibrio termodinámico se obtiene

$$\tau_{ij} = -\ \frac{R}{W}\ \rho\, T\, \delta_{ij} = -\, p\, \delta_{ij}$$

siendo R la constante universal de los gases perfectos, W el peso molecular del gas y p la presión. La ecuación representa un estado isótropo de esfuerzos.
La energía interna total de una molécula se define como

$$E = \frac{1}{2}\ m\ \left(\mathbf{V} - \mathbf{v}(\mathbf{x},t)\right)^2 + E^+$$

donde E^+ es la contribución a E de los grados de libertad internos (rotacional, vibracional, electrónico, …). El valor promedio es

$$\overline{E} = \frac{3}{2}\ k\,T + \overline{E^+}$$

El flujo de calor o flujo de energía interna total por unidad de superficie (J/m^2 s) es

$$\mathbf{q} = \int d\mathbf{V}\ \ E\,[\mathbf{V} - \mathbf{v}(\mathbf{x},t)]\ f$$

Se pueden deducir las ecuaciones de conservación para variables macroscópicas del fluido multiplicando la ecuación de Boltzmann por funciones apropiadas de **V** en integrando en **V**.
Para describir una mezcla de gases, se debería utilizar, en el nivel más sencillo, una ecuación de Boltzmann para la función de distribución de cada especie química α (α = 1, 2, …, N), es decir para $f\alpha$ (**x**, **V**, t). La reacción química de la especie α con otra de las (N-1) de la mezcla aparecería en el término de colisiones.

Caracterización macroscópica de fluidos. Partícula fluida, medio continuo y equilibrios termodinámicos local y temporal

Para describir la dinámica de fluidos (gases o líquidos), haciendo abstracción de su estructura molecular y evitando los métodos de la Mecánica Estadística, se recurre a las nociones de partícula fluida y de medio continuo, que se presentan a continuación.
Las fuerzas intermoleculares son grandes en sólidos, pequeñas en gases e intermedias para líquidos. La fuerza entre dos moléculas cambia de signo (de repulsiva a atractiva) para una distancia entre ellas que se considera una estimación del orden de magnitud del tamaño molecular; la amplitud de desplazamiento de agitación de las moléculas comparada con el diámetro estimado de las mismas es muy pequeña en sólidos, muy grandes para gases y de orden unidad en líquidos. Por consiguiente, la estructura molecular de los sólidos se puede caracterizar como ordenada, la de los gases como caótica y la de líquidos como parcialmente ordenada. La descripción estadística de sólidos es cuántica, mientras que se usan la Mecánica Estadística y la Teoría Cinética clásicas para el estudio de gases; el estudio de líquidos requiere una combinación de mecánicas clásica y cuántica.
Dependiendo del valor y de la forma de aplicación de una fuerza a un sólido, éste se traslada y gira, o puede deformarse infinitesimalmente (sólido elástico) o con deformaciones finitas (comportamiento plástico). Un líquido experimenta deformaciones infinitesimales con fuerzas finitas de compresión, puede resistir, en condiciones especiales, moderadas fuerzas normales de extensión y sufre deformaciones finitas con fuerzas tangenciales infinitesimales. Los gases se comprimen y expanden sustancialmente con fuerzas normales y experimentan deformaciones finitas con fuerzas tangenciales infinitesimales. Esta última característica es común para líquidos y gases, y es, quizá, la que mejor define todos los fluidos.
Un sólido elástico se deforma infinitesimalmente al aplicar una fuerza finita y vuelve a su estado inicial si se suprime la fuerza. El problema que relaciona fuerzas y deformaciones es estático y el tiempo no es una variable relevante. El esfuerzo (fuerza por unidad de superficie en N/m^2) aplicado se relaciona con la deformación (en mm). El tiempo y la velocidad de deformación al aplicar una fuerza son muy relevantes en sólidos con comportamiento plástico y en fluidos. El problema de describir velocidades de deformación es, en este caso, cinemático. Los esfuerzos se relacionan con las velocidades de deformación en el estudio dinámico.
Una estimación del diámetro característico de una molécula es $d_0 \sim 0.35$ nm para gases a temperatura de 0 ° C y presión de una atmósfera. Si las moléculas estuvieran equidistantes y ordenadas en una malla tridimensional (evento con probabilidad casi nula), la separación entre ellas sería del orden de $10\ d_0 \sim 3.5$ nm. El recorrido libre medio entre colisiones de dos moléculas es $\lambda \sim 250\ d_0 \sim 100$ nm ~ 0.1 μm.
La velocidad característica (raíz cuadrada del valor cuadrático medio o rms (root mean square) en sus siglas en inglés) del movimiento de agitación caótica de las moléculas es $v_m \sim 10^3$ m/s. El tiempo entre colisiones es $\tau \sim \lambda/v_m \sim 0.1$ ns

El número de moléculas por unidad de volumen en un gas a 0 ºC y 1.0 atmósfera es 2.69 x 10^{25} moléculas/m^3, conocido como número de Loschmidt e idéntico para todos los gases, de acuerdo con la ley de Avogadro (ver Batchelor [1]).
¿Cuántas moléculas habría en un pequeñísimo volumen de gas de, por ejemplo, 1 $(\mu m)^3 = 10^{-18}$ m^3? La respuesta correcta es "del orden de 26.9 millones de moléculas". ¿Cuántas moléculas de H_2 y O_2 habría en ese mismo volumen si las masas totales de ambos elementos químicos fuesen iguales? La mezcla contendría 25.32 millones de moléculas de H_2 y 1.58 millones de moléculas de O_2. ¿Cuántas moléculas de H_2, O_2 y H_2O habría en ese volumen si las masas de cada especie química fuesen iguales? Habría 22.92 millones de moléculas de H_2, 1.43 millones de O_2 y 2.55 millones de H_2O en la mezcla. El número de moléculas de cada especie química es, como se ve, enorme. El número de moléculas que, en su movimiento caótico, entran y salen del diminuto volumen citado, en tiempos del orden de 1 a 10 ns (10 a 100 veces el tiempo entre colisiones), es del mismo orden que la cantidad contenida en el mismo.

¿Cómo se define una partícula fluida (PF)?

El volumen de una partícula fluida (PF) ha de contener suficientes moléculas para poder obtener variables macroscópicas promediadas (sumando las contribuciones de cada molécula) estables; a su vez, ha de ser tan pequeño que permita resolver las variaciones características de esas variables en el flujo de un fluido. Para casi todas las aplicaciones típicas de la Mecánica de Fluidos, en general, y de la combustión, en particular, un volumen de 1 $(\mu m)^3$ puede cumplir esos requisitos.
La dimensión de una partícula fluida depende asimismo del observador y de la resolución espacial y temporal de sus medios disponibles de computación o medida física. Si se dispone de un cubo, un calibre y un reloj convencional para medir la velocidad del líquido que circula por un conducto de sección circular, sólo se podrá estimar una velocidad media obteniendo el volumen recogido en el cubo en un tiempo dado y el diámetro del conducto (sección transversal); la longitud lineal que caracteriza la PF es, en este caso, el diámetro del conducto. Con un tubo de Pitot o un anemómetro de película caliente se puede obtener la variación radial del perfil de velocidad, y las PFs tendrán dimensiones lineales del orden de cm o de mm, respectivamente.
Si el volumen de la PF fuese mucho menor que 1 $(\mu m)^3$, podría contener un número insuficiente de moléculas, tal que la cantidad de las que entraran y salieran de la misma fuese mucho mayor que las contenidas en cada momento; sería, por tanto, imposible obtener promedios estables. Si el volumen de la PF es mucho mayor de 1 $(\mu m)^3$ las moléculas contenidas tendrán características muy diferentes y se estarán promediando zonas del flujo con propiedades macroscópicas diversas.
La PF juega el papel del punto en matemáticas o en física, pero su dimensión no es nula. El vector de posición de una PF es $\mathbf{x}$ en el tiempo t.
Para una PF de tamaño adecuado, se pueden definir variables macroscópicas locales del flujo como:
<u>Densidad</u>

$$\rho(\mathbf{x},t) = \frac{1}{V}\sum_{n=1}^{N} m^{(n)}$$

donde N es el número de moléculas en el volumen V. La masa de cada molécula individual es $m^{(n)}$. Para V = 1 (μm)^3, N = 26,9 x 10^6 moléculas y $m^{(n)}$ dependerá de la composición de la mezcla de gases.

Velocidad macroscópica

$$\mathbf{v}(\mathbf{x},t) = \frac{\sum_{n=1}^{N} m^{(n)}\ \mathbf{V}^{(n)}}{\sum_{n=1}^{N} m^{(n)}}$$

donde $\mathbf{V}^{(n)}$ es la velocidad de la molécula n. Cada molécula tendrá una velocidad relativa a la macroscópica de la PF igual a $\mathbf{V}^{(n)} - \mathbf{v}$. Esta velocidad será caótica y tendrá una estadística definida, por ejemplo, por su función densidad de probabilidad, P(**V'**). P(**V'**) d**V'** es la probabilidad de que $\mathbf{V}' < \mathbf{V}^{(n)} - \mathbf{v} \leq \mathbf{V}' + d\mathbf{V}'$. Como ya se mencionó en la sección anterior, los esfuerzos normales y tangenciales a una superficie y la temperatura están relacionados con momentos de segundo orden, $< (V_i^{(n)} - v_i)\ (V_j^{(n)} - v_j) >$, donde los subíndices i y j toman valores 1, 2 y 3 para denotar componentes de vector velocidad según cada eje cartesiano (ver Batchelor[1]). Para mezclas multi-componentes se debe además describir la velocidad de las moléculas de cada especie química α, $\mathbf{V}^{(n),(\alpha)}$.

Densidad de una especie química α

$$\rho_\alpha(\mathbf{x},t) = \frac{1}{V}\sum_{n=1}^{N_\alpha} m^{(n)(\alpha)}$$

donde N_α es el número de moléculas de la especie química α de masa $m^{(n)(\alpha)}$ en la PF.

Fracción másica de una especie química

$$Y_\alpha(\mathbf{x},t) = \frac{\rho_\alpha}{\rho}$$

Para una PF cúbica de 1 (μm)^3, la arista del cubo, 1 μm, es mucho mayor que una longitud característica de la escala molecular (e.g., el recorrido libre medio, λ) y mucho menor que la longitud macroscópica característica, L, con la que las variables del flujo cambian. Si |d**x**| es la arista del cubo de la PF, la condición anterior se expresa como

$$\lambda \ll |\, d\mathbf{x}\,| \ll L$$

Partículas fluidas adyacentes a una dada, intercambiarán con ésta cientos de miles o millones de moléculas en tiempos de 10 a 100 veces el tiempo entre colisiones. Parece intuitivamente evidente que una variable macroscópica, φ, definida para dos PF separadas por una distancia comparable a su arista (Figura 4.1) variará de forma tal que

$$|\varphi(\mathbf{x} + d\mathbf{x}, t) - \varphi(\mathbf{x}, t)| \rightarrow 0, \qquad \text{si } |d\mathbf{x}| \rightarrow 0$$

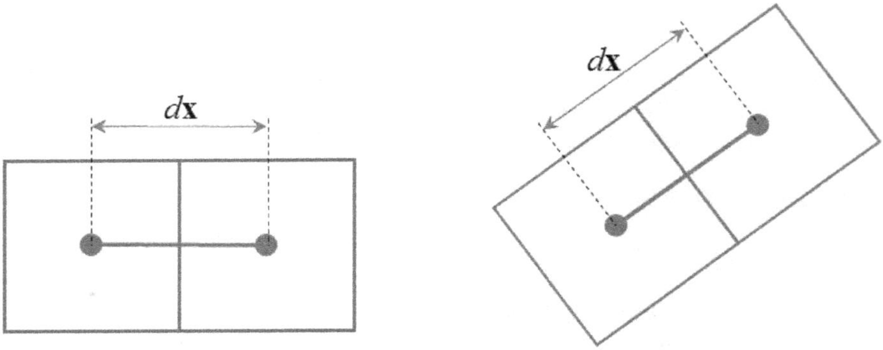

Figura 4.1. Partículas Fluidas (PF) adyacentes

Es decir, φ es una función continua de **x**. Análogamente, para una misma PF en dos instantes sucesivos de tiempo se tiene

$$|\varphi(\mathbf{x}, t + dt) - \varphi(\mathbf{x}, t)| \rightarrow 0, \text{ si } dt \rightarrow 0,$$

φ es, por tanto, una función continua del tiempo, t. O en general,

$$|\varphi(\mathbf{x} + d\mathbf{x}, t + dt) - \varphi(\mathbf{x}, t)| \rightarrow 0, \text{ si } |d\mathbf{x}| \rightarrow 0 \text{ y } dt \rightarrow 0,$$

que es la condición para que φ (**x**, t) sea una función continua de **x** y de t. Un material constituido por partículas que cumplen esta condición, se denomina **medio continuo** (Batchelor, 1967). Los sólidos elásticos y plásticos, los líquidos y los gases son ejemplos de medios continuos.

En general, se supone además que cualquier variable fluida tiene derivadas primeras y segundas, espaciales y temporales, finitas.

ETL (equilibrio termodinámico local) y ETT (equilibrio termodinámico temporal). Números de Knudsen

Un indicador de la separación entre las escalas moleculares y macroscópicas es el número de Knudsen, Kn. Para longitudes se define

$$K_n^L = \lambda/_L$$

Para tiempos se puede definir, por analogía,

$$K_n^T = \frac{\tau}{T}$$

donde T es el tiempo macroscópico característico del flujo.

Si $K^L{}_n << 1$ y $K^T{}_n << 1$, se puede considerar la PF como un micro-sistema termodinámico que evoluciona pasando por sucesivos estados de equilibrios local y temporal. Se puede, por tanto, aplicar a la misma todas las relaciones y leyes de la Termodinámica clásica. Los incrementos diferenciales de variables termodinámicas se podrán sustituir por derivadas materiales siguiendo a la PF, que se definirán en lo que sigue (ver Batchelor[1]). La Tabla 4.1 presenta valores aproximados de longitudes y tiempos característicos para varios flujos de gases en problemas representativos de la Mecánica de Fluidos, así como de los correspondientes números de Knudsen espacial y temporal.

Flujo	Longitud característica, L (m)	Número de Knudsen, K_n^L	Tiempo característico, T (s)	Número de Knudsen, K_n^T
Cavitación ultrasónica	$10^{-4} - 10^{-5}$	$10^{-2} - 10^{-3}$ (en una burbuja)	10^{-6}	10^{-4} (en una burbuja)
Microcombustores	10^{-3}	10^{-4}	$10^{-2} - 10^{-3}$	$10^{-7} - 10^{-8}$
Conducto de pequeño diámetro	10^{-2}	10^{-5}	10^{-5}	10^{-5}
Ignición en motor de combustión interna	10^{-1}	10^{-6}	$10^{-4} - 10^{-5}$	$10^{-5} - 10^{-6}$
Ondas			10^{-4}	10^{-6}
Caldera de gas, turbina de gas	1	10^{-7}		
Chorro de chimenea de central térmica	$10 - 10^{2}$	$10^{-8} - 10^{-9}$	1 - 10	$10^{-10} - 10^{-11}$
Mesoescalas atmosféricas	$10^{3} - 10^{4}$	$10^{-10} - 10^{-11}$	10^{3}	10^{-13}
Microescalas de Kolmogorov en flujos turbulentos	$10^{-4} - 10^{-3}$	$10^{-3} - 10^{-4}$	$10^{-4} - 10^{-3}$	$10^{-6} - 10^{-7}$
Llama laminar	10^{-4}	10^{-3}		

Tabla 4.1. Flujos típicos de gases en Mecánica de Fluidos y sistemas de combustión

Referencias

[1]Batchelor, G. K., An Introduction to Fluid Dynamics; Cambridge University Press, Cambridge, 1967.

Capítulo 5

Fluidodinámica de mezclas de gases. Parte II: Cinemática

César Dopazo

Descripciones del movimiento de Lagrange y de Euler. Velocidad y aceleración. Derivada sustancial, D/Dt, y su significado

Lagrange describe el movimiento de una PF mediante su vector de posición en el tiempo t, $\mathbf{x} = \mathbf{x}(\mathbf{X}, t)$, donde $\mathbf{X}$ es la ubicación de la partícula en el tiempo t = 0; es decir, $\mathbf{X} = \mathbf{x}(\mathbf{X},0)$. La velocidad de la PF será

$$\mathbf{v}(\mathbf{X}, t) = \left.\frac{\partial \mathbf{x}}{\partial t}\right|_{\mathbf{X}} = \frac{d\mathbf{x}}{dt}$$

y su aceleración

$$\mathbf{a}(\mathbf{X}, t) = \left.\frac{\partial \mathbf{v}}{\partial t}\right|_{\mathbf{X}} = \frac{d\mathbf{v}}{dt} = \left.\frac{\partial^2 \mathbf{x}}{\partial t^2}\right|_{\mathbf{X}} = \frac{d^2\mathbf{x}}{dt^2}$$

Euler define la velocidad de la PF en la posición $\mathbf{x}$ en el tiempo t, $\mathbf{v}(\mathbf{x},t)$, para cada PF del flujo. La relación entre las descripciones de Lagrange y de Euler viene dada por

$$\mathbf{v}(\mathbf{x}, t) = \mathbf{v}(\mathbf{x}(\mathbf{X}, t), t) = \mathbf{v}(\mathbf{X}, t)$$

La trayectoria de la PF con la descripción de Euler se obtiene de la ecuación

$$\frac{d\mathbf{x}}{dt} = \mathbf{v}(\mathbf{x}, t)$$

que cumple la condición inicial

$$\mathbf{x} = \mathbf{X} \text{ en } t = 0$$

Por otro lado, la aceleración de la PF se define como
$\mathbf{a}(\mathbf{x},t) = \text{lím}\,[\mathbf{v}(\mathbf{x} + \Delta\mathbf{x}, t + \Delta t) - \mathbf{v}(\mathbf{x},t)]/\Delta t$ cuando $\Delta t \rightarrow 0$, que puede expresarse como

$$\mathbf{a}(\mathbf{x}, t) = \frac{\partial \mathbf{v}}{\partial t} + (\mathbf{v} \cdot \nabla)\mathbf{v}$$

O en notación de subíndices

$$a_i(\mathbf{x}, t) = \frac{\partial v_i}{\partial t} + v_j\,\frac{\partial v_i}{\partial x_j}$$

Se aplica el convenio de Einstein de 'sumación' para subíndices repetidos.
El primer término del lado derecho de las dos últimas definiciones se denomina aceleración temporal, mientras que el segundo se conoce como aceleración convectiva. En una tobera convergente-divergente en régimen estacionario la aceleración temporal de una PF es nula, mientras que su aceleración convectiva es positiva en la parte convergente, negativa en la divergente y nula en la garganta.

Trayectorias, líneas de corriente y trazas

La trayectoria de la PF se obtiene, como ya se indicó, mediante la ecuación

$$\frac{d\mathbf{x}}{dt} = \mathbf{v}\,(\mathbf{x}, t)$$

con la condición inicial

$$\mathbf{x} = \mathbf{X} \text{ en } t = 0$$

Las <u>líneas de corriente</u> son tangentes en cada instante, t, al vector velocidad. Vienen definidas por el producto vectorial nulo de un elemento diferencial de línea de corriente, d**x**, por la velocidad, **v**, es decir,

$$d\mathbf{x} \times \mathbf{v} = 0$$

que equivale a

$$\frac{dx}{u\,(x, y, z, t)} = \frac{dy}{v\,(x, y, z, t)} = \frac{dz}{w\,(x, y, z, t)}$$

donde $\mathbf{x} = (x,y,z)$ y $\mathbf{v} = (u, v, w)$.

La <u>traza</u> es el lugar geométrico que forman todas las PFs que en tiempos sucesivos pasaron por un mismo punto. Se define como

$$\frac{d\mathbf{x}}{dt} = \mathbf{v}\,(\mathbf{x}, t)$$

con la condición inicial

$$\mathbf{x} = \mathbf{X} \text{ en } t = \tau.$$

Evolución de superficies fluidas y no-fluidas

<u>Superficie Fluida</u>

Cada punto de una superficie fluida, $S(\mathbf{x},t) = 0$, se mueve con la velocidad del fluido en ese punto. Por tanto,

$$\frac{\partial S}{\partial t} + v_j \frac{\partial S}{\partial x_j} = \frac{DS}{Dt} = 0$$

<u>Superficie no-fluida</u>

Cada punto de una superficie no-fluida, $S\,(\mathbf{x},t) = 0$, se mueve con una velocidad $\mathbf{v}^S(\mathbf{x},t)$, diferente de la velocidad del fluido, $\mathbf{v}(\mathbf{x},t)$. Por tanto,

$$\frac{\partial S}{\partial t} + v_j^S \frac{\partial S}{\partial x_j} = 0\,.$$

O bien,

$$\frac{\partial S}{\partial t} + v_j \frac{\partial S}{\partial x_j} = \frac{DS}{Dt} = -\left(v_j^s - v_j\right) \frac{\partial S}{\partial x_j} = -\left(v_j^s - v_j\right) n_j \; |\nabla S|$$

La velocidad normal de propagación de una superficie no fluida relativa al fluido es $V^S = (v_j^S - v_j)\, n_j$, con lo que

$$\frac{DS}{Dt} = -V^s \; |\nabla S|$$

Un ejemplo de superficie no fluida es la superficie iso-escalar $Y_\alpha(\mathbf{x}, t) = \text{constante}$, donde $Y_\alpha(\mathbf{x}, t)$ es la fracción másica de una especie química, por ejemplo, en una llama de premezcla. Otro ejemplo, son las superficies isotermas, $T\,(\mathbf{x},t) = \text{const.}$

Deformación de elementos fluidos infinitesimales

-<u>Velocidad de dilatación lineal unitaria en una dimensión</u>

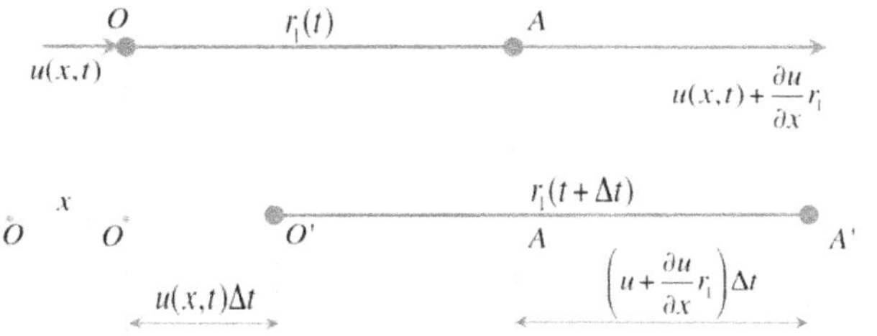

Figura 5.1. Velocidad de dilatación lineal de un elemento fluido infinitesimal

Un elemento fluido infinitesimal, $OA = r_1(t)$, en el tiempo t con velocidad en O igual a u(x, t) y en A igual a $u + \frac{\partial u}{\partial x} r_1$, se convierte en $O' A' = r_1(t + \Delta t)$ después de un tiempo Δt (Figura 5.1). Se tiene

$$r_1 (t + \Delta t) = r_1 (t) - u \Delta t + \left(u + \frac{\partial u}{\partial x} r_1\right) \Delta t + O (\Delta t^2)$$

$$r_1 (t + \Delta t) - r_1 (t) = \Delta r_1 = \frac{\partial u}{\partial x} r_1 \Delta t + O (\Delta t^2)$$

En el límite $\Delta t \rightarrow 0$,

$$\frac{1}{r_1} \frac{dr_1}{dt} = \frac{\partial u}{\partial x}$$

que se denomina velocidad de dilatación lineal unitaria (por unidad de r_1) del elemento r_1. $\frac{\partial u}{\partial x}$ tiene dimensiones s^{-1}. El elemento fluido infinitesimal se alarga si $\frac{\partial u}{\partial x} > 0$, se acorta si $\frac{\partial u}{\partial x} < 0$ y no varía de longitud si $\frac{\partial u}{\partial x} = 0$.

Velocidades de rotación y de deformación angular en dos dimensiones

En dos dimensiones se plantea el problema de estudiar cómo se mueve el elemento fluido infinitesimal AOB (una 'escuadra' constituida por dos brazos infinitesimales r_1, en dirección x , y r_2, en dirección y) (Figura 5.2).

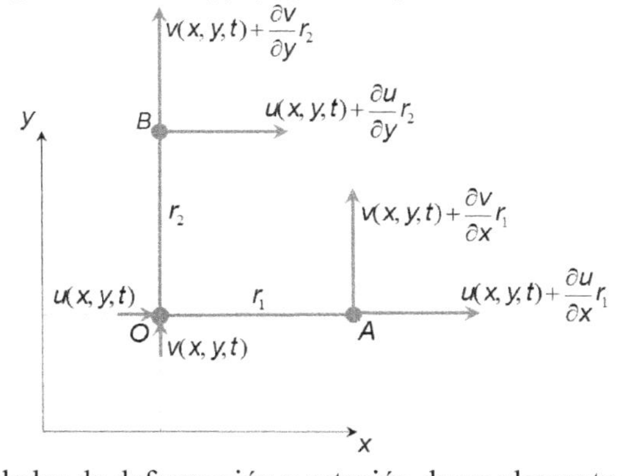

Figura 5.2. Velocidades de deformación y rotación de un elemento fluido infinitesimal en dos dimensiones

En un tiempo Δt, AOB se convierte en A'O'B'. Por un lado O se traslada a O', de forma que $\overrightarrow{O\,O'} = (u\,\Delta t, v\,\Delta t)$ (Figura 5.3).

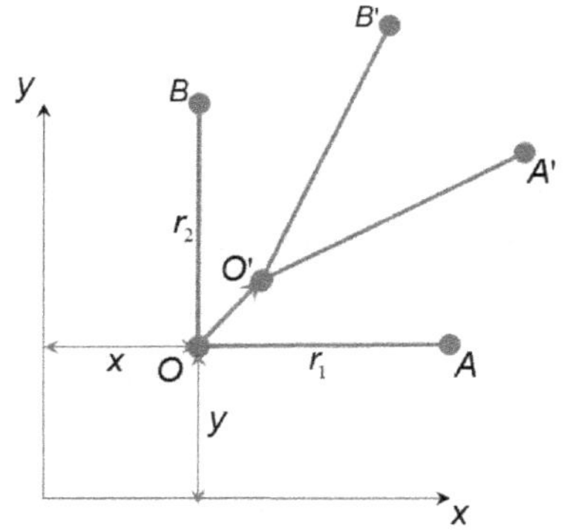

Figura 5.3. Traslación del elemento AOB.

Descontada esta traslación del elemento AOB como si fuese un sólido rígido, el elemento experimentará además:

Velocidades de dilatación lineal unitarias de OA y OB, iguales a

$$\frac{1}{r_1}\,\frac{dr_1}{dt} = \frac{\partial u}{\partial x}$$

$$\frac{1}{r_2}\,\frac{dr_2}{dt} = \frac{\partial v}{\partial y}$$

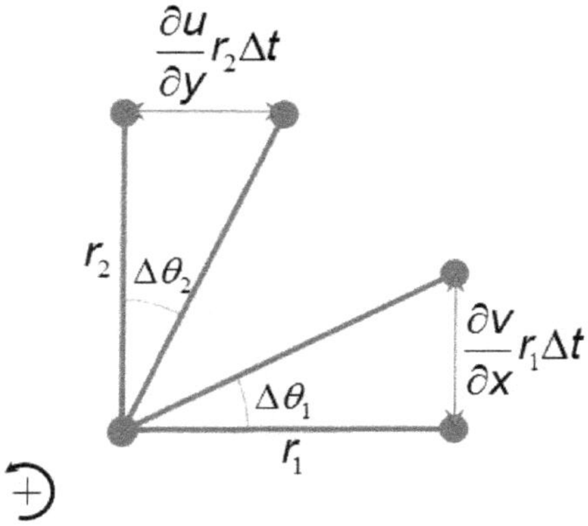

Figura 5.4. Rotación de OA y OB

Velocidades de rotación de OAB

En Δt los elementos r_1 y r_2 girarán ángulos (Figura 5.4)

$$\Delta\,\theta_1 = \frac{1}{r_1}\;\frac{\partial v}{\partial x}\,r_1\,\Delta t$$

$$\Delta\,\theta_2 = \frac{1}{r_2}\;\frac{\partial u}{\partial y}\,r_2\,\Delta t$$

Tomando como sentido positivo de giro el contrario a las agujas del reloj, el giro medio de AOB se puede definir como

$$\frac{1}{2}\;(\Delta\,\theta_1 - \Delta\,\theta_2\,) = \frac{1}{2}\;\left(\frac{\partial v}{\partial x} - \frac{\partial u}{\partial y}\right)\,\Delta t$$

Por tanto, la velocidad de rotación de AOB es

$$\Omega_z = \frac{1}{2}\;\left(\frac{\partial v}{\partial x} - \frac{\partial u}{\partial y}\right)$$

Por otro lado, se define el vector vorticidad de un flujo como

$$\boldsymbol{\omega}\,(\mathbf{x},t) = \nabla \times \mathbf{v}\,(\mathbf{x},t)$$

que puede expresarse como

$$\boldsymbol{\omega}\,(\mathbf{x},t) = \begin{vmatrix} \mathbf{i} & \mathbf{j} & \mathbf{k} \\ \dfrac{\partial}{\partial x} & \dfrac{\partial}{\partial y} & \dfrac{\partial}{\partial z} \\ u & v & w \end{vmatrix} = \mathbf{i}\,\left(\frac{\partial w}{\partial y} - \frac{\partial v}{\partial z}\right) + \mathbf{j}\,\left(\frac{\partial u}{\partial z} - \frac{\partial w}{\partial x}\right) + \mathbf{k}\,\left(\frac{\partial v}{\partial x} - \frac{\partial u}{\partial y}\right)$$

Para un flujo bi-dimensional, $w = 0$, y $\frac{\partial}{\partial z} = 0$, y

$$\boldsymbol{\omega} = \omega_z\,\mathbf{k} = \mathbf{k}\,\left(\frac{\partial v}{\partial x} - \frac{\partial u}{\partial y}\right)$$

Por consiguiente, la velocidad de rotación, Ω_z, del elemento AOB es la mitad de la vorticidad

$$\Omega_z = \frac{1}{2}\;\omega_z$$

– Si $\frac{\partial u}{\partial y} > 0$ y $\frac{\partial v}{\partial x} > 0$ y, a su vez, $\frac{\partial u}{\partial y} = \frac{\partial v}{\partial x}$, el elemento AOB no girará y el movimiento local en $\mathbf{x}$, en el tiempo t se denomina irrotacional $(\boldsymbol{\omega} = 0)$ (Figura 5.5).

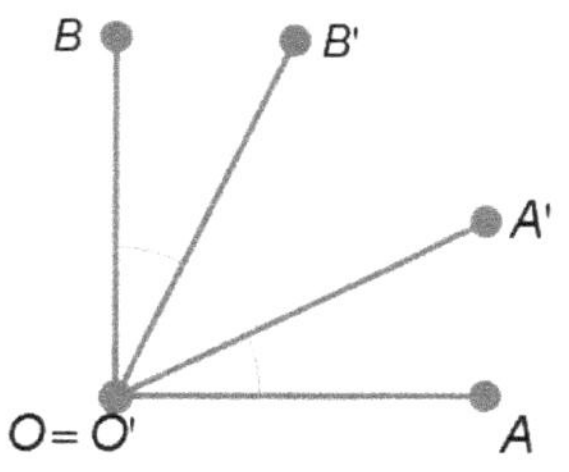

Figura 5.5. Flujo irrotacional

– Si $\frac{\partial u}{\partial y} < 0$ y $\frac{\partial v}{\partial x} > 0$ y $\left|\frac{\partial u}{\partial y}\right| = \frac{\partial v}{\partial x}$, $\Omega_z = -\frac{\partial u}{\partial y} > 0$, y el elemento AOB gira como si se tratase de un sólido rígido (Figura 5.6).

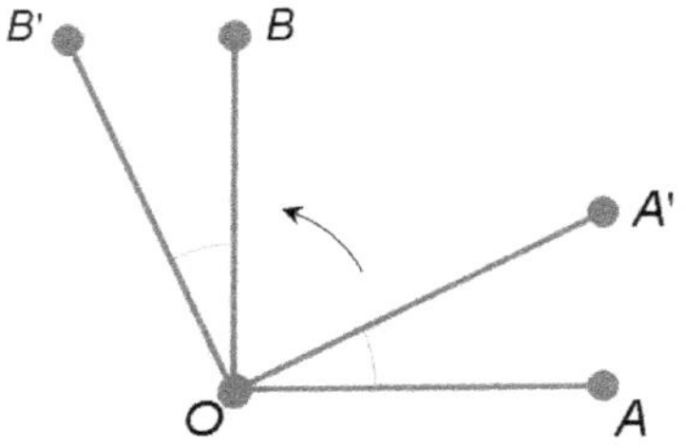

Figura 5.6. Rotación como sólido rígido con velocidad de giro positiva

– Si $\frac{\partial u}{\partial y} > 0$ y $\frac{\partial v}{\partial x} < 0$, con $\left|\frac{\partial v}{\partial x}\right| = \frac{\partial u}{\partial y}$ $\Omega_z = -\frac{\partial u}{\partial y} < 0$, y el elemento AOB gira también como si se tratase de un sólido rígido (Figura 5.7).

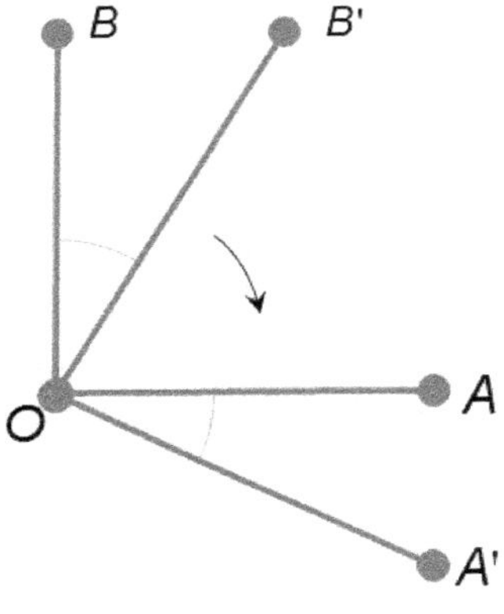

Figura 5.7. Rotación como sólido rígido con velocidad de giro negativa

Velocidades de deformación angular en dos dimensiones

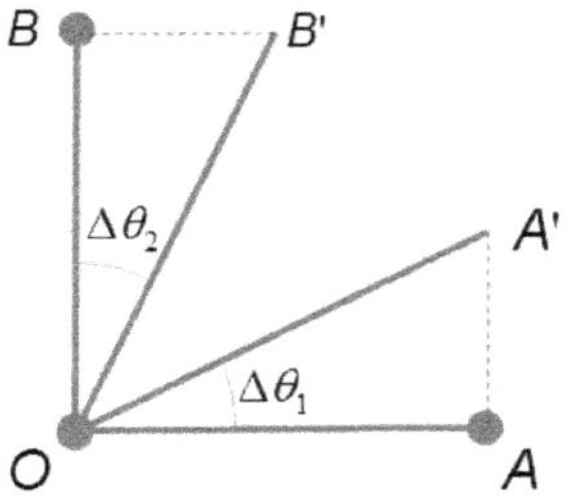

Figura 5.8. Deformación angular en dos dimensiones

El ángulo $\widehat{AOB}$ (t) en t es $\frac{\pi}{2}$.

El ángulo $\widehat{A'O'B'}$ $(t+\Delta t)$ en $(t+\Delta t)$ es (Figura 5.8)

$$\widehat{A'O'B'}\,(t+\Delta t) = \frac{\pi}{2} - \Delta\theta_1 - \Delta\theta_2 = \frac{\pi}{2} - \left(\frac{\partial u}{\partial y} + \frac{\partial v}{\partial x}\right)\Delta t$$

El incremento del ángulo AOB en Δt es, por tanto

$$\Delta\,\widehat{AOB}\,(t) = \widehat{A'O'B'}(t+\Delta t) - \widehat{AOB}\,(t) = -\left(\frac{\partial u}{\partial y} + \frac{\partial v}{\partial x}\right)\Delta t$$

La velocidad de disminución (cambiar signo) del semi-ángulo $\widehat{AOB}$ (dividir por 2) es

$$-\frac{1}{2}\frac{d\,\widehat{AOB}\,(t)}{dt} = \frac{1}{2}\left(\frac{\partial u}{\partial y} + \frac{\partial v}{\partial x}\right)$$

El área $S(t) = r_1(t)\, r_2(t)$ se transformará en $S(t+\Delta t)$, que se puede calcular como

$$S(t+\Delta t) = \left|\overrightarrow{O'A'} \times \overrightarrow{O'B'}\right|$$

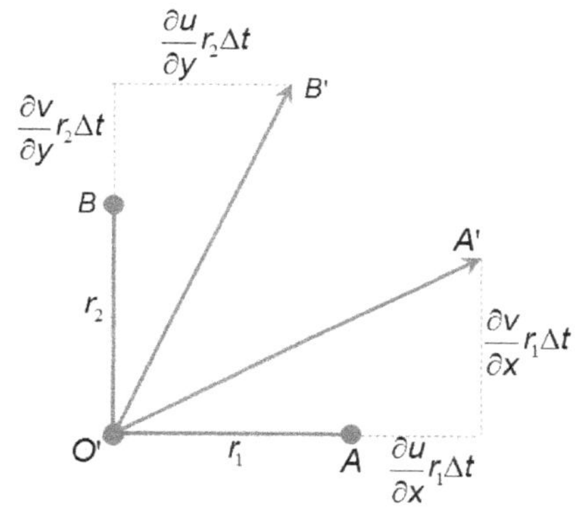

Figura 5.9. Velocidad de variación del área en dos dimensiones

En la Figura 5.9, se ve que

$$\overrightarrow{O'A'} = \left[r_1\left(1 + \frac{\partial u}{\partial x}\Delta t\right),\; r_1\frac{\partial v}{\partial x}\Delta t\right]$$

$$\overrightarrow{O'B'} = \left[r_2\frac{\partial u}{\partial y}\Delta t,\; r_2\left(1 + \frac{\partial v}{\partial y}\Delta t\right)\right]$$

Por tanto,

$$S(t+\Delta t) = r_1(t)\; r_2(t)\left[1 + \left(\frac{\partial u}{\partial x} + \frac{\partial v}{\partial y}\right)\Delta t + O(\Delta t^2)\right]$$

$$S(t+\Delta t) - S(t) = \Delta S = S(t)\left(\frac{\partial u}{\partial x} + \frac{\partial v}{\partial y}\right)\Delta t + O(\Delta t^2)$$

Y en el límite $\Delta t \rightarrow 0$

$$\frac{1}{S}\frac{dS}{dt} = \frac{\partial u}{\partial x} + \frac{\partial v}{\partial y}$$

En dos dimensiones la divergencia de la velocidad, **v** es

$$\nabla \cdot \mathbf{v} = \frac{\partial u}{\partial x} + \frac{\partial v}{\partial y}$$

Asimismo, el tensor gradiente del vector velocidad es

$$\nabla \mathbf{v} = \frac{\partial v_i}{\partial x_j} = \begin{pmatrix} \frac{\partial u}{\partial x} & \frac{\partial u}{\partial y} \\ \frac{\partial v}{\partial x} & \frac{\partial v}{\partial y} \end{pmatrix}$$

Que se puede descomponer en su tensor simétrico, **s**, y su tensor anti-simétrico, **W**

$$\nabla \mathbf{v} = \mathbf{s} + \mathbf{W} = \begin{pmatrix} \frac{\partial u}{\partial x} & \frac{1}{2}\left(\frac{\partial u}{\partial y} + \frac{\partial v}{\partial x}\right) \\ \frac{1}{2}\left(\frac{\partial u}{\partial y} + \frac{\partial v}{\partial x}\right) & \frac{\partial v}{\partial y} \end{pmatrix} + \begin{pmatrix} 0 & -\frac{1}{2}\left(\frac{\partial v}{\partial x} + \frac{\partial u}{\partial y}\right) \\ \frac{1}{2}\left(\frac{\partial v}{\partial x} + \frac{\partial u}{\partial y}\right) & 0 \end{pmatrix}$$

Las componentes de la diagonal principal de **s** son las velocidades de dilatación lineal unitarias del r_1 y r_2, y la componente de fuera de esa diagonal es la velocidad de deformación angular de $\widehat{AOB}$. La única componente del tensor **W** es la velocidad de rotación de AOB. **s** se denomina tensor velocidad de deformación y **W** tensor velocidad de rotación.

<u>Tensores velocidad de rotación y de deformación en tres dimensiones</u>

Los resultados bidimensionales anteriores se pueden generalizar para tres dimensiones. En la Figura 5.10 se ve que

$$\mathbf{r}(t + \Delta t) - \mathbf{r}(t) = \Delta \mathbf{r} = [\mathbf{v}(\mathbf{x} + \mathbf{r}, t) - \mathbf{v}(\mathbf{x}, t)]\,\Delta t = [(\mathbf{r} \cdot \nabla)\,\mathbf{v} + 0\,(r^2)]\,\Delta t$$

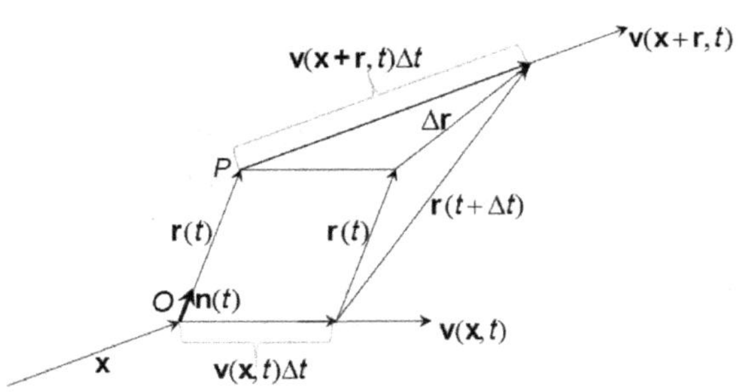

Figura 5.10. Velocidad de variación de un elemento fluido infinitesimal en tres dimensiones

Y en el limite $\Delta t \rightarrow 0$ y $r = |\underline{\mathbf{r}}|$ infinitesimal

$$\frac{d\mathbf{r}}{dt} = (\mathbf{r} \cdot \nabla)\,\mathbf{v}$$

que, en notación de subíndices, se puede escribir como (Figura 5.11)

$$\frac{dr_i}{dt} = r_j \frac{\partial v_i}{\partial x_j}$$

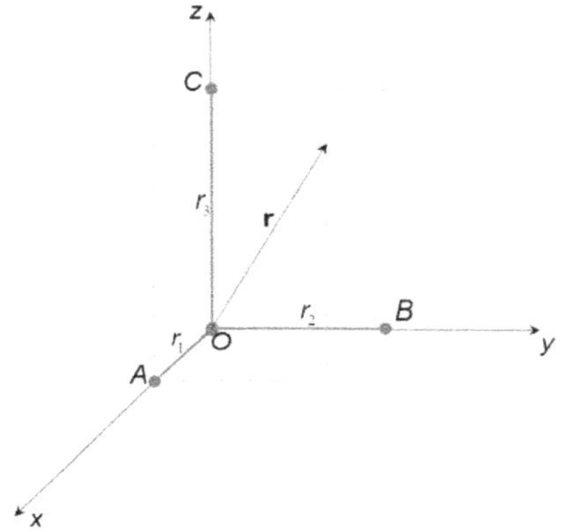

Figura 5.11. Elemento fluido infinitesimal y sus tres componentes

El tensor gradiente de velocidad $\nabla\mathbf{v}$ se puede descomponer en sus partes simétrica y anti-simétrica

$$\frac{d\,r_i}{dt} = r_j \frac{\partial v_i}{\partial x_j} = r_j \frac{1}{2}\left(\frac{\partial v_i}{\partial x_j} + \frac{\partial v_j}{\partial x_i}\right) + r_j \frac{1}{2}\left(\frac{\partial v_i}{\partial x_j} - \frac{\partial v_j}{\partial x_i}\right)$$

$s_{ij} = \frac{1}{2}\left(\frac{\partial v_i}{\partial x_j} + \frac{\partial v_j}{\partial x_i}\right)$ es el tensor velocidad de deformación. Sus componentes de la diagonal principal, i = j, son las velocidades de dilatación lineal unitarias de r_1, r_2 y r_3; las componentes de fuera de la diagonal principal son las velocidades de deformación angular: s_{12} del ángulo $\widehat{AOB}$, s_{13} del ángulo $\widehat{AOC}$ y s_{23} del ángulo $\widehat{BOC}$.

$$W_{ij} = \frac{1}{2}\left(\frac{\partial v_i}{\partial x_j} - \frac{\partial v_j}{\partial x_i}\right)$$

es el tensor velocidad de rotación y sus componentes son $W_{12} = -\frac{1}{2}\,\omega_z$, $W_{13} = \frac{1}{2}\,\omega_y$ y $W_{23} = -\frac{1}{2}\,\omega_x$. Se puede escribir en notación de subíndices como

$$W_{ij} = -\frac{1}{2}\,\varepsilon_{ijk}\,\omega_k$$

donde ε_{ijk} es el tensor alternador de Levi-Civita. La relación inversa es

$$\omega_i = \varepsilon_{ijk}\,W_{kj}$$

Nótese que el vector vorticidad se puede expresar como

$$\omega_i = \varepsilon_{ijk}\,\frac{\partial v_k}{\partial x_j}$$

Utilizando estas relaciones se deduce fácilmente

$$\frac{d\, r_i}{dt} = s_{ij}\ r_j\ + \frac{1}{2}\ \varepsilon_{ijk}\ \omega_j\ r_k$$

El último término representa la rotación de **r** como sólido rígido. Para separar la variación del módulo de **r**, de la variación de su dirección, se escribe $r_i = r\ n_i$, y

$$\frac{d\, rn_i}{dt} = \frac{d\, r}{dt}\ n_i + r\ \frac{d\, n_i}{dt} = r\ s_{ij}\ n_j\ + r\ \frac{1}{2}\ \varepsilon_{ijk}\ \omega_j\ n_k$$

Multiplicando ambos lados de la ecuación anterior por n_i se obtiene

$$\frac{1}{r}\ \frac{dr}{dt} = n_i\ s_{ij}\ n_j$$

Combinando las dos ecuaciones anteriores se obtiene fácilmente:

$$\frac{d\, n_i}{dt} = \left(\delta_{ij} - n_i\, n_j\right)\ s_{jk}\ n_k\ + \ \frac{1}{2}\ \varepsilon_{ijk}\ \omega_j\ n_k$$

Mientras la vorticidad, **ω**, no contribuye a la variación del módulo de **r**, influye en el cambio de su dirección.

Variación temporal de volúmenes. Velocidad de dilatación volumétrica unitaria. Velocidades de deformación tangencial y normal

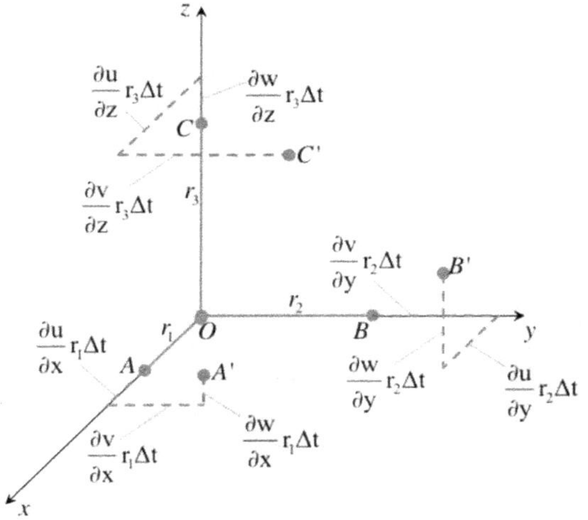

Figura 5.12. Velocidad de variación de los elementos r_1, r_2 y r_3, aristas de un paralelepípedo.

Una vez descontada la traslación $\mathbf{v}\ (\mathbf{x}, t)\ \Delta t$ del elemento r, los puntos A, B y C se mueven en Δt a A', B' y C' (Figura 5.12),de manera que

$$\overrightarrow{OA'} = \left[r_1 \left(1 + \frac{\partial u}{\partial x}\ \Delta t\right), \frac{\partial v}{\partial x}\ r_1\ \Delta t,\ \ \frac{\partial w}{\partial x}\ r_1\ \Delta t\ \right]$$

$$\overrightarrow{OB'} = \left[\frac{\partial u}{\partial y}\ r_2\ \Delta t, r_2 \left(1 + \frac{\partial v}{\partial y}\ \Delta t\right),\ \ \frac{\partial w}{\partial y}\ r_2\ \Delta t\ \right]$$

$$\overrightarrow{OC'} = \left[\frac{\partial u}{\partial z}\, r_3\, \Delta t, \frac{\partial v}{\partial z}\, r_3\, \Delta t,\; r_3\left(1 + \frac{\partial w}{\partial z}\,\Delta t\right)\right]$$

El volumen V (t) = r_1(t) r_2(t) r_3(t) se convierte en t + Δt en $V(t + \Delta t) = \overrightarrow{O'A'} \cdot (\overrightarrow{O'B'} \times \overrightarrow{O'C})$. Usando las expresiones anteriores se obtiene fácilmente:

$$\frac{1}{V}\frac{dV}{dt} = \nabla \cdot \mathbf{v} = \frac{\partial u}{\partial x} + \frac{\partial v}{\partial y} + \frac{\partial w}{\partial z} = s_{kk}$$

La divergencia del vector velocidad es la velocidad de dilatación volumétrica unitaria y es igual a la traza de **s**, s_{kk} . Se puede descomponer $\nabla \cdot \mathbf{v}$ en

$$s_{kk} = \left(\delta_{ij} - n_i\, n_j\right) s_{ij} + n_i\, s_{ij}\, n_j$$

donde

$$a_N = n_i\, s_{ij}\, n_j$$

es la <u>velocidad de deformación en dirección de la normal</u>, **n**, y

$$a_T = \left(\delta_{ij} - n_i\, n_j\right) s_{ij}$$

es la <u>velocidad de deformación en un plano perpendicular a **n**</u>.
A modo de ejemplo, sea **r** = (0, 0, r_3) y **n** = (0, 0, 1). Para un tensor velocidad de deformación genérico

$$\underline{\mathbf{s}} = \begin{pmatrix} s_{11} & s_{12} & s_{13} \\ s_{12} & s_{22} & s_{23} \\ s_{13} & s_{23} & s_{33} \end{pmatrix}$$

se obtiene

$$a_N = s_{33} = \frac{\partial w}{\partial z}$$

$$a_T = s_{11} + s_{22} = \frac{\partial u}{\partial x} + \frac{\partial v}{\partial y}$$

Dado que la masa de la partícula fluida, PF, según se ha definido anteriormente, $\rho V = m_{PF}$, es constante

$$\frac{1}{\rho}\frac{d\rho}{dt} + \frac{1}{V}\frac{dV}{dt} = 0$$

Y, por tanto,

$$\frac{1}{\rho}\frac{d\rho}{dt} = -\nabla \cdot \mathbf{v}$$

que es la ecuación de conservación de masa como se verá más adelante.

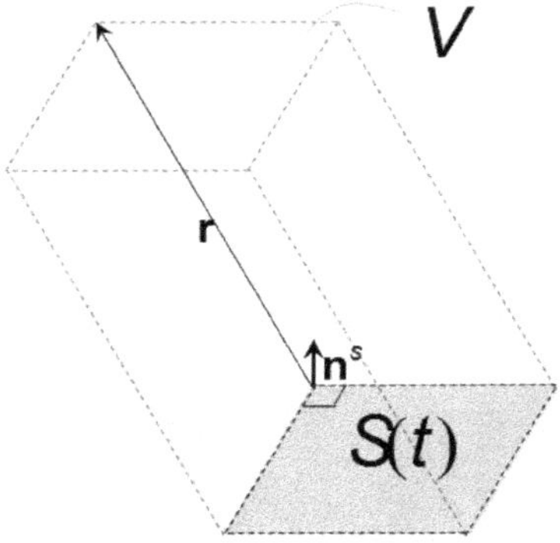

Figura 5.13. Volumen infinitesimal definido por una superficie S(t) y un vector no co-planar **r**(t)

Una superficie fluida infinitesimal de módulo S(t) se puede representar como un vector S(t) $\mathbf{n}^s(t)$, siendo $\mathbf{n}^s(t)$ el vector normal unitario a la superficie. Dado un vector infinitesimal, **r**, fuera del plano de S(t), se puede escribir $V = \mathbf{S} \cdot \mathbf{r} = S_i r_i$, donde V es el volumen fluido infinitesimal, delimitado por **S**(t) y **r**(t) (Figura 5.13). Al derivar esta relación se obtiene

$$\frac{dV}{dt} = \frac{d r_i}{dt} S_i + r_i \frac{d S_i}{dt} = V s_{kk}$$

Sustituyendo la relación deducida anteriormente para $\frac{d r_i}{dt}$ y cambiando adecuadamente los subíndices se obtiene

$$r_i \left(\frac{d S_i}{dt} + s_{ij} S_j - \frac{1}{2} \varepsilon_{ijk} \omega_j S_k - s_{kk} S_i \right) = 0$$

que debe cumplirse para cualquier vector **r** no co-planar con S(t). Por tanto,

$$\boxed{\frac{d S_i}{dt} = \left(s_{kk} \delta_{ij} - s_{ij} \right) S_j + \frac{1}{2} \varepsilon_{ijk} \omega_j S_k}$$

Como $S_i = S\, n_i^s$

$$\frac{d S}{dt} n_i^s + S \frac{d n_i^s}{dt} = S \left(s_{kk} \delta_{ij} - s_{ij} \right) n_j^s + S \frac{1}{2} \varepsilon_{ijk} \omega_j n_k^s$$

Multiplicando por n_i^s se obtiene

$$\boxed{\frac{1}{S} \frac{d S}{dt} = \left(\delta_{ij} - n_i^s n_j^s \right) s_{ij}}$$

Y combinando los resultados anteriores

$$\boxed{\frac{d n_i^s}{dt} = - \left(\delta_{ij} - n_i^s n_j^s \right) s_{jk} n_k^s + \frac{1}{2} \varepsilon_{ijk} \omega_j n_k^s}$$

La vorticidad influye en el cambio de orientación de la superficie, dado por la variación temporal de $\mathbf{n}^S$, pero no en la variación de su módulo.

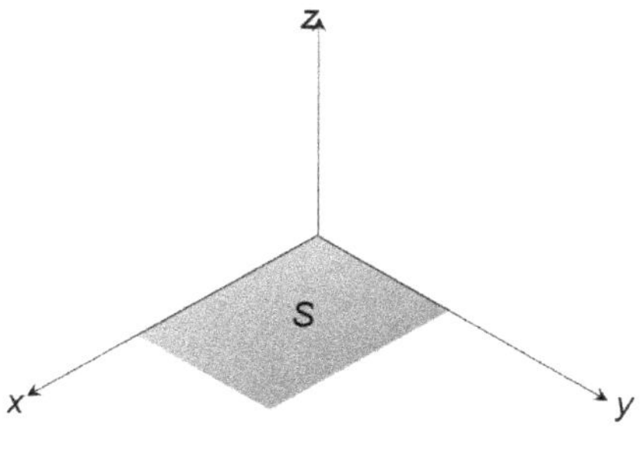

Figura 5.14. Velocidad de crecimiento de una superficie

Si $\mathbf{n}^s = (0, 0, 1)$,

$$\frac{1}{S}\frac{dS}{dt} = s_{11} + s_{22} = \frac{\partial u}{\partial x} + \frac{\partial v}{\partial y}$$

$a_T = \left(\delta_{ij} - n_i^s\, n_j^s\right) s_{ij}$ se denomina estiramiento del elemento infinitesimal de superficie S (Figura 5.14).

Deformación de elementos no-fluidos infinitesimales

Velocidades de deformación tangencial y normal efectivas

En muchos casos interesa conocer la deformación de elementos infinitesimales no fluidos. Se ha comentado anteriormente que las superficies de fracción másica constante o las superficies isotermas en flujos inertes o con reacción química son ejemplos de superficies no fluidas. Sea $Y(\mathbf{x}, t)$ la fracción másica de una especie química en un flujo. La superficie iso-escalar $Y(\mathbf{x}, t) = \text{const}$ cumple la ecuación

$$\frac{\partial Y}{\partial t} + v_j^Y \frac{\partial Y}{\partial x_j} = 0$$

donde $\mathbf{v}^Y$ es la velocidad absoluta de la superficie. Se puede escribir, alternativamente,

$$\frac{\partial Y}{\partial t} + v_j \frac{\partial Y}{\partial x_j} = -\left(v_j^Y - v_j\right)\frac{\partial Y}{\partial x_j}$$

$(\mathbf{v}^Y - \mathbf{v})$ es la velocidad de propagación de la iso-superficie relativa a la velocidad local del fluido. Se define la normal a $Y(\mathbf{x}, t) = \text{const}$ como

$$n_i = \frac{1}{|\nabla Y|}\frac{\partial Y}{\partial x_i}$$

El lado derecho de la ecuación de evolución de la iso-superficie se puede escribir como

$$-\left(v_j^Y - v_j\right) n_j\, |\nabla Y| = -V^Y\, |\nabla Y|$$

donde

$$\left(v_j^Y - v_j\right) n_j = V^Y$$

es la velocidad de propagación de la superficie iso-escalar en dirección normal a la misma.

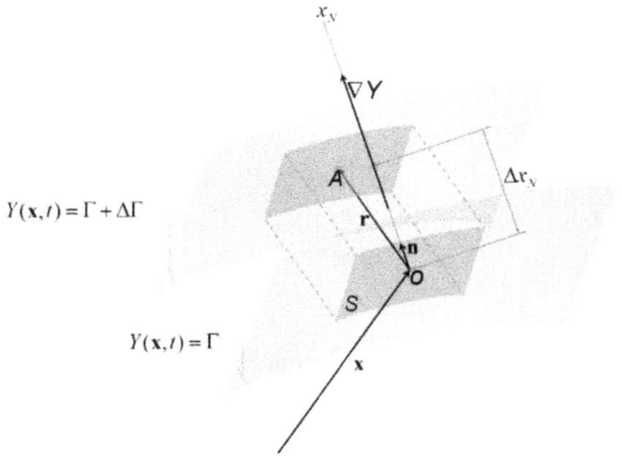

Figura 5.15. Geometría de dos superficies iso-escalares

En la configuración de la Figura 5.15 adjunta

$$|\nabla Y| = \frac{\partial Y}{\partial x_N} = \frac{\Delta \Gamma}{\Delta x_N}$$

x_N es la coordenada normal a Y = const, creciente en la dirección de ∇ Y.

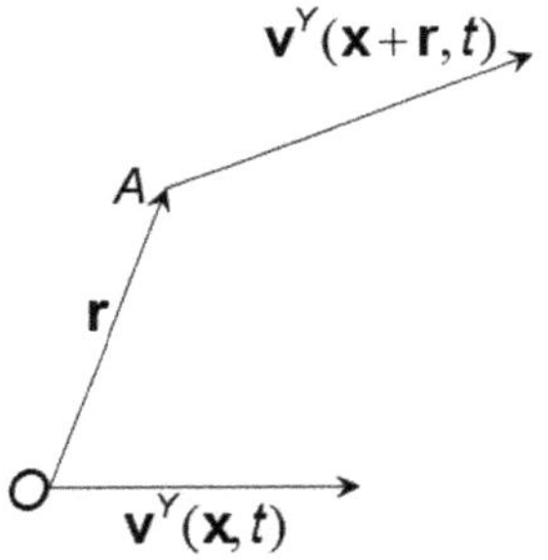

Figura 5.16. Cinemática de un elemento no-fluido infinitesimal que une los puntos O y A sobre dos superficies iso-escalares

Para un vector infinitesimal no-fluido, **r**, cuyos extremos O y A están en las iso-superficies $Y = \Gamma$ e $Y = \Gamma + \Delta\Gamma$, respectivamente, (Figura 5.16),

$$\frac{d\mathbf{r}}{dt} = (\mathbf{r} \cdot \nabla)\, \mathbf{v}^Y$$

Y con $\mathbf{v}^Y = \mathbf{v} + V^Y\, \mathbf{n}$ se obtiene

$$\frac{d\, r_i}{dt} = s_{ij}\ r_j + \frac{1}{2}\ \varepsilon_{ijk}\ \omega_j\ r_k + r_j \frac{\partial V^Y}{\partial x_j}\ n_i + r_j\, V^Y\, \frac{\partial n_i}{\partial x_j}$$

Los dos primeros términos del lado derecho son los efectos del tensor velocidad de deformación y de la vorticidad, como si se tratase de un elemento fluido. Los términos adicionales, tercero y cuarto, son debidos a la variación espacial de V^Y y a la curvatura de la iso-superficie. $\frac{\partial n_i}{\partial x_j}$ es el tensor de curvatura de Y = const. Para **r** perpendicular a la superficie iso-escalar, $\mathbf{r} = (\Delta x_n)\,\mathbf{n}$, se tiene

$$\frac{d\,(\Delta x_n)}{dt}\,n_i + (\Delta x_n)\,\frac{dn_i}{dt} = \frac{dr_i}{dt}$$

Multiplicando por n_i se obtiene

$$\boxed{\frac{1}{(\Delta x_N)}\,\frac{d\,(x_N)}{dt} = n_i\;s_{ij}\;n_j + \frac{\partial V^Y}{\partial x_N}}$$

Combinando correctamente las ecuaciones anteriores se obtiene

$$\boxed{\frac{d\,n_i}{dt} = \left(\delta_{ij} - n_i\,n_j\right) s_{jk}\,n_k + \frac{1}{2}\,\varepsilon_{ijk}\;\omega_j\;n_k + V^Y\,\frac{\partial\,n_i}{\partial\,x_N}}$$

De nuevo $a_N = n_i\, s_{ij}\, n_j$ es la velocidad de deformación normal a la iso-superficie Y (**x**,t) = Γ, debida al flujo. La separación Δx_N entre dos superficies no fluidas, Y = Γ e Y = $\Gamma + \Delta\Gamma$, aumenta si $a_N + \frac{\partial V^Y}{\partial\,x_N} > 0$, y, en ese caso, el módulo del gradiente de Y disminuye. Si $a_N + \frac{\partial V^Y}{\partial\,x_N} < 0$, la separación entre iso-superficies disminuye con el tiempo y, por consiguiente, el módulo del gradiente de Y aumenta. Si $a_N + \frac{\partial V^Y}{\partial\,x_N} = 0$, $\Delta\,x_n$ permanece constante, así como el modulo del gradiente. $a_N + \frac{\partial V^Y}{\partial\,x_N}$ se podría denominar <u>velocidad de deformación</u> '<u>efectiva</u>' normal a $Y\,(\mathbf{x}, t) = \Gamma$. $\frac{\partial\,V^Y}{\partial\,x_N}$ mide la diferencia de la velocidad de propagación de diferentes superficies iso-escalares.

El volumen infinitesimal no fluido, $V = S\,(\Delta x_n)$ (Figura 16) varía con el tiempo de acuerdo con

$$\frac{1}{V}\,\frac{d\,V}{dt} = a_N + \frac{\partial\,V^Y}{\partial\,x_N} + a_T + 2\,k_m\,V^Y$$

$a_T = \left(\delta_{ij} - n_i\,n_j\right) s_{ij}$ es la velocidad de deformación tangente a la iso-superficie debida al flujo, y k_m es su curvatura media,

$$k_m = \frac{1}{2}\,\frac{\partial\,n_i}{\partial\,x_i}$$

De las relaciones anteriores se obtiene fácilmente

$$\frac{1}{S}\,\frac{dS}{dt} = a_T + 2\,k_m\;V^Y$$

El segundo término de la derecha es nulo para iso-superficies planas ($k_m = 0$), es positivo para iso-superficies convexas ($k_m > 0$) y negativo para iso-superficies cóncavas ($k_m < 0$). $a_T + 2\,k_m\,V^Y$ se podría denominar <u>velocidad de deformación</u> '<u>efectiva</u>' tangente a $Y\,(\mathbf{x}, t) = \Gamma$.

Derivación con respecto al tiempo de integrales de línea, superficie y volumen de elementos fluidos infinitesimales

En el estudio del movimiento de fluidos se utilizan a menudo descripciones globales en las que aparecen integrales de volumen, de superficie y de línea. Se pueden usar los resultados anteriores para obtener las derivadas temporales de esas integrales. Una integral típica sobre un volumen fluido, V, es

$$I_v(t) = \int_{V(t)} \rho\,(\mathbf{x}, t)\ \varphi\,(\mathbf{x}, t)\ d\,V$$

donde $\varphi\,(\mathbf{x}, t)$ es una variable fluida por unidad de masa. La integral expresa la cantidad de φ en V y se puede discretizar como

$$I_v(t) = \sum_{n=1}^{N} \rho^{(n)}\ \ \varphi^{(n)}\ \ (\Delta V)^{(n)}$$

donde el volumen V se ha dividido en N volúmenes infinitesimales, $(\Delta V)^n$ (n = 1, 2, …, N), en los cuales los valores genéricos de ρ y φ son $\rho^{(n)}$ y $\varphi^{(n)}$. Derivando con respecto al tiempo

$$\frac{d\,I_v\,(t)}{dt} = \sum_{n=1}^{N} \frac{d\left[\rho^{(n)}\,\varphi^{(n)}\right]}{dt}\ (\Delta V)^n + \sum_{n=1}^{N} \rho^{(n)}\,\varphi^{(n)}\ \frac{d(\Delta V)^n}{dt}$$

Que puede convertirse en

$$\frac{d\,I_v\,(t)}{dt} = \sum_{n=1}^{N} \left\{\frac{d\left[\rho^{(n)}\,\varphi^{(n)}\right]}{dt} + \rho^{(n)}\,\varphi^{(n)}\,(\nabla\cdot\mathbf{v})^n\right\}\ (\Delta V)^n$$

$$= \int_{v(t)} \left[\frac{d\,(\rho\,\varphi)}{dt} + \rho\,\varphi\,(\nabla\cdot\mathbf{v})\right] dV$$

Como

$$\frac{d\,(\rho\,\varphi)}{dt} = \frac{\partial\,(\rho\,\varphi)}{\partial t} + \mathbf{v}\cdot\nabla\,(\rho\,\varphi)$$

Se obtiene

$$\frac{d\,I_v\,(t)}{dt} = \int_{v(t)} \left[\frac{\partial\,(\rho\,\varphi)}{dt} + \nabla\cdot(\,\rho\,\varphi\,\mathbf{v})\ \right] dv = \int_{v(t)} \frac{\partial\,(\rho\,\varphi)}{dt}\ dV + \int_{s(t)} \rho\,\varphi\,\mathbf{v}\cdot\mathbf{n}\,dS$$

donde S (t) es la superficie cerrada que envuelve V(t). Se usa el teorema de Gauss para convertir la integral de volumen de una divergencia en la integral de superficie de un flujo. Esta relación se denomina normalmente Teorema de transporte de Reynolds.

Una integral típica de superficie es

$$I_s\,(t) = \int_{s(t)} \rho\,\varphi\,v_i\ n_i\ \ dS$$

que se puede discretizar y escribir como

$$I_s\,(t) = \sum_{n=1}^{N} \rho^{(n)}\ \ \varphi^{(n)}\ \ v_i^{(n)}\ \ \underbrace{n_i^{(n)}\,(\Delta S)^{(n)}}_{(\Delta S_i)^{(n)}}$$

La derivada temporal es

$$\frac{I_s\,(t)}{dt} = \sum_{n=1}^{N} \frac{d\left[\rho^{(n)}\ \varphi^{(n)}\ v_i^{(n)}\right]}{d\rho}\ \left((\Delta S_i)^{(n)}\right) + \sum_{n=1}^{N} \rho^{(n)}\ \varphi^{(n)}\ v_i^{(n)}\ \frac{d\,(\Delta S_i)^{(n)}}{dt}$$

Y sustituyendo,

$$\frac{d\,(\Delta S_i)^{(n)}}{dt} = \left(s_{kk}^{(n)}\ \delta_{ij} - s_{ij}^{(n)}\right)\ \left(\Delta\, S_j\right)^{(n)} + \frac{1}{2}\ \varepsilon_{ijk}\,\omega_j^{(n)}\ (\Delta\, S_k)^{(n)}$$

se obtiene

$$\frac{d\,I_s\,(t)}{dt} = \sum_{n=1}^{N} \left\{\frac{d\left[\rho^{(n)}\ \varphi^{(n)}\ v_i^{(n)}\right]}{dt}\ n_i^{(n)} + \rho^{(n)}\ \varphi^{(n)}\ v_i^{(n)}\left[s_{kk}^{(n)}\ \delta_{ij} - s_{ij}^{(n)}\right] n_j^{(n)} + \rho^{(n)}\ \varphi^{(n)}\ v_i^{(n)}\ \frac{1}{2}\ \varepsilon_{ijk}\,\omega_j^{(n)}\ n_k^{(n)}\right\}\ (\Delta S)^{(n)}$$

$$= \int_{s(t)} \left[\frac{d\,\rho\,\varphi\,v_i}{dt}\ n_i + \rho\,\varphi\,v_i\left(s_{kk}\ \delta_{ij} - s_{ij}\right) n_j + \rho\,\varphi\,v_i\ \frac{1}{2}\ \varepsilon_{ijk}\,\omega_j\ n_k\right] dS$$

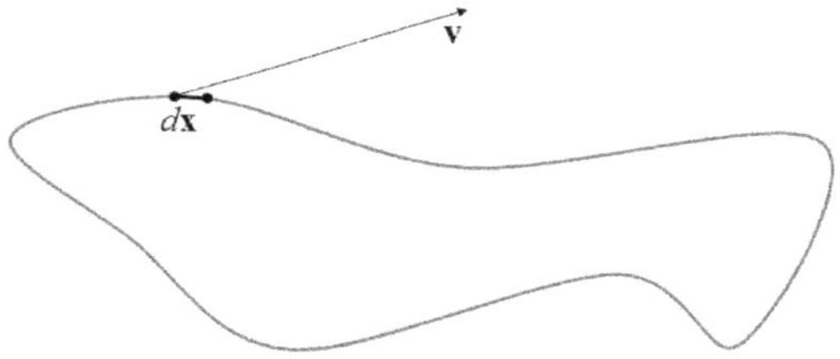

Figura 5.17. Circulación del vector velocidad en una curva cerrada

Una integral de línea típica es la circulación de la velocidad alrededor de una curva cerrada (Figura 5.17)

$$I_L\,(t) = \oint_{L(t)} v_i\ dx_i$$

Tras discretizar

$$I_L\,(t) = \sum_{n=1}^{N} v_i^{(n)}\ (\Delta x_i)^{(n)}$$

se deriva con respecto al tiempo

$$\frac{d\,I_s}{dt} = \sum_{n=1}^{N} \left[\frac{d\,v_i^{(n)}}{dt}\ \ (\Delta x_i)^{(n)} + v_i^{(n)}\ \frac{(\Delta x_i)^{(n)}}{dt}\right]$$

Como

$$\frac{d\,(\Delta x_i)^{(n)}}{dt} = \left(\Delta x_j\right)^{(n)}\ \frac{\partial\, v_i^{(n)}}{\partial\, x_j}$$

Se obtiene

$$\frac{d\,I_L}{dt} = \sum_{n=1}^{N} \left[\frac{d\,v_i^{(n)}}{dt} \; (\Delta x_i)^{(n)} + v_i^{(n)} \; \frac{\partial\, v_i^{(n)}}{\partial\, x_j} \; \left(\Delta x_j\right)^{(n)} \right] = \oint_L \frac{d\,v_i}{d\,t}\, dx_i$$
$$+ \oint_L \frac{\partial}{\partial x_j} \left(\frac{1}{2}\, v_i\ v_i \right) d\,x_j$$

La segunda integral es nula a lo largo de una curva cerrada. La relación obtenida expresa que la derivada temporal de la circulación de la velocidad es igual a la circulación de la aceleración.

Topologías locales de los flujos. Tensor gradiente de velocidad. Autovalores y autovectores. Topologías nodales y focales.

La contribución del tensor velocidad de deformación a la variación de r_i, $s_{ij}\, r_j$ no tiene, en general, la dirección de r_i. Para el tensor simétrico **s** existen tres direcciones según las cuales la contribución $s_{ij}\ r_j$ tiene la dirección de r_i, es decir

$$s_{ij}\, r_j = \lambda\, r_i$$

o bien

$$\left(\lambda\ \delta_{ij} - s_{ij}\right) n_j = 0$$

El sistema de 3 ecuaciones homogéneas tiene solución distinta de cero si el determinante del sistema es nulo, que equivale a la ecuación

$$\lambda^3 + P_s\, \lambda^2 + Q_s\, \lambda + R_s = 0$$

donde los invariantes de **s** son

$$P_s = -\, s_{kk}$$
$$Q_s = \frac{1}{2}\left(P_s^2 - s_{ij}\, s_{ij}\right)$$
$$R_s = \frac{1}{3}\left(-\,P_s^3 + 3\, P_s\, Q_s - s_{ij}\, s_{jk}\, s_{ki}\right)$$

Existen tres soluciones reales $\lambda_1,\ \lambda_2,\ \lambda_3$, las velocidades principales de deformación (eigenvalues o autovalores). Para cada autovalor λ_a se usan dos ecuaciones del sistema homogéneo más la condición $n_1^2 + n_2^2 + n_3^2 = 1$ para calcular $n_1{}^a$, $n_2{}^a$ y $n_3{}^a$, de cada autovector (eigenvalue) $\mathbf{n}^a$, para a = 1, 2, 3. Se obtienen así las tres <u>direcciones principales de deformación</u> correspondientes. Los elementos infinitesimales según esas 3 direcciones experimentan solo velocidades de dilatación unitarias, λ_1, λ_2 y λ_3. Tomando como ejes las tres direcciones principales de deformación, el tensor **s** adquiere forma diagonal

$$\mathbf{s} = \begin{pmatrix} \lambda_1 & 0 & 0 \\ 0 & \lambda_2 & 0 \\ 0 & 0 & \lambda_3 \end{pmatrix}$$

Análogamente para el tensor gradiente de velocidad,

$$A_{ij} = \frac{\partial\, v_i}{\partial\, x_j}$$

se calculan sus autovectores y autovalores por la condición

$$A_{ij}\, r_j = \lambda\, r_i$$

Haciendo nulo el determinante del sistema se obtiene

$$\lambda^3 + P\lambda^2 + Q\,\lambda + R = 0$$

donde

$$P = -A_{jj}$$
$$Q = \frac{1}{2}\left(P^2 - A_{ij}A_{ji}\right)$$
$$R = \frac{1}{3}\left(-P^3 + 3PQ - A_{ij}A_{jk}A_{k_i}\right)$$

son los invariantes de **A**. Como el tensor gradiente de velocidad no es simétrico, las raíces λ_1, λ_2 y λ_3, (autovalores) de la ecuación cúbica no son necesariamente reales. Se pueden presentar varios casos.

i. <u>3 autovalores reales</u>

Diagonalizando **A** en los ejes de los autovectores se obtiene

$$\frac{d\,r_i}{dr} = \begin{pmatrix} \lambda_1 & 0 & 0 \\ 0 & \lambda_2 & 0 \\ 0 & 0 & \lambda_3 \end{pmatrix} \cdot \begin{pmatrix} x \\ y \\ z \end{pmatrix} = (\lambda_1 x, \lambda_2 y, \lambda_3 z)$$

con $\mathbf{r} = (x, y, z)$. $r_i(t)$ son las trayectorias locales en torno al origen O de **r**. Las soluciones son

$$x(t) = x(0)\; e^{\lambda_1 t}$$
$$y(t) = y(0)\; e^{\lambda_2 t}$$
$$z(t) = z(0)\; e^{\lambda_3 t}$$

· Si <u>$\lambda_1 > 0$, $\lambda_2 > 0$ y $\lambda_3 < 0$,</u> las trayectorias en los distintos planos son

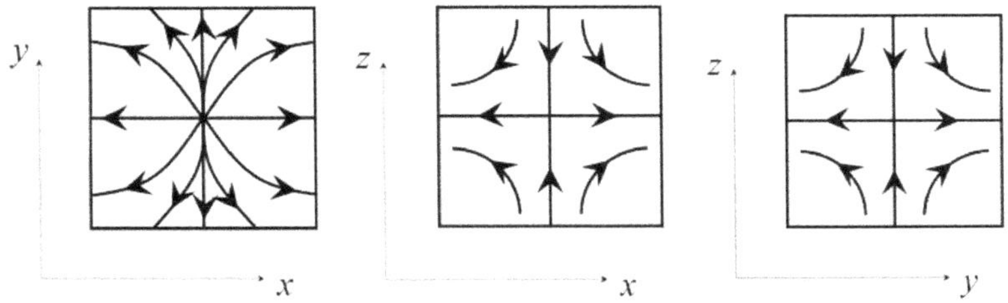

Figura 5.18. Trayectorias en los tres planos de la topología UN/S/S

La topología local del flujo se denomina por sus siglas en inglés UN/S/S (Nodo Inestable/Silla/Silla) (Figura 5.18).

· Si <u>$\lambda_1 > 0$, $\lambda_2 < 0$ y $\lambda_3 < 0$,</u> las trayectorias son

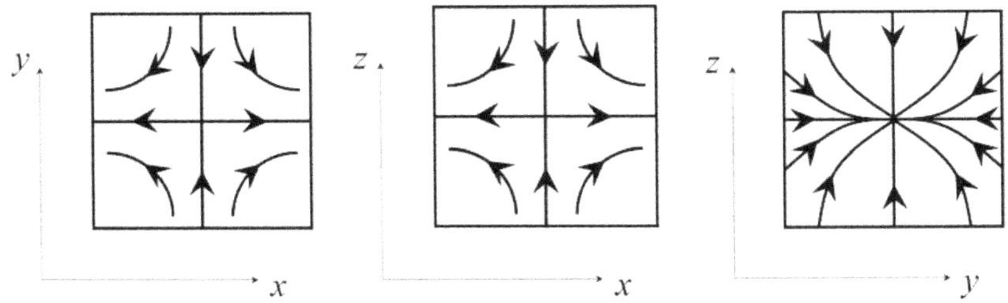

Figura 5.19. Trayectorias en los tres planos de la topología SN/S/S

Esta topología se denomina SN/S/S (Nodo Estable/Silla/Silla) (Figura 5.19).

· Si $\lambda_1 > 0$, $\lambda_2 > 0$ y $\lambda_3 > 0$, las trayectorias en cada plano se alejan del origen y la topología se denomina UN/UN/UN (Nodo Inestable/Nodo Inestable/Nodo Inestable).
· Si $\lambda_1 < 0$, $\lambda_2 < 0$ y $\lambda_3 < 0$, las trayectorias se acercan al origen y se tiene la topología SN/SN/SN (Nodo Estable/Nodo Estable/ Nodo Estable).
ii. 2 autovalores complejos conjugados y 1 real
El tensor gradiente de velocidad se expresa en ejes principales y se obtiene para el caso $\lambda_1 + \lambda_2 + \lambda_3 = 0$

$$\frac{d\,r_i}{dt} = \begin{pmatrix} -2a & 0 & 0 \\ 0 & a & b \\ 0 & -b & a \end{pmatrix} \cdot \begin{pmatrix} x \\ y \\ z \end{pmatrix} = (-2\,ax, ay + bz, -by + az\,)$$

cuyas soluciones son

$$x(t) = x\,(0) \qquad e^{-2at}$$
$$y(t) = c_1 \cos bt + \; c_2 \quad \text{sen}\, bt$$
$$z(t) = c_3 \cos bt + \; c_4 \quad \text{sen}\, bt$$

donde c_1, c_2, c_3 y c_4 son funciones de a y b y de y(0) e y'(0)· Si $a > 0$,

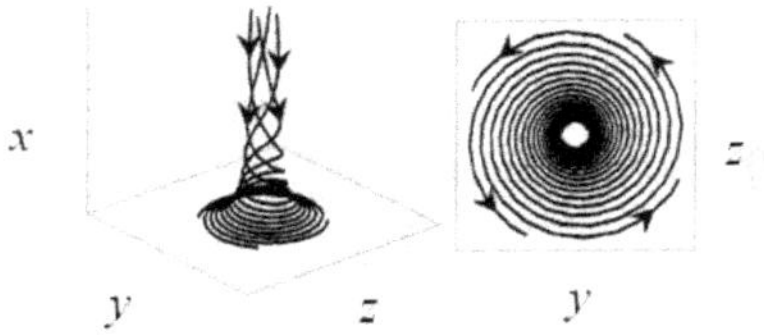

Figura 5.20. Trayectorias de la topología UFC

la topología se denomina UFC (Foco Inestable Compresión) (Figura 5.20).· Si $a < 0$,

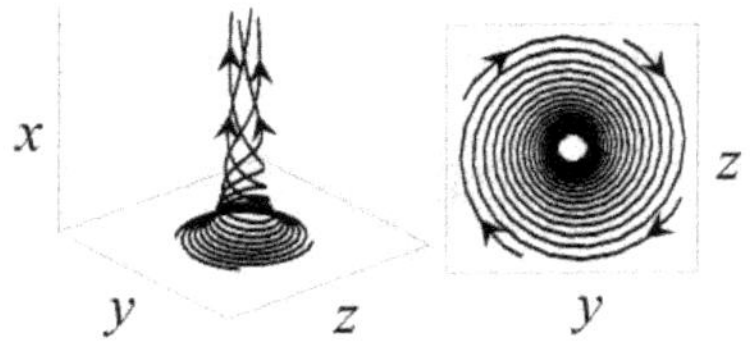

Figura 5.21. Trayectorias de la topología SN/S/S

la topología se denomina SFS (Stable Focus Stretching), (Foco Estable Estiramiento) (Figura 5.21).
· Para $\lambda_1 + \lambda_2 + \lambda_3 \neq 0$ son también posibles las topologías UFS (Unstable Focus Stretching), (Foco Inestable Estiramiento) y SFC (Stable Focus Compression), (Foco Estable Compresión)que representan en la Figura 5.22.

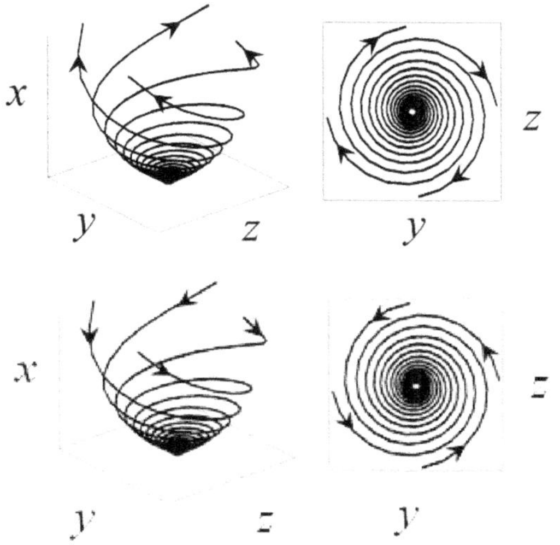

Figura 5.22. Trayectorias de las topologías UFS y SFC

Para el caso P = 0 (densidad constante), se puede representar en el plano Q – R las distintas regiones donde las raíces son reales y complejas. El discriminante de la ecuación cúbica $D = \frac{1}{4} R^2 + \frac{Q^3}{27} = 0$ separa las raíces reales y las complejas (Figura 5.23)

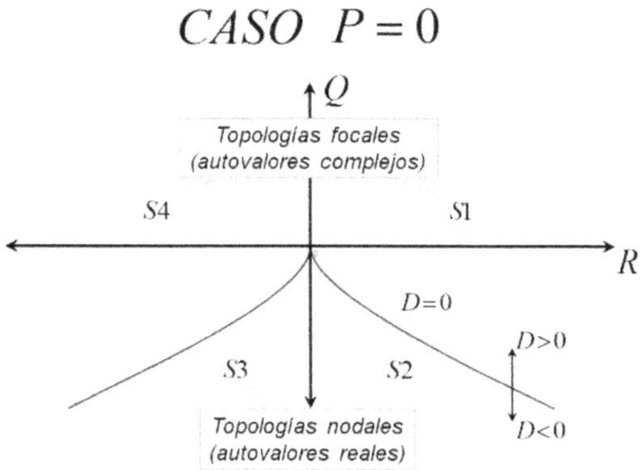

Figura 5.23. Topología en el plano Q-R para flujos de densidad constante

Para el tensor velocidad de rotación, **W**, se obtienen los autovalores y autovectores de la ecuación

$$W_{ij} \, n_j = \lambda \, n_i$$

La ecuación cúbica es

$$\lambda^3 + P_w \lambda^2 + Q_w \lambda + R_w = 0$$

Donde los invariantes de **W** son

$$P_w = 0$$

$$Q_w = \frac{1}{4} \omega_i \ \omega_i$$

$$R_w = 0$$

$\frac{1}{2} \ \omega_i \ \omega_i$ se denomina enstrofía.

Las relaciones entre los invariantes de **s**, **W** y **A** son

$$P = P_s$$

$$Q = Q_s + Q_w$$

$$R = R_s - \frac{1}{4} \omega_i \ s_{ij} \ \omega_j$$

Para el flujo de un fluido de densidad constante

$$P = 0 = P_s = - s_{kk} = - \frac{\partial v_k}{\partial x_k}$$

se tiene

$$Q_s = - \frac{1}{2} s_{ij} \ s_{ij} \leq 0 , \qquad R_s = - \frac{1}{3} s_{ij} \ s_{jk} \ s_{ki}$$

y

$$Q = - \frac{1}{2} s_{ij} \ s_{ij} + \frac{1}{4} \omega_i \ \omega_i$$

$$R = - \frac{1}{3} s_{ij} \ s_{jk} \ s_{ki} - \frac{1}{4} \omega_i \ s_{ij} \ \omega_j$$

El primer término de la derecha de Q es negativo y está relacionado, como veremos más adelante, con la disipación de energía cinética. El segundo término es positivo. En las regiones donde $Q > 0$ predominará la enstrofía (rotación del fluido), mientras que si $Q < 0$ la disipación de energía dominará sobre la rotación.

El primer término de la derecha R está relacionado con la producción de la disipación local de energía cinética, mientras el segundo es proporcional a la producción de enstrofía. Se puede ver una discusión detallada y general de todo lo anterior sobre topologías en Perry y Chong [3].

Geometrías de campos escalares. Tensor de curvatura. Curvaturas principales. Curvaturas media y de Gauss.

El concepto de curvatura de una superficie ha aparecido anteriormente. Para una superficie iso-scalar, Y (**x**, t) = const, se definió su normal $n_i = \frac{1}{|\nabla Y|} \frac{\partial Y}{\partial x_i}$. Asimismo, el tensor de curvatura se definió como

$$C_{ij} = \frac{\partial n_i}{\partial x_j} = \frac{1}{|\nabla Y|} (\delta_{ik} - n_i \ n_k) \frac{\partial^2 Y}{\partial x_j \ \partial x_k}$$

Los autovalores y autovectores de **C** se obtienen de

$$C_{ij} \ N_j = k \ N_i$$

Que conduce a la ecuación cúbica

$$k^3 + I_1\, k^2 + I_2\, k + I_3 = 0$$

Los invariantes de **C** son

$$I_1 = -C_{ii}$$

$$I_2 = \frac{1}{2}\left(C_{ii}\, C_{jj} - C_{ij}\, C_{ji}\right)$$

$$I_3 = -\det\left(C_{ij}\right)$$

$I_3 = 0$ (ver Aris [1]) y la ecuación se convierte en

$$k^2 + I_1\, k + I_2 = 0$$

con soluciones

$$k = \frac{-I_1 \pm \sqrt{I_1^2 - 4\, I_2}}{2}$$

k_1 (signo +) y k_2 (signo -) son las curvaturas principales (autovalores) de la iso-superficie, según dos direcciones principales (autovectores) en el plano tangente a la iso-superficie.

Se pueden definir también la curvatura media

$$k_m = \frac{k_1 + k_2}{2} = -\frac{I_1}{2} = \frac{1}{2}\, C_{ii} = \frac{1}{2}\frac{\partial\, n_i}{\partial\, x_i}$$

Y la curvatura de Gauss

$$k_g = k_1\, k_2 = I_2.$$

Para $I_1^2 - 4\, I_2 < 0$ los autovalores del tensor de curvatura son imaginarios y esa región está físicamente excluida del flujo (Figura 5.24). Los tipos de estructuras geométricas locales de las superficies Y = const se pueden ver en Dopazo et al. [2].

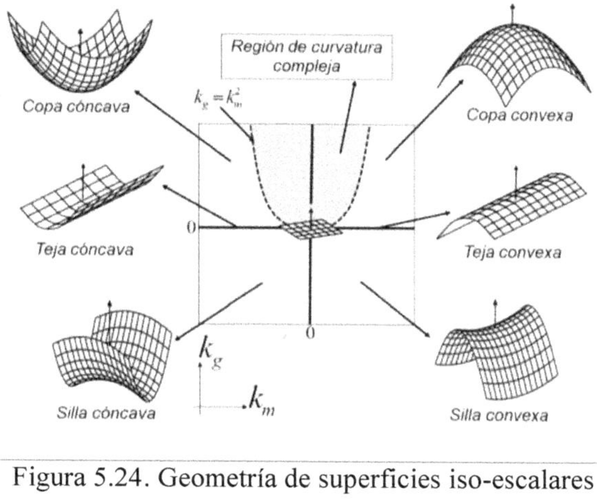

Figura 5.24. Geometría de superficies iso-escalares

Referencias

[1]Aris, R., "Vectors, Tensors and the Basic Equations of Fluid Mechanics"; Prentice-Hall, Englewood Cliffs, 1962.
[2]Dopazo, C., Martin, J. and Hierro, J., Local geometry of isoscalar surfaces, Phys. Rev. E. **76**:056316/1-056316/11 (2007).
[3]Perry, A. E., and Chong, M. S., "A description of eddying motions and flow patterns using critical point concepts", Annual Reviews of Fluid Mechanics **19**, 125-155 (1987).

Capítulo 6

Fluidodinámica de mezclas de gases. Parte III: Ecuaciones de conservación o de transporte

César Dopazo

Ecuaciones de conservación o de transporte

Volúmenes fluidos y de control

- Fluidos, V_F

Un volumen fluido está constituido siempre por las mismas PFs. Los puntos de su superficie S_F se mueven con la velocidad local del fluido, y a través de ella es solo posible el intercambio molecular con las PFs del entorno, exteriores al V_F. La superficie S_F que rodea V_F tiene en cada punto una normal, **n**, positiva hacia el exterior de V_F.

-De control, V_c

Para un volumen de control V_c se define la velocidad $\mathbf{v}^c(\mathbf{x}, t)$ de cada punto de la superficie S_c que lo rodea. $\mathbf{v}^c$ puede ser la velocidad del fluido y, entonces, $V_c = V_F$. $\mathbf{v}^c$ puede ser nula y en Sc el fluido atraviesa la superficie, entrando en o saliendo de V_c. Además de esa entrada en o salida de V_c macroscópica de fluido, las PF de S_c pueden intercambiar también moléculas con las PFs del exterior de V_c.

Derivación con respecto al tiempo de integrales de volumen. Teoremas de transporte

Se ha obtenido anteriormente que para un volumen fluido, V_F,

$$\frac{d}{dt}\int_{V_F} \rho\varphi \, dV = \int_{V_F} \frac{\partial \rho \varphi}{dt} \, dV + \int_{S_F} \rho\varphi \, \mathbf{v} \cdot \mathbf{n} \, dS$$

Análogamente, para un volumen de control, V_c,

$$\frac{d}{dt}\int_{V_c} \rho\varphi \, dV = \int_{V_c} \frac{\partial \rho \varphi}{dt} \, dV + \int_{S_c} \rho\varphi \, \mathbf{v}^c \cdot \mathbf{n} \, dS$$

En un instante dado un volumen de control, V_c, es también un volumen fluido, V_F, y sólo se diferencian ambos en su evolución posterior. Restando las 2 ecuaciones anteriores

$$\frac{d}{dt}\int_{V_c} \rho\varphi \, dV - \frac{d}{dt}\int_{V_F} \rho\varphi \, dV = +\int_{S_c} \rho\varphi \, (\mathbf{v} - \mathbf{v}^c) \cdot (-\,\mathbf{n}) \, dS$$

que expresa que la diferencia entre las variaciones temporales del contenido de φ en V_c y en V_F se debe a la ingestión macrocóspica de φ a través de la superficie $S_c = S_F$ debida a la velocidad normal relativa, $(\mathbf{v} - \mathbf{v^c}) \cdot (-\mathbf{n})$, de entrada de fluido en V_c.

Ecuación integral (para un volumen fluido o uno de control) genérica de conservación para una variable específica (por unidad de masa), φ.

Una ecuación integral genérica de transporte de una propiedad fluida intensiva o específica (φ = cantidad φ/masa) tendrá la forma:

$$\frac{d}{dt}\int_{V_F} \rho\varphi \; dV = \frac{d}{dt}\int_{V_c} \rho\varphi \; dV$$

$$+ \int_{S_c} \rho\varphi\, (\mathbf{v} - \mathbf{v^c}) \cdot \mathbf{n}\, dS = \int_{S_F} \rho\varphi\, \mathbf{V}^{\varphi} \cdot (-\mathbf{n})\, dS + \int_{V_F} G^{\varphi}\; dV$$

El primer término de la derecha representa el intercambio molecular de φ con el exterior a $V_F = V_c$ a través de la superficie $S_F = S_c$; $\mathbf{V}^{\varphi}$ es la velocidad de difusión molecular de φ y $\rho\,\varphi\,\mathbf{V}^{\varphi}$ se denomina vector flujo molecular de φ y tiene dimensiones de cantidad de φ por unidad de superficie y de tiempo.
G^{φ} es la 'generación' de φ en el interior de $V_F = V_c$ y tiene dimensiones de cantidad de φ por unidad de volumen y de tiempo.

Ecuación diferencial (para una partícula fluida) de conservación para una variable específica (por unidad de masa), φ.

Usando el teorema de transporte de Reynolds para el lado izquierdo de la ecuación de φ se obtiene

$$\int_{V_F}\left(\frac{\partial\,\rho\varphi}{\partial t} + \frac{\partial\,\rho\varphi\, v_j}{\partial x_j}\right) dV = \int_{V_F}\left[\frac{\partial}{\partial x_j}\left(-\rho\varphi\, V_j^{\varphi}\right) + G^{\varphi}\right] dV$$

donde el teorema de Gauss se ha utilizado para el término de transporte molecular. La ecuación se puede reordenar y escribir como

$$\int_{V_F}\left[\frac{\partial\,\rho\varphi}{\partial t} + \frac{\partial\,\rho\varphi\left(v_j + V_j^{\varphi}\right)}{\partial x_j} - G^{\varphi}\right] dV = 0$$

Si el V_F se hace tender al volumen de la PF, V_{PF}, en $(\mathbf{x}, t)$, el integrando tendrá un único valor y como $V_{PF} > 0$ ha de cumplirse

$$\boxed{\frac{\partial\,\rho\varphi}{\partial t} + \frac{\partial\,\rho\varphi\, v_j}{\partial x_j} = \frac{\partial}{\partial x_j}\left(-\rho\varphi\, v_j^{\varphi}\right) + G^{\varphi}}$$

que es la ecuación diferencial de transporte o de conservación de $\varphi\,(\mathbf{x}, t)$, para una partícula fluida. Los cuatro términos denotan la variación temporal de $\rho\varphi$, su variación convectiva, su cambio molecular y su generación o destrucción por el término fuente, G^{φ}.

Se ha utilizado φ para denotar una variable genérica específica que, a continuación, se particulariza para diferentes propiedades.

Ecuación de conservación de masa o de continuidad. Ingestión. Dilución. Variaciones de densidad y compresibilidad

Si $\varphi = 1$, la integral $\int_{V_F} \rho\, dV$ representa la masa de fluido contenida en V_F. $\mathbf{V}^{\varphi} = \mathbf{V}^1$ es nula, igual que $G^{\varphi} = G^1$. La ecuación de conservación de masa, también denominada de continuidad, es

$$\frac{d}{dt}\int_{V_F} \rho\, dV = 0 = \frac{d}{dt}\int_{V_c} \rho\, dV + \int_{S_c} \rho\,(\mathbf{v} - \mathbf{v}^c)\cdot \mathbf{n}\, dS$$

$$= \int_{V_F}\left(\frac{\partial \rho}{\partial t} + \frac{\partial \rho\, v_j}{\partial x_j}\right) dV = \int_{V_F} \frac{\partial \rho}{\partial t} dV + \int_{S_F} \rho\, v_j\, n_j\, dS$$

Las diferentes formas de la ecuación nos dicen que

- la masa de un volumen fluido es constante
- la variación temporal de la masa de un volumen de control se debe a la ingestión de masa del exterior de V_c

$\frac{d}{dt}\int_{V_c} \rho\, dV = \int_{S_c} \rho\,(\mathbf{v} - \mathbf{v}^c)\cdot(-\,\mathbf{n})\, dS$ = Ingestión macroscópica de masa = I_M.

Para un fluido de densidad constante

$$\frac{d}{dt}\rho\, V_c = I_M = \rho\,\frac{d\, V_c}{dt}$$

I_M/ρ es el caudal de ingestión de fluido exterior. El lector puede analizar el caso de densidad variable, en el cual aparecería un término debido a la compresión o expansión promedio en V_c.

- para una PF la ecuación de continuidad en forma diferencial es

$$\frac{\partial \rho}{\partial t} + \frac{\partial \rho\, v_j}{\partial x_j} = 0$$

Desarrollando el segundo término se tiene

$$\frac{\partial \rho}{\partial t} + v_j\,\frac{\partial \rho}{\partial x_j} + \rho\,\frac{\partial v_j}{\partial x_j} = 0$$

ó bien

$$\frac{1}{\rho}\,\frac{D\rho}{Dt} = -\,\frac{\partial v_j}{\partial x_j}$$

Si ρ es constante (líquido perfecto)

$$\frac{\partial v_j}{\partial x_j} = 0$$

que expresa que el volumen de la partícula fluida es constante.

Si la densidad variase con la presión, p, y la temperatura, T, y existiese una ecuación de estado $\rho = \rho\,(p, T)$, se obtiene fácilmente

$$\frac{1}{\rho}\,\frac{D\rho}{Dt} = \frac{1}{\rho}\left(\frac{\partial \rho}{\partial p}\right)_T \frac{Dp}{Dt} + \frac{1}{\rho}\left(\frac{\partial \rho}{\partial T}\right)_p \frac{DT}{Dt} = -\,\frac{\partial v_j}{\partial x_j}$$

Se definen

$$\frac{1}{\rho}\left(\frac{\partial \rho}{\partial p}\right)_T = \frac{1}{K}$$

$$-\frac{1}{\rho}\left(\frac{\partial \rho}{\partial T}\right)_p = \beta$$

donde K es el módulo de compresibilidad del fluido y β es el coeficiente de dilatación térmica. Para agua a una temperatura de 20 °C, $K = \rho\, a^2 \sim 10^9$ N/m² y $\beta = \ = 10^{-4}$ K^{-1}, donde a es la velocidad de propagación de las ondas de presión en el líquido. Para un gas, la velocidad de propagación del sonido se define por la relación, $a^2 = \left(\frac{\partial p}{\partial \rho}\right)_S = \gamma \left(\frac{\partial p}{\partial \rho}\right)_T$, donde $\gamma = C_p/C_v$ es la relación de calores específicos a presión, C_p, y a volumen, C_v, constantes, y $K = \rho\, a^2/\gamma$.

La ecuación de continuidad se puede, por tanto, escribir como

$$\frac{1}{K}\frac{Dp}{Dt} - \beta\frac{DT}{Dt} = -\frac{\partial v_j}{\partial x_j}$$

que relacionan variaciones de p y T con la velocidad de dilatación volumétrica.

Ecuación de conservación para fracciones másicas de especies químicas. Relaciones constitutivas para el flujo molecular másico: Ley de Fick

Si se particulariza $\varphi = Y_\alpha$, donde Y_α es la fracción másica de la especie química α en una mezcla multi-componente ($Y_\alpha = \rho_\alpha/\rho$, con ρ_α la densidad de la especie α), la variación temporal de masa de α en V_F se puede expresar como

$$\frac{d}{dt}\int_{V_F} \rho\, Y_\alpha\, dV = \frac{d}{dt}\int_{V_c} \rho\, Y_\alpha\, dV + \int_{S_c} \rho\, Y_\alpha\, (\mathbf{v} - \mathbf{v}^c)\cdot \mathbf{n}\, dS$$

$$= \int_{V_F}\left(\frac{\partial\, \rho\, Y_\alpha}{\partial t} + \frac{\partial\, \rho\, Y_\alpha\, v_j}{\partial x_j}\right) dV$$

$$= \int_{S_F} \rho\, Y_\alpha\, V_j^\alpha\, (-n_j)\, dS + \int_{V_F} \dot{w}_\alpha\, dV$$

La variación temporal de la masa de una especie α en un volumen fluido se debe al flujo molecular a través de S_F y a la generación química, $\dot{w}_\alpha$ (masa de α por unidad de volumen y de tiempo). Para un volumen de control, a las dos causas anteriores de variación, se añade la ingestión macroscópica de α, $\int_{S_c} \rho\, Y_\alpha\, (\mathbf{v} - \mathbf{v}^c)\cdot(-\mathbf{n})\, dS$.

Para un fluido de densidad constante

$$\rho\frac{d}{dt}\int_{V_c} Y_\alpha\, dV = \int_{S_c} \rho\, Y_\alpha\, (\mathbf{v} - \mathbf{v}^c)\cdot(-\mathbf{n})\, dS + \int_{S_c} \rho\, Y_\alpha\, \mathbf{v}^\alpha\cdot(-\mathbf{n})\, dS + \int_{V_c} \dot{w}_\alpha\, dV$$

Los términos de la derecha se pueden identificar como la ingestión macroscópica de la especie α, I_M^α, su ingestión molecular, I_m^α, y su conversión química, $\dot{Q}_\alpha$.
Se puede definir la fracción másica promedio en V_c como $\overline{Y}_\alpha(t) = \frac{1}{V_c}\int_{V_c} Y_\alpha \, dV$.
Por tanto,

$$\rho \frac{d\,\overline{Y}_\alpha V_c}{dt} = I_M^\alpha + I_m^\alpha + \dot{Q}_\alpha$$

Desarrollando el término izquierdo

$$V_c \frac{d\,\overline{Y}_\alpha}{dt} + \overline{Y}_\alpha \frac{d\,V_c}{dt} = \frac{I_M^\alpha}{\rho} + \frac{I_m^\alpha}{\rho} + \frac{\dot{Q}_\alpha}{\rho}$$

Como de la ecuación de continuidad para ρ = const $\frac{d\,V_c}{dt} = \frac{I_M}{\rho}$ se puede escribir

$$\frac{d\,\overline{Y}_\alpha}{dt} = -\,\overline{Y}_\alpha \frac{I_M}{\rho\,V_c} + \frac{I_M^\alpha}{\rho\,V_c} + \frac{I_m^\alpha}{\rho\,V_c} + \frac{\dot{Q}_\alpha}{\rho\,V_c}$$

El primer término de la derecha se denomina <u>dilución</u> y si $I_M > 0$ es negativo y distinto de cero aunque la especie α esté ausente en el exterior de V_c. Si $Y_\alpha = 0$ en el exterior de V_c, $I_M^\alpha = 0 = I_m^\alpha$.
Cada término de la ecuación tiene dimensiones del inverso de un tiempo. Aparecerán, por tanto, los tiempos característicos de dilución, $\frac{\rho\,V_c}{I_M}$, de ingestiones de α macroscópica, $\frac{\rho\,V_c}{I_M^\alpha}$, y molecular, $\frac{\rho\,V_c}{I_m^\alpha}$, y de conversión química, $\frac{\rho\,V_c}{\dot{Q}_\alpha}$. El lector puede intentar generalizar estas relaciones para un fluido de densidad variable y reflexionar sobre las dificultades que se presentan.
La ecuación de transporte de Y_α en forma diferencial se obtiene, como ya se ha explicado, haciendo tender V_F al volumen de la PF, V_{PF}, y se llega a

$$\frac{\partial\,\rho\,Y_\alpha}{\partial t} + \frac{\partial\,\rho\,Y_\alpha\,v_j}{\partial x_j} = \frac{\partial}{\partial x_j}\left(-\,\rho\,Y_\alpha\,V_j^\alpha\right) + \dot{w}_\alpha$$

Para cada especie química de una mezcla multi-componente, α = 1, 2, …, N, habrá una ecuación similar a la anterior. Sumando las ecuaciones correspondientes para cada especie α, y teniendo en cuenta que

$$\sum_{\alpha=1}^{N} Y_\alpha\,V_j^\alpha = 0 \quad y \quad \sum_{\alpha=1}^{N} \dot{w}_\alpha = 0$$

se recupera fácilmente la ecuación de continuidad.
El lado izquierdo de la ecuación diferencial de conservación de α se puede escribir como

$$\rho\left(\frac{\partial\,Y_\alpha}{\partial t} + v_j\frac{\partial\,Y_\alpha}{\partial x_j}\right) + Y_\alpha\left(\frac{\partial\,\rho}{\partial t} + \frac{\partial\,\rho\,v_j}{\partial x_j}\right) = \rho\,\frac{D\,Y_\alpha}{D\,t}$$

dado que el segundo sumando entre paréntesis es nulo.

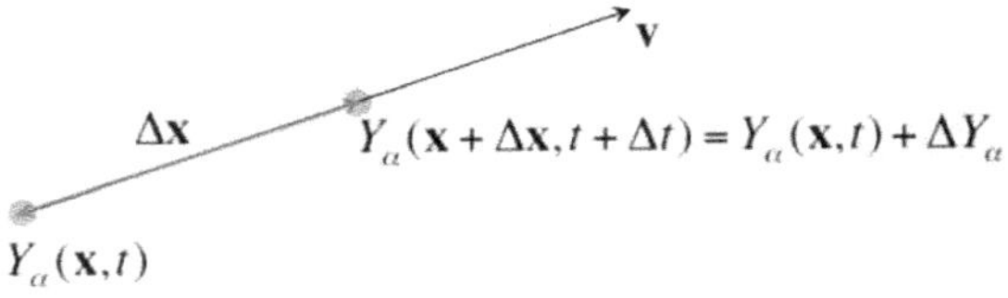

Figura 6.1.Variación de fracción másica de la especie α al desplazarse $\Delta\mathbf{x}$ en un tiempo Δt

La derivada sustancial o material de Y_α es (Figura 6.1)

$$\frac{D\,Y_\alpha}{D\,t} = \left(\frac{\partial\,Y_\alpha}{\partial t} + v_j\,\frac{\partial\,Y_\alpha}{\partial x_j}\right) = \lim_{\Delta t\to 0}\frac{Y_\alpha\,(\mathbf{x}+\Delta\mathbf{x},\ t+\Delta t) - Y_\alpha\,(\mathbf{x},t)}{\Delta t} = \lim_{\Delta t\to 0}\frac{\Delta\,Y_\alpha}{\Delta t}$$

que es la variación de Y_α por unidad de tiempo siguiendo a la PF. El incremento de Y_α, $(\Delta\,Y_\alpha)$, en un tiempo Δt se deberá al intercambio de moléculas de la especie química α, $\Delta t\,\frac{\partial}{\partial x_j}\left(-\rho\,Y_\alpha\,V_j^\alpha\right)$, y a la transformación química de α en otras especies o viceversa, $\Delta t\,\dot{w}_\alpha$.
Existen relaciones constitutivas para expresar $\mathbf{V}^\alpha$ en función de las fracciones másicas, sus derivadas y otras variables. La relación más sencilla se conoce como ley de Fick y expresa

$$-\rho\,Y_\alpha\,V_j^\alpha = \rho\,D_\alpha\,\frac{\partial\,Y_\alpha}{\partial x_j}$$

donde D_α es el coeficiente de difusión de la especie α en la mezcla. El signo menos indica que el flujo molecular de α es de fracciones másicas altas hacia otras menores.

Ecuación de conservación de elementos atómicos

La fracción másica del elemento β es

$$Z_\beta = W_\beta \sum_{\alpha=1}^{N} \nu_{\beta\alpha}\,\frac{Y_\alpha}{W_\alpha} = \sum_{\alpha=1}^{N}\mu_{\beta\alpha}\,Y_\alpha$$

donde $\nu_{\beta\alpha}$ es el número de átomos del elemento β en la especie α, $\mu_{\beta\alpha}$ es la fracción de masa de β en α, W_β es el peso atómico de β y W_α el peso molecular de α. Como $\nu_{\beta\alpha}$, $\mu_{\beta\alpha}$, W_β, W_α son constantes se puede derivar la relación anterior y obtener

$$\rho\,\frac{D\,Z_\beta}{D\,t} = \rho\,\frac{D}{D\,t}\sum_{\alpha=1}^{N}\mu_{\beta\alpha}\,Y_\alpha = \sum_{\alpha=1}^{N}\mu_{\beta\alpha}\,\rho\,\frac{D\,Y_\alpha}{D\,t}$$

$$= \sum_{\alpha=1}^{N}\mu_{\beta\alpha}\left[\frac{\partial}{\partial\,x_j}\left(-\rho\,Y_\alpha\,V_j^\alpha\right) + \dot{\omega}_\alpha\right] =$$

$$= \frac{\partial}{\partial\,x_j}\left[-\rho\left(\sum_{\alpha=1}^{N}\mu_{\beta\alpha}\,Y_\alpha\right)V_j^\alpha\right] + \sum_{\alpha=1}^{N}\mu_{\beta\alpha}\,\dot{\omega}_\alpha$$

El último término es nulo dado que la reacción no crea ni destruye átomos: cada elemento se asocia con otros para formar especies químicas, pero su masa total no varía. Si Z_β es un escalar químicamente inerte que obedece, por tanto, una ecuación de convección- difusión,

$$\rho \frac{D Z_\beta}{D t} = \frac{\partial}{\partial x_j} \sum_{\alpha=1}^{N} \mu_{\beta\alpha} \left(-\rho Y_\alpha V_j^\alpha\right) = \frac{\partial}{\partial x_j} \sum_{\alpha=1}^{N} \mu_{\beta\alpha} \rho D_\alpha \frac{\partial Y_\alpha}{\partial x_j}$$
$$= \frac{\partial}{\partial x_j} \left(\rho D \frac{\partial Z_\beta}{\partial x_j}\right)$$

Ecuación de conservación de cantidad de movimiento. Relación constitutiva de Navier-Poisson.

Si se hace $\varphi = v_i$, la componente i de la velocidad macroscópica del fluido, se obtiene la ecuación vectorial de cantidad de movimiento, o segunda ley de Newton,

$$\frac{d}{dt}\int_{V_F} \rho v_i \, dV = \frac{d}{dt}\int_{V_c} \rho v_i \, dV + \int_{S_c} \rho v_i \left(\mathbf{v} - \mathbf{v}^c\right)\cdot \mathbf{n} \, dS = \int_{V_F} \rho \frac{D v_i}{Dt} dV$$
$$= \int_{S_F} -\rho v_i V_j^v n_j \, dS + \int_{V_F} \rho f_{mi} \, dV$$

La forma diferencial de esta ecuación es

$$\rho \frac{D v_i}{Dt} = \frac{\partial}{\partial x_j}\left(-\rho v_i V_j^v\right) + \rho f_{mi}$$

$\frac{D v_i}{D t}$ es la aceleración de la partícula fluida. El primer término de la derecha representa las fuerzas por unidad de volumen del entorno de la PF sobre la misma debidas al intercambio molecular. El último término son las fuerzas másicas por unidad de volumen.

Se define el tensor de esfuerzos, τ_{ij}, como $\tau_{ij} = -\rho v_i V_j^v$ que se puede descomponer en $\tau_{ij} = -p \delta_{ij} + \tau'_{ij}$, siendo p la presión, que da lugar a esfuerzos normales a una superficie real o imaginaria, y τ'_{ij} es el tensor de esfuerzos viscosos. Para los fluidos más sencillos, τ'_{ij}, obedece la relación constitutiva de Navier-Poisson,

$$\tau'_{ij} = 2\mu s_{ij} + \left(\mu_v - \frac{2}{3}\mu\right) s_{kk} \delta_{ij}$$

donde μ es el coeficiente de viscosidad dinámica y μ_v el de viscosidad volumétrica. La relación es una generalización de la ley de viscosidad de Newton

$$\tau'_{12} = \mu \frac{du}{dy}$$

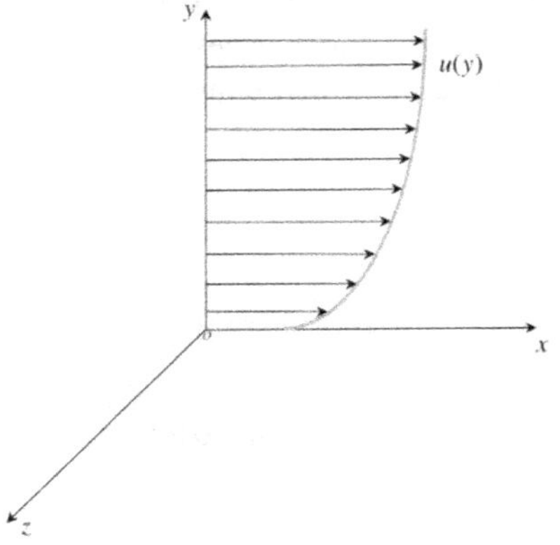

Figura 6.2. Ley de viscosidad de Newton para un flujo cortante

-Fuerzas másicas en sistemas inerciales y no-inerciales

La expresión más general para $\mathbf{f_m}$ en un sistema de referencia no inercial es

$$\mathbf{f_m} = \mathbf{g} - \mathbf{a_o} - \boldsymbol{\Omega} \times (\boldsymbol{\Omega} \times \mathbf{x}) - \dot{\boldsymbol{\Omega}} \times \mathbf{x} - 2\,\boldsymbol{\Omega} \times \mathbf{v}$$

donde $\mathbf{g}$ es la aceleración de la gravedad, $\mathbf{a_o}$ es la aceleración del origen del sistema de referencia, $\boldsymbol{\Omega}$ y $\dot{\boldsymbol{\Omega}}$ son la velocidad y la aceleración de rotación del sistema y $\mathbf{v}$ es la velocidad de la PF relativa al mismo. El tercer término de la derecha se denomina aceleración centrífuga y el último aceleración de Coriolis. Para un sistema inercial, $\mathbf{g}$ es la única aceleración.

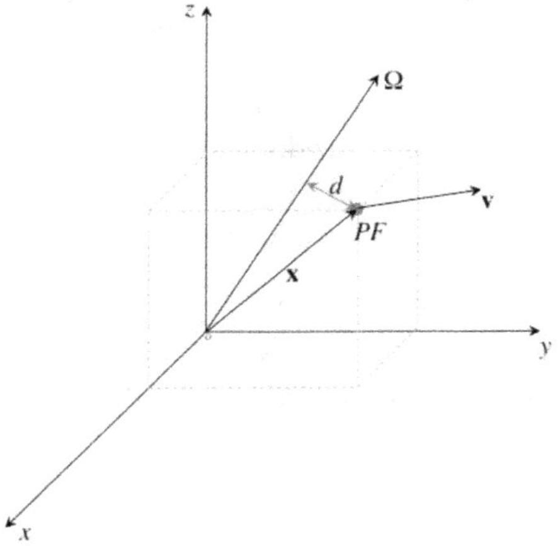

Figura 6.3. Velocidad de rotación y su potencial de fuerzas másicas

Las tres primeras aceleraciones de la derecha derivan de un potencial de fuerzas másicas, U,

$$U = -\mathbf{g}\cdot\mathbf{x} + \mathbf{a_o}\cdot\mathbf{x} - \frac{\Omega^2\, d^2}{2}$$

donde d es la distancia de la PF al eje de giro (Figura 6.3). $\mathbf{f_m}$ se puede expresar, por tanto, como

$$\mathbf{f}_\mathrm{m} = -\nabla U - \dot{\boldsymbol{\Omega}} \times \mathbf{x} - 2\,\boldsymbol{\Omega} \times \mathbf{v}$$

O en notación de subíndices

$$f_{mi} = -\frac{\partial U}{\partial x_i} - \varepsilon_{ijk}\,\dot{\Omega}_j\, x_k - 2\,\varepsilon_{ijk}\,\Omega_j\, v_k$$

La ecuación de conservación de cantidad de movimiento en forma diferencial se puede escribir como

$$\rho\,\frac{D\,v_i}{Dt} = \frac{\partial\,\tau_{ij}}{\partial\,x_j} + \rho\, f_{mi}$$

O bien

$$\rho\,\frac{D\,v_i}{Dt} = -\frac{\partial\,p}{\partial\,x_i} + \frac{\partial\,\tau'_{ij}}{\partial\,x_j} + \rho\, f_{mi}$$

Los dos primeros término de la derecha son las fuerzas por unidad de volumen de presión y viscosas, respectivamente, sobre la PF.
Las fuerzas viscosas admiten varias expresiones. Tras usar la relación de Navier-Poisson

$$\frac{\partial\,\tau'_{ij}}{\partial\,x_j} = 2\,\frac{\partial\,(\mu\, s_{ij})}{\partial\,x_j} + \frac{\partial}{\partial\,x_i}\left[\left(\mu_v - \frac{2}{3}\,\mu\right) s_{kk}\right]$$

Si $\mu_v = 0$ y μ es constante

$$\frac{\partial\,\tau'_{ij}}{\partial\,x_j} = 2\,\mu\,\frac{\partial\,s_{ij}}{\partial\,x_j} - \frac{2}{3}\,\mu\,\frac{\partial\,s_{kk}}{\partial\,x_i}$$

Si, además, ρ es constante ($s_{kk} = 0$),

$$\frac{\partial\,\tau'_{ij}}{\partial\,x_j} = 2\,\mu\,\frac{\partial\,s_{ij}}{\partial\,x_j} = \mu\,\frac{\partial}{\partial\,x_j}\left(\frac{\partial\,v_i}{\partial\,x_j} + \frac{\partial\,v_j}{\partial\,x_i}\right) = \mu\,\frac{\partial^2\,v_i}{\partial\,x_j\;\partial\,x_j} = \mu\,\nabla^2\,v_i$$

La ecuación de conservación de cantidad de movimiento para $\mu_v = 0$, y μ y ρ constantes es

$$\boxed{\rho\,\frac{D\,v_i}{Dt} = -\frac{\partial\,p}{\partial\,x_i} + \mu\,\nabla^2\,v_i + \rho\, f_{mi}}$$

Si se descompone f_{mi} es su parte que deriva de un potencial y el resto, se puede escribir la ecuación como

$$\rho\,\frac{D\,v_i}{Dt} = -\frac{\partial\,(p + \rho\,U)}{\partial\,x_i} + \mu\,\nabla^2\,v_i - \rho\,\varepsilon_{ijk}\,\dot{\Omega}_j\,x_k - 2\,\rho\,\varepsilon_{ijk}\,\Omega_j\,v_k$$

$P = p + \rho\,U$ se denomina 'presión motriz', dado que tanto la presión estática, p, como $-\rho\,\mathbf{g}\cdot\mathbf{x}$, $\rho\,\mathbf{a_o}\cdot\mathbf{x}$ o $-\rho\,\frac{\Omega^2\,d^2}{2}$ provocan movimiento del fluido.

Ecuación de conservación de momento cinético

Se puede obtener la ecuación del momento cinético haciendo $\varphi = \mathbf{x} \times \mathbf{v}$, o, en notación de subíndices, $\varphi = \varepsilon_{ijk}\;x_j\,v_k$. Por tanto,

$$\frac{d}{dt}\int_{V_F} \rho\, \varepsilon_{ijk}\, x_j\, v_k = \frac{d}{dt}\int_{V_c} \rho\, \varepsilon_{ijk}\, x_j\, v_k\, dV + \int_{S_c} \rho\, \varepsilon_{ijk}\, x_j\, v_k\, (\mathbf{v} - \mathbf{v}^c)\cdot \mathbf{n}\, ds$$

$$= \int_{V_F}\left[\frac{\partial\left(\rho\, \varepsilon_{ijk}\, x_j\, v_k\right)}{\partial t} + \frac{\partial\left(\rho\, \varepsilon_{ijk}\, x_j\, v_k\, v_l\right)}{\partial x_l}\right] dV =$$

$$= \int_{S_F} -\, \varepsilon_{ijk}\, x_j\, \rho\, v_k\, V_l^v\, n_l\, dS + \int_{V_F} -\,\rho\, \varepsilon_{ijk}\, x_j\, f_{mk}\, dV =$$

$$= \int_{S_F} \varepsilon_{ijk}\, x_j\, \tau_{kl}\, n_l\, dS + \int_{V_F} -\,\rho\, \varepsilon_{ijk}\, x_j\, f_{mk}\, dV$$

$$= \int_{S_F} -\, \varepsilon_{ijk}\, x_j\, p\, n_k\, dS + \int_{S_F} \varepsilon_{ijk}\, x_j\, \tau'_{kl}\, n_l\, dS$$

$$+ \int_{V_F} \rho\, \varepsilon_{ijk}\, x_j\, f_{mk}\, dV$$

Los tres términos en la derecha de esta última expresión son los momentos de las fuerzas de presión, viscosas y másicas, respectivamente.
La forma diferencial de la ecuación de transporte del momento cinético no se usa, pero se obtiene fácilmente multiplicando vectorialmente la ecuación de cantidad de movimiento por **x**,

$$\varepsilon_{ijk}\, x_j\, \rho\, \frac{D\, v_k}{Dt} = -\, \varepsilon_{ijk}\, x_j\, \frac{\partial p}{\partial x_k} + \varepsilon_{ijk}\, x_j\, \frac{\partial \tau'_{kl}}{\partial x_l} + \rho\, \varepsilon_{ijk}\, x_j\, f_{mk} = \rho\, \frac{D}{Dt}\left(\varepsilon_{ijk}\, x_j\, v_k\right)$$

que el lector puede desarrollar para obtener una forma mas compacta.

Ecuación de conservación de la energía cinética. Disipación viscosa

Se obtiene una ecuación diferencial para $\varphi = \frac{1}{2}\, v_i\, v_i$, la energía cinética por unidad de masa, multiplicando la ecuación de cantidad de movimiento en forma diferencial escalarmente por la velocidad. Así pues,

$$\rho\, v_i\, \frac{D\, v_i}{Dt} = \rho\, \frac{D}{Dt}\left(\frac{1}{2}\, v_i\, v_i\right) = -\, v_i\, \frac{\partial \tau_{ij}}{\partial x_j} + \rho\, f_{mi}\, v_i$$

$$= -\, v_i\, \frac{\partial p}{\partial x_i} + v_i\, \frac{\partial \tau'_{ij}}{\partial x_j} + \rho\, f_{mi}\, v_i$$

$$= -\, \frac{\partial\, p\, v_i}{\partial x_i} + p\, \frac{\partial v_i}{\partial x_i} + \frac{\partial\, v_i\, \tau'_{ij}}{\partial x_j} - \tau'_{ij}\, \frac{\partial v_i}{\partial x_j} + \rho\, f_{mi}\, v_i$$

$$= \frac{\partial}{\partial x_j}\left[v_i\left(-p\, \delta_{ij} + \tau'_{ij}\right)\right] + p\, \frac{\partial v_i}{\partial x_i} - \tau'_{ij}\, \frac{\partial v_i}{\partial x_j} + \rho\, f_{mi}\, v_i$$

El primer término de la derecha es la potencia desarrollada por unidad de volumen por las fuerzas de presión y viscosas sobre la partícula fluida que se mueve con velocidad **v**. $p\, \frac{\partial v_i}{\partial x_i} = p\, \frac{1}{V_{PF}}\, \frac{d\, V_{PF}}{dt}$ es la potencia por unidad de volumen ejercida por las fuerzas de presión si la PF se dilata o se comprime. La dilatación aumenta la energía cinética y la compresión la disminuye. El tercer término se puede escribir como

$$\tau'_{ij}\,\frac{\partial v_i}{\partial x_j} = \tau'_{ij}\; s_{ij} = 2\,\mu\, s_{ij}\, s_{ij} + \left(\mu_v - \frac{2}{3}\,\mu\right)(s_{kk})^2$$

El lector puede demostrar fácilmente que

$$\tau'_{ij}\,\frac{\partial v_i}{\partial x_j} = 2\,\mu\,\left(s_{ij} - \frac{1}{3}\, s_{kk}\,\delta_{ij}\right)^2 + \mu_v\,(s_{kk})^2$$

La variable $\Phi_v\,(\mathbf{x}, t) = \tau'_{ij}\,\frac{\partial v_i}{\partial x_j}$ se denomina función de disipación viscosa de Rayleigh, es definida no negativa, siempre disminuye la energía cinética de la PF y tiene dimensiones de potencia por unidad de volumen. La variable $\varepsilon\,(\mathbf{x}, t) = \frac{\Phi_v\,(\mathbf{x},t)}{\rho}$ es la disipación viscosa de energía cinética por unidad de tiempo y por unidad de masa.

Si ρ es constante, $s_{kk} = 0$, y

$$\Phi_v\,(\mathbf{x}, t) = 2\,\mu\; s_{ij}\, s_{ij}$$

De la ecuación en forma diferencial se puede obtener la ecuación integral de la energía cinética, integrando la primera para un volumen fluido, V_F. Usando las relaciones ya conocidas, se obtiene

$$\int_{V_F} \rho\,\frac{D}{Dt}\left(\frac{1}{2}\; v_i\, v_i\right) dV = \frac{d}{dt}\int_{V_F} \rho\,\frac{1}{2}\; v_i\, v_i\; dV$$

$$= \frac{d}{dt}\int_{V_C} \rho\,\frac{1}{2}\; v_i\, v_i\; dV + \int_{S_C} \rho\,\frac{1}{2}\; v_i\, v_i\;(\mathbf{v} - \mathbf{v}^c)\cdot\mathbf{n}\, dS =$$

$$\int_{S_F} v_i\left(-p\,\delta_{ij} + \tau'_{ij}\right) n_j\; dS + \int_{V_F} p\,\frac{\partial v_i}{\partial x_i}\; dV - \int_{V_F} \Phi_v\; dV + \int_{V_F} \rho\; f_{mi}\; v_i\; dV$$

Cada uno de los términos de la ecuación anterior tiene dimensiones de potencia. El primer término de la derecha es el trabajo por unidad de tiempo de las fuerzas de presión y viscosas que realiza el entorno de V_F sobre la superficie S_F. Es nulo si no hay elementos móviles en S_F; esta es la explicación por la cual los rodetes de bombas, compresores y turbinas o las palas de una aeroturbina se mueven en el seno de un fluido para comunicar la energía de un motor al fluido o para extraer energía de éste.

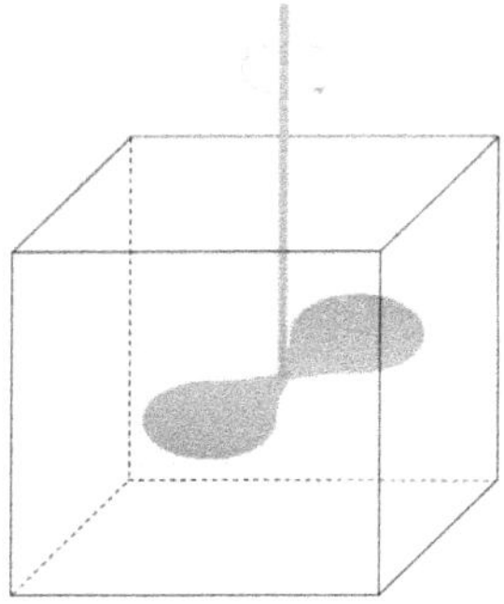

Figura 6.4. Volumen de control (y fluido) con un agitador que aporta energía

Si un agitador como el de la Figura 6.4 se mueve en el seno de un fluido contenido en un tanque de paredes sólidas no porosas, las únicas partes de S_F que contribuyen a ese primer término son las paletas del agitador, con la potencia W comunicada al fluido por éste. La ecuación se reduce a

$$\frac{d}{dt}\int_{V_F} \rho\, \frac{1}{2}\, v_i\, v_i\, dV = W - \int_{V_F} \Phi_v\ (\mathbf{x}, t)\, dV$$

si se supone ρ constante y se desprecia la potencia de las fuerzas másicas en comparación con las otras contribuciones. Una vez alcanzado el estado estacionario, tras un transitorio inicial, la energía cinética del fluido en V_F se mantendrá constante, y, por tanto,

$$W = \int_{V_F} \Phi_v\ (\mathbf{x}, t)\ dV$$

que expresa que la potencia comunicada por el agitador al fluido se disipa por viscosidad. Veremos, al tratar la ecuación de la energía, que la energía disipada se convierte en energía interna, con un aumento de la temperatura del fluido que puede ser importante.

Si, alcanzado el estado estacionario, deja de girar el agitador, W = 0, y

$$\frac{d}{dt}\int_{V_F} \rho\, \frac{1}{2}\, v_i\, v_i\, dV = -\int_{V_F} \Phi_v\ dV$$

que indica que la energía cinética inicial del fluido $\int_{V_F} \rho\, \frac{1}{2}\, v_i(\mathbf{x}, 0)\, v_i(\mathbf{x}, 0)\, dV$ irá disminuyendo por disipación viscosa con el tiempo, hasta anularse asintóticamente. La ecuación de conservación de la energía cinética en forma diferencial se puede escribir también como

$$\rho\, \frac{D}{Dt}\left(\frac{1}{2}\, v_i\, v_i + U\right) = \frac{\partial\, v_i\, \tau_{ij}}{\partial\, x_j} + p\, s_{kk} - \tau'_{ij}\, s_{ij} - \rho\, v_i\, \varepsilon_{ijk}\, \dot{\Omega}_j\, x_k + \rho\, \frac{\partial\, U}{\partial\, t}$$

en la que el potencial de fuerzas másicas, U, se ha añadido a la energía cinética. U representa la 'energía potencial' por unidad de masa de una PF. Si $\mathbf{a}_o$ y $\mathbf{\Omega}$ no fuesen funciones del tiempo, los dos últimos términos de la derecha se anularían. La ecuación anterior expresa la conservación de la 'energía mecánica', cinética más potencial, de una PF.

En forma integral

$$\frac{d}{dt}\int_{V_F} \rho\left(\frac{1}{2}\, v_i\, v_i + U\right) dV$$

$$= \frac{d}{dt}\int_{V_c} \rho\left(\frac{1}{2}\, v_i\, v_i + U\right) dV + \int_{S_c} \rho\left(\frac{1}{2}\, v_i\, v_i + U\right) (\mathbf{v} - \mathbf{v}^c)\cdot \mathbf{n}\, dS$$

$$= \int_{S_F} v_i\, \left(-\, p\, \delta_{ij}\, + \tau'_{ij}\right) n_j\, dS + \int_{V_F} p\, s_{kk}\, dV - \int_{V_F} \Phi_v\, dV$$

$$- \int_{V_F} \rho\, \left(v_i\, \varepsilon_{ijk}\, \dot{\Omega}_j\, x_k - \frac{\partial\, U}{\partial\, t}\right) dV$$

Ecuación de conservación de la vorticidad

La ecuación de cantidad de movimiento por unidad de masa se puede escribir como

$$\frac{\partial\, v_i}{\partial t} + v_j\, \frac{\partial\, v_i}{\partial\, x_j} = -\,\frac{1}{\rho}\, \frac{\partial\, p}{\partial\, x_i} + \frac{1}{\rho}\, \frac{\partial\, \tau'_{ij}}{\partial\, x_j} - \frac{\partial\, U}{\partial\, x_i} - \varepsilon_{ijk}\, \dot{\Omega}_j\, x_k - 2\, \varepsilon_{ijk}\, \Omega_j\, v_k$$

El segundo término de la izquierda se puede transformar en

$$v_j\, \frac{\partial\, v_i}{\partial\, x_j} = v_j\, \left(\frac{\partial\, v_i}{\partial\, x_j} - \frac{\partial\, v_j}{\partial\, x_i}\right) + v_j\, \frac{\partial\, v_j}{\partial\, x_i} = 2\, v_j\, W_{ij} + \frac{\partial}{\partial\, x_i}\left(\frac{1}{2}\, v_j\, v_j\right)$$

$$= -\, \varepsilon_{ijk}\, v_j\, \omega_k + \frac{\partial}{\partial\, x_i}\left(\frac{1}{2}\, v_j\, v_j\right) = \varepsilon_{ijk}\, \omega_j\, v_k + \frac{\partial}{\partial\, x_i}\left(\frac{1}{2}\, v_j\, v_j\right)$$

con lo que la ecuación de cantidad de movimiento se convierte en

$$\frac{\partial\, v_i}{\partial t} + \frac{\partial}{\partial\, x_i}\left(\frac{1}{2}\, v_j\, v_j\right) + \varepsilon_{ijk}\left(\omega_j + 2\, \Omega_j\right) v_k = -\,\frac{1}{\rho}\, \frac{\partial\, p}{\partial\, x_i} + \frac{1}{\rho}\, \frac{\partial\, \tau'_{ij}}{\partial\, x_j} - \frac{\partial\, U}{\partial\, x_i} - \varepsilon_{ijk}\, \dot{\Omega}_j\, x_k$$

Aplicando el operador $\varepsilon_{npi}\, \frac{\partial}{\partial\, x_p}$ a esta última ecuación se obtiene

$$\frac{\partial\, \omega_n}{\partial t} + \varepsilon_{npi}\, \varepsilon_{ijk}\, \frac{\partial}{\partial\, x_p}\, \left[\left(\omega_j + 2\, \Omega_j\right) v_k\right]$$

$$= -\, \varepsilon_{npi}\, \frac{\partial\, \left(\frac{1}{\rho}\right)}{\partial\, x_p}\, \frac{\partial\, p}{\partial\, x_i} + \varepsilon_{npi}\, \frac{\partial}{\partial\, x_p}\, \left(\frac{1}{\rho}\, \frac{\partial\, \tau'_{ij}}{\partial\, x_j}\right)$$

$$-\, \varepsilon_{npi}\, \varepsilon_{ijk}\, \frac{\partial}{\partial\, x_p}\, \left(\dot{\Omega}_j\, x_k\right)$$

Usando la relación

$$\varepsilon_{npi}\, \varepsilon_{ijk} = \delta_{nj}\, \delta_{pk} - \delta_{nk}\, \delta_{pj}$$

y teniendo en cuenta que $\frac{\partial}{\partial\, x_j}\left(\omega_j + 2\, \Omega_j\right) = 0$, se obtiene

$$\frac{D(\omega_i + 2\Omega_i)}{Dt} = -(\omega_i + 2\Omega_i)\frac{\partial v_j}{\partial x_j} + (\omega_j + 2\Omega_j)s_{ij} + \frac{1}{2}\varepsilon_{ijk}\omega_j\Omega_k$$

$$-\varepsilon_{ijk}\frac{\partial\left(\frac{1}{\rho}\right)}{\partial x_j}\frac{\partial p}{\partial x_k} + \varepsilon_{ijk}\frac{\partial}{\partial x_j}\left(\frac{1}{\rho}\frac{\partial \tau'_{kl}}{\partial x_l}\right)$$

$(\omega_i + 2\Omega_i)$ se puede denominar 'vorticidad total' que incluye la vorticidad relativa en el sistema de referencia no inercial y la 'vorticidad inducida' por la rotación del mismo. El primer término de la derecha representa la variación de vorticidad debida a la velocidad de dilatación volumétrica unitaria; si localmente el fluido se expande (comprime), la vorticidad disminuye (aumenta). El segundo término representa la creación de vorticidad por el 'estiramiento' de elementos rotantes (vortex stretching, en inglés); si un elemento fluido infinitesimal se alarga (acorta), su vorticidad aumenta (disminuye). El par baroclínico, cuarto término de la derecha, es debido a la no alineación de los vectores gradiente de densidad y de presión, o, equivalentemente, a la no coincidencia de las superficies de densidad constante con las isobaras. El último término es el par de rotación debido a las fuerzas viscosas. La no alineación de $\boldsymbol{\omega}$ y $\boldsymbol{\Omega}$ da origen al tercer término de la derecha.

Para un sistema de referencia con $\boldsymbol{\Omega} = 0$ y $\dot{\boldsymbol{\Omega}} = 0$, la ecuación se reduce a

$$\frac{D\omega_i}{Dt} = -\omega_i\frac{\partial v_j}{\partial x_j} + s_{ij}\omega_j + \varepsilon_{ijk}\frac{1}{\rho^2}\frac{\partial\rho}{\partial x_j}\frac{\partial p}{\partial x_k} + \varepsilon_{ijk}\frac{\partial}{\partial x_j}\left(\frac{1}{\rho}\frac{\partial \tau'_{kl}}{\partial x_l}\right)$$

Se puede obtener una ecuación para la enstrofía de una PF, $\frac{1}{2}\omega_i\ \omega_i$, multiplicando la ecuación anterior por ω_i

$$\frac{D}{Dt}\left(\frac{1}{2}\omega_i\ \omega_i\right) = -\omega_i\ \omega_i\frac{\partial v_j}{\partial x_j} + \omega_i s_{ij}\omega_j$$

$$+\omega_i\varepsilon_{ijk}\frac{1}{\rho^2}\frac{\partial\rho}{\partial x_j}\frac{\partial p}{\partial x_k} + \omega_i\varepsilon_{ijk}\frac{\partial}{\partial x_j}\left(\frac{1}{\rho}\frac{\partial \tau'_{kl}}{\partial x_l}\right)$$

Se pueden obtener fácilmente ecuaciones integrales para ω_i y para $\frac{1}{2}\omega_i\ \omega_i$:

$$\int_{V_F}\frac{D\omega_i}{Dt}dV = \frac{d}{dt}\int_{V_F}\omega_i\,dV - \int_{V_F}\omega_i\frac{\partial v_j}{\partial x_j}dV$$

$$= -\int_{V_F}\omega_i\frac{\partial v_j}{\partial x_j}dV + \int_{V_F}s_{ij}\omega_j\,dV$$

$$+\int_{S_F}\varepsilon_{ijk}n_j\frac{\partial}{\partial x_l}(-p\,\delta_{kl} + \tau'_{kl})\,dS$$

con lo cual

$$\frac{d}{dt}\int_{V_F}\omega_i\,dV = \int_{V_F}s_{ij}\omega_j\,dV + \int_{S_F}\frac{1}{\rho}\varepsilon_{ijk}n_j\frac{\partial}{\partial x_l}(-p\,\delta_{kl} + \tau'_{kl})\,dS$$

Las causas de variación de la integral de la vorticidad se deben al 'estiramiento de vórtices' en el seno del fluido y a los pares de las fuerzas de presión y viscosas en la superficie S_F.

El lector puede demostrar fácilmente que la ecuación diferencial para ω_i se puede escribir como

$$\frac{D}{Dt}\left(\frac{\omega_i}{\rho}\right) = s_{ij}\left(\frac{\omega_j}{\rho}\right) + \varepsilon_{ijk}\,\frac{1}{\rho^3}\,\frac{\partial \rho}{\partial x_j}\,\frac{\partial p}{\partial x_k} + \varepsilon_{ijk}\,\frac{1}{\rho}\,\frac{\partial}{\partial x_j}\left(\frac{1}{\rho}\,\frac{\partial \tau'_{kl}}{\partial x_l}\right)$$

donde la variación de ω_i por dilatación volumétrica se absorbe en el vector $\left(\frac{\omega_i}{\rho}\right)$.

Ecuación de conservación para cualquier variable función de la velocidad y sus derivadas

De manera similar a como se obtiene la ecuación de transporte de la vorticidad asociada a una PF, se puede deducir ecuaciones de conservación para variables que involucren derivadas de la velocidad. Como ejemplo, para obtener una ecuación para el tensor velocidad de deformación, s_{ij}, se procedería de la forma siguiente:

-Derivar con respecto a x_j la ecuación de cantidad de movimiento para v_i.
-Derivar con respecto a x_i la ecuación de cantidad de movimiento para v_j.
-Sumar ambas ecuaciones y dividir por 2.

Tras este proceso se obtiene

$$\frac{D\,s_{ij}}{Dt} = -\frac{1}{2}\left(v_{i,k}\,v_{k,j} + v_{j,k}\,v_{k,i}\right)$$

$$-\frac{1}{2}\left[\frac{\partial}{\partial x_i}\left(\frac{1}{\rho}\,\frac{\partial p}{\partial x_j}\right) + \frac{\partial}{\partial x_j}\left(\frac{1}{\rho}\,\frac{\partial p}{\partial x_i}\right)\right]$$

$$+\frac{1}{2}\left[\frac{\partial}{\partial x_i}\left(\frac{1}{\rho}\,\frac{\partial \tau'_{jk}}{\partial x_k}\right) + \frac{\partial}{\partial x_j}\left(\frac{1}{\rho}\,\frac{\partial \tau'_{ik}}{\partial x_k}\right)\right]$$

$$+\,\Omega^2\left(\delta_{ij} - \frac{\Omega_i\,\Omega_j}{\Omega^2}\right) - \left(\varepsilon_{ikl}\,v_{l,j} + \varepsilon_{jkl}\,v_{l,i}\right)\Omega_k$$

Sustituyendo

$$v_{i,j} = \frac{\partial v_i}{\partial x_j} = s_{ij} + w_{ij}$$

y τ'_{ij} por la relación constitutiva de Navier-Poisson, se puede expresar cada término de la derecha, aparte del de presión y el de fuerza centrífuga, en función de **s** y **W**. La ecuación para s_{kk} se obtiene particularizando la ecuación de s_{ij} para j = i; es decir:

$$\frac{D\,s_{ii}}{Dt} = -\,s_{ij}\,s_{ij} + \frac{\partial}{\partial x_i}\left(\frac{1}{\rho}\,\frac{\partial p}{\partial x_i}\right) + \frac{\partial}{\partial x_i}\left(\frac{1}{\rho}\,\frac{\partial \tau'_{ij}}{\partial x_j}\right) + \frac{1}{2}\left(\omega_i + 2\,\Omega_i\right)\left(\omega_i + 2\,\Omega_i\right)$$

A partir de esta ecuación de conservación para s_{ij} se puede obtener la correspondiente ecuación de transporte para

$$\varepsilon(\mathbf{x},t) = 2\,\nu\left(s_{ij} - \frac{1}{3}\,s_{kk}\,\delta_{ij}\right)^2 + \frac{\mu_v}{\rho}\,(s_{kk})^2 = 2\,\nu\,s_{ij}\,s_{ij} + \left(\frac{\mu_v}{\rho} - \frac{2}{3}\,\nu\right)(s_{kk})^2$$

derivando esta relación, es decir,

$$\frac{D\varepsilon}{Dt} = 4\,\nu\, s_{ij}\, \frac{D\, s_{ij}}{Dt} + 2\left(\frac{\mu_v}{\rho} - \frac{2}{3}\,\nu\right) s_{kk}\, \frac{D\, s_{kk}}{Dt} + 2\, s_{ij}\, s_{ij}\, \frac{D\,\nu}{Dt} + (s_{kk})^2\, \frac{D}{Dt}\left(\frac{\mu_v}{\rho} - \frac{2}{3}\,\mu\right)$$

Se supone que ν y $\frac{\mu_v}{\rho}$ son funciones termodinámicas de la temperatura, y, posiblemente, de la presión. Para ρ y μ constantes, $\mu_v = 0$ y $\mathbf{\Omega} = 0$, se tiene

$$\frac{D\varepsilon}{Dt} = 4\,\nu\, s_{ij}\, \frac{D\, s_{ij}}{Dt} = -\,2\,\nu\, s_{ij}\left(v_{i,k}\; v_{k,j} + v_{j,k}\; v_{k,i}\right) - 4\,\nu\, s_{ij}\, \frac{1}{\rho}\, \frac{\partial}{\partial\, x_i}\left(\frac{\partial\, p}{\partial\, x_j}\right) + 4\,\nu\,\nu\, s_{ij}\left[\frac{\partial}{\partial\, x_i}\left(\frac{\partial\, s_{jk}}{\partial\, x_k}\right) + \frac{\partial}{\partial\, x_j}\left(\frac{\partial\, s_{ik}}{\partial\, x_k}\right)\right]$$

Ecuaciones de conservación para energía interna, entalpía y temperatura. Relaciones constitutivas para el vector flujo de calor. Ley de Fourier

La primera ley de la termodinámica aplicada a una partícula fluida, PF, suponiendo equilibrios termodinámicos local y temporal, expresa

$$\frac{D\,(E/m_{PF})}{D\,t} = \frac{\delta\,(Q/m_{PF})}{\delta\,t} - p\,\frac{D\,(V/m_{PF})}{D\,t}$$

donde E es la energía interna de una PF de masa m_{PF} y volumen V, y Q es el calor aportado a la PF por distintos mecanismos. Si $e = E/m_{pF}$ es la energía interna específica, la ecuación se puede escribir como

$$\rho\,\frac{D\,e}{D\,t} = \rho\,\frac{\delta\left(Q/m_{pF}\right)}{\delta\,t} - p\,(\nabla\cdot\mathbf{v})$$

$\rho\,\frac{\delta\left(Q/m_{pF}\right)}{\delta\,t}$ representa la adición de calor por unidad de volumen y de tiempo a través de la superficie de la PF y en su seno y se puede expresar como

$$\rho\,\frac{\delta\left(Q/m_{pF}\right)}{\delta\,t} = \frac{\partial\left(-\,q_j\right)}{\partial\,x_j} + \Phi_v$$

donde **q** es el vector flujo de calor. La ecuación de la energía interna se escribe como

$$\rho\,\frac{D\,e}{D\,t} = \frac{\partial\left(-\,q_j\right)}{\partial\,x_j} - p\,(\nabla\cdot\mathbf{v}) + \Phi_v$$

El lado derecho de la ecuación se escribiría genéricamente como

$$\frac{\partial}{\partial\,x_j}\left(-\,\rho\,e\,V_j^e\right) + G^e$$

donde $\mathbf{V}^e$ es el vector velocidad de transporte molecular de energía interna y G^e es la generación de e en el seno de la PF. Por tanto, $\rho\, e\, \mathbf{V}^e = \mathbf{q}$ y $G^e = -p\,(\nabla\cdot v) + \Phi_v$. La disipación viscosa es como una fuente irreversible de generación de energía interna, como se verá más adelante. Si la PF se dilata ($\nabla\cdot\mathbf{v} > 0$), e aumenta.

La relación constitutiva más sencilla para **q** es

$$\mathbf{q} = -k \nabla T$$

que se conoce como ley de Fourier de conducción de calor. Existe una relación más general para sistemas multi-componentes reactivos, que veremos mas adelante. **q** tiene dimensiones de W/m^2 y el coeficiente de conductividad térmica, k, de $\frac{W}{m\ K}$.

La ecuación de la energía interna en forma integral es

$$\frac{d}{dt}\int_{V_F} \rho\ e\, dV = \frac{d}{dt}\int_{V_c} \rho\ e\, dV + \int_{S_c} \rho\ e\,(\mathbf{v} - \mathbf{v}^c)\cdot \mathbf{n}\ dS =$$

$$= \int_{S_F} q_j\,(-n_j)\ dS - \int_{V_F} p\ (\nabla\cdot\mathbf{v})\, dV + \int_{V_F} \Phi_v\ dV$$

Si a esta ecuación se suma la correspondiente para la energía mecánica, $\frac{1}{2}\, v_i\, v_i + U$, se obtiene la ecuación para la energía total (interna, mas cinética, mas potencial)

$$\frac{d}{dt}\int_{V_F} \rho\left(e + \frac{1}{2}\ v_i\, v_i + U\right) dV$$

$$= \frac{d}{dt}\int_{V_c} \rho\ \left(e + \frac{1}{2}\ v_i\, v_i + U\right) dV$$

$$+ \int_{S_c} \rho\ \left(e + \frac{1}{2}\ v_i\, v_i + U\right)\ (\mathbf{v} - \mathbf{v}^c)\cdot\mathbf{n}\ dS =$$

$$\int_{S_F} q_j\ (-n_j)\, dS + \int_{S_F} v_i\,(-p\,\delta_{ij}\ + \tau'_{ij})\, n_j\, dS$$

$$- \int_{V_F} \rho\ \left(v_i\ \varepsilon_{ijk}\,\dot{\Omega}_j\, x_k - \frac{\partial U}{\partial t}\right)\ dV$$

en la cual han desaparecido las potencias de dilatación o expansión debida a la presión y de disipación viscosa. El balance de energía implica que la pérdida de energía mecánica por disipación viscosa es idéntica a la ganancia de energía interna. Igualmente las pérdidas o ganancias de energía interna por dilatación/compresión son iguales a las ganancias o pérdidas de energía mecánica.

La ecuación diferencial para la energía total es

$$\rho\,\frac{D}{D\,t}\left(e + \frac{1}{2}\ v_i\, v_i + U\right)$$

$$= \frac{\partial\,(-q_j)}{\partial\, x_j} + \frac{\partial}{\partial\, x_j}\ \left[v_i\,(-p\,\delta_{ij}\ +\ \tau'_{ij})\right] - \rho\left(v_i\ \varepsilon_{ijk}\,\dot{\Omega}_j\, x_k - \frac{\partial U}{\partial t}\right)$$

La ecuación de transporte para la entalpía específica, $h = e + \frac{p}{\rho}$, se obtiene fácilmente derivando esa relación

$$\rho\,\frac{D\,h}{D\,t} = \rho\,\frac{D\,e}{D\,t} + p\,(\nabla\ \cdot\mathbf{v}) + \frac{D\,p}{D\,t}$$

Y finalmente

$$\rho \frac{D h}{D t} = \frac{\partial (-q_j)}{\partial x_j} + \Phi_v + \frac{D p}{D t}$$

La correspondiente ecuación integral es

$$\frac{d}{dt}\int_{V_F} \rho h \, dV = \frac{d}{dt}\int_{V_c} \rho h \, dV + \int_{S_c} \rho h (\mathbf{v} - \mathbf{v}^c) \cdot \mathbf{n} \, dS$$

$$= \int_{S_F} q_j (-n_j) \, dS + \int_{V_F} \Phi_v \, dV + \int_{V_F} \frac{D p}{D t} \, dV$$

Para mezclas multi-componentes de gases reactivos se define

$$h = \sum_{\alpha=1}^{N} Y_\alpha \, h_\alpha$$

donde la entalpía específica de la especie química α es

$$h_\alpha = h_\alpha^0 + \int_{T_0}^{T} C p_\alpha \, (T') \, dT'$$

h_α^0 es la entalpía o el calor de formación a la temperatura T_0 de la especie α y $C p_\alpha$ es su calor específico a presión constante.

De las relaciones anteriores, se puede obtener una ecuación en términos de la temperatura,

$$\rho \frac{D h}{D t} = \sum_{\alpha=1}^{N} \rho \frac{D Y_\alpha}{D t} h_\alpha + \rho \sum_{\alpha=1}^{N} Y_\alpha \, Cp_\alpha (T) \frac{D T}{D t}$$

$$= \sum_{\alpha=1}^{N} \left[\frac{\partial}{\partial x_j} \left(\rho D \frac{\partial Y_\alpha}{\partial x_j} \right) + \dot{w}_\alpha \right] h_\alpha + \rho C p \frac{D T}{D t}$$

donde $Cp = \sum_{\alpha=1}^{N} Y_\alpha \, Cp_\alpha$ es el calor específico a presión constante de la mezcla de gases.

Por tanto,

$$\rho C_p \frac{D T}{D t} = \frac{\partial (-q_j)}{\partial x_j} + \Phi_v + \frac{1}{\rho} \frac{D p}{D t} - \sum_{\alpha=1}^{N} \frac{\partial}{\partial x_j} \left(\rho D \frac{\partial Y_\alpha}{\partial x_j} \right) h_\alpha$$

$$- \sum_{\alpha=1}^{N} \dot{w}_\alpha \int_{T_0}^{T} C p_\alpha \, (T') \, dT' + \left(- \sum_{\alpha=1}^{N} \dot{w}_\alpha \, h_\alpha^0 \right)$$

El último término es el calor de combustión a temperatura T_0.

Reactor sencillo

Un reactor bien mezclado o agitado tiene variables fluidodinámicas en su interior aproximadamente homogéneas (independientes de la posición).

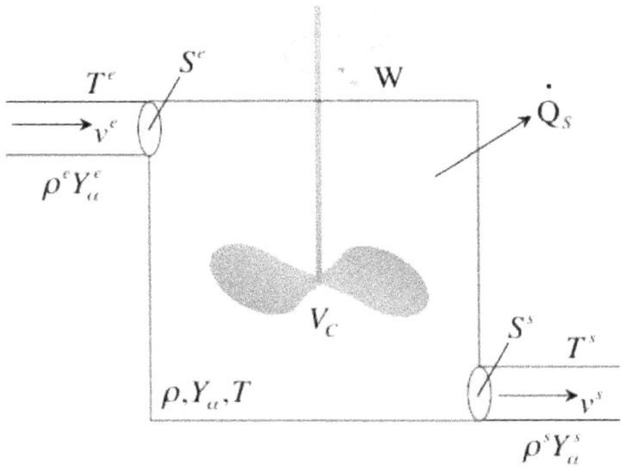

Figura 6.5. Reactor bien mezclado

El reactor de la Figura 6.5, de volumen V_c, tiene una sección de entrada de área S^e y variables fluidas descritas con el superíndice e. Asimismo la sección de salida tiene un área S^s y se denotan en ella las variables con el superíndice s.
La ecuación de continuidad establece

$$G = \rho^e\ v^e\ S^e = \ \rho^s\ v^s\ S^s$$

donde G es el gasto másico que pasa por el reactor en kg/s.
La fracción másica de una especie química α obedece la ecuación

$$G = (Y^s_\alpha - Y^e_\alpha) = \overline{\dot{w}_\alpha}\ V_c$$

donde $\overline{\dot{w}_\alpha}$ es la conversión promedio de α en todo el volumen V_c del reactor. Esta ecuación se puede escribir como

$$\frac{Y^s_\alpha - Y^e_\alpha}{t_R} = \frac{\overline{\dot{w}_\alpha}}{\rho}$$

$t_R = \frac{\rho\, V_c}{G}$ es el tiempo promedio de residencia de una PF en el reactor. Por otro lado, $\frac{\overline{\dot{w}_\alpha}}{\rho}$ tiene dimensiones de t_Q^{-1}, donde t_Q es un tiempo químico promedio de la transformación de α. Si $t_R << t_Q$ la partícula fluida sale del reactor con la misma fracción másica que tenía a la entrada. Si, por el contrario, $t_R >> t_Q$ la transformación química de α se completa para todas (o casi todas) las PFs que pasan por el reactor.
La energía cinética del fluido varía de acuerdo con

$$G\left(\frac{(v^s)^2}{2} - \frac{(v^e)^2}{2}\right) = W + W_{Dil} - W_{Dis}$$

donde W es la potencia suministrada por el agitador al fluido en el reactor, $W_{Dil} = \int_{V_c} p\ \ (\nabla\ \cdot \mathbf{v})\ dV$ es la potencia de dilatación del fluido y $W_{Dis} = \int_{V_c} \phi_v\ \ dV$ es la potencia disipada por las fuerzas viscosas. Mantener una intensa agitación en el fluido del reactor se hace a costa de pagar un "peaje" de energía disipada por la viscosidad.
La ecuación de la energía se escribe como

$$G\left(\overline{C}_p^{\,s}\ T^s - \overline{C}_p^{\,e}\ T^e\right) = -\dot{Q}_S + \dot{Q}_Q$$

donde

$$\dot{Q}_S = \int_{S_c} \rho\ \alpha \frac{\partial}{\partial x_N} \overline{C}_p (T - T_o)\, dS$$

es el calor evacuado S_c por conducción a través de la superficie S_c, y

$$\dot{Q}_Q = \int_{V_c} \left(-\sum_{\alpha=1}^{N} h_\alpha^o\ \dot{w}_\alpha\right) dV$$

es el calor generado por reacción en V_c.

$\overline{C}_p$ es el calor específico a presión constante promediado ente T_o y T.

Cada término de la ecuación de la temperatura tiene dimensiones de potencia (watts). Dividiendo esa ecuación por $\rho\ V_c$ se expresa en potencia por unidad de masa en el reactor.

$$\frac{\overline{C}_p^{\,s}\ T^s - \overline{C}_p^{\,e}\ T^e}{t_R} = -\frac{\dot{Q}_s}{\rho\, V_c} + \frac{\dot{Q}_Q}{\rho\, V_c}$$

Este tiempo de residencia, t_R, debe compararse con el tiempo característico de evacuación del calor por conducción, $t_c = \frac{\rho\, V_c\left(\overline{C}_p^{\,s}\ T^s - \overline{C}_p^{\,e}\ T^e\right)}{\dot{Q}_S}$, y con el de generación de calor por reacción química $t_{RQ} = \frac{\rho\, V_c\left(\overline{C}_p^{\,s}\ T^s - \overline{C}_p^{\,e}\ T^e\right)}{\dot{Q}_Q}$, para estimar cual de los tres procesos domina (calentamiento del fluido, evacuación de calor por conducción o generación química de calor).

Ecuaciones de conservación para entropía y exergía

Se puede escribir la ecuación de la entropía para una PF como

$$\rho\, T \frac{D\, s}{D\, t} = \frac{\partial\left(-q_j\right)}{\partial x_j} + \Phi_v - \sum_{\alpha=1}^{N} \mu_\alpha\ \rho\ \frac{D\, Y_\alpha}{D\, t}$$

donde μ_α es el potencial químico específico de la especie α (o función de Gibbs por unidad de masa). La ecuación integral de la entropía es

$$\frac{d}{dt}\int_{V_F} \rho\, s\, dV = \frac{d}{dt}\int_{V_c} \rho\, s\, dV + \int_{S_c} \rho\, s\left(\mathbf{v} - \mathbf{v}^c\right)\cdot \mathbf{n}\ dS =$$

$$= \int_{V_F} \frac{1}{T}\frac{\partial\left(-q_j\right)}{\partial x_j} dV + \int_{V_F} \frac{\Phi_v}{T} dV - \int_{V_F} \sum_{\alpha=1}^{N} \frac{\mu_\alpha}{T}\ \rho\ \frac{D\, Y_\alpha}{D\, t}$$

$$= \int_{S_F} \frac{q_j\left(-n_j\right)}{T}\, d\, S - \int_{V_F} \frac{q_j}{T^2}\ \frac{\partial\, T}{\partial x_j} dV + \int_{V_F} \frac{\Phi_v}{T} dV - \int_{V_F} \sum_{\alpha=1}^{N} \frac{\mu_\alpha}{T}\ \rho\ \frac{D\, Y_\alpha}{D\, t}$$

con la ley de Fourier para q_j el segundo término de la derecha es definido no negativo y contribuye al incremento de la entropía de V_F, así como el tercer término. Ambos son debidos al transporte molecular de energías interna y cinética, respectivamente.

Toda la energía de un volumen de control no se puede convertir en trabajo al interaccionar con el ambiente a presión y temperatura constantes, p_0 y T_0. La parte disponible de energía por unidad de masa se define como la exergía específica (ver Kollmann [1])

$$a(\mathbf{x}, t) = \left(e + \frac{1}{2} v_i v_i + U - e_0\right) + p_0 \left(\frac{1}{\rho} - \frac{1}{\rho_0}\right) - T_0 (s - s_0)$$

Derivando esta relación

$$\rho \frac{D a}{D t} = \rho \frac{D}{D t}\left(e + \frac{1}{2} v_i v_i + U\right) + p_0 (\nabla \cdot \mathbf{v}) - T_0 \rho \frac{D s}{D t}$$

Y sustituyendo resultados deducidos anteriormente

$$\rho \frac{D a}{D t} = \frac{\partial(-q_j)}{\partial x_j} + \frac{\partial}{\partial x_j}\left[v_i\left(-p\ \delta_{ij} + \tau'_{ij}\right)\right] - \rho\left(v_i\, \varepsilon_{ijk}\, \dot{\Omega}_j\, x_k - \frac{\partial U}{\partial t}\right)$$
$$+ p_0 (\nabla \cdot \mathbf{v}) - \frac{T_0}{T}\left[\frac{\partial(-q_j)}{\partial x_j} + \Phi_v - \sum_{\alpha=1}^{N} \mu_\alpha\, \rho \frac{D Y_\alpha}{D t}\right]$$
$$= \left(1 - \frac{T_0}{T}\right)\frac{\partial(-q_j)}{\partial x_j} + \frac{\partial}{\partial x_j}\left[v_i\left(-p\, \delta_{ij} + \tau'_{ij}\right)\right] + p_0 (\nabla \cdot \mathbf{v}) - \frac{T_0}{T} \Phi_v$$
$$+ \frac{T_0}{T} \sum_{\alpha=1}^{N} \mu_\alpha\, \rho \frac{D Y_\alpha}{D t} - \rho\left(v_i\, \varepsilon_{ijk}\, \dot{\Omega}_j\, x_k - \frac{\partial U}{\partial t}\right)$$

Y en forma integral se obtiene

$$\frac{d}{dt}\int_{V_F} \rho\, a\, dV = \frac{d}{dt}\int_{V_C} \rho\, a\, dV + \int_{S_C} \rho\, a\, (\mathbf{v} - \mathbf{v}^c) \cdot \mathbf{n}\, dS =$$
$$= \int_{S_F}\left(1 - \frac{T_0}{T}\right) q_j\, (-n_j)\, dS - \int_{V_F}\left(-q_j\right)\frac{T_0}{T^2}\frac{\partial T}{\partial x_j}\, dV$$
$$+ \int_{S_F} v_i\left(-p\, \delta_{ij} + \tau'_{ij}\right) n_j\, dS + \int_{V_F} p_0(\nabla \cdot \mathbf{v})\, dV - \int_{V_F}\frac{T_0}{T}\Phi_v\, dV$$
$$+ \int_{V_F}\frac{T_0}{T}\sum_{\alpha=1}^{N}\mu_\alpha\, \rho \frac{D Y_\alpha}{D t}\, dV - \int_{V_F}\rho\left(v_i\, \varepsilon_{ijk}\, \dot{\Omega}_j\, x_k - \frac{\partial U}{\partial t}\right) dV$$

El primer término de la derecha es el flujo de calor que entra en V_F a través de S_F, modulado con $\left(1 - \frac{T_0}{T}\right)$. El segundo término disminuye la exergía en V_F si $\mathbf{q}$ obedece la ley de Fourier. El tercer término de la derecha es la potencia comunicada por el ambiente a VF a través de superficies móviles, W. El cuarto término es la exergía generada por dilatación volumétrica o compresión a presión p_0. El quinto término es la reducción de la exergía debida a la disipación viscosa, modulada con $\frac{T_0}{T}$. El sexto término es la contribución exergética debida a la difusión molecular y transformación química de cada especie α. El último término es la contribución de la aceleración angular y la variación temporal del potencial de fuerzas másicas.

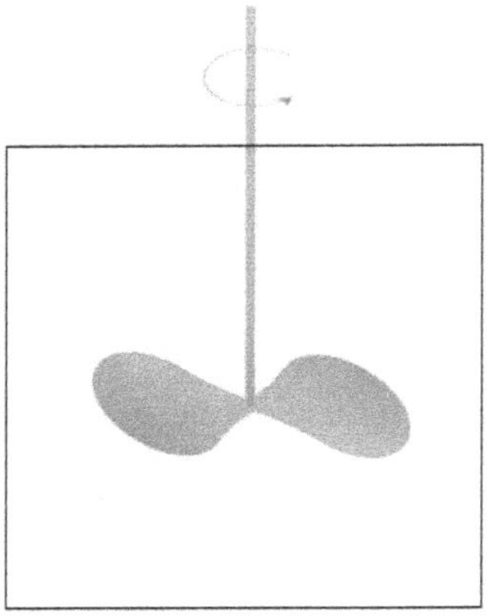

Figura 6.6. Volumen de control (y fluido) con un agitador que aporta energía

Para el sistema de la Figura 6.6 con paredes térmicamente aisladas ($\mathbf{q} = 0$) y $k \to 0$, con un líquido mono-componente y con $\dot{\Omega} = 0$, las ecuaciones de las energías mecánica, interna y total, así como de la exergía son

$$\frac{d}{dt} \int_{V_c} \rho \left(\frac{1}{2} v_i v_i + U\right) dV = W - \int_{V_c} \Phi_v \, dV$$

$$\frac{d}{dt} \int_{V_c} \rho \, e \, dV = \int_{V_c} \Phi_v \, dV$$

$$\frac{d}{dt} \int_{V_c} \rho \left(e + \frac{1}{2} v_i v_i + U\right) dV = W$$

$$\frac{d}{dt} \int_{V_c} \rho \, a \, dV = W - \int_{V_c} \frac{T_0}{T} \Phi_v \, dV$$

Ecuación de transporte para las funciones de acoplamiento de Shvab-Zeldovich

En muchos problemas se pueden despreciar la difusión térmica de las especies químicas, reflejada en el vector flujo de calor y el flujo másico molecular, así como las fuerzas másicas, la difusión másica por gradientes de presión, la viscosidad volumétrica y el flujo de calor por radiación. Estas hipótesis y otras adicionales permiten expresar las ecuaciones con una estructura común y, en particular, eliminar el término de conversión química, usando combinaciones lineales de las variables dependientes. Por ejemplo, la ecuación de la entalpía se puede reescribir en términos de la temperatura, obteniendo

$$\rho \frac{D}{Dt} \left(\int_{T_0}^{T} c_p(T') \, dT' \right) = \frac{\partial}{\partial x_j} \left[\rho \, \alpha \frac{\partial}{\partial x_j} \left(\int_{T_0}^{T} c_p(T') \, dT' \right) \right] - \sum_{\alpha=1}^{N} h_\alpha^0 \, \dot{\omega}_\alpha$$

donde se define

$$\int_{T_0}^{T} C_p\,(T')\,d\,T' = \sum_{\alpha=1}^{N} Y_\alpha \int_{T_0}^{T} C_{p_\alpha}\,(T')\,d\,T' = \int_{T_0}^{T} \sum_{\alpha=1}^{N} Y_\alpha\ C_{p_\alpha}\,(T')\,d\,T'$$

dado que la integración se hace a composición constante. Además, $D_T = k / \rho\, C_p$ es la difusividad térmica y

$$-\sum_{\alpha=1}^{N} h_\alpha^0\ \dot{\omega}_\alpha$$

es el calor de combustión a temperatura T_0.

Si la ecuación para Y_α,

$$\rho\frac{D\,Y_\alpha}{D\,t} = \frac{\partial}{\partial\,x_j}\,(\rho\,D_T\,\frac{\partial\,Y_\alpha}{\partial\,x_j}) + \dot{\omega}_\alpha\,,$$

se multiplica por h_α^0 y se suma para todas las especies, se llega a

$$\rho\,\frac{D}{D\,t}\left(\sum_{\alpha=1}^{N} h_\alpha^0\ Y_\alpha\right) = \frac{\partial}{\partial\,x_j}\left[\rho\,D_T\,\frac{\partial}{\partial\,x_j}\left(\sum_{\alpha=1}^{N} h_\alpha^0\ Y_\alpha\right)\right] + \sum_{\alpha=1}^{N} h_\alpha^0\ Y_\alpha$$

Suponiendo $D_T = \alpha$, sumando las ecuaciones, y llamando

$$SZ(\mathbf{x},t) = \sum_{\alpha=1}^{N} h_\alpha^0\ Y_\alpha + \int_{T_0}^{T} C_p(T')\,d\,T' = \sum_{\alpha=1}^{N} Y_\alpha\left[h_\alpha^0 + \int_{T_0}^{T} C_{p_\alpha}\,(T')\,d\,T'\right] =$$

$$\sum_{\alpha=1}^{N} Y_\alpha\ \ h_\alpha = h\,(\mathbf{x},t)$$

se obtiene

$$\rho\,\frac{D\,h}{D\,t} = \frac{\partial}{\partial\,x_j}\left(D_T\,\frac{\partial\,h}{\partial\,x_j}\right)$$

En esta ecuación, el término químico ha desaparecido y la función de acoplamiento de Shvab-Zeldovich, $SZ(\mathbf{x}, t) = h\,(\mathbf{x}, t)$ obedece una ecuación de convección-difusión y experimenta solo mezcla.

Ecuación de transporte para la fracción de mezcla

La función de acoplamiento de Shvab-Zeldovich, $h\,(\mathbf{x}, t)$, definida en el apartado anterior experimenta solamente mezcla. Si $h\,(\mathbf{x}, t)$ tiene valores mínimo y máximo, h_1 y h_2, repectivamente, se puede definir la variable normalizada

$$F\ (\mathbf{x},t) = \frac{h\,(\mathbf{x},t) - h_1}{h_2 - h_1}$$

Que varía en $0\ \leq F\ (\mathbf{x},t)\ \leq 1$ en el flujo y obedece la ecuación

$$\rho\,\frac{D\,F}{D\,t} = \frac{\partial}{\partial\,x_j}\left(\alpha\,\frac{\partial\,F}{\partial\,x_j}\right)$$

Las fracciones másicas de los elementos atómicos y combinaciones lineales de las mismas

$$L = \sum_{\beta=1}^{M} a_\beta \; Z_\beta \; ,$$

donde $a\beta$ son constantes y M es un número arbitrario de elementos atómicos presentes en el flujo, permiten también obtener fracciones de mezcla que gobernadas por la ecuación anterior

Referencias

[1]Kollmann, W., Fluid Mechanics in Spatial and Material Description; University Readers, San Diego, 2011.
[2]Dopazo, C. et al., "Local geometry of isoscalar surfaces" , Phys. Rev. E. **76**:056316/1-056316/11 (2007).

Capítulo 7

Fluidodinámica de mezclas de gases. Parte IV: Ecuaciones. Condiciones iniciales y de contorno. Ecuaciones adimensionales

César Dopazo

Resumen de las ecuaciones de conservación.

Ecuación de continuidad

$$\frac{\partial \rho}{\partial t} + \frac{\partial \rho v_j}{\partial x_j} = 0 .$$

Ecuación de conservación de fracción másica

$$\rho \frac{D Y_\alpha}{D t} = \frac{\partial}{\partial x_j}\left(\rho D_\alpha \frac{\partial Y_\alpha}{\partial x_j}\right) + \dot{w}_\alpha ,$$

para cada especie química α de la mezcla multi-componente ($\alpha = 1, 2, \ldots, N$) y suponiendo que la difusión molecular obedece la ley de Fick con coeficientes de difusión másica, D_α, en la mezcla. La suma de todas las fracciones másicas es uno,

$$\sum_{\alpha=1}^{N} Y_\alpha = 1 .$$

Ecuación de cantidad de movimiento

$$\rho \frac{D v_i}{D t} = -\frac{\partial p}{\partial x_i} + \frac{\partial \tau'_{ij}}{\partial x_i} + \rho f_{mi} ,$$

donde se supone que las especies químicas no experimentan diferentes fuerzas másicas. Comúnmente se usa la relación constitutiva de Navier-Poisson para τ'_{ij} :

$$\tau'_{ij} = 2 \mu s_{ij} + \left(\mu_v - \frac{2}{3}\mu\right) s_{kk} \delta_{ij} .$$

Ecuación de la entalpía

$$\rho \frac{Dh}{D t} = \frac{\partial (-q_j)}{\partial x_i} + \Phi_v + \frac{D p}{D t} ,$$

donde el vector flujo de calor, generalizado para mezclas de gases reactivos, se puede expresar como

$$q_j = -k \frac{\partial T}{\partial x_j} - \rho \sum_{\alpha=1}^{N} h_\alpha D_\alpha \frac{\partial Y_\alpha}{\partial x_j} + q_j^R ,$$

suponiendo despreciable la difusión térmica de las especies químicas, y siendo $\mathbf{q}^R$ el vector flujo de calor por radiación.

Relaciones termodinámicas

Se define la entalpía h como

$$h = \sum_{\alpha=1}^{N} Y_\alpha h_\alpha,$$

donde la entalpía específica de la especie química α es

$$h_\alpha = h_\alpha^0 + \int_{T_0}^{T} C p_\alpha (T') d T' .$$

h_α^0 es el calor de formación por unidad de masa de la especie α a la temperatura T_0.

Comúnmente se supone que los gases que componen la mezcla se comportan como perfectos y la presión parcial de la especie α es

$$p_\alpha = \rho_\alpha \frac{R}{W_\alpha} T ,$$

siendo R la constante universal de los gases perfectos y W_α el peso molecular de la especie α. La presión total es

$$p = \sum_{\alpha=1}^{N} p_\alpha = \rho RT \sum_{\alpha=1}^{N} \frac{Y_\alpha}{W_\alpha},$$

donde $\left(\sum_{\alpha=1}^{N} \frac{Y_\alpha}{W_\alpha}\right)^{-1}$ es el peso molecular de la mezcla W.

Condiciones iniciales. Condiciones de contorno en superficies sólidas y en interfases

Las ecuaciones de conservación para mezclas multi-componentes de gases reactivos requieren las especificaciones del valor de las variables en el tiempo inicial de integración, t = 0. Se darán, por tanto, los valores de $\varphi(\mathbf{x}, 0) = \varphi_0(\mathbf{x})$, donde $\varphi(\mathbf{x}, t)$ representa cualquiera de las variables $\rho, \mathbf{v}, p, Y_\alpha$, o h.

Por otro lado, se han de especificar el valor de las variables en las superficies que limitan el volumen fluido de interés. Estas se denominan condiciones de contorno. La más común es la condición de no deslizamiento del fluido con respecto a una superficie.

Son muy interesantes las condiciones de contorno en interfases o zonas de separación entre dos fluidos no miscibles (e.g., un gas y un líquido). Las interfaces no son, a menudo, superficies fluidas, y tienen un espesor en el que cohabitan moléculas de gas y de líquido (espesor del orden de 10^{-7}-10^{-8}m).

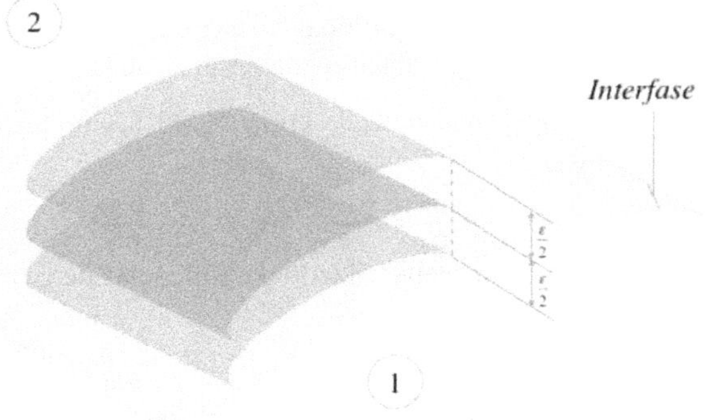

Figura 7.1. Elemento de volumen infinitesimal a ambos lados de la interfase

Se aplican a continuación las ecuaciones de conservación a un elemento fluido infinitesimal de volumen $V_c = \varepsilon\, dS$, donde ε es el espesor normal a la interfase y dS es el área sobre la misma. Se tomará $\varepsilon \ll (dS)^{1/2}$ y $\varepsilon/2$ a cada lado de la interfase, en el fluido ① (e.g., un líquido) y en el fluido ② (e. g., un gas), por ejemplo, si

$(dS)^{1/2} \sim 10^{-6}$ m y $\varepsilon \sim 10^{-7}$-10^{-8}m, la relación anterior se cumple. La ecuación de conservación para una variable fluida genérica φ , será

$$\frac{d}{dt}\int_{V_c} \rho\ \varphi\ dV + \int_{S_c} \rho\ \varphi\ (\mathbf{v} - \mathbf{v}^c)\cdot \mathbf{n}\ dS = \int_{S_c} -\rho\ \varphi\ \mathbf{V}^{\varphi}\cdot \mathbf{n}\ dS + \int_{V_c} G^{\varphi}\ dV\ .$$

$\mathbf{v}^c$ es la velocidad de la interfase. Esta ecuación, particularizada para $V_c = \varepsilon\ dS$, se convierte en (Figura 7.2)

$$\frac{d}{dt}\left(\rho^1\ \varphi^1 \frac{\varepsilon}{2} dS + \rho^2\ \varphi^2 \frac{\varepsilon}{2}\ dS\right) + [\rho^1\ \varphi^1(\mathbf{v}^1 - \mathbf{v}^c) + \rho^1\ \varphi^1\ \mathbf{V}^{\varphi 1}]\cdot \mathbf{n}^1\ dS$$
$$+ [\rho^2\ \varphi^2(\mathbf{v}^2 - \mathbf{v}^c) + \rho^2\ \varphi^2\ \mathbf{V}^{\varphi 2}]\cdot \mathbf{n}^2\ dS = G^{\varphi 1}\frac{\varepsilon}{2}dS + G^{\varphi 2}\frac{\varepsilon}{2}dS\ .$$

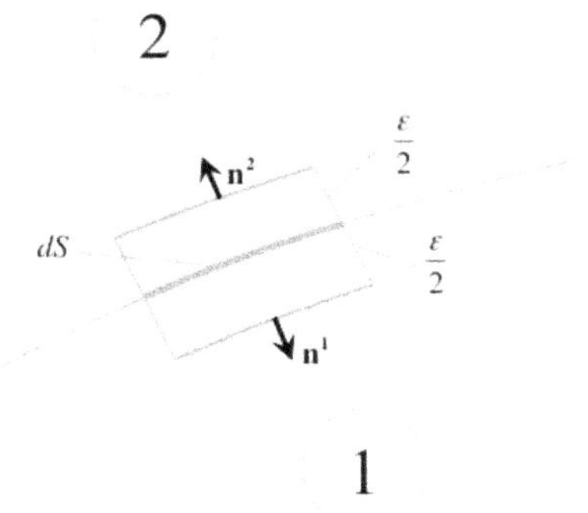

Figura 7.2. Vectores normales unitarios $\mathbf{n}^1$ y $\mathbf{n}^2$ a ambos lados de la interfase

En llamas delgadas la reacción es muy intensa y $G^{\varphi} \sim \frac{1}{\varepsilon}$, con lo que los últimos términos son del mismo orden que los convectivos y difusivos. Asimismo, la tensión superficial hace que el término fuente de la ecuación de cantidad de movimiento sea $G^{v} \sim \frac{1}{\varepsilon}$, como se verá a continuación. Los términos de acumulación (variación temporal) son, en general, despreciable en comparación con el resto.

Se obtiene la ecuación de conservación de masa en la interfase haciendo $\varphi = 1, G^{\varphi=1} = 0,$ y $\mathbf{V}^{\varphi=1} = 0,$ resultando

$$-\rho^1(\mathbf{v}^1 - \mathbf{v}^c)\cdot \mathbf{n}^1 = \rho^2(\mathbf{v}^2 - \mathbf{v}^c)\cdot \mathbf{n}^2\ .$$

Haciendo $\mathbf{n}^2 = \mathbf{n} = -\mathbf{n}^1$, se obtiene

$$\rho^1(\mathbf{v}^1 - \mathbf{v}^c)\cdot \mathbf{n} = \rho^2(\mathbf{v}^2 - \mathbf{v}^c)\cdot \mathbf{n} = \dot{m}\ .$$

El lado izquierdo es el flujo de fluido ① (kg de ①/m^2.s) relativo a la interfase, mientras que el lado derecho representa el flujo del fluido ② (kg de ②/m^2.s) a través de la interfase.

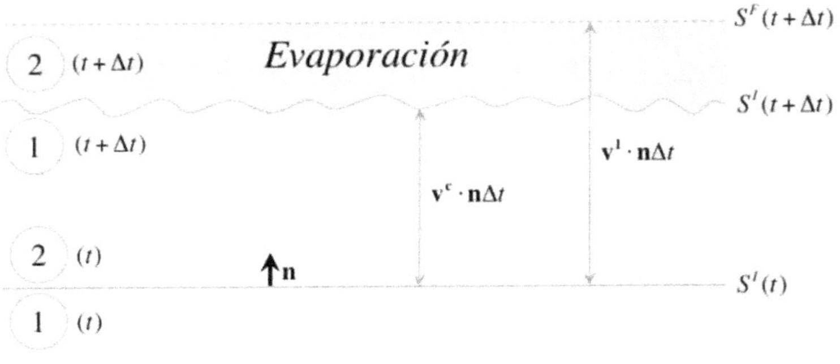

Figura 7.3. Evaporación de fluido 1 para $\mathbf{v}^c \cdot \mathbf{n} < \mathbf{v}^1 \cdot \mathbf{n}$

En el caso de un cambio de fase del líquido ① al vapor ②, la Figura 7.3 ilustra cómo la interfase $S^I(t)$ se desplaza $\mathbf{v}^c \cdot \mathbf{n}\,\Delta t$ a $S^I(t+\Delta t)$ en el tiempo Δt. Si $S^I(t)$ fuese una superficie fluida, se desplazaría $\mathbf{v}^1 \cdot \mathbf{n}\,\Delta t$ hasta $S^F(t+\Delta t)$. La zona rayada, $dS\,(\mathbf{v}^1 - \mathbf{v}^c) \cdot \mathbf{n}\,\Delta t$, representa el volumen de líquido que se ha evaporado en una superficie dS de la interfase. Si $\rho^1\,(\mathbf{v}^1 - \mathbf{v}^c) \cdot \mathbf{n}\,\Delta t\;dS > 0$ existe evaporación del líquido. La conservación de masa dice que esa masa de líquido evaporado se convierte en vapor $\rho^2\,(\mathbf{v}^2 - \mathbf{v}^c) \cdot \mathbf{n}\,\Delta t\;dS > 0$.

Se puede razonar análogamente para el caso en que $\mathbf{v}^1 \cdot \mathbf{n}\,\Delta t < \mathbf{v}^c \cdot \mathbf{n}\,\Delta t$; una masa de vapor $-\rho^2\,(\mathbf{v}^2 - \mathbf{v}^c) \cdot \mathbf{n}\,\Delta t\;dS > 0$ se condensará y generará una masa idéntica de líquido $-\rho^1\,(\mathbf{v}^1 - \mathbf{v}^c) \cdot \mathbf{n}\,\Delta t\;dS > 0$. La gran diferencia entre la densidad de un líquido y la de su vapor hace que las velocidades en ambas fases varíen inversamente proporcional a sus densidades.

Para una partícula fluida de ① situada en la interfase, la ecuación de continuidad es

$$\frac{\partial \rho^1}{\partial t} + \nabla \cdot (\rho^1\,\mathbf{v}^1) = -\dot{m}\;\delta\,(x_n)\,,$$

donde x_n es la coordenada normal a la interfase, positiva en sentido de **n**. La función delta de Dirac es $\delta\,(x_n) \sim \frac{1}{\varepsilon}$.

Análogamente, para una PF de ② en la interfase y adyacente a la PF anterior

$$\frac{\partial \rho^2}{\partial t} + \nabla \cdot (\rho^2\,\mathbf{v}^2) = \dot{m}\;\delta\,(x_n)\,.$$

Sumando las dos ecuaciones, definiendo $\rho = \rho^1 + \rho^2$ y $\rho^1\,\mathbf{v}^1 + \rho^2\,\mathbf{v}^2 = \rho\,\mathbf{v}$, se obtiene la ecuación de continuidad sin discriminación de fase.

Si $\varphi = Y_\alpha$ se obtiene

$$\begin{aligned}&[\rho^1\,Y_\alpha^1\,(\mathbf{v}^1 - \mathbf{v}^c) + \rho^1\,Y_\alpha^1\,\mathbf{V}^{\alpha 1}] \cdot (-\mathbf{n})\,dS\\ &+ [\rho^2\,Y_\alpha^2\,(\mathbf{v}^2 - \mathbf{v}^c) + \rho^2\,Y_\alpha^2\,\mathbf{V}^{\alpha 2}] \cdot (\mathbf{n})\,dS =\\ &= \dot{w}_\alpha^1\,\frac{\varepsilon}{2}\,dS + \dot{w}_\alpha^2\,\frac{\varepsilon}{2}\,dS\,.\end{aligned}$$

Como se ha comentado, el lado derecho de esta ecuación en el caso de reacciones rápidas en la interfase puede ser del mismo orden que el lado izquierdo. Si los términos de la derecha son despreciables en comparación con los flujos convectivos y difusivos, se obtiene

$$Y_\alpha^1\,\dot{m} + \rho^1\,Y_\alpha^1\,\mathbf{V}^{\alpha 1} \cdot \mathbf{n} = Y_\alpha^2\,\dot{m} + \rho^2\,Y_\alpha^2\,\mathbf{V}^{\alpha 2} \cdot \mathbf{n}\,,$$

donde los términos que contienen $\dot{m}$ son debidos a condensación o evaporación; para $\dot{m} > 0$, $Y_\alpha^1 \; \dot{m}$ es el flujo de α (kg de $\alpha/m^2.s$) que acompaña a la masa de fluido ① evaporada y $Y_\alpha^2 \; \dot{m}$ es el flujo de α que, por consiguiente, pasa a la fase ②. Si no existe ni evaporación ni condensación

$$\rho^1 \; Y_\alpha^1 \; \mathbf{V}^{\alpha 1} \cdot \mathbf{n} = \rho^2 \; Y_\alpha^2 \; \mathbf{V}^{\alpha 2} \cdot \mathbf{n} .$$

Y con la ley de Fick para $\mathbf{V}^\alpha$ se obtiene

$$\rho^1 \; D_\alpha^1 \; \frac{\partial \, Y_\alpha^1}{\partial \, x_n} = \rho^2 \; D_\alpha^2 \; \frac{\partial \, Y_\alpha^1}{\partial \, x_n} .$$

Para $\varphi = \mathbf{v}$ se obtiene la ecuación de equilibrio de fuerza en la interfase,

$$[- \dot{m} \, \mathbf{v}^1 + \rho^1 \, \mathbf{v}^1 \, \mathbf{V}^{v_1} \cdot (- \mathbf{n})] \, dS$$

$$+ [\dot{m} \, \mathbf{v}^2 + \rho^2 \, \mathbf{v}^2 \, \mathbf{V}^{v_2} \cdot \mathbf{n}] \, dS = \left(\mathbf{G}^{v_1} \, \frac{\varepsilon}{2} \, dS + \mathbf{G}^{v_2} \, \frac{\varepsilon}{2} \, dS\right).$$

Por un lado, $- \rho \, \mathbf{v} \, \mathbf{V}^v = \underline{\tau} = - p \, \underline{\delta} + \underline{\tau}'$. Por otro lado, $\mathbf{G}^v$ incluye las fuerzas másicas y la tensión superficial en la interfase. Si se desprecian las fuerzas másicas,

$$(\mathbf{G}^{v_1} + \mathbf{G}^{v_1}) \; \frac{\varepsilon}{2} = K \, \sigma \, \mathbf{n} + \nabla_T \, \sigma ,$$

siendo K la curvatura media de la interfase, σ el coeficiente de tensión superficial y $\nabla_T \, \sigma$ el gradiente de σ en el plano tangente a la interfase. Por tanto,

$$\dot{m} \, \mathbf{v}^1 - p^1 \, \mathbf{n} + \underline{\tau}'^1 \cdot \mathbf{n} = \dot{m} \, \mathbf{v}^2 - p^2 \, \mathbf{n} + \underline{\tau}'^2 . \mathbf{n} - K \, \sigma \, \mathbf{n} - \nabla_T \, \sigma \cdot$$

En ausencia de evaporación/condensación, de gradiente de velocidad ($\underline{\tau}' = 0$) y de variaciones de tensión superficial en la interfase se obtiene

$$p^1 - p^2 = K\sigma .$$

que es la ecuación de Laplace-Young para una gota líquida en un gas.
El balance de fuerzas en dirección normal **n** es

$$\dot{m} \, \mathbf{v}^1 \cdot \mathbf{n} - p^1 + \mathbf{n} \cdot (\underline{\tau}'^1 . \mathbf{n}) = \dot{m} \, \mathbf{v}^2 \cdot \mathbf{n} - p^2 + \mathbf{n} \cdot (\underline{\tau}'^2 . \mathbf{n}) - K \, \sigma .$$

Multiplicando la última ecuación por **n** y restándola de la ecuación de balance total se obtiene el equilibrio de fuerzas tangentes a la superficie. Si $\dot{m} = 0$, el equilibrio de fuerzas es

$$- p^1 \, \mathbf{n} + \underline{\tau}'^1 \cdot \mathbf{n} = - p^2 \, \mathbf{n} + \underline{\tau}'^2 . \mathbf{n} \;\; - K \, \sigma \, \mathbf{n} - \nabla_T \, \sigma \cdot$$

En dirección normal

$$- p^1 \, \mathbf{n} + (\mathbf{n} . \underline{\tau}'^1 . \mathbf{n}) \; \mathbf{n} = - p^2 \, \mathbf{n} + (\mathbf{n} . \underline{\tau}'^2 . \mathbf{n}) \; \mathbf{n} \;\; - K \, \sigma \, \mathbf{n} \cdot$$

Y en dirección tangencial

$$\underline{\tau}'^1 . \mathbf{n} - (\mathbf{n} . \underline{\tau}'^1 . \mathbf{n}) \, \mathbf{n} = \underline{\tau}'^2 . \mathbf{n} - (\mathbf{n} . \underline{\tau}'^2 . \mathbf{n}) \; \mathbf{n} - \nabla_T \, \sigma$$

$\underline{\tau}'^2 . \mathbf{n} - (\mathbf{n} . \underline{\tau}'^2 . \mathbf{n}) \; \mathbf{n}$ es la fuerza viscosa en dirección tangencial del fluido ② sobre el volumen V_c de la interfase. Por otro lado, $\underline{\tau}'^1 . (- \mathbf{n}) - (\mathbf{n} . \underline{\tau}'^1 . \mathbf{n}) \, (- \mathbf{n})$ es la fuerza viscosa tangencial del fluido ① sobre el elemento de interfase.

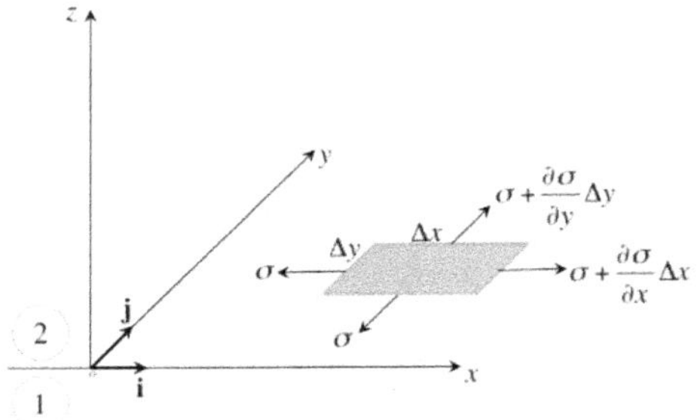

Figura 7.4. Variación de la tensión superficial en el plano de la interfase

Si la interfase está ubicada en z = 0 (Figura 7.4)

$$\nabla_T \sigma = \left(\frac{\partial \sigma}{\partial x}\, \mathbf{i} + \frac{\partial \sigma}{\partial y}\, \mathbf{j} \right).$$

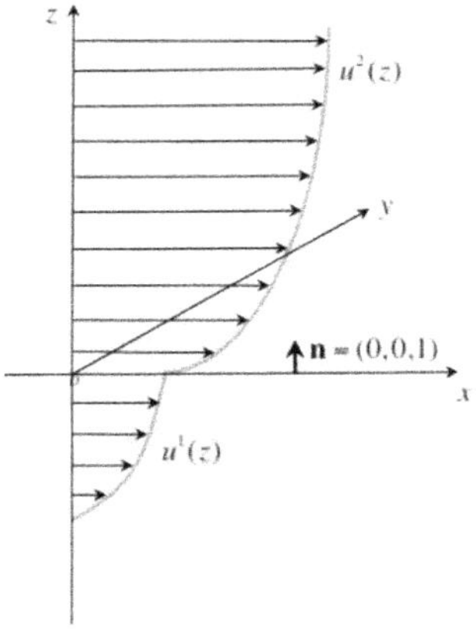

Figura 7.5. Flujos cortantes en 1 y 2 en la interfase

Si $\mathbf{v}^1 = (u^1\,(z), 0, 0)$ y $\mathbf{v}^2 = (u^2\,(z), 0, 0)$, $\underline{\tau}' = \begin{pmatrix} 0 & 0 & \mu \frac{\partial u}{\partial z} \\ 0 & 0 & 0 \\ \mu \frac{\partial u}{\partial z} & 0 & 0 \end{pmatrix}$ y por tanto

$$\mu^1 \left. \frac{\partial u^1}{\partial z} \right|_{z=0} = \mu^2 \left. \frac{\partial u^2}{\partial z} \right|_{z=0} - \frac{\partial \sigma}{\partial x}.$$

Diferencias de tensión superficial en una interfase, debidas a gradientes tangenciales de temperatura o de concentración de un tensioactivo, inducen esfuerzos viscosos que generan corrientes (denominadas de Marangoni) paralelas a la misma. Si la tensión superficial es constante en la interfase, los esfuerzos viscosos a ambos lados son iguales; un ejemplo típico es el de generación de movimiento del agua del mar por el viento que sopla sobre la superficie. Si, además, $\mu^2 = 0$ se obtiene la condición de interfase o superficie 'libre de esfuerzos' (stress free).

Para $\varphi = h$, el balance entálpico en la interfase se expresa como

$$\dot{m}\,(h^2 - h^1) = \mathbf{q}^1 \cdot \mathbf{n} - \mathbf{q}^2 \cdot \mathbf{n}\,.$$

$\mathbf{q}^1 \cdot \mathbf{n}$ es el flujo de calor de ① hacia la interfase y $\mathbf{q}^2 \cdot \mathbf{n}$ el de ② hacia la interfase (Figura 7.6). $h^2 - h^1$ es el calor latente o entalpía de evaporación o condensación, h_f. El calor aportado/sustraído a la interfase se emplea en evaporar el líquido o condensar el vapor.

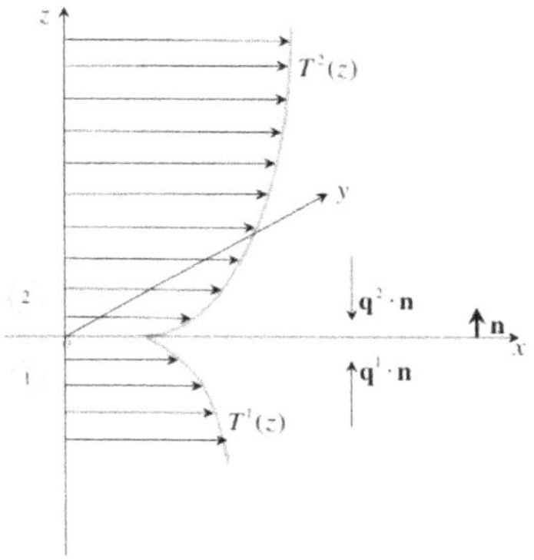

Figura 7.6. Flujo de calor hacia la interfase

Con la relación constitutiva general para el vector flujo de calor generalizado que se propuso y la interfase en z = 0 de la Figura 7.6 se obtiene

$$\mathbf{q} \cdot \mathbf{n} = -\,k\,\frac{\partial T}{\partial z} - \rho \sum_{\alpha=1}^{N} h_\alpha\, D_\alpha\, \frac{\partial Y_\alpha}{\partial z} + \mathbf{q}^R \cdot \mathbf{n}\,,$$

y por tanto

$$\dot{m}\, h_f = -\,k^1 \left.\frac{\partial T^1}{\partial z}\right|_{z=0} - \rho^1 \sum_{\alpha=1}^{N} h_\alpha^1\, D_\alpha^1 \left.\frac{\partial Y_\alpha^1}{\partial z}\right|_{z=0} + \mathbf{q}^{R1} \cdot \mathbf{n}$$

$$+\,k^2 \left.\frac{\partial T^2}{\partial z}\right|_{z=0} + \rho^2 \sum_{\alpha=1}^{N} h_\alpha^2\, D_\alpha^2 \left.\frac{\partial Y_\alpha^2}{\partial z}\right|_{z=0} - \mathbf{q}^{R2} \cdot \mathbf{n}\,.$$

Si la evaporación/condensación, el transporte molecular másico de entalpía y el calor por radiación son despreciables, se obtiene

$$k^1 \left.\frac{\partial T^1}{\partial z}\right| = k^2 \left.\frac{\partial T^2}{\partial z}\right|_{z=0}\,.$$

Ecuaciones adimensionales. Parámetros adimensionales. Semejanzas geométrica, cinemática, dinámica, térmica y química

En una primera aproximación a la adimensionalización de las ecuaciones diferenciales se considera una única escala de tiempo, t_0, y una única escala de longitud, l. Los valores característicos de velocidad, densidad, presión, fracción másica y entalpía, se

tomarán iguales a V, ρ_0, Δp, $\Delta Y^\alpha \sim 1$ y $\Delta h_0 = C p_0 (\Delta T)_0$ donde el subíndice 0 denota valores en una región del flujo reactivo (e.g., en los gases frescos).
Con la ecuación de gases perfectos se puede transformar la ecuación de continuidad en

$$\frac{\gamma}{\rho a^2}\frac{\partial p}{\partial t} + \frac{\gamma}{\rho a^2} v_j \frac{\partial p}{\partial x_j} - \frac{1}{T}\frac{\partial T}{\partial t} - \frac{1}{T} v_j \frac{\partial T}{\partial x_j} -$$

$$- \sum_{\alpha=1}^{N} \frac{\overline{W}}{W_\alpha}\frac{\partial Y_\alpha}{\partial t} - \sum_{\alpha=1}^{N} \frac{\overline{W}}{W_\alpha} v_j \frac{\partial Y_\alpha}{\partial x_j} = -\frac{\partial v_j}{\partial x_j}.$$

a es la velocidad de propagación de ondas de presión en la mezcla y

$$\overline{W} = \left(\sum_{\alpha=1}^{N} \frac{Y_\alpha}{W_\alpha}\right)^{-1}$$

es el peso molecular medio de la mezcla. Los órdenes de magnitud de cada término de la ecuación son, respectivamente,

$$\frac{\gamma(\Delta p)}{\rho_0 a^2 t_0}, \frac{V\gamma(\Delta p)}{\rho_0 a^2 l}, \frac{(\Delta T)_0}{T_0 t_0}, \frac{V(\Delta T)_0}{T_0 l}, \frac{\overline{W}}{W_\propto}\frac{(\Delta Y_\propto)}{t_0}, \frac{\overline{W}}{W_\propto}\frac{V(\Delta Y_\propto)}{l}, \frac{\overline{W}}{W_\propto}, \frac{V}{l}.$$

Estos términos aparecen como coeficientes de la ecuación anterior si se escribe en función de variables adimensionales, $\rho' = \rho/\rho_0$, $\mathbf{v}' = \mathbf{v}/V$, $p' = p/(\Delta p)$, etc. Δp es del orden de ρV^2 y si se divide por $\frac{V}{l}$ cada término, se obtienen los números adimensionales que caracterizan cada término de la ecuación

$$\gamma\left(\frac{V^2}{a^2}\right)\left(\frac{l}{V t_0}\right), \gamma\left(\frac{V^2}{a^2}\right), \left(\frac{(\Delta T)_0}{T_0}\right)\left(\frac{l}{V t_0}\right), \frac{(\Delta T)_0}{T_0}, \frac{\overline{W}}{W_\propto}\left(\frac{l}{V t_0}\right), \frac{\overline{W}}{W_\propto}, 1.$$

El número de Mach, $M_a = \frac{V}{a}$, da idea de la compresibilidad del flujo debida a altas velocidades.
El número de Strouhal, $S_t = \frac{l}{V t_0}$, cuantifica la estacionareidad del flujo y es una relación entre el tiempo de residencia, $\frac{l}{V}$, y el tiempo de variación t_0, normalmente impuesto por condiciones de contorno externas. $\frac{(\Delta T)_0}{T_0}$ cuantifica las variaciones de densidad del flujo debido a la dilatación térmica y en flujos con combustión es igual o mayor que la unidad.
$\frac{\overline{W}}{W_\propto}$ variará según la especie α considerada.
En un grupo importante de sistemas con combustión, ésta sucede a pequeños números de Mach, $M_a \ll 1$, con lo cual los dos primeros términos de la ecuación de continuidad son despreciables, si se cumple además $M_a^2\ S_t \ll 1$.
Para problemas de combustión casi estacionarios, $S_t \ll 1$. La ecuación se convierte

$$-\frac{1}{T} v_j \frac{\partial T}{\partial x_j} - \sum_{\alpha=1}^{N} \frac{\overline{W}}{W_\propto} v_j \frac{\partial Y_\propto}{\partial x_j} = -\frac{\partial v_j}{\partial x_j},$$

o, en forma adimensional

$$-\frac{(\Delta T)_0}{T_0}\frac{1}{T'} v_j' \frac{\partial T'}{\partial x_j'} - \sum_{\alpha=1}^{N} \frac{\overline{W}}{W_\propto} v_j' \frac{\partial Y_\alpha'}{\partial x_j'} = -\frac{\partial v_j'}{\partial x_j'}.$$

Análogamente, cada término de la ecuación de conservación de una especie química α tiene un orden de magnitud

$$\rho_0 \frac{(\Delta Y_\alpha)}{t_0}, \rho_0 V \frac{(\Delta Y_\alpha)}{l}, \frac{1}{l} \rho_0 D_0 \frac{(\Delta Y_\alpha)}{l}, \rho_0 \frac{(\Delta Y_\alpha)}{t_q},$$

donde t_q es el tiempo químico característico de conversión de la especie α. Dividiendo por el segundo término, se obtienen los números adimensionales

$$\frac{l}{V\,t_0},\; 1,\; \frac{1}{\frac{Vl}{D_0}},\; \frac{\frac{l}{V}}{t_q}.$$

Aparecen dos nuevos números adimensionales:

-El número de Peclet másico, $P_e^m = \frac{Vl}{D_0}$, que cuantifica la convección de Y_α relativa a la difusión molecular.

-El número de Damköhler, $Da = \frac{l/V}{t_q}$, una relación entre el tiempo convectivo o de residencia, l/V, y el tiempo químico. Si Da >> 1 la reacción de α ocurre en tiempos muy pequeños comparados con el tiempo de residencia en el sistema.

Cada término de la ecuación de cantidad de movimiento tiene los siguientes órdenes de magnitud:

$$\rho_0 \frac{V}{t},\; \rho_0 \frac{V^2}{l},\; \frac{\Delta p}{l},\; \mu_0 \frac{V}{l^2},\; \rho_0\, f_{m0}.$$

donde f_{m0} representa el orden de magnitud de la fuerza másica predominante. Dividiendo por el segundo término, denominado comúnmente aceleración convectiva o fuerzas de inercia, se tienen los parámetros adimensionales

$$\frac{l}{V\,t_0},\; 1,\; \frac{\Delta p}{\rho_0 V^2},\; \frac{1}{\frac{\rho_0 Vl}{\mu_0}},\; \frac{f_{m0}\, l}{V^2}.$$

$\frac{\Delta p}{\rho_0 V^2}$ se denomina número de Euler y en sistemas con M_a << 1 se suele hacer igual a la unidad, es decir $\Delta p = \rho V^2$, siendo las variaciones características de presión del orden de la presión dinámica.

El número de Reynolds $R_e = \frac{\rho_0 Vl}{\mu_0}$ expresa la relación entre la aceleración convectiva o fuerzas de inercia y las fuerzas viscosas y es análogo al número de Peclet másico, donde D_0 se ha sustituido por la viscosidad cinemática característica, $\nu_0 = \mu_0/\rho_0$.

$\left(\frac{f_m l}{V^2}\right)^{-1}$ puede adoptar las formas de número de Froude, $Fr = \frac{V^2}{g\,l}$, o bien $\frac{V^2}{a_0\, l}$, $\frac{V^2}{\Omega^2 l^2}$, $\frac{V^2}{\dot{\Omega}\, l}$, ó, $\frac{V}{\Omega\, l}$, según la importancia de las distintas fuerzas másicas.

Cada término de la ecuación de la energía se puede expresar por los siguientes órdenes de magnitud

$$\frac{\rho_0\, Cp_0\, (\Delta T)_0}{t_0},\; \rho_0 V \frac{Cp_0\, (\Delta T)_0}{l},\; \frac{q}{l},\; \mu_0 \frac{V^2}{l^2},\; \frac{(\Delta p)}{t_0}, V\frac{(\Delta p)}{l},$$

donde q representa el orden de magnitud del vector flujo de calor predominante. Si se divide por el segundo término, se obtiene

$$\frac{l}{V\,t_0},\; 1, \frac{q}{\rho_0\, V\, Cp_0\, (\Delta T)_0}, \frac{1}{\frac{\rho_0 V l}{\mu_0}} \frac{V^2}{Cp_0\, (\Delta T)_0}, \frac{l}{V\,t_0} \frac{V^2}{Cp_0\, (\Delta T)_0}, \frac{V^2}{Cp_0\, (\Delta T)_0}.$$

El número adimensional $\frac{q}{\rho_0\, V\, Cp_0\, (\Delta T)_0}$, relación entre el flujo de calor y el transporte convectivo de energía, adopta distintas formas según el término predominante de **q**.

-Si domina la conducción de calor sobre los otros dos términos se obtiene

$$\frac{q}{\rho_0\, V\, Cp_0\, (\Delta T)_0} = \frac{k_0}{\rho_0\, V\, Cp_0\, l} = \frac{1}{\frac{V\, l}{\alpha_0}} \ ,$$

donde $D_{T0} = \frac{k_0}{\rho_0\, Cp_0}$ es la difusividad térmica y el número de Peclet térmico es $P_e^T = \frac{V\, l}{\alpha_0}$.

-Si domina el flujo entálpico asociado al transporte molecular de las especies químicas,

$$\frac{q}{\rho_0\, V\, Cp_0\, (\Delta T)_0} = \frac{\rho_0\, C_{p\alpha}^0\, D_0}{\rho_0\, V\, Cp_0\, l} = \frac{C_{p\alpha}^0}{Cp_0}\ \frac{1}{\frac{V\, l}{D_0}} \ .$$

-Si la radiación es dominante, $\frac{q^R}{\rho_0\, V\, Cp_0\, (\Delta T)_0}$ cuantifica la importancia relativa de la transferencia de calor por radiación y la convección de energía.

El número de Eckert, $E_c = \frac{V^2}{Cp_0\, (\Delta T)_0}$, compara la relación entre la energía cinética del flujo con la variación de entalpía del mismo.

Los números adimensionales de Reynolds y Peclet, másico y térmico, expresan una relación entre los transportes convectivos de cantidad de movimiento, masa y energía, y sus correspondientes transportes moleculares. En ellos aparecen las difusividades viscosa, ν_0, másica, D_0, y térmica, α_0, todas ellas con dimensiones de longitud al cuadrado dividida por tiempo. Sus relaciones definen los números adimensionales de

Prandtl : $P_r = \frac{\nu_0}{D_{T0}}$

Schmidt : $S_c = \frac{\nu_0}{D_0}$

Lewis : $L_e = \frac{D_{T0}}{D_0}$

que indican la importancia relativa de los transportes moleculares de cantidad de movimiento, masa y energía.

Se pueden adimensionalizar igualmente las ecuaciones integrales, así como las fuerzas sobre un obstáculo, o los flujos de masa y emergía a través de una superficie.

Las semejanzas cinemática, dinámica, térmica y química son una generalización de la semejanza geométrica. En la última, los parámetros adimensionales expresarán relaciones entre dos longitudes; se dice que dos cuerpos son geométricamente semejantes cuando las relaciones entre dos longitudes características cualesquiera son iguales para ambos. La semejanza dinámica entre dos flujos se obtiene cuando los números de Strouhal, Reynolds y Froude (o en número resultante de dividir la aceleración convectiva por la fuerza másica mas relevante) son iguales en ambos. El lector puede extender las ideas anteriores para semejanzas térmica y química.

El interés de las semejanzas dinámica, térmica y química es que se pueden realizar ensayos en modelos a escala reducida y extrapolarlos a un prototipo real. En teoría, se pueden calcular fuerzas sobre un vehículo, transferencia de calor en intercambiadores o conversión química en un pequeño modelo de una turbina de gas y usarlos para el correspondiente prototipo, siempre que los parámetros adimensionales representativos de los fenómenos a investigar sean iguales en ambos.

Comentarios sobre estabilidad de flujos laminares. Transición. Caos. Flujo turbulento

Un flujo puede ser inestable a pequeñas perturbaciones, que siempre existirán en un movimiento real. Un flujo monofásico, de densidad constante y sin variaciones significativas de temperatura (e.g., en un conducto, alrededor de un cilindro o una esfera, etc.), será o no estable dependiendo del número de Reynolds, Re; y del tipo de perturbación. El número de Reynolds, denominado a veces parámetro de orden, es un indicador de la complicación del flujo. Por ejemplo, el flujo alrededor de un cilindro para bajos Re es laminar y ordenado [1]; al aumentar Re, desaparece la simetría respecto a un eje vertical que pase por el centro del cilindro, apareciendo zonas de recirculación aguas abajo del cilindro con rotación (vorticidad) apreciable. Para R_e = 55 mantiene una oscilación sinusoidal aguas abajo del cilindro. Si R_e = 65 se ve que, tras una pequeña zona de oscilación modesta, las fluctuaciones se amplifican dejando de ser sinusoidales y conteniendo varias longitudes de onda como consecuencia de un crecimiento no lineal; se detectan también regiones de vorticidad más intensa con una dinámica propia. De las visualizaciones a R_e = 73, 102 y 161 se puede observar que esa vorticidad (rotación) concentrada se origina en la superficie del cilindro. Este fenómeno se llama desprendimiento de vórtices; tiene lugar en muchos casos de interés práctico y su conocimiento es importantísimo para procesos de mezcla, combustión, diseño de atomizadores, etc. Se puede decir que para Re pequeños, la vorticidad del fluido próximo a la superficie del cilindro se transporta a su estela y queda anclada en las zonas de recirculación; al aumentar Re, la vorticidad desprendida en el fluido cercano a la superficie sólida (capa límite si R_e es suficientemente grande) se transporta aguas abajo de la estela, moviéndose en vórtices concentrados (desprendidos del cilindro). El movimiento aguas abajo del cilindro puede ser más complicado (para número de Reynolds mayores de 161). Para número de Reynolds suficientemente elevado el flujo será turbulento (caótico, con vórtices de muchos tamaños, con variaciones espaciales y temporales importantes de la velocidad, etc.)
La capa de mezcla entre dos corrientes aguas abajo de una placa de separación también tiene características diferentes en función del número de Reynolds [2][3]. El flujo inferior puede tener una alta velocidad y transportar un combustible para quemar; la velocidad de la corriente superior puede ser menor y transportar aire que, al mezclarse con el combustible, reacciona y genera productos de la combustión y calor. La mezcla se produce como consecuencia de la dinámica de vórtices desprendidos de la placa y que van creciendo aguas abajo. Esa dinámica es esencial para que se produzca la mezcla y para que, por ejemplo, la llama que pueda existir se quede anclada establemente al borde de salida de la placa, oscile inestablemente en la estela muy próxima a la placa o se extinga.
En general, si el número de Reynolds de un flujo, R_e, es inferior a un cierto valor crítico, R_{ecrit}, el flujo es estable a pequeñas perturbaciones y se observa un flujo ordenado llamado laminar. Si $R_e \sim R_{ecrit}$ se pueden presentar oscilaciones sinusoidales mantenidas, cuya amplitud puede crecer al aumentar ligeramente R_e; se puede producir la transición del flujo ordenado laminar a otro menos ordenado pero de una

moderada complicación. Si $R_e >> R_{ecrit}$ cualquier perturbación se amplifica y se origina un flujo altamente complicado y caótico, llamado turbulento.
La turbulencia es uno de los fenómenos físicos más difíciles de explicar matemáticamente y de medir experimentalmente. Se utilizan la teoría de sistemas dinámicos (caos, bifurcaciones, intermitencia, fractales, etc.) y técnicas laser avanzadas. Aparte de su interés científico, la turbulencia está presente en todos los flujos industriales de interés [3].

Referencias

[1]Batchelor, G. K., An Introduction to Fluid Dynamics; Cambridge University Press, Cambridge, 1967.
[2]Poinsot, T. and Veynante, D., Theoretical and Numerical Combustion; Edwards, Philadelphia, 2001..
[3]Kundu, P. K., Fluid Mechanics; Academic Press, San Diego, 1990.

Capítulo 8

Teoría de llamas; llamas laminares

Eduardo Brizuela

Reacciones de combustión

Clasificación

La reacción entre un combustible y un oxidante puede tener lugar de distintas maneras, dependiendo de la velocidad de propagación del frente de llama.
Distinguimos tres regímenes:

- Oxidación lenta, en la cual la liberación de calor por unidad de tiempo es muy baja, y no se aprecia la característica principal de la llama: luminosidad.
- Deflagración, en la cual el frente de llama o zona de reacción se propaga a una velocidad inferior a la velocidad local del sonido. Este es el modo común de combustión.
- Detonación, en la cual el frente de llama se propaga a una velocidad superior a la del sonido. Es el modo de combustión de las explosiones.

La oxidación lenta no es más que un caso límite de la deflagración, y no tiene mayor interés práctico en el estudio de la combustión.
Si bien los dos últimos casos pueden presentarse independientemente, es común que la detonación se produzca como transición de una deflagración. Por ejemplo, si un tubo lleno de mezcla inflamable es encendido por el extremo abierto, los gases quemados se expandirán al ambiente y la combustión será una deflagración. Si en cambio se lo enciende por el extremo cerrado, la expansión de los gases quemados puede impulsar al frente de llama hasta que alcance una velocidad igual o superior a la del sonido en la mezcla fresca. Se genera entonces una onda de choque que eleva notablemente la temperatura en el frente de llama, acelerando la reacción y dando lugar a una detonación.
En lo sucesivo estudiaremos solamente la combustión del tipo deflagración.

Clasificación de llamas

Las llamas se pueden clasificar según el tipo de movimiento de los fluidos que intervienen, en llamas laminares y turbulentas. También se diferencian las llamas en las que los reactantes arriban separados o perfectamente mezclados, o sea, llamas de difusión y llamas premezcladas. En la práctica pueden presentarse llamas de tipo intermedio, es decir, llamas parcialmente premezcladas, o llamas en las que una de las corrientes es laminar y la otra turbulenta:

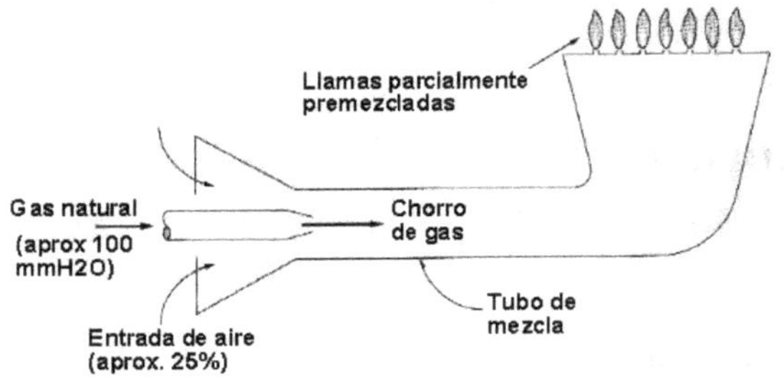

Figura 8.1: Llama parcialmente premezclada (quemador doméstico) (adaptado de De Nevers [1])

Estos casos son los más difíciles de analizar.

Llamas laminares

Las llamas de difusión laminares ocurren cuando aire y combustibles arriban separados y cuando el número de Reynolds del flujo es suficientemente bajo para no permitir la aparición de turbulencia. Los ejemplos de tales llamas incluyen escapes de gas de muy pequeño diámetro, llamas alrededor de gotas, la llama de una vela y de quemadores de mecha.

En la mayoría de los casos la combustión es controlada por el mezclado por difusión de los reactantes, el que puede ser descripto por medio del campo de fracción de mezcla. Las reacciones químicas son realmente rápidas comparadas con la velocidad de mezcla de modo que la mezcla está en el estado de reacción completa. Este concepto de describir el proceso de combustión en términos del mezclado (medido por la fracción de mezcla) y el estado de reacción (completo, o en algunos casos, no completado) es un concepto muy útil para comprender la combustión no premezclada, ya sea laminar o turbulenta. Dado que en muchos casos es la mezcla la que controla el proceso, la información obtenida sobre mezclado, aún en flujos no reactivos, es muy útil para el estudio de la combustión.

El problema modelo de mayor interés es la llama de difusión de un chorro redondo. Primero consideraremos el mezclado de un chorro redondo. Esto es de por sí interesante ya que podemos usar la información sobre el mezclado para predecir en qué zona del campo el flujo será "encendible". El campo de fracción de mezcla puede ser usado luego para predecir la composición en las varias especies y los perfiles de temperatura en un chorro de combustible, o sea, una llama de chorro redonda. Para el estado de reacción completa usaremos el modelo SCRS y el de equilibrio químico completo, y haremos comparaciones con resultados experimentales. La llama esférica alrededor de una gota es otra geometría de gran interés. También se verán brevemente los temas de efecto de velocidades cinéticas de reacción limitadas, y extinción de llamas laminares.

Mezclado en chorros laminares

Sea un chorro laminar de radio r_c, diámetro D_c y perfiles iniciales de velocidad uniformes u_c, temperatura T_f y fracción de masa de la especie i, $y_{i,f}$, que descansa en aire quieto a temperatura T_o y una composición dada por las fracciones $y_{i,o}$. Para el caso estacionario escribimos la ecuación de la fracción de mezcla:

$$\rho u_i \frac{\partial f}{\partial x_i} - \frac{\partial}{\partial x_i}(\rho D \frac{\partial f}{\partial x_i}) = 0$$

donde el coeficiente de difusión es

$$\frac{\lambda}{\rho\, Cp} = \frac{\mu}{\rho \Pr} = \frac{\nu}{\Pr} = D.$$

En coordenadas cilíndricas para flujo axisimétrico

$$\rho u \frac{\partial f}{\partial x} + \rho v \frac{\partial f}{\partial r} - \frac{1}{r}\frac{\partial}{\partial r}(\rho D \frac{\partial f}{\partial r}) = 0$$

ya que despreciamos la difusión en el sentido axial ρDdf/dx, porque asumimos un número de Reynolds $Re = Du_c/\nu$ alto.

Asumimos que la viscosidad cinemática ν es constante. A números de Reynolds relativamente altos los contornos de mezcla serán figuras elongadas, y la difusión axial puede despreciarse por ser bajos los gradientes df/dx, excepto muy cerca del inyector, donde la ecuación anterior no es válida.

El campo de velocidades obedece las ecuaciones de continuidad y cantidad de movimiento:

$$\frac{\partial}{\partial x}(\rho u) + \frac{1}{r}\frac{\partial}{\partial r}(\rho\, v\, r) = 0$$

$$\rho u \frac{\partial u}{\partial x} + \rho v \frac{\partial u}{\partial r} - \frac{1}{r}\frac{\partial}{\partial r}(\rho v r \frac{\partial u}{\partial r}) = 0$$

donde nuevamente hemos despreciado la difusión en sentido axial, asumiendo que el entorno es suficientemente abierto para no generar un gradiente de presiones axial.

Las condiciones de borde son:

$x = 0$; $r < r_c$; $f = 1$; $u = u_c$

$r > r_c$; $f = 0$; $u = 0$

$x > 0$; $r \to \infty$; $f \to 0$; $u \to 0$

La solución explícita de estas ecuaciones es:

$$\frac{u}{u_c} \equiv f = \frac{3}{32}\frac{\mathrm{Re}\, Dc}{x}[1 + \frac{3}{256}\mathrm{Re}^2(\frac{r}{x})^2]^{-2}$$

$$\frac{v}{u_c} = \frac{3}{64}\frac{\mathrm{Re}\, Dc}{x^2}[1 - \frac{3}{256}\mathrm{Re}^2(\frac{r}{x})^2][1 + \frac{3}{256}\mathrm{Re}^2(\frac{r}{x})^2]^{-2}$$

Curvas de igual concentración, isotermas, y curvas de igual velocidad axial pueden ser obtenidas dando valores a f y resolviendo para r/x ó, mas comúnmente, expresando x en radios de chorro r_c:

$$\frac{r}{r_c} = \frac{32}{r_3}[(\frac{3}{32}\frac{1}{f}(\frac{\mathrm{Re}\,Dc}{x}))^{1/2} - 1]^{1/2}(\frac{x}{\mathrm{Re}\,Dc})$$

Las cotas de las curvas son u/u_c o f, indistintamente.

Se nota que el rango de los campos de flujo y de mezcla son proporcionales al número de Reynolds, mientras que el ancho no lo es. El largo x_L de una curva de fracción de mezcla f sobre el eje de simetría (r = 0) es

$$x_L / Dc = 3\ \mathrm{Re} / (32\ f)$$

o dicho de otra manera, f (y u/u_c) sobre el eje son proporcionales a 1/x.

La figura muestra estas curvas para varios valores de f.

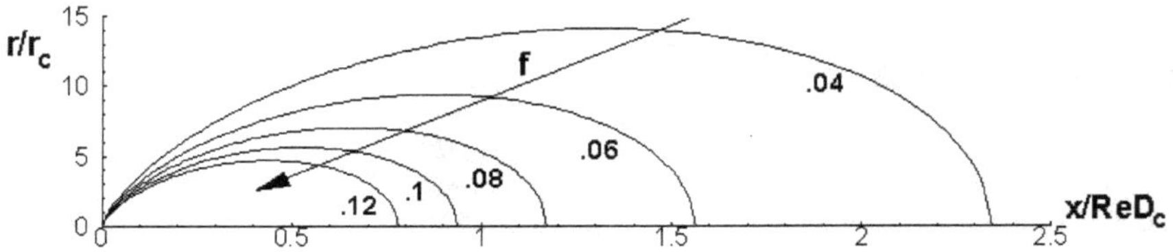

Figura 8.2: Chorro axisimétrico

El chorro arrastra el fluido circundante y la masa total del chorro aumenta linealmente con x, dado que se puede demostrar que

$$m = \int_0^\infty 2\pi\ \rho\ u\ r\ dr = 8\pi\ \rho\ \nu\ x$$

La masa añadida al chorro tiene un gradiente

$$\frac{dm}{dx} = 8\pi\ \rho\ \nu\ x = \text{constante}$$

Se nota que el flujo de masa del chorro y el arrastre de masa son independientes de u_c y D_c para el chorro laminar.

Para el chorro no reactivo la temperatura y las fracciones de masa se obtienen directamente de la fracción de mezcla:

$$T = f\,T_f + (1\text{-}f)\,T_o$$

$$y_i = f\,y_{i,f} + (1\text{-}f)\,y_{i,o}$$

Las isotermas (T = constante) y curvas de composición y_i constante pueden ser trazadas usando estas relaciones como curvas de f = constante y la ecuación de r/r_c dada anteriormente.

Los límites de ignición, si están dados por ϕ_P y ϕ_R para mezclas pobres y ricas, pueden convertirse en curvas de f = constante por medio de

$$f = \phi\ f_s / (1\text{-}fs + \phi\ f_s)$$

y trazarse curvas de límite de inflamabilidad superior e inferior.

Llamas de difusión laminares de chorro redondo

En condiciones de flujo reactivo las ecuaciones de f, continuidad y Navier-Stokes dadas para el chorro reactivo aún son válidas, y las soluciones son aplicables si las

propiedades del fluido permanecen esencialmente constantes; por ejemplo, si los reactantes están diluidos en un 99% de gas de baño inerte.
En condiciones de combustión la densidad y la viscosidad cambian debido a la generación de calor. Los términos de flotación, que fueron despreciados, se vuelven importantes, y en realidad el campo es controlado por las fuerzas de masa (flotación). Sin embargo, para un chorro apuntando verticalmente hacia arriba, los efectos de temperatura y flotación en gran medida se compensan y la solución dada para $u/u_c \equiv f$ aún da una imagen cualitativamente aceptable del campo.
Por razones de simplicidad ignoraremos los efectos de flotación y variación de propiedades físicas en el análisis que sigue, y asumiremos que el campo de fracción de mezcla está dado por la ecuación de chorro no reactivo.
Como se ha mencionado, las velocidades de reacción son generalmente más altas que las de mezcla difusiva, por lo que el estado de la mezcla debiera aproximarse al de equilibrio químico dado, por ejemplo, por el programa STANJAN.
Otro posible modelo es el SCRS. Para éste la temperatura y composición se relacionan con la fracción de mezcla usando las ecuaciones ya vistas para este modelo.
En condiciones de química rápida los reactantes no pueden coexistir, de modo que o bien $y_{FU} = 0$ o $y_{O2} = 0$. La zona de reacción ú hoja de llama se encuentra en la superficie definida por $y_{FU} = y_{O2} = 0$,o sea cuando el escalar β es cero. Esto nos da:

$$\beta_1 = y_{FU} - y_{O2}/ s = o \rightarrow y_{FU} = y_{O2}/ s$$

Luego

$$f(\text{hoja de llama}) = (\beta - \beta_o)/(\beta_f - \beta_o) = y_{O2,o}/s \,/(y_{FU,FU} + y_{O2,o}/s) = f_s$$

Luego, la hoja de llama coincide con la superficie de fracción de mezcla estequiométrica. La figura anterior entonces se puede también interpretar como la forma de las llamas cuyas fracciones de mezcla estequiométrica están dadas por los valores indicados, desde H_2 ($f_s = 0.03$) a metanol ($f_s = 0.12$).
El largo de la llama se puede estimar de la ecuación de x_L para $f = f_s$

$$L = x_2(f = fs) \cong \frac{3}{32}\frac{\operatorname{Re} Dc}{fs} \cong \frac{3}{32}\frac{u_c Dc^2}{\nu\, fs}$$

y usando este valor de L obtener el radio de la llama como

$$\frac{r}{r_c} \cong \frac{\sqrt{3}}{f_s}\frac{x}{L}\left[\sqrt{\frac{L}{x}} - 1\right]^{1/2}$$

Esta expresión tiene un máximo en x/L=9/16, donde

$$\frac{r_{\max}}{r_c} \cong \frac{9}{16 fs} \cong \frac{9}{16}(1 + (A/F)_{st})$$

De lo anterior deducimos que el ancho de la llama es independiente del flujo másico, ya que sólo depende de la estequiometria. El largo aumenta con la velocidad del chorro, pasando de una llama corta y gruesa a una larga y esbelta tipo pincel. El largo de la llama es en realidad proporcional al flujo másico $\Pi D^2_c \rho u_c/ 4$, de modo que para obtener una llama más corta para la misma potencia (equivalente al flujo de combustible) se usarían más orificios, mientras que para una llama larga se usa un solo orificio. Estas aproximaciones no toman en cuenta los efectos de temperatura y flotación.

Cuando f > fs dentro de la hoja de llama habrá un exceso de combustible y no habrá oxígeno, y viceversa fuera de la hoja de llama. La variación de f puede estimarse reordenando la ecuación de f en función de L, f_s y x:

$$f \cong f_s(\frac{L}{x})[1+\frac{f_s^2}{3}(\frac{r}{r_c})^2(\frac{L}{x})^2]^{-2}$$

Obtenida f, las curvas de valor constante para la temperatura y fracciones de masa pueden obtenerse de las relaciones dadas para el modelo SCRS dentro y fuera de la hoja de llama. La figura siguiente muestra los perfiles calculados para una llama de difusión de metano (f_s = 0.055) a x = L/ 2, en la dirección radial. Se ve que la zona de reacción está en r/r_c = 10.13 y que los gradientes de los reactantes son altos cerca de la hoja de llama.

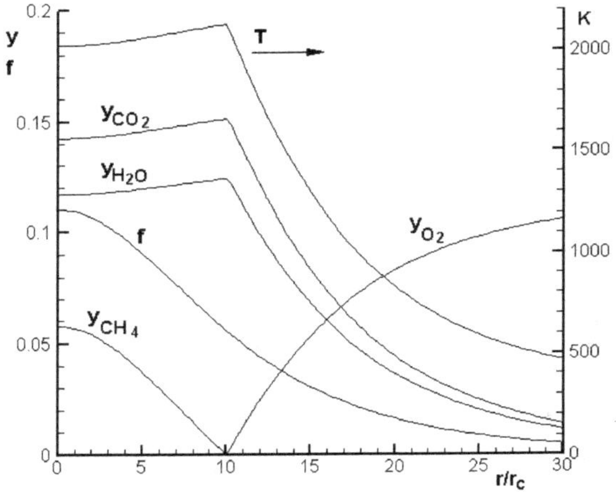

Figura 8.3: Llama axisimétrica de metano en aire

Los flujos de difusión -D $\partial y_i/\partial r$ son balanceados casi totalmente por las velocidades de reacción w_i en la hoja de llama. Los productos se forman en la hoja de llama y se libera calor, generándose los picos en las gráficas. Los productos se difunden alejándose de la hoja de llama; esta difusión contraria de reactantes y productos hacia y desde la hoja de llama es una característica inherente a las llamas de difusión.

La flotación tiene poco efecto sobre la longitud de la llama dada por las fórmulas, y la ecuación dada más arriba da buenos resultados con valor promedio de ν de 0.7 cm^2/seg apropiado para la alta temperatura en las llamas. La flotación, por otra parte, sí tiene gran influencia en la velocidad de los gases, y produce llamas más delgadas que las calculadas más arriba. Para llamas con efecto de flotación se puede consultar "Combustion and flame", Volumen 63, pág. 349-358 (1986).

La figura siguiente muestra perfiles medidos y calculados de una llama de difusión de chorro de metano en un conducto, con una corriente de aire co-fluyente. El diámetro del conducto cofluyente era de 50.8 mm y el de la llama 12.7 mm. La altura de llama era de 58 mm para un caudal de 5.7 ml/ seg. de metano.

A 1.2 cm sobre el quemador

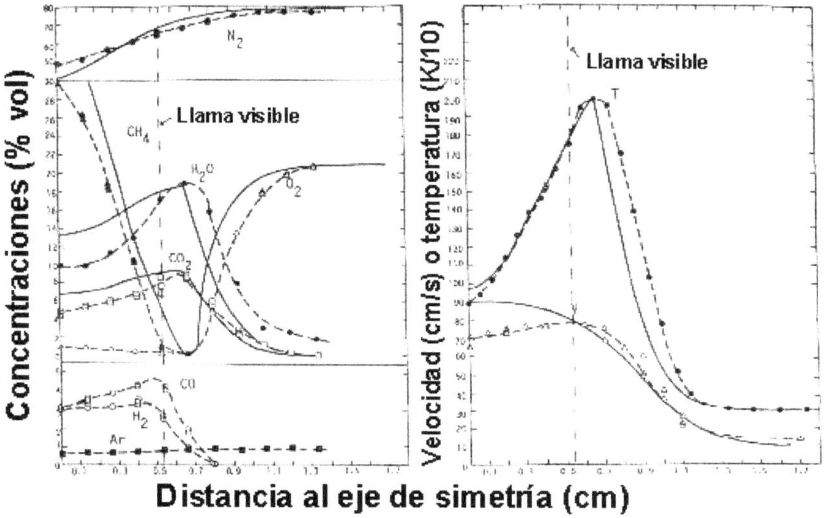

A 5 cm sobre el quemador

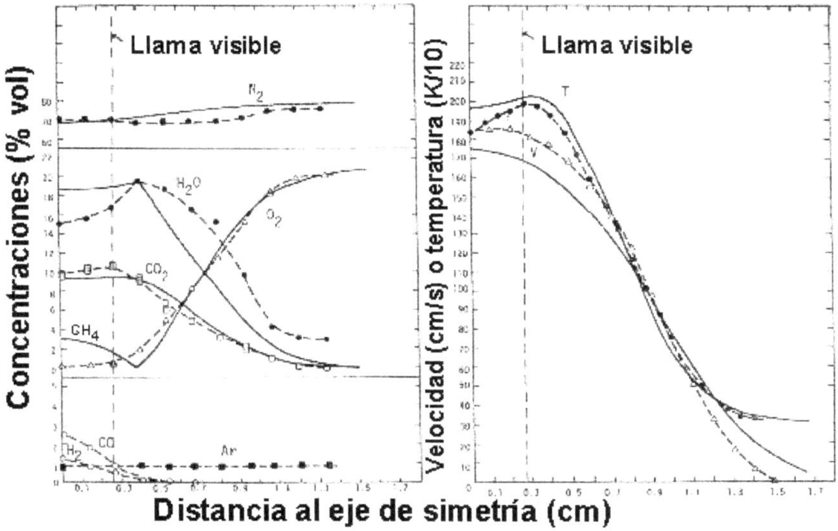

Figura 8.4: Llama de metano en un conducto con aire cofluyente (adaptada de Mitchell et al. [2])

La figura muestra que la estructura de la llama es, en general, aquella calculada por la teoría simple del caso anterior. Los cálculos teóricos que se muestran están basados, como el caso anterior en un modelo SCRS. Las ecuaciones, sin embargo, incluyen el chorro confluyente que envuelve a la llama, y el efecto de flotación, y se aprecia que se predice correctamente el diámetro de la llama, que es mucho menor que el dado por las ecuaciones vistas, debido a estas diferencias.
Un examen más detallado de esta figura revela que la zona de reacción no es una simple hoja de llama como en el modelo SCRS. El metano desaparece en un punto considerablemente más allá de donde desaparece el oxígeno. Al parecer hay una zona doble de reacción, con producción de CO y H_2 como productos intermedios de la oxidación parcial del CH_4.
Las figuras siguientes muestran la forma de la llama y los contornos de flujo y de mezcla calculados para esta llama.

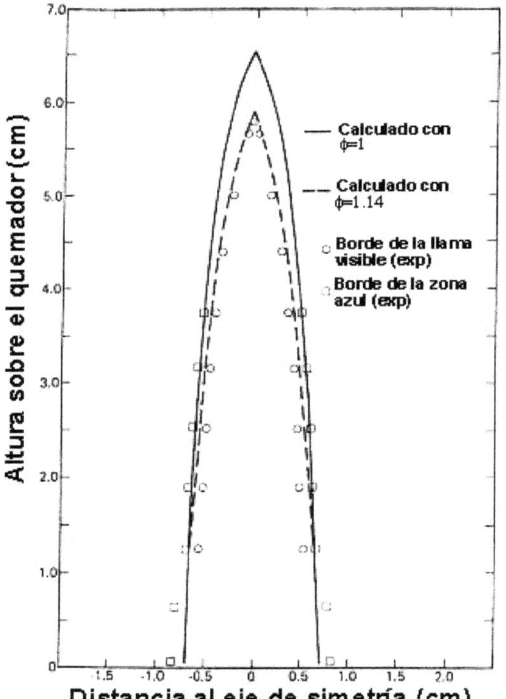

Figura 8.5: Llama de metano en un conducto con aire cofluyente (adaptada de Mitchell et al. [2])

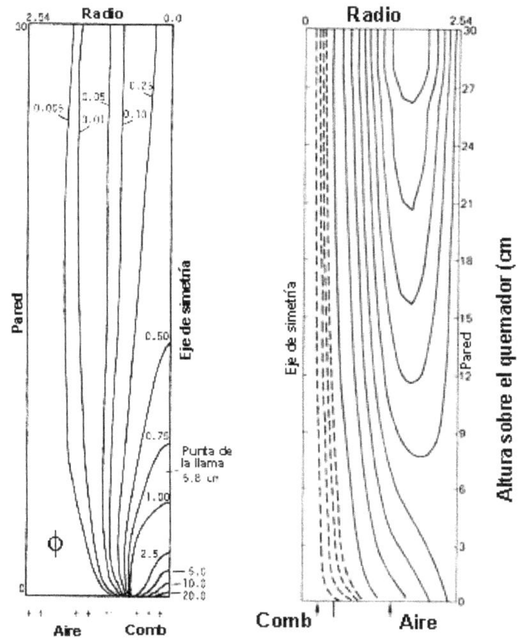

Figura 8.6: Llama de metano en un conducto con aire cofluyente (adaptada de Mitchell et al. [2])

Es interesante notar que cerca del pico se puede presentar una llama triple:

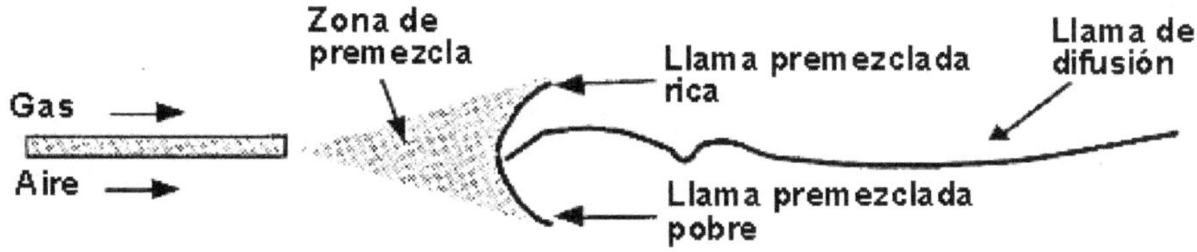

Figura 8.7: Llama triple (adaptado de Poinsot y Veynante [3])

Las dos llamas premezcladas se forman por el mezclado de las capas límite (de menor velocidad) y actúan como llamas piloto para retener y estabilizar la llama de difusión, por lo que el estudio de este fenómeno ha adquirido gran relevancia en épocas recientes.

Otras llamas de difusión

Para una gota de evaporación (que se verá luego en el capítulo 8), la variación de fracción de mezcla con el radio es:

$$r = 1 - (1 + B)^{-\frac{r_1}{r}}$$

donde r_1 es el radio de la superficie de la gota y B es el número de transferencia. Sin olvidar las precauciones usuales respecto a los efectos de la generación de calor sobre las propiedades del fluido, esto puede ser usado para predecir el radio de la llama esférica que envuelve la gota, r_f,

$$\frac{r_f}{r_1} = -\frac{\ln(1 + B)}{\ln(1 - f_s)}$$

que es del orden de 30 para combustibles hidrocarburos. Los perfiles de composición y temperatura son similares a los de la llama de difusión de chorro, al menos cualitativamente. Llamas esféricas alrededor de gotas son difíciles de obtener debido a los efectos de flotación y convección.

Las figuras siguientes muestran el patrón de mezcla y la composición de una llama laminar de difusión formada en el flujo convectivo de aire alrededor de un cilindro poroso a través del cual exuda heptano.

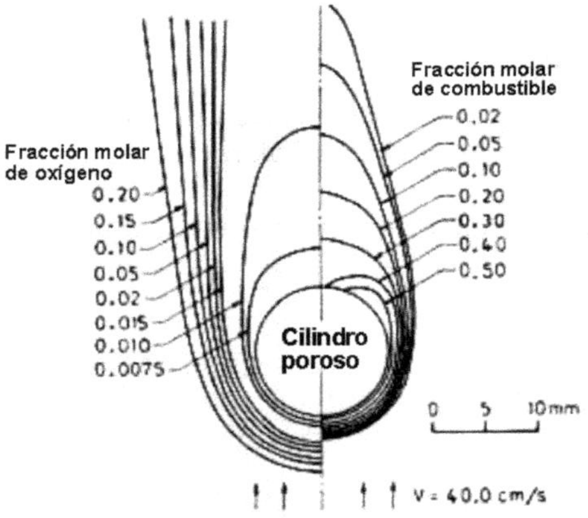

Figura 8.8: Llama de metano alrededor de un cilindro poroso (adaptada de Bilger[4])

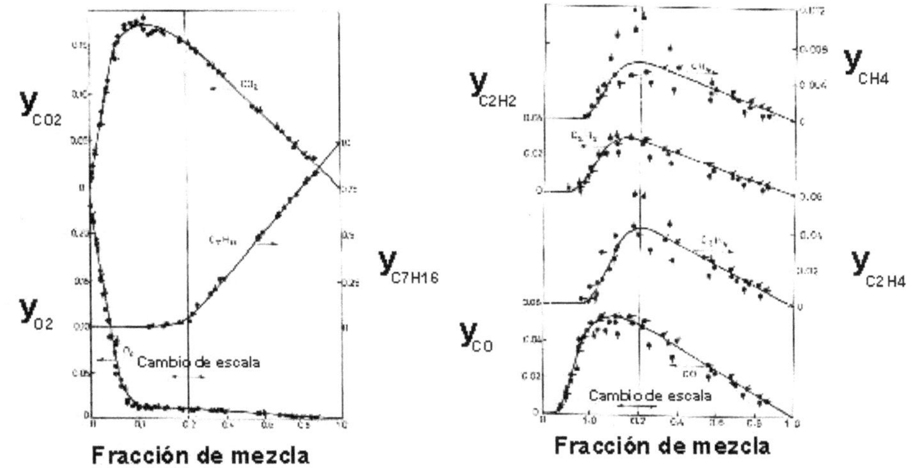

Figura 8.9: Llama de metano alrededor de un cilindro poroso (adaptada de Bilger[4])

Los perfiles de concentración típicamente se aglomeran cerca del punto de estagnación corriente arriba, pero tienen gradientes mucho menores en la región corriente abajo. Las fracciones de masa de las especies muestran una notable correlación con la fracción de masa en todo el entorno del cilindro; estas gráficas se pueden comparar con las estructuras vistas al estudiar los modelos SCRS y equilibrio: los resultados presentes son muy similares en la zona pobre, y están entre SCRS y equilibrio en la zona rica.

Los resultados de Mitchell et. al. [1] para llama de metano en aire en chorro muestran una correlación similar con f, como muestra la figura siguiente:

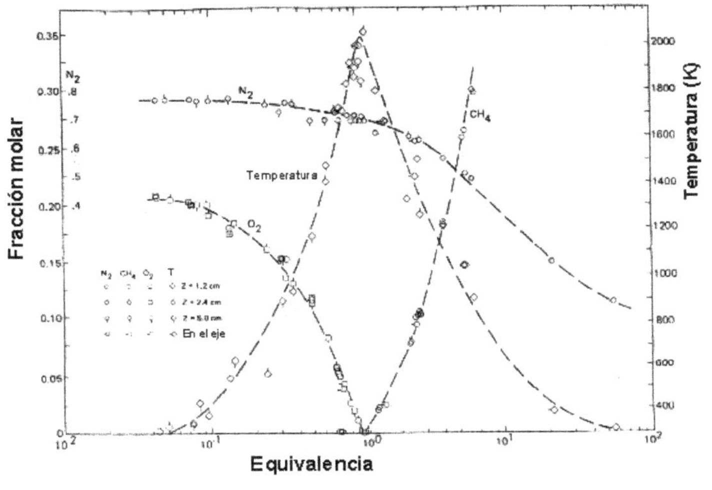

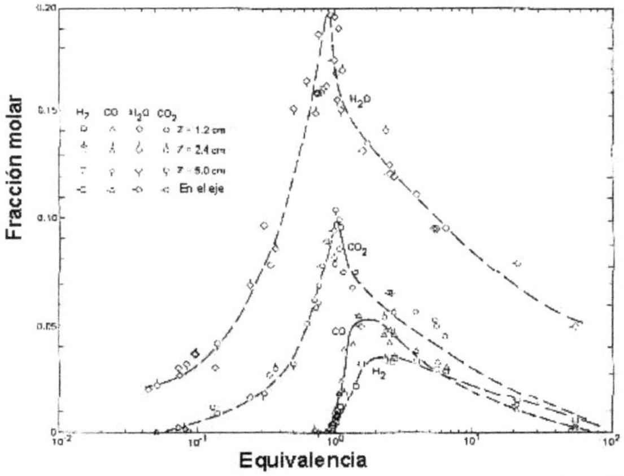

Figura 8.10: Llama de metano en aire cofluyente (adaptada de Mitchell et al. [2])

Las razones de estas correlaciones no han sido aún explicadas. Es evidente la acción de química rápida en la zona pobre de la llama, pero no se puede encontrar una simplificación similar en la zona rica que justifique la alineación de los resultados.

Efectos cinéticos en llamas de difusión laminar

Cuando los gradientes de concentración son tan altos como en la región delantera de la llama en el cilindro poroso, las velocidades de difusión de combustible y oxidante hacia el frente de llama se vuelven muy altas y las velocidades de reacción química son por consiguiente muy altas. En términos del modelo SCRS y asumiendo una cinética global:

$$w_F = -A_F y_F^a y_o^b e^{-\frac{E}{RT}}$$

y_F e y_o deben ser significativas para obtener altos valores de w_F. Incrementar y_F e y_o en la zona de llama implica menos productos ($\Sigma y = 1$) y temperatura menor. Es una característica de la forma de ecuación dada y los límites de una llama de difusión que esto lleve a un valor límite de w_F. Si la velocidad de difusión del combustible al frente de llama excede este valor la llama se extinguirá.

Se puede ganar una apreciación del rol de la velocidad de difusión en la ecuación de reacción usando un método de perturbación de la ecuación de las especies. Definamos

$$y_i = y_i^0(f) + y_i^{'}$$

donde $y_i^0(f)$ es la calculada por el modelo SCRS o una correlación empírica en un reactor modelo, función de f solamente e $y_i^{'}$ una perturbación que lleva al valor verdadero de y_i.

Sustituyendo en la ecuación de conservación de y_i:

$$\rho \frac{\partial y_i}{\partial t} + \rho u_k \frac{\partial y_i}{\partial x_k} - \frac{\partial}{\partial x_k}(\rho D \frac{\partial y_i}{\partial x_k}) = w_i$$

obtenemos, aplicando las leyes de derivación de función de función, y eliminando la ecuación de conservación de f completa:

$$\rho \frac{\partial y_i'}{\partial t} + \rho u_k \frac{\partial y_i'}{\partial x_k} - \frac{\partial}{\partial x_k}(\rho D \frac{\partial y_i'}{\partial x_k}) = w_i + \rho D \left(\frac{\partial f}{\partial x_k} \right)^2 \frac{d^2 y_i^o}{df^2}$$

Si la especie y_i es un reactante, el termino

$$\rho D \left(\frac{\partial \mathrm{f}}{\partial x_k} \right)^2 \frac{d^2 y_i^o}{df^2} = \rho D(\nabla f)^2 \frac{d^2 y_i^o}{df^2} \equiv \frac{1}{2} \rho \chi \frac{d^2 y_i^o}{df^2}$$

es un término de fuente que es cero en las dos corrientes de entrada, por ser la disipación del escalar $\chi = 2\mathrm{D}(\Delta \mathrm{f})^2$ cero por definición.

La velocidad de reacción w_i es entonces un sumidero para y_i, y $-w_i$ se puede visualizar como una función de y_i que es cero cuando $y_i = 0$, aumenta con y_i para pequeños valores de y_i y eventualmente llega a un máximo. En un flujo dado, el parámetro de velocidad de difusión

$$\chi = 2\mathrm{D}(\Delta \mathrm{f})^2$$

está dado por las condiciones de flujo y generalmente aumenta con la velocidad del flujo y con las disminuciones en la escala del problema. Habrá un valor de $\chi = \chi_{\text{critico}}$ al que ocurrirá la extinción para un par combustible-oxidante, casi independientemente de la geometría. Para hidrocarburos en aire a presión atmosférica $\chi_{\text{crítico}}$ se estima aproximadamente en 10 seg^{-1}; notar que χ se evalúa en condiciones estequiométricas donde $d^2y^o_i/ df^2$ es alta (ver gráficas de y versus f en $f = f_s$, brusco cambio de pendiente).

Por ejemplo, para el ejemplo de la gota:

$$\frac{df}{dr} = -\frac{1}{r_1} \frac{(1-f)[\ln(1-f)]^2}{\ln(1+B)}$$

$$\chi = \frac{2D}{r_1^2} \frac{(1-f_s)^2[\ln(1-f_s)]^4}{\ln(1+B)^2}$$

se ve que χ aumenta a medida que la gota disminuye ($r_1 \rightarrow 0$), y la llama se extinguirá cuando se llegue a un diámetro crítico dado por

$$d_{critico} = \sqrt{\frac{8D}{\chi_{critico}}} \frac{(1-f_s)[\ln(1-f_s)]^2}{\ln(1+B)}$$

con $\chi_{\text{critico}} = 10$ seg-1, $D = 0.5\ \text{cm}^2/\ \text{seg}$, $f_s = 0.062$, $B=5$, resulta $d_{\text{critico}} = 14\ \mu\text{m}$, que no es mucho menor que el tamaño inicial de la gota, que en rocíos de hidrocarburos es típicamente alrededor de 50 μm.

Resumiendo, χ aumenta al reducirse r_1, y eventualmente balancea al término de sumidero w_i, lo que elimina el segundo miembro de la ecuación de y_i, deteniendo la creación /destrucción de y_i, y la reacción.

Teorías más completas

La teoría presentada más arriba ha sido grandemente simplificada para permitir comparación con resultados experimentales. Sin embargo se estima que es cualitativamente correcta.

Un tratamiento más completo del problema incluye el uso de un esquema de reacción multipaso con propiedades de transporte dependientes de concentración y temperatura, y la inclusión de la flotación. Este tipo de cálculos está empezando a aparecer en la literatura. Para ser de mayor utilidad se presentan los resultados en los términos de la teoría simplificada.

Asumiendo verdadera difusión se presentan fenómenos de difusión diferencial entre especies, y la ecuación simple de χ ya no es válida. El concepto de fracción de mezcla tampoco es válido debido a la difusión diferencial, y se debe utilizar una definición de f que al menos sea válida cerca de la zona estequiométrica, como se vió anteriormente al definir

$$f = \frac{2Zc / wc + \frac{1Z_H}{2w_H} + (Z_{0,0} - Z_0 / w_0)}{2Z_{c,F} / w_F + \frac{1}{2}\frac{Z_{H,F}}{w_F} + Z_{0,0} / w_0}$$

utilizando las fracciones de masa de los elementos atómicos Z.

La figura siguiente muestra los resultados del cálculo de Miller et al. [3] para una llama de contra-flujo de metano en aire, con una velocidad de aire tan alta que χ_s (valor de χ en $f = f_s$) = 9 seg^{-1}, y la llama está cerca de extinción. Se puede demostrar que para estas condiciones $\Gamma_i = y_i/W_i$ es básicamente una función de f (ver la ecuación de transporte de $y^o{}_i$), de modo que la ecuación de transporte de y_i es cero, y

$$w_i = -\frac{1}{2}\rho\chi\frac{d^2\Gamma_i}{df^2}$$

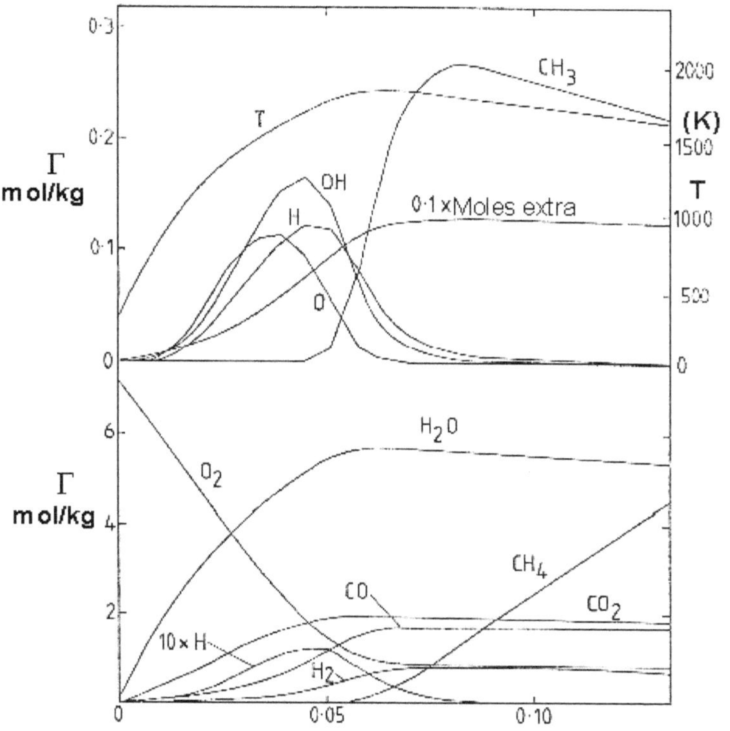

Figura 8.11: Llama de contraflujo (adaptada de Miller at el. [5])

Se ve que los radicales H, OH y O se producen aproximadamente a f=0.045, por reacción de H_2 con O_2 (Paso III del mecanismo de 4 pasos). Son consumidos fuertemente por el combustible a f= 0.065 y también por las reacciones de recombinación en la zona pobre donde f=0.02. Es evidente que la reacción de combustible y oxígeno no sucede para $f > 0.08$ debido a la ausencia de radicales y de difusión de oxígeno hacia el lado rico.
Se encuentra una estructura similar a menores velocidades de aire, (menores valores de χ_s), con la tendencia al equilibrio en la zona rica siendo frenada por la ausencia de radicales.
Smooke et al. [6] dan resultados de sus computaciones para una llama confinada y sin confinar, de un chorro de difusión con un flujo co-fluyente de aire de baja velocidad La estructura que se observa es muy similar a las llamas de difusión de contraflujo en términos de Γ_i y f. Sin embargo, hay un flujo significativo de O2 hacia el lado rico.

Combustión premezclada

Llamas laminares premezcladas

Introducción

La propagación de una llama u onda de combustión a través de una mezcla combustible es un fenómeno bien conocido. En el quemador Bunsen la llama usualmente se ubica a cierto ángulo respecto al flujo, propagándose con una velocidad bien definida. La figura siguiente muestra un quemador de llama plana.

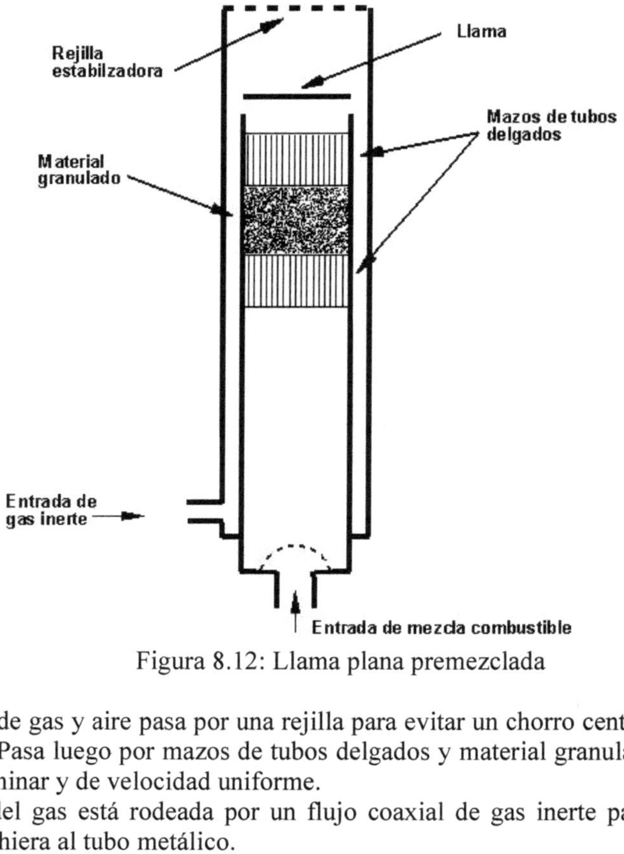

Figura 8.12: Llama plana premezclada

La mezcla de gas y aire pasa por una rejilla para evitar un chorro central y sube a baja velocidad. Pasa luego por mazos de tubos delgados y material granulado para obtener un flujo laminar y de velocidad uniforme.

La salida del gas está rodeada por un flujo coaxial de gas inerte para evitar que la llama se adhiera al tubo metálico.

Los gases de escape pasan por una rejilla estabilizadora que evita que movimientos del aire exterior afecten la posición de la llama.

Estas llamas también se pueden observar como llamas de propagación en tubos o como llamas esféricas propagándose desde una fuente de ignición. La llama divide una región de mezcla reactante fría de la zona de gases de combustión calientes.

Si la mezcla no quemada es no turbulenta y la aerodinámica del campo de flujo en general lo permite, la llama se propaga como un frente liso, no turbulento. La llama laminar ideal es plana y adiabática. Siendo así, se propaga hacia la mezcla fresca con una velocidad de quemado S_u (relativa al gas no quemado) que solo depende de las propiedades de la mezcla fresca: tipo de combustible, fracción de mezcla, temperatura, presión, etc. La llama es una región delgada en la que tienen lugar el precalentado, la ignición y combustión. Su espesor a presión atmosférica para la mayoría de las llamas es del orden de 1 mm.
Se nota que la llama estará estabilizada en una posición solo si la velocidad de la mezcla fresca iguala a la velocidad de la llama. Es por lo tanto importante poder predecir la velocidad de llama.

Estructura y mecanismo de la llama

La figuras siguientes muestran la variación de temperatura, velocidad y composición a través de una llama laminar de metano-oxígeno a baja presión (0.1 atm); la baja presión aumenta el grosor de la hoja de llama.

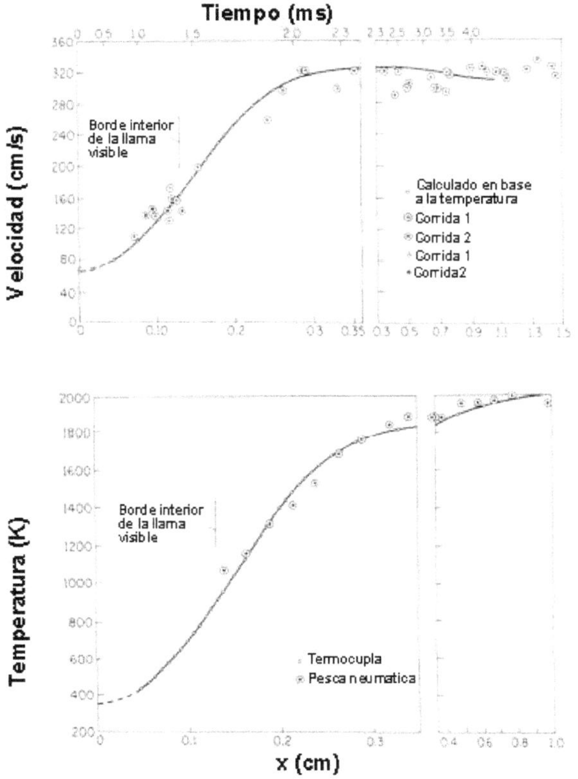

Figura 8.13: Llama plana de metano-oxígeno (adaptada de Strehlow [7])

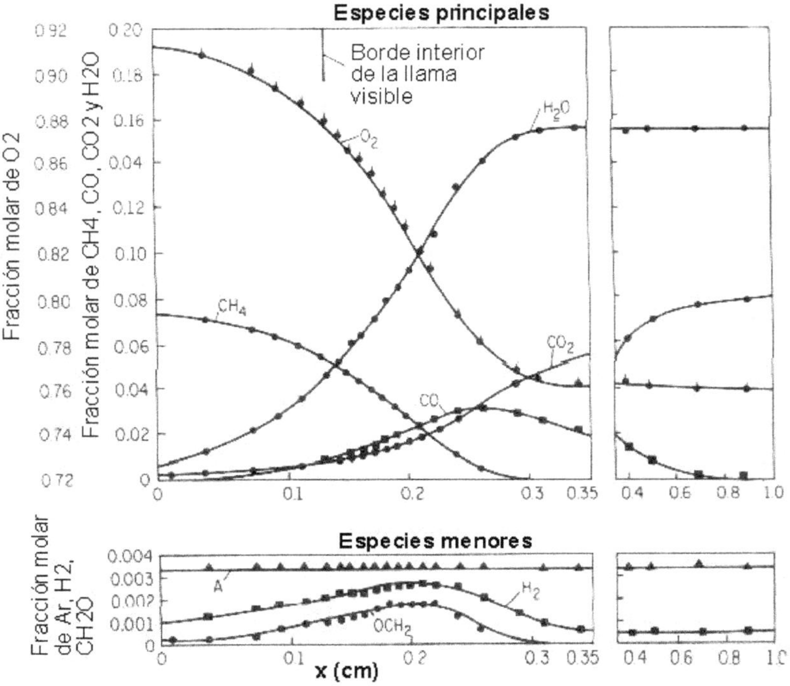

Figura 8.14: Llama plana de metano-oxígeno (adaptada de Strehlow [7])

El flujo de mezcla no quemada entra por la izquierda de las figuras. Corriente arriba del borde de la zona luminosa no hay prácticamente reacciones químicas y el aumento de temperatura en esta zona es debido principalmente a conducción. Esta zona es la llamada de precalentamiento, y la temperatura decae exponencialmente con la distancia corriente arriba.

La difusión de especies (reactantes, intermedias y productos) también sucede en la zona de precalentamiento.

Continuando desde la zona de precalentamiento se halla la zona de reacción principal, que es un poco más ancha que la zona luminosa, y en la cual tiene lugar la mayoría de las reacciones químicas. A esta sigue una zona de quemado final donde se queman el CO (a CO_2) y los productos intermedios, y los radicales se recombinan. En esta zona el aumento de la temperatura es mínimo, y la temperatura final será cercana a la temperatura adiabática de la llama, dependiendo de las pérdidas de calor por radiación, etc. Las lentas reacciones de Z'eldovich para los óxidos de nitrógeno continúan aún más allá de esta zona de quemado.

Con respecto al mecanismo de propagación de la llama se puede construir la siguiente imagen. La difusión de calor (por conducción) y de especies activas ocurre desde los gases quemados hacia los reactantes. En algún punto la temperatura y la concentración de especies activas alcanzan niveles tales que las velocidades de reacción aumentan significativamente, y la reacción procede entonces exponencialmente. Debido a la forma de Arrhenius de la velocidad de reacción y, por consiguiente la dependencia exponencial en la temperatura, es posible hablar de una "temperatura de ignición", por debajo de la cual la velocidad es insignificante, y por encima muy alta. Las teorías primitivas de propagación de llama postulaban al mecanismo de conducción del calor como el principal en la propagación de la llama, hasta su temperatura de ignición. Luego, cuando se reconoció la importancia de los radicales activos en la creación de desvíos de cadena se postuló la difusión hacia los reactantes de dichos radicales, lo que dió origen a intentos de relacionar la velocidad de la llama con parámetros tales como la concentración de átomos de Hidrógeno en los gases de combustión en equilibrio. Hoy se reconoce que ambos mecanismos, en forma acoplada, son importantes.

Se puede dar la dependencia básica de espesor de llama y velocidad en función de las condiciones de combustión por medio de un análisis muy simplificado. Para un número de Lewis unitario ($Le \equiv \rho\, Cp\, D/\lambda = D/\alpha$), las ecuaciones de conservación de energía y de especies químicas son similares. Si se omite la influencia de las especies intermedias, los procesos de transporte molecular pueden ser suficientemente representados por la conductividad térmica λ. Un análisis dimensional indica entonces que

$$S_u \propto \frac{1}{\rho_u}\sqrt{\frac{\lambda}{C_p}w}$$

$$\delta \propto \sqrt{\frac{\lambda}{C_p w}}$$

donde δ es el espesor de la llama, ρ_u la densidad de los reactantes y w la velocidad de reacción (volumétrica). Si tenemos

$$w \propto p^n e^{-E/RT}$$

Entonces S_u y δ tendrán una forma

$$S_u \propto p^{\left(n/2-1\right)} e^{-E/2RT_b}$$

$$\delta \propto p^{-n/2} e^{E/2RT_b}$$

donde n es el orden de reacción y T_b la temperatura de los gases quemados, ú otra temperatura que sea suficientemente representativa de la temperatura a la que tiene lugar la reacción. Para gases ideales Cp y λ son independientes de la presión y $\rho_u \propto P$ a T=constante

Velocidad de llama

Se presentan en esta sección algunas mediciones experimentales de velocidad de llama.

La figura siguiente muestra el efecto de la equivalencia en la velocidad de llama. Esto se compara con la figura que sigue, donde se muestran variaciones típicas de la temperatura de llama con equivalencia.

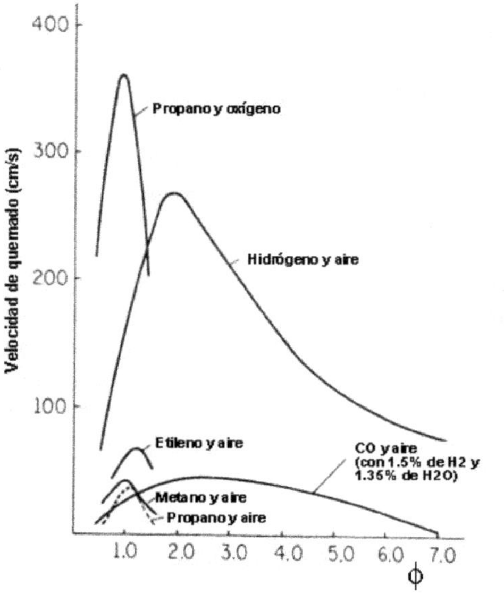

Figura 8.15: Velocidades de llamas laminares (adaptada de Strehlow [7])

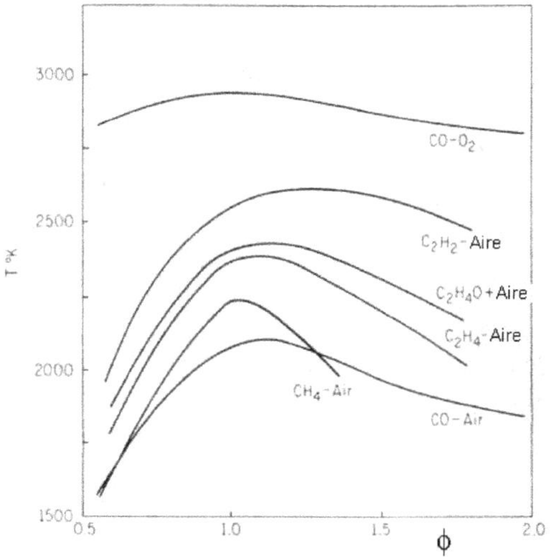

Figura 8.16: Temperaturas de llamas laminares (adaptada de Strehlow [7])

En general la velocidad y temperatura tienen su máximo en el mismo valor de equivalencia, como se esperaría dada la ecuación de S_u. Para llamas de Hidrógeno en aire la alta difusividad y conductividad térmica del Hidrógeno, que se muestran en la tabla siguiente, trasladan el pico a mayores valores de equivalencia.

Gas	Par de gases	D_0 cm^2/s
Monóxido de Carbono	CO en O_2 *	0.185
Oxígeno	O_a en N_2 *	0.181
Oxígeno.	O_a en aire *	0.178
Dióxido de Carbono	CO_2 en aire	0.138
Hidrógeno	H_2 en aire	0.611
Agua	H_aO en aire *	0.220
Metano	CH_4 en aire	0.196
Etano	C_2H_4 en aire	0.108
Propano	C_3H_8 en aire	0.0878
Butano	C_4H_{10} en aire	0.0750
Pentano	C_5H_{12} en aire	0.0671
n-Octano.	C_8H_{18} en aire	0.0505
Benceno	C_6H_6 en aire	0.077
Tolueno	C_7H_8 en aire	0.051
Naftaleno	$C_{10}H_8$ en aire	0.0513
Antraceno	$C_{14}H_{10}$ en aire	0.0421
Alcohol metílico.	CH3OH en aire	0.1325
Alcohol etílico	C_2H_5OH en aire	0.102

Tabla 8.1: Difusividades de distintos gases

Los valores de la tabla son dados en condiciones estándar de 1 atm y 0°C. Para corregir a otras presiones y temperaturas

$$D = D_0\left(\frac{T}{T_0}\right)^n$$

$$D = D_0\frac{p_0}{p}$$

El exponente n vale 1.75 para los casos marcados con un asterisco, y vale 2.0 para los demás.

Para llamas de CO en aire el pico a altos valores de equivalencia debe tener alguna explicación cinética.

Estas gráficas solo pueden extenderse hasta los límites de inflamabilidad, listados en el Capítulo 1.

Los efectos del tipo de combustible en la velocidad máxima de llama se muestran en las figuras siguientes para algunos hidrocarburos.

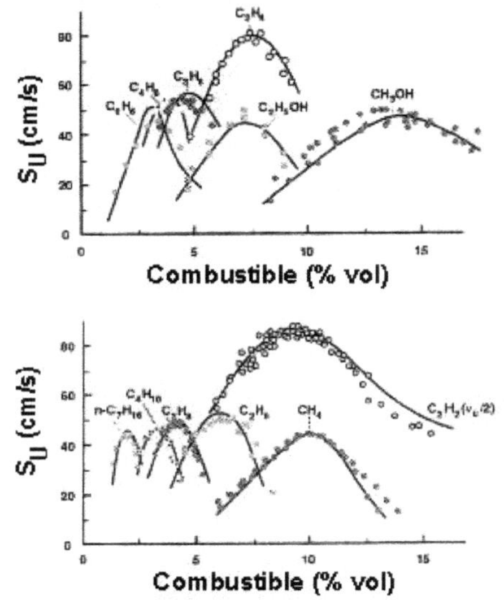

Figura 8.17: Velocidad de llamas de hidrocarburos (adaptada de Warnatz et al.[8])

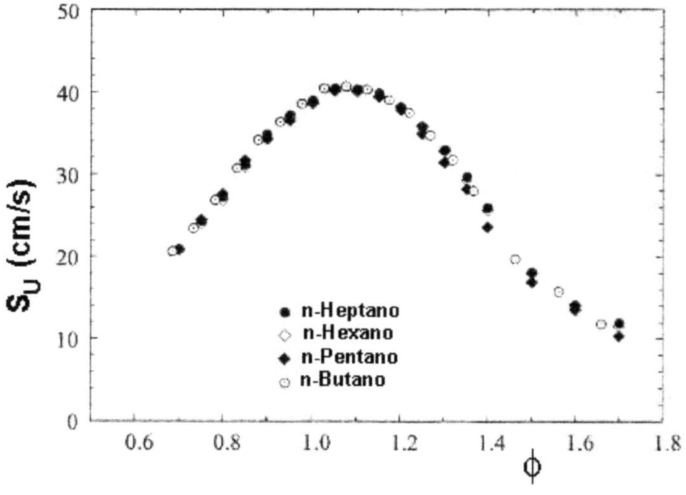

Figura 8.18: Velocidad de llamas de hidrocarburos (adaptada de Warnatz et al.[8])

El efecto de la presión en la velocidad de la llama se muestra en la figura siguiente, para algunas llamas típicas. De acuerdo a la expresión obtenida más arriba el exponente de la presión debiera ser cero ya que la mayoría de las reacciones de combustión son de orden 2. Esto parece confirmarse para cambios de presión no muy elevados:

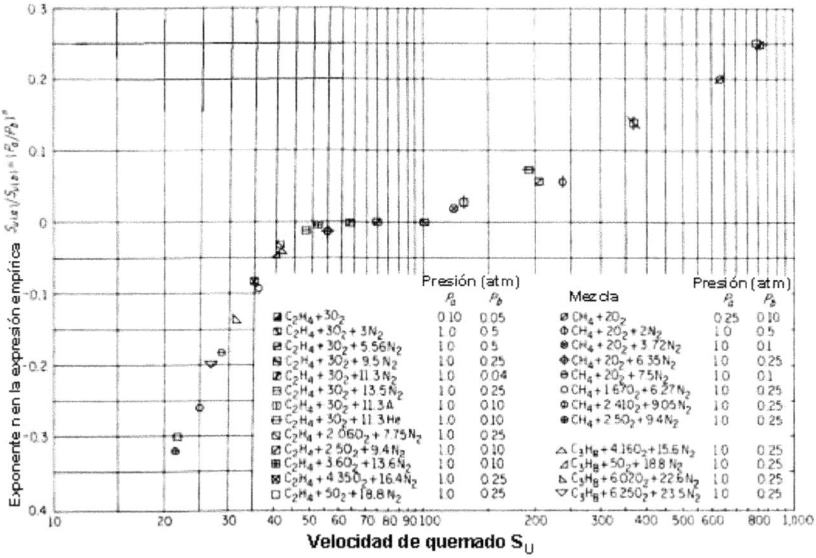

Figura 8.19: Velocidad de llamas de hidrocarburos versus presión (adaptada de Strehlow [7])

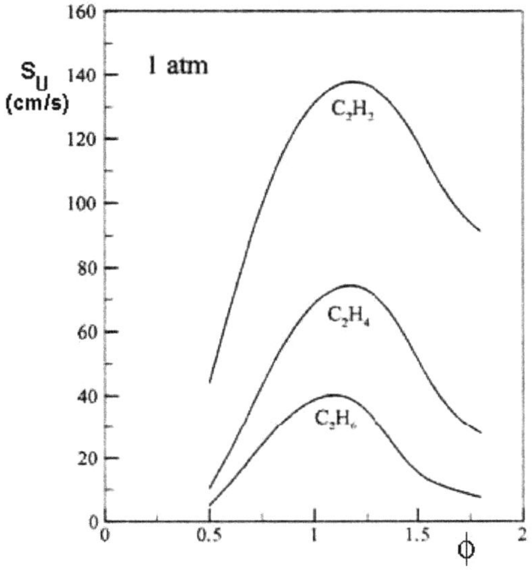

Figura 8.20: Velocidad de llamas de hidrocarburos a presión atmosférica (adaptada de Warnatz et al.[8])

Sin embargo para presiones mas altas se observa una fuerte dependencia de la presión:

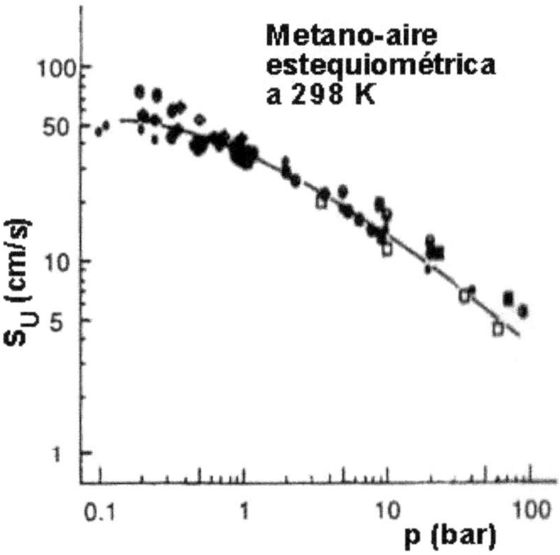

Figura 8.21: Velocidad de llamas de hidrocarburos versus presión (adaptada de Warnatz et al.[8])

Asimismo se observa un fuerte incremento con la temperatura de los reactantes:

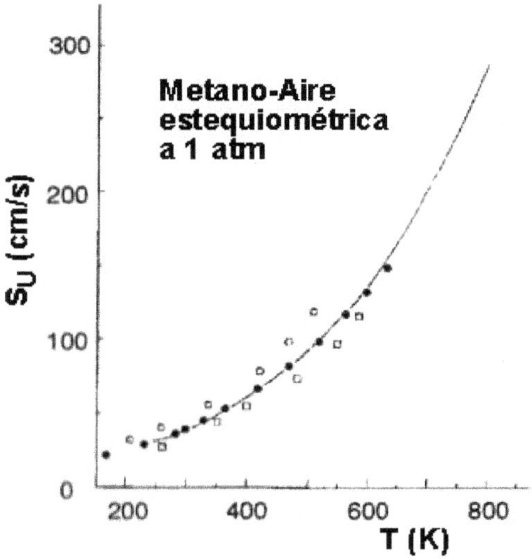

Figura 8.22: Velocidad de llamas de hidrocarburos versus temperatura (adaptada de Warnatz et al.[8])

El método de asíntotas a las altas energías de activación permite calcular la velocidad de llama usando expresiones algebraicas simples a partir de un análisis basado en una reacción de un solo paso con fórmulas del tipo de Arrhenius. Se obtiene por ejemplo

$$S_u = \frac{1}{\rho_u} \frac{(\kappa D y_b)^{1/2}}{2 \theta x_u} T_b^2 e^{\frac{-\theta}{2T_b}}$$

tanto para mezclas ricas como pobres, siendo X_u la fracción molar de la especie deficiente (de menor concentración molar), y_b la fracción de masa de la especie en exceso de la especie quemada, k el número de Lewis de la especie deficiente, D el número de Damkohler y θ la temperatura de activación E_a/R. Para mezclas estequiométricas

$$S_u = \frac{1}{\rho_u} \frac{(\kappa D L)^{1/2}}{2 \theta^{2/3} x_u} T_b^3 e^{-\theta/2T_b}$$

siendo L el número de Lewis de la otra especie reactante (la que no es deficiente como X_u). Se postula también que el pico de velocidad de llama que se observa en el lado rico de f_s se debe a las diferencias en números de Lewis entre combustible y oxidante, y no al hecho que la temperatura tiene un pico en esta región.

Estas relaciones confirman el incremento de la velocidad de llama con la temperatura y, si la temperatura y composición de los reactantes es fija, también indican que la velocidad de llama es inversamente proporcional a la densidad y por lo tanto a la presión.

Aerodinámica de la llama

Cuando la mezcla reactante fluye a una velocidad mayor que la velocidad de llama la llama puede propagarse como una llama oblicua como se muestra en la figura siguiente.

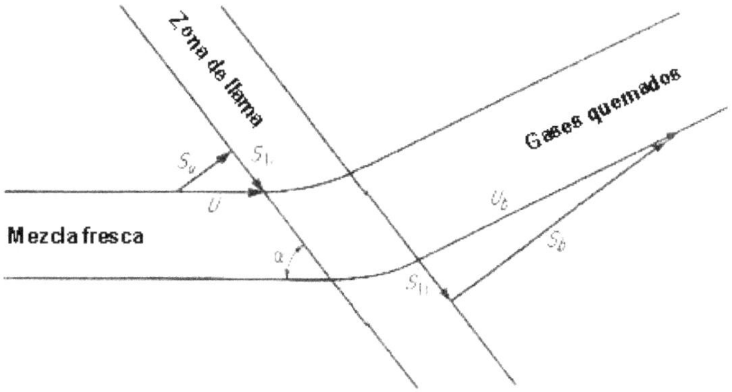

Figura 8.23: Llama oblicua al flujo de mezcla (adaptada de Strehlow [7])

El componente de velocidad de flujo normal al frente de llama es igual a la velocidad de llama, y tenemos

$$S_u = U \operatorname{sen} \alpha$$

$$\rho_u S_u = \rho_b S_b$$

Para un flujo uniforme saliendo de un quemador de radio r la llama idealmente tomaría una forma cónica, con una altura de llama dada por

$$\frac{h}{r} = \sqrt{[(\frac{U}{S_u})^2 - 1]}$$

En la práctica la forma de la llama se desvía de la ideal, como se muestra en la figura siguiente:

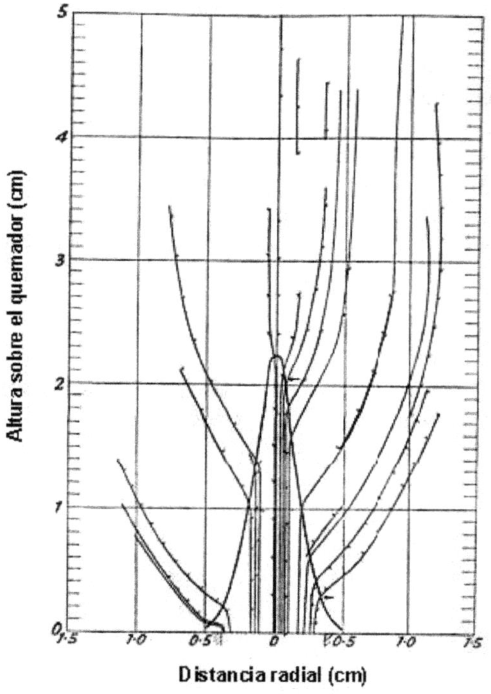

Figura 8.24: Trayectorias de partículas en una llama cónica (adaptada de Lewis y Von Elbe [9])

Esto se debe, entre otras causas a que:

- La velocidad no es uniforme en la mezcla fresca debido a las capas límite en el tubo.

- El flujo de productos es afectado por el campo de presiones que establece la presencia de la llama.
- Pérdidas de calor de la llama hacia el tubo del quemador reducen la velocidad de llama cerca del orificio.
- La velocidad de la llama aumenta cerca del extremo debido a que el radio de curvatura de la llama es del orden del espesor de la llama, y está lejos de ser una llama plana.

Cuando una llama se propaga en un gradiente de velocidad la hoja de llama es "estirada" en direcciones paralelas al frente de llama, y esto puede causar extinción o la aparición de huecos en el frente de llama.
Las diferencias de presión que origina la presencia del frente de llama son muy pequeñas, en el caso del tipo de combustión que se ha venido discutiendo, que se clasifica como deflagración. Para una llama unidimensional, de la ecuación de cantidad de movimiento tenemos:

$$P_u - P_b = \gamma\, P_u\, (\rho_u / \rho_b - 1)\, M_u^{\,2}$$

donde $\gamma = Cp/ Cv$ y $M_u = S_u/ a_u$, el número de Mach de la llama. Valores típicos son $M_u \cong 10^{-3}$; $\rho_u / \rho_b \cong 6$, $\gamma = 1.4$ lo que indica una caída de presión de $7\ 10^{-6}$ de P_u.
Las llamas también se pueden propagar como detonaciones, que son una composición de onda de choque y frente de llama, con $M_u >> 1$, y la intensidad de la onda de choque es suficiente para elevar la mezcla por sobre el límite de autoignición.
La curvatura del frente de llama afecta la velocidad de la llama en una forma del tipo

$$S_{u,R} = S_{u,\infty}\,(1+ \mu\delta_l / R)$$

donde $\mu = 1$ para llamas con $Le = 1$, R es el radio de curvatura de llama (positivo cuando es cóncavo hacia los reactantes) y δ_l ($\equiv \lambda / \rho u\ Cp\ Su$) es básicamente una medida del grosor de la llama.
En la práctica cuando los coeficientes de difusión del combustible y el oxidante son muy diferentes, la curvatura del frente de llama puede causar una difusión diferencial significativa de algunos de los reactantes hacia afuera de la zona de reacción, cambiando el valor aparente de la equivalencia y afectando la velocidad de la llama. Esta difusión preferencial puede ser tan grande que el remanente de mezcla está fuera de los límites de inflamabilidad, generándose las llamas de tope abierto.
La relación entre curvatura y velocidad del frente de llama juega un rol muy importante en la estabilidad del frente de llama. En un estudio inicial, en 1944, Landau aplicó la teoría de pequeñas perturbaciones al frente de llama y demostró que el frente era inestable para cualquier longitud de onda de la perturbación. Esta teoría fue ampliada por Markstein en 1950/1960 incluyendo el efecto de la curvatura en la velocidad de llama, y se demostró que el frente es estable para pequeñas perturbaciones e inestable para grandes perturbaciones. El análisis demuestra que, para una relación de densidades $\rho_u / \rho_b = \varepsilon$ hay dos números de onda

$$k_{crit} = \frac{2\pi}{\lambda_{crit}} = \frac{\varepsilon - 1}{2\varepsilon\mu\delta_1}$$

$$k_{max} = \frac{2\pi}{\lambda_{max}} = \frac{0.2}{\mu\delta_1} \qquad (\text{para } \varepsilon \cong 5)$$

donde k_{crit} es el número de onda de una perturbación tal que para $k < k_{crit}$ la hoja de llama es inestable; y k_{max} es un número de onda (< que k_{crit}) que maximiza el crecimiento de la perturbación. Esta teoría explica el desarrollo de frentes de llama con una estructura celular (células de escala λ_{max}) en tubos, y se cree que sea un factor en la propagación de llamas turbulentas. La teoría de Markstein ha sido verificada utilizando una llama estabilizada por una varilla a la que se hace vibrar. También se ha demostrado que perturbaciones acústicas producen resultados similares.

Referencias

[1] De Nevers, N.; Air pollution control engineering; McGraw-Hill, International Editions, 1995.

[2] Mitchell, R. E.; Sarafim, A. F., y Clomburg, L. A.; Combustion and Flame, Volumen 37 (1980), paginas 227-244.

[3] Poinsot, T, and Veynante, D.; Theoretical and numerical combustion; Edwards, Philadelphia, 2001.

[4] Bilger, R. W.; Combustion and Flame, Volumen 30 (1977), paginas 277-284.

[5] Miller, J. A; Kee, R. J., et al.; Proceedings of the Western States Section of the Combustion Institute, Paper 84-10, 1984.

[6] Smooke, M. D.; Mitchell, R., and Keyes, D. E.; Numerical solution of 2-dimensional axisymmetric laminar diffusion flames; Combustion Science and Technology, Vol. 67, páginas 85-122, 1989.

[7] Strehlow, R. A. ; Fundamentals of Combustion, International Textbook Co., Pennsylvania, 1968.

[8] Warnatz, J.; Maas, U., y Dibble, R. W. ; Combustion; Spinger, Germany, 2006.

[9] Lewis, B. y Von Elbe, G.; Combustion, Flames and Explosions of Gases, Academic Press, New York, 1961.

Capítulo 9

Fundamentos sobre flujos turbulentos

César Dopazo

Introducción

En los capítulos anteriores sobre la fluidodinámica de sistemas con combustión y llamas laminares, se vio que son esenciales la convección, la difusión molecular y la reacción química de las especies participantes en condiciones adecuadas de temperatura. Sea un campo escalar Y(**x**, t), que puede representar la fracción másica de una de dos especies A o B, no premezcladas, la variable de avance de la reacción o la fracción másica reducida en un sistema premezclado, o la temperatura. Y(**x**, t) evolucionará de acuerdo con la ecuación

$$\frac{\partial Y}{\partial t} + v_j \frac{\partial Y}{\partial x_j} = \frac{1}{\rho} \frac{\partial}{\partial x_j}\left(\rho D \frac{\partial Y}{\partial x_j}\right) + \frac{\dot{\omega}}{\rho}$$

Un escalar inicialmente segregado puede ilustrarse (Figura 9.1) como un tablero de ajedrez (o un cubo de Rubick en un caso tri-dimensional). Las casillas blancas representan, por ejemplo, un valor fijo del escalar ($Y = Y_0$: fluido con temperatura normalizada mínima, premezcla de gases frescos sin reaccionar o fracción másica del oxidante), mientras que en las casillas negras Y toma otro valor constante ($Y = Y_1$: fluido a la temperatura normalizada máxima, productos de la reacción, fracción másica de combustible). La temperatura normalizada se definiría, por ejemplo, como $Y = (T - T_{min})/(T_{max} - T_{min})$. En las casillas blancas de la Figura 9.1 la temperatura normalizada del fluido sería mínima (Y = 0: fluido frío) y en las negras tomaría el valor máximo (Y = 1: fluido caliente).

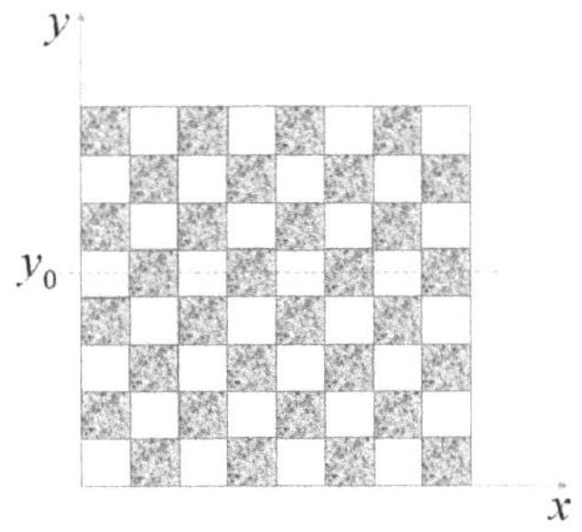

Figura 9.1. Campo escalar bidimensional con valores iniciales Y = 0 (casillas blancas) e Y = 1 (casillas negras)

Si la velocidad del fluido es nula (**v** = 0), la difusión molecular de Y(x, y, 0) comenzará a actuar través de las "interfases" de separación entre casillas blancas y negras. Debido a la difusión molecular, un perfil espacial de Y(x, y, t) evolucionará con el tiempo según se representa en la Figura 9.2. En ausencia de conversión química [mezcla de fluido frío (casillas blancas) y caliente (casillas negras)], el valor asintótico de Y para tiempos mucho mayores que $\frac{\delta^2}{D}$, donde δ es el tamaño de cada casilla y D el coeficiente de difusión molecular, será Y = 0.5. Este valor cambiará según dicte el término químico para un escalar reactivo.

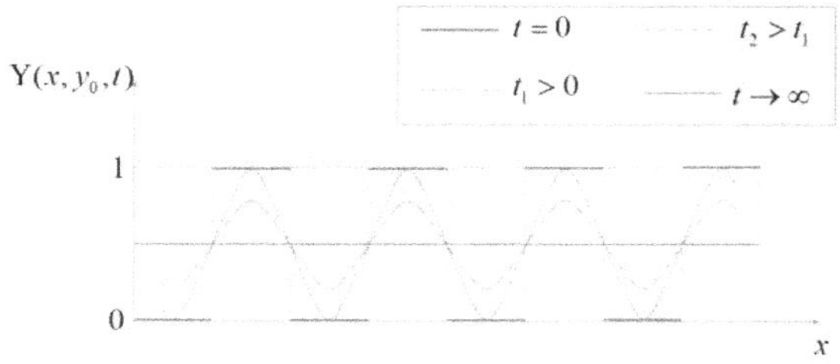

Figura 9.2. Perfil de Y (x, y_0, t) en función de x, para y = y_0 dado, y para varios tiempos.

Si se supone que la difusión molecular es nula y la velocidad **v** es distinta de cero, los valores iniciales, Y = 0 e Y = 1, no se modificarán. Sin embargo, la distribución espacial de Y variará, dependiendo del campo de **v** (x, y, t) que actúe sobre el tablero trasladando las casillas.

Para un flujo laminar (número de Reynolds pequeño) de traslación en dirección x, con una velocidad uniforme de **v** = (u, 0) las casillas blancas y negras simplemente se desplazarán, pero el perfil de Y (x, y_0, t) seguirá siendo una onda cuadrada con valores 0 y 1 (se supone que el tablero se repite periódicamente en direcciones x e y). Si a la traslación anterior se añade una velocidad oscilante periódicamente en direcciones x e y, las casillas se trasladarán y deformarán como se indica para la cuarta parte del tablero de la Figura 9.3.

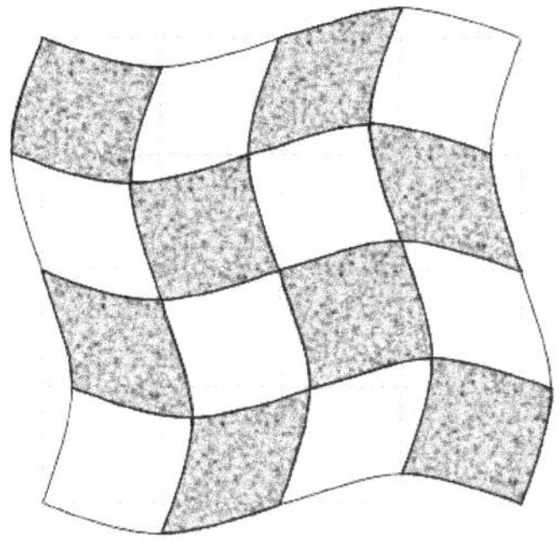

Figura 9.3. Deformación de las casillas del tablero para velocidades oscilantes en direcciones x e y.

Este caso podría corresponder a un número de Reynolds para un flujo de transición, entre el régimen laminar ordenado (correspondiente, por ejemplo, a la traslación mencionada) y otro caótico a número de Reynolds superior. Como se ha explicado en el capítulo 7, para números de Reynolds suficientemente grandes, el flujo se hace turbulento con variaciones de la velocidad y del resto de variables en escalas espaciales y temporales muy pequeñas y un aspecto aleatorio de las señales. La Figura 9.4 trata de ilustrar cómo se podrían deformar en una etapa inicial las casillas del tablero sometidas a una velocidad turbulenta. La superficie de separación entre casillas blancas y negras aumentará con el tiempo. En ausencia de difusión molecular, la segregación de Y, con valores de 0 y 1 solamente, se mantendrá con cualquier tipo de convección, laminar o turbulenta. La turbulencia reducirá las escalas de longitud en las que variará el campo escalar, aunque éste mantendrá sus valores, $Y = 0$ e $Y = 1$.

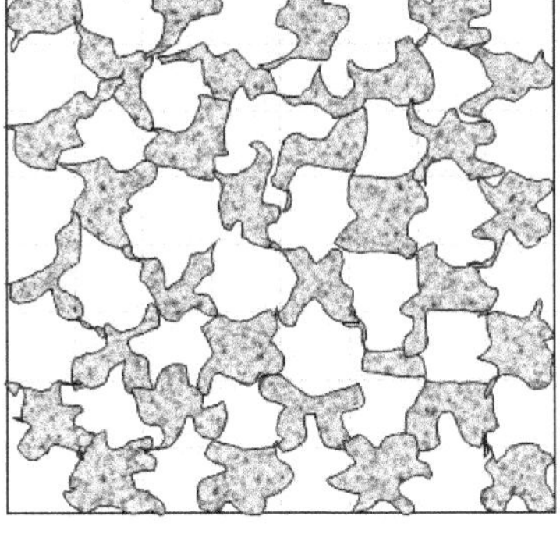

Figura 9.4. Deformación de las casillas iniciales del tablero sometidas a un campo de velocidad turbulento.

Si se supone **v** $\neq 0$ y $D > 0$, los flujos moleculares de difusión de Y (**x**, t) se verán favorecidos por el aumento mencionado de la superficie de separación entre Y = 0 e Y = 1. Además, en principio, en el flujo turbulento isotermo los gradientes de Y tenderían a aumentar, debido a los gradiente de velocidad. El campo de velocidad, laminar o turbulento, en general, acelera la evolución del estado segregado inicial hasta la mezcla perfecta para tiempos grandes, debido a los dos efectos mencionados (aumentos de superficie interfacial y de gradientes escalares). Para uno o varios escalares reactivos, el proceso de reacción química, que necesita como paso previo la mezcla a nivel molecular, también se acelera.

Una capa de mezcla puede ilustrar también los efectos de la convección y la difusión molecular. Si D = 0 y el fluido es ideal ($\nu = 0$, $k = 0$), dos partículas fluidas adyacentes PF_1 y PF_2 se trasladarán con la velocidad U y sus valores de Y no se alterarán (Figura 9.5).

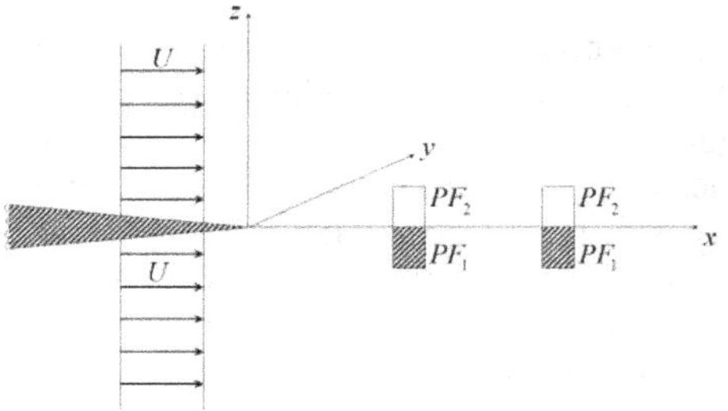

Figura 9.5. Capa de mezcla laminar. Evolución de Y en 2 partículas fluidas adyacentes, PF_1 y PF_2.

Con $D > 0$ (y, además, $\nu = 0$), los valores en x_1 ($Y_C = 1$ e $Y_O = 0$ para $z < 0$ en PF_1, e $Y_C = 0$ e $Y_O = 1$ para $z > 0$ en PF_2) se convertirán para $x_2 > x_1$ en $0 < Y_O < 1$ y $0 < Y_C < 1$, tanto en PF_1 como en PF_2. El perfil transversal de Y_O en la capa de mezcla en torno a z = 0 variará suavemente con la coordenada transversal z desde un valor $Y_O = 0$ en la parte inferior hasta $Y_O = 1$ en la zona superior (Figura 9.6). En condiciones adecuadas de temperatura, las moléculas de combustible y oxidante en ambas partículas fluidas reaccionarán.

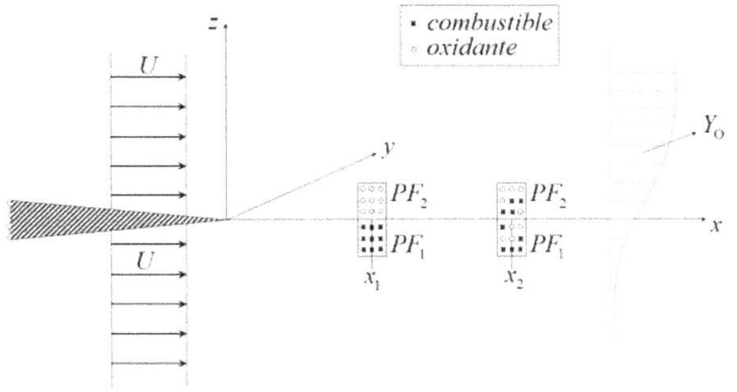

Figura 9.6. Capa de mezcla laminar. Perfil transversal de la fracción másica de oxidante, Yo, con D > 0 y $\nu = 0$.

Para velocidades de las corrientes a ambos lados de la placa de separación suficientemente grandes, el flujo aguas abajo del borde de salida experimentará una transición en la capa de mezcla. Los resultados experimentales y las simulaciones numéricas existentes confirman que cerca del borde de salida predominan vórtices casi bi-dimensionales, con ejes transversales a la corriente. Simultáneamente, se van desarrollando vórtices con ejes en dirección de la corriente principal. Como consecuencia de la interacción de ambos sistemas de vórtices, se observa aguas abajo una brusca transición ("mixing transition") a una estructura turbulenta tridimensional, con alto contenido de vórtices pequeños [8], como se ilustra en la Figura 9.7.

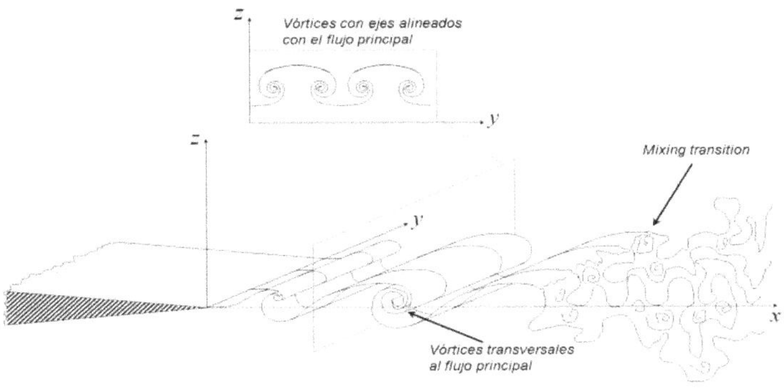

Figura 9.7. Ilustración de vórtices transversales y en sentido de la corriente, así como de la brusca transición ("mixing transition") en una capa de mezcla con número de Reynolds suficientemente grande.

Los vórtices transversales y longitudinales aumentan la superficie interfacial entre las dos corrientes, y la turbulencia tridimensional favorece la mezcla de escalares. La visualización experimental de las estructuras de la vorticidad en capas de cortadura permitieron formular algunos modelos de mezcla y combustión.

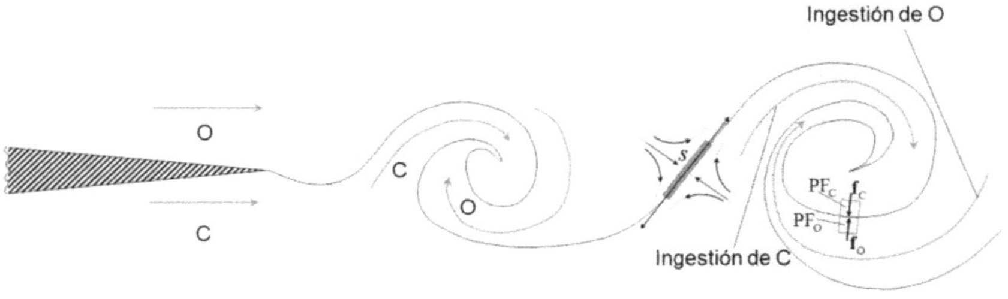

Figura 9.8. Mezcla de combustible, C, y oxidante, O, en combustión no premezclada para generar productos, P.

La convección en la Figura 9.8 induce la ingestión de combustible, C, y oxidante, O, hacia el "eje" de los vórtices. La zona de la interfase que une dos vórtices, S, se estira en su plano con flujos normales de O y C hacia ella (puntos silla) lo que favorece la difusión molecular y la reacción. Los flujos difusivos, la reacción química y la generación de productos tienen lugar en toda la interfase. La descripción matemática, en principio determinista, de estos procesos no es sencilla.

En las partículas fluidas PF_C y PF_O de la Figura 9.8 se tendrán los flujos moleculares de C y de O,

$$\mathbf{f}\mathrm{c} = -\rho\, D_C\, (\nabla Y_C) \quad \left(\frac{\text{kg de C}}{\text{m}^2\ \text{s}}\right)$$

$$\mathbf{f}\mathrm{o} = -\rho\, D_O\, (\nabla Y_O) \quad \left(\frac{\text{kg de O}}{\text{m}^2\ \text{s}}\right)$$

donde Y_C e Y_O son las fracciones másicas de combustible y oxidante en ambas partículas y D_C y D_O los coeficientes de difusión molecular de ambas especies en la mezcla. Si se consideran dos partículas fluidas a cada lado de la interfase se tendrá (Figura 9.9)

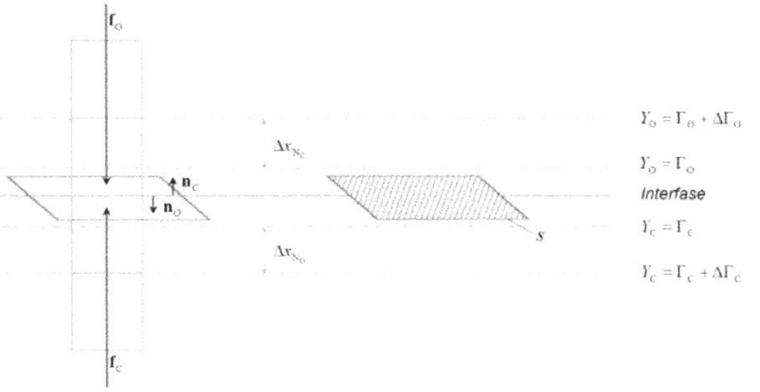

Figura 9.9. Flujos moleculares de Y_C e Y_O cerca de la interfase.

$$|\nabla Y_C| = \frac{\Delta \Gamma_C}{\Delta x_{NC}}$$

$$|\nabla Y_O| = \frac{\Delta \Gamma_O}{\Delta x_{NO}}$$

Los gastos másicos de C y de O hacia la interfase a través de una superficie S serán:

$$\mathbf{fc} \cdot \mathbf{n}_C\, S = \rho\, D_C\, \frac{\Delta \Gamma_C}{\Delta x_{NC}}\, S$$

$$\mathbf{fo} \cdot \mathbf{n}_O\, S = \rho\, D_O\, \frac{\Delta \Gamma_O}{\Delta x_{NO}}\, S$$

La convección, laminar o turbulenta, tiende, en principio, a aumentar S y disminuir Δx_{NC} y Δx_{NO}, lo cual implica incrementos positivos de la superficie infinitesimal S y de los gradientes de Y_C e Y_O y, por tanto, de la tasa de mezcla. Asimismo, la conversión química se acelerará con respecto al caso en que la convección, **v**, sea nula o simplemente de traslación uniforme.

Como se explicó anteriormente, el flujo turbulento a elevado número de Reynolds, Re, (también llamado parámetro de orden) conlleva la interacción de diversas frecuencias y números de ondas, debido a la no linealidad de las ecuaciones (términos convectivos). Landau [5] supuso que, a medida que aumentaba Re, un número creciente de grados de libertad interaccionaban. Por el contrario, Lorenz [4] demostró que la excitación no lineal de 3 grados de libertad podía conducir a un comportamiento caótico del sistema.

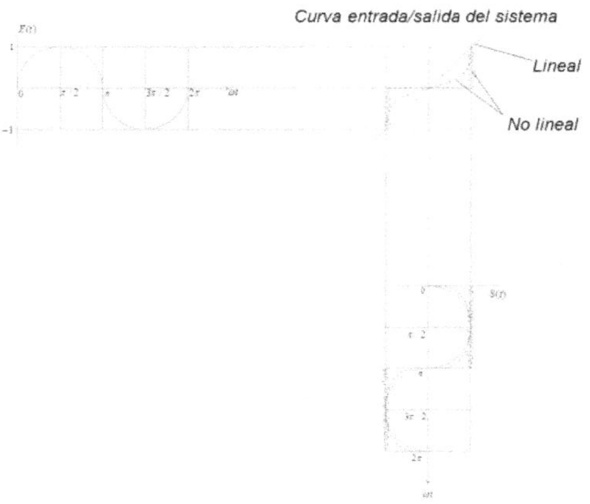

Figura 9.10. Ilustración de sistemas lineales y no lineales

La Figura 9.10 muestra cómo una señal sinusoidal de entrada, E (t), se transforma en una señal de salida, S (t), para sistemas lineales y no lineales. Para una respuesta lineal entrada/salida del sistema, la frecuencia de la señal de entrada $\omega = 2\,\pi\,f$ es también la única presente en la salida. Para respuestas no lineales, la salida varía desde una onda cuadrada, hasta una función periódica con distintos grados de aplastamiento; en ambos casos un análisis de Fourier de la señal de salida indica que ésta contiene múltiples frecuencias diferentes de la de entrada.

Nociones sobre la cascada de energía cinética turbulenta

Taylor y Green [7] ilustraron de manera sencilla cómo un campo inicial de velocidad bidimensional puede hacerse tridimensional y generar escalas de longitudes diferentes a medida que el tiempo avanza. Supusieron que en el tiempo t = 0 la velocidad fluctuante venía dada por:

$$u(x, y, z, 0) = \cos x \;\mathrm{sen}\; y \cos z$$
$$v(x, y, z, 0) = -\;\mathrm{sen}\; x \cos y \cos z$$
$$w(x, y, z, 0) = 0$$

Para densidad constante la ecuación de continuidad, $\nabla \cdot \mathbf{v} = 0$, en t = 0 permite obtener fácilmente el campo de presión tomando la divergencia de la ecuación de cantidad de movimiento:

$$\frac{1}{\rho}\, p(x, y, z, 0) = -\,\frac{1}{8}\,(\cos 2\,x + \cos 2\,y)\left(1 + \frac{1}{2}\cos 2\,z\right)$$

Dado que la ecuación para calcular p es no lineal en las derivadas de la velocidad, la presión contiene números de ondas 2 veces los de la velocidad. Taylor y Green [7] propusieron obtener u, v, y w en tiempos sucesivos (t > 0) dejando sus derivadas temporales en el lado izquierdo y los términos convectivo, de presión y viscoso en el lado derecho de las ecuaciones. Por ejemplo,

$$\frac{\partial w}{\partial t} = -\left(u\,\frac{\partial w}{\partial x} + v\,\frac{\partial w}{\partial y} + w\,\frac{\partial w}{\partial z}\right) - \frac{1}{\rho}\frac{\partial p}{\partial z} + \nu\,\nabla^2 w$$

En t = 0,

$$\frac{\partial w}{\partial t} = \frac{w\,(x, y, z, \Delta t) - w\,(x, y, z, 0)}{\Delta t} = -\frac{1}{\rho}\,\frac{\partial p}{\partial z}$$

$$= -\frac{1}{8}\,(\cos 2\,x + \cos 2\,y)\,\text{sen}\,2\,z$$

Por tanto,

$$w\,(x, y, z, \Delta t) = \frac{\Delta t}{8}\,(\cos 2\,x + \cos 2\,y)\,\text{sen}\,2\,z$$

En $t = \Delta t$ w es distinta de cero y el flujo se convierte en tridimensional. De forma análoga se pueden calcular las velocidades u y v en $t = \Delta t$. En $t = 2\,\Delta t$, la interacción de números de ondas de valores 1 y 2 en direcciones x, y, z, hace que aparezcan otros números de ondas. Un aumento del número de ondas corresponde a variaciones espaciales en distancias menores (vórtices más pequeños que los iniciales). Taylor y Green estimaron a partir de esta sencilla metodología la evolución temporal de la vorticidad (variable característica fundamental de la turbulencia), la energía cinética turbulenta y la disipación de la misma. Ilustraron también de una manera sencilla el proceso de transferencia (cascada) de energía de los grandes vórtices (k = 1) a los más pequeños (k = 2, 4, ...).

Una señal típica de, por ejemplo, una componente del vector velocidad o una fracción másica de una especie química o la temperatura, en un flujo turbulento tiene los aspectos de la Figura 9.11.

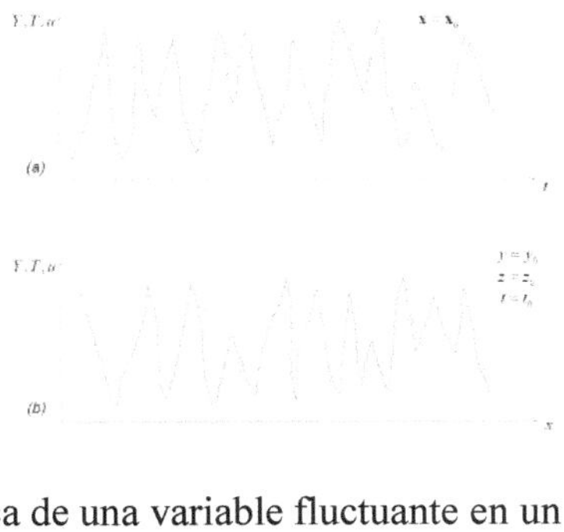

Figura 9.11. Señal típica de una variable fluctuante en un flujo turbulento. (a) en un punto fijo como función del tiempo; (b) en y_0, z_0, t_0 fijos como función de x.

Las señales presentan fluctuaciones temporales y espaciales en escalas que abarcan desde los grandes tiempos y longitudes del flujo macroscópico hasta las micro-escalas del sistema, pasando por todas las intermedias. La noción de cascada de energía, mencionada en relación con los vórtices de Taylor y Green, se ilustra también mediante un volumen cúbico, V, de un fluido de densidad ρ y viscosidad cinemática ν al que se aporta una potencia W mediante un ventilador o agitador de diámetro l (Figura 9.12). Los vórtices grandes generados serán de un tamaño comparable al diámetro del agitador. La potencia por unidad de masa comunicada a esos vórtices será $\frac{W}{\rho V}\left(\frac{m^2}{s^3}\right)$. Para elevados números de Reynolds, $Re = \frac{u\,l}{\nu} \gg 1$, siendo u la velocidad característica de los grandes vórtices, éstos serán inestables frente a perturbaciones externas. Por tanto, las grandes escalas transferirán inercialmente su energía cinética por unidad de masa, $\frac{1}{2}u^2$, a otros vórtices de menor tamaño. El mecanismo clásico de la cascada de energía supone que los grandes vórtices transfieren su energía en un tiempo del orden de $\frac{l}{u}$, denominado tiempo de rotación (o "eddy turnover time") [1], [6]. Por tanto,

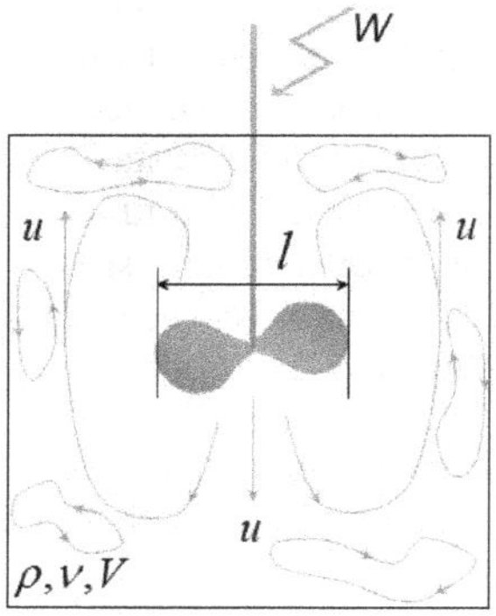

Figura 9.12. Cubo con fluido y aportación externa de energía

$$\frac{W}{\rho V} \sim \frac{u^2}{\frac{l}{u}} = \frac{u^3}{l}.$$

Un vórtice genérico, caracterizado por su tamaño, l_n, y su velocidad, u_n, recibe la energía a un ritmo $\frac{W}{\rho V}$ de los de tamaño l_{n-1} ligeramente superior. Los vórtices suficientemente grandes tendrán números de Reynolds $Re_n = \frac{u_n\,l_n}{\nu} \gg 1$. Esta transferencia inercial de energía continúa hasta los vórtices de un tamaño suficientemente pequeño para que la viscosidad no sea despreciable; estos vórtices recibirán una tasa de energía $\frac{W}{\rho V}$ que disiparán por viscosidad; por tanto, $\frac{W}{\rho V} = \frac{\Phi_V}{\rho} = \varepsilon$, donde Φ_V es la función de disipación viscosa de Rayleigh, promediada en el volumen V, con dimensiones $\frac{J}{m^3 \cdot s}$. ε es la disipación viscosa promediada por unidad de masa $\left(\frac{J}{kg \cdot s} = \frac{m^2}{s^3}\right)$. En realidad, tanto Φ_V como ε serán funciones fluctuantes de **x** y de t. La tasa global de adición de energía a los vórtices grandes es, en este caso, igual a la tasa de disipación viscosa por los vórtices pequeños, que transforman la energía mecánica en interna, elevando la temperatura del fluido. De las ecuaciones anteriores se puede escribir $\varepsilon \sim \frac{u^3}{l}$, que es una estimación inercial de la tasa de disipación viscosa de la energía cinética turbulenta. Kolmogorov supuso que para los vórtices inerciales de tamaños intermedios, l_n, y velocidades u_n la única variable externa relevante es ε. Asimismo, sugirió que los vórtices más pequeños quedan caracterizados por ε $\left(\frac{m^2}{s^3}\right)$ y ν $\left(\frac{m^2}{s}\right)$. Por tanto, las escalas características de longitud, tiempo y velocidad de los vórtices disipativos vendrán dadas por

$$\eta = \left(\frac{\nu^3}{\varepsilon}\right)^{1/4} \quad , \quad \tau = \left(\frac{\nu}{\varepsilon}\right)^{1/2} \quad , \quad \upsilon = (\nu\,\varepsilon)^{1/4}$$

denominadas micro-escalas de Kolmogorov de longitud, tiempo y velocidad. Como se ve $Re_\eta = \frac{\upsilon\,\eta}{\nu} = 1$, que denota que las fuerzas viscosas son tan importantes como las de inercia para los pequeños vórtices disipativos. Para una energía añadida al fluido por unidad de tiempo y de masa, ε, las micro-escalas se ajustan en función de la viscosidad del mismo para disipar esa energía.

La Figura 9.13 presenta visualmente el mecanismo tradicional de cascada de energía cinética turbulenta. Como ya se indicó,

$Re \gg 1$, $Re_n \gg 1$ y $Re_\eta = 1$. Por otro lado,

$$\varepsilon \sim \frac{u^3}{l} \sim \frac{u_n^3}{l_n} \sim \frac{\upsilon^3}{\eta} = \varepsilon$$

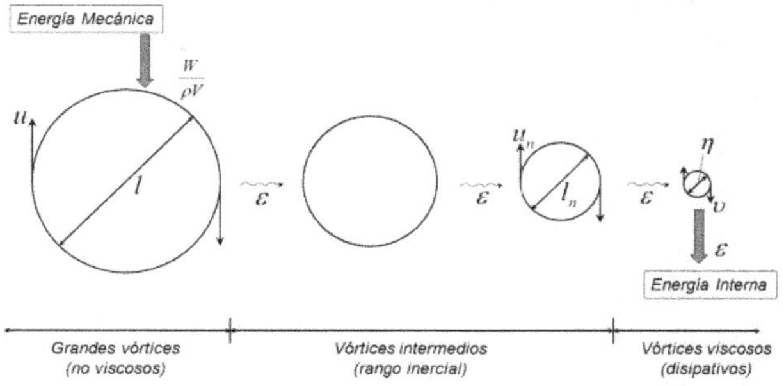

Figura 9.13. Visualización pictórica del mecanismo convencional de cascada de energía en un flujo turbulento

Las relaciones entre las escalas de longitud, tiempo y velocidad de los pequeños y de los grandes vórtices se pueden obtener fácilmente. Usando la estimación no viscosa de ε se tiene,

$$\frac{\eta}{l} \sim Re^{-3/4}, \quad \frac{\tau}{\frac{l}{u}} \sim Re^{-1/2}, \quad \frac{\upsilon}{u} \sim Re^{-1/4}$$

Para hacerse una idea de los tamaños de las micro-escalas viscosas, se estimarán éstas para unos datos numéricos en aire y en agua. Para el aire a 1 atm y 20 °C , $\nu = 1.5 \times 10^{-5}\ m^2/s$; si se usa un ventilador de diámetro l = 1 m, que mueve el aire a una velocidad u = 1 m/s, se tendrá Re = 66.667. Con las relaciones anteriores, η = 0,241 mm, τ = 3,87 s , υ = 6,2 cm/s. Se puede asimismo estimar la disipación como $\varepsilon \sim 1\ \frac{m^2}{s^3} = 1\ \frac{J}{s \cdot kg}$. Y, por ejemplo, si V = 36 m^3, se habrá de aportar una potencia de W ~ 43,2 $\frac{J}{s}$.

Por otro lado, para agua a 1 atm y 20 °C , ν = 1,005 x 10^{-6} m^2/s. Para un agitador de diámetro l = 1 m, que genera una velocidad característica u = 1 m/s, se obtiene Re = 995.025. Por tanto,

$$\eta = 31{,}7\ \mu m \ , \ \tau = 1{,}002\ \frac{m}{s} \ , \ \upsilon = 3{,}2\ \frac{cm}{s}$$

Se estima, asimismo, $\varepsilon \sim 1\ \frac{m^2}{s^3}$, que, para V = 9 m^3, precisa una potencia de W ~ 9 k W .

Las micro-escalas de longitud y tiempo, por ejemplo, en el caso del aire son mucho mayores que el recorrido libre medio y que el tiempo entre colisiones de las moléculas. Por esta razón, los flujos turbulentos se pueden tratar dentro del marco conceptual de la Mecánica de los Medios Continuos.

Resolución espacial y temporal en la computación de flujos turbulentos

Una caracterización detallada de un campo de velocidad turbulenta exige resolver la evolución de las escalas grandes y pequeñas de longitud y tiempo, así como la transferencia de energía hasta los vórtices disipativos. Si el sistema a analizar en detalle es, por ejemplo, un cubo de arista L, su tamaño debe ser suficientemente grande para contener un número significativo de los vórtices de mayores dimensiones; si l es del orden de la escala integral de longitud de la turbulencia, un valor razonable es L = 8 l (Pope, 2000). Por otro lado, resolver la microescala de longitud de Kolmogorov, η, significa tomar el menor de Δx, Δy y Δz (supongamos que es Δx)cinco o 10 veces menor que éste; sin embargo, la experiencia en simulación numérica directa de cajas con fluido en movimiento turbulento permite afirmar que las micro-escalas disipativas quedan bien resueltas si $\Delta x = 2{,}1\ \eta$, dado que η subestima el tamaño de los vórtices viscosos. Por tanto, el número de puntos a considerar en una simulación numérica o en medidas experimentales en cada dirección espacial será del orden de $\frac{L}{\Delta x} = N = \frac{8\,l}{2{,}1\,\eta} \sim 3{,}81\ Re^{3/4}$. Y el total de puntos en tres dimensiones será $N^3 \sim 55\ Re^{9/4}$.

Por otro lado, para avanzar un campo de velocidad con el tiempo es necesario que una partícula fluida se mueva una distancia mucho menor que el tamaño de las celdas, Δx, en el tiempo Δt. Pope (2000) sugiere

$$\frac{u\ (\Delta t)}{\Delta x} = \frac{1}{20}$$

Se demuestra fácilmente que este Δt es, además, suficientemente pequeño para resolver el tiempo de Kolmogorov, τ,

$$\frac{\tau}{\Delta t} \sim 10\ Re^{1/4}$$

El número de pasos temporales, M, necesarios para que el flujo evolucione, por ejemplo, durante un tiempo 4 l/u será

$$M \sim \frac{\frac{4\,l}{u}}{\Delta t} \sim 38\ Re^{3/4}$$

El número aproximado de operaciones en coma flotante que se requerirán en una simulación será proporcional a N^3 M , es decir,

$$N^3 M \sim 2090 Re^3$$

Pope (2000) supone que son necesarias del orden de 10^3 operaciones en coma flotante por nodo y por paso temporal. Por tanto, el tiempo de computación necesario para realizar la simulación en un ordenador de 1 Teraflop será del orden de (en días)

$$\left[\frac{10^3 \ N^3 \ M}{10^{12} \ x \ 60 \ x \ 60 \ x \ 24} \sim \frac{10^3 \ x \ 2090}{10^{12} \ x \ 86400} Re^3 \sim \left(\frac{Re}{3450}\right)^3\right]$$

Para números de Reynolds, Re, de 10^3, 10^4 y 10^5, el tiempo requerido para completar la computación sería del orden de 0,024, 24,35 y 24.352 días, respectivamente. El número de Reynolds máximo del flujo turbulento que se podría simular con este ordenador en un plazo de 2 semanas sería del orden de 8.315, muy lejos de los Re típicos para un avión o en movimientos atmosféricos u oceánicos.

En procesos de combustión turbulenta otro límite en las resoluciones espaciales y temporales viene impuesto por:

- la presencia de estructuras de campos escalares de espesor muy pequeño (comparado, por ejemplo, con la microescala de longitud de Kolmogorov), como llamas de premezcla o de difusión. Para resolver estas llamas se ha de considerar $\Delta x << \delta$ donde δ es el espesor de llama en el que los escalares varían significativamente.

- la existencia de tiempos químicos característicos de reacciones elementales o de especies mucho menores que la microescala de tiempo de Kolmogorov. Se debería considerar $\Delta t \ll \tau_q \ll \tau$, donde τ_q representa los tiempos químicos característicos citados. Si los tiempos químicos característicos cubren un rango amplio, todas las especies o reacciones químicas con $\tau_q \ll \Delta t$, siendo Δt la resolución temporal computacionalmente permisible, estarán relajadas a un valor de equilibrio, mientras que aquellas con $\tau_q \gg \Delta t$ se considerarán congeladas en un valor constante. Poinsot y Veynante [3] establecen una relación entre el número de puntos de una simulación numérica directa, N, y el número de puntos necesario para resolver la estructura de los escalares en una llama sencilla en función de los números de Reynolds y de Damköhler.

En cualquier caso, la solución numérica detallada de flujos turbulentos con altos números de Reynolds exige tamaños de malla mucho menores que los normalmente usados en una computación práctica de interés industrial. Existen dos niveles de resolución, que se presentarán más adelante: la simulación de grandes vórtices (LES = Large Eddy Simulation en su siglas en inglés) y los promedios de Reynolds (RANS = Reynolds Averaged Navier Stokes equations). Se tendrá que:

$$(\Delta x)_{DNS} \ll (\Delta x)_{LES} \ll (\Delta x)_{RANS}$$

Mientras la solución con simulación numérica directa (DNS = Direct Numerical Simulation) permite resolver todos los detalles espaciales y temporales de las variables fluctuantes, con LES se promedian las variaciones debidas a vórtice de tamaños menores que $(\Delta x)_{LES}$, simulando correctamente los grandes vórtices. Por otro lado, los promedios de RANS tienen en cuenta las contribuciones de los vórtices de todos los tamaños, por lo cual la información obtenida es más grosera. Tanto en el caso de LES como en el de RANS, los promedios de las ecuaciones de transporte, por ejemplo, sobre celdas cúbicas de arista $(\Delta x)_{LES}$ y $(\Delta x)_{RANS}$, introducirán valores medios de las variables, debido a los vórtices más pequeños que el tamaño de la celda computacional, que se deberán modelar (problema de cierre de los flujos turbulentos).

Promedios estadísticos de Reynolds sobre un conjunto de realizaciones de un experimento

En física estadística son comunes los promedios sobre un conjunto de realizaciones de experimentos para un sistema dado. Si se considera, por ejemplo, una caja con un fluido en movimiento turbulento, se realizan los experimentos con condiciones iniciales y de contorno (e. g., periódicas en las 3 direcciones espaciales para un cubo de arista L) macroscópicamente idénticas. La turbulencia se deja evolucionar con el tiempo, decayendo debido a la disipación viscosa si no se aporta energía, o manteniéndose si se fuerza mediante la adición de energía. Si se repite el experimento N_R veces con condiciones iniciales y de contorno macroscópicamente idénticas, (n = 1, 2, …, N_R), y en la realización genérica n se anotan los valores en $(\mathbf{x}_1, t_1)$ de las variables, $\rho^{(n)}$, $u^{(n)}$, $v^{(n)}$, $w^{(n)}$, $Y^{(n)}$ $\left(Y_1^{(n)}\right.$, $Y_2^{(n)}$, ... $Y_\alpha^{(n)}$ para cada especie química α, temperatura, $T^{(n)}$ y $\left.p^{(n)}\right)$, se puede elaborar fácilmente la Tabla 9.1.

Realización	ρ	u	v	w	Y	p
1	$\rho^{(1)}$	$u^{(1)}$	$v^{(1)}$	$w^{(1)}$	$Y^{(1)}$	$p^{(1)}$
2	$\rho^{(2)}$	$u^{(2)}$	$v^{(2)}$	$w^{(2)}$	$Y^{(2)}$	$p^{(2)}$
|	|	|	|	|	|	|
n	$\rho^{(n)}$	$u^{(n)}$	$v^{(n)}$	$w^{(n)}$	$Y^{(n)}$	$p^{(n)}$
|	|	|	|	|	|	|
N_R	$\rho^{(N_R)}$	$u^{(N_R)}$	$v^{(N_R)}$	$w^{(N_R)}$	$Y^{(N_R)}$	$p^{(N_R)}$

Tabla 9.1. Valores de las variables en $(\mathbf{x}_1, t_1)$ en las sucesivas realizaciones del experimento

La densidad del fluido en $(\mathbf{x}_1,t_1)$ se define como

$$\bar{\rho}^{N_R}(\mathbf{x}_1, t_1) = \frac{1}{N_R} \sum_{n=1}^{N_R} \rho^{(n)}(\mathbf{x}_1, t_1)$$

Si la densidad del fluido es constante,

$$\rho^{(1)} = \rho^{(2)} = \cdots = \rho^{(n)} = \cdots = \rho^{(N_R)} = \rho$$

Los promedios de las diferentes variables se definen, por ejemplo, como:

$$\bar{u}^{N_R}(\mathbf{x}_1, t_1) = \frac{1}{N_R} \sum_{n=1}^{N_R} u^{(n)}(\mathbf{x}_1, t_1)$$

$$\bar{Y}^{N_R}(\mathbf{x}_1, t) = \frac{1}{N_R} \sum_{n=1}^{N_R} Y^{(n)}(\mathbf{x}_1, t_1)$$

donde $\bar{V}^{N_R}$ representa el promedio de la variable V para N_R realizaciones del experimento. Por sencillez, se suprimirá N_R y se escribirá

$$\bar{V}^{N_R} = \bar{V}$$

Las fluctuaciones de las variables en la realización n del experimento en ($\mathbf{x}_1$, t_1) se definen como

$$u'^{(n)}(\mathbf{x}_1, t_1) = u^{(n)}(\mathbf{x}_1, t_1) - \bar{u}(\mathbf{x}_1, t_1)$$

$$y^{(n)}(\mathbf{x}_1, t_1) = Y^{(n)}(\mathbf{x}_1, t) - \bar{Y}(\mathbf{x}_1, t_1)$$

Es obvio que

$$\overline{u'}(\mathbf{x}_1, t_1) = 0 = \bar{y}(\mathbf{x}_1, t_1)$$

Las varianzas de las fluctuaciones se definen como

$$\overline{u'^2}(\mathbf{x}_1, t_1) = \frac{1}{N_R} \sum_{n=1}^{N_R} \left[u'^{(n)}(\mathbf{x}_1, t_1)\right]^2 = \overline{u^2} - (\bar{u})^2$$

$$\overline{y^2}(\mathbf{x}_1, t_1) = \frac{1}{N_R} \sum_{n=1}^{N_R} \left[y^{(n)}(\mathbf{x}_1, t_1)\right]^2 = \overline{Y^2} - (\bar{Y})^2$$

Igualmente se pueden calcular momentos de orden superior a 2 de las variables o de sus fluctuaciones $\overline{u^m}$, $\overline{u'^m}$, $\overline{Y^m}$ o $\overline{y^m}$. También se pueden obtener estadísticas cruzadas en un punto $\mathbf{x}_1$ y en un tiempo t_1. Por ejemplo,

$$\overline{u\,(\mathbf{x}_1\,,t_1)\;Y\,(\mathbf{x}_1\,,t_1)} = \frac{1}{N_R}\sum_{n=1}^{N_R} u^{(n)}\,(\mathbf{x}_1\,,t_1)\;Y^{(n)}\,(\mathbf{x}_1\,,t_1)$$

$$\overline{u\,(\mathbf{x}_1\,,t_1)\;v\,(\mathbf{x}_1\,,t_1)} = \frac{1}{N_R}\sum_{n=1}^{N_R} u^{(n)}\,(\mathbf{x}_1\,,t_1)\;v^{(n)}\,(\mathbf{x}_1\,,t_1)$$

Se puede obtener fácilmente

$$\overline{u\,(\mathbf{x}_1\,,t_1)\;Y\,(\mathbf{x}_1\,,t_1)} = \bar{u}\,(\mathbf{x}_1\,,t_1)\;\bar{Y}\,(\mathbf{x}_1\,,t_1) + \overline{u'\,(\mathbf{x}_1\,,t_1)\;y\,(\mathbf{x}_1\,,t_1)}$$

$$\overline{u\,(\mathbf{x}_1\,,t_1)\;v\,(\mathbf{x}_1\,,t_1)} = \bar{u}\,(\mathbf{x}_1\,,t_1)\;\bar{v}\,(\mathbf{x}_1\,,t_1) + \overline{u'(\mathbf{x}_1\,,t_1)\;v'(\mathbf{x}_1\,,t_1)}$$

Los últimos términos representan la convección turbulenta de las fluctuaciones de escalar y de cantidad de movimiento, respectivamente. $-\,\rho\,\overline{u_i'\,(\mathbf{x}_1\,,t)\;u_j'\,(\mathbf{x}_1\,,\;t_1)}$ se denomina tensor de esfuerzos de Reynolds y $\rho\,\overline{u_i'\,(\mathbf{x}_1\,,t_1)\;y\,(\mathbf{x}_1\,,\;t_1)}$ es el vector de convección turbulenta del escalar.

Función densidad de probabilidad (PDF)

De la Tabla 9.1 se puede obtener también la función densidad de probabilidad (PDF = Probability Density Function de sus siglas en inglés) de la variable $u\,(\mathbf{x}_1\,,t_1)$ o de $Y\,(\mathbf{x}_1\,,t_1)$ definidas como

$$P_u\left(U_1;\;\mathbf{x}_1,t_1\right) = \frac{1}{N_R}\sum_{n=1}^{N_R}\frac{1}{\Delta\,U_1}\,\{H\left[U_1 + \Delta\,U_1 - u^{(n)}\,(\mathbf{x}_1\,,t_1)\right] - H\left[U_1 - u^{(n)}\,(\mathbf{x}_1\,,t_1)\right]\}$$

$$P_Y\left(\Gamma_1;\;\mathbf{x}_1,t_1\right) = \frac{1}{N_R}\sum_{n=1}^{N_R}\frac{1}{\Delta\,\Gamma_1}\,\{H\left[\Gamma_1 + \Delta\,\Gamma_1 - Y^{(n)}\,(\mathbf{x}_1\,,t_1)\right] - H\left[\Gamma_1 - Y^{(n)}\,(\mathbf{x}_1\,,t_1)\right]\}$$

$H\left[U_1 - u^{(n)}\,(\mathbf{x}_1\,,t_1)\right]$ y $H\left[\Gamma_1 - Y^{(n)}\,(\mathbf{x}_1\,,t_1)\right]$ son las funciones escalón de Heaviside, que son unidad si $u^{(n)}\,(\mathbf{x}_1\,,t_1) \le U_1$ e $Y^{(n)}\,(\mathbf{x}_1\,,t_1) \le \Gamma_1$ y nulas si $u^{(n)}\,(\mathbf{x}_1\,,t_1) > U_1$ e $Y^{(n)}\,(\mathbf{x}_1\,,t_1) > \Gamma_1$. Es obvio que

$\Delta H_u = H\left[U_1 + \Delta U_1 - u^{(n)}(\mathbf{x}_1, t_1)\right] - H\left[U_1 - n^{(n)}(\mathbf{x}_1, t_1)\right]$ e

$\Delta H_Y = H\left[\Gamma_1 + \Delta \Gamma_1 - Y^{(n)}(\mathbf{x}_1, t_1)\right] - H\left[\Gamma_1 - Y^{(n)}(\mathbf{x}_1, t_1)\right]$ son diferentes de cero e iguales a la unidad solamente si

$U_1 < u^{(n)}(\mathbf{x}_1, t_1) \leq U_1 + \Delta U_1$ y $\Gamma_1 < Y^{(n)}(\mathbf{x}_1, t_1) \leq \Gamma_1 + \Delta \Gamma_1$.

Por tanto, $P_u(U_1; \mathbf{x}_{1,} t_1) \Delta U_1$ y $P_Y(\Gamma_1; \mathbf{x}_{1,} t_1) \Delta \Gamma_1$ cuantifican las probabilidades de que en $(\mathbf{x}_1, t_1)$ $u(\mathbf{x}_1, t_1)$ tome valores entre U_1 y $U_1 + \Delta U_1$, e $Y(\mathbf{x}_1, t_1)$ entre Γ_1 y $\Gamma_1 + \Delta \Gamma_1$, respectivamente. Este es el concepto de las PDF de u y de Y.

En los límites de $\Delta U_1 \to 0$ y $\Delta \Gamma_1 \to 0$, $\frac{\Delta H_u}{\Delta U_1}$ y $\frac{\Delta H_Y}{\Delta \Gamma_1}$ tienden a las funciones delta de Dirac. Es decir:

$$\delta\left[U_1 - u(\mathbf{x}_1, t_1)\right] = \begin{cases} 0 & \text{si} \quad u(\mathbf{x}_1, t_1) \neq U_1 \\ \dfrac{1}{\Delta U_1} \to \infty & \text{si} \quad u(\mathbf{x}_1, t_1) = U_1 \end{cases}$$

$$\delta\left[\Gamma_1 - Y(\mathbf{x}_1, t_1)\right] = \begin{cases} 0 & \text{si} \quad Y(\mathbf{x}_1, t_1) \neq \Gamma_1 \\ \dfrac{1}{\Delta \Gamma_1} \to \infty & \text{si} \quad Y(\mathbf{x}_1, t_1) = \Gamma_1 \end{cases}$$

y tal que

$$\int_{U_{min}}^{U_{max}} dU_1\, \delta\left[U_1 - u(\mathbf{x}_1, t_1)\right] = 1 = \int_{Y_{min}}^{Y_{max}} d\Gamma_1\, \delta\left[\Gamma_1 - Y(\mathbf{x}_1, t_1)\right]$$

Con todo lo anterior, se pueden definir las PDFs de $u(\mathbf{x}_1, t_1)$ y de $Y(\mathbf{x}_1, t_1)$ como los promedios

$$P_u(U_1; \mathbf{x}_{1,} t_1) = \frac{1}{N_R} \sum_{n=1}^{N_R} \delta\left[U_1 - u^{(n)}(\mathbf{x}_1, t_1)\right]$$

$$P_Y(\Gamma_1; \mathbf{x}_{1,} t_1) = \frac{1}{N_R} \sum_{n=1}^{N_R} \delta\left[\Gamma_1 - Y^{(n)}(\mathbf{x}_1, t_1)\right]$$

$\delta\left[U^1 - u(\mathbf{x}_1, t_1)\right]$ y $\delta\left[\Gamma^1 - Y(\mathbf{x}_1, t_1)\right]$ se conocen como las PDFs granulares (o instantáneas) de $u(\mathbf{x}_1, t_1)$ e $Y(\mathbf{x}_1, t_1)$, respectivamente.

Las funciones de distribución de $u(\mathbf{x}_1, t_1)$ e $Y(\mathbf{x}_1, t_1)$, $F_u(U_{1;} \mathbf{x}_1, t_1)$ y $F_Y(\Gamma_{1;} \mathbf{x}_1, t_1)$ se definen mediante las relaciones

$$P_u\left(U_1;\ \mathbf{x}_{1,} t_1\right) = \frac{\partial\, F_u\left(U_1;\ \mathbf{x}_{1,} t_1\right)}{\partial\, U_1}$$

$$P_Y\left(\Gamma_1;\ \mathbf{x}_{1,} t_1\right) = \frac{\partial\, F_Y\left(\Gamma_1;\ \mathbf{x}_{1,} t_1\right)}{\partial\, \Gamma_1}$$

Además, se puede escribir formalmente

$$F_u\left(U_1;\ \mathbf{x}_{1,} t_1\right) = \frac{1}{N_R} \sum_{n=1}^{N_R} H\left[U_1 - n^{(n)}\left(\mathbf{x}_1, t_1\right)\right]$$

$$F_Y\left(\Gamma_1;\ \mathbf{x}_{1,} t_1\right) = \frac{1}{N_R} \sum_{n=1}^{N_R} H\left[\Gamma_1 - Y^{(n)}\left(\mathbf{x}_1, t_1\right)\right]$$

$\delta\,[U_1 - u\,(\mathbf{x}_1, t_1)\,]$ y $\delta\,[\Gamma_1 - Y\,(\mathbf{x}_1, t_1)\,]$ se pueden tratar como variables escalares relacionadas con $u\,(\mathbf{x}_1, t_1)$ e $Y\,(\mathbf{x}_1, t_1)$ respectivamente, que se promedian como u e Y o sus momentos. Los momentos de cualquier orden de $u\,(\mathbf{x}_1, t_1)$ e $Y\,(\mathbf{x}_1, t_1)$ se pueden obtener de sus PDFs como

$$\overline{u\,(\mathbf{x}_1, t_1)} = \int_{U_{min}}^{U_{max}} d\,U_1\ U_1\ P_u\left(U_1;\ \mathbf{x}_{1,} t_1\right)$$

$$\overline{Y\,(\mathbf{x}_1, t_1)} = \int_{\Gamma_{1min}}^{\Gamma_{1max}} d\,\Gamma_1\ \Gamma_1\ P_Y\left(\Gamma_1;\ \mathbf{x}_{1,} t_1\right)$$

$$\sigma_u^2 = \overline{[u\,(\mathbf{x}_1, t_1) - \overline{u\,(\mathbf{x}_1, t_1)}\,]^2} = \int_{U_{min}}^{U_{max}} d\,U_1\ [U_1 - \overline{u\,(\mathbf{x}_1, t_1)}\,]^2\ P_u\left(U_1;\ \mathbf{x}_{1,} t_1\right)$$

$$\sigma_Y^2 = \overline{[Y\,(\mathbf{x}_1, t_1) - \overline{Y\,(\mathbf{x}_1, t_1)}\,]^2} = \int_{\Gamma_{1min}}^{\Gamma_{1max}} d\,\Gamma_1\ [\Gamma_1 - \overline{Y\,(\mathbf{x}_1, t_1)}\,]^2\ P_Y\left(\Gamma_1;\ \mathbf{x}_{1,} t_1\right)$$

$$\overline{u^m\,(\mathbf{x}_1, t_1)} = \int_{U_{min}}^{U_{max}} d\,U_1\ U_1^m\ P_u\left(U_1;\ \mathbf{x}_{1,} t_1\right)$$

$$\overline{Y^m\,(\mathbf{x}_1, t_1)} = \int_{\Gamma_{1min}}^{\Gamma_{1max}} d\,\Gamma_1\ \Gamma_1^m\ P_Y\left(\Gamma_1;\ \mathbf{x}_{1,} t_1\right)$$

En particular, los momentos de tercero y cuarto orden

$$\overline{[u(\mathbf{x}_1,t_1) - \overline{u(\mathbf{x}_1,t_1)}]^3} = \int_{U_{min}}^{U_{max}} dU_1 \; [U_1 - \overline{u(\mathbf{x}_1,t_1)}]^3 \; P_u(U_1; \mathbf{x}_1, t_1)$$

$$\overline{[u(\mathbf{x}_1,t_1) - \overline{u(\mathbf{x}_1,t_1)}]^4} = \int_{U_{min}}^{U_{max}} dU_1 \; [U_1 - \overline{u(\mathbf{x}_1,t_1)}]^4 \; P_u(U_1; \mathbf{x}_1, t_1)$$

$$\overline{[Y(\mathbf{x}_1,t_1) - \overline{Y(\mathbf{x}_1,t_1)}]^3} = \int_{\Gamma_{1min}}^{\Gamma_{1max}} d\Gamma_1 \; [\Gamma_1 - \overline{Y(\mathbf{x}_1,t_1)}]^3 \; P_Y(\Gamma_1; \mathbf{x}_1, t_1)$$

$$\overline{[Y(\mathbf{x}_1,t_1) - \overline{Y(\mathbf{x}_1,t_1)}]^4} = \int_{\Gamma_{1min}}^{\Gamma_{1max}} d\Gamma_1 \; [\Gamma_1 - \overline{Y(\mathbf{x}_1,t_1)}]^4 \; P_Y(\Gamma_1; \mathbf{x}_1, t_1)$$

adimensionalizados con σ_u^2 y σ_Y^2, a saber

$$S_u = \frac{\overline{[u(\mathbf{x}_1,t_1) - \overline{u(\mathbf{x}_1,t_1)}]^3}}{\sigma_u^3}$$

$$F_u = \frac{\overline{[u(\mathbf{x}_1,t_1) - \overline{u(\mathbf{x}_1,t_1)}]^4}}{\sigma_u^4}$$

$$S_Y = \frac{\overline{[Y(\mathbf{x}_1,t_1) - \overline{Y(\mathbf{x}_1,t_1)}]^3}}{\sigma_Y^3}$$

$$F_Y = \frac{\overline{[Y(\mathbf{x}_1,t_1) - \overline{Y(\mathbf{x}_1,t_1)}]^4}}{\sigma_Y^4}$$

se denominan coeficientes de asimetría (o Skewness), S_u y S_Y, y coeficientes de aplastamiento (o Kurtosis), F_u y F_Y. Los primeros caracterizan el nivel de simetría de las PDFs con respecto a las medias; valores negativos implican mayor probabilidad de los valores por debajo de las medias, mientras que Skewness positivos indican valores más probables por encima de la media. Los segundos cuantifican cómo de concentradas están las PDFs en torno a la media y la extensión de las colas para valores lejos de la media; bajos coeficientes de Kurtosis indican PDFs muy concentradas cerca de las medias, mientras que valores altos denotan probabilidad significativa de velocidades o concentraciones lejos de sus medias.

Dos componentes del vector velocidad, u y υ, o una componente del mismo, u, y la fracción másica en $(\mathbf{x}_1, t_1)$ se dicen que no están correlacionados si

$$\overline{u(\mathbf{x}_1,t_1)\, \upsilon(\mathbf{x}_1,t_1)} = \bar{u}(\mathbf{x}_1,t_1)\; \bar{\upsilon}(\mathbf{x}_1,t_1)$$

$$\overline{u\,(\mathbf{x}_1\,,t_1)\;Y\,(\mathbf{x}_1\,,t_1)} \;=\; \bar{u}\,(\mathbf{x}_1\,,t_1)\;\bar{Y}\,(\mathbf{x}_1\,,t_1)$$

Se tendrá, como consecuencia

$$\overline{u'(\mathbf{x}_1\,,t_1)\;\upsilon'(\mathbf{x}_1\,,t_1)} \;=\; 0$$

$$u'(\mathbf{x}_1\,,t_1)\;y\,(\mathbf{x}_1\,,t_1) \;=\; 0$$

Por otro lado, se dice que las variables anteriores son estadísticamente independientes si, por ejemplo,

$$P_{u_1,\upsilon_1}\,(U_1,V_1;\,\mathbf{x}_1,t) = P_{u_1}\,(U_1;\,\mathbf{x}_1,t_1)\;P_{\upsilon_1}\,(V_1\,;\,\mathbf{x}_1,t_1)$$

La independencia estadística implica que

$$\overline{u^m\,(\mathbf{x}_1\,,t_1)\;\upsilon^n\,(\mathbf{x}_1\,,t_1)} \;=\; \overline{u^m}\,(\mathbf{x}_1\,,t_1)\;\overline{\upsilon^n}\,(\mathbf{x}_1\,,t_1)$$

Para cualesquiera m y n.

Ejemplo. PDFs de campos escalar

Un campo escalar

La Figura 9.1, o su equivalente entre tres dimensiones, puede representar un campo escalar estadísticamente homogéneo (EH) agitado por una turbulencia también EH. Supongamos $Y\,(\mathbf{x},0) = 0$ en las casillas blancas e $Y\,(\mathbf{x},0) = 1$ en las casillas negras. Con igual probabilidad de ambos valores escalares, la PDF inicial vendrá dada por

$$P_Y\,(\Gamma;D) = \frac{1}{2}\,\delta\,(\Gamma) + \frac{1}{2}\,\delta\,(\Gamma-1)$$

La media y la varianza del escalar en t = 0 serán

$$\bar{Y}\,(0) = \int_0^1 \Gamma\;P_Y\,(\Gamma;0)\,d\Gamma = \frac{1}{2}$$

$$\overline{y^2}\,(0) = \sigma_y^2\,(0) = \int_0^1 [\Gamma - \bar{Y}\,(0)]^2\;P_Y\,(\Gamma;0)\,d\Gamma = \frac{1}{4}$$

La falta de mezcla para un escalar se podría definir como

$$F_M\,(0) = \frac{\overline{y^2}^{1/2}_{(0)}}{\bar{Y}_{(0)}} = 1$$

Bajo la acción de la velocidad turbulenta y la difusión molecular, el campo escalar evolucionará desde dos únicos valores en t = 0, a una situación en que todos los valores $0 \leq Y(\mathbf{x}, t) \leq 1$ son probables para t > 0. A medida que aumenta el tiempo los valores en torno a $Y(\mathbf{x}, t) = \frac{1}{2}$ serán más probables, los picos iniciales desaparecerán y la PDF será aproximadamente Gaussiana. Para tiempos suficientemente grandes la varianza de esa Gaussiana tenderá a cero, las fluctuaciones, $y(\mathbf{x}, t) = Y(\mathbf{x}, t) - \overline{Y}(t)$, desaparecerán y se alcanzará la mezcla perfecta del campo escalar. Para $t \rightarrow \infty$

$$P(\Gamma; t) \rightarrow \delta\left(\Gamma - \frac{1}{2}\right)$$

y la media y la varianza serán

$$\overline{Y}(t) = \frac{1}{2} \quad , \quad \overline{y^2}(t) = 0$$

Por tanto, la falta de mezcla para $t \rightarrow \infty$ es $F_M(t) = 0$

La media del escalar se mantiene constante en el proceso de mezcla sin reacción

$$\overline{Y}(t) = \overline{Y} = \frac{1}{2}$$

mientras que la varianza disminuye desde $\frac{1}{4}$ hasta cero

$$0 \leq \overline{y^2}(t) \leq \frac{1}{4}$$

Dos campos escalares

La Figura 9.1, o su equivalente entre tres dimensiones, puede también representar dos campo escalares $Y_1(\mathbf{x}, t)$ (casillas blancas) e $Y_2(\mathbf{x}, t)$ (casillas negras), completamente segregados en el instante inicial. Se tendrá en t = 0

$$P_{Y_1, Y_2}(\Gamma_1, \Gamma_2; 0) = \frac{1}{2}\,\delta(\Gamma_1)\,\delta(\Gamma_2 - 1) + \frac{1}{2}\,\delta(\Gamma_1 - 1)\,\delta(\Gamma_2)$$

Las medidas y las varianzas de ambos escalares serán

$$\overline{Y_1}(o) = \int_0^1 \int_o^1 \Gamma_1 \; P_{Y_1, Y_2}(\Gamma_1, \Gamma_2; 0)\, d\Gamma_1 \; d\Gamma_2 = \frac{1}{2}$$

$$\overline{Y_2}(0) = \int_0^1 \int_o^1 \Gamma_2 \; P_{Y_1, Y_2}(\Gamma_1, \Gamma_2; 0)\, d\Gamma_1 \; d\Gamma_2 = \frac{1}{2}$$

$$\overline{y_1^2}\,(0) = \int_0^1 \int_0^1 [\Gamma_1 - \overline{Y}_1\,(0)]^2 \; P_{Y_1,\,Y_2}\;(\Gamma_1, \Gamma_2; 0)\, d\,\Gamma_1\;\; d\,\Gamma_2 = \frac{1}{4}$$

$$\overline{y_2^2}\,(0) = \int_0^1 \int_0^1 [\Gamma_2 - \overline{Y}_{21}\,(0)]^2 \; P_{Y_1,\,Y_2}\;(\Gamma_1, \Gamma_2; 0)\, d\,\Gamma_1\;\; d\,\Gamma_2 = \frac{1}{4}$$

Por otro lado, la correlación entre las fluctuaciones de $Y_1\,(\mathbf{x}, t)$ e $Y_2\,(\mathbf{x}, t)$ será

$$\overline{y_1\, y_2}\,(0) = \int_0^1 \int_0^1 [\Gamma_1 - \overline{Y}_1\,(0)]\,[\Gamma_2 - \overline{Y}_2\,(0)] \;\; P_{Y_1,\,Y_1}\;(\Gamma_1, \Gamma_2; 0)\, d\,\Gamma_1\;\; d\,\Gamma_2 = -\,\frac{1}{4}$$

Como, $\overline{Y_1\, Y_2}\,(0) = \overline{Y}_1\,(0)\;\overline{Y}_2\,(0) + \overline{y_1\, y_2}\,(0)$ se tendrá $\overline{Y_1\, Y_2}\,(0) = 0$, que denota la segregación espacial inicial.

Bajo la acción de un campo turbulento EH de velocidad y de la difusión molecular, Y_1 e Y_2 irán evolucionando con probabilidad de valores de ambos escalares entre cero y la unidad. La PDF para $t \to \infty$ será el producto de dos deltas de Dirac en $Y_1 = \frac{1}{2} = Y_2$.

En tiempos anteriores la PDF tendrá probablemente la forma de una Gaussiana con variaciones finitas. Para escalares no reactivos las medias, $Y_1\,(t) = Y_2\,(t) = \frac{1}{2}$, se mantendrán constantes mientras que las varianzas $\overline{y_1^2}\,(y)$ e $\overline{y_2^2}\,(t)$, disminuirán desde sus valores iniciales hasta anularse para $t \to \infty$. Por tanto, para $t \to \infty$

$$P_{Y_1,\,Y_2}\;(\Gamma_1, \Gamma_2; t) \;\to\; \delta\left(\Gamma_1 - \frac{1}{2}\right)\;\delta\left(\Gamma_2 - \frac{1}{2}\right)$$

Las varianzas y la correlación en $t \to \infty$ serán

$$\overline{y_1^2}\;(t) = 0 = \overline{y_2^2}\;(t)$$

$$\overline{y_1\, y_2}\;(t) = 0$$

Para $t \to \infty$

$$\overline{Y_1\, Y_2}\;(t) = \overline{Y}_1\,(t)\,\overline{Y}_2\,(t)$$

El índice de segregación

$$I_s\,(t) = \frac{\overline{y_1\, y_2}\;(t)}{\overline{Y}_1\,(t)\,\overline{Y}_2\,(t)}$$

Varía desde -1 en $t = 0$ hasta 0 para $t \to \infty$.

Promedios estadísticos en dos puntos y/o dos tiempos

Para otro punto $(\mathbf{x}_{2,}\, t_2)$ en el cubo con flujo turbulento se puede construir una tabla similar a la Tabla 8.1. Para $(\mathbf{x}_{2,}\, t_2)$ se pueden obtener los mismos promedios o las

PDFs que para $(\mathbf{x}_1, t_1)$. Se puede, además, con las dos tablas obtener correlaciones cruzadas de las variables en $(\mathbf{x}_1, t_1)$ y $(\mathbf{x}_2, t_2)$. Por ejemplo,

$$\overline{u(\mathbf{x}_1, t_1)\ u(\mathbf{x}_2, t_2)} = \frac{1}{N_R}\sum_{n=1}^{N_R} u^{(n)}(\mathbf{x}_1, t_1)\ u^{(n)}(\mathbf{x}_2, t_2)$$

$$\overline{u(\mathbf{x}_1, t_1)\ Y(\mathbf{x}_2, t_2)} = \frac{1}{N_R}\sum_{n=1}^{N_R} u^{(n)}(\mathbf{x}_1, t_1)\ Y^{(n)}(\mathbf{x}_2, t_2)$$

$$\overline{Y(\mathbf{x}_1, t_1)\ Y(\mathbf{x}_2, t_2)} = \frac{1}{N_R}\sum_{n=1}^{N_R} Y^{(n)}(\mathbf{x}_1, t_1)\ Y^{(n)}(\mathbf{x}_2, t_2)$$

$$P_{u_1,u_2}\left(U_1, U_2; \mathbf{x}_1, \mathbf{x}_2, t_1, t_2\right) = \frac{1}{N_R}\sum_{n=1}^{N_R} \delta\left[U_1 - u^{(n)}(\mathbf{x}_1, t_1)\right]\ \delta\left[U_2 - u^{(n)}(\mathbf{x}_2, t_2)\right]$$

$$P_{u_1,Y_2}\left(U_1, \Gamma_2; \mathbf{x}_1, \mathbf{x}_2, t_1, t_2\right) = \frac{1}{N_R}\sum_{n=1}^{N_R} \delta\left[U_1 - u^{(n)}(\mathbf{x}_1, t_1)\right]\ \delta\left[\Gamma_2 - Y^{(n)}(\mathbf{x}_2, t_2)\right]$$

$$P_{Y_1,Y_2}\left(\Gamma_1, \Gamma_2; \mathbf{x}_1, \mathbf{x}_2, t_1, t_2\right) = \frac{1}{N_R}\sum_{n=1}^{N_R} \delta\left[\Gamma_1 - Y^{(n)}(\mathbf{x}_1, t_1)\right]\ \delta\left[\Gamma_2 - Y^{(n)}(\mathbf{x}_2, t_2)\right]$$

La función densidad de probabilidad de una variable en cada punto y en cada tiempo de un dominio fluido se conoce como el funcional densidad de probabilidad, es decir,

$$P_{u_1, u_2, \ldots, u_N}\left(U_1, U_{2, \ldots,} U_N; \mathbf{x}_1, t_1, \mathbf{x}_2, t_{2, \ldots,} \mathbf{x}_N, t_N\right) = P\left[u(\mathbf{x}, t)\right]$$

para $N \to \infty$.

Fluctuaciones estadísticamente homogéneas y estacionarias. Espectros y funciones de autocorrelación. Escalas integrales.

Los momentos estadísticos en dos puntos y/o dos tiempos se simplifican en dos casos límite:

Turbulencia y campos escalares estadísticamente homogéneos:
$\overline{u\,(\mathbf{x}_1, t_1)\; u\,(\mathbf{x}_2, t_2)}$, $\overline{u\,(\mathbf{x}_1, t_1)\; Y\,(\mathbf{x}_2, t_2)}$ y $\overline{Y(\mathbf{x}_1, t_1)\; Y\,(\mathbf{x}_2, t_2)}$ serán funciones solamente de $\mathbf{x}_2 - \mathbf{x}_1 = \mathbf{r}$. Asimismo,
$P_{u_1,u_2}(U_1, U_{2;}\ \mathbf{r}, t_1, t_2)$, $P_{u_1,Y_2}(U_1, \Gamma_{2;}\ \mathbf{r}, t_1, t_2)$ y $P_{Y_1,Y_2}(\Gamma_1, \Gamma_{2;}\ \mathbf{r}, t_1, t_2)$. Si además los momentos y las PDFs conjuntas son funciones del módulo de **r**, r = | **r** |, los campos de velocidad y escalares se denominan isótropos.

Turbulencia y campos escalares estadísticamente estacionarios:
Los momentos y las PDFs dependerán solamente de $t_2 - t_1 = s$.

Para $\mathbf{x}_2 = \mathbf{x}_1 = \mathbf{x}$ y en dos tiempos se define la auto-covarianza de las fluctuaciones en el caso estadísticamente estacionario como $R_u(\mathbf{x}, s) = \overline{u'\,(\mathbf{x}, t_1)\; u'\,(\mathbf{x}, t_2)}$.

La transformada de Fourier de $R_u(\mathbf{x}, s)$ es

$$E_u(\mathbf{x}, \omega) = \frac{1}{\pi}\int_{-\infty}^{\infty} R_u(\mathbf{x}, s)\; e^{-i\omega s}\; ds = \frac{2}{\pi}\int_{0}^{\infty} R_u(\mathbf{x}, s)\; \cos\omega s\; ds$$

Su inversa es

$$R_u\,(\mathbf{x}, s) = \frac{1}{2}\int_{-\infty}^{\infty} E_u(\mathbf{x}, \omega)\; e^{\,i\omega s}\; d\omega = \int_{0}^{\infty} E_u(\mathbf{x}, \omega)\; \cos\omega s\; d\omega$$

$E_u(\mathbf{x}, \omega)$ se denomina espectro de frecuencias de u. Se tendrá

$$E_u(\mathbf{x}, 0) = \frac{2}{\pi}\int_{0}^{\infty} R_u(\mathbf{x}, s)\; ds$$

$$R_u(\mathbf{x}, 0) = \int_{0}^{\infty} E_u(\mathbf{x}, \omega)\; d\omega = \overline{u'^2}\,(\mathbf{x})$$

$\overline{u'^2}$ es la varianza (dos veces la energía cinética turbulenta de la componente según el eje x de la velocidad de fluctuación) de $u'\,(\mathbf{x}, t_1)$ o de $u'\,(\mathbf{x}, t_2)$, dado que para un proceso estadísticamente estacionario $\overline{[u'\,(\mathbf{x}, t_1)]^2} = \overline{[u'\,(\mathbf{x}, t_2)]^2}$ no son funciones de tiempo.

$E_u(\mathbf{x}, \omega)\; d\omega$ es dos veces la energía cinética turbulenta, $\frac{1}{2}\overline{u'^2}\,(\mathbf{x})$, entre las frecuencia ω y $\omega + d\omega$. La función de autocorrelación, $\rho_u\,(\mathbf{x}, s)$, se define como

$$\overline{u'^2}\,(\mathbf{x})\;\; \rho_u(\mathbf{x}, s) = R_u(\mathbf{x}, s)$$

Tiene las propiedades (Figura 9.14)

$$\rho_u(\mathbf{x},0) = 1,\;\; |\,\rho_u(\mathbf{x},s)\,| \le 1 \text{ para } s > 0,\;\; \rho_u(\mathbf{x}, -s) = \rho_u(\mathbf{x}, s) \text{ y } \rho_u(x, \infty) \to 0.$$

Se define la escala integral de tiempos de la velocidad fluctuante, $u'(\mathbf{x}, t)$, como

$$\tau_{u'}^{I} = \int_0^{\infty} \rho_u(\mathbf{x}, s)\, ds$$

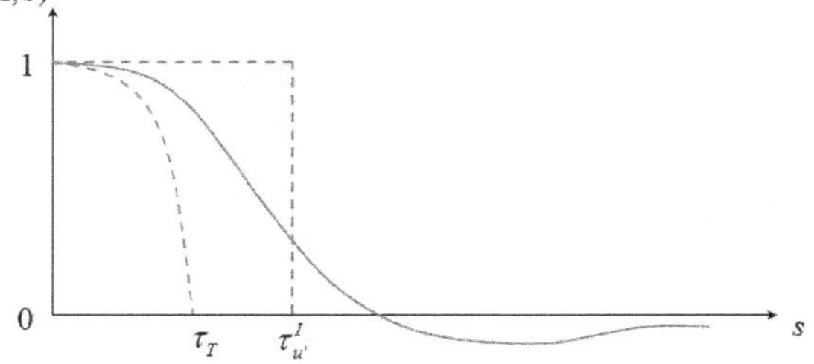

Figura 9.14. Función de autocorrelación de $u'(\mathbf{x}, t)$ en turbulencia estadísticamente estacionaria

$\tau_{u'}^{I}$ da una idea del tiempo durante el cual las fluctuaciones de velocidad $u'(\mathbf{x}, t_1)$, en un punto $\mathbf{x}$ y en un tiempo t_1, están correlacionadas con $u'(\mathbf{x}, t_2)$ en el mismo punto y en instantes posteriores t_2. Para $s \to \infty$

$$\overline{u_1'(\mathbf{x}, t_1)\; u'(\mathbf{x}, t_2)} = \overline{u'(\mathbf{x}, t_1)}\;\; \overline{u'(\mathbf{x}, t_2)} = 0$$

y se dice que $u'(\mathbf{x}, t_2)$ y $u'(\mathbf{x}, t_1)$ no están correlacionadas.

La condición de independencia estadística de $u'(\mathbf{x}, t_2)$ y $u'(\mathbf{x}, t_1)$ es más fuerte que la ausencia de correlación y exige que

$$\begin{aligned} P_{u_1', u_2'}(U_1', U_2'\,;\, \mathbf{x}, t_1, t_2) &= P_{u_1'}(U_1'\,;\, \mathbf{x}, t_1)\; P_{u_2'}(U_2'\,;\, \mathbf{x}, t_2) \\ &= P_{u_1'}(U_1'\,;\, \mathbf{x})\; P_{u_2'}(U_2'\,;\, \mathbf{x}) \end{aligned}$$

Como $\frac{\partial \rho_u(\mathbf{x}, s)}{\partial s} = 0$ en $s = 0$, $\rho_u(\mathbf{x}, s)$ en torno a $s = 0$ se puede aproximar como

$$\rho_u(\mathbf{x}, s) = 1 - \frac{s^2}{\tau_T{}^2}$$

siendo τ_T la microescala de tiempo de Taylor, definida como $\left(\frac{\partial^2 \rho_u(\mathbf{x},s)}{\partial s^2}\right)_{s=0} = -\frac{2}{\tau_T^2}$.
τ_T es la intersección de la parábola osculadora a $\rho_u(\mathbf{x}, s)$ en s = 0 con el eje s. Se puede demostrar fácilmente [1] que

$$\overline{\left(\frac{\partial u'(\mathbf{x}, t)}{\partial t}\right)^2} = -\overline{u'^2}\,(\mathbf{x}) \left(\frac{\partial^2 \rho_u(\mathbf{x}, s)}{\partial s^2}\right)_{s=0} = 2\frac{\overline{u'^2}\,(\mathbf{x})}{\tau_T^2}$$

Análogamente, para campos escalares se define

$$R_y(\mathbf{x}, s) = \overline{y(\mathbf{x}, t_1)\; y(\mathbf{x}, t_2)}$$

cuya transformada de Fourier será

$$E_y(\mathbf{x}, s) = \frac{1}{\pi} \int_{-\infty}^{\infty} R_y(\mathbf{x}, s)\; e^{-i\omega s}\; ds = \frac{2}{\pi} \int_0^{\infty} R_y(\mathbf{x}, s)\; \cos \omega s \; ds$$

Su inversa está dada por

$$R_y(\mathbf{x}, s) = \frac{1}{2} \int_{-\infty}^{\infty} E_y(\mathbf{x}, \omega)\; e^{i\omega s}\; d\omega = \int_0^{\infty} E_y(\mathbf{x}, \omega)\; \cos \omega s\; d\omega$$

$E_y(\mathbf{x}, \omega)$ es el espectro de frecuencias de las fluctuaciones del escalar, y ($\mathbf{x}$, t). Se ve fácilmente que

$$E_y(\mathbf{x}, 0) = \frac{2}{\pi} \int_0^{\infty} R_y(\mathbf{x}, s)\; ds$$

$$R_y(\mathbf{x}, 0) = \int_0^{\infty} E_y(\mathbf{x}, \omega)\; d\omega = \overline{y^2}\; (\mathbf{x})$$

$E_y(\mathbf{x}, \omega)\, d\omega$ es la contribución a la varianza de las fluctuaciones escalares (análoga a 2 veces la energía cinética turbulenta) entre las frecuencia ω y $\omega + d\omega$.

La función de autocorrelación escalar es

$$\rho_y(\mathbf{x}, s) = \frac{R_y(\mathbf{x}, s)}{\overline{y^2}\,(\mathbf{x})}$$

que satisface

$\rho_y(\mathbf{x},0) = 1$, $|\rho_y(\mathbf{x},s)| \leq 1$ para s > 0, $\rho_y(\mathbf{x}, -s) = \rho_y(\mathbf{x}, s)$ y $\rho_y(\mathbf{x}, \infty) \rightarrow 0$.

La forma de $\rho_y(\mathbf{x}, s)$ es similar a la de $\rho_u(\mathbf{x}, s)$. La escala integral de tiempo del campo escalar, tiempo durante el cual las fluctuaciones $y(\mathbf{x}, t_1)$ están correlacionas con $y(\mathbf{x}, t_2)$ en un tiempo posterior, se define como

$$\tau_y^I = \int_0^\infty \rho_y(\mathbf{x}, s) \; ds$$

Para el caso de turbulencia estadísticamente homogénea (ver Figura 9.15)

$$\overline{u'(\mathbf{x}_1, t) \; u'(\mathbf{x}_2, t)} = R_u(\mathbf{x}_2 - \mathbf{x}_1, t)$$

Si la turbulencia es además isótropa

$$R_u(\mathbf{x}_2 - \mathbf{x}_1, t) = R_u(|\mathbf{x}_2 - \mathbf{x}_1|, t) = R_u(r, t)$$

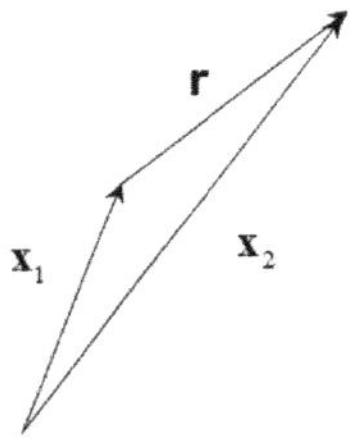

Figura 9.15. Puntos $\mathbf{x}_1$ y $\mathbf{x}_2$ en los que se miden las velocidades de fluctuación

Además, $\overline{[u'(\mathbf{x}_1, t)]^2}$ no es función de $\mathbf{x}_1$ y $\overline{[u'(\mathbf{x}_2, t)]^2}$ no es función de $\mathbf{x}_2$.

La función de autocorrelación es

$$\rho_u(r, t) = \frac{R_{u'}(r, t)}{\overline{u'^2}(t)}$$

que satisface las condiciones

$$\rho_u(0, t) = 1 \; , \; |\rho_u(r, t)| < 1 \; para \; r > 0$$

$$\rho_u(\infty, t) \rightarrow 0 \; , \; \rho_u(-r, t) = \rho_u(r, t)$$

$\rho_u(r, t)$ tiene un aspecto similar al de la Figura 9.14 para $\rho_u(\mathbf{x}, s)$ sustituyendo s por r. La escala integral de longitud viene definida por

$$L_u^I = \int_0^\infty \rho_u(r, t) \; dr$$

y da una idea de las distancias para las que las componentes de la velocidad turbulenta en dirección x en dos puntos, $\mathbf{x}_1$ y $\mathbf{x}_2$, están correlacionadas.

Como $\frac{\partial \rho_u(r,t)}{\partial r} = 0$ en r = 0, $\rho_u(r,t)$ en torno a r = 0 se puede aproximar como

$$\rho_u(r,t) = 1 - \frac{r^2}{\lambda^2}$$

siendo λ la microescala de longitud de Taylor, definida como $\left(\frac{\partial^2 \rho_u(r,t)}{\partial r^2}\right)_{s=0} = -\frac{2}{\lambda^2}$. λ es la intersección de la parábola osculadora a $\rho_u(r,t)$ en r = 0 con el eje r. Se puede demostrar fácilmente [1] que

$$\overline{\left(\frac{\partial u'(\mathbf{x},t)}{\partial x}\right)^2} \sim -\overline{u'^2}(t)\left(\frac{\partial^2 \rho_u(r,t)}{\partial r^2}\right)_{r=0} \sim 2\frac{\overline{u'^2}(t)}{\lambda^2}$$

La tasa de disipación viscosa de energía cinética turbulenta, ε (t), se puede expresar como [1]

$$\varepsilon(t) = 2\nu\,\overline{s_{ij}(\mathbf{x},t)\ s_{ij}(\mathbf{x},t)} = 15\,\nu\,\overline{\left(\frac{\partial u'(\mathbf{x},t)}{\partial x}\right)^2} = 15\,\nu\frac{\overline{u'^2}(t)}{\lambda^2}$$

Usando la estimación no viscosa de ε (t) se puede obtener la relación entre la microescala de Taylor y la escala integral de la turbulencia, $L_u^I = l$,

$$\frac{\lambda}{L_u^I} \sim Re^{-\frac{1}{2}}$$

donde el número de Reynolds turbulento se define como

$$Re = \frac{\overline{u'^2}^{\frac{1}{2}}(t)\ l(t)}{\nu}$$

Se suelen definir dos tipos de funciones de autocorrelación,

$$\rho_{11}(r,t) = \frac{\overline{u'(\mathbf{x},t)\ u'(\mathbf{x}+r\mathbf{1},t)}}{\overline{[u'(\mathbf{x},t)]^2}}$$

$$\rho_{22}(r,t) = \frac{\overline{v'(\mathbf{x},t)\ v'(\mathbf{x}+r\mathbf{1},t)}}{\overline{[v'(\mathbf{x},t)]^2}}$$

denominadas longitudinal y transversal, con sus correspondientes escalas integrales (ver Figura 9.16).

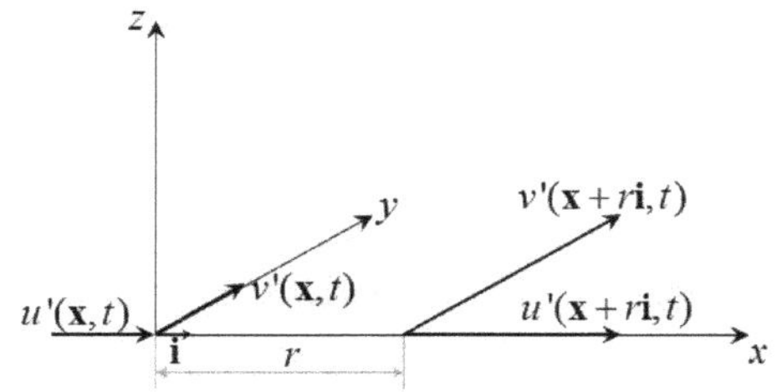

Figura 9.16. Funciones de autocorrelación longitudinal y transversal

En general, el tensor de covarianza se define como [6]

$$R_{ij}(\mathbf{r},t) = \overline{u_i'(\mathbf{x},t)\ u_j'(\mathbf{x}+\mathbf{r},t)}$$

Su transformada de Fourier es

$$\phi_{ij}(\mathbf{k},t) = \frac{1}{(2\pi)^3}\iiint_{-\infty}^{\infty} R_{ij}(\mathbf{r},t)\, e^{-i\,\mathbf{k}\cdot\mathbf{r}}\, d\mathbf{r}$$

$\phi_{ij}(\mathbf{k},t)$ es el tensor espectro de las fluctuaciones de velocidad y $\mathbf{k}$ es el vector número de ondas. La transformada inversa de Fouries es

$$R_{ij}(\mathbf{r},t) = \iiint_{-\infty}^{\infty} \phi_{ij}(\mathbf{k},t)\, e^{i\,\mathbf{k}\cdot\mathbf{r}}\, d\mathbf{k}$$

$\mathbf{k}\cdot\mathbf{x} = k_1x + k_2y + k_3z$, donde $k_1 = \frac{2\pi}{\lambda_1}$, $k_2 = \frac{2\pi}{\lambda_2}$ y $k_3 = \frac{2\pi}{\lambda_3}$ con $(\lambda_1, \lambda_2, \lambda_3)$ representando longitudes características de estructuras espaciales (vórtices) en direcciones (x, y, z). Se ve fácilmente que

$$R_{ij}(0,t) = \overline{u_i'(\mathbf{x},t)\ u_j'(\mathbf{x},t)} = \overline{u_i'\ u_j'}\,(t) = \iiint_{-\infty}^{\infty} \phi_{ij}(\mathbf{k},t)\, d\mathbf{k}$$

$$R_{ii}(0,t) = \overline{u_i'\ u_i'}\,(t) = \overline{u'^2}\,(t) + \overline{v'^2}\,(t) + \overline{w'^2}\,(t) = \iiint_{-\infty}^{\infty} \phi_{ii}(\mathbf{k},t)\, d\mathbf{k}$$

$$\phi_{ii}(0,t) = \frac{1}{(2\pi)^3} \iiint_{-\infty}^{\infty} R_{ii}(\mathbf{r},t)\ d\mathbf{r}$$

$\frac{1}{2} R_{ii}(0,t)$ es la energía cinética de las fluctuaciones turbulentas.

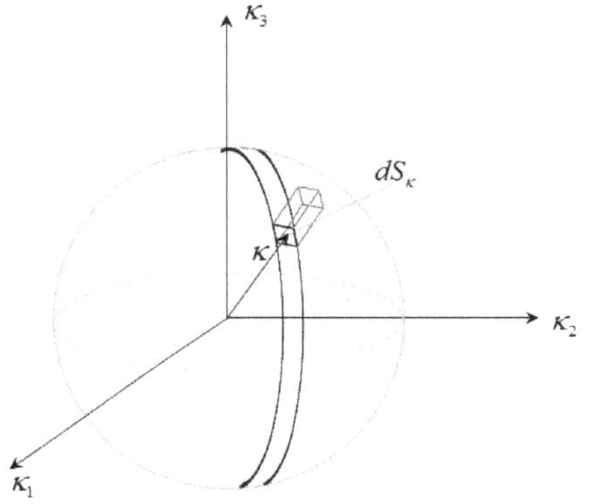

Figura 9.17. Elemento de volumen d**k** en coordenadas esféricas

En coordenadas esféricas $d\mathbf{k} = dS_k\ dk$ (Figura 9.17) y, por tanto,

$$\iiint_{-\infty}^{\infty} \phi_{ii}(\mathbf{k},t)\ d\mathbf{k} = \int_k \left(\iint_{S_k} \phi_{ii}(\mathbf{k},t)\ d\,S_k \right) dk = \int_0^{\infty} 2\ E(k,t)\ dk$$

donde $E(k,t) = \iint_{S_k} \phi_{ii}(\mathbf{k},t)\ d\,S_k$ se denomina espectro de energía cinética turbulenta. Se tiene

$$\frac{1}{2}\ \overline{u_i'\ u_i'}\ (t) = \int_0^{\infty} E\ (k,t)\ dk$$

$E(k,t)\ dk$ es la energía cinética turbulenta contenida en estructuras con números de onda entre k y k + dk. Se puede asociar k con el tamaño de vórtices del mecanismo de cascada energética descrito con anterioridad. Un tamaño genérico de vórtices, l_n, tendrá asociado un número de ondas, k_n, tal que $k_n = \frac{2\pi}{l_n}$. Por tanto, $\frac{d\,k_n}{k_n} = -\frac{d\,l_n}{l_n}$ y cuando k_n aumenta el tamaño de vórtices disminuye. La Figura 9.18 muestra la relación gráfica entre número de ondas y tamaño de vórtices. Los vórtices grandes, intermedios y disipativos corresponden a números de ondas pequeños, intermedios y grandes, respectivamente. $E(k_n, t)\ d k_n$ representa la energía cinética turbulenta contenida en vórtices con números de ondas entre k_n y $k_n + d k_n$, lo cual equivale a tamaños entre $l_n - d l_n$ y l_n.

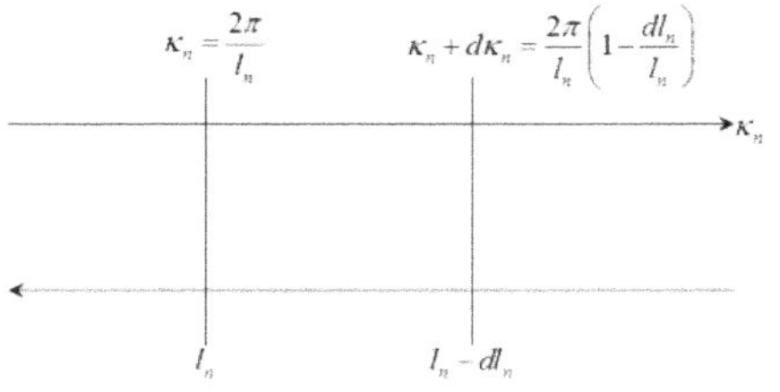

Figura 9.18. Relación entre números de ondas y tamaño de vórtices

Kolmogorov hizo la hipótesis de que existe un rango de tamaños de vórtices no afectados por la disipación viscosa para los cuales las variables relevantes son ε y su tamaño l (o su número de onda, k). Consideraciones dimensionales llevan a la relación funcional [1]

$$E(k,t) \propto \varepsilon^{2/3}\ k^{-5/3}$$

Esta dependencia de E con k (Figura 9.19) se ha verificado en flujos de muy diversa naturaleza y se ha modificado para tener en cuenta la "intermitencia interna" de la turbulencia (distribución espacial heterogénea de ε, con zonas concentradas de alta disipación alternadas con zonas de baja disipación y alta vorticidad).

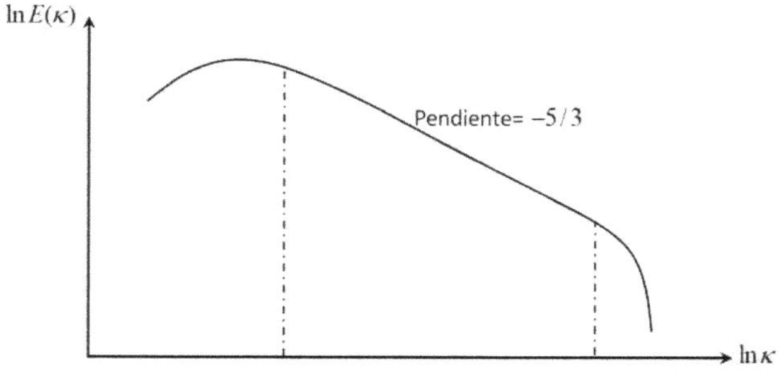

Figura 9.19. Espectro de energía mostrando el subrango inercial con $E(k) \propto k^{-5/3}$.

Análogamente, se puede obtener el espectro para un campo escalar, $E_y(k,t)$ [1]. La relación

$$\frac{1}{2}\ \overline{y^2}\,(t) = \int_0^{\infty} E_y\,(k,t)\ dk$$

indica que $E_y(k,t)\,dk$ es la cantidad de varianza escalar, $\frac{1}{2}\overline{y^2}\,(t)$, contenida en estructuras con números de onda entre k y k+dk. Para un escalar no reactivo la disipación por difusión molecular de las fluctuaciones del mismo, $\varepsilon_y = D\overline{\frac{\partial y}{\partial x_1}\frac{\partial y}{\partial x_1}}$, denota, asimismo, la cascada de $\frac{1}{2}\overline{y^2}\,(t)$ desde las grandes estructuras escalares hasta las microescalas difusivas, a través de estructuras meramente convectivas de tamaños intermedios. Si las grandes estructuras de las fluctuaciones turbulentas y del campo escalar son muy similares y el número de Schmidt es unidad ($D = \nu$) los espectros de energía cinética turbulenta, $E(k,t)$, y de varianza escalar, $E_y(k,t)$, serán muy parecidos. Los subrangos inercial y convectivo coincidirán y las microescalas de longitud, tiempo y velocidad de Kolmogorov se situarán aproximadamente en los mismos números de onda.

Para números de Schmidt, $Sc \ll 1$ ($\nu \ll D$) las estructuras escalares difusivas se presentarán a números de onda muy inferiores a los de Kolmogorov. El tiempo característico de transferencia de $\frac{1}{2}\overline{y^2}\,(t)$ a través del espectro será el tiempo convectivo l/u del subrango inercial. Por consideraciones dimensionales el subrango convectivo varía como

$$E_y(k,t) \propto \varepsilon_y\,\varepsilon^{-\frac{1}{3}}\,k^{-5/3}$$

con la misma dependencia de k que el subrango inergial de $E(k,t)$. Por otro lado, las longitudes mas pequeñas del campo escalar a las que se producirá la disipación difusiva de fluctuaciones vendrán dadas por

$$\eta_{co} \sim \left(\frac{D^3}{\varepsilon}\right)$$

que se denomina microscala de Corrsin-Oboukhov [12, 13].

Cuando $Sc \gg 1$ ($\nu \gg D$) las fluctuaciones del escalar persistirán para números de onda superiores a la de Kolmogorov, a la que desaparecen las fluctuaciones turbulentas. Existirá, por tanto, un subrango convectivo-viscoso en el que los vórtices de Kolmogorov actuarán sobre las estructuras escalares no difusivas, dando origen a un espectro

$$E_y\,(k,t) \propto \varepsilon_y\,\tau\,k^{-1} \sim \varepsilon_y\,\varepsilon^{-\frac{1}{2}}\,\nu^{\frac{1}{2}}\,k^{-1}$$

En este caso las longitudes mas pequeñas del campo escalar serán consecuencia de un equilibrio entre la amplificación de gradientes escalares por el estiramiento debido a los vórtices de Kolmogorov y la disipación difusiva de los mismos, resultando

$$\eta_B \propto \left(\frac{\nu D^2}{\varepsilon}\right)$$

denominada microescala de Batchelor [14].

Con los promedios definidos para un conjunto de realizaciones de un experimento, la energía cinética total de un flujo se puede expresar como

$$\frac{1}{2}\,\overline{u_i\,u_i} = \frac{1}{2}\,\overline{u_i}\;\overline{u_i} + \frac{1}{2}\,\overline{u_i'\,u_i'}$$

que es la suma de la energía cinética del flujo promedio más la correspondiente a las fluctuaciones turbulentas. Análogamente

$$-\rho\;\overline{u_i\,u_j} = -\rho\;\overline{u_i}\;\overline{u_j} - \rho\;\overline{u_i'\,u_j'}$$

$-\rho\;\overline{u_i'\,u_j'}$ se denomina tensor de esfuerzos turbulentos de Reynolds. El cálculo de este tensor exige conocer la PDF del vector velocidad, es decir, la PDF conjunta de u, v y w,

$$P_{u,v,w}(U,V,W;\,\mathbf{x},t) = \frac{1}{N_R}\sum_{n=1}^{N_R}\delta\left[U - u^{(n)}(\mathbf{x},t)\right]\,\delta\left[V - v^{(n)}(\mathbf{x},t)\right]\,\delta\left[W - w^{(n)}(\mathbf{x},t)\right]$$

que permite obtener las componentes del vector velocidad del flujo promedio, las varianzas de cada componente, así como correlaciones cruzadas $\overline{uv}$, $\overline{uw}$ y $\overline{vw}$.

Las correlaciones velocidad-escalar se obtienen, por ejemplo, como $\overline{u\,Y} = \bar{u}\;\bar{Y} + \overline{u'y}$

$\overline{u'y}$ es la convección turbulenta del escalar, que exige conocer la PDF conjunta de u e Y,

$$P_{u,Y}(U,\Gamma;\,\mathbf{x},t) = \frac{1}{N_R}\sum_{n=1}^{N_R}\delta\left[U - u^{(n)}(\mathbf{x},t)\right]\,\delta\left[\Gamma - Y^{(n)}(\mathbf{x},t)\right]$$

Promedios estadísticos de Favre para flujos con densidad variable

Los promedios descritos hasta aquí se conocen como promedios de Reynolds y son apropiados para flujos turbulentos de fluidos con densidad constante. En flujos con variaciones significativas de la densidad se suele definir [3]

$$\bar{\rho}\ \tilde{u} = \overline{\rho\, u} = \frac{1}{N_R}\sum_{n=1}^{N_R} \rho^{(n)}\ (\mathbf{x},t)\quad u^{(n)}(\mathbf{x},t) = \bar{\rho}\ \bar{u} + \overline{\rho'\ u'}$$

con la densidad promedio definida por

$$\bar{\rho} = \frac{1}{N_R}\sum_{n=1}^{N_R} \rho^{(n)}\ (\mathbf{x},t)$$

$\tilde{u}$ se denomina promedio de Favre de la componente de la velocidad en dirección x. El uso de promedios de Reynolds en flujos de densidad variable conllevaría calcular correlaciones cruzadas de fluctuaciones de densidad y velocidad o escalares

$$\bar{\rho}\ \tilde{Y} = \overline{\rho\ Y} = \bar{\rho}\ \bar{Y} + \overline{\rho'\ Y'}$$

que son complicadas de obtener. Se utilizan los promedios de Favre, $\tilde{u}$ e $\tilde{Y}$, que evitan el problema anterior.

Las fluctuaciones de las variables con respecto a los promedios de Favre son

$$\begin{aligned} u''(\mathbf{x},t) &= u(\mathbf{x},t) - \tilde{u}(\mathbf{x},t) \\ y''(\mathbf{x},t) &= Y(\mathbf{x},t) - \tilde{Y}(\mathbf{x},t) \end{aligned}$$

Por tanto, $\overline{y''} = \bar{Y} - \tilde{Y} \neq 0$. Sin embargo,

$$\overline{\rho\ u''} = \frac{1}{N_R}\sum_{n=1}^{N_R} \rho^{(n)}\ u''^{(n)} = \bar{\rho}\ \widetilde{u''} = \overline{\rho\ (u - \tilde{u})} = \overline{\rho\ u} - \bar{\rho}\ \tilde{u} = 0\,.$$

Asimismo, $\overline{\rho\ y''} = \bar{\rho}\ \widetilde{y''} = 0.$

Los promedios cruzados de Favre se obtienen como

$$\begin{aligned} \bar{\rho}\ \widetilde{uv} &= \overline{\rho\ u\ v} = \overline{\rho\,(\tilde{u} + u'')\ (\tilde{v} + v'')} = \bar{\rho}\ \tilde{u}\ \tilde{v} + \overline{\rho\ u''\ v''} \\ &= \bar{\rho}\ \tilde{u}\ \tilde{v} + \bar{\rho}\ \widetilde{u''\ v''} \end{aligned}$$

$$\bar{\rho}\ \widetilde{uY} = \overline{\rho\ u\ Y} = \overline{\rho\,(\tilde{u} + u'')\ (\tilde{Y} + y'')} = \bar{\rho}\ \tilde{u}\ \tilde{Y} + \bar{\rho}\ \widetilde{u''\ y''}$$

Las PDFs de Favre se pueden definir como

$$\bar{\rho}\ \widetilde{P}_u\,(U;\ \mathbf{x},t) = \frac{1}{N_R} \sum_{n=1}^{N_R} \rho^{(n)}\ (\mathbf{x},t)\ \ \delta\ \left[U\ -\ u^{(n)}\,(\mathbf{x},t)\right]$$

$$\bar{\rho}\ \widetilde{P}_Y\,(\Gamma;\ \mathbf{x},t) = \frac{1}{N_R} \sum_{n=1}^{N_R} \rho^{(n)}\ (\mathbf{x},t)\ \ \delta\ \left[\Gamma\ -\ Y^{(n)}\,(\mathbf{x},t)\right]$$

Conmutatividad de promedios estadísticos y derivadas

Se puede promediar del mismo modo derivadas espaciales o temporales de variables fluidas. Por ejemplo, el promedio estadístico de

$$\frac{\partial\, u}{\partial\, t} = \lim_{\Delta t \to 0} \frac{u\,(\,\mathbf{x},t\,+\Delta t)\ -\ u\,(\,\mathbf{x},t)}{\Delta t}$$

se puede expresar como

$$\overline{\frac{\partial\, u}{\partial\, t}} = \frac{1}{N_R} \sum_{n=1}^{N_R} \left(\frac{\partial\, u}{\partial\, t}\right)^{(n)} = \frac{1}{N_R} \sum_{n=1}^{N_R} \lim_{\Delta t \to 0} \frac{1}{\Delta t} \left[u^{(n)}\,(\mathbf{x},t+\ \Delta t) -\ u^{(n)}\,(\mathbf{x},t)\right]$$

$$= \lim_{\Delta t \to 0} \frac{1}{\Delta t} \left[\frac{1}{N_R} \sum_{n=1}^{N_R} u^{(n)}\,(\mathbf{x},t+\ \Delta t)\ -\ \frac{1}{N_R} \sum_{n=1}^{N_R} u^{(n)}\,(\mathbf{x},t)\right]$$

$$= \lim_{\Delta t \to 0} \frac{1}{\Delta t}\ \left[\,\bar{u}\,(\mathbf{x},t+\ \Delta t)\ -\ \ \bar{u}\,(\mathbf{x},t)\right]\ =\ \frac{\partial\, \bar{u}}{\partial\, t}$$

Por consiguiente, las operaciones lineales de promediación y derivación son conmutativas. Se puede demostrar de la misma manera que

$$\overline{\frac{\partial\, Y}{\partial\, t}} = \frac{\partial\, \bar{Y}}{\partial\, t}\ \ ,\ \ \overline{\frac{\partial\, u}{\partial\, x}} = \frac{\partial\, \bar{u}}{\partial\, x}\ \ ,\ \ \overline{\frac{\partial\, Y}{\partial\, x}} = \frac{\partial\, \bar{Y}}{\partial\, x}$$

Promedios espaciales y temporales

Aunque los promedios sobre un conjunto de realizaciones de un experimento, con condiciones iniciales y de contorno macroscópicamente idénticas, son conceptualmente rigurosos y de aplicación general a cualquier tipo de sistema, su obtención en la práctica es inviable. En la vida real, se sustituyen por otro tipo de promedios que se pueden calcular o medir cuantitativamente con relativa facilidad. Ilustraremos dos casos límite:

- Campos fluctuantes estadísticamente homogéneos (EH).

- Variables fluctuantes estadísticamente estacionarias (EE).

Como ya se ha comentado en el caso de campos EH, los promedios en un punto de las variables o los momentos cruzados de las mismas no dependen de la posición **x**. Los momentos estadísticos de las variables en dos puntos $\mathbf{x}_1$ y $\mathbf{x}_2$ dependen solamente de

$\mathbf{x}_2 - \mathbf{x}_1 = \mathbf{r}$. Un cubo de arista L lleno de fluido con flujo turbulento que mezcla campos escalares inertes o reactivos y cuyas condiciones de contorno son periódicas es la representación canónica de la turbulencia EH en ausencia de paredes. Las fluctuaciones de energía cinética pueden decaer debido a la viscosidad, si el sistema evoluciona sin aportación externa de energía, o pueden mantenerse EE, si se fuerza el sistema inyectando energía.

Como ya se vio, la caracterización detallada de las variables fluctuantes (tanto en una simulación numérica como en la medida experimental) en el cubo exige una malla de N^3 puntos (N en cada dirección x, y, z). Tomando el número de realizaciones $N_R = N^3$, los valores de las variables en los N^3 puntos, $\mathbf{x}^{(n)} = (x^{(n)}, y^{(n)}, z^{(n)})$, $u(\mathbf{x}^{(n)}, t)$, para$(n = 1, 2, \ldots, N^3)$ se pueden asimilar a los valores $u^{(n)}(\mathbf{x}, t)$ en la realización n del experimento en el punto **x** y el tiempo t. Los promedios espaciales en este caso se definirán como

$$\overline{u(\mathbf{x}, t)}^E = \bar{u}^E(t) = \frac{1}{N^3} \sum_{n=1}^{N^3} u(\mathbf{x}^{(n)}, t)$$

Como el volumen, V, del cubo es $V = L^3$, tomando $\Delta x = \Delta y = \Delta z = \frac{L}{N}$, se tendrá

$$\bar{u}^E(t) = \frac{1}{L^3} \sum_{n=1}^{N^3} u(\mathbf{x}^{(n)}, t)\ \Delta x \cdot \Delta y \cdot \Delta z = \frac{1}{V} \int_V u(\mathbf{x}, t)\ dV$$

Los teoremas ergódicos de Wiener permiten establecer, bajo condiciones muy generales, la igualdad de promedios espaciales y sobre realizaciones

$$\bar{u}^E(t) = \bar{u}(t)$$

para campos fluctuantes EH. Todo lo dicho para promedios sobre N_R realizaciones se puede repetir, por tanto, para promedios espaciales de variables en N^3 puntos de discretización, $\mathbf{x}^{(n)}$ para $n = 1, 2, \ldots, N^3$.

Para variables fluctuantes EE se pueden obtener promedios temporales de manera similar. Un flujo turbulento EE es el que existe a números de Reynolds grandes en un chorro o en una capa de mezcla, con velocidades de inyección o de entrada constantes, y en una estela de un obstáculo con velocidad lejos del mismo independiente del tiempo [1].

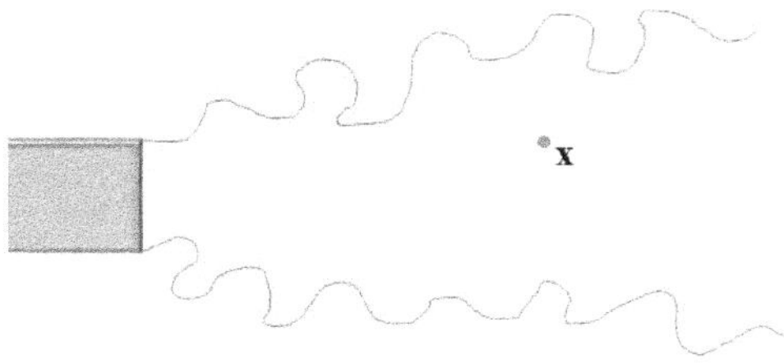

Figura 9.20. Ilustración de un chorro turbulento

La Figura 9.20 ilustra el flujo en un chorro turbulento, con las fronteras fluctuantes con **x** y con t. Estas fronteras o interfases separan el flujo rotacional del fluido inyectado en la boquilla más el ingerido de flujo ambiente exterior, que es irrotacional. En un punto dado **x** se puede medir la variable fluctuante $u(\mathbf{x}, t)$ y obtener la variación temporal parecida a la Figura 9.21.

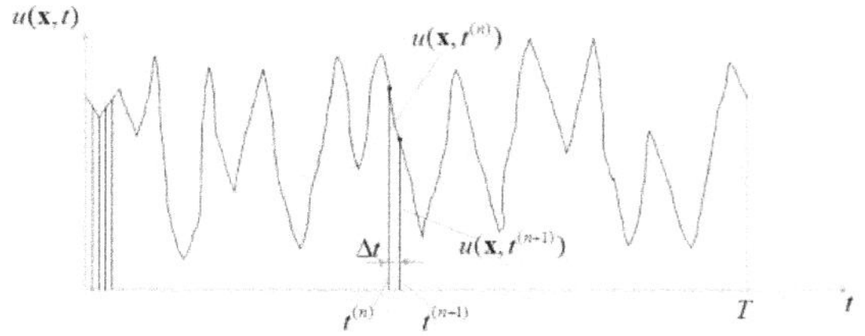

Figura 9.21. Registro de u (**x**, t) en un punto **x** dado y muestreo de la señal con Δt.

Muestreando el registro de $u(\mathbf{x}, t)$ con un (Δt) que satisfaga el criterio de Nyquist, se puede obtener una serie temporal de valores, $u\left(\mathbf{x},\ t^{(n)}\right)$ para n = 1, 2, …, N^T, donde $N^T = \frac{T}{\Delta t}$ es el tiempo total para el que se muestrea la señal, dividido por la resolución. Se definen los promedios temporales como

$$\overline{u\,(\mathbf{x},t)}^{\,T} = \bar{u}^T(\mathbf{x}) = \frac{1}{N^T}\sum_{n=1}^{N^T} u\left(\mathbf{x},t^{(n)}\right) = \frac{1}{T}\sum_{n=1}^{N^T} u\left(\mathbf{x},t^{(n)}\right)\Delta t$$
$$= \frac{1}{T}\int_0^T u\,(\mathbf{x},t)\;dt$$

Para T suficientemente grande, los teoremas ergódicos de Wiener permiten identificar $\bar{u}^T(\mathbf{x}) = \bar{u}(\mathbf{x})$.

Promedios espaciales que incluyen vórtices pequeños. LES

La resolución espacial en una DNS ha de ser suficiente, como se ha visto, para resolver las escalas espaciales mas pequeñas en cada instante; según se discutió, las exigencias numérico-computacionales son muy grandes, dado que el número de puntos de la malla es $N^3 \sim 4.1\ Re^{9/4}$, siendo Re el número de Reynolds de los grandes vórtices del sistema. Para muchos casos de interés en ingeniería la demanda computacional puede ser excesiva, incluso si se tiene acceso a los computadores más avanzados.

En el caso de variables fluctuantes EH, por ejemplo, en una caja de volumen L^3 con fluido en movimiento turbulento, se ha visto que un posible promedio espacial incluye los valores en los N^3 puntos de la malla espacial ($N = \frac{L}{\Delta x} = \frac{L}{\Delta y} = \frac{L}{\Delta z}$); este promedio, función únicamente del tiempo, incorpora las contribuciones de vórtices de todos los tamaños desde l hasta η. Para algunos problemas prácticos de interés en ingeniería estos promedios pueden ser suficientes para caracterizar la evolución de la turbulencia y de los campos escalares en la caja o tanque de mezcla.

Sin embargo, a veces esos promedios espaciales, solamente función del tiempo, no son suficientes para caracterizar la evolución de campos de velocidad y escalares EH, dado que, por ejemplo, los grandes vórtices juegan un papel decisivo en algún fenómeno relevante. En estos casos se recurre a una LES que reproduce con precisión los vórtices de tamaño superior un cierto tamaño de malla seleccionado $(\Delta x)_{LES} = (\Delta y)_{LES} = (\Delta z)_{LES}$, y promedia espacialmente el efecto colectivo de los vórtices de dimensiones pequeñas dentro de la celda de volumen $V_{LES} = (\Delta x)_{LES} \cdot (\Delta y)_{LES} \cdot (\Delta z)_{LES}$. Dado que el tamaño de la malla computacional de LES, $(\Delta x)_{LES}$, es mucho mayor que el de la malla correspondiente para DNS, Δx, el número de puntos de la malla tridimensional en LES, N_{LES}, se reduce significativamente con respecto a N:

$$N_{LES}^3 = \left[\frac{(\Delta x)}{(\Delta x)_{LES}}\right]^3 N^3$$

Si, por ejemplo, N = 512 y $(\Delta x)_{LES} = 8\ \Delta x$, $N_{LES} = 64$, lo cual reduce significativamente el esfuerzo o trabajo computacional. Una vez se ha determinado el tamaño mínimo de malla LES, $(\Delta x)_{LES}$, $(\Delta y)_{LES}$ y $(\Delta z)_{LES}$, que el computador disponible puede resolver en tiempos razonables, la simulación obtendría los valores de la velocidad y de los escalares en N_{LES}^3 puntos. Los promedios utilizados en una

LES se pueden visualizar, en cada uno de los N_{LES} puntos de la malla, como los obtenidos para todos los nodos de la DNS que se encuentren dentro de una sub-caja de volumen V_{LES} (Figura 9.22); es decir, para un número de nodos

$$M = \left[\frac{(\Delta x)_{LES}}{(\Delta x)}\right]^3$$

El promedio LES obtenido para cada uno de los N_{LES}^3 puntos de la malla es

$$\overline{u(\mathbf{x},t)}^{LES} = \frac{1}{M^3} \sum_{n=1}^{M} u\left(\mathbf{x}^{(n)},t\right)$$

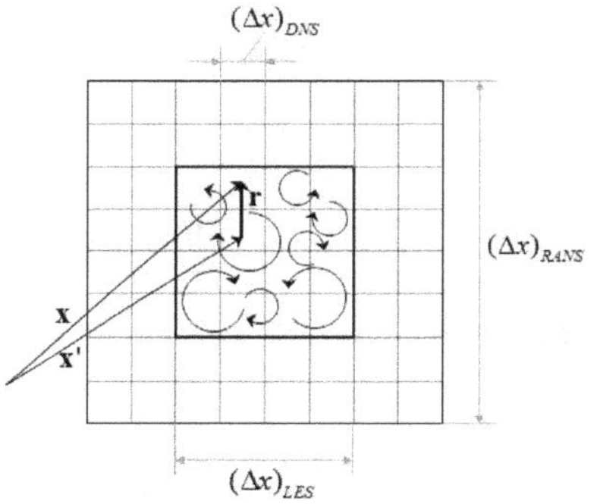

Figura 9.22. Diferentes resoluciones espaciales en DNS, LES y computaciones de RANS

Un promedio para LES contiene, como se ha dicho, la contribución al mismo de todos los vórtices de tamaños iguales o menores que $(\Delta x)_{LES}$. El promedio para una computación RANS para campos EH se identificó con el promedio espacial

$$\bar{u}^E(t) = \overline{u(\mathbf{x},t)}^E = \overline{u(\mathbf{x},t)}^{RANS} = \frac{1}{V} \int_V u(\mathbf{x},t)\, d\mathbf{x}$$

Del mismo modo, para una LES se define

$$\overline{u(\mathbf{x},t)}^{LES} = \int_V G(\mathbf{x},\mathbf{r})\; u(\mathbf{x}+\mathbf{r},t)\; d\mathbf{r}$$

donde $G(\mathbf{x}, \mathbf{r})$ es un filtro o función de ponderación de $u(\mathbf{x}, t)$ en el volumen V (V_{LES} definido anteriormente) que cumple

$$\int_V G(\mathbf{x},\mathbf{r})\; d\,\mathbf{r} = 1$$

Dos filtros unidimensionales usados comúnmente son

$$G(r) = \frac{1}{\Delta} H\left(\frac{1}{2}\Delta - r\right)$$

$$G(r) = \left(\frac{6}{\pi \Delta^2}\right)^{1/2} e^{-\frac{6 r^2}{\Delta^2}}$$

donde $\Delta = (\Delta x)_{LES}$, y H es la función escalón de Heaviside. El primero es el filtro de caja que hace que el promedio

$$\overline{u(x,t)}^{LES} = \int_{-\infty}^{\infty} G(r)\ u(x+r,t)\ dr = \frac{1}{\Delta}\int_{-\frac{\Delta}{2}}^{+\frac{\Delta}{2}} u(x+r,t)\ dr$$

pondere los valores de u con $G(r) = \frac{1}{\Delta}$ en todos los puntos para los que $-\frac{\Delta}{2} < r < +\frac{\Delta}{2}$ y anule las contribuciones de u fuera de este intervalo. El filtro Gaussiano da un mayor peso a los valores de u en puntos próximos a x, con una contribución decreciente al alejarse de x. En tres dimensiones el filtro de caja, por ejemplo, adopta la expresión

$$G(r) = \frac{1}{\Delta^3} H\left(\frac{1}{2}\Delta - r_1\right) H\left(\frac{1}{2}\Delta - r_2\right) H\left(\frac{1}{2}\Delta - r_3\right)$$

Promedios zonales

En flujos turbulentos cortantes (e.g., chorros, estelas, capas de mezcla, capas límite) existe una interfase T/NT que separa la zona rotacional turbulenta en T de la región irrotacional no turbulenta en NT (Figura 9.23). Esta interfase fluctúa aleatoriamente con **x** y t.

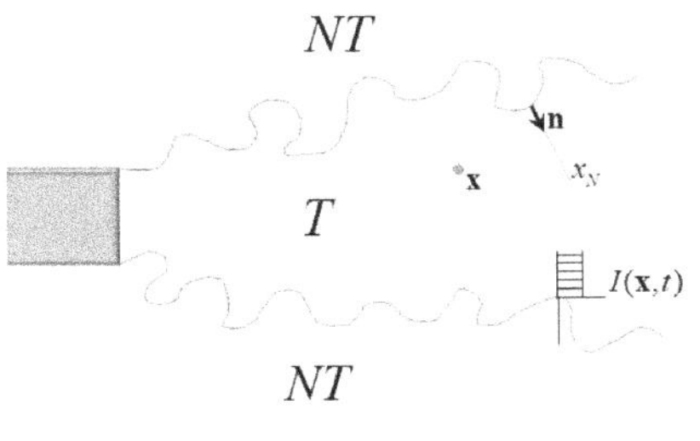

Figura 9.23. Flujo en un chorro turbulento mostrando la interfase instantánea T/NT

Se puede definir la función de intermitencia

$$\mathrm{I}\,(\mathbf{x},\mathrm{t}) = \begin{cases} 1 & \text{si } (\mathbf{x},\mathrm{t}) \text{ está en T} \\ 0 & \text{si } (\mathbf{x},\mathrm{t}) \text{ está en NT} \end{cases}$$

Las características de flujo rotacional en T son muy diferentes de las del flujo irrotacional en NT. Puede interesar, por tanto, obtener por separado los promedios zonales o condicionados en T y en NT, así como sus ecuaciones de transporte [9]. Para el flujo turbulento estadísticamente estacionario (EE) en un chorro el promedio de u ($\mathbf{x}$, t) en T se define como

$$\overline{\mathrm{I}\,(\mathbf{x},\mathrm{t})\ \mathrm{u}\,(\mathbf{x},\mathrm{t})} = \frac{1}{\mathrm{N}} \sum_{\mathrm{n}=1}^{\mathrm{N}} \mathrm{I}\,\left(\mathbf{x},\mathrm{t}^{(\mathrm{n})}\right)\ \mathrm{u}\left(\mathbf{x},\mathrm{t}^{(\mathrm{n})}\right)$$

donde N se interpreta como el número de datos de la serie temporal resultante del muestreo de la señal de u ($\mathbf{x}$, t) para el flujo EE. La presencia de I ($\mathbf{x}$,t) en el sumatorio multiplica u ($\mathbf{x}$,t) por 1 o por 0 según el punto $\mathbf{x}$ en t se encuentre en T o en NT y aporta solo la contribución de la zona turbulenta T. Del mismo modo

$$\overline{[1-\mathrm{I}\,(\mathbf{x},\mathrm{t})]\ \mathrm{u}\,(\mathbf{x},\mathrm{t})} = \frac{1}{\mathrm{N}} \sum_{\mathrm{n}=1}^{\mathrm{N}} \left[\left[1-\mathrm{I}\left(\mathbf{x},\mathrm{t}^{(\mathrm{n})}\right)\right]\ \mathrm{u}\left(\mathbf{x},\mathrm{t}^{(\mathrm{n})}\right)\right]$$

Y, por tanto,

$$\overline{\mathrm{IU}}\ (\mathbf{x}) + \overline{(1-\mathrm{I})\,\mathrm{u}}\ (\mathbf{x}) = \overline{(\mathrm{u})}\ \mathbf{x}$$

El promedio de I ($\mathbf{x}$, t) se define como

$$\bar{\mathrm{I}}\ (\mathbf{x}) = \frac{1}{\mathrm{N}} \sum_{\mathrm{n}=1}^{\mathrm{N}} \mathrm{I}\ \left(\mathbf{x},\mathrm{t}^{(\mathrm{n})}\right)$$

que cuantifica el número de muestras, del total N, para las que $\mathbf{x}$ está en T. Se suele denominar factor de intermitencia

$$\gamma\,(\mathbf{x}) = \bar{\mathrm{I}}\ (\mathbf{x})$$

y es próximo a la unidad cerca del eje del chorro, decayendo a cero al aumentar la distancia radial al mismo. Se pueden expresar

$$\overline{\mathrm{Iu}}\ (\mathbf{x}) = \gamma\,(\mathbf{x})\ \bar{\mathrm{u}}^{\mathrm{T}}\,(\mathbf{x}) \quad , \quad \overline{(1-\mathrm{I})\mathrm{u}}\ (\mathbf{x}) = [1-\gamma\,(\mathbf{x})]\ \bar{\mathrm{u}}^{\mathrm{NT}}\,(\mathbf{x})$$

I ($\mathbf{x}$, t) es una función escalón que se propaga con la velocidad de la interfase no-material

$$\mathbf{v}^{\mathrm{I}}\,(\mathbf{x},\mathrm{t}) = \mathbf{v}\,(\mathbf{x},\mathrm{t}) + \mathrm{V}^{\mathrm{I}}\ (\mathbf{x},\mathrm{t})\ \mathbf{n}$$

donde $\mathbf{v}(\mathbf{x}, t)$ es la velocidad del fluido, $V^I(\mathbf{x}, t)$ es la velocidad normal de propagación de la interfase relativa al fluido y $\mathbf{v}^I(\mathbf{x}, t)$ la velocidad absoluta del movimiento de la misma. **n** es el vector unitario normal a la interfase, positivo hacia el interior de T. Con el convenio de signos adoptado,
$-V^I(\mathbf{x}, t)$, será la velocidad de ingestión de fluido de NT en la región T. $I(\mathbf{x}, t)$ satisface, por tanto, la ecuación

$$\frac{\partial I}{\partial t} + v_j \frac{\partial I}{\partial x_j} = -V^I n_j \frac{\partial I}{\partial x_j} = -V^I \frac{\partial I}{\partial x_N} = -V^I \delta(x_N)$$

donde x_N es la coordenada normal a la interfase, positiva en el sentido positivo de **n**. $\delta(x_N)$ es la función δ de Dirac definida como

$$\delta(x_N) = \begin{cases} \dfrac{1}{\Delta x_N} & \text{para } -\dfrac{1}{2}\Delta x_N < x_N < +\dfrac{1}{2}\Delta x_N \\ 0 & \text{fuera de ese intervalo cerca de } x_N = 0 \end{cases}$$

La interfase se sitúa en $x_N = 0$ y se supone que tiene un espesor Δx_N.

El lado derecho de la ecuación se puede escribir también como

$$-V^I \delta(x_N) = -\frac{1}{V}\int_s V^I(\mathbf{x}, t)\, dS$$

donde S es un elemento infinitesimal de superficie de la interfase y $V = S(\Delta x_N)$ es un volumen infinitesimal en torno a la misma. Promediando la ecuación de evolución de I se obtiene para un flujo de densidad constante

$$\frac{\partial \gamma}{\partial t} + \frac{\partial \gamma \bar{v}_j^T}{\partial x_j} = -\overline{V^I \delta(x_N)}$$

$-\overline{V^I \delta(x_N)}$ es el caudal promedio de ingestión de fluido irrotacional hacia el flujo turbulento por unidad de volumen a través de la interfase. Análogamente,
$-\rho\, \overline{V^I \delta(x_N)}$ representará el gasto másico (kg/s) por unidad de volumen; es decir, la masa de fluido irrotacional de la zona NT ingerida a través de la interfase por la región turbulenta (y, por tanto, rotacional) T por unidad de tiempo y por unidad de volumen (kg/s m^3).

Ejemplo. Mezcla e ingestión en chorros turbulentos

La combustión en motores diesel, turbinas de gas, muchos hornos industriales e incendios es, esencialmente, no-premezclada y altamente turbulenta. La llama de chorro de difusión turbulenta es El problema modelo para tales sistemas es un chorro turbulento de combustible que se inyecta en una atmósfera oxidante; combustible y oxidante se mezclan y reaccionan en una llama de difusión turbulenta.

Estas llamas tienen muchas características en común con las llamas laminares de difusión. La transición de flujo laminar a turbulento ocurre en un rango de números de Reynolds entre 2000 y 10000, basado en la velocidad media de inyección del chorro, en su diámetro y en la viscosidad cinemática del combustible frío.

Como se ha visto anteriormente, la fracción de mezcla juega un papel importante en la definición de la estructura de la llama. La fracción de mezcla es un escalar no reactivo que obedece una ecuación de convección-difusión. La fracción de mezcla, f, es unidad en la inyección del chorro y nula en el ambiente; valores de $0 < f < 1$ indican diferentes grados de mezcla entre el fluido inyectado en el chorro y el fluido circundante.

La Figura 9.24 muestra un esquema de una sección meridional instantánea que contiene el eje de un chorro turbulento.

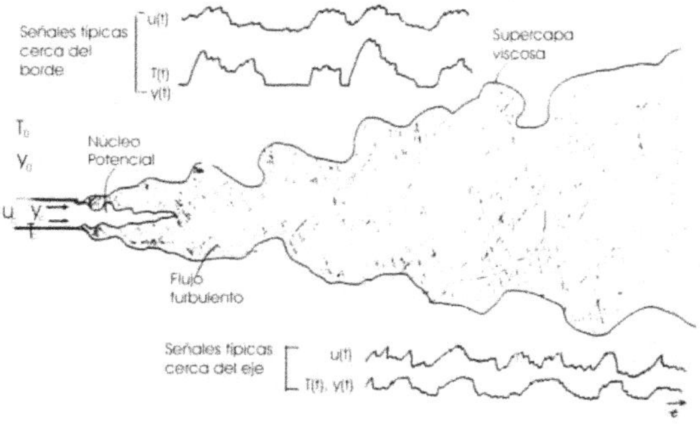

Figura 9.24. Chorro turbulento en aire en reposo (adaptada de Bilger [10])

La región de fluido turbulento contiene torbellinos rotacionales y el combustible inyectado en el chorro a una temperatura superior a la ambiente; está separada del fluido circundante, en movimiento irrotacional no-turbulento, por una frontera o interfase bien definida denominada “supercapa viscosa” (Corrsin, 1950). El flujo circundante no tiene vorticidad, aunque está en movimiento con fuertes variaciones espaciales y temporales, inducidas por las fluctuaciones de presión debidas al movimiento turbulento dentro del chorro. La vorticidad sólo puede difundirse por procesos moleculares a través de la supercapa viscosa.

El chorro contiene vórtices grandes que deforman la supercopa, aumentando su superficie y manteniendo altos gradientes de vorticidad que favorecen su difusión viscosa. La interfase escalar que separa la zona del chorro con el combustible inyectado a temperatura alta del ambiente sin combustible y temperatura mas baja es, en general, diferente de la supercopa viscosa. El chorro ingiere fluido ambiente y tras aproximadamente 5 diámetros del orificio de entrada en la dirección axial no queda flujo inyectado con solo combustible (núcleo potencial).

La velocidad, temperatura y fracción másica de combustible dentro del chorro turbulento varían con el tiempo, y en la Figura 9.24 se muestran registros típicos. Para distancias radiales suficientemente grandes las señales de temperatura y fracción másica son intermitentes y tienen una estructura con períodos de valores bajos alternados con otros altos.

La media y la rms son dos medidas de las características estadísticas de la señal. Una descripción completa de la variación de la señal es dada por la función de densidad de probabilidad (PDF) de la variable. La PDF de la fracción de mezcla, f ,es importante en flujos reactivos. La Figura 9.25 muestra varios tipos de variables intermitentes y las PDFs de la fracción de mezcla a diferentes distancias radiales del eje del chorro.

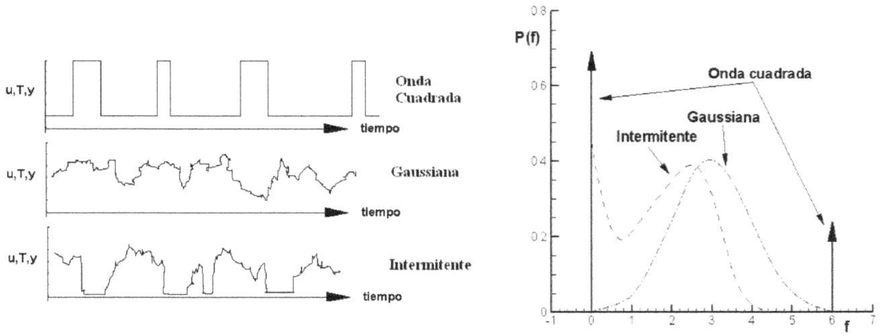

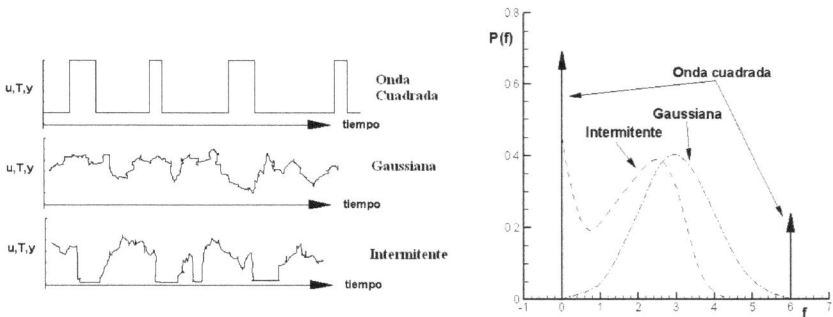

Figura 9.25. Señales aleatorias y función densidad de probabilidad (PDF) de la fracción de mezcla en diferentes regiones de un chorro turbulento con una interfase T/NT.

Para el chorro turbulento EE, P(f) df es la fracción de tiempo que la señal está entre f y f + df, para df pequeño. La Figura 9.26 muestra P(f) medida en varias posiciones radiales en un chorro turbulento libre.

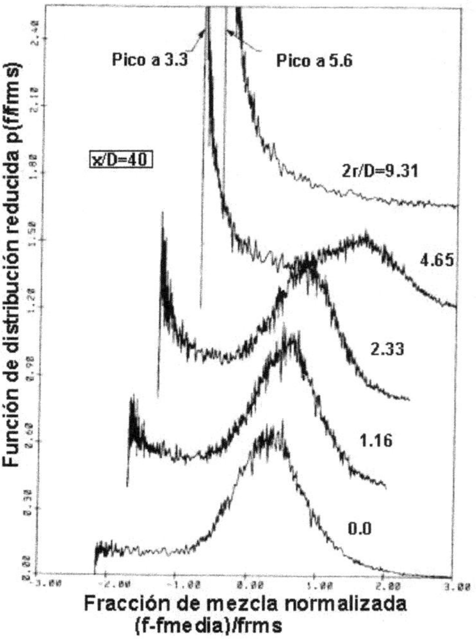

Figura 9.26. PDFs experimentales en dirección radial (adaptada de Kennedy y Kent [11]).

El factor de intermitencia, γ□ es la fracción de tiempo que el flujo es turbulento (o que la concentración del combustible es distinta de cero, la temperatura superior a la ambiente o $f > 0$) en una posición radial dada. Las funciones delta o de pico en $f/f_{rms} = 0$ corresponden a fluido exterior puro. La componente cuasi-gaussiana de cada PDF corresponde al flujo totalmente turbulento. La transición entre el pico y la curva cuasi-gaussiana corresponden a la región de la supercapa, que en realidad tiene un espesor finito.

Referencias

[1] Tennekes, H. and Lumley, J. L., A First Course in Turbulence; MIT Press, Cambridge, Mass., 1972.

[2] Pope, S. B., Turbulent Flows; Cambridge University Press, Cambridge, 2000.

[3] Poinsot, T. and Veynante, D., Theoretical and Numerical Combustion; Edwards, Philadelphia, 2001.

[4] Kundu, P. K., Fluid Mechanics; Academic Press, San Diego, 1990.

[5] Landau, L.D. and Lifshitz, E.M., Fluid Mechanics, First Edition, Pergamon Press, 1959.

[6] Davidson, P.A., Turbulence, an introduction for scientists and engineers; Oxford University Press, 2004.

[7] Taylor, G.I. and Green, A.E., Mechanism of the Production of Small Eddies from Large Ones, Proc. R. Soc. Lond. A, 158, 499-521, 1937.
[8] Lasheras, J.C. and Choi, H., Three-Dimensional Instability of a Plane, Free Shear Layer: An Experimental Study on the Formation and Evolution of Streamwise Vortices, Journal of Fluid Mechanics, Vol. 189, pp. 53-86, 1988.
[9] Dopazo, C., On conditioned averages for intermittent turbulent shear flows, Journal of Fluid Mechanics, Vol. 81, 433-438, 1977.
[10] Bilger, R. W., Combustion and Air Pollution, Lecture Notes, MEngSc Course, University of Sydney, 1994.
[11] Kennedy, I. M., and Kent, J. H., Proceedings 17th International Symposium on Combustion, pp. 279-287, 1979.
[12] Corrsin, S., On the spectrum of isotropic temperature fluctuations in isotropic turbulence, J. Appl. Phys. **22**, 469, 1951.
[13] Oboukhov, G.M., Structure of the temperature field in turbulent flows, Izvestiya Akademii Nauk SSSR, Geogr. and Geophys. Ser. **13**, 58, 1949.
[14] Batchelor, G.K., Small-scale variations of convected quantities like temperature in a turbulent fluid. Part 1, J. Fluid Mech. **5**, 113, 1959.

Capítulo 10

Ecuaciones de transporte de variables promediadas para flujos turbulentos de fluidos de densidad constante con escalares inertes y reactivos

César Dopazo, Eduardo Brizuela

Ecuaciones de momentos para turbulencia y campo escalar estadísticamente homogéneos

Los diferentes tipos de promedios y herramientas, introducidos en el Capítulo 9, se van a aplicar inicialmente a flujos turbulentos sencillos, para emplearlos a continuación en casos más reales.

El caso más sencillo es el de flujo turbulento de un fluido de densidad constante y con coeficientes de transporte molecular constantes. Se comenzará con la ecuación de convección/difusión/reacción para un único escalar:

$$\frac{\partial Y}{\partial t} + v_j \frac{\partial Y}{\partial x_j} = D \frac{\partial^2 Y}{\partial x_j \, \partial x_j} + \frac{\dot{\omega}(Y)}{\rho}$$

Y(**x**,t) puede representar la fracción másica normalizada de mezcla reactante, la variable de avance de una reacción o la temperatura normalizada, $Y = (T - T_{min})/(T_{max} - T_{min})$. Si $\dot{\omega}(Y) = 0$, Y se denomina escalar inerte; para $\dot{\omega}(Y) \neq 0$ se tratará de un escalar reactivo.

La velocidad **v** estará desacoplada de Y y vendrá regida por las ecuaciones de continuidad y de cantidad de movimiento:

$$\frac{\partial v_j}{\partial x_j} = 0$$

$$\frac{\partial v_i}{\partial t} + v_j \frac{\partial v_i}{\partial x_j} = -\frac{1}{\rho}\frac{\partial p}{\partial x_i} + \nu \frac{\partial^2 v_i}{\partial x_j \, \partial x_j}$$

El tratamiento estadístico de las ecuaciones instantáneas anteriores admite varias simplificaciones. El sistema mas sencillo consiste en una caja de turbulencia con velocidad promedio nula, $\bar{\mathbf{v}} = 0$, y campo escalar agitado por las fluctuaciones turbulentas, **u**. **v** e Y se consideran estadísticamente homogéneos (EH) y, por tanto, los valores promedio en un punto serán solamente funciones del tiempo. Las fluctuaciones de la velocidad y del escalar serán, por tanto,

$$\mathbf{v}\,(\mathbf{x},t) = \mathbf{0} + \mathbf{u}\,(\mathbf{x},t)$$

$$Y\,(\mathbf{x},t) = \overline{\mathbf{Y}}\,(t) + y\,(\mathbf{x},t)$$

En una DNS de este tipo de turbulencia homogénea, la energía cinética inicial puede decaer debido a la disipación viscosa o bien puede mantenerse estadísticamente estacionaria (EE) mediante un artificio de forzado en números de ondas apropiados [2]. Las ecuaciones para $\overline{Y}\,(t)$, $\frac{1}{2}\ \overline{u_i\,u_i}\ (t)$, $\frac{1}{2}\,\overline{y^2}\ (t)$, $\overline{\varepsilon}\ (t)$ y $\overline{\varepsilon}_y(t)$ se obtienen fácilmente a partir de

$$\frac{\partial\ u_j}{\partial\, x_j} = 0$$

$$\frac{\partial\, u_i}{\partial\, t} + u_j\,\frac{\partial\, u_i}{\partial\, x_j} = -\,\frac{1}{\rho}\,\frac{\partial\, p}{\partial\, x_i} + \nu\,\frac{\partial^2\, u_i}{\partial\, x_j\,\partial\, x_j}$$

$$\frac{\partial\, \overline{Y}}{\partial\, t} + \frac{\partial\, y}{\partial\, t} + u_j\,\frac{\partial\, y}{\partial\, x_j} = D\,\frac{\partial^2\, y}{\partial\, x_j\,\partial\, x_j} + \frac{\dot{\omega}\,(Y)}{\rho}$$

Promediando la ecuación de conservación de Y se puede escribir

$$\frac{d\,\overline{Y}}{d\,t} = \overline{\frac{\dot{\omega}\,(Y)}{\rho}}$$

La media o promedio de Y, $\overline{Y}\,(t)$, solo se modifica por reacción química; la convección y la difusión molecular no alteran $\overline{Y}\,(t)$. Restando esta ecuación de la correspondiente para Y(**x**,t), se tiene la ecuación de transporte para la fluctuación del escalar,

$$\frac{\partial\, y}{\partial\, t} + u_j\,\frac{\partial\, y}{\partial\, x_j} = D\,\frac{\partial^2\, y}{\partial\, x_j\,\partial\, x_j} + \frac{\dot{\omega}\,(Y)}{\rho} - \overline{\frac{\dot{\omega}\,(Y)}{\rho}}$$

Se puede obtener fácilmente

$$\frac{d}{dt}\,\frac{1}{2}\ \overline{u_i\,u_i} = -\,\nu\,\overline{\frac{\partial\, u_i}{\partial\, x_j}\,\frac{\partial\, u_i}{\partial\, x_j}} = -\,\overline{\varepsilon}\ (t)$$

$$\frac{d}{dt}\,\frac{1}{2}\ \overline{y^2} = -\,D\,\overline{\frac{\partial\, y}{\partial\, x_j}\,\frac{\partial\, y}{\partial\, x_j}} + \overline{y\,\frac{\dot{\omega}\,(Y)}{\rho}} = -\,\overline{\varepsilon}_y\ (t) + \overline{y\,\frac{\dot{\omega}\,(Y)}{\rho}}$$

donde $\overline{\varepsilon}\ (t)$ es el promedio de la tasa de disipación viscosa de la energía cinética turbulenta (fluctuante) y $\overline{\varepsilon}_y(t)$ es la media de la tasa de disipación por difusión molecular de las fluctuaciones del escalar. En ausencia de reacción química, las ecuaciones para $\frac{1}{2}\,\overline{u_i\,u_i}$ y $\frac{1}{2}\,\overline{y^2}$ son formalmente idénticas. Esto ha inducido a muchos investigadores a expresar variables estadísticas del campo escalar en función de las mismas variables para el campo turbulento. Es conveniente analizar con rigor las semejanzas y diferencias entre ambos campos. Las condiciones iniciales de distribución de energía cinética y del escalar pueden ser muy diferentes. Mientras para una turbulencia forzada (EE) la aportación de energía será igual a $\overline{\varepsilon}$, y, por tanto, $\frac{1}{2}\,\overline{u_i\,u_i}$ se mantendrá constante, $\frac{1}{2}\,\overline{y^2}$, en general, disminuirá por disipación molecular y aumentará o decrecerá por reacción química. Aparte de las diferencias en los campos de gradientes instantáneos de u_i e y, y de sus promedios, los coeficientes de transporte ν y D pueden ser muy diferentes para algunos fluidos. Los mecanismos de modificación de gradientes de u_i e y se pueden analizar con sus ecuaciones de transporte,

$$\frac{\partial\, u_{i,j}}{\partial\, t} + u_k\,\frac{\partial\, u_{i,j}}{\partial\, x_k} = -\,u_{k,j}\;u_{i,k} - \frac{1}{\rho}\,p_{,ij} + \nu\,\nabla^2\,u_{i,j}$$

$$\frac{\partial\, y_{,j}}{\partial\, t} + u_k\,\frac{\partial\, y_{,j}}{\partial\, x_k} = -\,u_{k,j}\;y_{,k} + D\,\nabla^2\,y_{,j} + \frac{d\,\frac{\dot{\omega}\,(Y)}{\rho}}{d\,Y}\;y_{,j}$$

donde $u_{i,j}$ es el tensor gradiente de la velocidad fluctuante, $y_{,j}$ es el vector gradiente de la fluctuación escalar y $p_{,ij}$ es el tensor Hessiano de la presión.

Multiplicando las dos ecuaciones por $2\,\nu\,u_{i,j}$ y $2\,D\,y_{,j}$, respectivamente, se obtienen las ecuaciones instantáneas de transporte para $\varepsilon\,(\mathbf{x},t)$ y $\varepsilon_y\,(\mathbf{x},t)$

$$\frac{\partial\,\varepsilon}{\partial\, t} + u_k\,\frac{\partial\,\varepsilon}{\partial\, x_k} = -\,2\,\nu\;u_{i,j}\;u_{k,j}\;u_{i,k} - \frac{2\,\nu}{\rho}\;u_{i,j}\,p_{,ij} + \nu\,\nabla^2\,\varepsilon - 2\,\nu^2\,\frac{\partial\,u_{i,j}}{\partial\,x_k}\,\frac{\partial\,u_{i,j}}{\partial\,x_k}$$

$$\frac{\partial\,\varepsilon_y}{\partial\, t} + u_k\,\frac{\partial\,\varepsilon_y}{\partial\, x_k} = -\,2\,D\;y_{,j}\;u_{k,j}\;y_{,k} + D\,\nabla^2\varepsilon_y - 2\,D^2\,\frac{\partial\,y_{,j}}{\partial\,x_k}\,\frac{\partial\,y_{,j}}{\partial\,x_k} + 2\,\varepsilon_y\,\frac{d\,\frac{\dot{\omega}\,(Y)}{\rho}}{d\,Y}$$

En ellas, los mecanismos no lineales de aumento de gradientes por estiramiento de superficies y reducción simultánea de la distancia entre iso-superficies están representados por los primeros términos de los lados derechos. La presión isotropiza la disipación de energía cinética turbulenta. Las difusiones moleculares se componen de dos términos: el transporte de ε y ε_y y las disipaciones de ambas. Finalmente, la química aumenta o disminuye ε_y en función del signo de $\frac{d\,\frac{\dot{\omega}\,(Y)}{\rho}}{d\,Y}$.

Los promedios de ε y ε_y satisfacen las ecuaciones

$$\frac{d\,\overline{\varepsilon}}{d\,t} = -2\,\nu\,\overline{u_{i,j}\,u_{k,j}\,u_{i,k}} - \frac{2\,\nu}{\rho}\,\overline{u_{i,j}\,p_{,ij}} - 2\,\overline{\varepsilon}_{\varepsilon}$$

$$\frac{d\,\overline{\varepsilon}_y}{d\,t} = -2\,D\,\overline{y_{,j}\,u_{k,j}\,y_{,k}} - 2\,\overline{\varepsilon}_{\varepsilon y} + 2\,\overline{\varepsilon_y\,\frac{d\,\frac{\dot{\omega}(Y)}{\rho}}{d\,Y}}$$

donde $\overline{\varepsilon}_{\varepsilon}$ y $\overline{\varepsilon}_{\varepsilon y}$ son las disipaciones promedio de ε y ε_y

$$\overline{\varepsilon}_{\varepsilon} = \nu^2\,\overline{\frac{\partial\,u_{i,j}}{\partial\,x_k}\,\frac{\partial\,u_{i,j}}{\partial\,x_k}}$$

$$\overline{\varepsilon}_{\varepsilon y} = D^2\,\overline{\frac{\partial\,y_{,j}}{\partial\,x_k}\,\frac{\partial\,y_{,j}}{\partial\,x_k}}$$

La generación o destrucción de $\overline{\varepsilon}_y$, debida a la intensificación de gradientes por $u_{i,j}$, se puede escribir como

$$-2\,D\,\overline{y_{,j}\,u_{k,j}\,y_{,k}} = -2\,\overline{D\,|\nabla y|^2\,n_j\,s_{jk}\,n_k} = -2\,\overline{\varepsilon_y\,a_N}$$

donde $a_N = n_i\,s_{ij}\,n_j$ es la velocidad de deformación normal a las superficies iso-escalares, $y(\mathbf{x}, t) = \text{const}$, que hace que estas se acerquen si $a_T < 0$ (aumento de $\overline{\varepsilon}_y$) o se separen si $a_T > 0$ (reducción de $\overline{\varepsilon}_y$). En general, para $\rho = \text{const}$, $a_N < 0$ y este término incrementará $\overline{\varepsilon}_y(t)$.

El problema de cierre de las ecuaciones de momentos para $\overline{Y}$, $\overline{y^2}$, $\frac{1}{2}\,\overline{u_i\,u_i}$, $\overline{\varepsilon}$ y $\overline{\varepsilon}_y$ es evidente. Las ecuaciones para cada nivel de momentos siempre contienen variables desconocidas. Aparte de la dificultad de la modelación de $\overline{u_{i,j}\,u_{k,j}\,u_{i,k}}$, $\overline{u_{i,j}\,p_{i,j}}$, $\overline{\varepsilon}_{\varepsilon}$, $\overline{\varepsilon_y\,a_N}$ y $\overline{\varepsilon}_{\varepsilon y}$ en función de $\overline{Y}$, $\overline{y^2}$, $\overline{u_i\,u_i}$, $\overline{\varepsilon}$ y $\overline{\varepsilon}_y$, el problema de más entidad es modelar $\overline{\frac{\dot{\omega}(Y)}{\rho}}$, $\overline{y\,\frac{\dot{\omega}(Y)}{\rho}}$ y $\overline{\varepsilon_y\,\frac{d\,\frac{\dot{\omega}(Y)}{\rho}}{d\,Y}}$, es decir, los términos de conversión química no lineales.

En el pasado se han propuesto, por ejemplo, tiempos de decaimiento de la energía cinética y de la varianza escalar [2], [5], [6], escribiendo

$$\frac{d}{d\,t}\,\frac{1}{2}\,\overline{u_i\,u_i} = -\frac{\frac{1}{2}\,\overline{u_i\,u_i}}{\tau(t)} = -\,\overline{\varepsilon}$$

$$\frac{d}{d\,t}\,\frac{1}{2}\,\overline{y^2} = -\frac{\frac{1}{2}\,\overline{y^2}}{\tau_y(t)} + \overline{y\,\frac{\dot{\omega}(Y)}{\rho}} = -\,\overline{\varepsilon}_y + \overline{y\,\frac{\dot{\omega}(Y)}{\rho}}$$

donde

$$\tau\,(t) = \frac{\frac{1}{2}\,\overline{u_i\,u_i}\,(t)}{\bar{\varepsilon}\,(t)}$$

$$\tau_y\;(t) = \frac{\frac{1}{2}\,\overline{y^2}\,(t)}{\bar{\varepsilon}_y\,(t)}$$

Por ejemplo, para $\frac{\dot{\omega}\,(Y)}{\rho} = 0,\;\; \tau_y\;(t)$ variará como

$$\frac{1}{\tau_y}\;\frac{d\;\tau_y}{d\,t} = \frac{1}{\frac{1}{2}\,\overline{y^2}}\;\frac{d\;\frac{1}{2}\,\overline{y^2}}{dt} - \frac{1}{\bar{\varepsilon}_y}\;\frac{d\,\bar{\varepsilon}_y}{dt}$$

$$\frac{d\;\tau_y}{d\,t} = -\left(1 + \frac{\tau_y}{\bar{\varepsilon}_y}\;\frac{d\,\bar{\varepsilon}_y}{dt}\right)$$

Y, por tanto, $\tau_y\;(t)$ aumenta o disminuye con el tiempo dependiendo del signo del lado derecho.

Ecuación de transporte de la PDF del escalar

La dificultad de modelar los momentos relacionados con el término químico no lineal condujo a la propuesta de una metodología alternativa en términos de la PDF del escalar. Sea $\delta\;[\Gamma - Y\;(\mathbf{x}, t)]$ la PDF granular del escalar, según se definió en el Capítulo 9. Su ecuación de transporte se puede obtener derivándola respecto al tiempo [6],

$$\begin{aligned}\frac{\partial\,\delta}{\partial\,t} = \frac{\partial\,\delta}{\partial\,Y}\;\frac{\partial\,Y}{\partial\,t} &= \frac{\partial\,\delta}{\partial\,Y}\left[-\,u_j\;\frac{\partial\,Y}{\partial\,x_j} + D\;\nabla^2\;Y + \frac{\dot{\omega}\;(Y)}{\rho}\right]\\ &= -\,u_j\;\frac{\partial\,\delta}{\partial\,x_j} - \;\frac{\partial\,\delta}{\partial\,\Gamma}\;D\;(\nabla^2\;Y) - \;\frac{\partial\,\delta}{\partial\,\Gamma}\;\frac{\dot{\omega}\;(Y)}{\rho}\end{aligned}$$

Se puede reordenar la ecuación anterior y escribir,

$$\begin{aligned}\frac{\partial\,\delta}{\partial\,t} + u_j\;\frac{\partial\,\delta}{\partial\,x_j} &= -\;\frac{\partial}{\partial\,\Gamma}\;[D\;(\nabla^2\;Y)\;\delta]\; - \frac{\partial}{\partial\,\Gamma}\left[\frac{\dot{\omega}\;(Y)}{\rho}\;\;\delta\right]\\ &= -\;\frac{\partial}{\partial\,\Gamma}[D\;(\nabla^2\;Y)_{Y=\Gamma}\;\delta]\; - \frac{\partial}{\partial\,\Gamma}\left[\frac{\dot{\omega}\;(\Gamma)}{\rho}\;\;\delta\right]\end{aligned}$$

El promediado de esta ecuación, teniendo en cuenta que $P_Y(\Gamma; t) = P(\Gamma; t) = \overline{\delta [\Gamma - Y(\mathbf{x}, t)]}$, conduce a

$$\frac{\partial P(\Gamma; t)}{\partial t} = - \frac{\partial}{\partial \Gamma} \left[\overline{D(\nabla^2 Y) | Y(\mathbf{x}, t) = \Gamma} \; P(\Gamma; t)\right] - \frac{\partial}{\partial \Gamma} \left[\frac{\dot{\omega}(\Gamma)}{\rho} P(\Gamma; t)\right]$$

que es la ecuación de transporte de la PDF del escalar. El término químico de esta ecuación no presenta los problemas de las ecuaciones de momentos, dado que la velocidad de reacción aparece como una función conocida de Γ. El problema de cierre es debido a la difusión molecular condicionada al valor Γ del escalar. Este término contiene implícitamente el efecto de **u** y sus gradientes en las derivadas de $Y(\mathbf{x}, t)$. Se ha modelado, por ejemplo, como un proceso de relajación del escalar hacia su valor promedio $\overline{Y}(t)$ (LMSE) , es decir, [5]

$$\overline{D(\nabla^2 Y) | Y = \Gamma} = - \frac{\Gamma - \overline{Y}}{t_Y}$$

donde t_Y es un tiempo característico de relajación, que se suele hace igual a $\tau_y(t)$ y proporcional a $\tau(t)$.

Método de integración de MonteCarlo

En un sistema con varios escalares y/o flujos no EH la dimensionalidad de la PDF es fácilmente superior a tres. La integración de la ecuación de transporte usando diferencias o volúmenes finitos es prohibitiva. Se utilizan como alternativa métodos de MonteCarlo para hacer la integración [2]. A continuación se ilustra este método con la ecuación de transporte de la PDF de un escalar con $\frac{\dot{\omega}(Y)}{\rho} = 0$ para campos de velocidad y escalar EH. La ecuación de transporte para δ es equivalente al sistema característico

$$\frac{dt}{1} = \frac{d\,x_{(j)}}{u_{(j)}} = \frac{d\,\Gamma}{D(\nabla^2 Y)_{Y=\Gamma}} = \frac{d\,\delta}{- \left\{\frac{\partial}{\partial \Gamma} \left[D(\nabla^2 Y)_{Y=\Gamma}\right]\right\} \delta}$$

donde (j) significa que j toma un único valor de los tres (1, 2, 3) posibles y no se aplica el convenio de sumar para los subíndices repetidos. Del sistema anterior se obtiene

$$d\,x_{(j)} = u_{(j)}\, dt$$

$$d\,\Gamma = D(\nabla^2 Y)_{Y=\Gamma}\, dt$$

que son la ecuación de la trayectoria de una partícula fluida en el espacio físico y la variación del escalar Γ en la misma (trayectoria en el espacio Γ). Se supone que los estados posibles de los campos escalares fluctuantes en $(\mathbf{x}, t)$ son $\mathbf{u}^{(n)}$ y $\Gamma^{(n)}$ para n =

1, 2, ..., N. Los N valores posibles de los campos **u** y Γ representarán fielmente la P (Γ; t), tomando N y ΔΓ suficientemente grande y pequeño, respectivamente, en la definición de la PDF escalar del Capítulo 8. Las ecuaciones de evolución serán

$$d\, x_{(j)}^{(n)} = u_{(j)}^{(n)}\, dt$$

$$d\, \Gamma^{(n)} = D\, (\nabla^2\, Y)_{Y=\Gamma^{(n)}}\, dt$$

Dado que en turbulencia EH cada punto espacial reproduce la estadística de las fluctuaciones en cualquier otro punto, la ecuación de las trayectorias es irrelevante (los valores promedio en un punto de cualquier variable o producto de variables es independiente de la posición espacial). Para el cierre mencionado de relajación al promedio escalar [5] se tendrá

$$\Gamma^{(n)}\, (t + \Delta t) = \Gamma^{(n)}\, (t) - \frac{\Gamma^{(n)}\, (t) - \overline{Y}}{\tau_y\, (t)}\, \Delta t$$

que permite avanzar en el tiempo los valores de $\Gamma^{(n)}$ (t) (n = 1, 2, ..., N). Los nuevos valores del escalar, $\Gamma^{(n)}$ (t + Δt) (n = 1, 2, ..., N), reproducirán con buena aproximación la correspondiente PDF, P (Γ; t + Δ t), para Δt suficientemente pequeño. El conjunto de N valores en t o en t + Δt se llaman partículas de MonteCarlo (diferentes de las partículas fluidas) y, en este caso, cada una tiene asociado valores genéricos,
$\Gamma^{(n)}$, que representan posibles estados del campo escalar fluctuante Y(t). En un método de MonteCarlo la mezcla molecular y la química se simulan secuencialmente. Tras avanzar el valor de $\Gamma^{(n)}$ (t) por el efecto de la difusión condicionada a $\Gamma^{(n)}$(t + Δt), el nuevo conjunto de "partículas" se hará evolucionar de acuerdo con la ecuación

$$d\, \Gamma^{(n)} = \frac{\dot{\omega}\, [\Gamma^{(n)}]}{\rho}\, dt$$

es decir, integrando la "cinética química" como en un sistema determinista.

LES de una caja de turbulencia EH

Se ha comentado en el Capítulo 8 que en caso de turbulencia EH los promedios de las variables a calcular en una simulación RANS serían los obtenidos con sus valores en todos los puntos de una malla de, por ejemplo, DNS. $(\Delta x)_{DNS}$ resolverá las microescalas viscosas de la turbulencia. Cuando los medios de computación disponibles no permitan una resolución espacial tan fina, o la naturaleza del problema práctico no exija tanta precisión, se recurre a una LES, con $(\Delta x)_{LES} >> (\Delta x)_{DNS}$. Se promedian, entonces, los valores de las variables en los nodos de una DNS en volúmenes $[(\Delta x)_{LES}]^3$, que contienen un subconjunto reducido de puntos del total de los de una DNS. Se puede pensar, por ejemplo, en un valor medio en una LES como un promedio espacial [2], [3], [4]

$$\bar{\mathbf{v}}(\mathbf{x},t) = \frac{1}{\Delta^3} \int_{-\frac{\Delta}{2}}^{+\frac{\Delta}{2}} \int_{-\frac{\Delta}{2}}^{+\frac{\Delta}{2}} \int_{-\frac{\Delta}{2}}^{+\frac{\Delta}{2}} d\,x'\, dy'\, dz' \;\mathbf{v}(\mathbf{x} - \mathbf{x}', t)$$

Si se aplica este tipo de promedio a las ecuaciones de continuidad y de cantidad de movimiento, se obtiene

$$\frac{\partial\, \bar{v}_j}{\partial\, x_j} = 0 = \frac{\partial\left(v_j - \bar{v}_j\right)}{\partial\, x_j} = \frac{\partial\, v_j'}{\partial\, x_j}$$

$$\frac{\partial\, \bar{v}_i}{\partial\, t} + \frac{\partial\, \overline{v_i\, v_j}}{\partial\, x_j} = -\frac{1}{\rho}\frac{\partial\, \bar{p}}{\partial\, x_i} + \nu\, \nabla^2\, \bar{v}_i$$

donde $\bar{\mathbf{v}}$ representa el valor "promedio" o filtrado de la velocidad. Contendrá la contribución de todos los vórtices de tamaños iguales o menores que Δ. Los vórtices mayores que Δ reflejarán su contribución explícita al resolver las ecuaciones. La diferencia,

$$\mathbf{v}' = \mathbf{v} - \bar{\mathbf{v}}$$

es la velocidad residual, que es la parte no filtrada o no resuelta en la malla Δ^3 con el promedio espacial. A nivel de submalla (dentro del volumen Δ^3) $\mathbf{v}'$ fluctuará, reflejando la contribución "aleatoria" de los vórtices dentro de la misma. Se puede expresar

$$\overline{v_i\, v_j} = \bar{v}_i\; \bar{v}_j + \tau_{ij}^R$$

donde τ_{ij}^R es el tensor de esfuerzos residuales, análogo al tensor de esfuerzos de Reynolds en promedios RANS. Se suele definir el tensor de traza nula

$$\tau_{ij}^r = \tau_{ij}^R - \frac{1}{3}\,\tau_{kk}^R\,\delta_{ij}$$

y escribir la ecuación de cantidad de movimiento como

$$\frac{\partial\, \bar{v}_i}{\partial\, t} + \bar{v}_j\,\frac{\partial\, \bar{v}_i}{\partial\, x_j} = -\frac{1}{\rho}\frac{\partial}{\partial\, x_i}\left(\bar{p} + \frac{1}{3}\,\rho\,\tau_{kk}^R\right) + \nu\,\nabla^2\,\bar{v}_i - \frac{\partial\, \tau_{ij}^r}{\partial\, x_j}$$

$\frac{1}{2}\,\tau_{kk}^R$ representa la energía cinética no resuelta al promediar

$$\frac{1}{2}\,\tau^{R}_{kk} = \frac{1}{2}\,\overline{v_k\,v_k} - \frac{1}{2}\,\overline{v_k}\;\overline{v_k} = \frac{1}{2}\,\overline{v'_k\,v'_k}$$

τ^{r}_{ij} se ha de modelar en función de $\bar{\mathbf{v}}$ y su gradiente para poder resolver la ecuación. El modelo clásico de Smagorinsky [2] hace

$$\tau^{r}_{ij} = -2\,\nu_r\;\bar{S}_{ij}$$

donde

$$\bar{S}_{ij} = \frac{1}{2}\left(\frac{(\partial\,\bar{v}_i)}{\partial\,x_j} + \frac{(\partial\,\bar{v}_j)}{\partial\,x_i}\right)$$

es el tensor velocidad de deformación filtrado. La viscosidad aparente de la velocidad residual, ν_r , se modela como

$$\nu_r = (C_s\,\Delta)^2\,\bar{S}$$

donde $\bar{S} = \left(2\;\bar{S}_{ij}\;\bar{S}_{ij}\right)^{1/2}$ y C_s es el coeficiente de Smogorinky, que se puede obtener con varias estrategias.

Filtrando la ecuación de conservación de Y (**x**, t), se obtiene

$$\frac{\partial\,\bar{Y}}{\partial\,t} + \bar{v}_j\,\frac{\partial\,\bar{Y}}{\partial\,x_j} = D\,\nabla^2\,\bar{Y} + \frac{\overline{\dot{\omega}\;(Y)}}{\rho} - \frac{\partial}{\partial\,x_j}\left(\overline{v_j Y} - \bar{v}_j\;\bar{Y}\right)$$

donde

$$\bar{Y}\;(\mathbf{x},t) = \frac{1}{\Delta^3}\int_{-\frac{\Delta}{2}}^{+\frac{\Delta}{2}}\int_{-\frac{\Delta}{2}}^{+\frac{\Delta}{2}}\int_{-\frac{\Delta}{2}}^{+\frac{\Delta}{2}} d\,x'\,dy'\,dz'\;\;Y\,(\mathbf{x} - \mathbf{x}',t)$$

es el promedio LES del escalar o la parte filtrada de Y (**x**, t). La variación residual del escalar es

$$Y'\,(\mathbf{x},t) = Y\,(\mathbf{x},t) - \bar{Y}\,(\mathbf{x},t)$$

que es la parte no filtrada o no resuelta en Δ^3, debida a las fluctuaciones no calculadas explícitamente. Por otro lado,

$$\frac{\overline{\dot{\omega}\;(Y)}}{\rho} = \frac{1}{\Delta^3}\int_{-\frac{\Delta}{2}}^{+\frac{\Delta}{2}}\int_{-\frac{\Delta}{2}}^{+\frac{\Delta}{2}}\int_{-\frac{\Delta}{2}}^{+\frac{\Delta}{2}} d\,x'\,dy'\,dz'\;\;\frac{\dot{\omega}\,[Y\,(\mathbf{x} - \mathbf{x}',t)]}{\rho}$$

que presenta un problema difícil para su cierre o aproximación en función de $\overline{Y}$. La convección escalar, debida a los campos residuales de velocidad y escalar, es $\left(\overline{v_j Y} - \overline{v_j}\ \overline{Y}\right)$ y debe, también aproximarse como

$$\overline{v_j Y} - \overline{v_j}\ \overline{Y} = -D_r \frac{\partial \overline{Y}}{\partial x_j} = -\frac{\nu_r}{S_c} \frac{\partial \overline{Y}}{\partial x_j}$$

donde D_r es la difusividad aparente y $S_c = \frac{\nu_r}{D_r}$ es el número de Schmidt aparente.

Análogamente, se puede definir la PDF filtrada como

$$P^F(\Gamma; \mathbf{x}, t) = \frac{1}{\Delta^3} \int_{-\frac{\Delta}{2}}^{+\frac{\Delta}{2}} \int_{-\frac{\Delta}{2}}^{+\frac{\Delta}{2}} \int_{-\frac{\Delta}{2}}^{+\frac{\Delta}{2}} dx'\, dy'\, dz'\ \delta\left[\Gamma - Y(\mathbf{x} - \mathbf{x}', t)\right]$$

cuya ecuación de transporte será

$$\frac{\partial P^F}{\partial t} + \frac{\partial\, \overline{v}_j\, P^F}{\partial x_j} = -\frac{\partial}{\partial \Gamma}\left[\overline{D\,(\nabla^2 Y)\,|Y = \Gamma}\ \ P^F\right] - \frac{\partial}{\partial \Gamma}\left[\frac{\dot{\omega}[\Gamma]}{\rho}\ P^F\right] - \frac{\partial}{\partial x_j}\left[\overline{v_j \delta} - \overline{v_j}\ P^F\right]$$

La parte no resuelta se puede simular como

$$\overline{v_j\, \delta} - \overline{v_j}\ \ P^F = -\frac{\nu_r}{S_c} \frac{\partial P^F}{\partial x_i}$$

Turbulencia y escalar aguas abajo de una rejilla

Una rejilla en un plano transversal a una corriente de velocidad media U, colocada en un túnel aerodinámico o hidrodinámico, genera a una cierta distancia aguas abajo fluctuaciones de velocidad estadísticamente estacionarias (EE). La rejilla puede servir también para inyectar un escalar inerte o reactivo. Los campos de fluctuaciones de la velocidad y del escalar serán además estadísticamente homogéneos en un plano transversal y – z. Por tanto, los promedios estadísticos solo serán función de x, la coordenada en dirección de la corriente.

Las ecuaciones para la energía cinética turbulenta y para la varianza del escalar son

$$U \frac{d}{dx} \frac{1}{2} \overline{u_i u_i} = -\frac{d}{dx} \overline{u \frac{1}{2} u_i u_i} - \frac{1}{\rho} \frac{d\, \overline{u p'}}{dx} + \nu \frac{d^2}{d x^2} \frac{1}{2} \overline{u_i u_i} - \bar{\varepsilon}(x)$$

$$U \frac{d}{dx} \frac{1}{2} \overline{y^2} = - \overline{uy} \frac{d\overline{Y}}{dx} - \frac{d}{dx} \overline{u \frac{1}{2} y^2} + D \frac{d^2}{d x^2} \frac{1}{2} \overline{y^2} - \overline{\varepsilon}_y (x) + \frac{\overline{y \dot{\omega} (Y)}}{\rho}$$

donde **u** es la velocidad de fluctuación e y es la fluctuación del escalar. En los experimentos clásicos en túneles aerodinámicos $\frac{\overline{u_l u_l}^{1/2}}{U} << 1$, y si $\frac{Ul}{\nu} \gg 1$ y $\frac{\nu}{D} \sim 1$, las ecuaciones se reducen aproximadamente a

$$U \frac{d}{dx} \frac{1}{2} \overline{u_l u_l} \approx - \overline{\varepsilon} (x)$$

$$U \frac{d}{dx} \frac{1}{2} \overline{y^2} \approx - \overline{\varepsilon}_y (x) + \frac{\overline{y \dot{\omega} (Y)}}{\rho}$$

que son idénticas a las de turbulencia EH en una caja, haciendo $t = \frac{x}{U}$.

El valor promedio de Y (**x**, t) evoluciona de acuerdo con

$$U \frac{d\overline{Y}}{dx} = - \frac{d\overline{uy}}{dx} + D \frac{d^2 \overline{Y}}{dx^2} + \frac{\overline{\dot{\omega} (Y)}}{\rho}$$

Con las mismas hipótesis citadas anteriormente, la ecuación se reduce a

$$U \frac{d\overline{Y}}{dx} \approx \frac{\overline{\dot{\omega} (Y)}}{\rho}$$

Las energías cinéticas de cada componente de la velocidad obedecen las ecuaciones [1]:

$$U \frac{d}{dx} \frac{1}{2} \overline{u^2} = - \frac{d}{dx} \overline{u \frac{1}{2} u^2} - \frac{1}{\rho} \overline{u \frac{\partial p'}{\partial x}} + \nu \frac{d^2}{d x^2} \frac{1}{2} \overline{u^2} - \nu \overline{\nabla u \cdot \nabla u}$$

$$U \frac{d}{dx} \frac{1}{2} \overline{v^2} = - \frac{d}{dx} \overline{u \frac{1}{2} v^2} - \frac{1}{\rho} \overline{v \frac{\partial p'}{\partial y}} + \nu \frac{d^2}{d x^2} \frac{1}{2} \overline{v^2} - \nu \overline{\nabla v \cdot \nabla v}$$

$$U \frac{d}{dx} \frac{1}{2} \overline{w^2} = - \frac{d}{dx} \overline{u \frac{1}{2} w^2} - \frac{1}{\rho} \overline{w \frac{\partial p'}{\partial z}} + \nu \frac{d^2}{d x^2} \frac{1}{2} \overline{w^2} - \nu \overline{\nabla w \cdot \nabla w}$$

La suma de estas tres ecuaciones conduce a la ecuación para $U \frac{d}{dx} \frac{1}{2} \overline{u_l u_l}$. La suma del trabajo por unidad de tiempo de las fuerzas de presión fluctuante es

$$\overline{u \frac{\partial p'}{\partial x} + v \frac{\partial p'}{\partial y} + w \frac{\partial p'}{\partial z}} = \frac{\overline{\partial p' u}}{\partial x} + \frac{\overline{\partial p' v}}{\partial y} + \frac{\overline{\partial p' w}}{\partial z} = \frac{\overline{\partial p' u}}{\partial x} \ll U \frac{d}{\partial x} \frac{1}{2} \overline{u_l u_l}$$

Por tanto, los términos de presión de las tres ecuaciones "transvasarán" energía cinética entre las distintas componentes, $\frac{1}{2}\,\overline{u^2}$, $\frac{1}{2}\,\overline{v^2}$ y $\frac{1}{2}\,\overline{w^2}$, aunque su contribución aditiva sea despreciable. Por otro lado, $\bar{\varepsilon}\,(x) = \nu\,\overline{(\nabla\,u_l)\,\cdot\,(\nabla\,u_l)}$.

Si las pequeñas escalas fuesen isótropas

$$\nu\,\overline{(\nabla\,u)\,\cdot\,(\nabla\,u)} = \nu\,\overline{(\nabla\,v)\,\cdot\,(\nabla\,v)} = \nu\,\overline{(\nabla\,w)\,\cdot\,(\nabla\,w)} = \frac{1}{3}\,\bar{\varepsilon}\,(x)$$

Ecuación de transporte de la PDF (Y; x)

Para $P_Y\,(\Gamma; x) = \overline{\delta\,[\Gamma - Y\,(\mathbf{x}, t]}$ se tendrá

$$U\,\frac{\partial\,P}{\partial x} = -\,\frac{\partial}{\partial x}\left[\,\overline{u\,|Y = \Gamma}\;P\right] - \frac{\partial}{\partial \Gamma}\left[\,\overline{D\,(\nabla^2\,Y)\,|Y = \Gamma}\;P\right] - \frac{\partial}{\partial \Gamma}\left[\frac{\dot{\omega}\,(\Gamma)}{\rho}\;P\right]$$

en la cual se han de aproximar la convección turbulenta y la difusión molecular de la superficie iso-escalar $Y\,(\mathbf{x}, t) = \Gamma$.

Turbulencia EH con dos escalares $\mathbf{Y_1}\,(\mathbf{x}, \mathbf{t})$ e $\mathbf{Y_2}\,(\mathbf{x}, \mathbf{t})$

Si los escalares están gobernados por las ecuaciones

$$\frac{\partial\,Y_1}{\partial t} + u_j\,\frac{\partial\,Y_1}{\partial\,x_j} = D_1\,\nabla^2\,Y_1 - \frac{\rho}{W_2}\,B\,T^{\beta}\,e^{-\frac{T_a}{T}}\,Y_1\,Y_2$$

$$\frac{\partial\,Y_2}{\partial t} + u_j\,\frac{\partial\,Y_2}{\partial\,x_j} = D_2\,\nabla^2\,Y_2 - \frac{\rho}{W_1}\,B\,T^{\beta}\,e^{-\frac{T_a}{T}}\,Y_1\,Y_2$$

donde W_1 y W_2 son los pesos moleculares de las especies 1 y 2, respectivamente, $B\,T^{\beta}$ es el factor preexponencial, dependiente de la temperatura, T, con B constante, y T_a es la temperatura de activación de la reacción entre las especies 1 y 2. Se define la concentración molar, $C_\alpha = \frac{\rho\,Y_\alpha}{W_\alpha}$ $(\alpha = 1, 2)$ en unidades de moles de α por unidad de volumen. Si se hace $K_c\,(T) = B\,T^{\beta}\,e^{-\frac{T_a}{T}}$, las ecuaciones se pueden escribir como

$$\frac{\partial\,C_1}{\partial t} + u_j\,\frac{\partial\,C_1}{\partial\,x_j} = D_1\,\nabla^2\,C_1 - K_c(T)\,C_1\,C_2$$

$$\frac{\partial\,C_2}{\partial t} + u_j\,\frac{\partial\,C_2}{\partial\,x_j} = D_2\,\nabla^2\,C_2 - K_c(T)\,C_1\,C_2$$

Si los coeficientes de difusión molecular de cada especie son iguales, $D_1 = D_2 = D$, se define $\chi(\mathbf{x}, t) = C_1 - C_2$, que satisface

$$\frac{\partial \chi}{\partial t} + u_j \frac{\partial \chi}{\partial x_j} = D \nabla^2 \chi$$

$\chi(\mathbf{x},t)$ es un escalar no reactivo. Para reacciones químicas muy rápidas entre las dos especies, $C_1 \neq 0$ cuando $C_2 = 0$, y $C_1 = 0$ cuando $C_2 \neq 0$; ambos reactantes son distintos de cero en zonas de reacción muy delgadas. Se tendrá

$$\chi(\mathbf{x}, t) \begin{cases} > 0 \;\; si \;\; C_1 > C_2 & C_1 > 0 \;\; y \;\; C_2 = 0 \\ & \text{Zonas de reacción} \begin{cases} C_1 \neq 0 \\ C_2 \neq 0 \end{cases} \\ \leq 0 \;\; \text{si} \;\; C_1 \leq C_2 & C_1 = 0 \;\; \text{y} \;\; C_2 > 0 \end{cases}$$

Las estadísticas de C_1 y C_2 se pueden obtener a partir de la estadística de χ para reacciones muy rápidas.

Para cinéticas químicas no muy rápidas, la formulación en términos de momentos ilustra las dificultades del cierre de las ecuaciones. Para el caso más sencillo de turbulencia (con velocidad media nula), campos escalares EH y temperatura T aproximadamente constante, se tiene

$$\frac{d\,\bar{C}_1}{dt} = \frac{d\,\bar{C}_2}{dt} = -K_c\, \overline{C_1\, C_2} = -K_c\, (\bar{C}_1\, \bar{C}_2 + \overline{c_1\, c_2})$$

donde $c_1(\mathbf{x}, t) = C_1(\mathbf{x}, t) - \bar{C}_1(t)$ y $c_2(\mathbf{x}, t) = C_2(\mathbf{x}, t) - \bar{C}_2(t)$ son las fluctuaciones con respecto a la media de las concentraciones molares de las especies 1 y 2. Para una reacción química infinitamente rápida $\overline{C_1\, C_2} = 0$ y $\overline{c_1\, c_2} = -\bar{C}_1\, \bar{C}_2$. La ecuación para $\overline{c_1\, c_2}$ es

$$\frac{d\, \overline{c_1\, c_2}}{dt} = -2\, D\, \overline{(\nabla c_1) \cdot (\nabla c_2)} - K_c \left[\bar{C}_1 \left(\overline{c_1\, c_2} + \overline{c_2^2}\right) + \bar{C}_2 \left(\overline{c_1\, c_2} + \overline{c_1^2}\right) + \overline{c_1\, c_2^2} + \overline{c_1^2\;\; c_2}\,\right]$$

que contiene las incógnitas de la disipación difusiva, las varianzas, $\overline{c_1^2}$ y $\overline{c_2^2}$, y los momentos de tercer orden, $\overline{c_1\; c_2^2}$ y $\overline{c_1^2\; c_2}$. Se puede obtener fácilmente ecuaciones de transporte para todas estas variables; pero éstas contendrán nuevas incógnitas en número muy superior al de ecuaciones generadas. La dificultad de proponer expresiones o "cierres" para, por ejemplo, $D\, \overline{(\nabla c_1) \cdot (\nabla c_2)}$, $\overline{c_1^2}$, $\overline{c_2^2}$, $\overline{c_1\;\; c_2^2}$ y $\overline{c_1^2\;\; C_2}$ en función de $\bar{C}_1$, $\bar{C}_2$ y $\overline{c_1\, c_2}$ es alta; si, además, la temperatura varía, las fluctuaciones de $K_c\ (T) = B\, T^{\beta}\, e^{-\frac{T_a}{T}}$ convierten el problema de cierre en insuperable.

De manera análoga, la ecuación de transporte para la PDF conjunta de C_1 y C_2, $P\ (\Gamma_1, \Gamma_2; t)$, es

$$\frac{\partial P}{\partial t} = -\frac{\partial}{\partial \Gamma_1}\left[\overline{D\ (\nabla^2 C_1)\mid C_1 = \Gamma_1, C_2 = \Gamma_2}\ P\right] - \frac{\partial}{\partial \Gamma_2}\left[\overline{D\ (\nabla^2 C_2)\mid C_1 = \Gamma_1, C_2 = \Gamma_2}\ P\right] + \left(\frac{\partial}{\partial \Gamma_1} + \frac{\partial}{\partial \Gamma_2}\right)(K_c\ \Gamma_1\ \Gamma_2\ P)$$

que exige "cerrar" las difusiones condicionadas $\overline{D\ (\nabla^2 C_\alpha)\mid C_1 = \Gamma_1, C_2 = \Gamma_2}$, para $\alpha = 1, 2$. Sin embargo, el término de reacción química es cerrado y no necesita aproximación.

Flujos turbulentos con gradientes de las variables promediadas en fluidos de densidad constante

Descomponiendo las variables en sus promedios mas sus fluctuaciones, $v_i = U_i + u_i$, $p = \bar{p} + p'$ e $Y = \bar{Y} + y$, se obtienen fácilmente las ecuaciones

$$\frac{\partial U_j}{\partial x_j} = 0$$

$$\frac{\partial U_i}{\partial t} + U_j \frac{\partial U_i}{\partial x_j} = -\frac{1}{\rho}\frac{\partial \bar{p}}{\partial x_i} + \frac{\partial}{\partial x_j}\left[\nu \frac{\partial U_i}{\partial x_j} - \overline{u_i\, u_j}\right]$$

$$\frac{\partial \bar{Y}}{\partial t} + U_j \frac{\partial \bar{Y}}{\partial x_j} = \frac{\partial}{\partial x_j}\left[D \frac{\partial \bar{Y}}{\partial x_j} - \overline{u_j\, y}\right] + \frac{\overline{\dot{\omega}\ (Y)}}{\rho}$$

$$\frac{\partial \overline{u_i\, u_j}}{\partial t} + U_k \frac{\partial \overline{u_i\, u_j}}{\partial x_k} = -\overline{u_i\, u_k}\frac{\partial U_j}{\partial x_k} - \overline{u_j\, u_k}\frac{\partial U_i}{\partial x_k} - \frac{1}{\rho}\left(\frac{\partial \overline{p'\, u_j}}{\partial x_i} + \frac{\partial \overline{p'\, u_i}}{\partial x_j}\right) + \frac{1}{\rho}\,\overline{p'\left(\frac{\partial u_i}{\partial x_j} + \frac{\partial u_j}{\partial x_i}\right)}$$

$$+ \frac{\partial}{\partial x_k}\left[\nu \frac{\partial \overline{u_i u_j}}{\partial x_k} - \overline{u_k\left(u_i u_j\right)}\right] - 2\nu\, \overline{(\nabla u_i)\cdot(\nabla u_j)}$$

$$\frac{\partial \overline{u_i y}}{\partial t} + U_j \frac{\partial \overline{u_i y}}{\partial x_j} = - \overline{u_j y}\, \frac{\partial U_i}{\partial x_j} - \overline{u_i u_j}\, \frac{\partial \overline{Y}}{\partial x_j} - \frac{1}{\rho}\, \overline{y \frac{\partial p'}{\partial x_i}}$$

$$+ \frac{\partial}{\partial x_j}\left[\nu \frac{\partial \overline{u_i y}}{\partial x_j} - \overline{u_j\left(u_i y\right)}\right] - 2\nu\, \overline{(\nabla u_i)\cdot(\nabla y)} + \frac{\overline{u_i\, \dot{\omega}\, (Y)}}{\rho}$$

$$\frac{\partial}{\partial t}\, \frac{1}{2}\, \overline{u_i u_i} + U_k \frac{\partial}{\partial x_k}\, \frac{1}{2}\, \overline{u_i u_i} = - \overline{u_i u_k}\, \frac{\partial U_i}{\partial x_k} - \frac{1}{\rho}\, \frac{\partial \overline{p' u_i}}{\partial x_i}$$

$$+ \frac{\partial}{\partial x_k}\left[\nu \frac{\partial}{\partial x_k}\left(\frac{1}{2}\, \overline{u_i u_i}\right) - \overline{u_k\left(\frac{1}{2}\, u_i u_i\right)}\right] - \overline{\varepsilon}$$

$$\frac{\partial}{\partial t}\left(\frac{1}{2}\, \overline{y^2}\right) + U_j \frac{\partial}{\partial x_j}\left(\frac{1}{2}\, \overline{y^2}\right)$$

$$= - \overline{u_j y}\, \frac{\partial \overline{Y}}{\partial x_j} + \frac{\partial}{\partial x_j}\left[D \frac{\partial}{\partial x_j}\left(\frac{1}{2}\, \overline{y^2}\right) - \overline{u_j\left(\frac{1}{2}\, y^2\right)}\right] - \overline{\varepsilon}_y$$

$$+ \frac{\overline{y\, \dot{\omega}\, (Y)}}{\rho}$$

$$\frac{\partial \overline{\varepsilon}}{\partial t} + U_k \frac{\partial \overline{\varepsilon}}{\partial x_k}$$

$$= -2\nu\, \overline{u_{i,j}\, u_{i,k}}\, \frac{\partial U_k}{\partial x_j} - 2\nu\, \overline{u_{i,j}\, u_{k,j}}\, \frac{\partial U_i}{\partial x_k} - 2\nu\, \overline{u_k\, u_{i,j}}\, \frac{\partial^2 U_i}{\partial x_j\, \partial x_k}$$

$$- 2\nu\, \overline{u_{i,j}\, u_{k,j}\, u_{i,k}}$$

$$- \frac{2\nu}{\rho}\, \overline{u_{i,j}\, p'_{,ij}} + \frac{\partial}{\partial x_k}\left[2\nu \frac{\partial \overline{\varepsilon}}{\partial x_k} - \overline{u_k\, \varepsilon}\right] - 2\nu^2\, \overline{(\nabla u_{i,j})\cdot(\nabla u_{i,j})}$$

$$\frac{\partial \bar{\varepsilon}_y}{\partial t} + U_j \frac{\partial \bar{\varepsilon}_y}{\partial x_j} = -2\, \overline{\varepsilon_y\, n_i\, n_j}\, \frac{\partial U_j}{\partial x_i} - 2\, D\, \overline{u_{j,i}\; y_{,i}}\, \frac{\partial \bar{Y}}{\partial x_j} - 2\, D\, \overline{u_j\; y_{,i}}\, \frac{\partial^2 \bar{Y}}{\partial x_i\, \partial x_j} - 2\, \overline{\varepsilon_y\; a_N}$$

$$+ \frac{\partial}{\partial x_j}\left[D\, \frac{\partial \bar{\varepsilon}_y}{\partial x_j} - \overline{u_j\, \varepsilon_y}\right] - 2\, D^2\, \overline{(\nabla y_{,i}) \cdot (\nabla y_{,i})} + \frac{\partial \bar{Y}}{\partial x_i}\, 2\, D\, \overline{y_{,i}\, \frac{\partial \left[\frac{\dot{\omega}\,(Y)}{\rho}\right]}{\partial Y}} + 2\, \overline{\varepsilon_y\, \frac{\partial \left[\frac{\dot{\omega}\,(Y)}{\rho}\right]}{\partial Y}}$$

donde

$$\bar{\varepsilon} = \nu\, \overline{(\nabla u_i) \cdot (\nabla u_i)} = \nu\, \overline{\frac{\partial u_i}{\partial x_j}\, \frac{\partial u_i}{\partial x_j}}$$

$$\bar{\varepsilon}_y = D\, \overline{(\nabla y) \cdot (\nabla y)} = D\, \overline{\frac{\partial y}{\partial x_j}\, \frac{\partial y}{\partial x_j}}$$

$$u_{i,j} = \frac{\partial u_i}{\partial x_j} \quad , \quad n_i = -\frac{1}{|\nabla y|}\, \frac{\partial y}{\partial x_i} \quad , \quad a_N = n_i\, s_{ij}\, n_j$$

Las ecuaciones anteriores ilustran, de nuevo, el "problema de cierre" de las ecuaciones de momentos que describen los flujos turbulentos:

- Las ecuaciones para **U** e $\bar{Y}$ contienen las incógnitas $-\overline{u_i\, u_j}$ (el tensor de esfuerzos de Reynolds dividido por ρ), $-\overline{u_j\, y}$ (la convección turbulenta de las fluctuaciones del escalar) y $\overline{\frac{\dot{\omega}\,(Y)}{\rho}}$ (la conversión química promediada).

- Las ecuaciones para $\overline{u_i\, u_j}$, $\frac{1}{2}\,\overline{u_i\, u_i}$, $\overline{u_i\, y}$ y $\frac{1}{2}\,\overline{y^2}$ contienen, a su vez, las incógnitas $\overline{p'\, u_i}$, $\overline{p'\, (u_{i,j} + u_{j,i})}$, $\overline{u_k\, (u_i\, u_j)}$, $\nu\, \overline{(\nabla u_i) \cdot (\nabla u_j)}$, $\overline{y\, \frac{\partial p'}{\partial x_i}}$, $\overline{u_j\, (u_i\, y)}$, $\nu\, \overline{(\nabla u_i) \cdot (\nabla y)}$, $\overline{u_i\, \frac{\dot{\omega}\,(Y)}{\rho}}$, $\overline{u_k\, \left(\frac{1}{2}\, u_i\, u_i\right)}$, $\bar{\varepsilon}$, $\overline{u_j\, \left(\frac{1}{2}\, y^2\right)}$, $\bar{\varepsilon}_y$ y $\overline{y\, \frac{\dot{\omega}\,(Y)}{\rho}}$.

- Las ecuaciones para $\bar{\varepsilon}$ y $\bar{\varepsilon}_y$ introducen las incógnitas adicionales
$\overline{u_{i,j}\, u_{i,k}}$, $\overline{u_k\, u_{i,j}}$, $\overline{u_{i,k}\, u_{k,j}\, u_{i,j}}$, $\overline{u_{i,j}\, p'_{,ij}}$, $\overline{u_k\, \varepsilon}$, $\nu^2\, \overline{(\nabla u_{i,j}) \cdot (\nabla u_{i,j})}$,

$\overline{\varepsilon_y\, n_i\, n_j}$, $\overline{u_{j,i}\, y_{,i}}$, $\overline{u_j\, y_{,i}}$, $\overline{\varepsilon_y\, a_N}$, $\overline{u_j\, \varepsilon_y}$, $D^2\ \overline{(\nabla y_{,i})\cdot(\nabla y_{,i})}$,
$\overline{D\ y_{,i}\ \dfrac{\partial \frac{\dot\omega\,(Y)}{\rho}}{\partial Y}}$ y $\overline{\varepsilon_y\ \dfrac{\partial \frac{\dot\omega\,(Y)}{\rho}}{\partial Y}}$.

La esperanza de cerrar las ecuaciones, a cualquier nivel, mediante hipótesis racionales se desvanece, principalmente por la presencia de momentos de $\frac{\dot\omega\,(Y)}{\rho}$ que es, normalmente, un término altamente no lineal. Históricamente se han usado varias aproximaciones para cerrar las ecuaciones, la mayoría de las cuales recurre a hipótesis de transporte con el gradiente de la propiedad correspondiente con un coeficiente de difusividad turbulenta. Se expresa, por ejemplo,

$$-\overline{u_i\, u_j} + \frac{1}{3}\ \overline{u_k\, u_k}\ \delta_{ij} = \nu_T \left(\frac{\partial\, U_i}{\partial\, x_j} + \frac{\partial\, U_j}{\partial\, x_i}\right)$$

$$-\ \overline{u_j\ y} = D_T\ \frac{\partial\, \overline{Y}}{\partial\, x_j}$$

donde ν_T y D_T son las difusividades turbulentas viscosa y másica, respectivamente, funciones de $\mathbf{x}$ y de t. Estas expresiones no resuelven el problema de cierre, dado que las incógnitas del tensor de esfuerzos de Reynolds y del vector de convección escalar turbulenta, se expresan en función de otras dos funciones desconocidas, ν_T y D_T. El problema de cierre se transfiere, por tanto, de la cuantificación de los transportes turbulentos de cantidad de movimiento y del campo escalar a la especificación de las funciones de difusividad turbulenta de ambas variables, $\nu_T\,(\mathbf{x}, t)$ y $D_T\,(\mathbf{x}, t)$.

Las expresiones anteriores se basan en una analogía entre los transportes molecular y turbulento de cantidad de movimiento y de escalar. Aunque los mecanismos físicos de los transportes molecular y por convección turbulenta de ambas variables son conceptualmente diferentes, las expresiones anteriores se vienen usando desde hace muchas décadas. En el transporte molecular ν y D son propiedades del fluido, mientras que en la convección turbulenta ν_T y D_T son campos dependientes del flujo; algunos investigadores han sugerido que ν_T y D_T debieran tener expresiones no locales para integrar las características del flujo turbulento en un extorno de $\mathbf{x}$ y en periodos anteriores al tiempo t .

Si se aceptan las expresiones anteriores como definiciones de ν_T y D_T, ambas variables tienen dimensiones de m^2/s, y se pueden expresar como el producto de una velocidad, u_c, por una longitud, l_c, características (recuérdese que el coeficiente de viscosidad molecular en un gas es proporcional al recorrido libre medio multiplicado por la velocidad característica de las moléculas). Así pues,

$$\nu_T \propto u_c\, l_c$$

A su vez, se define un número de Schmidt turbulento

$$Sc_T = \frac{\nu_T}{D_T}$$

que en gases se supone de orden unidad. La primera aproximación, usada históricamente, para ν_T se conoce con el nombre de "longitud de mezcla" y la propuso Prandtl en capas límites turbulentas sobre placas planas. Supuso que

$$\nu_T = l_m \left|\frac{\partial U}{\partial y}\right| l_m$$

donde l_m (x, y) es la "longitud de mezcla", función de la coordenada x en sentido del flujo medio y de la distancia, y, a la pared. Para un perfil de velocidad media U (x, y), $l_m \left|\frac{\partial U}{\partial y}\right|$ es la velocidad característica a una distancia l_m de la pared.

Una generalización de la expresión anterior para LES se debe a Smagorinsky que propuso

$$\nu_T = l_m^2 \; S$$

donde

$$S = \left(2\, S_{ij}\, S_{ij}\right)^{1/2}, \qquad y \;\; S_{ij} = \frac{1}{2}\left(\frac{\partial \bar{U}_i}{\partial x_j} + \frac{\partial \bar{U}_j}{\partial x_i}\right)$$

y l_m es el tamaño de malla computacional de la LES.

Otra propuesta, debida independientemente a Kolmogorov y a Prandtl, es elegir la velocidad $u_c = C\left(\frac{1}{2}\,\overline{u_l\, u_l}\right)^{1/2} = C\; k^{1/2}$, donde la energía cinética turbulenta se designa por k. Por tanto,

$$\nu_T = C\; k^{1/2}\, l_m$$

Si se considera conocida la "longitud de mezcla", l_m, k (**x**, t) se puede calcular mediante la ecuación

$$\frac{\partial k}{\partial t} + U_j \frac{\partial k}{\partial x_j} = -\frac{\partial}{\partial x_j}\underbrace{\left[\overline{u_j\left(\frac{1}{2}\, u_l\, u_l\right)} + \frac{1}{\rho}\,\overline{p'\, u_j} - \nu\,\frac{\partial k}{\partial x_j}\right]}_{\overline{T_j}} - \overline{u_l\, u_j}\,\frac{\partial U_i}{\partial x_j} - \bar{\varepsilon}$$

Los términos primero y tercero del lado derecho son incógnitas y, por tanto, presentan un problema de cierre. El segundo término es de producción de energía cinética turbulenta por interacción entre los esfuerzos de Reynolds, $-\overline{u_i u_j}$, y el gradiente de la velocidad media [1]. La tasa de disipación de k, $\bar{\varepsilon}$, se puede aproximar como

$$\bar{\varepsilon} = C_D \frac{k^{3/2}}{l_m}$$

Con esta hipótesis

$$\nu_T = C\, C_D \frac{k^2}{\bar{\varepsilon}}$$

T_j en la ecuación de k se modela como un proceso de difusión con el gradiente

$$T_j = -\nu_T \frac{\partial k}{\partial x_j}$$

Un modelo de uso más generalizado que el anterior es el denominado k - $\bar{\varepsilon}$, en el que se resuelven las ecuaciones para k, descrita anteriormente, y para $\bar{\varepsilon}$. ν_T se puede expresar en términos de k y $\bar{\varepsilon}$ como,

$$\nu_T = C_\mu \frac{k^2}{\bar{\varepsilon}}$$

donde C_μ es una constante.

La ecuación exacta y no cerrada para $\bar{\varepsilon}$ se aproxima por

$$\frac{\partial \bar{\varepsilon}}{\partial t} + U_j \frac{\partial \bar{\varepsilon}}{\partial x_j} = \frac{\partial}{\partial x_j}\left(\frac{\nu_T}{\sigma_{\bar{\varepsilon}}} \frac{\partial \bar{\varepsilon}}{\partial x_j}\right) + C_{\varepsilon 1} \frac{\bar{\varepsilon}}{k}\left(-\overline{u_i u_j} \frac{\partial U_i}{\partial x_j}\right) - C_{\varepsilon 2} \frac{\bar{\varepsilon}^2}{k}$$

con términos de difusión, producción y disipación de $\bar{\varepsilon}$, respectivamente, en el lado derecho de la ecuación. No es fácil establecer una comparación rigurosa entre los lados derechos de las ecuaciones exacta y “modelada” para $\bar{\varepsilon}$. $\frac{\nu_T}{\sigma_{\bar{\varepsilon}}} = \nu_{\bar{\varepsilon}}$ es el coeficiente de transporte turbulento de $\bar{\varepsilon}$ y la relación $\sigma_{\bar{\varepsilon}} = \frac{\nu_T}{\nu_{\bar{\varepsilon}}}$ es la relación entre los coeficientes de transporte de cantidad de movimiento y de tasa de disipación. Los valores típicos que se suelen usar para las constantes del modelo k $-$ $\bar{\varepsilon}$, son [2]:

$$C_\mu = 0.09\ , \qquad C_{\bar{\varepsilon}1} = 1.44\ , \qquad C_{\bar{\varepsilon}2} = 1.92\ , \quad \sigma_{\bar{\varepsilon}} = 1.3$$

En un intento de mejorar las predicciones del modelo $k - \bar{\varepsilon}$ para algunos flujos turbulentos se han usado modelos para las ecuaciones de los esfuerzos de Reynolds, que añaden más complicación para formular aproximaciones coherentes y físicamente "realizables".

Como se indicó anteriormente, se puede tratar el campo escalar de manera similar al de la turbulencia. Se establecen, a menudo, analogías entre los transportes de cantidad de movimiento y del escalar, y se define el número de Schmidt turbulento $Sc_T = \frac{\nu_T}{D_T}$, con lo que D_T se puede expresar en función de ν_T y usar las aproximaciones de la "longitud de mezcla" o del modelo $k - \bar{\varepsilon}$. En realidad, el estudio riguroso del escalar exigiría tratar una ecuación para $\frac{1}{2}\overline{y^2}$, equivalente a la de k, y otra para $\bar{\varepsilon}_y$, equivalente a la de $\bar{\varepsilon}$. Se tendría así un modelo $\frac{1}{2}\overline{y^2} - \bar{\varepsilon}_y$, equivalente al $k - \bar{\varepsilon}$. Una posible aproximación, que tendría en cuenta la estructura tanto del campo escalar como de la turbulencia, combinaría ambos modelos; se podría suponer $l_c \propto (D \frac{\overline{y^2}}{\bar{\varepsilon}_y})^{1/2}$ y $u_c \propto lc\, (\frac{\bar{\varepsilon}}{\nu})^{1/2}$, con lo cual, $D_T \propto \left(D \frac{\overline{y^2}}{\bar{\varepsilon}_y}\right) (\frac{\bar{\varepsilon}}{\nu})^{1/2}$.

Algunos investigadores intentan desarrollar una ecuación modelada para $\bar{\varepsilon}_y$ para escalares inertes y reactivos enfrentándose a grandes dificultades.

Como ya se ha dicho, la complicación, hasta el presente insuperable, es la modelización de los momentos relacionados con el término químico altamente no lineal. Esta es la razón por la que se utilizan metodologías basadas en las ecuaciones de transporte para la PDF del escalar, o para la PDF conjunta del escalar y la velocidad, $P_Y(\Gamma; \mathbf{x}, t)$ o $P_{Y,\mathbf{v}}(\Gamma, U, V, W; \mathbf{x}, t)$. Algunos investigadores han propuesto el uso de ecuaciones de transporte de las PDFs conjuntas del escalar y su gradiente, $P_{Y,|\nabla Y|}(\Gamma, \mathbf{G}; \mathbf{x}, t)$ o de la velocidad y su gradiente, o, incluso de escalar y velocidad y sus respectivos gradientes [6].

Ejemplo. Chorro axisimétrico EE

Un chorro en el que se inyecta el combustible a una velocidad U_J en una boquilla de diámetro d en una corriente paralela de aire es un flujo típico de sistemas con combustión no premezclada. La fracción de mezcla, f, definida con anterioridad, permite reducir el problema reactivo a uno de mezcla sin combustión. La Figura 10.1 muestra curvas de contorno instantánea, media y de rms de f para un chorro confinado que se mezcla con un coflujo de oxidante.

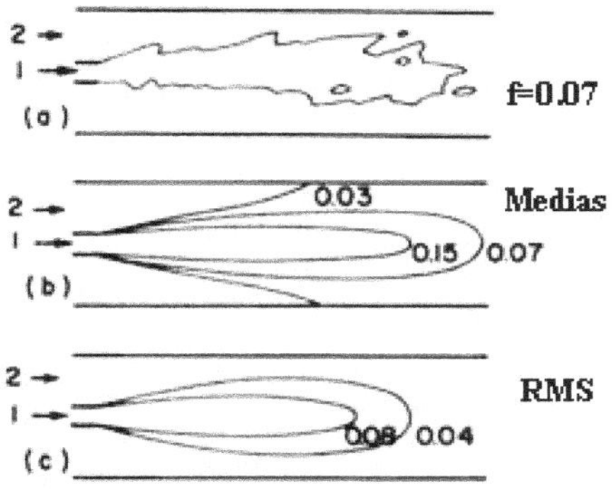

Figura 10.1. Fracción de mezcla instantánea, media y rms (adaptada de Bilger [7])

Las curvas instantáneas varían continuamente espacial y temporalmente. En aplicaciones de ingeniería es generalmente suficiente especificar los dos primeros momentos (media y rms).

Para chorros estadísticamente axisimétricos y estacionarios de densidad constante se pueden escribir las ecuaciones de promedios de Reynolds en coordenadas cilíndricas. Se suele suponer chorros esbeltos o casi-paralelos, en los que la longitud característica de variación de la velocidad y de la fracción de mezcla en dirección radial es mucho menor que la correspondiente longitud en dirección axial. Las ecuaciones completas de promedios de Reynolds de continuidad, cantidad de movimiento y conservación de la fracción de mezcla se pueden simplificar usando esta hipótesis y suponiendo además alto número de Reynolds y reducirlas a [1]

$$\frac{\partial}{\partial x}(\overline{u})+\frac{1}{r}\frac{\partial}{\partial r}(r\overline{v})=0$$

$$\overline{u}\frac{\partial \overline{u}}{\partial x}+\overline{v}\frac{\partial \overline{v}}{\partial r}-\frac{1}{r}\frac{\partial}{\partial r}\left(r\nu_t\frac{\partial \overline{u}}{\partial r}\right)=0$$

$$\overline{u}\frac{\partial \overline{f}}{\partial x}+\overline{v}\frac{\partial \overline{f}}{\partial r}-\frac{1}{r}\frac{\partial}{\partial r}\left(rD_t\frac{\partial \overline{f}}{\partial r}\right)=0$$

donde los esfuerzos de Reynolds y la convección turbulenta de f se han aproximado con una hipótesis de transporte con el gradiente correspondiente

$$-\rho\overline{u'v'}=\rho\nu_t\frac{\partial \overline{u}}{\partial r}$$

$$-\rho\overline{u'f'}=\rho D_t\frac{\partial \overline{f}}{\partial r}$$

donde ν_t y D_t son la viscosidad y la difusividad turbulentas, respectivamente. Como ya se ha indicado, esta aproximación de cierre de las ecuaciones es conceptualmente cuestionable; no tiene validez general pero se ha utilizado hace algunas décadas.

Si se supone también que la evolución del chorro viene determinada solamente por la velocidad, u_c, y la fracción de mezcla máximas en su eje y por una longitud característica en dirección radial, l(x), las ecuaciones anteriores admiten solución de auto-semejanza. Esto implica [1]

$$\frac{\overline{u}}{u_c}=F_1(\xi) \qquad \frac{\overline{f}}{f_c}=F_2(\xi) \qquad \xi=\frac{r}{l(x)}$$

Teniendo en cuenta, además, que la cantidad de movimiento inyectada por el chorro se mantiene constante, se puede obtener [1]

$$u_c(x)=5{,}9\,U_J\,(d/x) \qquad f_c(x)=5{,}3\,(d/x) \qquad l(x)=0{,}125\,x$$

El número de Reynolds, $Re_T = u_c(x)\, l(x)/\,\nu_t$, es aproximadamente constante.

Con la serie de aproximaciones anteriores, se obtiene la solución siguiente de las ecuaciones de conservación anteriores

$$\frac{\bar{u}}{U_J} = \frac{5.9}{\left(x/d\right)}\left[1 + 63.8\left(\frac{r}{x}\right)^2\right]^{-2}$$

$$\bar{f} = \frac{5.3}{\left(x/d\right)}\left[1 + 63.8\left(\frac{r}{x}\right)^2\right]^{-2\frac{\nu_t}{D_t}}$$

con un número de Schmidt turbulento, ν_t/D_t de aproximadamente 0,7. Estos modelos empíricos dan bastante buenos resultados para la chorros no reactivos, y ν_t y D_t no varían mucho en todo el campo. La Figura 10.2 compara los promedios de la velocidad axial y de la fracción de mezcla para un chorro de aire caliente medidos experimentalmente y las soluciones anteriores.

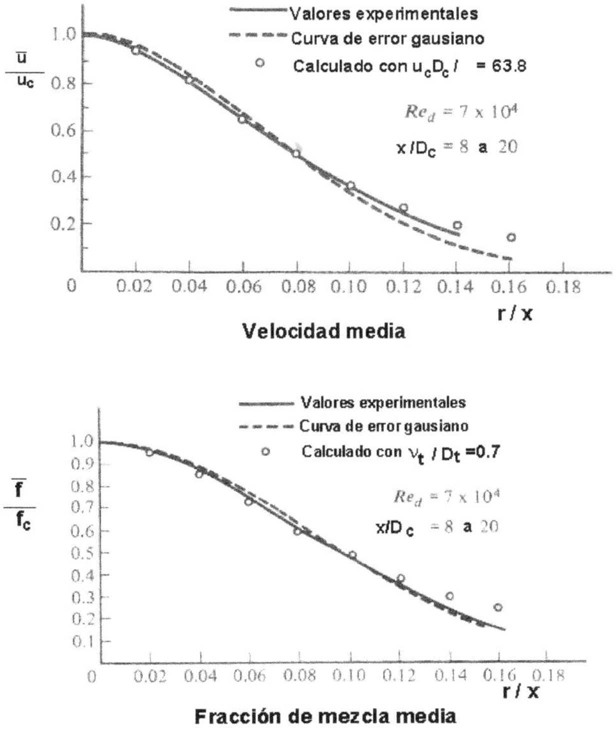

Figura 10.2. Velocidad y fracción de mezcla medias en un chorro inerte (adaptado de Hinze [8])

La ecuación de transporte para varianza de la fracción de mezcla $g = \overline{f'^2}$ se puede aproximar por

$$\rho\bar{u}\frac{\partial g}{\partial x}+\rho\bar{v}\frac{\partial g}{\partial r}-\frac{1}{r}\frac{\partial}{\partial r}\left(r\rho D_t\frac{\partial g}{\partial r}\right)=2\rho D_t\left(\frac{\partial\bar{f}}{\partial r}\right)^2-\rho\bar{\chi}$$

donde $\overline{\mathrm{X}} = 2\mathrm{D}\,\overline{\frac{\partial f'}{\partial x_k}\,\frac{\partial f'}{\partial x_k}}$ es el promedio de la tasa de disipación de las fluctuaciones de f, que usualmente se modela utilizando g, κ y ε.

Flujo turbulento de fluidos con densidad variable

Si la densidad del fluido es variable las ecuaciones de continuidad y cantidad de movimiento están acopladas con la ecuación de la energía interna del fluido (o cualquier otra forma de ecuación térmica). Para flujos con escalares reactivos, la ecuación de transporte de éstos está también acoplada con las anteriores. Las ecuaciones locales e instantáneas que gobiernan el flujo y la mezcla-reacción de un escalar son [3]

$$\frac{\partial\rho}{\partial t}+\frac{\partial\rho v_j}{\partial x_j}=0$$

$$\frac{\partial\rho v_i}{\partial t}+\frac{\partial\rho v_i v_j}{\partial x_j}=-\frac{\partial p}{\partial x_i}+\frac{\partial\tau'_{ij}}{\partial x_j}$$

$$\frac{\partial\rho Y}{\partial t}+\frac{\partial\rho Y v_j}{\partial x_j}=\frac{\partial}{\partial x_j}\left(\rho D\frac{\partial Y}{\partial x_j}\right)+\frac{\dot{\omega}(Y)}{\rho}$$

$$\frac{\partial\rho h_s}{\partial t}+\frac{\partial\rho h_s v_j}{\partial x_j}=\frac{\partial p}{\partial t}+v_j\frac{\partial p}{\partial x_j}+\frac{\partial}{\partial x_j}\left(k\frac{\partial T}{\partial x_j}\right)+\tau'_{ij}\frac{\partial v_i}{\partial x_j}+\dot{\omega}_T$$

donde

$$\tau'_{ij}=\mu\left(\frac{\partial v_i}{\partial x_j}+\frac{\partial v_j}{\partial x_i}\right)-\frac{2}{3}\mu\frac{\partial v_k}{\partial x_k}\delta_{ij}$$

es el tensor de esfuerzos viscosos,

$$h_s=\int_{T_0}^{T}C_p\,(T')\,dT'$$

es la entalpía sensible de la mezcla, k es el coeficiente de conductividad térmica, y $\dot{\omega}_T$ es la generación de calor por combustión. La descomposición de Reynolds para cada variable en su media y su fluctuación conduce, por ejemplo, para la ecuación de continuidad a

$$\frac{\partial \bar{\rho}}{\partial t} + \frac{\partial \bar{\rho}\, \bar{v}_j}{\partial x_j} + \frac{\partial \overline{\rho'\, v_j'}}{\partial x_j} = 0$$

La correlación $\overline{\rho'\, v_j'}$ es una incógnita que se ha de modelar y aparecería como una fuente de masa para las variables promedio $\bar{\rho}$ y $\bar{v}_j$. Esta y otras varias correlaciones que incluyen ρ' representan un obstáculo importante en la modelación de las ecuaciones de momentos. Para evitar esta dificultad Favre propuso el uso de promedios ponderados con la densidad, es decir, [3]

$$\tilde{v}_j = \frac{\overline{\rho\, v_j}}{\bar{\rho}}$$

En esta promediación de Favre las variables se descomponen como

$$v_j = \tilde{v}_j + v_j''$$

siendo

$$\widetilde{v_j''} = 0$$

La relación entre los promedios de Reynolds y de Favre no es sencilla. Dado que

$$v_j = \bar{v}_j + v_j' = \tilde{v}_j + v_j''$$

se obtiene

$$\bar{v}_j = \tilde{v}_j + \overline{v_j''}$$

$$\tilde{v}_j = \bar{v}_j + \widetilde{v_j'}$$

de las que se deduce que

$$\overline{v_j''} = -\frac{\overline{\rho'\, v_j'}}{\bar{\rho}}\ P$$

Por otro lado, $\overline{\rho'^2} = \bar{\rho}\,(\tilde{\rho} - \bar{\rho})$ y $\overline{\rho''^2} = \tilde{\rho}\,(\tilde{\rho} - \bar{\rho})$. Como $\overline{\rho'^2} \geq 0$ y $\overline{\rho''^2} \geq 0$, $\tilde{\rho} \geq \bar{\rho}$ y $\overline{\rho''^2} \geq \overline{\rho'^2}$. Por tanto, la PDF de Favre

$$\widetilde{P_\rho}\,(\Delta; \mathbf{x}, t) = \frac{\overline{\rho\,(\mathbf{x}, t)\ \delta\,[\Delta - \rho\,(\mathbf{x}, t)]}}{\bar{\rho}\,(\mathbf{x}, t)}$$

tendrá una media $\tilde{\rho}$ desplazada hacia la derecha de $\bar{\rho}$ y una dispersión (varianza), $\overline{\rho''^2}$, mayor que la de la PDF de Reynolds

$$P_\rho\,(\Delta;\mathbf{x},t) = \overline{\delta\,[\Delta - \rho\,(\mathbf{x},t)]}$$

Tomando promedios de Reynolds de las ecuaciones anteriores y usando la descomposición de Favre se obtienen las ecuaciones [3]

$$\frac{\partial\,\bar{\rho}}{\partial\,t} + \frac{\partial\,\bar{\rho}\,\tilde{v}_j}{\partial\,x_j} = 0$$

$$\frac{\partial\,\bar{\rho}\,\tilde{v}_i}{\partial\,t} + \frac{\partial\,\bar{\rho}\,\tilde{v}_i\,\tilde{v}_j}{\partial\,x_j} = -\frac{\partial\,\bar{p}}{\partial\,x_i} + \frac{\partial}{\partial\,x_j}\left(\overline{\tau_{ij}} - \bar{\rho}\,\widetilde{v_i''\,v_j''}\right)$$

$$\frac{\partial\,\bar{\rho}\,\tilde{Y}}{\partial\,t} + \frac{\partial\,\bar{\rho}\,\tilde{v}_j\,\tilde{Y}}{\partial\,x_j} = \frac{\partial}{\partial\,x_j}\left[\bar{\rho}\,\widetilde{D\,\frac{\partial\,Y}{\partial\,x_j}} - \bar{\rho}\,\widetilde{v_j''\,Y''}\right] + \frac{\overline{\dot{\omega}\,(Y)}}{\rho}$$

$$\frac{\partial\,\bar{\rho}\,\tilde{h}_s}{\partial\,t} + \frac{\partial\,\bar{\rho}\,\tilde{v}_j\,\tilde{h}_s}{\partial\,x_j} = \frac{\partial\,\bar{p}}{\partial\,t} + \overline{v_j\,\frac{\partial p}{\partial\,x_j}} + \frac{\partial}{\partial\,x_j}\left[\overline{k\,\frac{\partial\,T}{\partial\,x_j}} - \bar{\rho}\,\widetilde{v_j''\,h_s''}\right] + \overline{\tau_{ij}'\,\frac{\partial\,v_i}{\partial\,x_j}} + \overline{\dot{\omega}_T}$$

Las ecuaciones promediadas de conservación de cantidad de movimiento, del escalar y de la energía son, con la metodología de Favre, formalmente idénticas a las obtenidas para el caso de densidad constante usando promedios de Reynolds. Para "cerrar" los términos desconocidos se suelen usar hipótesis similares a las reseñadas anteriormente para ρ = constante. Por ejemplo,

$$-\,\bar{\rho}\,\widetilde{v_j''\,Y''} = \frac{\mu_T}{Sc_T}\,\frac{\partial\,\tilde{Y}}{\partial\,x_j}$$

$$-\,\bar{\rho}\,\widetilde{v_i''\,v_j''} + \frac{1}{3}\,\bar{\rho}\,\widetilde{v_k''\,v_k''}\,\delta_{ij} = \mu_T\left(\frac{\partial\,\tilde{v}_i}{\partial\,x_j} + \frac{\partial\,\tilde{v}_j}{\partial\,x_i} - \frac{2}{3}\,\frac{\partial\,\tilde{v}_k}{\partial\,x_k}\,\delta_{ij}\right)$$

Se puede generar ecuaciones adicionales para $\bar{\rho}\,\widetilde{v_i''\,v_j''}$, $\bar{\rho}\,\widetilde{v_j''\,Y''}$, $\frac{1}{2}\,\bar{\rho}\,\widetilde{v_i''\,v_i''}$, $\frac{1}{2}\,\bar{\rho}\,\widetilde{Y''^2}$, $\bar{\rho}\,\tilde{\varepsilon}$, y , $\bar{\rho}\,\tilde{\varepsilon}_Y$, y proponer hipótesis de cierre al nivel que se desee.

Una de las razones para utilizar promedios de Favre es que al medir la velocidad con un tubo de Pitot en un flujo compresible se obtiene el valor de $\overline{\frac{1}{2}\,\rho\,v_i\,v_i} = \frac{1}{2}\,\bar{\rho}\,\tilde{v}_i\,\tilde{v}_i + \frac{1}{2}\,\bar{\rho}\,\widetilde{v_i''\,v_i''}$, expresión mucho más compacta que la obtenida con promedios de Reynolds. Por otro lado, la ecuación de estado, por ejemplo, de un gas perfecto con peso molecular constante es $p = \frac{R}{W}\,\rho\,T$, que se puede promediar para obtener

$$\bar{p} = \frac{R}{W} \bar{\rho} \tilde{T} = \frac{R}{W} (\bar{\rho} \bar{T} + \overline{\rho' T'})$$

Sin embargo, cuando el peso molecular de la mezcla es variable

$$\frac{1}{W} = \sum_{\alpha=1}^{N} \frac{Y_\alpha}{W_\alpha}$$

se obtiene

$$\bar{p} = \sum_{\alpha=1}^{N} \frac{R}{W_\alpha} \bar{\rho} \left(\widetilde{Y_\alpha} \ \tilde{T} + \widetilde{Y''_\alpha T''} \right)$$

Al margen de la simplificación de las ecuaciones que conlleva la metodología de Favre, la dificultad principal de los flujos con combustión de aproximar los promedios del término químico persiste. Se recurre, por tanto, a la descomposición de Favre para definir la PDF, a partir de la PDF granular de Y, por ejemplo,

$$\delta = \delta \left[\Gamma - Y\left(\mathbf{x}, t\right) \right]$$

La ecuación de transporte de δ se puede obtener fácilmente,

$$\frac{\partial \rho \delta}{\partial t} + \frac{\partial \rho v_j \delta}{\partial x_j} = - \frac{\partial}{\partial \Gamma} \left[\frac{1}{\rho} \frac{\partial}{\partial x_j} \left(\rho D \frac{\partial Y}{\partial x_j} \right) (\rho \delta) \right] - \frac{\partial}{\partial \Gamma} \left[\frac{\dot{\omega}(\Gamma)}{\rho} (\rho \delta) \right]$$

Promediando la ecuación anterior se obtiene

$$\frac{\partial (\bar{\rho} P^F)}{\partial t} + \frac{\partial}{\partial x_j} \left(\bar{\rho} \ \tilde{v}_j P^F \right) + \frac{\partial}{\partial x_j} \left(\bar{\rho} \ \widetilde{v''_j \delta} \right)$$
$$= - \frac{\partial}{\partial \Gamma} \left[\overline{\frac{1}{\rho} \frac{\partial}{\partial x_j} \left(\rho D \frac{\partial Y}{\partial x_j} \right) | \, Y = \Gamma} \ \bar{\rho} P^F \right] - \frac{\partial}{\partial \Gamma} \left[\frac{\dot{\omega}(\Gamma)}{\rho} \bar{\rho} P^F \right]$$

donde

$$\overline{\rho \delta} = \bar{\rho} \tilde{\delta} = \bar{\rho} \ P^F(\Gamma; \mathbf{x}, t)$$

La convección turbulenta de δ se puede aproximar con una hipótesis de transporte con el gradiente como

$$- \bar{\rho} \ \widetilde{v''_j \delta} = \bar{\rho} D_T \frac{\partial P^F}{\partial x_j}$$

La dificultad sobresaliente es la aproximación de la difusión condicionada, $\overline{\frac{1}{\rho}\frac{\partial}{\partial x_j}\left(\rho D \frac{\partial Y}{\partial x_j}\right) | Y = \Gamma}$. Para esta incógnita se han usado modelos similares a los desarrollados para flujos turbulentos de fluidos de densidad constante, sin tener en cuenta que la evolución de las superficies iso-escalares, que determinan los gradientes de Y y, por tanto, la difusión molecular, es radicalmente diferente en el caso de densidad constante y en el de densidad variable.

Ecuaciones para sistemas con interfases de separación del flujo turbulento y del no-turbulento

Como se mencionó en el capítulo anterior, existen casos en los que una interfase delgada separa zonas de flujo turbulento (T) de regiones con flujo irrotacional (NT). La interfase se puede definir de varias maneras; por ejemplo, se puede suponer que en la interfase de espesor pequeño la enstrofía, $E = \frac{1}{2}\,\omega_i\,\omega_i$, pasa de cero en NT a un valor significativo y representativo del flujo turbulento en T. Alternativamente, se puede tomar una interfase escalar como la capa delgada en la cual el valor de Y $(\mathbf{x}, t)$ varía desde un valor nulo en la región "sin escalar" a un valor característico de la zona "con escalar". Asimismo, se puede utilizar, el módulo del gradiente del escalar para distinguir dos zonas.

En cualquier caso, la interfase de separación será una superficie no-material que, según se vio en el Capítulo 8, obedecerá la ecuación

$$\frac{\partial I}{\partial t} + v_j \frac{\partial I}{\partial x_j} = -V^I\,\delta(x_N)$$

donde I $(\mathbf{x}, t)$ es la función de intermitencia, que es nula en la región NT de enstrofía cero (o sin escalar) y unidad en la zona T con enstrofía positiva (o escalar distinto de cero). V^I es la velocidad de propagación de la interfase relativa al fluido y en dirección normal a la misma. $\delta(x_N)$, definida en el Capítulo 8, tiene dimensiones del inverso de una longitud, probablemente, el espesor característico de la interfase.

Como ya se indicó, las propiedades del flujo en la zona de $I = 1$ (T) son radicalmente diferentes de las del flujo en la región de $I = 0$ (NT o movimiento irrotacional). Se esperaría que la discriminación de ecuaciones para ambas zonas ayudaría a describir y aproximar los flujos más fácilmente. La metodología para generar las ecuaciones promediadas para cada región se ilustra a continuación para el caso de movimiento turbulento de un fluido de densidad constante. Combinando las ecuaciones de continuidad, cantidad de movimiento y conservación del escalar con la ecuación anterior para I se pueden obtener las ecuaciones locales e instantáneas

$$\frac{\partial\, I\, \rho}{\partial\, t} + \frac{\partial\, I\, \rho\, v_j}{\partial\, x_j} = -\rho\, V^I\ \delta\,(x_N)$$

$$\frac{\partial\, I\, \rho\, v_i}{\partial\, t} + \frac{\partial\, I\, \rho\, v_i\, v_j}{\partial\, x_j} = \frac{\partial}{\partial\, x_j}\left[I\left(-p\,\delta_{ij} + \tau'_{ij}\right)\right] - \left(-p\,\delta_{ij} + \tau'_{ij}\right) n_j\ \delta\,(x_N) - \rho\, v_i\, V^I\, \delta\,(x_N)$$

$$\frac{\partial\, I\, \rho\, Y}{\partial\, t} + \upsilon_j\, \frac{\partial\, I\, \rho\, Y\, v_j}{\partial\, x_j} = \frac{\partial}{\partial\, x_j}\left(-I\,\rho\, Y\, V_j^D\right) + I\,\frac{\dot{\omega}\,(Y)}{\rho} - \left(-\rho\, Y\, V_j^D\right) n_j\ \delta\,(x_N) - \rho\, Y\, V^I\ \delta\,(x_N)$$

Estas ecuaciones describen el flujo y el transporte del escalar en la región I = 1. Los términos de interacción de la zona I = 1 con la región de I = 0 aparecen explícitamente en el lado derecho de las ecuaciones. $-\rho\, V^I\ \delta\,(x_N)$ es una fuente de masa en la ecuación de continuidad que representa la "ingestión" másica por unidad de tiempo y por unidad de volumen de la zona NT a la región T. Análogamente, $I_{v_i}^{0/1} = -\rho\, v_i\, V^I\ \delta\,(x_N)$ y $I_Y^{0/1} = -\rho\, Y\, V^I\ \delta\,(x_N)$ representan las "ingestiones" de cantidad de movimiento y de escalar desde I = 0 hasta I = 1, respectivamente, por unidad de tiempo y de volumen. El término $F_i^{0/1} = -\left(-p\,\delta_{ij} + \tau'_{ij}\right) n_j\ \delta\,(x_N)$ representa la fuerza por unidad de volumen (presión y viscosa) que la zona I = 0 ejerce sobre la región I = 1 en la interfase. El flujo molecular del escalar desde I = 0 hacia I = 1 a través de la interfase viene dado por $F_Y^{0/1} = -\left(-\rho\, Y\, V_j^D\right) n_j\ \delta\,(x_N)$. Tomando promedios de las ecuaciones en I = 1 se obtiene

$$\frac{\partial\, \rho\, \gamma}{\partial\, t} + \frac{\partial\, \rho\, \gamma\, \bar{v}_j^1}{\partial\, x_j} = -\rho\, \overline{V^I\ \delta\,(x_N)}$$

$$\frac{\partial\, \rho\, \gamma\, \bar{v}_i^1}{\partial\, t} + \frac{\partial}{\partial\, x_j}\ \rho\, \gamma\, \bar{v}_i^1\, \bar{v}_j^1 + \frac{\partial}{\partial\, x_j}\ \rho\, \gamma\, \overline{v'_i\, v'_j}^{\,1} = \frac{\partial}{\partial\, x_j}\left[\gamma\left(-\bar{p}^1\,\delta_{ij} + \overline{\tau'_{ij}}^{\,1}\right)\right] + \overline{F_i^{0/1}} + \overline{I_{v_i}^{0/1}}$$

$$\frac{\partial \rho \gamma \overline{Y}^1}{\partial t} + \frac{\partial}{\partial x_j} \left(\rho \gamma \; \overline{Y}^1 \, \overline{v}_j^1 \right) + \frac{\partial}{\partial x_j} \; \rho \gamma \overline{y \, v_j'}^1$$

$$= \frac{\partial}{\partial x_j} \left(- \rho \gamma \overline{Y \, V_j^D}^1 \right) + \gamma \, \frac{\overline{\dot{\omega}\,(Y)}^1}{\rho} + \overline{F_Y^{0/1}} + \overline{I_Y^{0/1}}$$

donde $\gamma = (\mathbf{x}, t) = \overline{I}$, y el superíndice 1 tras la barra de promedio significa promedio solamente en la zona I = 1. La velocidad se descompone en $v_i = \overline{v}_i + v_i'$ (sin separar las dos zonas), $v_i = \overline{v}_i^1 + v_i'^1$ (en la zona I = 1) y $v_i = \overline{v}_i^0 + v_i'^0$ (en la zona I = 0). La velocidad promedio en cada zona se define como

$$\overline{I \, v_i} = \gamma \, \overline{v}_i^1$$

$$\overline{(1 - I) \, v_i} = (1 - \gamma) \, \overline{v}_i^0$$

con la relación

$$\overline{v}_i = \gamma \, \overline{v}_i^1 + (1 - \gamma) \, \overline{v}_i^0$$

$\overline{v}_i^1$ es la velocidad media ponderada con I (la probabilidad de que el punto (**x**, t) se encuentre en la zona I = 1) dividida por la probabilidad de que (**x**, t) se encuentre en T . La velocidad media sin discriminación zonal es la suma de las velocidades "regionales" promedio en I = 1 e I = 0 ponderadas con la frecuencia con que el punto (**x**, t) se encuentra en cada una de esas regiones. El término convectivo en la zona I = 1 da lugar a

$$\rho \, \overline{I \, v_i \, v_j} = \rho \gamma \, \overline{v_i' \, v_j'}^1 = \rho \gamma \left(\overline{v}_i^1 \, \overline{v}_j^1 + \overline{v_i' \, v_j'}^1 \right)$$

donde $- \rho \, \overline{v_i' \, v_j'}^1$ es el tensor de esfuerzos de Reynolds en la zona I = 1. De manera similar la convección del escalar se descompone como

$$\rho \, \overline{I \, Y \, v_j} = \rho \gamma \, \overline{Y \, v_j}^1 = \rho \gamma \left(\overline{Y}^1 \; v_j{}^1 + \overline{y \, v_j'}^1 \right)$$

Las ecuaciones promedio generadas con esta metodología separan el flujo "turbulento" T (I = 1) del resto y, por tanto, debieran representar con mayor precisión las características del flujo y convección caóticos". La dificultad, aparte de las ya reseñadas en las ecuaciones promedio no zonales, es la aparición de nuevas incógnitas $- \rho \, \overline{V^I \, \delta \, (x_N)}$, $\overline{F_i^{0/1}}$, $\overline{I_{v_i}^{0/1}}$, $\overline{F_Y^{0/1}}$ e $\overline{I_Y^{0/1}}$, que se han de "aproximar" en función de variables básicas a computar para poder integrar las ecuaciones así "cerradas".

Las ecuaciones zonales de transporte en la región I = 0 se pueden obtener, multiplicando por (1 – I) las ecuaciones de conservación de cantidad de movimiento y del escalar, y promediando. Se obtiene fácilmente

$$\frac{\partial\, \rho\,(1-\gamma)}{\partial\, t} + \frac{\partial\, \rho\,(1-\gamma)\,\overline{v_j}^0}{\partial\, x_j} = \rho\,\overline{V^I\ \delta\,(x_N)}$$

$$\frac{\partial}{\partial\, t}\left[\rho\,(1-\gamma)\,\overline{v_i}^0\right] + \frac{\partial}{\partial\, x_j}\left[\rho\,(1-\gamma)\,\overline{v_i}^0\,\overline{v_j}^0\right] + \frac{\partial}{\partial\, x_j}\left[\rho\,(1-\gamma)\,\overline{v_i'\,v_j'}^0\right] =$$

$$= \frac{\partial}{\partial\, x_j}\left[(1-\gamma)\left(-\,\bar{p}^0\,\delta_{ij} + \overline{\tau'_{ij}}^0\right)\right] - \overline{F_i^{0/1}} - \overline{I_{v_i}^{0/1}}$$

$$\frac{\partial}{\partial\, t}\left[\rho\,(1-\gamma)\,\overline{Y}^0\right] + \frac{\partial}{\partial\, x_j}\left[\rho\,(1-\gamma)\,\overline{Y}^0\,\overline{v_j}^0\right] + \frac{\partial}{\partial\, x_j}\,\rho\,(1-\gamma)\,\overline{y\,v_j'}^0 =$$

$$= \frac{\partial}{\partial\, x_j}\left[(1-\gamma)\left(\overline{-\,\rho\, Y\, V_j^D}^0\right)\right] + (1-\gamma)\,\frac{\overline{\dot{\omega}\,(Y)}^0}{\rho} - \overline{F_Y^{0/1}} - \overline{I_Y^{0/1}}$$

en las que las "ingestiones" de masa, cantidad de movimiento y escalar para la zona I = 0 tienen el mismo valor y signos contrarios que en las ecuaciones para la zona I = 1. Es decir, la masa "ingerida" en I = 1 se transfiere de la zona I = 0, igual que el resto de variables. Del mismo modo, los flujos moleculares de cantidad de movimiento (fuerzas de presión y viscosas) y del escalar son iguales y de sentidos contrarios en ambas ecuaciones.

Sumando las ecuaciones de transporte "zonales" en I = 1 y en I = 0 se obtienen las ecuaciones tradicionales no condicionadas, teniendo en cuenta que

$$\overline{v_i} = \gamma\,\overline{v_i}^1 + (1-\gamma)\ \overline{v_i}^0$$

$$\overline{v_i\,v_j} = \overline{I\,v_i\,v_j} + \overline{(1-I)\,v_i\,v_j} = \gamma\,\overline{v_i\,v_j}^1 + (1-\gamma)\ \overline{v_i\,v_j}^0$$

$$\bar{p} = \gamma\,\bar{p}^1 + (1-\gamma)\,\bar{p}^0$$

$$\overline{\tau'_{ij}} = \gamma\,\overline{\tau'_{ij}}^1 + (1-\gamma)\ \overline{\tau'_{ij}}^0$$

$$\overline{Y\,v_j} = \overline{I\,Y\,v_j} + \overline{(1-I)\,Y\,v_j} = \gamma\,\overline{Y\,v_j}^1 + (1-\gamma)\,\overline{Y\,v_j}^0$$

$$\overline{Y\,V_j^D} = \gamma\,\overline{Y\,V_j^D}^1 + (1-\gamma)\,\overline{Y\,V_j^D}^0$$

$$\frac{\overline{\dot{\omega}\,(Y)}}{\rho} = \overline{I\,\frac{\dot{\omega}\,(Y)}{\rho}} + \overline{(1-I)\,\frac{\dot{\omega}\,(Y)}{\rho}} = \gamma\,\frac{\overline{\dot{\omega}\,(Y)}^1}{\rho} + (1-\gamma)\,\frac{\overline{\dot{\omega}\,(Y)}^0}{\rho}$$

Referencias

[1] Tennekes, H. and Lumley, J. L., A First Course in Turbulence; MIT Press, Cambridge, Mass., 1972.
[2] Pope, S. B., Turbulent Flows; Cambridge University Press, Cambridge, 2000.
[3] Poinsot, T. and Veynante, D., Theoretical and Numerical Combustion; Edwards, Philadelphia, 2001.
[4] Davidson, P.A., Turbulence, an introduction for scientists and engineers; Oxford University Press, 2004.
[5] Dopazo, C. and O'Brien, E.E., An approach to the autoignition of a turbulent mixture, Acta Astronautica Vol. 1, 1239-1266, 1974.
[6] Dopazo, C., Recent development in PDF methods, in Turbulent Reacting Flows, Eds. Libby, P.A. and Williams, F.A., 375-474; Academic Press, 1994.
[7] Bilger, R. W., Combustion and Air Pollution, Lecture Notes, MEngSc Course, University of Sydney, 1994.
[8] Hinze, J. O., Turbulence, McGraw Hill, New York, 1987.

Capítulo 11

Teoría de llamas, Parte 2

Llamas turbulentas

Eduardo Brizuela

Introducción

La combustión en motores diesel, turbinas a gas, muchos hornos industriales e incendios, es esencialmente no-premezclada y altamente turbulenta. La llama de chorro de difusión turbulenta es el problema modelo para tales sistemas.
Estas llamas tienen muchas características en común con las llamas laminares de difusión. La transición de flujo laminar a turbulento ocurre en un rango de números de Reynolds entre 2000 y 10000, basado en la viscosidad cinemática del combustible frío. La viscosidad cinemática de los productos de combustión puede ser más apropiada para definir la región de transición.

Llamas de difusión turbulenta

Teoría del escalar conservado en química rápida

En condiciones turbulentas de reacción química la definición de fracción de mezcla y sus ecuaciones de transporte para la media y la varianza aún se pueden aplicar. La restricción de difusividades iguales no es muy severa en flujos turbulentos, ya que las diferencias entre los bk debidos a difusión diferencial, y las desviaciones del coeficiente de correlación respecto de la unidad son proporcionales a $1/Re_t$. Esto es consistente con la Hipótesis de Similaridad, en que los efectos a escala fina están confinados al extremo del espectro, a altos números de onda.
Los métodos teóricos que se basan en escalares conservados tales como la fracción de mezcla **f** tienen la ventaja de evitar tratar de promediar el término de velocidad de reacción. Asumiendo la forma más simple de velocidad de reacción, el promedio sería:

$$\bar{\omega}_c = -\overline{A_c y_c^a y_o^b e^{-E/RT}} \neq -\overline{A}_c \overline{y}_c^a \overline{y}_o^b e^{-E/R\overline{T}}$$

El error introducido al usar la última expresión puede ser de varios órdenes de magnitud, particularmente cuando la química es rápida y es la mezcla la que controla la velocidad.
En el método de escalar conservado el campo de mezcla es obtenido resolviendo ecuaciones de transporte para $\overline{f}$ f y $\overline{f'^2}$. Si asumimos que los efectos de la densidad se pueden corregir como se dijo más arriba, el promedio de f estaría dado por:

$$\bar{f} = \frac{5.3}{\left(x/D_c \right)} \sqrt{\frac{\rho_c}{\bar{\rho}_{comb}}} \left[1 + 63.8 \left(\frac{r}{x} \right)^2 \right]^{-2\frac{v_t}{D_t}}$$

y $f_{rms}/\bar{f}$ se obtendrían de una figura como las dadas. En la última ecuación ρ_{comb} es la densidad media en la región de la llama y no la del fluido circundante ρ_o, dado que esta ecuación sale de balancear cantidades de movimiento y la mayor parte del impulso cerca del eje es el de la llama, cuya densidad es más cercana a ρ_{comb} que a ρ_o. Igual que en el caso de la llama laminar la llama estará ubicada en la superficie de contorno donde f = fs. Luego, la longitud media de la llama estará dada por:

$$\frac{L_m}{D_c} \cong \frac{5.3}{f_s} \sqrt{\frac{\rho_c}{\bar{\rho}_{comb}}}$$

Para estimar la longitud visible de la llama, recordemos que el ojo retiene las imágenes sucesivas, por lo que la longitud visible será la superposición de todas las longitudes vistas. Si la llama es turbulenta y responde a una curva de Gauss el 95% de las longitudes estarán comprendidas entre la media mas dos rms y la media menos dos rms; solo la mayor es la que se ve.

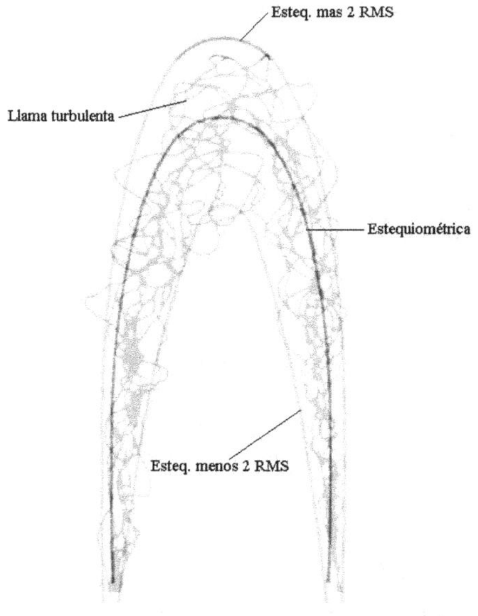

Figura 11.1: Llama turbulenta y contorno visible

Luego, si a la media dada por la formula anterior le sumamos dos rms tendremos la longitud visible.Digamos $\bar{f}$ + 2 frms = f_s o bien, $\bar{f} = f_s / (1+2\, f_{rms} / \bar{f}) = f_s / 1.46$, donde hemos tomado $f_{rms} / \bar{f} \approx 0.23$ en el eje del chorro. Con este valor de $\bar{f}$ resulta una longitud de llama visible $L_v \cong 1.46 L_m$

Para una llama de difusión de hidrógeno en aire $\rho_c = 0.083$ kg/m^3; $\rho_{comb} = 0.15$ kg/m^3, $f_s = 0.0283$, lo que resulta en $L_m \approx 140\ D_c$; $L_v \approx 200\ D_c$.

La figura siguiente muestra valores de L_m / D_c en función del número de Froude $U_c/ g\ D_c$; el número de Froude nos indica la influencia de la flotación , y esta es tal que aumenta el mezclado y acorta la llama.

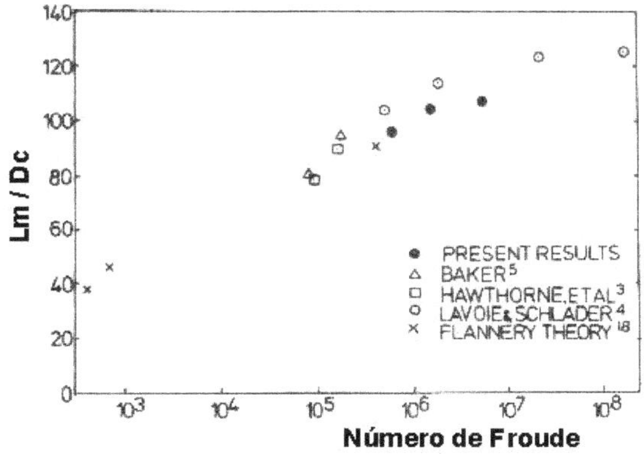

Figura 11.2: Longitud media de una llama de hidrógeno en aire (adaptado de Bilger y Beck [1])

La solución obtenida para L_m (140 diámetros) sería aplicable a un número de Froude infinito; se aprecia que este valor sobrepredice la longitud de llama en un 10%.

La figura siguiente corresponde a un número de Froude de 6x10^5, lo que según la figura anterior correspondería a una longitud media de unos 90 diámetros.

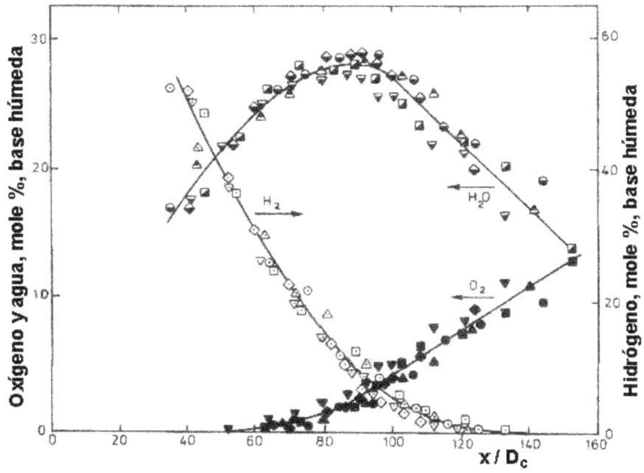

Figura 11.3: Concentraciones en dirección axial, llama de hidrógeno en aire (adaptado de Bilger y Beck [1])

En la figura se ve que la longitud de llama visible L_v sería de unos 130 D_c, que es 1.4 veces el valor anterior, lo que estaría de acuerdo con la teoría desarrollada más arriba, es decir, L_v / L_m estaría bien, es L_m la que es muy alta.
Las figuras corresponden a distintos experimentos con diferentes diámetros y velocidades de chorro. Luego, estas figuras muestran que para un número de Froude dado las concentraciones de las especies principales son independientes del número de Reynolds y de la escala de tiempo del problema D_c / U_c. Esto es consistente con la Hipótesis de Similaridad y la presunción de química rápida.
La considerable superposición de los perfiles de H_2 y O_2 en la segunda figura no indica, por supuesto, lentitud de las reacciones químicas sino el resultado de las fluctuaciones de la fracción de mezcla. El punto de muestreo está alternativamente en el lado rico y en el lado pobre de la llama.
Las composiciones y temperaturas medias pueden obtenerse asumiendo química rápida y usando el método SCRS o equilibrio químico, para obtener valores de equilibrio $y_i^e(f)$ y $T^e(f)$. Los valores medios entonces se obtendrían de:

$$\bar{y}_i = \int_0^1 y_i^e(f)p(f)df$$

$$\bar{T} = \int_0^1 T^e(f)p(f)df$$

$$\bar{\rho} = \int_0^1 \rho^e(f)p(f)df$$

De manera similar se obtienen las fracciones molares.
Podemos plantear un ejercicio práctico usando los datos de la figura a $x/D_c \approx 95$ donde $\bar{f}$ = fs. Asumimos que la PDF es gaussiana y llamamos f'= frms (no confundir con la fluctuación $f' = f - \bar{f}$):

$$p(f / f') = \frac{1}{\sqrt{2\pi}} e^{-\frac{(f-\bar{f})^2}{2f'^2}}$$

y usamos el modelo SCRS y p(f) = p(f/ f')/ f'. En la región rica

$$y_{H2}^e = y_{H2,comb} \frac{f - f_s}{1 - f_s}$$

$$\bar{y}_{H2,s} = y_{H2,comb} \int_{f_s}^1 \frac{f - f_s}{1 - f_s} \frac{1}{\sqrt{2\pi}} \frac{1}{f'} e^{-\frac{(f-\bar{f})^2}{2f'^2}} df$$

Resulta

$$\bar{y}_{H2,s} = \frac{y_{H2,comb} f'}{\sqrt{2\pi}(1 - f_s)}$$

(Nota: no hace falta integrar entre 0 y f_s ya que en ese rango $y_{H2} = 0$)
Similarmente obtenemos

$$\bar{y}_{O2,s} = \frac{y_{O,O} f'}{\sqrt{2\pi} f_s}$$

$$\bar{y}_{H2O,s} = y^e_{H2O,s}\left[1 - \frac{f'}{\sqrt{2\pi} f_s (1-f_s)}\right]$$

Para esta llama f_s=0.0283, $y_{H2,comb}$=1. Tomemos f'= 0.23 $\bar{f}$ = 0.23f_s y obtenemos $y_{H2,s}$ = 0.0027, $y_{O2,s}$ = 0.021; $y_{H2O,s}$ = 0.229. En fracciones molares estas serían 3.3, 1.6 y 29 por ciento, respectivamente. La figura anterior indica valores ligeramente más altos, del 7% y 3.5% para H_2 y O_2, y algo menos (28%) para H_2O. Aún teniendo en cuenta algo de disociación se ve que tendríamos que aumentar f'a aproximadamente 0.35 $\bar{f}$ para predecir estos valores, y, en efecto, hay cierta evidencia experimental al efecto de que las llamas de difusión con flotación tienen valores de fluctuación de la fracción de mezcla así de elevados.

La convolución con una PDF es una tarea tediosa. Se puede demostrar que para el modelo SCRS

$$\bar{y}^e_o = y^e_O(\bar{f}) + s y_B f' J_1(z_s)$$

$$\bar{y}^e_c = y^e_c(\bar{f}) + y_B f' J_1(z_s)$$

$$\bar{y}^e_p = y^e_p(\bar{f}) - (s+1) y_B f' J_1(z_s)$$

donde $y^e_i(\bar{f})$ es el valor de equilibrio computado con $f = \bar{f}$ y además

$$y_B = y_{c,c} / (1-f_s) = y_{o,o} / s f_s$$

$$J_1(z_s) = \int_{-f/f'}^{z_s} (z_s - z) p_z(z) dz - z_s H(z_s)$$

$$z = \frac{f - \bar{f}}{f'}$$

$$z_s = \frac{f_s - \bar{f}}{f'}$$

H es la función de Heaviside, H = 0 si z_s < 0 y H = 1 si z_s > 0 y z es la variable de integración.

La función integral J1(z_s) es poco dependiente de la forma de la PDF de la fracción de mezcla para las PDF's que normalmente se encuentran en flujo turbulento (gaussiana y función Beta). Se la puede reemplazar por una correlación obtenida de experimentos:

$$J_1(z_s) \approx 0.45\ e^{-z_s}$$

En resumen, dadas las medias $\bar{f}$ y varianzas f'en el punto considerado, se calcula $J_1(z_s)$ y se obtienen los valores de equilibrio $y_i^e(f)$ de una tabla precalculada, y así se forma el valor medio $\bar{y}^e_i$.

La figura siguiente ilustra el efecto de la convolución:

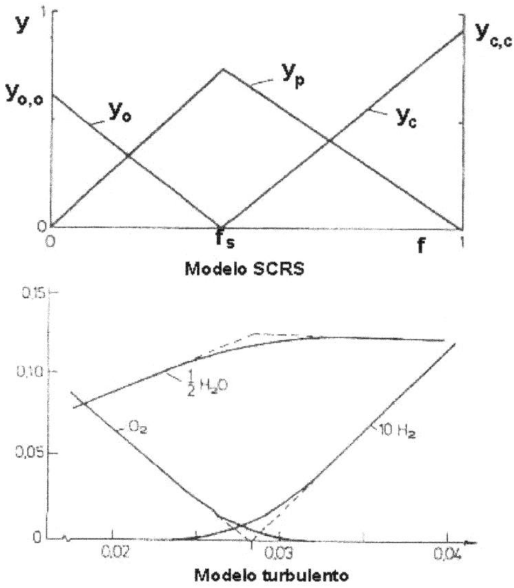

Figura 11.4: Modelo de un solo paso, laminar y turbulento

Se vé que el efecto de la turbulencia es aumentar las concentraciones medias de los reactantes y disminuir las de los productos con respecto a los valores perfectamente mezclados o "laminares", y la diferencia es proporcional al valor rms de la fracción de mezcla. Se pueden encontrar relaciones similares para la temperatura y la densidad, utilizando las relaciones lineales del modelo SCRS:

$$\frac{1}{\bar{\rho}}=\frac{1}{\rho^e\left(\bar{f}\right)}-\alpha_\rho\frac{\left\{v(f_s)-\left[(1-f_s)v_o+f_sv_c\right]\right\}}{f_s(1-f_s)}\bar{f}J_1(z_s)$$

$$\bar{T}=T\left(\bar{f}\right)-\alpha_T\frac{\left\{T(f_s)-\left[(1-f_s)T_o+f_sT_c\right]\right\}}{f_s(1-f_s)}\bar{f}J_1(z_s)$$

donde v es el volumen específico, inversa de la densidad.

La teoría así presentada desprecia los efectos de flotación en la mezcla, y la mayoría de los efectos de las grandes diferencias en densidad. Estos factores hacen dudoso el uso directo de los datos obtenidos del mezclado de chorros inertes de densidad uniforme. Por fortuna es posible resolver las ecuaciones de balance para los campos de flujo y fracción de mezcla incluyendo densidades variables, el efecto de flotación, y otros factores tales como corrientes co-fluyentes, y así obtener mejor acuerdo con los resultados experimentales para llamas de hidrógeno en aire.

Para llamas de hidrocarburos en aire ni el modelo SCRS ni el de equilibrio completo funcionan bien ya que modelan pobremente el CO, como ya se explicó. Las correlaciones entre especies y fracción de mezcla obtenidas de experimentos laminares se pueden utilizar para pesarlas con una PDF y obtener promedios para llamas turbulentas, con buen resultado.

Efectos cinéticos

La figura siguiente muestra mediciones de las especies principales, OH, NO y temperatura, graficadas versus la fracción de mezcla en una llama de difusión turbulenta de H_2 en aire a un número de Reynolds de 10000. La línea llena indica valores calculados en equilibrio.

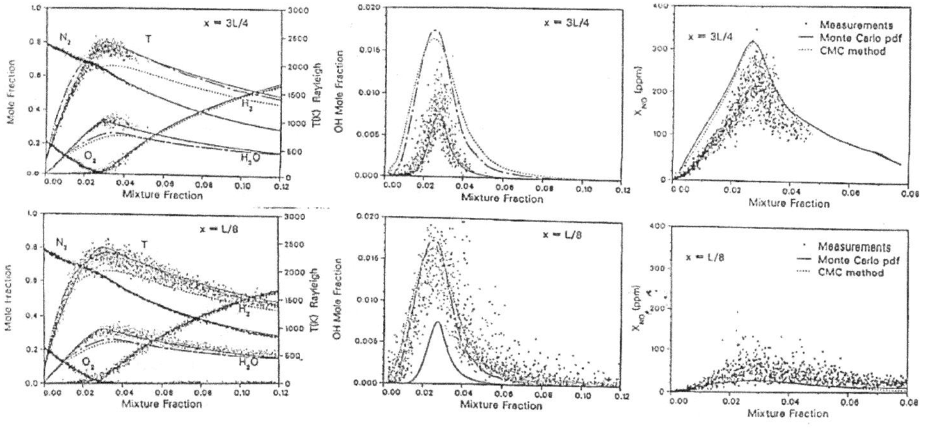

Figura 11.5: Mediciones en llama de hidrógeno (adaptado de Carter y Barlow [2])

Se ve que cerca del extremo de la llama las especies principales, OH y T están cerca de los valores de equilibrio. Cerca del inyector la temperatura está por debajo del valor de equilibrio para mezclas estequiométricas, y por encima para mezclas pobres. Lo último es debido a efectos de difusión diferencial, como se vió en llamas laminares. El radical OH cerca del inyector está en super-equilibrio (por encima del valor de equilibrio), y esto se atribuye a las reacciones lentas de recombinación, particularmente $H + O_2 + M \rightarrow HO_2 + M$

El oxido nítrico NO está por supuesto muy lejos de estar en equilibrio (que daría varios miles de ppm en equilibrio).

La figura también ilustra el uso de tres métodos de cálculo para los efectos cinéticos en llamas turbulentas. Las llamitas laminares de Peters asumen que la estructura de la llama puede ser modelada como un conjunto de llamitas laminares de difusión, cada una con una distinta disipación del escalar χ (que se especifica por la velocidad de estiramiento "a"), y pesa los resultados pre-obtenidos para llamas laminares usando PDF de dos variables, f y χ.

En el método de Pope, se usan técnicas de Monte Carlo para resolver ecuaciones de transporte de las PDF multivariables de todas las especies y componentes de velocidad. Los términos de difusión se modelan por un mecanismo de mezcla; su uso es limitado a mecanismos reducidos (para limitar las dimensiones de la PDF).

El método de Cierre por Momentos Condicionados fue desarrollado independientemente por Klimenko y por Bilger, y ha sido aplicado para predecir NO usando el mecanismo cinético completo e incluyendo pérdidas de calor.
Este método consiste en resolver una ecuación para la fracción de masa condicional $< y_i \mid h >$, que se expande como

$$< y_i \mid h > = < y_i (x, t) \mid f(x, t) = h >$$

que se lee como el valor medio de yi en el punto x (x = x, y, z) y al tiempo t, siempre que simultáneamente f(x, t) = h.
La ecuación a resolver es

$$\langle \rho U \mid \eta \rangle \frac{\partial}{\partial x} \langle y_i \mid \eta \rangle = \langle \omega_i \mid \eta \rangle + \frac{1}{2} \langle \rho \chi \mid \eta \rangle \frac{\partial^2}{\partial x^2} \langle y_i \mid \eta \rangle$$

donde U es el componente de velocidad en la dirección de la línea de corriente. Esta ecuación muestra en forma explícita el balance entre convección, reacción química y difusión molecular, todos los cuales contribuyen en los casos en que los tiempos de reacción química son comparables a los de mezclado.
En muchos modelos actualmente en uso se evita el error cometido al promediar el término de velocidad de reacción, para los casos en que el mezclado es el que comanda la reacción, usando el llamado modelo de ruptura de vórtices (Eddy Break-Up, o EBU) que da, para la velocidad de reacción:

$$\overline{\omega}_i = -\overline{\rho} C_{EBU} \frac{\varepsilon}{\kappa} \phi$$

donde C_{EBU} es una constante empírica, y se utiliza una variedad de maneras de especificar ϕ, como ser la concentración de combustible, o, si es menor, y_O/ r.

Llamas turbulentas premezcladas

Introducción

En la práctica los combustores utilizan combustión turbulenta, debido a los altos números de Reynolds del flujo y a las mayores intensidades de combustión que se pueden obtener con la combustión turbulenta. La combustión turbulenta homogénea (en fase gaseosa) puede clasificarse en principio en premezclada o de difusión, aunque en muchos casos ocurren ambos tipos. Los ejemplos de llamas turbulentas premezcladas incluyen grandes quemadores de calderas de gas, la llama en el motor de CI, y los posquemadores de los motores a reacción. Otras clasificaciones podrían ser estacionarias, ya sean abiertas (quemador Bunsen abierto) o cerradas (posquemador del reactor) y transitorias (generalmente cerradas como en el motor de CI o las llamas en tubos). Estas clasificaciones son importantes ya que la interacción entre la mecánica de los fluidos y la onda de combustión es crucial. Es esta interacción la que hace a la teoría de llamas turbulentas tan importante, ya que, a diferencia de la llama laminar, la velocidad de la llama no depende solamente de las propiedades de los reactantes.
Desafortunadamente la teoría de llamas turbulentas no ha progresado mucho desde la suposición original de Damkohler sobre los efectos de la turbulencia en la onda de

combustión. El postuló que los efectos eran de dos tipos; la turbulencia de mayor escala servía para arrugar el frente de llama, aumentando el área y, como cada porción del frente aún se propagaba con la velocidad laminar, la velocidad global de la llama aumentaba. Además, la turbulencia de menor escala aumenta la difusividad de calor y materia dentro del frente de llama y la velocidad de la llama también aumentaría.
Aunque estos conceptos de los efectos de la turbulencia en la estructura del frente de llama aún sirven de base al trabajo en la actualidad, hoy se reconoce que las propiedades de la turbulencia en la mezcla fresca no son suficientes para definir el problema, y otros efectos como la "turbulencia generada por la llama" y el problema del acoplamiento entre el frente de llama y el campo turbulento son cruciales para el problema.
En la década del 50 se libró una gran "batalla" entre los proponentes del modelo de llamas turbulentas basado en la hoja de llama arrugada, y los que proponían el concepto de la zona de reacción distribuida en el que el frente de llama es ensanchado por la turbulencia.
Se deben tener presentes las siguientes características de las llamas turbulentas:

1) La velocidad de la llama turbulenta es comúnmente un orden de magnitud o más grande que la velocidad laminar. Esto es de gran importancia puesto que la longitud de la llama es menor y el sistema de combustión puede hacerse más compacto.
2) El frente de llama es más grueso y a simple vista tiene una apariencia difusa de pincel.
3) Las llamas turbulentas son ruidosas, generando ruido blanco.

Llamas estacionarias no confinadas

La llama del quemador Bunsen en modo turbulento es el ejemplo más conocido de la llama estacionaria no confinada. Este, junto con las llamas planas turbulentas ha recibido gran atención por los experimentadores. Estacionario en este contexto significa que las propiedades promedio son estacionarias aunque el campo de flujo turbulento es por supuesto no estacionario. El término estacionario se usa para diferenciar estas llamas de aquellas que se propagan a partir de una fuente de ignición en un recipiente cerrado o un tubo.
La figura siguiente muestra la disposición típica del quemador Bunsen para generar llamas premezcladas; el chorro de gas arrastra el aire de combustión, y variando la posición del pico inyector se puede variar la proporción de premezclado:

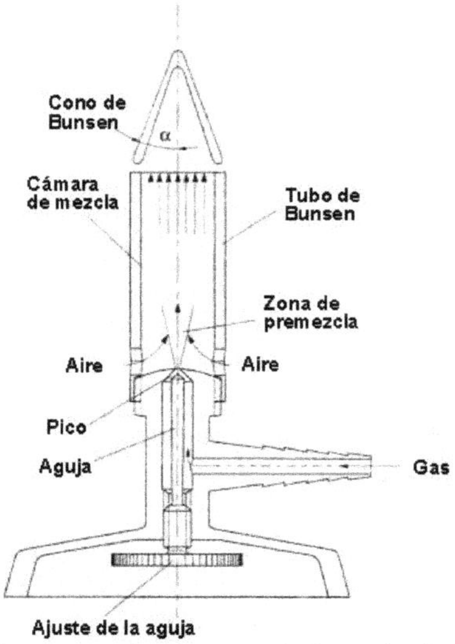

Figura 11.6: Quemador Bunsen (adaptado de Peters [3])

La figura muestra una llama típica de quemador Bunsen turbulenta y una llama laminar, mostrando una fotografía común (izquierda) y una instantánea Schlieren (derecha).

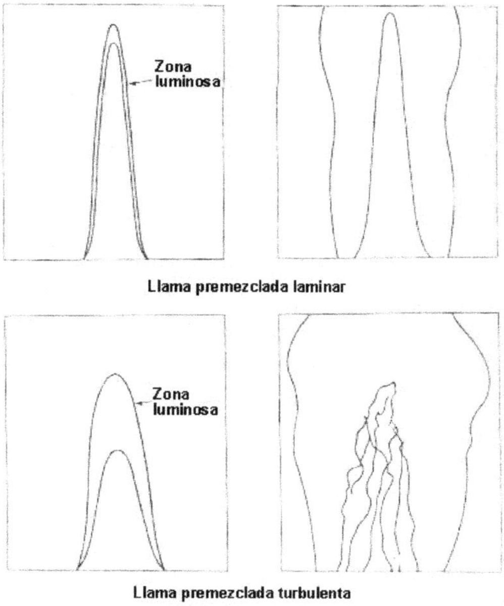

Figura 11.7: Fotografías de llamas laminares y turbulentas (adaptado de Williams [4])

Los gases quemados son no confinados en el sentido que se pueden expandir libremente, a diferencia de la llama en un conducto.
Para tales llamas no confinadas se considera que los gases frescos y sus propiedades turbulentas son los factores importantes que afectan la propagación de la llama. Básicamente no hay turbulencia generada en el seno de los gases quemados como en el caso de las llamas de estela (llamas donde la velocidad del flujo circundante excede la de la llama), dado que no se generan grandes tensiones de corte entre los gases quemados y el aire circundante. Por consiguiente este sistema debe considerarse controlado por la turbulencia que traen los chorros iniciales.
Experimentalmente la turbulencia de los chorros iniciales se puede producir utilizando un tubo largo con número de Reynolds alto (>2000), en cuyo caso la turbulencia es la de un flujo totalmente desarrollado a la salida del tubo. También se puede generar turbulencia casi-isotrópica (no-direccional) colocando grillas u otros accesorios en el flujo corriente arriba.
La mayoría de los resultados experimentales indican para estas llamas una estructura de frente de llama arrugado. La figura siguiente muestra la esencia del modelo de frente de llama arrugado originalmente propuesto por Damkohler.

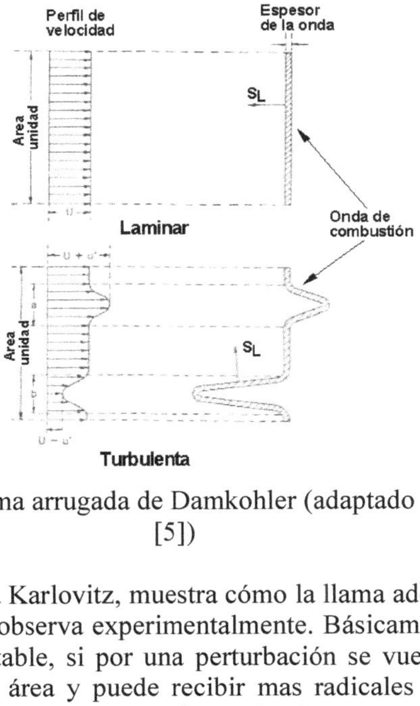

Figura 11.8: Modelo de llama arrugada de Damkohler (adaptado de Lewis y Von Elbe [5])

La próxima figura, debida a Karlovitz, muestra cómo la llama adquiere picos hacia los gases quemados, lo que se observa experimentalmente. Básicamente lo que sucede es que la llama plana es inestable, si por una perturbación se vuelve convexa hacia la mezcla fresca tiene mayor área y puede recibir mas radicales y reactantes frescos, aumentando su velocidad, y la inversa sucede con las áreas que son convexas hacia los productos de combustión.
De acuerdo a este modelo la razón de velocidad de llamas turbulenta a laminar debiera ser del orden del cociente entre área de frente arrugada y área proyectada. Sin

embargo, el efecto de la curvatura del frente sobre la velocidad de la llama altera un poco esta proporción.

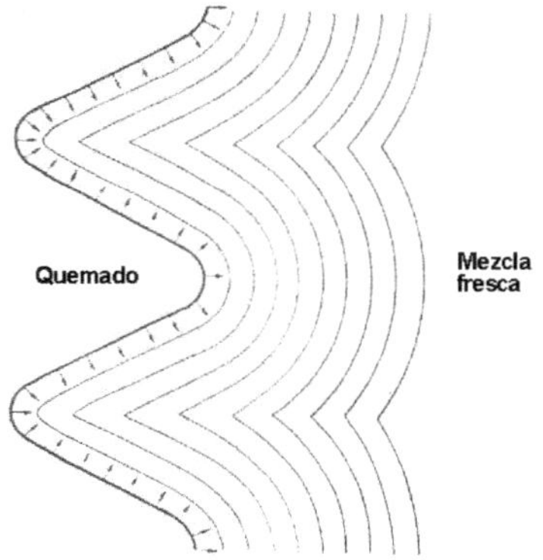

Figura 11.9: Modelo de llama arrugada de Karlovitz (adaptado de Lewis y Von Elbe [5])

Con este modelo simple de frente de llama arrugada es difícil justificar aumentos en velocidad de llama de laminar a turbulenta de más de tres o cuatro veces. Para obviar esta dificultad Shelkin ha propuesto que islas de mezcla no quemada se separan del frente de llama, como se muestra en la figura siguiente, multiplicando el área del frente de llama.

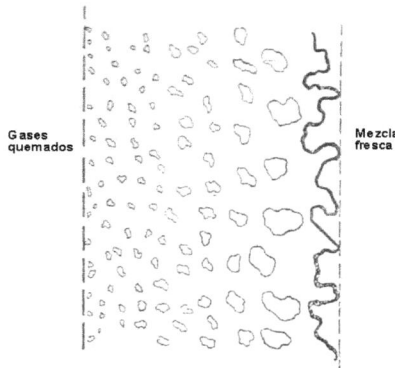

Figura 11.10: Modelo de llama en islas (adaptado de Gaydon and Wolfhard [6])

A pesar de la aparente simplicidad de este flujo no se han desarrollado ni una teoría general ni correlaciones empíricas para el efecto de la turbulencia en la velocidad de llama. Bollinger y Williams (Tercer Simposio) encontraron una correlación para sus resultados, como se muestra en la figura:

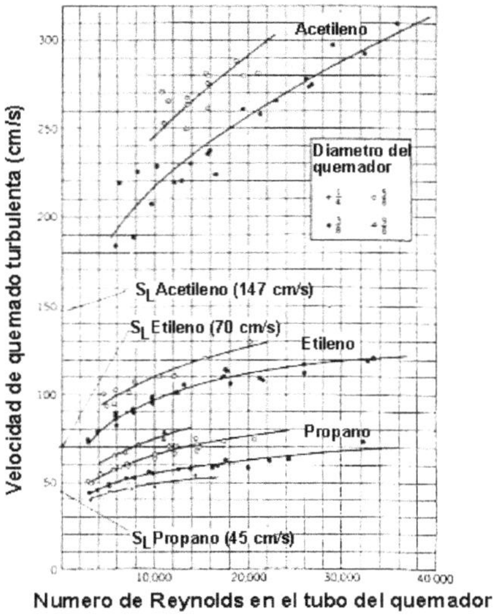

Figura 11.11: Correlación de velocidad turbulenta (adaptado de Williams y Bollinger [7])

Según estos resultados $S_T/S_L \cong 0.18\ d^{0.26}\ Re^{0.24}$, con el diámetro hidráulico d del tubo en cm.

Otros resultados pueden ser interpretados como $S_T = S_L + u'$ donde S_T y S_L son las velocidades laminar y turbulenta y u'el valor cuadrático medio de las fluctuaciones de velocidad en la mezcla no quemada. Karlovitz ha derivado la fórmula que se indica en la figura siguiente en base a argumentos heurísticos (lógicos pero sin base física) basados en la teoría de la turbulencia, pero su trabajo requiere postular la existencia de grandes cantidades de turbulencia generada por la combustión para coincidir con resultados experimentales.

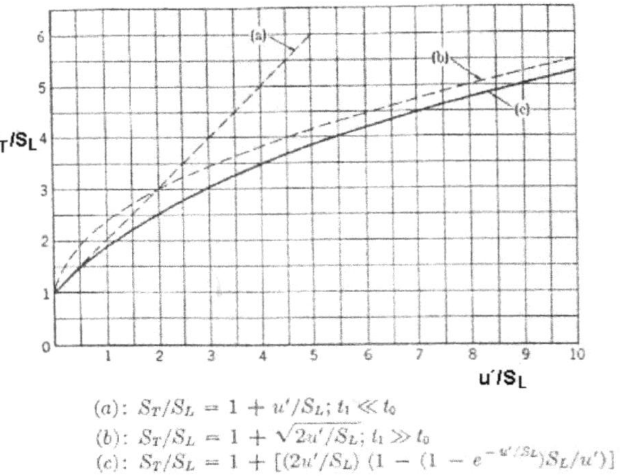

Figura 11.12: Correlación de velocidad turbulenta según Karlovitz (adaptado de Lewis y Von Elbe [5])

La presión también influencia la velocidad de llama turbulenta, como muestra la figura siguiente para una llama de metano en aire, con ϕ=0.9:

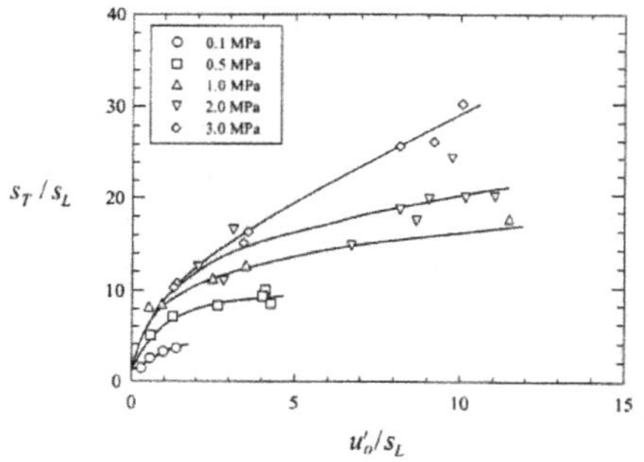

Figura 11.13: Velocidad de llama turbulenta (adaptado de Law [8])

Aunque los estudios recientes tienden a confirmar la estructura de frente arrugado para estas llamas, la influencia de la turbulencia de pequeña escala no puede ser descartada. La turbulencia consiste en un amplio espectro de tamaños de vórtices. Los vórtices mayores, de tamaño L, la llamada escala integral de la turbulencia, son del orden del ancho del flujo turbulento. Los más pequeños son del orden de L_K, la escala de Kolmogorov, siendo

$$L_K = \left(\frac{\nu^3}{\varepsilon}\right)^{1/4} \cong L\,\mathrm{Re}_t^{-3/4}$$

con Re = L $(2\kappa)^{1/2}/\nu$, siendo ν la viscosidad cinemática, κ la energía cinética de la turbulencia y ε su velocidad de disipación, que se puede aproximar como $\varepsilon \cong (2\kappa)^{3/2}/L$
Una escala intermedia, la microescala de Taylor , está dada por

$$\lambda_1 \equiv (2\kappa\nu / \varepsilon)^{1/2} \cong L\, Re_t^{-1/2}$$

Algunos criterios para determinar el efecto de la turbulencia en la estructura de la llama se pueden armar en base a estos parámetros de la mecánica de los fluidos y las cantidades δ y S_L, espesor y velocidad de la llama laminar.
Klimov y Williams han propuesto que la turbulencia sólo afecta el frente de llama, engrosándolo y aumentando la difusión efectiva (y por consiguiente, la velocidad de llama), si $L_K/\delta < 1$.
Si $L_K/\delta > 1$ habrá estiramiento y efectos de curvatura en el frente de llama, pero estos efectos serán locales y de segundo orden.
La hoja de llama arrugada puede convertirse en múltiplemente conexa cuando $(2\kappa)^{1/2}/S_L >> 1$.
Kovasnay propuso considerar el parámetro

$$\Gamma_K \equiv \sqrt{2k}\,\delta \Big/ \lambda_1 S_L$$

que indicaría un engrosamiento del frente de llama cuando $\Gamma_K >> 1$. Este es esencialmente un criterio de razón de tiempo de tránsito a través del frente de llama (δ/S_L) al tiempo de rotación de los vórtices pequeños ($\lambda_1/ (2\kappa)^{1/2}$). La figura siguiente de Williams da una interpretación de como depende la estructura de la llama de estos parámetros.

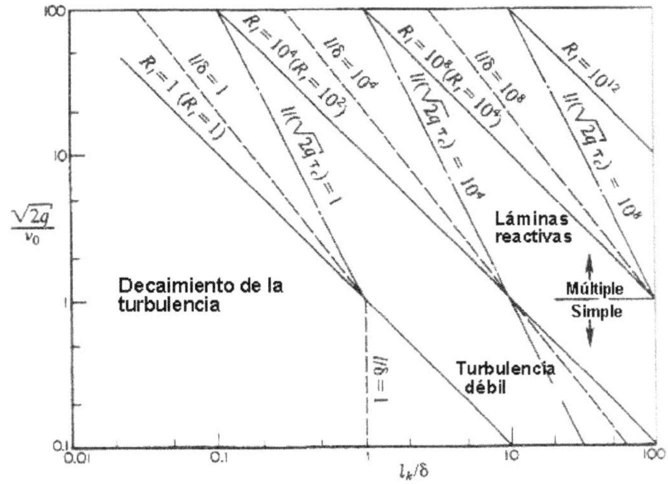

Figura 11.14: Efecto de la turbulencia en la estructura de la llama (adaptado de Williams [4])

A niveles de turbulencia ($(2\kappa)^{1/2}$) muy altos es posible extinguir la llama por mezcla turbulenta. El criterio apropiado probablemente sea $\varepsilon\delta/\ \kappa S_L >> 1$, pero la influencia del número de Lewis es aún importante.

Llamas estacionarias confinadas

La llama tipo de esta clase es una llama turbulenta que se extiende detrás de una varilla estabilizadora, en un conducto. Se considera que la extensión de la llama es controlada por la turbulencia generada por el alto nivel de tensiones de corte en la cola de gases quemados. Este flujo turbulento engolfa la mezcla fresca en una manera similar al engolfamiento del flujo potencial por el fluido turbulento en un chorro o una estela.

Las fotografías tomadas con técnica Schlieren indican que el frente de llama es arrugado y continuo, pero las tomas de muestras indican que hay considerable cantidad de mezcla fresca bien adentro del frente de llama, llegando incluso al eje de la llama, como se muestra en las figuras siguientes.

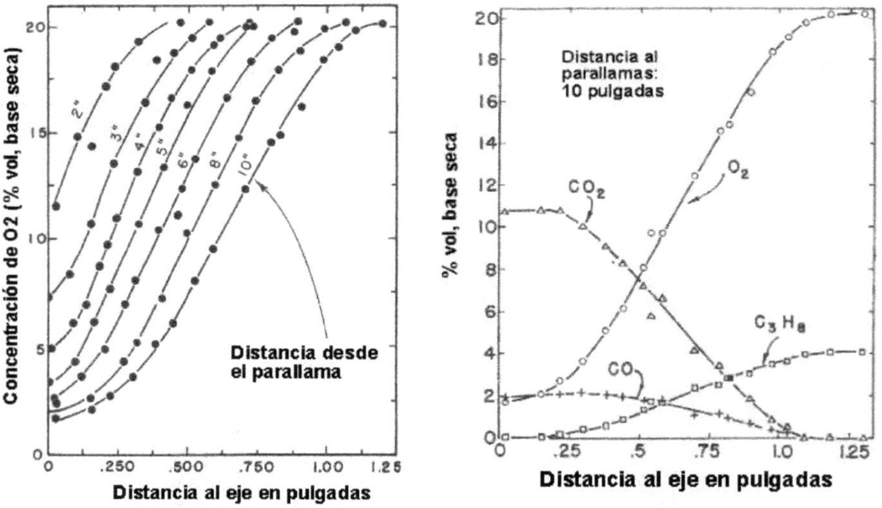

Figura 11.15: Concentraciones en llamas confinadas de propano (adaptado de Howe et al. [9])

La gran expansión volumétrica del gas quemado produce un flujo con altas tensiones de corte, como se muestra en la figura siguiente.

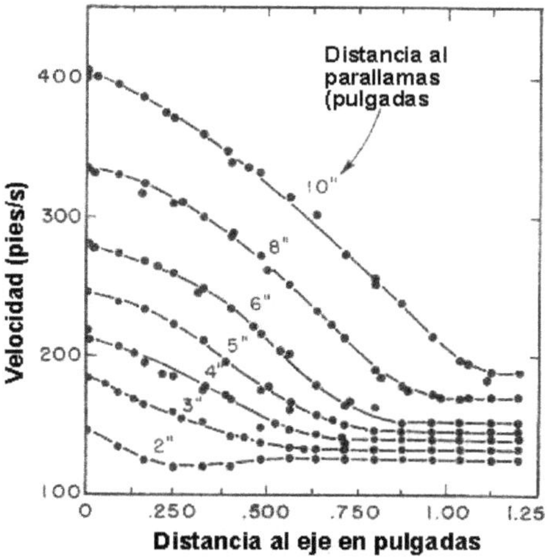

Figura 11.16: Cambios de velocidad en llamas confinadas de propano (adaptado de Howe et al. [9])

La estructura del frente de llama es evidentemente más parecida al modelo de Shelkin de islas separadas (ver más arriba), excepto que las islas de mezcla fresca estarán contorsionadas y sometidas a altas tensiones de corte. A valores altos del parámetro de Kovasnay Γ_K (ver más arriba), la turbulencia de pequeña escala probablemente rompa la delgada interfase del frente de llama laminar y así la zona de reacción se volverá más difusa.

Spalding ha desarrollado una teoría (Eddy Break-Up, EBU, o rotura de vórtices) basada en la manera en que se genera la turbulencia y cómo engolfa mezcla fresca en flujos turbulentos libres de tipo de corte. Esta teoría requiere la computación numérica del campo de flujo para ser aplicada. El método da buenas predicciones de la expansión de la llama y las últimas versiones dan resultados que concuerdan aceptablemente con las distribuciones de velocidad y concentración de las figuras anteriores. El modelo incorpora los efectos separados de transferencia de calor y masa y de reacción química en el control de la velocidad de combustión, y al mismo tiempo predice y hace uso de las fluctuaciones de concentración y temperatura en la región de alta temperatura. Aunque hacen falta más refinamientos, este tipo de llama, con este método, es el mejor comprendido de todas las llamas turbulentas premezcladas.

Llamas no estacionarias

Las dos llamas no estacionarias más importantes son la propagación de una llama turbulenta por un tubo lleno de mezcla combustible, y la propagación de una llama en un recipiente cerrado (como en un motor de CI). También es importante el crecimiento de una llama esférica en una mezcla combustible, ya que esto representa la situación de ignición.

Si una mezcla combustible en un tubo abierto o muy largo, es encendida en un extremo, la expansión de los productos de combustión causará un flujo de mezcla fresca empujado por el frente de llama, y, si el número de Reynolds es suficientemente alto, se formará un frente de llama turbulento.

La velocidad de la llama turbulenta es mayor que la de la llama laminar y es evidente que los niveles de turbulencia a ambos lados del frente de llama son importantes.

La velocidad de combustión se obtiene restando de la velocidad aparente del frente de llama la velocidad de la mezcla fresca.

En los motores de CI deliberadamente se crea turbulencia en la mezcla fresca mediante un diseño apropiado de las válvulas y zonas de extrusión. Estos diseños se usan para generar velocidades de llama cuatro veces o más, más altas que la velocidad laminar, lo que resulta en una combustión rápida pero uniforme, necesaria en los motores modernos de alta velocidad. El campo turbulento es muy complejo y difícil de investigar empíricamente o de analizar con algún grado de significación. La rotación de la masa gaseosa puede o no ser beneficiosa, dependiendo de la ubicación de la bujía de encendido. Los flujos con rotación y con un centro de gas caliente son estratificados y estables, y la mezcla turbulenta es suprimida; lo opuesto sucede en flujos en rotación con gas caliente en la parte exterior.

Modelado de llamas turbulentas

De lo anterior es evidente que el estudio de llamas turbulentas por medios analíticos es muy restringido, lo cual implica un serio desafío ya que las llamas turbulentas son de aplicación general en todos los sistemas de combustión, y por lo tanto en la actualidad los esfuerzos se concentran en el modelado por métodos computacionales. El modelado computacional, sin embargo, resulta sumamente complejo por varios factores:

- En lo que respecta a la química de la combustión, se encuentran amplios rangos de escalas de tiempo y de espacio. Algunos de los fenómenos más importantes se asocian a altos gradientes de mezcla, temperatura y densidad en delgados frentes de llama, lo que requiere mayores números de puntos de cálculo. La química requiere considerar decenas sino cientos de especies y cientos sino miles de reacciones simultáneas. Todo esto incrementa enormemente el esfuerzo computacional requerido.
- En lo que respecta a la turbulencia, en si es el problema más complejo de la fluidomecánica y aún no está completamente dilucidado. Cada modelo de turbulencia que se adopte conlleva sus limitaciones y aproximaciones.
- La combustión turbulenta resulta de la interacción entre la química y la turbulencia. La combustión altera la turbulencia en dos aspectos: la aceleración del flujo debido a la expansión de los gases en el frente de llama y el aumento en la viscosidad de los gases debido al aumento de la temperatura; la conjunción de estas dos causas puede incrementar o disminuir el nivel de turbulencia. Por otra parte la turbulencia puede incrementar la velocidad de mezcla de reactantes y productos, dando por resultado una

mayor velocidad de reacción o, si la mezcla es demasiado enérgica, el efecto contrario de apagado de la llama.

Se pueden considerar tres métodos principales de modelado computacional de llamas turbulentas, tanto premezcladas como de difusión e intermedias:

- La ecuaciones de transporte promediadas según Reynolds (Reynolds Averaged Navier Stokes, RANS) (modificadas según Favre) describen los campos de flujo y mezcla promedio, y son adecuadas para aplicaciones industriales. Históricamente este ha sido el primer método utilizado ya que el cálculo de los campos instantáneos de flujo y mezcla de una llama turbulenta era computacionalmente imposible. Las ecuaciones promediadas requieren modelos de turbulencia y de combustión para cerrar el problema.
- El próximo nivel de modelado en función del esfuerzo computacional requerido es la simulación de grandes vórtices (Large Eddy Simulation, LES). En este método las escalas mayores (grandes vórtices) se computan explícitamente mientras que las escalas menores se modelan utilizando aproximaciones de cierre como en RANS. La separación de escalas se obtiene utilizando "filtros" en las ecuaciones promediadas que indican cuando aplicar los modelos de sub-escala. LES muestra la variaciones de baja frecuencia de las variables de flujo, no así las de alta frecuencia (efecto de la turbulencia de pequeña escala en la combustión).
- El tercer nivel es la simulación numérica directa (Direct Numerical Simulation, DNS), en la que el modelado computacional se extiende a todas las escalas de tiempo y espacio del problema. Para ello se satisfacen las ecuaciones de flujo, mezcla y química sin recurrir a promedios ni modelos de cierre, lo que implica altos números de puntos de cálculo y máximo detalle en la física y química. El esfuerzo computacional requerido es tan grande que estos métodos están restringidos por el momento a casos académicos para desarrollar y verificar modelos simplificados de turbulencia y combustión.

En este trabajo nos limitaremos a presentar los modelos apropiados para el método RANS.
La complejidad de la química también puede reducirse utilizando métodos aproximados. Históricamente el primero fue el método de reducción de sistemas esqueletales (Reduced Reaction Scheme) del cual hay ejemplos en esta obra. A medida que la demanda por mayor precisión y exactitud de los resultados fue creciendo se fueron proponiendo RRS con mayores números de especies y reacciones, siendo utilizados generalmente para aplicaciones industriales en RANS.
El método RRS requiere plantear a priori cuales reacciones están en equilibrio, cuales son muy veloces y cuales muy lentas, que especies son significativas y cuales están en equilibrio, etc. Estas condiciones pueden no ser las mismas en todo el campo de combustión, y existen técnicas para identificar que caminos de reacción son más apropiados para una región del campo, tales como ILDM (Intrinsic Low Dimensional Manifold) e ISAT (In Situ Adaptive Tabulation), etc.

Modelos para llamas turbulentas premezcladas

Las llamas laminares premezcladas se presentan cuando un frente de llama se propaga en una mezcla fresca de reactantes. La velocidad de propagación de estas llamas es baja (ver Cap. 10) y su espesor en condiciones estándar es del orden de 0.1 mm.
En el caso de las llamas turbulentas premezcladas el frente de llama es afectado por los remolinos de la turbulencia cuyo rango de velocidades y tamaño excede a los del frente de llama. Esto incrementa enormemente la tasa de mezcla y el consumo de reactantes, propagando los radicales y productos de combustión hacia la mezcla fresca y viceversa, y engrosando el frente de llama. Estos efectos son aproximadamente proporcionales al nivel de turbulencia hasta que la velocidad del frente se estabiliza y deja de aumentar con la turbulencia y finalmente, si la turbulencia es muy enérgica, se produce la extinción de la llama.

Modelo de Bray-Moss-Libby

Un modelo muy sencillo aplicable a llamas relativamente muy delgadas parte de la presunción que se dispone de una distribución de la temperatura reducida o avance de reacción:

$$\theta = \frac{T - T_u}{T_b - T_u}$$

en la que b y u indican mezcla quemada y fresca, respectivamente.
Si la llama es delgada θ toma solo dos valores, 0 en la mezcla fresca y 1 en los gases quemados. Luego, la función de distribución de probabilidades (PDF) de θ puede escribirse como

$$p(\theta) = \alpha\delta(\theta) + \beta\delta(1-\theta)$$

donde δ es el Delta de Kronecker y α y β son las probabilidades de estar en los gases frescos y quemados, respectivamente (Notar, $\alpha+\beta = 1$). Luego, el promedio Reynolds de una variable Q resulta

$$\bar{Q} = \int_0^1 Q(\theta)p(\theta)d\theta = \alpha\bar{Q}^u + \beta\bar{Q}^b$$

Para la temperatura resulta $\bar{\theta} = \beta$. El promedio Favre de la temperatura sale de:

$$\overline{\rho\theta} = \bar{\rho}\tilde{\theta} = \rho_b\beta = \rho_b\bar{\theta}$$

La densidad media Reynolds es:

$$\bar{\rho} = \alpha\rho_u + \beta\rho_b$$

Si definimos un factor de calentamiento como

$$r = \frac{\rho_u}{\rho_b} - 1 = \frac{T_b}{T_u} - 1$$

podemos obtener

$$\alpha = \frac{1-\tilde{\theta}}{1+r\tilde{\theta}}\ ,\ \beta = \frac{(1+r)\tilde{\theta}}{1+r\tilde{\theta}}$$

Finalmente, la media Favre de una variable Q se puede obtener de

$$\tilde{Q} = \alpha\frac{\rho_u}{\bar{\rho}}\bar{Q}^u + \beta\frac{\rho_b}{\bar{\rho}}\bar{Q}^b = \left(1-\tilde{\theta}\right)\bar{Q}^u + \tilde{\theta}\bar{Q}^b$$

Como $\beta = \bar{\theta}$ se puede obtener

$$\bar{\theta} = \frac{(1+r)\tilde{\theta}}{1+r\tilde{\theta}}$$

Esta relación se muestra en la figura siguiente:

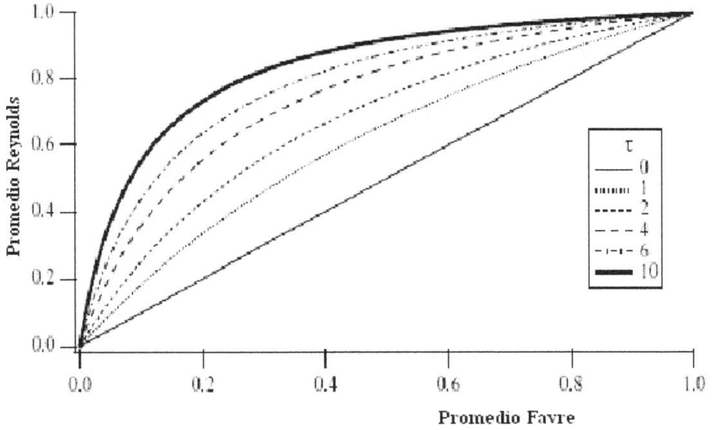

Figura 11.17: Relación entre promedios Favre y Reynolds, modelo BML (adaptado de Poinsot y Veynante [10])

Para los casos más comunes de combustión, donde r es del orden de 7, los promedios Favre de la temperatura son mucho menores que los promedios Reynolds. Esto se debe a que al ser el promedio Favre pesado con la densidad prevalecen los valores de temperatura de la mezcla fresca que tiene mayor densidad.

Con las relaciones anteriores se pueden simplificar en parte las ecuaciones de transporte del avance de reacción/temperatura reducida, y de su varianza.

Caracterización de las llamas premezcladas turbulentas

El modelo anterior es aplicable a llamas muy delgadas. Cabe preguntarse cómo se identifican las llamas según sus parámetros.

Consideramos el frente de llama con un espesor y velocidad dados, y las escalas de la turbulencia variando entre la escala integral para los remolinos mayores y la escala de Kolmogorov para los menores; los remolinos mayores tendrán velocidades del orden

del valor RMS de la velocidad del flujo, y los menores velocidades que pueden ser mayores o menores que la anterior.
Definimos entonces tres escalas de tiempos:

1. La escala integral de tiempo, dada por el cociente de la escala integral de la turbulencia dividida por la fluctuación RMS de velocidad.
2. La escala de tiempo químico, dada por el cociente entre el espesor de la llama y su velocidad.
3. La escala de tiempo Kolmogorov, dada por el cociente entre la escala Kolmogorov y la velocidad de los remolinos menores.

Definimos entonces dos números adimensionales:

- El número de Damkohler Da, cociente entre la escala integral de tiempo y la escala de tiempo químico. Un numero de Damkohler alto indica química rápida y los remolinos no pueden afectar la zona de reacción. La llama puede ser arrugada por los remolinos mayores pero es aún una llama delgada. Este es el régimen conocido como de llamitas (flamelets). Un Da bajo indica una llama en que la química es relativamente lenta y la turbulencia puede mezclar reactantes y productos, generando lo que se conoce como reactor bien mezclado
- El número de Karlovitz Ka, cociente entre el tiempo químico y el tiempo de Kolmogorov. Un numero de Karlovitz alto indica que los remolinos menores son capaces de afectar la zona de reacción, engrosándola.

Una llama se puede propagar como una superficie de reacción que presenta pequeñas ondulaciones (llamas delgadas arrugadas), o bien con grandes ondulaciones tales que se separen islas de mezcla rodeadas de una llama, o bien en islas tanto de mezcla como de productos de reacción como de ambos (zona de reacción distribuida), o bien la reacción puede estar distribuida en todo el volumen, totalmente mezclada con los productos de reacción y la mezcla fresca (reactor bien mezclado). Cada uno de estos regímenes tiene distintas velocidades de consumo de mezcla y distintos espesores de la zona de reacción.
Planteamos entonces la siguiente tabla:

$Ka < 1$, $Da > 1$	$Ka > 1$, $Da > 1$	$Da << 1$
Llamitas	Llamas gruesas	Reactor bien mezclado
La llama es más delgada que todas la escalas de la turbulencia	Remolinos pequeños pueden ingresar a la zona de llama	Los tiempos químicos son mayores que las escalas de la turbulencia

Estos regímenes de combustión se pueden representar en un diagrama de intensidad de la turbulencia versus escala de la turbulencia. Es usual denominar a estos diagramas Diagramas de Borghi, según el autor que los originó [20]. La figura siguiente muestra un diagrama según Borghi:

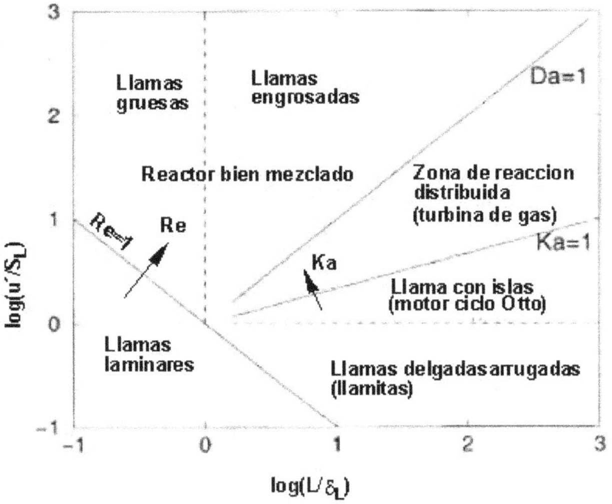

Figura 11.18: Diagrama de Borghi

En este diagrama L es la escala del problema (similar a la macroescala de la turbulencia), δ_L es el espesor de la llama, u′ la fluctuación de velocidad (similar a la velocidad de rotación de los remolinos) y S_L la velocidad de llama laminar.

- El ángulo inferior derecho representa las llamas laminares. El valor de Re = 1 es sólo indicativo, ya que el comienzo de un escurrimiento turbulento depende del entorno (para un conducto, Re = 2000, para una esfera sumergida Re = 0.1, etc).
- Las llamas delgadas arrugadas y las llamas con islas se consideran en el régimen de llamitas (flamelets). En esta zona Re > 1 (turbulencia), Da > 1 (química rápida) y Ka < 1 (poco estiramiento de la hoja de llama). Cuando Da > 1, condición que se extiende a la región de llamas distribuidas, la escala de tiempo de los torbellinos grandes es grande comparada con la escala de tiempo química; vale decir, los torbellinos grandes no llegan a alterar la velocidad en sí del frente de llama, y sólo alteran la velocidad global de consumo de reactantes por el incremento de superficie de la llama al arrugarla.
- La zona de llamitas se divide por una línea donde u′ = S_L. Debajo de esta línea los remolinos grandes no tienen suficiente velocidad para alterar la velocidad de llama, sólo pueden arrugar el frente de llama, que continúa siendo fundamentalmente laminar. Por encima de esta línea los remolinos grandes pueden arrugar la hoja de llama hasta formar bolsones unidos por un cuello a la hoja de llama. En el cuello de los bolsones de mezcla fresca los remolinos pequeños, al tener suficiente velocidad, pueden aportar mezcla

fresca en exceso, llevando a la extinción y separación del bolsón como una isla (ver Figura 11.10).

- En la zona siguiente, cuando Ka > 1, la hoja de llama es afectada por un estiramiento sustancial, lo que magnifica el efecto de arrugamiento y formación de islas, pero la velocidad del frente de llama de las islas es aun la de una llama laminar con estiramiento. La velocidad de consumo de reactantes depende del área total de la hoja de llama y de las islas.
- Al entrar en la zona de Da < 1 la química es lenta en relación a la turbulencia. Los remolinos de todo tamaño mezclan enérgicamente mezcla fresca y productos de combustión, y no hay un frente de llama definido. Esto es lo que se denomina un reactor bien mezclado.

Se plantea entonces la elección de modelos para el avance de reacción para los distintos tipos de llamas. Consideramos el método RANS.
Para los reactores bien mezclados (Da << 1) se puede aplicar una aproximación a la fórmula de Arrhenius:

$$\bar{\omega}_\theta \approx \omega(\tilde{\theta}) \approx -B\bar{\rho}(1-\tilde{\theta})\exp\left(\frac{T_{activacion}}{T_u + (T_b - T_u)\tilde{\theta}}\right)$$

Para el caso contrario, con Da >> 1, podemos considerar que la química es rápida y el avance de reacción es controlado por la turbulencia. Luego, el termino de fuente del avance de reacción puede aproximarse como el cociente entre las fluctuaciones RMS de la temperatura dividido por el tiempo de vida de los remolinos pequeños. Este es el modelo EBU (Eddy Break Up, rotura de remolinos), que puede formularse como

$$\bar{\omega}_\theta = C_{EBU}\bar{\rho}\frac{\sqrt{\theta''^2}}{\tau_{EBU}}$$

donde C_{EBU} es un coeficiente de orden unidad y τ_{EBU} puede estimarse como κ/ε. Para frentes de llama delgados podemos aproximar las fluctuaciones como

$$\bar{\rho}\theta''^2 = \overline{\rho\left(\theta-\tilde{\theta}\right)^2} = \bar{\rho}\left(\theta^2 - \tilde{\theta}^2\right) = \bar{\rho}\tilde{\theta}\left(1-\tilde{\theta}\right)$$

ya que, como θ solo toma los valores 0 y 1, $\theta^2 = \theta$. También puede resolverse la ecuación de transporte del segundo momento de θ .
Este modelo es muy popular y se lo encuentra en varios códigos comerciales, y existen un numero de variantes para acomodarlo mejor a resultados experimentales.

Existen también modelos basados en

- correlaciones entre velocidades del frente de llama turbulenta y laminar,
- extensiones del modelo BML,
- frecuencia de pasaje del frente de llama,
- densidad del frente de llama,
- ecuación de transporte de la probabilidad de θ
- ecuación de transporte de G.

Esta última, simplificada, también forma parte de algunas de las otras. La variable G, que no tiene un significado físico, indica la ubicación del frente de llama cuando toma un determinado valor. Esta ecuación también suele utilizarse en conjunto con tablas de llamitas.
Las tablas de llamitas son modelos muy utilizados tanto en llamas de premezcla como de difusión. Se basan en este caso en computar una llama plana de premezcla. Se plantean dos chorros opuestos, o bien ambos de mezcla fresca o uno de mezcla fresca y otro de productos de combustión, ambos turbulentos. La llama se ubicara en el chorro de mezcla fresca, y los productos salen en forma radial (ver Figura 11.18)

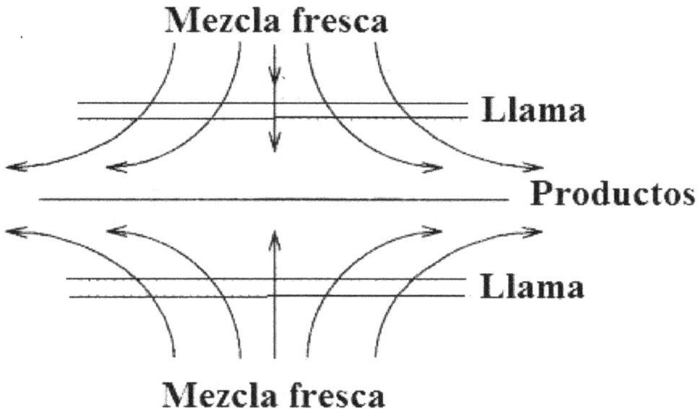

Figura11.19: Llama premezclada de oposición (Adaptado de Aizawa [11])

Se resuelve este problema cuasi unidimensional para rangos de caudales y niveles de turbulencia, y se guardan los resultados en tablas multidimensionales.
El principio es descomponer el frente de llama en una sucesión de trozos cortos (llamitas), cada una de las cuales se supone tiene las características de la llama opuesta tabulada, para las condiciones existentes en ese punto.
Si se tiene una solución intermedia de los campos de flujo y temperatura se extraen de las tablas los valores que corresponden a una llamita en ese punto, y se itera la solución.
Todos estos métodos exceden el alcance de este libro, y el lector interesado puede referirse al libro de Poinsot y Veynante para profundizar.

Modelos para llamas turbulentas de difusión

Las llamas turbulentas de difusión son las más comunes en aplicaciones industriales como hornos, calderas, turbinas de gas y motores Diesel. Tienen dos principales ventajas sobre las llamas premezcladas: los quemadores son más simples de diseñar, ya que no es necesario mezclar los reactantes en proporciones precisas y muy uniformemente, y son más seguros ya que no hay riesgo de que la llama se propague corriente arriba o abajo del lugar designado. Pero tienen la desventaja que la combustión depende del mezclado turbulento y por consiguiente son de menor intensidad de combustión (calor liberado por unidad de volumen del quemador). Ciertas características de las llamas no premezcladas hacen más difícil su estudio. Por ejemplo, para que tenga lugar la reacción química es necesario que los reactantes se mezclen a nivel molecular por difusión. La presencia de turbulencia modifica la velocidad a la cual se mezclan los reactantes, y es usualmente la mezcla la que determina el tiempo de combustión, ya que la química es relativamente rápida comparada con la mezcla. Por ello es que estas llamas se denominan llamas de difusión.

La llama de difusión no se traslada, y el desprendimiento de calor y luz se ubica en la zona donde la velocidad de reacción es máxima, vale decir, en donde la mezcla es estequiométrica. No se puede definir una "velocidad de llama". Al no tener una velocidad de traslación la ubicación de la llama depende del efecto de los movimientos turbulentos de las corrientes de reactantes, y es por consiguiente más sensible a los efectos de los torbellinos sobre el frente de llama, al estiramiento y la extinción. También son más sensibles a los efectos de flotación, particularmente cuando los reactantes son de muy diferente densidad (aire e hidrogeno, aire y metano). En la llama de difusión se pueden distinguir dos zonas, la zona de reacción propiamente dicha, y la zona de difusión (en realidad dos capas adyacentes a la zona de reacción). En general la zona de reacción es muy delgada comparada con la zona de difusión.
Para caracterizar las llamas de difusión se parte de la noción de que la distribución de fracción de mezcla es conocida, por ejemplo, por la resolución de su ecuación de transporte. La disipación del escalar (scalar dissipation), definida como

$$\tilde{\chi} = \frac{2}{\bar{\rho}} \overline{\left(\rho D (\nabla f)^2 \right)}$$

calculada en la zona estequiométrica es una medida del gradiente de fracción de mezcla y puede servir para dar una escala de la zona de difusión:

$$l_d = \sqrt{\frac{D}{\tilde{\chi}}}$$

y también una escala de tiempo de difusión:

$$\tau_d = 1/\tilde{\chi}$$

En estas expresiones D denota la viscosidad molecular.
La disipación del escalar puede obtenerse de una ecuación de transporte o bien, en muchos casos, se la estima planteando que las fluctuaciones de fracción de mezcla desaparecen en el tiempo de vida de un torbellino, por lo que

$$\tilde{\chi} \approx \frac{\tilde{g}}{\tilde{\varepsilon}/\tilde{\kappa}}$$

donde g es la varianza de la distribución de la fracción de mezcla $\tilde{g} = f''^2$; se asume que el modelo de turbulencia proporciona la energía cinética de la turbulencia y su disipación (por ejemplo, utilizando un modelo κ−ε□□)
Esto permitiría definir un numero de Damkohler en base a la escala de tiempo de difusión y la escala de tiempo químico:

$$Da = \frac{\tau_d}{\tau_q}$$

Para altos números de Damkohler la zona de reacción es muy delgada y se puede aplicar, por ejemplo, el método de llamitas, en base a tablas obtenidas del modelado numérico de una llama de difusión de chorros opuestos, para rangos de disipación del escalar:

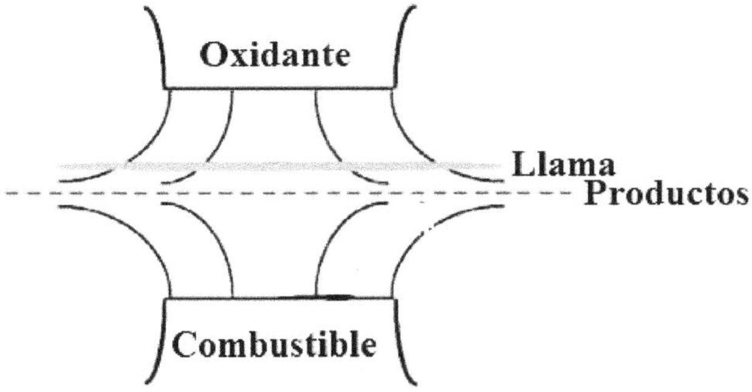

Figura11.20: Llama de difusión de oposición (Adaptado de Lutz et al. [12])

A medida que el número de Damkohler disminuye implica que la llama se engrosa y deforma por acción de la turbulencia, y ya no es posible postular química rápida y frente de llama delgado. Finalmente, números de Damkohler muy bajos llevan a la inestabilidad y extinción de la llama.
Se debe notar que los números de Damkohler que llevan a la extinción son más altos que para las llamas premezcladas: las llamas de difusión son más sensibles a la extinción por alta turbulencia.
Al no haber una velocidad de llama laminar definida no se puede construir un diagrama como el de Borghi. Poinsot y Veynante [10] han presentado un diagrama algo similar, tomando como ejes Da y Re_t :

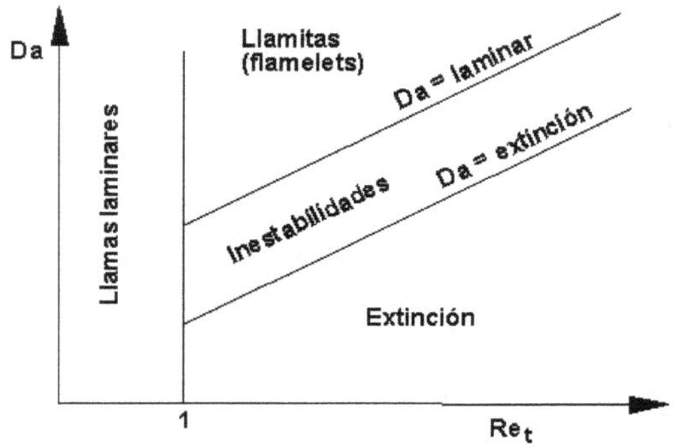

Figura 11.21: Diagrama de llamas de difusión (adaptado de Poinsot y Veynante [10])

A bajos números de Reynolds la llama es laminar. A altos valores de Da la química es rápida y la llama es delgada. Al incrementarse la turbulencia se presenta una zona de transición donde puede haber extinción parcial, y para altos niveles de turbulencia se excede la máxima disipación del escalar y la llama se extingue.
En los códigos de simulación numérica RANS se pueden plantear dos métodos de simulación de llamas de difusión, el método de variables primitivas y el de modelado de las velocidades de reacción.

- En el método de las variables primitivas se asume que se dispone de las concentraciones de las especies químicas y de la temperatura en función de la fracción de mezcla, en cada punto. Esto puede lograrse utilizando tablas de llamitas o por medio de ecuaciones de balance en el espacio de fracción de mezcla (método de los momentos condicionales, Conditional Moment Closure, CMC). El código se simulación numérica provee las variables de flujo (velocidad y presión), de turbulencia (digamos, $\kappa-\varepsilon$) y de mezcla (medias de la fracción de mezcla y su varianza g). Se obtiene una función de distribución de probabilidades (PDF) de la fracción de mezcla, ya sea presunta (digamos, función Beta) o por medio de una ecuación de transporte de probabilidades. Con la PDF se integran las especies y la temperatura para obtener los valores medios y se re-computa la densidad, viscosidad, etc. En este método no es necesario resolver ecuaciones de transporte para las especies químicas con lo que no se requiere modelar los términos de fuente químicos.
- En el método de modelado de las velocidades de reacción se resuelven ecuaciones de transporte promediadas para las concentraciones de las especies y la temperatura. Esto requiere modelar los términos de fuente promedio incluyendo las velocidades de reacción de cada especie, lo que implica un número de simplificaciones y aproximaciones. En algunos casos pueden utilizarse tablas de llamitas y una PDF para estimar las velocidades de reacción.

Modelos para el caso de química rápida

Si las velocidades de reacción pueden considerarse infinitamente rápidas se pueden plantear modelos para los dos métodos:

- Para el método de las variables primitivas se puede adoptar el modelo de llama rápida del Capítulo 3, donde las concentraciones de las especies, la densidad y temperatura están dadas en función de la fracción de mezcla. Siendo así, para obtener estos valores en promedio Favre solo es necesario integrarlos con la PDF.
  La PDF puede obtenerse, ya sea como de una forma presunta (la función Beta o una combinación de una función Gaussiana y picos en los extremos para simular la intermitencia), o bien por medio de una ecuación de transporte de la PDF. En el primer caso es necesario resolver ecuaciones de transporte promediadas para al menos los dos primeros momentos de la PDF (su media y su varianza).
- Para el método de modelado de las velocidades de reacción se pueden aplicar dos métodos, el método EBU y el método basado en el escalar conservado.

En el método EBU se asume que la velocidad de reacción estará dominada por el tiempo de vida de los torbellinos y por el reactante que este en concentración deficiente respecto a la estequiométrica. Luego, para el combustible,

$$\overline{\omega}_c = C\overline{\rho}\frac{\tilde{\varepsilon}}{\tilde{\kappa}} \text{ minimo de } \left(\tilde{y}_c, \frac{\tilde{y}_o}{s}, \beta\frac{\tilde{y}_p}{(1+s)} \right)$$

En esta ecuación C y β son constantes de orden unitario, ajustables al problema, y s es el coeficiente estequiométrico (kg de oxidante por kg de combustible). El concepto EBU se ha extendido aquí para considerar los productos ya que en la llama de difusión la presencia de productos calientes (y radicales) en la zona de llama influye en la velocidad de reacción.

El método basado en el escalar conservado se basa en la demostración de Bilger [13] que el valor instantáneo de la velocidad de reacción se puede expresar como

$$\omega_i = -\rho D\left(\frac{\partial f}{\partial x_k}\right)^2 \frac{d^2 y_i}{df^2}$$

con lo que la velocidad de reacción es función de la fracción de mezcla y de la disipación del escalar ya que podríamos presumir que si disminuyen las variaciones de fracción de mezcla (gas más homogéneo) también disminuirán las de su varianza:

$$\chi = 2D\left(\frac{\partial f''}{\partial x_k}\right)^2 \approx 2D\left(\frac{\partial f}{\partial x_k}\right)^2$$

Luego, podemos escribir

$$\bar{\omega}_i = -\frac{1}{2}\bar{\rho}\int_0^1 \int_0^\infty \chi \frac{d^2 y_i}{df^2}\tilde{p}(\chi, f) d\chi df$$

Para la llama del Capítulo 3 la derivada segunda solo toma un valor importante en el punto estequiométrico (donde cambian de pendiente todos los diagramas). Luego, operando se llega a

$$\bar{\omega}_c = -\frac{1}{2}\bar{\rho}\frac{y_{c,c}}{1-f_e}\tilde{\chi}_e\tilde{p}(f_e)$$

y solo queda por modelar la disipación del escalar en el punto estequiométrico:

$$\tilde{\chi}_e = 2\frac{\tilde{\varepsilon}}{\tilde{\kappa}} f''^2$$

Modelos para el caso de química con velocidad finita

Si la velocidad de reacción no puede considerarse mucho mayor que la de mezcla se deben considerar modelos de llama adaptados de los anteriores:

- Para el método de las variables primitivas se puede extender el método de llamitas o bien utilizar el modelo CMC.
- Para el método de los promedios de la velocidad de reacción, el método de llamitas modificado.

Para el primer caso (Peters [14][15]), se pre-computan soluciones del modelo de llama de difusión de chorros opuestos según la Figura 11.19, obteniéndose tablas de fracción de mezcla, temperatura y especies a lo largo del eje de simetría, para un rango de velocidades de los chorros. Al incrementar la velocidad de los chorros la distribución de fracciones de mezcla se vuelve más empinada, el gradiente de la fracción de mezcla aumenta cerca de la zona de llama.

El incremento en el arribo de reactantes a la zona de llama finalmente hace que la reacción no se pueda sostener en el eje de simetría y se forma una zona de extinción de llama en el centro. La llama se inicia en un frente circular lejos del centro.

Esto equivale a decir que hay un valor de la disipación del escalar en el punto estequiométrico (donde se presume que está ubicada la llama)

$$\chi = 2D\left(\frac{\partial f}{\partial x_k}\right)^2$$

tal que la llama se extingue. Esto define el rango de disipación del escalar.

Obtenidas las tablas de llamitas se pueden computar los valores medios de la temperatura y las especies como

$$\tilde{y}_i = \frac{1}{\bar{\rho}}\int_0^1 \int_0^\infty \rho(f, \chi_e) y_i(f, \chi_e) \bar{p}(f, \chi_e)\, df\, d\chi_e$$

$$\tilde{T} = \frac{1}{\bar{\rho}}\int_0^1 \int_0^\infty \rho(f, \chi_e) T(f, \chi_e) \bar{p}(f, \chi_e)\, df\, d\chi_e$$

La función de distribución de probabilidades a dos variables comúnmente se separa en el producto de dos funciones de una variable:

$$p(f,\chi_e)=p(f)\,p(\chi_e)$$

considerando que la fracción de mezcla está relacionada más que nada con la mezcla causada por los movimientos de mayor escala mientras que en la disipación del escalar predominan los efectos de los torbellinos menores.

Para la distribución de la fracción de mezcla se adopta generalmente una función presunta tal como la Función Beta o una Gaussiana más intermitencia, con dos parámetros, la media y su varianza:

$$p(f)=p(\tilde{f},f''^2)$$

Para la distribución de disipación del escalar se puede adoptar la función lognormal, también función de dos parámetros:

$$p(\chi_e)=p(\mu,\sigma)=\frac{1}{\chi_e\sigma\sqrt{2\pi}}\exp\left(-\frac{(\ln\chi_e-\mu)}{2\sigma^2}\right)$$

En esta, la varianza σ se adopta generalmente con un valor fijo, típicamente entre 2 y 0.5 (no tiene gran influencia en los resultados). La media μ se obtiene de

$$\tilde{\chi}_e=\int_0^\infty \chi_e p(\chi_e)\,d\chi_e=\exp\left(\mu+\frac{\sigma^2}{2}\right)$$

donde el valor medio se obtuvo del campo de flujo y mezcla

$$\tilde{\chi}_e=2\frac{\tilde{\varepsilon}}{\tilde{\kappa}}f''^2$$

Luego, las tablas de llamitas se pueden integrar con las dos funciones de distribución para rangos estimados de fracción de mezcla promedio, varianza de la fracción de mezcla y disipación del escalar promedio en el punto estequiométrico, con lo que quedan tablas pre-calculadas:

$$\tilde{y}_i,\tilde{T}=tabla\left(\tilde{f},f''^2,\tilde{\chi}_e\right)$$

La solución numérica de los campos de flujo y mezcla provee los tres parámetros, con lo que entrando a las tablas pre-calculadas se obtienen los valores medios de temperatura y composición de la mezcla. Esto permite calcular las masas moleculares y la densidad, y continuar con la solución numérica de los campos de flujo y mezcla. Si se aplica el modelo CMC (Bilger [16], Klimenko [17], Klimenko y Bilger [18]), se parte de la adopción de la fracción de mezcla como una variable independiente, teniéndose un espacio de cuatro dimensiones. Para evitar confusiones las especies en este espacio se denominan Q_i y la fracción de mezcla □η

La ecuación de transporte de una especie química en este espacio resulta ser

$$\left(\vec{V}_\eta\bullet\nabla Q_i\right)-D\left\{\nabla\left[\ln(\bar{\rho}p(\eta))\right]\bullet\nabla Q_i\right\}-\nabla\bullet(D\nabla Q_i)=\frac{1}{2}\chi_\eta\frac{\partial^2 Q_i}{\partial\eta^2}+\langle\omega_i\mid\eta\rangle$$

También se plantea una ecuación de balance para la entalpia.

Hay disponibles varios modelos de cierre para los valores condicionales tales como V_η, χ_η y $\langle \omega_i \mid \eta \rangle$

Esta ecuación se satisface numéricamente en el espacio físico (x, y, z) y el de fracción de mezcla η al mismo tiempo. Hecho esto se obtienen los valores promedio como

$$\tilde{y}_i = \int_0^1 Q_i(\eta)\tilde{p}(\eta)d\eta$$

y se retorna al modelado numérico de los campos de flujo y mezcla.

En esta ecuación es fundamental una adecuada representación de la función de distribución de probabilidades. Una función presunta tal como la función Beta no es satisfactoria ya que el remanente aparecería como un adicional a la velocidad de reacción, falseando la química.

Se puede utilizar una ecuación de transporte de la PDF, pero es posiblemente más efectivo utilizar el método desarrollado por Mortensen [19], en el cual se satisface automáticamente la ecuación de transporte de PDF y se obtienen las distribuciones exactas de p(η) y de χ_η.

Para el método de los promedios de la velocidad de reacción se pueden utilizar igualmente los métodos de llamitas o CMC, pero en lugar de generar tablas de temperatura y especies se generan tablas de velocidad de reacción (en realidad velocidades de producción/consumo de cada especie según el esquema de reacciones adoptado) según la fórmula de Arrhenius. Estas velocidades se promedian integrando con las funciones de distribución de f y de χ_e y se retorna al código que resuelve las ecuaciones de flujo y mezcla, ahora añadiendo las ecuaciones de balance de las especies químicas.

Referencias

[1] Bilger, R. W. y Beck, R. E.; Proceedings, 15th. Symposium (International)on Combustion, páginas 541-552, 1974.

[2] Carter, C. D., and Barlow, R. S.; Optics Letters, Vol. 19, N° 4, paginas 299-301, 1994.

[3] Williams, F. A.; Combustion Theory; Addison Wesley, New York, 1996.

[4] Peters, N.; Turbulent combustion; Cambridge University Press, Cambridge, 2004.

[5] Lewis, B. y Von Elbe, G.; Combustion, Flames and Explosions of Gases, Academic Press, New York, 1961.

[6] Gaydon, A. G., and Wolfhard, H. G.; Flames, their structure, radiation and temperature; Chapman and Hall, 1979.

[7] Williams, D. T., and Bollinger, L. M.; Proceedings, Third Symposium on Combustion, Flame and Explosion Phenomena, paginas 176-185, Combustion Institute, 1949.

[8] Law, C. K.; Combustion physics; Cambridge, New York, 2006.

[9] Howe, N. M.; Shipman, C. W., and Vranos, A.; Proceedings, Ninth Symposium (International) on Combustion, paginas 36-47, Combustion Institute, 1963.

[10] Poinsot, T, & Veynante, D; Theoretical and numerical combustion; Edwards, Philadelphia, 2005.

[11] Aizawa, T; "Diode-laser wavelength-modulation absorption spectroscopy for quantitative ***in situ*** measurements of temperature and OH radical concentration in combustión gases"; Applied Optics, Vol. 40, Issue 27, pp. 4894-4903 (2001).
[12] Lutz, A.E.; Kee, R.J.; Grcar, J.F.; & Rupley, F.M.; "Oppdif: a Fortran program for computing opposed-flow diffusion flames", Sandia Report Sand96-8243, 1997.
[13]Bilger, R. W.; "Turbulent flows with nonpremixed reactants"; Capitulo 3 de Turbulent Reacting Flows, Springer, Topics in Applied Physics, Volumen 44, 1980, pp 65-113
[14]Peters, N.; Laminar diffusion flamelet models in nonpremixed combustión; Progress in Energy and Combustion Science, Vol. 10, pp. 319-330, 1984.
[15]Peters, N.; Laminar flamelet concepts in turbulent combustión; Proceedings, 21st. Symposium (International) on Combustion, pp. 1231-1250, The Combustion Institute, 1986.
[16]Bilger, R. W. 1993 Conditional moment closure for turbulent reacting flow. Phys. Fluids 5, 437.
[17]Klimenko, A. Y. 1990 Multicomponent diffusion of various admixtures in turbulent flow.Fluid Dynamics 25, 327 - 334.
[18]Klimenko, A. Y. & Bilger, R. W. 1999 Conditional moment closure for turbulent combustión. Prog. Energy Comb. Sci. 25, 595 - 687.
[19]Mortensen, M.; Mathematical modeling of turbulent reactive flows, PhD Thesis, Chalmers University of Technology, Dept. of Chemical Engineering and Environmental Sciences, Sweden, 2005.
[20]Borghi, R. 1988 Turbulent combustion modelling. Prog. Energy Comb. Sci. 14, 245.

Capítulo 12

Estabilización de llamas; encendido y apagado; detonación

Eduardo Brizuela

Estabilización de llamas

Introducción

Cuando la velocidad de la mezcla fresca es mayor que la velocidad de quemado (laminar o turbulenta) la llama debe ser estabilizada, o sostenida, en algún punto corriente arriba del flujo, para obtener una llama estable. La llama puede estabilizarse en una capa límite, como ocurre en los bordes de un pico de quemador. Alternativamente la llama puede estabilizarse en una zona de recirculación, como ocurre detrás de un parallama formado por un objeto romo, o en un ensanchamiento súbito del conducto, como en el domo del tubo de llama de un combustor de turbina de gas, o en el centro de un vórtice fuerte.

Estabilización en capa límite

La figura siguiente muestra el mecanismo básico de estabilización en la capa límite del borde de un pico de quemador.

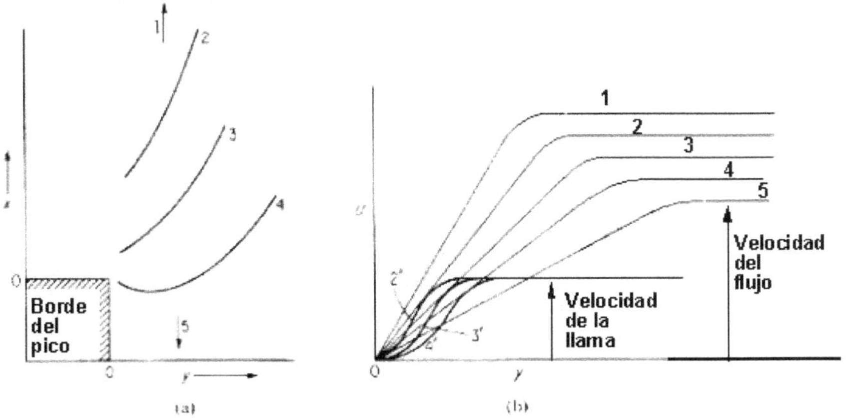

Figura 12.1: Estabilización en capa límite (adaptado de Strehlow [1])

Experimentalmente se observa que el anclaje de las llamas laminares ocurre a aproximadamente 1 mm del borde del pico. En sí, la estabilización de la llama ocurre dentro de la capa límite. Por simplicidad se asume que la variación de velocidad con la distancia al centro del tubo es lineal y varía en forma monotónica con el caudal.

Para que la estabilización tenga lugar es necesario que la velocidad de quemado de la mezcla sea igual a la velocidad de la mezcla fresca en algún punto, y menor en el resto de la región. Si la velocidad de quemado excede la del flujo la llama se moverá corriente arriba, y si es menor, la llama se propagará como una llama oblicua.

La velocidad de quemado de la mezcla se reduce cuando la llama está muy cerca del borde del pico debido a la pérdida de calor y de radicales activos por la presencia de la superficie fría. La figura muestra la variación de la velocidad de quemado (curvas 2',3'y 4') para las llamas en la posiciones 2, 3 y 4. En estas posiciones las llamas están estabilizadas.

Si el caudal, y por consiguiente el gradiente de velocidad cerca de la pared, aumenta por encima del caso 2, la llama es barrida corriente abajo. A este fenómeno se lo denomina soplado (blow off).

Si el caudal disminuye por debajo del del caso 4 la llama se propaga hacia adentro del tubo; a esto se lo denomina flash-back.

Los valores críticos de gradiente de velocidad en la capa límite para soplado y flash-back dependen de la mezcla como se muestra en la figura siguiente para gas natural.

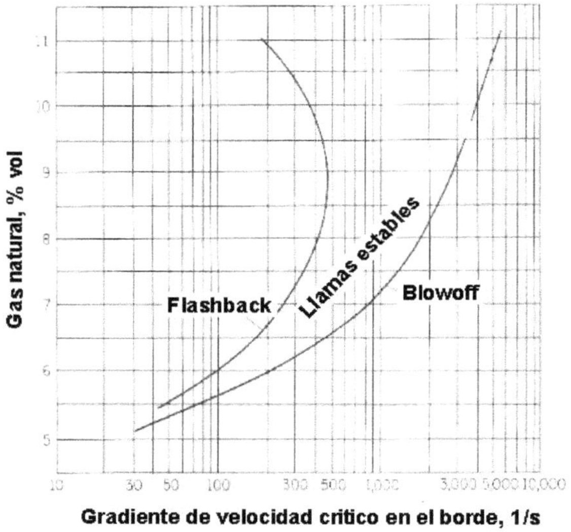

Figura 12.2: Diagrama de estabilidad (adaptado de Strehlow [1])

La figura siguiente es para butano:

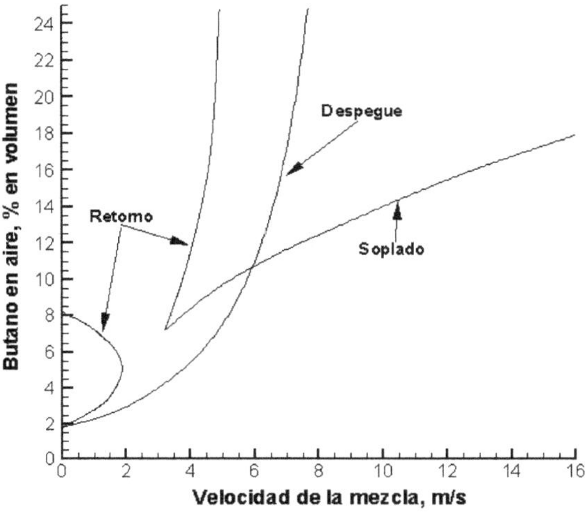

Figura 12.3: Diagrama de estabilidad para llamas premezcladas de butano en aire

El efecto del tipo de combustible se muestra en la figura siguiente. Estas correlaciones son casi independientes del diámetro del tubo, lo que indica que el gradiente de velocidad en el borde, g =(dU/ dy)$_o$ es el parámetro apropiado.

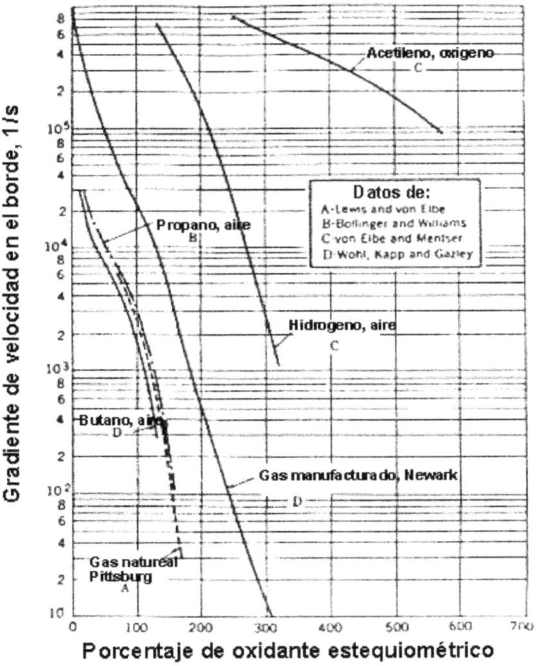

Figura 12.4: Gradiente crítico para el soplado (adaptado de Lewis y Von Elbe [2])

Un razonamiento dimensional indicaría que el gradiente de velocidad crítico g_c para soplado y flash-back se correlacionan con la velocidad de la llama S_u y su espesor δ. El parámetro adimensional apropiado sería

$$k_c \equiv \frac{\delta}{S_u} g_c$$

Para el caso de soplado esta parámetro se puede interpretar en términos de la teoría de estiramiento de Karlovitz y dá buenos resultados para soplado desde placas delgadas. Para soplado desde picos de quemadores la situación es más compleja debido a la dilución con aire ambiente por encima del borde del quemador. Si las mezclas son ricas pueden aparecer llamas levantadas como muestra la figura siguiente.

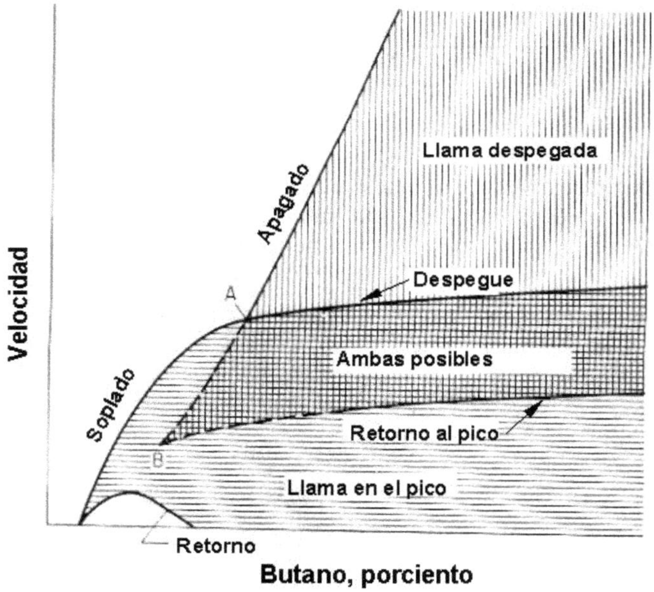

Figura 12.5: Diagrama de estabilidad para llamas levantadas (adaptado de Strehlow [1])

El mecanismo de estabilización de llamas levantadas es objeto de gran controversia. El flujo es usualmente turbulento. De acuerdo a la teoría tradicional, la llama se estabiliza donde la mezcla es estequiométrica y la velocidad de llama y de mezcla son iguales y opuestas. Otras teorías consideran la extinción de las llamas locales de difusión y aún otras teorías consideran las estructuras de gran escala. La presencia de un flujo externo co-fluyente aumenta grandemente la tendencia de las llamas levantadas a soplarse.

Estabilización en una zona de recirculación

La figura siguiente muestra una llama estabilizada en un flujo de alta velocidad en un conducto. La llama es premezclada y la estabilización se realiza por un parallama cilíndrico.

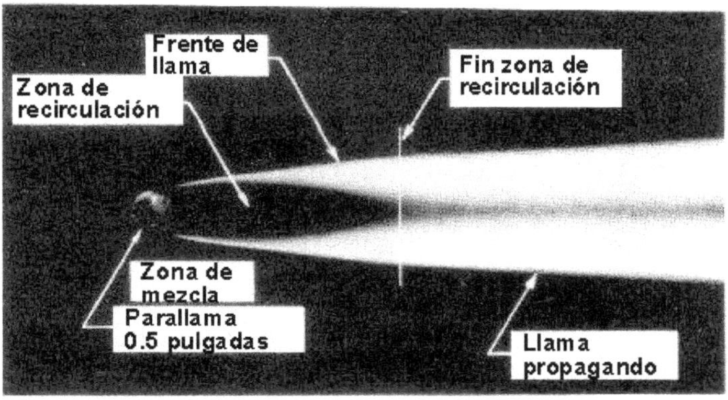

Figura 12.6: Llama en un conducto (adaptado de Strehlow [1])

En la figura siguiente se muestran resultados típicos para llamas de propano en aire, para la velocidad de soplado del flujo corriente arriba, tal que si se la excede la llama se desprende del parallamas.

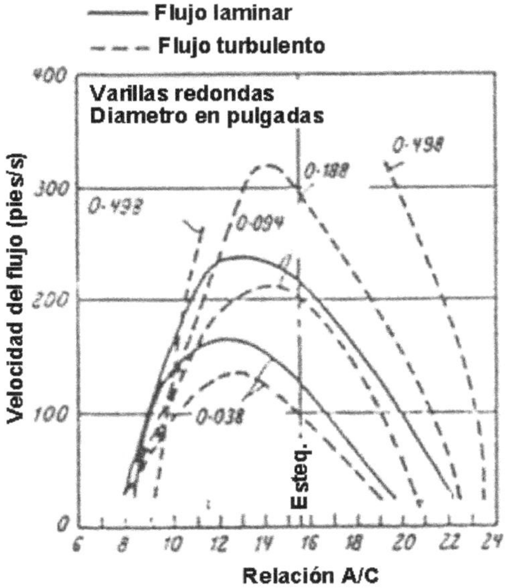

Figura 12.7: Estabilización por parallamas (adaptado de Spalding [3])

Se aprecia que las velocidades de soplado son alrededor de 100 veces más altas que la velocidad laminar. La llama es estabilizada en la zona de recirculación detrás del parallama. En presencia de combustión el desprendimiento de vórtices (calle de vórtices de von Kármán), normal en flujo isotérmico, no existe, y es reemplazado por un par de vórtices o un toroide (en 3D), relativamente estables, que forman la zona de recirculación.

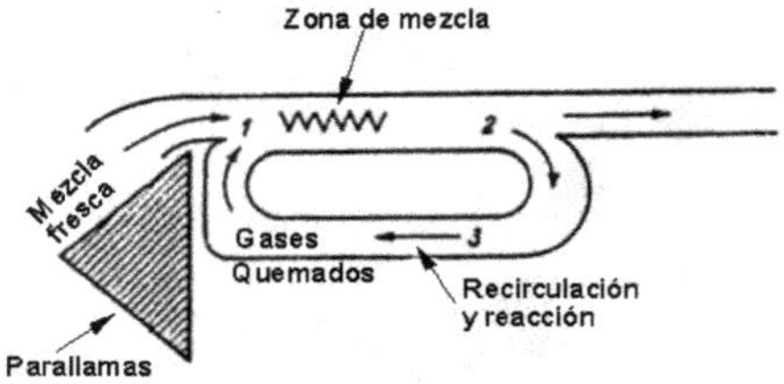

Figura 12.8: Estabilización por recirculación (adaptado de Spalding [3])

El mecanismo completo es muy complejo y es difícil formular una teoría adecuada. Spalding ha planteado una teoría en términos de la velocidad de engolfamiento en la capa de mezcla (laminar o turbulenta) y un tiempo químico relacionado con la velocidad de llama laminar. La correlación de la figura siguiente sale de esta teoría.

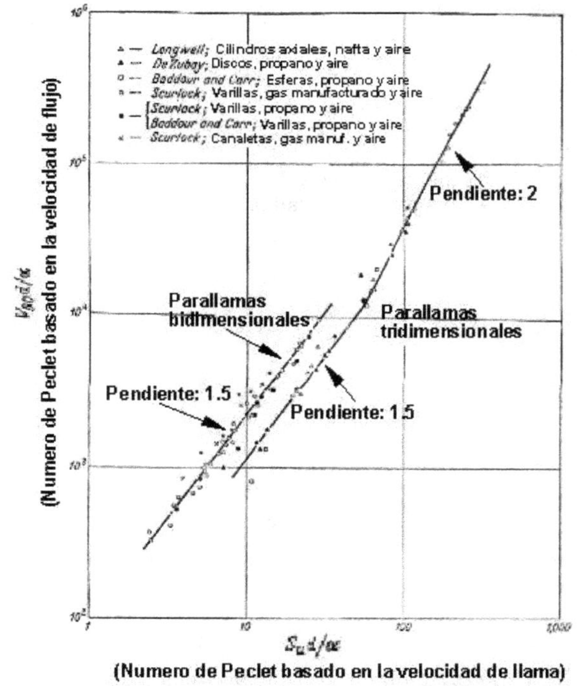

Figura 12.9: Estabilización por parallamas (adaptado de Spalding [3])

También se han formulado teorías en base a mediciones de soplado en reactores bien mezclados (ver 6° Simposio).
En flujos con rotación se forma una zona de recirculación en el centro del vórtice, cuya intensidad depende de la intensidad del vórtice y el gradiente axial de presiones. Presumiblemente la estabilización ocurre en esta zona de recirculación, aunque hay alguna evidencia que, bajo ciertas condiciones, la estabilización puede deberse a la mucho mayor velocidad de quemado turbulenta que resulta de los altos niveles de turbulencia que se generan. Estos altos niveles de turbulencia a su vez son debidos a una estratificación inestable en el flujo en rotación.

Encendido y apagado

Introducción

Encendido por chispa y apagado son a menudo considerados juntos no sólo porque representan el nacimiento y muerte de una llama, sino porque están relacionados físicamente, como se aprecia en las correlaciones que muestra la figura siguiente.

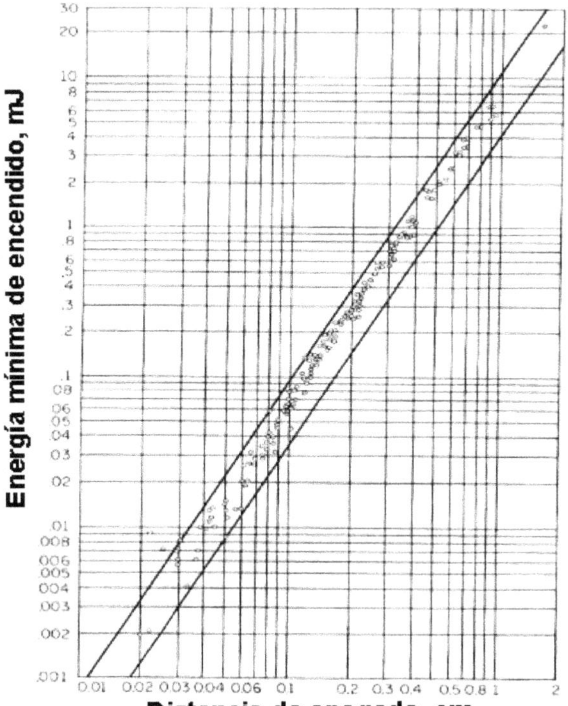

Figura 12.10: Correlación energía de encendido vs distancia de apagado (adaptado de Strehlow [1])

Una teoría térmica simple indica que la distancia de apagado debiera ser proporcional al grosor de la llama:

$$d_a \cong a\delta \cong 2a(\frac{\lambda}{\rho_u C p S_u})$$

donde se han reemplazado las relaciones de llamas premezcladas laminares. El factor 2 aparece porque δ se toma como el máximo grosor por pendiente.
La distancia de apagado se define normalmente como la distancia d_a entre dos placas entre las cuales una llama cesa de propagarse. Para estos casos a es del orden de 20. De las ecuaciones de la sección de llamas premezcladas laminares y la anterior, la dependencia de d_a con la presión y temperatura vendrá dada por:

$$d_a \propto P^{-\frac{n}{2}} e^{\frac{E}{2RT_b}}$$

La energía mínima de ignición requerida de una chispa será la energía requerida para calentar una pequeña esfera de gas a la temperatura de los gases de combustión. Esta pequeña esfera tendrá un diámetro crítico d_c, por debajo del cual la llama no se propagará. Por lo tanto:

$$E_{min} \cong \rho \frac{\pi d_c^{\,3}}{6} Cp(T_b - T_o) \quad \text{(calentamiento)}$$

$$\cong \frac{2\pi\lambda d_c^2}{S_u}(T_b - T_o)$$

En la última relación se ha asumido $d_c \cong 6\delta$. Estas relaciones indican la dependencia aproximada de E_{min} con la presión:

$$E_{min} \propto P^{1-3n/2}$$

Para la mayoría de las mezclas de hidrocarburos con aire $\lambda(T_b - T_o)/S_u$ no varía mucho. Más aún, d_c es proporcional a d_a. Esto dá

$$E_{min} \propto d_a^2$$

relación que es confirmada por los datos de la figura previa. También deducimos que si n=2,

$$d_a \propto 1/p$$

El tratamiento simple dado más arriba se presenta con un poco más de detalle en la mayoría de los textos de combustión. Sin embargo, los desarrollos más elaborados no dan resultados muy diferentes de estos. Todas las teorías son teorías térmicas y por lo tanto no predicen efectos importantes producidos por la difusión de reactantes y especies radicales activas, tales como el "corrimiento hacia lo rico"que demuestran los ensayos de apagado y energía de ignición.

Ignición, energía mínima

Supongamos una esferita de mezcla de oxidante y combustible en condiciones p_0, T_0, en concentraciones molares x_c, x_o. Para iniciar la combustión es necesario llevar la

esferita a una temperatura tal que el calor liberado iguale o exceda el calor perdido a través de la superficie.
La velocidad de reacción de la mezcla en moles por segundo y por metro cúbico está dada por una fórmula de tipo de Arrhenius:

$$\omega = \sigma^2 A x_c x_o e^{-E/RT}$$

donde E es la energía de activación, σ la densidad molar (moles por metro cúbico) y A un factor propio de la reacción química (metros cúbicos por mol-segundo).

Si Q es el calor de reacción en Joules por mol, y el volumen de la esferita es $\frac{4}{3}\pi r^3$, el calor liberado por unidad de tiempo es

$$\frac{4}{3}\pi r^3 Q \sigma^2 A x_c x_o e^{-E/RT} \,[\mathrm{J/s}]$$

Si k es el coeficiente de transmisión del calor a través de la superficie de la esferita el calor transmitido será

$$kS\frac{dT}{dr} \cong k 4\pi r^2 \frac{T - T_o}{r} = 4\pi r k (T - T_0)$$

Igualando despejamos el radio de la esferita:

$$r = \left[\frac{3k(T - T_0)e^{E/RT}}{AQ x_c x_o \sigma^2}\right]^{1/2}$$

La energía necesaria para llevar la esferita de T_0 a T será:

$$H = \frac{4}{3}\pi r^3 \sigma c_p (T - T_0)$$

siendo c_p el calor específico molar a presión constante. Reemplazando el valor del radio:

$$H = \frac{4}{3}\pi\sigma c_p (T - T_0)\left[\frac{3k(T - T_0)e^{E/RT}}{AQ x_c x_o \sigma^2}\right]^{3/2}$$

Podemos abreviar:

$$H \propto \frac{1}{\sigma^2 (x_c x_o)^{3/2}}$$

Como la densidad molar es $\sigma = p/\Re T$, siendo $\Re$ la constante universal, resulta la energía mínima de ignición

$$H \propto 1/p^2$$

La energía mínima de ignición es inversamente proporcional al cuadrado de la presión, lo que tiene implicancias para, por ejemplo, el reencendido a gran altura en turbinas de aviación, y el arranque de turbinas de gas en general.

Por otra parte,

$$H \propto \frac{1}{\left(x_c x_o\right)^{3/2}}$$

Como la suma de la fracciones molares debe ser uno, debe haber un valor máximo de su producto, que hará mínima a H. Este valor resulta ser ligeramente superior al estequiométrico, como muestra la figura siguiente:

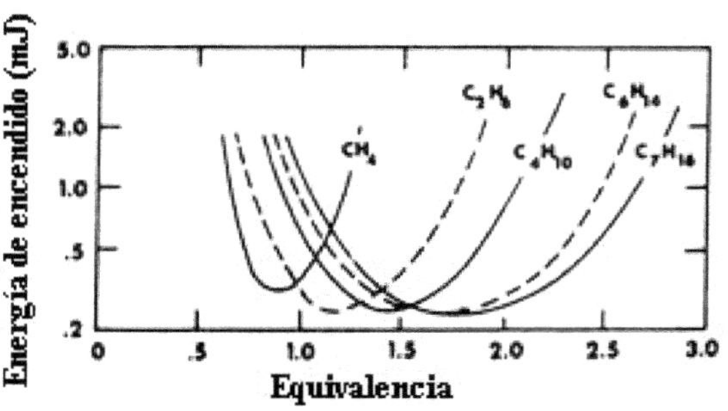

Figura 12.11: Energía mínima de encendido vs equivalencia (adaptado de Mattingly [4])

Apagado de una llama

La distancia de apagado estándar, d_a, es la distancia entre dos placas paralelas entre las cuales una llama cesa de propagarse. El diámetro de un tubo, $d_{a,t}$, a lo largo del cual una llama no se propaga está relacionado teóricamente con d_a por $d_{a,t} = 1.5\ d_a$.

Los efectos de tipo de combustible y presión en la distancia de apagado d_a se muestran en las figuras y tabla siguientes. Se aprecia el efecto de "corrimiento hacia lo rico" para los hidrocarburos más pesados (notar que según la ecuación de d_a, ésta debería ser un mínimo cuando S_u es máximo, es decir, para $\phi \cong 1.1$).

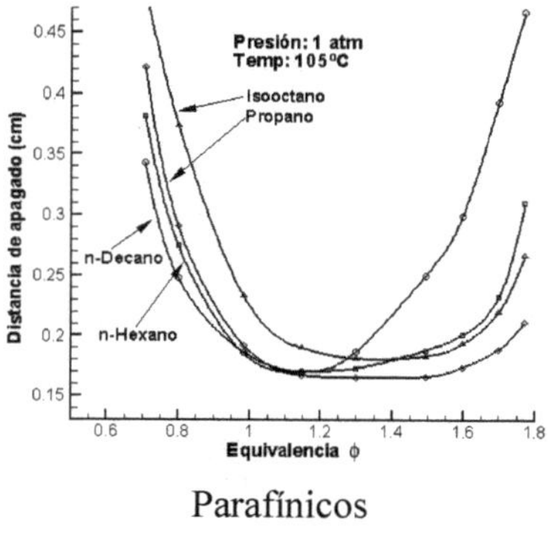

Parafínicos

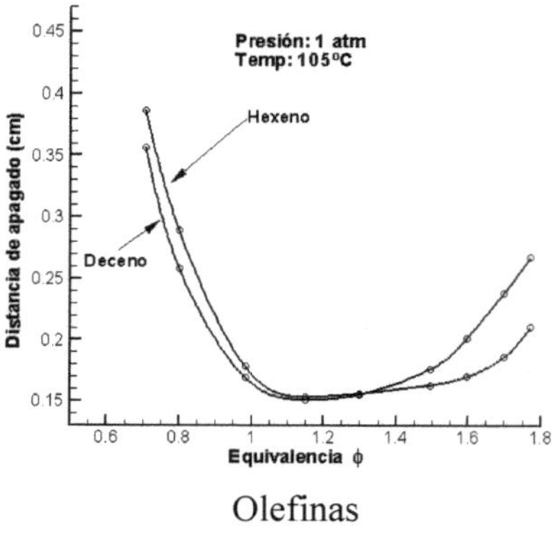

Olefinas

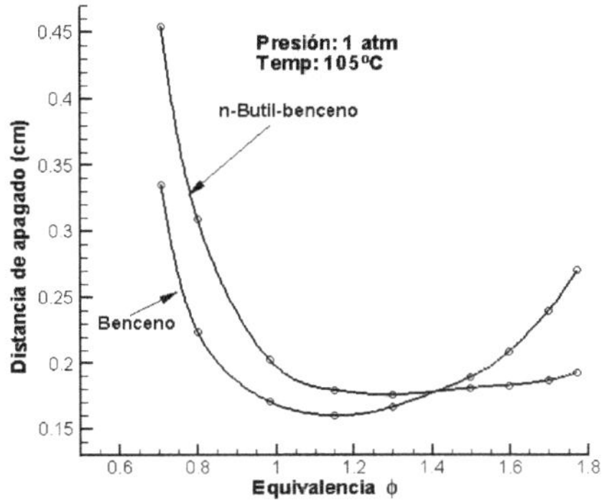

Aromáticos
Figura 12.12: Distancia de apagado vs equivalencia (adaptado de Potter y Berlad [5])

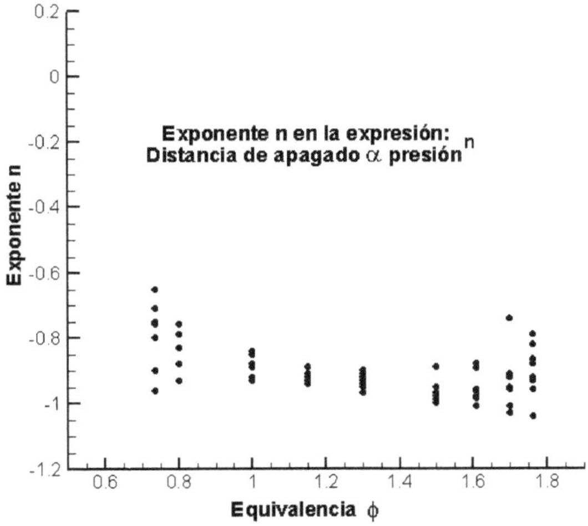

Figura 12.13: Distancia de apagado vs presión (datos de Potter y Berlad [5])

De la dependencia de presión se ve que las reacciones son aproximadamente bimoleculares (n= -1). Hay cierta evidencia que el orden de reacción global aparente crece con la presión y aún se vuelve independiente de la presión cuando esta excede las 100 atmósferas. La distancia de apagado es importante en el diseño de trampas de llama.

Algo parecido al apagado ocurre cuando una llama se aproxima o pasa una pared aunque no haya otras superficies cercanas. Una zona oscura aparece entre la llama y la pared. Por muchos años se creyó que este apagado de pared era una causa principal de emisiones de los motores de combustión interna, y muchos millones de motores fueron diseñados para minimizar el cociente área/volúmen de la cámara de combustión. Hoy se sabe que aunque se dejan hidrocarburos no quemados cerca de la pared cuando pasa la llama, este combustible se difunde rápidamente hacia los gases quemados cuando ha pasado la llama, donde es consumido rápidamente por los radicales remanentes.
El apagado sí ocurre en rendijas entre el pistón y el cilindro y alrededor de los aros de pistón, pero la mayor fuente de hidrocarburos no quemados aparenta ser debida al combustible absorbido y luego liberado por el aceite que cubre el interior del cilindro.

Encendido por chispa

Los efectos de forma de electrodo y espaciamiento sobre la energía de ignición se muestran en la figura siguiente.

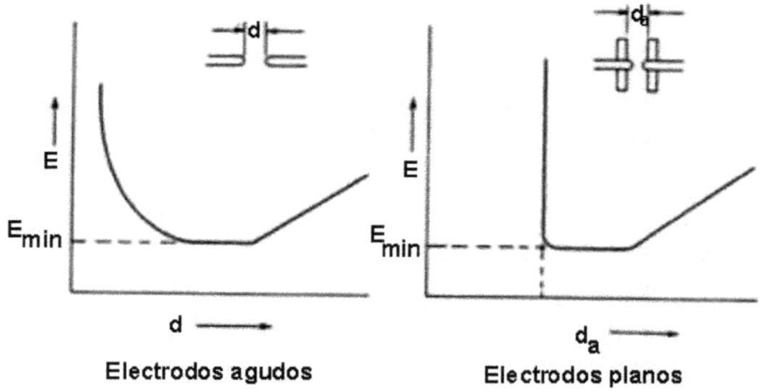

Figura 12.14: Energía mínima y forma de electrodos (adaptado de Strehlow [1])

Los efectos de la presión, concentración de oxígeno y estequiometría se muestran en la figura siguiente para mezclas de propano y aire.

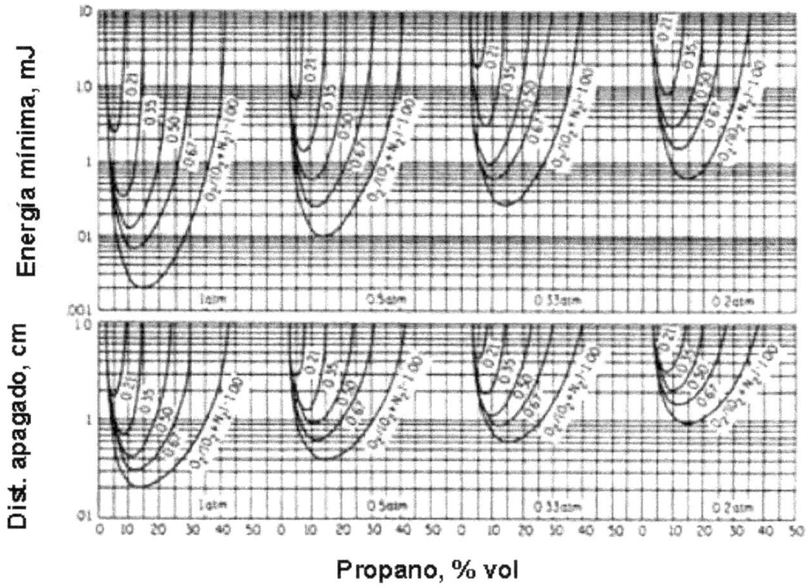

Figura 12.15: Energía mínima y distancia de apagado vs presión y riqueza (adaptado de Strehlow [1])

Los efectos del tipo de combustible se muestran en la figura siguiente.

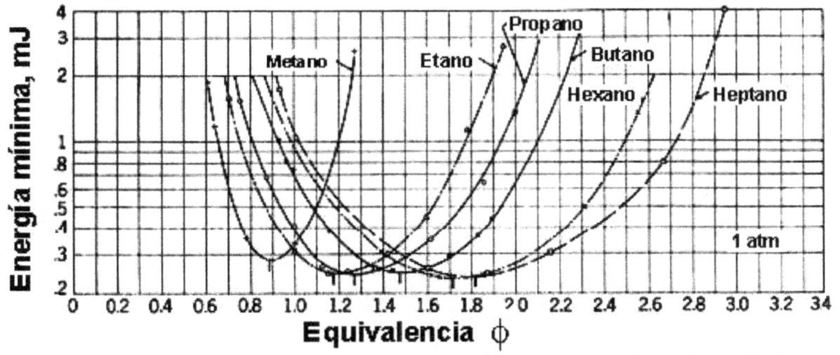

Figura 12.16: Energía mínima vs riqueza para distintos combustibles (adaptado de Strehlow [1])

De estas figuras se puede deducir lo siguiente:

- El espaciamiento entre electrodos está limitado por la distancia de apagado si los electrodos son planos.
- El efecto de la presión corresponde a n = 2, o sea $E_{min} \propto P^{-2}$
- El efecto del tipo de combustible en la energía mínima de ignición es menor, pero,
- Los pesos moleculares más altos evidencian un "corrimiento hacia lo rico" en la curva E_{min}- ϕ.

Este último efecto se puede explicar en base a difusión preferencial de oxígeno y combustible hacia un pequeño foco encendido. La energía mínima debiera coincidir con la máxima velocidad de llama, que corresponde a mezclas ligeramente pobres (ϕ = 0.8-0.9); para el metano, que es más liviano y más difusivo que el oxígeno, esto se cumple, pero para las moléculas más grandes se requiere mayor riqueza para minimzar la energía de encendido.
La energía mínima de ignición requerida es mayor, como cabe esperar, si hay un flujo barriendo los electrodos. La turbulencia también aumenta Emin; lo mismo sucede si se incrementa la duración de la chispa, como es lógico.
Los efectos de flujo y turbulencia se pueden explicar en términos de distorsión del foco de llama, mientras que una duración de chispa mayor aumenta las pérdidas de calor por conducción.
Los efectos del circuito eléctrico usado para producir la chispa son considerados menores excepto en lo que respecta a la duración de la chispa. Por otro lado, si el espaciado de electrodos produce efectos de apagado significativos, el circuito eléctrico puede hacer mucha diferencia.
Volviendo a la dependencia de E_{min} con estequiometría, se ve que para los hidrocarburos más pesados la energía de ignición requerida aumenta rápidamente para mezclas pobres. La operación de motores en régimen pobre es de interés corriente para el control de contaminación, y el problema de ignición de mezcla pobre ha adquirido importancia.

Detonación

Introducción

El término detonación se usa para una onda de combustión que viaja a velocidad supersónica respecto a la mezcla fresca, siendo el proceso de combustión inducido por la onda de choque. Las detonaciones tienen una estructura característica denominada ZND (de Z'eldovich, Von Neumann, Döring) que se muestra en la figura siguiente.

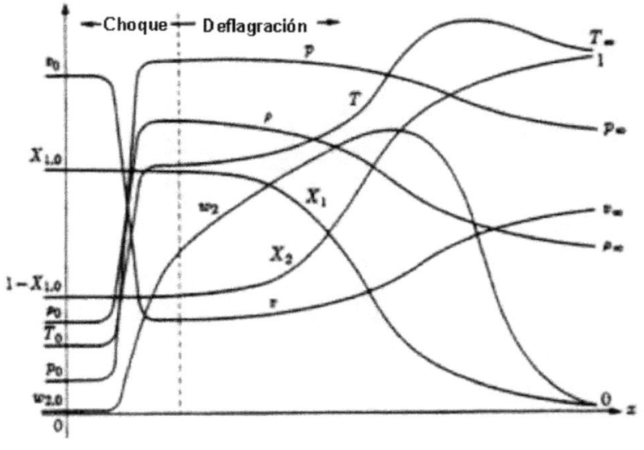

Figura 12.17: Estructura de la detonación (adaptado de Williams [6])

La tabla que sigue muestra algunas velocidades típicas de detonación.

Mezcla	Velocidad de detonación m/s	Mezcla	Velocidad de detonación m/s
2H2 + O2	2821	C3H8 + 3 O2	2600
2CO + O2	1264	C3H8 + 6O2	2280
CS2 + 3 O2	1800	i-C4H10 + 4O2	2613
CH4 + 2 O2	2146	i-C4H10 + 8 O2	2270
CH4 + 1.5 O_2 + 2.5 N2	1880	C5H12 + 8 O2	2371
C2H6 + 3.5 O2	2363	C5H12 + 8 O2 + 24 N2	1680
C2H4 + 3 O2	2209	C6H6 + 7.5 O2	2206
C2H4 + 2 O2 + 8 N2	1734	C6H6 + 22.5 O2	1658
C2H2 + 1.5 O2	2716	C2H5OH + 3 O2	2356
C2H2 + 1.5 O2 + N,	2414	C2H5OH + 3 O2 + 12 N2	1690

Tabla 12.1: Velocidades de detonación de varias mezclas a temperatura ambiente y presión atmosférica

La literatura sobre detonaciones es extensa, y en lo que sigue solo se dá una simple introducción.

Teoría simple de detonación

Se parte de la adición de calor a un flujo unidimensional de un gas perfecto. Las condiciones generales se muestran en la figura siguiente.

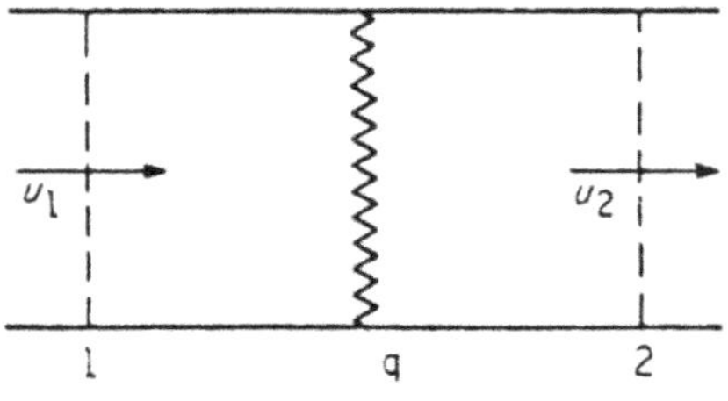

Figura 12.18: Flujo con adición de calor (adaptado de Strehlow [1])

Las ecuaciones básicas para este flujo son

Continuidad: $\rho_1 u_1 = \rho_2 u_2$

Cantidad de movimiento: $p_1 + \rho_1 u_1^2 = p_2 + \rho_2 u_2^2$

Energía: $CpT_1 + \frac{u_1^2}{2} + q = CpT_2 + \frac{u_2^2}{2}$

Estado: $\frac{p_1}{\rho_1 T_1} = \frac{p_2}{\rho_2 T_2} = R$

En estas, q es la adición de calor por unidad de masa. Eliminando u_2 entre las dos primeras ecuaciones da

$$p_1 - p_2 = \rho_1^2 u_1^2 \left(\frac{1}{\rho_1} - \frac{1}{\rho_2}\right) = m^2 (V_1 - V_2)$$

donde $V = 1/\rho$ y $m = \rho\, u$. Esta es la ecuación de una línea recta (la línea de Rayleigh) en un diagrama p-V, para el estado 2.

De las últimas ecuaciones obtenemos la ecuación de Hugoniot:

$$\gamma / \gamma\text{-}1\ (p_2 V_2 - p_1 V_1) - q = (p_2 - p_1)(V_2 + V_1)/2$$

donde $\gamma = Cp/Cv$ y $Cp = Cv + R$. El número de Mach para el estado 2 es dado por

$$f(M_2) = f(M_1) + \frac{M_1^2}{1+\gamma\, M_1^2} \frac{q}{CpT_1}$$

$$\text{siendo } f(M) = M^2 \frac{(1 + \frac{\gamma - 1}{2} M^2)}{(1+\gamma\, M^2)^2}$$

Las curvas de Hugoniot representan ondas de choque (q = 0) o de combustión (q >0), y la figura siguiente muestra una forma típica.

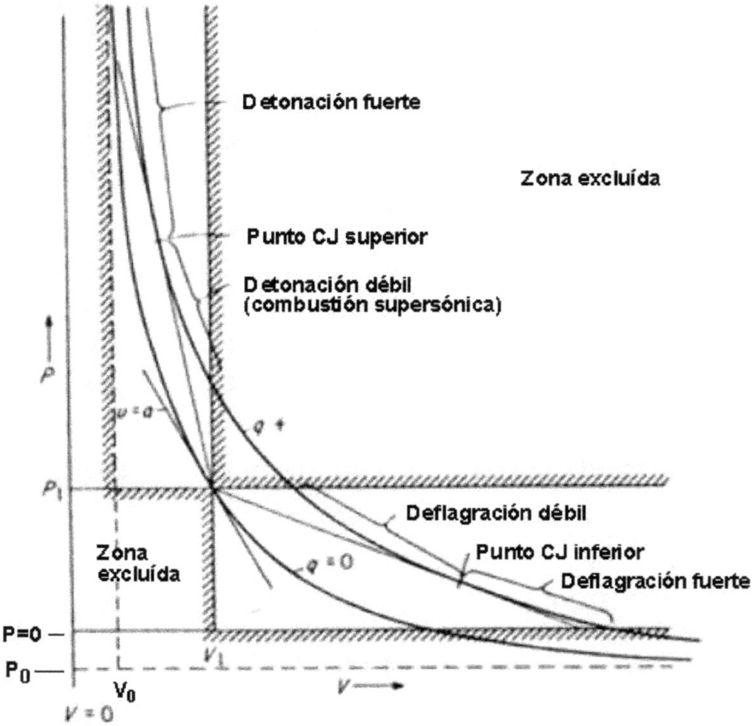

Figura 12.19: Diagrama del flujo con adición de calor (adaptado de Strehlow [1])

Las zonas excluidas corresponden a los siguientes casos:
-Si $P_2 < P_1$ debe ser $V_2 > V_1$.
-Si $P_2 > P_1$ debe ser $V_2 < V_1$.
-El mínimo V_2 es V_0 que corresponde a $P_2 \to \infty$ y resulta

$$V_0 = \frac{\gamma - 1}{\gamma + 1} V_1$$

-El mínimo P_2 es P_0 que corresponde a $V_1 \to \infty$ y resulta

$$P_0 = -\frac{\gamma - 1}{\gamma + 1} P_1$$

Las líneas de pendiente $-u_1^2$ $(1/V_1^2)$ que pasan por el punto (p_1V_1) son líneas de Rayleigh, y por lo tanto el estado 2 debe estar en la intersección de esta línea con la curva de Hogoniot correspondiente.
La línea tangente a la curva de Hugoniot para onda de choque ($q = 0$) en (p_1V_1), es la línea de velocidad sónica para el estado 1. Líneas de mayor pendiente representan flujo supersónico en el estado 1, y viceversa.
Las líneas de Rayleigh supersónicas pueden cortar la curva de Hugoniot de combustión en dos lugares, uno correspondiente a un estado 2 subsónico (detonación fuerte) y la otra a un estado 2 supersónico (deflagración supersónica).
Cuando la línea de Rayleigh es tangente a la curva de Hugoniot de combustión hay una sola solución para el estado 2, y es la combustión sónica. Este caso especial es la detonación de Chapman-Jouguet, y es el caso más común en la práctica para las detonaciones autoinducidas. Para este caso $M_2 = 1$ y M_1 sale de

$$M_1 = \left(1 + \frac{q}{RT_1}\frac{\gamma^2 - 1}{2\gamma}\right)^{1/2} + \left(\frac{q}{RT_1}\frac{\gamma^2 - 1}{2\gamma}\right)^{1/2}$$

Las líneas de Rayleigh subsónicas pueden cortar la rama inferior de la curva de Hugoniot de combustión en otros dos lugares, un estado 2 subsónico (deflagraciones débiles, el caso usual de combustión) y uno supersónico (deflagraciones fuertes, no hallado en la práctica). Cuando la línea de Rayleigh es tangente a la curva de Hugoniot de combustión nuevamente $M_2 = 1$ y se trata de una deflagración de Chapman- Jouguet.

Combustión en un recipiente cerrado

Experimentos en bomba esférica

La propagación transitoria de una llama desde un punto de ignición a través del contenido de un recipiente cerrado de forma arbitraria es un fenómeno de gran interés y significación práctica. La forma más simple de este experimento es la bomba esférica con ignición central. Se pueden presentar las siguientes conclusiones:
i) En toda la duración del experimento la velocidad de llama relativa a la mezcla fresca puede tomarse como la velocidad usual de llama en un ambiente a presión constante, para los valores <u>locales</u> de presión y temperatura.

ii) Dada la geometría esférica el comienzo de la combustión puede considerarse a presión constante.
iii) Al comienzo de la combustión la presión aumenta con el cubo del tiempo.
iv) La velocidad de quemado no es constante en toda la propagación de la llama. La compresión adiabática de la parte exterior a la llama (mezcla fresca) aumenta la presión y temperatura de los reactantes.
v) El proceso de combustión termina con una masa de gas que es significativamente más caliente en el centro.
La figura muestra un registro típico de presión versus tiempo. Estos experimentos se pueden usar para determinar la velocidad de llama.

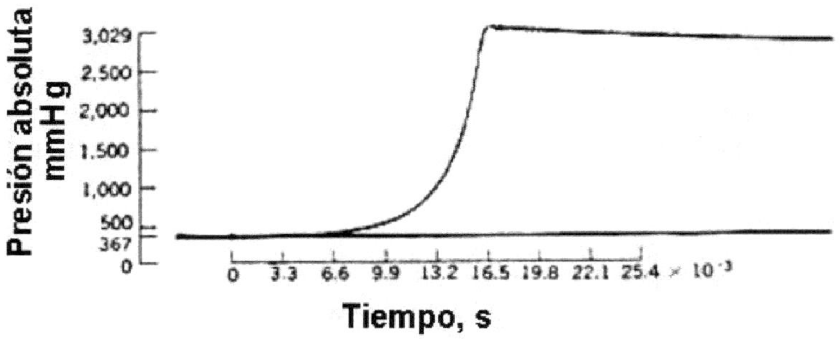

Figura 12.20: Presión vs tiempo en la bomba esférica (adaptado de Lewis y Von Elbe [2])

Recipientes de forma arbitraria

Las conclusiones del punto anterior se aplican en general a un recipiente de forma arbitraria con ignición en un punto muy pequeño. Sin embargo, la situación se complica por efectos aerodinámicos secundarios resultantes de la expansión de los gases quemados, que producen ondas de presión y flujo en la mezcla fresca. Si el recipiente es suficientemente largo, como en un tubo cerrado, las ondas de presión pueden alcanzarse unas a otras y formar una onda de choque y eventualmente una detonación. El flujo en la mezcla fesca puede volverse turbulento, alterando la velocidad de llama. También pueden producirse interacciones entre la llama y las capas límite, con la llama propagándose por la capa límite antes que por el frente principal.

Llamas en motores de gasolina

La combustión en motores de gasolina es un tema muy extenso, y se pueden consultar muchos textos. Las siguientes observaciones generales son válidas:
i) La velocidad de la llama aumenta con la turbulencia de la mezcla.
ii) La distancia recorrida por la llama inicialmente no produce cambio de presión pero toma un tiempo significativo, lo que requiere el avance de encendido. Las dos figuras siguientes ilustran este punto.

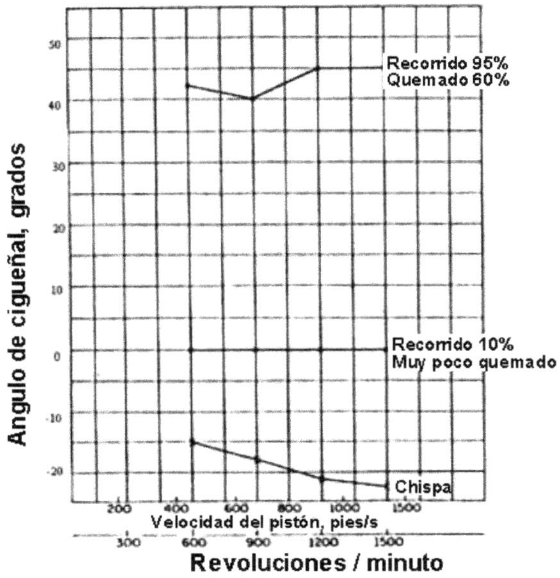

Figura 12.21: Duración del quemado de la mezcla a distintas velocidades de giro (adaptado de Taylor [7])

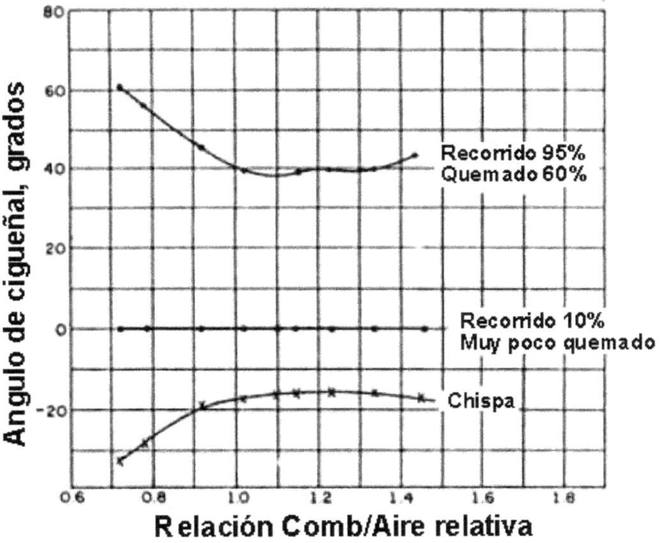

Figura 12.22: Duración del quemado de la mezcla a distintas riquezas (adaptado de Taylor [7])

iii) Los productos de combustión son más calientes en el centro, como muestra la figura siguiente.

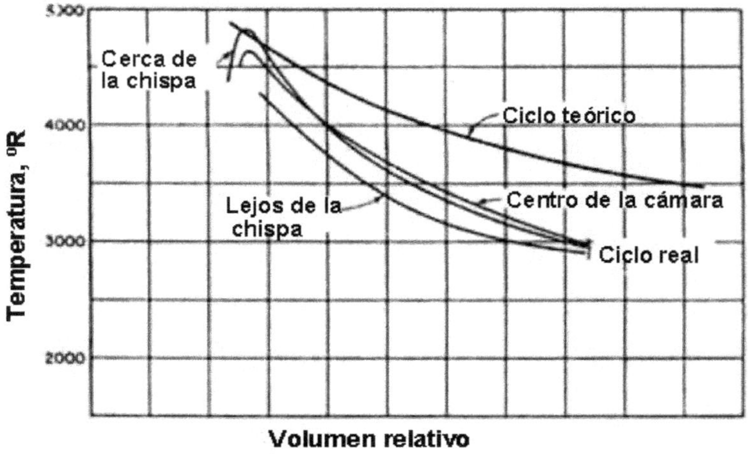

Figura 12.23: Temperaturas de los gases durante el ciclo de trabajo (adaptado de Taylor [7])

iv) La compresión de la última porción de los reactantes produce reacciones previas al arribo de la llama, llamas frías, autoignición, y frentes separados de llamas originados en puntos calientes. Tales fenómenos pueden producir "golpeteo", también llamado "detonación", aunque no se sabe si lo que ocurre es una verdadera detonación. Las ondas de choque originadas en la combustión súbita de la última porción de mezcla han sido observadas propagándose en los productos de combustión. Los depósitos y los electrodos de las bujías pueden causar pre-ignición, anterior a la chispa.

v) La variabilidad de la riqueza de la mezcla y del nivel de turbulencia cerca de los electrodos produce tiempos variables para el crecimiento del foco de ignición, dando lugar a la variabilidad ciclo a ciclo (CBCV), e incluso falla de encendido. La CBCV afecta a la suavidad de marcha, golpeteo, límite de operación pobre, MEP, avance de chispa, emisión de polucionantes, etc.

Referencias

[1] Strehlow, R. A. ; Fundamentals of Combustion, International Textbook Co., Pennsylvania, 1968.
[2] Lewis, B. y Von Elbe, G.; Combustion, Flames and Explosions of Gases, Academic Press, New York, 1961.
[3] Spalding, D. B.; Some fundamentals of combustion; Butterworths Scientific Publications, London, 1965.
[4] Mattingly, J. D.; Heiser, W. H., and Daley, D. H.; Aircraft Engine Design; AIAA Eduaction Series, New York, 1987.
[5] Potter, A. E., and Berlad, A. L.; Proceedings, Sixth Symposium (International) on Combustion, paginas 27-36, Combustion Institute, 1957.
[6] Williams, F. A.; Combustion Theory; Addison Wesley, New York, 1996
[7] Taylor, C. F.; The internal combustion engine, Theory and practice; MIT Press, 1987.

Capítulo 13

Combustión heterogénea

Eduardo Brizuela

Introducción

En este capítulo introducimos los conceptos y teoría de la combustión de combustibles sólidos y líquidos. En este caso la combustión involucra fases heterogéneas dado que los productos de combustión son usualmente gaseosos, así como el aire u oxidante. Consideramos primero la vaporización de superficies y en particular la evaporación de gotas líquidas. Este es un proceso de transferencia de masa donde la mayor resistencia a la transferencia ocurre usualmente a través de la capa límite en la fase gaseosa. El calor necesario para evaporar el líquido es a menudo provisto por transmisión conductiva/convectiva a través de la misma capa. Este acoplamiento entre transferencia de calor y masa es un problema importante, y el acoplamiento fija las condiciones en el lado gaseoso de la interfase. La teoría simplificada es para una sustancia pura monocomponente que, en la fase condensada puede estar en estado sólido o líquido. Esta teoría se expresa con facilidad en términos de la fracción de mezcla.

Así como en el caso del mezclado de chorros laminares y turbulentos, el problema sencillo de transferencia de masa se generaliza fácilmente al caso de combustión. Para combustibles que primero evaporan y luego reaccionan en la fase gaseosa esto genera una llama alejada de la interfase heterogénea. Para combustibles sólidos tales como carbón, que sufre una reacción de superficie, la velocidad de combustión a menudo depende en la velocidad de transferencia de masa del elemento oxígeno a la superficie, y es por consiguiente independiente de la cinética química.

Vaporización

Introducción

La figura indica el proceso que tiene lugar en una superficie en vaporización. La fase condensada es una sustancia pura j, que puede ser un líquido que se está evaporando o un sólido sublimando.

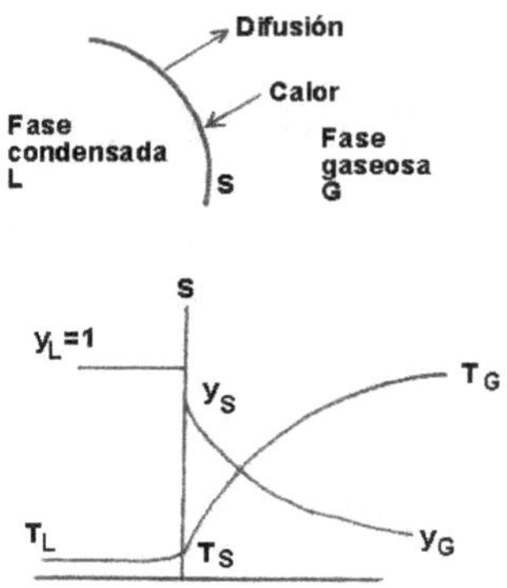

Figura 13.1: Proceso de evaporación

Las propiedades en la fase condensada tienen el subíndice L, en la fase gaseosa sobre la interfase, S, y en la fase gaseosa lejos de la interfase, G. La temperatura T es continua a través de la interfase pero debido al calentamiento de la fase condensada, T_s es un poco más alta o más baja que T_L.

La fracción de masa de la especie j se indica con y, sin subíndice por brevedad, y por definición $y_L = 1$. La presión de vapor de la sustancia P_s a la temperatura T_s estará dada por equilibrio termodinámico ya que los flujos de calor son usualmente pequeños comparados con las frecuencias de impacto molecular en la superficie. La presión de vapor es la presión parcial de la superficie j, y vale

$$P_s = x_s P$$

Utilizando la definición de fracción molar

$$y_s = (W_j / W_s)\, x_s = (W_j / W_s)\, P_s(T_s) / P$$

donde W_j es el peso molecular de j, y W_s el peso molecular de la mezcla en la interfase. P_s (T_s) indica que la presión parcial es la de equilibrio a la temperatura T_s.

Si los demás componentes de la mezcla los agrupamos en una sola especie k (digamos "aire"), entonces

$$y_j + y_k = 1$$

$$w_s = [\frac{y_s}{W_s} + \frac{(1-y_s)}{W_k}]^{-1}$$

La especie transferida j se difunde alejándose de la superficie por difusión molecular, que puede ser aumentada por convección. La velocidad de transferencia de masa por unidad de área de la interfase, m_j, causa una recesión de la superficie y por tanto una velocidad de gas hacia ella (flujo de Stefan), v_s, donde $_j = \rho_s v_s$ Aplicando condiciones de conservación en la interfase (ver Capítulo 4):

$$m_j = \rho_s v_s y_s - \rho_s D_{jk} [\frac{\partial y_j}{\partial n}]_s$$

Sustituyendo y ordenando

$$m_j = -\rho_s D_{jk} [\frac{\partial y_j}{\partial n}]_s \frac{1}{1-y_s}$$

Hemos supuesto que la difusión obedece la Ley de Fick, con D_{jk} el coeficiente de difusión de j hacia la otra especie k. Los gradientes se expresan en la dirección de la normal n a la superficie.

Transferencia de calor y masa

Para flujo estacionario no reactivo y haciendo otras simplificaciones obtendríamos

$$\rho\, v_i \frac{\partial y_j}{\partial x_i} - \frac{\partial}{\partial x_i}(\rho\, D_{jk} \frac{\partial y_j}{\partial x_i}) = 0$$

y para la temperatura

$$\rho\, v_i \frac{\partial T}{\partial x_i} - \frac{1}{Cp} \frac{\partial}{\partial x_i}(\lambda \frac{\partial T}{\partial x_i}) = 0$$

Introducimos la variable

$$b = \frac{y_j}{1-y_{j,s}}$$

De modo que las ecuaciones anteriores se escriben

$$\rho\, v_i \frac{\partial b}{\partial x_i} - \frac{\partial}{\partial x_i}(\rho\, D_{jk} \frac{\partial b}{\partial x_i}) = 0$$

$$m_j = -\rho_s D_{jk} [\frac{\partial b}{\partial n}]_s$$

Estas ecuaciones se pueden comparar con la ecuación de temperatura y la condición de flujo de calor convectivo en la superficie

$$q = -\lambda [\frac{\partial T}{\partial n}]_s$$

Si despreciamos la variación del calor específico Cp, la similaridad de las ecuaciones de b y T es evidente.

En transmisión de calor es común utilizar correlaciones utilizando el número de Nusselt y de Stanton como funciones de Re y Pr; se utilizan formas empíricas del tipo:

$$Nu = \frac{hd}{\lambda} = \frac{qd}{(T_G - T_s)\lambda} = F_1(\mathrm{Re}, \mathrm{Pr})$$

$$St = \frac{h}{\rho\, CpU} = \frac{q}{(T_G - T_s)\rho\, CpU} = \frac{Nu}{\mathrm{Re}\ \mathrm{Pr}} = F_2(\mathrm{Re}, \mathrm{Pr})$$

donde h es el coeficiente de transmisión de calor, d alguna dimensión típica de la superficie (el diámetro), U la velocidad general de flujo y

$$\mathrm{Re} = \rho\, v\, d/\mu; \quad \mathrm{Pr} = Cp\, \mu/\lambda$$

De la similaridad de las ecuaciones de transferencia de calor y de masa y las condiciones de borde dadas más arriba podemos esperar correlaciones muy similares para transferencia de masa. Definiendo:

$$B_M = b_S - b_G = (y_S - y_G)/\ (1 - y_S)$$

se esperaría que el número de Nusselt para transferencia de masa fuera de la forma flujo * distancia/ difusión * diferencia de variable

$$m\ d\ /\ (D\ B_M)$$

dejando de lado los subíndices de D. Sin embargo, debido al flujo de Stefan se encuentra que $\ln(1 + B_M)$ es más apropiado para definir Nu para transferencia de masa, Nu_M (usualmente llamado número de Sherwood).

$$Nu_M = \frac{m\ d}{\rho\ D \ln(1 + B_M)} = F_1(\mathrm{Re}, Sc)$$

siendo $Sc = \mu/\rho D$ el número de Schmidt. La dependencia funcional F_1 es escencialmente la misma que para la transmisión de calor; esto quiere decir que los datos de transmisión de calor pueden ser usados para calcular transferencia de masa. El parámetro B_M se denomina “la causa de transferencia de masa” o el número de transferencia de Spalding para transferencia de masa, ya que D. B. Spalding fué quién lo definió.

Para flujos no-separados la analogía entre transferencia de masa y calor puede extenderse a la fricción superficial para obtener la analogía de Reynolds:

$$C_f / 2 = St\ Pr^{2/3} = St_m\ Sc^{2/3}$$

donde C_f, el coeficiente de fricción superficial, es

$$C_f = \tau\ /\ (\tfrac{1}{2}\ \rho\ v^2)$$

siendo τ la tensión de deslizamiento en la pared. El número de Stanton para transferencia de masa se define como

$$St_m = \frac{m}{\rho\ v \ln(1 + B_M)}$$

Para usar estas analogías podemos tomar una fuente de datos de transferencia de calor. Por ejemplo, la figura nos dá los llamados factores Chilton-Colburn para distintos valores de Re y variadas superficies.

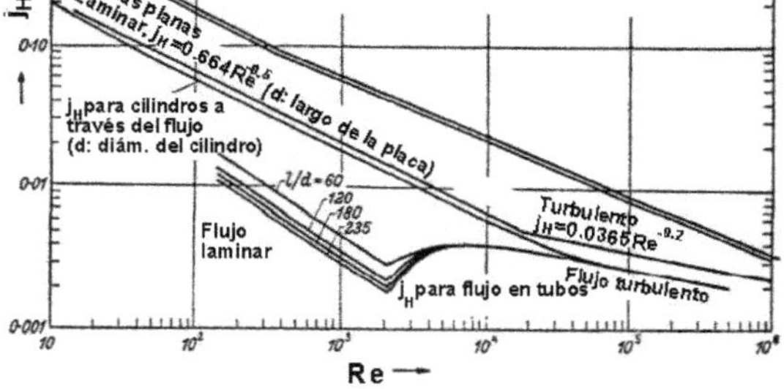

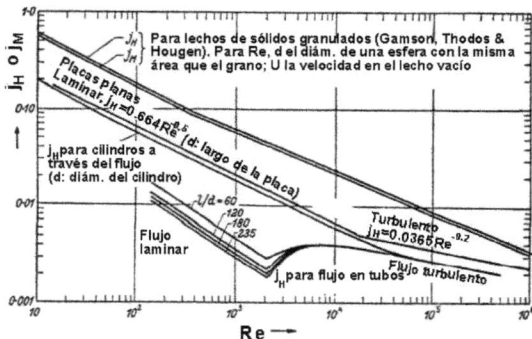

Figura 13.2: Factores de Chilton-Colburn (adaptado de Spalding [1])

La definición de estos factores es:

$J_H = St\ Pr^{2/3}$ (para transferencia de calor)

$j_M = St_M\ Sc^{2/3}$ (para transferencia de masa)

lo que nos permite obtener uno de los números en función del otro.

Evaporación de gotas

Para una esfera pequeña en condiciones de estagnación y no boyante, se sabe que el número de Nusselt es 2.0. Adoptando esto para transferencia de masa tenemos:

$$\frac{md}{\rho_G D \ln(1+B_M)} = 2$$

y como

$$m = -\rho_L \frac{dr}{dt}$$

donde r es el radio r = d/2, substituyendo e integrando entre d_o y 0, y entre 0 y el tiempo de evaporación t_e:

$$\frac{t_e}{d_o^{\,2}} = \frac{\rho_L}{8\rho_G D \ln(1+B_M)}$$

Para la evaporación de una corriente de aire el número de Nusselt se calcula como

$$Nu_M = 2(1+ 0.3\ Re^{1/2}\ Sc^{1/3})$$

y el tiempo de evaporación se reduce al ser Nu mayor.

La evaluación del tiempo de evaporación requiere conocer T_S para poder calcular B_M (ver definiciones dadas más arriba). En algunos casos se controla T_S calentando la fase condensada (combustible), pero lo común es que T_S venga dada por la transmisión de calor por convección-conducción del gas a temperatura T_G.

Transporte simultáneo de calor y masa

Un balance de energía en la superficie nos da:

$$mQ = \lambda\left[\frac{\partial T}{\partial n}\right]_s$$

donde Q es el calor recibido por conducción-convección de la fase gaseosa para vaporizar la unidad de masa del condensado.

En muchos casos Q será simplemente el calor de evaporación o de sublimación. Si $T_L \neq T_S$ el calor necesario para subir (o bajar) la temperatura del combustible de T_L a T_S puede ser añadido (o sustraído) del calor latente de vaporización/sublimación. De la misma manera se pueden tratar las contribuciones de radiación. Tenemos entonces que

$$v_s = \frac{m}{\rho_s} = \frac{\lambda}{\rho_s Q}\left[\frac{\partial T}{\partial n}\right]_s = \frac{\lambda}{\rho_s Cp}\left[\frac{\partial}{\partial n}\left[\frac{CpT}{Q}\right]\right]_s$$

(con Cp y Q constantes)

Esta ecuación se compara con la dada anteriormente para m:

$$m = -\rho_s D_{jk} \frac{1}{1-y_s}\left[\frac{\partial y_j}{\partial n}\right]_s$$

Podemos entonces definir un número de transferencia similar a B_M pero para transferencia de calor

$$B_H \equiv Cp\ (T_G - T_S)/\ Q$$

Recordar $B_M \equiv (y_S - y_G)/\ (1- y_S)$
Si el número de Lewis es aproximadamente uno:

$$D = \lambda\ /\rho Cp,$$

se esperará que $B_H = B_M$. En general lo que se cumple es que

$$D^{2/3}\ \ln(1+B_M) = (\lambda\ /\ \rho\ Cp)^{2/3}\ \ln(1+B_H)$$

Esta ecuación nos relaciona la transferencia de calor y masa y nos permite entonces calcular T_S, con lo que se cierra el problema.

Ejemplo numérico

Encontrar el tiempo de evaporación de una gota de agua de 1 mm de diámetro en aire seco a 15 y 1000 °C y a una atmósfera.

a) $T_G = 15$ °C
Aire seco → $y_G = 0$
De tablas psicométricas la temperatura de bulbo húmedo es 3.3 °C.
Asumimos esta como la temperatura de la superficie, T_S. De tablas de calor latente de vaporización a esta temperatura es 2.47 MJ/ Kg, y usamos este valor como Q. Luego

$B_H = 1.005\ (15\text{-}3.3)/\ (2470000) = 4.77\ 10\text{-}3$

El número de Lewis para H_2O es cercano a la unidad, por lo que adoptamos $B_M = B_H$, lo que nos dá, de

$$B_M = y_S - y_G\ /\ (1- y_s) \rightarrow\ y_S = 4.79\ 10\ \text{-}3$$

Calculamos X_S y la presión parcial y de tablas de vapor obtenemos $T_S = 3.3$ °C, lo que no solo coincide con el valor inicial sino que es lógico dado que la temperatura del bulbo húmedo es muy similar al problema.
Luego, tomamos $D = 0.187\ cm^2/\ s$ y $t_e = \rho\ d_o^2/(8\ D\ \ \rho_G \ln(1+B_M)) = 855$ s

b) $T_G = 1000$°C
Nuevamente y_G=0. Asumimos T_S=100°C dado que no puede ser más alta que la temperatura de ebullición. Luego

$B_H = 1100(\ 1000\text{-}100)/(2270000) = 0.44 = B_M$

Con esto y_S=0.3; P_S=42 Kpa y T_S=77°C. Iteramos para obtener $B_H = 0.443$. Recalculamos ρ_G y D a 540°C (promedio entre 100 y 1000) y obtenemos $t_e = 6.4$ s.

Interpretación de la fracción de mezcla

En el sistema sin reacción la fracción de masa **y** de la especie j es un escalar conservado. En ausencia de radiación la entalpía de la mezcla (incluyendo el calor de evaporación), también es un escalar conservado. Luego la fracción de mezcla la podemos definir como

$$f \equiv y - y_G / (y_L - y_G)$$

lo que dá

$$B_M = f_s / (1 - f_s)$$

Para la transferencia de calor Cp (T_G - T_S) = h_G - h_S y Q = h_L - h_S por lo que B_H = (h_G - h_S) / (h_L - h_S). Con número de Lewis unitario B_M = B_H y la definición de la fracción de mezcla puede hacerse con la entalpía o la fracción de masa:

$$f = \frac{y - y_G}{y_L - y_G} = \frac{h_G - h_s}{h_L - h_s}$$

Esta interpretación de la fracción de mezcla es de valor para el caso reactivo.

Evaporación de hidrocarburos

Los combustibles prácticos son mezclas de un gran número de hidrocarburos. Cada uno de estos componentes tiene su propia presión de vapor en función de la temperatura, como muestra la figura siguiente para algunos compuestos típicos.

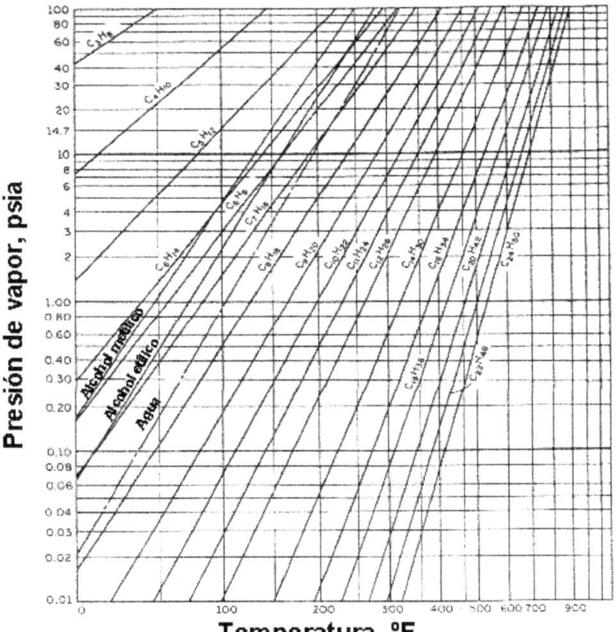

Figura 13.3: Presión de vapor de combustibles (adaptado de Taylor [2])

Una gota de nafta, por ejemplo, inicialmente se evaporará más rápidamente que una de agua, perdiendo más que nada las fracciones ligeras primero. A medida que la porción de evaporado aumenta disminuye la presión de vapor en la superficie para la temperatura existente. Luego, B_M y D caen, y la velocidad de evaporación disminuye. Un análisis completo del proceso sería muy complejo, aunque en principio totalmente definido.

Sin embargo algunos datos termodinámicos sobre hidrocarburos no están disponibles. Las dos tablas y la figura siguiente dan algunos datos conocidos. Los calores latentes de vaporización de hidrocarburos se pueden consultar en el Perry´s [3].
Se pueden hacer cálculos estimativos del orden de magnitud de las variables asumiendo una composición media del combustible después que se ha evaporado el primer 30%. Más detalles sobre el efecto de la composición de la gota, incluyendo micro explosiones de emulsiones y mezclas binarias se pueden encontrar en Progress in Combustion Science and Technology, Volumen 8, paginas 171 - 202 (1982).

°C	Presión de vapor en mm de mercurio para Fuel oils			
	(1)	(2)	(3)	(4)
40	3	1.5	0	0
50	5	2.5	0	0
60	8	3.5	0.5	0
70	12	5.5	2	0
80	18	8.5	3	0
90	25	13	5	1
100	38	18	8	1.5
120	75	40	16	3
140	130	74	33	5.5
160	220	102	58	10
180	400	220	100	12
200	600	350	180	13

Tabla 8.1: Presión de vapor vs temperatura para fuel oils

	Fuel Oil N°					
	1	2	3	4	5	6
Nombre común	Kerosene	Gas Oil	Diesel Oil	70-30	Fuel Oil	Bunker C
Color	Claro	Ambar	Traslúcido	Oscuro	Oscuro	Oscuro
Densidad (kg/dm^3)	0,825	0,843	0,880	0,915	0,930	0,945
Residuo carbonoso Conradson (%)	Trazas	< 0,05	~ 0,05	6,3	8,2	9,0
Viscosidad a 30°C (10^{-6} m^2/seg)	1.6	3.9	4.2	82	325	800
Temperatura de derrame (°C)	>-17	>-17	> -12	> 2	> 2	> 20
Temp. recomendada p/atomizar (°C) mín.	-	-	> 5	> 55	>60	95
Azufre (%)	< 0,1	< 0,3	< 0,8	< 0,5	< 0,4	< 0,4
Agua (%)	Trazas	Trazas	< 0,5	< 1,0	< 2,0	< 2,0
Cenizas (%)	Trazas	Trazas	~ 0,02	~0,05	~0,08	~ 0,12

PCI (kJ/kg)	46 214	46 544	46 167	45 012	44 380	44 170
Punto de inflamación (°C)	60	70	75	75	180	180
Número de cetano	70	55	47	-	—	—

Tabla 13.2: Propiedades de fuel oils

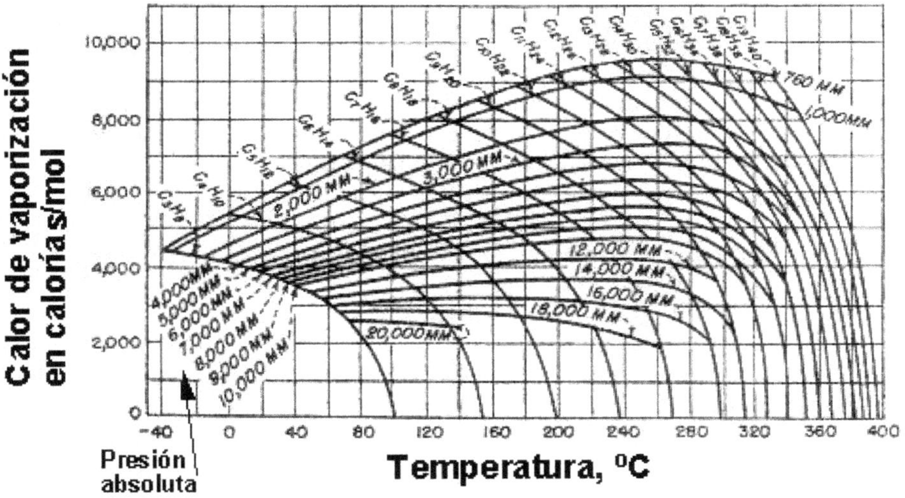

Figura 13.4: Calor de vaporización de combustibles (adaptado de Perry [3])

Combustión

Números de transferencia

De la sección anterior se deduce que el número de transferencia puede obtenerse a partir de la fracción de mezcla f, obtenida utilizando cualquier escalar conservado β. Se obtendría:

$$B \equiv \frac{\beta_s - \beta_G}{\beta_L - \beta_G}$$

Para gotas en combustión la llama ocurre a cierta distancia de la superficie y muy poco o nada de oxígeno llega a la superficie. Asumiendo el modelo SCRS, un escalar conservado sería

$$\beta = \frac{y_{O2}\ Q_c}{s} + h_{\text{sen}\,s}$$

donde h_{sens} es el calor sensible más el calor latente de vaporización de la mezcla. Luego

$$B = \frac{Cp(T_G - T_s) + \frac{y_{O2,G}\ Q_c}{s}}{Q}$$

En estas fórmulas Q_c es el calor de combustión por unidad de masa de combustible y s el peso de oxígeno por kg de combustible en condiciones estequiométricas. Notar que para la mayoría de los combustibles Q_c/ s = 13 MJ/ kgO_2.
Cuando el estado G es aire o productos de combustión adiabática el numerador de la expresión de B no depende mucho del tipo de combustible y B depende más que nada del calor latente de vaporización del combustible. Para combustibles líquidos B varía típicamente entre 2 y 8.
Para combustibles como carbón y residuos carbonosos el combustible no vaporiza y la reacción ocurre en la superficie. Si la cinética es rápida respecto a la transferencia de masa se encuentra que el producto formado en la superficie es CO y que es la única especie conteniendo C y O. Luego un escalar conservado sería

$$\beta = Z_c - 12/16\ Z_o$$

donde Z son las fracciones de masa de los elementos atómicos.
Tenemos entonces

$$\beta_S = 0$$

$$\beta_G = -12/16\ y_{O2,G} - 12/44\ y_{CO2,G} - 12/18\ y_{H2O,G}$$

Para la mayoría de los combustibles de este tipo $\beta_L = 1$ dado que el combustible es carbón casi puro. Luego

$$B = \frac{\beta_s - \beta_G}{\beta_L - \beta_S} = 12(\frac{y_{O2,G}}{16} + \frac{y_{CO2,G}}{44} + \frac{y_{H2O,G}}{18})$$

El CO generalmente se quema como una llama de difusión a cierta distancia de la superficie, yendo a CO_2.
Para partículas metálicas como el aluminio la reacción en la superficie produce un óxido metálico, en este caso $Al_2\ O_3$. En este caso B es el del aire seco

$$B = 46/48\ y_{O2,G}\ (=(2\ W_{Al}/\ 3W_o)\ y_{O2,G})$$

El óxido forma un depósito sólido poroso en la superficie que aumenta la resistencia difusional a la transferencia de masa.

Quemado de gotas

El número B obtenido más arriba puede ser utilizado para evaluar el tiempo de quemado de las gotas t_b, obteniéndose una ecuación similar a la de evaporación de la gota ya vista. El tiempo de quemado resulta proporcional a d_o^2. Los resultados experimentales se expresan usualmente en términos de una “constante” de evaporación λ’ dada por

$$\lambda' \equiv d_o^2 / t_b$$

y para condiciones de estagnación y sin flotación resulta

$$\lambda' = 8\ \rho\ D\ \ln(1+B) / \rho_L$$

con ρ y D evaluados en la fase gaseosa a una temperatura promedio entre T_S y la temperatura adiabática de llama. La tabla siguiente da valores de λ' computados de esta forma, comparados con resultados experimentales.

Combustible	B	$\frac{8 \lambda/C_p \ln(1+B)}{\rho_L} x10^2 \left[cm^2/s\right]$	λ'experimental (Godsave, IV Simposio)
Benceno	5.97	1.12	0.97
Tolueno	5.67	1.11	0.66
Etilbenceno	5.39	1.08	0.86
Orto-xileno	5.15	1.04	0-79
Para-xileno	5.24	1.08	0.77
Isopropilbenceno	5.08	1.06	0.78
Seudo-cumeno	4.65	1.02	0.87
Butilbenceno terciario	4.93	1.04	0.77
Normal heptano	5.82	1.42	0.97
Isooctano	6.41	1.44	0.95

Tabla 13.3: Constante de evaporación, calculada y experimental (datos de Spalding [1])

Una evaluación de las condiciones en el frente de llama que rodea a la gota requiere la solución del campo difusivo alrededor de la gota. Asumiendo simetría esférica, las ecuaciones de continuidad y conservación de fracción de mezcla son:

$$\frac{1}{r^2}\frac{d}{dr}(\rho\, vr^2) = 0$$

$$\frac{1}{r^2}\frac{d}{dr}(\rho\, vr^2 f - \rho\, r^2 D\frac{df}{dr}) = 0$$

y la condición de borde en la superficie es

$$v_s = -\frac{D}{1-f_s}[\frac{df}{dr}]_s$$

Estas ecuaciones están en función de la fracción de mezcla por razón de generalidad; es sencillo pasarlas en función de y.

La primera ecuación se resuelve como

$$\rho\, v\, r^2 = \text{const} = m/4\pi$$

siendo m la velocidad de evaporación. Reordenamos la ecuación de fracción de mezcla como:

$$\frac{df}{dr} = \frac{d}{dr}[\frac{4\pi\rho\, r^2 D}{m}\frac{df}{dr}]$$

Introducimos una coordenada radial transformada dada por

$$\xi = \int_r^{\infty} \frac{m}{4\pi\, r^2 D} dr$$

de modo que

$$d\xi = -\frac{m}{4\pi\ \rho\ r^2 D} dr$$

Así, la ecuación de conservación resulta

$$\frac{df}{d\xi} = -\frac{d^2 f}{d^2 \xi^2}$$

cuya solución es f = $A_1 + B_1\ e^{-\xi}$
Una condición de borde es f→ 0, r→ ∞, ξ→0
Luego $A_1 + B_1 = 0$
En la superficie s, r = r_s, ξ= ξ_s ; f = f_s y

$$v_s = -\frac{D}{1-f_s}[\frac{df}{d\xi}]_s[\frac{d\xi}{dr}]_s = -\frac{D}{1-f_s} A_1 e^{-\xi_s}[-\frac{\dot{m}}{4\pi\rho_s R_s^2 D}] = A_1 \frac{v_s}{1-f_s} e^{-\xi_s}$$

Luego, la solución para f es

$$f = (1-f_s)e^{\xi_s}(1-e^{-\xi})$$

Si para f = f_s, $\xi=\xi_s$

$$f_s = (1-f_s)(e^{\xi_s}-1) = e^{\xi_s} - 1 - f_s e^{\xi_s} + f_s$$

$$e^{\xi_s}(1-f_s) = 1$$

Luego f=1-$e^{-\xi}$

Si $B_M = \frac{f_s}{1-f_s}$ y $e^{\xi_s}(1-f_s) = 1$

Resulta $f_s = 1 - e^{-\xi_s}$

$$B_M = \frac{1-e^{-\xi_s}}{e^{-\xi_s}} = e^{\xi_s} - 1$$

$$e^{\xi_s} = 1 + B$$

$$\xi_s = \ln(1+B)$$

$$e^{-\xi} = (e^{-\xi_s})^{\frac{-\xi}{\xi_s}} = (1+B)^{\frac{-\xi}{\xi_s}}$$

$$f = 1-(1+B)^{\frac{-\xi}{\xi_s}}$$

Si asumimos ρD ≅ const. , entonces de la definición de ξ resulta

$$\xi = \frac{m}{4\pi\ \rho\ D\ r} \propto \frac{1}{r}$$

Luego $\xi / \xi_s = R_s / r$

$$f = 1-(1+B)^{-R_s/r}$$

y el número de Nusselt

$$Nu = \frac{md}{\rho D \ln(1+B)}$$

resulta (recordar que m para Nu era el flujo másico por unidad de área)

$$Nu = \frac{m\ 2R_s}{4\pi\ R_s^2 \rho\ D \ln(1+B)} = \frac{4\pi\ \rho D\ r\xi\ 2R_s}{4\pi\ R_s^2 \rho\ D\xi_s} = 2\frac{r}{r_s}\frac{\xi}{\xi_s} = 2$$

Se ve que para evaporación en condiciones cuasi-isotérmicas las aproximaciones utilizadas resultan en el número de Nusselt correcto. El último paso justifica el factor ln(1+B) que se había introducido.

Para una gota en combustión la llama se estacionará en un radio donde $f = f_s$. Usando el subíndice f para denotar la ubicación de la llama, de

$$f = 1 - (1+B)^{\frac{-\xi}{\xi_s}}$$

$$(1 - f_s) = (1+B)^{\frac{-\xi}{\xi_s}}$$

$$-\ln(1 - f_s) = \frac{\xi_f}{\xi_s}\ln(1+B)$$

Pero $\xi_f = \ln(1+B) \rightarrow \xi_f = -\ln(1-f_s)$

Luego,

$$r_f / r_s \cong -\frac{\ln(1+B)}{\ln(1-f_s)}$$

Un valor más preciso del radio de la llama se puede obtener utilizando la relación ya hallada

$$f = 1 - e^{-\xi}$$

e integrar la definición de ξ . Esto resulta en

$$\frac{1}{r} = \frac{4\pi}{m}\int_0^f \frac{\rho D}{1-f}df$$

o sea

$$\frac{1}{r_f} = \frac{4\pi}{m}\int_0^{f_s} \frac{\rho D}{1-f}df$$

Para hidrocarburos en aire $B \cong 3$ y $f_s \cong 0.07$, de modo que r_f/R_s resulta aproximadamente 20.

Si la densidad y el coeficiente de difusión se obtienen de un cálculo de llama laminar donde ρ, D, T y v son función de f, la integral

$$\frac{1}{r} = \frac{4\pi}{m}\int_0^f \frac{\rho D}{1-f}df$$

se puede utilizar para calcular r y $m = 4\pi\ r^2\ \rho v$ y verificar el valor de T usado para que cumpla Nu = 2.

Otros efectos sobre quemado de gotas

Si la gota se mueve con respecto al gas la llama no será esférica. La velocidad de combustión aumentará una cantidad que puede ser estimada por la corrección al número de Nusselt de Ranz y Marshall.

La resistencia al avance de una gota encendida es significativamente menor que la de una esfera sólida. La transferencia de masa desde la superficie se sabe que reduce la fricción superficial pero al parecer la resistencia de forma también es reducida, presumiblemente por la estabilización de los torbellinos de la estela debido al efecto de adición de masa. Para Re < 20 el coeficiente de resistencia al avance C_{Do} de una esfera sólida se reduce como $C_D = C_{Do} / (1+B)$

En el Capítulo 5 se calculó el diámetro de extinción de una gota. El resultado es:

$$d_{ext} = 2\sqrt{\frac{2D}{\chi_{s,ex}} \frac{(1-f_s)[\ln(1-f_s)]^2}{\ln(1+B)}}$$

Para valores típicos de los parámetros se encontró que el diámetro de extinción es del orden de los 14 μm, que no es mucho menor que el diámetro inicial de la gota en la mayoría de los rocíos.

Para una gota en movimiento la llama envolvente se acerca mucho a la gota en el punto de estagnación delantero. La solución unidimensional de llamas de difusión de contraflujo da, para el punto de estagnación axisimétrico:

$$\chi_s = u/(65\ d)$$

siendo χ la disipación del escalar

$$\chi = 2D\ \nabla f . \nabla f$$

y χ_s su valor en la superficie de contorno estequiométrica, cerca del punto de estagnación delantero. Se encuentra que la extinción ocurre a un valor crítico de χs que es independiente del Número de Reynolds y de otros factores, de modo que el valor crítico de U/d está dado por $(U/d)_{ext} = 65\ \chi_{s,ext}$

Para metano en aire $\chi_{s,\,ext} = 11$ seg^{-1}, de modo que (U/d) = 720 seg^{-1}

Para kerosene $(U/d)_{ext} = 1400$ seg $^{-1}$ (Spalding,1953), de modo que $\chi_{s,ext} = 20$ seg^{-1}.

En la derivación del tiempo de evaporación y quemado de las gotas se ha asumido que B es constante y el valor Q utilizado normalmente incluye una contribución para calentar el líquido de la temperatura de inyección a la evaporación T_s. En realidad la conductividad del líquido es mucho mayor que la del gas, y la gota se calienta rápidamente de modo que su temperatura es uniforme. Este calentamiento es asistido por corrientes de convección dentro de la gota, debidas a fuerzas de corte en la superficie (por acción de la corriente de gas) y gradientes de tensión superficial, originados en convección forzada y/o flujos de flotación que distorsionan la simetría esférica. Por consiguiente en el período inicial Q será mayor y B significativamente menor que el valor medio asumido, y B será un poco mayor que el medio en lo que resta del período de combustión.

Para combustibles multicomponentes las fracciones livianas se consumirán antes que las pesadas; esto tiende a producir una variación en B opuesta a la ya descripta debida a efectos térmicos transitorios, como muestran las figuras siguientes.

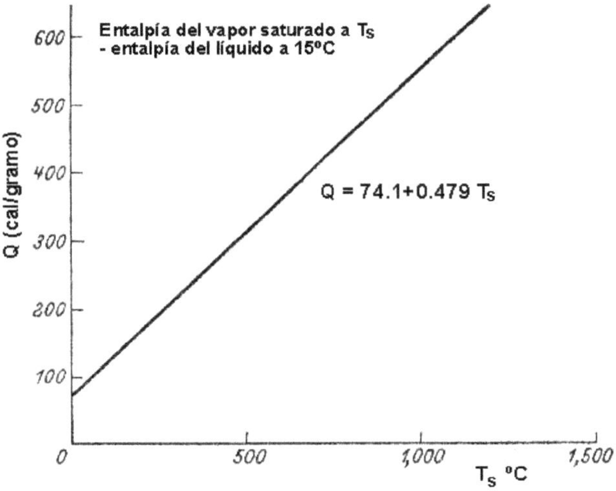

Figura 13.5: Cambio de entalpía en la evaporación (adaptado de Spalding [1])

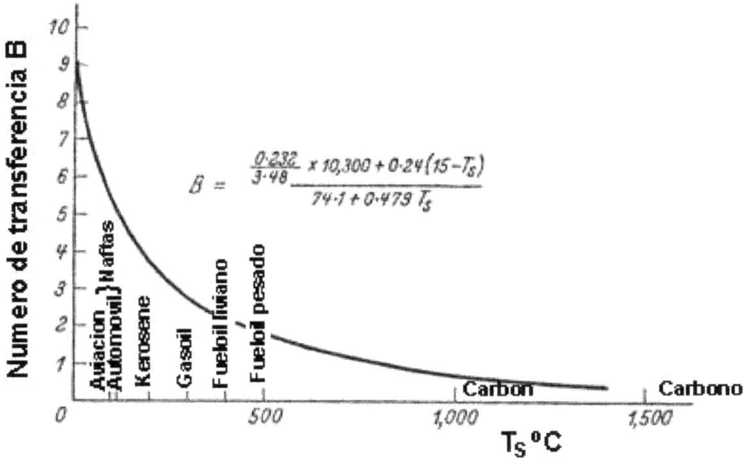

Figura 13.6: Cambio en el número de transferencia (adaptado de Spalding [1])

Las figuras muestran que gotas de combustibles más pesados tienen mayor temperatura superficial al quemar. Estas temperaturas pueden ser bastante altas como para craquear o polimerizar al combustible. Con combustibles pesados puede obtenerse una cenosfera de un material similar al coque. Esta cenosfera residual tiene una velocidad de combustión muy baja, como se vé en la figura siguiente.

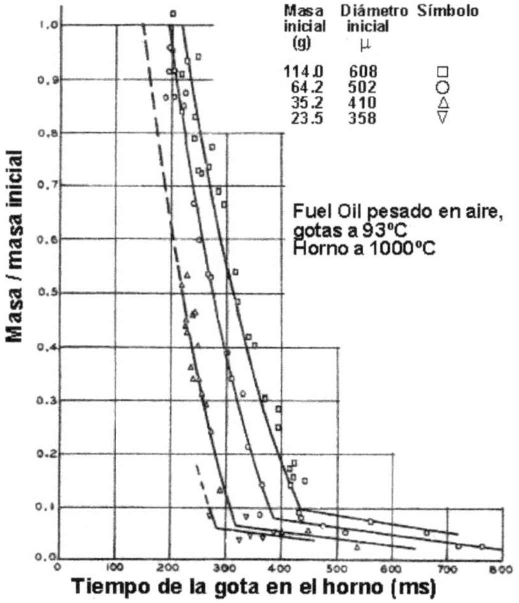

Figura 13.7: Progreso de la evaporación de una gota (adaptado de Hottel et al. [4])

Las cenosferas son huecas y tienen un diámetro similar al de la gota original.
Los aceites pesados residuales contienen cantidades apreciables de vanadio y otros metales pesados y la ceniza de estos metales tiende a quedar con la cenosfera. Esta es una fuente obvia de emisiones de partículas con implicancias para la polución atmosférica.
Las gotas de emulsiones de aceite y agua pueden explotar debido a que el agua se sobrecalienta dentro de la gota y vaporiza. Estas microexplosiones también pueden ocurrir a mezclas binarias de una fase.
Para más detalles sobre la ciencia de la evaporación y combustión de gotas se pueden consultar las excelentes recopilaciones aparecidas en Progress in Energy and Combustion Science en 1976, 77, 82, 83 y 89, debidas a Faeth, Dwyer, Sirignano, Williams y Law.

Combustión de partículas sólidas

El tiempo de quemado viene dado por una fórmula similar a las de las gotas, con el número B obtenido usando un escalar conservado para los componentes del carbón o lo que fuere. Para materiales carbonosos la formulación de B es independiente de si el quemado de CO ocurre en el volumen de gas o más cerca de la superficie de la partícula. La figura siguiente muestra los perfiles de composición para estos dos casos. Las indicaciones experimentales son que el mecanismo (b) es el más común.

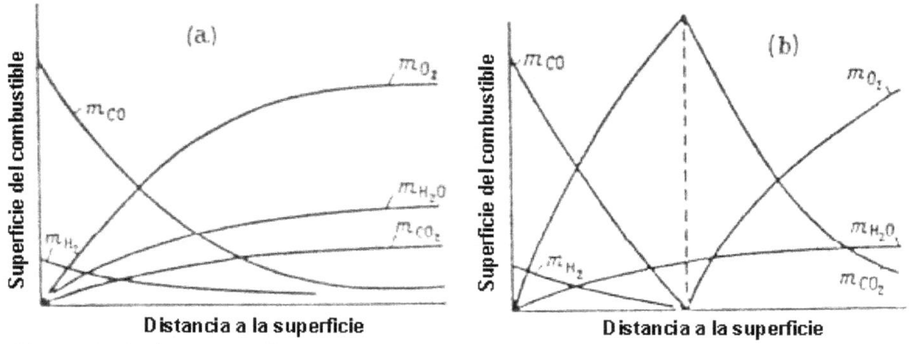

Figura 13.8: Concentraciones cerca de la superficie de la partícula de carbón; (a) sin reacción, y (b) con reacción (adaptado de Spalding [1])

El efecto del tamaño de partícula sobre el tiempo de combustión se muestra en la figura siguiente, para varios gases de baño desde aire puro (y_{O2} = 0.232) a viciado (y_{O2} = 0.08).

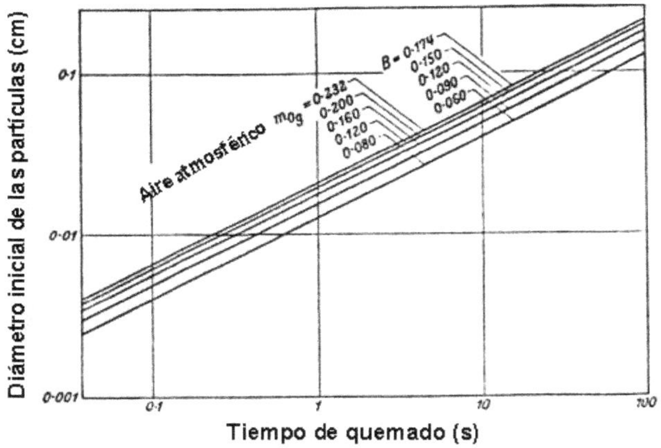

Figura 13.9: Tiempos de quemado de partículas de carbón (adaptado de Spalding [1])

Los experimentos de combustión indican que la teoría simple es aplicable dada la poca dispersión de los resultados para varios combustibles y condiciones de quemado, como se ve en la figura siguiente

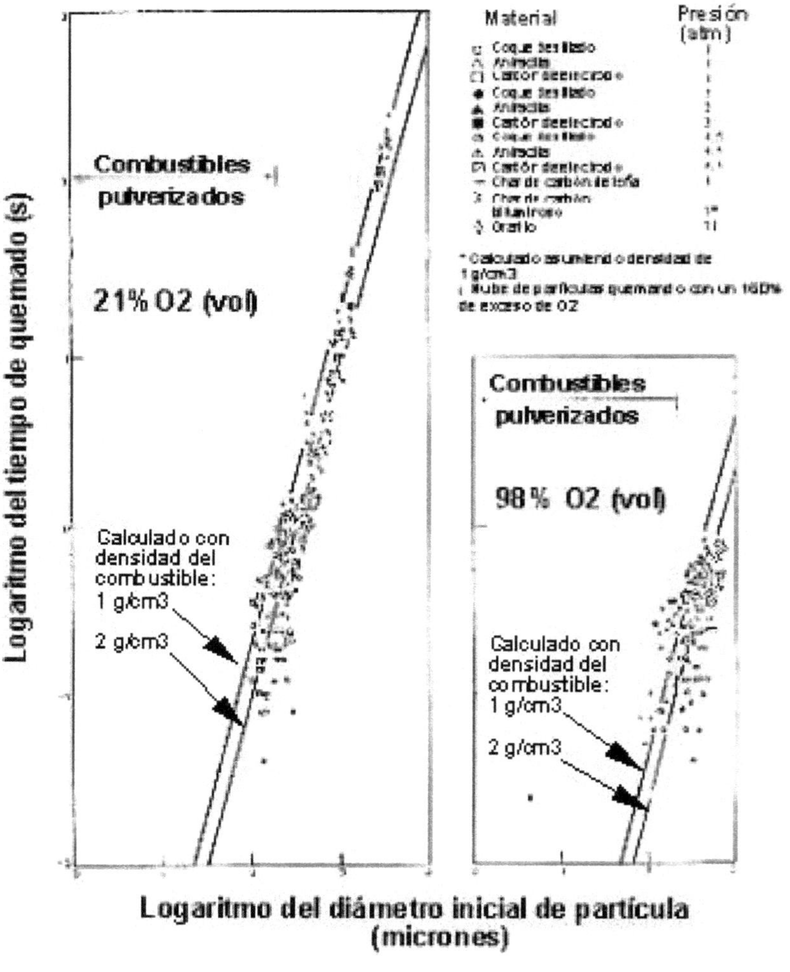

Figura 13.10: Tiempos de quemado de partículas de carbón (adaptado de Mulcahy and Smith [5])

Para la combustión de partículas de carbón en el rango de temperaturas encontradas en la práctica la velocidad de reacción en la superficie es controlada por el proceso de adsorción. Si se asume que cada molécula de oxidante que posee la necesaria energía de activación E_{ads}, al chocar con la superficie inmediatamente forma dos moléculas de CO se puede demostrar que

$$m = \frac{4P_{O2}}{\sqrt{\pi RT}} e^{-\frac{E_{ads}}{RT}} \quad \text{(velocidad de reacción por unidad de área)}$$

$$t_b = \frac{\rho_f}{6} \frac{d_o}{P_{O2}} \sqrt{\pi RT} e^{\frac{E_{ads}}{RT}} \quad \text{(tiempo de quemado)}$$

donde ρ_f es la densidad del combustible y P_{O2} la presión parcial de O_2.
En la segunda fórmula se asume que las partículas no son porosas y su densidad es constante durante la combustión. Estos resultados indican que para el quemado de partículas no porosas la cinética química será el factor determinante para partículas menores de unos 100 μm. E_{ads} es del orden de 200 kcal/mol
Es importante notar que estos resultados son para partículas no-porosas, lo que probablemente sólo se aplica al grafito. Partículas de brasas de carbón, incluso de antracita, se sabe que queman en una forma porosa. Este es un caso de interés práctico y se discute en más detalle más adelante.

Combustión en capas límite

En muchos problemas de incendio y otras situaciones el combustible cubre una superficie extensa sobre la cual fluye el aire ú oxidante. El combustible puede ser un sólido que piroliza para dar productos gaseosos y un residuo sólido, un combustible sólido que sublima, o un líquido que evapora, todos con la reacción ocurriendo en la fase gaseosa. El transporte convectivo de calor a la superficie es importante en muchos casos, y los procesos de transferencia de masa son naturalmente muy importantes.
Para estos casos los números de transferencia B se pueden determinar como se indicó más arriba. Las velocidades de combustión se pueden luego aproximar utilizando correlaciones de transferencia de calor y masa como se vió.
Los casos elementales de oxidación de carbón en el interior de un tubo, y la combustión de una placa de combustible en una corriente oxidante se pueden consultar en el libro de Williams. La combustión de combustibles sólidos con llamas de difusión en convección libre se puede consultar en Progress in Energy and Combustion Science, 1988, vol 14.

Combustión de rocíos y partículas suspendidas

Las partículas que queman en rocíos y nubes son afectadas por la presencia de otras partículas a menos que el rocío o nube sea muy diluído. Hemos visto que

$$f \cong 1-(1+B)^{-rs/r}$$

de modo que para B = 3 y f ≅ 0.014 resulta $r_s/r = 10^{-2}$ de modo que el volúmen de la partícula dividido el volúmen de la superficie de f = 0.014 resulta

$$\frac{4\pi r_s^3 / r}{4\pi r^3 / 3} \cong 10^{-6}$$

En otras palabras partículas rodeadas de espacio vacío 10^6 veces su propio tamaño todavía se interfieren ya que 0.014 es sólo ¼ f_s.

La combustión de conjuntos de partículas y los efectos de tal interacción se pueden consultar en PiE&CS, vol 9, y las técnicas de modelado de transporte, mezcla y combustión de rocíos en PiE&CS, vol 13.

Combustión de carbón

Introducción

Por razones de extensión esta sección se restringe a la combustión de dispersiones de carbón pulverizada. Para la combustión de carbón en lechos combustibles se debe hacer referencia a PiE&CS, vol 4 y 10.

El libro de Field, Gill and Morgan, "Combustion of pulverised coal" (British Coal Utilisation Research Assoc., Leatherhead, Surrey, 1967) dá una cobertura detallada de la física y química y el modelado de la combustión del carbón. En lo que sigue se dá un resumen del tema.

Pirólisis y combustión de volátiles

El carbón contiene material volátil que, bajo la acción del calor, se eyecta en forma de gas. El carbón bituminoso contiene 15 a 40 por ciento de materia volátil combustible, a lo que se suma el agua como evaporable. Durante la pirólisis del carbón, y bajo las condiciones de calentamiento rápido existentes en hornos, la evolución del material gaseoso causa el hinchamiento de la partícula de carbón y el desarrollo de una estructura porosa. El volúmen de la partícula puede aumentar 3 o más veces y la superficie total puede aumentar dos órdenes de magnitud o más.

La tabla siguiente dá algunos datos para carbón pirolizado; estos grandes aumentos en área juegan un papel importante en la cinética de superficie.

Material	Area, m^2/g	Porosidad	Comentarios
Carbón de leña	180	-	-
Negro de humo	628	-	-
Vitrain de Callide (Australia)	266	-	Material volátil 38.4%
Vitrain de Wallsend (UK)	50	-	Material volátil 39.6%
Carbón destilado de Wallsend	106	-	-
Coke de Wallsend	27	-	-
Coke de La Mure (Francia)	665	0.13	Material volátil original 3.5%. Carbonizado a 400°C
Idem	600	0.12	Idem. Carbonizado a 700°C
Idem	300	0.08	Idem. Carbonizado a 900°C

Coke de Falquemont (Francia)	250	0.05	Material volátil original 40.7%. Carbonizado a 500°C
Idem	240	0.06	Idem. Carbonizado a 700°C
Idem	400	0.12	Idem. Carbonizado a 900°C
Coke de Reden (Alemania)	1	-	0% quemado en O_2
Idem	42	-	10% quemado en O_2
Idem	36	-	25% quemado en O_2
Idem	14	-	50% quemado en O_2
Esfera inerte de 1 micrón de diámetro	1.36	-	Calculada asumiendo densidad de 2.2 g/cm^3
Idem 10 micrones	0.136		
Idem 100 micrones	0.0136		

Tabla 13.4: Propiedades de carbones pirolizados (datos de Mulcahy and Smith [5])

Generalmente se asume que las partículas de carbón pirolizan bajo la acción del calor radiante y convectivo y que el material volátil eyectado se enciende inmediatamente. Las fracciones volátiles queman como una llama de difusión alrededor de la partícula, aumentando la velocidad de volatilización en un proceso similar al aumento en la velocidad de evaporación de una gota de combustible líquido encendida. Sin embargo, este concepto ha sido puesto en duda por experimentos en los que partículas de carbón en una llama demostraron ignición en la superficie y no en las emisiones volátiles. Para las partículas grandes, el frente de reacción es barrido por los gases que evaporan del interior, y se forma la llama envolvente a la distancia f_s. Para partículas pequeñas (menos de 15 μm) la reacción continúa en la superficie (combustión heterogénea), y se consume carbón en un proporción comparable a la de las fracciones volátiles. Para las partículas pequeñas entre 30 y 50% del carbón se consume durante el período de pirólisis.

Combustión de carbón pirolizado

En la combustión de partículas de carbón pirolizado de más de 100 μm la velocidad de combustión y el tiempo de quemado son controlados por la transferencia de masa. Las ecuaciones de B y λ' se pueden utilizar, y los resultados concuerdan aceptablemente bien con los experimentos, como se ve en la figura anterior.

La velocidad de combustión de las partículas más pequeñas se vuelve más dependiente de la velocidad de reacción química a medida que disminuye el tamaño de la partícula.

Las partículas devolatilizadas de la combustión de polvos de carbones bituminosos tienen un diámetro promedio de 40 μm y son de una estructura muy porosa. La combustión tiene lugar dentro de los poros. El modelo de combustión denominado de "esfera en disminución" es incorrecto, y la integración de una ecuación de velocidad de combustión como las dadas para gotas líquidas dá resultados incorrectos. La densidad promedio de la partícula decrece con el tiempo. Más aún, fórmulas como las de gotas no son aplicables dado que las velocidades son controladas pr la difusión de y hacia los poros más que por la cinética. El área efectiva en la que ocurre la combustión es variable con el tiempo, y no es una superficie simple. La difusión dentro de los poros añade considerable complicación al problema. Recién en los últimos tiempos se ha obtenido alguna información cuantitativa.

Una vez que se conoce la velocidad de combustión de la partícula se puede predecir su temperatura bastante bien asumiendo que la reacción superficial es a CO y haciendo un balance de calor por radiación y conducción. La figura siguiente muestra algunos resultados

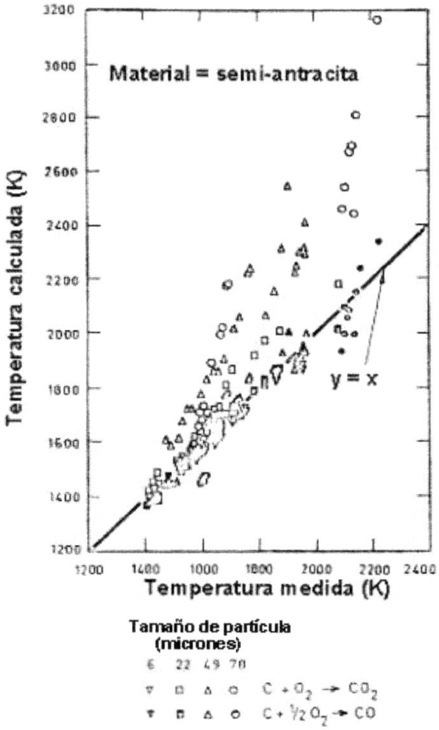

Figura 13.11: Temperaturas de quemado calculadas y medidas (adaptado de Ayling et al. [6])

La temperatura de las partículas menores permanece muy próxima a la temperatura del gas debido a la preponderancia de la conducción, mientras que para las partículas mayores la temperatura puede ser varios centenares de grados mayor que la del gas. Mediciones por pirómetro óptico de la temperatura de las partículas confirman estas observaciones. En las llamas tipo vela, por otra parte, la temperatura de las partículas

de hollín es unos 100K mayor que la del gas; esto se debe al efecto del tamaño de la partícula en la emisividad.
Estudios de la estabilidad del proceso de combustión en la superficie de la partícula de carbón bajo condiciones de convección con aire fresco indican que por sobre una cierta velocidad o bajo un cierto diámetro la reacción superficial se extingue, como era de esperar.

Residuos de la combustión del carbón

La evolución de la combustión de partículas de carbón en las últimas etapas, y las transformaciones que sufren las cenizas y escoria no son suficientemente conocidas. El estado actual del conocimiento puede consultarse en PiE&CS, volúmenes 5 y 10.

Formación y combustión de hollín

Introducción

En llamas de difusión y en llamas premezcladas ricas se forman partículas de carbón. Este "hollín" da a la llama la luminosidad amarilla característica que aumenta la radiación, efecto que es utilizado en hornos de reverbero y similares para incrementar la transmisión del calor. El hollín puede ser transportado con los gases de escape y producir humo negro, aunque no todo el humo es debido al hollín. El humo blanco de los motores diesel es causado por combustible sin quemar, mientras que el humo negro de los incendios contiene una gran proporción de aerosoles de asfalto y otros hidrocarburos, a más de cenizas y hollín.
El carbón formado en las llamas se puede depositar en una superficie como hollín suelto, o bien aglomerarse y formar coque vítreo. Emisiones carbonosas también pueden originarse en la combustión de fuel oils o carbón en forma de cenosferas o simplemente combustible no quemado. En esta sección nos ocuparemos del carbón formado durante la combustión en fase gaseosa y usaremos el término hollín para designar carbón suelto.
El carbón formado en una llama tiene una estructura de encaje que, examinada bajo el microscopio electrónico, muestra ser una aglomeración de cristales aproximadamente esféricos de 10 a 100 nm de diámetro. La estructura cristalina es grafítica, con un átomo de hidrógeno por cada 8 o 10 átomos de carbono.
Una extensa revisión de los factores que afectan la formación de carbón en llamas y los mecanismos que han sido propuestos para su formación se puede consultar en el libro de Gaydon y Wolfhard, "Flames: their Structure, Radiation and Temperature", (Chapman and Hall, 1979). La literatura sobre este tema es abundante y aún inconclusiva; una revisión más reciente se puede encontrar en PiE&CS, Volumen 7.

Factores que afectan la formación de hollín

Los factores principales en la formación de hollín son el tipo de combustible, concentración de oxígeno y temperatura.

La formación de hollín es más prevalente en llamas de difusión donde el combustible dentro de la zona de reacción es calentado a alta temperatura en ausencia de oxígeno al acercarse a la zona de la llama (ver figuras siguientes)

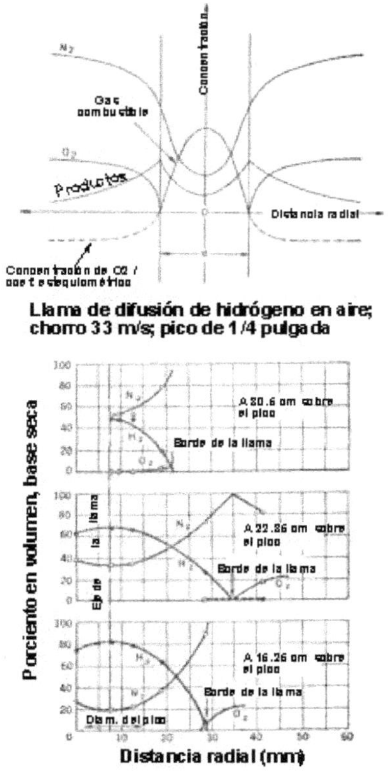

Figura 13.12: Concentraciones en una llama de difusión (adaptado de Strehlow [7])

La base de la llama es a menudo azul lo que indica la difusión relativamente rápida de oxígeno que inhibe la formación de hollín. Más arriba en la llama el carbón formado en el lado rico de la llama se quema en el lado pobre. Las partículas más grandes de hollín pueden escapar este quemado y formar humo. Cuanto más alta es la llama, mayor es la tendencia a formar humo; esta es la base del ensayo de punto de humos para combustibles líquidos.

En las llamas premezcladas la luminosidad del carbón tiene lugar para condiciones considerablemente más ricas que estequiométricas, pero en zonas donde la proporción de oxígeno a carbón es mucho más alta que la que causaría generación de carbono debido a la falta de oxígeno, como muestra la tabla siguiente.

Combustible	Relación A/C crítica promedio, en peso	Aire actual/aire estequiométrico	(A/C)actual/ (A/C)esteq. para O/C = 1(punto de carbón teórico)
Etano	0.7	0.60	0.285
Propano	10.1	0.64	0 .300
n-Pentano	10.4	0.68	0 .313
n-Octano	10.8	0.72	0.320
Acetileno	0.4	0.48	0.40
Etileno	8.1	0.55	0.33
Benceno	9.3	0.70	0.40
Alcohol etílico	6.0	0.66	0 .167
Acetaldehído	4.3	0.55	0.20
Eter dietílico	6.4	0.58	0.25

Tabla 13.5: Comienzo de la luminosidad del carbono en algunas llamas premezcladas en aire (datos de Gaydon y Wolfhard [8])

El efecto de la presión y el diámetro del quemador sobre el cociente oxígeno / carbono crítico se muestra en la figura siguiente, basada en un quemador chato.

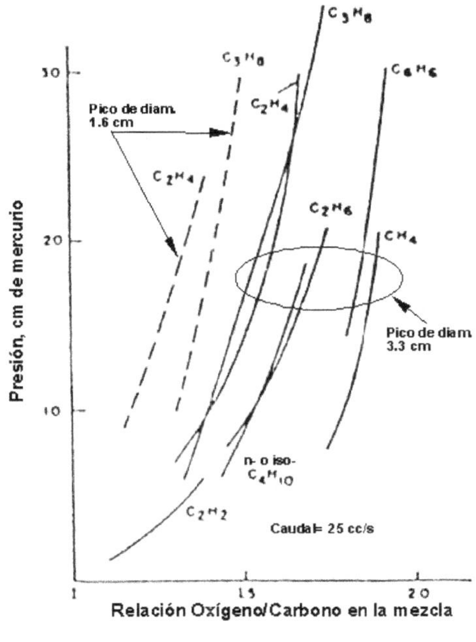

Figura 13.13: Relación crítica oxígeno-carbono vs presión (adaptado de Gaydon y Wolfhard [8])

Para llamas tipo Bunsen la luminosidad del carbono aparece primero en la punta de la llama. Al parecer la cinética de la formación del carbón debe ser extremadamente rápida a altas temperaturas para que se forme carbón durante el muy corto tiempo de residencia del flujo en un frente de llama premezclada.
La tendencia de llamas a formar carbón depende fuertemente del tipo de combustible. La comparación entre distintos combustibles a menudo se hace en base a su tendencia a producir humo. En los ensayos de punto de humo la altura de una llama de difusión (de una mecha empapada en el líquido) a la que aparece humo es el valor de comparación. Alternativamente, en el Test de Luminometría, se ensaya la luminosidad de la llama de difusión. Aunque los resultados para varios combustibles dependen del tipo de combustibles la tendencia general es consistente. La figura siguiente muestra algunos resultados. La tendencia a producir humo aumenta con la proporción de no-saturados en los hidrocarburos.

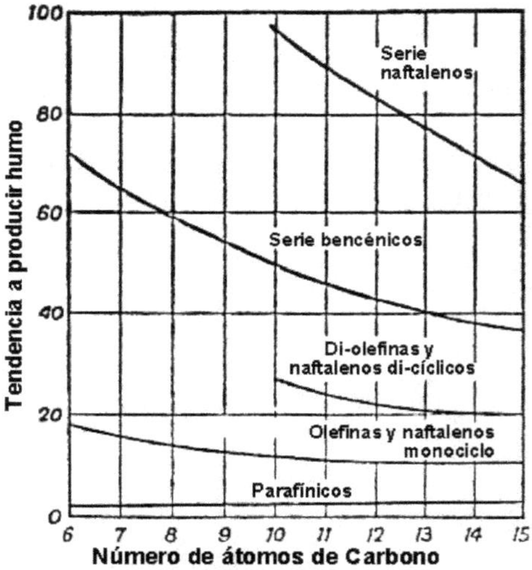

Figura 13.14: Tendencia a producir humo (adaptado de Gaydon y Wolfhard [8])

Mecanismo de formación de hollín

Mientras que la pirólisis (reestructuración química por acción del calor) de los hidrocarburos es reconocida como importante en la formación de hollín, el mecanismo en detalle no está de manera alguna establecido. Ciertas investigaciones indican que el craqueo y la dehidrogenación de las moléculas de combustible ocurren antes que la polimerización y subsiguiente dehidrogenación terminen de formar el cristal de carbón. Algunos autores proponen al acetileno como el producto intermedio clave. Otras investigaciones indican que el craqueo no ocurre y que la polimerización y dehidrogenación empiezan con la molécula original de combustible. Una partícula de asfalto condensado puede ser la penúltima etapa antes de la dehidrogenación final y el aglomerado en partículas de hollín. Los efectos eléctricos son probablemente importantes y la teoría de este mecanismo se puede consultar en el trabajo de Howard

(12° Simposio). Las varias rutas hacia la formación de carbón se sumarizan en la figura siguiente.

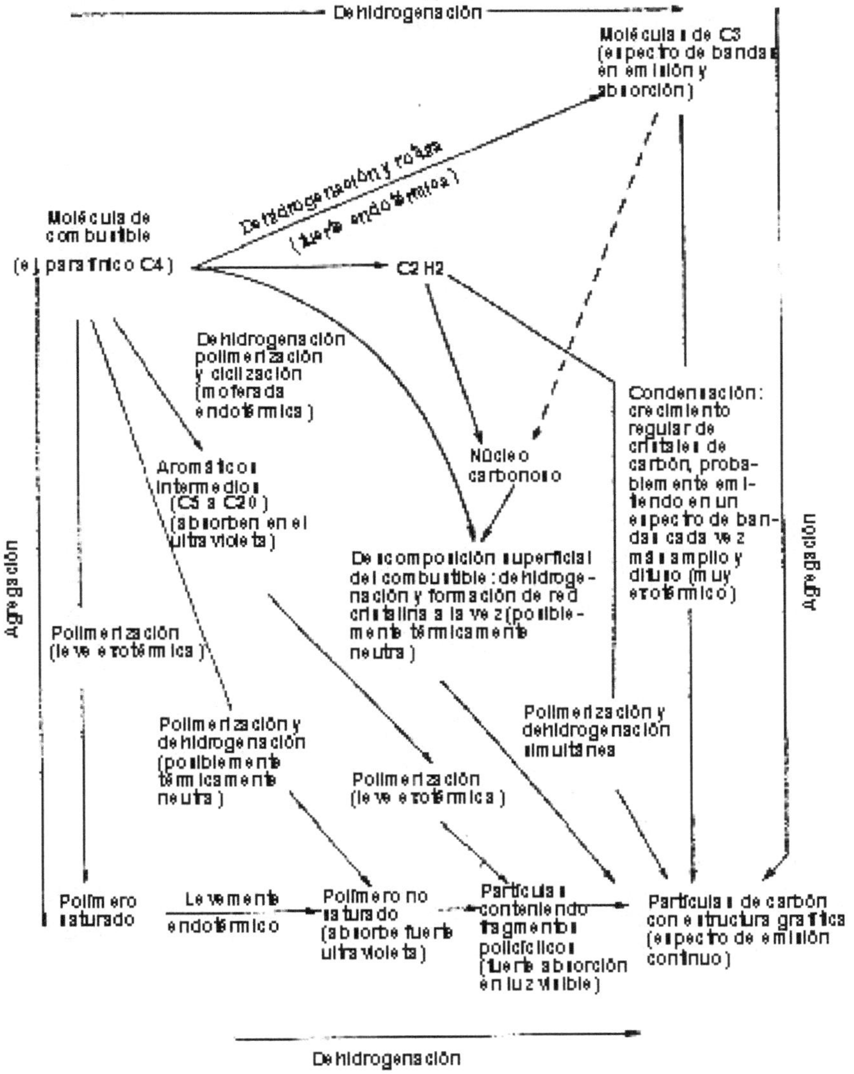

Figura 13.15: Vías a la formación de hollín (adaptado de Minkoff and Tipper [9])

Combustión del hollín

En muchos sistemas de combustión la formación de hollín es inevitable debido al quemado por difusión o al quemado en zonas muy ricas. Así es que es probable encontrar formación de hollín en la combustión de fracciones volátiles de carbón, en rocíos de aceites combustibles, y en la combustión de combustibles gaseosos donde el premezclado con aire es defectuoso o eliminado a propósito. Mucho de este hollín será consumido a medida que se mezcla oxígeno con los gases de combustión. En combustores la mezcla de gas conteniendo oxígeno con zonas ricas en combustible ocurre, en las escalas mayores, por medios turbulentos. Las partículas de hollín son pequeñas (los aglomerados son del orden de 1 μm) y siguen fielmente los movimientos del gas en que se han formado. Son mucho menores que la más pequeñas escalas de turbulencia del gas (que son del orden de 1mm), y deben esperar la llegada de oxígeno en las etapas finales de difusión molecular (no turbulenta). El arribo de este oxígeno estará acompañado de una caída de temperatura del gas. En llamas pequeñas y en las regiones exteriores de llamas grandes la partícula de hollín perderá una cantidad apreciable de calor por radiación y puede ser más fría que el gas que la rodea, aunque este efecto está restringido a las cercanías a la partícula.

La combustión de partículas de hollín en condiciones no-turbulentas ha sido expresado por la forma empírica:

$$w(g/cm^2/seg) = 1.09\ 10^4\ (P_{O2}/\ T^{1/2}\ )\ e^{-39300/RT}$$

donde P_{O2} es la presión parcial de O_2 en atmósferas. Otra expresión empírica se relaciona con el oxidrilo, dando:

$$w(g/cm^2/seg) = 12.7\ (P_{OH}/\ T^{1/2}\ )$$

Otros experimentos no han resultado en fórmulas tan sencillas pero indican que la velocidad de reacción (quemado) depende linealmente de la concentración de CO_2 a temperaturas relativamente bajas. La figura siguiente muestra los rangos de experimentación en los que se han obtenido datos.

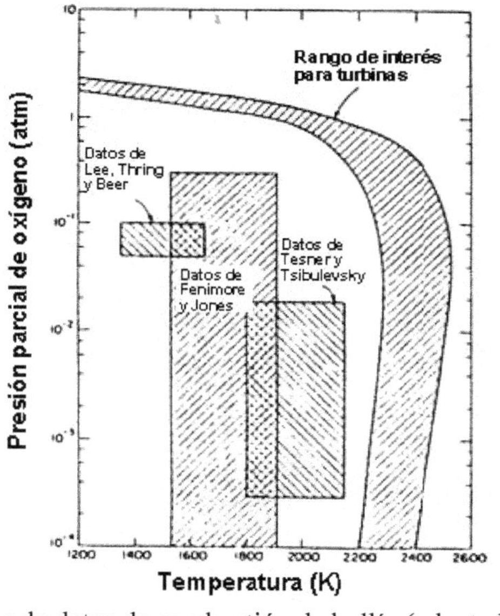

Figura 13.16: Rangos de datos de combustión de hollín (adaptado de Heywood et al. [10])

De estos experimentos se muestran en la figura siguiente, donde se ha asumido que las partículas de hollín son esferas sólidas, de modo que los resultados son aplicables a los cristales del aglomerado, cuyos diámetros varían entre 0.01 y 0.2 μm. La difusión de oxígeno dentro de los poros del aglomerado no se ha tenido en cuenta.

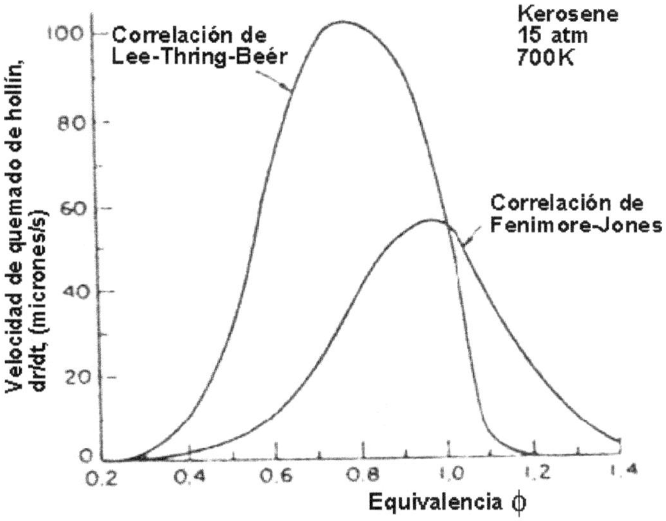

Figura 13.17: Quemado de hollín en los humos de querosene (adaptado de Heywood et al. [10])

En otras experiencias se ha hallado que el quemado de hollín en llamas turbulentas sucedía a menor velocidad que la indicada más arriba para llamas no-turbulentas. Más aún, el hollín recolectado en zonas corriente abajo era del mismo tamaño que cerca del inicio del combustor. Esto se atribuyó a la naturaleza turbulenta del flujo, que no favorece ni la aglomeración ni el quemado del hollín como se discutió al comienzo de esta Sección.

Referencias

[1] Spalding, D. B.; Some fundamentals of combustion; Butterworths Scientific Publications, London, 1965.

[2] Taylor, C. F.; The internal combustion engine, Theory and practice; MIT Press, 1987.

[3] Perry, R. H., y Green, D. W.; Perry´s Chemical Engineer´s Hanbook; McGraw Hill, New York, 1997

[4] Hottel, H. C.; Williams, G. C., y Simpson, H. C..; Proceedings, Fifth Symposium (International) on Combustion, paginas 101-129, Combustion Institute, 1955.

[5] Mulcahy, M. F., and Smith, I. W.; Journal of pure and applied chemistry, Vol. 19, páginas 81-108, 1969.
[6] Ayling, A. B.; Mulcahy, M. F., and Smith, I. W.; The temperature of burning pulverized-fuel particles; Investigation Report Nº 88, CSIRO Division of Mineral Chemistry, Chatswood, Australia, 1971.
[7] Strehlow, R. A. ; Fundamentals of Combustion, International Textbook Co., Pennsylvania, 1968.
[8] Gaydon, A. G., and Wolfhard, H. G.; Flames, their structure, radiation and temperature; Chapman and Hall, 1979.
[9] Minkoff, G. J., and Tipper, C. F. H.; Chemistry of combustion reactions; Butterworths, London, 1962.
[10] Heywood, L. H.; Fay, J. B., and Linden, J. A.; AIAA Journal, Vol. 9, Páginas 841-80, 1971.

Capítulo 14

Flujos supersónicos, reactivos y dependientes del tiempo. Simulación numérica.

José P. Tamagno y Sergio A. Elaskar

Introducción

Existen muchos e interesantes fenómenos donde flujos dependientes del tiempo pueden ser regidos por las ecuaciones de Euler cuasi-unidimensionales con términos fuente que consideran procesos químicos y vibracionales sin equilibrio, junto con pérdidas viscosas y por conducción de calor. Flujos dentro de tubos de choque y tubos de expansión son ejemplos de aplicación en la ingeniería aeroespacial. Para describir adecuadamente las características del flujo dentro de este tipo de dispositivos es necesario recurrir a esquemas numéricos y códigos computacionales debido a la presencia e interacción de ondas no lineales conjuntamente con procesos químicos que evolucionan en el tiempo. Por esta razón, estos flujos son casos de prueba muy demandantes tanto para códigos como para métodos numéricos. En este capítulo se presentarán en primer lugar los conceptos físicos y matemáticos que describen flujos supersónicos cuasi-unidimensionales, para posteriormente explicar un esquema numérico de cálculo que ha sido implementado con éxito para solucionar estos flujos.
Para realizar la simulación numérica se utiliza el método de volúmenes finitos. Para evaluar la propagación de ondas no lineales y su interacción se implementa un "Riemann solver" junto con el esquema de Harten-Yee [1] para calcular los flujos convectivos. Con la finalidad de determinar la propagación de las discontinuidades de contacto se usa el esquema propuesto por Jacobs [2][3]. Ambos esquemas son implementados sobre una malla móvil que se mueve según la velocidad de propagación de la discontinuidad de contacto. Finalmente se considera un esquema implícito de avance en el tiempo para tratar los términos fuentes.
Tanto teóricamente como en el programa se consideran 14 especies químicas (N_2, O_2, H_2, NO, OH, NO_2, HNO, HO_2, H_2O, H_2O_2, N, O, H, He). El Helio (He) funciona como una especie inerte. Si las especies conteniendo hidrógeno no son consideradas, el mecanismo de reacción química en aire queda implementado.
Dentro de tubos de choque y de expansión aparecen ondas de choque, ondas isoentrópicas y discontinuidades de contacto. Los campos característicos asociados a las ondas de choque y ondas isoentrópicas son no lineales, mientras que el campo característico correspondiente a las discontinuidades de contacto es linealmente degenerado. Por otro lado la propagación de estas ondas se ve influenciada por los efectos de las reacciones químicas, las elevadas temperaturas, la disipación viscosa, etc. Por lo tanto, el flujo involucra fenómenos de muy distintas escalas espaciales y temporales. Por ejemplo, un tubo de expansión posee una longitud de varios metros,

mientras que la rotura de un diafragma que separa estados distintos, o la cinética química, suceden en milímetros.

Uno de los objetivos de este capítulo es presentar un enfoque numérico que pueda predecir en detalle las características del flujo dentro de las grandes instalaciones que operan por rotura de diafragmas que separan estados distintos. Con este objetivo general en mente, algunos aspectos de la modelación física se han mantenido relativamente simples, por ejemplo, los modelos de la difusión viscosa y de conducción del calor no son tan sofisticados como los que podrían ser usados.

Se considerará para realizar el análisis numérico la instalación denominada NASA-GASL Hypulse considerando un único estado de funcionamiento. NASA-GASL Hypulse es un tubo de expansión que permite alcanzar velocidades hipersónicas. En muchas simulaciones del flujo dentro de un tubo de expansión, se supone que tan pronto como la onda de choque primaria llega el segundo diafragma, éste se rompe instantáneamente. Esta es una situación ideal que nunca sucede porque se requiere algo de tiempo antes de que el diafragma, aunque delgado, se rompa. Por lo tanto, es de interés conocer cómo el choque secundario, la discontinuidad de contacto secundaria y en particular, las propiedades del flujo se ven afectados por la demora en romperse el segundo diafragma. El efecto de este comportamiento en la calidad del flujo dentro del tubo de expansión en relación con las concentraciones de las especies se estudia en detalle. Esto se debe a que la capacidad del modelo, que considera una tasa finita para la evaluación de la cinética química, permite que la cantidad de especies disociadas en el flujo creadas a partir de este tipo de comportamiento no ideal del diafragma pueda ser estimada.

Para llevar a cabo una simulación del tubo de expansión, la apertura del diafragma secundario fue suficientemente retrasada para crear una región de estancamiento de gas caliente y de alta presión en el extremo del tubo intermedio de Hypulse.

Por otro lado, la simulación de un tubo de choque impulsado por helio muestra que los cálculos también predicen adecuadamente el modo de funcionamiento adaptado del tubo de choque cuando los efectos de gases reales se tienen en cuenta.

Mecanismos de tasa finita que describen detalladamente la cinética química de una mezcla de combustible reactivo compuesto de hidrógeno gaseoso, oxígeno y nitrógeno han sido desarrollados por varios autores. En este estudio, sin embargo, el mecanismo químico elaborado por Jachimowski [4] es implementado e incorporado al código computacional. Los términos fuente que representan la cinética química calculada por medio de mecanismos de tasa finita de la oxidación de hidrógeno son a menudo muy grandes y generan que el algoritmo sea demasiado rígido para ser tratado de forma explícita, por lo tanto, se lleva a cabo un tratamiento implícito de estos términos. El costo computacional extra debido a la necesidad de realizar la inversión de matrices en cada celda o volumen se compensa por el incremento en el tamaño del paso de tiempo que es posible alcanzar con este esquema de cálculo (Wilson [5]).

Este capítulo comienza con la presentación de la formulación matemática de las ecuaciones necesarias para resolver flujos cuasi-unidimensionales dependientes del tiempo que poseen reacciones químicas. En estas ecuaciones, las pérdidas viscosas y por conducción de calor se incluyen de manera aproximada en consonancia con el enfoque unidimensional tomado. A continuación, las relaciones fundamentales que describen las tasas netas de cambio para los componentes químicos, el cálculo de las constantes de equilibrio y la tasa de cambio de la energía vibracional, son introducidas. Posteriormente se realiza una descripción sintética del esquema numérico. Por último, los resultados obtenidos mediante simulaciones numéricas aplicados a tubos de expansión y tubos de choque son presentados.

Tubo de choque y tubo de expansión

Los tubos de choque y tubos de expansión son dispositivos que permiten acelerar el flujo hasta velocidades supersónicas e hipersónicas respectivamente. Ambos tipos de instalaciones basan su funcionamiento en la propagación de ondas gas dinámicas tales como ondas de choque, ondas de expansión y discontinuidades de contacto.

Un tubo de choque está compuesto básicamente por dos compartimentos o sectores (ambos son tubos cilíndricos) separados por un diafragma. Un sector inicialmente posee gas a elevada presión y se denomina sección conductora, mientras que el otro está lleno de gas a baja presión y se llama sección conducida. En un determinado momento el diafragma es rápidamente removido provocando que una onda de choque viaje desde el sector conductor hacia el sector conducido, al mismo tiempo una onda de expansión viaja en sentido opuesto y entre ambas ondas se genera una discontinuidad de contacto que separa físicamente los gases que estaban ubicados inicialmente en cada uno de los sectores. El final del conducto, en el sector donde inicialmente estaba alojado el gas a baja presión, puede ser abierto o cerrado. Si es abierto, pueden instalarse modelos de ensayo que serán estudiados por breves instantes de tiempo a velocidades supersónicas. Si es cerrado pueden estudiarse mecanismos de cinética química a elevadas presiones y temperaturas.

Los tubos de expansión son similares a los tubos de choque, pero están compuestos por tres compartimentos o sectores. Es decir, se podrían obtener agregando un tercer sector a un tubo de choque. El primer sector se denomina sección conductora, el segundo sección intermedia y el tercero sección de aceleración. El funcionamiento del tubo de expansión comienza por la ruptura de un diafragma que separa la sección conductora de la intermedia. La sección conductora generalmente está llena de helio a elevada presión que se utiliza como gas conductor o de accionamiento. En la sección intermedia se encuentra el gas de prueba. Al romperse el diafragma una onda de choque viaja hacia la derecha (choque primario) desplazándose en el gas de prueba. Al final del tubo intermedio se encuentra un segundo diafragma delgado. Al impactar el choque primario con este diafragma, el mismo se rompe. Este proceso crea una segunda onda de choque y una segunda onda de expansión que viajan hacia la derecha en el gas de la sección de aceleración. La expansión no estacionaria del gas de prueba crea las condiciones de alta velocidad adecuadas para realizar los ensayos. Un esquema de funcionamiento de un tubo de expansión puede verse en la Figura 14.1.

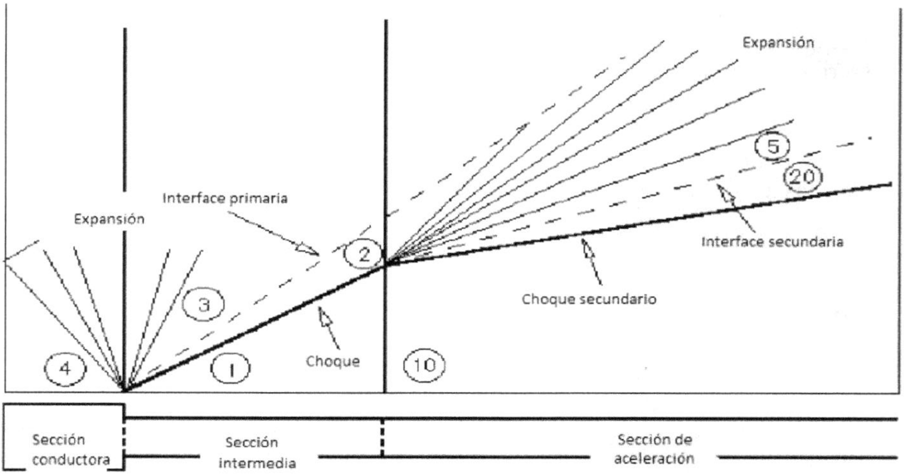

Figura 14.1 – Esquema de funcionamiento del tubo de expansión. (1) Gas de prueba en reposo. (2) Gas de prueba detrás del choque incidente. (3) Gas conductor expandido. (4) Gas conductor en reposo. (5) Gas de prueba expandido. (10) Gas de aceleración en reposo. (20) Gas de aceleración detrás del choque secundario.

Ecuaciones que gobiernan el flujo

Las ecuaciones utilizadas para describir los flujos químicamente activos, cuasi-unidimensionales y dependientes del tiempo son las ecuaciones de Euler incluyendo términos fuente de no-equilibrio químico y vibracional, junto con expresiones aproximadas para estimar las pérdidas viscosas y de calor por conducción. El sistema resultante de ecuaciones puede ser escrito en forma conservativa de la siguiente manera:

$$\frac{\partial U}{\partial t}+\frac{1}{A}\frac{\partial(FA)}{\partial x}=M$$

donde U es el vector que contiene a la variable de estado, F es el vector de los flujos convectivos y M es el vector que contiene los términos fuente. Estos vectores son definidos como:

$$\boldsymbol{U} = \begin{bmatrix} \rho_1 \\ \rho_2 \\ \cdot \\ \cdot \\ \cdot \\ \rho_{14} \\ \rho u \\ E_v \\ E \end{bmatrix} \quad \boldsymbol{F} = \begin{bmatrix} \rho_1 u \\ \rho_2 u \\ \cdot \\ \cdot \\ \cdot \\ \rho_{14} u \\ \rho u^2 + p \\ uE_v \\ u(E+p) \end{bmatrix} \quad \boldsymbol{M} = \begin{bmatrix} w_1 \\ w_2 \\ \cdot \\ \cdot \\ \cdot \\ w_{14} \\ S + F_w \\ w_v \\ Q_w \end{bmatrix}$$

donde A es la sección transversal del conducto y está definida en función de la coordenada longitudinal x. La densidad de cada especie está dada por ρ_j y la densidad global del flujo es la suma de las densidades parciales de cada especie:

$$\rho = \sum_{j=1}^{14} \rho_j$$

Con p se indica la presión, con u la componente de velocidad en la dirección longitudinal del conducto, la energía vibracional es E_v, mientras E es la energía total por unidad de volumen.

La producción o destrucción de la especie j por medio de reacciones químicas es representada por los términos fuentes w_j, y la fuente de energía vibracional es expresada por w_v. Además S representa los cambios de área y está dada por:

$$S = \frac{p}{A}\frac{\partial A}{\partial x}$$

F_w es la pérdida de cantidad de movimiento generada por efectos friccionales y puede ser expresada de la siguiente forma:

$$F_w = -\frac{4\mathrm{f}}{D}\frac{\rho\, u^2}{2}$$

donde f es el coeficiente de fricción en el conducto y D es el diámetro del tubo.

Las pérdidas de energía por unidad de volumen debido a transferencia de calor desde el gas hacia las paredes, Q_w está definida por:

$$Q_w = \frac{\alpha}{D}\left(T_w - T\right)$$

siendo α el coeficiente de transferencia de calor y T_w la temperatura de la pared. La aplicación de este tipo de modelos simplificados no puede ser realizada en flujos que poseen capas límite de grandes dimensiones en relación con el diámetro del conducto. En consecuencia, su aplicabilidad para flujos de gases con baja densidad y alta velocidad en la sección de aceleración de un tubo de expansión puede ser cuestionable.

La relación entre la presión y la temperatura viene dada por la ecuación de estado de una mezcla de gases térmicamente perfectos:

$$p = \sum_{j=1}^{14} \frac{\rho_j}{W_j} RT$$

donde R es la constante universal de los gases y W_j es la masa molecular de la especie j.

La energía total puede ser escrita como:

$$E = \sum_{j=1}^{14} \left(\rho_j \, c_{v_j} T \right) + \sum_{j=1}^{14} \rho_j h_j^0 + E_v + E_{el} + 0.5\rho \, u^2$$

En esta ecuación el primer término es la suma de las energías de traslación y de rotación por unidad de volumen para cada especie, donde c_{v_j} es el calor específico. El segundo término expresa la energía química por unidad de volumen y el último es la energía cinética por unidad de volumen. El cuarto término del segundo miembro, E_{el}, indica la suma de las energías en los modos electrónicos excitados y E_v contiene la suma de las energías vibracionales para todas las especies. Siguiendo el trabajo desarrollado por Wilson [11], estas energías se calculan suponiendo osciladores armónicos con correcciones por efectos no armónicos solamente aplicadas a las especies que pueden estar presentes en grandes fracciones de masa y poseen términos no armónicos significativos (N_2, O_2, H_2 y H_2O). Solamente se incluyen modos electrónicos para O_2, O y N. Además, se destaca que, todos los datos termodinámicos se obtienen de las tablas JANAF [6].

Términos fuentes químicos

Para un conjunto de N_R reacciones elementales que involucran N especies, las ecuaciones de evolución pueden ser escritas de la siguiente forma general (Penner [7]):

$$\sum_{j=1}^{N} \nu'_{ij} \cdot M_j \underset{k_{bi}}{\overset{k_{fi}}{\rightleftharpoons}} \sum_{j=1}^{N} \nu''_{ij} \cdot M_j$$

$$i = 1, \ldots, N_R$$

donde ν'_{ij} y ν''_{ij} son los coeficientes estequiométricos para la especie j que aparece como reactante en la reacción hacia adelante y hacia atrás número i, respectivamente. M_j es el símbolo químico para la especie j. Las constantes de la velocidad de reacción para la reacción i (con constantes de reacción hacia adelante o hacia atrás k_{fi} or k_{bi}) están dadas empíricamente por la expresión de Arrhenius (Williams [8]):

$$k_i = B_i \cdot T^{\alpha i} \cdot \exp\left(-E_i / RT\right)$$

siendo E_i la energía de activación, mientras que B_i y α_i son constantes.

De acuerdo con la ecuación anterior la velocidad de cambio de las concentraciones molares para la especie j en la reacción i es:

$$\left(\dot{C}_j\right)_i = \left(v''_{ij} - v'_{ij}\right)\left(k_{fi}\prod_{m=1}^{N} C_m^{v'_{im}} - k_{bi}\prod_{m=1}^{N} C_m^{v''_{im}}\right) \quad \left(\frac{mol}{m^3}\frac{1}{s}\right)$$

donde C_j es la concentración molar de la especie *j*. Por lo tanto la velocidad total de cambio de las concentraciones molares para cada especie *j* resulta:

$$\dot{C}_j = \sum_{i=1}^{N_R}\left(\dot{C}_j\right)_i$$

Entonces, la velocidad total de la producción de masa de la especie *j* resulta en:

$$\dot{w}_j = W_j \dot{C}_j \quad \left(\frac{Kg}{m^3}\frac{1}{s}\right)$$

W_j es el peso molecular de la especie *j*. Cabe señalar que la expresión para la velocidad de reacción química es estrictamente válida para las etapas de reacción elementales. Si se utiliza un esquema cinético global, las concentraciones molares pueden diferir de sus coeficientes estequiométricos con el fin de coincidir con datos experimentales. Es de notar que debido a la amplia variedad de escalas de tiempo existentes entre el proceso fluidodinámico y el químico de la combustión por la dependencia exponencial en los términos fuentes de la temperatura, el sistema en conjunto puede llegar a ser muy rígido numéricamente.

Aplicación a una reacción del mecanismo de la combustión H_2 - Aire

Se considera la reacción N° 2 del mecanismo de combustión propuesto por Jachimowski [4]:

$$H + O_2 \rightleftharpoons OH + O$$

Para dicha expresión los coeficientes estequiométricos están dados por:

$$v'_H = 1 \;;\; v''_H = 0 \;;\; v'_{O_2} = 1 \;;\; v''_{O_2} = 0$$

$$v'_{OH} = 0 \;;\; v''_{OH} = 1 \;;\; v'_O = 0 \;;\; v''_O = 1$$

donde los v_j' son los coeficientes estequimétricos para los reactantes y v_j'' representan los coeficientes correspondientes a los productos de la reacción.

El procedimiento del proceso de reacción de izquierda a derecha produce OH y O mientras se elimina H y O_2. Si se procede de derecha a izquierda se afecta a las especies de manera opuesta. De acuerdo con las expresiones dadas la velocidad de cambio de las concentraciones molares de la especie *j* resulta entonces:

$$\left(\dot{C}_j\right)_2 = \left(v''_{2j} - v'_{2j}\right)k_{f2}\left(C_H C_{O_2} - \frac{1}{K_{C_2}} C_{OH} C_O\right)$$

donde $K_{C_2} = k_{f2} / k_{b2}$ representa la constante de equilibrio.

Si se reemplaza el número de moles por la densidad, la ecuación anterior resulta:

$$\left(\dot{C}_j\right)_2 = \left(\nu''_{2j} - \nu'_{2j}\right) k_{f2} \left(\frac{\rho_H}{W_H} \cdot \frac{\rho_{O_2}}{W_{O_2}} - \frac{1}{K_{C_2}} \frac{\rho_{OH}}{W_{OH}} \frac{\rho_{CO}}{W_{CO}} \right)$$

y la velocidad de producción de masa de la especial j producida por la reacción N° 2 es:

$$\left(\dot{w}_j\right)_2 = \left(\nu''_{2j} - \nu'_{2j}\right) \cdot W_j \cdot R_2$$

donde R_2 es

$$R_2 = k_{f2} \left(\frac{\rho_H}{W_H} \cdot \frac{\rho_{O_2}}{W_{O_2}} - \frac{1}{K_{C_2}} \frac{\rho_{OH}}{W_{OH}} \frac{\rho_{CO}}{W_{CO}} \right)$$

Para cada una de las especies que aparecen en la reacción N° 2, puede obtenerse:

$$\left(\dot{w}_{OH}\right)_2 = (1-0) \cdot W_{OH} \cdot R_2 = W_{OH} \cdot R_2 \qquad (a)$$

$$\left(\dot{w}_{H}\right)_2 = (0-1) \cdot W_{H} \cdot R_2 = -W_{H} \cdot R_2 \qquad (b)$$

$$\left(\dot{w}_{O}\right)_2 = (1-0) \cdot W_{O} \cdot R_2 = W_{O} \cdot R_2 \qquad (c)$$

$$\left(\dot{w}_{O_2}\right)_2 = (0-1) \cdot W_{O_2} R_2 = -W_{O_2} R_2 \qquad (d)$$

También es interesante considerar las reacciones N° 6 y N° 19 of del mecanismo de combustión de Jachimowski [4] que pueden ser escritas de la siguiente forma:

Reacción N° 6: $H + OH + M \rightleftarrows H_2 + M$

Reacción N° 19: $M + H_2O_2 \rightleftarrows OH + OH + M$

donde M indica todos los posibles productos producidos por colisiones con un tercer cuerpo (todas las especies).

Las expresiones para R_6 y R_{19} son:

$$R_6 = \sum_{M=1}^{N} \frac{\rho_M}{W_M} \left(m_{6M} k_{f6} \frac{\rho_{OH}}{W_{OH}} \frac{\rho_H}{W_H} - m_{6M} k_{b6} \frac{\rho_{H_2O}}{W_{H_2O}} \right)$$

$$R_{19} = \sum_{M=1}^{N} \frac{\rho_M}{W_M} \left(m_{19M} k_{f19} \frac{\rho_{H_2O_2}}{W_{H_2O_2}} - m_{19M} k_{b19} \frac{\rho_{OH}}{W_{OH}} \frac{\rho_{OH}}{W_{OH}} \right)$$

donde m_{6M} and m_{19M} son los factores de eficiencia para el tercer cuerpo en las reacciones N° 6 y N° 19 respectivamente.

La velocidad de la producción de masa de OH generada por la reacción N° 6 es:

$$\left(\dot{w}_{OH}\right)_6 = -W_{OH} R_6$$

y la velocidad de producción de masa de OH debida a la reacción N° 19 es:

$$\left(\dot{w}_{OH}\right)_{19} = W_{OH} \cdot 2R_{19}$$

Por lo tanto la producción de masa de la especie OH producida por las tres reacciones N° 2, 6 y 19 resulta:

$$\left(\dot{w}_{OH}\right)_{2+6+19} = W_{OH} \cdot (R_2 - R_6 + 2R_{19})$$

Si todas las reacciones enumeradas en el mecanismo de combustión H_2 – aire son tomadas en consideración, el término fuente completo de la ecuación de conservación de la especie OH resulta ser:

$$\left(\dot{w}_{OH}\right)_{Completo} = W_{OH}(2R_1 + R_2 + R_3 - R_4 - 2R_5 - R_6 + R_8 + 2R_{11}$$
$$+R_{13} - R_{14} + R_{17} - R_{18} + 2R_{19} - R_{24} + R_{27} - R_{28} + R_{30} + R_{31})$$

Procediendo en forma similar, el conjunto completo de términos fuentes para el mecanismo de combustión elaborado por Jachimowski [4] puede ser obtenido.

Relación entre la constante de equilibrio y la energía libre de Gibbs

Considérese la siguiente reacción química:

$$v_1^{'}A_1^{'} + v_2^{'}A_2^{'} \rightleftarrows v_1^{''}B_1 + v_2^{''}B_2$$

donde v'_i y v''_i son los coeficientes estequiométricos y las letras mayúsculas A_i y B_i indican componentes o elementos químicos. El cociente de presiones parciales para esta reacción se define como:

$$K_p = \frac{\left(p_{B_1}\right)^{v_1^{''}}\left(p_{B_2}\right)^{v_2^{''}}}{\left(p_{A_1}\right)^{v_1^{'}}\left(p_{A_1}\right)^{v_2^{'}}}$$

Cuando cada presión parcial en esta ecuación es la que existiría en equilibrio termodinámico para la reacción dada, entonces K_p específica la constante de equilibrio.

Si un proceso reversible a temperatura constante comienza en un estado termodinámico con presión p^0 y termina en un estado termodinámico a presión p^e, el cambio en la energía libre de Gibbs que acompaña ese proceso va a satisfacer la ecuación:

$$G^0 - G^e = RT\ln\frac{p^0}{p^e}$$

Para la reacción química dada y haciendo uso de K_p, es posible obtener:

$$\Delta G^0 - \Delta G^e = RT\left(\ln K_p^0 - \ln K_p^e\right)$$

Si se asume que el estado termodinámico indicado con subíndice 0 es donde se verifica:

$$p_{A_1}^0 = p_{A_2}^0 = p_{B_1}^0 = p_{B_2}^0 = 1\,atm$$

y además, el estado termodinámico denotado por el supra-índice e es el estado de equilibrio termodinámico a la temperatura dada, resulta

$$K_p^0 = 1$$

y de acuerdo con el criterio de existencia para un estado en equilibrio en un sistema, que el cambio de energía libre sea igual a cero para cualquier cambio reversible de ese sistema,

$$\Delta G^e = 0$$

queda entonces

$$\Delta G^0 = -RT\ln K_p$$

donde el supra-índice *e* no ha sido explícitamente escrito en K_p. De aquí en adelante, cuando se utilice K_p se referirá a su valor en el equilibrio termodinámico.
De la definición de la energía libre de Gibbs puede escribirse:

$$\Delta H^0 - T\Delta S^0 = -RT\ln K_p$$

ΔH^0 y ΔS^0 representan, respectivamente, los cambios en entalpía y entropía para la reacción química, a una presión de una atmósfera y una temperatura *T*. Para cada especie en la reacción, las funciones termodinámicas entalpía y entropía se dan como funciones de la temperatura por polinomios aproximados por mínimos cuadrados (Gordon y McBride [9]):

$$\frac{H^0}{RT} = a_1 + a_2\frac{T}{2} + a_3\frac{T^2}{3} + a_4\frac{T^3}{4} + a_5\frac{T^4}{5} + a_6\frac{1}{T}$$

$$\frac{S^0}{R} = a_1\ln T + a_2 T + a_3\frac{T^2}{2} + a_4\frac{T^3}{3} + a_5\frac{T^4}{4} + a_7$$

donde el supraíndice 0 en la entalpía H^0 y en la entropía S^0 indica son consideradas para un estado de referencia de una atmósfera. Por lo general, hay un conjunto de coeficientes para el rango de temperatura de 200°K a 1000°K y otro para el intervalo entre 1000°K y 6000°K. Se destaca que la entalpía H^0 incluye la entalpía de formación.

Ecuación para la energía vibracional

Dado un sistema de osciladores moleculares, la ecuación diferencial que determina la velocidad de cambio de la energía vibracional respecto del estado de equilibrio es:

$$\frac{dE_v}{dt} = \frac{E_v^* - E_v}{\tau(T,\rho)}$$

donde $E_v(T)$ es la energía vibracional que el sistema de osciladores tendría si el mismo estuviera en equilibrio a temperatura *T* y E_v es el valor instantáneo. La cantidad τ que aparece en la ecuación tiene dimensión de tiempo y se denomina tiempo de relajación vibracional. Este tiempo de relajación es función de la temperatura y la densidad (o la presión).
Durante la derivación de esta relación Vincenti y Kruger [10] no realizan hipótesis sobre cómo los osciladores están distribuidos sobre los niveles de energía cuando éstos están fuera de equilibrio. También debe hacerse notar que ninguna hipótesis ha sido realizada sobre la magnitud de la diferencia (E_v^*-E_v). Sin embargo, la

aproximación de oscilador armónico es válida sólo para bajos niveles de energía vibracional, por lo tanto la ecuación es válida para estados cerca del equilibrio. Para evaluaciones más precisas, o para temperaturas suficientemente altas de forma tal que los estados vibracionales superiores están notablemente poblados, es necesario considerar efectos no armónicos en no equilibrio vibracional tal como fueron introducidos por Wilson [5].
A pesar de las limitaciones teóricas del modelo de osciladores armónicos adoptado, los resultados obtenidos mediante la implementación del mismo son adecuados para la mayoría de las aplicaciones prácticas.
Se acepta generalmente que la ecuación dada es válida con independencia del número de moléculas excitadas y que puede ser aplicada en procesos dependientes del tiempo si se asume que E_v^*y τ son funciones del estado instantáneo del proceso. Debido a que T y ρ (o p) son ahora funciones del tiempo, para la integración de la ecuación, por lo general, se deben usar métodos numéricos. Ahora τ será indicado como tiempo de relajación local, a pesar de que el proceso ya no se comporta como una relajación (es decir, exponencial) en sentido estricto. La relación explícita necesaria para especificar este tiempo de relajación local, $\tau = \tau(T, \rho)$, citada con mayor frecuencia en la literatura especializada, es la denominada relajación de Landau y Teller (ver por ejemplo Anderson, 1989).
En cualquier instante, la energía vibracional total por unidad de volumen puede ser escrita como:

$$E_v = \sum_{j=1}^{N} E_{v_j}$$

Esta ecuación es la suma de las energías de vibración o energías vibracionales para todas las especies que poseen una estructura interna, es decir formada por dos o más átomos. Todas estas especies son consideradas como osciladores armónicos, para una única temperatura vibracional T_v. E_{vj} para cada molécula diatómica se expresa como (Vicenti y Kruger [10]):

$$E_{v_j} = \rho_j \frac{R}{W_j}\left(\frac{\theta_{v_j}}{e^{\theta_{vj}/T_v} - 1}\right)$$

donde θ_{vj} es la temperatura característica para el modo individual de vibración. Una molécula de tres átomos tiene tres modos de vibración, por lo que su energía vibratoria se escribe como

$$E_{v_j} = \rho_j \frac{R}{W_j}\left(\frac{\theta_{v_{j1}}}{e^{\theta_{vj1}/T_v} - 1} + \frac{\theta_{v_{j2}}}{e^{\theta_{vj2}/T_v} - 1} + \frac{\theta_{v_{j3}}}{e^{\theta_{vj3}/T_v} - 1}\right)$$

donde hay una temperatura característica para cada uno de los tres modos. El peróxido de hidrógeno (H_2O_2) tiene seis modos de vibración, por lo que su energía vibracional posee seis términos.

Definiendo, después de cada paso de tiempo, las energías de vibración como se ha hecho aquí, la energía vibracional total, E_v, ésta se convierte en una función de una única temperatura vibracional, T_v. Por lo tanto, un esquema de Newton se utiliza para encontrar de manera iterativa la T_v.
Las velocidades de reacción hasta el momento, fueron presentadas como funciones de una temperatura única. Sin embargo, en un flujo sin equilibrio vibracional las velocidades pueden ser funciones de dos temperaturas. Una de ellas es la temperatura translacional-rotacional (T) y la otra es la temperatura vibracional (T_v).
Park [12], ha propuesto un modelo en el que las velocidades de reacción son una función de una temperatura geométricamente promediada, T_a, en la forma:

$$T_a = T_v^q T^{1-q}$$

donde q toma valores entre 0,3 y 0,5 para todas las reacciones que tienen reactivos con estructura interna. Con esta relación, un gas con $T > T_v$ (energía de traslación mayor que la energía vibracionl) producirá una T_a menor que T y, por lo tanto, ralentiza las velocidades de reacción. Si $T < T_v$ (energía vibracional mayor que la energía de traslación), la temperatura promedio, T_a, tendería a acelerar las reacciones. En este estudio, la ecuación de la energía vibracional ha sido incluida por lo que el modelo de Park [12] podría ser implementado en caso de considerarse necesario.

Esquema numérico

En primer lugar se presenta una descripción del esquema denominado Disminución de la Variación Total que se utiliza en este capítulo; posteriormente se expone el algoritmo de avance en el tiempo implícito que trata los términos fuentes, para finalmente presentar la metodología implementada con la finalidad de calcular la propagación de la discontinuidad de contacto.

Aplicación del esquema Disminución de la Variación Total.

En esta sección, el método conocido como Aproximación por Características Locales conjuntamente con el esquema Disminución de la Variación Total (TVD por sus siglas en inglés) elaborado por Harten y luego modificado por Yee [1] es presentado. La idea subyacente en este enfoque es extender el método TVD escalar hacia sistemas de ecuaciones diferenciales en derivadas parciales no lineales. El procedimiento se basa en la definición para cada punto del espacio y cada tiempo de un sistema local de variables características W que permite obtener un sistema compuesto por ecuaciones diferenciales escalares desacopladas.
El sistema hiperbólico de ecuaciones que gobierna el flujo dependiente del tiempo, cuasi-unidimensional y sin términos fuente puede ser escrito como:

$$\frac{\partial U}{\partial t} + \frac{\partial F}{\partial U}\frac{\partial U}{\partial x} = \frac{\partial U}{\partial t} + A\frac{\partial U}{\partial x} = 0$$

donde U es un vector de m elementos y A es una matriz m x m con valores propios reales (matriz Jacobiana de los flujos convectivos).
Sea R una matriz de transformación que diagonaliza la matriz A:

$$R^{-1}AR = \Lambda \quad \text{con} \quad \Lambda = \text{diag}(a^l) \qquad l = 1,...,m$$

La matriz diag(a^l) denota una matriz diagonal con elementos a^l. Los a^l son los valores propios de la matriz Jacobiana de los flujos convectivos y están dados por $(u,u,\ldots,u,u+c,u-c)$, donde c es la velocidad del sonido definida por

$$c = \sqrt{\left(1+\frac{\overline{R}}{\overline{C_v}}\right)\overline{R}\,T} \; ; \qquad \overline{R} = \sum_j y_j R_j \, , \qquad \overline{C_v} = \sum_j y_j C_{vj} \, , \qquad R_j = \frac{R}{w_j}$$

donde $y_j = \rho_j / \rho$ representa la fraccion masica de la especie j y Rj la constante de dicha especie.

Es posible definir un vector $W = R^{-1}U$ que permite transformar el sistema de ecuaciones en un sistema diagonal

$$\frac{\partial W}{\partial t} + \Lambda \frac{\partial W}{\partial x} = 0$$

Este último sistema está compuesto de m ecuaciones diferenciales desacopladas. Por lo tanto, es posible aplicar el mismo esquema de cálculo a cada una de las ecuaciones diferenciales desacopladas.

Siempre es posible considerar una familia general de esquemas explícitos e implícitos dependientes de un parámetro que posee la siguiente forma:

$$U_j^{n+1} + \lambda\theta\left(\tilde{F}_{j+1/2}^{n+1} - \tilde{F}_{j-1/2}^{n+1}\right) = U_j^n - \lambda(1-\theta)\left(\tilde{F}_{j+1/2}^{n} - \tilde{F}_{j-1/2}^{n}\right)$$

donde $0 \leq \theta \leq 1$. Obviamente, cuando $\theta = 0$ se tiene un esquema explícito de avance en el tiempo. En la interfaz $j+1/2$ entre las celdas j y $j+1$, los flujos numéricos con segundo orden de aproximación obtenidos mediante el esquema TVD de Harten-Yee [1], pueden ser expresados como:

$$\tilde{F}_{j+1/2} = \frac{1}{2}\left[F_j + F_j + R_{j+1/2}\varphi_{j+1/2}\right]$$

La matriz $R_{j+½}$ corresponde a la matriz R evaluada para un promedio aritmético entre U_j y U_{j+1}. Por ejemplo,

$$R_{j+1/2} = R\left(\frac{U_{j+1} - U_j}{2}\right)$$

Otra forma aproximada de obtener promedios simétricos es utilizar el promedio de Roe [13] para gases perfectos o gases reales en equilibrio químico (Roe [13]; Saldía et al., [22]).

Los elementos del vector $\phi_{j+1/2}$ para el esquema "upwind" de segundo orden desarrollado por Harten y Yee [1] son:

$$\left(\varphi_{j+1/2}^l\right)^{SU} = \sigma\left(a_{j+1/2}^l\right)\left(g_{j+1}^l + g_j^l\right) - \Psi\left(a_{j+1/2}^l + \gamma_{j+1/2}^l\right)\alpha_{j+1/2}^l$$

donde $\alpha_{j+1/2}^l$ son elementos de $\alpha_{j+1/2} = R_{j+1/2}^{-1}\left(U_{j+1} - U_j\right)$

$$\sigma(z)=\frac{1}{2}\left[\Psi(z)-\lambda z^2\right] \quad ; \quad \lambda=\frac{\Delta t}{\Delta x} \quad ; \quad \Psi(z)=|z|$$

$$\gamma^l_{j+1/2}=\sigma\left(a^l_{j+1/2}\right)\frac{g^l_{j+1}-g^l_j}{\alpha^l_{j+1/2}} \qquad \text{si} \quad \alpha^l_{j+1/2}\neq 0$$

$$\gamma^l_{j+1/2}=0 \qquad \text{si} \quad \alpha^l_{j+1/2}=0$$

La función g^l_j introducida limita la disipación numérica y puede ser definida de distintas maneras. Sin embargo, la utilizada aquí fue la denominada *minmod*:

$$g^l_j = min\text{mod}\left(\alpha^l_{j-1/2},\alpha^l_{j+1/2}\right)=\text{sgn}\left(\alpha^l_{j-1/2}\right)max\left\{0,min\left[\alpha^l_{j-1/2},\alpha^l_{j+1/2}\ \text{sgn}\left(\alpha^l_{j-1/2}\right)\right]\right\}$$

Yee [1] indica que el esquema de cálculo que utiliza características locales es más eficiente que el exacto de Godunov [14] o los "Riemann solvers" aproximados de Osher-Solomon [15] y además proporciona una forma natural para linealizar los esquemas TVD implícitos [16]. Es de hacer notar que la función limitadora no necesariamente debe ser la misma para todas las ondas, sino que pueden utilizarse diferentes funciones para distintas ondas (Falcinelli et al [20] y Elaskar et al. [21]).

Descripción del Algoritmo Numérico Implícito

Si se discretiza el sistema de ecuaciones por medio de volúmenes finitos, se puede obtener:

$$\frac{\delta\left(UV\right)^n_j}{\Delta t}+\left[\tilde{F}^n_{j+1/2}-\tilde{F}^n_{j-1/2}\right]=\left(MV\right)^{n+1}_j$$

donde $\delta U^n_j = U^{n+1}_j - U^n_j$ es la incógnita a resolver y V_j es el volumen de la celda j y $\tilde{F}$ son los flujos numericos dados más arriba.

El algoritmo que se describe en esta sección trata solamente a los términos fuente en forma implícita y por tal razón se denomina aproximación implícita puntual. Por lo tanto el vector que contiene a los términos fuentes M^{n+1} es linealizado por medio del uso de la Serie de Taylor

$$M^{n+1}=M^n+\frac{\partial M}{\partial U}\delta U^n+O\left(\Delta t^2\right)$$

o

$$M^{n+1}_j=M^n_j+C^n_j\delta U^n_j$$

donde C es el Jacobiano del vector M con respecto a las variables conservativas U. El cálculo de este Jacobiano es complejo debido al mecanismo usado para determinar la evolución de las especies químicas, generando términos fuentes que no pueden ser expresados como funciones simples de dichas variables. Siguiendo a Wilson [5] se define una forma funcional para el vector de los términos fuentes tal que:

$$M(U)=M\left[U,T(U)\right]$$

Por lo tanto C puede ser escrito usando la regla de la cadena:

$$C = \frac{\partial M}{\partial U} + \frac{\partial M}{\partial T}\frac{\partial T}{\partial U}$$

Es conveniente separar la velocidad de cambio conjunta de U y V, de manera tal que δU^n pueda ser resuelto directamente:

$$\delta(UV)^n = V^{n+1}\delta U^n + U^n \delta V^n$$

Utilizando estos resultados,

$$\left(I - \Delta t C_j^n\right)\delta U_j^n = \Delta U_j^n + \Delta t M_j^n$$

donde ΔU_j^n es:

$$\Delta U_j^n = -\frac{\Delta t}{V_j^{n+1}}\left[U_j^n \frac{\delta V_j^n}{\Delta t} + \tilde{F}_{j+1/2}^n - \tilde{F}_{j-1/2}^n\right]$$

Finalmente, la solución actualizada para el nuevo nivel de tiempo n+1 resulta:

$$U_j^{n+1} = U_j^n + \delta U_j^n$$

Leveque y Yee [17] han señalado que para conseguir una precisión de segundo orden en el tiempo con el tratamiento implícito de los términos fuente descripto más arriba, se requiere realizar el siguiente procedimiento predictor-corrector. Siendo el predictor:

$$\left(I - \frac{1}{2}\Delta t C_j^n\right)\delta \bar{U}^n = \Delta U_j^n + \Delta t M_j^n$$

$$\bar{U}_j^n = U_j^n + \delta \bar{U}_j^n$$

mientras que el paso corrector es:

$$\left(I - \frac{1}{2}\Delta t C_j^n\right)\delta \tilde{U}^n = \Delta \bar{U}_j^n + \Delta t M_j^n$$

$$U_j^{n+1} = U_j^n + \frac{1}{2}\left(\delta \bar{U}_j^n + \delta \tilde{U}_j^n\right)$$

Con este esquema de cálculo los términos que contienen los términos fuente M_j^n y su Jacobiano C_j^n se evalúan utilizando U_j^n tanto en el paso predictor como en el corrector. Obsérvese el factor 1/2 en el Jacobiano de los términos fuente.

Tratamiento sobre la Discontinuidad de Contacto

Debido a que no hay flujo de masa a través de la discontinuidad de contacto, el vector flujo se puede escribir:

$$\bar{F} = \left(0, \ldots, 0, p^c, 0, u^c p^c\right)$$

donde p^c y u^c indican la presión estática local y la velocidad del fluido local respectivamente, ambas siendo evaluadas por el "Riemann solver" propuesto por

Jacobs [2]. Para trazar la discontinuidad de contacto, el problema de difusión numérica en la interface del gas es notablemente disminuido. Además, este enfoque es especialmente adecuado para problemas unidimensionales. Junto a la mejora debida a la reducción de la difusión numérica, hay un beneficio adicional ya que proporciona una manera fácil de concentrar puntos de la malla donde se necesitan.

Resultados

Se analizan dos casos distintos, el primero corresponde al tubo de expansión HYPULSE NASA-GASL y el segundo a un tubo de choque con condición de funcionamiento adaptada ("tailored interface operation" en Ingés).

Tubo de Expansión

El tubo de expansión HYPULSE NASA-GASL (Fig. 14.1), se compone de tres secciones: un sector conductor de 2,44m de largo y 16,51cm de diámetro, una sección intermedia de 7.49m de largo y 15,24cm de diámetro y una sección de aceleración de 14,62m de largo y 15,24cm de diámetro. El gas de prueba está contenido en la sección intermedia (Tamagno et al. [18]).

La sección conductora generalmente contiene helio a elevada presión y éste se utiliza como gas conductor o de accionamiento. En la sección intermedia se encuentra el gas de prueba que en este caso es aire. Se dice que el tubo de expansión funciona idealmente cuando el diafragma secundario se retira instantáneamente a la llegada del choque incidente primario. Sin embargo, en la realidad no sucede de esta manera porque independientemente del tipo de diafragma, se necesita cierto tiempo para romperlo y limpiar el área de flujo. Para tener en cuenta en forma aproximada este tiempo de apertura, se supone que el segundo diafragma permanece rígido por una corta cantidad de tiempo y una vez pasado dicho tiempo se asume que el diafragma se retira instantáneamente.

La condición de funcionamiento con flujo hipersónico a Mach 17 del tubo de expansión HYPULSE es considerada aquí. La sección del conductor está llena de helio con una presión y temperatura de 37,9MPa y 380°K respectivamente. La presión de la sección intermedia es inicialmente de 3,43kPa, y la presión de la sección de aceleración 7,2Pa. Ambas secciones están llenas con aire a 292°K. La Figura 14.2 contiene un diagrama distancia-tiempo (*x-t*) del logaritmo de las líneas de densidad constante para el flujo dentro del tubo de expansión evaluadas numéricamente mediante las ecuaciones y esquemas descriptos en las secciones previas. Para realizar dichas simulaciones numéricas se ha asumido 25 microsegundos de retardo para la ruptura del diafragma secundario una vez que ha impactado la onda de choque primaria sobre él. Además de las características conocidas del flujo dentro de un tubo ideal de expansión, el retraso en el rompimiento del segundo diafragma por el impacto del choque incidente produce una onda de choque reflejada por el diafragma secundario antes de romperse. Aunque el choque reflejado se debilita rápidamente al interactuar con la expansión producida luego de la ruptura del diafragma, éste es todavía capaz de causar una perturbación sobre el flujo. Se destaca que Shinn y Miller [19] han informado de este tipo de interacción.

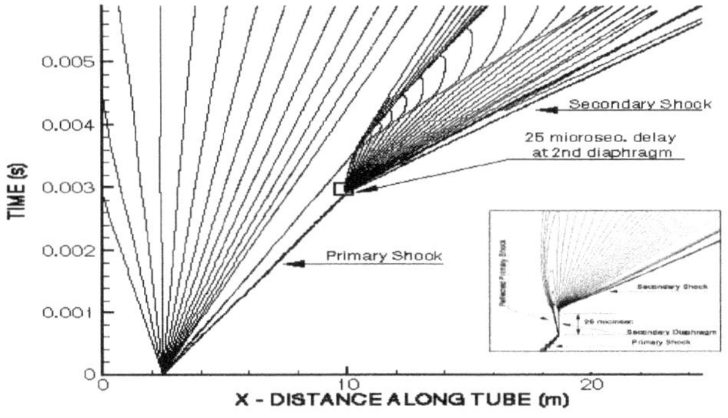

Figura 14.2 – Simulación numérica del logaritmo de las curvas de densidad constante para Mach = 17. Hay una demora de 25 microsegundos en la rotura del segundo diafragma como se observa en el recuadro.

Una característica peculiar del tubo de expansión entre otros tipos de instalaciones pulsantes es que, en su secuencia ideal de funcionamiento, no se crean regiones de estancamiento del flujo dentro de la instalación, y por lo tanto, se evitan altas temperaturas, necesarias para disociar el gas de prueba. Si este tipo de flujo puede ser obtenido, se puede lograr una mejor simulación de las condiciones de la corriente libre detectada por un vehículo de alta velocidad. Sin embargo, cuando la onda de choque primaria se refleja en el diafragma secundario como se muestra en la Figura 14.2, se crea una pequeña región de estancamiento de gas a muy elevada temperatura en el tubo intermedio. Esto producirá la disociación del gas de prueba, lo que podría afectar la calidad del flujo durante el ensayo. La modelización de las reacciones químicas mediante la técnica de velocidad finita junto con la simulación del comportamiento dinámico del flujo por parte del código permite la estimación de la cantidad de gas disociado que se origina detrás del choque primario reflejado y determina si persisten hasta la región de prueba o si una recombinación completa se produce antes.

La Figura 14.3 muestra la fracción de masa de O obtenida en la simulación. La gran cantidad de oxígeno monoatómico detrás del choque secundario es causado por la muy elevada temperatura que alcanza el gas de aceleración.

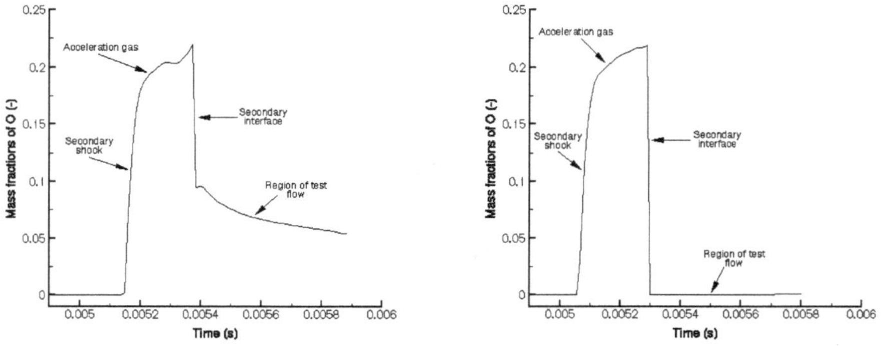

Figura 14.3 - Simulación numérica de la fracción en masa del oxígeno atómico en la posición x = 22m. La figura de la izquierda corresponde a 25 micro segundos de demora para producirse la rotura del diafragma secundario, mientras que la figura de la derecha representa el caso de rotura instantánea.

La región del gas de prueba está detrás de la interfaz secundaria y así se indica en la figura. Para el caso ideal en el cual el segundo diafragma se rompe sin retardo la cantidad de disociación esperada es poca. Sin embargo, para los 25 microsegundos de tiempo de ruptura hay una cantidad significativa de disociación en el gas de trabajo o prueba. Las fracciones de masa de NO se muestran en la Figura 14.4. De la figura se observa que esta molécula está presente en cantidades significativas.

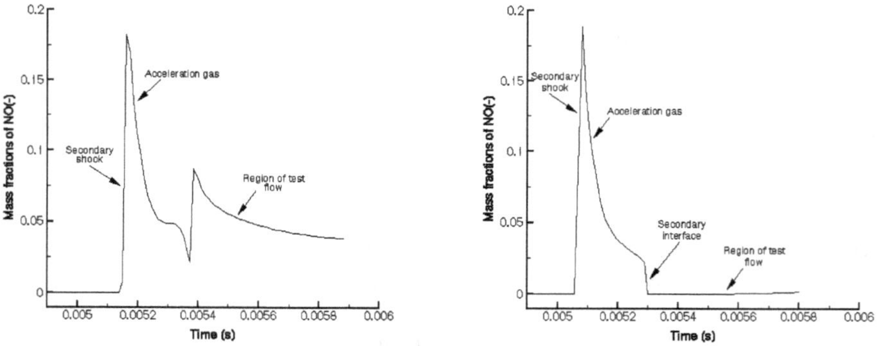

Figura 14.4 - Simulación numérica de la fracción en masa de NO en la posición x = 22m. La figura de la izquierda corresponde a 25 micro segundos de demora para producirse la rotura del diafragma secundario, mientras que la figura de la derecha representa el caso de rotura instantánea.

Fracciones de masa mayores a las esperadas si el funcionamiento del tubo fuera ideal de las especies disociadas en el flujo de trabajo, se originan debido a las altas temperaturas detrás del choque primario reflejado. Estas fracciones de masa más altas persisten hasta la zona de ensayo debido a que la expansión secundaria congela la composición química antes de que ocurra la recombinación completa. Se puede inferir a partir de la simulación de que la zona afectada por un choque reflejado no tiene que ser grande para alterar significativamente las condiciones de ensayo que, se supone, deben ser proporcionadas por el equipo experimental.

Los cálculos a los que se hace referencia aquí se realizaron con una malla de 500 puntos a lo largo del eje del tubo y con 5000 pasos de tiempo. Resultados casi idénticos se obtuvieron con 1000 puntos de discretización.

Tubo de Choque

Tal como se indicó anteriormente, un tubo de choque es un dispositivo similar a un tubo de expansión, pero sólo consta de dos secciones: la conductora y la conducida. La conversión de HYPULSE en un tubo de choque se puede lograr simplemente instalando un diafragma secundario de suficiente espesor para soportar sin romperse el impacto de la onda de choque incidente (choque primario). Por lo tanto el choque primario se refleja desde este diafragma y se crea una región de estancamiento del flujo con alta presión y temperatura. Si tal región será utilizada como la cámara de sobrepresión de un túnel de choque, la presión y la temperatura se tratan de mantener casi constantes el mayor tiempo posible. Para longitudes dadas de las secciones conductoras y conducidas, se obtiene el mayor tiempo de ejecución de la instalación si el choque reflejado interactúa con la discontinuidad de contacto sin que se generen nuevas ondas reflejadas. Cuando esto sucede, se dice que el tubo de choque está funcionando en un modo adaptado. Hay interés en saber si, a pesar de considerar efectos de gases reales, las simulaciones pueden predecir el modo adaptado.

La Figura 14.5 muestra las líneas de temperatura constante en el diagrama *x-t* obtenido mediante la simulación numérica.

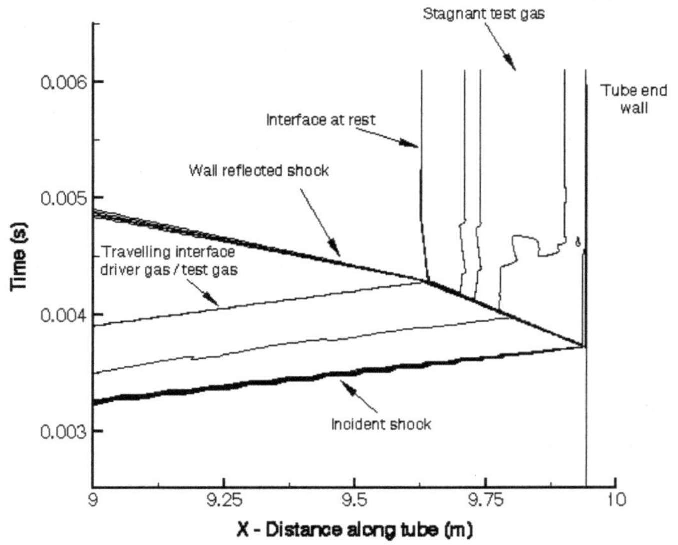

Figura 14.5 - Simulación numérica de las curvas de temperatura constante para el tubo de choque operando en modo reflejado y adaptado.

Esta figura indica que una interacción entre el choque reflejado y la discontinuidad de contacto se ha producido de forma tal que se obtiene el modo de funcionamiento adaptado del tubo de choque. Inicialmente en la sección conductora el helio se encuentra a una temperatura de 810°K y con una presión de 37,9MPa y este gas actúa como conductor. Mientras que la sección conducida está inicialmente llena de aire a 292°K y con presión de 120,3kPa. La distribución de temperatura en la región correspondiente al gas de prueba a 5,5 milisegundos después de la rotura del diafragma se presenta en la Figura 14.6. Se observa que la temperatura, aproximadamente 3250°K, permanece casi constante en la región del gas de ensayo.

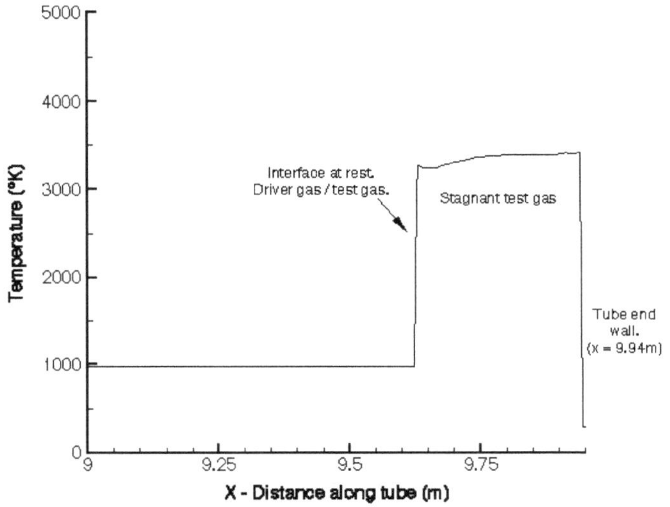

Figura 14.6 - Distribución de la temperatura calculada numéricamente lo largo del tubo para un tiempo de 5,5 milisegundos después de la ruptura de la membrana para el tubo de choque funcionando en modo reflejado y adaptado

La Figura 14.7 muestra que el NO también está presente en dicha región, sin embargo, su concentración se aproxima al valor obtenido con los cálculos de equilibrio químico. Este comportamiento indica que la alta presión detrás del choque reflejado lleva al gas a equilibrio casi inmediatamente.

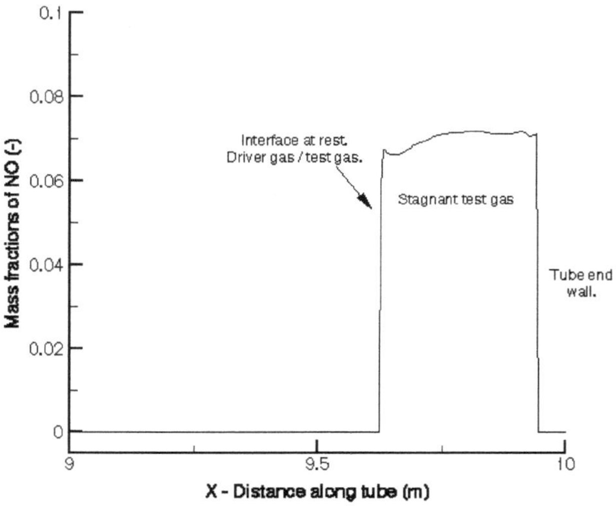

Figura 14.7 – Fracción de masa de NO a lo largo de tubo para 5,5 milisegundos después de la ruptura del diafragma para el tubo de choque funcionando en modo reflejado y adaptado.

Comentarios finales

Se ha presentado una técnica para simular numéricamente flujos cuasi-unidimensionales. La formulación numérica resuelve, al mismo tiempo, las ecuaciones de Euler no-estacionarias y 14 especies químicas. La actividad química está regida por reacciones que evolucionan con tasa finita. La técnica implementa volúmenes finitos junto con un esquema TVD y dos “Riemann solvers” [23], uno de ellos adaptado para capturar y seguir las discontinuidades de contacto (interfaces). Además se ha utilizado una técnica implícita de avance en el tiempo para tratar los términos fuente, y también se ha considerado una malla móvil que sigue el movimiento de la discontinuidad de contacto.

La metodología computacional implementada ha mostrado ser adecuada para superar dificultades numéricas asociadas con flujos de alta entalpía, tales como la captura de ondas de choque, la reducción de la difusión numérica en las interfaces de gas y la concentración de celdas de la malla donde más se necesita. El potencial del planteo numérico descripto ha sido verificado mediante el cálculo del flujo en dos aplicaciones diferentes. En el primer test, se analizó el flujo dentro de un tubo de expansión y se estudiaron los efectos en la composición química del flujo de ensayo producidos por la demora en el rompimiento (rotura no inmediata) del segundo diafragma. En el segundo test, la simulación del flujo dentro de un tubo de choque reflejado y adaptado, con helio operando como gas conductor y aire como gas conducido, y considerando efectos de gas real, que ha sido realizada exitosamente.

Referencias

[1] YEE, H., *A class of high-resolution explicit and implicit shock capturing methods,* NASA TM 101088, 1989.

[2] JACOBS, P., *Single-block Navier-Stokes integrator,* NASA Contract Not. NAS1-18605, 1991.

[3] JACOBS, P., *Approximate Riemann solver for hypervelocity flows,* AIAA Journal, Vol.30, N°10, 1992.

[4] JACHIMOWSKI, C., *An analytical study of the Hydrogen-Air reaction mechanism with application to Scramjet combustion,* NASA TP2791, Feb.1988.

[5] WILSON, G., *Time-dependent quasi-one-dimensional simulations of high enthalpy pulse facilities,* AIAA Paper–92-5096, 1992.

[6] JANAF *Thermochemical Tables, Journal of Chemistry Reference Dates*, Vol 14, Supl. 1, 1985.

[7] PENNER, S., *Chemistry problems in Jet Propulsion,* Pergamon Press, New York, 1957. Library of Congress Card No. 57-14445, USA.

[8] WILLIAMS, F., *Combustion Theory,* 1st Ed., Addison-Wesley Publishing Company, Inc., Reading, Massachusetts, 1965. Library of Congress Catalog Card No. 64-16915, USA.

[9] GORDON, S., McBRIDE, B., *Calculation of Complex Chemical Equilibrium Compositions, Rocket Performance, Incident and Reflected Shocks, and Chapman-Jouguet Detonations,* NASA SP-273, March 1976.

[10] VINCENTI, W., KRUGER, CH., *Introduction to Physical Gas Dynamics,* John Wiley and Sons, Inc., New York, 1965. Library of Congress, Catalog Card No. 65-24297, USA.

[11] WILSON, G., *Computation of unsteady shock-induced combustion over hypervelocity blunt bodies,* Ph.D Tesis, Stanford University, 1992a.

[12] PARK; C., *Assessment of Two-Temperature Kinetic Model for Dissociating and Weakly-Ionizing Nitrogen,* Journal of Thermophysics and Heat Transfer, Vol 2, pp. 8-16,1988.

[13] ROE, P., *Approximate Riemann Solvers, Parameter Vectors and Difference Schemes,* J. Comp. Phys., Vol 43, pp. 357-372, 1981.

[14] GODUNOV, S., *A Finite Difference Method for the Numerical Computation of Discontinuous Solution of the Eq. of Fluid Dynamics,* Mat. Sb. 47, pp. 357-393, 1959.

[15] OSHER, S., SOLOMON, F., *Upwind Schemes for Hyperbolic Systems of Conservation Laws,* Math. Comp., Vol. 38, pp. 339-377, 1987.

[16] YEE, H. C., *Construction of Explicit and Implicit Symmetric TVD Schemes and their Applications,* J. Comp. Phys., Vol 68, pp. 151-179, 1987; also NASA TM-86775, July 1985.

[17] LEVEQUE, R., YEE, H., *A study of Numerical Methods for Hyperbolic Conservation Laws with Stiff Source Terms,* J. of Comp. Physics, 86, 187-210, 1990.

[18] TAMAGNO, J., BAKOS, R., PULSONETTI, M.; ERDOS, J., *Hypervelocity real gas capabilities of GASL's expansion tube (HYPULSE) facility,* AIAA Paper 90-1390, 1990.
[19] SHINN J.; MILLER C., *Experimental perfect gas study of expansion tube flow characteristics,* NASA TP 1317, 1978.
[20] FALCINELLI, O; ELASKAR, S.; TAMAGNO, J., *Reducing the Numerical Viscosity in Non-structured Three-Dimensional Finite Volumes Computations,* Journal of Spacecraft and Rockets, AIAA, Vol. 45, No. 2, pp. 406-408, 2008.
[21] ELASKAR, S.; FALCINELLI, O., TAMAGNO, J.; SALDIA, J., *Further Applications of Scheme for Reducing Numerical viscosity: 3D Hypersonic Flow*. Journal of Physics. Conference Series. Vol. 166, paper 012018, 2009.
[22] SALDIA, J.; ELASKAR; S.; TAMAGNO, J., *A numerical scheme for inviscid compressible flow, considering a gas in thermo-chemical equilibrium*. RTG 2012, Agencia Espacial Europea, Barcelona, Octubre 2012.
[23] TORO, E., *Riemann Solver for Fluid Mechanics*, Springer, 2009.

Capítulo 15
Mediciones en Combustión

Andrés Fuentes C.

1. Introducción

Del total de energía convertida/utilizada en el mundo aproximadamente un 80% tiene como origen la combustión de combustibles fósiles [1]. Claramente existe una contribución interesante y en pleno incremento de las ENRC, pero la extracción de combustibles fósiles (carbón, petróleo, gas natural) continuará a incrementarse en el futuro cercano [2].
En la combustión de hidrocarburos los principales productos liberados en el proceso son el agua (H_2O) y el dióxido de carbono (CO_2). Sin embargo, incluso en un sistema de conversión de energía controlado y moderno, es inevitable que residuos (o especies menores) tales como el hollín, los óxidos de nitrógeno (NOx), los óxidos de azufre (SOx), y parcialmente hidrocarburos no quemados, sean emitidos por el proceso de combustión. Desafortunadamente, estas emisiones tienen eventualmente un efecto negativo para la salud de la personas, principalmente a través del incremento de enfermedades respiratorias y cardiovasculares [3]. También, existe un efecto directo en el smog y acidificación del medio ambiente (local y global) que eventualmente pueden afectar los gases de efecto invernadero y en consecuencia un cambio en el clima.
Claramente existe la idea de que las empresas (personas) no toman en cuenta las consideraciones ambientales de largo plazo a favor de aumentar los beneficios financieros de corto plazo (sin tomar en cuenta los efectos económicos de largo plazo). Esto se traduce en una presión que ejerce la comunidad a los diferentes gobiernos de manera que se impongan restricciones medioambientales estrictas lo que hoy obliga a la diferentes instituciones (privadas y/o públicas) a dirigir los esfuerzos en este área.
La historia indica que los avances tecnológicos en el campo de la combustión se han logrado principalmente mediante la técnica de prueba y error, donde principalmente se llevan a cabo pequeñas modificaciones en un sistema de combustión mejorando la eficiencia y eventualmente controlando las emisiones. Sin embargo, el esfuerzo debe tener un enfoque distinto ya que se debe entender desde el punto de vista fundamental y práctico el proceso de combustión (lo que puede tomar años de investigación y esfuerzos financieros y/o económicos considerables) para reducir las emisiones y al mismo tiempo mantener una alta eficiencia de conversión. En este sentido la invención de los láseres, el desarrollo de los computadores y grandes calculadores ha entregado posibilidades increíbles y en pleno desarrollo actual, de medir y/o conocer en tiempo real (muchas veces a escales muy pequeñas) lo que efectivamente está ocurriendo en el medio reactivo. Además de elaborar modelos complejos que toman en cuenta la información experimental y permiten modelar y/o simular, y en consecuencia predecir cambios en variables y parámetros relevantes del proceso de combustión. El objetivo sería entonces optimizar el ambiente de combustión sin

necesidad de provocar modificaciones en el equipo, lo que se traduce en costos importantes y que normalmente consumen mucho tiempo.

Actualmente, el número de técnicas y diagnósticos en este campo ha ido en pleno incremento y muchos de los diagnósticos han sido perfeccionados a un nivel con escalas de tiempo del orden del femtosegundo y escalas espaciales de algunos nanómetros. Principalmente todo apunta hacia el uso de dispositivos ópticos tipo laser y diodos (prácticamente no intrusivos) para medir temperaturas de especies, concentraciones, velocidades, etc. Aunque los progresos han sido notables, todavía es difícil de lograr una trazabilidad completa de una infinidad de reacciones (caminos) químicas que ocurren en la combustión de los hidrocarburos corrientes, más aún considerando que estas especies interactúan con la dinámica de los fluidos y los procesos de transferencia de calor que ocurren de manera simultánea y a tiempos característicos distintos. Esto hace necesario que se realicen aproximaciones que faciliten el modelado. En este contexto los modelos deben validarse y de alguna manera medir sus limitaciones a través de un diagnóstico experimental pertinente. Como una forma de entender el rol que juegan las metodologías experimentales en el proceso de combustión se presenta la Figura 15.1 donde se observan las interacción entre experimentos, simulación numérica y códigos numéricos validados ("numerical récipes" en inglés) que en conjunto permiten mejorar la tecnología en los sistema de combustión actuales.

Figura 15.1: Interacciones entre experimentos, simulación numérica y códigos validados para mejorar la tecnología de los procesos de combustión (Adaptado de [4]).

Como se ha comentado anteriormente los experimentos pueden servir ya sea de manera directa para medir cantidades claves en el proceso o indirectamente para apoyar el desarrollo de modelos matemáticos. La interacción es mutua ya que los modelos numéricos también permiten el diseño adecuado del experimento e incluso son pertinentes para el análisis sistemáticos de errores, generalmente poco abordados y absolutamente necesarios cuando se realizan experimentos, tal como se presenta en la Figura 15.1.

En este capítulo se abordarán en primer lugar técnicas de medición convencionales para pasar a una revisión resumida de los diagnósticos recientes que permiten medir entre otras variables y/o parámetros la temperatura, la concentración de especies, el tamaño de partículas y campo de velocidades de los flujos presentes en un sistema de combustión. Evidentemente el lector puede profundizar sus conocimientos de cada técnica en los artículos y/o libros indicados en las referencias de cada sección.

2. Métodos convencionales

Como se ha comentado la combustión presenta un entorno sumamente hostil tanto para el experimentador como para los dispositivos que permiten la realización de mediciones experimentales, ya que el entorno normalmente se encuentra a altas temperaturas, presencia de oxígeno y radicales libres, ocasionalmente altas presiones y eventos de muy corta duración. Cabe mencionar que en general durante las experiencias de combustión normalmente los estudiantes se aproximan con temor y desconfianza hacia el equipo o aparato experimental lo que a veces no permite obtener mediciones adecuadas. En este sentido un consejo apropiado (pero a usarlo con pertinencia) es que en la medida que el equipo se encuentra con llama o con la combustión en desarrollo, los riesgos deberían ser controlables. La atención mayor debería ocurrir en los momentos cuando la combustión o la llama no existe!

Estudiando los sistemas convencionales (instrumentos que generalmente fueron desarrollados en el siglo pasado) existe hoy por hoy muy poco desarrollo, aunque es evidente que estos instrumentos se encuentran presentes en muchos equipos y sistemas actuales tales como los motores de combustión interna, aviones, turbinas, calderas, hornos (domésticos e industriales) e inclusos vehículos espaciales. Esto obedece a la robustez del instrumento y confiablidad del dispositivo (no necesariamente de la medición) que lo hacen apropiado para ser instalados en estos sistemas.

En este grupo de instrumentos (ver Figura 15.2) aparecen una serie de dispositivos tales como termocuplas y/o termopares, pirómetros de succión, medidores de velocidad (anemómetros, elementos deprimogenos, tubo Pitot, tubo de Prandtl, hilo (y/o placa caliente, etc.), sensores de flujo de calor (tipos Schmith-Boelter por ejemplo) y otros aparatos que permiten medir la fracción en volumen de las especies mayores presentes en los productos de combustión. A continuación se presentará una discusión breve, respecto de ventajas e inconvenientes de estos instrumentos, ya que en este capítulo se pretender poner mayor énfasis en los sistemas de medición de última generación, especialmente aquellos asociados al uso de láseres combinados con sensores de campos bidimensionales.

Figura 15.2 Ensayo de cámara de combustión a alta presión [5].

La Figura 15.2 es un claro ejemplo de lo inadecuado que puede eventualmente resultar el uso de anemómetros tipo de hilo caliente o de termómetros tipo de vidrio para medir propiedades en una llama en una cámara de combustión que se encuentra a altas temperaturas, presiones y sometidos a velocidades de los gases de la combustión importantes. Sin embargo, se debe mencionar que, en el estudio de llamas en sistemas abiertos (incendios forestales e incluso en interior de recintos) las termocuplas por lo general siguen siendo un medio muy usado [6]. Es por esta razón que comúnmente los sistemas convencionales son utilizados para estudiar, analizar y/o controlar la combustión a través de la medición de las propiedades en los gases de escape (motores de combustión interna, calderas, hornos e incluso en estufas domésticas de kerosene modernas!). Estas mediciones son por lo general muy útiles ya que permiten entre otros parámetros determinar la relación A/F (relación aire/combustible), la eficiencia del proceso, eventualmente controlar la combustión y lograr medir la polución de gases y/o partículas sólidas producidos en el proceso de combustión [7].

Tal como se indicaba anteriormente, para medir temperaturas se utilizaban, y aun se utilizan, termocuplas y/o pirómetros ópticos o de succión. Sin embargo, obtener una medida precisa en ambientes reactivos representa actualmente un desafío importante principalmente debido al efecto de pérdidas calor de radiativas del propio dispositivo que son muy difíciles de cuantificar. Algunos esfuerzos se han llevado actualmente diseñando nuevas metodologías de medición basadas en el aumento y control de las pérdidas de calor convectivas en la junción de la termocupla [8]. Para medir la velocidad de los gases, normalmente se usan los tubos de presión total o tubos Pitot [9] o pescas de cinco bocas, todas refrigeradas por agua, para evitar que el instrumento sufra deterioro y en algunos casos controlar el error en la medición. Sin embargo, es común hoy la utilización de sistemas convencionales para la medición de la fracción en volumen (o concentración) de las especies en los productos de combustión. Particularmente la aplicación de técnicas provenientes de la química cuantitativa, utilizando soluciones que absorben selectivamente un gas, son usadas para evaluar la composición en volumen de gases (aparato de Orsat [10]). Hoy en día existen también instrumentos portátiles basados en celdas electroquímicas que permiten medir la composición de los gases de escape tales como el O_2, el CO, el CO_2, los NO_x, e incluso hidrocarburos no quemados (normalmente en equivalente CH_4) de manera rápida y cómoda. Lo usual en estos casos es que una muestra se extrae y se prepara (la muestra no debe contener H_2O) usando tomas refrigeradas para ser enviadas a las celdas. Se debe notar que estos instrumentos se construyen para un tipo de combustor, y por lo tanto para un rango determinado de valores de composición. Así existen analizadores de gases para motores de combustión interna y otros para hornos y calderas, incluso para diferentes tamaños o potencias del equipo [9].

Estos instrumentos usualmente no miden CO_2 directa sino indirectamente, asumiendo la reacción de combustión completa. Luego, son también construidos para un tipo de combustible. Esto se debe a que la concentración de CO_2 (y también la de H_2O) tiene un máximo cerca del valor estequiométrico, y toma el mismo valor a ambos lados del pico, para mezclas ricas o pobres. Como los quemadores industriales normalmente deben operar con un cierto exceso de aire (la combustión estequiométrica en la práctica es incompleta), y como cada molécula de CO_2 requiere una de O_2, si no hay grandes cantidades de CO es más recomendable medir el exceso de aire y obtener el CO_2 haciendo una proporción:

$$\frac{\%CO_2}{\left(\%CO_2\right)_{máximo}} = \frac{21-\%O_2}{21}$$

El desarrollo de la teoría de la combustión en todos sus aspectos y de los métodos numéricos de modelado de la combustión ha hecho necesario realizar mediciones en la zona de reacción. Para esto existen instrumentos más precisos, aunque se requiere un sistema para tomar una muestra (a veces local) que luego pueda ser analizada en el equipo correspondiente. Generalmente las muestras son obtenidas en tubos relativamente largos, preparadas, refrigeradas y hasta en algunos casos los gases se capturan en bolsas adecuadas para ser transportadas a los equipos que normalmente se encuentran en laboratorios especializados. Luego, los parámetros medidos no son necesariamente los de la zona de reacción ya que eventualmente las reacciones químicas en la muestra continúan antes de ser analizadas.

Uno de los dispositivos comúnmente utilizados para medir "in situ" los productos de combustión en chimeneas o tubos de gases es el método de muestreo isocinético [11]. En este caso se busca que la muestra sea tomada a igual velocidad que la del flujo de gases de manera que no sea afectado el campo del flujo (ver Fig. 15.3). Luego la muestra es llevada a un equipo que permite evaluar la concentración de gases. En este sentido se pueden mencionar los siguientes instrumentos de laboratorio:

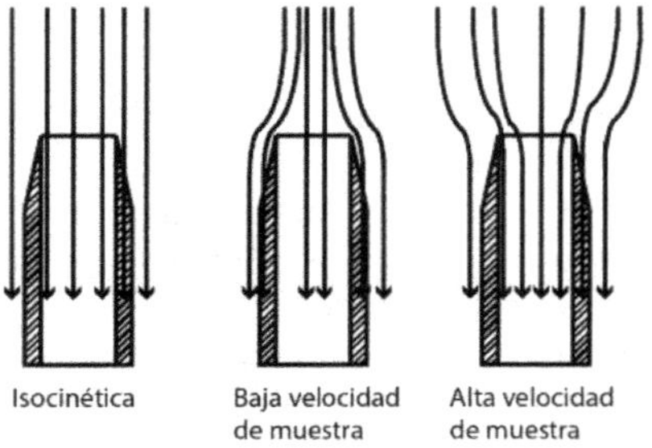

Figura 15.3: Principio de la medición isocinética (adaptado de Sloley [12])

Cromatógrafo de gases: la muestra (aproximadamente 1 ml), diluida en helio, es succionada a lo largo de un tubo capilar de aprox. 2 metros de largo. Las especies de mayor difusividad salen primero, y el instrumento indica la masa de la especie. Requiere cuidadosa calibración. La Fig. 15.4 muestra una salida típica del dispositivo:

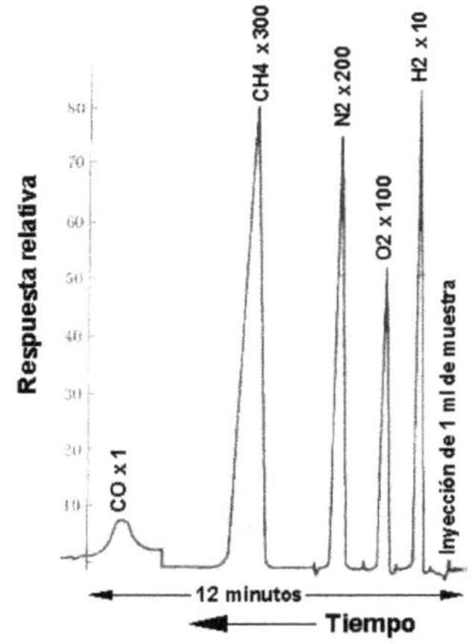

Figura 15.4: Respuesta típica de un cromatógrafo de gases.

Espectrómetro de masas: el gas es ionizado eléctricamente y por combinación de campos eléctricos y magnéticos se eliminan los iones de especies que tengan masas fuera del rango de interés y que tengan velocidades distintas de la prefijada (ver Fig. 15.5). Al resto se le imprime una trayectoria circular por medio de un campo magnético, y los iones impactan en una placa fotográfica o detector óptico, de donde se deduce la masa por el punto de impacto, y la concentración por el número de impactos.

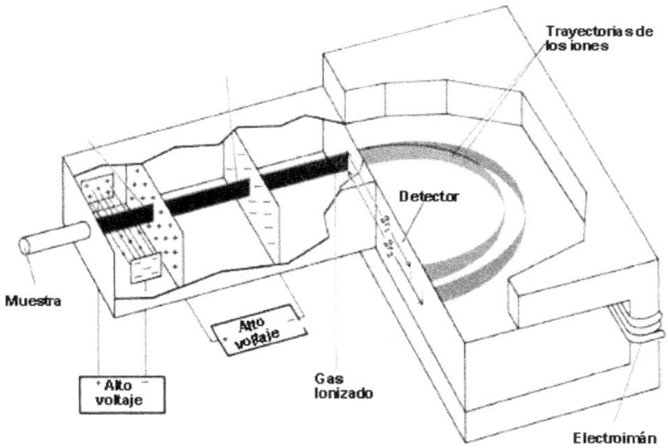

Figura 15.5: Principio del espectrómetro de masas (adaptado de [13])

Análisis infrarrojo no dispersivo: este instrumento se utiliza para detectar CO y CO_2, hidrocarburos y NO. En el esquema de la Fig. 15.6, una fuente de luz infrarroja de longitud de onda específica para el componente (ejemplo, CO_2 aprox. 4.2 micrones; CO aprox. 4.6 micrones) se pasa por dos cámaras, una conteniendo el componente puro, y otra la muestra. El componente absorbe radiación, y el resto entra a las dos cámaras del receptor, separadas por un diafragma. El gas del detector se calienta, desplazando el diafragma; a mayor concentración del componente en la cámara primaria, menor radiación llega al detector, el diafragma se desplaza hacia la derecha.

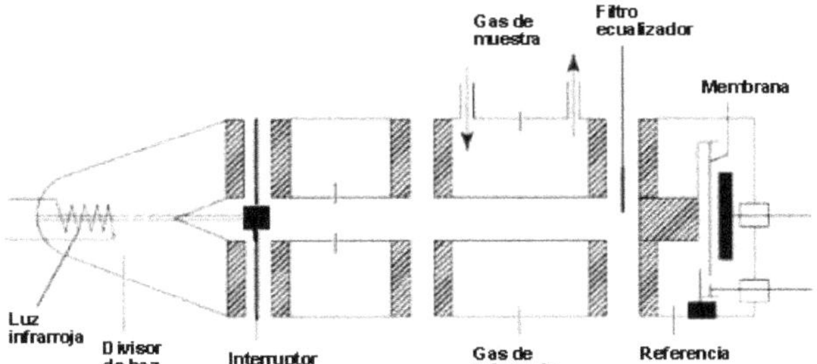

Figura 15.6: Detector infrarrojo no-dispersivo (adaptado de [14])

Detector de ionización de llama: el principio de este aparato es que una llama de hidrógeno-oxígeno produce muy pocos iones pero contiene átomos de gran energía cinética. Estos átomos colisionan con partículas mayores (más pesadas, hidrocarburos) y las ionizan. Los iones producidos son atraídos por un campo eléctrico y recolectados en electrodos; la corriente así medida es proporcional a la cantidad de moléculas pesadas que pasan por el detector por unidad de tiempo (ver Fig. 15.7). Si se conoce el caudal de muestreo se puede calcular la concentración de hidrocarburos en el gas de muestra que sería el gas de escape de la combustión.

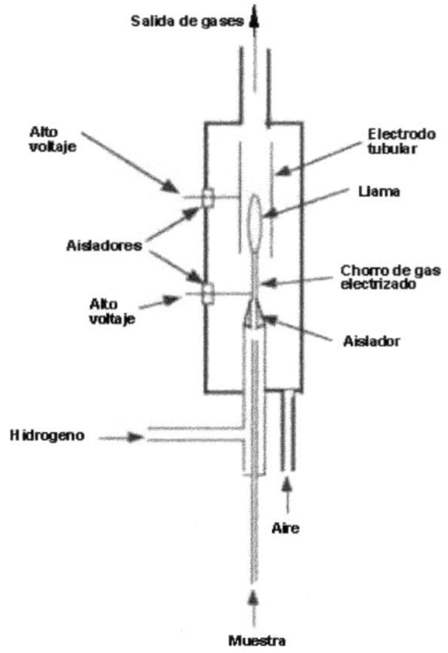

Figura 15.7: Detector de ionización de llama (adaptado de [15])

Analizador de oxígeno paramagnético: la molécula de O_2 es paramagnética, o sea, si se la coloca en un campo magnético tiende a moverse hacia donde el campo es más intenso, y concentra las líneas de fuerza de una manera similar a los materiales ferromagnéticos. El nitrógeno, por el contrario, es diamagnético, tiende a apartarse de las zonas de mayor intensidad de campo. Estas dos propiedades se combinan en este instrumento: tal como se aprecia en la Fig. 15.8 dos esferas de cuarzo, llenas de N_2, están suspendidas en la cámara de prueba. El campo magnético las obliga a rotar (para ponerse a 90° de las líneas de fuerza), y este torque es balanceado por el hilo de suspensión. Si entra O_2 a la cámara se mueve hacia los polos del magneto, incrementando la densidad de líneas magnéticas. Las esferas son repelidas más fuertemente, y giran levemente. El movimiento es detectado por medios ópticos.

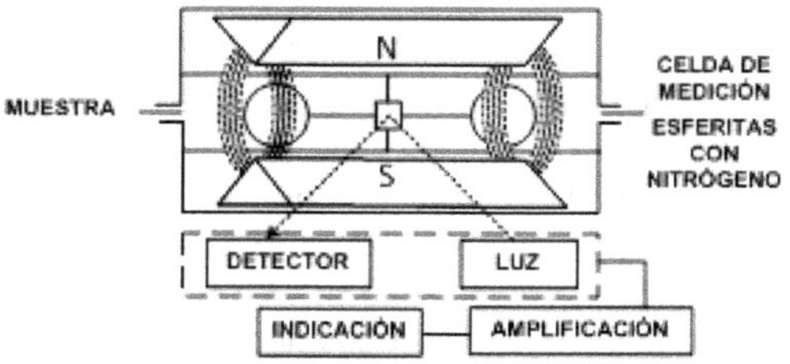

Figura 15.8: Detector paramagnético (adaptado de [16])

Catarómetro: este detector (ver Fig. 15.9) es utilizado comúnmente para medir hidrógeno, y se basa en la alta conductividad térmica del hidrógeno comparada con otros gases. Consiste en un puente Wheatstone con dos brazos sumergidos en hidrógeno y los otros dos en la muestra. Inicialmente el puente está muy desbalanceado; pequeñas cantidades de hidrógeno refrigeran los brazos del lado muestra, tendiendo a balancear el puente.

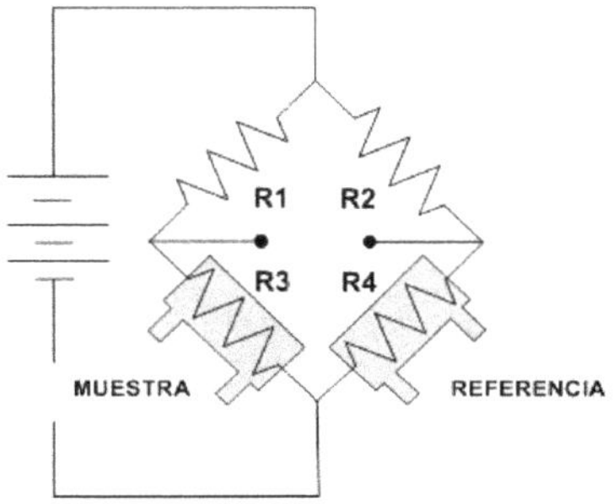

Figura 15.9: Catarómetro (adaptado de [17])

Analizador quimioluminiscente: este se basa en la combustión fría de NO con O_3, que produce luz en la banda 0.6-0.3 mµ. El aparato es muy sencillo y confiable.

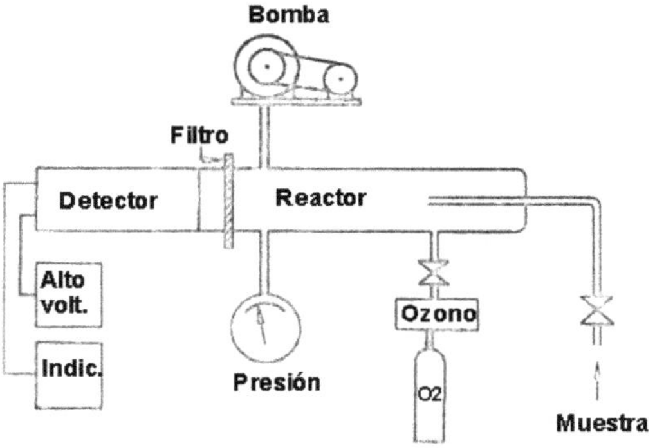

Figura 15.10: Analizador quimioluminiscente (adaptado de [18])

Sensores de flujo de calor: en general este tipo de transductores ofrecen la posibilidad de obtener una medición directa de la velocidad de transferencia de calor en una variedad de aplicaciones. Normalmente el transductor proporciona una salida analógica continua autogenerada de 10 mv con una resolución prácticamente infinita. Está salida del transductor lineal es directamente proporcional a la velocidad de transferencia de calor neto absorbido por el sensor, señal que es previamente calibrada. Actualmente estos dispositivos son usados en la mediciones en pruebas de seguridad contra incendios, flujo de calor en el campo aeroespacial en tierra y en vuelo, desarrollo de materiales y equipos térmicos. Convencionalmente se utilizan los sensores tipos Gardon [19] y Schmidt-Boelter [20] para obtener la medición en un amplio rango de flujo desde algunos kW/m^2 hasta 45 MW/m^2. En ambos tipos de sensores el calor es absorbido en la superficie del sensor y es transferido a un disipador de calor integral que se mantiene a una temperatura diferente, un termopar o termopila mide la f.e.m autogenerada que directamente proporcional a la tasa de transferencia de calor incidente en el dispositivo.

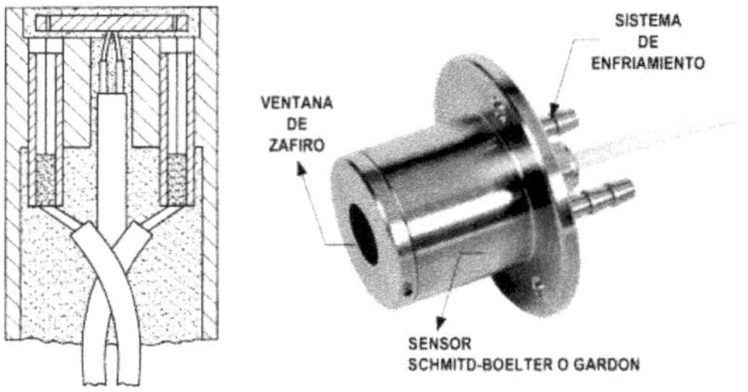

Figura 15.11: Esquema de un sensor de flujo de calor total tipo Schmidt-Boelter.

3. Métodos ópticos (basados principalmente en láseres)

Desde que se realizaron los primeros estudios de diagnóstico óptico basados en láseres a principios de los años ochenta, usando los dispositivos “Q-Switched Neodymium” operando en torno a 10 Hz [21], estos han sido una fuente común de iluminación en sistemas reactivos. Estos métodos ópticos y especialmente aquellos basados en láseres (o diodos) son aplicados comúnmente a escala de laboratorio, aunque actualmente existe mucho desarrollo en aplicaciones industriales comunes, usados para estudiar el proceso de combustión debido a que poseen las siguientes características:

1. Con estos dispositivos, cada adquisición de datos es por lo común estadísticamente independiente de las otras, por lo tanto su conjunto resulta muy adecuado para cálculos estadísticos tales como promedios, varianzas y particularmente análisis de sensibilidad, datos que podrían ser usados para la validación de modelos numéricos.
2. Normalmente la resolución temporal del dispositivo de iluminación en conjunto con la captura de la señal es extremadamente alta en comparación con los sistemas convencionales analizados en las secciones anteriores.
3. Actualmente la frecuencia de estos sistemas hace posible incluso que las escalas de tiempo existentes en procesos de combustión turbulenta puedan ser resueltas.
4. Otra ventaja que ofrecen es la posibilidad de medir localmente la zona reactiva y esto se logra generalmente con una invasión pequeña o incluso nula del fenómeno de combustión.
5. Por último la medición puede ser lograda “in situ”, siendo la única restricción que el sistema reactivo posea un acceso óptico pertinente.

Lo anterior permite que estos sistemas puedan ser usados para analizar y entender los fenómenos laminares pero su mayor ventaja radica en la aplicación para el estudio de sistemas industriales corrientes donde la dinámica y la interacción de los flujos, la preparación de la mezcla, los procesos de ignición, de "burning rate", de propagación, las inestabilidades acústicas, el encendido, la estabilización y la extinción, pueden ser abordados. En esta sección se analizarán las técnicas comúnmente usadas para la medición de cantidades claves que se encuentran en flujos químicamente reactivos bajo condiciones laminares y/o turbulentas. En este caso las técnicas "Laser Doppler Velocimetry (LDV)" y "Particle Imaging Velocimetry (PIV)" son presentadas ya que son frecuentemente usadas en laboratorios y aplicaciones industriales.

Por otro lado, el estudio de un campo escalar de un proceso de combustión debe abordar el estudio de la distribución de la temperatura, la fracción en volumen o concentración de especies químicas y otras cantidades derivadas de la temperatura y/o concentraciones. Estas cantidades pueden permitir el análisis de escalares tales como la fracción de mezcla o la tasa de disipación, tanto en llamas de difusión como en llamas de premezcla. En este caso las técnica de "Laser-Induced Fluorescence (LIF)" o "Laser-Induced Incandescence (LII)" pueden ser usadas para el estudio de radicales tales como el OH o CH, permitiendo distinguir por ejemplo la zona reactiva (LIF) o bien medir la concentración de partículas sólidas producidas en la zona de reacción tales como el hollín (LII).

Un aspecto relevante que se debe abordar antes de presentar cada técnica es analizar los principales componentes que constituyen comúnmente los diagnósticos ópticos basados en técnicas láseres. Estos se presentan a continuación:

Sistemas Láser:

Generalmente los problemas prácticos en sistemas reactivos se caracterizan por la turbulencia. Esto hace necesario que los tiempos de exposición de las mediciones sean suficientemente pequeños, los cuales se caracterizan por las escalas de Kolmogorov [22]. Típicamente estas escalas de tiempo son del orden de unos pocos microsegundos. En consecuencia, las mediciones individuales deben estar resueltas en al menos un microsegundo, lo que presupone el uso de láseres pulsados en regímenes elevados. En este sentido los sistemas de estado sólido y láseres "Q-switched" son preferibles y usados cada vez más, debido a que liberan un flujo de fotones importante, presentan una buena fiabilidad y facilidad de operación. Entre la clase de los láseres de estado sólido, el Nd:YAG láser actualmente es el caballo de batalla en muchos laboratorios. Las especificaciones típicas son un ancho de pulso de 10 ns, tasa de repetición que va desde los 10 Hz hasta los 100 Hz y energía del pulso (en la longitud de onda fundamental, 1064 nm) hasta los 2.5 J. Por otro lado, es fácil la conversión de frecuencia a la segunda (2ω, 532 nm), a la tercera (3ω, 355 nm) y a la cuarta armónica (4ω, 266 nm) mediante un cristal no lineal que se acopla al dispositivo.

La elección de la longitud de onda de excitación (longitud de onda de emisión láser) se realiza en función de la aplicación específica. En el caso de la LIF normalmente la excitación se lleva a cabo en la región UV del espectro, tratando de evitar dispersión tipo Raman [23], lo que podría generar una pérdida en la sección transversal en estudio. En estos casos es inevitable pasar a longitudes de onda en la región visible compensando en parte la pérdida por el aumento en la energía contenida en el pulso láser y con detectores que por lo general poseen una mayor eficiencia cuántica en la región visible del espectro. La LII en cambio tiene la ventaja que la excitación puede ser realizada a variadas longitudes de onda desde el UV hasta la región IR del espectro. Aquí solamente se debe poner atención a evitar la señal LIF o bien utilizar el mismo láser para llevar a cabo mediciones simultaneas de LIF/LII para una frecuencia específica.

Detección:
Antes de la detección es necesario mantener una relación señal/ruido lo más alta posible. La dispersión tipo Raman o Rayleigh puede ser evitada mediantes diferentes técnicas, pero lo común es usar filtros interferenciales de banda estrecha a una longitud de onda específica. Luego la detección debería ser realizada con un detector de bajo ruido, con una óptica que posea un ángulo sólido pertinente y con la mayor eficiencia cuántica posible. En aplicaciones en una dimensión son comúnmente usados los fotomultiplicadores (PMT). Por el contrario en casos bidimensionales (direcciones del espacio y longitud de onda) lo común es usar los detectores tipo CCD. Por lo general poseen una eficiencia cuántica interesante, que se combina con una buena razón señal/ruido. Si se requiere una alta resolución temporal y evitar la luminosidad de fondo (normalmente presente en sistemas reactivos) se requiere la instalación de un conjunto de obturador rápido adicional (normalmente con obturadores mecánicos se pueden alcanzar tiempos del orden de 10 μs). En algunos casos la señal es muy débil (por ejemplo en la técnica LII) por lo que es necesario contar con un dispositivo que permita la intensificación de la señal. Actualmente los dispositivos tipo ICCD son usados en laboratorios. El intensificador permite contar también con una ventana de apertura muy pequeña (algunos ns) suprimiendo de manera eficiente la luminosidad indeseable. El filtro que se instala normalmente frente al detector permite eliminar señales y/o ajustar la detección a un ancho de banda específico (filtros interferenciales o pasa banda) de manera que se aumente la razón señal/ruido del diagnóstico.

Calibración:
Generalmente, los métodos ópticos carecen de su propio sistema de auto calibración. Varios factores como el volumen de sondeo, ángulo sólido de detección, la transmisión a través de los elementos ópticos o bien la eficiencia cuántica del detector dependen muy específicamente de la configuración experimental individual y pueden, en parte, variar con diferentes longitudes de onda. Es por esto que la calibración debe ser llevada a cabo comparando los resultados con algún patrón. Afortunadamente, en muchos casos se requiere conocer los comportamiento relativos a diferentes condiciones de flujo, y en este caso se asume que el factor de calibración permanece idealmente constante independientemente de la condiciones de medición, por lo cual se puede contar con la evolución de los parámetros en estudio. En el caso que se requieran medidas absolutas, la calibración en conjunto con un cálculo del error en la medición son necesarias. Un ejemplo de este inconveniente es al usar la técnica de la LII en la cual se requiere aplicar inclusive una técnica de calibración "in situ"

compleja. Un forma de abordar está problemática será analizada en la próximas secciones.

Mediciones de velocidad local (LDV/PIV)

La medición de velocidad se puede realizar utilizando velocímetros láser Doppler (LDV o LDA). Un rayo láser es dividido en dos rayos que se cruzan en el punto de medición, generando un numero de rayas de interferencia de luz y sombra. Cuando una partícula atraviesa esta zona arrastrada por el flujo genera destellos que son captados por un sistema óptico. La duración de estos destellos, teniendo en cuenta la separación de las rayas de interferencia, permite calcular la velocidad de la partícula y por lo tanto del flujo [24].

Existe un número de variantes de esta tecnología, tales como corrimiento de frecuencia utilizando celdas de Bragg para poder discernir la dirección de movimiento de las partículas, el uso de láseres de dos o tres colores para poder medir dos o tres componentes de velocidad al mismo tiempo, a más de métodos de procesamiento de las mediciones que permiten computar otros valores tales como el componente turbulento de la velocidad, la energía cinética de la turbulencia, las tensiones de Reynolds, etc. También hay tecnologías aplicables en nubes de aerosoles y partículas de carbón. La anemometría Laser-Doppler requiere acceso óptico a la llama, por lo que ciertos casos presentan grandes dificultades para su aplicación (donde se combustiona a altas presiones, como en motores de combustión interna y turbinas de gas, y en flujos opacos como en aerosoles densos y en presencia de hollín). La medición de velocidad in situ utilizando láseres también se puede hacer por métodos de velocímetro de imágenes de partículas (PIV) o por métodos holográficos [25]. En estos casos se atraviesa el área con una o más hojas de luz láser y se toman una o más imágenes de muy corta duración. Tanto la imagen de las partículas como la interferencia de las hojas de luz como la difracción causada por las partículas se pueden utilizar para deducir no solo el estado de movimiento de un plano entero del flujo sino otras variables como tamaño y composición de la partícula, etc.

En lo que respecta a la determinación de la composición de la mezcla reactiva, nuevamente el uso de láser ha permitido desarrollar técnicas de medición no intrusivas que están en continuo desarrollo. Esta técnicas son sumamente poderosas ya que permiten medir no sólo las concentraciones de las especies químicas sino que, al utilizar exposiciones muy breves (de nanosegundos) y realizar mediciones simultáneas con LDV permiten medir correlaciones instantáneas de temperatura-composición, velocidad-densidad, etc [26].

El principio general consiste en iluminar la llama con una hoja de luz monocromática (láser) de una longitud de onda determinada, y recibir la imagen en una cámara tipo CCD, a través de filtros ópticos. Las moléculas de gas son excitadas por la luz de láser y re-emiten luz tipo LIF en longitudes de onda que le son características. También se puede medir la dispersión Rayleigh, dispersión espontánea Raman (SRS) y la espectroscopía coherente anti-Stokes Raman (CARS). En este caso las aplicaciones típicas son:

- Dispersión Rayleigh: densidad de la mezcla y temperatura estática (con el movimiento)

- Dispersión espontánea Raman y espectroscopia coherente anti-Stokes Raman (concentración de especies principales y temperatura)
- LIF (temperatura y concentración de especies menores)

Estas tecnologías por lo general son voluminosas, requieren cuidadosa calibración y eventualmente inflexibles en su configuración. Por lo general son de alto costo lo que determina que comúnmente se utilicen en laboratorios para investigación básica, aunque esto está cambiando ya que como mencionado anteriormente existen configuraciones pertinentes que pueden ser adaptadas y aplicadas en sistemas industriales. La Fig. 15.11 ilustra una configuración típica de investigación de llama en condiciones atmosféricas al aire libre.

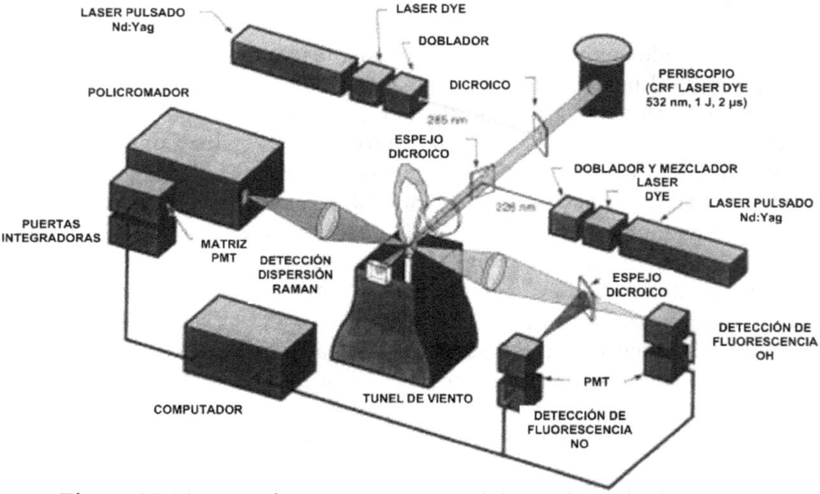

Figura 15.11: Experimento Raman-Rayleigh (adaptado de [27])

Medición de propiedades escalares

Fluorescencia Inducida por un Plano Láser:

La Fluorescencia Inducida por un Plano Láser (PLIF) es una técnica óptica no intrusiva que permite determinar ciertas propiedades escalares tales como concentración, temperatura de un medio fluido, el cual también puede ser reactivo, como el caso de una llama [28]. Comúnmente llamada LIF, cuando esta técnica se aplica en un plano la llamaremos PLIF ("Planar Laser Induced Fluorescence"). En la Fig. 15.12 se esquematiza el fenómeno de la LIF. Se puede apreciar que cuando una molécula es excitada por una fuente láser, ella normalmente llega a un nivel de energía superior e inestable. Vuelve entonces a un estado estable debido a la emisión espontánea de radiación a una longitud de onda particular: esto es la fluorescencia inducida por un láser. Cuando el flujo no contiene especies que puedan generar fluorescencia, es posible lograrlo mediante una especie exterior, llamada dopante (por ejemplo la acetona), que es inyectada a través de un dispositivo que permita sembrar el flujo. La señal de fluorescencia emitida es este modo proporcional a la concentración de especies fluorescentes. Dada esta capacidad de medir la concentración, la LIF es muy usada en configuraciones experimentales no reactivas, que tienen como objetivo por ejemplo la caracterización de la mezcla, la dispersión de contaminantes o la topología de flujos complejos [29][30]. También es ampliamente usada en sistemas reactivos, donde su aplicación común es la medida de concentraciones de especies químicas, tales como los Hidrocarburos Aromáticos Policíclicos (PAH) [31][32].

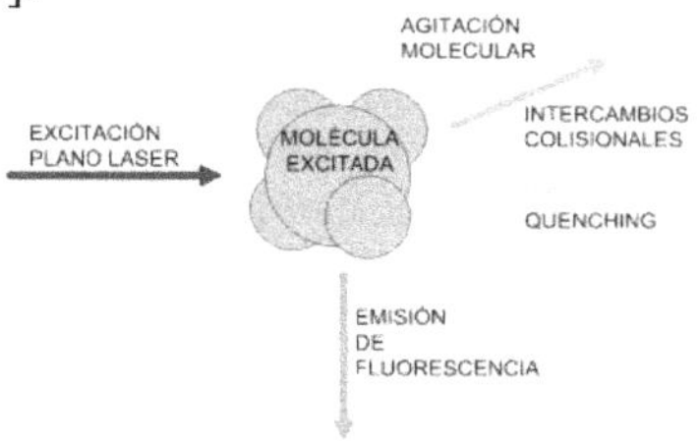

Figura 15.12: Interacción láser-molécula que induce la fluorescencia.

Los PAH formados al interior de las llamas son generalmente caracterizados "ex situ" por espectrometría de masa y cromatografía. Sin embargo, los análisis "in situ" pueden ser llevados a cabo a través de la LIF en longitudes de onda de excitación situadas en la región ultravioleta y visible [33]. La señal de fluorescencia emitida dependa de la naturaleza de los PAH. En general se observa un desplazamiento de la señal emitida hacia la región roja del espectro para los PAH que poseen una mayor dimensión [34]. Está propiedad puede ser usada como medio de selección de diferentes tipos de PAH. La sensibilidad del tiempo de vida del estado excitado con el tamaño de los PAH es en algunos casos utilizado como complemento de la discriminación espectral para poner en evidencia los diferentes PAH.

El gráfico de la Fig. 15.13 muestra la correlación entra la masa molar de los PAH y la banda de absorción [35]. Los PAH presentan espectros de absorción en bandas anchas donde el máximo se encuentra desde la región UV hasta el visible. En consecuencia la excitación en el UV es comúnmente usada como medio para obtener una señal de PLIF de PAHs en medios reactivos [36].

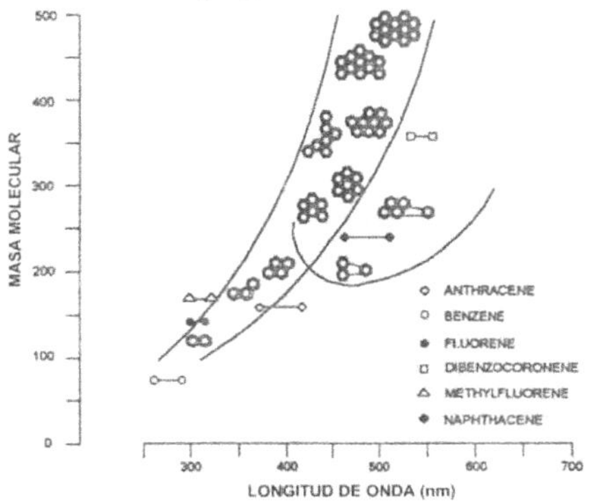

Figura 15.13: Banda espectral de la absorción de los PAH según la masa molar (adaptado de [35]).

Una técnica interesante que permite comprender la influencia (cualitativa) de diferentes parámetros en la evolución de los precursores de formación de partículas de hollín (PAH) al interior de una llama, es a través de la metodología de detección simultánea en conjunto con la técnica LII. El mismo dispositivo puede servir para la excitación de las partículas de hollín y de los PAH en una misma capa Láser a 266 nm. La Fig. 15.14 permite analizar los dispositivos necesarios para llevar a cabo las mediciones de producción de hollín (LII) y de los precursores de estas partículas (PLIF, PAH). En general las estrategias de detección de los métodos deben ser similares de manera de mantener la mayor cantidad de parámetros constantes y de esta manera limitar las incertidumbres vinculadas a la cobertura espacial de la información que entregan cada una de las técnicas. En particular el conjunto de señales es recolectado a la misma longitud de onda de 400 nm. Solamente el retardo entre la impulsión del láser y el comienzo de la exposición del CCD es modificado. De hecho, el tiempo de exposición es centrado en la impulsión del láser cuando se trata de separar la señal de la LII proveniente de las partículas de hollín y aprovechar la fluorescencia de los PAH [36].

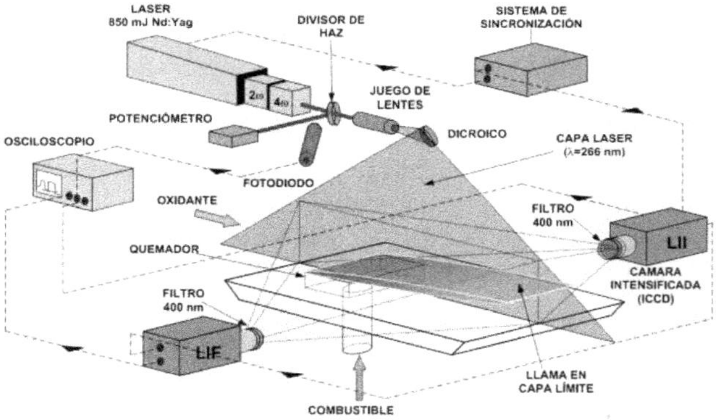

Figura 15.14: Esquema de un dispositivo experimental de la LII y PLIF simultanea puesta en marcha en una llama de difusión laminar de capa límite establecida en una placa plana (adaptado de [37]).

Incandescencia Inducida por una hoja Láser (LII):

La primera vez que se puso en evidencia el fenómeno llamado Incandescencia Inducida por un Láser (LII) fue analizado por Weeks and Duley [38] durante la observación de la respuesta temporal de aerosoles negros de carbono y de aluminio que fueron excitados con un láser. Sin embargo, el interés por la LII emitida por una partícula de hollín fue inicialmente consecutivo a la presencia de una señal de interferencia al momento de la medición de concentración de especies por difusión Raman [39]. Luego los trabajos de Melton [40] y Dasch [41][42] pudieron poner en evidencia el potencial de la LII para evaluar la fracción en volumen de hollín. Está

técnica ha sido aplicada en un amplio rango de estudios experimentales en combustión [43][44][37].
El principio de la LII consiste en primer lugar en calentar las partículas de hollín hasta su temperatura de incandescencia por la excitación de un láser [45]. La emisión de radiación de las partículas de hollín incandescentes es capturada con la ayuda de un detector apropiado. Normalmente el detector usado es un tubo fotomultiplicador o una cámara intensificada tipo ICCD. Mediante un filtrado espectral y un tiempo de exposición adecuado, la señal de incandescencia puede diferenciar la emisión natural del hollín y de los gases calientes. Una presentación esquemática de los intercambios de energía que ocurren durante la interacción láser-partícula es mostrada en la Figura 15.15. Las partículas de hollín absorben los fotones incidentes y la energía interna de estas partículas aumenta debido a la acumulación de calor, que se traduce por un gran aumento de la temperatura de estas partículas. Las partículas de hollín se enfrían hacia el equilibrio térmico por tres modos de transferencia térmica: radiación, conducción hacia el medio exterior y sublimación.

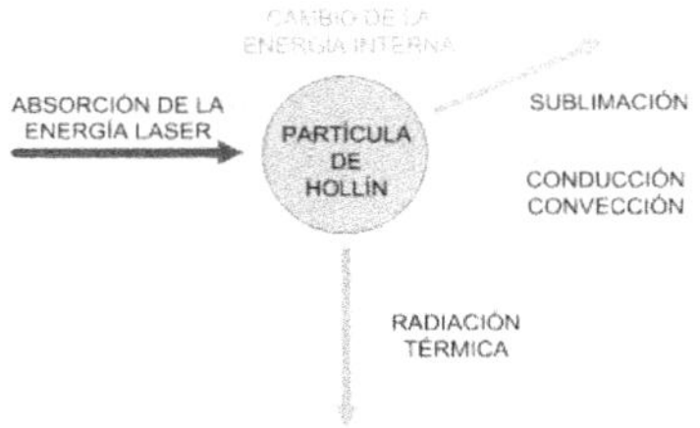

Figura 15.15: Interacción láser-partícula de hollín.

Para densidades de energía de excitación láser débiles (<0,1 J/cm^2 para 532 nm) la absorción y la conducción son los modos principales de transferencia térmica [46]; mientras que la sublimación y la absorción son preponderantes para altas densidades de energía de excitación.
La radiación de una partícula de hollín puede entonces ser evaluada a partir de la función de Planck. La señal de LII (S_{LII}) recuperada por un fotodetector a través de un ángulo sólido (Ω) puede ser evaluada de la manera siguiente:

$$S_{LII} = V_{vm} \frac{\Omega}{4\pi} \int_{t=0}^{T} C_n(t) W(t) \left[\int_{D_s=0}^{\infty} N(D_s) \left\{ \int_{\lambda=0}^{\infty} C_{abs} I_{b,\lambda}(T_s) d\lambda \right\} dD_s \right] dt$$

siendo

V_{vm} : volumen de medida (m^3)

$C_n(t)$: número de densidad de partículas de hollín (m^{-3})

$W(t)$: función de muestreo de la señal

$N(D_s)$: distribución normalizada del tamaño de las partículas ($\int_{D_s=0}^{\infty} N(D_s) dD_s = 1$)

C_{abs} : superficie absorbente de la partícula (m^2)

$I_{b,\lambda}(T_s)$: Intensidad espectral de un cuerpo negro ($W/m^2/\mu m$)

La intensidad espectral puede ser evaluada mediante la función de Planck. El tiempo aparece en la ecuación de manera que las pulsación del láser puedan ser evaluadas. Por lo general una función tipo pico de Dirac periódica satisface bien la operación del láser. De la misma manera la función de integración de la señal LII es modelada por la función W(t). Está función también podría ser incorporada mediante un factor tipo delta de Dirac ($\delta(t)$) lo que permitirá evaluar la señal LII en cualquier $t=\tau$, incluso fuera de la ventana de medida del fotodetector. Toda medida real resultado de una integración temporal de la señal en estudio, tal como el tiempo de exposición de la cámara (es decir del tiempo de acumulación de la señal sobre la matriz CCD por ejemplo) debe ser ajustado en función de la potencia de la excitación láser, del tiempo característico de la respuesta de la partícula y de la velocidad de desplazamiento de esta partícula. Además, hay que tener en cuenta el tiempo de respuesta del detector y del nivel de ruido que pudo generarse. En ciertos casos es entonces pertinente realizar una calibración independiente con el objetivo de determinar la ventana de exposición óptima que tiene en cuenta la medida casi insensible a la dimensión de la partícula [47]. Sin embargo, el perfil temporal de la señal permite también deducir información sobre la distribución del tamaño de las partículas de hollín.

A partir de una excitación láser ideal de tipo Dirac, Melton [40] propuso un cálculo aproximado de la señal LII fundado en la ley de Planck de emisión de un cuerpo negro y un balance de energía. Cuando la partícula llega a una temperatura próxima del punto de sublimación el hollín y donde el tamaño de la partícula es inferior a la longitud de onda de excitación (λ_{det}), la temperatura T_s de las partículas de hollín puede ser calculada por la siguiente ecuación:

$$\frac{1}{T_s} \approx \frac{1}{3915}\left[1-\frac{1}{23.9}\log\left(I_0\frac{\pi D_s}{\lambda_{\text{det}}} lm\frac{m_{\lambda_{\text{det}}}^{\;2}-1}{m_{\lambda_{\text{det}}}^{\;2}+2}\right)\right]$$

donde $\widetilde{m}_{\lambda det}$ es el índice espectral de refracción.

Introduciendo está expresión de temperatura en la ecuación anterior, Melton [40] obtiene una formulación aproximada de la señal LII:

$$S_{LII} = C_{cal}\int_{t=0}^{T} C_n(t)W(t)\left[\int_{D_s=0}^{\infty} N(D_s)\left\{\int_{\lambda=0}^{\infty} D_s^x d\lambda_{\text{det}}\right\} dD_s\right]dt$$

donde

C_{cal} : coeficiente de calibración

x : factor exponencial de la dependencia de la S_{LII} en D_s ($x=3+0{,}154\ \lambda_{det}^{-1}$)

Cuando la detección se efectúa en longitudes de onda entre los 0,4 y 0,6 µm, la señal LII es proporcional al diámetro medio de la partícula de hollín elevado a una potencia comprendida entre 3,38 y 3,25 respectivamente. En otros términos la señal de la LII es aproximadamente proporcional a la fracción en volumen de hollín $f_{hollín} \approx \pi/6\ C_n D_s^3$.

$$S_{LII} \approx C_{cal} f_{hollin}$$

A priori una calibración única e independiente del montaje experimental debe permitir a la técnica proporcionar una medida cuantitativa. La intensidad detectada de la señal LII depende de factores inherentes al aparato experimental elegido pero igualmente existen factores intrínsecos a la técnica. Entre éstos el factor dominante es la temperatura del hollín calentado por el plano láser. Esta temperatura depende evidentemente de la pérdida de calor asociada a la transferencia de calor conductiva y radiativa, además de la energía necesaria a la sublimación. Sin embargo estos fenómenos son relativamente independientes de la técnica. Claramente la temperatura de las partículas depende de la tasa de absorción de la energía proporcionada por el láser. La excitación del láser influencia entonces el nivel de intensidad de la señal LII en función de tres características del láser: la longitud de onda, la fluencia y la distribución de energía dentro de una sección ortogonal a su propagación. Además, la longitud de onda de detección afecta fuertemente la razón señal/ruido. El desarrollo del experimento implica un análisis en profundidad no solamente del montaje experimental sino además de la influencia de los factores mencionados en la medición. La puesta en práctica de la LII es relativamente simple, tal como se aprecia en la Fig. 15.14. La adaptación de los dispositivos debería realizarse en función de la tecnología que se dispone y de las prácticas convencionales respecto de la LII y que se muestran a continuación.

Un láser Nd:Yag potente del orden de 230 mJ a la longitud de onda fundamental de 1064 nm, con una impulsión de 5 ns y a una frecuencia de 10 Hz debería ser suficiente para estudiar una llama de difusión laminar. Claramente frecuencias superiores son necesarias para estudios en condiciones turbulentas, además de los inconvenientes asociados a la calibración que serán mostrados en detalle en secciones posteriores. El rayo liberado a la longitud de onda fundamental pasa en primer lugar por un 2ω y luego por un 4ω, generando una cuarta armónica de manera que se obtiene en la salida un rayo láser a una longitud de onda de 266 nm con una potencia nominal de 120 mJ. En muchos casos donde no se requiere realizar de manera simultánea la LII y la PLIF la longitud de onda debería ser de 532 nm, logrando con esto una mayor potencia de excitación. También podría ser a 1064 nm pero esto ofrece una dificultad adicional ya que se encuentra fuera del espectro visible. Una pequeña parte del rayo (5% de la potencia) es reflejada por una óptica apropiada, y reenviada directamente a un "power meter". Esto permite conocer las fluctuaciones de energía del láser cuando se están realizando las mediciones. La otra porción del láser pasa a través de una juego de lentes esféricos y cilíndricos permitiendo formar la capa láser. Esta es luego redirigida hacia la llama por un lente dicroico. La capa láser debe poseer las dimensiones suficientes para evaluar el campo bidimensional de la fracción en volumen de hollín al interior de la zona reactiva, para una coordenada dada.

Por otro lado, la señal de la LII puede ser detectada por un fotodetector adaptado al objetivo del estudio. En el caso de campos bidimensionales un sensor tipo CCD intensificado (ICCD) puede ser utilizado. Este tipo de cámara permite capturar un nivel apreciable de señal por un tiempo de exposición que puede llegar ser el nanosegundo, con definiciones del orden de 1024x1024 pixeles con una dinámica de salida del orden de 16 a 8 bits. El sensor ICCD en general presenta una sensibilidad de detección relativamente constante en un dominio espectral comprendido entre los 200 nm y 500 nm (depende de los modelos existentes) con una eficacia cuántica media del orden del 20%. Antes de impactar el CCD los fotones que provienen de la incandescencia pasan a través de un filtro interferencial y luego por un objetivo seleccionado para obtener una resolución óptima. Un resolución del orden de 0,1x0,1 mm^2 por pixel es pertinente para este tipo de mediciones. El filtro debe ser capaz de entregar el mejor compromiso entre el nivel de intensidad absoluta de la señal LII y el nivel de ruido proveniente de la llama. En general para la LII el mejor compromiso se logra para una longitud de onda de detección de 400 nm. La sincronización entre el láser y la cámara es gestionada por un generador de pulso externo. Este dispositivo permite controlar el retardo entre el "Q-Switch" y las "Flash-Lamps" del láser y el comienzo de la ventana de exposición del sensor ICCD. Una función interna de la cámara permite retardar la ventana de abertura en relación al generador externo. La impulsión láser en consecuencia debe ser ubicada con la ayuda de un fotodiodo, todo analizado y guardado en tiempo real por intermedio de un osciloscopio apropiado, capaz de recibir y analizar señales del orden de algunos nanosegundos. Por otro lado, desde el punto de vista práctico una serie de cuidados se deben tener al momento de aplicar la LII: (a) La excitación de la señal: Una amplia gama de longitudes de onda puede ser empleada para excitar el volumen de medida. La elección depende fundamentalmente de la capacidad del hollín de absorber la energía láser en la longitud de onda en la que se desea realizar la medición y a eventuales interferencias con otros fenómenos de excitación inducida. La eficacia de absorción varía de manera inversamente proporcional a la longitud de onda de excitación con índice de refracción y tamaño de partícula fijo. De este modo una longitud de onda pequeña es preferible para calentar las partículas. Sin embargo, una excitación en el dominio del UV puede provocar la fluorescencia de los PAH, tal como fue indicado anteriormente, perturbando la señal LII. En este caso un buen compromiso es usar la segunda armónica (2ω) a 532 nm en términos de la eficacia de absorción y razón señal/ruido. Por otro lado, la fluorescencia de los PAHs posee un tiempo de vida muy corto a temperaturas elevadas [48]. La interferencia con la señal de LII aparece de manera flagrante al término de la impulsión láser y luego decrece rápidamente. Es posible entonces con una sola capa láser a 266 nm excitar de manera simultánea al calentar las partículas de hollín para detectar la incandescencia e igualmente excitar la fluorescencia de los PAH, precursores de la historia de formación del hollín al interior de la llama. En este caso se deben emplear dos fotodetectores para elaborar una estrategia de selección de la resolución temporal de detección limpia que permita distinguir fluorescencia de incandescencia (ver Fig. 15.16). (b) La fluencia del láser puede también jugar un rol significativo en la intensidad de la señal LII. En este sentido la literatura muestra que para fluencias láser alrededor de 0,2 J/cm^2 a 532 nm [41] o del orden de 0,4 J/cm^2 a 1064 nm [43] las partículas de hollín comienzan a vaporizarse. Para fluencias láser menores de este umbral, la energía láser absorbida es únicamente transmitida bajo la forma de energía interna sensible y se traduce directamente por un aumento de la temperatura de la partícula. Cuando la fluencia se acerca al nivel de umbral del orden de 0,04 J/cm^2 a 266 nm, el hollín comienza a vaporizarse. Por encima de este umbral la energía sirve solamente al fenómeno de sublimación, aumentando ligeramente la temperatura del hollín, influenciando débilmente la intensidad de la señal LII. En la literatura esta zona es comúnmente llamada zona de "plateau". La excitación de la incandescencia en esta gama de fluencia láser es preferible cuando el objetivo es medir la fracción en volumen de hollín ya que la medición es completamente insensible a la variación de la potencia láser. Este argumento cobra mayor relevancia en el caso de una llama presentando atenuación a lo largo del camino óptico de excitación. (c) Efectos de la forma del rayo láser en la señal LII: cuando se emplea una medida siguiendo dos dimensiones del espacio, la literatura muestra que los perfiles del rayo láser más empleados son: gaussiano bidimensional, cuadrado o rectangular y gaussiano monodimensional (gaussiano siguiendo el espesor de la capa y uniforme en el otro plano). La configuración más simple, desde el punto vista de la simulación, es el perfil cuadrado o rectangular. En este caso la partículas del volumen de medida reciben la misma fluencia del láser y en consecuencia logran la misma temperatura, considerando que la temperatura inicial puede ser homogénea dentro del espesor de la capa láser. En el caso de otros perfiles la disminución de la masa incandescente en el centro de la capa láser es compensada en las alas de la capa, donde la elevación de la energía de excitación permite un aumento de la temperatura de las partículas y su incandescencia, sin llevarlas a la sublimación. Un perfil gaussiano unidimensional puede ser obtenido siguiendo los elementos ópticos mostrados en la Fig. 15.14. La zona de medición entonces debería ser ubicada en la medida de lo posible dentro de la región central de la capa láser, donde la distribución de la fluencia es esencialmente constante. La distribución de energía dentro de la capa láser en la dirección de despliegue debe ser analizada ya que correcciones son necesarias. (d) Detección de la señal LII: La diferencia de temperatura entre las partículas calentadas por la capa láser y las partículas que no han sido excitadas permiten sustraer a posteriori la señal LII de la emisión natural del hollín dentro del volumen de medida. De manera general la temperatura del hollín producida en llamas de difusión es de aproximadamente 2000 K, mientras que las temperatura de las partículas calentadas por la LII pueden llegar a los 4000 K. En general se observa que la razón entre la intensidad emitida por una partícula de hollín calentada a 4000 K y una a 2000 K aumenta a medida que la longitud de onda decrece. En consecuencia la detección de la señal LII a cortas longitudes de ondas es preferida para diferenciar de la emisión natural. La señal LII es corrientemente detectada a 400 nm por medio de un filtro interferencial con un ancho de banda de 35 nm [Cignoli_AFC]. Además con este filtro se puede evitar le emisión de rayas de Swan del C_2, que se manifiestan fuertemente en las llamas de difusión [43]. (e) Elección de la resolución temporal: El comportamiento temporal de la señal LII es utilizado para refinar la estrategia de detección. De manera general, la detección de la señal puede ser abordada siguiendo dos estrategias diferentes con respecto a la impulsión del láser: activación inmediata de la adquisición y activación diferida. En la activación inmediata la captura de la señal LII se efectúa casi inmediatamente una vez que termina la impulsión, con un tiempo de exposición pudiendo ir de algunos nanosegundos, 18 ns [47] hasta algunas decenas de nanosegundos, 85 ns [43]. La principal ventaja de esta aproximación es minimizar la influencia del tamaño de las partículas en la señal LII [49]. Sin embargo, esta estrategia presenta un inconveniente mayor, tal como las interferencias de corta vida pero relativamente intensas como la fluorescencia de los PAH u otras especies vaporizadas como el C_2, pudiendo ser excitados y superponerse a la señal LII. La segunda estrategia permite diferenciar la señal de la LII de la interferencias señaladas. En la Fig. 15.16 se muestra la comparación de las diferentes estrategias en términos de la señal inducida por la capa láser en el seno de una llama de difusión axisimétrica.

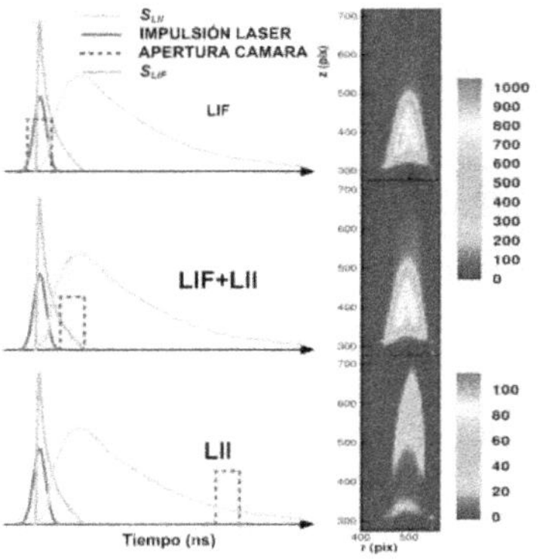

Figura 15.16: Señal inducida por una capa láser dentro del plano de simetría en un quemador axisimétrico en función del retardo de la apertura de la cámara sobre la impulsión láser.

Cuando se retarda la apertura de la cámara sobre la impulsión láser se puede obtener solamente la señal de la LII y diferenciar completamente de la fluorescencia inducida u otras fuentes de interferencia de vida media pequeña. El último aspecto relevante en la detección de la señal es el tiempo de apertura de la cámara. A pesar que la señal de la LII tiene eventualmente un tiempo característico de decrecimiento relativamente largo (algunas centenas de nanosegundos) una apertura de la cámara corta es preferible, minimizando por cierto el nivel de intensidad medida y en consecuencia la resolución de la medición, pero igualmente la sensibilidad de la señal LII a la cobertura de la señal de decrecimiento y a la temperatura ambiente. Esta ventaja debe ser analizada en detalle ya que puede ser motivo de una desventaja cuando se realiza la calibración de la técnica en una configuración diferente y cuando la llama presenta fluctuaciones importantes de temperaturas a lo largo del dominio de medición. Ni et al [47] estiman que un error del orden de un 10% puede ser cometido en el interior de una llama por efecto de la integración temporal de la señal sobre la abertura de la cámara de 50 ns. (f) Calibración de la LII: Con la idea de realizar un estudio fenomenológico de la producción de hollín en una llama de difusión es necesario realizar una calibración de la señal LII. Normalmente la señal LII es evaluada por niveles de grises obtenidos por el fotodetector (ICCD). La correlación entre el nivel de grises y la fracción en volumen de hollín depende de la dinámica real del sensor CCD y de la intensificación de la señal. Desafortunadamente la calibración depende igualmente de la configuración óptica utilizada y de la estructura de la llama. Es a partir de estos elementos que la estrategia debería ser establecida. De hecho, existen varias maneras de evaluar la fracción en volumen de hollín a partir de la señal de LII. Los métodos más citados en la literatura son los siguientes: Medida de atenuación de una señal luminosa ("Line-Of-Sight Attenuation" LOSA), la cavidad óptica de tipo "ringdown" (CRDS) y la técnica de gravimetría. En general la gravimetría no es aplicada cuando se trata de medir pequeñas partículas (<100 nm) y a concentraciones superiores a 1 ppm. Además, esta técnica requiere de un montaje importante y grandes tiempos de medición. En algunos casos esta técnica ha sido usada para evaluar las propiedades ópticas del hollín acoplados con la técnica LOSA [50] y para calibrar la LII con débiles concentración de hollín [51]. Dentro de las tres técnicas mencionadas las más usada es sin lugar a dudas el diagnóstico óptico LOSA [52], esto se debe a su relativa facilidad de montaje y de una precisión apreciable. Es posible aumentar la sensibilidad de la técnica aplicando la atenuación a través de varias pasadas del rayo en la llama, gracias a espejos de alta reflexión. En este caso la técnica se llama "Cavity Ring Down" [53]. La medida de atenuación de una fuente láser permite evaluar el espesor óptico espectral $K_\lambda(s)$, que cuantifica la proporción absorbida de una emisión a la longitud de onda (λ) considerada y en un camino óptico dado, desde 0 hasta s. La ley de Bouguer permite establecer la atenuación:

$$\frac{i_\lambda(s)}{i_\lambda(0)} = e^{-K_\lambda(s)}$$

con $i_\lambda(0)$ la intensidad de la fuente a la entrada del medio en estudio, $i_\lambda(s)$ la intensidad de la fuente a una coordenada dada del medio en estudio y $K_\lambda(s) = \int_0^s k_\lambda(s')ds'$, donde $k_\lambda(s')$ es el coeficiente local de extinción. Este término contiene la suma de un término de difusión y de un término de absorción. En el dominio de la combustión la difusión es frecuentemente despreciada con respecto a la absorción [37]. La ley de Bouguer se reduce entonces a la ecuación siguiente, donde $a_\lambda(s')$ es el coeficiente monocromático local de absorción.

$$\frac{i_\lambda(s)}{i_\lambda(0)} = e^{-\int_0^s a_\lambda(s')ds'} = e^{-A_\lambda(s)}$$

La extinción $A_\lambda(s)$ que resulta de la integración de $a_\lambda(s)$ a lo largo del camino óptico corresponde a la medida de extinción efectiva:

$$A_\lambda(s) = -\ln\left(\frac{i_\lambda(s)}{i_\lambda(0)}\right)$$

Es necesario considerar la emisión espontánea del medio con el objeto de sustraerla a la medida de intensidad obtenida. Pulsando la fuente láser y obteniendo imágenes "iluminadas" seguidos por imágenes "no iluminadas" y sustrayéndolas para evitar el ruido en la medición de la emisión espontánea de la zona de reacción [37]. Bajo estas condiciones, Dalzell et Sarofim [54] muestran que una medida de extinción a una longitud de onda dada permite pasar de la evolución espacial del coeficiente a_λ a la fracción en volumen de hollín f_{soot} por intermedio de la teoría de Mie.

$$a_\lambda(s) = \frac{6\pi E(m_\lambda)}{\lambda} f_{hollin}$$

donde $E(\tilde{m}_\lambda)$ es función de índice espectral de refracción del medio $\tilde{m}_\lambda$. Esta función es dada por la siguiente relación:

$$E\left(m_\lambda\right)=-Im\left(\frac{m_\lambda^{\;2}-1}{m_\lambda^{\;2}+2}\right)=\frac{6n_\lambda k_\lambda}{\left(n_\lambda^2-k_\lambda^2+2\right)^2+4n_\lambda^2k_\lambda^2}$$

Donde n_λ y k_λ son respectivamente la parte real e imaginaria del índice de refracción del medio $\tilde{m}_\lambda$. Una hipótesis fue usada ya que la ecuación, que proviene de la teoría de Mie, es en efecto una solución asintótica de la ecuación de dispersión, válida sólo en el caso de pequeñas esferas [55]. Una verificación de la estructura de las partículas de hollín producidas en la llama es entonces necesaria. Una vez que las componentes del índice de refracción son establecidas la evaluación de la fracción en volumen de hollín puede ser obtenida.

La incertidumbre en el factor de calibración (C_{cal}) puede obtenerse de manera directa. En efecto, la incertidumbre relativa en la fracción en volumen de hollín integrada en el camino óptico puede ser evaluada usando la propagación de incertidumbres relativas en la siguiente ecuación:

$$\frac{df_{hollin}}{f_{hollin}}=\frac{da_\lambda}{a_\lambda}+\frac{dE\left(m_\lambda\right)}{E\left(m_\lambda\right)}+\frac{d\lambda}{\lambda}$$

Usando la ley de Bouguer, la incertidumbre relativa sobre a_λ es dada por:

$$\frac{da_\lambda}{a_\lambda}=\frac{1}{\ln\left(i_\lambda(0)/i_\lambda(s)\right)}\left(\frac{di_\lambda(0)}{i_\lambda(0)}+\frac{di_\lambda(s)}{i_\lambda(s)}\right)$$

La incertidumbre de $E(\tilde{m}_\lambda)$ depende de la precisión de los datos obtenidos, pudiendo evaluar su contribución de la manera siguiente:

$$dE\left(m_\lambda\right)=\left|\frac{dE\left(m_\lambda\right)}{dn}\right|dn+\left|\frac{dE\left(m_\lambda\right)}{dk}\right|dk$$

El error debido principalmente a la naturaleza no monocromática de luz emitida debe ser considerado, especialmente cuando la fuente posee una emisión de luz con un cierto ancho de banda. Para limitar este error un filtro de interferencia debe ser instalado en frente del objetivo de la cámara, teniendo en cuenta el compromiso entre el ancho de banda y la transmisión del filtro.

Por otro lado, la intensidad I_{CCD} que llega sobre la cámara puede ser establecida mediante:

$$I_{CCD}=\int_0^\infty i_0(\lambda)\exp\left(-K_mL\right)\tau(\lambda)R(\lambda)d\lambda$$

Donde K_m es el coeficiente de atenuación medio a través de la distancia recorrida por la luz $K_m=\int_L K_a(s,\lambda)ds/L$. El $\tau(\lambda)$ representa la transmisión del filtro y de la óptica de la cámara. $R(\lambda)$ es la eficiencia cuántica del sensor CCD o ICCD. Si se desarrolla $K_m(\lambda)$ alrededor de un valor λ_0, se puede escribir:

$$I_{CCD} \approx \exp\left(-K_m(\lambda_0)L\right)\int_0^{\infty} i_0(\lambda)\tau(\lambda)R(\lambda)\exp\left(-K_m(\lambda_0)L\frac{\lambda-\lambda_0}{\lambda_0}\right)d\lambda$$

Si la transmisión $\tau(\lambda)$ es suficientemente estrecha y existe un valor diferente de cero, solamente en un pequeño intervalo $[\lambda_0\text{-}\delta\lambda, \lambda_0\text{+}\delta\lambda]$, y con $\exp[K_m(\lambda_0)L(1+\delta\lambda/\lambda_0)] \leq I_{CCD}^{on}/I_{CCD}^{off} \leq \exp[-K_m(\lambda_0)L(1-\delta\lambda/\lambda_0)]$. I_{CCD}^{on} y I_{CCD}^{off} corresponden a la señal recibida por el fotodetector cuando la llama se encuentra en la trayectoria y cuando la llama no está, respectivamente. Estas desigualdades permiten estimar los errores cuando se emplea una fuente no monocromática. La incertidumbre relativa a la razón de intensidades queda dada por:

$$\frac{d\left(I_{CCD}^{on}/I_{CCD}^{off}\right)}{I_{CCD}^{on}/I_{CCD}^{off}} = \left[\frac{I_{CCD}^{on}}{I_{CCD}^{off}}\right]^{-d\lambda/\lambda_0} - \left[\frac{I_{CCD}^{on}}{I_{CCD}^{off}}\right]^{d\lambda/\lambda_0}$$

De esta manera se obtiene la componente sistemática de la incertidumbre relativa sobre $a(\lambda)$ [56].

Finalmente algunas correcciones deben ser llevadas a cabo sobre la señal LII, principalmente ya que la incandescencia generada en algún plano al interior de la zona reactiva va ser atenuada por el mismo medio. Luego la señal LII va atravesar la óptica antes de impactar el intensificador. La atenuación global pondera la señal efectiva de la LII (S_{LII}^{0}) dando lugar a la señal atenuada (S_{LII}^{ICCD}):

$$S_{LII}^{ICCD} = \tau_{objetivo}\tau_{filtro}S_{LII}^{0}e^{-\int_0^s k_\lambda ds}$$

Se puede considerar que la transmisión del filtro (τ_{filtro}) y del objetivo ($\tau_{objetivo}$) no varían en las mediciones y no afectan la fracción en volumen de hollín cuando se incorporan en la evaluación del factor de calibración (C_{cal}). También una evaluación de la distribución de la energía al interior de la capa láser debe ser tomada en cuenta. La distribución relativa mediante por ejemplo la PLIF de la acetona permite entonces corregir la señal LII.

4. Optimización de la Combustión a Partir de Mediciones

Desde el punto de vista de la eficiencia energética y de la sustentabilidad ambiental, la optimización de procesos industriales y/o domésticos está directamente vinculada al diagnóstico y control de la combustión. Dentro de las técnicas optoelectrónicas utilizadas para el diagnóstico de procesos de combustión se han desarrollado métodos basados en el uso de cámaras CCD y sensores de análisis espectral (radiómetros, fotodiodos, láseres, etc.) [57]. Normalmente con el uso de sensores tipo CCD se obtiene información distribuida espacialmente con baja resolución espectral, lo cual es compensado parcialmente con métodos de inteligencia artificial y procesamiento de datos multivariable [58][59]. La desventaja del diagnóstico basado en cámara CCD es la incertidumbre en los valores de emisividad y de las variables de diagnóstico calculadas, afectadas particularmente por las partículas de hollín presentes en la llama [57]. Otra forma de abordar el problema es a través de un instrumento óptico que procesa la luz emitida por la llama (espectrómetro), proporcionando un espectro digital con sus respectivas longitudes de onda e intensidades. La emisión de la llama se conduce a través de fibra óptica al espectrómetro, donde un lente colimador se encuentra cerca de la zona de reacción de la llama. Experiencias anteriores de diagnóstico de combustión basado en espectrómetro han sido desarrolladas con resultados satisfactorios en instalaciones de laboratorio [60]. Técnicas recientes se basan en extraer la información de la componente discontinua de la llama a longitudes de onda específicas. En la figura 15.17 se presenta un esquema de un sistema de sensado de llama, basado en el uso de un espectrómetro, donde luego que la luz emitida por la llama es capturada por el lente colimador y transportada mediante fibra óptica al espectrómetro, se realiza un procesamiento avanzado de esta señal, obteniendo un conjunto de variables útiles para el diagnóstico de la combustión. Como resultado del procesamiento al espectro de llama digital capturado, se calculan variables críticas sobre el proceso.

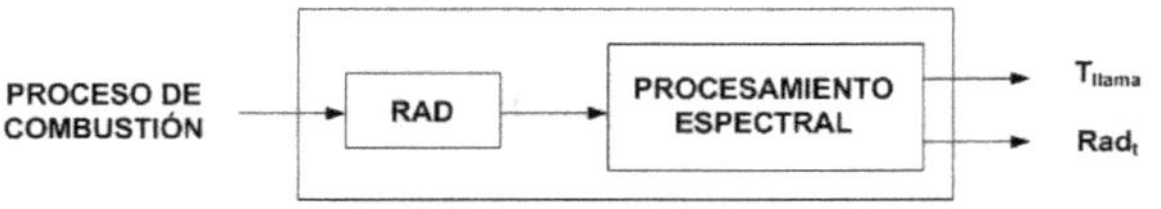

Figura 15.17. Sistema de diagnóstico avanzado de combustión basado en análisis del espectro de llama.

Tal como se ha mencionado anteriormente, la energía emitida por una llama se distribuye espectralmente en todas las longitudes de onda: ultravioleta (UV), visible (VIS) e infrarrojo (IR) en bandas infrarrojas [61]. En particular, el espectro de llama se considera como la suma de un componente continuo y otro discontinuo [61]. Cada componente aporta diferente información relacionada con el proceso de combustión [57][61]. En consecuencia el espectro de llama es dependiente del tiempo discreto k, y se puede definir como

$$E_m(k,\lambda) = E_c(k,\lambda) + E_d(k,\lambda)$$

donde $E_m(k,\lambda)$ es el espectro medido con el espectrómetro, $E_c(k,\lambda)$ es la componente continua del espectro o *baseline*, y $E_d(k,\lambda)$ es la componente discontinua. La componente del espectro continuo representa la energía distribuida en todas las bandas de longitudes de onda y que está estrechamente relacionada con las partículas de hollín en la llama y se puede observar en la región visible en llamas de difusión. El espectro discontinuo representa la energía emitida en torno a una región estrecha de longitudes de onda, correspondiente a la formación de radicales libres [60]. Los radicales libres tal como se menciona anteriormente son especies químicas con inestabilidad electrónica que representan indicadores del estado de la combustión. Basados en la ley de Wien, el espectro continuo de la llama $E_c(k,\lambda)$ puede ser expresado en función de la temperatura de llama $T_f(k)$ como:

$$E_c(k,\lambda) = \varepsilon_f(\lambda)\frac{c_1}{\lambda^5}\exp\left(-\frac{c_2}{\lambda T_f(k)}\right)$$

donde λ es la longitud de onda, c_1 y c_2 son la primera y segunda constantes de Planck respectivamente, $\varepsilon_f(\lambda)$ es la emisividad de llama. A partir de conocer el espectro de la llama, se calcula la temperatura de llama con el método de las dos longitudes de onda [62] de acuerdo a

$$T_f(k) = \frac{c_2\left(\frac{1}{\lambda_1} - \frac{1}{\lambda_2}\right)}{\ln\left(\frac{I(k,\lambda_2)\,\lambda_2^2}{I(k,\lambda_1)\,\lambda_1^2}\right)}$$

donde $I(k,\lambda_i)$ es la intensidad espectral capturada con el espectrómetro para la i-ésima longitud de onda. Otra variable óptica relevante y que guarda relación con la operación del proceso es la radiación total $R_t(k)$, basada en la ley de Wien de radiación, evaluada como

$$R_t(k) = \int_{\lambda_{\min}}^{\lambda_{\max}} E_c(k,\lambda)\,d\lambda$$

Como el espectro de llama es dependiente del tiempo, las variables de origen óptico de temperatura de llama $T_f(k)$ y radiación total $R_t(k)$ podrían representar variables dinámicas útiles para el diagnóstico de la combustión a través de estas variables ópticas. Analizando por ejemplo el proceso de calentamiento de un horno, la variable crítica sería la temperatura de superficie del refractario. Basados en que el mecanismo de transferencia de calor en este proceso de alta temperatura es principalmente radiación y bajo el supuesto que la transferencia de calor entre la llama y el refractario es total, entonces se puede considerar que la relación entre las variables ópticas de $T_f(k)$, $R_t(k)$ y una variable crítica del proceso T_{ref}[63]:

$$R_t(k) = 0.1713\,\varepsilon_f\,F_a\,10^{-8}\left(T_f^4(k) - T_{ref}^4(k)\right)$$

donde F_a es coeficiente de radiación y la emisividad de la llama se asume constante. Agrupando términos constantes en ψ y despejando el valor de T_{ref} se obtiene una expresión para un sensor inferencial, además con una estimación permanente de esta variable crítica y así decidir con mejores herramientas respecto de la evolución del proceso de calentamiento.

$$T_{ref}(k) = \sqrt[4]{T_f^4(k) - \frac{R_t(k)\,A}{\psi}} - 273^0 C$$

donde A es el área de transferencia de calor efectiva de la llama. A partir de la metodología presentada y con ecuaciones que permiten modelar pertinente el fenómeno se pueden formular sistema de operación en lazo cerrado basada en la optimización de variable crítica.

Referencias

[1] IEA, Key World Energy Statistics, Report, 2013.
[2] IEA, Redrawing the Energy-Climate Map, World Energy Outlook Special Report, Report, 2013.
[3] WHO, Air Quality Guidelines: Global Update 2005: Particulate Matter, Ozone, Nitrogen Dioxide and Sulfur Dioxide, World Health Organization, 2006.
[4] Böhm, B. (et al.), Advanced Laser Diagnostics for Understanding Turbulent Combustion and Model Validation in Flow and Combustion in Advanced Gas Turbine Combustors, Springer Netherlands, 2013.
[5] Fotografía tomada en Combustion Research Facility, Propulsion Division, Aeronautical and Maritime Research Laboratories, Melbourne, Australia, 1995.
[6] Heitor, M.V. y Moreira A.L.N.; Thermocouples and Sample Probes for Combustion Studies, Prog. Enegy Combust. Sci. 19 (1993) p 259-278.
[7] McAllister, S., Chen, J.-Y., A. Fernandez-Pello, A.C., Fundamentals of Combustion Processes, Springer-Verlag New York, 2011.
[8] Krishnan, S., Kumfer, B.M., Wu, W., Li, J., Nehorai, A., Axelbaum, R.L. An Approach to Thermocouple Measurements that Reduces Uncertainties in High-Temperature Environments, Energy and Fuels 29 (2015) p 3446-3455.
[9] Docquier, N. y Candel, S., Combustion Control and Sensors: A Review, Prog. Energy Combust. Sci. 28 (2002) 107-150.
[10] Amann, C., A Perspective of Reciprocating-Engine Diagnostics without Lasers, Prog. Energy Combust. Sci. 9 (1983) 239-267.
[11] Chigier, N., Instrumentation Tecniques for Studying Heterogeneous Combustion, Prog. Energy Combust. Sci. 3 (1977), 75-189.
[12] Sloley, A.; Don´t be fazed bymultiphase sampling; en www.chemicalprocessing.com/articles/2012/.
[13] www.wiki.chemprime.chemeddl.org/index.php/File:Schematic_diagram_of_a_ Mass_Spectrometer.jpg
[14] www.ru.nl/publish/pages/640541/pas_4.png
[15] www.chromatography-online.org/Chrial-GC/The-Flame-Ionization-Detector-FID.html
[16] www.systechillinois.com/paramagnetic-cells_54.html
[17] en.wikipedia.org/wiki/Thermal_conductivity_detector
[18] Bilger, R. W.; Combustion and Air Pollution, Lecture Notes, MEngSc Course, University of Sydney.
[19] Gardon, G., An Instrument for the Direct Measurement of Intense Thermal Radiation, The Review of Scientific Instruments 24 (1953) p 366-370
[20] Kidd, C.T. y Nelson C.G., How the Schimdt-Boelter Gage Really Works, 4th International Instrumentation Symposium, Colorado, USA (1995) p 347-368.
[21] M. J. Dyer, M.J. y Crosley D.R., "Two-Dimensional Imaging of OH Laser-Induced Fluorescence in a Flame", Optics letters 7 (1982) p 382-384.
[22] Pope, S.B., Turbulent Flows 2000, Cambridge: Cambridge University Press. 771.

[23] Meier, W. y Keck, O., Laser Raman Scattering in Fuel-Rich Flames: Background Levels at Different Excitation Wavelengths. Measurement Science and Technology 13 (2002) p 741-749.
[24] Black, D.L., McQuay, M.Q., Bonin, M.P., Laser-Based Techniques for Particle-Size Measurement: A Review of Sizing Methods and Their Industrial Applications, Prog. Energy Combust. Sci. 22 (1996) p 267-306.
[25] Zhou, M., C.P. Garner, Direct Measurements of Burning Velocity of Propane Air Using Particle Image Velocimetry, Comb. Flame 106 (1996) p363-367.
[26] Egolfopoulos, F.N., Hansen, N. Ju, Y., Kohse-Höinghaus, K., Law, C.K., Qi, F., Advances and Challenges in Laminar Flame Experiments and Implications for Combustion Chemistry, Prog. Energy Combust. Sci. 43 (2014) p 36-67.
[27] Barlow, R.S., Carter, C.D., Raman/Rayleigh/LIF Measurements of Nitric Oxide Formation in Turbulent Hydrogen Jet Flames, Comb. Flame 97 (1994) 261-280.
[28] Kohse-Höinghaus, K., Laser Techniques for the Quantitative Detection of Reactive Intermediates in Combustion Systems, Prog. Energy Combust. Sci 20 (1994) 203-279.
[29] Thurber, M.C., Kirby, B.J, Hanson, R.K., Instantaneous Imaging of Temperature and Mixture Fraction with Dual-Wavelength Acetone PLIF, Paper AIAA- 98-0397 at 36th AIAA Aerospace Sciences Meeting, p.12-15, 1998.
[30] Kelman, J. B., Greenhalgh, D. A., Ramsay, E., Xiao, D., Reid, D.T., Flow Imaging by Use of Femtosecond-Laser-Induced Two-Photon Fluorescence, Opt. Lett. 29 (2004) 1873-1875.
[31] Vander Wal, R.L., Soot Precursor Material: Visualization Via Simultaneous LIF-LII and Characterization Via TEM, Proc. Combust. Inst. 26 (1996) 2269-2275.
[32] Ossler, F., Metz, T., Aldén, M., Picosecond Laser-Induced Fluorescence from Gas-Phase Polycyclic Aromatic Hydrocarbons at Elevated Temperatures. II. Flame-Seeding Measurements, Appl. Phys. B 72 (2001) 479-489.
[33] Beretta, F., Cincotti, V., D'Alessio, A., Menna, P., Ultraviolet and Visible Fluorescence in the Fuel Pyrolysis Regions of Gaseous Diffusion Flames, Comb. Flame 61 (1985) 211-218.
[34] Coe, D.S., Haynes, B.S., Steinfeld, J.I., Identification of a Source of Argon-Ion-Laser Excited Fluorescence in Sooting Flames, Combust. Flame 43 (1981) 211-214.
[35] Leipertz, A., Ossler, F., Aldén, M., Polycyclic Aromatic Hydrocarbons and Soot Diagnostics by Optical Techniques, in: Applied Combustion Diagnostics ed. by K. Kohse-Höinghaus and J.B. Jeffries (Taylor and Francis, New York), p.359-383, 2002.
[36] Cignoli, F., Benecchi S., Zizak, G., Simultaneous One-Dimensional Visualization of OH, Polycyclic Aromatic Hydrocarbons and Soot in a Laminar Diffusion Flame, Optics Lett. 17 (1992) 229-23.
[37] Fuentes, A., Legros, G., Claverie, A., Joulain, P., Vantelon, J.P., Torero, J.L., Interactions Between CH* and Soot in a Boundary Layer Type Diffusion Flame in Microgravity, Proc. Combust. Inst. 31 (2007) 2685-2692
[38] Weeks, R.W. y Duley, W.W., Aerosol-Particle Sizes from Light Emission During Excitation by TEA CO_2 Laser Pulses, J. Apply. Phys. 45 (1974) 4461-4462.
[39] Eckbreth, A.C., Effects of Laser-Modulated Particulate Incandescence on Raman Scattering Diagnostics, J. Apply. Phys. 48 (1977) 4473-4479.

[40] Melton, L.A., Soot Diagnostics Based on Laser Heating, Appl. Optics 23 (1984) 2201-2208.
[41] Dasch, C.J., Continuous-Wake Probe Laser Investigation of Laser Vaporization of Small Soot Particles in a Flame, Appl. Optics 23 (1984) 2209-2215.
[42] Dasch, C.J., New Soot Diagnostics in Flames Based on Laser Vaporization of Soot, Proc. Combust. Inst. 20 (1984) 1231-1237.
[43] Shaddix, C.R. y Smyth, K.C., Laser-Induced Incandescence Measurements of Soot Production in Steady and Flickering Methane, Propane and Ethylene Diffusion Flames, Combust. Flame 107 (1996) 418-452.
[44] Zhao, H. y Ladommatos, N., Optical Diagnostics for Soot and Temperature Measurements in Diesel Engines, Prog. Energy Combust. Sci. 24 (1998) 221-255.
[45] Michelsen, H.A., Schulz C., Smallwood, G.J., Will, S., Laser-Induced Incandescence: Particulate Diagnostics for Combustion, Atmospheric, and Industrial Applications, Prog. Energy Combust. Sci. 51 (2015) p 2-48.
[46] Michelsen, H.A., Witze, P.O., Kayes, D., Hochgreb, S., Time-Resolved Laser-Induced Incandescence of Soot: The Influence of Experimental Factors and Microphysical Mechanisms, Appl. Optics 42 (2003) 5577-5590.
[47] Ni, T., Pinson, J.A., Gupta, S., Santoro, R.J., Two-Dimensional Imaging of Soot Volume Fraction by the Use of Laser-Induced Incandescence, Appl. Optics 34 (1995) 7083-7091.
[48] Ossler, F., Metz, T., Aldén, M., Picosecond Laser-Induced Fluorescence from Gas-Phase Polycyclic Aromatic Hydrocarbons at Elevated Temperatures. I. Cell Measurements, Appl. Phys. B 72 (2001) 465-478.
[49] Schulz, C., Kock, B.F., Hofmann, M., Michelsen, H., Will, S., Bougie, B., Suntz R., Smallwood, G., Laser-Induced Incandescence: Recent Trends and Current Questions, Appl. Phys. B 83 (2006) 333-354.
[50] Choi, M.Y., Mulholland, G.W., Hamins, A., Kashiwagi, T., Comparisons of the Soot Volume Fraction Using Gravimetric and Ligth Extinction Techniques, Combust. Flame 102 (1995) 161-169.
[51] Vander Wal, R.L., Zhou, Z., Choi, M.Y., Laser-Induced Incandescence Calibration via Gravimetric Sampling, Combust. Flame 105 (470) 462-470.
[52] Thomson, K.A., Johnson, M.R., Snelling, D.R., Smallwood, G.J., Diffuse-Light Two-Dimensional Line-Of-Sight Attenuation for Soot Concentration Measurements, Appl. Opt. 47 (2008) 694-703.
[53] Vander Wal, R.L., Calibration and Comparison of Laser-Induced Incandescence with Cavity Ring-Down, Combust. Flame 27 (1998) 59-67.
[54] Dalzell, W., Sarofim, A., Optical Constants of Soot and their Application to Heat Flux Calculations, J. Heat Transfer 91 (1969) 100-104.
[55] Legros, G., Joulain, P., Vantelon, J.P., Bertheau, D., Fuentes, A., Torero, J.L., Soot Volume Fraction Measurements in a Three-Dimensional Laminar Diffusion Flame Established in Microgravity, Combust. Sci. Tech. 178 (2006) 813-835.
[56] Fuentes, A., Legros, G., El-Rabii, H., Joulain, P., Vantelon, J.P., Torero, J.L., Laser-Induced Incandescence Calibration in a Three-Dimensional Laminar Diffusion Flame Established in Microgravity, Expts. Fluids 43 (2007) 939-948.

[57] Ballester, J., García-Armingol, T., Diagnostic Techniques for the Monitoring and Control of Practical Flames, Prog. Energy Combust. Sci. 36 (2010) 375-411.
[58] Smart, J., Lu, G., Yan, Y., Riley, G., Characterisation of an Oxy-Coal Flame Through Digital Imaging, Combust. Flame 157 (2010) 1132-1139.
[59] Kalogirou, S.A., Artificial Intelligence for the Modeling and Control of Combustion Processes: A Review, Prog. Energy Combust. Sci. 29 (2003) 515-566.
[60] Romero, C., Li, X., Keyvan, S., Rossow, R., Spectrometer-Based Combustion Monitoring for Flame Stoichiometry and Temperature Control, Applied Thermal Engineering 25 (2005) 659-676.
[61] Arias, L., Torres, S., Sbarbaro, D., Ngendakumana, P., On the Spectral Bands Measurements for Combustion Monitoring, Combust. Flame 158 (2011) 423-433.
[62]Jenkins, T.P., Hanson, R.K., Soot Pyrometry Using Modulated Absorption/Emission, Combust. Flame 126 (2001) 1669-1679.
[63] Draper, T., Zeltner, D., Tree, D.R., Xue, Y., Tsiava, R., Two-Dimensional Flame Temperature and Emissivity Measurements of Pulverized Oxy-Coal Flames, Applied Energy 95 (2012) 38-44.

Capítulo 16

Combustión en Motores de Combustión Interna

Eduardo Brizuela

Motores Ciclo Otto

Ignición

General

En el motor ciclo Otto se quema una mezcla de aire y combustible dentro de la cámara de combustión. El quemado de la mezcla se inicia por medio de una chispa eléctrica antes de que el pistón llegue al punto muerto superior (PMS). El control del instante en que se inicia la combustión es vital para obtener la mejor prestación del motor. La figura siguiente muestra el efecto del avance de chispa sobre el ciclo indicado. Se nota cómo caen la presión media indicada (IMEP) y el rendimiento cuando la chispa se produce antes o después del momento óptimo.

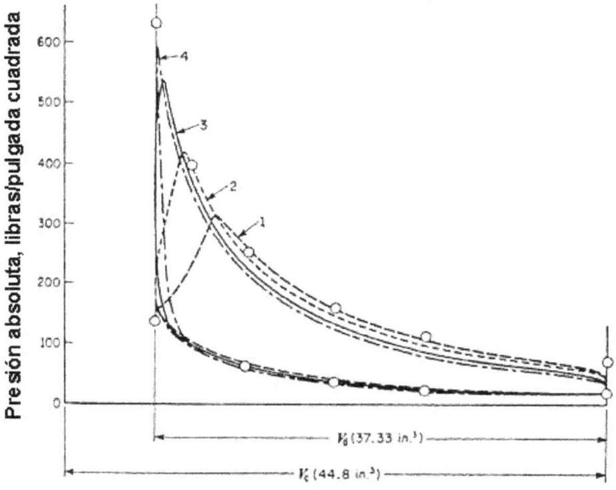

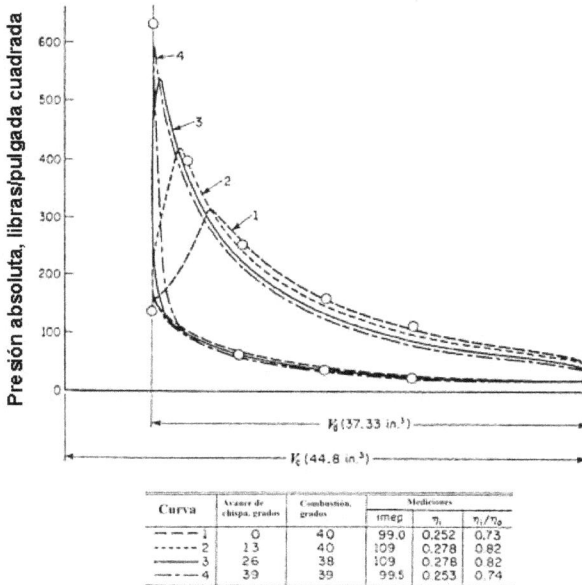

Curva	Avance de chispa, grados	Combustión, grados	Mediciones		
			imep	η_i	η_i/η_o
— — — 1	0	40	99.0	0.252	0.73
- - - - - - 2	13	40	109	0.278	0.82
——— 3	26	38	109	0.278	0.82
— - — 4	39	39	99.5	0.253	0.74

Figura 16.1: Punto de encendido y rendimiento (adaptado de Taylor [1])

La figura siguiente muestra cómo varía el consumo de un motor a distintas velocidades del vehículo, al variar el momento de encendido, medido en grados de giro del cigüeñal antes del PMS:

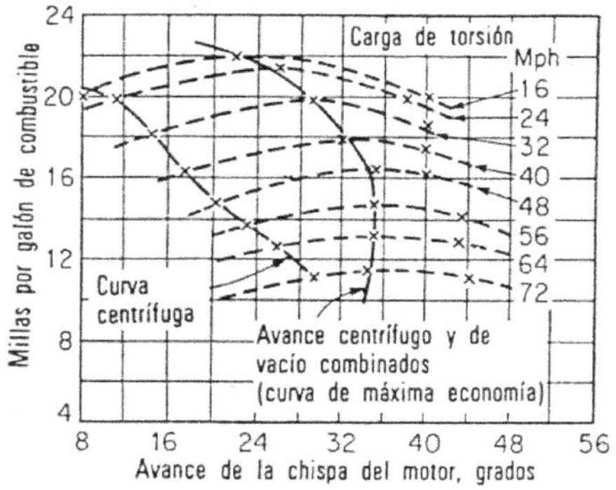

Figura 16.2: Punto de encendido y rendimiento (adaptado de Lichty [16])

En la figura precedente se indican curvas de avance centrífugo y por vacío. El momento de encendido debe variarse de acuerdo a la velocidad de rotación y a la potencia desarrollada por el motor. Luego, el avance de la chispa es controlado, dentro del distribuidor o la computadora de encendido, por la velocidad de rotación (avance centrífugo) y por la presión (o mejor dicho vacío) existente en el múltiple de admisión (a menos vacío más potencia).

Mezcla inflamable

La mezcla se puede preparar en un carburador o, en motores modernos, inyectando combustible finamente pulverizado, ya sea en el múltiple de admisión (inyección mono o multipunto) o bien dentro de la cámara de combustión (inyección directa).
La cantidad de combustible que se añade al aire se regula por medios mecánicos (en el carburador) o electrónicos (inyección electrónica). El objetivo es lograr una mezcla inflamable aproximadamente estequiométrica, aunque en ciertas condiciones de operación se requieren desviaciones en más o en menos.
El sistema de generación de mezcla inflamable debe estar diseñado para producir ciertos efectos que se consideran indispensables, tales como:
-Completa evaporación del combustible
-Homogenización de la mezcla
-Uniformidad en la provisión a todos los cilindros
-Uniformidad en la provisión ciclo a ciclo.
La mezcla inflamable así preparada ingresa al cilindro por vía de la/s válvula/s de admisión, aspirada por el movimiento del pistón en la carrera de admisión, y en ciertos casos, impulsada por medios mecánicos (turbo alimentación). La mezcla es luego comprimida al ascender el pistón en la carrera de compresión. En todos los casos,

cerca del PMS, se requiere que, al producirse la ignición, la mezcla esté en un estado de movimiento turbulento.
Al producirse la chispa se genera un frente de llama aproximadamente esférico, que comienza a propagarse en la mezcla, consumiendo mezcla fresca y dejando detrás los productos de combustión (gases de escape) (figura siguiente).

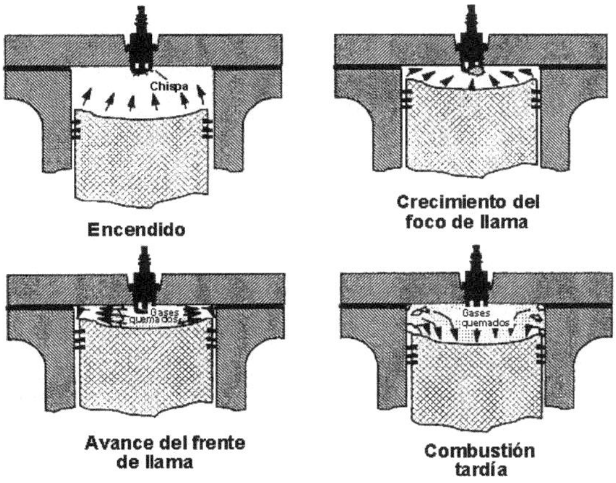

Figura 16.3: Avance de la combustión (adaptado de Faiz et al. [3])

La velocidad de propagación del frente de llama es función de un número de factores, siendo la turbulencia de la mezcla fresca uno de los más importantes.

La combustión en el Ciclo Otto es premezclada, turbulenta.

La proporción de combustible define la riqueza de la mezcla: rica (en combustible) o pobre. La combustión podrá iniciarse y propagarse dentro de ciertos valores de riqueza que pueden estimarse considerando los límites de inflamabilidad del combustible (Tabla siguiente)

Gases	Límites de inflamabilidad	
Fórmula (nombre)	Inferior	Superior
H_2	4.0	75.0
CH_4	5.0	15.0
C_2H_6	3.2	12.45
C_3H_8	2.4	9.5
i C_4H_{10}	1.8	8.4
n C_4H_{10}	1.9	8.4
C_5H_{12} (Pentano)	1.4	7.8

C_6H_{14} (Hexano)	1.25	6.9
C_7H_{16} (Heptano)	1.0	6.0
C_2H_4 (Etileno)	3.05	28.6
C_3H_6 (Propileno)	2.0	11.1
C_4H_6 (Butadieno)	2.0	11.5
C_2H_2 (Acetileno)	2.5	81.0
C_6H_6 (Benceno)	1.4	6.75
CO	12.5	74.2
NH_3	15.5	27.0
SH_2	4.3	45.5

Tabla 16.1; Límites de inflamabilidad

Ignición, tipos, energía mínima

El encendido de la mezcla se produce cuando en un volumen dado se eleva la temperatura en un grado tal que las reacciones químicas (cuya velocidad es función exponencial de la temperatura) se aceleran tanto que la generación de calor por unidad de tiempo es suficiente para calentar la mezcla adyacente a igual o mayor temperatura y así propagar la reacción de combustión. No existe una temperatura de ignición sino que la aceleración exponencial de la velocidad de reacción hace parecer que el encendido se produce a una cierta temperatura.

El calentamiento local (ignición) puede producirse de varias maneras, como ser:

-Por un cuerpo caliente (por ejemplo, la partícula incandescente que enciende el encendedor de cigarrillos). En el motor de CI puede suceder por la presencia de escoria mineral que, al ser mala conductora del calor, se mantenga incandescente entre explosiones. Esto dá origen a dos modos anormales de ignición, la pre-ignición y la post-ignición o encendido múltiple, que se consideran más adelante.

-Por chispa eléctrica: éste es el modo normal de ignición del Ciclo Otto.

Considerando el modo normal, el sistema de encendido del motor produce una chispa eléctrica entre dos electrodos metálicos colocados dentro de la cámara de combustión. Para que la ignición tenga éxito es necesario que la chispa posea cierta Energía Mínima. Esta es la energía necesaria para elevar la temperatura de la mezcla, en un volumen alrededor de la chispa, lo suficiente para iniciar la combustión. El volumen así encendido debe ser de tamaño suficiente como para que el calor producido pueda calentar las capas adyacentes y propagar la combustión aún cuando cierta cantidad de calor se pierda por conducción y radiación, especialmente si hay paredes metálicas cercanas. Como las paredes metálicas más cercanas son precisamente los electrodos que producen la chispa, esto define la luz mínima de electrodos en la bujía de encendido. Esta luz es también la distancia de apagado, ya que identifica regiones (hendiduras) hacia cuyo interior el frente de llama no se podrá propagar pues se pierde demasiado calor hacia las paredes. Lo mismo sucede en regiones muy cercanas a paredes metálicas (pared del cilindro, etc.)

La energía mínima de encendido es aproximadamente proporcional a la superficie del frente esférico de llama, es decir, al cuadrado del radio o de la distancia entre electrodos para la esferita primaria, siendo del orden de 10 mJ para 1 cm. para un gran

número de hidrocarburos en aire.
La energía mínima de encendido es también aproximadamente inversamente proporcional al cuadrado de la presión (figura siguiente). Esto explica porqué al operar un motor a grandes alturas (aviones, zonas de montaña) el encendido puede fallar, pues se requiere mayor energía de chispa.

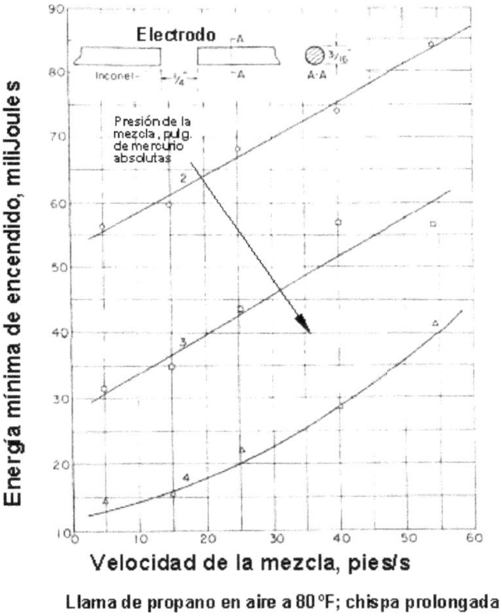

Figura 16.4: Influencia de la presón en la energía mínima (adaptado de NACA [4])

La energía mínima es también función de la riqueza de la mezcla, siendo en general mínima para mezcla ligeramente ricas. Es por esto que el encendido suele fallar cuando el motor funciona en vacío (mezcla pobre) ya que la energía de la chispa es insuficiente, y la marcha se regulariza al enriquecer ligeramente la mezcla.
La figura siguiente muestra el efecto de la riqueza de la mezcla sobre la energía mínima de ignición para varios hidrocarburos. Se debe notar que la escala de energía es logarítmica: la energía mínima requerida es mucho mayor apenas se aparta la mezcla de la estequiometría.

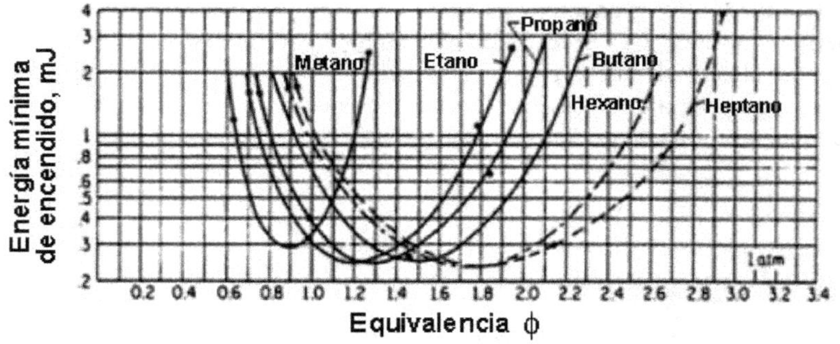

Figura 16.5: Energía mínima vs riqueza para distintos combustibles (adaptado de Strehlow [5])

Ignición anormal

El pre-encendido y el post-encendido por cuerpos calientes son situaciones que normalmente se controlan con buen mantenimiento (limpieza).

Existe otro mecanismo de ignición anormal más importante: la detonación. Aunque las causas y explicaciones de este fenómeno son varias y no totalmente conocidas, se puede considerar la siguiente progresión de eventos: al avanzar el frente de llama no sólo avanza por consumir mezcla adyacente sino que es impulsado hacia adelante por los gases producto de la combustión que están mucho más calientes y buscan expandirse, empujando al frente de llama y comprimiendo la mezcla fresca delante del frente de llama.

La mezcla fresca así comprimida aumenta su temperatura y presión, y pude suceder que, o bien se alcancen las condiciones para que toda la mezcla fresca combustione instantáneamente (detonación propiamente dicha) o bien se origine uno o más nuevos frentes de llama en zonas calientes de la cámara de combustión, que avancen los unos hacia los otros. En este último caso, los múltiples frentes de llama, o bien causan la detonación final de la mezcla atrapada entre ellos, o bien continúan avanzando hasta colisionar, produciendo ondas de presión en la colisión.

La figura siguiente ilustra estos casos

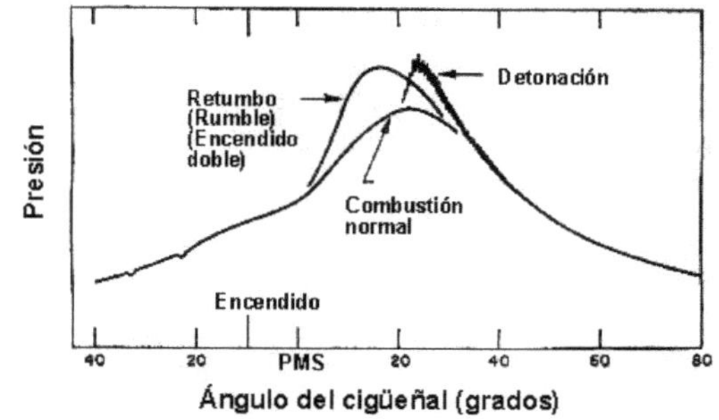

Figura 16.6: Encendido normal y anormal (adaptado de Judge [11])

En cualquier caso el resultado global es la aparición de picos de presión (evidenciados por un característico martilleo metálico) de gran amplitud, que pueden causar serios daños mecánicos a las partes del motor.
Esta ignición anormal se controla por medio de las cualidades antidetonantes del combustible, que se discuten más adelante.

Cámaras de combustión

Requisitos generales

La cámara de combustión del motor ciclo Otto debe cumplir un gran número de requisitos, muchos de ellos mutuamente incompatibles. Podemos citar:
-Obtener altas potencias, para lo cual es necesario:
Alta compresión (llama corta, veloz, cámara fría (1), bujía cerca del escape)
Alto rendimiento gravimétrico (válvulas grandes(2), frías)
Operar bien con mezclas ricas (turbulencia)
-Obtener altas velocidades, para lo cual se requiere:
Mecanismo liviano (válvulas chicas (2))
Combustión rápida (turbulencia)
-Obtener altos rendimientos, lo que requiere:
Alta compresión
Operar bien con mezcla pobre (compacta (3), turbulenta)
Mínima pérdida de calor (cámara caliente (1))
Separar las válvulas para evitar pérdidas de mezcla fresca (3)
-Buena regulabilidad del motor, o sea:
Insensible a la velocidad (turbulencia por apriete)
Insensible a la riqueza (cámara refrigerada (1))
Insensible a la temperatura
-Marcha suave, regular, que requiere:
Velocidad de llama proporcional a las rpm (turbulencia por apriete)
Evitar detonación (área del frente de llama decreciente)

Las llamadas (1)-(3) indican requisitos incompatibles, y los diseños de cámaras de combustión son soluciones de compromiso para optimizar algunos de estos requisitos a expensas de otros.

Diseños típicos

Consideramos primero cámaras de combustión para motores de cuatro tiempos. En los motores antiguos se consideraban las siguientes premisas:

- La combustión debía ser lo menos turbulenta posible.
- El mecanismo de accionamiento de las válvulas estaba ubicado en el block de motor.
- El bajo octanaje de las naftas obligaba a utilizar bajas relaciones de compresión y mantener la cámara fría.

Como resultado se utilizaban diseños como el de la figura:

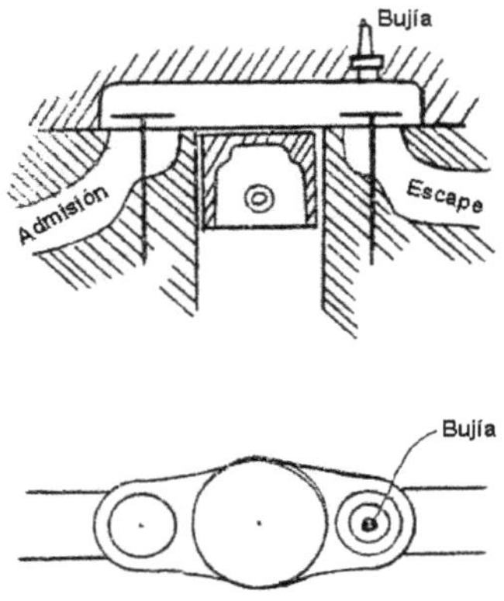

Figura 16.7: Cámara de combustión con válvulas laterales (adaptado de Magallanes y Toselli [6])

Esto ocasionaba bajos rendimientos (pérdida de calor, baja relación de compresión) y bajas revoluciones del motor (baja velocidad de llama); la ubicación de la bujía cerca de la válvula de escape era ventajosa para mejorar el llenado del cilindro pero el largo trayecto de la llama causaba tendencia a la detonación.
El descubrimiento de la importancia de generar altos niveles de turbulencia por el ingeniero inglés David Ricardo y otros, y el desarrollo de naftas con altos números de octano, más resistentes a la detonación, sumado a la adopción de válvulas a la cabeza, ha llevado al diseño moderno que muestra la siguiente figura:

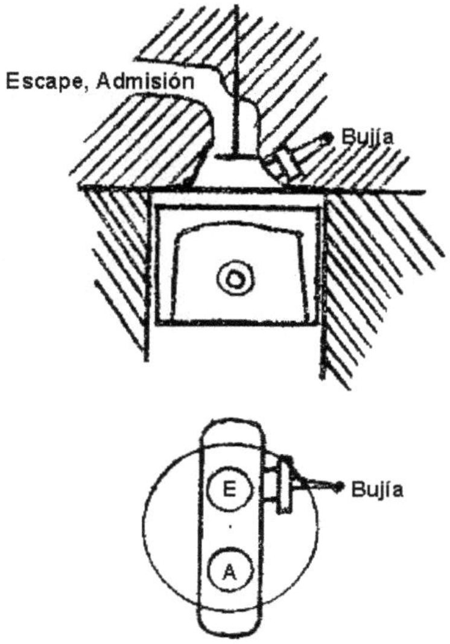

Figura 16.8: Cámara de combustión con válvulas a la cabeza (adaptado de Magallanes y Toselli [6])

Se aprecia que al llegar el pistón al PMS expulsa violentamente la mezcla en la zona de "apriete", causando intensa turbulencia de pequeña escala casi independiente de la velocidad del motor, lo que permite más altas velocidades.
En motores refrigerados por aire puede ser necesario utilizar válvulas laterales, por lo que se encuentran diseños como el que sigue:

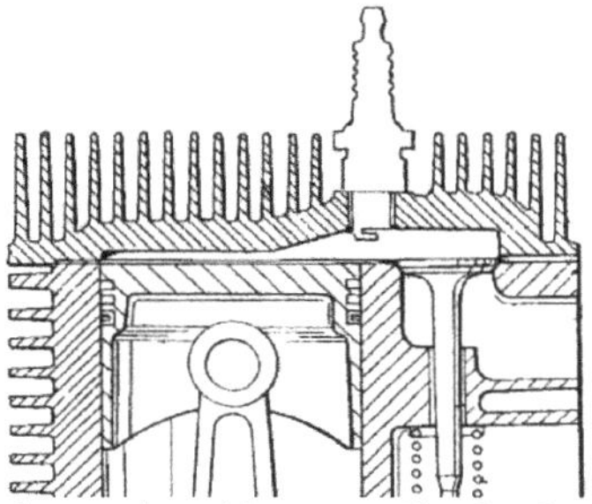

Figura 16.9: Cámara de combustión con válvulas laterales (adaptado de [7])

En los motores modernos también se considera la turbulencia de gran escala, consistente en general en movimientos de rotación de la mezcla sobre los tres ejes, lo que mejora la uniformidad de la mezcla.

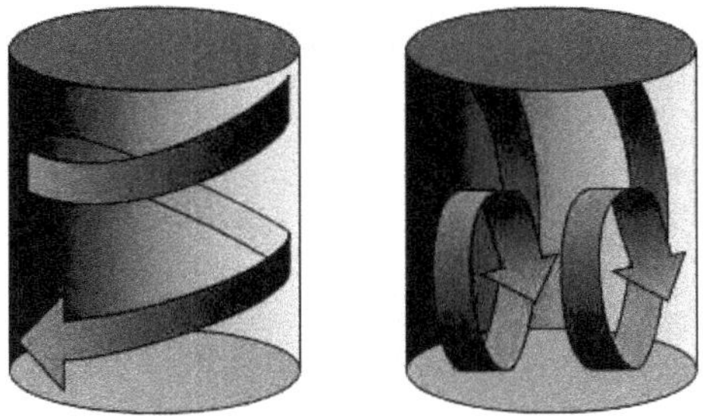

Figura 16.10: Movimientos de *swirl* y *tumble* (adaptado de [8])

La necesidad de obtener una buena respiración del motor y altos rendimientos lleva a la utilización de cámaras hemisféricas:

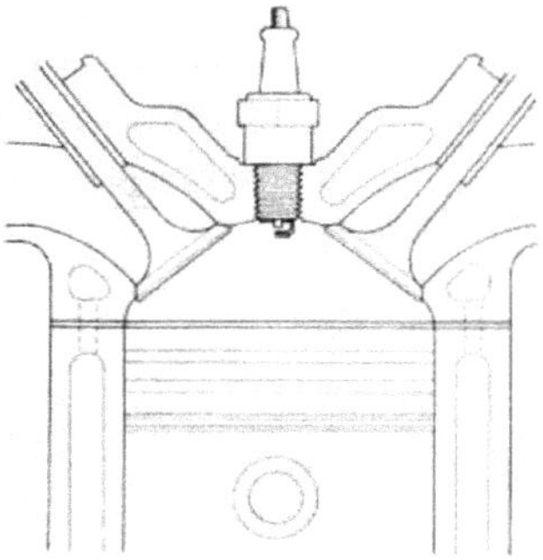

Figura 16.11: Cámara de combustión hemisférica (adaptado de [9])

Figura 16.12: Vista de la cámara de combustión hemisférica del Chevrolet Corvette (adaptado de [10])

La figura siguiente muestra la disposición general de una cámara de combustión de muy alta performance: el motor de Fórmula 1 Coventry Climax

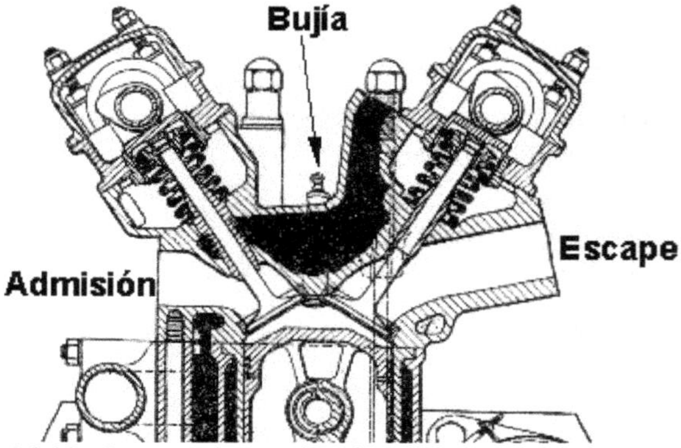

Figura 16.13: Cámara de combustión del motor Coventry-Climax (adaptado de Judge[11])

Combustibles para motores de CI

Tipos

Los motores de CI utilizan combustibles gaseosos (gas natural comprimido o GNC, gas de gasógeno, gas licuado o GLP, hidrógeno), líquido (naftas, gasoils, alcoholes, hidrocarburos puros o mezclados) e incluso sólidos (polvo de carbon).

Descripción

El GLP está compuesto de propano (aprox. 40%) y butano (aprox. 50%), más CO_2, metano, etc. Su densidad es del orden de 2.2, y su poder calorífico inferior ronda las 11000 Kcal/Kg (45 MJ/Kg). El GNC consiste principalmente en metano, con una densidad de 0.72 y 12000 Kcal/Kg.
Los combustibles líquidos son hidrocarburos destilados del petróleo, productos de la industria petroquímica, alcoholes y productos de otras industrias (destilado de hulla). Los hidrocarburos son los parafínicos (fórmula genérica C_nH_{2n+2}), los iso-parafínicos (isómeros de los anteriores) de los cuales se destaca el isooctano C_8H_{18} o 2-2-4-trimetil-pentano, las cicloparafinas o nafténicos como el ciclohexano de fórmula genérica C_nH_{2n}, los aromáticos C_nH_{2n-6} como el benceno y el tolueno (o metil-benceno), las olefinas C_nH_{2n} y C_nH_{2n-2}, los alcoholes etílico CH_3OH, metílico C_2H_5OH, etc.

Obtención de combustibles

Los combustibles gaseosos se obtienen de pozos petrolíferos o gasíferos, de gasógenos, de plantas de cokización, de refinerías y de la industria petroquímica. Los líquidos se obtienen del petróleo mediante variadas operaciones tales como
-Destilación fraccionada

-Cracking térmico o catalítico (ruptura de cadenas largas)
-Polimerización (creación de ramas)
-Hidrogenado (rupture de enlaces dobles)
-Isomerización
-Alkilación (generación de alkilos)
-Ciclización y aromatización (aumento de aromáticos)
-Mezclado (de tipos diversos)
-Aditivación con productos mejoradores de ciertas propiedades, etc.

Combustión completa, parámetros

La reacción de combustión completa no estequiométrica es de un compuesto de carbono e hidrógeno en aire es:

$$C_xH_y + \frac{(x+y/4)}{\varphi}\left(O_2 + 3.76N_2\right) \Rightarrow$$

$$xCO_2 + \frac{y}{2}H_2O + \frac{(x+y/4)}{\varphi}3.76N_2 + (x+y/4)\left(\frac{1}{\varphi}-1\right)O_2 \text{ si } \varphi \leq 1$$

o bien

$$C_xH_y + \frac{(x+y/4)}{\varphi}\left(O_2 + 3.76N_2\right) \Rightarrow$$

$$\frac{x}{\varphi}CO_2 + \frac{y}{2\varphi}H_2O + \frac{(x+y/4)}{\varphi}3.76N_2 + \left(1 - \frac{1}{\varphi}\right)C_xH_y \text{ si } \varphi \geq 1$$

Los principales parámetros que definen la combustión son:

Porciento de carbono en el combustible: 100 12x/(12x+y)
Relación aire-combustible estequiométrica, en peso:

$$A/C\ |_P = \frac{(x+y/4)(32+3.76x28)}{12x+y}$$

y en volumen $A/C\ |_V = \dfrac{(x+y/4)(1+3.76)}{1}$

Fracción de aire: $\lambda = \dfrac{1}{\phi} = \dfrac{A/C}{A/C\ |_{esteq}}$

Exceso de aire: $e = 100(\lambda - 1)$

Parámetro Gamma: $\gamma = \dfrac{1}{1+1/\phi} = \dfrac{1}{1+A/A_{estq}}; 0 \leq \gamma \leq 1$

Combustibles para motores Ciclo Otto

General

Los combustibles más usuales son las naftas, y para los motores de aviación las aeronaftas.
En el pasado, el rápido desarrollo de los motores y de la industria petroquímica, sumado a las dos guerras mundiales, causó la existencia de un número de naftas de diversa especificación, como muestra la lista siguiente:

ASTM, aviación, D910-53T, 1947
Grado 80-87
Grado 91-98
Grado 100-130
Grado 108-135
Grado 115-145
ASTM, automotor, D439-55T
Tipo A, normal (82 octanos)
Tipo B, volátil (89 octanos)
Tipo C, no volátil

Cambios en las naftas de aviación
1940, Grado 91-98
1940, Grado 100-130
1947, Marzo, Grado 80-87
1947, Marzo, Grado 91 98
1947, Marzo, Grado 100-130
1950, Grado 80-87
1950, Grado 91-98
1950. Grado 100-130
1950, Grado 108-135
1950, Grado 115-145
Octanaje típico de naftas automotor
1928 regular (56 octanos)
1931 regular (69 octanos)
1939 regular (73 octanos)
1946 regular (75.9 octanos)
1946 premium (80.9 octanos)
1946 "competitivo" (54 octanos)
1954 regular, verano (80.3 octanos)
1954 regular, invierno (80.8 octanos)
1954 premium (84.5 octanos)
1954 premium, máx. (89 octanos)
1955-56 premium, invierno (86 octanos)
1956-57 premium, invierno (87 octanos)

Hoy en día son pocos los motores de combustión interna utilizados en aviación, especialmente en la aviación militar, quedando su uso restringido a pequeños motores de la aviación civil, por lo que las aeronaftas se producen en pequeñas cantidades, con menos variantes:

		80/87 AvGas	82 Sin Plomo AvGas	100/130 AvGas	100 LL AvGas
Color		Rojo	Púrpura	Verde	Azul
Composición	Azufre, % peso, MAX	0.05	0.07	0.05	0.05
	Aromaticos, % vol MIN			5.0	5.0
Volatilidad	Dest 10% MIN	75 C	70 C	75 C	75 C
	Dest 40% MAX	75 C		75 C	75 C
	Dest 50% MIN	105 C	66 to 121 C	105 C	105 C
	Dest 90% MIN	135 C	190 C	135 C	135 C
	Punto final, MAX	170 C	225 C	170 C	170 C
	Suma de 10% y 50%	135		135	135
	Residuo % vol	1.5	2.0	1.5	1.5
	Pérdida % vol	1.5	3.0	1.5	1.5
	Densidad API	Informar		Informar	Informar
	Presión de Vapor Reid	5.5 to 7.0	5.5 to 9.0	5.5 to 7.0	5.5 to 7.0

Fluidez	Punto de congelación	-60 C	-58 C	-58 *C*	-58 C
Combustión	Poder calorífico inferior, MJ/kg	43.5	40.8	43.5	43.5
	Producto Anilina-densidad	7,500		7,500	7,500
	Número de octano, mezcla pobre	80		100	100
	Número de octano, mezcla rica	87		130	130
Corrosión	Tira de cobre	Informar		Informar	Informar
Estabilidad	Gomas potenciales, MAX	6.0	6.0	6.0	6.0
	Precipitados, MAX	2.0	2.0		*Z.O*
Contaminantes	Gomas existentes, MAX	3,0		3.0	3.0
	Clasificación de la reacción interfase con agua, MAX	2		2	2
	Reacción con agua, cambio de volumen	2		2	2
Aditivos	Plomo tetraetilo, g/litro, MAX	0.14		1.12	0.56
Otros	Código NATO	F-12			

Tabla 16.2: Especificaciones de naftas de aviación (USA)

Las variedades de motonaftas también son menos numerosas; si bien varían según los países, se han reducido a no más de tres o cuatro tipos. En Argentina, para las naftas (motonaftas) existen las normas IRAM, que son muy similares o simplemente refieren a las normas ASTM. La tabla siguiente muestra las especificaciones típicas de motonaftas argentinas.

Ensayos	Unidad	Método	Fangio XXI	Súper XXI	Normal
Densidad a 15 °C	g/cm^3	ASTM D-1298/4052	0.760	0.750	0.730
Destilacion	°C	ASTM D-86		—	—
10%	—	—	53	53	53
50%	—	—	95	100	100
Pto. Final	—	—	190	200	200
Rendimiento	% V	—	98	98	98
Azufre	% p	ASTM D-2622	0.006	0.028	0.035
Corrosion s/Cu	—	ASTM D-130	1 a	1a	1a
N° de Octano Research	—	ASTM D-2699	98.5	96.5	86
Benceno	% V	ASTM D-3606	0.6	1.0	1.0
Oxígeno	% p	ASTM D-4815	2.7	1.8	0.5
Color		—	Natural	Azul	Amarilla
Plomo	g/l	ASTM D-3116	< 0.005	< 0.005	< 0.005
Manganeso y hierro	—		No contiene	No contiene	No contiene

Tabla 16.3: Motonaftas argentinas

Las razones de algunas de estas especificaciones se dan en lo siguiente.

Requisitos de las naftas para motores ciclo Otto

Los requisitos generales son:
-Combustión normal (no detonante)
-Fácil arranque (volatilidad, presión de vapor)
-Aceptable para uso en transporte (densidad, presión de vapor, solubilidad de agua, punto de congelación, toxicidad)
-Facilidad de distribución (estabilidad química con el tiempo, evaporación, corrosión)

Antidetonancia

La determinación de las cualidades del combustible respecto a la detonancia se dificulta por ser este fenómeno función de muchos parámetros tales como el combustible mismo, el clima, el uso del motor, el diseño de la cámara, su estado de mantenimiento, el sistema de encendido, etc.
Luego, para definir la calidad antidetonante se fijan todas las variables menos una: el combustible. Los ensayos se realizan bajo condiciones especificadas en un solo tipo de motor. Se trata de un motor monocilíndrico de uso universal, diseñado por el Cooperative Fuel Research Committee y fabricado, entre otros, por la firma Waukesha, por lo que se lo conoce como el motor CFR o Waukesha (figura siguiente).

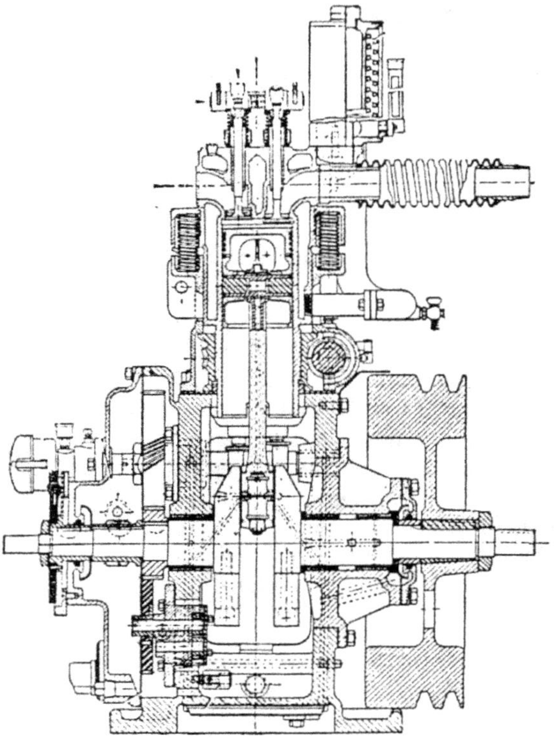

Figura 16.14: Motor CFR (adaptado de Judge [11])

Fijadas las condiciones de ensayo, se define una escala de cero a un máximo, en base a dos combustibles de propiedades perfectamente conocidas, y las cualidades del combustible a ensayar se miden por comparación con mezclas de los dos combustibles patrones.

La escala consta de un combustible con propiedad antidetonante cero (muy fácil detonación), que es el heptano normal C_7H_{16}, parafínico de cadena recta, y otro muy antidetonante, valor de escala 100, que es el isooctano anteriormente citado. La proporción de isooctano en una mezcla es el número de octano.

Por razones de costo es común que en lugar del los productos químicamente puros normal-heptano e isooctano se utilicen mezclas de hidrocarburos con números de octano certificado, de menor costo; estos se denominan patrones secundarios.

Se ensaya el combustible a medir en el mtor estándar y según el método especificado, y luego se ensayan mezclas con distintas proporciones de los combustibles patrones. Cuando se encuentra una mezcla que se comporta como el combustible a medir, se le asigna a este el numero de octano de la mezcla de patrones.

Los ensayos normalizados son:

- F1 (también llamado ensayo Research): es el Número de Octano comúnmente citado en el comercio. Se ensaya en el motor CFR a 600 rpm, con mezcla pobre. Se prueban las motonaftas conocidas como Común, Super, Sin Plomo, etc.

- F2 (también llamado ensayo Motor): se ensaya a 900 rpm, con mezcla pobre. Da un NO menor que el F1, y es un mejor indicador del comportamiento del motor en uso dinámico (en ruta). La figura siguiente muestra las diferencias en alcance del frente de llama en el motor CFR para riqueza variable, medido en grados de giro del cigüeñal, entre la chispa y el quemado del 60% de la mezcla, o el 95% del recorrido total de la llama. Se aprecia que con mezcla pobre (relación aire combustible relativa a la estequiométrica superior a 1) la llama es más veloz, maximizando la posibilidad de detonación.

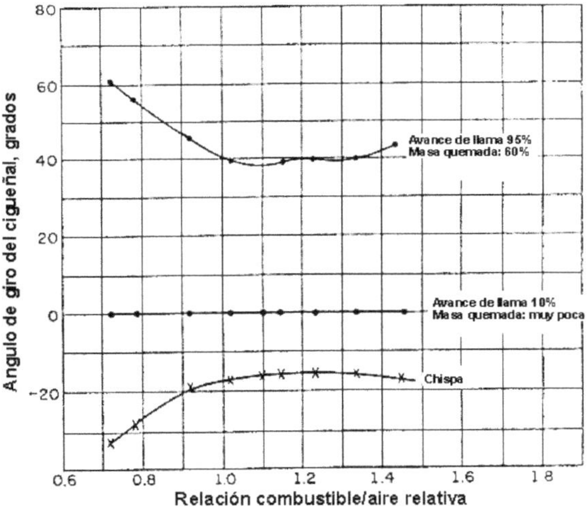

Figura 16.15: Avance del frente de llama (adaptado de Taylor [1])

- F3 (Aviación): se ensaya a 1200 rpm, ajustando la mezcla pobre para máxima temperatura de cabeza de cilindro. Es un indicador de la performance del motor de aviación en régimen de crucero, a máxima economía. Los números de octano suelen exceder el tope de la escala de NO=100, por lo que se reporta en unidades de isooctano más agregados de antidetonante (tetraetilo de plomo) convertidos a falsos números de octano (superiores a 100) según tablas experimentales.

- F4 (Aviación supercargado): se ensaya a 1800 rpm, con mezcla rica, alimentado con un supercargador mecánico, para máxima potencia. Es un indicador de la performance del combustible a máxima potencia (en el despegue del avión). Se reportan Números de Performance, que no se corresponden con a escala de NO.

Existe también un ensayo F5 para motores Diesel, que se discute más adelante. La tabla siguiente muestra las principales condiciones de ensayo.

	Metodo Research F1	Metodo Motor F2	Metodo F3 Mezcla Pobre	Metodo F4 Mezcla Rica
Regimen (rev/min)	600±6	900±9	1200±12	1800±45
Calidad del aceite SAE	30	30	50	50
Temp del aceite (C)	58±8	58±8	66±5	74±2
Temp del refrig (C)	100±2	100±2	190±5	190±5
Humedad del aire (g/kg)	3.5 a 7	3.5 a 7	3.5 a 7	9.9 max
Temp de la mezcla (C)	149±2	--	104±2	--
Relac de compresion	Variable	Variable	Variable	7
Riqueza de la mezcla	Ajustar p/ max. martilleo	Ajustar p/ max martilleo	Ajustar p/max Temperatura	Variable
Avance de encendido	13 grados	Ajustar p/ max potencia	--	--

Tabla 16.4: Condiciones de ensayo CFR

Las cualidades antidetonantes de las naftas pueden mejorarse mediante aditivos. Para las aeronaftas, y hasta épocas recientes para las motonaftas, se utilizó el tetraetilo de plomo $(C_2H_5)_4Pb$, que mejora notablemente la resistencia a la detonación. También se usan o usaron otros organometálicos como el tetraetilo de estaño, el carbonilo de hierro y de níquel, y otros hidrocarburos como el benzol y el toluol.
El más popular siempre ha sido el tetraetilo de plomo (TEP), que se comercializa en la forma de Fluído Etílico (TEL), una mezcla de TEP , dicloroetileno, dibromoetileno y colorantes. Los compuestos halógenos (dibromo, dicloro) se añaden para formar con el plomo sales de bajo punto de volatilidad a fin de evitar que, luego de la combustión, se formen depósitos de óxidos de plomo que conducirían a la ignición anormal. Los compuestos halogenados de plomo son expulsados con los gases de escape.
La cantidad de antidetonante que es necesario añadir depende de la naturaleza del combustible y de su NO actual. La figura siguiente muestra el aumento de NO que puede esperarse con distintos hidrocarburos al añadir TEP. Se aprecia que el efecto es mucho mayor en los parafínicos simples, y menor en los aromáticos e isómeros.

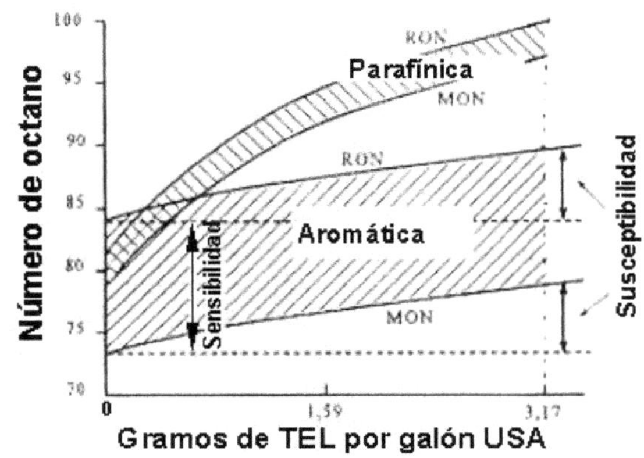

Figura 16.16: (adaptado de [12])

La presencia de azufre en la nafta base reduce notablemente la susceptibilidad al plomo, lo que lleva a someter la nafta a procesos de desulfuración:

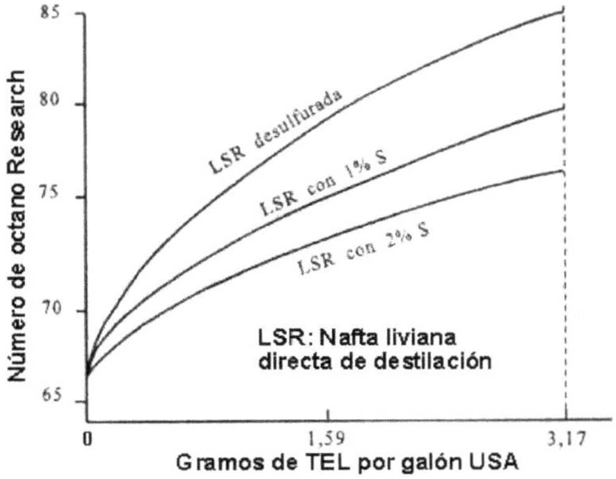

Figura 16.17: Influencia del azufre (adaptado de [12])

Consideraciones de salud pública han llevado en los últimos tiempos a descartar en la mayor medida posible el uso del TEP para las motonaftas. Los otros antidetonantes, en particular los compuestos aromáticos, son aún más objetables desde este punto de vista, siendo cancerígenos. Esto ha causado la búsqueda y afortunadamente hallazgo de un aditivo antidetonante más aceptable, el Metil-Ter-Butil Eter (MTBE), que se utiliza corrientemente en las llamadas Naftas Sin Plomo o Ecológicas. Sin embargo, se debe notar que la toxicidad del MTBE no está suficientemente estudiada.
Es interesante notar que las propiedades del MTBE ya habían sido determinadas por SHELL en la década del 30.
Finalmente, también existe un ensayo de resistencia a la pre-ignición, utilizando como

patrones el cumeno y el isooctano, pero está prácticamente en desuso.

Otros requisitos

Volatilidad:

Las naftas son mezclas de un gran número de hidrocarburos, y la composición de una nafta en particular depende del origen del petróleo, el o los procesos de elaboración, almacenamiento y transporte, etc. Entre los componentes de las naftas hay hidrocarburos más y menos volátiles denominados fracciones livianas y pesadas. La proporción de estas fracciones se determina con un ensayo normalizado de destilación, donde se reporta la cantidad destilada al aumentar la temperatura.
Estas curvas de destilación tienen límites dados por las normas de comercialización de las naftas, pero estos límites son relativamente amplios ya que existe un conflicto entre ajustar los límites para asegurar las propiedades físicas de la nafta (y poder predecir mejor su performance) y dar límites más amplios para aumentar la producción de nafta por litro de petróleo.
La figura siguiente muestra la curva de destilación según el método ASTM D-86 para las naftas producidas en nuestro pais

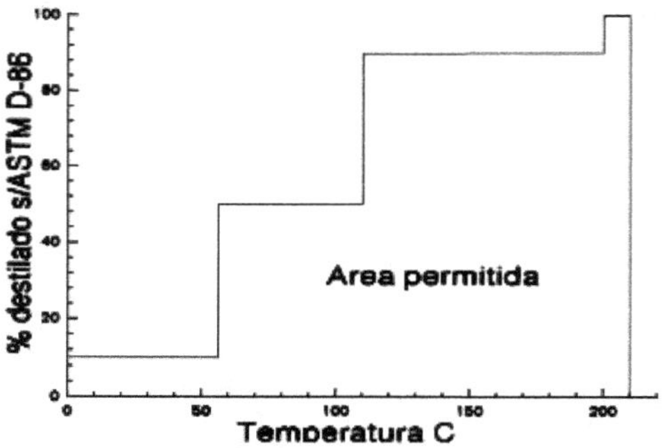

Figura 16.18: Límites de destilación

Normalmente se cita también la temperatura de destilación del primer evaporado y del 90%, citándose en total primera gota, 10, 50 y 90%, punto final y residuo.
Veremos en los párrafos siguientes el significado de la curva de destilación.

Arranque en frío:

El contenido de fracciones livianas es el factor determinante de un buen arranque con el motor frío, por lo que se requiere bajas temperaturas de primera gota y 10%. Para lograr esto se suelen adicionar hidrocarburos livianos (butano) a las naftas en épocas de invierno, por lo que hay naftas de invierno y de verano.
Al estar el aire y el múltiple de admisión frío, por más que la nafta de invierno tenga más fracciones volátiles, sólo una parte de la nafta se evaporará completamente, por lo que la relación A/C será pobre e insuficiente para el arranque. Luego, es necesario

enriquecer abundantemente la mezcla, lo que obliga al uso del cebador. Este requisito es conflictivo con el siguiente.

Presión de vapor

La figura siguiente muestra la presión de vapor de algunos hidrocarburos, medida en libras por pulgada cuadrada, absoluta. En los ensayos de laboratorio de naftas la presión de vapor se mide según ensayos normalizados, reportándose la Presión de Vapor REID, que si bien está normalizada y limitada, no se corresponde directamente con la anterior.

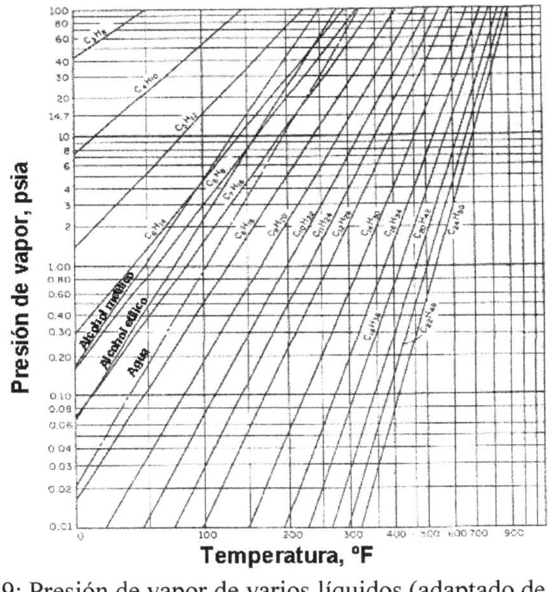

Figura 16.19: Presión de vapor de varios líquidos (adaptado de Taylor [1])

La presión de vapor es importante pues si la temperatura de los componentes del sistema de combustible es suficientemente alta, se puede alcanzar la condición en que el combustible evapore, por ejemplo, a la presión de succión de la bomba de combustible (0.5 a 0.7 atmósferas absolutas), formando burbujas de gas que interrumpen el flujo de líquido (en inglés, vapour lock). Para evitar esto es deseable una alta temperatura de destilación de las fracciones livianas.

Distribución:

Las gotitas de nafta del carburador o del inyector de combustible se evaporan a medida que viajan por el múltiple de admisión hacia la válvula de admisión. El camino es curvo, y las fracciones pesadas, que evaporan más lentamente o no evaporan, pueden ser centrifugadas hacia las paredes metálicas del múltiple y no llegar

al cilindro. Luego, los cilindros reciben distintas relaciones de A/C, dependiendo del diseño del múltiple, lo que causa marcha irregular, vibración, producción de contaminantes, etc.
Para minimizar este efecto es deseable reducir las fracciones pesadas, lo que conflictúa con lo anterior. El punto de 90% de la curva de destilación es el relacionado con estos efectos.

Dilución del aceite:

El 90% y el punto final de la curva de destilación están relacionados con el contenido de las fracciones más pesadas, que pueden no evaporar y terminar como líquido en las paredes del cilindro, escurriendo hacia el cárter y diluyendo el aceite lubricante. Aparte de afectar las propiedades del aceite, al calentar el motor los hidrocarburos diluídos evaporan por las ventilaciones del cárter, contaminando el ambiente.

Hielo:

Problema más que nada referido a las aeronaftas. Al evaporar las fracciones livianas toman el calor de vaporización del aire, enfriándolo hasta el punto en que la humedad del aire congele, depositándose sobre las partes metálicas como hielo. Las fracciones por debajo del 50% controlan este problema.

PCI, peso específico:

Aunque el contenido de energía por unidad de masa es importante para las aeronaftas (pues con un determinado volumen de tanque se puede operar por más tiempo), la variación es pequeña y no es reportada en motonaftas.

Punto de congelación:

Las naftas tienen puntos de congelación tan bajos que rara vez son problema, aunque puede ser alterado por aditivos y por el contenido de agua en disolución.

Solubilidad del agua:

Las naftas en general estarán en equilibrio con la humedad realtiva del aire en el tanque, por lo que siempre habrá algo de agua disuelta. Al descender la temperatura (ej., en aviones, o al operar en climas muy fríos), el agua puede salir de solución y formar hielo, particularmente en filtros de combustible.

Estabilidad:

Ciertos componentes de las naftas, en particular los hidrocarburos no-saturados de doble y triple ligadura, son propensos a polimerizar (formar cadenas largas) que se evidencian como gomas, barnices y lacas. Estos compuestos pueden obturar pequeñas aberturas como gicleurs de carburador o inyectores, y depositarse en ranuras de aros y guías de válvulas. Esto se controla con aditivos, aunque los aditivos, al incorporar compuestos metálicos y de halógenos, interfieren con otras propiedades tales como la dilución de agua.

Corrosión:

Los hidrocarburos en general no son corrosivos, pero los aditivos que se utilizan para mejorar ciertas características como el octanaje y la estabilidad pueden dar origen a compuestos corrosivos de azufre, bromo, etc. Por esto es que se reporta el resultado del ensayo de corrosión ASTM D-130.

Otros combustibles

Aparte de las motonaftas los únicos combustibles con algún grado de difusión en el país son el GNC y las alconaftas.

GNC

Es una mezcla de gases no licuable a temperatura ambiente, con una composición típica de 90% de metano (CH_4), 5% de Etano (C_2H_6), 1% de Propano (C_3H_8) y el resto otros hidrocarburos, agua, Nitrógeno y CO_2. Su densidad es del orden de 0.7, peso molecular 17.7, relación aire-combustible estequiométrica de 17.1, poder calorífico inferior 47.6 MJ/kg.

El Número de octano del GNC se estima en 130.

Las ventajas del GNC son su bajo costo, la facilidad de arranque en frío y la limpieza del sistema de combustible y del motor.

Sus desventajas son que, al expenderse en forma gaseosa en tanques de alta presión, la cantidad que puede llevarse es limitada, limitando el alcance del vehículo (baja densidad de energía). Además, el metano tiene una alta temperatura de llama, lo que causa problemas a los elementos en contacto con la llama o los gases de escape, a menos que estén diseñados específicamente para su uso con GNC.

Su uso es muy popular para el transporte y cada vez más en la generación de electricidad.

Desde el punto de vista ecológico, es un combustible en principio renovable y no utiliza aditivos. Es discutible si es más o menos contaminante que las naftas líquidas; la figura siguiente muestra algunos resultados de ensayos comparativos. Sin embargo, se debe tener presente que rara vez este tipo de comparaciones se realiza en condiciones equivalentes; por ejemplo, el mismo motor alimentado con GNC produce entre un 10 y un 20% menos potencia por el mayor volumen ocupado por el gas (y consiguiente menor masa de combustible en el cilindro), por lo que es de esperar menor producción de gases de escape, contaminantes incluídos.

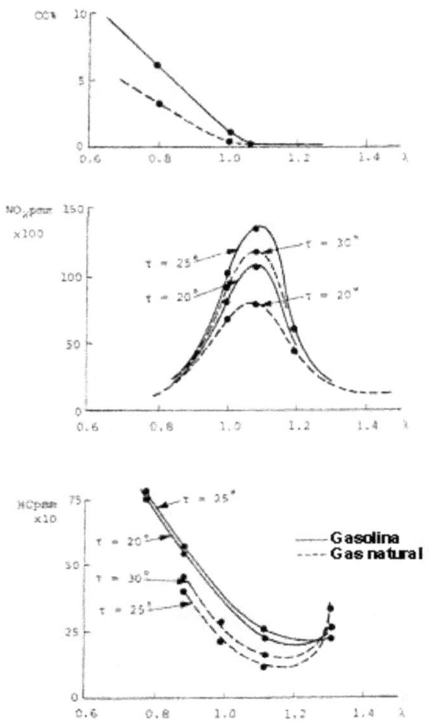

Figura 16.20: Contaminantes del motor ciclo Otto (adaptado de Born y Durbin [13])

En idénticas condiciones de ensayo el motor a GNC probablemente produce más óxidos de nitrógeno que las motonaftas debido a las más altas temperaturas de llama. También debe notarse que los ensayos de hidrocarburos no-quemados normalmente no incluyen el Metano por no ser considerado contribuyente al efecto invernadero (aunque esto está siendo discutido), y el motor a GNC emite considerables cantidades de gas sin quemar, como es fácil de advertir por el olor de los gases de escape. Adicionalmente el Metano es notoriamente difícil de quemar en reactores catalíticos, por lo que el uso de catalizadores de escape no soluciona los problemas de NO_x ni de inquemados.

Alconafta

Son mezclas, típicamente 90% gasolina y 10% de alcohol, ya sea metanol o etanol.
Sus ventajas son menor costo, llama más fría (menos NO_x), mejor rendimiento volumétrico (el alcohol enfría el aire, llenando el cilindro con más masa de mezcla), menor emisión de CO (ya que normalmente operan en mezcla pobre), mayor número de octano a menor costo, y, al revés que el GNC, mayor potencia (más moles de productos por mol de combustible, mayor presión de gases luego de la combustión).

La figura siguiente muestra algunos ensayos comparativos, a los que se deben agregar las precauciones mencionadas más arriba.

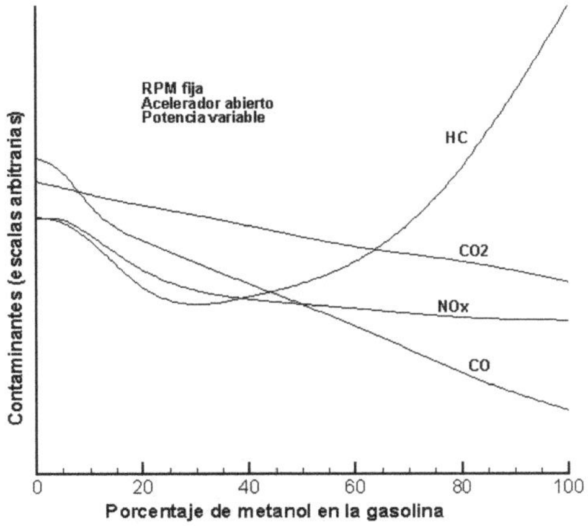

Figura 16.21: Contaminantes en el motor con alconafta (datos de Gravalos et al. [14])

Sus principales desventajas son: el olor de los gases de escape (formación de aldehídos, formol), el ataque a gomas y plásticos (que se soluciona con un adecuado diseño), la mayor tendencia a solubilizar agua y la consecuente separación del alcohol y la nafta, y el hecho de que la llama de alcohol es casi incolora (problema de seguridad)

Adicionalmente, si se utiliza metanol, existe un serio problema de toxicidad (ataca el nervio óptico), y el uso de etanol es desaconsejable por sus problemas sociales (embriaguez)

Motores Ciclo Diesel

Ignición

El encendido del motor Diesel es por ignición espontánea del combustible finamente pulverizado, inyectado dentro de la cámara de combustión en la que hay aire comprimido a alta presión y temperatura.

La combustión en el motor Diesel es una llama de difusión turbulenta

La figura siguiente muestra un diagrama típico de presión versus posición angular del cigüeñal, vale decir, versus tiempo. Se aprecia que entre el momento en que se inyecta el combustible y comienza el autoencendido, y el momento en que se comienza a notar un sensible aumento de presión en la cámara de combustión pasa un cierto tiempo.

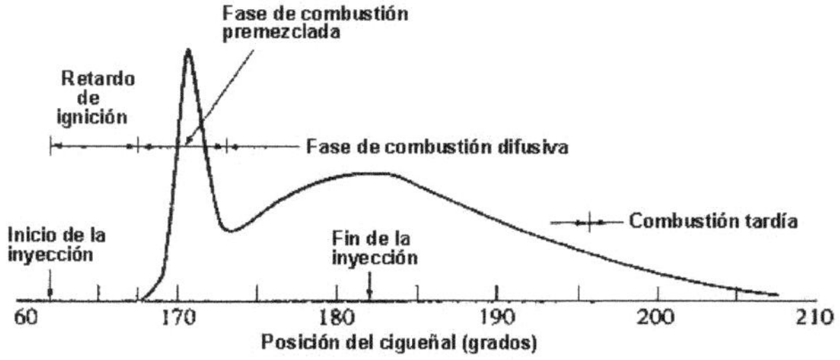

Figura 16.22: Presión en el ciclo Diesel (adaptado de Heywood [15])

A este tiempo se lo denomina retardo de ignición, y es sumamente importante para el diseño y la operación del motor que este retardo sea conocido y confiable.

Retardo de ignición

Los factores que controlan el retardo de ignición son, entre otros:

-La inyección, incluyendo el buen mantenimiento de los inyectores, la presión de alimentación, el uso de aditivos para limpieza y para control de la viscosidad el combustible.
-La evaporación y difusión de la gota, influenciada por la naturaleza del combustible y las condiciones del aire (turbulencia, temperatura)
-La penetración del rocío, vale decir, cuánto recorre antes de evaporarse completamente y cómo se mezcla con aire fresco.
-La cinética y la física de la reacción
-El balance de calor, entre pérdidas por calor latente de evaporación, convección forzada, etc, y la ganancia por radiación de la llama, conducción, etc.
-El efecto de la presión sobre la velocidad de evaporación (se evapora más rápido al aumentar la presión por la combustión)

Salvando los factores de mantenimiento y la naturaleza del combustible, el retardo de ignición se puede controlar y estabilizar asegurando una alta turbulencia del aire por el diseño de la cámara de combustión.

Cámaras de combustión Diesel

Las cámaras de combustión Diesel pueden clasificarse en integrales y divididas. La figura siguiente muestra algunas cámaras del tipo integral, y variantes de inyección.

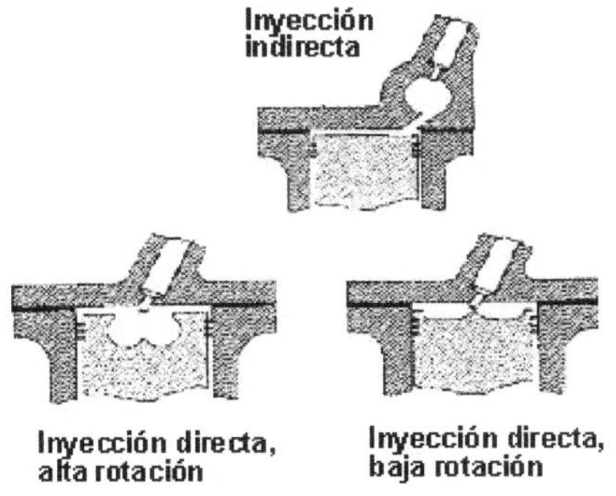

Figura 16.23: Modos de inyección Diesel (adaptado de Faiz et al. [3])

Se nota que se emplean mecanismos similares a los vistos para el ciclo Otto para producir turbulencia global y por apriete, e incluso se llega a utilizar un émbolo extrusor para producir aún más turbulencia.
En grandes motores Diesel se suelen utilizar cámaras divididas, como muestra la figura siguiente

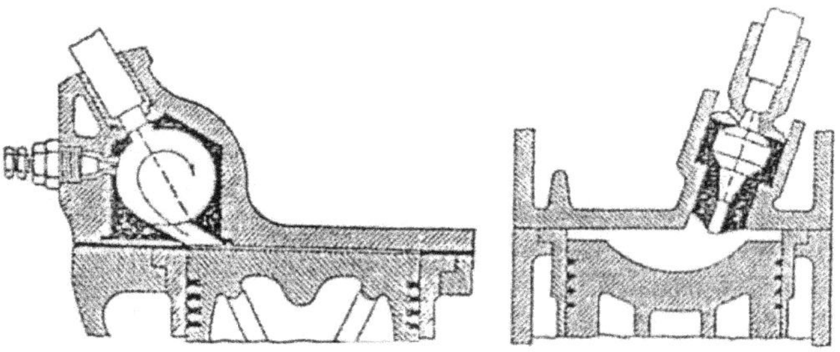

(a) (b)
Figura 16.24: Cámaras de inyección Diesel (adaptado de Taylor [1])

En a) la cámara está casi totalmente separada del cilindro, y se produce alta turbulencia por extrusión al bombear el aire desde el cilindro a la cámara. En b), la combustión inicial en la cámara lateral genera un chorro rico en combustible y de muy alta temperatura, que produce una mezcla muy enérgica en el resto de la cámara.

Requisitos para combustibles Ciclo Diesel

General

Los combustibles para el ciclo Diesel son los dieseloils y los gasoils, parafínicos con buenas características de autoencendido; los dieseloils para automotores autoencienden entre los 180 y 350°C, y los gasoils para motores marinos entre 220 y 370°C.

Requisitos

Los requisitos generales son:

-Buen arranque en frío (volatilización)
-Atomización (idem, viscosidad)
-Suavidad de marcha (retardo, constancia del retardo)
-Residuos (fracciones pesadas, aditivos)
-PCI (eficiencia)
-Limpieza del sistema (inyectores, aditivos)
-Viscosidad y volatilidad (bomba, filtros)

Propiedades físicas

La tabla siguiente muestra algunas propiedades de gasoils de USA:

Tipo de combustible	Omnibus urbanos	Semi remolques	Trenes	Grandes motores
Densidad. "API	42.3	37.7	36.0	30.2
Pt. de anilina. °C	65.4	64.1	62.8	65.1
Punto de inflamabilidad	49--93	54-110	60--116	76--88
Temp. de fluidez crítica, °C	-54 a 0	-43 a -15	-40 a -9	-32 a -7
Visc. Saybolt, seg	32.3	34.2	34.8	42.5
Peso azufre, %	0.888	0.158	0.201	0.35
Residuo de carbono, %	0.065	0.091	0.123	1.18
Número de cetano	52.6	50.3	48.7	44.5

Tabla 16.5: Propiedades típicas de gasoils USA (datos de Lichty [16])

Para combustibles argentinos citamos la tabla siguiente:

Ensayos	Unidad	Metodo	Euro Diesel	Ultradiesel XXI
Densidad	g/cm3	ASTM D-1298/4052	0.855	0.840
Color			Visual Verdoso	ASTM 1500, 1.0
Destilación	°C	ASTM D-86		
90%			355	350
Rendimiento	% v		98	98
Número de Cetano		ASTM D-613	52	55
Punto de Inflamación	°C	ASTM D-93	50	50
Biodiesel	% v	--	1.2	--
Azufre	% p	ASTM D-4294	0.004	0.11
Lubricidad (HFRR a 60°c)	Micrones	CEC-F-06-A-96	300	350
Poff	°C	ASTM IP-309	Según la estación	Según la estación
Viscosidad a 40	cSt	ASTM D-445	3.4	3.4

°c				
Detergencia-grado		Peugeot XUD-9	Clean up	--
Corrosión s/Cu (3h a 50 °c)		ASTM D-130	1a	1a
Herrumbre (0 y 15 dias a 60 °c)	%	ASTM D-665-A	0	0

Tabla 16.6: Propiedades típicas de combustibles argentinos

La relación entre las propiedades físicas y la performance del combustible se sintetiza en los siguiente:

-Viscosidad: controla el tamaño de gota, la penetración, dando mala combustión si el rocío es muy fino, y lavado del aceite si es muy grueso. Afecta al desgaste de la bomba inyectora.
La figura siguiente ilustra la viscosidad típica de los gasoils:

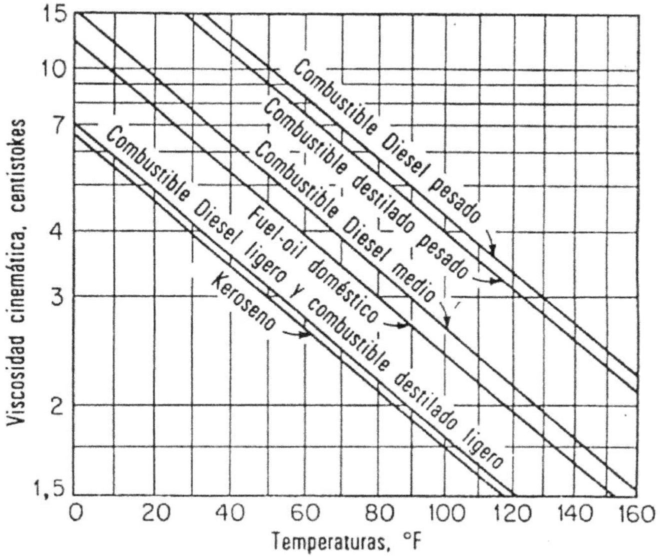

Figura 16.25: Viscosidad de hidrocarburos (adaptado de Lichty [16])

-Punto de escurrimiento, enturbiamiento: importante para motores marinos y militares que pueden operar a muy bajas temperaturas. Importan la relación viscosidad/temperatura y el contenido de parafina.
-Estabilidad: relacionado con la formación de gomas y barnices. Limpieza.
-Peso específico: relacionado con la facilidad de encendido y la densidad de energía.
-Punto de inflamación: peligro de incendio si es muy bajo: el combustible Diesel autoenciende.
-Impurezas: importante para la vida de bombas e inyectores.

Propiedades relativas a la combustión

Algunas consideraciones son:

-PCI: tiene poca variación; importante para motores marinos (densidad de energía, alcance)

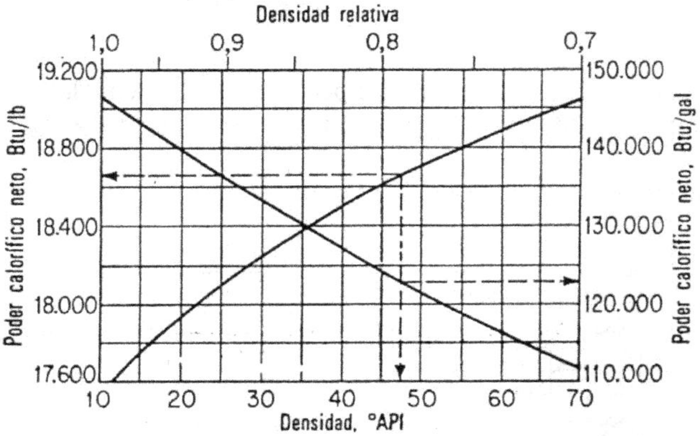

Figura 16.26: Densidades típicas de diesels (adaptado de Lichty [16])

-Residuos: se utiliza el ensayo de carbón Conradson. Relacionado con la cokización del combustible en la cámara.

-Azufre: ensayo relacionado con la corrosión.

-Volatilidad: se reporta la curva de destilación similarmente a las motonaftas. La figura siguiente muestra curvas típicas de destilación de gasoils livianos y pesados:

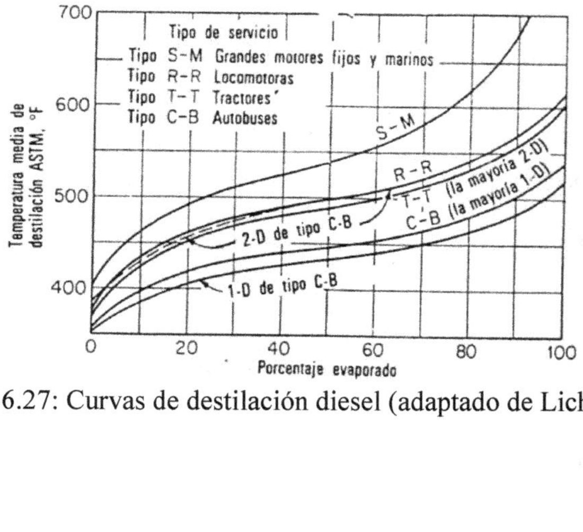

Figura 16.27: Curvas de destilación diesel (adaptado de Lichty [16])

Las curvas de destilación se relacionan con la facilidad de arranque en frío, la penetración y el lavado de aceite. Tienen poca relación con el retardo y la autoinflamación.
-Calidad de ignición: se requiere que el combustible autoencienda al comenzar el rocío. Sin embargo, hay un primer retardo físico (alrededor del 5-10% del retardo total) debido a los procesos de evaporación y mezcla inicial del rocío; luego sucede el retardo químico, es decir, el tiempo que lleva quemar suficiente combustible como para que se alcance alta presión.
La calidad de ignición se mide en el motor CFR en el ensayo F5, de manera similar al número de octano, utilizando combustibles patrones que forman una escala de 0 a 100. Los patrones son el alfa-metil-naftaleno $C_{11}H_{10}$, y el cetano $C_{16}H_{34}$. El porcentaje de cetano se reporta como Número de Cetano del combustible. El dieseloil para automotores tiene NC de 45 a 60, y los gasoils más pesados NC menores.
En el ciclo Diesel un avance en la inyección tiene un efecto similar al avance del encendido en el ciclo Otto. Luego, hay dos maneras de ensayar la calidad de ignición:
-Con una relación de compresión fija, se mide el tiempo de retardo (en grados de cigüeñal) y se consultan tablas tiempo-NC confeccionadas con mezclas de combustibles patrones.
-Se encuentra la relación de compresión crítica a la que se produce la autoignición. En el motor esto nos daría la posición del cigüeñal a la que comienza la combustión. Se consultan tablas de relación de compresión crítica versus NC.
Existe también el ensayo de punto de anilina, que mide la cantidad del compuesto químico puro Anilina (Aminobenceno o Fenilamina) que se disuelve en el combustible. Es indicador del contenido de parafínicos y por lo tanto de una combustión suave.
Existen aditivos (nitrato de amilo, de etilo y de butilo) que mejoran el NC. También se suelen incorporar disolventes y detergentes para controlar las gomas y barnices.

Referencias

[1] Taylor, C. F.; The internal combustion engine, Theory and practice; MIT Press, 1987.

[2] Martinez de Vedia, R.; Teoría de motores térmicos; Alsina, Buenos Aires, 1977.

[3] Faiz, A.; Weaver, C. S., and Walsh, M. P.; Air pollution from motor vehicles; The world Bank, Washington, 1996

[4] Varios autores; Basic considerations in the combustion of hydrocarbon fuels with air; NACA Report 1300, Washington, 1957.

[5] Strehlow, R. A. ; Fundamentals of Combustion, International Textbook Co., Pennsylvania, 1968.

[6] Magallanes, R. A., y Toselli, R.; Teoria de Motores; Editado por Comando de Personal, Fuerza Aérea Argentina, Córdoba, 1980.

[7] www.freepatentsonline.com/6640780-0-large.jpg

[8] commons.wikimedia.org/wiki/File:Swirl_and_Tumble.svg

[9] pautomotivemechanics.blogspot.com.ar/2011/05/combustion-chambers.html

[10] www.caraddriver.com/images/12q4/482258/2014-chevrolet-corvette-lt1-v-8-vvt-di-combustion-chamber-photo-482392-s-1280x782.jpg
[11] Judge, A. W.; Modern Petrol Engines; Chapman and Hall, London, 1965.
[12] www.ulpgc.es/hege/almacen/download/37/37047/combustibles.doc
[13] Born, G. J., and Durbin, E. J.; The natural gas fueled engine; en Methane, fuel for the future, Plenum Press, New York, 1982.
[14] Gravalos, I.; Moshou, D.; Gialamas, T.; Xyradakis, P.; Kateris, D, and Tsiropoulos, Z.; Performance and emission characteristics of spark ignited engine fuelled with ethanol and methanol gasoline blended fuels; en Alternative Fuels, InTech, 2011.
[15] Heywood, J. B.; Internal combustion engine fundamentals; McGraw Hill, New York, 1988.
[16] Lichty, L. C.; Combustion engines processes : formerly published under the title of internal combustion engines; McGraw Hill, New York, 1967.

Capítulo 17

Combustión en turbinas de gas

Eduardo Brizuela

General

Descripción y usos

La combustión en turbinas de gas tiene lugar en la cámara de combustión, ubicada entre el compresor y la turbina:

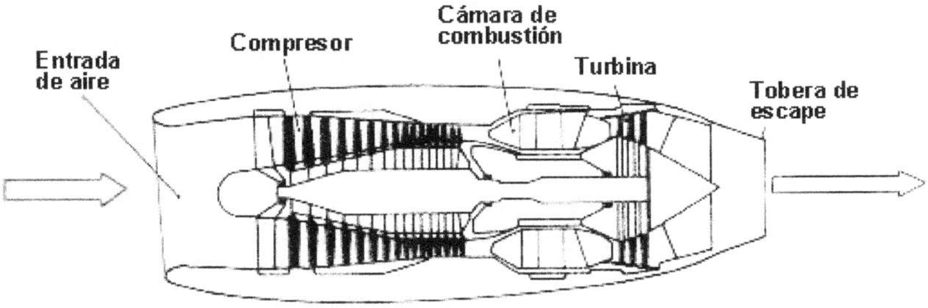

Figura 17.1: Turbina de gas (adaptado de Hünecke [1])

La cámara consiste en un recipiente al cual ingresa el aire comprimido, al que se le añade el combustible que quemará en forma ininterrumpida. Los gases producto de la combustión dejan la cámara a elevada temperatura y velocidad, para ser utilizados en impulsar la turbina y/o proveer un chorro de empuje.

Las turbinas de gas tienen su uso principal en la aviación, ya sea como propulsoras por reacción o como máquinas turbohélice (aviones de ala fija) o turbo-eje (helicópteros). Entre las aplicaciones de superficie se cuentan las navales (turbo-eje), y aplicaciones industriales (generación de electricidad, bombeo de gas). También se emplean en pequeño número para incineración y para calefacción (hornos metalúrgicos)

Condiciones típicas de operación

Las turbinas de gas operan en muy variadas condiciones, que requieren especial consideración en el diseño de la cámara de combustión. Podemos citar:

- Ambiente: desde STP hasta 0.2 ata, con temperaturas entre –50° C y +50° C.
- Descarga del compresor: de 1 a 20 atmósferas, temperaturas entre 300 y 900K, números de Mach entre 0.1 y 0.2.
- Condiciones de combustión: de 1500 a 1700K a 20 atmósferas, M=0.2.

Para cubrir estos requisitos y a la vez obtener un diseño liviano para aplicaciones aeronáuticas se recurre a la filosofía de diseño de dividir las solicitaciones por medio de una doble carcasa; una externa, que soporta la presión y está protegida de las altas temperaturas por una carcasa interna, perforada, que aísla del calor pero no soporta una diferencia de presión.

Requisitos de operación y diseño

Los requisitos a cumplir por una adecuada realización de la cámara de combustión son:

- Combustión completa (eficiencia de la combustión)
- Poca pérdida de presión total
- Estabilidad de la combustión
- Buena distribución de temperaturas en la salida
- Corta y de mínima sección
- Operación aceptable en un amplio rango de riquezas de mezcla
- Reencendido

Combustibles y combustión

Mezcla combustible

La mezcla combustible está formada por el comburente (normalmente aire), típicamente a unas 20 atmósferas pero ocasionalmente (arranque) a mucha menor presión, y temperaturas iniciales entre la ambiente y 10 veces la misma, y el combustible.

Combustibles

Típicamente los combustibles son hidrocarburos líquidos o gaseosos, aunque ha habido numerosos intentos de operar con polvo de carbón y otros sólidos.

Entre los hidrocarburos líquidos se pueden citar los gasoils y dieseloils, fuel oils, kerosene y nafta, y entre los gaseosos el gas natural y el gas licuado, y otros gases de proceso.

Las turbinas aeronáuticas operan exclusivamente con combustibles líquidos de muy precisa especificación, particularmente el JP-1, Jet A-1 o Avtur (un kerosene de bajo punto de congelamiento), el JP-4, Jet B o Avtag (un kerosene de más amplio rango de destilación que el anterior) y el Jet A (versión similar al Jet A-1). Las tablas siguientes ilustran las especificaciones de combustibles para estas turbinas, civiles y militares:

Propiedades típicas	Jet A	Jet A-1	JP4	JP5
Composición:				
Acidez total, mg KOH/g	<0.01	0.003	0.015 Max	0.015 Max
Aromáticos, %vol	23.4	19.5	25.0	25.0
Azufre total, % peso	0.07	0.02	0.4 Max	0.3 Max
Mercaptan., % peso	0.0005	0.0003	0.002 Max	0.002 Max
Destilación:				
Condensado				
Primera gota	-	156	--	--
10% vol a °C	186	167	--	205
20% vol a °C	--	--	100 Min	--
50% vol a °C	211	188	125 Min	--
90% vol a °C	245	234	--	--
Punto final °C	250	258	270	300
Residuo, % vol	1.0	1.0	1.5 Max	1.5 Max
Pérdidas % vol	0	0	1.5 Max	1.5 Max
Punto de inflamación, °C	51.1	42.0	--	60.0
Densidad a 15°C, kg/m3	820	804	751 Min 802 Max	788 Min 845 Max
Presión de vapor a 37.8°C, en kPa	--	--	14 Min 21 Max	--
Fluidez:				
Punto de congelación, °C	-51	-50	-58 Max	-46 Max
Viscosidad a -20°C, mm2/s	5.2	3.5	--	8.5 Max
Combustión:				
Poder calorífico inferior, MJ/kg	43.02	43.25	42.8 Min	42.6 Min

Hidrógeno, % peso	--	--	13.5 Min	13.4 Min
Punto de humo, mm	19.5	25.0	20.0 Min	19.0 Min
Naftalenos, % vol	2.9	1.5	--	--
Corrosión:				
Tira de cobre, 2h a 100°C	1A	1A	1	1
Tira de plata, 4h a 50°C	-	0	--	--
Estabilidad:				
Estabilidad térmica (JFTOT), temperatura de control 260 °C				
Diferencia de presión en el filtro, mm Hg	1	0.1	25.0 Max	25.0 Max
Calificación de los depósitos en el tubo (visual)	1	1	3 Max	3 Max
Contaminantes:				
Gomas existentes, mg/'l 00ml	0.5	1.0	7 Max	7 Max
Partículas, mg/litro	--	--	1 Max	1 Max
Tiempo de filtrado, minutos	--	--	10 Max	15 Max
Reacción con agua:				
Calificación de la interfaz	1	1	1b	--
Inhibidor de congelación del sistema de combustible, % vol	--	--	0.10 Min 0.15 Max	0.10 Min 0.15 Max
Conductividad:				
Conductividad eléctrica, pS/m	--	180	150 a 600	--

Tabla 17.1: Combustibles usuales para turbinas de aviación

Las fuerzas armadas de USA han desarrollado un número de distintos combustibles para turbinas de gas, de los cuales destacamos:

- JP-1, el primer combustible americano para turbinas. Punto de congelación -60°C
- JP-2, un combustible con más amplio rango de destilación para incrementar la disponibilidad. Obsoleto.
- JP-3, el segundo combustible operacional, de alta presión de vapor. Obsoleto.
- JP-4, el primer combustible operacional, similar al anterior pero con la presión de vapor restringida. Típicamente 50/50 gasolina y kerosene.
- JP-5, el combustible de la Marina estadounidense, de alto punto de inflamación para uso en portaaviones.
- JP-6,similar al anterior pero más purificado y con menor punto de congelación. Desarrollado para el bombardero XB-70.
- JPTS, un kerosene liviano desarrollado para el avión de gran altura U-2 y el TR-1.

- JP-7, un combustible de muy bajo contenido de aromáticos y muy purificado, para el avión hipersónico SR-71.
- JP-8, un combustible similar al civil Jet A-1, reemplaza al JP-4 en operaciones.
- JP-9 y JP-10 son combustibles para misiles crucero con motores turboreactores.

Las turbinas marinas y terrestres normalmente funcionan con combustibles de menor costo, y especificaciones menos rígidas. La tabla siguiente ilustra algunas especificaciones típicas:

ESPECIFICACIONES TIPICAS DE COMBUSTIBLES PARA TURBINAS DE GAS
Diesel Oil:
Viscosidad mínima: 35-45 SSU a 100° F
Cenizas: 0.01% en peso, máx.
Azufre: 0.7% en peso, máx.
Corrosión: 3, máx
Neutralización: 0.5, máx
Destilación: 10% máx. a 460° F, 85% máx a 675° F
Punto de escurrimiento: +5° C en verano, -5° C en invierno
Petróleo Crudo
Calcio: 10 ppm máx.
Plomo: 5 ppm máx.
Sodio más Potasio: 5-10 ppm máx.
Vanadio: 2 ppm máx.
Fuel Oil Pesado (FOP
Cenizas total: 0.03% en peso, máx.
Plomo: 5 ppm máx.
Calcio: 10 ppm máx.
Sodio más Potasio: 5-10 ppm máx.
Vanadio: 2 ppm máx.
Viscosidad a 100° F: 1.8 cSt máx
Nafta
Viscosidad a 100° F: 0.5 cSt mínimo.
Gas
Sólidos: 30 ppm máx., de no más de 10μ
Azufre: 30 ppm máx.
Alcalis: 50 ppm máx.
Agua: 0.25% de sobresaturación, máx.
Condensables: nada por encima de 20° F
PCI: 300-5000 BTU/ft^3 (2670-44500 kcal/m^3)
Rango de inflamabilidad: 2.2 mínimo

Tabla 17.2: Combustibles para turbinas de superficie

Es de notar que los combustibles de uso industrial tienen límites especiales para las cenizas (corrosión), el vanadio y los álcalis (también causa de corrosión), la viscosidad (por problemas de bombeo a baja temperatura) y el punto de escurrimiento (congelación en aplicaciones marinas o bajas temperaturas ambientes).

Combustión, exceso de aire

Los combustibles pesados típicamente contienen compuestos de 8 a 12 carbonos, los líquidos livianos de 5 a 7 carbonos, y los gases de 1 a 4 carbonos.

La reacción de combustión se puede plantear de la forma usual, obteniéndose los parámetros usuales de fracciones en peso y volumen, relaciones aire/combustible, equivalencia, etc. Lo diferente es que en la turbina de gas, si bien en la zona de llama la combustión es aproximadamente estequiométrica, en general la relación aire/combustible es muy pobre. Como ejemplo, con temperaturas de entrada y salida de 650 y 1700k (c_p de 1004 y 1250 m^2/s^2K respectivamente), y un calor de reacción de 46 MJ/kg, podemos plantear:

$$G_c h_r = (G_a + G_c) c_p T_{sal} - G_a T_{ent},$$

y aproximar

$$\frac{G_a}{G_c} \cong \frac{h_r}{c_p T_{sal} - c_p T_{ent}} = 30.$$

Las turbinas de gas pueden operar con relaciones A/C aún mayores, hasta 70/1.

En la zona de llama, sin embargo, los límites de riqueza son mucho más estrictos, y están condicionados por los límites de inflamabilidad. La figura siguiente ilustra las condiciones de operación típicas para un kerosene:

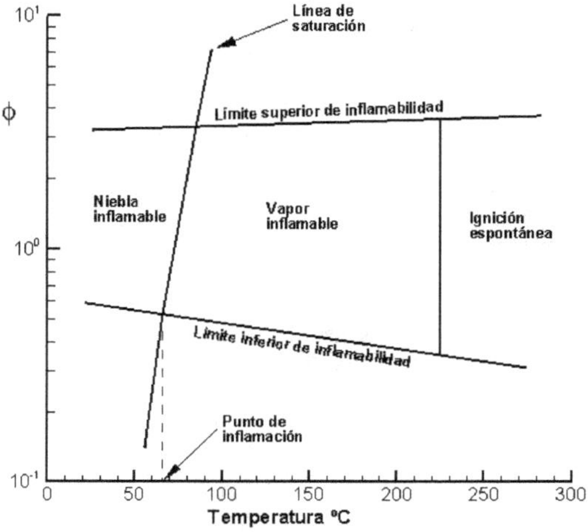

Figura 17.2: Límites de operación de kerosene (adaptado de Mattingly et al. [2])

El poder calorífico de los combustibles de tipo hidrocarburos es relativamente constante, del orden de las 10200 kcal/kg o 42600 kJ/kg. Por unidad de volumen, sin embargo, los combustibles son muy diferentes. Por ejemplo, si tomamos como datos las siguientes densidades:

Nafta, densidad 0.75
Dieseloil, kerosene: 0.8
GLP: 0.6
GNC a 200 atm: 0.14

resulta que el dieseloil y el kerosene tienen la más alta densidad de energía por unidad de volumen, un 7% más que la nafta, un 33% más que el GLP y un 470% más que el GNC. Esto puede ser muy importante para las aplicaciones de volumen y/o peso de combustible limitado (aviones, barcos, locomotoras).
Otro punto a tener en cuenta es el calor latente de vaporización del agua producto de la combustión. Su valor estándar es de 2465 kJ/kg de agua, pero es importante calcularlo por kg de combustible, ya que así es igual a la diferencia entre los poderes caloríficos superior e inferior del combustible. Por ejemplo, 1 mol de C_8H_{18} (peso molecular 114) produce 9 moles de H_2O (peso molecular 18), con lo que la diferencia es de

$$PCS - PCI = \frac{9x18}{114} x2465 = 3503 \text{ kJ/kg comb.}$$

Para los combustibles más livianos la diferencia es mayor: para el metano CH_4 es de 5546 kJ/kg de combustible. Vale decir, el vapor de agua no condensado se lleva una parte más importante del calor de combustión.
El exceso de aire tiene su importancia en relación a la corrosión de los sistemas de escape. Consideremos por ejemplo la combustión del octano con un 200% de exceso de aire (ϕ=3). Planteada la reacción de un solo paso se obtiene

$$C_8H_{18} + 37.5\left(O_2 + 3.76N_2\right) \rightarrow$$
$$8CO_2 + 9H_2O + 12.5x3.76N_2 + 25\left(O_2 + 3.76N_2\right)$$

De aquí resulta una fracción molar del agua igual a 0.0492, lo que a presión atmosférica (101325 Pa) equivale a una presión parcial de H_2O de 4983 Pa. De tablas obtenemos la temperatura de saturación del vapor de agua a esta presión, siendo de 33°C.
Por otra parte, sin exceso de aire resulta una fracción molar de agua de 0.141, una presión parcial de 14249 Pa, y una temperatura de saturación de 53°C.
Luego, con un 200% de exceso de aire podemos enfriar los gases de escape hasta 33°C sin que se condense el agua, mientras que en el caso sin exceso de aire debemos mantener el escape por encima de los 53°C. Es decir, podemos aprovechar algo del

calor del escape sin correr el riesgo que se condense el agua y forme compuestos (por ejemplo, con azufre y sodio) corrosivos del sistema de escape.
El peso molecular del combustible también tiene su importancia. Si consideramos la combustión del metano y del octano, las relaciones aire/combustible en peso de ambos son similares, del orden de 16/1. Sin embargo, el gramo de combustible gasificado que debemos suministrar para los 16g de aire ocupa 0.2 litros en el caso del octano, y 1.4 litros para el metano. Es decir, para la misma potencia, el combustor deberá ser físicamente más grande.
Finalmente, el número de moles de los productos de combustión también debe ser considerado. Si consideramos nuevamente la combustión (estequiométrica) del metano y el octano, obtenemos que por cada gramo de combustible se obtienen más moles (litros) de productos con el combustible más liviano (metano). Luego, por unidad de masa de combustible (por unidad de energía entregada) se obtienen productos con más volumen, lo que causa mayor velocidad de escape y mayor empuje de la turbina o mayor potencia entregada al eje.

Aspectos físicos

Combustión de rocíos

La combustión de rocíos de combustibles líquidos en aire es un tema muy complejo, cuyos aspectos teóricos y prácticos están lejos de ser totalmente conocidos. Sin embargo, se pueden hacer las siguientes consideraciones:
El combustible quema en fase gaseosa, no líquida, formando una pluma de llama del orden de 20 a 30 diámetros de largo. En la pluma se presentan procesos de evaporación, difusión mutua, mezcla y combustión. Al ser la llama continua la ignición se produce por aumento de la temperatura de la mezcla, por lo que es importante la velocidad a la que el fluido evapora.
La evaporación del fluido consume un calor latente, calor que es recibido de la llama por radiación y conducción. A medida que la gota evapora su área disminuye con el cuadrado del radio, pero su masa (volumen) con el cubo del radio. Luego, la absorción de calor se acelera, y puede concluir en la evaporación simple, la ebullición y/o explosión de la gota, o la coquización de la gota formando esferas de carbón o ceniza.
Es por consiguiente vital el control del tamaño y la distribución de tamaño de las gotas del rocío.

Inyección

El combustible sale del inyector como un chorro de líquido que inicialmente forma hilos, luego se rompe en largos de hilos, y finalmente forma gotas, típicamente de entre 10 y 200 μ.
La velocidad del chorro básicamente controla no sólo el caudal másico sino también la atomización, vale decir, el tamaño de gota. Luego, sería necesario tener un área variable para poder cambiar separadamente el caudal manteniendo la velocidad y el

tamaño de gota. Esto no es práctico en los tamaños de orificio usuales, y se adoptan otras soluciones a este problema, como ser:

- Rotadores mecánicos para impulsar el chorro y acentuar la rotura de hilos:

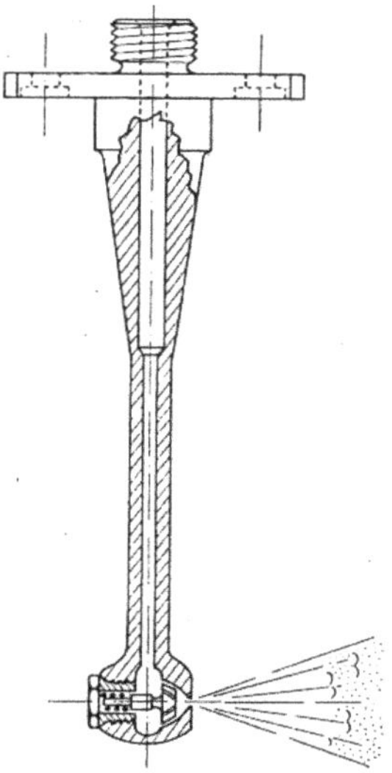

Figura 17.3: Inyector con rotador mecánico (adaptado de Kalnin y Laborie [3])

- Inyectores con piloto (Duplex) que acentúa la rotura de hilos:

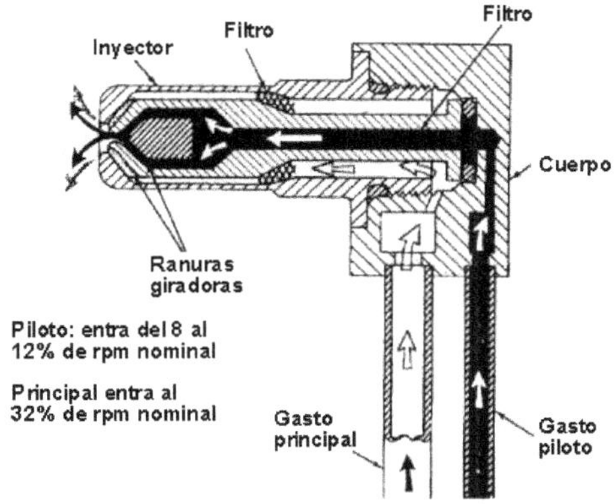

Figura 17.4: Inyector Duplex (adaptado de [])

- Inyectar a muy alta presión, con lo que los menores caudales aún se producen con muy altas presiones de inyección, y el tamaño de gota no varía tanto. Esta técnica tiene el problema que los orificios de inyección resultan muy pequeños, y susceptibles a taparse con partículas de suciedad.
- Inyectar con el combustible aire a alta presión, lo que favorece la rotura de hilos:

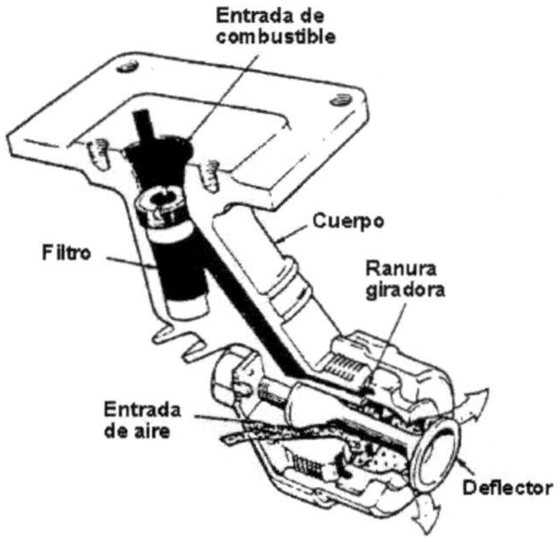

Figura 17.5: Inyector con aire a presión (adaptado de [5])

Otro problema a considerar es la carbonización del combustible en el pico: la cercanía de la llama puede carbonizar el combustible que moja los bordes del pico, formando depósitos que interfieren con el chorro y degradan la atomización. La inyección de aire ayuda a contrarrestar esto. También se ha probado con el lavar el frente del inyector con combustible.

Mezcla y difusión

Al evaporar la gota el combustible evaporado tendería a permanecer cerca de la gota; esto aumenta la concentración y por lo tanto la presión parcial de combustible cerca de la superficie, retardando la evaporación subsiguiente. Además, esto afecta más a las fracciones de hidrocarburos más pesadas y menos a las livianas, con lo que la gota se vuelve más densa y aumenta el riesgo de coquización. Es necesario entonces barrer el combustible evaporado de las cercanías de la gota para acelerar la evaporación.
Esto se logra creando un flujo altamente turbulento, pero a costa de una pérdida de presión total por la creación de turbulencia, que es un proceso típicamente irreversible. Es necesario balancear el nivel de turbulencia con una adecuada atomización y control del rango de tamaños de gota para asegurar la penetración adecuada, es decir, el largo

de la pluma de llama, sin llegar a la coquización o el lavado de las paredes de la cámara con gotas sin evaporar.
Además, la generación de turbulencia debe ser adecuada para todo el rango de flujo másico.
La difusión turbulenta es de vital importancia pues controla la riqueza de la mezcla en la zona de llama. En la zona primaria generalmente se diseña para condiciones estequiométricas, pero los altos niveles de turbulencia hacen necesario proveer un sostén de llama, como se verá.

Quemado

Velocidad de llama

La llama es de difusión turbulenta, por lo que su velocidad no está definida y depende del nivel de turbulencia. La figura siguiente muestra velocidades típicas de llamas de kerosene según la riqueza de la mezcla, y una velocidad típica en la zona primaria del combustor del orden de los 40 m/s:

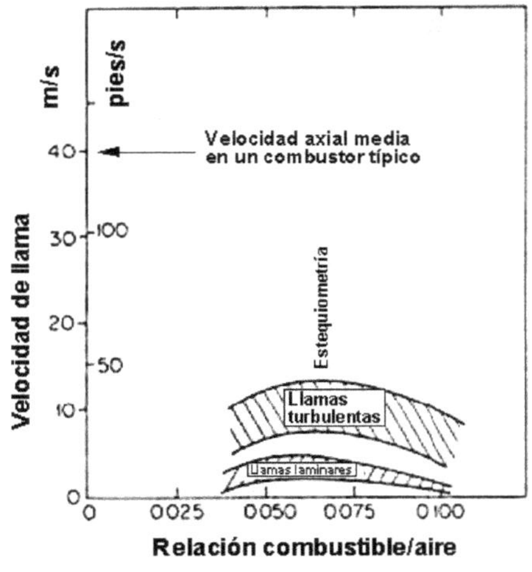

Figura 17.6: Velocidades de llama de kerosene (adaptado de Wilson [6])

La velocidad del flujo en la cámara de combustión se ilustra en la figura siguiente, en términos de números de Mach. A las temperaturas esperables esto equivale a unos 70 m/s a la entrada, reduciendo a unos 25-30 m/s en la zona primaria. Luego, es necesario no sólo una llama turbulenta sino también, como se dijo, retención de llama para evitar su soplado corriente abajo:

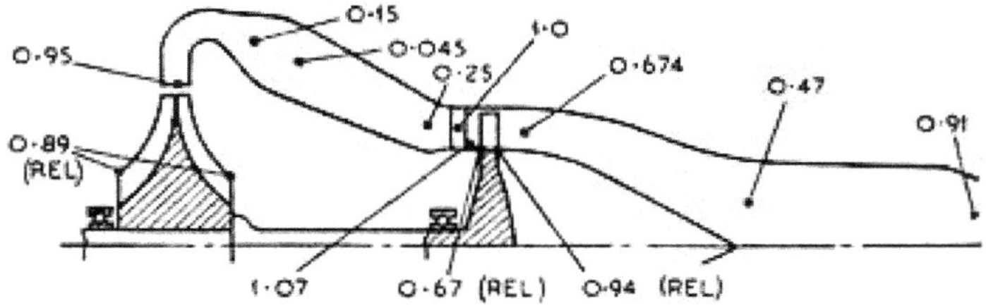

Figura 17.7: Números de Mach típicos (adaptado de Banks [7])

Retardo

De la expresión de la velocidad de reacción deducimos que el tiempo necesario para alcanzar la temperatura de ignición es función de la temperatura inicial

$$t \propto e^{E/RT_0}$$

La figura siguiente muestra algunos tiempos de retardo característicos de combustibles en aire:

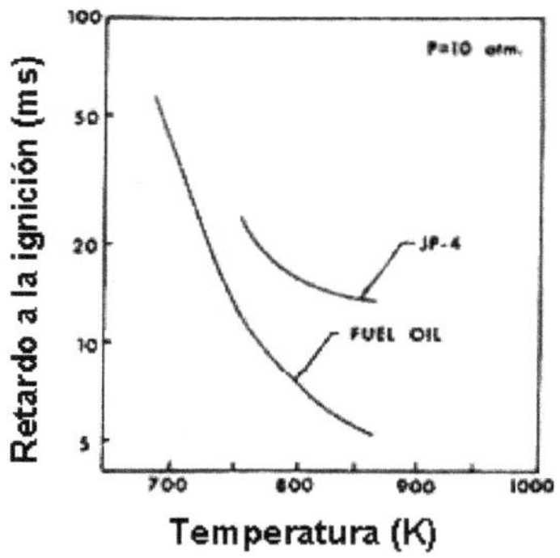

Figura 17.8: Retardo a la ignición (adaptado de Mattingly et al. [2])

Valores característicos de diseño

El diseño de cámaras de combustión para turbinas de gas se basa sobre todo en la experiencia y el ensayo, ya que son demasiado complejas aún con las herramientas computacionales actuales para modelarlas con precisión en base a modelos teóricos. El pre diseño o selección de tamaños y parámetros se basa en el uso de valores característicos que pueden estimarse como sigue:

Tiempos

Los tiempos característicos de ignición se ilustran en la figura siguiente en función de la riqueza de la mezcla:

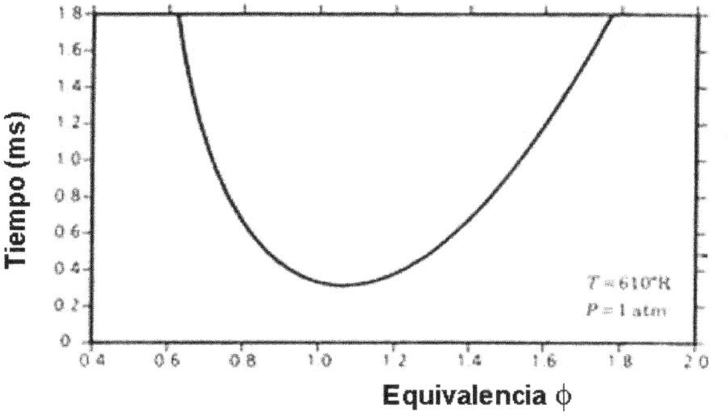

Figura 17.9: Tiempos de ignición vs riqueza (adaptado de Mattingly et al. [2])

Estos tiempos son los que la mezcla debe permanecer en la zona primaria para encender correctamente; caso contrario la llama sería soplada corriente abajo (blowoff). Si, como es usual, hay en la zona primaria una zona de recirculación para retener la llama de longitud L, y la velocidad media del flujo es V, el tiempo característico debiera ser menor que el tiempo de residencia en la zona de recirculación, L/V.
También se encuentra que el tiempo característico es inversamente proporcional a la presión y a la temperatura elevada a una potencia del orden de 2.5. Ambas observaciones tienen influencia en el diseño de la zona de recirculación o retención de llama para el encendido y reencendido a gran altura.

Escala transversal

El valor característico es un área de referencia, relacionada al caudal volumétrico a través de las ecuaciones de flujo conocidas. Valores usuales de número de Mach son M=0.05 a la entrada (zona primaria), M=1 en la salida a toberas, M=0.15-0.2 entre el tubo de llama y la caja de aire. La relación de aspecto largo/ancho es comúnmente del orden de 3-4.

Escala longitudinal

El tiempo de residencia se asume inversamente proporcional a la velocidad de reacción. Como la velocidad de reacción es proporcional a las fracciones molares de los reactantes (elevadas a ciertos exponentes) y (del estudio de energía mínima de ignición) a la raíz cuadrada de la temperatura, podemos asumir el tiempo de residencia

$$t_{res} \propto 1/p^n$$

El tiempo de residencia en una cámara de sección A y caudal volumétrico Q es LA/Q. Reemplazando para el caudal volumétrico las ecuaciones de flujo compresible resulta

$$L \propto \frac{1}{\sqrt{T_t}\,P_t^{\left(n-\frac{\gamma-1}{\gamma}\right)}}$$

siendo T_t y p_t los valores de remanso a la salida de la cámara. Experimentalmente se encuentra que el exponente **n** vale 1.8 para bajas presiones y 1.0 para altas presiones, con lo que el exponente de p resulta ser de orden unitario. Luego:

$$L \propto \frac{1}{\sqrt{T}\,p}$$

Resumiendo, la longitud de la cámara es inversamente proporcional a la presión y la raíz cuadrada de la temperatura, y no es función de la potencia. Es por esto que en las turbinas primitivas, de baja presión y temperatura, las cámaras eran más largas que las actuales.

Intensidad de combustión

Otro valor característico de pre diseño es la intensidad de combustión, medida en $MW/m^3.atm$:

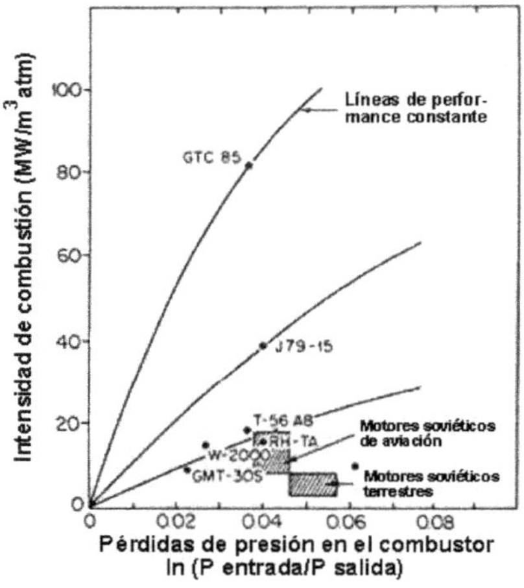

Figura 17.10: Intensidad de combustión (adaptado de Wilson [6])

Esto nos permite estimar el volumen de la cámara.

Como ejemplos de comparación, una caldera de vapor de 30 MW trabajando a presión atmosférica tiene un volumen de aproximadamente 400 m^3, lo que dá una intensidad de combustión del orden de 0.8. La turbina T56, trabajando a 10 atmósferas, tiene una intensidad de combustión más de 20 veces superior.

En este último caso, la liberación de calor es de 20x10=200 MW/m^3. Un motor de CI alternativo de 1500 cc de máxima performance (motor de F1 turbocargado) ronda los 500 HP, o 220 MW/m^3.

Diseño

Tipos de combustores

Los combustores primitivos consistían en cámaras separadas, aproximadamente cilíndricas, denominadas latas (cans), interconectadas para asegurar el encendido. Para alivianar el diseño y uniformizar la presión se adoptó luego el diseño de latas para el tubo de llama y envoltura anular para la caja de aire, forma que se llamó en inglés "cannular". Finalmente, cuando se pudo asegurar la simetría del flujo y la combustión se adoptaron las cámaras totalmente anulares. La figura siguiente muestra las distintas formas:

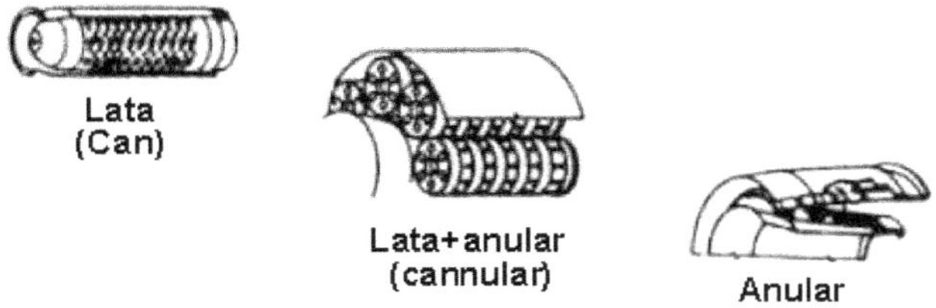

Figura 17.11: Cámaras de combustión (adaptado de Mattingly et al. [2])

Las figuras siguientes muestran ejemplos de cámaras separadas y anulares:

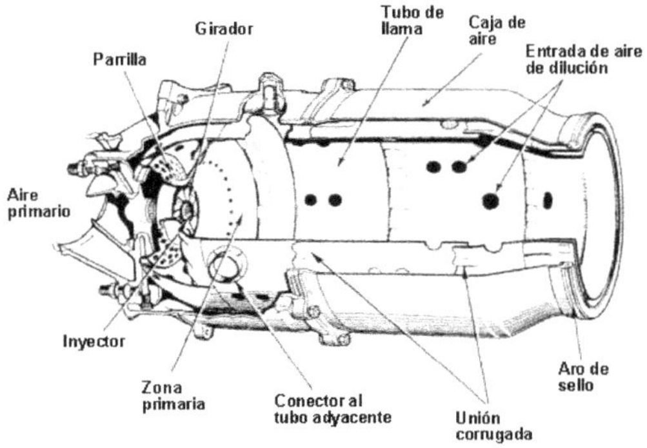

Figura 17.12: Cámara tipo lata (adaptado de Hünecke [1])

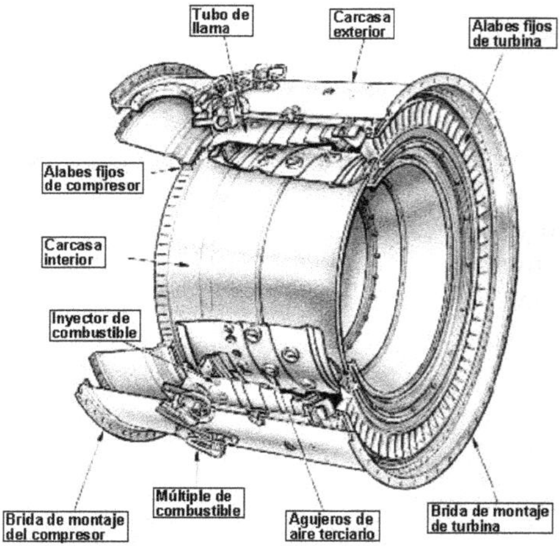

Figura 17.13: Cámara anular (adaptado de Rolls Royce[8])

El flujo en las cámaras puede ser directo en la dirección del compresor a la turbina, inverso, o bien de retorno, con la entrada y la salida adyacentes. Las figuras siguientes muestran realizaciones de cámaras directas y de retorno, antiguas y moderna:

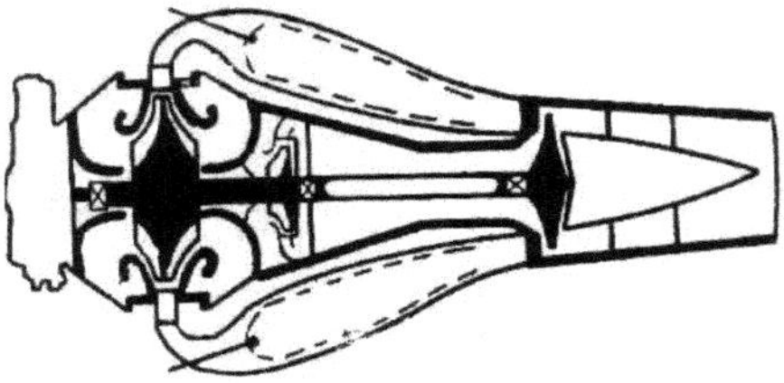

Figura 17.14: Cámara de flujo directo (adaptado de [9])

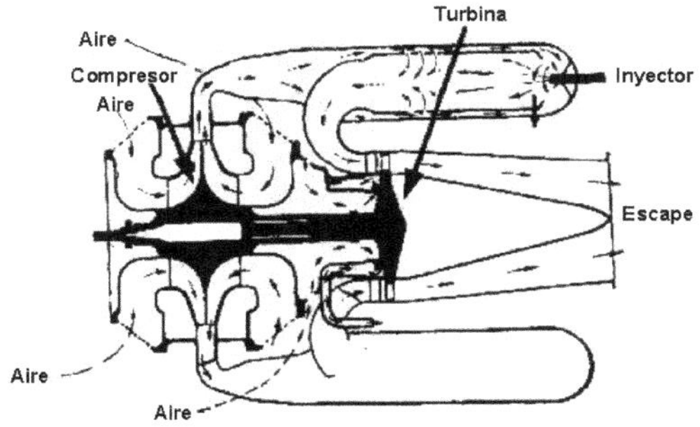

Figura 17.15: Cámara de flujo de retorno (adaptado de [10])

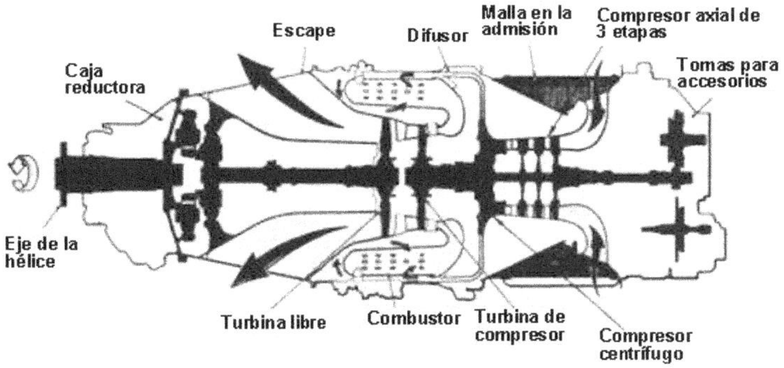

Figura 17.16: Turbina P&W Canada PT-6 (adaptado de Mattingly[11])

Las cámaras plegadas o de retorno permiten acortar el largo del motor, utilizando ejes más cortos y rígidos. Al ser los números de Mach tan bajos en la entrada no hay gran pérdida de presión al invertir el flujo.

Las turbinas terrestres no tienen restricciones de tamaño, área frontal y peso, y pueden incluso utilizar cámaras físicamente separadas del resto del motor:

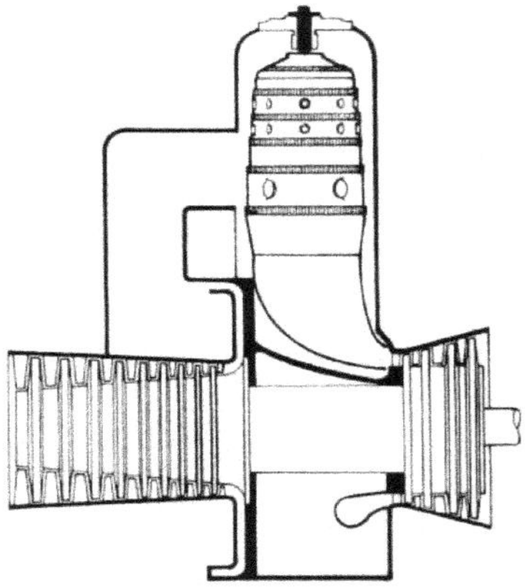

Figura 17.17: Turbina industrial con cámara separada (adaptado de Lefevbre [12])

Regiones

Las cámaras de combustión se pueden considerar divididas en zonas o elementos que cumplen funciones diversas. La figura siguiente indica la nomenclatura en inglés y castellano de las zonas típicas:

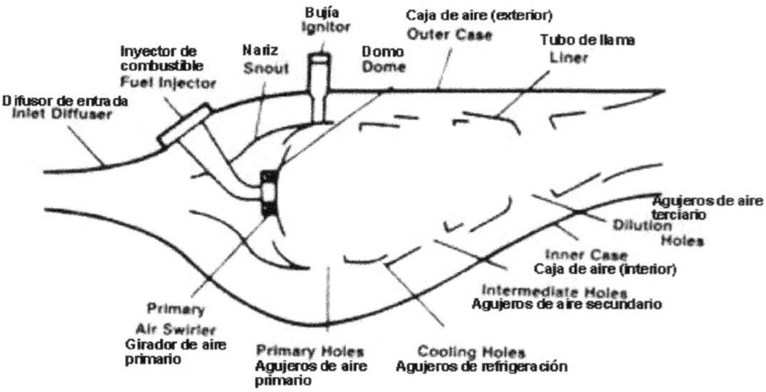

Figura 17.18: Regiones en el combustor (adaptado de Mattingly et al. [2])

El aire ingresa por un difusor y encuentra el tubo de llama, dividiéndose en aire primario y secundario/terciario. El aire primario entra al tubo de llama a través de giradores y otros elementos generadores de turbulencia. El combustible es inyectado a la zona primaria donde se produce la ignición y combustión estequiométrica o ligeramente rica.

Parte del resto del aire ingresa como aire secundario, cuya función es completar la combustión quemando el CO que pudiera haber, y refrigerar el tubo de llama. El resto del aire (terciario o de dilución) ingresa cerca de la salida para reducir la temperatura de los gases al grado aceptable para la primera tobera de la turbina.

Elementos constitutivos

El girador es un simple juego de paletas fijas que imparte una rotación al aire primario para estabilizar la llama en el centro del tubo.

El difusor es un elemento de gran importancia, ya que debe decelerar el aire en la mínima distancia sin grandes pérdidas de presión. Los hay de dos tipos: gradual y brusco. El difusor de entrada es un difusor gradual, y parte del girador actúa como un difusor brusco.

Los difusores graduales tienen límites al ángulo de divergencia dados por la posibilidad de separación del flujo:

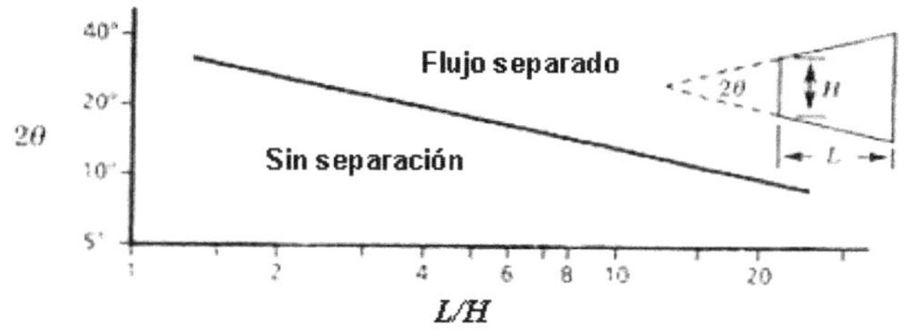

Figura 17.19: Difusor gradual (adaptado de Mattingly et al. [2])

La eficiencia del difusor se define como

$$\eta = C_p / C_{p,ideal},$$

donde C_p es el coeficiente de recuperación de presión total:

$$C_p = \frac{P_{sal} - P_{ent}}{\frac{1}{2}\rho v_{ent}^2}.$$

La figura siguiente muestra las eficiencias típicas de difusores graduales:

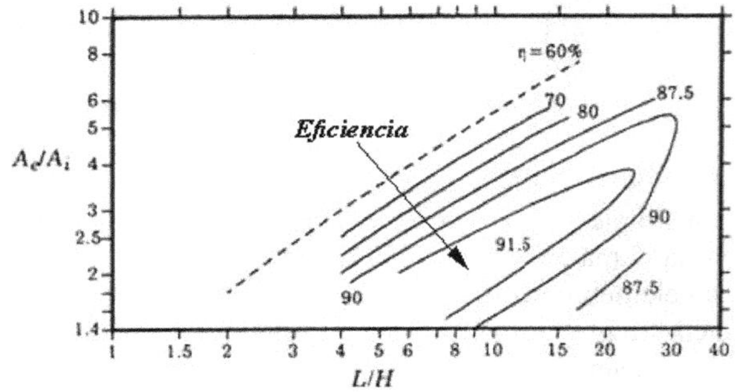

Figura 17.20: Eficiencia del difusor gradual (adaptado de Mattingly et al. [2])

Para los difusores bruscos se pueden utilizar las ecuaciones de flujo compresible con una modificación empírica:

$$\frac{p_{t,sal}}{p_{t,ent}} = \exp\left\{-\frac{\gamma}{2}M_{ent}^2\left[\left(1-\frac{A_{ent}}{A_{sal}}\right)^2+\left(1-\frac{A_{ent}}{A_{sal}}\right)^6\right]\right\}$$

donde las áreas están definidas en la figura siguiente:

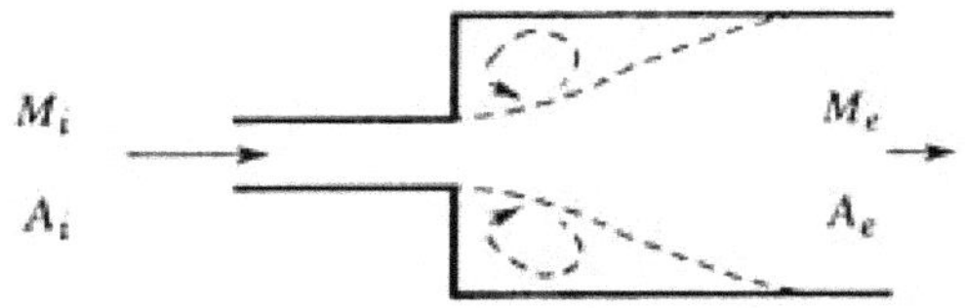

Figura 17.21: Difusor brusco (adaptado de Mattingly et al. [2])

Conociendo el flujo de masa y el número de Mach de entrada se pueden calcular las presiones estáticas y el coeficiente de recuperación de presión.

La elección del tipo de difusor no es sencilla: el difusor brusco tiene menor eficiencia pero el flujo se separa en un área conocida. El gradual es más eficiente, pero el flujo puede separarse en cualquier lugar, e incluso separarse en una sola cara, volviéndose asimétrico.

Control de temperaturas

Temperatura de metal

El tubo de llama requiere refrigeración que se logra por dos vías: por el pasaje de aire secundario y terciario por el exterior, y por el ingreso de aire por orificios y ranuras hacia el interior.

Como estimación de diseño la pérdida de presión en el aire de refrigeración se puede tomar igual a la presión dinámica $\frac{1}{2}\rho v^2$ en el pasaje, estimando un M=0.1

El aire secundario y terciario ingresan por orificios relativamente grandes para mezclarse con la llama, y por orificios más pequeños y ranuras (10 a 15% del total) solamente para refrigerar el metal.

Hay muchas variantes de formas para los orificios de refrigeración, algunas patentadas, perforadas, troqueladas, punzonadas, soldadas, etc. La figura siguiente muestra algunas formas típicas:

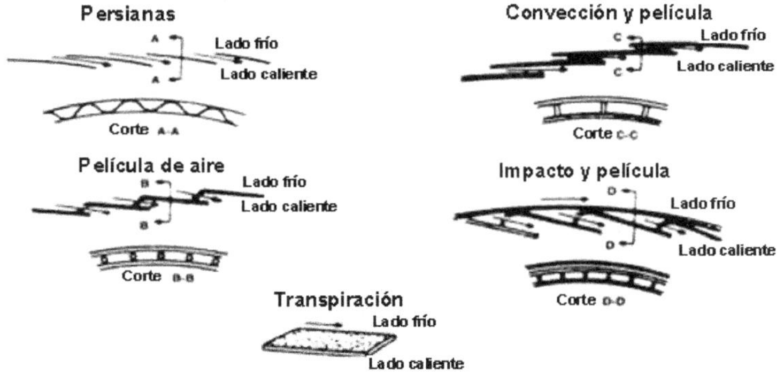

Figura 17.22: Tipos de entradas de aire de refrigeración (adaptado de Mattingly et al. [2])

La diferencias se deben a la búsqueda de formas más robustas (evitar rajaduras por los cambios de temperatura, tensión, fatiga), más económicas de fabricar, con menor pérdida de presión y mejor enfriamiento por convección del metal.

Temperatura de mezcla

El control de temperatura de la mezcla se efectúa por medio del aire secundario y terciario. El objetivo es terminar de quemar el CO y especies intermedias tales como Hidrógeno e hidrocarburos complejos (aire secundario, aproximadamente 20% del total) y reducir la temperatura de los gases y uniformar (aire terciario, aproximadamente 30% del total).

Pérdidas de carga

Se estima que una pérdida de un 1% de presión de remanso en la cámara de combustión causa una pérdida de empuje en una turbina de aviación del 0.2%, lo que en términos económicos es muy considerable.
La pérdida en el domo o nariz del tubo de llama (girador, turbuladores) se puede estimar en un 70% de la presión dinámica local. En el espacio entre la carcasa o caja de aire y el tubo de llama, pérdidas despreciables; en el pasaje por los orificios de refrigeración, una presión dinámica local, y en el difusor (ver gráfico de eficiencia), 30% de la presión dinámica local.
Como ejemplo, si aceptamos una relación aire/combustible con 300% de exceso (valor usual en turbinas de gas), y una relación de compresión de 10 a 1, podemos estimar:

- Densidad: 10; Velocidad de entrada: (M=0.1) 35 m/s, Presión dinámica: $\frac{1}{2}\rho v^2$=10kPa, o sea, 1% de la presión total de 10 atm, pero sobre el 33% del caudal, es decir, 0.33%
- En el pasaje, una presión dinámica (10 kPa o 1%), sobre un 15% del caudal, o sea 0.15%
- En el difusor, 30% de la presión dinámica, sobre el 100% del caudal, o sea 0.3%

La suma es del orden del 0.8 al 1% de la presión total de 10 atmósferas.

Condiciones anormales

Blowout

El blowout es el apagado por exceso de velocidad de aire. Se puede presentar en condiciones de mezcla rica y pobre, ya que la velocidad de llama es máxima en condiciones estequiométricas. Las condiciones de blowout se pueden presentar si se cambia el caudal de combustible muy rápidamente, sin dar lugar a que la nueva demanda de potencia cambie el caudal de aire entregado por el compresor, alterando la riqueza de la mezcla.
También puede deberse, en los aviones, a cambios en la velocidad, altitud o actitud de vuelo, como ser, la puesta en ralentí (condiciones de patrulla) al fin de una trepada, o una picada sin potencia (empobrecimiento en ambos casos) o en el despegue o una aceleración brusca en altura (enriquecimiento en ambos casos).

Extinción

Aún si la mezcla es estequiométrica en la zona primaria, la cantidad de calor liberada puede ser insuficiente para mantener la vaporización del combustible y calentar la mezcla hasta la temperatura de ignición, particularmente debido a las pérdidas por radiación. Luego, la bola de fuego es muy pequeña y se extingue. Las causas pueden ser reducción muy brusca de potencia, mal funcionamiento de los inyectores, falla de la unidad de control de combustible.

Hot start

En el arranque la cámara de combustión está fría, no hay radiación infrarroja, y las gotas no evaporan totalmente. Puede suceder que una cantidad importante de gotas alcance las paredes de la cámara, escurriéndose y acumulándose en el fondo. Al producirse la ignición se eyecta el combustible líquido, quemando en la zona de toberas y turbina, con grave riesgo de sobre temperaturas.
Para evitar esto el fabricante de la turbina de gas usualmente específica severos límites para las maniobras de arranque, incluyendo períodos de encendido e inyección, y de descanso y giro en vacío (motoring) para casos de fallo en encender.

Factor de carga, estabilidad

La estabilidad de la llama, incluyendo la posibilidad de blowout, puede estudiarse en forma experimental utilizando el parámetro de carga del combustor, definido por:

$$CLP(\text{Combustion Load Parameter}) = \frac{G}{p^n V},$$

siendo G el caudal másico de aire en libras masa por segundo, p la presión en atmósferas y V el volumen de la cámara en pies cúbicos. El exponente **n**, ya visto, vale 1.8 a bajas presiones y 1.0 a altas presiones.
Para cada valor del CLP (variando el caudal o la presión) se varía el caudal de combustible hasta lograr blowout o algún signo de inestabilidad ("tos"). Los resultados se resumen en la figura siguiente:

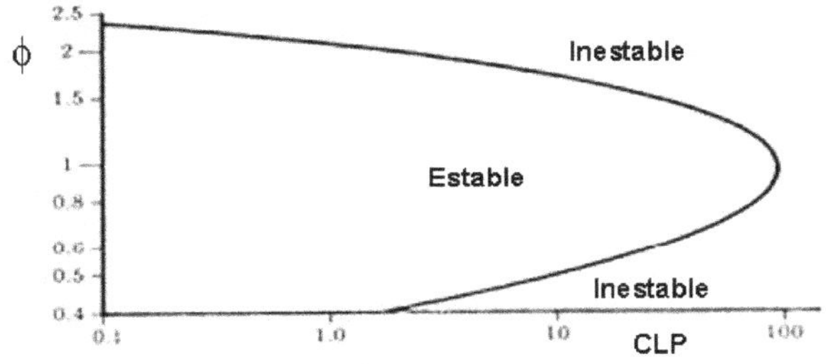

Figura 17.23: Gráfica de estabilidad de un combustor (adaptado de Mattingly et al. [2])

Como la llama se sopla más fácilmente a menor presión, puede facilitarse el experimento manteniendo todas las condiciones constantes y reduciendo la presión hasta soplar la llama.

Se nota que, a CLP fijo, puede producirse soplado tanto en mezcla rica como pobre, como ya se mencionó. También, que con riqueza fija la llama se sopla aumentando el caudal (potencia) o reduciendo la presión (altura)

Reencendido en vuelo

Supongamos dado el diagrama velocidad-altura para el avión, con sus límites dados por la aerodinámica y la resistencia estructural.
De las características de la turbina de gas obtenemos el rango de riqueza con que se puede operar a mínima potencia, y con este rango el valor máximo de CLP (por ejemplo, $0.5 \leq \phi \leq 1.7$, CLP=10).
Con el CLP máximo y el caudal másico a mínima potencia obtenemos la presión, y con la relación de compresión del compresor la presión de admisión y por ende la altura de vuelo.
Por otro lado, con las condiciones a mínima potencia obtenemos el empuje y por consiguiente la velocidad del avión.
Graficando estos pares altura-velocidad a CLP máximo obtenemos un nuevo límite a la operación del avión dado por la estabilidad de la combustión:

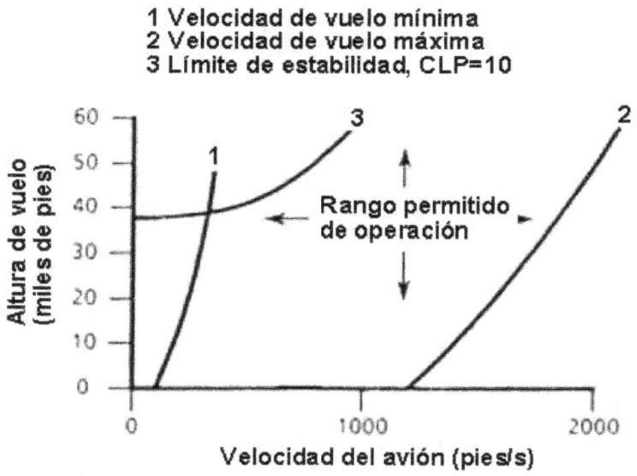

Figura 17.24: Gráfica del rango de operación del avión (adaptado de Mattingly et al. [2])

Se nota que la estabilidad de la combustión reduce la habilidad de volar a bajas velocidades a gran altura. Esto también implica que puede ser necesario acelerar (aumentar la presión de admisión por efecto de la presión dinámica) para poder reencender el motor: es por ello que se debe acelerar "picando" el avión para reencender.
Otras observaciones a este respecto serían que en la "picada" el rotor de la turbina debe poder acelerar (por efecto de la presión dinámica y efecto de molinete) al menos

hasta un 60% de la velocidad nominal de rotación para que se pueda reencender, y que sería necesario aumentar la energía de encendido ya que la mezcla seguramente será rica.

Performance

Eficiencia de la combustión

La eficiencia de la combustión es una medida de cuánto se aproximan las condiciones reales a la reacción de combustión completa con agua y dióxido de carbono como únicos productos de combustión. En un buen diseño se requieren eficiencias del 98% y más.

No existe una manera sencilla de estimar esta eficiencia sin modelar completamente la mecánica de los fluidos y la combustión turbulenta en la cámara por medios computacionales, lo que no está aún disponible para el diseñador.

Existen fórmulas empíricas en unidades mixtas (USA). Se computa un parámetro de reacción:

$$\theta = \frac{p_{\mathrm{t,ent}}^{1.75} \, A H \, e^{T_{\mathrm{ent}}/b} \, x 10^{-5}}{G},$$

donde A y H son el área y la altura de la cámara y el parámetro **b** viene dado por

$$b = 382\left[\sqrt{2} \pm \ln\left(\varphi/1.03\right)\right].$$

La figura siguiente muestra los valores de eficiencia de combustión esperables según el parámetro de reacción:

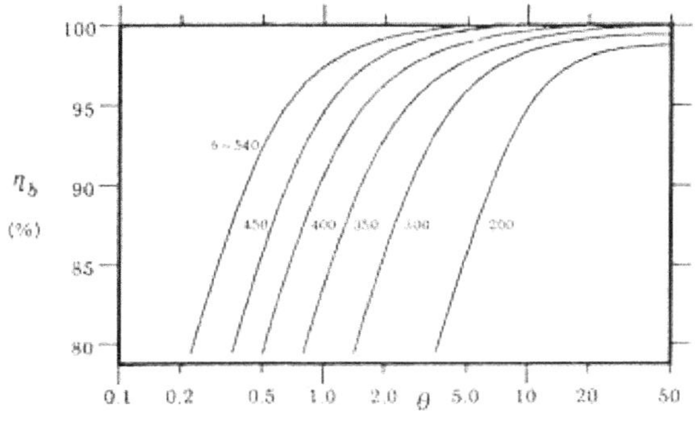

Figura 17.25: Eficiencia de la combustión (adaptado de Mattingly et al. [2])

Por ejemplo, con p=20 atm, T=850K, G=30 kg/s, A=0.1 m^2 y H=5 cm y ϕ=0.8. Convertimos todo a lb, ft^2, ft, psi y °F, y obtenemos b=444, θ=30, con lo que resulta η=0.995.

Se debe notar que el valor de riqueza es un valor local, por lo que se debe repetir el cálculo en un número de zonas de riqueza aproximadamente uniforme e integrar numéricamente para estimar la eficiencia global.

Distribución de temperaturas en la salida a toberas

La uniformidad circular de las temperaturas de salida de la cámara anular o del conjunto de cámaras separadas se mide con un factor denominado "Pattern Factor" que se define como:

$$PF = \frac{T_{t,\max} - T_{t,prom}}{T_{t,prom} - T_{t,ent}}.$$

Se utiliza aquí la mayor temperatura observada y el promedio radial y circunferencial. Este factor suele estar entre 0.2 y 0.5, y el objetivo es mantenerlo entre 0.15 y 0.25. El mínimo es cero.

Perfil radial

La distribución de temperaturas en cualquier tobera en la dirección radial también tiene sus límites, medidos por un factor de perfil:

$$P_f = \frac{T_{t,max,prom} - T_{t,ent}}{T_{t,prom} - T_{t,ent}}$$

Se utilizan aquí las temperaturas máximas en cada tobera, cualquiera sea su posición radial, promediadas circunferencialmente pero no radialmente. El mínimo de este perfil es 1, y el objetivo es que no exceda 1.06.

Referencias

[1] Hünecke, K.; Jet engines, fundamentals of theory, design and operation; Motorbooks International, Wisconsin, 2000.
[2] Mattingly, J. D.; Heiser, W. H., and Daley, D. H; Aircraft engine design; AIAA, 1987
[3] Kalnin, A., y Laborie, M.; Motores a reacción, Monteso Editores, Barcelona, 1968.
[4] www.globalsecurity.org/military/library/policy/army/accp/al0993/le3.htm
[5] www.expertsanswer/questions/burners-aircraft-engine-30111616.aspx
[6] Wilson, D. G.; The design of high efficiency turbomachinery and gas turbines; MIT Press, New York, 1985
[7] Banks, F. R.; Power units for future aircraft; Flight, April 1946, páginas 371-374.
[8] The Jet Engine, Rolls Royce PLC, Derby, 1986.
[9] http://www-g.eng.cam.ac.uk/125/achievements/whittle/images/fs3-11a.jpg
[10] http://www-g.eng.cam.ac.uk/125/achievements/whittle/images/fs3-8.jpg
[11] Mattingly, J. D.; Eelements of propulsion: gas turbines and rockets; AIAA, 2006.
[12] Lefevbre, A. H.; Gas turbine combustion; Hemisphere, New York, 1983.

Capítulo 18
Quemadores industriales

Eduardo Brizuela

General

Los quemadores industriales son utilizados mayormente en hornos y calderas, aunque hay un gran número de otras aplicaciones, tales como calefacción, incineración, metalurgia, etc.

Los combustibles utilizados pueden ser gaseosos (mayormente gas natural), líquidos (mayormente fuel oil y gasoil pesado) o sólidos (carbón). El tipo de combustible determina las características del quemador a utilizar.

Quemadores a gas

Los quemadores a gas pueden ser del tipo premezclado o de difusión.

Quemadores de premezcla

Los quemadores de premezcla tradicionalmente fueron menos utilizados que los de difusión por su inestabilidad, lo que puede traer aparejado el despegue o volado de la llama del quemador, o el retorno de la llama hacia el interior.

Sin embargo, tienen sus ventajas ya que permiten:

- lograr temperaturas más elevadas que las conseguidas con las llamas de difusión,
- alta relación entre el calor liberado y el volumen que ocupa la llama,
- reducir el espacio destinado al desarrollo del proceso de combustión.

Comúnmente producen llamas transparentes. En general, la radiación emitida se limita al espectro de bandas de los productos de la combustión completa (CO2 y H2O).

Las velocidades de llama definen el area a utilizar para una potencia determinada:

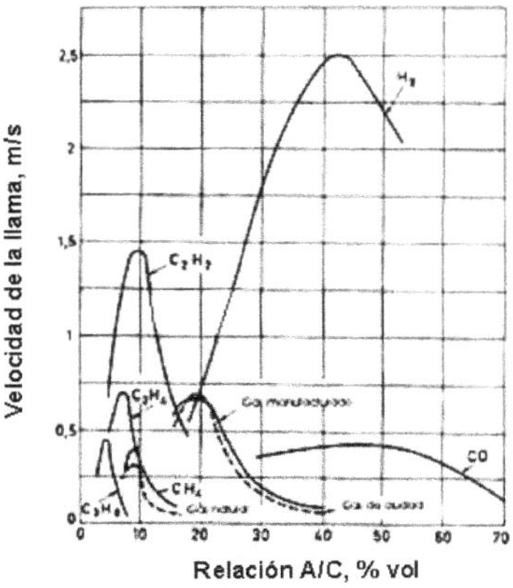

Figura 18.1: Velocidades de llamas de premezcla (adaptado de Hostalier [1])

Retroceso

Como se vio en el capítulo sobre estabilidad de llamas, las paredes frías ejercen una acción inhibidora de la combustión. Existe un diámetro límite que es el mínimo requerido para que se propague la combustión. Su valor depende de la naturaleza de la mezcla y de la temperatura de la pared.
Este diámetro se reduce al definir una distancia de seguridad, en la que se tiene en cuenta el calentamiento de las paredes por la llama. En la tabla siguiente se dan los valores típicos para diversos combustibles:

Combustible	Diámetro Límite (mm)	Diámetro de seguridad (mm)
H_2	1	0,28
CO	2	0,56
CH_4	3,3	0,93
C_3H_8	3,4	0,96

Tabla 18.1: Diámetros de seguridad

A bajos caudales se puede producir un retroceso de la llama hacia el mezclador, salvo que el orificio de salida tenga un diámetro inferior a la distancia de seguridad, o que se coloque una malla inferior a esa distancia.
En equipos de potencia calórica importante, el sistema de combustión se protege garantizando un caudal mínimo.
También puede protegerse el retroceso colocando en el tubo de premezcla mallas o esponjas metálicas de distancias de pasaje inferiores a la distancia de seguridad.

Desprendimiento de llama o soplado

Cuando aumenta el caudal de la mezcla la llama se puede hacer aérea e inestable y puede llegar a desprenderse del quemador.
Para contrarrestar el fenómeno se emplean dispositivos denominados estabilizadores como los que se describen en las figuras siguientes:

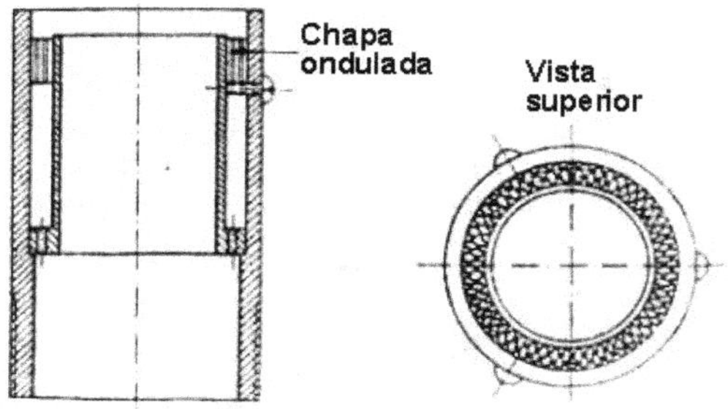

Figura 18.2: Estabilizadores de llama (adaptado de Marquez [2])

Esta disposición genera una corona de pequeñas llamas que rodean a la llama principal y la estabilizan. Este mismo método se emplea en quemadores tipo antorcha para trabajos al aire libre.
En hornos la estabilización se consigue con refractarios que proveen una zona de recirculación ya sea por flujo anular o por ensanchamiento brusco, como se muestra en las dos figuras siguientes:

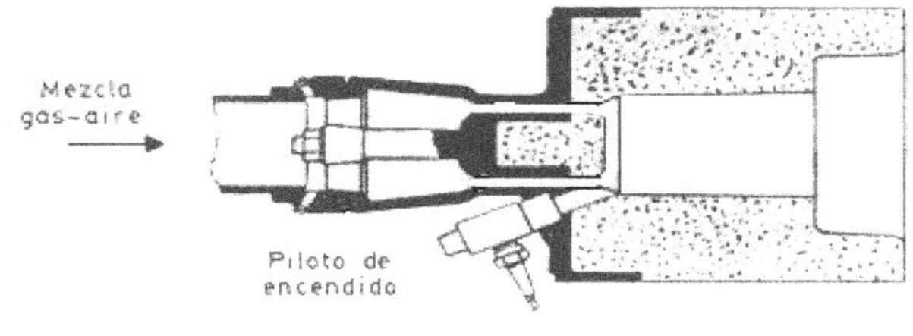

Figura 18.3: Estabilización por flujo anular (adaptado de Marquez [2])

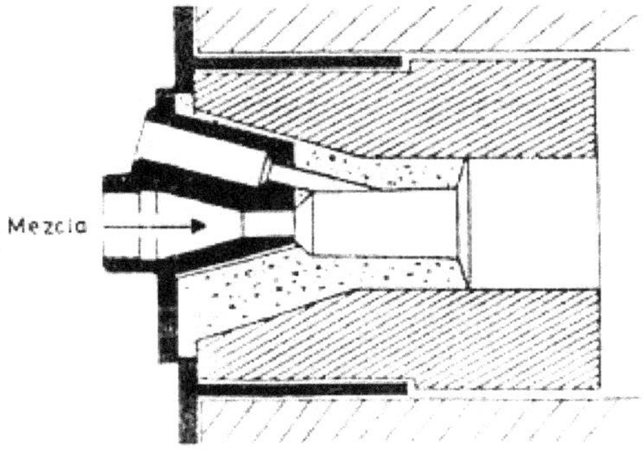

Figura 18.4: Estabilización por ensanchamiento brusco (adaptado de Marquez [2])

Características de funcionamiento

Su flexibilidad es limitada, en potencia, por los límites de estabilidad de la llama (en equipos industriales difícilmente se consigan flexibilidades superiores a ¼), y en tasa de aireación, como consecuencia de los límites de inflamabilidad.
El retroceso de llama se evita, como ya se dijo, reduciendo los orificios de alimentación. Es por ello que la potencia de estos quemadores se limita a 200 KW para los de premezcla total y 500 KW para los de premezcla parcial.
La recuperación de calor también se dificulta por el riesgo de calentar la mezcla.
Se los utiliza en trabajos que requieren aplicaciones de llama de alta temperatura o desarrollo puntual de calor.

Quemadores atmosféricos

Se utilizan en artefactos domésticos. El gas combustible actúa como inductor, arrastrando parte del aire necesario para la combustión (aire primario) de la atmósfera.

Las características propias del quemador antes de la combustión son el caudal calórico y el caudal de aire primario arrastrado.

Caudal calórico (H_c):

Se define como el producto entre el caudal volumétrico del gas combustible expresado en m^3/hora (Q_{gas}) y su poder calorífico superior (PCS) expresado en J/m3.

La fórmula aproximada del caudal volumétrico del gas combustible es:

$$Q_{gas} = \frac{CS\sqrt{P}}{\delta}$$

donde

δ : densidad del gas combustible relativa al aire,

P: presión relativa del gas combustible, antes del inyector

S: sección de pasaje del inyector

C: coeficiente que depende de las unidades utilizadas, de la forma del orificio inyector y de la temperatura.

Finalmente, el caudal calórico puede expresarse como

$$H_c = Q_{gas} PCS$$

De donde se deduce que, dentro de ciertos límites, el caudal calórico es proporcional a la presión de alimentación de gas combustible.

Esta fórmula es válida siempre que se desprecie la compresibilidad del gas, como es el caso del gas combustible que se utiliza en los artefactos domésticos.

Caudal de aire arrastrado:

El aire arrastrado por el chorro de gas sigue la teoría del chorro confinado, similar a la del chorro libre en sus postulados básicos.

Suponiendo que la cantidad de movimiento se conserva dentro del quemador, y despreciando la influencia de las presiones y los rozamientos contra las paredes, se puede expresar que:

$$M_{gas} \; V_{gas} = M_{aire} \; V_{aire}$$

donde:

M_{gas}: es el caudal másico de gas

V_{gas}: es la velocidad del gas en el inyector

M_{aire}: es el caudal másico del aire

V_{aire}: es la velocidad del aire

Reemplazando las variables conocidas, la relación A/C se puede expresar como

$$A/C = \frac{\text{Caudal de aire}}{\text{Caudal de gas}} = \sqrt{\text{Densidad relativa del gas}\,\frac{\text{Area de entrada de aire}}{\text{Area del pico de gas}}}$$

Esta última relación nos indica que, dentro de ciertos límites operativos, la proporción de aire primario arrastrado, por unidad de volumen de gas combustible inyectado, es independiente de la presión de alimentación de ese gas combustible que alimenta el quemador.

El buen funcionamiento del quemador exige que la llama se estabilice en el lugar previsto para ese fin, y que tenga una estructura y dimensiones bien definidas.

Para cada quemador en particular puede ser trazado un diagrama similar al representado en la figura siguiente. Las abscisas corresponden a la proporción de aire primario referido a la cantidad de aire estequiométrica y las ordenadas al caudal calórico por unidad de área de los orificios de salida del quemador.
Las presiones a las que se inyecta el gas combustible son de 180 mm de columna de agua para el gas natural, y 280 mm de columna de agua para el propano.
La zona de funcionamiento satisfactorio del quemador está limitada por curvas límites de estabilidad de llama y combustión higiénica (sin CO ni hollín).

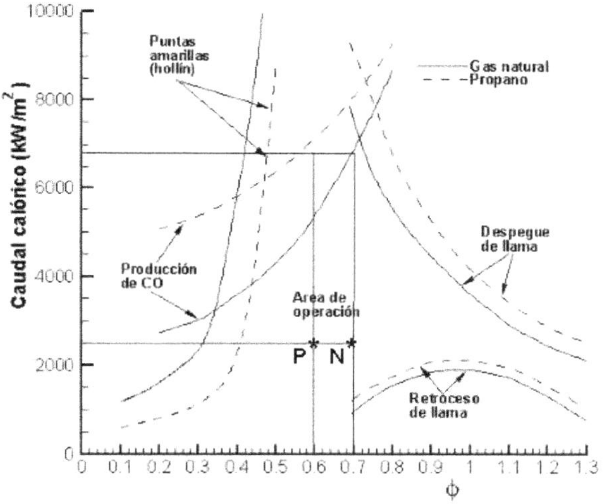

Figura 18.5: Diagrama de funcionamiento del quemador a gas (datos de Delburg [3])

El punto N corresponde al funcionamiento del quemador cuando se lo utiliza con gas natural, y el P se corresponde con el funcionamiento con propano, para un rango de caudal calórico y un tamaño de pico dados. Dada la diferencia en estequiometría, para el mismo caudal calórico resulta una equivalencia distinta para los dos gases (0.6 y 0.7).
Se nota que, si se utiliza el mismo quemador, no es posible que pueda funcionar indistintamente con cualquiera de los dos gases antes mencionados en todo el rango de operación. Es decir, no son gases intercambiables. Para que pueda funcionar con propano resultaría necesario modificar el diseño del quemador, cambiando el inyector.

Quemadores oxi-gas

Este tipo de quemadores se utilizan cuando se requieren temperaturas elevadas o flujos de calor puntuales, como es el caso de los sopletes.
Como combustible se utilizan C_2H_2, C_3H_8, tetreno C_3H_6 y gas natural. En la tabla siguiente se muestran parámetros típicos para distintos tipos de combustibles.

Combustible	Temperatura teórica de llama, °C	Potencia específica del frente de llama kW/cm^2	Oxígeno práctico m^3/kWh
Gas natural	2740	3,8	0,191
Propano	2820	5,4	0,172
Tetreno	2895	5,6	0,169
Acetileno	3300	23,0	0,127

Tabla 18.2: Combustión de gases comerciales

Quemadores de difusión

Son aquellos dispositivos utilizados para los procesos de combustión en los cuales el gas combustible y el aire penetran en la cámara de combustión en forma separada. La mezcla se produce por difusión turbulenta en el espacio previsto para la combustión.

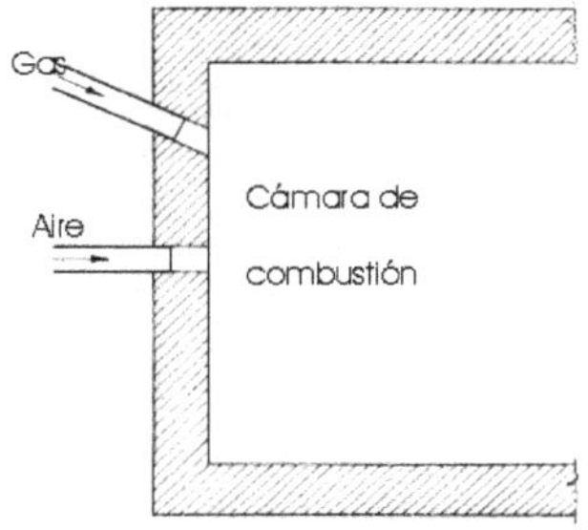

Figura 18.6: Quemador de difusión (adaptado de Salvi [4])

Los quemadores de difusión dan llamas largas, poco intensas y de temperaturas relativamente bajas.

Quemadores de llama larga y luminosa

En la figura siguiente se esquematiza la aplicación de un quemador a gas con llama de difusión típico de la industria del vidrio, utilizado para la fusión en hornos a cubeta.

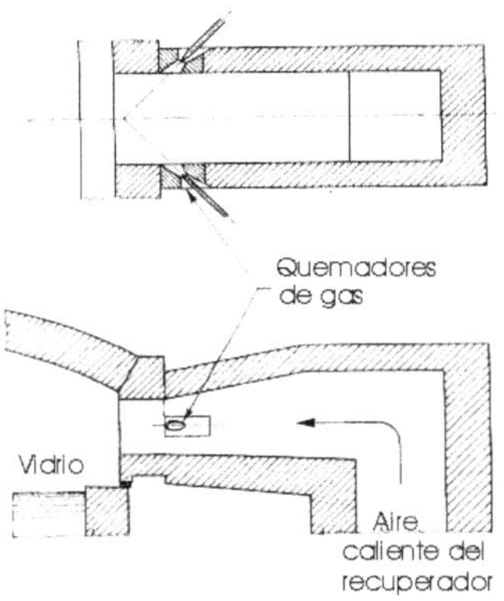

Figura 18.7: Quemador de llama larga y luminosa (adaptado de Salvi [4])

Las toberas del gas se ubican próximas al ingreso de la cámara de combustión, mientras que el aire precalentado proviene de un conducto lateral. Variando la inclinación del chorro, es posible obtener diversas velocidades de combustión; un ángulo de 45 grados produce una combustión rápida, mientras que con el flujo de gas paralelo al del aire se obtiene una reducción de la velocidad de la combustión y por lo tanto una llama larga y luminosa.
El dispositivo precedente, modificado según el esquema reproducido en la figura siguiente, produce llamas de luminosidad variable.

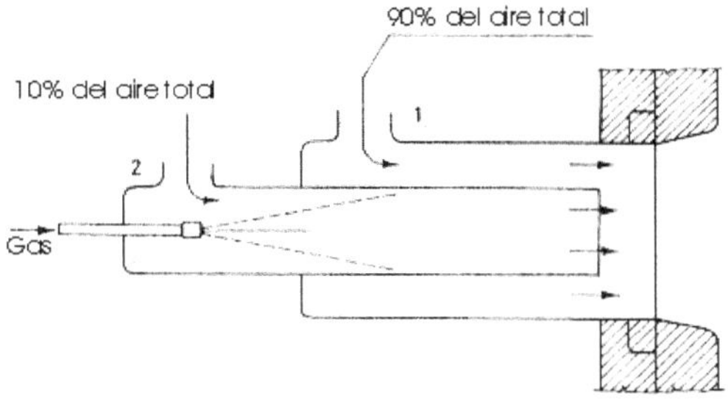

Figura 18.8: Quemador de luminosidad variable (adaptado de Salvi [4])

La figura siguiente muestra un quemador para producir llamas de luminosidad variable de gran rango de regulación.

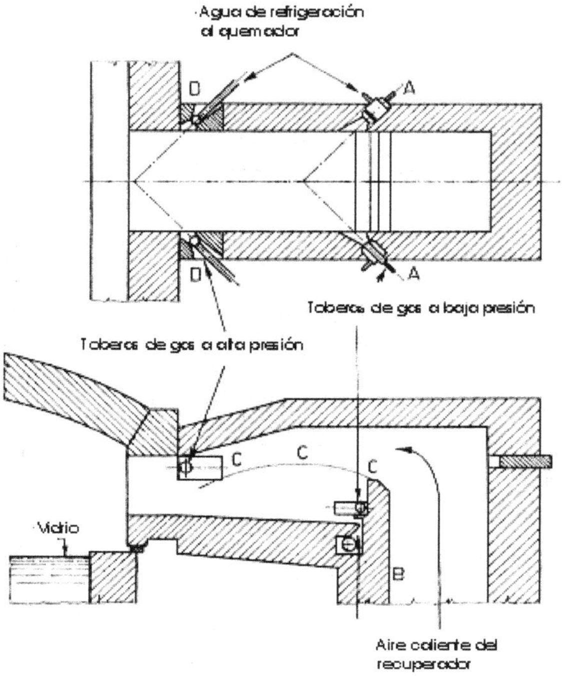

Figura 18.9: Quemador de luminosidad variable (adaptado de Salvi [4])

El gas se introduce a baja presión en las toberas A y a alta presión en las toberas D. El flujo de aire precalentado encuentra primero el gas proveniente de A y en esa zona se inicia la combustión. La radiación provocada por esta combustión craquea el gas proveniente de D, dando lugar a una llama luminosa. Si el caudal total de gas proviene de A, no se tiene craqueo y por lo tanto se tiene una llama larga pero poco luminosa; si el gas fluye solo de D la llama se vuelve violeta y alcanza alta temperatura. Por lo tanto, variando la relación entre los caudales provenientes de A y D, se puede obtener fácilmente el grado de luminosidad requerido para un buen comportamiento del horno. El dispositivo descripto forma parte integral del horno; existen quemadores industriales construidos en versión monoblock que utilizan el mismo principio.

El craqueo también puede ocurrir en la boca del refractario del quemador como es visible en la figura siguiente. En este quemador hay un collar adjunto al tubo central, que tiene el objeto de favorecer la reacción de craqueo.

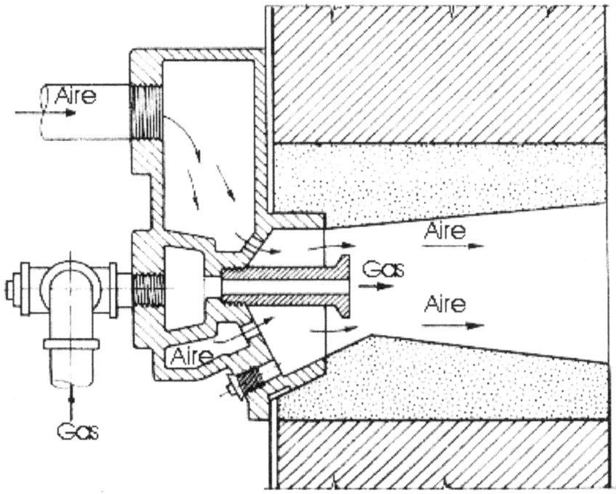

Figura 18.10: Quemador a llama larga y luminosa con craqueo en la boca refractaria (adaptado de Salvi [4])

Quemadores con mezcla en la tobera

En el caso de los quemadores "nozzle mix", o sea con mezcla en la tobera, el gas y el aire para la combustión se mezclan en el instante que dejan los respectivos orificios de salida. Los dos fluidos vienen separados en el quemador y las toberas se proyectan de modo de asegurar una mezcla rápida de aire y gas. La combustión se completa dentro de una boca refractaria. En este tipo de quemadores, la velocidad de combustión toma valores intermedios entre aquellos obtenidos con los quemadores a difusión y los de premezcla total.

Sus principales ventajas se centran en la posibilidad de obtener un campo de regulación muy amplio y de reducir la potencia absorbida por el ventilador del aire para la combustión.

En el modelo ilustrado en figura siguiente el aire se proyecta al centro a alta velocidad, penetrando con violencia en el gas proveniente de una serie de agujeros coaxiales. La presión del gas requerida no es muy alta y se obtiene una llama que asegura una profunda penetración del gas caliente dentro del hogar.

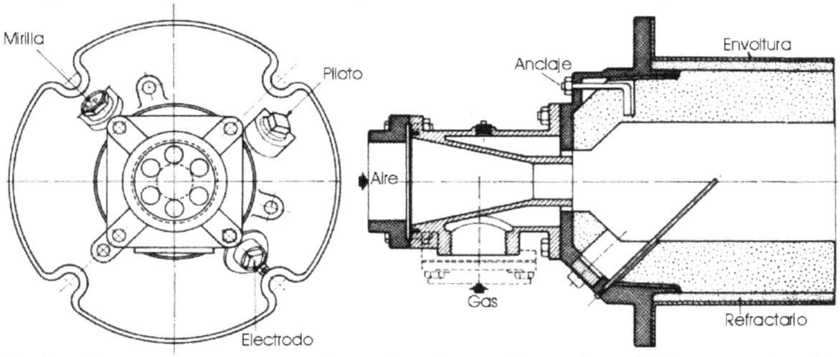

Figura 18.11: Quemador con mezcla en la tobera ("nozzle-mix") y penetración fuerte (adaptado de Salvi [4])

En la figura siguiente se muestra un quemador "nozzle mix" de llama corta y poco luminosa. El aire fluye por una serie de pequeños orificios que circundan el flujo de gas proveniente de un orificio central. El aire se proyecta a fuerte velocidad sobre la vena gaseosa, produciendo una llama corta e intensa. Este dispositivo permite la posibilidad de poder quemar sin retorno de llama en un campo de regulación muy extenso, hasta un máximo de 1:20. El gas llega a una presión comprendida entre 25 y 150 mm H_2O y el aire entre 125 y 200 mm H_2O.

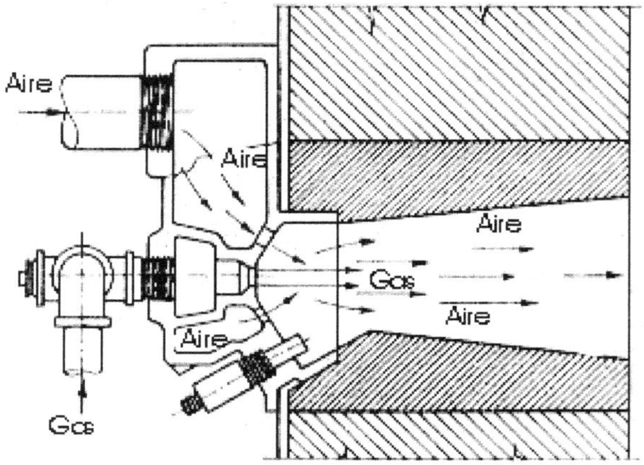

Figura 18.12: Quemador del tipo "nozzle-mix" para llama corta y poco luminosa (adaptado de Salvi [4])

Hasta aquí se han tratado las llamas largas y luminosas, o las duras a alta temperatura. Puede ser que en algunos casos interese la utilización de un quemador a llama "fría", por ejemplo en los hornos a baja temperatura, o donde se requiere una buena circulación de gas en el horno para mejorar la uniformidad de la temperatura. En la figura siguiente se registra un ejemplo de tales quemadores, que pueden funcionar con un exceso de aire de hasta el 400 %.

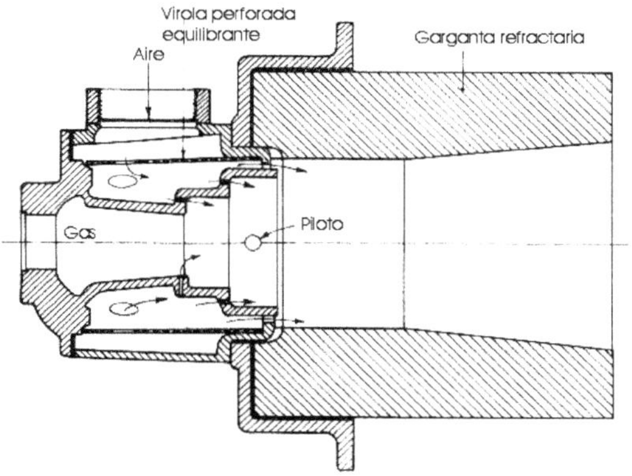

Figura 18.13: Quemador con exceso de aire (adaptado de Salvi [4])

Cuando se debe quemar gas pobre no tratado, como el gas de alto horno o de gasógeno, disponible a muy baja presión y a temperatura elevada, se pueden utilizar quemadores como el de la figura siguiente. La caja de aire posee un deflector que le da al aire un fuerte movimiento helicoidal. La mezcla y turbulencia debe ser asegurada, ya que el efecto de penetración del gas es prácticamente nulo.

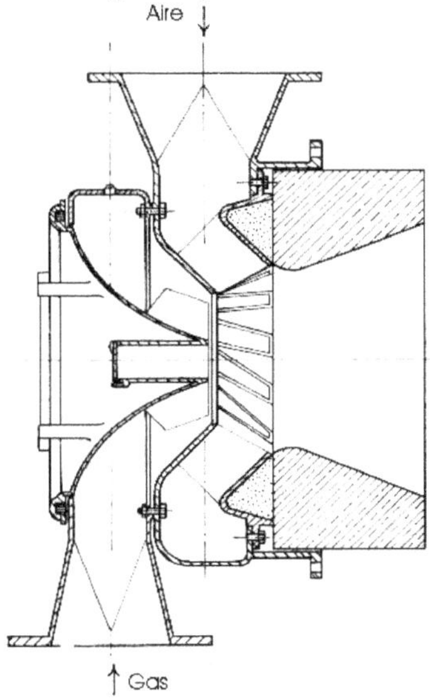

Figura 18.14: Quemador para gas pobre (adaptado de Salvi [4])

En aquellos hornos en los cuales es necesario proteger los materiales de la acción de los productos de la combustión se utilizan quemadores a tubos radiantes como medio de calentamiento.

Quemadores alimentados por aire* y *gas a presión.

La longitud de la llama obtenida depende del tiempo de mezcla. Muy frecuentemente se desea obtener una llama corta y caliente, es decir, una velocidad de combustión elevada tendiente a asemejarse a los quemadores con mezcla previa; se busca entonces disminuir los tiempos de mezcla favoreciendo esto la creación de una turbulencia artificial.

Quemadores con escurrimientos convergentes de aire y gas.

La figura siguiente muestra una realización clásica de un quemador a filetes convergentes de aire y gas.

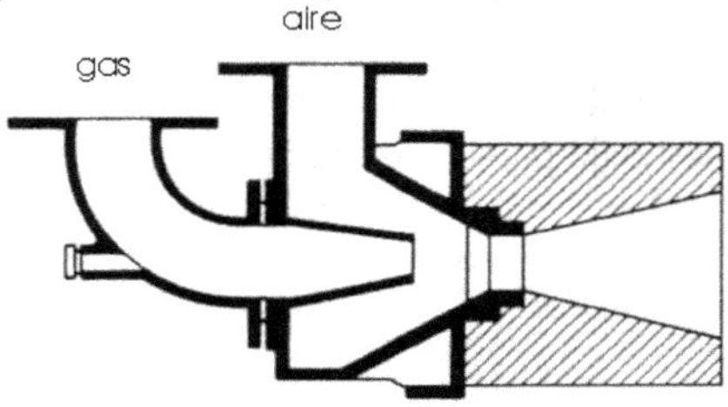

Figura 18.15: Quemador con salidas convergentes de aire y gas (adaptado de Hostalier [1])

El quemador de la figura siguiente está provisto de un deflector regulable sobre el flujo central de aire que desemboca en el difusor de una abertura lateral en forma de venturi alimentado en el cuello por un flujo anular de gas. El deflector móvil permite regular la longitud de la llama.

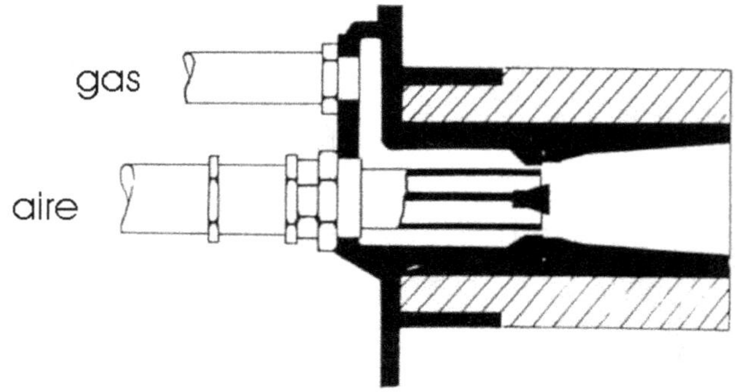

Figura 18.16: Quemador con difusor regulable para un largo variable de llama (adaptado de Hostalier [1])

Quemadores con escurrimiento giratorio

Se puede igualmente favorecer la mezla dando un escurrimiento giratorio a uno de los dos fluidos. Este procedimiento no excluye conservar una cierta convergencia de los flujos.

En la figura siguiente se observa, por ejemplo, que el gas se encuentra animado de un movimiento helicoidal gracias a unas aletas sobre la tubería central, mientras que los filetes de aire convergen alrededor del flujo de gas en una pieza en forma de venturi.

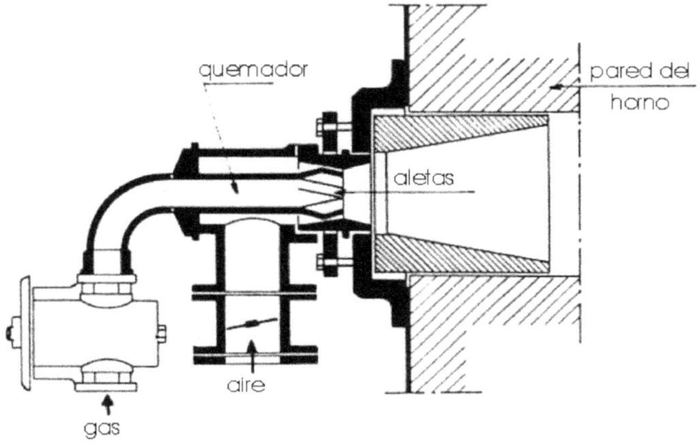

Figura 18.17: Quemador de abertura lateral cónica con movimiento helicoidal del flujo central de gas (adaptado de Hostalier [1])

Quemadores a flujos paralelos divididos.

El principio consiste en dividir los flujos de aire y de gas que escurren paralelamente. Esta solución da en general un tiempo de mezcla más largo y conduce a una longitud de llama más grande que sobre los quemadores de escurrimientos convergentes de aire y gas. Esta técnica es particularmente empleada para ciertos quemadores de tubos radiantes de alta temperatura, o sobre quemadores destinados a producir llamas luminosas en funcionamiento mixto con fuel oil.

Un ejemplo de quemador de abertura lateral cilindro-cónica está representado en la figura siguiente, donde se ve que el aire que llega a la periferia del gas desemboca por dos coronas decaladas de orificios concéntricos. Este quemador, cuya potencia unitaria puede alcanzar 2500000 kcal/h, se conforman con muy fuertes excesos de aire (hasta 10 veces el aire teórico).

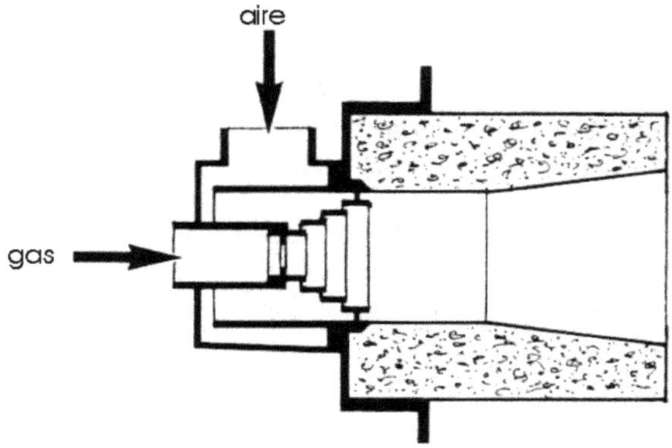

Figura 18.18: Quemador con admisión de aire por flujos en coronas concéntricas al flujo de gas (adaptado de Hostalier [1])

Quemador de molinete o de palas rotativas

El quemador de la figura siguiente es de palas rotativas. El gas se admite a presión elevada (1,5 a 2 bar) en las palas de un rotor y la rotación se produce por empuje de reacción sobre las palas cuando el gas escapa por los orificios de ellas, como en un molinete de riego Este quemador existe también en versión mixta gas-fuel oil. El rotor está montado sobre rodamientos a bolilla lubricados y enfriados por aceite a presión.
El aire de combustión se aspira por el movimiento de las palas y puede ser tomado de la atmósfera; en ciertos tipos se prevé una caja de alimentación de aire sobrepresurizado. El gas está extremadamente dividido, la mezcla es muy rápida y homogénea, y se obtiene una llama muy transparente y concentrada.
El quemador a palas rotativas sigue siendo de empleo excepcional ya que forma un conjunto mecánico de precio relativamente elevado.

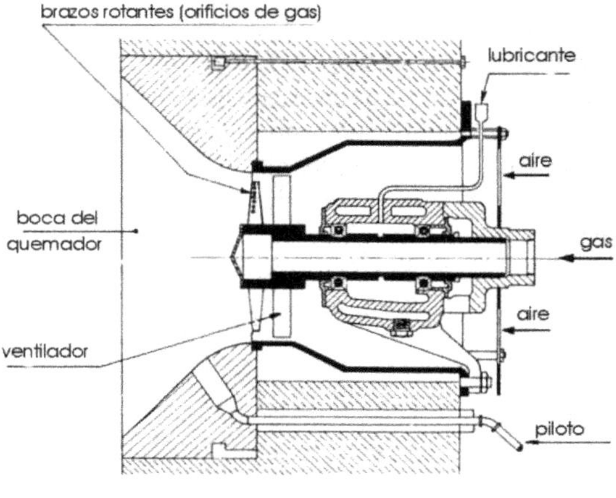

Figura 18.19: Quemador a molinete (adaptado de Hostalier [1])

Quemadores de combustible líquido

Los combustibles líquidos deben vaporizar antes de ser quemados, y hay varios métodos para lograr ésto. Los aceites livianos pueden vaporizarse desde un recipiente estático o una mecha, que es el método utilizado en muchos calefactores domésticos. Más comúnmente el combustible es atomizado para formar un rocío de gotas finas a partir del cual se vaporiza el combustible. Las gotas provienen del atomizador y se dirigen hacia la zona de combustión, y en el pasaje se calientan como consecuencia de la radiación de la llama y de la transferencia de calor convectiva desde los gases calientes que la rodean. Ello produce la vaporización de los componentes más livianos del combustible, que se mezclan con el aire que rodea la gota y luego combustionan. Según el tipo de combustible, la gota puede ser completamente vaporizada, o parcialmente vaporizada dejando depósitos carbonosos residuales o partículas de coke. Los fuel oils pueden contener una cantidad significativa de azufre. El SO_2 es el principal producto de la combustión del azufre con mezclas aire-combustible estequiométricas o más pobres; pero con el exceso de aire normalmente utilizado para la combustión satisfactoria puede formar SO_3 y condensar como ácido sulfúrico a temperaturas más altas que las temperaturas de rocío normalmente esperadas. En este caso, pueden ser puestos en peligro los precalentadores de aire y otros equipos de recuperación de calor.

Atomizadores

La atomización es el proceso de ruptura de la fase líquida continua del combustible, que lo transforma en gotas discretas. La figura siguiente muestra el proceso ideal a través del cual la superficie de una capa líquida se incrementa hasta formar gotas.

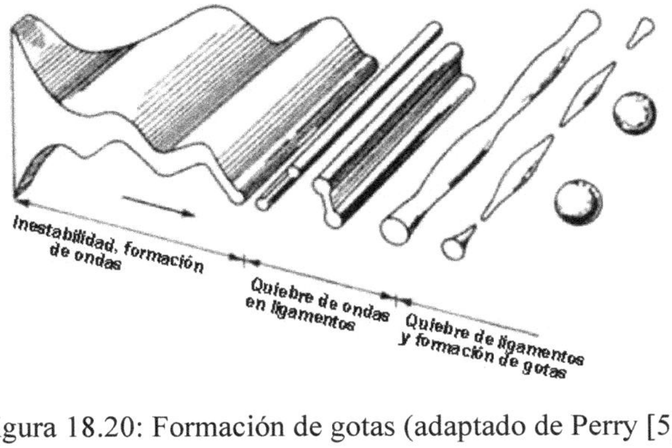

Figura 18.20: Formación de gotas (adaptado de Perry [5])

Los atomizadores pueden ser clasificados dentro de dos grupos:

- atomizadores a presión, en el cual el combustible se inyecta a alta presión, y

- atomizadores con fluido auxiliar, en el que el combustible se inyecta a presión moderada y un fluido compresible (en general, aire o vapor) interviene en el proceso de atomización.

Para la atomización efectiva (gotas pequeñas) se requieren combustibles de baja viscosidad (menor que 15 mm^2/s). Los combustibles livianos tales como el fuel oil N° 2, pueden ser atomizados a temperatura ambiente. Sin embargo, los combustibles más pesados deben ser calentados para producir la viscosidad deseada. El precalentamiento requerido varía desde 373 K (212 F) para combustibles N° 6 hasta 623 K (480 °F) para productos de fondo de torre con vacío.
La tecnología moderna de los quemadores de fueloil es tal que es posible quemar casi cualquier fueloil sin que haya prácticamente polucionantes debidos a la combustión incompleta. Las emisiones de humo carbonoso, olor, hidrocarburos y monóxidos de carbono resultan del diseño inadecuado del quemador, o mala operación o mantenimiento. La tabla siguiente muestra las aplicaciones para distintos tipos de quemadores.

Tipo de quemador	Usos	Combustible
Domésticos:		
Atomizador a presión	Calefactores, agua caliente	Kerosene, diesel oil
Rotativo	Idem	Idem
Vaporizador	Idem	Kerosene
Industriales (Todos con precalentamiento):		
Atomizador a presión	Calderas, hornos de proceso	Gasoil, gasoil pesado
Rotativo	Idem	Gasoil, gasoil pesado, fuel oil
Atomizador con vapor	Idem	Gasoil pesado, fuel oil
Atomizador con aire comprimido	Idem	Gasoil pesado

Tabla 18.3: Aplicaciones de inyectores

El precalentamiento del combustible se utiliza normalmente con los aceites más pesados. Lo más importante para la correcta operación de un quemador es el control cuidadoso de la viscosidad del combustible. Si la viscosidad es muy alta (poco precalentamiento), no resulta una atomización efectiva, formándose gotas grandes que escapan a la zona de la llama o que queman formando cenósferas carbonosas. Si la viscosidad es muy baja puede suceder que se alimente combustible en exceso, cambiando el balance entre aire y combustible, y la atomización resulta muy fina, formando mezclas muy ricas cerca del quemador. Puede ocurrir que se tapen los pasajes de combustible por gomas formadas en el combustible recalentado.

Atomizadores a presión.

El más común de los atomizadores a presión es el tipo rotativo, como el que se muestra en la figura siguiente:

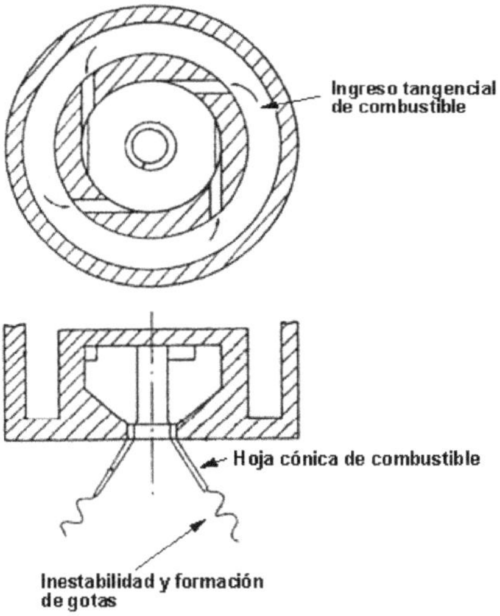

Figura 18.21: Atomizador a presión (adaptado de Perry [5])

Entrando en una pequeña copa a través de los orificios tangenciales, el combustible gira a alta velocidad. La salida de la copa forma un dique alrededor del extremo abierto, y el combustible derrama sobre el dique en la forma de una fina hoja cónica, que posteriormente rompe en finos filamentos y luego gotas.

Dependiendo de la viscosidad del combustible, los rangos de operación van desde 0,69 a 6,9 MPa y el rango de regulación es aproximadamente 4:1. Para combustibles más livianos es más efectiva la atomización mecánica.

Atomizadores con fluido auxiliar

En este caso la corriente de combustible se expone a una corriente de aire o vapor que fluye a alta velocidad. En la configuración de mezcla interna que se muestra en la figura siguiente el combustible y el fluido auxiliar se mezclan antes de la descarga a través de los orificios de salida del quemador.

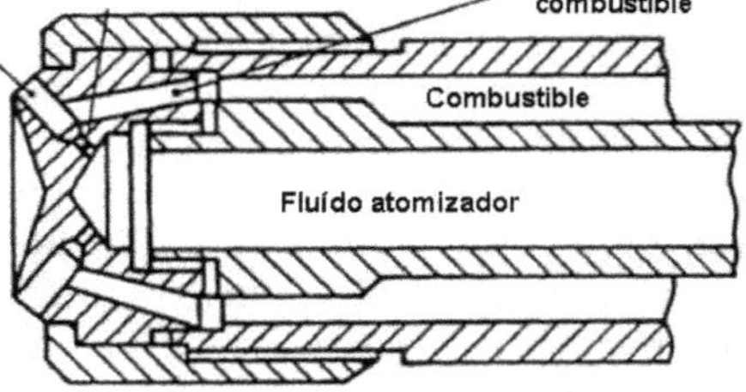

Figura 18.22: Atomizador con fluido auxiliar (adaptado de Perry [5])

En la tobera de salida la corriente de combustible es impactada por la corriente del fluido auxiliar a alta velocidad.
Los inyectores con flujo interno de combustible requieren caudales de fluido secundario más bajos.
En los sistemas de combustión industrial el vapor es el medio de atomización preferido para estas toberas. En el caso de las turbinas a gas es mas fácilmente disponible el aire comprimido. La máxima presión del combustible es alrededor de 0,69 MPa, con la presión de vapor o aire mantenida entre 0,14 y 0,28 MPa en exceso por sobre la presión del combustible.
El flujo másico del fluido atomizador varía de 5 a 30% del caudal de combustible y representa un pequeño consumo de energía. El rango de regulación es mejor que para atomizadores a presión y puede llegar a 20:1.
Un atomizador bien diseñado generará una nube de gotas con un tamaño promedio de alrededor de 30 a 40 μm y un tamaño máximo de 100 μm para combustibles livianos. Para combustibles más pesados el promedio y el máximo pueden ser más grandes.

Quemadores de combustible líquido

La figura siguiente muestra la estructura típica de una llama de combustible líquido.

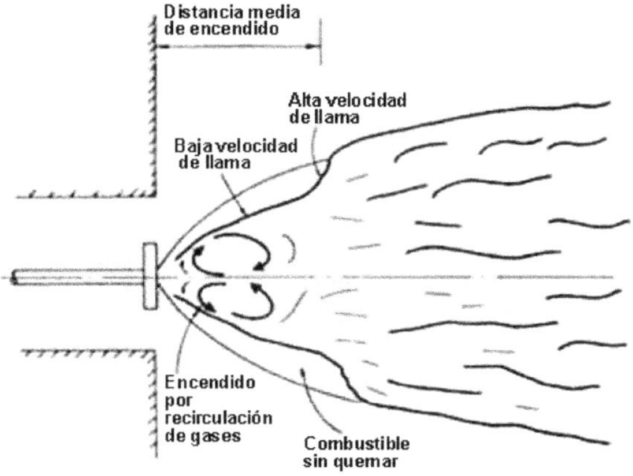

Figura 18.23: Llama de combustible líquido (adaptado de Perry [5])

La figura siguiente muestra un quemador de combustible líquido circular que se utiliza en calderas. Se utilizan una combinación de técnicas de estabilización, incluyendo típicamente giros. Es importante cotejar la trayectoria de la gota con la aerodinámica de la combustión de un quemador dado para asegurar una ignición estable y un buen rango de regulación.

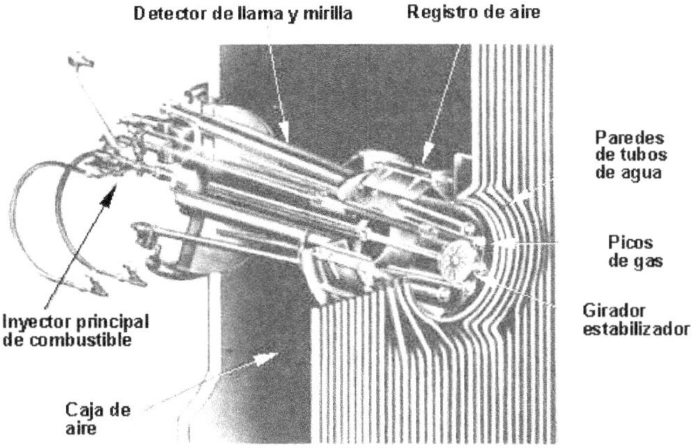

Figura 18.24: Quemador de combustible líquido y gas (adaptado de Babcok & Wilcox [6])

Quemadores de combustible sólido

Equipamiento de combustión.

La combustión del carbón sólido en trozos en calderas y hornos industriales ha caído en desuso por razones ambientales y de eficiencia de la combustión. Usualmente se requiere también equipo para colectar ceniza voladora.

Con equipos que utilizan una cama de combustible, una consideración importante es asegurarse que las fracciones volátiles del carbón verde (tipo turba) sean destiladas en una región donde haya suficiente oxígeno y temperatura para asegurar su combustión completa. Con alimentación manual (ver figura siguiente), el carbón fresco se arroja encima de la cama de combustible encendido, a través de la cual pasa el aire y, al llegar al carbón fresco, se le ha consumido el oxígeno. Resulta entonces una apreciable cantidad de humo.

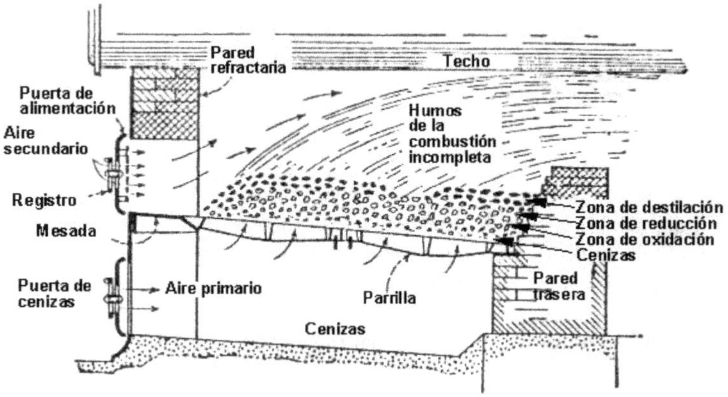

Figura 18.25: Horno a carbón de alimentación manual (adaptado de Barnard et al. [7])

Los alimentadores mecánicos superiores sufren de problemas similares. Los alimentadores mecánicos inferiores alimentan el carbón fresco hacia arriba desde el fondo de la cama de combustible, asegurando el consumo de las fracciones volátiles.

Comúnmente se emplean chorros de aire, a veces inducidos por medio de chorros de vapor, para oxigenar la parte superior y reducir los humos. La acción de estos chorros sobre el fuego es promover un intenso mezclado del aire inyectado, los gases en combustión, y las fracciones volátiles que evaporan.

Los alimentadores a parrilla móvil trabajan mejor con carbones no cokizantes (carbones secos), para evitar la formación de canales de aire a través de la cama de combustible.

Los alimentadores distribuidores emplean un dispositivo mecánico o bien chorros de vapor para arrojar el carbón sólido sobre la grilla del horno. Esencialmente este método emplea alimentación superior, que genera humo, y quemado en suspensión, que si bien no produce humo, produce mucha ceniza volátil. Estos quemadores necesitan chorros de aire sobre el lecho para reducir la producción de humo.

El quemado de carbón pulverizado es muy exitoso, especialmente en hornos de gran tamaño. La emisión de material combustible (humo y HC) es relativamente muy pequeña. Quemadores con control de aire en etapas permiten reducir la producción de óxidos de nitrógeno:

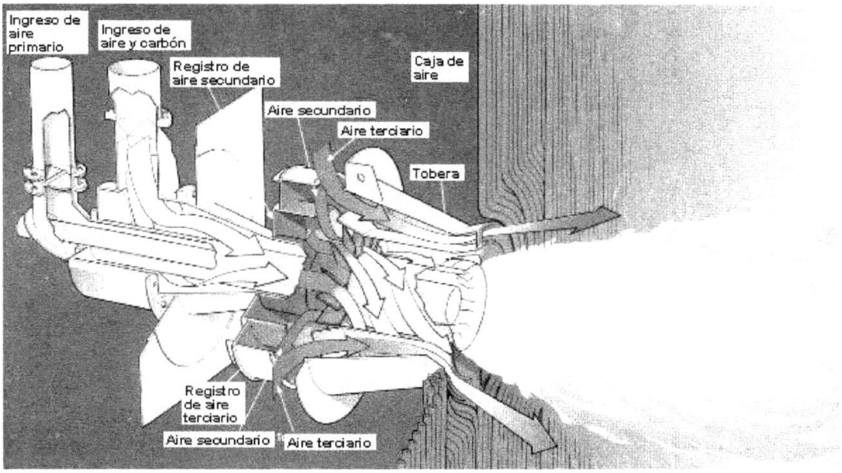

Figura 18.26: Quemador de carbón pulverizado con aire en etapas (adaptado de [8])

Los hornos son generalmente de dos tipos: los de fondo húmedo, o de purga de escoria líquida, son diseñados con la intención de obligar a la ceniza fundida a acumularse en las partes inferiores de las paredes y el fondo. Los de fondo seco deliberadamente enfrían las cenizas por debajo del punto de fusión antes de que alcancen las superficies del horno. Las cenizas volátiles son más en los hornos de fondo seco (entre 60 y 80 % de la ceniza inicial), que en las de fondo húmedo (50-70% del inicial).
Los hornos para quemado de carbón pulverizado son diseñados usualmente para producir una combustión en forma de torbellino en el centro del hogar, asegurando la uniformidad de la transmisión del calor:

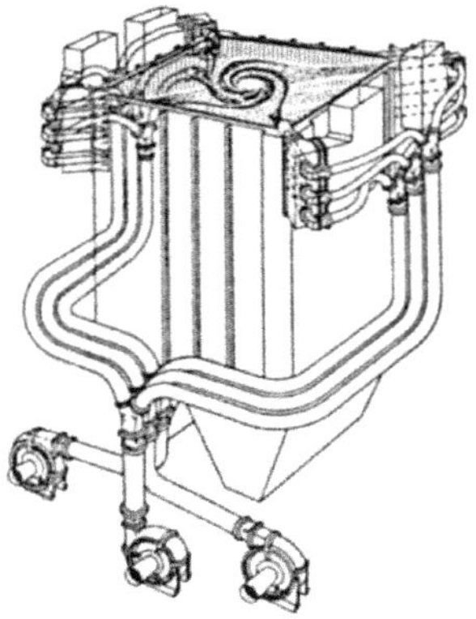

Figura 18.27: Caldera de carbón pulverizado del tipo de ciclón de llama (adaptado de Gupta et al. [9])

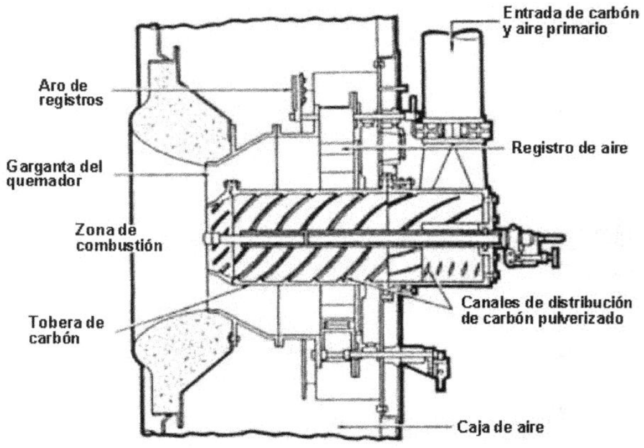

Figura 18.28: Quemador para carbón pulverizado de tipo horizontal (adaptado de [10])

Referencias

[1] Hostalier, P.; Les bruleurs industriels a gaz; Eyrolles, Paris, 1970
[2] Márquez Martínez, M.; Combustión y quemadores; Marcombo Ed., Barcelona, 2005.
[3] Delburg, P.; Interchangeabilité des gaz; Association Technique de l´Industrie du gaz en France, 1971.
[4] Salvi, G.; La combustión; Dossat, Madrid, 1975.
[5] Perry, R. H., y Green, D. W.; Perry´s Chemical Engineer´s Hanbook; McGraw Hill, New York, 1997
[6] Steam its generation and use; Babcock & Wilcox, New York, 1978
[7] Barnard, W. N.; Ellenwood, H. O., and Hirshfled, C. F.; Heat Power Engineering; Wiley, New York, 1933
[8] Folleto s/n; RoBTAS, Round Burner Tilted Air Supply; International Combustion, Derby, ca. 1997.
[9] Gupta, A. K.; Lilley, D. G., and Syred, N.; Swirl Flows; Abacus Press, Kent, 1985
[10] Singer, J. G.; Combustion, Fossil Power Systems; Third Edition; Combustion Engineering, Inc., Windsor, Connecticut, 1981.

Capítulo 19

Combustión Catalítica

César Treviño

Introducción

Otro mecanismo de la combustión, muy diferente a las clásicas que ocurren en fase gaseosa o con combustibles líquidos, es la denominada combustión catalítica. En este caso, aunque los reactantes estén en fase gaseosa, la combustión, o sea las reacciones químicas, tienen lugar en un sólido que no participa directamente en las reacciones. Para que la combustión tenga lugar es necesario primero que los reactantes al colisionar con la superficie del sólido puedan ser atrapados en su estructura. A este proceso se le denomina adsorción, que puede tener un origen físico (fisisorción), o químico (quimisorción). En el primer caso, la especie química conserva su estructura pero se mantiene en la superficie del sólido debido a fuerzas moleculares (Van der Waals). En el segundo caso, la especie se mantiene con enlaces químicos (normalmente covalentes) con las moléculas del sólido. Para facilitar el proceso de adsorción es necesaria la existencia de fallas o defectos en la red cristalina del sólido. A estos lugares faltantes se le conoce como huecos, que son ocupados por las especies adsorbidas. Otro aspecto importante es la movilidad de las moléculas adsorbidas, lo cual es de principal importancia en la operación del catalizador. Esta movilidad hace que las especies adsorbidas hagan caminos aleatorios y se mide mediante un coeficiente de difusión que depende de la temperatura. Al encontrarse dos especies reactantes adsorbidas éstas pueden reaccionar para formar otras especies (productos adsorbidos). Este mecanismo de reacción, que puede depender de la temperatura, se conoce como mecanismo de Langmuir-Hinshelwood, y es el principal mecanismo de reacción en la superficie del catalizador. Existe otro mecanismo que en algunos casos es muy importante, que es el mecanismo de Eley- Rideal, donde moléculas adsorbidas pueden reaccionar con otras moléculas en fase gaseosa. Una vez formado el producto de la reacción adsorbida, este tenderá a dejar la superficie. A este proceso se le conoce como desorpción y depende en forma importante de la temperatura. Resumiendo, para que se pueda realizar la reacción química, es necesario primero la existencia de un material que permita la adsopción y la movilidad en su superficie. A estos materiales se les denomina catalizadores.

Se tienen que dar procesos en serie como la difusión de reactantes a la superficie, la adsorpción de los mismos, la migración en la superficie del material, la reacción química de superficie, la desorpción del producto y finalmente el proceso de difusión del producto hacia el gas. El tiempo de reacción entonces está dado por el proceso más lento dentro de la secuencia dada anteriormente.

Adsorción

El fenómeno de adsorción depende en primera instancia del número de colisiones de la molécula gaseosa con la superficie del catalizador. La rapidez del proceso de adsorción se da en términos del coeficiente de la probabilidad de adherencia Sj, que representa la fracción de colisiones que dan lugar a la adsorción. De la teoría cinética de gases, el número de colisiones por unidad de superficie y unidad de tiempo de la especie j está dado por

$$Z_j = p_j / \sqrt{2\pi m_j kT}$$

donde p_j y m_j son la presión parcial y la masa de una molecula de la especie j, k es la constante de Boltzmann, $k = 1.38 \cdot 10^{23}$ J/K y T la temperatura.

La concentración de una especie adsorbida j puede representarse con la cobertura superficial θj, definida como la relación entre el número de sitios ocupados por la especie adsorbida j al número total de sitios disponibles en el catalizador

De esta forma, el número de moléculas que se adsorben por unidad de tiempo y unidad de área, está dado por $S_j Z_j \theta v$, donde

$$\theta_v = 1 - \sum_{i=1}^{N} \theta_i$$

es la cobertura superficial de huecos (relación de número de sitios activos vacíos al número total de sitios activos) y relaciona la probabilidad de encontrar sitios no ocupados. Aqui N es el número total de especies adsorbidas.

De esta forma, el número de moléculas que se adsorben por unidad de tiempo y unidad de área está dado por $SjZj\theta_V$, donde θ_V es la cobertura superficial de huecos (relación de número de sitios activos vacíos al número total de sitios activos) y Sj es el coeficiente de adsorción normalizado que representa la porción de colisiones de la especie j que dan por resultado la adsorción, $Sj \leq 1$. La constante de reacción de adsorción en unidades de s^{-1} está dada por

$$k_{aj} Y_{jw} = \frac{S_j pW}{\Gamma W_j^{3/2} \sqrt{2\pi RT}} Y_{jw}$$

donde W y Wj son los pesos moleculares de la mezcla y de la especie j, respectivamente. Yjw es la concentración másica de la especie j en la superficie. R es la constante universal de los gases, $R = 8314$ $\text{Jmol}^{-1} K^{-1}$ y Γ es la densidad de espacios libres en la superficie del catalizador en mol/cm^2. Por lo tanto, la variación con el tiempo de la cobertura superficial de la especie j está dada por

$$\frac{d\theta_j}{dt} = k_{aj} Y_{jw} \theta_v$$

donde $k_{aj} = S_j Z_j \theta_v / \Gamma$ es la constante de reacción de adsorción y Γ es el número de sitios activos por unidad de superficie. El proceso de adsorción se puede representar como una reacción química de la forma

$$A + * \rightarrow A^*$$

donde A y A^* representan la especie en fase gaseosa y adsorbida, respectivmanete. Para ello es necesario ocupar un lugar vacante, que es representado por el simbolo $*$.
Un balance de masas indica que el proceso de adsorción está conectado con un flujo másico hacia la superficie del catalizador, el cual está dado por

$$\frac{d\theta_j}{dt} = \frac{\rho D_j}{W_j \Gamma} \left. \frac{\partial Y_j}{\partial y} \right|_w$$

donde D_j es el coeficiente de difusión e y la coordenada normal a la superficie. La derivada parcial es evaluada en la superficie misma.
Moléculas poliatómicas como el hidrógeno, H_2, y el oxígeno, O_2, moleculares, se logran adsorber no como moléculas, sino como átomos. A este proceso de adsorción se le conoce como adsorción disociativa. En este caso, para una molécula diatómica, el balance de especies en la superficie del catalizador toma la forma

$$\frac{d\theta_j}{dt} = 2k_{aj} Y_{jw} \theta_v^2$$

y la reacción química en este caso queda como

$$A2 + 2* \rightarrow 2A^*$$

Esto es, para que se pueda adsorber disociativamente la molécula, es necesario ocupar dos sitios activos.
La adsorción competitiva, por otro lado, se da cuando dos o más especies compiten por los espacios durante el proceso de adsorción, como es el caso de dos reactantes para su combustión. En este caso, se puede representar como

$$A + * \rightarrow A^*$$
$$B + * \rightarrow B^*$$

Desorción

La desorción, esto es lo opuesto a la adsorción, representa el último paso en la combustión catalítica. Para este proceso es necesario elevar la temperatura de la especie adsorbida para liberarla de la atracción de la superficie y se representa como el inverso del proceso de adsorción, esto es

$$A^* \rightarrow * + A$$

El balance de especies en este proceso se puede representar por

$$\frac{d\theta_j}{dt} = -k_{dj}\theta_j \quad \text{o bien} \quad = 2k_{dj}\theta_j^2$$

para la desorción monoatómica o diatómica, respectivamente. La constante de desorción se puede representar por una cinética del tipo de Arrhenius, de la forma

$$k_{dj} = A_{dj}\exp\left(-\frac{E_{dj}}{RT}\right)$$

donde A_{dj} es el término pre-exponencial y E_{dj} es la energía de activación del proceso de desorción.

Adsorción-desorción

En realidad, los fenómenos de adsorción y desorción ocurren simultáneamente. En ausencia de reacciones químicas de superficie, a la distribución de equilibrio, para una temperatura dada, se le conoce como isoterma de Langmuir.

Sea una mezcla gaseosa de dos especies, A y B sobre un catalizador. El balance de masas da como resultado

$$\frac{d\theta_A}{dt} = k_{aA}Y_{Aw}\theta_V - k_{dA}\theta_A$$

$$\frac{d\theta_B}{dt} = k_{aB}Y_{Bw}\theta_V - k_{dB}\theta_B$$

junto a la relación

$$\theta_A + \theta_B + \theta_V = 1$$

constituyen tres ecuaciones con tres incógnitas. En equilibrio, $d\theta_j/dt = 0$, entonces se tiene que

$$\theta_A = K_A\theta_V, \theta_B = K_B\theta_V,$$

donde las constantes de equilibrio están definidas por $K_j = k_{aj}Y_{jw}/k_{dj}$. De las ecuaciones anteriores se tiene finalmente que

$$\theta_V = \frac{1}{1+K_A+K_B}$$

$$\theta_A = \frac{K_A}{1+K_A+K_B}$$

$$\theta_B = \frac{K_B}{1+K_A+K_B}$$

Difusión y reacción química en la superficie del catalizador

Los dos procesos restantes ocurren en la superficie del catalizador. Para que tenga lugar la reacción química entre ambas especies adsorbidas A^* y B^*, es necesario que tengan la libertad de poderse desplazar en la superficie hasta encontrar su contraparte y puedan formar una nueva especie adsorbida AB^*. La movilidad se representa por un coeficiente de difusión del tipo de Arrhenius que genera una migración de la especie adsorbida en forma de camino aleatorio. Una vez que se encuentran los dos reactantes adsorbidos, estos reaccionan con una rapidez del tipo de Arrehnius de la forma

$$kr\,\theta_A\theta_B$$

con $kr = Ar\exp(-Er/RT)$. En general estos dos procesos son muy rápidos, por lo que la combustión catalítica está limitada por los procesos de adsorción y desorción.

Combustión catalítica

Sean los reactantes en fase gaseosa A y B, con concentraciónes másicas de pared dadas por YAw y YBw, entonces el mecanismo de reacción se puede representar por

$$A + * \Leftrightarrow A$$

$$B + * \Leftrightarrow B^*$$

$$A^* + B^* \Leftrightarrow AB^* + *$$

$$AB^* \Leftrightarrow AB + *$$

y los balances másicos de las especies adsorbidas en el catalizador están dados por

$$\frac{d\theta_A}{dt} = k_{aA}Y_{Aw}\theta_V - k_{dA}\theta_A - k_r\theta_A\theta_B$$

$$\frac{d\theta_B}{dt} = k_{aB}Y_{Bw}\theta_V - k_{dB}\theta_A - k_r\theta_A\theta_B$$

$$\frac{d\theta_{AB}}{dt} = k_r\theta_A\theta_B - k_{dAB}\theta_{AB} + k_{aAB}Y_{ABw}\theta_V$$

$$\theta A + \theta B + \theta AB + \theta V = 1$$

Para una temperatura dada, la solución estacionaria requiere de un conjunto de 4 ecuaciones con 4 incógnitas, que tiene que resolverse numéricamente. La variable restante $YABw$ se obtiene al hacer un balance de flujo másico en la superficie del catalizador, como

$$\left.\frac{\partial Y_{AB}}{\partial y}\right|_w = -\frac{D_A}{D_{AB}}\frac{W_{AB}}{W_A}\left.\frac{\partial Y_A}{\partial y}\right|_w$$

La rapidez de reacción en mol por unidad de superficie y tiempo, está dada entonces por

$$w = \Gamma\, kr\,\theta A\theta B = \Gamma\,(kaBYBw\theta V - kdB\theta B) = \Gamma\,(kaAYAw\theta V - kdA\theta A)$$

Esto es, la reacción química depende de los procesos de adsorción y desorción de los reactantes. Una mayor rapidez de reacción se obtiene maximizando la cobertura superficial de espacios vacios θ_V.

Para una mejor descripción del proceso de combustión catalítica es necesario hacer suposiciones que permitan llegar a conclusiones sin depender de un sinúmero de cálculos numéricos. Dada la existencia de los procesos de adsorción competitivos, generalmente existe una selectividad y preferencia hacia una especie adsorbida. Si existe una preferencia hacia esa especie, entonces el catalizador se llenará con esa especie, limitando la adsorción del otro reactante necesario para la reacción. Se dice entonces que el catalizador se envenena con uno de los reactantes. En ese límite (que es un límite apropiado para la mayoría de los reactantes gaseosos), la cobertura superficial de la especie menos favorecida por la adsorción será despreciable. Así, al adsorberse reaccionará inmediatamente dada la sobreexistencia del otro reactante adsorbido. Por lo tanto, la rapidez de reacción estará limitada por el proceso de adsorción de la especie menos favorecida por la adsorción. Se puede denominar a esa especie B^*, mientras que la especie más favorecida será por tanto A^*. En este caso, $\theta_B \rightarrow 0$. La constante de reacción entonces se reduce a

$$w = \Gamma k_{aB} Y_{Bw} \theta_V$$

por lo que es necesario obtener la cobertura superficial de espacios libres θ_V . De relaciones anteriores se obtiene

$$\theta_A = K_A \left(1 - \frac{k_{aB}}{k_{aA}} \right) \theta_V$$

$$\theta_{AB} = K_{AB} \left(1 + \frac{k_{aB}}{k_{aAB}} \right) \theta_V$$

por lo que

$$\theta_V = \frac{1}{1 + K_A \left(1 - \frac{k_{aB} Y_{Bw}}{k_{aA} Y_{Aw}} \right) + K_{AB} \left(1 + \frac{k_{aB} Y_{Bw}}{k_{aAB} Y_{ABw}} \right)}$$

Por lo tanto la rapidez de reacción está dada por

$$w \simeq \frac{\Gamma k_{aB} Y_{Bw}}{1 + K_A \left(1 - \frac{k_{aB} Y_{Bw}}{k_{aA} Y_{Aw}} \right) + K_{AB} \left(1 + \frac{k_{aB} Y_{Bw}}{k_{aAB} Y_{ABw}} \right)}$$

Debido a que el proceso de adsorción del reactante B es despreciable su influencia puede despreciarse en el denominador de la ecuación anterior, por lo que esta ecuación se puede reducir a

$$w \approx \Gamma k_{aB} Y_{Bw} \Big/ \left(1 + K_A + K_{AB} \right) \approx \Gamma k_{aB} Y_{Bw} \Big/ \left(1 + K_A \right)$$

donde se ha supuesto que $K_A >> K_{AB}$ debido a la alta selectividad de la adsorción de la especie A. En esta ecuación hay dos límites: $K_A >> 1$ o $K_A = O(1)$. En el primer caso, válido para la ignición, el valor de K_A está dado por la alta adsorción de esta especie y la baja desorción debida principalmente a la relativamente baja temperatura. En este límite

$$w \approx \frac{\Gamma k_{aB} Y_{Bw} k_{dj}}{k_{aA} Y_{Aw}} = \frac{\Gamma k_{aB} Y_{Bw}}{k_{aA} Y_{Aw}} A_{dA} \exp\left(-\frac{E_{dA}}{RT}\right)$$

La rapidez de reacción en este límite de $K_A >> 1$ depende de la densidad de espacios activos, de la relación de los tiempos de adsorción de ambos reactantes y de la estequiometría, y tiene una energía de activación dictada por el proceso de adsorción de la especie A. En relación a la estequiometría, la rapidez de reacción se incrementa al incrementarse la porción del reactante B en la mezcla. Esto es, si el combustible es A (ej. CO) y el oxidante es B (ej. $O2$), entonces la rapidez de reacción aumenta al hacerse más pobre la mezcla. Lo contario sucede cuando el combustible es B (ej. $CH4$) y el oxidante es A (ej. $O2$), en donde la rapidez de reacción es mayor al hacerse más rica la mezcla. En el otro límite de K_A de orden unidad, la rapidez de reacción depende de la adsorción de la especie B y es casi independiente de la temperatura. La rapidez de reacción dadas por las ecuaciones anteriores cambian ligeramente al incluir procesos de adsorción disociativa.

Combustión del hidrógeno

El esquema cinético para la combustión de la mezcla hidrógeno/aire se presenta en la Tabla 19.1:

Nr	Reacción	S	A	E
1 a,d	$H_2+2^*\Leftrightarrow 2H(s)$	1.0	$4.8\text{x}10^{21}$	58.0
2 a,d	$O_2+2^*\Leftrightarrow 2O(s)$	0.028	$7.1\text{x}10^{21}$	170.0
3r	$H(s)+O(s)\rightarrow OH(s)+^*$	-	$6.5\text{x}10^{21}$	11.5
4r	$H(s)+OH(s)\rightarrow H_2O(s)+^*$	-	$6.5\text{x}10^{21}$	17.4
5r	$OH(s)+OH(s)\rightarrow H_2O(s)+O(s)$	-	$3.7\text{x}10^{21}$	48.2
6 a,d	$H_2O+^*\Leftrightarrow H_2O(s)$	0.1	$1.3\text{x}10^{13}$	44.0

Tabla 19.1: Esquema cinético del hidrógeno. Las unidades son: A (mol,cm,s), E (KJ/mol)

donde los procesos de adsorción de ambos reactantes son disociativos. El mecanismo comprende tres reacciones de adsorción-desorción de los principales especies (en general son despreciables para los radicales) y tres reacciones químicas de superficie, en las cuales se puede despreciar la contribución de las reversas. Los parámetros reactivos se han tomado de la referencia [1] para un catalizador de platino. El balance de masas de especies adsorbidas se representa como

$$\frac{d\theta_H}{dt} = 2k_{1a}\theta_V^2 - 2k_{1d}\theta_H^2 - k_3\theta_H\theta_O - k_4\theta_H\theta_{OH} = 0$$

$$\frac{d\theta_O}{dt} = 2k_{2a}\theta_V^2 - 2k_{2d}\theta_O^2 - k_3\theta_H\theta_O + k_5\theta_{OH}^2 = 0$$

$$\frac{d\theta_{OH}}{dt} = k_3\theta_H\theta_O - k_4\theta_H\theta_{OH} - 2k_5\theta_{OH}^2 = 0$$

$$\frac{d\theta_{H_2O}}{dt} = k_4\theta_H\theta_{OH} + k_5\theta_{OH}^2 + k_{6a}\theta_V - k_{6d}\theta_{H_2O} = 0$$

$$\theta_H + \theta_O + \theta_{OH} + \theta_V + \theta_{H_2O} = 1$$

El consumo de hidrógeno molecular en mol por unidad de tiempo y unidad de superficie del catalizador es en este caso

$$w = \frac{\Gamma}{2}\left(k_3\theta_H\theta_O + k_4\theta_H\theta_{OH}\right) = \Gamma\left(k_{1a}\theta_V^2 - k_{1d}\theta_H^2\right) = 2\Gamma\left(k_{2a}\theta_V^2 - k_{2d}\theta_O^2\right)$$

donde se muestra que la rapidez del consumo de los reactantes depende de las reacciones de adsorción-desorción de los mismos. De la ecuación anterior se obtiene la relación

$$\left(\alpha y_{H_2} - y_{O_2}\right)\theta_V^2 - \beta\theta_H^2 - \gamma\theta_O^2 = 0$$

donde

$$\alpha = \frac{k_{1a\infty}}{2k_{2a\infty}} = 4\phi\frac{S_1}{S_2};\ \beta = \frac{k_{1d}}{2k_{2a\infty}};\ \gamma = \frac{k_{2d}}{2k_{2a\infty}}$$

Aquí, $k_{ia\infty} = k_{ia}(Y_{i\infty})$ e y_i es la concentración normalizada del reactante i cerca de la superficie del catalizador, $y_i = Y_{iw}/Y_{i\infty}$. ϕ es la relación de equivalencia, $\phi = 8Y_{H_2\infty}/Y_{O_2\infty}$. S_1 y S_2 son los coeficientes de adsorción normalizados del hidrógeno y oxígeno moleculares, respectivamente. El parámetro γ es extremadamente pequeño a bajas temperaturas, indicando que la reacción de desorpción del oxígeno molecular no juega un papel importante para la ignición, por su alta energía de activación ($E_{2d} \approx 190 \pm 34$ KJ/mol [2]). Por lo tanto para mezclas no muy pobres, la rapidez de reacción se simplifica como $\omega \simeq 2\Gamma k_{2a\infty} y_{O_2} \theta_V^2$, esto es la reacción está dictada por la rapidez de adsorción del oxígeno molecular. La rapidez de reacción aumenta con el cuadrado de la concentración de espacios vacios. De las ecuaciones anteriores se obtiene que

$$\theta_V \approx \frac{1}{1+\sqrt{\dfrac{\alpha y_{H_2} - y_{O_2}}{\beta}}}$$

Por lo tanto la rapidez de reacción aumenta con la temperatura (β aumenta exponencialmente por la desorción del hidrógeno) o cuando la mezcla se hace más pobre, porque disminuye α. Si α es cercano a la unidad [3], la ignición se produce a temperatura ambiente. Por lo tanto, la rapidez de reacción se da como

$$\theta_V \approx \frac{2\Gamma k_{2a\infty} y_{O_2}}{1+\sqrt{\dfrac{\alpha y_{H_2} - y_{O_2}}{\beta}}}$$

La figura siguiente muestra la temperatura de ignición de un hilo catalítico de platino expuesto a una mezcla pobre de hidrógeno/aire. Para valores de la relación estequiométrica $\phi > 0.22$, la ignición tiene lugar en el régimen térmico. Para mezclas más pobres tiene lugar un régimen de equi-adsorción, con la fuerte disminución de la cobertura de hidrógeno. En este régimen la adsorción de ambos reactantes es similar y por lo tanto trae como consecuencia un aumento considerable de espacios vacios en el catalizador. La ignición para $\phi \leq 0,13$, tiene lugar a temperatura ambiente. Esta técnica puede emplearse para remover rastros de hidrógeno en ambientes peligrosos como en reactores nucleares.

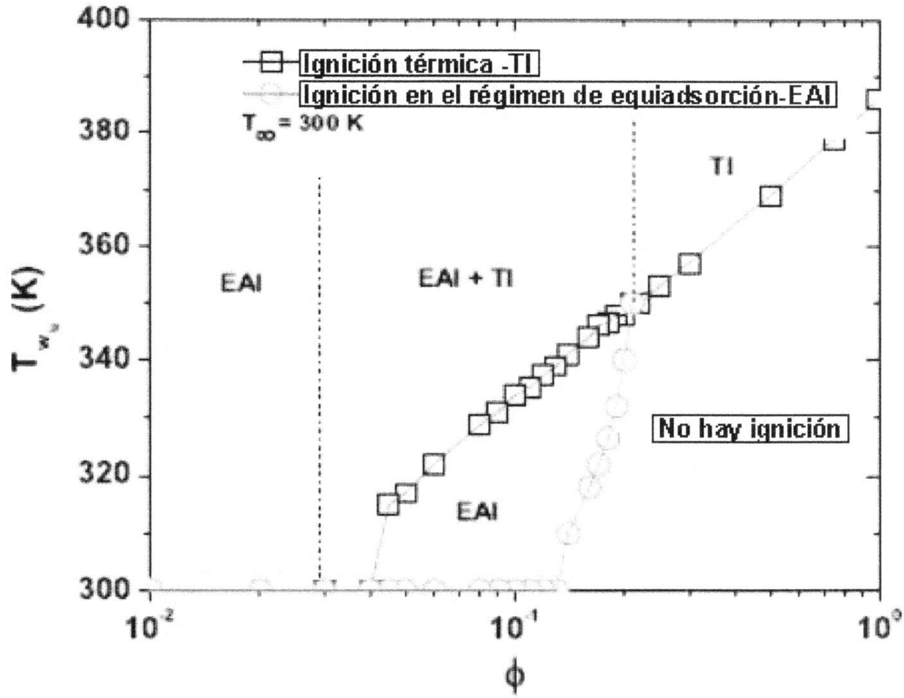

Figura 19.1 Temperatura de ignición como función de la relación estequiométrica para mezclas pobres de hidrógeno. (Adaptado de [3])

Aplicaciones

Para una mayor conversión de reactantes a productos es necesario un tiempo grande de residencia en el combustor y un tiempo relativamente pequeño de difusión hacia el catalizador. El tiempo de residencia es simplemente L/u, donde L es la longitud del quemador y u la velocidad de la mezcla promedio. El tiempo de difusión está dado por d^2/ν, donde d es el espaciamiento entre las paredes del combustor y ν la viscosidad cinemática de la mezcla. Por lo tanto la relación del tiempo de residencia al tiempo difusivo está dada por

$$\frac{t_r}{t_d} \propto \frac{L\nu}{ud^2} \approx \frac{1}{\mathrm{Re}}\frac{L}{d}$$

donde Re es el número de Reynolds, Re = ud/ν. Por lo tanto se requiere un número de Reynolds relativamente bajo y una relación de aspecto grande. Esto se consigue distribuyendo el flujo en una gran cantidad de ductos pequeños parecidos a un panal de abejas, tal como se puede ver en la Figura 19.2. En la Fig. 19.3 se muestra un catalizador de soporte hecho con metal corrugado. A una matriz cerámica (Al_2O_3, TiO_2) o metálica de este tipo se le deposita material con propiedades catalíticas como paladio, rodio o platino.

Figura 19.2 Un típico catalizador tipo panal

Figura 19.3 Un catalizador de metal corrugado

Hay una gran cantidad de aplicaciones de la combustión catalítica dada la gran ventaja de poder trabajar con temperaturas relativamente bajas que traen como consecuencia una baja emisión de óxidos de nitrógeno y otros gases como monóxido de carbono e hidrocarburos no quemados. Estas aplicaciones van desde hornos de leña hasta quemadores de turbinas de gas, pasando por convertidores de automóviles para reducir la emisión de especies contaminantes. Existen diferentes materiales usados en la combustión catalítica, entre los que se encuentran metales como platino, paladio y rodio, así como óxidos como Ag_2O, Fe_2O_3, CuO, V_2O_5, Cr_2O_3, TiO_2, MnO_2.

En teoría, los catalizadores no se consumen por las reacciones de superficie. Sin embargo, su actividad puede verse disminuída por efectos de deactivación (envenenamiento), donde los centros activos son ocupados por especies muy estables difíciles de evacuar. Estas especies pueden ser: cloro (Cl_2), Bromo (Br_2), mercurio (Hg), plomo (Pb), fósforo (P), arsénico (Ar) y compuestos como H_2S, CS_2, HCN, CO, sales de mercurio, arsénico y plomo.

Combustor para turbinas de gas

La combustión catalítica se usa en turbinas de gas donde se consigue trabajar con mezclas pobres de gas (natural, metano), al obtener bajas temperaturas máximas (alrededor de 1300 °C) y así abatir en gran medida la generación de especies contaminantes como óxidos de nitrógeno, hidrocarburos no quemados y asímismo reducir las pérdidas de calor al trabajar con relativamente bajas temperaturas. Esta técnica utiliza un catalizador en la cámara de combustión, como se muestra esquemáticamente en la Fig. 19.4. La combustión tiene lugar sin producción de llama. Dado que este proceso puede tener lugar fuera de los límites de flamabilidad de la mezcla combustible, pueden alcanzarse relativamente bajas temperaturas sin necesidad de una mezcla posterior, tal como sucede en las cámaras de combustión convencionales para turbinas de gas.

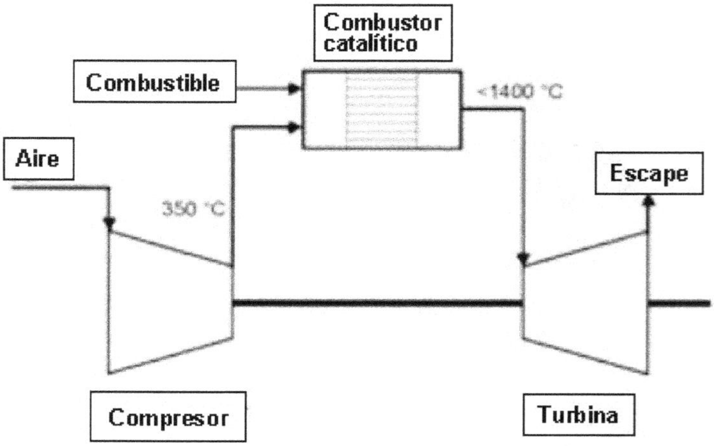

Figura 19.4 Esquema de combustor para turbina de gas

Catalizador de tres vías

El catalizador de tres vías mostrado en la Fig. 19.5, que se utiliza en la industria automotriz, está diseñado con pequeñas partículas de platino y rodio en una matriz cerámica tipo panal y funciona tanto para oxidación (hidrocarburos no quemados, monóxido de carbono) como reductor (óxidos de nitrógeno). Para poder lograr el objetivo indicado es necesario monitorear el exceso de oxígeno ya que solo cumple con su objetivo en una pequeña ventana de la relación estequiómetrica. Un mayor contenido de oxígeno trae como consecuencia una nula remoción de los óxidos de nitrógeno y una mezcla más rica no consigue la oxidación completa del monóxido de carbono e hidrocarburos no quemados. La matriz se encuentra cubierta con una capa de revestimiento delgado poroso y consiste en gran medida de alúmina c-Al2O3 (70 - 85%) y otros óxidos tales como óxidos de Cerio (CeO_2) o de Bario (BaO). Sólo del 1 al 2% del peso del revestimiento delgado corresponde a los metales nobles (Pt, Pd, Rh). Algunos fabricantes utilizan los tres, pero la mayoría de los convertidores contienen Rodio junto con Platino. Convertidores de todo-paladio también se han diseñado. La Fig. 19.6 muestra la eficiencia de la conversión como función de la relación aire/combustible y donde se muestra lo pequeño de la ventana de estequiometría para alcanzar una disminución importante en la emisión de los contaminantes CO y NO_x.

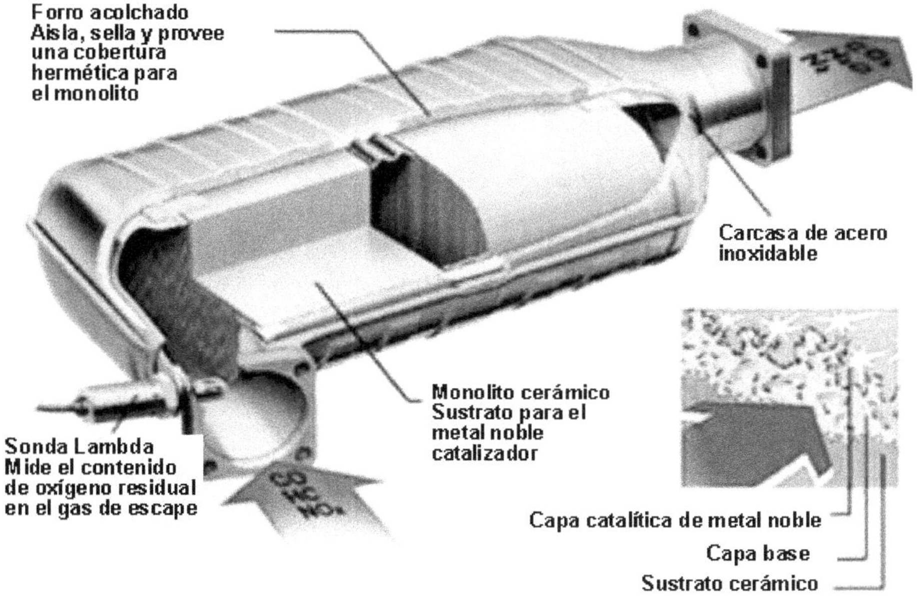

Figura 19.5 Convertidor catalítico. (Adaptado de [4])

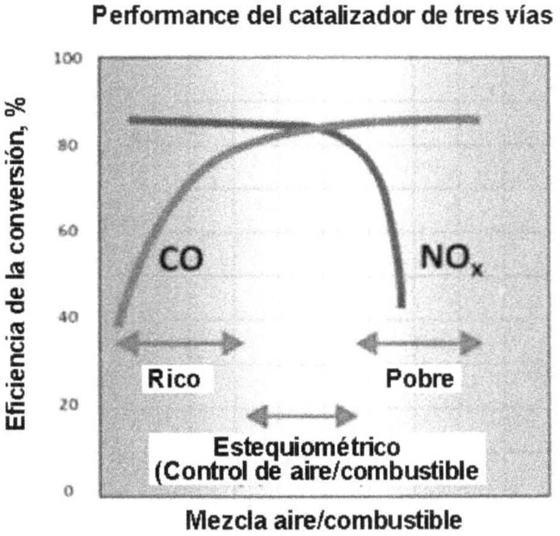

Figura 19.6 Convertidor catalítico (Adaptado de [5])

Calentadores (chimeneas) catalíticos

En años recientes se ha intensificado el uso de elementos catalíticos en calentadores y chimeneas a base de leña, donde se introduce un quemador catalítico en el camino de los gases hacia la chimenea, tal como se muestra esquemáticamente en la Fig. 19.7. Se usa el catalizador para reducir la temperatura de los gases a fin de producir una llama. El catalizador del tipo panal de abeja se coloca en la trayectoria del humo y asI se logra reducir la temperatura de 850 *K* en un calentador convencional a unos 550 *K*, para la producción de una llama brillante.

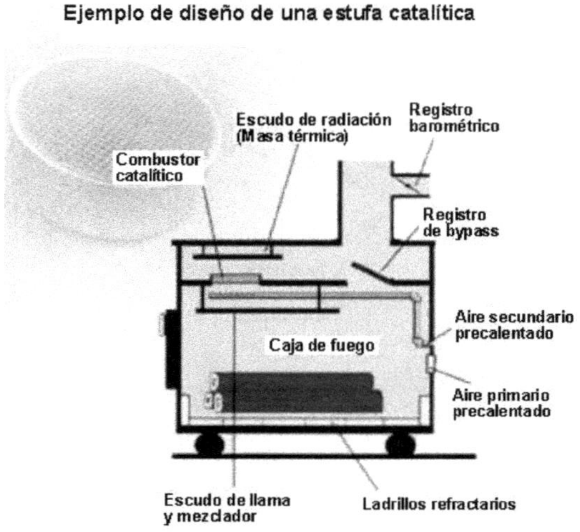

Figura 19.7 Esquema de un diseño de calentador/chimenea catalítico (adaptado de [6])

Referencias

[1]M. Fassihi, V. P. Zhdanov, M. Rinnemo, K.-E. Keck, B. Kasemo, A theoretical and experimental study of catalytic ignition in the hydrogen-oxygen reaction on platinum, Journal of Catalysis 141 (1993) 438–452.
[2]T. Perger, T. Kovács, T. Turányi, C. Treviño, Determination of adsorption and desorption parameters from ignition temperature measurements in catalytic combustion systems, Journal of Physical Chemistry B 107 (10) (2003) 2262–2274.
[3]C. Treviño, Catalytic ignition of very lean mixtures of hydrogen, International Journal of Hydrogen Energy 36 (14) (2011) 8610 – 8618.
[4]http://www.bladeyourride.com
[5]http://www.nettinc.com
[6]http://www.sodahead.com

Capítulo 20
Contaminación atmosférica
Eduardo Brizuela

General

Los productos de la combustión de combustibles fósiles en aire contaminan la atmósfera terrestre, aunque se debe tener presente que la atmósfera no es estable en el tiempo: en una escala de tiempo geológica la atmósfera terrestre ha estado cambiando lenta pero continuamente. Sin embargo en el estado actual del conocimiento es aparente que la contaminación ambiental producida por la combustión puede tener efectos adversos muy significativos sobre la civilización actual.

Los contaminantes ambientales pueden ser clasificados en emisiones primarias, que existen en el aire en la forma en que fueron producidas, y contaminantes secundarios, que se forman a partir de los primarios y otros agentes en la atmósfera.

Los contaminantes primarios comprenden:

i) Partículas finas (< 100 μm) Estos aerosoles finos incluyen partículas de metal, carbón, alquitrán, resina, polen, bacterias, óxidos, nitratos, sulfatos, cloruros, floruros, silicatos, etc. Dispersan la luz, actúan como núcleos de condensación, se absorben y catalizan otros contaminantes, penetran profundamente en las cavidades del pulmón, y se depositan sobre superficies exteriores causando suciedad de edificios, ropas, etc.

ii) Partículas gruesas (>100 um) Se depositan cerca de sus fuentes.

iii) Compuestos de azufre: Particularmente SO_2 pero también SO_3 y SH_2.

iv) Compuestos orgánicos: Particularmente hidrocarburos alifáticos y aromáticos y sus compuestos oxigenados y halogenados.

v) Compuestos de nitrógeno: Particularmente NO, NO_2 y amoníaco.

vi) Monóxido de carbono y quizás dióxido de carbono.

vii) Halogenados, particularmente HF y HCl.

En general la masa total contaminada sobre una gran ciudad es física y químicamente inestable, y sufre cambios tendientes a minimizar su energía libre y alcanzar equilibrio químico. Entre los principales contaminantes secundarios que han sido identificados podemos citar:

i) Lluvias ácidas: Particularmente gotitas de SO_4H_2 formadas por SO_3 y SO_2 en una atmósfera húmeda con núcleos de óxidos metálicos como catalizadores (fundiciones).

ii) Smog: Partículas de humo con vapor de agua y SO_2 adsorbidos. Típico de Londres.

iii) Smog fotoquímico: La disociación fotoquímica de NO_2 produce NO y O como radicales libres que, interaccionando con hidrocarburos, producen ozono, formaldehído, hidroperóxidos orgánicos, PAN (Peroxiacetil-nitrato) y otros compuestos y radicales muy activos. Asociados con los productos de escape de automóviles, típica de Los Angeles.

La literatura sobre este tema es abundante, y en lo siguiente se tratarán brevemente los efectos de la contaminación, los orígenes de los contaminantes y algunos métodos para reducir su producción.

Efectos de los contaminantes

Monóxido de carbono

- Efectos adversos sobre la habilidad de juzgar tiempos (importante para uso de maquinaria y automotores), con concentraciones de más de 10 a 15 ppm, promedio de 8 horas.
- Efectos fisiológicos (principalmente cardíacos) con promedios de 30 ppm, promedios de 8 horas.
- Aumento de la mortalidad con promedios semanales de 8 a 14 ppm.

Oxidos de Azufre.

El dióxido de azufre SO2 afecta la salud del hombre, la fauna y la flora. Se encuentra que las concentraciones de otros compuestos tales como sales y ácidos se correlacionan fuertemente con la concentración de SO2, de modo que la medición de éste último puede usarse como índice global de la contaminación por azufre.
Algunos criterios:

- Promedio de 0.11 ppm sobre 24hs, extendiéndose por 3 o 4 días producen efectos adversos sobre la salud.
- Promedios anuales de 0.04 ppm también producen efectos adversos.
- Promedios de 0.10 ppm sobre 24hs producen reducción de la visibilidad.
- Promedios anuales de 0.12 ppm afectan a los materiales.
- Promedios anuales de 0.03 ppm afectan a la vegetación.

Partículas

- Efectos adversos sobre la salud con promedios anuales de $80 \mu g / m^3$
- Reducción de visibilidad a 8 km con promedios de 24 hs de $150 \mu g / m^3$
- Efectos adversos en materiales con promedios anuales de $60 \mu g / m^3$

Oxidantes fotoquímicos.

Esto incluye ozono y derivados oxigenados de hidrocarburos tales como Peroxi-acetil-nitrato (PAN).

- Efectos adversos sobre la salud con promedios horarios de 0.07 ppm.
- Aumento de ataques de asma con valores pico de 0.13 ppm, lo que aproximadamente corresponde a promedios horarios de 0.15 ppm.
- Irritación de ojos con valores instantáneos de 0.1 ppm.

- Efectos adversos sobre la vegetación con 0.05 ppm sobre 4 horas.
- Efectos adversos sobre materiales han sido observados a niveles similares a los anteriores, pero no cuantificados.

Oxidos de nitrógeno.

- Efectos adversos sobre la salud (bronquitis infantil) con promedios de 24 horas (medición de largo plazo, 6 meses) por sobre .063-.083 ppm.
- Efectos adversos sobre la vegetación (deformidades y bajos rendimientos) con promedios (8 meses) de 0.25 ppm.
- Efectos adversos sobre materiales (componentes eléctricos) con promedios de 0.066-0.084 ppm.

La presencia de óxidos de nitrógeno, hidrocarburos y oxidantes fotoquímicos puede dar lugar a la formación del smog fotoquímico (ver más adelante).

Hidrocarburos.

Las concentraciones de hidrocarburos en la atmósfera debidas a la combustión no alcanzan normalmente niveles tan altos que permitan detectar efectos sobre humanos, plantas o animales (a diferencia de las concentraciones debidas, por ejemplo, a la industria petroquímica). El control de HC, más precisamente sin incluir el Metano (Non-Methane Hydrocarbons, NMHC), es necesario por la interacción NMHC-NO_x-oxidantes fotoquímicos.

Plomo

Con la utilización geberalizada de catalizadores de gases de escape se ha eliminado casi completamente el uso de compuestos de plomo para mejorar el octanaje de las naftas, por lo que sus efectos sobre la salud humana ya no son de consideración.

Formación y control de contaminantes en los procesos de combustión

Formación y control de contaminantes en el ciclo Otto.

Introducción

Los principales contaminantes producidos por vehículos automotores son CO, HC y NO_x. Estas fuentes son responsables por aproximadamente dos tercios del CO y HC y un tercio del NO_x que se producen en las áreas urbanas. Altos niveles de CO producen aumentos de carboxihemoglobina en la sangre que afecta a la salud en general y particularmente la discriminación de intervalos de tiempo, afectando las tareas laborales y creando problemas de seguridad laboral y de tránsito.

Los hidrocarburos y óxidos de nitrógeno juegan un rol importante en la formación de smog fotoquímico. Para muchas ciudades del mundo el control de hidrocarburos puede ser suficiente para controlar el smog fotoquímico. El control de óxidos de nitrógeno, por otra parte, es deseable por sus efectos directos sobre la salud humana.

El control de contaminantes del motor afecta la performance del motor en varias maneras: potencia, eficiencia, regularidad de marcha, etc.
Los motores reales operan comúnmente a carga parcial. La relación combustible/aire óptima a carga parcial será la que requiere el caudal mínimo de combustible para producir el torque requerido a la velocidad dada. En condiciones estacionarias, con el avance óptimo de chispa, y con todo el combustible vaporizado antes de la ignición, la relación combustible/aire óptima es pobre, con un ϕ de 0.85-0.90. Sin embargo, la operación del motor con mezclas tan pobres es difícil dada la tendencia a no encender y producir explosiones en el sistema de escape. La relación combustible/aire que en la práctica es mejor es un 5% más alta que la óptima.
Para operación en estado estacionario las mezclas son por lo común considerablemente más ricas para compensar los siguientes factores:
a) Encendido no-óptimo: Se necesita más combustible para compensar la pérdida de potencia debida a la chispa fuera de punto.
El avance de encendido en el ciclo Otto tiene una influencia muy grande en la producción de contaminantes. La figura siguiente muestra el efecto típico:

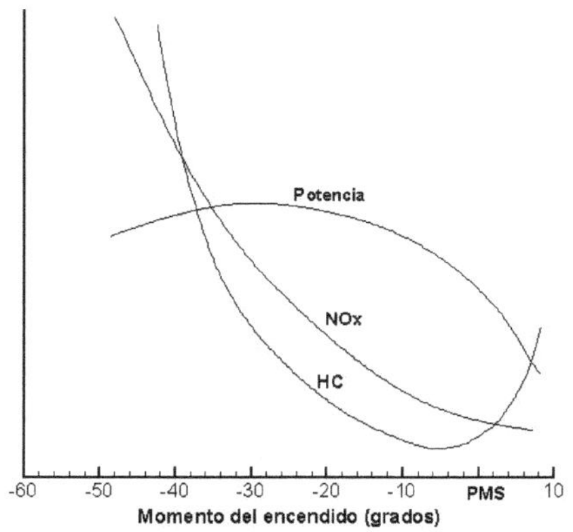

Figura 20.1: Efecto del momento de encendido en los productos de combustión

b) Errores de carburación, por ejemplo
   i) diseño inadecuado
   ii) Tolerancias de fabricación.
   iii) Desgaste, suciedad, etc.
c) Diferencias en distribución cilindro a cilindro.
d) Variaciones ciclo a ciclo de la mezcla producida.
e) Evaporación incompleta antes del encendido.
f) Necesidad de reducir tendencia a detonar.
g) Reducir temperaturas y calor a eliminar (sistema de escape, bujía, corona de pistón, sistema de refrigeración).

Dado que operando en mezcla rica se asegura la regularidad de marcha es usual que se incremente la relación combustible/aire.
Otras consideraciones especiales se vuelven necesarias durante la operación transitoria. En condiciones de arranque en frío se evapora poco combustible en el múltiple y se necesitan relaciones combustible/aire muy altas para producir una mezcla encendible con aquellas fracciones de combustible que lleguen a evaporar. También se requiere combustible extra cuando se abre rápidamente la mariposa del acelerador; sin embargo, la mayor parte de este combustible no llega a los cilindros sino que termina acumulándose como líquido sobre las paredes interiores del múltiple de admisión. Esto se debe a que el combustible inyectado súbitamente no se mantiene como rocío de gotas en el aire; se deposita sobre las paredes y fluye lentamente hacia las válvulas de admisión, evaporando en el camino.
Operando con la mariposa a medio cerrar las presiones en el múltiple son bajas (vacío de múltiple alto), y la presión de vapor del combustible es una fracción importante de la presión total. Luego, se requiere menor superficie húmeda para evaporar la cantidad de combustible requerida que con la mariposa totalmente abierta. Así es que, al pasar de apertura parcial a total la cantidad de combustible líquido en el múltiple aumenta. Al cerrar la mariposa (deceleración) ocurre el efecto contrario y la mezcla entregada al cilindro se vuelve momentáneamente muy rica.
La energía de ignición en la práctica tiende a ser la mínima para reducir el costo y peso y aumentar la durabilidad del sistema de encendido. Mientras que generalmente hay suficiente energía para asegurar el encendido y desarrollo rápido del foco de llama, puede no haber suficiente margen para cubrir los casos de llamas localmente pobres en mezclas muy turbulentas en el momento del encendido. Puede entonces ocurrir una ignición parcial o fallida.

Formación de contaminantes.

Hidrocarburos

Los hidrocarburos en el escape de los vehículos automotores forman un 60% del total de emisión de hidrocarburos en vehículos no controlados. El resto proviene de la ventilación del cárter y la evaporación del tanque del combustible y el carburador. Los hidrocarburos en el escape consisten en combustible no quemado y parcialmente quemado. Hay tres mecanismos principales de producción:
A. Apagado en pared: La llama que cruza la mezcla en la cámara de combustión no llega más cerca de la pared que la <u>distancia de apagado</u>. En el pasado se realizaron grandes esfuerzos para reducir el área de la cámara de combustión en la creencia que esta mezcla no quemada pasaba directamente al escape. El pasaje del frente de llama remueve esta mezcla no quemada y al mezclarse con los productos calientes en gran medida reacciona.
Una causa más importante de inquemados son los huelgos. Los espacios entre pistón y cilindro, en el surco del aro de pistón y en las cercanías de la bujía y los asientos de válvulas se llenan de mezcla a alta presión. Si estos huelgos son menores que la distancia de apagado la mezcla no quemará, y en la carrera de trabajo, al expandirse el gas dentro del cilindro, saldrán y se mezclarán con los gases de escape.

B. Extinción de llama con mariposa cerrada: A altas revoluciones y con la mariposa cerrada (el caso de deceleración del motor) las presiones en el múltiple de admisión son muy bajas (0.1 at. abs) y la fracción de gas residual en el cilindro es muy grande. La mezcla resultante contiene una proporción muy grande de gases inertes y estará casi totalmente fuera del límite inferior de inflamabilidad, con lo que el combustible no quemará.
C. Extinción de llama al cerrar la mariposa: Cuando se cierra la mariposa el vacío aumenta en el múltiple y el exceso de combustible en las paredes del múltiple se evapora súbitamente. Este exceso de combustible produce una mezcla excesivamente rica justamente cuando las fracciones de gas residual son altas (ver punto anterior). La mezcla estará por encima del límite superior de inflamabilidad y se emitirán hidrocarburos. Este proceso ocurre al comienzo de la deceleración y su duración es momentánea aunque las concentraciones emitidas son muy altas.
Se han hecho gran cantidad de trabajos sobre los efectos del tipo de combustible y la condición del motor sobre la composición de los hidrocarburos descargados por el escape. Hay interés, por supuesto, en la cantidad de hidrocarburos no-saturados, fotoquímicamente activos. Los resultados en general muestran que hay una mayor proporción de no-saturados en el escape que en el combustible original, y que la reactividad fotoquímica de los hidrocarburos del escape de combustibles con muchos no-saturados (p.ej., nafta sin plomo) es apreciablemente mayor que para combustibles normales.

Monóxido de carbono.

Después del paso del frente de llama por la cámara el grueso de los productos de combustión están esencialmente en equilibrio en lo que concierne al sistema C-O-H. Hay dos mecanismos principales de formación de CO:
A. Exceso de combustible. En este caso no hay suficiente oxígeno para oxidar todo el combustible a CO_2 y H_2O. El hidrógeno es casi completamente convertido a agua, y la deficiencia de oxígeno se nota en que el CO no se convierte a CO_2.

B. Congelamiento de recombinación. Las concentraciones de CO en el escape son mayores que las que corresponderían a equilibrio a esas temperaturas, aunque menores que las de equilibrio a la temperatura de pico del ciclo. El cálculo de la cinética de recombinación del CO_2 disociado muestra que la reacción queda congelada cuando las temperaturas caen unos cientos de grados en la carrera de trabajo. Luego, cantidades apreciables de CO pueden aparecer en el escape, aún con mezclas pobres.

Óxidos de nitrógeno

La formación de óxidos de nitrógeno en motores de encendido a chispa se discute más adelante
Los efectos relativos típicos de la relación combustible-aire sobre los tres contaminantes se muestran en la figura siguiente

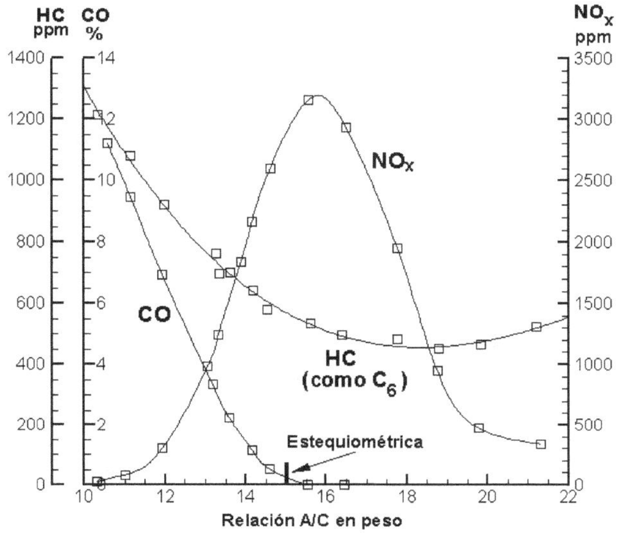

Figura 20.2: Contaminantes típicos del ciclo Otto (adaptado de Wark y Warner [1])

Se debe notar que algunas reacciones continúan en el sistema de escape, alterando en parte estas conclusiones.

Técnicas de Control.

Modificaciones del motor.

Los motores modernos incluyen todas o la mayoría de las siguientes modificaciones al modelo tradicional:

a) Mezclas relativamente pobres para marcha en vacío y en crucero.
b)Vacío de múltiple limitado en deceleración (mariposa de acelerador con perforaciones).
c) Velocidad en vacío más alta.
d) Encendido retardado entre 5 y 10 grados en vacío.
e) Encendido adelantado en deceleración (a veces sólo en marcha directa).
f) Filtros de aire especiales y tubería para enviar aire caliente al carburador
g) Relación de compresión reducida.
h) Relación de área a volumen de la cámara de combustión minimizada.
i) Sistemas de refrigeración de mayor capacidad y temperatura.

La mayoría de los vehículos modernos incluye convertidores catalíticos para disminuir la emisión de contaminantes, descriptos en el Capítulo 12.
Asimismo, la mayoría emplea inyección de combustible, en lugar del carburador tradicional. La inyección de combustible sobre la válvula de admisión o en el múltiple (inyección indirecta, monopunto o multipunto) es una técnica valiosa para reducir

emisiones, pero la inyección directa al cilindro poco antes del encendido tiene aún mejor potencial. Con esta técnica se busca obtener la combustión con carga estratificada, vale decir, inhomogénea en el cilindro. Los principios del motor de carga estratificada que ayuda a obtener bajos niveles de emisión son:
i) Mezcla en promedio pobre para reducir CO.
ii) Combustible concentrado en el centro de la cámara y lejos de las paredes para mantener bajo HC (apagado).
iii) Quemar en mezcla rica y diluir rápidamente para mantener bajo NO_x.

Formación y control de contaminantes en otros motores

El motor Diesel

Introducción

Los motores diesel son una fuente menor de emisiones de monóxido de carbono e hidrocarburos, y sus gases de escape contienen menos contaminantes que los de un motor a chispa de tamaño comparable, como muestra la tabla siguiente.

Estado	Tipo	CO % vol	NO_x ppm	Formaldehído ppm	HC ppm
Ralentí	Diesel	0.0	59	9	390
	Nafta	11.7	33	30	4830
	GLP	5.1	47	30	2410
Aceleración	Diesel	0.05	849	17	210
	Nafta	3.00	1347	16	960
	GLP	3.50	1290	18	390
Crucero	Diesel	0.00	237	11	90
	Nafta	3.40	653	7	320
	GLP	1.75	2052	23	330
Deceleración	Diesel	0.0	30	29	330
	Nafta	5.5	18	286	16750
	GLP	4.2	56	172	19030

Tabla 20.1: Comparación de contaminantes (datos de Millington and French [5])

Las emisiones de óxidos de nitrógeno son similares a las del motor a nafta. El área de mayor preocupación no es sin embargo estos contaminantes sino los temas de humo y olor. El problema es la molestia pública causada por estas emisiones más que su efecto general en la calidad del aire. Las quejas del público respecto al humo de los motores diesel son frecuentes, y mucho más numerosas que respecto a los motores a nafta las que, aunque son invisibles, son un mayor peligro para la salud. Si bien las emisiones de humo de motores diesel contribuyen menos del 5 por ciento del total de partículas emitidas representan un riesgo al manejo, son antiestéticas, y existe gran presión política por controlarlas.

Las emisiones odoríferas también representan un pequeño riesgo para la salud pero son molestas para peatones, ciclistas y motoristas, y también hay una presión pública para que sean controladas.
Los hidrocarburos modificados que se encuentran en el escape de un diesel sí contienen cantidades apreciables de carcinogénicos conocidos, aunque no se ha hecho mucho trabajo de investigación sobre este tema.
El motor moderno tipo diesel (o de ignición por compresión) opera en el ciclo llamado de presión limitada. Las relaciones de compresión son del orden de 16, y el combustible se inyecta directamente en el cilindro donde se enciende espontáneamente. El momento de la inyección y la cantidad de combustible inyectado se ajustan para dar la máxima producción de trabajo por ciclo manteniendo la presión de pico por debajo de las 60-100 atm. por razones de materiales. El control de la potencia producida se obtiene variando la cantidad de combustible inyectado, y los motores en general se operan en régimen pobre, obteniéndose la eficiencia máxima con equivalencias a veces tan bajas como 0.3.
La presión media indicada (pmi) y por consiguiente la máxima potencia y torque se obtienen con equivalencias ligeramente más ricas que estequiométricas. La economía de combustible de los motores diesel es de hasta un tercio mejor que la del motor a nafta, pero las relaciones peso/potencia son del orden de la mitad o menos. Esto último, unido al más alto costo del motor diesel, comúnmente lleva a que los vehículos con motor diesel carecen de la potencia suficiente. Como se puede obtener más potencia del motor alimentando combustible en exceso de lo especificado por el fabricante, es tentador para los operadores de estos motores a operar así, con el consiguiente aumento de emisión de humos.
Debido a las condiciones de combustión difusiva se forman cantidades importantes de hollín que se pueden o no quemar en las zonas pobres de la llama.
La figura siguiente ilustra la dependencia de la composición de los gases de escape con la relación aire/combustible; se nota que el punto adecuado de operación ronda un 50% de exceso de aire:

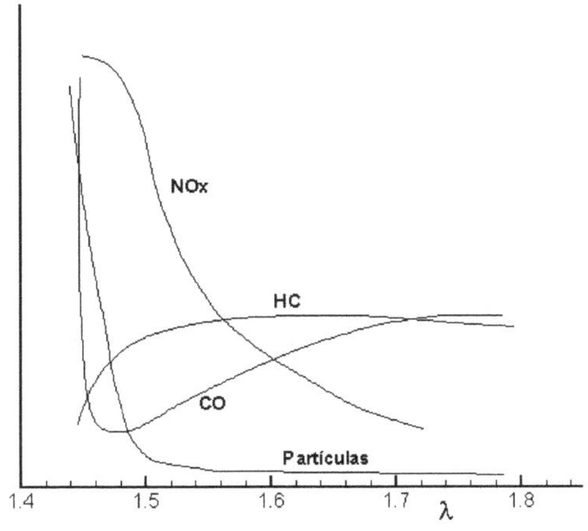

Figura 20.3: Contaminantes típicos del ciclo Diesel

Humo

El humo producido por el motor diesel puede ser blanco o negro. El humo blanco se debe a falla de ignición, o combustión parcial, y generalmente sólo aparece con el motor frío. El humo negro se debe a las grandes cantidades de hollín formadas en la combustión, y que no alcanzan a quemar en las etapas finales del ciclo.
El momento de inyección tiene una gran influencia sobre la producción de humo y contaminantes, similar al punto de encendido en el ciclo Otto. La figura siguiente muestra el efecto típico:

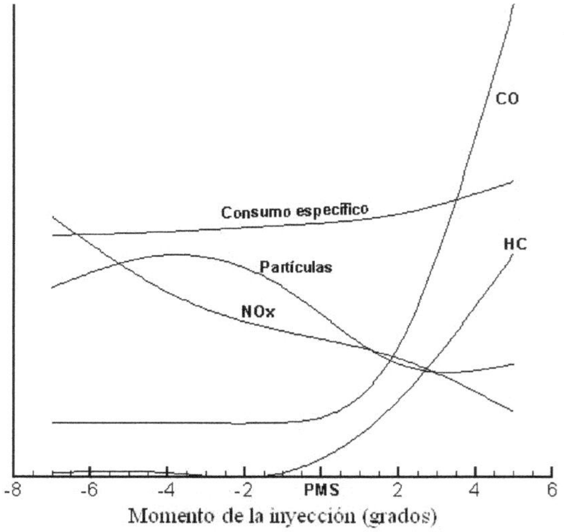

Figura 20.4: Punto de inyección y contaminantes típicos del ciclo Diesel

La medición de las emisiones de humo suele basarse en su visibilidad, y se utiliza comúnmente una escala subjetiva como la de Ringelmann:

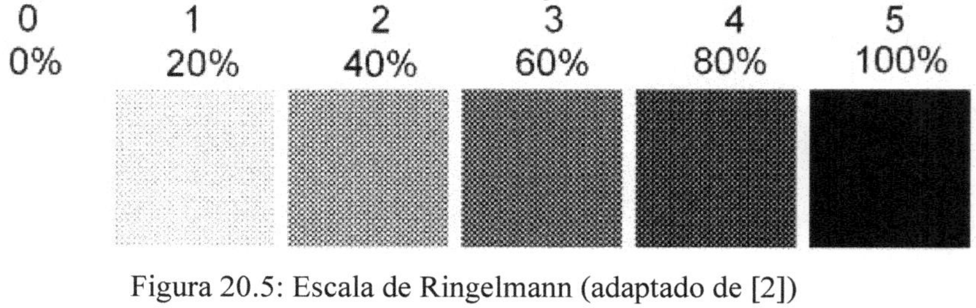

Figura 20.5: Escala de Ringelmann (adaptado de [2])

La medición se realiza comúnmente con un medidor de opacidad u opacímetro, que simplemente mide la pérdida de intensidad de luz en un recorrido fijo a través del humo, indicada como porciento de la intensidad inicial.

Dado el largo L de la cámara de medición y la medición N de porciento de pérdida se define un coeficiente de absorción k:

$$k = -\frac{1}{L}\ln\left(\frac{1-N}{100}\right)$$

El medidor de humo Hartridge es un instrumento basado en interrupción de la luz, mientras que los instrumentos Bosch y von Brandt se basan en el filtrado sobre un papel de filtro (ver dos figuras siguientes)

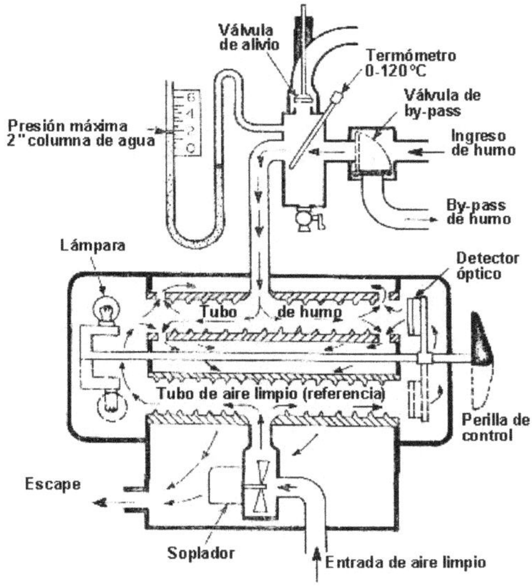

Figura 20.6: Medidor de humo Hartridge (adaptado de Stern [3])

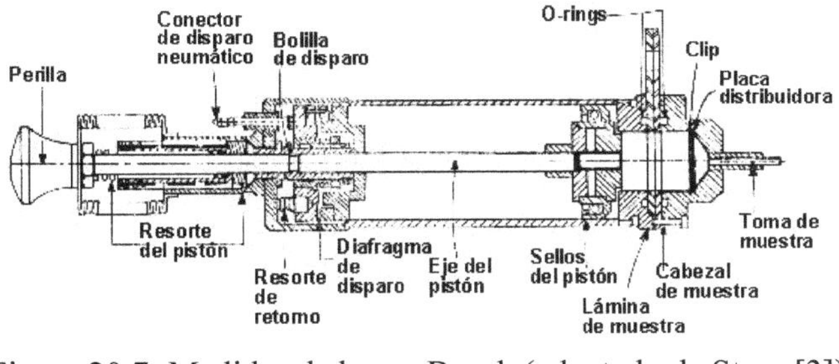

Figura 20.7: Medidor de humo Bosch (adaptado de Stern [3])

Todos estos métodos han sido adoptados en varios países en distintas oportunidades, para la medición de humo de diesel. Las mediciones de humo de diesel hechas con los instrumentos Hartridge y Bosch se pueden correlacionar con la opacidad como muestra la figura siguiente:

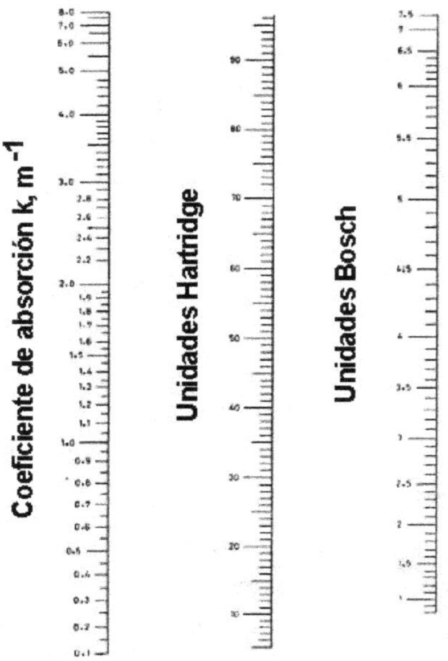

Figura 20.8: Correlaciones Bosch-Hartridge (adaptado de Faiz et al. [4])

La conversión de unidades de opacímetro a Hartridge y/o Bosch no es muy exacta ya que el opacímetro y el aparato Hartridge no responden igualmente a partículas grandes y pequeñas, mientras que el aparato Bosch es menos sensible a los componentes grises y blancos del humo.

En muchos países hay legislación contra la emisión de humo por motores diesel, y en muchos casos se utiliza la frase "humo excesivo", que es subjetiva y por lo tanto difícil de hacer cumplir. La legislación debiera ser dada en unidades de $\mu g/m^3$, que se puede interpretar en unidades de Hartridge.

Una relación entre el peso de hollín y la densidad del humo se muestra en la próxima figura:

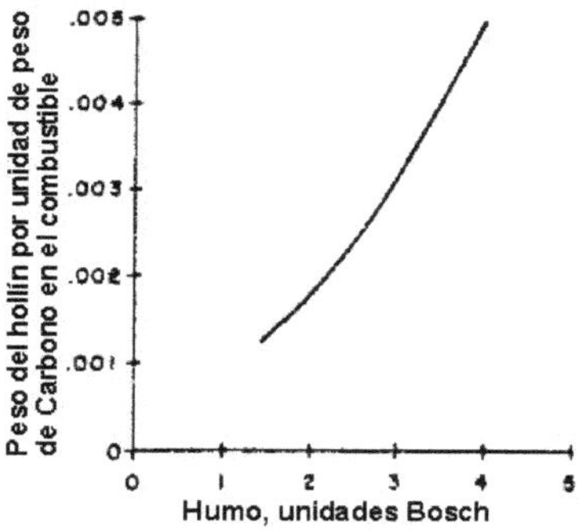

Figura 20.9: Peso de hollín (adaptado de Schmidt et al. [6])

Un mantenimiento inadecuado también tiene un efecto pronunciado. Sin embargo la variable principal que controla las emisiones de humo diesel es la relación aire-combustible, como muestran las dos figuras que siguen.

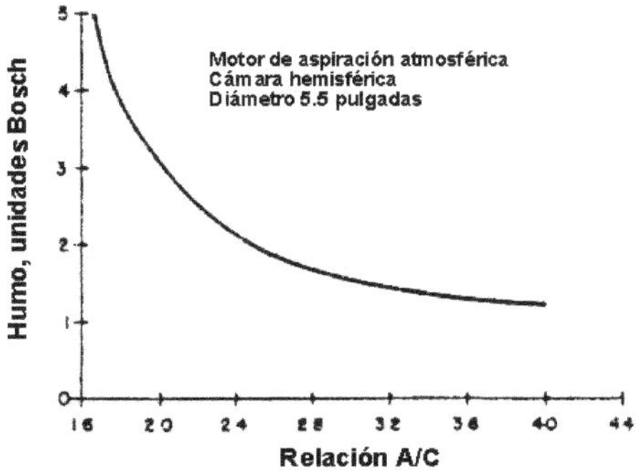

Figura 20.10: Humo y riqueza (adaptado de Schmidt et al. [6])

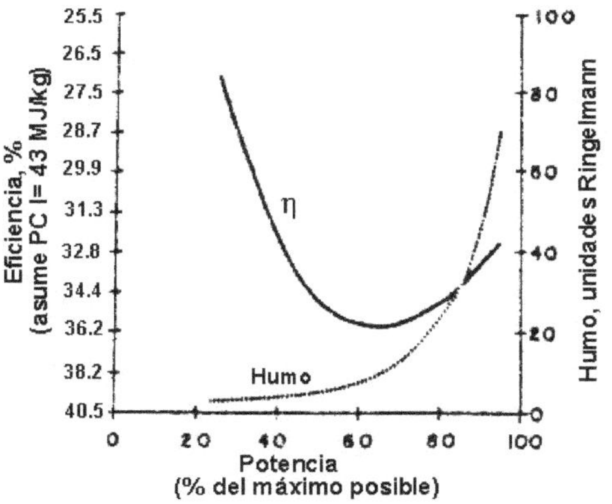

Figura 20.11: Humo y potencia (adaptado de Schmidt et al. [6])

El exceso de combustible para obtener más potencia es la causa más común de emisión de humos.

El humo puede ser suprimido mediante el uso de aditivos, particularmente aquellos conteniendo bario. Sin embargo estos aditivos pueden causar apreciables depósitos sólidos en el motor.

Olor

Los olores del escape del motor diesel se deben al combustible no quemado y parcialmente reaccionado, y son más apreciables en el arranque en frío y la operación en ambientes de baja temperatura. El olor es una cualidad subjetiva, muy difícil de calificar objetivamente.

Dos factores importantes a considerar son la concentración en el umbral de detección y lo agradable o desagradable del olor. El umbral de detección varía marcadamente de persona a persona, y la opinión sobre lo agradable o desagradable del olor también varía notablemente de persona a persona y muestra cierta correlación con el sexo y la edad del sujeto.
Aunque la cromatografía en fase gaseosa es una técnica suficientemente sensible como para medir las concentraciones de compuestos odoríferos, comúnmente hay tantos compuestos distintos que será muy difícil establecer normas de emisión aceptables. Puede ser que para un problema específico como el escape diesel el olor pueda ser caracterizado por unos pocos compuestos y se fijen normas para éstos.
Mejoras en la combustión son la manera más obvia y quizá la mejor de controlar el olor del escape diesel.
Otras técnicas que han sido sugeridas incluyen el enmascaramiento de olores desagradables añadiendo un perfume al combustible. Se puede obtener bastante control sobre el problema de olor con un diseño apropiado del sistema de escape que permita mayor dilución de las emisiones.

La turbina de gas.

Este motor generalmente tiene bajas emisiones es de CO y HC. Se hace notar que las turbinas de gas operan con relaciones aire-combustible globales muy pobres, y a fines de comparación es necesario corregir los resultados a una equivalencia de uno, o bien usar un índice de emisión dado en peso de contaminante por peso de combustible.

			Especies								
			HC*			CO			NO		
Motor	Condición Operativa	Equivalencia ϕ	ppm	EI	ppm $\phi=1$	ppm	EI	ppm $\phi=1$	ppm	EI	ppm $\phi=1$
Otto**	30 mph	1.0^+	138	6.13	138	16100	241.0	16100	1050	16.3	1050
TG regen**	30 mph	0.1^+	0.58	0.26	5.8	37	5.3	370	89	13.5	890
TG aviación	Crucero	0.2	0.17	0.378	8.5	46	3.3	230	71	5.5	355

Tabla 20.2: Comparación de concentraciones de especies en el escape, Indice de Emisión (EI) y concentraciones equivalentes a □$\phi=1$, para varias especies y motores representativos (datos de Sawyer y Starkman [7]

Notas:
* Equivalente a hexano; Ciclo Otto medido por infrarrojo no-dispersivo (NDIR), otros por detector de ionización de llama (FID); el método FID dá valores aproximadamente 1.8 veces más altos que el método NDIR.
** Valores adaptados de información publicada
+ Estimado

El consumo de combustible de los vehículos impulsados por turbinas de gas es mayor que el de los propulsados a nafta. Las emisiones de óxidos de nitrógeno son bastante altas, comparables con las del motor a nafta, particularmente cuando se incrementan las presiones y temperaturas de entrada al combustor para obtener altas eficiencias térmicas.
La emisión de humo de las turbinas de gas de aviones es un tema de interés público. El humo es debido al elevado caudal de combustible en el despegue, que resulta en una zona primaria que es, en promedio, mucha más rica que estequiométrica.
El humo puede ser reducido aumentando el flujo de aire hacia la zona primaria, aumentando la turbulencia del aire en esta zona para minimizar las áreas de mezcla rica, aumentar el ángulo del cono de rocío, y usar atomizadores asistidos con aire.
Aunque las emisiones de hidrocarburos son bajas pueden ser bastante altas en ralentí, particularmente para motores de un solo eje y reactores puros. El olor a kerosén en los aeropuertos es característico por estas causas. Estas emisiones se deben principalmente a la pobre atomización a bajos caudales de combustible, pero también se originan en que el chorro de rocío de combustible pasa a través de la zona de llama y llega a las paredes del tubo de llama, donde se evapora hacia el aire secundario y de refrigeración. Posibles soluciones serían un mejor diseño de atomizadores y reducir el aire de enfriamiento en la zona primaria en ralentí.
El monóxido de carbono se forma principalmente debido al enfriamiento rápido de los productos de combustión en la zona primaria por el aire de dilución o por aire de las ranuras de refrigeración. Las emisiones de CO son muy bajas pero presumiblemente podrían reducirse aún más usando una introducción de aire de dilución más gradual.
Por otra parte, el enfriamiento rápido de los gases de la zona primaria es una de las maneras de controlar NO_x, y esto resultaría en aumento de emisiones de CO y humo.
Para las turbinas que funcionan con Gas Natural es de especial preocupación la producción de óxidos de Nitrógeno

Motor rotativo Wankel

El motor Wankel, y otras versiones de estos motores tienen usos automotrices debido a su alta relación potencia peso y su diseño inherentemente balanceado.
La cámara de combustión de estos motores tiene una alta razón superficie/volumen, produciendo cantidades de hidrocarburos debido al apagado de pared, que son rascados hacia el escape por el sello del borde del rotor. Esto se compara con el motor reciprocante común donde solo unos 2/3 de los hidrocarburos de la zona de apagado son rascados y eyectados con el escape. Hay también un volumen de hendijas bastante grande, debido a las luces entre el rotor y carcasa. Por consiguiente las emisiones de

HC son muy altas para este motor, aproximadamente el doble que para el motor convencional.
Por otro lado las emisiones de NO_x son menores, aproximadamente un cuarto de las del motor convencional. Esto se debe a las temperaturas de post-combustión más altas.
Las emisiones de CO son del mismo orden de magnitud que para el motor convencional.
Este tipo de motor ha despertado mucho interés por su potencial como reemplazo del motor alternativo por su menor contaminación. Esto se basa en las menores emisiones de NO_x (debidas a las menores temperaturas máximas y la mayor superficie de pistón) que podrían ser reducidas a los límites requeridos por medio de una pequeña recirculación de gases de escape, sin afectar grandemente la operabilidad del motor.
Las altas emisiones de HC y CO en el escape podrían ser tratadas en un reactor de escape del tipo térmico o catalítico; las altas concentraciones serían en realidad una ventaja ya que habría un considerable aumento de temperatura en el reactor.

Formación y control de contaminantes de hornos a gas, aceite y carbón

Introducción

En este apartado se trata de hornos y calderas para generación de vapor, calentamiento de agua, y otras aplicaciones donde la única fuente de contaminantes es el proceso de combustión propiamente dicho. Hornos metalúrgicos, cerámicos, y otros en los que el material procesado contribuye significativamente a la emisión de contaminantes no se incluyen; para una buena revisión de estos tipos de hornos, véase el volumen III de Stern.
Los principales contaminantes formados en fuentes estacionarias son óxidos de azufre, partículas y óxidos de nitrógeno. Los últimos se tratan en el Capítulo 14, y en esta sección se tratan principalmente los dos primeros. Otros contaminantes menores provenientes de fuentes estacionarias son CO, aldehídos e hidrocarburos. Generalmente éstos sólo son problema cuando las condiciones de combustión están mal controladas, y no es usual que se presenten con equipamiento moderno y bien operado.

Contaminantes orgánicos

La emisión de humo, hidrocarburos, derivados de hidrocarburos y otros compuestos orgánicos, en las épocas de la alimentación manual de hornos, se asociaba directamente con el contenido de volátiles en el carbón (destilación). Hoy en día, con alimentadores mecánicos y/o uso de carbón pulverizado, el contenido de volátiles no es tan importante. La emisión de óxidos de nitrógeno de hornos a carbón se trata en el capítulo correspondiente. Las emisiones de CO son generalmente muy bajas si se controla el exceso de aire adecuadamente.

Oxidos de azufre

General

La mayor parte del azufre en el combustible aparece como dióxido de azufre (SO_2) en el gas de escape, y también aparecen cantidades menores de trióxido de azufre (SO_3). En el caso de carbón y destilados residuales parte del azufre pueden quedar en las cenizas como sulfatos.
Los carbones fósiles contienen distintas cantidades de azufre según su origen y dureza. Las antracitas típicamente contienen menos del 1% de azufre en peso, los carbones bituminosos entre el 1 y el 4%, y los lignitos menos que las antracitas, pero esto varía con el origen. El carbón de EEUU en un 80% está debajo del 3% de azufre, mientras que en Alemania los carbones de bajo y alto contenido de azufre están en proporciones similares. En Australia la mayoría del carbón está debajo del 1% de azufre.
Los fuel oils usualmente tienen altos contenidos de azufre; los de EEUU típicamente contienen menos del 2%, mientras que los de Medio Oriente típicamente contienen hasta 3% y los de Latinoamérica más aún.
Las cantidades emitidas de óxidos de azufre pueden ser fácilmente calculadas a partir del peso de azufre en el combustible y el consumo.

Trióxido de azufre

La tabla siguiente muestra la razón SO_3 a SO_2 en gases de chimenea para distintos combustibles:

Combustible	SO_3/SO_2 en %
Carbón pulverizado, caldera de fondo húmedo	0
Idem, fondo seco	< 1
Carbón sólido	2 a 3
Hornos pequeños a fuel oil	3 a 7
Hornos grandes a fuel oil	0.5 a 4

Tabla 20.3: Relación SO_3 a SO_2 (datos de Stern [3])

Aunque el SO_3 es menos del 5% de SO_2 en la mayoría de los casos, provoca un aumento sustancial del punto del rocío.
La figura siguiente muestra el equilibrio entre SO_3 y SO_2 en función de la temperatura y la concentración de oxígeno para la reacción $SO_2 + 1/2\ O_2 = SO_3$:

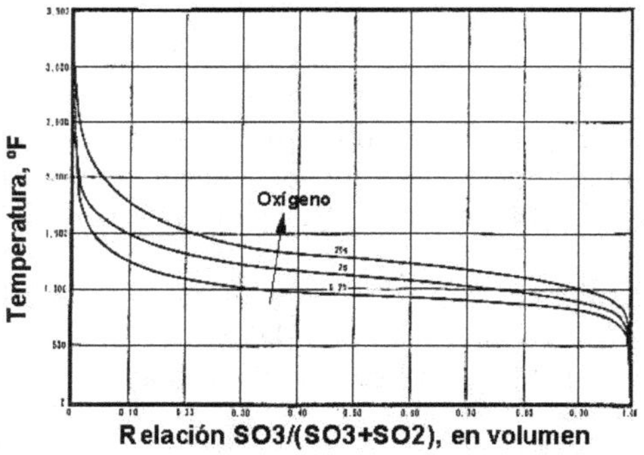

Figura 20.12: Relación SO_3 a SO_2 vs. Oxígeno y temperatura (adaptado de Danielson [7])

La figura siguiente muestra una relación típica entre el SO_3 en el gas de chimenea, y el exceso de aire, para fuel oil:

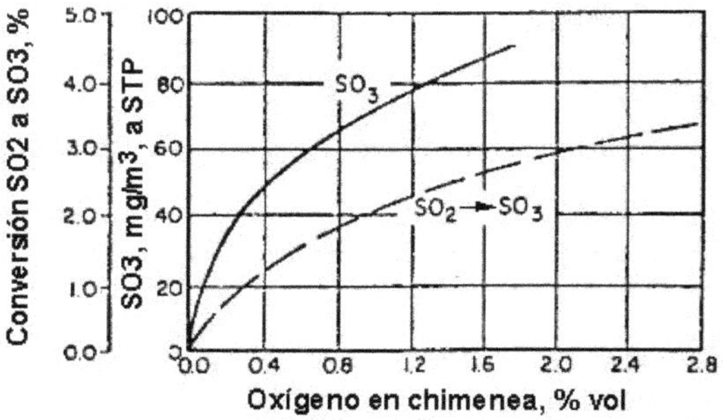

Figura 20.13: SO_3 y exceso de aire (adaptado de Stern [3])

El mecanismo de oxidación de SO_2 a SO_3 no está enteramente claro pero probablemente incluye oxidación con oxígeno atómico en la región de la llama de alta temperatura y alguna oxidación catalítica debida a catalizadores como el $Fe_2\,O_3$ en las zonas de bajas temperaturas del horno. La elevación del punto de rocío depende del contenido de vapor de agua del gas de chimenea, y la figura siguiente muestra una relación típica para fueloils.

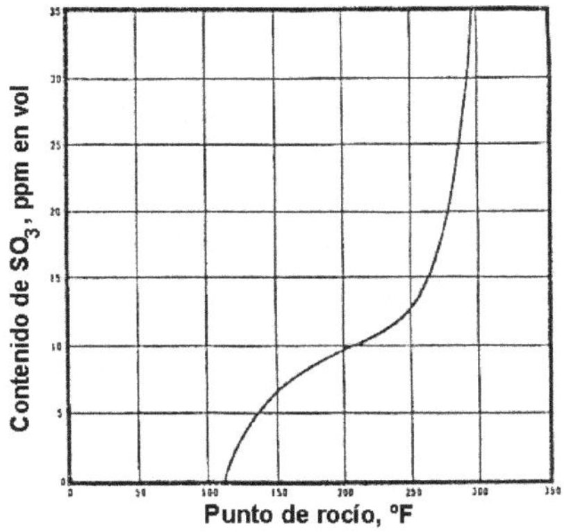

Figura 20.14: Relación SO_3 y punto de rocío (adaptado de Danielson [7])

Si la temperatura del gas de chimenea baja por debajo del punto de rocío se forman gotitas ácidas que son extremadamente corrosivas, y que requerirían el uso de costosos materiales no-corroíbles en el sistema de escape y la chimenea. Mantener la temperatura de escape por encima del punto de rocío implica una gran pérdida de calor por la chimenea y la consecuente pérdida de eficiencia del horno. Aún si no se forman gotitas en el sistema de escape, se formarán cuando los gases de chimenea se mezclen con el aire frío exterior, formando la característica columna blanca de vapor, típicas de las chimeneas de hornos. Las gotas ácidas pueden causar serios daños a los materiales y la vegetación circundante.

Las emisiones de SO_3 se pueden controlar operando con muy poco exceso de aire. Se requiere en este caso buenas condiciones de mezclado y de quemado para evitar la formación y emisión de CO y HC o de humos.

Control de óxidos de azufre

Equipamiento a carbón

Hay tres maneras de remover el azufre del carbón: antes, durante o después de la combustión.

Se supone que el carbón se quemará pulverizado, ya que como es usual en las instalaciones nuevas.

Antes de la combustión se pueden remover las piritas lavando el carbón pulverizado con agua. Se remueve del 10 al 50 % del azufre, aunque el secado del carbón y el posterior tratamiento del agua de proceso añaden complejidad al método.

Durante la combustión el método más popular es la combustión en lecho fluidizado. El carbón pulverizado se mezcla con un inerte (arena) y con piedra caliza pulverizada, y se alimenta aire comprimido a la mezcla, formando una cama fluidizada. La combustión resulta de temperaturas relativamente bajas lo que permite obtener un fondo seco (no hay fusión de escoria) y se remueve hasta un 80-90% de azufre. Las

desventajas son el alto consumo de caliza y la elevada producción de residuo con azufre.
Los tratamientos de los gases de chimenea son más numerosos, y se pueden citar:

- Rociar los gases de escape con una mezcla de agua, piedra caliza y cal viva pulverizadas, lo que convierte el dióxido en sulfito de calcio, y tratar luego los barros con aire caliente para llevarlo a sulfato (yeso), utilizable como material de construcción. Se remueve hasta un 90% del azufre.
- Rociar con cal viva, que produce residuos sólidos (sulfatos y otros).
- Rociar con agua de mar y luego con aire caliente, retornando el agua al mar con los sulfatos y sulfitos. La desventaja es que también se envían al mar metales pesados (cromo, vanadio).
- Instalar tratamientos mucho más complejos para convertir el SO_2 a ácido sulfúrico, amoníaco, o azufre sólido.

Los procesos integrados con remoción de NO_x (ver Capítulo 14) probablemente debieran ser preferidos para proyectos nuevos.
Respecto a la desulfurización de los fueloils, se requieren inversiones de capital muy grandes, y se estima que una reducción de azufre desde el original al 0.5% costaría alrededor de 0.5 centavos por litro por cada 1% de reducción (Stern, Volumen III).
Las normas que controlan las emisiones de SO_2 en la mayoría de los casos sólo cubren instalaciones tales como fábricas de ácido sulfúrico y fundiciones.
Ciertas municipalidades tienen normas de emisión de SO_2 (usualmente alrededor de 2000 $\mu g/m^3$). Un procedimiento más común es limitar el contenido de azufre del combustible.

Equipamiento para gas

El equipamiento a gas usualmente produce un mínimo de contaminantes atmosféricos, aunque si las condiciones de combustión son pobres debido a mal mantenimiento o diseño pueden resultar en emisiones de monóxido de carbono, olor e incluso humo. Siempre se forman cantidades significativas de óxidos de nitrógeno y, aunque las emisiones de este contaminante son menores para el equipamiento a gas que para equipamiento a fueloil o carbón, pueden ser un problema donde la utilización de gas es alta como lo es en la mayoría de las ciudades de los EEUU, Australia y Argentina. Las dos tablas siguientes muestran rangos de emisión típicos para artefactos y quemadores.

Quemador	Oxidos de Nitrógeno (como NO_2)		Aldehídos	
	ppm	g/MJ	ppm	g/MJ
Bunsen	21	0.030	2	-
Cocina doméstica	22	0.013	-	-
Horno doméstico	15	0.022	11	0.009
Termotanque, 80 litros	25	0.022	-	-
Termotanque, 400 litros	45	0.039	8	0.004

Calefactor	30	0.030	3	0.002
Horno con aire forzado	50	0.039	-	-
Caldera de vapor (3 MW)				
Fuego bajo	40	0.060	5	0.004
Fuego alto	90	0.069	-	-
Quemadores industriales	216	-	49	-
Calderas y quemadores de proceso	-	0.091	-	0.001

Tabla 20.4: Contaminantes típicos, gas, equipamiento menor (datos de Stern [3])

Equipo	CO %	Aldehídos (ppm)	Óxidos de nitrógeno (ppm)	Partículas (g/m^3 a 12% CO_2)
Calderas marinas	0.000-0.2	2-7	8-56	0.006-0.018
Calderas humotubulares	0.000-0.1	4	35-37	0.006-0.117
Calderas acuotubulares	0.000-0.2	3-11	16-127	0.008-0.019
Termotanque 300 litros	0.001	2	46	0.069
Calefactor	0.0	2	19	0.023
Horno	0.000	6	20	0.142
Horno industrial, indirecto	0.000	3-6	16-34	0.005-0.021
Horno cerámico, indirecto	0.00 - 0.04	2-7	3-66	0.012-0.053

Tabla 20.5: Contaminantes típicos, gas, equipamiento industrial (datos de Stern [3])

Equipamiento a fueloil

Emisión de contaminantes

La emisión de contaminantes por equipamiento a fueloil forma dos clases. Los óxidos de azufre y la ceniza inorgánica se originan en el combustible mismo, y son independientes del equipo y la operación excepto en lo que pudiera afectar a la proporción de SO_3 a SO_2 y la distribución de tamaño de partícula de la ceniza. Los óxidos de nitrógeno, el carbón (hollín y humo), el CO y los hidrocarburos no quemados y parcialmente oxidizados se originan en el proceso de combustión. Las dos tablas siguientes muestran algunas emisiones típicas de hornos y quemadores domésticos.

Equipo	Potencia kW	Contaminantes del combustible		Exceso de aire (%)	SO_2 ppm	SO_3 ppm	CO %	Aldehídos (como formol) (ppm)	Oxidos de Nitrógeno (como NO,) ppm	Partículas (mg/m^3 a 12% CO_2)
		Azufre %	Ceniza %							
Gasoil										
Caldera humotubular	45	1.05	0.02	65	355	1.6	0.01	9	47	158
	220	0.29	0.01	220	7	0	0	6	11	325
Caldera marina	150	0.97	0	210	11	5.6	0.02	52	21	320
	260	0.42	0	94	17	0	0	3	72	32
Caldera acuotubular	75	0.71	0	290	98	1.4	0	5	36	163
	150	0.55	0	370	trazas	0	0.002	8	55	229
	180	0.21	0.07	115	102	0.5	0.002	7	33	94
Calefactor de aceite	-	0.80	0	120	138	2.8	0.002	11	34	167

Kerosene										
Caldera marina	**110**	**0.09**	**0**	**150**	**28**	**1.7**	**0.001**	**5**	**20**	**87**
Horno ceramico	**75**	**trazas**	**0**	**21**	**0**	**0**	**0.04**	**3**	**27**	**9**
	150	**trazas**	**0**	**373**	**trazas**	**0**	**0**	**3**	**20**	**87**
Fuel oil pesado										
Caldera humotubular	**90**	**1.0**	**0**	**68**	**414**	**4.7**	**0.003**	**7**	**368**	**169**
Caldera marina	**90**	**1.78**	**0.18**	**180**	**264**	**3.2**	**0**	**9**	**128**	**252**
Caldera acuotubular	**180**	**0.44**	**0.13**	**43**	**397**	**0.4**	**0**	**8**	**387**	**146**
	320	**3.06**	**0**	**110**	**700**	**6.7**	**0.001**	**4**	**275**	**640**
	343	**0.78**	**0.12**	**107**	**362**	**2.2**	**0**	**7**	**199**	**89**
	370	**1.39**	**0.04**	**92**	**594**	**3.6**	**0 '**	**17**	**256**	**103**
	430	**1.30**	**0.03**	**95**	**640**	**2.2**	**0**	**8**	**206**	**137**
	650	**1.94**	**0.03**	**73**	**344**	**1.2**	**0**	**48**	**256**	**220**

Tabla 20.6: Contaminantes típicos, equipamiento industrial, fuel oil (datos de Stern [3])

Potencia (kcal/h)	**Quemador**	**Condiciones de operación**				**Contaminantes gaseosos y condensables**		
		Combustión	**Humo (Escala Bacharach)**	**CO_2 (% vol)**	**CO (ppm vol)**	**NO, (ppm vol)**	**Aldehídos (como HCHO) (ppm vol)**	**Hidrocarburos no quemados totales (ppm vol)**
20,000	**Vaporizador**	**Buena**	**2**	**7.7**	**35**	**<20**	**4**	**16**
		Deficiente	**6-7**	**9.8**	**60**	**<20**	**14**	**24**
10,000	**Llama abierta**	**Buena**	**< 1**	**13.6**	**60**	**<20**	**3**	**15**
		Deficiente	**1-2**	**13.9**	**8,000**	**<20**	**25**	**55**
10,500	**Atomizador a presión**	**Buena**	**2-3**	**8.5**	**No medido**	**-**	**3**	**6**
		Deficiente	**8-9**	**10.2**	**60**	**-**	**10**	**17**

Tabla 20.7: Contaminantes típicos, influencia del mantenimiento (datos de Stern [3])

Partículas

Los carbones usados para calentamiento usualmente contienen una cantidad considerable de ceniza, a veces tanto como 20 o 30 por ciento. Parte de esta ceniza forma escoria, escoria desmenuzada (clinker) o partículas grandes, pero una gran cantidad aparece como ceniza voladora en los gases de chimenea y representa un problema de contaminación considerable. La tabla siguiente muestra algunos rangos típicos de composición de cenizas voladoras provenientes de hornos a carbón pulverizado. Las cenizas voladoras tienen diámetros medios de alrededor de 15 μm, con un 30-40% por debajo de los 10 μm.

Componente	Rango típico, % peso
Sílica SiO_2	34 - 38
Alúmina Al_2O_3	17 – 31
Oxido de hierro Fe_2O_3	6 – 26
Oxido de calcio CaO	1 – 10
Oxido de magnesio MgO	0.5 – 2
Trióxido de azufre, SO_3	0.2 – 4
Carbón perdido	1.5 - 20

Tabla 20.8: Composición de la ceniza voladora (datos de Stern [3])

Adicionalmente también se controla la altura de las chimeneas para asegurar una dispersión adecuada de las emisiones.
Las normas de control de contaminación ambiental restringen la emisión de partículas, normalmente limitando la opacidad de la columna de gases de chimenea, y fijando normas de emisión de masa para la masa total de partículas eyectadas. La opacidad de los gases de escape la determina fundamentalmente la cantidad de material con tamaños por debajo de 1 micrón, mientras que la cantidad de masa emitida es usualmente dominada por las partículas más grandes. Las partículas de un micrón o menos comúnmente llevan una gran proporción de hollín y otros combustibles, y mejoras en la combustión usualmente producen grandes reducciones en la opacidad. Las partículas mayores son generalmente incombustibles y el único método efectivo de control es utilizar equipamiento para recolección de polvo.
Este equipamiento se puede obtener en varias formas, incluyendo separadores centrífugos tales como ciclones, colectores húmedos, como ser, lavadores, filtros y cuartos de filtrado por bolsas, y precipitadores electrostáticos. La elección del equipo depende sobre todo en la aplicación de destino.

Referencias

[1] Wark, K., y Warner, C. F.; Contaminación del aire; Limusa, México, 1998.
[2] https//lochgelly.org.uk/2012/11/mossmorran-ringelmann.
[3] Stern, A. C.; Air Pollution; Academic Press, New York, 1968.
[4] Faiz, A.; Weaver, C. S., and Walsh, M. P.; Air pollution from motor vehicles; The World Bank, Washington, 1996.
[5] Millington, B. W., and French, C. C. J.; Diesel exhaust – A European viewpoint; SAE Transactions, Vol. 75 (1967), Paper 660549.
[6] Schmidt, R. C.; Carey, A. W., and Kamo, R.; Exhaust characteristics of the automotive diesel; SAE Transactions, Vol. 75 (1967), Paper 660550.
[7] Sawyer, R., and Starkman, E.; Gas turbine exhaust emissions; SAE Technical Paper 680462, 1968.
[8] Danielson, J. A. (Ed); Air pollution engineering manual; US Dept. of Health, Education and Welfare, Washington, 1967.

Capítulo 21
Química del Nitrógeno
Eduardo Brizuela

Formación y control de óxidos de Nitrógeno
Introducción
De los siete óxidos de nitrógeno conocidos (N_2O, NO, N_2O_3, NO_2, N_2O_4, N_2O_5 y NO_3), sólo el óxido nítrico (NO) y el dióxido de nitrógeno (NO_2) son de gran importancia en polución ambiental. De los dos, el NO se forma predominantemente en procesos de combustión. El NO reacciona con oxígeno atmosférico para formar NO_2, y en cierta medida esta reacción también ocurre en los sistemas de escape. A bajas temperaturas el equilibrio químico favorece la existencia de NO_2. El tiempo característico de conversión de NO a NO_2 es del orden de un minuto a una hora, dependiendo de la temperatura y la cantidad de foto-catálisis.
En las mediciones de emisiones de escape se miden NO y NO_2 y la suma resultante (NO_x) se expresa como si fuera NO_2. Aun cuando haya cantidades considerables de NO_2 en el escape, éste siempre proviene de NO formado a altas temperaturas en la combustión.
Las cantidades de NO formadas son determinadas por la cinética. La figura siguiente muestra concentraciones de equilibrio de NO para la combustión estequiométrica de mezclas de kerosene y aire. Para otros hidrocarburos los valores no son muy diferentes.

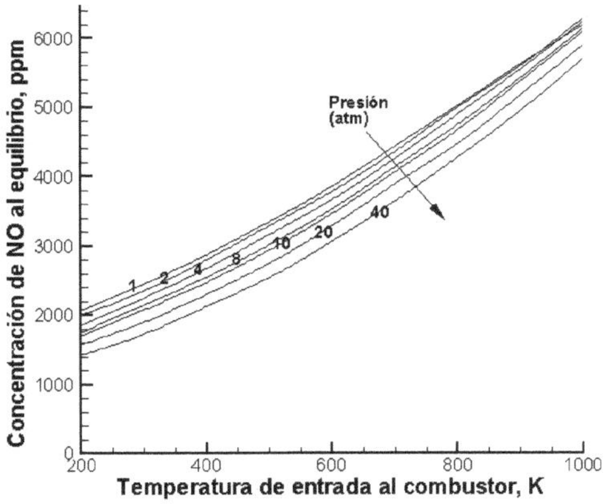

Figura 21.1: Concentración de NO vs. Temperatura y presión (datos de Bilger [1])

Las dos figuras siguientes muestran el efecto de la equivalencia sobre el NO y sobre la temperatura de llama; (Notar que aunque estas figuras dan resultados para combustión a presión constante, como en un cilindro de motor, se pueden aplicar si el proceso se asume a volumen constante y la presión y temperatura son las de equilibrio al fin de la reacción).

(Notar los desplazamientos de escala)

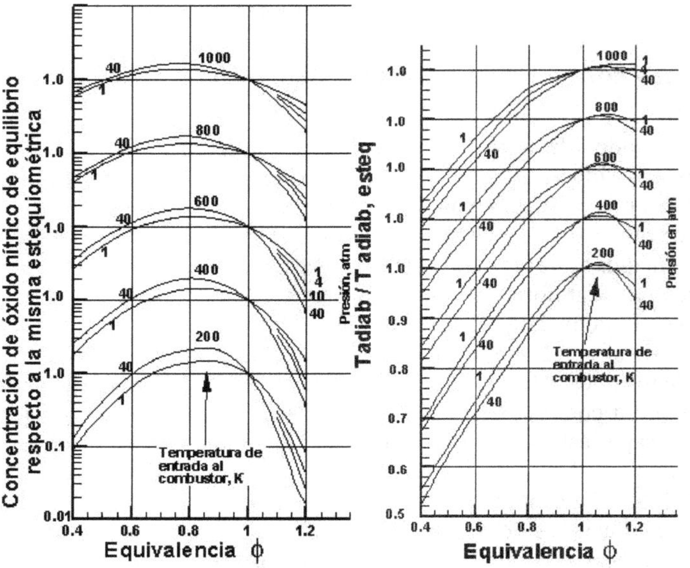

Figura 21.2: Concentración de NO y temperatura de llama (datos de Bilger [1])

Las concentraciones de escape de NO_x típicamente están en el intervalo de 200 a 3000 ppm, valores que son considerablemente más bajos que las concentraciones de equilibrio a las temperaturas de combustión, y considerablemente más altos que los de equilibrio a la temperatura de escape. Es evidente que las concentraciones de NO sólo avanzan parte del camino al equilibrio a la temperatura de llama. Los gases son luego enfriados rápidamente por expansión o mezclado (turbinas a gas), y dado que las velocidades de reacción son tan bajas a baja temperatura la concentración de NO es "congelada" a un valor cercano al alcanzado en la llama. Por consiguiente la cantidad de NO en el escape dependerá de la cinética del proceso de su formación a alta temperatura, y de la historia tiempo-temperatura inmediatamente después de las condiciones pico.

El óxido nitroso N_2O, aunque no es producido en cantidades importantes en la combustión, es significativo por ser un gas de los que producen el efecto invernadero, atrapando radiación de onda larga (infrarroja).

Los oxidos de nitrógeno NO_x juegan un rol muy importante en el smog fotoquímico. La fotólisis de NO_2 por luz ultavioleta produce átomos de oxígeno libre y ozono en el ciclo fotolítico:

1) Formación de oxígeno libre

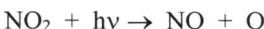

$$NO_2 + h\nu \rightarrow NO + O$$

2) Formación de ozono

$$O_2 + O + M \rightarrow O_3 + M$$

3) Cierre de cadena

$$NO + O_3 \rightarrow NO_2 + O_2$$

Estas reacciones son más rápidas que otras reacciones en el sistema de smog fotoquímico, y NO, NO_2 y O_3 resultan en equilibrio. Los hidrocarburos, excepto metano, fácilmente forman compuestos peroxilos que proveen una cadena alternativa al cierre y conversión de NO a NO_2:

4) Interacción con hidrocarburos

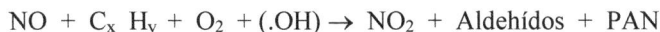

$$NO + C_x H_y + O_2 + (.OH) \rightarrow NO_2 + \text{Aldehídos} + PAN$$

Ejemplo para propileno:

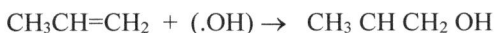

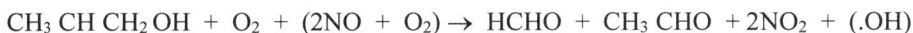

$$CH_3CH{=}CH_2 + (.OH) \rightarrow CH_3\,CH\,CH_2\,OH$$

$$CH_3\,CH\,CH_2\,OH + O_2 + (2NO + O_2) \rightarrow HCHO + CH_3\,CHO + 2NO_2 + (.OH)$$

$HCHO \equiv$ formaldehído

$CH_3CHO \equiv$ acetaldehído

O
||
$CH_3CHO{+}NO_2{+}O_3{\rightarrow}CH_3COONO_2{+}(.OH)$

O
||
$CH3COONO_2 \equiv$ Peroxil-acetil nitrato(PAN)

El resultado son altas concentraciones de O_3, aldehídos y PAN; éstos son los llamados oxidantes fotoquímicos, y se utiliza la medición de O_3 para representar los niveles totales.

Se encuentra que la reducción de emisión de hidrocarburos distintos del metano (Non-Methane Hidro Carbons, NMHC) es mucho más efectiva en el control de smog fotoquímico, que tratar de controlar NO_x.

Sin embargo, cuando se trata de largos períodos de exposición de seres humanos, y tratándose de polución regional (transporte de nubes de NO_x), el nivel de NO_x es importante, y debe ser controlado independientemente del smog fotoquímico.

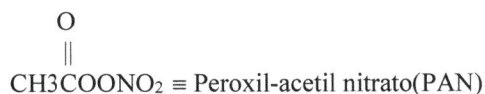

El NO_2 es un polucionante primario, que tiene efectos sobre enfermedades del aparato respiratorio, y también contribuye a la lluvia ácida. La sugerencia del NHMRC de Australia, para exposición de seres humanos en ambientes exteriores, es de 0.16 ppm promedio, una hora por mes. Esto es un poco más alto que la norma de la Comunidad Económica Europea, que es de 0.1 ppm; ambos límites incluyen un generoso margen de seguridad. La norma de la OMS es de 0.2 ppm, lo que usual para grandes ciudades: Sao Paulo, México y Buenos Aires rondan los 0.120-0.150 ppm en promedios anuales.
La calidad de aire en ambientes interiores es más controvertida, fundamentalmente debido al uso de calefactores sin escape (infrarrojos, catalíticos o abiertos). Se estima que la producción de NO_2 es del orden de 5 mg por MJ quemado, y la mayoría de los ambientes domésticos (e incluso industriales) exceden el límite de exteriores por hasta un orden de magnitud.
La tabla siguiente muestra las fuentes de NO_x para la ciudad de Sydney en años recientes. Se nota que la mayoría de las emisiones provienen de fuentes móviles, y también se nota el efecto del uso de catalizadores de tres vías en los vehículos automotores, que reducen la emisión de NOx. Los totales nacionales estimados dan proporciones mucho más altas para fuentes estacionarias debido a la generación de electricidad con calderas de carbón.

<table>
<tr><th colspan="5">Emisión de NO_x en Sydney (porciento)</th></tr>
<tr><th>Fuente</th><th>1976</th><th>2003</th><th>2008</th><th>2016 (estimado)</th></tr>
<tr><td>Móviles</td><td>75.6</td><td>71.0</td><td>63.0</td><td>54.0</td></tr>
<tr><td>Doméstico/Comercial</td><td rowspan="3">24.4</td><td>3.0</td><td>3.0</td><td>4.0</td></tr>
<tr><td>Industrial</td><td>15.0</td><td>22.0</td><td>26.0</td></tr>
<tr><td>Otros</td><td>11.0</td><td>12.0</td><td>16.0</td></tr>
<tr><td>Total</td><td>100.0</td><td>100.0</td><td>100.0</td><td>100.0</td></tr>
</table>

Tabla 21.1: Contribución de distintas fuentes (datos de [2])

Se encuentra que las calderas para generación eléctrica producen entre 100 y 1500 mg de NO_x por MJ de calor (no de electricidad), equivalente a entre 200 y 3000 ppm de NO_x en los gases de chimenea a 3 % O_2. Las unidades a carbón están en el extremo más alto de este rango, y las de fuel, gasoil y gas en el más bajo. Los hornos industriales típicamente tienen valores de la mitad de éstos.
Los calefactores residenciales producen como promedio 60 mg/ MJ. Los motores estacionarios diesel y a gas producen aproximadamente 15 g / KWh (potencia en el eje) y las turbinas a gas 2.5 g / KWh (eje).
Los calentadores industriales producen entre 40 y 1800 mg / MJ (calor), siendo los hornos de cemento y los de acero los de mayor emisión, y los hornos de la industria petroquímica los de menor emisión.
En todos los casos las emisiones se correlacionan con el contenido de nitrógeno del combustible.

Mecanismos de formación de NO.

NO rápido

En la zona de reacción de llamas premezcladas se forma una cantidad considerable de NO por el ataque de especies de hidrocarburos sobre el N_2 atmosférico, formando especies cianógenas como HCN, H_2CN y CN por reacciones tales como:

$$CH + N_2 \rightarrow HCN + N$$
$$CH_2 + N_2 \rightarrow HCN + NH$$
$$CH_2 + N_2 \rightarrow H_2CN + N$$
$$C + N_2 \rightarrow CN + N$$

La cinética de estas reacciones y la subsiguiente conversión de los cianógenos a NO son procesos extremadamente complejos; la figura siguiente es un sumario de los distintos caminos de reacción (FN: Nitrógeno del combustible).

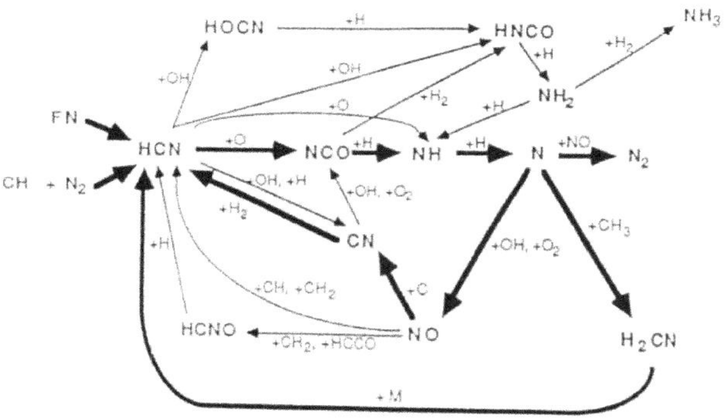

Figura 21.3: Caminos de reacción del NO (adaptado de Miller y Bowman [3])

Nitrógeno del combustible.

Los combustibles líquidos y el carbón pueden contener hasta un 2% de N formando parte orgánica de las moléculas. En hornos y combustores no controlados del 30 al 90% de este nitrógeno se emite como NO. El nitrógeno del combustible produce HCN por reacción con el combustible durante la combustión, y sigue luego el mismo proceso que el NO rápido de la figura anterior.

Para el NO rápido y el N del combustible la producción de NO es la menor si el combustible es quemado a una equivalencia de aproximadamente 1.6 y luego posquemado en mezcla pobre para consumir los productos intermedios (CO y H). Esto se conoce como combustión en dos etapas o requemado de NO. Lo último se refiere al camino de convertir NO a HCNO por medio de CH_2 y luego convertir a N_2 via la ruta NH (ver figura).

El NO rápido se reduce también operando en mezclas pobres.

Mecanismo Z'eldovich.

La cadena simple de Z'eldovich se debe extender para incluir OH y N_2O para cubrir el caso más general. También se deben incluir las reacciones inversas ya que en muchas situaciones se aproxima el estado de equilibrio. Las reacciones más importantes son:

1. $N + NO \leftrightarrow N_2 + O + 75.0$; $K_1 = 1.2 \times 10^{13}$
2. $N + O_2 \leftrightarrow NO + O + 31.8$; $K_2 = 1.2 \times 10^{13}\, e^{-7.1/RT}$
3. $N + OH \leftrightarrow NO + H + 39.4$; $K_3 = 4 \times 10^{13}$
4. $H + N_2O \leftrightarrow OH + N_2 + 62.4$; $K_4 = 3 \times 10^{13}\, e^{-10.8/RT}$
5. $+ N_2O \leftrightarrow N_2 + O_2 + 79.2$; $K_5 = 3.6 \times 10^{13}\, e^{-24.0/RT}$
6. $+ N_2O \leftrightarrow NO + NO + 36.4$; $K_6 = 5 \times 10^{13}\, e^{-24.0/RT}$

Las reacciones se escriben en la dirección exotérmica de izquierda a derecha. Las constantes están dadas en cm^3/mole/seg, y los calores de reacción y energías de activación en Kcal/mol.
Escribimos la velocidad de formación de NO como:

$$\frac{d}{dt}[NO] = -k_{1d}[N][NO] + k_{1i}[N2][O] + k_{2d}[N][O_2] - k_{2i}[NO][O] + k_{3d}[N][OH] - k_{3i}[NO][H] + 2k_{6d}[O][N_2O] - 2k_{6i}[NO]^2$$

donde K_d y K_i son las constantes directa e inversa de las reacciones 1) a 6). Similarmente se escriben las velocidades de formación de $[N_2O]$ y [N].
Asumimos el sistema C-O-H en equilibrio por lo que sustituimos las concentraciones de equilibrio $[O]_e$, $[O2]_e$, $[OH]_e$ y $[H]_e$. N, NO y N_2O no estarán en equilibrio y definimos tres parámetro tales que

- $[NO] = \alpha\, [NO]_e$
- $[N] = \beta\, [N]_e$
- $[N_2O] = \gamma\, [N_2O]_e$

$[N_2]$ cambia muy poco debido a la alta concentración de modo que aproximamos $[N_2] \sim [N_2]_e$.
Si definimos las velocidades de reacción en equilibrio como, por ejemplo

$$R_1 = k_{1d}[N]_e[NO]_e = k_{1i}[N_2]_e[O]_e$$

los dos primeros términos de la ecuación resultan

$$-k_{1d}[N]_e[NO]_e\, \alpha\beta + k_{1i}[N_2]_e[O]_e = R_1(1 - \alpha\beta)$$

Similarmente los tres pares de términos siguientes resultan iguales a R_2 (β - α) ; R_3 (β - α) y R_6 (2γ - $2\alpha^2$).

Repetimos esto para las ecuaciones de [N] y [N_2O] y obtenemos

- $d/dt[NO] = R_1 - \alpha(\beta R_1 + R_2 + R_3 + 2\alpha R_6) + \beta(R_2 + R_3) + 2\gamma R_6$
- $d/dt[N] = R_1 + \alpha(R_2 + R_3) - \beta(\alpha R_1 + R_2 + R_3)$
- $d/dt[N_2O] = R_4 + R_5 + \alpha^2 R_6 - \gamma(R_4 + R_5 + R_6)$

Estudios de orden de magnitud para estos términos indican que se pueden considerar a [N] y [N_2O] en estado estacionario, por lo que las últimas dos ecuaciones se igualan a cero. Obtenemos entonces

$$\beta = \frac{R_1 + \alpha(R_2 + R_3)}{\alpha R_1 + R_2 + R_3} = \frac{K_1 + \alpha}{1 + \alpha K_1}$$

$$\gamma = \frac{R_4 + R_5 + \alpha^2 R_6}{R_4 + R_5 + R_6} = \frac{1 + \alpha^2 K_2}{1 + K_2}$$

Siendo

$$K_1 = \frac{R_1}{R_2 + R_3}$$

$$K_2 = \frac{R_6}{R_4 + R_5}$$

Sustituyendo β y γ en la expresión de [NO] obtenemos

$$\frac{d}{dt}[NO] = 2\left(1 - \alpha^2\right)\frac{R_1}{1 + \alpha K_1} + \frac{R_6}{1 + K_2}$$

La tabla siguiente da valores de K_1, K_2 y R_6/R_1 para productos de combustión de hidrocarburos del tipo $C_n H_{2n}$ en aire:

T[K]	K_1			K_2			R_6/R_1		
	ϕ=0.8	1.0	1.2	ϕ=0.8	1.0	1.2	ϕ=0.8	1.0	1.2
3000	0.3	0.3	0.2	0.3	0.2	0.05	0.04	0.01	0.01
2900	0.4	0.3	0.1	0.4	0.08	0.005	0.04	0.03	0.004
2000	0.4	0.4	0.06	0.5	0.03	7×10^{-5}	0.5	0.05	0.0009
1500	0.1	0.8	0.02	0.8	0.005	4×10^{-8}	6	0.1	5×10^{-5}

Tabla 21.2: Constantes del mecanismo Z´eldovich extendido (datos de Bilger [1])

Finalmente, se nota que aunque la aproximación de estado estacionario no asume N y N_2O en equilibrio, el resultado es similar: a medida que α vá de 0 a1, β cambia de K_1 a 1 y γ de 1/ 1+K_2 a 1.
La presunción de equilibrio para el sistema C-O-H se justifica dado que generalmente las reacciones que involucran estos elementos son varios órdenes de magnitud más rápidas que las de oxidación del nitrógeno. Sin embargo, a presión atmosférica y temperaturas debajo del quemado de CO las reacciones son relativamente lentas y pueden requerir aproximadamente 3 mseg, que es el tiempo de residencia típico el la zona de alta temperatura (combustor) en sistemas modernos.
La presunción de equilibrio para O_2, O y OH puede estar errada ya que probablemente estén en concentraciones mucho más altas que las de equilibrio. Sin embargo se considera que lo anterior es adecuado para trabajar en motores de combustión interna.
El primer término en el segundo miembro de la velocidad de producción de NO es el resultado de las reacciones 1) a 3), que consisten en el mecanismo de Z'eldovich (reacciones 1) a 2)) más una reacción que involucra a OH (reacción 3)). El segundo término es el resultado de las reacciones 4) a 6) que tienen a N_2O como intermediario. Como se vé en la tabla anterior, los valores de K_1 y K_2 son menores que uno, por lo que, para α pequeño, la importancia relativa de los dos grupos de tres reacciones está dada por el cociente R_6/R_1, también listado en la tabla. Se vé que, excepto para mezclas pobres a baja temperatura, la formación de NO estará dominada por R_1, o sea, el mecanismo de Z'eldovich extendido. Este es el caso de motores de CI y turbinas a gas. Para hornos, donde hay exceso de aire y gases de escape relativamente fríos el segundo mecanismo se vuelve importante.
También se debe notar que, cuando $\alpha >> 1$, es decir, con gases fríos y preponderancia de descomposición térmica, el mecanismo de N_2O será dominante. Para trabajo en motores esto carece de importancia dado que las velocidades de reacción se vuelven tan pequeñas que la composición puede ser considerada "congelada".
Si despreciamos el término en R_6 podemos escribir

$$d / dt[NO] = \lambda[NO]_e \frac{1-\alpha^2}{1+\alpha K_1}$$

donde $\lambda = 2k_1 [N]_e$ es la velocidad de reacción cerca de equilibrio (para α pequeño). La figura siguiente muestra valores de λ para mezclas estequiométricas de productos de combustión.

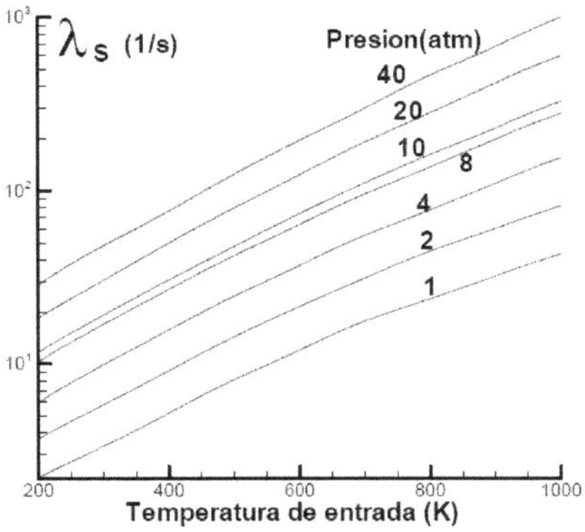

Figura 21.4: Velocidad de reacción cerca del equilibrio (datos de Bilger [1])

El efecto de la equivalencia sobre λ se muestra en la figura siguiente.

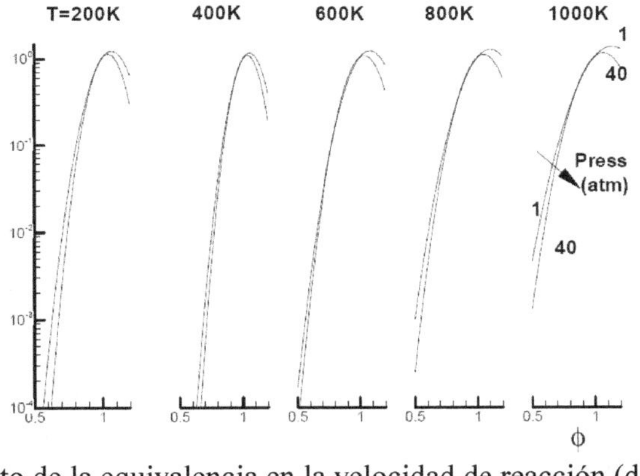

Figura 21.5: Efecto de la equivalencia en la velocidad de reacción (datos de Bilger [1])

Para α pequeño la cantidad de NO producida en el tiempo ΔT estará dada por

$$[NO] = \lambda \, \Delta t \, [NO]_e$$

Esto es válido cuando $\alpha \ll 1$, o sea $[NO] \ll [NO]_e$. Para valores mayores de α lo producido será menor por unidad de tiempo, y dependerá del modelado de la combustión y procesado de los gases post-combustión (reactor bien mezclado, reactor tapón, proceso en batch).

La figura siguiente ilustra la participación de los tres mecanismos de formación de NO_2 en función de la temperatura para la combustión del carbón:

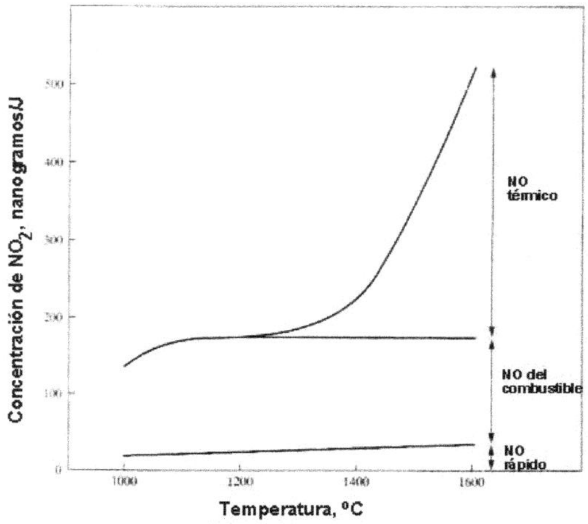

Figura 21.6: Proporciones de NOx en función de la temperatura, para el carbón (adaptado de De Nevers [4])

Reacciones de smog fotoquímico

Introducción

El dióxido de nitrógeno en la atmósfera pasa por un ciclo fotolítico bajo la acción de la luz solar fuerte. Esta reacción produce ozono (O_3) como subproducto. Los hidrocarburos presentes en la atmósfera interaccionan con este ciclo para producir peroxiacetil-nitrato (PAN) y otros compuestos nitrados y peroxidados. Estos oxidantes fotoquímicos (O_3, PAN, etc.) son los principales subproductos de las reacciones de smog fotoquímico. Resultan en daños a las plantas, irritación a los ojos, olor, resquebrajamiento de productos de goma y otros daños a materiales. El dióxido de nitrógeno por su parte absorbe la banda azul del espectro visible generando el color marrón característico y la reducción de visibilidad asociados con el smog fotoquímico tipo de Los Angeles. Las propiedades físicas de O_3 y PAN se dan en las tablas siguientes.

Propiedades	Ozono	PAN
Estado físico	Gas incoloro	Líquido incoloro
Fórmula química	O_3	$CH_3\overset{O}{\ddot{C}}OON_2$
Peso molecular	48	121
Punto de fusión	-193°C	--
Punto de ebullición	-112°C	Se descompone antes de hervir
Presión de vapor	--	Aprox. 15 mmHg a 25°C
Densidad relativa	1.658	--

Densidad del vapor	2.14 a 0°C, 1 atm 1.96 a 25°C, 1 atm	--
Factores de conversión: A 0°C, 1 atm A 25°C, 1 atm	 1 ppm=2141 μg/m^3 1 ppm=1962 μg/m^3	 1 ppm=5398 μg/m^3 1 ppm=4945 μg/m^3

Tabla 21.3: Propiedades del Ozono y del PAN (datos de [5])

El ciclo fotolítico del NO_2

El oxidante más común en las atmósferas polucionadas es el ozono. Las cantidades son tales que no pueden ser explicadas por la acción de radiación solar sobre el O_2. Este proceso ocurre en la alta atmósfera donde existen altos niveles de radiación ultravioleta. Esta radiación, por lo tanto, no llega a la superficie terrestre. Las fracciones del espectro UV que llegan a las capas inferiores de la atmósfera son absorbidas mayormente por el NO_2, generándose una serie compleja de reacciones. El ciclo básico es:

1) $NO_2 + h\nu \rightarrow NO + O$

2) $O + O_2 + M \rightarrow O_3 + M$

3) $O_3 + NO \rightarrow NO_2 + O_2$

Este ciclo se ilustra en la figura siguiente.

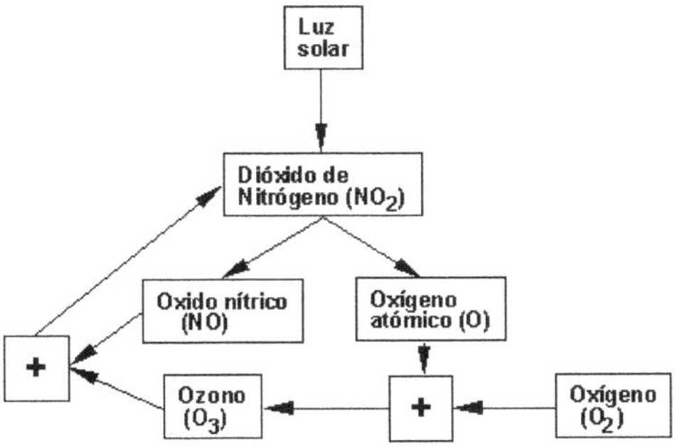

Figura 21.7: Ciclo fotolítico del NO_2 atmosférico (adaptado de [5])

La longitud de onda de la luz absorbida por el NO_2 está en el rango de 3000 a 4000 Å (300-400 nm). En este rápido ciclo la luz ultravioleta actúa como una bomba en la destrucción y creación rápida de NO_2. La concentración de ozono se puede expresar como

$$[O_3] = K\, I\, [NO_2] / [NO]$$

donde I representa la intensidad de la luz y K una constante cuyo valor es una combinación de las características de absorción del NO_2 (reacción 1) y la velocidad de la reacción 3.
Esta ecuación tiene un rol dominante en la determinación de concentraciones de ozono. El límite superior para el valor del factor KI está dado por el máximo de I. Mediciones en la atmósfera muestran que KI no supera los 0.01 a 0.02 ppm (13 a 26 mg/m^3). Luego, para obtener concentraciones de O_3 tan altas como se observan en atmósferas contaminadas (de 0.1 ppm o más), el cociente $[NO_2]$ / $[NO]$ debe ser del orden de 10 o más . En general mediciones de O_3, NO_2 y NO en la atmósfera en horas de luz confirman esto, como muestra la figura siguiente (datos de Los Angeles, 1965):

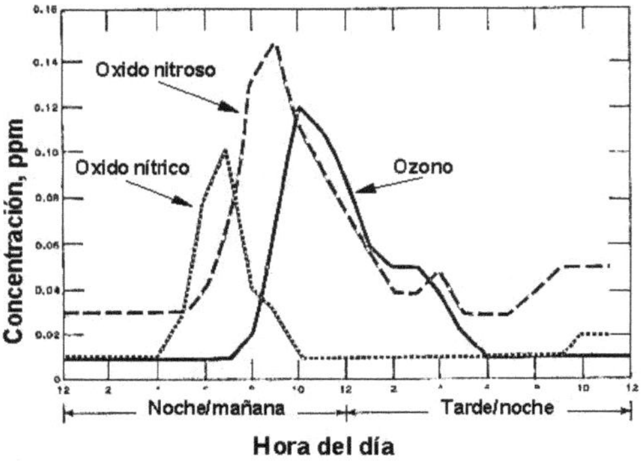

Figura 21.8: Contaminantes diurnos en Los Angeles (adaptado de [5])

Este simple ciclo de estado estacionario sin embargo no explica totalmente las observaciones. Otras reacciones deben ocurrir para modificar la ecuación dada. Si las condiciones son de estado estacionario, las reacciones 1) y 3) indican que O_3 y NO se forman y destruyen en cantidades iguales. Si el NO convertido a NO_2 fuera ligeramente mayor que el O_3 consumido, se acumularían NO_2 y O_3 y se consumiría NO totalmente. Debe haber un proceso más lento que las reacciones 1) y 3) que convierta NO en NO_2 sin destruir una cantidad equivalente de O_3.

Interacción de hidrocarburos con fotólisis de NO_2

Experimentos de laboratorio y mediciones atmosféricas indican que los hidrocarburos proveen los reactantes necesarios para modificar el ciclo fotolítico básico. Ciertos tipos de hidrocarburos emitidos por los escapes de sistemas de combustión, particularmente olefinas y aromáticos sustituidos, entran en el ciclo del NO_2. Los estudios sugieren que los átomos de oxígeno atacan a los hidrocarburos y los compuestos oxidados y los radicales libres reaccionan con el NO para formar más NO_2. De este modo el balance de consumo de O_3 por el NO se altera, los niveles de O_3 y de NO_2 suben y los de NO bajan. Esto se ilustra en la figura siguiente.

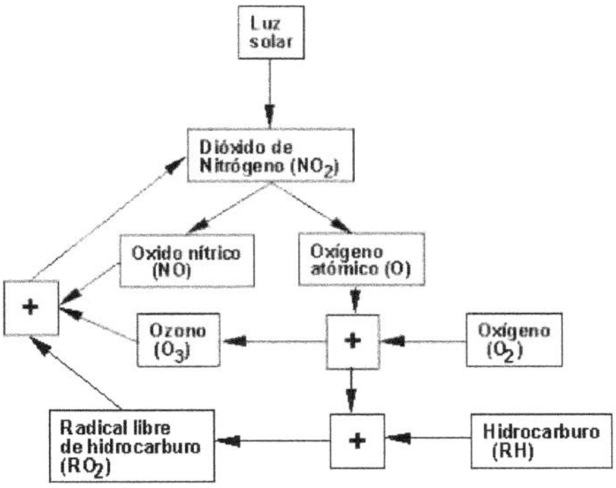

Figura 21.9: Interacción con hidrocarburos del ciclo fotolítico del NO_2 atmosférico (adaptado de [5])

El mecanismo exacto no es conocido. Es evidente que los intermediarios producidos por la reacción de RH + O deben finalmente resultar en la conversión de más de una molécula de NO. Los intermediarios también resultan en la producción de PAN, PPN (peroxipropionilnitrato) y otros productos tóxicos e irritantes.

Reactividad de hidrocarburos

Este término es utilizado para notar la habilidad relativa de un hidrocarburo para influenciar el ciclo fotolítico. La clasificación de reactividad depende del tipo de efecto que se mida: reacción con átomos de O, producción de O_3, conversión de NO a NO_2, producción de irritantes oculares, etc. Se han realizado numerosos experimentos de laboratorio en los que variadas mezcla de hidrocarburos y óxidos de nitrógeno son irradiados con luz ultravioleta. Algunos resultados de estos experimentos relativos a la producción de O_3 y PAN se sumarizan en las dos tablas siguientes. Se vé que la producción de irritantes se asocia con los hidrocarburos no saturados superiores.

Producción de PAN a partir la foto-oxidación de mezclas de hidrocarburos y óxidos de nitrógeno en aire	
Hidrocarburo	PAN, ppm vol
n-butano	0
isopentano	0
n-hexano	0
iso-octano	0 a 0.05
etileno	0a 0.01
propileno	0.35 a 0.6
1-buteno	0.05 a 0.55
iso-buteno	0.15 a 0.45
l-hexeno	0.02
trans-2-buteno	0.52 a 0.63

cis-2-buteno	0.36 a 0.7
2-metil-2-buteno	0.85 a 0.88
cis-3-hexeno	0.8
trans-3-hexeno	1.0
tetrametiletileno	0.65 a 1.0
1,3-butadieno	0.02 a 0.05
benceno	0.01
tolueno	0.01
o-xileno	0.4
p-xileno	0.4
m-xileno	0.5 a 0.55
1,3,5-trimetilbenceno	0.67 a 0.8
1,2,4,5-tetrametilbenceno	0.7

Tabla 21.4: Producción de PAN con varios hidrocarburos (datos de [5])

Control de emisiones de óxidos de nitrógeno:

Introducción

Hay dos vías principales para el control de óxidos de nitrógeno. La primera y más importante es la modificación del proceso de combustión para suprimir la formación del óxido de nitrógeno. La segunda es remover los óxidos de nitrógeno de los gases de escape o de chimeneas por medio de un reactor catalítico o por medio de algún proceso como lavado (scrubbing).

Modificación de la combustión

La formación de óxido nítrico puede reducirse bajando la temperatura de llama, el tiempo de residencia, y el oxígeno disponible. Estos principios son la base de todos los métodos de control de NO_x por modificación a la combustión. Se han propuesto las siguientes técnicas:

A. Reducir exceso de aire. Particularmente apropiado para hornos donde las emisiones máximas de NO_x ocurren a $\phi \cong 0.8$. Es común que se ahorre combustible al mismo tiempo.

B. Combustión muy pobre. El aumento de oxígeno disponible es más que balanceado por las mucho más bajas temperaturas de combustión. Generalmente difícil de aplicar debido a problemas de estabilidad de llama y encendido, que resultan en, por ejemplo, marcha irregular en motores de nafta. Adicionalmente combustores pobres a veces exhiben combustión difusiva en lugar de premezclada, con muy bajas velocidades de combustión.

C. Combustión muy rica: La formación de NO es reducida por falta de oxígeno y bajas temperaturas de llama. El nitrógeno del combustible se prepara para su remoción por el proceso de "requemado de NO" visto más arriba. Se requiere una etapa posterior de quemado de CO, hidrocarburos y humo. Esto se puede hacer utilizando un quemador de dos etapas (ver punto siguiente) o, para motores a nafta, con un reactor en el múltiple de escape.

D. Combustión en dos etapas: La combustión inicial se efectúa con mezcla rica y luego, después de bajar un poco la temperatura, se mezcla más aire y se completa la combustión del CO, etc. Se usa en hornos y motores de carga estratificada y últimamente se aplica a turbinas de gas.

E. Recirculación de gas de escape/ chimenea: La mezcla de gases fríos de escape con la mezcla fresca antes de la combustión reduce grandemente las temperaturas de llama y por ende la formación de NO. La figura siguiente muestra las reducciones que son posibles en un calefactor doméstico. Para motores a nafta reducciones del 80% o más son posibles, aunque a expensas de la flexibilidad de operación.

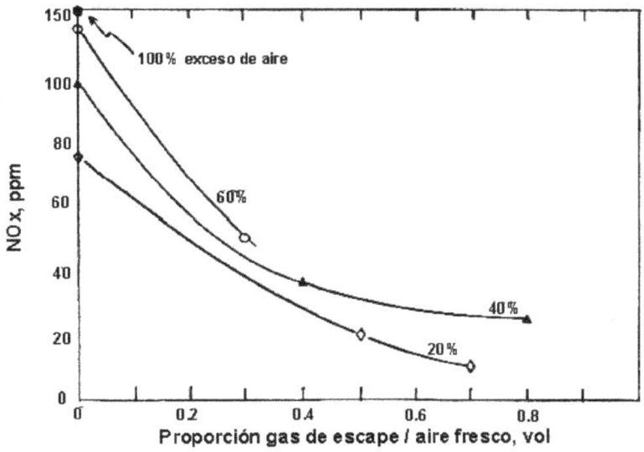

Figura 21.10: Efecto de la recirculación de gases de escape (adaptado de Bartok et al. [6])

Se debe notar que Li y Williams [7] han demostrado que la reducción de NO_x rápido por la recirculación de gases de escape no se debe solamente al efecto de masa de inertes que reducen la temperatura; la disociación de los productos de combustión recirculados genera radicales que interfieren y reducen la formación de NO_x rápido.

F. Inyección de agua: Como en el caso anterior, la inyección de agua reduce las temperaturas de llama y la formación de NO. Se requieren caudales de agua iguales o mayores que los de combustible, en peso.

G. Reducción de precalentamiento de aire: En calderas y hornos esto produce significativas reducciones de NO_x al reducir temperaturas de llama, a expensas de la eficiencia de combustión.

H. Retardo de chispa / Inyección tardía: Las temperaturas de combustión se pueden reducir, para motores con encendido a chispa, retardando el encendido, y para motores diesel retardando la inyección, de modo de lograr que la liberación de calor ocurra después del PMS.

I. Combustión premezclada pobre: La tendencia moderna para turbinas de gas es quemar con equivalencias en la zona primaria de alrededor de 0.6, premezclando el combustible antes de la zona primaria. Se requiere geometría variable para evitar problemas de estabilidad a carga parcial.

J. Geometría: Las temperaturas de combustión y la progresión del proceso de combustión en el tiempo pueden ser alteradas por cambios en la geometría del quemador o cámara de combustión. Por ejemplo, calderas con quemadores tangenciales producen menos NO_x que calderas con quemadores con rotación.

Tratamiento del escape en fuentes estacionarias.

Rosenberg et al. [8] han resumido los procesos disponibles para la remoción de óxidos de nitrógeno de los gases de chimenea, incluso combinados con procesos para la reducción de compuestos de azufre.
Se presentan tratamientos por vía seca y húmeda, basados en la absorción de NO_x por líquidos o sólidos, seguida de procesos de reducción a N_2 o a NH_4, o de oxidación a NO_2/NO_3.
Los procesos principales son:

A. DE-NOx Térmico: Un proceso patentado por EXXON, usa la adición de amoníaco a los gases de escape en el rango de 1150-1350k.
La ventana de temperaturas es tan angosta que la inyección debe hacerse en la zona del recalentador de la caldera, cambiando a una posición corriente arriba a menor carga. El exceso de amoníaco puede provocar un problema de polución por sí mismo.

B. Proceso RAPRENO$_x$: Este proceso utiliza ácido cianúrico $(HOCN)_3$ que se descompone con temperatura para formar ácido isociánico HNCO.
La conversión en fase gaseosa homogénea es óptima alrededor de los 1200k. El hecho de que se producen cantidades significativas de N_2O puede llegar a inhabilitar este proceso. También puede presentar problemas de seguridad en emergencias.

C. Reducción catalítica: La reducción directa con catalizadores se usa en sistemas catalíticos de automóviles del tipo "tres vías", que requieren cuidadoso control para limitar la relación Aire / Combustible a valores siempre muy cercanos a estequiométricos. Calderas y hornos industriales y los motores diesel y turbinas a gas tienen generalmente exceso de oxígeno, y se debe inyectar amoníaco u otro agente reductor antes del catalizador.

D. Lavado (Wet Scrubbing): Este es el proceso favorito para calderas y hornos a fueloil y a gas cuando hay cantidades significativas de SO_2 debido a azufre en el combustible o en el material de proceso (metalurgia). El problema de emisión se convierte en uno de disponer de desechos líquidos o sólidos, y se requiere considerable inversión para reprocesar estos desechos.

Referencias

[1] Bilger, R. W.; Combustion and Air Pollution, Lecture Notes, MEngSc Course, University of Sydney.
[2] Diversos informes, Environmental Protection Agency of NSW, www.epa.nsw.gov.au
[3] Miller, J. A., and Bowman, C. T.; Mechanism and modeling of nitrogen chemistry in combustion; Progress in Energy and Combustion Science, Vol. 15, Número 4, páginas 287-338, 1989.
[4] De Nevers, N.; Air pollution control engineering; McGraw-Hill, International Editions, 1995.
[5] Air quality criteria for photochemical oxidants (AP-63), Environmental Protection Agency, Washington, 1976.
[6] Bartok, W.; Crawford, A. R., and Skopp, A.; Control of NOx emissions from stationary sources. Chemical Engineering Progress, 1971; Vol. 67, Número 2, páginas 64-72.
[7] Li, S., and Williams, F.; NO_x formation in two-stage methane-air flames; Combustion and Flame, Vol. 118, N° 3, páginas 399-414, 1999.
[8] Rosenberg, H. S.; Curran, L. M.; Slack, A. V.; Ando, J., and Oxley, J. H.; Post combustion methods for control of NO_x emissions; Progress in Energy and Combustion Science, Vol. 6, N° 3, Páginas 287-302, 1980.

Capítulo 22
Introducción al modelado numérico
Eduardo Brizuela

Introducción

Los flujos químicamente reactivos son elementos de proceso sumamente comunes en las industrias del plástico, petroquímica, farmacéutica, etc. Por consiguiente es necesario desarrollar las herramientas teóricas para su análisis y diseño. Se necesita conocer y comprender la función de cada parámetro que influye sobre el producto de la reacción, parámetros de flujo como velocidad, presión y temperatura, y de la química, como composición, propiedades termodinámicas y de transporte, etc.

El estudio de los flujos reactivos, como el de cualquier fenómeno de la naturaleza, comprende las etapas de observación experimental, análisis de lo observado, teorización del fenómeno (modelado), prueba experimental del modelo y adopción de la teoría del fenómeno. El modelado numérico, más propiamente llamado simulación numérica, es un tipo de experimento, llamado experimento numérico por diferenciarlo del experimento físico convencional.

Tanto el experimento físico como el numérico tienen sus ventajas y desventajas y ninguno de los dos es autosuficiente: ambos son necesarios para la teorización del fenómeno. Algunas de las ventajas del experimento físico son:

- No se desprecia, ex profeso o inadvertidamente, ninguna ley física
- Comúnmente la realización del experimento insinúa algún fundamento físico que ayuda a la teorización

Las desventajas del experimento físico no son menores:

- Costo, a veces prohibitivo
- Dificultad de instrumentación, llegando a veces a la imposibilidad de medición (por ejemplo, la temperatura con el movimiento, llamada estática).
- Inflexibilidad respecto a ciertos parámetros como condiciones de borde y sus rangos.
- Errores de observación

El experimento numérico corrige o compensa las dificultades del experimento físico ya que:

- Es de relativamente bajo costo, en especial las repeticiones.
- Todos los parámetros son "observables" (calculables).
- Es sumamente flexible a bajo costo.
- Sólo adolece de errores numéricos, como errores de redondeo en el cálculo.

Por otra parte, al crear un experimento numérico se suelen despreciar ciertas leyes o efectos físicos, por conveniencia o ignorancia (por ejemplo, difusión

multicomponente, transmisión del calor por radiación). Es también común que los resultados del experimento numérico sean muy voluminosos (grandes cantidades de datos numéricos) que obscurecen y obstaculizan la comprensión del fenómeno.
En resumen, hoy en día se considera que la fase experimental, por lo menos en lo que concierne al tema presente, se compone de experimentos físicos y numéricos, complementarios y de similar importancia. Tal es así que hay grupos internacionales que se dedican al diseño de experimentos que tiendan a minimizar las dificultades enumeradas más arriba para así poder realizar los dos tipos de experimentos sobre el mismo caso y perfeccionar las técnicas experimentales.
Los experimentos numéricos sobre flujos reactivos se pueden plantear en fase líquida o gaseosa o ser multifase (combustión de rocíos). La combustión heterogénea (rocíos, polvillo de carbón) requiere modelos y técnicas especiales que no se tratan en este trabajo.
Los flujos reactivos en fase líquida requieren un planteo especial de las ecuaciones a satisfacer (modelado de fluidos incompresibles) y no se tratarán en detalle, haciéndose notar, sin embargo, las diferencias cuando corresponda.
La mayor parte del presente trabajo se dedica a los flujos reactivos en fase gaseosa, de los cuales el caso más importante desde el punto de vista socioeconómico es el de la combustión, particularmente la combustión de combustibles fósiles en aire. Sin embargo, la teoría y las técnicas descriptas son aplicables en forma general y se notarán las diferencias en los casos específicos.

Planteo general del problema

En forma general el experimento numérico se puede plantear como sigue: dado un entorno físico (reactor) y un flujo de especies químicas que pueden reaccionar químicamente entre sí, se plantean las relaciones matemáticas entre las variables del flujo, como ser,

- Leyes de conservación de la física (de la masa, de la cantidad de movimiento y de la energía)
- Leyes de la cinética química, la termodinámica y la termoquímica.
- Otras relaciones tales como relaciones de simetría, leyes de la mecánica, etc.
- Condiciones de borde o frontera.

Algunas de estas relaciones tienen forma algebraica (por ejemplo, la ecuación de estado de los gases ideales), pero otras tienen forma de ecuaciones diferenciales, es decir, plantean relaciones entre las derivadas, y no entre los valores, de las variables, y por consiguiente no tienen en general una solución explícita; para ellas se busca una solución que las satisfaga, sujeta a las condiciones de borde.
El número de ecuaciones adoptadas debe ser igual al de las incógnitas (los parámetros del flujo)
Se procede entonces a discretizar (dividir) el campo de flujo en porciones finitas y replantear las ecuaciones diferenciales en cada porción, en forma discreta,

convirtiéndolas en ecuaciones algebraicas lineales, tantas como porciones haya del campo de flujo.
El sistema de ecuaciones lineales resultante se resuelve conjuntamente con las relaciones algebraicas remanentes para obtener, en cada porción del espacio discretizado, un conjunto de los valores de todos los parámetros del flujo, que forman la "solución" numérica del problema.
Aunque parezca innecesario, ha sido formalmente demostrado que dicha solución numérica tiende a la solución exacta del problema a medida que disminuye el tamaño de las porciones en que se divide el espacio físico.

Elementos de química

Se replantean en lo siguiente algunos de los conceptos ya vistos sobre reacciones químicas.
La combustión involucra un número de reacciones químicas simultáneas, formando un sistema de reacciones. Se distinguen dos tipos de reacciones: las reacciones elementales y las que no lo son. Las reacciones elementales obedecen a la ley de acción de masas, mientras que es común encontrar en la literatura reacciones que no obedecen a la ley de acción de masas. Por ejemplo, para la reacción

$$CH_4 + 1\frac{1}{2}O_2 \rightarrow CO + 2H_2O$$

la velocidad de reacción recomendada es $w = 5.3x10^{18}\ e^{-57/\Re T}[CH_4][O_2]^{1/2}[H_2O]$.
Esto evidencia que la reacción considerada no es una reacción elemental sino que se ha obtenido experimentalmente o por combinación de reacciones elementales.
El paso de reactantes a productos finales rara vez tiene lugar entre sustancias simples en una sola reacción. Por ejemplo, la combustión del Hidrógeno

$$2H_2 + O_2 \rightarrow 2H_2O$$

no es una reacción elemental, no obedece a la ley de acción de masas y no tiene lugar en la naturaleza. Lo que sucede es que hay un número de reacciones elementales simultáneas cuyo resultado es lo que denominamos productos, que pueden ser o no, por ejemplo, H_2O, dependiendo de las condiciones finales. Para el caso del ejemplo las reacciones elementales más importantes son:

1. $2O + M \leftrightarrow O_2 + M$
2. $O + H + M \leftrightarrow OH + M$
3. $O + H_2 \leftrightarrow H + OH$
4. $O + HO_2 \leftrightarrow OH + O_2$
5. $O + H_2O_2 \leftrightarrow OH + HO_2$
6. $H + O_2 + M \leftrightarrow HO_2 + M$
7. $H + 2O_2 \leftrightarrow HO_2 + O_2$

8. $H + O_2 + H_2O \leftrightarrow HO_2 + H_2O$

9. $H + O_2 \leftrightarrow O + OH$

10. $2H + M \leftrightarrow H_2 + M$

11. $2H + H_2 \leftrightarrow 2H_2$

12. $2H + H_2O \leftrightarrow H_2 + H_2O$

13. $H + HO_2 \leftrightarrow O + H_2O$

14. $H + HO_2 \leftrightarrow O_2 + H_2$

15. $H + HO_2 \leftrightarrow 2OH$

16. $H + H_2O_2 \leftrightarrow HO_2 + H_2$

17. $H + H_2O_2 \leftrightarrow OH + H_2O$

Como se ve, aún para el caso sencillo de la combustión del Hidrógeno con oxígeno hay que considerar 17 reacciones simultáneas que involucran 9 especies químicas, incluyendo al "gas de baño", indicado por M.

Para situaciones más complejas el número de reacciones y especies crece rápidamente. Por ejemplo, para la combustión del metano en aire el mecanismo elemental recomendado por el Gas Research Institute de USA como Mecanismo 2.11 (ver Apéndice) consta de 274 reacciones entre 49 especies.

Es importante destacar que todas estas reacciones obedecen a la ley de acción de masas.

Estos listados de reacciones elementales no incluyen todas las reacciones posibles, sólo aquellas consideradas significativas. Por esto se los denomina "mecanismos esqueletales".

La composición de la mezcla de gases dependerá del tiempo, del escurrimiento y de las condiciones de frontera. Hay diversas herramientas que simplifican algo el problema y permiten estimar la composición de la mezcla. Se pueden citar las hipótesis de equilibrio, estado estacionario, adiabaticidad, etc.

El número de especies y reacciones de un sistema esqueletal se puede reducir utilizando hipótesis basadas en la observación experimental.

Por ejemplo, puede postularse que para cierta zona del flujo una reacción está en *equilibrio.* Esto significa que, dada la reacción reversible

$$\sum_i v_i M_i \leftrightarrow \sum_i v_i' M_i$$

las velocidades de reacción en ambos sentidos son iguales:

$$w_d = k_d \prod_i [M_i]^{v_i} = w_r = k_r \prod_i [M_i]^{v'_i} .$$

Se puede definir la constante de equilibrio K:

$$K = \frac{k_d}{k_r} = \frac{\prod_i [M_i]^{\nu_i}}{\prod_i [M_i]^{\nu'_i}}.$$

La constante de equilibrio es sólo función de la temperatura, y puede calcularse en función de las concentraciones (como se indica) o de las presiones parciales, fracciones de masa o fracciones molares. Una constante de equilibrio alta indica que la reacción está casi completa (pocos reactantes, muchos productos), y viceversa.
Otra hipótesis que puede formularse es que, nuevamente para cierta zona del flujo, una especie química está en *estado estacionario*, es decir, que su concentración es relativamente constante en el tiempo. Luego, su velocidad de creación/ destrucción global (incluyendo todas las reacciones en las que intervenga) es cero.
También puede postularse que algunas reacciones son sumamente rápidas en cierta dirección (directa o reversa), por lo que se pueden considerar completas:

$$A + B \rightarrow C + D \quad \text{(lenta)}$$

$$C + E \rightarrow F \quad \text{(rápida)}$$

----- ------

$$\mathrm{A + B + E \rightarrow D + F}$$

eliminando la especie C.
Finalmente, ciertas reacciones pueden considerarse extremadamente lentas y omitirse para la resolución del problema.
Con estas hipótesis y simples operaciones algebraicas se reduce el número de reacciones y especies, obteniéndose un *mecanismo reducido* que involucra sólo a ciertas *especies principales*. Es de notar que las reacciones del mecanismo reducido no obedecen a la ley de acción de masas (no son reacciones elementales).
En el proceso de generación del mecanismo reducido se obtienen relaciones matemáticas que permiten calcular

- las velocidades de reacción de las nuevas reacciones del mecanismo reducido, y
- las concentraciones de las especies menores y las supuestas en estado estacionario.

Los números de reacciones y de especies mayores del mecanismo reducido pueden especificarse a voluntad, desde el mismo mecanismo esqueletal hasta la reacción de un solo paso, añadiendo más suposiciones de especies en estado estacionario, reacciones en equilibrio, reacciones rápidas y lentas, etc. El mecanismo resultante será tanto menos fiel cuanto más se lo reduzca.
El proceso de reducción ha sido automatizado y codificado en el programa REDMECH de Göttgens [1] y otros, de dominio público.
En el Apéndice B se ilustra la generación de un mecanismo de 4 pasos a partir de un mecanismo esqueletal de 18 pasos para el caso de la combustión del metano en aire (sin incluir la química del Nitrógeno).

Resumiendo, la mezcla reactiva tendrá una composición definida por las concentraciones de las especies químicas.
Las concentraciones están relacionadas entre sí y a las condiciones de frontera y de estado por las reacciones químicas. Las últimas están dadas por mecanismos esqueletales que comprenden reacciones elementales que obedecen la ley de acción de masas.
El número de especies y reacciones a considerar puede reducirse considerablemente por medio de hipótesis simplificativas.
Luego, el aspecto químico del problema de simulación numérica queda reducido al cálculo de las concentraciones de un número reducido de especies (las especies principales o mayores) de las cuales se conocen sus velocidades de creación/destrucción química; el cálculo de las especies menores es algebraico.
El conocimiento de las concentraciones de las especies permite el cálculo de las demás propiedades de la mezcla (densidad, masa molecular, entalpía, etc.).

Modelos y métodos

Escalares conservados

Para la reacción A+B →Productos, definimos la fracción de mezcla como

$$f = \frac{masa\ de\ la\ especie\ A}{masa\ total}.$$

Se nota que la cantidad de masa que aportó a la mezcla la especie A no se puede alterar, haya o no sucedido la reacción química. Definida de esta manera la fracción de mezcla es un escalar conservado.
Si el flujo es premezclado la fracción de masa tiene la misma definición, sólo que toma un solo valor en todo el campo. (no sólo es un escalar conservado sino que es una constante).
Para flujos no-premezclados, si β es un escalar conservado que toma los valores β_A y β_B en las corrientes de reactantes de entrada A y B, entonces se puede escribir

$$f = \frac{\beta - \beta_B}{\beta_A - \beta_B}.$$

De esta manera f queda normalizado entre 0 y 1.
Un primer caso a considerar es aquel en que la química es suficientemente rápida con respecto a la fluidomecánica, por lo que podemos considerar que, una vez que los reactantes han arribado al volumen de control por difusión/convección y están íntimamente mezclados, la concentración de reactantes y productos se puede estudiar exclusivamente en base a las reacciones químicas.
En este caso tenemos dos modelos de reacción relativamente sencillos que proporcionan la composición de la mezcla. Estos son el modelo *de un solo paso* y el de *equilibrio químico.* Ambos han sido analizados en el Capítulo 3.
El modelo de un solo paso nos da la composición de la mezcla con sólo conocer f, pero no resulta en ninguna especie intermedia o menor. Para esto es necesario un modelo que admita la existencia de más especies y reacciones.

El segundo modelo simple es el de equilibrio químico [2]: se asume que la química es rápida y la mezcla de un número de especies es estable en el tiempo a una dada temperatura.
Se nota que esto no implica que no estén sucediendo reacciones químicas ni que todas las velocidades de reacción sean cero, sino que, para todas las especies, las velocidades de creación y de destrucción están balanceadas.
El modelo de equilibrio sí permite calcular algunas especies intermedias y menores. Sin embargo, aún no se tiene en cuenta la fluidomecánica, es decir, la convección y difusión.
Estos métodos, de un solo paso y equilibrio químico, pueden utilizarse para dar una solución aproximada rápida, o bien para generar una condición inicial para la resolución numérica completa. En ambos casos se incorpora el modelo en forma de tablas de y_i versus f o de y_i versus f y h.

Método de resolución numérica

En breve, el método de resolución numérica consiste en satisfacer las ecuaciones de conservación de la física, habida cuenta de las condiciones de frontera.
Una ecuación de conservación (también llamada ecuación de transporte o de balance) es conceptualmente la igualdad referida a un volumen de control:

Cambio en el tiempo = convección + difusión + creación/destrucción.

Este concepto se aplica a cualquier parámetro intensivo, es decir, que sea una propiedad del fluido.
Las incógnitas a computar son:

- presión
- temperatura
- densidad
- masa molecular
- velocidad (3 componentes)
- composición (n componentes)
- entalpía

a los que se pueden agregar otros parámetros tales como los calores específicos, viscosidad, etc.
No es necesario resolver ecuaciones de conservación para todas las variables. Hay otras relaciones algebraicas que permiten reducir el número de ecuaciones a resolver. Por ejemplo, la ecuación de estado

$$p = \rho \frac{\Re}{W} T ,$$

la ecuación para la masa molecular

$$\frac{1}{W} = \sum_n \frac{y_n}{W_n} \text{, etc.,}$$

y particularmente el uso de escalares conservados. De estos últimos se pueden generar al menos tantos como especies atómicas haya en las corrientes de entrada, ya que el número de átomos es un escalar conservado.

También disponemos de las relaciones $h = h(T)$ y $c_P = c_P(T)$ y relaciones viscosidad-temperatura [3].

De todos modos, debemos satisfacer ecuaciones de conservación para un número elevado de escalares.

Las ecuaciones de conservación, escritas en forma tensorial y utilizando la convención de Einstein (índices repetidos indican suma) son [4]:

- Ecuación de continuidad o de conservación de la masa:

$$\frac{\partial \rho}{\partial t} + \frac{\partial(\rho\, u_i)}{\partial x_i} = 0 \cdot$$

- Ecuación de conservación de la cantidad de movimiento o ecuación de Navier-Stokes (una para cada dirección i):

$$\frac{\partial(\rho u_i)}{\partial t} + \frac{\partial(\rho\, u_i\, u_j)}{\partial x_j} = \frac{\partial}{\partial x_j}\left[\mu\left(\frac{\partial\, u_i}{\partial x_j} + \frac{\partial\, u_j}{\partial x_i} - \frac{2}{3}\delta_{ij}\frac{\partial\, u_k}{\partial x_k}\right)\right] - \frac{\partial p}{\partial x_i} \cdot$$

- Ecuación de conservación de la energía o de entalpía:

$$\frac{\partial(\rho\, h)}{\partial t} + \frac{\partial(\rho\, u_j h)}{\partial x_j} = \frac{\partial}{\partial x_j}\left[\frac{\mu}{\Pr}\left(\frac{\partial\, h}{\partial x_j} + \left(\frac{1}{Le} - 1\right)\left(h_k \frac{\partial\, y_k}{\partial x_j}\right)\right)\right] + \frac{\partial p}{\partial t} \cdot$$

- Ecuación de conservación de la especie química y_n:

$$\frac{\partial(\rho\, y_n)}{\partial t} + \frac{\partial(\rho\, u_j y_n)}{\partial x_j} = \frac{\partial}{\partial x_j}\left[\frac{\mu}{Sc}\frac{\partial\, y_n}{\partial x_j}\right] + (Ww)_n \,.$$

En estas ecuaciones,

- μ es la viscosidad dinámica,
- Pr es el número de Prandtl, $\Pr = c_P \mu / \lambda$
- λ es la conductividad térmica, de $dq/dt = -\lambda \nabla T$,
- Sc es el número de Schmidt, $Sc = \mu / \rho D$,
- D es la difusividad, del flujo difusivo $dm/dt = -\rho D \nabla y$
- Le es el número de Lewis, $Le = Sc / \Pr$

En la ecuación de Navier-Stokes hemos despreciado el segundo coeficiente de viscosidad $\mu' = k + \frac{2}{3}\mu \cong 0$, y en la de entalpía hemos supuesto despreciables

- Los efectos de masa (gravedad)
- Los efectos Dufour y Soret (difusividad térmica)
- La difusión de presión

Una vez identificadas las variables que requieren una ecuación de conservación se procede a satisfacerlas en el campo de flujo, teniendo como condición las fronteras del campo. Las ecuaciones se satisfacen en forma discretizada, convirtiéndolas de

ecuaciones diferenciales parciales a ecuaciones lineales en diferencias o volúmenes finitos [6].
La discretización de las ecuaciones de conservación puede hacerse de varias maneras, desde la sencilla (implícita centrada)

$$\frac{\partial y}{\partial x} = \frac{y_{+1} - y_{-1}}{2\Delta x}; \; y_{+1} = y(x + \Delta x); \; y_{-1} = y(x - \Delta x)$$

hasta los procedimientos más complejos como QUICK, FCT, etc., que se verán más adelante.
Se obtiene así un sistema de ecuaciones lineales, tantas como celdas de discretización existan en el volumen, por cada variable a computar.
El sistema de ecuaciones se resuelve generalmente por métodos iterativos, obteniéndose un conjunto de valores de todas las variables para cada celda del campo de flujo.
Los programas de computación (software) necesarios para el cálculo pueden adquirirse comercialmente o crearse para el problema.

Relaciones algebraicas

De las *i* especies presentes en el sistema de reacciones químicas un número *s* puede obtenerse por medio de relaciones algebraicas utilizando escalares conservados, mientras que las *(i-s)* restantes deberán obtenerse de ecuaciones de transporte.
Es importante entonces determinar cuántos escalares conservados podrán generarse a fin de reducir el número de ecuaciones diferenciales a resolver.
En principio hay por lo menos tantos escalares conservados como especies atómicas en las corrientes de entrada, ya que los números de átomos se conservan. Sin embargo, puede haber más escalares conservados, y la definición del escalar conservado más ventajosa no es necesariamente la obvia del número de átomos.
El procedimiento que sigue es sólo un ejemplo; no se conoce una teoría general del tema.
Consideremos un sistema de reacciones I-IV con siete especies químicas A-G:

$$\text{I.}\; A + B + 2C \rightarrow D + 4E$$
$$\text{II.}\; D + B \rightarrow F + E$$
$$\text{III.}\; 2E + G \rightarrow 2B$$
$$\text{IV.}\; 3E + G \rightarrow 2B + 2C$$

La velocidades de creación/destrucción son:

- $w_A = -w_I$
- $w_B = -w_I - w_{II} + 2w_{III} + 2w_{IV}$
- $w_C = -2w_I + 2w_{IV}$
- $w_D = w_I - w_{II}$
- $w_E = 4w_I + w_{II} - 2w_{III} - 3w_{IV}$
- $w_F = w_{II}$
- $w_G = - w_{II} - w_{IV}$

Ordenamos los segundos miembros como una matriz de 4x7:

w_I	w_{II}	w_{III}	w_{IV}	
-1	0	0	0	a
-1	-1	2	2	b
-2	0	0	2	c
1	-1	0	0	d
4	1	-2	-3	e
0	1	0	0	f
0	0	1	1	g

El rango de esta matriz es 4, lo que indica que 4 especies son independientes (y deben ser halladas resolviendo ecuaciones de transporte) y 3 son combinaciones lineales de las otras, y pueden ser halladas utilizando escalares conservados.
Para hallar las ecuaciones independientes debemos encontrar los grupos de 4 ecuaciones con determinante cero. Hay $7!/(7-4)!4! = 35$ grupos posibles de 4 ecuaciones, y de ellos 8 tienen determinante cero. Las ocho combinaciones son:

a, b, d, g	especies	A, B, D, G	
a, b, f, g		A, B, F G	
a, d, f, g		A, D, F, G	
a, b, c, e		A, B, C, E	
a, d, e, f		A, D, E, F	*
a, b, d, f		A, B, D, F	**
a, c, d, f		A, C, D, F	
a, d, f, g		B, D, F, G	

Se han anotado las especies involucradas pero esto no implica que todas aparezcan en el escalar. Por ejemplo, las notas (*) y (**) indican que las especies E y C no aparecen en el resultado. Esto implica que, al menos, uno de los dos (E o C) deberá computarse por medio de una ecuación de transporte, ya que habrá un solo escalar (el cuarto) que los involucra a ambos.
Para generar los escalares tomamos cualquier menor (determinante) que dé cero y buscamos la combinación lineal que tiene segundo término nulo. Por ejemplo, tomando (a), (b), (c) y (e):

-1	0	0	0	(a)
-1	-1	2	2	(b)
-2	0	0	2	(c)
4	1	-2	-3	(e)

Es inmediato que $4(a)+2(e)+2(b)+(c)=0$

Luego, una especie tal que su abundancia específica sea $4\Gamma_A+2\Gamma_B+\Gamma_C+2\Gamma_E$ tendrá $w=0$, o sea, será un escalar conservado:

$$\beta = C\left(4\Gamma_A + 2\Gamma_B + \Gamma_C + 2\Gamma_E\right).$$

De este modo podemos generar escalares conservados para las 8 combinaciones cuyos menores son nulos.

De los 8 escalares conservados debemos elegir 3 para calcular tres especies, y las 4 restantes se calcularán por ecuaciones de transporte. La selección de cuál especie obtener de escalares conservados y cuál por ecuaciones de transporte depende de la especie. En general se prefiere obtener de ecuaciones de transporte aquellas especies que estén en concentraciones muy bajas, para evitar calcularlas por diferencia entre concentraciones de especies principales, lo que incrementaría el error numérico.

Para utilizar un escalar en el cómputo de una especie nos basamos en la fracción de mezcla:

$$f = \frac{\beta - \beta_2}{\beta_1 - \beta_2},$$

y luego, por ejemplo,

$$\beta = f\left(\beta_1 - \beta_2\right) + \beta_2 = 4\Gamma_A + 2\Gamma_B + \Gamma_C + 2\Gamma_E,$$

con lo que, conociendo f y los valores del escalar β en las corrientes de entrada 1 y 2 podemos calcular una de las especies A, B, C o E a partir de las otras tres.

Cierre del modelo

Las ecuaciones de transporte de las medias Favre [5] proporcionan las soluciones requeridas para computar los parámetros principales, a saber, u_i, $\bar{p}$, $\bar{\rho}$, $\tilde{T}$, $\tilde{h}$, $\tilde{y}_i$.

Restan algunas dificultades aún no resueltas para cerrar el modelo. Por ejemplo, la computación de la masa molecular de la mezcla de

$$\frac{1}{W} = \sum_i \frac{y_i}{W_i},$$

o bien

$$W = \sum_i W_i x_i .$$

Suponiendo disponibles $\tilde{y}_i$ o $\tilde{x}_i$ podemos calcular

$$\tilde{W} = \sum_i W_i \tilde{x}_i ,$$

o bien

$$\left(\frac{1}{W}\right) = \sum_i \frac{\tilde{y}_i}{W_i} .$$

Ninguna de estas dos expresiones nos es útil para la ecuación de estado,

$$p=\rho\frac{\Re}{W}T\,,$$

$$\bar{p}=\bar{\rho}\,\Re\left(\frac{T}{W}\right).$$

Una forma usual de resolver este problema es escribir

$$pW=\rho\,\Re T\,,$$

$$\overline{pW}=\bar{\rho}\,\Re\tilde{T}\,,$$

y luego hacer $\overline{pW}\cong\bar{p}\bar{W}$, ya que la masa molecular no es una función muy fuerte de la presión. Necesitamos ahora modelar $\bar{\bar{W}}$, y hacemos

$$\sum_i\frac{\tilde{y}_i}{W_i}=\left(\frac{1}{W}\right)=\left(\frac{1}{\bar{\bar{W}}+W'}\right)\cong\frac{1}{\bar{\bar{W}}}\left(1-\frac{W'}{\bar{\bar{W}}}\right)\cong\frac{1}{\bar{\bar{W}}}\,,$$

con lo que la ecuación de estado queda

$$\bar{p}=\bar{\rho}\frac{\Re}{\bar{\bar{W}}}\tilde{T}\,,$$

$$\frac{1}{\bar{\bar{W}}}=\sum_i\frac{\tilde{y}_i}{W_i}\,.$$

Otra dificultad se presenta al calcular T a partir de la entalpía ya que

$$h=\sum_i h_i y_i\,,$$

$$h_i=h_{0i}+\sum_j a_{ji}T^j\,,$$

por lo que

$$h=\sum_i h_{0i}y_i+\sum_i\sum_j a_{ij}y_iT^j\,,$$

$$\tilde{h}=\sum_i h_{0i}\tilde{y}_i+\sum_i\sum_j a_{ij}\left(y_iT^j\right).$$

Es sabido que descartar las correlaciones que aparecen entre la composición y la temperatura causa errores no despreciables, del orden del 10% en T. Sin embargo, y a falta de mejores modelos, se adopta

$$\tilde{h}=\sum_i h_{0i}\tilde{y}_i+\sum_i\sum_j a_{ij}\tilde{y}_i\tilde{T}^j\,.$$

Con respecto a la presión, en la mayoría de los casos se la puede considerar constante, por lo que sólo es necesario efectuar correcciones originadas en las fuerzas de masa, por el escurrimiento o por efectos térmicos. Más adelante se trata la ecuación de corrección de la presión.

Finalmente resta el problema de modelar el coeficiente de difusión turbulenta μ_t con lo que el sistema de ecuaciones diferenciales y algebraicas quedaría completo o "cerrado".

Pre y post procesado

Se debe notar que hay operaciones de cómputo anteriores y posteriores a la resolución del sistema de ecuaciones, denominadas en general pre-procesado y post-procesado. Las primeras incluyen la generación de la grilla de celdas de cómputo y de las matrices de constantes físicas y geométricas. Las segundas comprenden el cálculo de parámetros derivados utilizando leyes físicas y relaciones algebraicas, la manipulación de resultados y su presentación gráfica.

Ambos, el pre y el post-procesado, son operaciones tanto o más complejas como la solución del campo de flujo. El mallado y la preparación de las condiciones iniciales y de frontera del cálculo insumen normalmente la mayor parte del tiempo de una simulación. Por su parte, el resultado de la simulación es un gran número de datos numéricos cuya interpretación es muy difícil sino imposible sin un eficiente método de presentación gráfica y condensación de resultados.

Hoy en día, en general, ya no se considera razonable escribir el software para ninguna de las etapas de solución. El post-procesado es el caso más claro, ya que existen procesadores gráficos muy eficientes y versátiles, tanto comerciales (TECPLOT) como de acceso público (GNUPLOT).

El pre-procesado es algo más problemático ya que los generadores de grilla, tanto los más simples como los más sofisticados, usualmente no pueden utilizarse como "cajas negras", ya que producen resultados menos que óptimos o en ocasión fallan totalmente. Es común tener que escribir algo de software, ya sea para modelar inicialmente la geometría o para refinar el pre-procesado.

En lo que se refiere al procesado de las ecuaciones de transporte, si bien los algoritmos de solución de sistemas lineales y los esquemas de avance del cálculo usualmente pueden ser del tipo de "caja negra", es comúnmente necesario tener acceso al código en lenguaje de programación (FORTRAN, C, etc.) para poder implementar modelos físicos y químicos (modelos de reacción, de mezcla, etc.) y las operaciones complementarias (cálculo de otros escalares, puntos de decisión). Algunos códigos comerciales (por ejemplo, CFX, FLUENT), pueden ser adquiridos en forma mixta, con las secciones de propiedad intelectual que dan ventaja comercial (el resolvedor de ecuaciones, la discretización) pre-compilados y sellados, y la sección de cálculos algebraicos y toma de decisiones en código abierto para introducir software específico local.

Con respecto al equipo a utilizar (hardware), vale el aforismo que no hay problema cuya solución no pueda mejorarse con una computadora más grande. La capacidad de las computadoras personales (PC) ha aumentado y continúa aumentando tanto que la mayoría de los problemas de flujos reactivos pueden encararse utilizando una PC de máxima performance. En las condiciones actuales la mejora más importante que puede desearse es mayor velocidad del reloj (memoria y procesador más veloces).

En los últimos tiempos ha comenzado a popularizarse el uso de grupos de PC conectadas para funcionar en paralelo (clúster). Si el código de cálculo se genera

apropiadamente para la computación en paralelo esto puede redundar en reducciones del tiempo de cálculo inversamente proporcionales al número de PC en el clúster.
Las supercomputadoras usualmente son necesarias para problemas con muy altos números de Reynolds (flujos de la atmósfera), de muy alta velocidad (supersónicos) o de malla muy fina (simulación numérica directa o DNS). Las minicomputadoras (workstations) están perdiendo terreno frente a las PC, conservando su ventaja sólo en dos áreas: velocidad y sistema operativo (UNIX versus WINDOWS o LINUX).
Considerando el costo de las supercomputadoras y workstations, la solución más efectiva es probablemente utilizar dos o tres PC, configuradas especialmente para las tareas de pre-procesado (gráfica interactiva, capacidad de almacenamiento), para procesado (máxima velocidad de procesado y memoria, posiblemente un clúster) y post-procesado (software gráfico, calidad de pantalla e impresión).
Los tiempos de solución son tan variados como los problemas a resolver. A título indicativo, las escalas de tiempo razonables son:

- Pre-procesado: semanas-hombre para el primer problema, horas para variaciones sobre el original.
- Procesado: horas a días de máquina.
- Post-procesado: días a semanas-hombre.

Referencias

[1] Göttgens, J., and Terhoeven, P.; Appendix B : RedMech : an automatic reduction program, en Reduced kinetic mechanisms for applications in combustion systems; Lecture notes in physics., New series, Monographs;15, Norbert Peters; Bernd Rogg, Eds. Springer-Verlag, Berlin ; New York,1993.

[2] Reynolds, W. C.; The Element Potential Method for Chemical Equilibrium Analysis: Implementation in the Interactive Program STANJAN, Version 3, Stanford University (1986), incluído en R.J.Kee, F.M.Rupley, E. Meeks,and J.A.Miller, Chemkin-III: A Fortran Chemical Kinetics Package for the Analysis of Gas-Phase Chemical and Plasma Kinetics, Sandia National Laboratories Report SAND 96-8216 (1996).

[3] Kee, R. J.; Rupley, F. M., and Miller, J. A.; "The Chemkin Thermodynamic Data Base," Sandia National Laboratories Report SAND87-8215B (1990).

[4]Kuo, K. K. ; Principles of Combustion, Wiley, 1986.

[5] Favre, A.; Equations des gaz turbulents compressibles, J. Mecanique 4 :361

[6] Anderson, D. A., Tannehill, J. C., and Pletcher, R. H.; Computational Fluid Mechanics and Heat Transfer, Hemisphere, 1984

Capítulo 23
Ecuaciones modeladas para aplicaciones numéricas

Eduardo Brizuela

Introducción

Las expresiones completas de las ecuaciones de conservación y su deducción a partir de principios físicos puede consultarse en el libro de Williams o el de Kuo. Aquí se considerarán formas simples de las ecuaciones presentadas en los capítulos 6 a 10, obtenidas haciendo aproximaciones, en especial con respecto al transporte de multi-componentes, donde se desprecian los efectos de las fuerzas de masa (gravedad, fuerza centrífuga) y la difusión de los gradientes de temperatura y de presión, y donde utilizaremos la ley de Fick para los flujos de especies. La disipación viscosa se desprecia en la ecuación de energía.
Las ecuaciones resultantes son adecuadas para tratar flujos de combustión a bajos números de Mach.
Se nota que las ecuaciones diferenciales aquí tratadas son denominadas por distintos autores como ecuaciones de conservación, de balance o de transporte.

Ecuaciones instantáneas o de flujo laminar

Conservación de la masa y de la cantidad de movimiento

Las ecuaciones de continuidad y cantidad de movimiento son las vistas en mecánica de los fluidos, es decir

$$\frac{\partial \rho}{\partial t}+\frac{\partial(\rho\, u_i)}{\partial x_i}=0$$

$$\frac{\partial(\rho u_i)}{\partial t}+\frac{\partial(\rho\, u_i\, u_j)}{\partial x_j}=\frac{\partial}{\partial x_j}\left[\mu\left(\frac{\partial\, u_i}{\partial x_j}+\frac{\partial\, u_j}{\partial x_i}-\frac{2}{3}\delta_{ij}\frac{\partial\, u_k}{\partial x_k}\right)\right]-\frac{\partial p}{\partial x_i}$$

donde se ha utilizado la forma tensorial y la convención de Einstein, por la que índices repetidos en una multiplicación / división indican suma sobre el índice

$$\frac{\partial\, u_k}{\partial x_k}=\frac{\partial\, u}{\partial x}+\frac{\partial\, v}{\partial y}+\frac{\partial\, w}{\partial z}$$

$$\frac{\partial}{\partial x_j}\left(\frac{\partial\, u_j}{\partial x_i}\right)=\frac{\partial}{\partial x}\left(\frac{\partial\, u}{\partial x_i}\right)+\frac{\partial}{\partial y}\left(\frac{\partial\, v}{\partial x_i}\right)+\frac{\partial}{\partial z}\left(\frac{\partial\, w}{\partial x_i}\right),\ \text{etc.}$$

Otras expresiones en coordenadas cartesianas, cilíndricas y polares se pueden consultar en Apéndice C o en el libro de Kuo.

En la ecuación de Navier-Stokes hemos despreciado el segundo coeficiente de viscosidad $\mu' = k + \frac{2}{3}\mu \cong 0$

Conservación de las especies químicas

La ecuación de balance es:

CAMBIO + CONVECCIÓN + DIFUSIÓN = CREACIÓN/ DESTRUCCIÓN

lo que se formula como:

$$\frac{\partial(\rho\, y_k)}{\partial t} + \frac{\partial(\rho\, u_j y_k)}{\partial x_j} + \frac{\partial}{\partial x_j}[\rho y_k V_{ki}] = w_k$$

donde

y_k = fracción de masa de la especie k

u_i = componente de velocidad en la dirección i en un sistema ortogonal.

V_{ki} = componente de la velocidad de difusión de la especie k en la dirección i, de la ley de flujo difusivo

$$dm / dt = -\rho D \nabla y = -\rho y_k V_{ki}$$

w_k = velocidad de reacción química para la especie k, en unidades de masa/volumen/ tiempo =ωW.

Hay dos formas aproximadas de la ley de Fick en uso común para el transporte de especies. Una es la de Curtiss y Hirschfelder:

$$V_{ki} = -D_k^{''} \frac{\partial X_k}{\partial x_i} \frac{1}{X_k}$$

donde la difusividad en un sistema multicomponente se calcula como

$$D_k^{''} = \frac{1 - y_k}{\sum_{j \neq k} X_j / D_{jk}}$$

donde Djk son los coeficientes de difusión binaria de los pares de gases j-k. Esta difusividad variable con la composición, y la dependencia de las fracciones molares X_k se eliminan utilizando una forma más simple

$$V_{ki} = -D_k^{'} \frac{\partial y_k}{\partial x_i} \frac{1}{y_k}$$

donde

$$D_k^{'} = \frac{\lambda}{\rho C_P} \frac{1}{Le_k}$$

λ = conductividad térmica
Le_k = número de Lewis para la especie k

Valores para el número de Lewis (equivalente a $\mu Cp/\lambda$) se pueden encontrar en la literatura. Para llamas de metano se recomiendan los siguientes valores

k	CH4	O2	H2O	CO2	H2	H	OH	HO2	CO	CH3
Le_k	0.97	1.1	0.83	1.39	0.3	0.18	0.73	1.1	1.11	1.0

y en general

$$\frac{\lambda}{C_P} = 2.58x10^{-4}\left[\frac{T}{298}\right]^{0.7} \text{, en g/cm/s}$$

Ambos modelos de la ley de Fick no dan el resultado deseado que el flujo total de difusión sea cero, $\Sigma y_k V_{ki} = 0$.
Esto se corrige en la ecuación de Curtis-Hirschfelder añadiendo una pequeña corrección a V_{ki}, ajustable para satisfacer la última ecuación.
En la aproximación segunda, se la utiliza como está pero no se la aplica al componente más común (generalmente N2), al que se aplicaría toda la corrección necesaria para satisfacer la última ecuación. Esto sin embargo no es necesario ya que se resuelven ecuaciones de transporte para todas las especies menos N2:

$$k \neq N_2 : \rho \frac{\partial y_k}{\partial t} + \rho\, u_i \frac{\partial y_k}{\partial x_i} - \frac{\partial}{\partial x_i}\left[\frac{1}{Le_k}\frac{\lambda}{C_P}\frac{\partial\, y_k}{\partial x_i}\right] + w_k$$

y para N_2 se satisface el balance de masa

$$k = N_2 : y_{N2} = 1 - \sum_{k \neq N2} y_k$$

Finalmente, utilizando las definiciones de números de Prandtl, Schmidt y Lewis,

$$\Pr = \frac{\mu C_P}{\lambda}$$

$$Sc = \frac{\nu}{D}$$

$$Le = \frac{Sc}{\Pr}$$

resulta

$$D_k' = \frac{\mu}{\rho Sc}$$

$$\rho y_k V_{ki} = -\frac{\mu}{Sc}\frac{\partial y_k}{\partial x_i}$$

y la ecuación de transporte de la especie k se escribe

$$\rho\frac{\partial y_k}{\partial t} + \rho\, u_i \frac{\partial y_k}{\partial x_i} = \frac{\partial}{\partial x_i}\left[\frac{\mu}{Sc}\frac{\partial\, y_k}{\partial x_i}\right] + w_k$$

Ecuación de energía

La forma completa es

$$\rho\frac{\partial h}{\partial t} + \rho\, u_i \frac{\partial h}{\partial x_i} - \frac{\partial}{\partial x_i}\left(\frac{\lambda}{C_P}\frac{\partial h}{\partial x_i}\right) = \frac{\partial p}{\partial t} - \frac{\partial q_{Ri}}{\partial x_i} - \frac{\partial}{\partial x_i}\sum_k\left(\rho V_{ki} y_k + \frac{\lambda}{C_P}\frac{\partial y_k}{\partial x_i}\right)h_k$$

En los términos del segundo miembro, despreciamos la variación de presión con el tiempo, aunque notando que este término debe retenerse para, por ejemplo, motores de combustión interna.

El último término representa la transmisión de calor h_k por difusión $\rho V_{ki} y_k$ y por conducción $\frac{\lambda}{C_P}\frac{\partial y_k}{\partial x_i}$, y comúnmente se desprecia.

Para llamas adiabáticas despreciamos la transmisión de calor por radiación q_{Ri} y nos queda la ecuación de transporte de energía como

$$\rho\frac{\partial h}{\partial t} + \rho\, u_i \frac{\partial h}{\partial x_i} - \frac{\partial}{\partial x_i}\left(\frac{\mu}{\Pr}\frac{\partial h}{\partial x_i}\right) = 0$$

Si el entorno no fuera adiabático, o si se desea considerar las pérdidas por radiación, se colocarán términos de fuente (sumidero) apropiados.

Hemos supuesto despreciables

- Los efectos de masa (gravedad)
- Los efectos Dufour y Soret (difusividad térmica)
- La difusión de presión

Notar que esta es la energía total de estagnación, que se obtiene haciendo:

$$h = \sum_k y_k h_k$$

$$h_k = h_k^0 + \int_{T_0}^{T} C_{Pk}\, dT$$

$$h_k^0 = \Delta H_{f,k}(T_0)$$

donde h_k^0 es la entalpía de formación de la especie k a la temperatura standard T_0.
Es a veces deseable resolver una ecuación de transporte para la temperatura. Para ello hacemos

$$\frac{\partial h}{\partial t}=\sum_k\left(h_k\frac{\partial y_k}{\partial t}+y_k\frac{\partial h_k}{\partial t}\right)$$

$$\frac{\partial h}{\partial x_i}=\sum_k\left(h_k\frac{\partial y_k}{\partial x_i}+y_k\frac{\partial h_k}{\partial x_i}\right)$$

Reemplazando y agrupando,

$$\sum_k\left[h_k\rho\frac{\partial y_k}{\partial t}+h_k\rho\,u_i\frac{\partial y_k}{\partial x_i}-\frac{\partial}{\partial x_i}\left(\frac{\lambda}{C_P}h_k\frac{\partial y_k}{\partial x_i}\right)\right]+$$
$$\sum_k\left[y_k\rho\frac{\partial h_k}{\partial t}+y_k\rho\,u_i\frac{\partial h_k}{\partial x_i}-\frac{\partial}{\partial x_i}\left(\frac{\lambda}{C_P}y_k\frac{\partial h_k}{\partial x_i}\right)\right]=0$$

El primer paréntesis se puede aproximar utilizando la ecuación de transporte de y_k como $\Sigma w_k\, h_k$. En el segundo, aplicamos la regla de derivación bajo el signo integral, asumiendo un Cp promedio:

$$\frac{\partial h_k}{\partial t}\cong C_P\frac{\partial T}{\partial t}$$

$$\frac{\partial h_k}{\partial x_i}\cong C_P\frac{\partial T}{\partial x_i}$$

Así queda

$$\rho\frac{\partial T}{\partial t}+\rho\,u_i\frac{\partial T}{\partial x_i}-\frac{1}{C_P}\frac{\partial}{\partial x_i}\left(\lambda\frac{\partial T}{\partial x_i}\right)=-\frac{1}{C_P}\sum_k w_k h_k$$

Despreciando el efecto de la temperatura en la entalpía de reacción podemos escribir

$$\sum_k w_k h_k\cong\sum_k w_k h_k^0\cong-w_c Q_c$$

donde Qc es el calor de reacción y w_c la velocidad de reacción del combustible, ambos calculados a la temperatura estimada en el punto. Luego

$$\rho\frac{\partial T}{\partial t}+\rho\,u_i\frac{\partial T}{\partial x_i}-\frac{1}{C_P}\frac{\partial}{\partial x_i}\left(\lambda\frac{\partial T}{\partial x_i}\right)=w_c\frac{Q_c}{C_P}$$

Notar que C_p no está incluido en el término de difusión por lo que no se puede reemplazar λ/ Cp por μ/ Pr como en la ecuación de energía.

Conservación de elementos atómicos

La fracción de masa del elemento l se define como

$$z_l = W_l \sum_k \nu_{lk} \frac{y_k}{W_k} = \sum_k \mu_{lk} y_k$$

donde ν_{lk} es el número de átomos del elemento l en la especie k, W_l y W_k son los pesos moleculares, y μ_{lk} es la fracción de masa de l en k.
Como los μ_{lk} son constantes, podemos multiplicar la ecuación de conservación de la fracción de masa y_k por μ_{lk}, y sumar sobre todas las especies k, teniendo en cuenta que

$$\sum_k \mu_{lk} w_k = W_l \sum_k \nu_{lk} \omega_k = 0$$

ya que la suma de las velocidades de reacción de los reactantes es igual y de signo opuesto a la suma de las velocidades de reacción de los productos.
Nos queda entonces, reordenando:

$$\rho \frac{\partial Z_l}{\partial t} + \rho u_i \frac{\partial Z_l}{\partial x_i} - \frac{\partial}{\partial x_i}\left(\frac{\mu}{\Pr} \frac{\partial Z_l}{\partial x_i} \right) = \frac{\partial}{\partial x_i} \sum_k \left[\mu_{lk} \frac{\lambda}{C_P} \left(\frac{1}{Le} - 1 \right) \frac{\partial y_k}{\partial x_i} \right]$$

Es común despreciar el segundo miembro para que la ecuación quede en la misma forma que la de energía.

Fracción de mezcla

Tomemos la definición de fracción de mezcla

$$f = \frac{\beta - \beta_O}{\beta_C - \beta_O}$$

y definimos el escalar conservado β en una forma general usando las fracciones de masa de los elementos atómicos: $\beta = \Sigma\, a_l Z_l$, con a_l constantes numéricas.
De la ecuación de conservación para Z_l, multiplicando por al y sumando, obtenemos

$$\rho \frac{\partial f}{\partial t} + \rho u_i \frac{\partial f}{\partial x_i} - \frac{\partial}{\partial x_i}\left(\frac{\mu}{\Pr} \frac{\partial f}{\partial x_i} \right) = \frac{1}{\beta_C - \beta_O} \frac{\partial}{\partial x_i} \sum_l \sum_k \left[a_l \mu_{lk} \frac{\lambda}{C_P} \left(\frac{1}{Le} - 1 \right) \frac{\partial y_k}{\partial x_i} \right]$$

Nuevamente se desprecian los términos del segundo miembro, quedando

$$\rho \frac{\partial f}{\partial t} + \rho u_i \frac{\partial f}{\partial x_i} - \frac{\partial}{\partial x_i}\left(\frac{\mu}{\Pr} \frac{\partial f}{\partial x_i} \right) = 0$$

Al mismo resultado se llegaría definiendo β en función de h: $\beta \propto h$ y utilizando la ecuación de conservación de h. Para el sistema de combustión adiabática de dos corrientes no premezcladas teníamos

$$Z_l = fZ_{l,C} + (1-f)Z_{l,O}$$
$$h = fh_C + (1-f)h_O$$

de donde es obvio que si h obedece a una ecuación de conservación sin términos de fuente (escalar conservado), también obedecerán la misma ley f y Z_l.

Funciones de Shvab-Z'eldovich

Para el método SCRS de reacción irreversible de un solo paso:

$$\nu_C Comb. + \nu_O O_2 = \nu_{CO2} CO_2 + \nu_{H2O} H_2O$$

En base a esto podemos definir funciones de acople, formadas por las abundancias de las especies o sus fracciones de masa, y la temperatura, que no poseen término de fuente químico y, por consiguiente, son escalares conservados. Ya hemos definido β1 - β6 y se pueden formar otros por combinación lineal tales como

$$\beta_{C,O} = \Gamma_C - \frac{\nu_C}{\nu_O}\Gamma_{O2}$$

$$\beta_{C,T} = y_C + \frac{C_P T}{Q_C}$$

Estos escalares obedecen la ecuación de conservación

$$\rho\frac{\partial \beta}{\partial t} + \rho\, u_i \frac{\partial \beta}{\partial x_i} - \frac{\partial}{\partial x_i}\left(\frac{\mu}{\Pr}\frac{\partial \beta}{\partial x_i}\right) = 0$$

donde se omiten las diferencias entre números de Lewis.

Los escalares β así definidos son las funciones de acople de Shvab-Z'eldovich, y pueden ser utilizados para obtener una variable en función de otra conocida, resolviendo una ecuación diferencial sin término de fuente. Por ejemplo, puede ser más sencillo resolver las ecuaciones diferenciales de y_C y $\beta_{C,T}$ que las de y_C y T.

Condiciones de conservación en una interfase

Definimos la dirección positiva según el vector normal, es decir, hacia afuera en una cara convexa. Luego, la ecuación de conservación de y_k puede ser reemplazada por el balance (ver los libros de Williams o de Kuo):

$$\left[\rho y_k\left(u_n+V_{k,n}\right)\right]_+=\left[\rho y_k\left(u_n+V_{k,n}\right)\right]_- -\frac{\partial \rho_k'}{\partial t}+\omega_k''$$

$$V_{k,n}=-\rho_k D_{k,n}\frac{\partial y_k}{\partial n}$$

donde + indica la zona de gas y - la zona de líquido (gota), ρ'_k es la densidad superficial de la especie k (masa por unidad de superficie), y ω''_k es la velocidad de formación (evaporación) de la especie k en la superficie.

Reactores simples

Un reactor perfectamente agitado (PSR) es aquel en el cual el fluido en su interior es homogéneo. Para el caso de flujo estacionario y química de estado estacionario, el flujo de salida se asume a la temperatura y composición del interior.

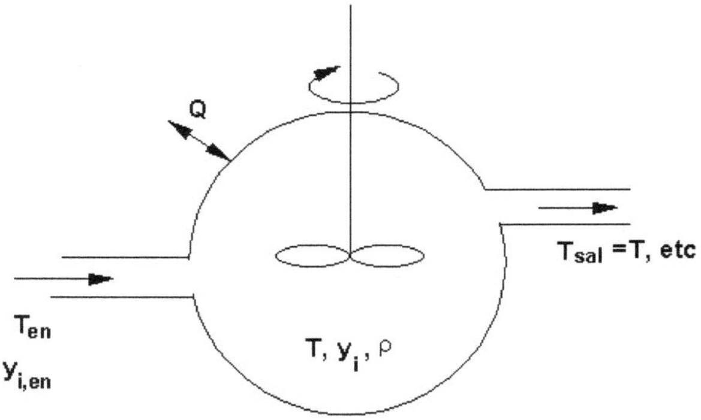

Figura 23.1: Reactor bien mezclado

Las ecuaciones de conservación de especies y de energía se reducen a:

$$\dot{m}\left(y_i-y_{i,en}\right)=w_i V_{reac}$$

$$\dot{m}\left(h-h_{en}\right)=Q_C$$

o bien

$$y_i-y_{i,en}=\frac{w_i}{\rho}t_{res}$$

$$h-h_{en}=\frac{Q}{V_{reac}}t_{res}$$

donde

- Vreact = volumen del reactor
- Q = flujo de calor al exterior (W)

- t_{res} = tiempo de residencia = $\rho V_{reac} / \dot{m}$
- $\dot{m}$ = flujo másico total

Otro reactor simple es el de flujo en tapón (PFR), en el que el fluido tiene movimiento unidimensional a lo largo del tubo del reactor, y la difusión en el sentido de la corriente es despreciada. Las ecuaciones de especies resultantes son similares a las de un sistema uniforme en el espacio y en función del tiempo:

$$y_i = y_{i,0} + \int_0^t \frac{w_i}{\rho} dt = y_{i,0} + \int_0^x \frac{w_i}{\rho U} dx$$

donde U es la velocidad lineal en el tubo e $y_{i,o}$ la condición de entrada.
Si, por ejemplo, se trata de una reacción de primer orden en la que, para un reactante

$$w_i = -k \frac{\rho y_i}{W_i}$$

entonces, si U = constante se obtiene la solución

$$y_i = y_{i,0} e^{-kt/w_i} = y_{i,0} e^{-kx/w_i U}$$

y la concentración de reactante decrece en forma exponencial a lo largo del tubo.
Para reacciones de otro orden se deben resolver las ecuaciones integrales simultáneas para yi.

Flujos turbulentos

Ecuaciones instantáneas y promedios

Las ecuaciones dadas en el Capítulo 2 son válidas instantáneamente, habida cuenta de las simplificaciones hechas.
Cuando el flujo es dependiente del tiempo es necesario satisfacer las ecuaciones de transporte en un número de instantes sucesivos lo que permite computar, por ejemplo, un flujo en desarrollo temporal. La simulación numérica de flujos en desarrollo temporal se denomina simulación numérica directa (DNS) y requiere un esfuerzo computacional tan elevado que al presente está limitada a casos relativamente simples, con números de Reynolds bajos (experimentos de ondas de choque, combustión en tubos de choque).
Hay una clase de flujos que, si bien son estacionarios en el tiempo, se caracterizan porque las variables (velocidad, temperatura, composición) varían constantemente en una forma aparentemente impredecible alrededor de un valor medio.
Estos flujos turbulentos requerirían la simulación numérica instantánea con muy breves pasos de tiempo y en gran número. En la actualidad no se poseen los medios computacionales, en especial el hardware, para hacer tales cómputos, y, aún si pudiera hacerse, es probable que no fuera de interés práctico, ya que para la utilización de flujos turbulentos interesa conocer las propiedades promedio. La utilidad del experimento numérico como contraste y complemento del experimento físico se hace

efectiva cuando los resultados de ambos son comparables, y los instrumentos físicos en general miden valores promedio.
Luego, es necesario modificar las ecuaciones instantáneas de transporte para computar los parámetros estocásticos de las variables, vale decir, sus momentos (media, varianza, tercer momento, cuarto momento o kurtosis, etc.).
En la generación de las ecuaciones promediadas se acepta la hipótesis de Taylor sobre la equivalencia de las medias espaciales y temporales en un volumen de control (hipótesis ergódica).

Tipos de promedios

Sea la variable ϕ sujeta a variaciones estocásticas. El promedio simple o del tipo Reynolds se define por

$$\phi = \overline{\phi} + \phi',$$

donde $\overline{\phi}$ es el promedio espacio-temporal de la variable ϕ en un volumen de control y ϕ' la fluctuación estocástica cuya media es, por definición, cero
Para hallar el promedio se mide la variable a intervalos regulares de tiempo en un punto del espacio un número de veces. Alternativamente, se toma un número de muestras simultáneas en un volumen de control en puntos igualmente espaciados.
Si el espaciado L, el período de muestreo T son tales que, dada la velocidad U del flujo,

$$U \approx L/T$$

ambos promedios serán iguales. Inversamente, si la velocidad del flujo es U y tomamos muestras separadas un tiempo T el promedio será válido en un entorno de tamaño L, y si tomamos muestras en un volumen de tamaño L el período de muestreo no debe ser superior a T.
Esto asume que lo que se está midiendo es efectivamente ϕ. Sin embargo, hay casos en que la medición de la variable no es tan aparente. Por ejemplo, si se utiliza un tubo Pitot para medir velocidad en un flujo turbulento, lo que se mide es $\overline{\frac{1}{2}\rho\, v^2}$, que no es igual a $\frac{1}{2}\overline{\rho}\left(\overline{v}\right)^2$. Para poder deducir $\overline{v}$ de esta medición es necesario hacer

$$\overline{\rho\, v^2} = \overline{(\overline{\rho} + \rho')(\overline{v} + v')(\overline{v} + v')} = \overline{\rho}(\overline{v})^2 + \overline{\rho}\,\overline{v'^2} + \overline{\rho' v'^2} + 2\overline{v}\,\overline{\rho' v'},$$

lo que requiere conocer tres nuevas correlaciones, $\overline{v'^2}$, $\overline{\rho' v'^2}$ y $\overline{\rho' v'}$.
Hay otras mediciones en las que el valor medido depende de la densidad o la velocidad u otras variables; la medición de temperatura con termocuplas o hilos calientes son ejemplos.
Para flujos reactivos donde puede existir fuertes variaciones en la densidad de la mezcla se prefiere utilizar el promedio tipo Favre, o de pesada con la densidad, definido por

$$\phi = \widetilde{\phi} + \phi''.$$

El cómputo del promedio de ϕ se realiza según

$$\tilde{\varphi} = \frac{\overline{\rho\varphi}}{\overline{\rho}}.$$

Esto mejora el caso del ejemplo ya que

$$\overline{\rho v^2} = \overline{\rho}\, v^2 = \overline{\rho}\widetilde{v}^2 + \overline{\rho}\, v''^2$$

y sólo requiere una correlación (la varianza o autocorrelación de v).
Favre definió este promedio para simplificar la medición de las propiedades de los gases en base a la ecuación de estado

$$p = \rho \frac{\Re}{W} T,$$

que, utilizando promedio Reynolds resulta en

$$\overline{p} = \frac{\Re}{W} \overline{\rho T} = \frac{\Re}{W} \left(\overline{\rho}\overline{T} + \overline{\rho' T'} \right),$$

mientras que, utilizando el promedio Favre se elimina la correlación densidad-temperatura:

$$\overline{p} = \frac{\Re}{W} \overline{\rho}\widetilde{T}.$$

Desafortunadamente esta simplificación se pierde cuando la composición de la mezcla (dada por la masa molecular W) es también una variable estocástica, ya que

$$\frac{1}{W} = \sum_i \left(\frac{y}{W} \right)_i,$$

y, si bien las masas moleculares de las especies, W_i, son constantes, las fracciones de masa y_i son variables turbulentas, y resulta

$$\overline{p} = \Re \sum_i \frac{\overline{\rho y_i T}}{W_i} = \Re \sum_i \frac{\left(\overline{\rho}\overline{y}_i\overline{T} + \overline{T}\,\overline{\rho' y'_i} + \overline{\rho}\,\overline{y'_i T'} + \overline{y}_i \overline{\rho' T'} + \overline{\rho' y'_i T'} \right)}{W_i}.$$

Esto se simplifica un poco usando promedio Favre:

$$\overline{p} = \Re\overline{\rho}\sum_i \left[\left(\frac{\tilde{y}}{W} \right)_i \tilde{T} + \left(\frac{y''}{W} \right)_i T'' \right],$$

pero nuevamente encontramos una correlación entre fluctuaciones de composición y temperatura que, incidentalmente, apunta al corazón de la química.
Lo anterior se repite al promediar las ecuaciones de transporte: el uso de promedios Favre simplifica el resultado, pero quedan correlaciones por modelar. Esto se denomina *el problema de cierre o de clausura* de la turbulencia (en el sentido de formar un sistema completo o cerrado de ecuaciones).

Propiedades de los promedios Reynolds y Favre

Según sus definiciones,

$$\phi = \overline{\phi} + \phi'; \quad \overline{\phi'} = 0,$$

$$\phi = \tilde{\phi} + \phi''; \quad \widetilde{\phi''} = 0.$$

Notamos que $\widetilde{\phi'} \neq 0$ y $\overline{\phi''} \neq 0$. De las definiciones, tomando promedios cruzados y notando que

$$\widetilde{\overline{\phi}} = \overline{\phi}, \text{ y}$$
$$\overline{\tilde{\phi}} = \tilde{\phi},$$

resulta

$$\tilde{\phi} = \overline{\phi} + \widetilde{\phi'}, \text{ y}$$
$$\overline{\phi} = \tilde{\phi} + \overline{\phi''},$$

de donde obtenemos

$$\overline{\phi''} = -\frac{\overline{\rho'\phi'}}{\overline{\rho}}.$$

También se encuentra que

$$\overline{\phi'^2} = \overline{\phi^2} - \overline{\phi}^2,$$

$$\widetilde{\phi''^2} = \widetilde{\phi^2} + \tilde{\phi}^2.$$

Para la densidad en particular se encuentra que

$$\overline{\rho'^2} = \overline{\rho}(\tilde{\rho} - \overline{\rho}),$$

$$\widetilde{\rho''^2} = \tilde{\rho}(\tilde{\rho} - \overline{\rho}),$$

Como $\overline{\rho'^2} \geq 0$ y $\overline{\rho''^2} \geq 0$ deducimos que

$\tilde{\rho} \geq \bar{\rho}$ y también que $\overline{\rho''^2} \geq \overline{\rho'^2}$, es decir, que la distribución de probabilidades en promedio Favre tiene una media más alta y es más dispersa (su varianza es mayor), como ilustra la Figura siguiente:

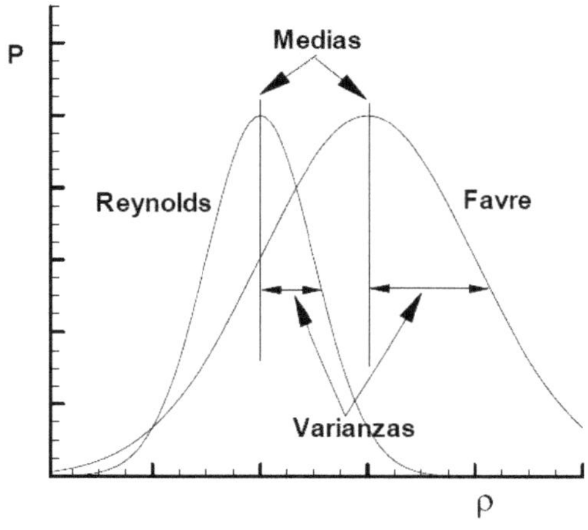

Figura 23.3: Funciones de distribución Reynolds y Favre para la densidad

La ecuación de Navier-Stokes en promedio Favre

En forma tensorial y utilizando la notación de Einstein, la ecuación instantánea de conservación de la cantidad de movimiento en la dirección *i* es:

$$\frac{\partial(\rho u_i)}{\partial t} + \frac{\partial(\rho\, u_i\, u_j)}{\partial x_j} = \frac{\partial}{\partial x_j}\left[\mu_l S_{ij}\right] - \frac{\partial p}{\partial x_i},$$

donde

$$S_{ij} = \frac{\partial\, u_i}{\partial x_j} + \frac{\partial\, u_j}{\partial x_i} - \frac{2}{3}\delta_{ij}\frac{\partial\, u_k}{\partial x_k}.$$

y μ_l es la viscosidad laminar.

El término $\frac{\partial\, u_k}{\partial x_k} = \frac{\partial\, u}{\partial x} + \frac{\partial\, v}{\partial y} + \frac{\partial\, w}{\partial z}$ es la dilatación o divergencia de la velocidad, indicada en adelante por θ, y δ_{ij} es el delta de Kronecker.

Tomando promedio tipo Reynolds:

$$\frac{\partial(\bar{\rho}\tilde{u}_i)}{\partial t} + \frac{\partial(\bar{\rho}\, u_i\, u_j)}{\partial x_j} = \frac{\partial}{\partial x_j}\left[\mu_l \bar{S}_{ij}\right] - \frac{\partial \bar{p}}{\partial x_i},$$

donde hemos despreciado las variaciones turbulentas de la viscosidad laminar ya que la viscosidad de la mezcla no cambia mucho con la composición en los casos más usuales.

El término convectivo $u_i u_j$ lo expandimos como

$$u_i u_j = \tilde{u}_i \tilde{u}_j + u_i '' u_j '' .$$

Para modelar el segundo término del segundo miembro adoptamos una forma de la Ley de Fick, o de difusión con el gradiente, que escribimos

$$u_i '' u_j '' = -D_{t,u} \frac{\partial \tilde{u}_i}{\partial x_j} ,$$

que indica que la perturbación u''_i se difunde en la dirección j según la magnitud del gradiente (la diferencia) del valor promedio $\tilde{u}_i$ en la dirección j, con un coeficiente de proporcionalidad $D_{t,u}$ (turbulento, de u).

El coeficiente de difusión lo reemplazamos utilizando el número de Schmidt:

$$Sc = \frac{\mu}{\rho D} ,$$

$$Sc_t = \frac{\mu_t}{\rho D_t} ,$$

(La "viscosidad turbulenta", μ_t, aún no está definida)
Como también podríamos haber escrito

$$u_i '' u_j '' = -D_{t,u} \frac{\partial \tilde{u}_j}{\partial x_i} ,$$

adoptamos la forma

$$u_i '' u_j '' = -\frac{\mu_t}{Sc_t \bar{\rho}} \left(\frac{\partial \tilde{u}_i}{\partial x_j} + \frac{\partial \tilde{u}_j}{\partial x_i} \right) .$$

Si en esta expresión (que no es una suma ya que no hay subíndices repetidos) hacemos $i = j$ obtenemos

$$\bar{\rho} u_i ''^2 = -\frac{\mu_t}{Sc_{t,u}} 2 \frac{\partial u_i}{\partial x_i} .$$

Si sumamos ahora los tres componentes obtenemos, en el primer miembro,

$$\bar{\rho}\left(u''^2 + v''^2 + w''^2 \right),$$

que es el doble de

$$\tilde{\kappa} = \frac{1}{2} u_i '' u_i '' = \frac{\left(u''^2 + v''^2 + w''^2 \right)}{2}$$

llamada la energía cinética de la turbulencia.

En el segundo miembro tenemos $2\tilde{\theta}$. Luego, para mantener la igualdad de la *traza* (valor de la expresión para $i = j$) hacemos

$$\bar{\rho} u_i'' u_j'' = -\frac{\mu_t}{Sc_{t,u}}\left(\frac{\partial u_i}{\partial x_j}+\frac{\partial u_j}{\partial x_i}\right)+\frac{2}{3}\delta_{ij}\left(\bar{\rho}\tilde{\kappa}\right)+\frac{2}{3}\delta_{ij}\frac{\mu_t}{Sc_{t,u}}\tilde{\theta}.$$

Sustituyendo en la ecuación promediada:

$$\frac{\partial(\bar{\rho}\tilde{u}_i)}{\partial t}+\frac{\partial(\bar{\rho}\,\tilde{u}_i\,\tilde{u}_j)}{\partial x_j}-\frac{\partial}{\partial x_j}\left(\frac{\mu_t}{Sc_{t,u}}\tilde{S}_{ij}\right)+\frac{2}{3}\delta_{ij}\left(\bar{\rho}\tilde{\kappa}\right)=\frac{\partial}{\partial x_j}\left[\mu_l\bar{S}_{ij}\right]-\frac{\partial\bar{p}}{\partial x_i}.$$

Notamos que $\delta_{ij}\dfrac{\partial}{\partial x_j}=\dfrac{\partial}{\partial x_i}$ y reordenamos para obtener

$$\frac{\partial(\bar{\rho}\tilde{u}_i)}{\partial t}+\frac{\partial(\bar{\rho}\,\tilde{u}_i\,\tilde{u}_j)}{\partial x_j}=\frac{\partial}{\partial x_j}\left(\mu_l\bar{S}_{ij}+\frac{\mu_t}{Sc_{t,u}}\tilde{S}_{ij}\right)-\frac{\partial}{\partial x_i}\left(\bar{p}+\frac{2}{3}\bar{\rho}\tilde{\kappa}\right).$$

Se verá luego que en general $\mu_t \gg \mu_l$, por lo que despreciamos la diferencia entre $\bar{S}_{ij}$ y $\tilde{S}_{ij}$ y, adoptando un valor del número de Schmidt laminar escribimos

$$\bar{\rho}D_u=\frac{\mu_l}{Sc_{l,u}}+\frac{\mu_t}{Sc_{t,u}}\cong\frac{\mu_l+\mu_t}{Sc_u};\; Sc_u\cong Sc_{t,u}\;,$$

y queda finalmente

$$\boxed{\frac{\partial(\bar{\rho}\tilde{u}_i)}{\partial t}+\frac{\partial(\bar{\rho}\,\tilde{u}_i\,\tilde{u}_j)}{\partial x_j}=\frac{\partial}{\partial x_j}\left(\bar{\rho}D_u\tilde{S}_{ij}\right)-\frac{\partial}{\partial x_i}\left(\bar{p}+\frac{2}{3}\bar{\rho}\tilde{\kappa}\right)}$$

Se hace notar que al sustraer el término $-2/3\tilde{\kappa}$ a la componente $u_i''^2$ hemos supuesto que $\tilde{\kappa}$ se divide igualmente en las tres direcciones, o sea, se ha supuesto turbulencia isotrópica.

La ecuación de Navier-Stokes queda así escrita en términos de $\bar{\rho}$, $\bar{p}$ y $\tilde{u}$, faltando aún definir la viscosidad turbulenta μ_t.

Todo lo anterior fue desarrollado en notación tensorial. Cuando las ecuaciones de Navier-Stokes se escriben en coordenadas cartesianas ortogonales, cilíndricas o esféricas pueden aparecer otros términos que se deben modelar. Las expresiones completas de la ecuación de Navier-Stokes en varios sistemas de coordenadas se dan en el Apéndice C.

Ecuaciones de continuidad y de transporte

La ecuación de continuidad o de conservación de la masa

La forma instantánea de la ecuación de conservación de la masa, o de continuidad, es:

$$\frac{\partial \rho}{\partial t} + \frac{\partial (\rho\, u_i)}{\partial x_i} = 0 .$$

En promedio Reynolds,

$$\frac{\partial \bar{\rho}}{\partial t} + \frac{\partial \left(\bar{\rho}\, \bar{u}_i + \overline{\rho' u_i'} \right)}{\partial x_i} = 0 ,$$

lo que requiere un modelo para la correlación $\overline{\rho' u_i'}$. En promedio Favre la ecuación es más simple:

$$\frac{\partial \bar{\rho}}{\partial t} + \frac{\partial (\bar{\rho}\, \tilde{u}_i)}{\partial x_i} = 0 .$$

En otros sistemas de coordenadas:

- Cartesianas ortogonales x, y, z:

$$\frac{\partial \bar{\rho}}{\partial t} + \frac{\partial (\bar{\rho}\, \tilde{u})}{\partial x} + \frac{\partial (\bar{\rho}\, \tilde{v})}{\partial y} + \frac{\partial (\bar{\rho}\, \tilde{w})}{\partial z} = 0 .$$

- Cilíndricas r, φ□□, z:

$$\frac{\partial \bar{\rho}}{\partial t} + \frac{1}{r}\frac{\partial (r \bar{\rho}\, \tilde{u})}{\partial r} + \frac{1}{r}\frac{\partial (\bar{\rho}\, \tilde{v})}{\partial \varphi} + \frac{\partial (\bar{\rho}\, \tilde{w})}{\partial z} = 0 .$$

La ecuación general de conservación de un escalar

Para un escalar general ϕ la ecuación de transporte es:

$$\frac{\partial (\rho \phi)}{\partial t} + \frac{\partial \left(\rho\, u_j\, \phi \right)}{\partial x_j} = \frac{\partial}{\partial x_j}\left(\rho D_{l,\phi} \frac{\partial \phi}{\partial x_j} \right) + S^{\phi} ,$$

donde $\rho D_{l,\phi} = \frac{\mu_l}{Sc_\phi} \cong \frac{\mu_l}{\Pr_\phi}$ si $Le \cong 1$, y S^{ϕ} es el término de fuente o de creación/destrucción de ϕ.

Tomando promedio Reynolds:

$$\frac{\partial \left(\bar{\rho} \tilde{\phi} \right)}{\partial t} + \frac{\partial \left(\bar{\rho}\, u_j\, \phi \right)}{\partial x_j} = \frac{\partial}{\partial x_j}\left(\overline{\rho D_{l,\phi} \frac{\partial \phi}{\partial x_j}} \right) + \overline{S^{\phi}} ,$$

Expandiendo el término convectivo:

$$\frac{\partial \left(\bar{\rho}\, u_j\, \phi \right)}{\partial x_j} = \frac{\partial \left(\bar{\rho} \tilde{u} \tilde{\phi} + \bar{\rho} u''_j\, \phi'' \right)}{\partial x_j} .$$

Adoptamos la ley de difusión por el gradiente o ley de Fick:

$$\bar{\rho} u''_j\, \phi'' = \bar{\rho} u''_j\, \phi = -\bar{\rho} D_{t,\phi} \frac{\partial \tilde{\phi}}{\partial x_j} = -\frac{\mu_t}{Sc_\phi} \frac{\partial \tilde{\phi}}{\partial x_j} ,$$

con la viscosidad turbulenta μ_t y el número de Schmidt que corresponde a ϕ.
Luego,

$$\frac{\partial\left(\bar{\rho}\tilde{\phi}\right)}{\partial t}+\frac{\partial\left(\bar{\rho}\tilde{u}_j\tilde{\phi}\right)}{\partial x_j}=\frac{\partial}{\partial x_j}\left(\overline{\rho D_{l,\phi}\frac{\partial\phi}{\partial x_j}}+\frac{\mu_t}{Sc_\phi}\frac{\partial\tilde{\phi}}{\partial x_j}\right)+\overline{S^\phi},$$

Si despreciamos la variación del coeficiente de difusión $D_{l,\phi}$ con la turbulencia queda:

$$\frac{\mu_l}{Sc_\phi}\frac{\partial\bar{\phi}}{\partial x_j}+\frac{\mu_t}{Sc_\phi}\frac{\partial\tilde{\phi}}{\partial x_j}.$$

Considerando que $\mu_t \gg \mu_l$, despreciamos la diferencia entre las medias Reynolds y Favre de ϕ y escribimos:

$$\frac{\mu_l}{Sc_\phi}\frac{\partial\bar{\phi}}{\partial x_j}+\frac{\mu_t}{Sc_\phi}\frac{\partial\tilde{\phi}}{\partial x_j}=\bar{\rho}D_\phi\frac{\partial\tilde{\phi}}{\partial x_j},$$

$$\bar{\rho}D_\phi=\frac{\mu_l+\mu_t}{Sc_\phi}.$$

Ocasionalmente algunos autores hacen diferencia entre el número de Schmidt para el componente laminar y el turbulento, definiendo

$$\bar{\rho}D_\phi=\frac{\mu_l}{Sc_{\phi,l}}+\frac{\mu_t}{Sc_{\phi,t}}.$$

La ecuación de transporte promediada queda entonces:

$$\frac{\partial\left(\bar{\rho}\tilde{\phi}\right)}{\partial t}+\frac{\partial\left(\bar{\rho}\tilde{u}_j\tilde{\phi}\right)}{\partial x_j}=\frac{\partial}{\partial x_j}\left(\bar{\rho}D_\phi\frac{\partial\tilde{\phi}}{\partial x_j}\right)+\overline{S^\phi},$$

La forma Reynolds de esta ecuación es mucho más compleja ya que aparecen un número de correlaciones, como ser:

$$\overline{\rho u_j\phi}=\bar{\rho}\bar{u}_j\bar{\phi}+\bar{u}_j\overline{\rho'\phi'}+\bar{\phi}\,\overline{\rho' u'_j},$$

que deberían ser modeladas.
Para el caso de un escalar conservado el término de fuente es cero,

$$\frac{\partial\left(\bar{\rho}\tilde{\phi}\right)}{\partial t}+\frac{\partial\left(\bar{\rho}\tilde{u}_j\tilde{\phi}\right)}{\partial x_j}=\frac{\partial}{\partial x_j}\left(\bar{\rho}D_\phi\frac{\partial\tilde{\phi}}{\partial x_j}\right).$$

Al no haber término de fuente, la ecuación de transporte de una variable $\xi=a+b\phi$ (con a y b constantes) es la misma ya que la ecuación es lineal en ϕ:

$$\mathcal{L}(\phi)=\frac{\partial\left(\bar{\rho}\tilde{\phi}\right)}{\partial t}+\frac{\partial\left(\bar{\rho}\tilde{u}_j\tilde{\phi}\right)}{\partial x_j}-\frac{\partial}{\partial x_j}\left(\bar{\rho}D_\phi\frac{\partial\tilde{\phi}}{\partial x_j}\right)=0.$$

Luego, las soluciones de la ecuación de $\mathcal{L}(\phi)$ y las de $\mathcal{L}(\xi)$ son también combinaciones lineales. Es decir, sólo es necesario resolver una ecuación diferencial

parcial para escalares conservados, y las soluciones de los demás escalares conservados se pueden obtener algebraicamente.
La única observación es que el número de Schmidt debe ser muy similar para ambos escalares conservados.

El término de fuente $\overline{S^{\phi}}$ puede tener valores distintos de cero, aún para escalares conservados, en las fronteras. En los casos en que sea necesario evaluarlo, se debe tener presente que se evalúa en promedio Reynolds y no Favre.

La ecuación de conservación de la energía

Consideramos la conservación de la entalpía total de estagnación por unidad de masa *h,* que ya fue definida. La ecuación instantánea puede consultarse en el texto de Anderson, Tannehill y Pletcher o en el de Kuo. Despreciando el efecto de las fuerzas de masa, los efectos Dufour y Soret (difusión-temperatura) y aplicando como antes la ley de Fick resulta:

$$\frac{\partial\left(\bar{\rho}\tilde{h}\right)}{\partial t}+\frac{\partial\left(\bar{\rho}\tilde{u}_j\tilde{h}\right)}{\partial x_j}=\frac{\partial}{\partial x_j}\left(\bar{\rho}D_h\frac{\partial\tilde{h}}{\partial x_j}\right)+\frac{\partial\bar{p}}{\partial t}+\frac{\partial}{\partial x_j}\left[\frac{\mu_l}{\mathrm{Pr}}\left(\frac{1}{Le}-1\right)\overline{h_i\frac{\partial y_i}{\partial x_j}}\right].$$

(Notar la suma en el último término)
Si el número de Lewis *Le* fuese muy distinto a la unidad debiéramos modelar el término $\overline{h_i\frac{\partial y_i}{\partial x_j}}$, lo que crea considerable dificultad, ya que

$$\overline{h_i\frac{\partial y_i}{\partial x_j}}=\bar{h}_i\frac{\partial\bar{y}_i}{\partial x_j}+\overline{h'_i\frac{\partial y'_i}{\partial x_j}},$$

y no sólo debemos modelar una correlación que es básica en flujos reactivos (fluctuaciones de energía, o sea, temperatura, y composición) sino que también necesitamos conocer los promedios Reynolds de entalpía y composición.
Pero aún si *Le* fuera distinto de la unidad, como en flujo turbulento

$$\frac{\mu_l}{\mathrm{Pr}}\left(\frac{1}{Le}-1\right)\ll\Gamma_h,$$

se desprecia este término.

El término $\partial\bar{p}/\partial t=0$ puede ser muy importante para flujos como en motores de combustión interna; para flujos isobáricos, como en la mayoría de los reactores químicos, es cero, con lo que queda $\mathcal{L}\left(\tilde{h}\right)=0$, lo que reafirma que la entalpía total de estagnación es un escalar conservado.
Sin embargo, si la transmisión de calor por radiación o por conducción no fueran despreciables se deben introducir términos de fuente apropiados. Igualmente se deben introducir términos de fuente en las fronteras si hay intercambio de energía.

Algunos autores prefieren plantear la ecuación de conservación de la energía en función de la temperatura. Para ello escriben $h = c_p T$ y reemplazan en la ecuación de *h*. En este caso es necesario generar una tabla de calor específico *de la mezcla* en función de la temperatura para ajustar el valor de c_p según vaya variando la solución de *T*. Este es un procedimiento engorroso y se prefiere obtener temperatura y calor específico de y_i y *h*.

La ecuación de transporte de la fracción de mezcla

Siendo la fracción de mezcla un escalar conservado su ecuación de transporte es

$$\frac{\partial\left(\bar{\rho}\tilde{f}\right)}{\partial t}+\frac{\partial\left(\bar{\rho}\tilde{u}_j\tilde{f}\right)}{\partial x_j}=\frac{\partial}{\partial x_j}\left(\bar{\rho}D_f\frac{\partial\tilde{f}}{\partial x_j}\right).$$

Normalmente no existen en esta ecuación los términos de fuente, pero pueden existir en ciertos casos de flujos bifásicos. Por ejemplo, si se considera la cantidad de masa evaporada de una gota de líquido dentro de un volumen de referencia. Suponiendo que el líquido es el reactivo al cual corresponde *f* = *1*. Si la masa evaporada es *m* y la masa original en el volumen era *M*, el incremento de *f* resulta:

$$\Delta f=\frac{1-f}{1+m/M}\frac{m}{M}=\frac{1-f}{M/m+1}>0\,,$$

que sería el término de fuente.
Si en cambio en el volumen de referencia se inyecta el otro reactivo en cantidad m por unidad de tiempo, la disminución de *f* es

$$\Delta f=\frac{f}{M/m+1}>0\,,$$

La ecuación de transporte de las especies químicas

Para la especie química *i* escribimos la ecuación instantánea

$$\frac{\partial\left(\rho\Gamma_i\right)}{\partial t}+\frac{\partial\left(\rho\, u_j\,\Gamma_i\right)}{\partial x_j}=\frac{\partial}{\partial x_j}\left(\rho D_{I,\phi}\frac{\partial\Gamma_i}{\partial x_j}\right)+w_i\,,$$

donde w_i es la velocidad de creación/destrucción de la especie en kmol/m^3/s, es decir, en las unidades de la velocidad de reacción:

$$\sum_i \nu_i M_i \rightarrow \sum_i \nu_i' M_i\,,$$

$$w\;=k(T)\prod_i\left[M_i\right]^{\nu_i}\,,$$

$$w_i=\left(\nu_i'-\nu_i\right)w\,.$$

Para obtener la ecuación de las fracciones de masa reemplazamos $y_i=\Gamma_i W_i$ y obtenemos

$$\frac{\partial(\rho y_i)}{\partial t}+\frac{\partial(\rho\, u_j\; y_i)}{\partial x_j}=\frac{\partial}{\partial x_j}\left(\rho D_{I,\phi}\frac{\partial y_i}{\partial x_j}\right)+W_i w_i\ .$$

Tomando promedio Reynolds y con las mismas operaciones que para las anteriores ecuaciones de transporte llegamos a:

$$\frac{\partial(\bar{\rho}\tilde{y}_i)}{\partial t}+\frac{\partial(\bar{\rho}\tilde{u}_j\tilde{y}_i)}{\partial x_j}=\frac{\partial}{\partial x_j}\left(\bar{\rho}D_i\frac{\partial\tilde{y}_i}{\partial x_j}\right)+W_i\bar{w}_i\,.$$

Notamos que el término de fuente queda en promedio Reynolds. Esto crea una seria dificultad ya que

$$\bar{w}_i=(\nu_i\,'-\nu_i)\bar{w}=\overline{k(T)\prod_i[M_i]^{\nu_i}}\ ,$$

y aparecerían un elevado número de correlaciones debido a las fluctuaciones de temperatura y concentración, a más de la complicación de promediar potencias de las concentraciones. Por otro lado tampoco se dispone de los promedios Reynolds de las concentraciones, pero esto no es una dificultad ya que

$$[i]=\frac{\rho y_i}{W_i}\rightarrow\overline{[i]}=\frac{\bar{\rho}\tilde{y}_i}{W_i}\ .$$

Simplemente a fin de poder continuar se desprecian las fluctuaciones y correlaciones y se adopta

$$\bar{w}_i=k(\tilde{T})\prod_i\overline{[i]}^{\nu_i}=k(\tilde{T})\bar{\rho}^{\sum_i\nu_i}\frac{\prod_i\tilde{y}_i^{\nu_i}}{\prod_i W_i^{\nu_i}}\ .$$

La ecuación de transporte del avance de reacción

Para las situaciones de reacción premezclada es conveniente trabajar con el avance de reacción definido por

$$\Theta=\frac{T-T_m}{T_p-T_m}=\frac{c_P(T-T_m)}{Qy_{AA}}\ ,$$

donde T_p es la temperatura de los productos, Q es el calor de la reacción por kilogramo de la especie A, y las demás variables ya han sido definidas.
Una ecuación de transporte no es estrictamente necesaria ya que si definimos la fracción de masa reducida del reactivo A como

$$y_{Ar}=\frac{y_A}{y_{AA}}\ ,$$

es inmediato que, para el caso adiabático,

$$\Theta+y_{Ar}=1\ ,$$

por lo que sabiendo la fracción de masa se obtiene el avance de reacción. No obstante, para el caso general, se puede plantear la ecuación de transporte como:

$$\frac{\partial(\bar{\rho}\,\tilde{\Theta})}{\partial t}+\frac{\partial(\bar{\rho}\tilde{u}_j\,\tilde{\Theta})}{\partial x_j}=\frac{\partial}{\partial x_j}\left(\bar{\rho}D_\Theta\frac{\partial\,\tilde{\Theta}}{\partial x_j}\right)+\bar{w}_\Theta\,.$$

La aplicación del avance de reacción para sistemas premezclados en química rápida y lenta se verá más adelante.

Resumen de las ecuaciones de transporte

Las ecuaciones de transporte, incluyendo la de conservación de la masa, pueden escribirse en forma general como

$$\frac{\partial(\bar{\rho}\tilde{\phi})}{\partial t}+\frac{\partial(\bar{\rho}\tilde{u}_j\tilde{\phi})}{\partial x_j}=\frac{\partial}{\partial x_j}\left(\bar{\rho}D_\phi\frac{\partial\tilde{\phi}}{\partial x_j}\right)+\overline{S^\phi}\,,$$

donde la variable ϕ, el término de fuente y el número de Schmidt son:

Ecuación	ϕ	$\overline{S^\phi}$	Sc
Masa	1	0	-
Navier-Stokes	u_i	$\frac{\partial}{\partial x_j}\left(\bar{\rho}D_u\left(\frac{\partial\,\tilde{u}_j}{\partial x_i}-\frac{2}{3}\delta_{ij}\frac{\partial\,\tilde{u}_k}{\partial x_k}\right)\right)-\frac{\partial}{\partial x_i}\left(\bar{p}+\frac{2}{3}\bar{\rho}\tilde{\kappa}\right)$	1
Energía	h	0	0.7
Mezcla	f	0	0.7
Especies	y_i	$W_i\bar{w}_i$	ver
Avance	Θ	$\bar{w}_\Theta$	ver

Para las especies químicas en estado gaseoso el número de Prandtl vale aproximadamente 0.75; el número de Lewis, sin embargo, varía considerablemente, y por consiguiente también varía el número de Schmidt, Sc=Le Pr. Algunos valores recomendados son:

Especie	Le
CH_4	0.97
O_2	1.11
H_2O	0.83
CO_2	1.39
H	0.18
O	0.70
OH	0.73
HO_2	1.10
H_2	0.3
CO	1.10

H_2O_2	1.12
HCO	1.27
CH_2O	1.28
CH_3	1.0
CH_3O	1.3
N_2	1.0

Capítulo 24
Modelos de turbulencia, condiciones de borde
Eduardo Brizuela

Modelos de turbulencia

Modelo de transporte de tensiones de Reynolds

El modelo elegido al desarrollar las ecuaciones de transporte fue de modelar las correlaciones según el principio de difusión con el gradiente, o ley de Fick:

$$-\bar{\rho}\, u_j''\phi'' = \bar{\rho}\Gamma_{t\phi}\frac{\partial\tilde{\phi}}{\partial x_j};\ \Gamma_{t\phi} = \frac{\mu_t}{\bar{\rho}Sc_{t\phi}},$$

modificado para la ecuación de Navier-Stokes por la traza $u_i''u_i''$ como

$$-\bar{\rho}\, u_i''u_j'' = \bar{\rho}\,\Gamma_{tu}\frac{\partial\tilde{u}_i}{\partial x_j} - \frac{2}{3}\delta_{ij}\bar{\rho}\hat{\kappa};\ Sc_{tu} = 1,$$

Generalmente se retiene el modelo de Fick para las ecuaciones de transporte de los escalares como la entalpía o las fracciones de masa, pero el modelado de la correlación de velocidades puede hacerse de diversas formas.
Una técnica consiste en obtener ecuaciones de transporte para las correlaciones $u_i''u_j''$ a partir de manipulaciones de las ecuaciones de Navier-Stokes y de continuidad. La forma general de las ecuaciones así obtenidas es la ya vista, con términos de fuente que contienen correlaciones dobles y triples entre densidad y velocidad. Este es el método de transporte de las tensiones de Reynolds, la que las correlaciones $-\bar{\rho}\, u_i''u_j''$ son las tensiones de Reynolds.

Los términos de fuente pueden modelarse por repetida aplicación de la ley de Fick, o bien utilizando formas algebraicas para representar las correlaciones (modelo algebraico). Hay un número de variantes de la ecuación básica

$$\mathcal{L}\left(u_i''u_j''\right) = \overline{S_{ij}^{u}}\ .$$

que difieren en la forma del término de fuente *S*.
Estos métodos de ecuaciones de transporte de las tensiones de Reynolds proporcionan los términos $\bar{\rho}\, u_i''u_j''$ a reemplazar en la ecuación de Navier-Stokes promediada y, por otra parte, permiten obtener μ_t mediante la ley de Fick para ser utilizada en las otras ecuaciones de transporte.
Si bien estos métodos son muy difundidos y dan muy buenos resultados en ciertos casos de flujo, dan como resultado sistemas de ecuaciones lineales muy rígidos, difíciles de resolver por métodos numéricos (pobre convergencia). Conceptualmente, además, no es clara la ventaja de modelar la ecuación de transporte de una correlación doble que contiene una correlación triple. Si se intentara modelar las correlaciones

triples se encontrarían correlaciones cuádruples $\rho u_i''u_j''u_k''$, y así siguiendo. Esta es la raíz del problema de cierre de la turbulencia.

Modelos de cero y una ecuación

Dado lo anterior es más usual adoptar modelos de turbulencia basados en escalas de turbulencia y sus respectivas ecuaciones de modelado. Hay modelos de <u>cero ecuaciones</u> (donde μ_t se modela con una expresión algebraica empírica o basada en experimento), de <u>una</u> ecuación y el más popular, el de <u>dos</u> ecuaciones.

En el modelo de una ecuación se resuelve una ecuación de transporte para la energía cinética de la turbulencia κ (que se verá en lo que sigue) y luego se computa

$$\mu_t = C'_\mu \bar{\rho}\sqrt{\kappa} L,$$

con L una escala predeterminada y C'_μ una constante.

El modelo de dos ecuaciones

En este modelo se generan dos ecuaciones de transporte para dos escalares, κ y ε o bien κ y Ω, donde

$$\kappa: \text{ energía cinética de la turbulencia:} \frac{1}{2}u''_i u''_i,$$

$$\varepsilon: \text{ disipación de } \kappa: \frac{\mu_t}{\bar{\rho}}\frac{1}{2}\left(S''_{ij}\frac{\partial u_i''}{\partial x_j} + S''_{ji}\frac{\partial u_j''}{\partial x_i}\right),$$

$$\Omega: \text{ vorticidad (un vector)},$$

$$\Omega_j = \frac{\partial u_i}{\partial x_k}\zeta_{ijk} : \text{componente de } \Omega \text{ en la dirección } j,$$

donde el tensor ζ_{ijk} tiene los valores

$$\zeta_{123} = \zeta_{312} = \zeta_{231} = 1,$$

$$\zeta_{321} = \zeta_{213} = \zeta_{132} = -1,$$

y los demás $\zeta_{ijk} = 0$.

En coordenadas cartesianas ortogonales,

$$\Omega_x = \frac{\partial u}{\partial y} - \frac{\partial v}{\partial x},$$

$$\Omega_y = \frac{\partial v}{\partial x} - \frac{\partial w}{\partial y},$$

$$\Omega_z = \frac{\partial w}{\partial x} - \frac{\partial u}{\partial z}.$$

Las ecuaciones de transporte se generan por manipulación de las ecuaciones de Navier-Stokes y la de continuidad, tomando la forma conocida y difiriendo en el término de fuente.

Para la ecuación de κ se obtiene el término de fuente exacto

$$\overline{S^{\kappa}} = \tilde{G} - \bar{\rho}\tilde{\varepsilon} - \overline{u_i''}\frac{\partial \bar{p}}{\partial x_i} - \overline{u_j''}\frac{\partial \bar{p}}{\partial x_j},$$

donde

$$\tilde{G} = \mu_t \tilde{S}_{ij}\frac{\partial \tilde{u}_i}{\partial x_j} - \frac{2}{3}\bar{\rho}\tilde{\kappa}\tilde{\theta}.$$

El término G, llamado de generación o de producción de κ toma diversas formas en los distintos sistemas de coordenadas, como se muestra (sólo se indica la expresión $S_{ij}\frac{\partial u_i}{\partial x_j}$):

- Coordenadas cartesianas ortogonales

$$S_{ij}\frac{\partial u_i}{\partial x_j} = 2\left[\left(\frac{\partial u}{\partial x}\right)^2 + \left(\frac{\partial v}{\partial y}\right)^2 + \left(\frac{\partial w}{\partial z}\right)^2\right] + \left[\frac{\partial v}{\partial x} + \frac{\partial u}{\partial y}\right]^2 + \left[\frac{\partial w}{\partial y} + \frac{\partial v}{\partial z}\right]^2$$
$$+\left[\frac{\partial u}{\partial z} + \frac{\partial w}{\partial x}\right]^2 - \frac{2}{3}\left[\frac{\partial u}{\partial x} + \frac{\partial v}{\partial y} + \frac{\partial w}{\partial z}\right]^2,$$

- Coordenadas cilíndricas r, φ, z

$$S_{ij}\frac{\partial u_i}{\partial x_j} = 2\left|\left(\frac{\partial u}{\partial r}\right)^2 + \left(\frac{1}{r}\frac{\partial v}{\partial \varphi} + \frac{v}{r}\right)^2 + \left(\frac{\partial w}{\partial z}\right)^2\right| + \left[r\frac{\partial}{\partial r}\left(\frac{v}{r}\right) + \frac{1}{r}\frac{\partial u}{\partial \varphi}\right]^2 +$$
$$\left[\frac{1}{r}\frac{\partial w}{\partial \varphi} + \frac{\partial v}{\partial z}\right]^2 + \left[\frac{\partial u}{\partial z} + \frac{\partial w}{\partial r}\right]^2 - \frac{2}{3}\left[\frac{1}{r}\frac{\partial}{\partial r}(ru) + \frac{1}{r}\frac{\partial v}{\partial \varphi} + \frac{\partial w}{\partial z}\right]^2,$$

La ecuación de transporte de ε también puede obtenerse a partir de las ecuaciones de Navier-Stokes, pero resulta en un término de fuente que contiene numerosos términos, incluyendo correlaciones dobles y triples que no se han modelado hasta el momento. En su lugar se adopta el término de fuente

$$\overline{S^{\varepsilon}} = \left[C_1\left(\tilde{G} - \overline{u_i''}\frac{\partial \bar{p}}{\partial x_i}\right) - C_2\bar{\rho}\tilde{\varepsilon}\right]\frac{\tilde{\varepsilon}}{\tilde{\kappa}},$$

con $C_1 = 1.44$, $C_2 = 1.92$.

En lo que respecta a la ecuación de transporte de la vorticidad, la ecuación instantánea para la componente *i* se obtiene por manipulación de la ecuación de Navier-Stokes como

$$\frac{\partial \rho \Omega_i}{\partial t} + \frac{\partial \rho u_j \Omega_i}{\partial x_j} = \rho\left(\Omega_j\frac{\partial u_i}{\partial x_j} - \Omega_i\frac{\partial u_j}{\partial x_i}\right) - \varepsilon_{ilm}\left[\frac{\partial^2 S_{lj}}{\partial x_m \partial x_j} + \frac{1}{\rho}\frac{\partial \rho}{\partial x_m}\left(\frac{\partial p}{\partial x_l} - \frac{\partial S_{lj}}{\partial x_j}\right)\right].$$

Esta ecuación debe ser primeramente promediada en promedio Favre.

El término de fuente que así resulta contiene varios términos que requieren modelado, especialmente cerca de paredes sólidas, más complejos que los de la ecuación de ε, lo que hace que esta ecuación no sea muy utilizada.
Suponiendo que las ecuaciones de transporte de las Ω_i han sido resueltas se puede formar el módulo de la vorticidad:

$$|\Omega| = \Omega_i \Omega_i = \left[\left(\frac{\partial u}{\partial y} - \frac{\partial v}{\partial x} \right)^2 + \left(\frac{\partial v}{\partial z} - \frac{\partial w}{\partial y} \right)^2 + \left(\frac{\partial w}{\partial x} - \frac{\partial u}{\partial z} \right)^2 \right]^{1/2}.$$

Obtenidos los valores de κ–ε o de κ–Ω se puede formular una expresión para la viscosidad turbulenta μ_τ.
La base de la formulación es la hipótesis de longitud de mezcla de Prandtl:

$$v = l_m \left| \frac{\partial u}{\partial y} \right|.$$

En una capa límite, u otra situación cuasi-bidimensional, l_m es la distancia en la dirección y a la cual la turbulencia transporta un cambio de velocidad ∂u, que aparece como una velocidad turbulenta v□.
El próximo paso es asumir que el número de Reynolds turbulento

$$\mathrm{Re}_t = \frac{v l_m}{v_t}$$

es constante, con lo que

$$v_t \propto v l_m = l_m^2 \left| \frac{\partial u}{\partial y} \right|.$$

En el modelo κ–Ω se adopta

$$v \cong l|\Omega|, \text{ y}$$

$$l \cong \frac{\sqrt{\kappa}}{|\Omega|},$$

con lo que resulta

$$\mu_t = \rho v_t \propto l \frac{\kappa}{|\Omega|}.$$

Este modelo no es muy utilizado debido a las dificultades mencionadas.
En el modelo κ–ε se adopta la escala de tiempo

$$\tau = \frac{\kappa}{\varepsilon},$$

que es el tiempo en que se disipa un torbellino. La escala de longitud es

$$L \propto v\tau = v \frac{\kappa}{\varepsilon},$$

y se adopta $v = \sqrt{\kappa}$, con lo que, introduciendo una constante C_D

$$L = C_D \frac{\kappa^{3/2}}{\varepsilon} .$$

De aquí resulta

$$\boxed{\mu_t = C_\mu \, \rho \frac{\kappa^2}{\varepsilon} .}$$

La relación entre C_D y C_μ la hallamos asumiendo turbulencia estable en el tiempo y despreciando la influencia de la convección y difusión en la ecuación de ε, con lo que la producción iguala la destrucción, o bien

$$\text{Producción: } \nu_t \left(\frac{\partial u}{\partial y} \right) \left(\frac{\partial u}{\partial y} \right)$$

$$\text{Destrucción: } \varepsilon = C_D \frac{\kappa^{3/2}}{L}$$

de donde

$$\nu_t \left(\frac{\partial u}{\partial y} \right)^2 = C_D \frac{\kappa^{3/2}}{L} .$$

Además podemos escribir

$$\nu_t = C_\mu \frac{\kappa^2}{\varepsilon} = C'_\mu \sqrt{\kappa} L ,$$

Manipulando estas relaciones obtenemos

$$l_m = \left(\frac{C_\mu'^3}{C_D} \right)^{1/4} L ,$$

$$C_\mu = C'_\mu C_D ,$$

$$C_D = C^{3/4}_\mu ,$$

$$C'_\mu = C^{1/4}_\mu = C^{1/3}_D ,$$

$$L = \left(C_\mu \right)^{3/4} \frac{\kappa^{3/2}}{\varepsilon} ,$$

$$\mu_t = \left(C_\mu \right)^{1/4} \rho \sqrt{\kappa} \; L .$$

Un valor usual es $C_\mu = 0.09$ con lo que queda completo el modelo de turbulencia de dos ecuaciones.

Mejoras al modelo κ–ε

El modelo κ–ε es el más utilizado porque es relativamente sencillo de implementar (sólo dos ecuaciones de transporte) y no da peores resultados que otros modelos más complejos (por ejemplo, transporte de tensiones de Reynolds). Sin embargo, el modelo κ–ε tiene serias deficiencias entre las que se cuentan

- Rigidez
- Insensibilidad a la curvatura de la corriente
- Insensibilidad a las grandes estructuras

La rigidez, o dificultad en alcanzar la convergencia, proviene de la forma ad-hoc del término de fuente de ε, ya que si omitimos C_1 y C_2, que son de orden unitario, resulta

$$S^{\kappa} = G - \rho\varepsilon \equiv \Delta\kappa / \Delta t,$$

$$S^{\varepsilon} = \left(G - \rho\varepsilon\right)\frac{\varepsilon}{\kappa} \equiv \Delta\varepsilon / \Delta t,$$

de donde

$$\frac{\Delta\varepsilon}{\varepsilon} \cong \frac{\Delta\kappa}{\kappa} \rightarrow \kappa \propto \varepsilon .$$

Luego, las soluciones de las ecuaciones de κ y ε son casi proporcionales, y la intersección (solución) no está fuertemente definida; en un plano x-y serían curvas casi paralelas. La solución existe porque las constantes son distintas.

Una manera de mejorar esto consiste en la aplicación de la Teoría de Grupos de Renormalización de Yakhot y Ország [1]. La teoría es demasiado compleja para resumirla aquí; al aplicarla al modelo κ–ε resulta en una modificación al coeficiente C_1 tal que

$$C_1 = 1.42 - \frac{\eta\left(1 - \eta / \eta_0\right)}{1 + \beta\eta^3},$$

donde

$$\eta = S\frac{\kappa}{\varepsilon};\; S = \left(2S_{ij}S_{ij}\right)^{1/2},$$

$$S_{ij} = \frac{1}{2}\left(\frac{\partial\overline{u}_i}{\partial x_j} + \frac{\partial\overline{u}_j}{\partial x_i}\right),$$

y las constantes valen $\beta = 0.012$ y $\eta_0 = 4.38$.

El parámetro η es esencialmente un cociente de escalas de tiempo de la turbulencia (κ/ε) y del flujo medio (S). Cuando $\eta \rightarrow 0$ o bien $\eta \rightarrow \infty$, $C_1 \rightarrow 1.42$. Igualmente, $C_1 = 1.42$ cuando $\eta = \eta_0$.

Para valores de η algo inferiores o algo superiores a η_0 la fórmula reduce o incrementa C_1 aproximadamente en un 50%. Vale decir, si la escala de tiempo de la turbulencia (la "vida" de un torbellino) es baja, se reduce la creación de ε, y si aumenta por encima de η_0 se aumenta la creación de ε.

Se han reportado resultados algo contradictorios respecto al uso del método RNG. Si bien no se cuestiona la base teórica, algunos investigadores reportan excelentes resultados en flujos separados (codos, escalones) mientras que otros no hallan diferencia.

Respecto a la performance con fuertes curvaturas, el modelo κ–ε es notoriamente insensible a la curvatura de la línea de corriente, lo que hace que dé pobres resultados en flujos con fuerte recirculación.

Una posible mejora consistiría en la computación de los términos $-\overline{u''_i}\dfrac{\partial \overline{p}}{\partial x_i}$ que, transformación de coordenadas mediante, pueden interpretarse como correcciones al término de generación *G* en base a gradientes de presión radial y tangencial (principalmente los primeros) en una zona de recirculación, como indica la figura:

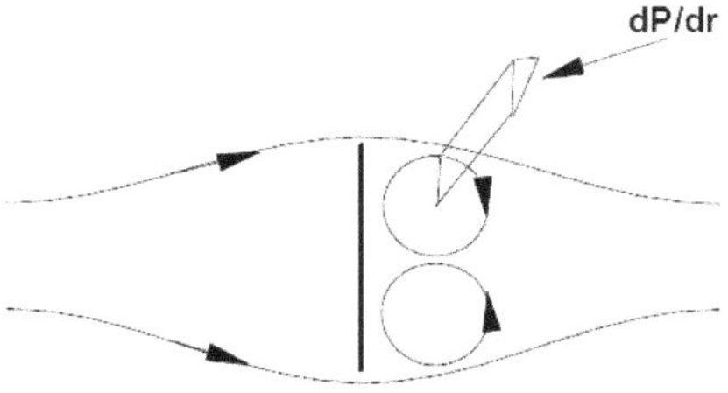

Figura 24.1: Gradientes de presión en recirculación

Para computar estos términos es necesario modelar la correlación

$$-\overline{u''} = \overline{\rho' u'} / \overline{\rho} .$$

Estas correlaciones se pueden obtener de ecuaciones de transporte (tres, para *u"*, *v"* y *w"*) a partir de las ecuaciones de Navier-Stokes. Los términos de fuente son bastante complejos y requieren modelos para correlaciones triples, etc.
Esta técnica aún no ha sido probada, al menos no en forma Favre y completa (se han hecho intentos en flujos cuasi-bidimensionales).
También se han intentado numerosas modificaciones al modelo κ–ε en base a la curvatura de la línea de corriente, a números de Richardson, a fuerzas de Coriolis, etc., sin obtener una mejora ni sustancial ni general.
Con respecto al comportamiento en presencia de grandes estructuras, el modelo κ–ε implica considerar turbulencia isotrópica (ver el término en $\frac{2}{3}\kappa$), lo que descarta estructuras tridimensionales tales como vórtices y engolfamientos. Por otro lado la "viscosidad turbulenta" o "coeficiente de difusión turbulenta" μ_t, que es la medida de la influencia de la turbulencia en la mezcla, es computada con dos valores locales, κ y ε, y es por lo tanto insensible a lo que sucede, por ejemplo, aguas arriba.
Por consiguiente el modelo no puede reproducir regímenes de turbulencia "gruesa", en el régimen inercial o de grandes estructuras, y está limitado a modelar turbulencia "fina", en la región de disipación viscosa del espectro de turbulencia.
Puede argumentarse que este defecto se corrige con una malla más fina a fin de computar y no modelar los movimientos "gruesos". Este razonamiento por supuesto

lleva a la computación de las ecuaciones instantáneas (Simulación Numérica Directa) cuyo costo computacional, para casos prácticos, es prohibitivo.
Una solución posible a este dilema es un mejor modelo del término de fuente de ε que incluya a la vorticidad y posiblemente una más completa definición de la ley de Fick para $u_i''u_j''$ que también incluya la vorticidad.

Condiciones de borde e iniciales

Condiciones de borde

La solución de un problema de flujos reactivos consiste en satisfacer las ecuaciones de transporte sujetas a las condiciones de borde.
Luego, es vital especificar correctamente las condiciones de borde para asegurar la existencia de una solución al problema.
Es de hacer notar que no se ha desarrollado completamente la teoría de las condiciones de borde. En las entradas de flujo, por ejemplo, se sabe qué condiciones son necesarias pero no cuáles son suficientes. Existe el riesgo de sobre-especificar las condiciones de borde y por lo tanto impedir el alcanzar una solución.
La mejor condición de borde, al decir de Elaine Oran del Naval Research Laboratory de Washington [2] es no tener ninguna. De ser posible los bordes deben especificarse como regiones de flujo en las que se conocen todos los parámetros del flujo y por lo tanto las ecuaciones de transporte pueden extenderse a ellas sin modificación. Esto sin embargo no es siempre posible y se verán algunas condiciones típicas.

Clases de fronteras

Las fronteras del caso de flujo pueden ser

- Entradas
- Salidas
- Paredes, permeables o impermeables
- Superficies libres
- Superficies de simetría, incluyendo ejes de simetría
- Interfases

Las fronteras de superficie libre e interfase no son aplicables a flujos en fase gaseosa, y no se tratarán en este trabajo.
Una entrada es aquella porción de frontera en la que el flujo ingresa al campo de cálculo. Esto no es tan trivial como pareciera ya que hay ocasiones en que existe recirculación en la boca de entrada y el flujo puede revertirse en parte de la entrada.
La regla básica para elegir una entrada es que las líneas de corriente sean lo más paralelas posible. Si es necesario se debe extender el campo corriente arriba, incluso por medios artificiales, para lograrlo; la figura siguiente ilustra algunos casos:

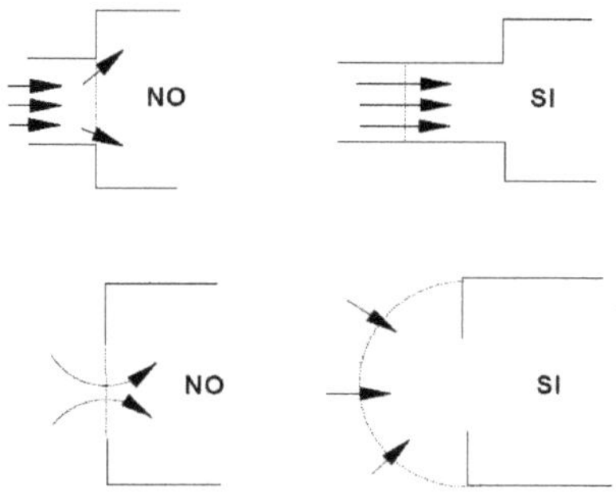

Figura 24.2: Entradas

Si no se pueden lograr líneas de corriente paralelas se pueden probar fronteras en las que se conozca otra propiedad, por ejemplo, líneas de corriente radiales, como muestra la figura.
Una salida es una porción de frontera en la que el flujo egresa del campo. Son válidas las mismas observaciones que para la entrada, dando preferencia a salidas con conductos de sección uniforme:

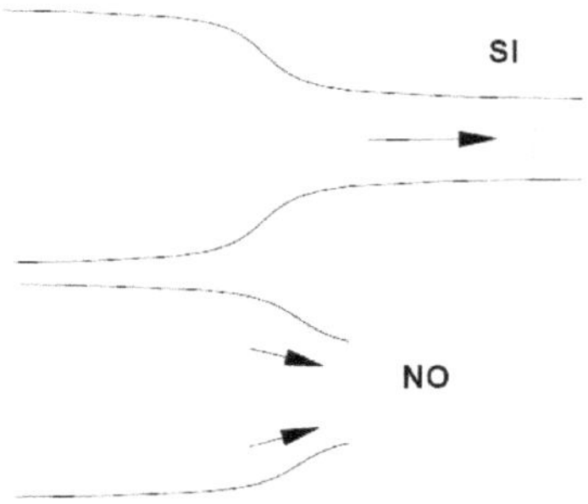

Figura 24.3: Salidas

Las paredes son aquellas fronteras que son impermeables al flujo, aunque se debe distinguir entre las que son impermeables al flujo másico y al flujo calórico. También pueden ser parcialmente permeables o porosas, para ambos tipos de flujos.
Las superficies de simetría son las que dividen al campo en dos imágenes especulares.
Los ejes de simetría se presentan normalmente en geometrías axisimétricas o esféricas.
Un caso especial de frontera es aquel en que una superficie de simetría atraviesa una entrada o salida, ya que requiere revisar las condiciones en las bocas para asegurar las condiciones de simetría.

Clases de condiciones de borde

En una frontera se puede especificar

- el valor de un parámetro, o
- el gradiente del parámetro normal a la frontera, o
- el flujo del parámetro normal a la frontera.

Las primeras son llamadas condiciones tipo Dirichlet y las segundas tipo Neumann; las últimas no tienen denominación individual.
Como se verá hay casos más complejos, combinación de los de más arriba.

Entradas

En las entradas normalmente se especifica todo lo conocido, es decir, $p, \rho, T, y_i, u_j, h,$ etc. Se debe cuidar que se cumplan las leyes y relaciones matemáticas que las involucran.
La velocidad normal a la entrada es comúnmente uniforme. Si se trata de un conducto circular se puede aplicar la ley de la potencia 1/n, con n generalmente igual a 7.
Si el conducto tiene radio R y el caudal volumétrico Q es conocido, la velocidad nominal U_0 se obtiene de

$$Q = \pi R^2 U_0 .$$

Para cada radio r la velocidad axial u vendrá dada por la ley de potencia

$$u = Cte. \left(1 - \frac{r}{R}\right)^{1/7},$$

por lo que, integrando e igualando

$$u = \frac{120}{98}\left(1 - \frac{r}{R}\right)^{1/7} U_0 .$$

Esta ley es válida hasta el límite de la ley universal de la pared que se verá más adelante.
La energía cinética de la turbulencia κ se supone conocida. Si no lo es se suele asumir un nivel proporcional a u (por ejemplo, 5% de u), con lo que

$$k = \frac{3}{2}(0.05u)^2 .$$

Para establecer un valor de ε, si no es conocido, se puede adoptar un valor para la escala L (por ejemplo, 1 mm, o 1% del radio del conducto), y obtener ε de

$$\varepsilon = C_\mu^{3/4} \frac{\kappa^{3/2}}{L} .$$

Alternativamente, se puede asumir un número de Reynolds turbulento (digamos, 10000) y de

$$\mathrm{Re} = \frac{\rho u D}{\mu_t}$$

obtener μ_t y luego ε de

$$\mu_t = C_\mu \rho \frac{\kappa^2}{\varepsilon} .$$

Las componentes de velocidad transversales debieran normalmente ser cero si la entrada fue bien elegida. Un caso particular es el de flujos con rotación, en que la velocidad tangencial puede estar especificada. Si no se poseen valores experimentales es común asumir rotación de cuerpo sólido, $w \propto r$, también válida hasta la ley de la pared.

Salidas

Si la salida está bien elegida las condiciones de borde para todos los parámetros son gradiente en la dirección del flujo igual a cero y flujos en la dirección normal (o sea, paralela a la cara de salida) igual a cero.

Paredes

Para paredes impermeables al flujo másico las condiciones de borde para la velocidad son $u_i = 0$ en la pared, y gradientes de presión, temperatura y entalpía nulos en la dirección normal a la pared.
El flujo cerca de la pared obedece a la ley universal de la pared, entre ciertos límites en la dirección normal. Inmediatamente cerca de la pared el flujo puede considerarse laminar, y más allá del límite externo de la ley de la pared puede considerarse flujo libre:

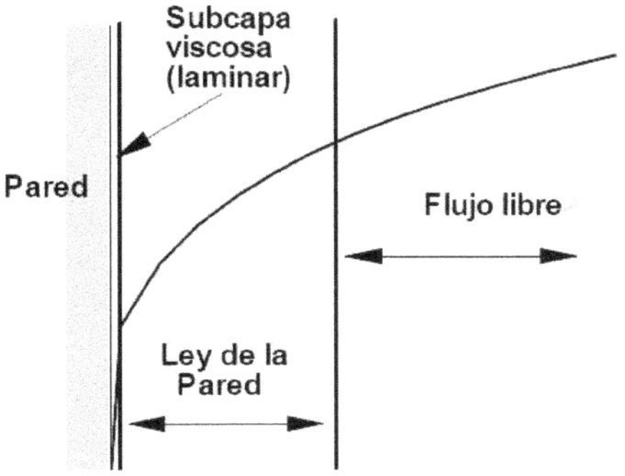

Figura 24.4: Ley de la pared

Para encontrar las condiciones de borde de κ y ε de acuerdo a la ley de la pared, definimos el número de Reynolds local y^+ como

$$y^+ = \frac{\rho y u_\tau}{\mu} ,$$

donde

- y: distancia a la pared
- μ: viscosidad laminar

- u_τ: velocidad de fricción

La velocidad de fricción está definida como

$$u_\tau = \sqrt{\frac{\tau}{\rho}},$$

donde τ es la tensión de corte en la pared.

Para valores de $y^+ \leq 11.63$ se asume una subcapa viscosa donde se cumple que $\tau = Const.$ y

$$\frac{u}{u_\tau} = y^+.$$

En esta región la velocidad paralela a la pared varía entre cero y $11.63\ u_\tau$, con τ y u_τ los correspondientes a la próxima capa.

Para aproximadamente $11.63 \leq y^+ \leq 100$ tomamos la ecuación de transporte de κ, despreciando convección y difusión y reteniendo del término de generación G la derivada normal a la pared, con lo que queda:

$$\mu_t \left(\frac{\partial u}{\partial x}\right)^2 - \rho\varepsilon = 0.$$

Con la expresión de μ_t

$$\mu_t = C_\mu \rho \kappa^2 / \varepsilon,$$

y la aproximación

$$\tau = \mu_t \frac{\partial u}{\partial y}$$

obtenemos

$$\tau = C_\mu^{1/2} \rho\kappa.$$

Luego,

$$u_\tau = \left(C_\mu\right)^{1/4} \kappa^{1/2}.$$

En esta región la Ley Universal de la Pared es

$$\frac{u}{u_\tau} = \frac{1}{k}\ln\left(y^+ E\right),$$

donde

- k: constante de von Kármán: 0.4187
- E: constante; para paredes lisas, 9.793

De esta ecuación obtenemos la derivada

$$\frac{\partial u}{\partial y} = \frac{u_\tau}{ky}.$$

Para hallar el valor de ε añadimos a esta la ecuación simplificada de κ y la ecuación de μ_τ y operamos para hallar

$$\varepsilon^2 = C_\mu \kappa^2 \left(\frac{u_\tau}{ky} \right)^2 .$$

Reemplazamos las Ecuaciones de τ y μ_τ para obtener

$$\boxed{\varepsilon = \frac{C_\mu^{3/4} \kappa^{3/2}}{ky} .}$$

El procedimiento es el siguiente: las ecuaciones de transporte se satisfacen desde el interior hasta un punto alejado de la pared una distancia y^+ del orden de 100 a 200. De allí hasta la pared se adoptan dos puntos más de cálculo, uno en la pared y otro a media distancia.

La condición de borde de κ y ε se fija, no en la pared, sino en el punto de media distancia. La turbulencia κ se extrapola desde los puntos interiores, asumiendo $\kappa = 0$ en la pared, y se obtiene así κ en el punto intermedio. Con la última fórmula se obtiene ε en el punto medio. Quedan así fijados κ y ε en el punto medio y en la pared.

Los términos de fuente para las ecuaciones de transporte en el punto medio se construyen como sigue:

- Para κ: $G - \rho\varepsilon = \tau \dfrac{u}{y} - \rho \dfrac{C_\mu^{3/4} \kappa^{3/2}}{ky}$,
- Para ε: $\left(C_1 G - C_2 \rho\varepsilon\right)\dfrac{\varepsilon}{\kappa} = \dfrac{10^{10} C_\mu^{3/4} \kappa^{3/2}}{ky} - 10^{10}\varepsilon$.

La razón del término de ε se verá cuando se trate la discretización de la ecuación de transporte.

Las condiciones de borde para la fracción de mezcla f y para las especies químicas y_i son que el gradiente normal a la pared sea cero.

Para la ecuación de energía hay varios tipos de condiciones de pared. Si la pared es adiabática la condición es gradiente cero.

Si se especifica la temperatura de la pared se debe computar el coeficiente de conductividad λ de la mezcla y calcular el flujo de calor

$$Q = -\lambda A \frac{\partial T}{\partial y} = -\lambda \frac{A}{\Delta y} \frac{\Delta h}{c_P} .$$

Alternativamente se puede utilizar el coeficiente de transmisión total $\alpha = \lambda / \Delta y$ y calcular

$$Q = -\alpha A \frac{\partial T}{\partial y} = -\alpha A \frac{\Delta h}{c_P} .$$

Si la distancia y desde el último punto a la pared es relativamente grande ($y^+ > 30$) se puede utilizar la ley de la pared y escribir, asumiendo que el último punto tiene las mismas condiciones que a $y^+ = 11.63$,

$$Q = -\lambda A \frac{\Delta T}{y} = -\frac{c_P \mu}{\Pr} A \frac{\Delta T}{y}; \left(\Pr = \frac{c_P \mu}{\lambda} \right).$$

Sustituyendo en lo anterior obtenemos

$$\boxed{Q = -\frac{\rho\, C_\mu^{1/4}\, \kappa^{1/2} k}{\Pr \ln\left(y^+ E\right)} A\, \Delta h\, .}$$

El flujo de calor Q [W] así obtenido es el término de fuente correcto para la ecuación de transporte de la entalpía en volúmenes finitos ya que, si consideramos el primer término

$$\frac{\partial\left(\bar{\rho}\tilde{h}\right)}{\partial t}.\, Volumen = \frac{1}{tiempo} \frac{masa}{volumen} \frac{energía}{masa} volumen = \frac{energía}{tiempo} = Watts\, .$$

Las ecuaciones de Navier-Stokes no tienen término de fuente propiamente dicho salvo por $dp/\partial x$. Lo que sí se modifica por la ley de la pared es el término de difusión de las velocidades paralelas a la pared en la dirección normal. El término es $\frac{\partial}{dy}\left(\mu \frac{\partial u}{dy}\right)$, el que reemplazamos por (en volúmenes finitos)

$$\mu \frac{1}{y} \frac{u}{y} Ay\, ,$$

siendo Ay el volumen. Reemplazamos

$$\frac{u}{u_\tau} \equiv y^+ \equiv \frac{\ln\left(Ey^+\right)}{k}\, , \text{ y}$$

$$u_\tau = C^{1/4} \kappa^{1/2}$$

para obtener el término de fuente

$$\frac{\rho\sqrt{\kappa} k C^{1/4}}{\ln\left(Ey^+\right)} Au\, ,$$

y si estamos en el régimen de la subcapa viscosa ($y^+ < 11.63$):

$$\frac{\mu_l}{y} Au\, .$$

El término de generación G de las ecuaciones de κ y ε se corrige añadiendo

$$\mu\left(\frac{u}{y}\right)^2 .\, volumen = \frac{\rho\sqrt{\kappa} k C^{1/4}}{\ln\left(Ey^+\right)} Au^2\, .$$

Las paredes permeables al flujo másico son equivalentes a las paredes no adiabáticas con respecto al flujo calórico. Es necesario generar funciones de pared para todas las ecuaciones de transporte, por lo que comúnmente se las estudia como salidas con un flujo másico ajustable de acuerdo a las condiciones interiores.

Los modelos utilizables varían mucho con el tipo de pared permeable y de campo de flujo.

Condiciones iniciales

Para comenzar la resolución numérica de un problema es necesario asignar valores a cada una de las variables en cada punto de cálculo. Esto se denomina fijar las condiciones iniciales.

La elección adecuada de las condiciones iniciales es muy importante ya que una gran parte del tiempo de cómputo se emplea en aproximar los valores de las variables a un 90% de su valor final. Una mala selección de condiciones iniciales puede incluso causar el colapso del programa de cálculo.

En general se debe evitar dar el valor cero a todas las variables. En caso de ser necesario se aconseja dar un valor pequeño pero finito como ser $y_i = 10^{-20}$, para todo ***i***, salvo que a las especies mayores se le asignarán valores empíricos tales que $\sum_i y_i = 1$.

Una buena distribución de temperaturas puede acelerar mucho la solución. Vale la pena extrapolar otros resultados o incluso asignar valores estimados de temperatura, interpolados a los puntos de cálculo.

También es aconsejable comenzar la solución con el campo de temperatura, presión y composición iniciales y hacer un pre-cálculo de variables termodinámicas tales como entalpía, calor específico, densidad, masa molecular, etc. para asignar valores iniciales.

Para las velocidades vale lo dicho para la temperatura, una buena distribución inicial, aunque sea estimada, es mucho mejor que comenzar con $u_i = 1$ o con $u_i = 10^{-20}$.

La distribución inicial de κ y ε puede hacerse asignando a todos los puntos de cálculo los valores de κ y ε de la entrada; aunque el par κ–ε forma un sistema rígido (tarda en converger), es rápido en alcanzar una distribución cercana a la convergencia y no es común que diverja.

Referencias

[1] Yakhot, V., Orszag, S. A., Thangam, S., Gatski, T. B., and Speziale, C. G.; Development of turbulence models for shear flows by a double expansion technique, Phys. Fluids A 4(7), July 1992.

[2] Oran, E. S., and Boris, J. P.; Numerical simulation of reactive flow; Cambridge University Press, 2001

Capítulo 25
Diferencias y volúmenes finitos

Eduardo Brizuela

Discretización de las ecuaciones de transporte

Para la solución numérica de las ecuaciones diferenciales de transporte se las discretiza, es decir, se eligen un número de puntos en los que se satisface la ecuación y los valores en puntos intermedios se obtienen por interpolación.
Para la mecánica de los fluidos, particularmente los de de densidad variable, el método tradicionalmente más popular es el de diferencias finitas, en su versión de volúmenes finitos. El método de elementos finitos es también popular aunque carece del desarrollo y del apoyo masivo del anterior.
Por otra parte el método de volúmenes finitos utiliza grillas cada vez más sofisticadas, incluyendo grillas no estructuradas como las de elementos finitos, y modelos de discretización más complejos, mientras que el método de elementos finitos utiliza elementos cada vez más simples, por lo que la formulación de ambos es casi idéntica en la práctica.
En el método de diferencias finitas se aproxima una derivada parcial por medio de las diferencias finitas:

$$\frac{\partial u}{\partial x} = \frac{u(x+\Delta x)-u(x)}{\Delta x}.$$

Para aplicar este principio se divide el campo de flujo en zonas o elementos, usualmente cuadriláteros en dos dimensiones o hexaedros en tres dimensiones, que serán los volúmenes de control. Las variables de flujo se consideran concentradas o medidas en un punto del volumen de control (usualmente el centro) o bien en las caras. Se asume que la variable posee el mismo valor en todo el volumen de control aunque en algunos casos, como se verá, se utilizan leyes de interpolación entre volúmenes de control.
En los métodos de diferencias finitas que se desarrollaron en un principio se presentaba una dificultad en que, al considerarse la variable constante dentro del volumen de control, ocasionalmente no se cumplía alguna de las ecuaciones en forma global. Por ejemplo, si se tomaba una sección transversal del conducto de flujo podía suceder que la suma de los flujos de masa $\rho u A$ no fuera igual al flujo total de masa.

Para corregir esto se desarrollaron los métodos de volúmenes finitos, en que esencialmente se integra la ecuación de transporte sobre el volumen de control, con lo que la ecuación de continuidad queda implícitamente satisfecha en forma global.

Celdas y volúmenes de control

Dado el campo de flujo es necesario elegir una división del mismo en volúmenes de control y una disposición de las caras y los centros de los volúmenes.
Hay varias maneras de generar la grilla de volúmenes de control, y se puede encontrar una discusión del tema en el libro de Patankar. En conclusión se recomienda comenzar

por dividir el campo en volúmenes y asignar los puntos de cálculo a los centros geométricos de los volúmenes, y no a la inversa, distribuir los puntos de cálculo y luego construir los volúmenes, Por ejemplo, el primer método daría como resultado:

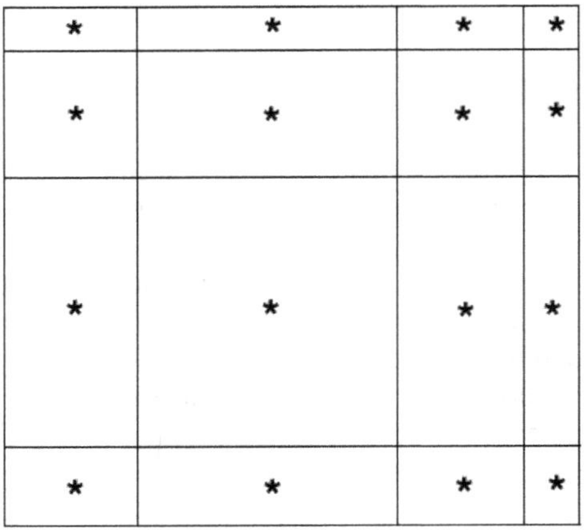

Figura 25.1: Grilla aceptable

Mientras que el segundo procedimiento podría resultar en una grilla como

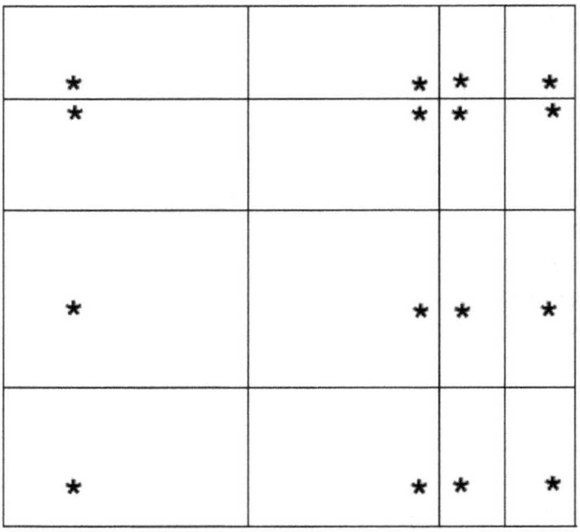

Figura 25.2: Grilla no aceptable

donde los puntos de cálculo pueden estar muy cerca o muy lejos de las caras del volumen de control, requiriendo técnicas de interpolación más sofisticadas y arriesgando no cumplir con la ecuación de continuidad.

Con respecto a los bordes, es aconsejable en lo posible utilizar coordenadas ajustadas al contorno para evitar numerosas condiciones de borde y mejorar la precisión del cálculo:

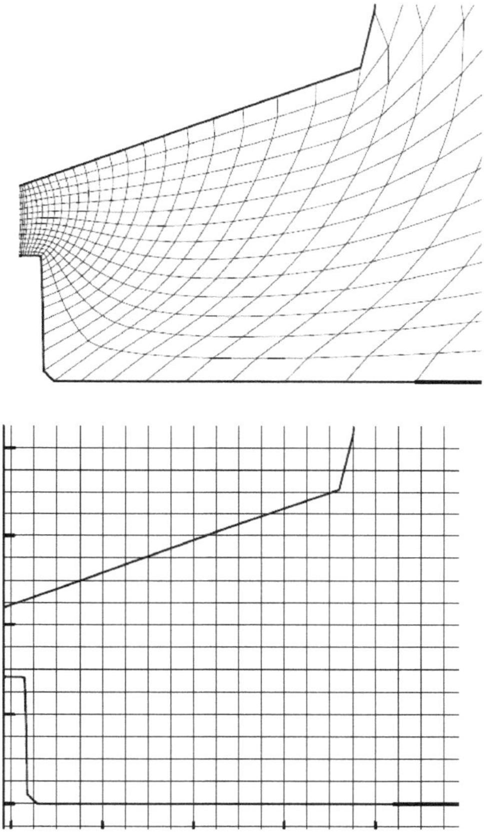

Figura 25.3: Grilla ajustada al contorno y grilla cartesiana ortogonal

Alternativas de discretización

Dado un punto P de la grilla es usual designar sus vecinos con los puntos cardinales:

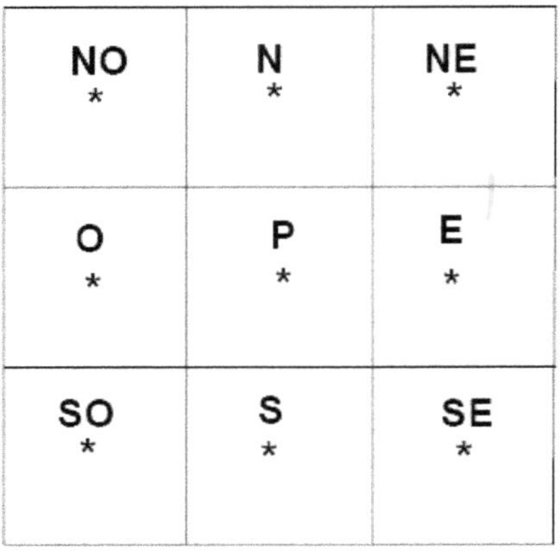

Figura 25.4: Nomenclatura de celdas vecinas

Para discretizar una derivada podemos hacer

$$\frac{\partial \varphi}{\partial x} \cong \frac{\varphi_E - \varphi_O}{\Delta x_{OP} + \Delta x_{PE}}, \text{ o bien}$$

$$\frac{\partial \varphi}{\partial x} \cong \frac{\varphi_P - \varphi_O}{\Delta x_{OP}}, \text{ o bien}$$

$$\frac{\partial \varphi}{\partial x} \cong \frac{\varphi_E - \varphi_P}{\Delta x_{PE}}, \text{ o bien}$$

$$\frac{\partial \varphi}{\partial x} \cong \frac{1}{2}\left(\frac{\varphi_P - \varphi_O}{\Delta x_{OP}} + \frac{\varphi_E - \varphi_P}{\Delta x_{PE}} \right).$$

La precisión de estas expresiones no es la misma para todas; la primera y la cuarta son de orden Δx^2 mientras que las demás son de orden Δx.
Para las derivadas segundas podemos plantear, con espaciado uniforme por brevedad,

$$\frac{\partial^2 \varphi}{\partial x^2} = \frac{\varphi_E + \varphi_O - 2\varphi_P}{\Delta x^2}, \text{ (orden } \Delta x^2, \text{centrada)},$$

$$\frac{\partial^2 \varphi}{\partial x^2} = \frac{\varphi_P + \varphi_{EE} - 2\varphi_E}{\Delta x^2}, \text{ (orden } \Delta x, \text{ "corriente abajo")},$$

$$\frac{\partial^2 \varphi}{\partial x^2} = \frac{\varphi_P + \varphi_{OO} - 2\varphi_O}{\Delta x^2}, \text{ (orden } \Delta x, \text{ "corriente arriba")},$$

$$\frac{\partial^2 \varphi}{\partial x \partial y} = \frac{1}{2\Delta x}\left(\frac{\varphi_{NE} - \varphi_{SE}}{2\Delta y} - \frac{\varphi_{NO} - \varphi_{SO}}{2\Delta y} \right), \text{ (orden } \Delta x^2, \Delta y^2, \text{ centrada)},$$

$$\frac{\partial^2 \varphi}{\partial x \partial y} = \frac{1}{\Delta x}\left(\frac{\varphi_E - \varphi_{SE}}{\Delta y} - \frac{\varphi_P - \varphi_S}{\Delta y} \right), \text{ (orden } \Delta x, \Delta y, \text{ "corriente abajo")},$$

$$\frac{\partial^2 \varphi}{\partial x \partial y} = \frac{1}{\Delta x}\left(\frac{\varphi_N - \varphi_P}{\Delta y} - \frac{\varphi_{NO} - \varphi_O}{\Delta y}\right), \text{ (orden } \Delta x, \Delta y, \text{ "corriente arriba")},$$

y otras formas.
Existen otras alternativas tales como hacer pasar una parábola cúbica o de segundo grado por tres o más puntos y hallar su derivada [1], etc.
Para hacer un planteo más general consideramos la ecuación de conducción del calor

$$\rho c \frac{\partial T}{\partial x} = \frac{\partial}{\partial x}\left(k \frac{\partial T}{\partial x}\right).$$

Consideramos ρ, c y k constantes y utilizamos subíndices para la ubicación y superíndices 0 y 1 para el paso de tiempo.
Integramos esta ecuación entre los puntos E y O y entre t y $t+\Delta t$. El primer miembro resulta

$$\rho c \int_O^E \int_t^{t+\Delta t} \frac{\partial T}{\partial t} dt dx = \rho c \Delta x \left(T_P^1 - T_P^0\right),$$

donde $\Delta x = \Delta x_{OP} + \Delta x_{PE}$ es la distancia entre E y O.
Para el segundo miembro la integración según x puede hacerse primero, resultando en:

$$\int_t^{t+\Delta t} k\left(\frac{T_E - T_P}{\Delta x_{PE}} - \frac{T_P - T_O}{\Delta x_{OP}}\right) dt .$$

Para integrar respecto a t asumimos que el valor de T está comprendido entre T^0 y T^1 según una función f que varía entre cero y uno, o sea,

$$\int_t^{t+\Delta t} T dt = f T^1 + (1-f) T^0 .$$

Luego, obtenemos

$$\rho c \Delta x \left(T_P^1 - T_P^0\right) = \int_t^{t+\Delta t} k\left(\frac{T_E - T_P}{\Delta x_{PE}} - \frac{T_P - T_O}{\Delta x_{OP}}\right) dt$$

$$= \Delta t \left\{ k \left[f\left(\frac{T_E^1 - T_P^1}{\Delta x_{PE}} - \frac{T_P^1 - T_O^1}{\Delta x_{OP}}\right) + (1-f)\left(\frac{T_E^0 - T_P^0}{\Delta x_{PE}} - \frac{T_P^0 - T_O^0}{\Delta x_{OP}}\right)\right]\right\}.$$

Definimos

$$a_E = \frac{k}{\Delta x_{PE}},$$

$$a_O = \frac{k}{\Delta x_{OP}},$$

$$a_P^0 = \rho c \frac{\Delta x}{\Delta t},$$

$$a_P^1 = f a_E^1 + f a_O^1 + a_P^0,$$

y reordenamos para obtener

$$a_P^1 T_P^1 = a_E\left[f T_E^1 + (1-f) T_E^0\right] + a_O\left[f T_O^1 + (1-f) T_O^0\right] + \left[a_P^0 - (1-f) a_E - (1-f) a_O\right] T_P^0 .$$

Esta es la ecuación discretizada que nos relaciona el nuevo valor de *T* en el punto P (T_P^1) con el viejo valor en P (T_P^0) los viejos y nuevos valores adyacentes.
Si en esta ecuación hacemos *f=0* obtenemos el modo de discretización *explícito*:

$$a_P^1 T_P^1 = a_E T_E^0 + a_O T_O^0 + \left[a_P^0 - a_E - a_O \right] T_P^0 ,$$

en el que sólo intervienen los valores viejos y adyacentes, por lo que el punto P se computa explícitamente.
Si hacemos *f=1* obtenemos el modo *implícito*:

$$a_P^1 T_P^1 = a_E T_E^1 + a_O T_O^1 + a_P^0 T_P^0 ,$$

en el que intervienen los valores adyacentes nuevos y por lo tanto se debe resolver por un método iterativo.
Haciendo *f=0.5* se obtiene el modo de Crank-Nicholson:

$$a_P^1 T_P^1 = \frac{1}{2}\left\{ a_E \left(T_E^1 + T_E^0 \right) + a_O \left(T_O^1 + T_O^0 \right) - \left(a_E + a_O \right) T_P^0 \right\} + a_P^0 T_P^0 ,$$

que es un modo semi-implícito.
Con referencia al modo explícito, es evidente que el coeficiente de T_P^0 debe ser positivo, ya que si no la expresión sería divergente en el tiempo, todo T_P^0 produce un menor T_P^1. Luego,

$$a_P \geq a_E + a_O .$$

Esto resulta en la condición

$$\Delta t \leq \frac{\rho c (\Delta x)^2}{2k} ,$$

lo que limita el paso de tiempo Δt en que se puede avanzar la iteración. Similar condición se puede hacer en el método de Crank-Nicholson.
El método implícito, por su parte, no está limitado en el paso de tiempo.

La ecuación de transporte en diferencias y volúmenes finitos

Sea la ecuación de transporte

$$\frac{\partial (\rho \varphi)}{dt} + \frac{\partial}{\partial x_j} \left(\rho u_j \varphi \right) = \frac{\partial}{\partial x_j} \left(\Gamma \frac{\partial \varphi}{\partial x_j} \right) + S^{\varphi} ,$$

donde $\Gamma = \rho D$ (no confundir con la abundancia específica Γ).
Primeramente escribimos

$$S^{\varphi} = S_u^{\varphi} + \varphi S_P^{\varphi} ,$$

siendo S_u y S_P las partes no proporcional y proporcional a φ de S^{φ}. Esto lo hacemos para evitar que, si S^{φ} contiene un término proporcional a φ (o a una potencia de φ) y con signo negativo, la ecuación diverja por la razón antes mencionada (cada nuevo valor de φ reduce el valor del mismo).

Añadimos ahora los puntos del cuadrante T y B (Top y Bottom, arriba y abajo) a los cuatro anteriores (N, S, E y O) para casos tridimensionales.
Discretizamos utilizando las formas implícitas de primer orden, y multiplicamos (integramos) por el volumen $\Delta V = \Delta x \Delta y \Delta z$ y por Δt. Se definen los coeficientes de convección C y de difusión D tales que

$$C \equiv \frac{\rho u}{\Delta} \Delta V \,,$$

$$D \equiv \frac{\Gamma}{\Delta^2} \Delta V \,,$$

con lo que los coeficientes son

$$C_E = \frac{(\rho u)_E}{\Delta x} \Delta V = (\rho u)_E \Delta y \Delta z \,,$$

$$C_N = \frac{(\rho u)_N}{\Delta y} \Delta V = (\rho u)_N \Delta x \Delta z \text{, etc.,}$$

que podemos abreviar como

$$C_i = (\rho u)_i A_i \,,$$

siendo A_i el área normal a u_i.
Los coeficientes del término de difusión son

$$D_E = \frac{\Gamma_E}{\Delta x^2} \Delta V = \frac{\Gamma_E}{\Delta x} \Delta y \Delta z \,,$$

$$D_N = \frac{\Gamma_N}{\Delta y^2} \Delta V = \frac{\Gamma_N}{\Delta y} \Delta x \Delta z \text{ ,etc.,}$$

que podemos abreviar como

$$D_i = \frac{\Gamma_i}{\Delta x_i} A_i \,,$$

siendo Δx_i la distancia entre P y el punto i (N, S, E, O, T o B) y A_i el área normal a Δx_i.
Construimos entonces los coeficientes de los vecinos

$$a_E = D_E - C_E / 2$$

$$a_O = D_O + C_O / 2$$

$$a_N = D_N - C_N / 2$$

$$a_S = D_S + C_S / 2$$

$$a_T = D_T - C_T / 2$$

$$a_B = D_B + C_B / 2$$

$$a_P = a_E + a_O + a_N + a_S + a_T + a_B + a_P^0 - S_P^{\varphi} \Delta V$$

$$a_P^0 = \frac{\rho_P^0}{\Delta t} \Delta V \,,$$

$$b = S_u^{\varphi}\Delta V + a_P^0\varphi_P^0,$$

y nuestra ecuación discretizada queda en forma de una ecuación lineal en φ:

$$\boxed{a_P\varphi_P = a_E\varphi_E + ... + a_B\varphi_B + b\,.}$$

Para flujos estables en el tiempo, $a_P^0 = 0$.

Para acelerar la convergencia se suele probar el signo de $-S_p^{\varphi}$ y de a_P^0 de modo que si son negativos pasen al primer miembro y si son positivos al segundo.

Las condiciones de frontera

En las cercanías de una frontera no habrá celdas para completar el stencil de discretización, y es necesario generar algoritmos especiales (extrapolación). En general, y siguiendo la recomendación de Oran y Boris (ver Capítulo 24) se recomienda crear una línea de celdas virtuales por fuera de la frontera, lo que permitirá tratar, por ejemplo, los gradientes sin necesidad de algoritmos especiales por la falta de una celda. En los casos en que la condición de pared es cero (velocidad) a la celda exterior se le adjudicará el valor de la primera celda interior cambiado de signo, lo que asegura que el valor de frontera sea cero.

Para aquellas variables cuyo valor de frontera no sea trivial como cero o uno, como en el caso de la disipación ε, se puede incluír un término de fuente como

$$S^{\varepsilon} = S_u^{\varepsilon} - S_p^{\varepsilon}\varepsilon = 10^{10}\,\frac{C_{\mu}^{3/4}\kappa^{3/2}}{ky} - 10^{10}\,\varepsilon\,.$$

Al ser los coeficientes mucho mayores que los demás coeficientes de la ecuación discretizada, la solución es forzada a

$$\varepsilon = \frac{C_{\mu}^{3/4}\kappa^{3/2}}{ky}\,,$$

que es el valor de pared deseado.

El número de Peclet

El número de Peclet de la celda se define como

$$Pe = \frac{C}{D}$$

y, con las definiciones de *C* y *D* resulta ser el número de Reynolds de la celda o volumen de control.

Para un caso unidimensional sin término de fuente la ecuación de transporte queda

$$a_P\varphi_P = a_E\varphi_E + a_O\varphi_O\,.$$

Si fuera $D = 1$ y $C = 8$ tendríamos

$a_E = D - C/2 = -3$

$a_O = D + C/2 = 5$

$a_P = a_E + a_O = 2$

Luego $2\varphi_P = -3\varphi_E + 5\varphi_O$. Damos algunos valores:

φ_E	φ_O	φ_P
200	100	-50
100	200	350

Los resultados son incorrectos: una interpolación lineal no puede dar valores más altos ni más bajos que los extremos.
La condición para que esto no ocurra es que a_E sea positivo, $D \geq C/2$, o sea

$$Pe \leq 2.$$

De lo contrario deberemos utilizar la discretización corriente arriba.
Hay varios métodos para asegurar esto. Uno es el *método híbrido*, en el que los coeficientes se eligen de acuerdo al número de Peclet para que resulte o bien discretización implícita centrada o bien explícita corriente arriba, haciendo

$$a_E = MAX\left(-C, D - C/2, 0\right)_E$$
$$a_O = MAX\left(\ C, D + C/2, 0\right)_O$$
$$a_N = MAX\left(-C, D - C/2, 0\right)_N$$
$$a_S = MAX\left(\ C, D + C/2, 0\right)_S \text{, etc.}$$

Otro método es el de la Ley de Potencias [2]. En este se define la función

$$A\left(|Pe|\right) = MAX\left[0, \left(1 - \frac{|Pe|}{10}\right)^5\right],$$

y los coeficientes se forman como

$$a_E = D_E A_E + MAX\left(-C, 0\right)_E$$
$$a_O = D_O A_O + MAX\left(\ C, 0\right)_O$$
$$a_N = D_N A_N + MAX\left(-C, 0\right)_N \text{, etc.}$$

Esta función genera una transición suave entre las discretizaciones centrada y corriente arriba.
Los métodos híbrido y de ley de potencia son los más usuales y recomendados para generar los coeficientes de la ecuación discretizada.

Otros métodos

Existen otros métodos para corregir el problema del número de Peclet. Entre ellos se puede mencionar el de McCormack [3], en el que se aplican dos pasos de tiempo iguales, uno "predictor" y el otro "corrector". En el primero se utilizan fórmulas de discretización "corriente abajo", y se obtiene un juego de valores; luego se aplica una discretización "corriente arriba" con los parámetros antes calculados como valores vecinos.

En el método de "corriente arriba – segundo orden" se utiliza la estimación

$$\left.\frac{\partial\varphi}{\partial x}\right|_e \cong \frac{\varphi_P - \varphi_O}{\Delta x},$$

donde el subíndice *e* indica la cara entre P y E.

En el método QUICK se utilizan ¾ de la discretización centrada y ¼ de la anterior, con lo que

$$\left.\frac{\partial\varphi}{\partial x}\right|_e \cong \frac{1}{4\Delta x}\left(3\varphi_E - 2\varphi_P - \varphi_O\right).$$

Ubicación de las variables

Hasta aquí hemos considerado todas las variables localizadas en el centro del volumen de control P.

Se presenta una dificultad cuando evaluamos el término de fuente de la ecuación de Navier-Stokes, $-\partial p / \partial x$. Supongamos el volumen de control de la figura:

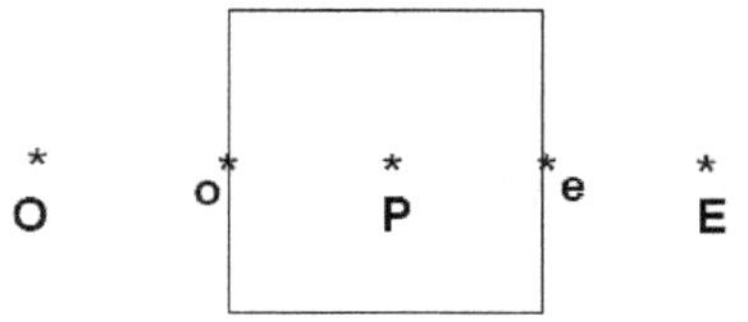

Figura 25.5: Volumen de control

Escribimos el término de fuente discretizado:

$$-\frac{\partial p}{\partial x} \cong \frac{p_o - p_e}{\Delta x} = \frac{p_P + p_O}{2\Delta x} - \frac{p_P + p_E}{2\Delta x} = \frac{p_O - p_E}{2\Delta x}.$$

Luego, el término de fuente introduce una relación entre los centros de las celdas adyacentes y no entra el valor de la presión en las caras de la celda. Si así fuera una distribución de presión como la de la figura 25.6:

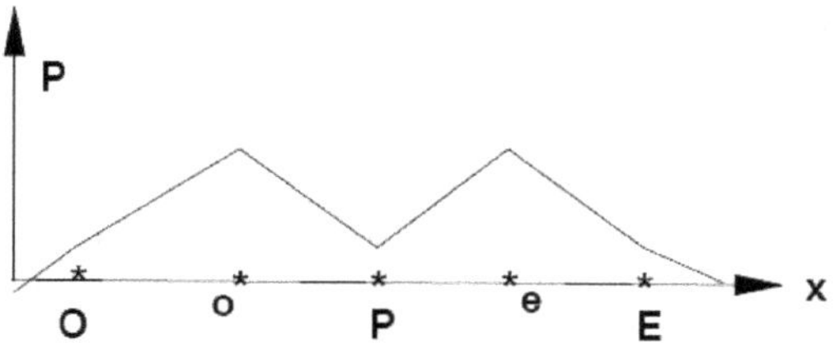

Figura 25.6: Distribución de presión

daría el mismo resultado que una presión uniforme, lo que es incorrecto.
Similar dificultad se presenta cuando integramos la ecuación de continuidad sobre el volumen de control. Suponiendo flujo estable en el tiempo y densidad constante,

$$\frac{\partial u}{\partial x}=0 .$$

Con el procedimiento anterior llegamos a

$$u_e-u_o=u_E-u_O ,$$

y nuevamente llegamos a la conclusión que una distribución en diente de sierra es igual a una distribución uniforme.
La solución a este problema es la grilla alternada, que consiste en ubicar las velocidades en las caras del volumen de control y no en el centro:

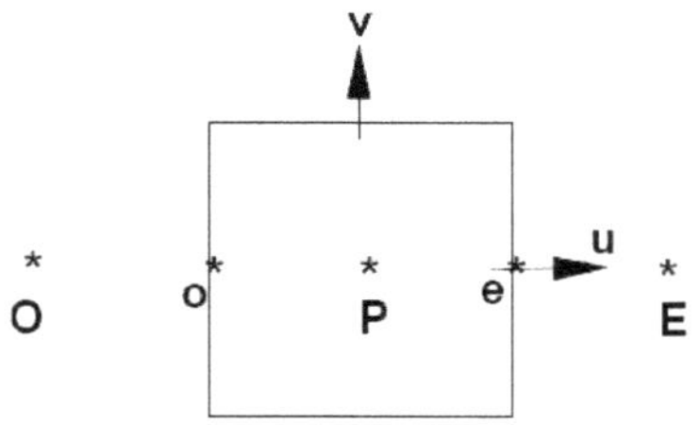

Figura 25.7: Grilla alternada

La ecuación de Navier-Stokes, discretizada e integrada y aplicada al punto *e* resulta:

$$a_e u_e=\sum(au)_{vecinos}+b_e+\frac{(p_P-p_E)}{\Delta x}\Delta Vol .$$

Para la dirección *y*, aplicada al punto *n*:

$$a_n u_n=\sum(au)_{vecinos}+b_n+\frac{(p_P-p_N)}{\Delta y}\Delta Vol .$$

De este modo el valor de *u* (digamos u_e) queda relacionado a las presiones que lo rodean (p_P y p_E) lo cual es físicamente correcto.

La corrección de presión

Partimos de la suposición que existe un juego completo de parámetros obtenidos en una iteración anterior de la solución. Supongamos que los valores de presión así obtenidos son p^* y deseamos corregirlos al valor *p* añadiendo una corrección *p'*. Esto causará correcciones *u'* a las velocidades u^*.
La ecuación de Navier-Stokes discretizada era, por ejemplo,

$$a_e u_e=\sum(au)_{vecinos}+b_e+(p_P-p_E)A_e ,$$

donde $A_e = \Delta Vol / \Delta x$ es el área de la cara *e*.

Con los valores de la última iteración

$$a_e u_e^* = \sum \left(a u^* \right)_{vecinos} + b_e + \left(p_P^* - p_E^* \right) A_e ,$$

(*b*, si existe, no cambia).

Restando obtenemos la ecuación en correcciones

$$a_e u'_e = \sum \left(a u' \right)_{vecinos} + \left(p'_P - p'_E \right) A_e ,$$

Despreciamos el término $\sum \left(a u' \right)_{vecinos}$ para generar el método SIMPLE. Luego, nos queda

$$a_e u'_e = \left(p'_P - p'_E \right) A_e ,$$

o sea

$$u_e = u_e^* + \frac{A_e}{a_e} \left(p'_P - p'_E \right).$$

Ecuaciones similares se pueden escribir para las otras componentes de velocidad.

Para obtener la ecuación de corrección de la presión, comenzamos con la ecuación de continuidad

$$\frac{\partial \rho}{\partial t} + \frac{\partial (\rho u)}{\partial x} + \frac{\partial (\rho v)}{\partial y} + \frac{\partial (\rho w)}{\partial z} = 0 ,$$

y la discretizamos en volúmenes finitos

$$\frac{\left(\rho_P - \rho_P^0 \right)}{\Delta t} \Delta Vol + \left[(\rho u)_e - (\rho u)_o \right] \frac{\Delta Vol}{\Delta x} + \left[(\rho u)_n - (\rho u)_s \right] \frac{\Delta Vol}{\Delta y} + \left[(\rho u)_t - (\rho u)_b \right] \frac{\Delta Vol}{\Delta z}$$
$$= 0$$

Sustituimos ahora las expresiones de *u, v* y *w* halladas antes y reordenamos para escribir

$$a_P p'_P = B ,$$

donde

$$a_E = \rho_e \frac{A_e}{a_e} \frac{\Delta Vol}{\Delta x}$$

$$a_O = \rho_o \frac{A_o}{a_o} \frac{\Delta Vol}{\Delta x}$$

$$a_N = \rho_n \frac{A_n}{a_n} \frac{\Delta Vol}{\Delta y}, \text{ etc.}$$

y el término de fuente *B* contiene todo los sobrantes:

$$B = \frac{\left(\rho_P^0 - \rho_P \right)}{\Delta t} \Delta Vol + \left[(\rho u^*)_o - (\rho u^*)_e \right] \frac{\Delta Vol}{\Delta x}$$
$$+ \left[(\rho u^*)_s - (\rho u^*)_n \right] \frac{\Delta Vol}{\Delta y} + \left[(\rho u^*)_b - (\rho u^*)_t \right] \frac{\Delta Vol}{\Delta z} .$$

Notamos que se debe interpolar la densidad ya que normalmente sólo tenemos los valores en los centros de los volúmenes de control y no en las caras.
La solución de la ecuación de *p'* produce una corrección que, sumada a p^* produce la presión corregida. Mediante las ecuaciones de corrección también corregimos las velocidades, y con la presión y temperatura recalculamos la densidad y procedemos a iterar.
El haber descartado el término $\sum(au')_{vecinos}$ no afecta la solución ya que, al avanzar en la iteración, todos los valores prima deben tender a cero.
Si no despreciamos el término $\sum(au')_{vecinos}$ sino que lo calculamos con los valores disponibles en esta iteración obtenemos el método SIMPLER.
En el método SIMPLEC se resta a la ecuación de corrección de velocidad el término $u'\sum(a)_{vecinos}$, con lo que queda, para la cara *e:*

$$\left(a_e - \sum a_{vecinos}\right)u'_e = \sum\left[a_{vecinos}\left(u'_{vecinos} - u'_e\right)\right] + \left(p'_P - p'_E\right)A_e ,$$

y ahora se descarta la sumatoria del segundo miembro ya que da aproximadamente cero. Luego, la ecuación de corrección de la velocidad queda:

$$u'_e = \frac{A_e}{a_e - \sum a_{vecinos}}\left(p'_P - p'_E\right),$$

y la ecuación de corrección de *p* es la misma que para SIMPLER.

La grilla de cálculo

Tipos de grillas

Para proceder a resolver las ecuaciones discretizadas es necesario dividir el área o volumen de flujo en celdas, generando una grilla de cálculo.
Las grillas pueden ser estructuradas o no-estructuradas, indicando con esto si son cuadriláteros (o hexaedros en 3D) o bien si son triángulos (o tetraedros en 3D).
Trataremos primero las grillas estructuradas.
La grilla puede estar referida a ejes cartesianos, ya sean coordenadas cartesianas ortogonales (x, y, z) ú otro sistema más adecuado al problema (cilíndricas, esféricas).
Las grillas cartesianas tienen la propiedad de ser ortogonales, lo que simplifica la evaluación de las áreas normales a las velocidades, y los volúmenes de control. Por otra parte presentan serias dificultades para discretizar fronteras inclinadas o curvas:

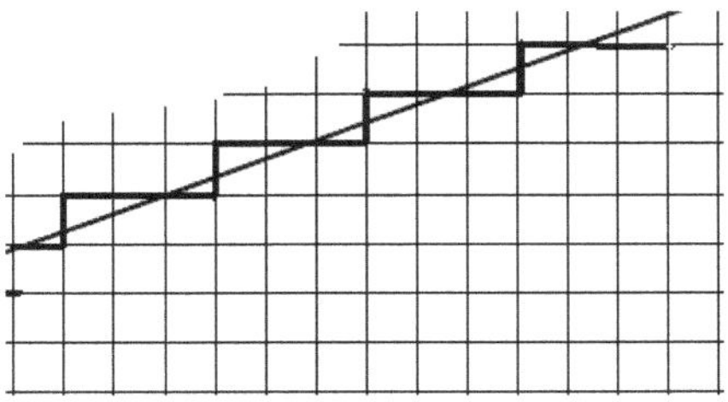

Figura 25.8: Frontera inclinada

A menos que la región de flujo esté formada por paralelepípedos es siempre aconsejable utilizar grillas ajustadas al contorno:

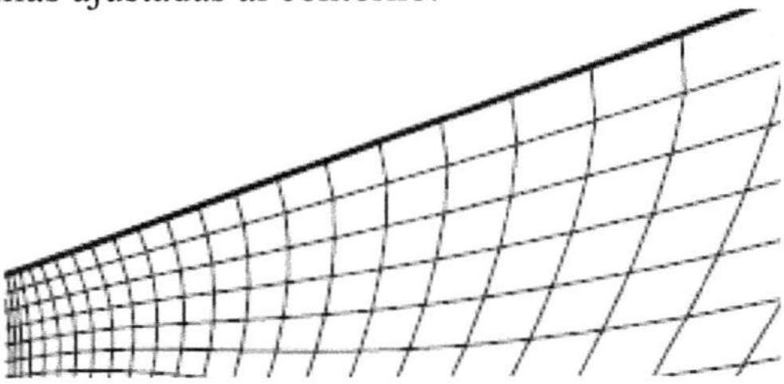

Figura 25.9: Grilla ajustada al contorno

En todos los casos es necesario que las grillas sean ortogonales para evitar complicaciones al calcular flujos de entrada y salida del volumen de control.
La generación de grillas estructuradas ajustadas al contorno tridimensionales normalmente se realiza generando grillas bidimensionales sobre las caras más complejas y completando la tercera dimensión por unión de puntos correspondientes. Esto hace que sea necesario que cada cara bidimensional tenga el mismo número de puntos.
De acuerdo a lo ya visto es aconsejable generar la grilla de caras de los volúmenes de control y colocar los centros en el centro geométrico del cuerpo de seis caras resultante. Sin embargo, en ciertos casos se generan grillas de centros, colocando las caras a media distancia entre centros. Esto hace necesario calcular y almacenar la ubicación de los centros, como se verá.

Grillas cartesianas ortogonales

Dada una región (x, y, z) que incluya todo el campo de flujo, los segmentos (0-x), (0-y) y (0-z) se dividen en (nx, ny, nz) partes con lo que la grilla de caras queda generada.
La división puede ser uniforme o variada, en series aritméticas, geométricas o arbitrarias. Se suele utiliza un espaciado no-uniforme para reducir el tamaño del volumen de control en zonas donde se sospeche que el número de Peclet excederá el valor 2, o donde simplemente se desea refinar el cálculo:

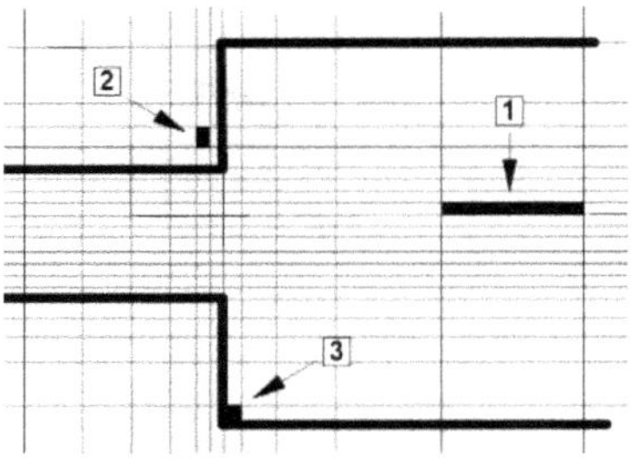

Figura 25.10: Grilla cartesiana variada

Este procedimiento tiene dos defectos: uno que se corre el riesgo de producir celdas con elevadas relaciones de aspecto (largo/ancho) como la indicada en (1); esto puede provocar que la discretización en una dirección sea implícita centrada y en la otra corriente arriba, lo que causará dificultad en la convergencia. El segundo defecto es que se generan celdas muy finas en zonas fuera del flujo (2) o en regiones sin interés (3), causando computaciones innecesarias.
Una solución a este problema es el uso de grillas refinadas localmente, que, si bien ahorran espacio de almacenamiento, retardan el cálculo por causa de los procesos de pasaje de la grilla gruesa a la fina:

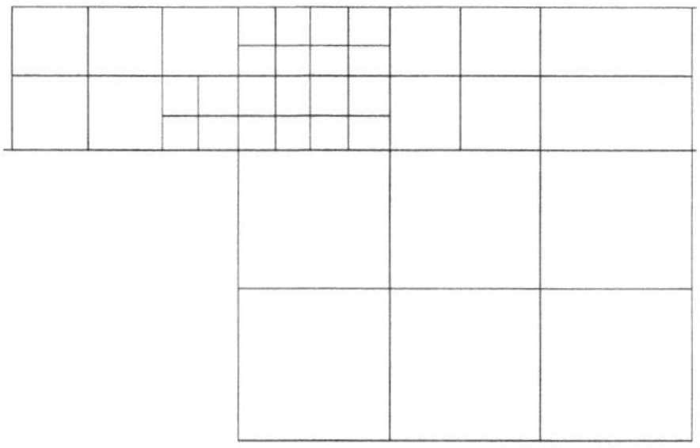

Figura 25.11: Grilla refinada localmente

Por simplicidad las grillas se refinan dividiendo por dos en cada dirección, y nuevamente pos dos si es necesario otro nivel de refinación.
El pasaje de una grilla fina a una gruesa se realiza por procesos lineales:

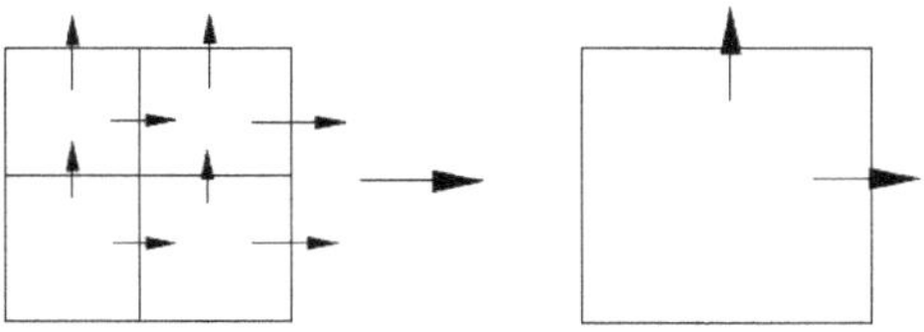

Figura 25.12: Pasaje de fina a gruesa

Las velocidades en la grilla gruesa se hallan balanceando flujos en las caras. Los escalares en la grilla gruesa por integración (con el área de la celda).
Para pasar de la grilla gruesa a la fina las velocidades se interpolan linealmente:

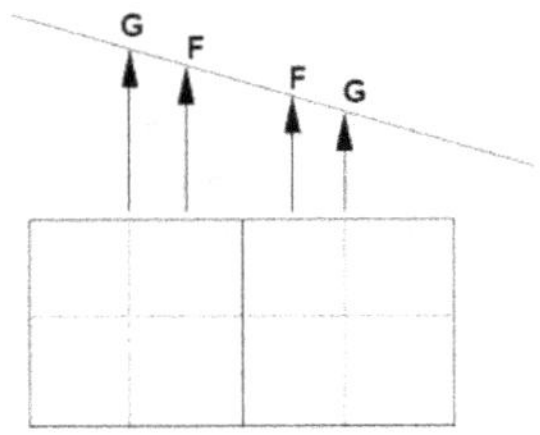

Figura 25.13: Interpolación de velocidades

Los escalares centrados, por interpolación bilineal entre cuatro celdas gruesas:

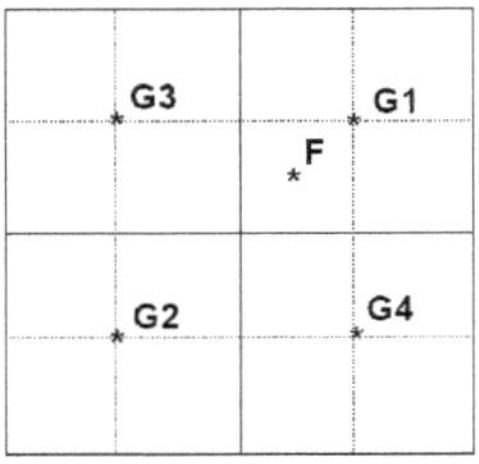

Figura 25.14: Pasaje de escalares

En este caso, asumiendo áreas iguales:

$$F = \frac{1}{16}\left(9G_1 + G_2 + 3G_3 + 3G_4\right).$$

En este último caso será necesario modificar esta fórmula si el espaciado no es uniforme (los coeficientes 9, 1, 3 y 3 salen de la interpolación bilineal).
Es necesario generar un número de esquemas especiales para grillas finas cerca de las fronteras, donde puede no haber suficientes celdas gruesas en derredor para usar los procedimientos indicados.
La solución numérica se hace en la grilla gruesa, pasándose a la grilla fina cuando se han resuelto las adyacentes gruesas.
El uso de grillas refinadas, si bien reduce considerablemente el número total de celdas, obliga a usar una cantidad de puntos de decisión que retardan notablemente la ejecución del programa de cálculo, con lo que su uso no es siempre aconsejable.
Si se adopta el método de generar grillas de centros es necesario almacenar la posición de los centros respecto a los vértices:

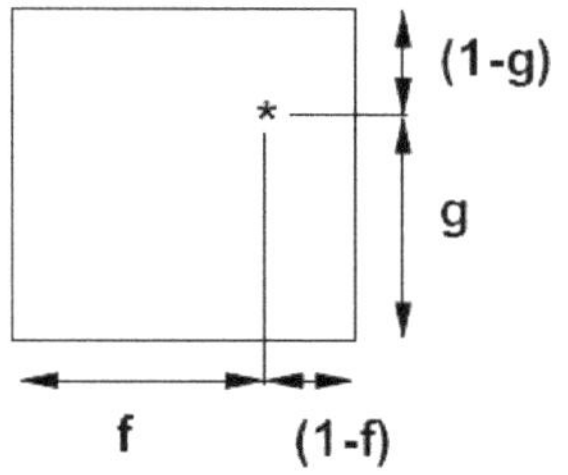

Figura 25.15: Localización de centros

Comúnmente esto se hace almacenando las fracciones (llamadas f y g en la figura) de la longitud de cara en la dirección creciente de la ordenada.

Las fórmulas de pasaje de grilla fina a gruesa y viceversa deben modificarse como corresponda. Por ejemplo, el flujo sobre una cara (ρuA) requiere interpolar la densidad ya que no puede asumirse la densidad en el centro como válida en el centro de la cara:

Figura 25.16: Escalares no centrados

Las coordenadas cilíndricas normalmente se usan sólo para casos axisimétricos, vale decir, bidimensionales. En este caso se resuelve sólo una cuña de abertura 1 radián. Se debe evitar utilizar aberturas menores (digamos, un grado sexagesimal), ya que esto genera celdas con mala relación de aspecto:

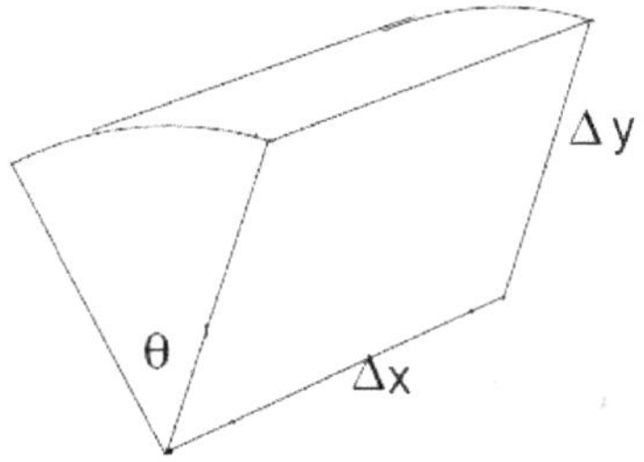

Figura 25.17: Celda en coordenadas cilíndricas

El área en el plano xy es $\Delta x \Delta y$ mientras que el área yz es $\theta \Delta y^2$. Si hacemos $\Delta x \cong \Delta y$ para tener una buena relación de aspecto en el plano xy, en el plano yz deberá ser $\theta = 1$.

Grillas ajustadas al contorno (BFC)

La experiencia indica que la mejor grilla es aquella que es lo más paralela posible al flujo. Como el flujo normalmente sigue los contornos del conducto, las grillas ajustadas al contorno son preferibles a las cartesianas. Por otro lado, con su uso se ahorra en espacio de almacenamiento y en algoritmos especiales para celdas de frontera.

La generación de grillas ajustadas al contorno consiste esencialmente en un mapeo del plano (x, y, z, t) al plano (ξ, η, ν, τ), aunque normalmente el tiempo no se transforma, y como se dijo, se generan grillas ajustadas al contorno en planos y se concluye la grilla uniendo los puntos correspondientes en la tercera dimensión.

El requisito es que la grilla sea ortogonal para poder separar las componentes de velocidad *u* y *v* y computar los flujos ρuA. Igualmente se requiere que la grilla sea normal a las fronteras.

Es poco común que estos requisitos se cumplan exactamente en casos prácticos. Salvo situaciones elementales (paralelepípedos en coordenadas cartesianas, cilindros en coordenadas cilíndricas) no es matemáticamente posible generar una grilla perfectamente ortogonal. Por otro lado no es estrictamente necesario que la grilla sea perfectamente ortogonal ya que la curvatura de las líneas de grilla no se toma en cuenta al computar, por ejemplo, las áreas:

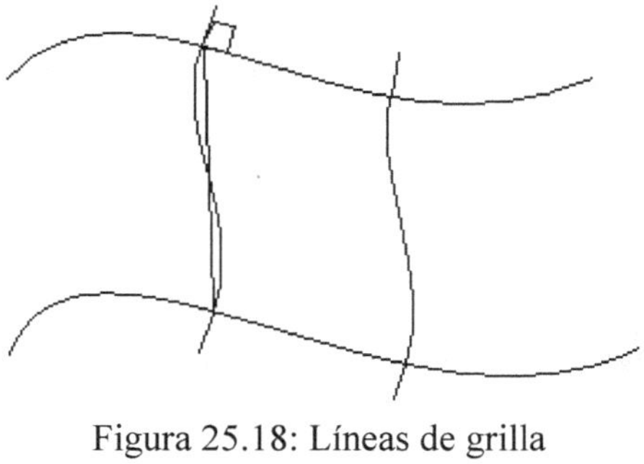

Figura 25.18: Líneas de grilla

La generación de grillas ajustadas al contorno puede hacerse por resolución de ecuaciones diferenciales parciales o por medios algebraicos. En ambos casos la grilla transformada es una grilla rectangular, ya que las variables transformadas (ξ,η) tienen el mismo rango de variación en dos fronteras opuestas. Por comodidad se suele adoptar el índice de la celda (variando de 1 a NI y de 1 a NJ) como la variable transformada, ya que entonces $\Delta\xi = \Delta\eta = 1$; $A = 1$.

BFC, métodos diferenciales

Las grillas ajustadas al contorno pueden generarse por medio de ecuaciones diferenciales elípticas, parabólicas e hiperbólicas.
Las elípticas son preferidas por producir grillas más uniformes, porque no producen líneas que se crucen, no propagan (más bien amortiguan) las discontinuidades o quiebres de las fronteras, ofrecen control sobre el grado de ortogonalidad y concentración de líneas y son las más versátiles y adaptables. Sin embargo, requieren métodos de solución más sofisticados y excelentes condiciones iniciales.
Las hiperbólicas son más eficientes y de solución más sencilla pero pueden propagar las discontinuidades al interior y sólo son aplicables donde una dirección de flujo es predominante.
Las grillas parabólicas son también de eficiente solución y amortiguan discontinuidades. Sin embargo, son menos utilizadas que las elípticas.
Veremos la generación de grillas elípticas.
Partimos del mapeado de $(x,y)\rightarrow(\xi,\eta)$, con $0\le\xi\le 1$, y $0\le\eta\le 1$, donde $x=x(\xi,\eta)$ e $y=y(\xi,\eta)$, con el Jacobiano de la transformación

$$J=x_\xi y_\eta - x_\eta y_\xi;\left(x_\xi=\frac{\partial x}{\partial\xi},\ \text{etc.}\right).$$

Hay tres propiedades del mapeado que nos interesan: la gradualidad del cambio de espaciado, la ortogonalidad y la variación de área o volumen.
La primera la evaluamos por medio de

$$I_1=\iint\left((\Delta\xi)^2+(\Delta\eta)^2\right)dx\,dy.$$

La segunda por medio de

$$I_2=\iint(\Delta\xi\Delta\eta)^2\,dx\,dy,$$

y la tercera por

$$I_3=\iint J\,dx\,dy.$$

El mínimo de la segunda debiera ser cero mientras que las otras dos debieran tener un mínimo. Es posible minimizar el conjunto utilizando multiplicadores de Lagrange:

$$I=I_1+\lambda_2 I_2+\lambda_3 I_3.$$

Por simplicidad veremos el caso de minimizar el cambio de tamaño, o sea, I_1.
Para introducir la ortogonalidad consideramos una línea de $\xi=const$. Luego,

$$d\xi=\frac{\partial\xi}{\partial x}dx+\frac{\partial\xi}{\partial y}dy=0,$$

de donde

$$\left.\frac{dy}{dx}\right|_{\xi=const}=-\frac{\xi_x}{\xi_y}.$$

Escribimos

$$\left.\frac{dy}{dx}\right|_{\xi=const} = \frac{dy/\partial\eta}{\partial x/\partial\eta},$$

y reemplazando

$$x_\eta \xi_x + y_\eta \xi_y = 0 \ ,$$

y con el Jacobiano obtenemos

$$x_\eta = -\frac{J\xi_y}{\xi_x x_\xi + \xi_y y_\xi},$$

$$y_\eta = \frac{J\xi_x}{\xi_x x_\xi + \xi_y y_\xi},$$

El denominador es

$$\xi_x x_\xi + \xi_y y_\xi = \left(\frac{\partial\xi}{\partial x}dx + \frac{\partial\xi}{\partial y}dy\right)\frac{1}{\partial\xi} = \frac{\partial\xi}{\partial\xi} = 1 \, .$$

Luego, quedan

$$\xi_y = -\frac{x_\eta}{J};\ \xi_x = \frac{y_\eta}{J} \, .$$

Igualmente, considerando líneas de η=*const* obtenemos

$$\eta_y = \frac{x_\xi}{J};\ \eta_x = -\frac{y_\xi}{J} \, .$$

Con $dx\,dy = Jd\xi d\eta$ reemplazamos para obtener

$$I_1 = \int_0^1\int_0^1\left(x_\xi^2 + x_\eta^2 + y_\xi^2 + y_\eta^2\right)\frac{1}{J}d\xi\, d\eta \, .$$

Esta integral es una medida de los gradientes de la grilla. Se puede demostrar que es minimizada por las expresiones

$$\begin{cases} \alpha x_{\xi\xi} - 2\beta x_{\xi\eta} + \gamma x_{\eta\eta} = 0 \\ \alpha y_{\xi\xi} - 2\beta y_{\xi\eta} + \gamma y_{\eta\eta} = 0; \end{cases}$$

donde los coeficientes son

$$\begin{cases} \alpha = \dfrac{x_\eta^2 + y_\eta^2}{J^3} \\ \beta = \dfrac{x_\eta x_\xi + y_\eta y_\xi}{J^3} \\ \gamma = \dfrac{x_\xi^2 + y_\xi^2}{J^3}; \end{cases}$$

Si la grilla fuera ortogonal se cumplen las condiciones de Cauchy-Riemann $x_\eta = y_\xi;\ x_\xi = y_\eta$ y el sistema anterior se reduce a

$$\nabla^2 x + \nabla^2 y = 0\,,$$

con lo que la grilla queda definida por la ecuación de Laplace.
Para dar mayor flexibilidad al método e introducir condiciones de borde se adopta la forma

$$\begin{cases} \alpha x_{\xi\xi} - 2\beta x_{\xi\eta} + \gamma x_{\eta\eta} = -J^2\left(Px_\xi + Qx_\eta\right) \\ \alpha y_{\xi\xi} - 2\beta y_{\xi\eta} + \gamma y_{\eta\eta} = -J^2\left(Py_\xi + Qy_\eta\right); \end{cases}$$

donde P y Q son dos funciones que pueden utilizarse para generar las condiciones de borde. Por ejemplo, Sorenson [4] elige

$$\begin{cases} P(\xi,\eta) = p(\xi)e^{-a\eta} + r(\xi)e^{-c(\eta_{\max}-\eta)} \\ Q(\xi,\eta) = q(\xi)e^{-b\eta} + s(\xi)e^{-d(\eta_{\max}-\eta)}; \end{cases}$$

con *a, b, c* y *d* constantes positivas; *a* y *b* controlan el decaimiento exponencial del valor de frontera *p* o *q* hacia el interior sobre líneas de η=*const*; *c* y *d* controlan el decaimiento exponencial del valor de frontera *r* o *s* hacia el interior sobre líneas de ξ=*const*.
El método de generación de la grilla consiste en resolver las ecuaciones de P y Q por diferencias finitas, satisfaciendo la ecuación en el interior y ajustando el valor en las fronteras. Por ejemplo, para la frontera $\eta=\eta_{max}$ *P* y *Q* toman valores solamente con ξ.
Las ecuaciones de P y Q son un sistema de ecuaciones de Poisson en las que se puede controlar tanto el espaciado como la ortogonalidad de la grilla. Un control completo del espaciado y del grado de ortogonalidad también puede obtenerse resolviendo ecuaciones biarmónicas

$$\nabla^4 \xi + \nabla^4 \eta = 0\,,$$

pero la solución puede no ser biunívoca y deben extremarse los cuidados al utilizarla.

BFC, métodos algebraicos

También se pueden generar grillas cuasi-ortogonales por medios algebraicos, básicamente por interpolación. La interpolación lineal entre fronteras no puede producir grillas cuasi-ortogonales ni ofrecer control sobre el ángulo de las líneas de grilla en la frontera; es necesario utilizar funciones de interpolación especiales.

Para el caso de un campo con cuatro fronteras $\xi = 0, \xi = 1, \eta = 0, \eta = 1,$ se puede utilizar el método de los polinomios de Hermite, escribiendo por ejemplo, para las líneas de ξ=*const*

$$\begin{cases} x(\xi,\eta) = x(\xi,0)h_1 + x(\xi,1)h_2 + \left.\dfrac{\partial x}{\partial \eta}\right|_{\eta=0} h_3 + \left.\dfrac{\partial x}{\partial \eta}\right|_{\eta=1} h_4 \\ y(\xi,\eta) = y(\xi,0)h_1 + y(\xi,1)h_2 + \left.\dfrac{\partial y}{\partial \eta}\right|_{\eta=0} h_3 + \left.\dfrac{\partial y}{\partial \eta}\right|_{\eta=1} h_4; \end{cases}$$

Los polinomios de Hermite son:

$$\begin{cases} h_1 = 2\eta^3 - 3\eta^2 + 1 \\ h_2 = -2\eta^3 + 3\eta^2 \\ h_3 = \eta^3 - 2\eta^2 + \eta \\ h_4 = \eta^3 - \eta^2 \end{cases} ;$$

Se pueden plantear funciones similares para las líneas de $\eta = const$.
La ortogonalidad en las fronteras se puede asegurar haciendo, para $\eta = 0$

$$\begin{cases} \left.\dfrac{\partial x}{\partial \eta}\right|_{\eta=0} = -k_1(\xi) \left.\dfrac{dy}{d\xi}\right|_{\eta=0} \\ \left.\dfrac{\partial y}{\partial \eta}\right|_{\eta=0} = k_1(\xi) \left.\dfrac{dx}{d\xi}\right|_{\eta=0} \end{cases} ;$$

y para $\eta = 1$

$$\begin{cases} \left.\dfrac{\partial x}{\partial \eta}\right|_{\eta=1} = -k_2(\xi) \left.\dfrac{dy}{d\xi}\right|_{\eta=1} \\ \left.\dfrac{\partial y}{\partial \eta}\right|_{\eta=1} = k_2(\xi) \left.\dfrac{dx}{d\xi}\right|_{\eta=1} \end{cases} ;$$

donde $k_1(\xi)$ y $k_2(\xi)$ son funciones arbitrarias de ξ en las fronteras $\eta = 0$ y $\eta = 1$.

Transformación de las ecuaciones de transporte

Las ecuaciones de transporte pueden ser reescritas en las coordenadas (ξ, η) utilizando las siguientes transformaciones

$$\begin{cases} x \to \xi \\ y \to \eta \\ u \to U \\ v \to V; \end{cases}$$

$$\begin{cases} U = uy_\eta - vx_\eta \\ V = -uy_\xi + vx_\eta; \end{cases}$$

$$\begin{cases} u = \dfrac{Ux_\xi + Vx_\eta}{J} \\ v = \dfrac{Uy_\xi + Vy_\eta}{J}; \end{cases}$$

Las derivadas cruzadas son nulas:

$$\begin{cases} x_{\xi x} = x_{\eta x} = x_{x\xi} = x_{x\eta} = 0 \\ x_{\xi y} = x_{\eta y} = x_{y\xi} = x_{y\eta} = 0, \quad \text{etc.} \end{cases}$$

por lo que resulta

$$\begin{cases} u_x = \dfrac{U_x x_\xi + V_x x_\eta}{J} \\ v_x = \dfrac{U_x y_\xi + V_x y_\eta}{J} \\ u_y = \dfrac{U_y x_\xi + V_y x_\eta}{J} \\ v_y = \dfrac{U_y y_\xi + V_y y_\eta}{J}; \end{cases}$$

$$\begin{cases} U_x = u_x y_\eta - v_x x_\eta \\ U_y = u_y y_\eta - v_y x_\eta \\ V_x = -u_x y_\xi + v_x x_\xi \\ V_y = -u_y y_\xi + v_y x_\xi; \end{cases}$$

El elemento de volumen se transforma como $dV = dx\,dy\,dz = J\,d\eta\,d\xi\,dz$

Un punto importante a recordar es que las métricas (x_ξ, y_η, J, etc.) deben discretizarse en los mismos lugares y por el mismo método que las variables; de lo contrario se introducirán errores numéricos.

Grillas no estructuradas

Las grillas cartesianas y ajustadas al contorno ya vistas son grillas *estructuradas*, indicando con esto que son formadas por cuadriláteros en el plano o hexaedros en el espacio, de modo que un índice constante identifica un lado o cara.

El desarrollo de los métodos de elementos finitos ha proporcionado algoritmos y *software* muy eficientes, aptos para generar grillas *no-estructuradas*, formadas por triángulos o tetraedros. Estas grillas tienen la ventaja de permitir un fácil refinamiento local y pueden adaptarse al contorno tan bien o mejor que las estructuradas.

En el trabajo de Mavriplis [5] se halla una completa revisión de las técnicas para generar y utilizar estas grillas para el modelado de escurrimientos. Una breve descripción se da en lo siguiente.

Para generar grillas no estructuradas existen dos métodos principales, el avance del frente y el método de Delaunay.

En ambos casos se dividen los bordes de frontera en segmentos; si se trata de un caso tridimensional, la grilla se genera inicialmente en la superficie de frontera, es decir, se comienza con un problema bidimensional, e igualmente se dividen los bordes de la superficie de frontera en segmentos.

En el método de avance del frente frente a cada segmento de frontera se ubica un punto y se traza el triángulo correspondiente. Hecho esto se elimina del conjunto el segmento de frontera que se ha utilizado y se añaden a la frontera los dos nuevos lados del nuevo triángulo:

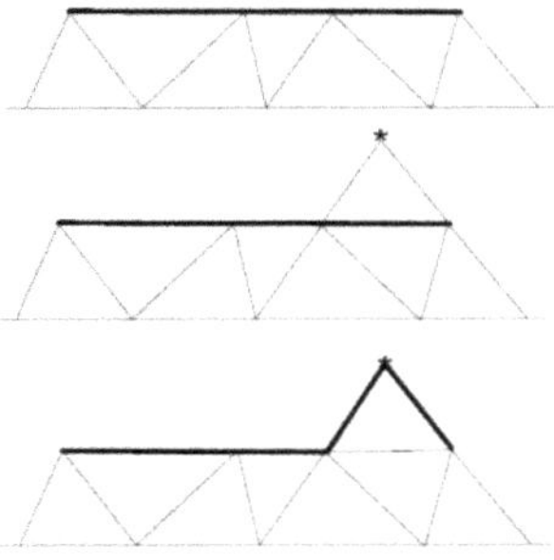

Figura 25.19: Método de avance de frente

El método es muy sencillo pero tiene un problema en que no hay un algoritmo robusto para decidir la ubicación del nuevo vértice; puede suceder que el nuevo vértice resulte ubicado demasiado cercano a otro vértice, generando un triángulo con pobre relación de aspecto (uno o más ángulos demasiado agudos). También puede suceder que el nuevo vértice resulte ubicado dentro de otro triángulo ya existente.

En el método de Delaunay se crea inicialmente una grilla gruesa (manualmente o con un algoritmo de avance de frente sencillo) y luego se añaden elementos refinando la grilla.

El principio se ejemplifica como sigue: dados tres triángulos consecutivos se trazan los círculos que los circunscriben. En la zona donde los tres círculos se superponen se ubica un punto, y luego se eliminan los tres triángulos; notar que, si los tres triángulos eran parte de la malla gruesa, sólo se eliminan algunos de los lados, ya que otros lados pertenecen a otros triángulos. Hecho esto con el nuevo punto se trazan cinco nuevos triángulos a los vértices que quedaron libres:

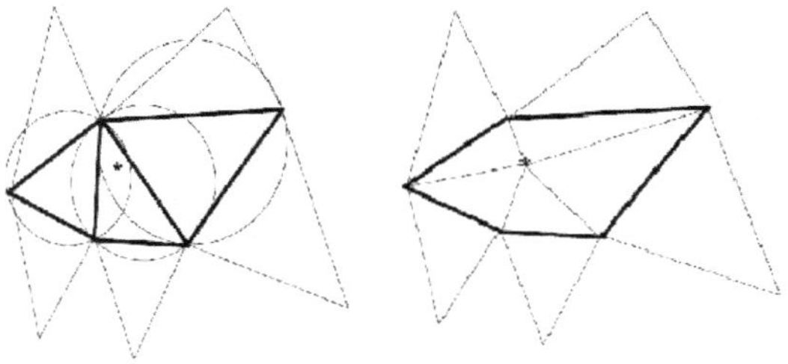

Figura 25.20: Método de Delaunay

Una vez generada la grilla sobre las superficies de frontera la grilla tridimensional de interior se puede generar por un procedimiento similar, si por el método de avance, ubicando un punto en el inerior, creando el tetraedro correspondiente y avanzando la superficie de frontera, si por el método de Delaunay, con una grilla interior gruesa, creando las superficies esféricas que circunscriben a los tetraedros, etc.

Una desventaja de las grillas no estructuradas es que requieren generar tablas y algoritmos para identificar sus partes, proceso denominado definir la conectividad. Es necesario identificar y detallar para cada celda sus vértices, su centro, sus áreas, el

largo de sus aristas, la orientación espacial de caras y aristas, con qué otras celdas se conecta y qué elementos (vértices, aristas, caras) comparte.
La colocación de las variables, como en el caso de las grillas estructuradas, puede hacerse en el centro de la celda o en los vértices.
La discretización de las ecuaciones de transporte se puede realizar de manera similar a la ya vista, identificando un volumen de control y realizando las integrales de flujos sobre las áreas del volumen de control, como se indica en la figura:

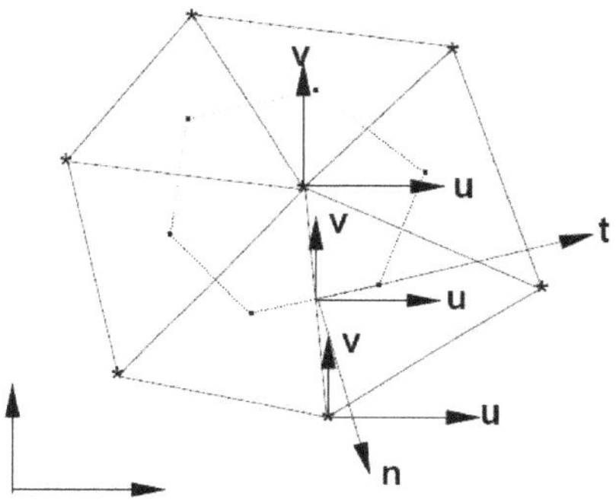

Figura 25.21: Grilla de vértices

El valor de una variable sobre la cara del volumen de control se obtiene por interpolación lineal, en el caso de la figura entre vértices. Si se utiliza el principio de colocar las variables en el centroide de las celdas el volumen de control puede coincidir con las caras de las celdas:

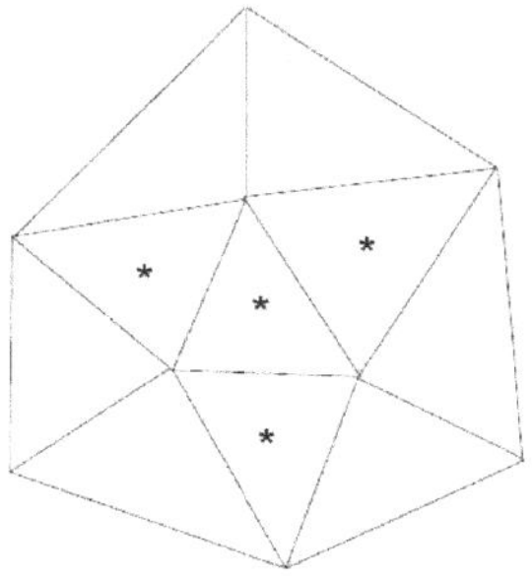

Figura 25.22: Grilla de centroides

Como se aprecia, las componentes de la velocidad en general no coinciden con las direcciones normales y/o tangentes a las caras del volumen de control lo que obliga a generar algoritmos para obtener los vectores normal y tangente y proyectar los flujos sobre éstos para proceder a integrar con las áreas. La discretización de los gradientes y

en especial de los términos disipativos (derivadas segundas) puede resultar muy compleja.
La ecuación discretizada es muy similar a las ya vistas, salvo que ahora el número de vecinos varía según la plantilla de discretización que se utilice, y si se utiliza la colocación en vértices o centroides.

Solución del sistema de ecuaciones

General

El conjunto de ecuaciones de transporte discretizadas forma un sistema de ecuaciones lineales donde las incógnita son los valores de los parámetros en cada celda. Los parámetros a computar son u_i (3 componentes), p, κ, ε, y_i (n especies), f, h, etc., o sea, con un mínimo de cuatro especies principales, aproximadamente 12 parámetros. Si no se utiliza un sistema de reacciones reducido n puede alcanzar valores de 100 a 200.
Hay un juego de ecuaciones lineales por cada celda, por lo que el total de ecuaciones lineales es $Nx\ Ny\ Nz\ (10 \to 200)$.
Con 100 celdas en cada dirección se alcanzan números de ecuaciones en el orden de 10^7-10^8. Como los coeficientes de difusión están afectados del número de Prandtl/Schmidt que no es necesariamente el mismo para todas las variables, los coeficientes son en general todos distintos.
La ecuación general se escribe

$$a_P \varphi_P = \sum (a\varphi)_{vecinos} + S_u ,$$

donde $a_P \equiv a_P - \sum a_{vecinos} - S_P$, y los vecinos son en general E, O, N, S, T y B. Luego, son aproximadamente 10 coeficientes por ecuación, lo que implica un total de 10^8-10^9 coeficientes y resultados a almacenar.
Estos números son demasiado altos para las capacidades de memoria de las computadoras de escritorio y por lo tanto no es común que se resuelvan todas las variables simultáneamente. Los resolvedores que así lo hacen se denominan resolvedores simultáneos, y los más usuales resolvedores secuenciales. En el segundo caso se resuelven las ecuaciones de transporte de un parámetro a la vez y se itera el conjunto. La secuencia más usual es u, v, w, p, κ, ε, f, h, y_i.
Luego se recomputan las variables algebraicas (W, ρ, otras especies, μ_t, etc) y los coeficientes de las ecuaciones de transporte C, D, S_u, S_p, y se itera.
En ciertos casos es posible resolver simultáneamente las ecuaciones de Navier-Stokes y de continuidad (u, v, w y p) y a estos resolvedores se los denomina de Bloque Implícito.
La resolución del sistema de ecuaciones para un parámetro solo en todo el campo de flujo (Nx, Ny, Nz) puede hacerse en forma Directa o Iterativa, y las soluciones pueden ser Sobre o Sub- Relajadas.

Resolvedores directos

El sistema de ecuaciones lineales puede ser resuelto por el método de eliminación de Gauss, el algoritmo de Thomas (TDMA), la factorización LU y otros.

El *método de eliminación de Gauss* es el más sencillo aunque es computacionalmente costoso ya que requiere aproximadamente N^3 operaciones para resolver un sistema de N ecuaciones.
Dado el sistema

$$\{a_{ij}\}[\phi_i]=[c_i],$$

el procedimiento consiste en restar a la fila *i* la primera fila multiplicada por a_{i1}/a_{11}, con lo que se elimina ϕ_1 de la columna 1. Luego se resta a la fila *i* la segunda multiplicada por a_{i2}/a_{22} (los nuevos valores de a_{i2} y a_{22}) para eliminar ϕ_2 de la columna 2, y así siguiendo.
El método resulta en un sistema triangular:

$$\begin{aligned} a_{11}\phi_1+a_{12}\phi_2+........+a_{1n}\phi_n &= c_1 \\ a'_{22}\phi_2+........+a'_{2n}\phi_n &= c'_2 \\ .... & \\ a'_{nn}\phi_n &= c'_n . \end{aligned}$$

Se obtiene ϕ_n de la última ecuación y se calculan los ϕ sustituyendo progresivamente hacia arriba los valores calculados.
El método de Gauss no es recomendable para grandes sistemas ya que se acumulan errores de truncado, reduciendo la precisión. La precisión se puede mejorar algo reordenando el sistema para que la diagonal a_{ii} sea predominante.
El *algoritmo de Thomas* es una variante del método de Gauss que se aplica si consideramos conocidos los valores laterales. Por ejemplo, en dos dimensiones,

$$a_P\phi_P=a_E\phi_E+a_O\phi_O+a_N\phi_N+a_S\phi_S+S_u .$$

Asumimos que los valores N y S son conocidos por el momento y escribimos la ecuación como

$$b\phi_O+d\phi_P+a\phi_E=c .$$

Al recorrer la línea Oeste-Este en cuestión, el valor ϕ_O de la primera celda y el valor ϕ_E de la última celda son valores de frontera, conocidos, que podemos resumir en el término independiente del segundo término.
Queda entonces un sistema tri-diagonal:

$$\begin{Bmatrix} d_1 & a_1 & 0 & 0 & 0............0 & & 0 \\ b_2 & d_2 & a_2 & 0 & 0............0 & & 0 \\ 0 & b_3 & d_3 & a_3 & 0............0 & & 0 \\ .... \\ 0............................0 & & 0 & & b_{NN} & & d_{NN} \end{Bmatrix} \begin{bmatrix} \phi_1 \\ \phi_2 \\ \phi_3 \\ .. \\ .. \\ \phi_N \end{bmatrix} = \begin{bmatrix} c_1 \\ c_2 \\ c_3 \\ .. \\ .. \\ c_N \end{bmatrix} .$$

La matriz de coeficientes puede llevarse a la forma triangular derecha de Gauss con la substitución

$$d_j = d_j - \frac{b_j}{d_{j-1}} a_{j-1} ,$$

$$c_j = c_j - \frac{b_j}{d_{j-1}} c_{j-1} ,$$

y las incógnitas se calculan por substitución de abajo hacia arriba como en el último paso del método de Gauss:

$$\phi_k = \frac{c_k - a_k \phi_{k+1}}{d_k} .$$

El *método LU* consiste en dividir la matriz de los coeficientes *a*, llamada A_{ij} en dos matrices L y U tales que

$$A = LU ,$$

siendo L la matriz diagonal inferior y U la matriz diagonal superior.
Luego, abreviando la notación matricial,

$$LU\phi = c ,$$

$$U\phi = L^{-1} c ,$$

y obtenemos inmediatamente la forma final del método de Gauss.
Los métodos para dividir la matriz A en dos matrices triangulares y para invertir L están disponibles en libros de texto y *software* [6] por lo que se obvian.
En el *método de Bloque Implícito*, debido a Vanka [7], se aplican las ecuaciones de Navier-Stokes a las cuatro caras de la celda, con lo que las incógnitas son u_O, u_P, u_S, u_N y p_P :

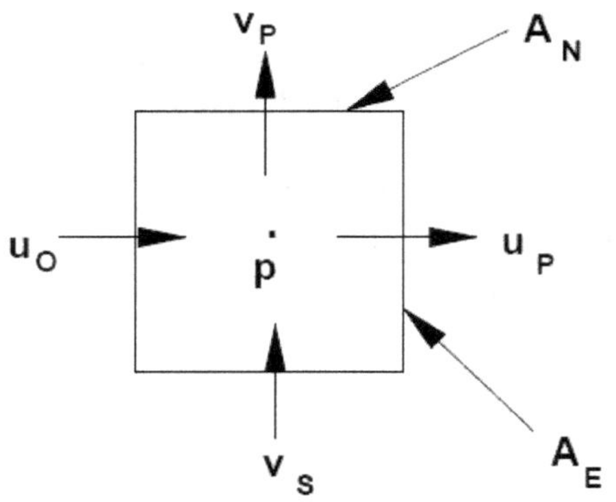

Figura 25.23: Bloque Implícito

A estas cuatro ecuaciones se añade la de continuidad escrita como

$$-\rho_O u_O A_O + \rho_P u_P A_E - \rho_S v_S A_S + \rho_P v_P A_N = 0 .$$

El sistema que queda es de 5x5, de la forma:

$$\begin{array}{cccccc} u_O & u_P & v_S & v_P & p_P & \\ a_{11} & 0 & 0 & 0 & a_{15} & c_1 \\ 0 & a_{22} & 0 & 0 & a_{25} & c_2 \\ 0 & 0 & a_{33} & 0 & a_{35} & c_3 \\ 0 & 0 & 0 & a_{44} & a_{45} & c_4 \\ a_{51} & a_{52} & a_{53} & a_{55} & 0 & 0 \end{array}$$

Este sistema se resuelve rápidamente haciendo

$$r_i = {a_{5i}}/{a_{ii}}; \quad i = 1-4,$$

con lo cual

$$p_P = -\frac{c_5 - c_1 r_1 - c_2 r_2 - c_3 r_3 - c_4 r_4}{a_{15} r_1 + a_{25} r_2 + a_{35} r_3 + a_{45} r_4}.$$

Luego,

$$v_P = \frac{c_4 - p_P a_{45}}{a_{44}}, \text{ etc.}$$

La ventaja del sistema de bloque implícito es que computa las velocidades y la presión satisfaciendo simultáneamente las ecuaciones de Navier-Stokes y la de continuidad. El método no se aplica a las variables primitivas como se ha descripto sino a las correcciones a la iteración anterior. Si escribimos para la iteración n+1:

$$x^{n+1} = x^n + x',$$

y sustituimos, obtenemos el mismo sistema con diferentes segundos términos; en particular, $c_5 \neq 0$.

Resolvedores iterativos

El más común de los resolvedores iterativos es el de Gauss-Seidel, que se ejemplifica con un sistema de 3x3:

$$a_{11}x_1 + a_{12}x_2 + a_{13}x_3 = c_1$$
$$a_{21}x_1 + a_{22}x_2 + a_{23}x_3 = c_2$$
$$a_{31}x_1 + a_{32}x_2 + a_{33}x_3 = c_3;$$

que podemos reordenar como

$$x_1 = \frac{c_1 - a_{12}x_2 - a_{13}x_3}{a_{11}}$$

$$x_2 = \frac{c_2 - a_{21}x_1 - a_{23}x_3}{a_{22}}$$

$$x_3 = \frac{c_3 - a_{31}x_1 - a_{32}x_2}{a_{33}};$$

Comenzando con un par de valores supuestos (x_2, x_3), iteramos hasta obtener x_1, x_2 y x_3 con la precisión deseada.

El método de Gauss-Seidel puede ser mejorado mediante la sobre- o sub-relajación.

La sobre-relajación es un método de aceleración de la convergencia. Supongamos que el valor previo de ϕ era ϕ^n y el nuevo será ϕ^{n+1}. Luego, ϕ^n ha sido corregido en una cantidad $\left(\phi^{n+1} - \phi^n\right)$. Es entonces lógico suponer que un valor más apropiado para ϕ^{n+1} sería $\phi^{(n+1)'}$ tal que

$$\phi^{(n+1)'} = \phi^n + r\left(\phi^{n+1} - \phi^n\right); \quad 1 \leq r \leq 2 .$$

Si $r = 1$ no hay sobre-relajación. Para $1 \leq r \leq 2$ estamos sobre-corrigiendo ϕ^n en la dirección correcta:

$$\phi^{(n+1)'} = \phi^n + r\left(\phi^{n+1} - \phi^n\right) = \phi^{n+1} + (r-1)\left(\phi^{n+1} - \phi^n\right).$$

vale decir, agregamos al nuevo valor ϕ^{n+1} un extra de la corrección $\left(\phi^{n+1} - \phi^n\right)$, siendo el coeficiente de sobrecorrección $(r-1)$, que vale entre 0 y 1.

Si r fuera mayor que 2 el cambio en una iteración

$$\phi^{(n+1)'} - \phi^{n+1} = (r-1)\left(\phi^{n+1} - \phi^n\right)$$

iría aumentando en cada iteración lo que haría divergente al problema.

El uso de sobre-relajación puede acelerar la solución un orden de magnitud o más, por lo que es muy aconsejable. El valor óptimo de r no es en general calculable, pero valores de 1.5 a 2 son usuales.

Si el valor de r fuera menor que 1 el resultado es corregido en menos que la cantidad $\left(\phi^{n+1} - \phi^n\right)$, procedimiento conocido como sub-relajación. Este método puede ser necesario para reducir las oscilaciones de la solución en las primeras iteraciones, en particular si las condiciones iniciales no son muy adecuadas.

En general conviene comenzar a iterar con sub-relajación, pasando a sobre-relajación cuando la solución comienza a estabilizarse hacia la convergencia.

Con respecto al barrido de las celdas, asumimos que los índices (i,j) identifican filas y columnas de la grilla bidimensional. El método de Gauss-Seidel puede aplicarse barriendo i y j en cualquier orden. Sin embargo, normalmente se barre un índice primero y luego se incrementa el otro. Esto se conoce como barrido por líneas.

En este caso, si se utiliza el stencil de cinco puntos:

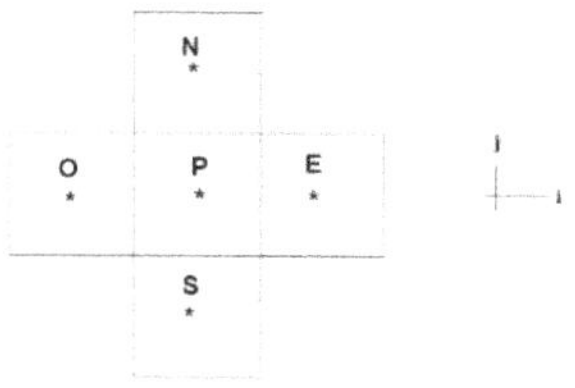

Figura 25.24: Stencil de cinco puntos

Cada ecuación sólo involucra tres incógnitas (P, E y N), ya que O se habría obtenido de la ecuación en (i-1) y S de la línea en (j-1).

Luego, la línea i puede ser resuelta por TDMA o por Gauss-Seidel. En ambos casos puede aplicarse un factor de relajación.

Alternativamente puede resolverse primero una línea y luego la columna que la intercepta en P. Para ahorrar espacio de almacenamiento el método más común es el Implícito de Dirección Alternada (ADI), en el que primero se barren todas las filas y se almacenan las soluciones. Luego se barren las columnas utilizando las soluciones anteriores para las incógnitas (N y E) y los valores recién calculados para las conocidas (O y S). Es decir,

- Resolver por iteración barriendo por línea *i*. Los valores así obtenidos son $\phi^{k'}$. Los anteriores, ϕ^{k}. En esta pasada, S y O son $\phi^{k'}$, N y E son ϕ^{k}.
- Resolver por iteración barriendo por columnas *j*. Los valores así obtenidos son ϕ^{k+1}. Los anteriores, $\phi^{k'}$. En esta pasada, S y O son ϕ^{k+1}, N y E son $\phi^{k'}$.

  Igualmente puede utilizarse un factor de relajación en líneas o columnas.

Método the Runge-Kutta

Para flujos en desarrollo en el tiempo el resolvedor iterativo más usual el el método de Runge-Kutta, aunque es igualmente utilizable para flujos estables en el tiempo.

La ecuación general de transporte se escribe:

$$\frac{\partial\left(\bar{\rho}\tilde{\phi}\right)}{\partial t}+\frac{\partial\left(\bar{\rho}\tilde{u}_j\tilde{\phi}\right)}{\partial x_j}=\frac{\partial}{\partial x_j}\left(\bar{\rho}D_\phi\frac{\partial\tilde{\phi}}{\partial x_j}\right)+\overline{S^\phi},$$

que también podemos escribir

$$\frac{\partial\left(\bar{\rho}\tilde{\phi}\right)}{\partial t}=f\left(\bar{\rho}\tilde{\phi},t\right).$$

El método de Runge-Kutta se aplica a la ecuación general

$$\frac{\partial x}{\partial t}=f\left(x,t\right).$$

Si bien se puede plantear el método en un número variable de pasos y en forma explícita o implícita, la forma más usual es la explícita de cuatro pasos.

Sea x^n el valor actual de la función; el valor x^{n+1} luego de un paso de tiempo *h* viene dado por

$$x^{n+1} = x^n + \frac{1}{6}(k_1 + 2k_2 + 2k_3 + k_4),$$

donde los valores intermedios se calculan como

$$k_1 = hf(x^n, t),$$

$$k_2 = hf\left(x^n + \frac{1}{2}k_1, t + \frac{1}{2}h\right),$$

$$k_3 = hf\left(x^n + \frac{1}{2}k_2, t + \frac{1}{2}h\right),$$

$$k_4 = hf(x^n + k_3, t + h).$$

Por ejemplo, tomemos la ecuación diferencial

$$\frac{dx}{dt} = xt$$

$$t^0 = 0$$

$$x^0 = 1$$

cuya solución es

$$x = e^{t^2/2},$$

y hallemos su valor para *h=0.1*.

$$k_1 = hf(x^0, t^0) = 0,$$

$$k_2 = hf\left(x^n + \frac{1}{2}k_1, t + \frac{1}{2}h\right) = .005,$$

$$k_3 = hf\left(x^n + \frac{1}{2}k_2, t + \frac{1}{2}h\right) = 0.0050125,$$

$$k_4 = hf(x^n + k_3, t + h) = 0.010050125.$$

Luego,

$$x^{n+1} = x^n + \frac{1}{6}(k_1 + 2k_2 + 2k_3 + k_4) = 1.00501252.$$

El valor exacto es 1.00501252.

Para flujos estacionarios el valor de la ecuación de k_1 debe ser cero. El paso de tiempo *h* puede ser variable para cada celda.

Para flujos no estacionarios empleando esquemas explícitos el paso de tiempo Δt debe ser el mismo en todas las celdas de cálculo y debe cumplir con la condición de Courant-Friedrich-Levy

$$\frac{u\Delta t}{\Delta x} \leq 1,$$

u otra condición de estabilidad; el método de Runge-Kutta se emplea iterativamente dividiendo Δt en un número entero de partes de tamaño *h*.

Convergencia, residuos

En una resolución iterativa, o incluso en un paso de una resolución iterativa que incluya un resolvedor directo, las soluciones ϕ^k que se obtengan no satisfarán las ecuaciones lineales perfectamente, ya sea porque la solución sólo incluye un número finito de pasos, o por errores de truncado.

La diferencia entre el valor del segundo y primer miembros de la ecuación lineal es el residuo de esa celda:

$$R(i,i,k) = \sum (a\phi)_{vecinos} + S_u - a_P\phi_P .$$

La convergencia es el proceso por el cual la solución de las ecuaciones discretizadas se aproxima a la solución de las ecuaciones de transporte. Es posible demostrar que ambas soluciones tienden a confundirse para una grilla infinitamente fina. Sin embargo, para una grilla finita la solución de las ecuaciones discretizadas, por más que el residuo sea cero en todos los puntos, no será igual a la solución de las ecuaciones de transporte.

Hecha esta salvedad, se denomina más prácticamente convergencia a la reducción monotónica de residuos, lo que indica la bondad del conjunto de valores de las variables como solución del sistema de ecuaciones lineales.

La forma habitual de juzgar la convergencia es adoptar un valor absoluto de los residuos y observar su disminución, calculando

$$\frac{\sum_{i,j,k} |R(i,j,k)|}{N \text{ Ref}} .$$

El valor de referencia *Ref* puede ser un valor significativo de ϕ (máximo, mínimo, valor de entrada).

Usualmente la evolución del residuo total $\sum_{i,j,k} |R(i,j,k)|$ con el número de iteraciones varía como lo ejemplifica la figura 25.25:

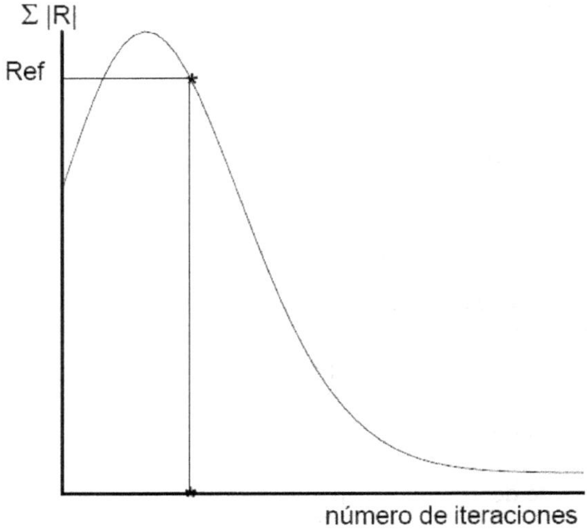

Figura 25.25: Residuos y convergencia

Si el programa de cálculo permite arrancar y parar, o bien si se almacena el residuo total, es aconsejable utilizar como valor de referencia el primer residuo de la curva descendente, como indica la figura.
La curva debiera tender a cero. Si no lo hace (residuo irreducible) usualmente se debe a una o más de tres razones:

- Hay un error de programación
- Valores de frontera mal elegidos
- No se ha respetado el principio de consistencia, que indica que a ambos lados de una cara de la celda debe utilizarse el mismo modelo de discretización

Si la curva desciende monotónicamente se continúa iterando hasta que el valor de

$$\sum_{i,j,k} |R(i,j,k)| \Big/ N\ \text{Ref}$$

haya descendido hasta un nivel preestablecido (10^{-4} o 10^{-5}), cuando se considerará alcanzada la convergencia.
No obstante lo anterior es conveniente analizar los residuos individuales, al menos visualmente, para asegurar que no haya una o más celdas con residuos significativos o irreducibles.
Esto puede hacerse graficando a intervalos regulares el residuo por planos como superficie tridimensional:

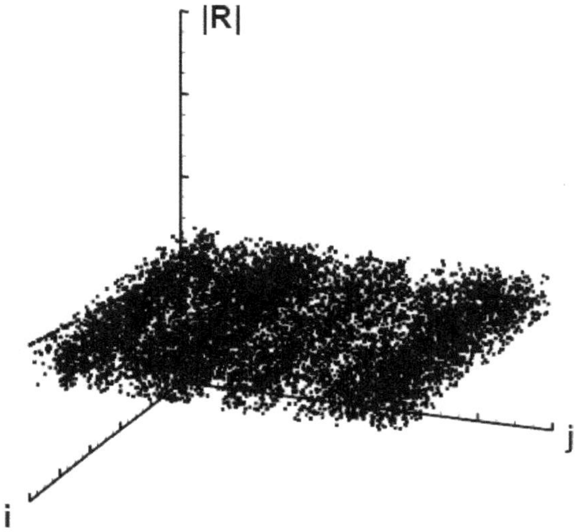

Figura 25.26: Residuos en un plano

Durante el proceso de solución es común observar oscilaciones en los residuos, que debieran amortiguarse con la aproximación a la convergencia. Estas oscilaciones son normales y se deben a la naturaleza de las ecuaciones de transporte.

Por ejemplo, si se adopta la grilla de 3x3, la ecuación diferencial de transporte queda discretizada en una ecuación lineal que, a lo sumo, conecta los valores de tres celdas contiguas.
Luego, una corrección en una celda no afecta más allá de las dos adyacentes, hasta el próximo paso de iteración.
Si se barre por líneas y columnas, el residuo de una celda se va transfiriendo a razón de una línea/columna por iteración, proceso que puede observarse claramente en un gráfico por planos como el de la figura anterior. La figura 25.27 ejemplifica esto:

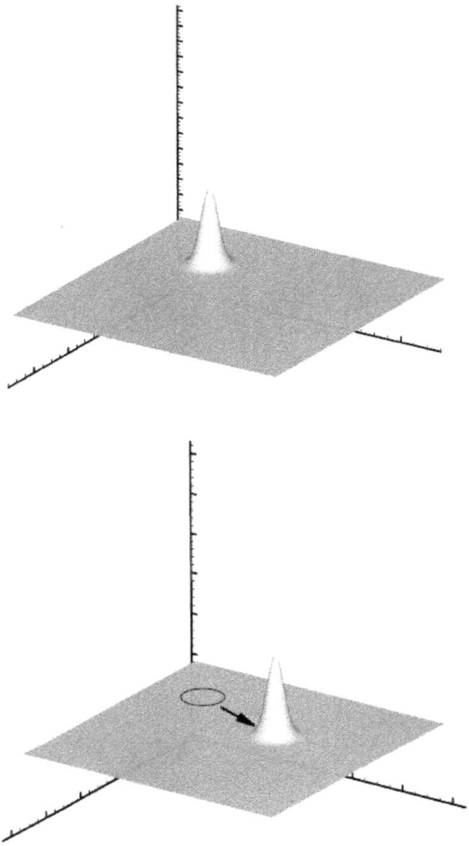

Figura 25.27: Residuos en dos pasos de iteración

Este proceso de barrido del error continúa (y se inicia) en las fronteras y sólo se reduce con el número de iteraciones a medida que disminuyen los residuos en general. Sin embargo, es importante observar la evolución de los residuos para asegurarse que estos picos de error sean acotados y vayan siendo reducidos.
En otros términos, el sistema de ecuaciones discretizadas actúa como un filtro pasabajos, atenuando rápidamente los errores de alta frecuencia (celda a celda) y mucho más lentamente los de baja frecuencia, mayor longitud de onda (varias celdas).
El error de más baja frecuencia (un valor de residuo constante en toda la grilla) sólo puede deberse a inconsistencia en las condiciones de frontera, y no debiera existir.
Los residuos de más baja frecuencia son los que más tardan en reducirse y consumen la mayor parte del esfuerzo de computación. Para reducirlos puede hacerse una de dos opciones:

- Usar una grilla más gruesa
- Usar un stencil más extenso

Ambas son indeseables, la primera porque atenta contra la exactitud de la solución, y la segunda porque requiere un mayor esfuerzo computacional y complica las condiciones de borde.
Sin embargo ambas opciones se utilizan normalmente. La primera, aplicando el método multigrilla ya visto, por el cual cada cierto número de iteraciones en la grilla fina se pasan todos los resultados a una grilla más gruesa y se realiza otro número de pases de iteración para reducir los residuos de baja frecuencia. Luego se vuelven a pasar todos los resultados a la grilla fina y se continúa resolviendo.
La segunda opción consiste en el uso de métodos de discretización de orden superior que involucran stenciles de 5x5, 7x7, etc., a veces combinados con métodos como Predictor/ Corrector, FCT, etc.
No es seguro que estos métodos reduzcan el esfuerzo computacional requerido, aunque pueden producir reducciones sustanciales del tiempo total de cómputo.

Referencias

[1] Leonard, B.P.; A stable and accurate convective modelling procedure based on quadratic upstream interpolation; Comp. Meth. in Appl. Mech. and Engrng., Vol. 19, páginas 59-98.
[2] Patankar SV. Numerical Heat Transfer and Fluid Flow, Hemisphere, Washington, DC 1980; 113–137.
[3] MacCormack, R. W.; The Effect of viscosity in hypervelocity impact cratering, AIAA Paper, 69-354 (1969).
[4] Sorenson, R. L.; A computer program to generate two-dimensional grids about airfoils and other shapes by the use of Poisson equation, NASA TM-81198, 1980.
[5] Mavriplis, D. J.; Unstructured Grid Techniques; Annual Review of Fluid Mechanics, Vol. 29, páginas 473-514, 1997.
[6] Chapra, S. C., and Canale, R. P.; Métodos numéricos para ingenieros; McGraw-Hill, 1992.
[7] Vanka, S. P.; Block-Implicit Calculation of Steady Turbulent Recirculating Flows; International Journal of Heat and Mass Transfer, Vol 28, N° 11, páginas 2093-2103, 1985.

Capítulo 26
Elementos finitos
Guillermo Hauke

Introducción

Uno de los métodos más empleados en la solución numérica de ecuaciones diferenciales es el método de elementos finitos. Si bien en mecánica de sólidos es el método por excelencia, en mecánica de fluidos, quizás por su mayor complejidad y mayor coste computacional, presenta un uso menos extendido que el método de volúmenes finitos.

Sin embargo, la mayor complejidad inicial puede quedar compensada en muchos casos por los beneficios de esta tecnología. Como ventajas del método de elementos finitos podemos mencionar el uso de mallas no estructuradas de una forma natural, el tratamiento coherente de las condiciones de contorno, que mantiene la precisión de la formulación hasta el contorno del dominio, y una programación sistemática para cualquier orden de precisión. Además, la base matemática rigurosa del método de elementos finitos da lugar a formulaciones altamente robustas y que posibilitan, por ejemplo, el desarrollo de estimadores de error a posteriori.

Ingredientes básicos del método de elementos finitos

El método de elementos finitos surge con la unión de tres ingredientes y/o etapas:

1. Formulación variacional o integral
2. Aproximación de la solución mediante funciones polinómicas a trozos
3. Construcción y resolución del sistema de ecuaciones algebraicas

En primer lugar, el punto de partida del método de elementos finitos no es una ecuación diferencial o forma fuerte del problema, sino la correspondiente formulación integral, variacional o forma débil del mismo. En algunos casos puede decirse que ambas formulaciones son equivalentes, aunque en otros no y son simplemente similares. Aunque en la descripción de un modelo el punto de partida habitual es la forma diferencial del mismo, recordemos que las formulaciones integrales son anteriores a las diferenciales.

Por lo tanto, el punto de partida del método de elementos finitos es una metodología que se usa para obtener soluciones analíticas de las ecuaciones diferenciales: el cálculo de variaciones. Y la aproximación surge al buscar las soluciones numéricas, en vez de en conjuntos de dimensión infinita, en conjuntos de funciones de dimensión finita.

La substitución de las funciones aproximadas en la forma débil permite la construcción del sistema de ecuaciones algebraico, dando lugar a un problema matricial lineal en el caso de ecuaciones diferenciales lineales o a un problema algebraico no lineal en el caso de ecuaciones diferenciales no lineales.

Estructura del capítulo

Para ilustrar los conceptos anteriores, en la siguiente sección se irán aplicando paso a paso los tres ingredientes comentados anteriormente del método de elementos finitos. Para facilitar la comprensión, se aplicarán a una ecuación modelo unidimensional: la *ecuación de transporte unidimensional*. Allí se verá primero el planteamiento teórico, hasta obtener el método aproximado de Galerkin. Se utilizará un caso práctico para ilustrar todos los pasos necesarios hasta llegar a la discretización y el planteamiento del problema matricial, incluyendo las matrices y vectores locales y su ensamblaje. En la sección siguiente se presentará la extensión del método de Galerkin a problemas multidimensionales, en particular, la *ecuación de transporte multidimensional*, incluyendo varios ejemplos de aplicación. Finalmente, en la tercera y última sección, se presentarán los *métodos estabilizados* como una solución para eliminar las oscilaciones presentes en flujos dominados por la convección. Asimismo, su eficacia se mostrará en varios ejemplos

La ecuación de transporte unidimensional

Para ilustrar los anteriores conceptos, vamos a utilizar una ecuación modelo lineal, relacionada con mecánica de fluidos: la *ecuación de transporte unidimensional.* Esta ecuación modela el transporte de una propiedad escalar (como la temperatura) debido a la convección y la difusión. (Fácilmente se puede extrapolar lo expuesto en esta sección al caso con un término reactivo lineal).

Presentaremos en primer lugar la forma fuerte o diferencial del problema (F), para luego deducir la forma débil o variacional del mismo problema (D).

En lo que sigue, la coma como subíndice representa derivada total o parcial, esto es, por ejemplo, $u_{,x} = du/dx$.

Forma fuerte, diferencial o clásica

Sea $\Omega = (0,1)$ un dominio espacial abierto. Dadas las funciones campo de velocidad a, coeficiente de difusividad $\kappa \geq 0$, y término fuente f y las constantes g_0 y h_1, la forma fuerte consiste en encontrar la función $u: \overline{\Omega} \to \mathbb{R}$ de forma que:

$$(F)\begin{cases} au_{,x} = (\kappa u_{,x})_{,x} + f \\ u(0) = g_0 \\ \kappa u_{,x}(1) = h_1 \end{cases}$$

Arriba g_0 es una condición de contorno *esencial* o de *Dirichlet* y $h_1$es una condición de contorno *natural* o de *Neumann.*

Solución exacta

La solución exacta de la anterior ecuación puede presentar capas límite en la vecindad de los contornos, cuyo espesor depende del número adimensional de Peclet, Pe =

$a\,\ell/\kappa$, siendo ℓ una longitud característica del problema. La Fig. 26.1 muestra un ejemplo de solución de este problema para dos condiciones de contorno esenciales, $u(0) = 0, u(1) = 1$ y $f = 0$.

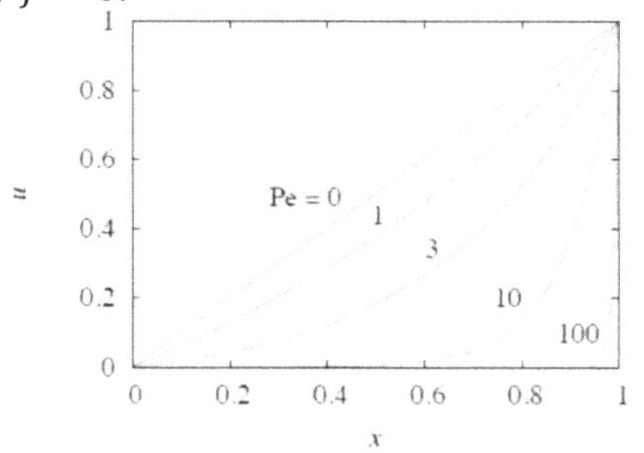

Fig. 26.1: Soluciones típicas de la ecuación del transporte unidimensional

Forma débil, integral o variacional

La forma integral también se llama débil porque su solución requiere menos condiciones de continuidad que la solución de la forma fuerte.
Dadas las funciones campo de velocidad a, coeficiente de difusividad $\kappa \geq 0$, y término fuente f y las constantes g_0 y h_1, la forma débil consiste en encontrar la función $u \in \mathcal{S}$ de forma que para toda función $w \in \mathcal{V}$ se cumple que:

$$(D)\left\{\int_{\Omega} \left(wau_{,x} + w_{,x}\kappa u_{,x}\right)\, d\Omega = \int_{\Omega} wf\, d\Omega + w(1)h_1\right.$$

Los espacios $\mathcal{S}$ y $\mathcal{V}$ son, respectivamente, los espacios donde se busca la *solución,* u, y donde se encuentran las *funciones de peso,* w. Notar que la fórmula débil incluye de forma automática las condiciones de contorno naturales, mientras que las condiciones de contorno esenciales se cumplen a priori por las funciones que pertenecen al espacio $\mathcal{S}$. Las funciones de peso satisfacen las correspondientes condiciones de contorno homogéneas. Efectivamente, estos espacios se definen por

$$\mathcal{S} = \{u \mid u \in H^1, u(0) = g_0\}$$
$$\mathcal{V} = \{w \mid w \in H^1, w(0) = 0\}$$

El espacio H^1 es el denominado espacio de Sobolev de orden 1, que incluye todas las funciones cuya derivada primera al cuadrado es integrable. El único objeto de esta condición es que las integrales existentes en la forma débil se puedan integrar.

Obtención de la forma débil

La forma fuerte y débil son equivalentes para funciones u y w suficientemente suaves. Si estas funciones no son lo suficiente suaves, la forma débil difiere ligeramente de la forma fuerte, admitiendo soluciones con mayores discontinuidades. En resumen en el caso general, si u es una solución de (F), entonces lo es de (D) (pero no al revés).

Seguidamente, mostramos cómo obtener la forma débil a partir de la forma fuerte. Se definen el espacio solución $\mathcal{S}$ y el espacio de funciones de peso $\mathcal{V}$, como arriba, de forma que satisfagan las condiciones de contorno esenciales y las condiciones de contorno esenciales homogéneas, respectivamente. Partimos de que u es solución de (F) y por tanto está dentro de $\mathcal{S}$.

Se toma la ecuación diferencial de la forma fuerte, se multiplica por una función de peso $w \in \mathcal{V}$ y se integra dentro del dominio Ω. Esto es:

$$\int_\Omega w\left(au_{,x} - (\kappa u_{,x})_{,x}\right) d\Omega = \int_\Omega wf\, d\Omega$$

A continuación, con el objeto de reducir el número de derivadas sobre la solución, u, y pasarlas a las funciones de peso, w, se integran por partes los sumandos de orden más alto. En este caso, se integra por partes el término difusivo:

$$\int_\Omega w\left(\kappa u_{,x}\right)_{,x} d\Omega = -\int_\Omega w_{,x}\, \kappa u_{,x}\; d\Omega + w\kappa u_{,x}\Big|_{x=0}^{x=1}$$

Por pertenecer al espacio de funciones de peso $w(0) = 0$, y el último sumando de arriba queda

$$w\kappa u_{,x}\Big|_{x=0}^{x=1} = w(1)\kappa u_{,x}(1) = w(1)h_1$$

donde se ha substituido el valor de la condición de contorno natural. Substituyendo en la primera integral y reorganizando,

$$\int_\Omega \left(w\, au_{,x} + w_{,x}\, \kappa u_{,x}\right) d\Omega = \int_\Omega wf\, d\Omega + w(1)h_1$$

que es la expresión de la forma débil.

Es importante resaltar que la forma débil de un mismo problema no es única. Aquí se ha mostrado la forma débil más directa.

De forma inversa, siempre y cuando las funciones u y w sean suficientemente suaves, invocando el *lema fundamental del cálculo de variaciones* se puede demostrar que toda solución de (D) es también solución de (F) [1].

Introducción del operador o forma bilineal

Con el objeto de reducir y simplificar la notación, la forma débil se suele expresar con ayuda del operador bilineal $B(\cdot,\cdot)$ y del operador $L(\cdot)$ de forma que (D) se escribe como sigue.

Dadas las funciones campo de velocidad a, coeficiente de difusividad $\kappa \geq 0$, y término fuente f y las constantes g_0 y h_1, la forma débil consiste en encontrar la función $u \in \mathcal{S}$ de forma que para toda función $w \in \mathcal{V}$ se cumple que:

$$(D) \left\{ B(w,u) = L(w) \right.$$

donde

$$B(w,u) \stackrel{\text{def}}{=} \int_{\Omega} \left(w\, au_{,x} + w_{,x}\, \kappa u_{,x}\right) d\Omega$$

y

$$L(w) \stackrel{\text{def}}{=} \int_{\Omega} wf\, d\Omega + w(1)h_1$$

Se puede comprobar que el operador $B(\cdot,\cdot)$ es lineal en cada uno de sus argumentos y $L(\cdot)$ es lineal en su único argumento. Efectivamente, la *bilinealidad* implica que para constantes cualesquiera c_1 y c_2 y funciones w_1 y w_2, se tiene que

$$B(c_1 w_1 + c_2 w_2, u) = c_1 B(w_1, u) + c_2 B(w_2, u)$$

y simultáneamente, para funciones u_1 y u_2

$$B(w, c_1 u_1 + c_2 u_2) = c_1 B(w, u_1) + c_2 B(w, u_2)$$

El método de Galerkin

El método de Galerkin es una *aproximación* de la forma débil, donde se busca una solución aproximada u^h dentro de un subconjunto de dimensión finita $\mathcal{S}^h$, esto es, $u^h \in \mathcal{S}^h \subset \mathcal{S}$. De forma análoga, el espacio de funciones de peso $\mathcal{V}^h$ es otro subconjunto de $\mathcal{V}$, de forma que la forma débil se cumple para todo $w^h \in \mathcal{V}^h \subset \mathcal{V}$.

Gráficamente, se puede representar la aproximación del método de Galerkin en la Figura 26.2, donde se puede apreciar cómo el método de Galerkin elige la solución aproximada u^h más cercana a la solución exacta, u. Como veremos, la clave aquí está en cómo se miden las distancias en estos espacios.

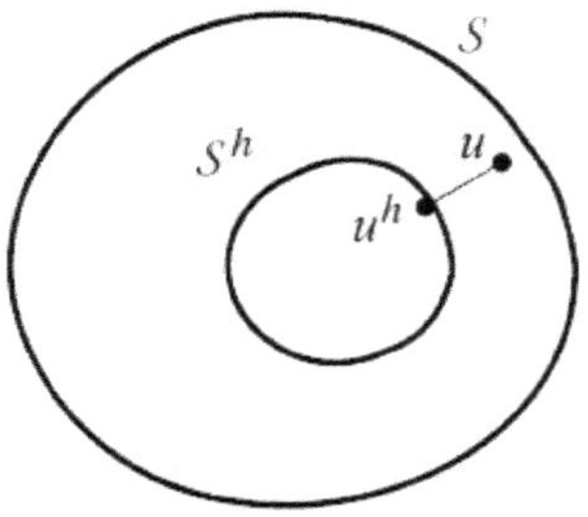

Figura 26.2: Aproximación de Galerkin. Espacios con la solución exacta y la aproximada

El método de Galerkin dice: Dadas las funciones campo de velocidad a, coeficiente de difusividad $\kappa \geq 0$, y término fuente f y las constantes g_0 y h_1, encontrar la función $u^h \in \mathcal{S}^h$ de forma que para toda función $w^h \in \mathcal{V}^h$ se cumple que:

$$(G) \left\{ B(w^h, u^h) = L(w^h) \right.$$

Consistencia del método de Galerkin: Ortogonalidad del error

Se puede demostrar fácilmente que en el método de Galerkin el error cometido por la solución numérica, $e = u^h - u$, es ortogonal a todas las funciones del espacio $\mathcal{V}^h$, con respecto a la forma bilineal $B(\cdot,\cdot)$. Como consecuencia, el método de Galerkin elige la solución aproximada con menor distancia a la solución exacta (pero siempre con respecto a la métrica impuesta por el operador bilineal), como muestra gráficamente la Fig. 26.1.

Matemáticamente, esto se escribe como

$$B(w^h, u^h - u) = 0$$

propiedad que también se denomina *consistencia* del método.

En efecto, dado que $w^h \in \mathcal{V}^h \subset \mathcal{V}$, la solución exacta satisface

$$B(w^h, u) = L(w^h) \qquad \forall\, w^h \in \mathcal{V}^h$$

Por otro lado, la solución numérica satisface el método de Galerkin,

$$B(w^h, u^h) = L(w^h) \qquad \forall\, w^h \in \mathcal{V}^h$$

Restando estas dos últimas expresiones y aplicando la propiedad de bilinealidad del operador $B(\cdot,\cdot)$ se llega al resultado deseado.

Construcción del problema matricial

El método de Galerkin reduce el problema a un número finito de grados de libertad, que puede ser resuelto por técnicas de álgebra.

El primer paso a dar es explicitar los espacios de funciones $\mathcal{S}^h$ y $\mathcal{V}^h$ a través de la elección de las *funciones base* o *funciones de forma*, $N_A: \overline{\Omega} \to \mathbb{R}$, $A = 1,2, \ldots n$ que conforman los espacios de funciones. Entonces, las *funciones de peso* se expresan como la combinación lineal siguiente, de forma que para c_A constantes,

$$w^h(x) = \sum_{A=1}^{n} c_A\, N_A(x)$$

Notar que las funciones de peso deben cumplir las condiciones de contorno esenciales homogéneas, con lo que $w^h(0) = 0$, y esto obliga a que por definición, las funciones de forma han de cumplir también que

$$N_A(0) = 0$$

En el caso de las *funciones solución*, para cumplir la condición de contorno de Dirichlet, se define una nueva función de forma, $N_0(x)$, tal que $N_0(0) = 1$. Así, haciendo que la constante $d_0 = g_0$ se utilice para cumplir la condición de contorno esencial, el espacio de funciones de $\mathcal{S}^h$ se puede definir como la combinación lineal

$$u^h(x) = \sum_{B=0}^{n} d_B\, N_B(x)$$

donde d_B con constantes desconocidas (excepto para $B = 0$, que es un dato).

Susbtituyendo las expresiones de las funciones de peso y de las funciones solución en (G), el método de Galerkin, se obtiene:

$$B\left(\sum_{A=1}^{n} c_A\, N_A(x), \sum_{B=0}^{n} d_B\, N_B(x)\right) = L\left(\sum_{A=1}^{n} c_A\, N_A(x)\right) \qquad \forall\, c_A$$

Utilizando la propiedad de bilinealidad de $B(\cdot,\cdot)$ y linealidad de $L(\cdot)$, se llega a

$$\sum_{A=1}^{n} c_A G_A = 0 \qquad \forall\, c_A$$

Como las constantes c_A, $A = 1,2, \dots n$, son arbitrarias, obtenemos un sistema de n ecuaciones:

$$G_A = 0 \qquad A = 1,2, \dots n$$

Cuando la forma débil es lineal en la incógnita, el sistema de ecuaciones es lineal y se puede escribir en forma matricial. Efectivamente,

$$G_A = \sum_{B=1}^{n} B(N_A(x), N_B(x))\, d_B + B(N_A(x), N_0(x)) d_0 - L\big(N_A(x)\big)$$

Como ejercicio se deja al lector comprobar esta expresión. El anterior sistema de ecuaciones se puede escribir matricialmente como

$$\boldsymbol{K}\,\boldsymbol{d} = \boldsymbol{F}$$

donde $\boldsymbol{K} = [K_{AB}]$ es la matriz de rigidez, $\boldsymbol{d} = [d_B]$ es el vector de incógnitas y $\boldsymbol{F} = [F_B]$ es el vector de carga. Más concretamente

$$K_{AB} = B(N_A(x), N_B(x))$$
$$F_A = L\big(N_A(x)\big) - B(N_A(x), N_0(x))\, d_0$$

Ejemplo: El espacio de funciones lineales a trozos

El método de elementos finitos implica una elección particular de las funciones de forma, que está basada en la división del dominio en pequeñas zonas llamadas elementos, de medida Ω^e. Los elementos no pueden solaparse ($\Omega^e \cap \Omega^{e'} = \emptyset$ para $e \neq e'$) y su unión tiene que dar todo el dominio ($\bigcup_{e=1}^{n_{el}} \Omega^e = \Omega$, con n_{el} el número de elementos). Dentro de cada elemento se representa la solución a través de funciones polinómicas. Las funciones polinómicas son independientes entre elementos, de ahí el nombre de funciones a trozos. Posteriormente, se empalman con criterios de continuidad.

Por ejemplo, para el caso unidimensional, el espacio de funciones lineales a trozos daría lugar a las funciones de forma representadas en la Fig. 26.2. Las coordenadas x_A indican la posición de los nodos A y cada elemento, e, se corresponde con un intervalo $\Omega^e = [x_{e-1}, x_e]$, $e = 1,2, \dots n$.

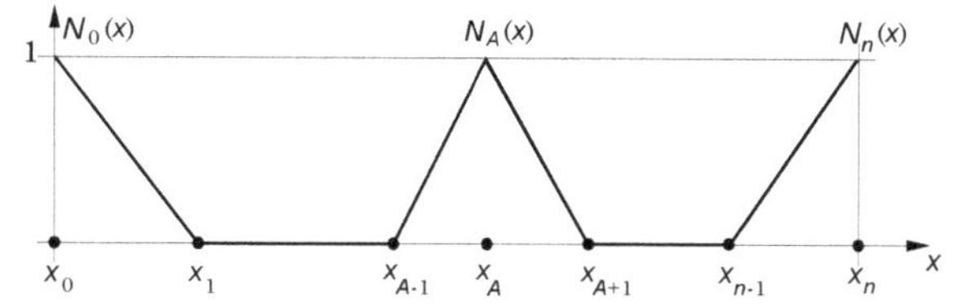

Fig. 26.3: Funciones de forma del espacio de funciones lineales a trozos

A cada nodo A, se asocia una función de forma global $N_A(x)$. Las funciones de forma se suelen definir de forma que cumplen que son la unidad en su propio nodo y cero en el resto de nodos:

$$N_A(x_B) = \delta_{AB}$$

Representación de las funciones de forma: Punto de vista del elemento

En la práctica, por motivos de simplicidad e implementación, las funciones de forma no se definen con respecto a las coordenadas globales, x, sino con respecto a un sistema de referencia local, ξ. De este modo, las funciones de forma son iguales para todos los elementos, y luego se transforman individualmente al contexto global a través de una transformación, $x(\xi)$.

La Fig. 26.4 muestra la definición de las funciones de forma lineales dentro de un elemento y su transformación a las coordenadas globales.

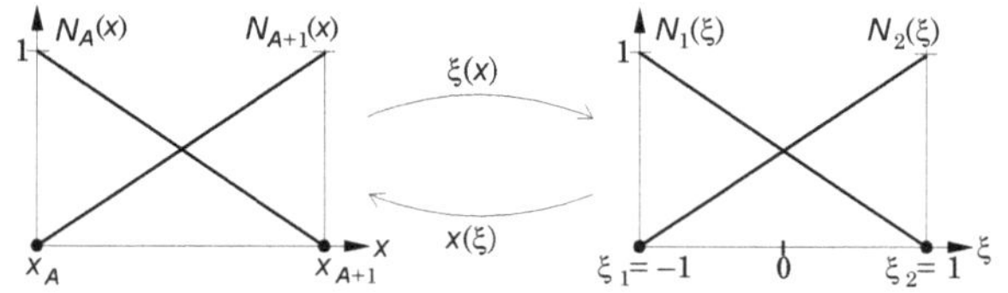

Fig. 26.4: Funciones de forma lineales locales y su transformación con las coordenadas globales

Efectivamente, las funciones de forma quedan definidas en coordenadas locales como

$$N_a(\xi) = \frac{1}{2}(1 + \xi_a \xi) \qquad a = 1,2$$

Los índices en minúsculas nos recuerdan que se trata de datos en el sistema local, en el que en este caso, hay dos nodos, $a = 1, 2$. La transformación entre coordenadas locales y globales se puede representar con las mismas funciones de forma (dando lugar a un elemento de tipo isoparamétrico),

$$x^e(\xi) = N_1(\xi)x_1^e + N_2(\xi)x_2^e$$

donde x_a^e es la coordenada del nodo local a del elemento e. Esta transformación origina una correspondencia lineal entre las coordenadas locales y globales.

Asimismo, para calcular derivadas globales se utiliza la regla de la cadena aplicada a la transformación anterior. Esto es,

$$\frac{dN_a}{dx} = \frac{dN_a(\xi)}{d\xi}\frac{d\xi}{dx}$$

En el caso de las funciones de forma lineales,

$$\frac{dN_a}{dx} = \frac{\xi_a}{2}\frac{2}{h^e} = \begin{cases} -\dfrac{1}{h^e} & a = 1 \\ \dfrac{1}{h^e} & a = 2 \end{cases}$$

Matrices y vectores locales o elementales. El ensamblaje

La mayor parte de las componentes de la matriz de rigidez $\boldsymbol{K}$ son nulas. Con el objeto de reducir el coste computacional, se calculan directamente las componentes no nulas a través de la utilización de las matrices $\boldsymbol{k}^e$ y vectores $\boldsymbol{f}^e$ locales o elementales, en las que las integrales se extienden sobre un único elemento. Además, como estas matrices están definidas para cada elemento, solamente recorren los nodos locales. Por tanto, si $\boldsymbol{k}^e = [k_{ab}^e]$ es la matriz de rigidez local, y $\boldsymbol{f}^e = [f_b^e]$ es el vector de carga local, para el espacio de funciones de forma lineales sus dimensiones son 2×2 y 2×1, respectivamente, con lo que pierden su posicionamiento en la matriz global. Más concretamente, las componentes de la matriz y vector locales son

$$k_{ab}^e = B^e\big(N_a(x), N_b(x)\big) = \int_{\Omega^e} \big(N_a\, aN_{b,x} + N_{a,x}\, \kappa N_{b,x}\big)\, d\Omega$$
$$f_b^e = L^e\big(N_b(x)\big) - B^e\big(N_b(x), N_0(x)\big)\, d_0$$

Para la ecuación de transporte unidimensional, se puede comprobar que estas matrices son para a, κ y f constantes

$$\boldsymbol{k}^e = \frac{a}{2}\begin{bmatrix} -1 & 1 \\ -1 & 1 \end{bmatrix} + \frac{\kappa}{h^e}\begin{bmatrix} 1 & -1 \\ -1 & 1 \end{bmatrix}$$
$$\boldsymbol{f}^e = \frac{h^e}{2}\begin{Bmatrix} f \\ f \end{Bmatrix} + \begin{Bmatrix} 0 \\ (a/2 + \kappa/h^e)g_0\delta_{1e} + h_1\delta_{ne} \end{Bmatrix}$$

Se propone al lector que deduzca las anteriores expresiones.

Al perder las matrices locales su posicionamiento global, es necesaria una operación de ensamblaje, que utiliza estructuras de datos de las mallas no estructuradas. Simbólicamente, este proceso se representa como

$$\boldsymbol{K} = \bigwedge_{e=1}^{n} \boldsymbol{k}^{e}$$
$$\boldsymbol{F} = \bigwedge_{e=1}^{n} \boldsymbol{f}^{e}$$

donde $\wedge$ representa el operador ensamblaje. Típicamente, para el caso escalar más sencillo puede utilizarse la matriz de direccionamiento indirecto denominada *conectividad*, $\text{ien}(\cdot,\cdot)$, que define cómo están interconectados los nodos por los elementos. En particular, siguiendo la nomenclatura de [1],

$$\text{ien}(a,e) = A \qquad \begin{cases} 1 \le a \le n_{en} & \text{número de nodo local} \\ 1 \le e \le n_{el} & \text{número de elemento} \\ 1 \le A \le n_{np} & \text{número de nodo global} \end{cases}$$

donde n_{en} es el número de nodos por elemento, en este caso igual a 2; n_{el} es el número de elementos de la malla, en este caso igual a n; y n_{np} es el número de nodos globales de la malla (en este caso empezarían en $A = 0$). Para tener en cuenta las condiciones de contorno, se construye una matriz similar, $\text{lm}(\cdot,\cdot)$, que para cada elemento e y nodo local a, nos dice el número de ecuación correspondiente, P,

$$\text{lm}(a,e) = \begin{cases} P & 1 \le P \le n_{eq} \ \text{número de ecuación global} \\ 0 & \text{No hay ecuación si hay condición de contorno esencial} \end{cases}$$

De esta forma, el nodo local a del elemento e iría a parar a la posición $P = \text{lm}(a,e)$ de la matriz y vectores globales. Un algoritmo simplificado para el ensamblaje, sin tener en cuenta las condiciones de contorno es el siguiente (Algoritmo 26.1).

Lectura de datos	
Construcción lm	(inicialización)
$\boldsymbol{K} = \boldsymbol{0}$	
$\boldsymbol{F} = \boldsymbol{0}$	
for $e = 1,2, \ldots n_{el}$	(bucle sobre elementos)
Calcular $\boldsymbol{k}^e$ y $\boldsymbol{f}^e$	
for $a = 1, \ldots n_{en}$	(ensamblaje)
$P = \mathrm{lm}(a, e)$	
for $b = 1, \ldots n_{en}$	
$Q = \mathrm{lm}(b, e)$	
$K_{PQ} = K_{PQ} + k_{ab}^e$	
end for	
$F_P = F_P + f_a^e$	
end for	
end for	
$\boldsymbol{d} = \boldsymbol{K}^{-1} \boldsymbol{F}$	(resolución)

Algoritmo 26.1: Algoritmo simplificado de elementos finitos con ensamblaje sin condiciones de contorno

Para más información de la operación de ensamblaje y matrices y vectores de posicionamiento indirecto, el lector puede consultar [1], [2].

Tras el ensamblaje, para h^e constante, el sistema de ecuaciones para la ecuación modelo de esta sección quedaría como sigue:

$$\begin{bmatrix} 2\kappa/h^e & -\kappa/h^e + a/2 & 0 & & \cdots & & 0 \\ 0 & & \ddots & & & & \vdots \\ \vdots & & -\kappa/h^e - a/2 & 2\kappa/h^e & -\kappa/h^e + a/2 & & \vdots \\ \vdots & & & & \ddots & & 0 \\ 0 & & \cdots & & 0 & -\kappa/h^e - a/2 & \kappa/h^e + a/2 \end{bmatrix} \begin{Bmatrix} d_1 \\ \vdots \\ d_A \\ \vdots \\ d_n \end{Bmatrix} = \begin{Bmatrix} fh^e/2 + (a/2 + \kappa/h^e)g_0 \\ \vdots \\ fh^e \\ \vdots \\ fh^e/2 + h_1 \end{Bmatrix}$$

que es equivalente a una discretización de diferencias centradas multiplicada por h^e.

Aplicación a un caso particular

Apliquemos el método de Galerkin al caso particular de la ecuación de transporte, sin término fuente, $f = 0$, con coeficientes constantes y con dos condiciones de contorno esenciales,

$$(F) \begin{cases} au_{,x} = (\kappa u_{,x})_{,x} \\ u(0) = g_0 \\ u(1) = g_1 \end{cases}$$

con $g_0 = 0$ y $g_1 = 1$. Se deja al lector como ejercicio el planteamiento de la forma débil, la definición de los espacios de funciones y la discretización final de las ecuaciones.

El método de Galerkin, al generar una discretización centrada, produce soluciones monónotonas u oscilatorias en función del número de Peclet del elemento,

$$\alpha = \frac{ah^e}{2\kappa}$$

Como es de esperar, pueden aparecer soluciones oscilatorias (que no inestables) para $\alpha > 1$. En la Fig. 26.5 pueden verse dos soluciones para distintos α, conjuntamente con la solución exacta.

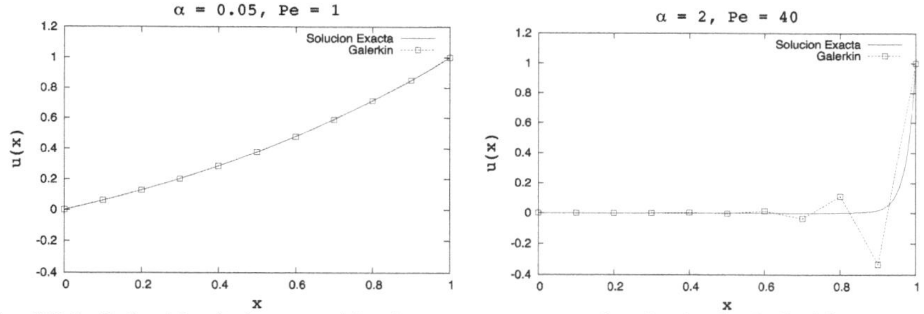

Fig. 26.5: Solución de la ecuación de transporte por el método de Galerkin, según el valor del número de Peclet del elemento, α.

Veremos más adelante una de las soluciones del método de elementos finitos para introducir discretizaciones descentradas: *los métodos estabilizados*.

La ecuación de transporte multidimensional

En esta sección se presenta la ecuación de transporte mutidimensional (bidimensional y tridimensional). Los conceptos presentados en la sección anterior son extensibles al caso multidimensional, aplicándose el método de elementos finitos de la misma forma. Empezaremos por recordar la forma diferencial de la ecuación del transporte lineal, para luego presentar su forma integral. Luego se planteará el método de Galerkin.

Forma fuerte, diferencial o clásica

Plantearemos la forma no conservativa de la ecuación de transporte en dos y tres dimensiones. Sea $\Omega \subset \mathbb{R}^{n_{sd}}$ un dominio espacial abierto, de dimensión n_{sd} y contorno Γ. El contorno se divide en dos trozos, Γ_g y Γ_h, de intersección nula $\Gamma_g \cap \Gamma_h = \emptyset$ y

$\Gamma_g \cup \Gamma_h = \Gamma$. En Γ_g y Γ_h se impondrán, respectivamente, las condiciones de contorno esenciales y naturales.

La forma diferencial de la ecuación del transporte es: Dados las funciones campo de velocidad $\boldsymbol{a}$ incompresible, el coeficiente de difusividad $\kappa \geq 0$, el término independiente f y las condiciones de contorno esenciales $g\colon \Gamma_g \to \mathbb{R}$, y naturales $h\colon \Gamma_h \to \mathbb{R}$, encontrar $u\colon \overline{\Omega} \to \mathbb{R}$, de forma que

$$(F)\begin{cases} \boldsymbol{a}\cdot\boldsymbol{\nabla}u = \boldsymbol{\nabla}\cdot(\kappa\boldsymbol{\nabla}u) \quad +f & \text{en } \Omega \\ u = g & \text{en } \Gamma_g \\ \kappa\boldsymbol{\nabla}u\cdot\boldsymbol{n} = h & \text{en } \Gamma_h \end{cases}$$

donde $\boldsymbol{n}$ es el vector nomal exterior al dominio. La condición de contorno natural h representa flujo por difusión hacia *dentro* del dominio. Recordemos de mecánica de fluidos que la incompresibilidad del campo de velocidad implica que $\boldsymbol{\nabla}\cdot\boldsymbol{a} = 0$.

Forma débil, integral o variacional

Tal y como se mostró en la sección correspondiente de la ecuación unidimensional de transporte, se deduce la forma débil. En este caso, emplear el teorema de Gauss o de la divergencia facilita la aplicación de integración por partes [1].

Se definen los correspondientes espacios de funciones solución $\mathcal{S}$ y funciones de peso funciones, $\mathcal{V}$,

$$\mathcal{S} = \{u \mid u \in H^1, u = g \text{ en } \Gamma_g\}$$
$$\mathcal{V} = \{w \mid w \in H^1, w = 0 \text{ en } \Gamma_g\}$$

La forma débil se expresa como sigue (para más información, ver por ejemplo [3] y [8]). Dados las funciones campo de velocidad $\boldsymbol{a}$ incompresible, el coeficiente de difusividad $\kappa \geq 0$, el término independiente f y las condiciones de contorno esenciales $g\colon \Gamma_g \to \mathbb{R}$, y naturales $h\colon \Gamma_h \to \mathbb{R}$, encontrar la función $u \in \mathcal{S}$ de forma que para toda función $w \in \mathcal{V}$ se cumple que:

$$(D)\left\{ \int_\Omega (w\boldsymbol{a}\cdot\boldsymbol{\nabla u} + \boldsymbol{\nabla}w\cdot\kappa\boldsymbol{\nabla}u)\, d\Omega = \int_\Omega wf\, d\Omega + \int_{\Gamma_h} wh\, d\Gamma \right.$$

Para este problema, también se puede introducir la correspondiente forma bilineal, de forma que la anterior expresión equivale a

$$(D)\left\{ B(w,u) = L(w) \quad \forall w \in \mathcal{V} \right.$$

con

$$B(w,u) \stackrel{\text{def}}{=} \int_{\Omega} (w\boldsymbol{a} \cdot \boldsymbol{\nabla} u + \boldsymbol{\nabla} w \cdot \kappa \boldsymbol{\nabla} u)\, d\Omega$$

y

$$L(w) \stackrel{\text{def}}{=} \int_{\Omega} wf\, d\Omega + \int_{\Gamma_h} wh\, d\Gamma$$

Método de Galerkin

De esta forma, el método de Galerkin consiste en buscar soluciones aproximadas dentro de espacios de funciones de dimensión finita, $\mathcal{S}^h$ y $\mathcal{V}^h$, que satisfagan la forma débil. Queda por tanto expresado como:

Dados las funciones campo de velocidad $\boldsymbol{a}$ incompresible, el coeficiente de difusividad $\kappa \geq 0$, el término independiente f y las condiciones de contorno esenciales $g: \Gamma_g \to \mathbb{R}$, y naturales $h: \Gamma_h \to \mathbb{R}$, encontrar la función $u^h \in \mathcal{S}^h$ de forma que para toda función $w^h \in \mathcal{V}^h$ se cumpla que:

$$(G) \left\{ B(w^h, u^h) = L(w^h) \quad \forall w^h \in \mathcal{V}^h \right.$$

Construcción del problema matricial

Una vez elegidos los espacios solución y de funciones de peso, y, por tanto, las funciones de forma $N_A: \overline{\Omega} \to \mathbb{R},\ A = 1,2, \ldots n_{np}$, se procede de forma análoga a la presentada en las sección precedente, transformándose el problema integral en un sistema algebraico de ecuaciones:

$$\boldsymbol{K}\, \boldsymbol{d} = \boldsymbol{F}$$

donde $\boldsymbol{K} = [K_{AB}]$ es la matriz de rigidez, $\boldsymbol{d} = [d_B]$ es el vector de incógnitas y $\boldsymbol{F} = [F_B]$ es el vector de carga. Más concretamente

$$K_{AB} = B(N_A(x), N_B(x))$$

$$F_A = L\big(N_A(x)\big) - \sum_{C \in \eta_g} B(N_A(x), N_C(x))\, d_C$$

siendo η_g el conjunto de nodos pertenecientes al contorno con condiciones de contorno esenciales, Γ_g.

De igual forma, aplican los conceptos de matrices y vectores locales, procediéndose al ensamblaje de los mismos para obtener la matrices y vectores globales. En el caso multidimensional, las integrales se calculan a través de integración numérica. El algoritmo sería similar al presentado en Algoritmo 26.1.

Ejemplo: El cuadrilátero bilineal

Este elemento es el equivalente al elemento lineal a trozos, pero extendido a dos dimensiones. De hecho, las funciones de forma se definen por el producto tensorial de funciones de forma unidimensionales. El resultado es una función de forma piramidal, cuya base está formada de varios cuadriláteros, y con el vértice en el nodo central (ver Fig. 26.6).

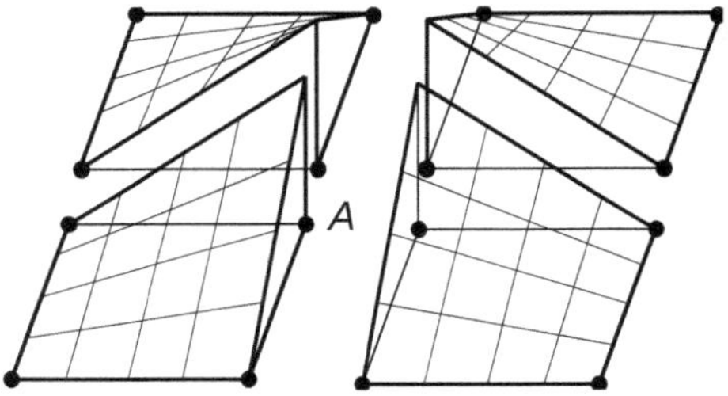

Fig. 26.6: Función de forma global formada por cuatro elementos cuadriláteros adyacentes que contienen el nodo A

En coordenadas locales, las funciones de forma del elemento cuadrilátero bilineal se definen de acuerdo a la Fig. 26.7, y

$$N_a(\xi,\eta) = \frac{1}{4}(1+\xi_a\xi)\,(1+\eta_a\eta) \qquad a = 1,2,3,4$$

donde las coordenadas locales de los nodos son

a	ξ_a	η_a
1	-1	-1
2	+1	-1
3	+1	+1
4	-1	+1

Tabla 26.1: Coordenadas locales del elemento cuadrilátero bilineal

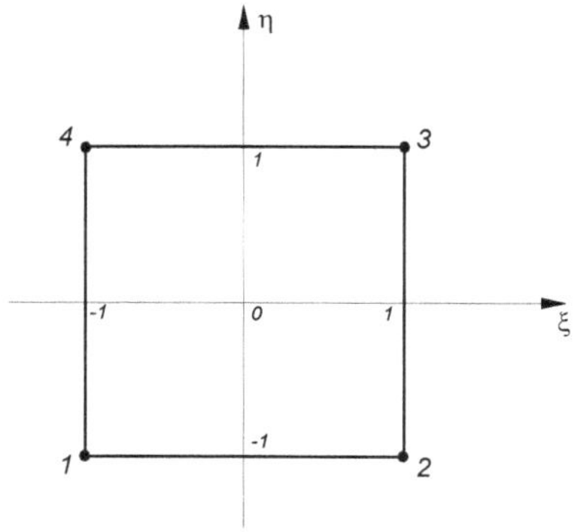

Fig. 26.7: Definición del elemento cuadrilátero en coordenadas locales

Como ocurría en el caso unidimensional, aquí también hay que transformar las derivadas locales en derivadas globales a través de la *regla de la cadena*. En forma matricial, empleando $(\boldsymbol{\xi}_{,x})$, en el caso bidimensional esta transformación se puede rescribir utilizando la matriz jacobiana como

$$\left\{\frac{\partial N_a}{\partial x} \quad \frac{\partial N_a}{\partial y}\right\} = \left\{\frac{\partial N_a}{\partial \xi} \quad \frac{\partial N_a}{\partial \eta}\right\} \begin{bmatrix} \frac{\partial \xi}{\partial x} & \frac{\partial \xi}{\partial y} \\ \frac{\partial \eta}{\partial x} & \frac{\partial \eta}{\partial y} \end{bmatrix}$$

En la práctica, la matriz $(\boldsymbol{\xi}_{,x})$ no se calcular, pero sí su inversa, $(\boldsymbol{x}_{,\xi})$. Para elementos bilineales cuadrados de lado h^e y alineados con los ejes coordenados, las componentes de la matriz jacobiana $(\boldsymbol{x}_{,\xi})$ son 0 ó $h^e/2$.

Aplicación: Convección inclinada con respecto a la malla

Aplicamos el método de Galerkin al problema de convección inclinada con la malla en un dominio cuadrado, $(0,1) \times (0,1)$, con condiciones de contorno de Dirichlet en todo el contorno del dominio. La Fig. 26.7 muestra la solución para dos números de Peclet del elemento. Efectivamente, para números $\alpha > 1$ la solución es oscilatoria.

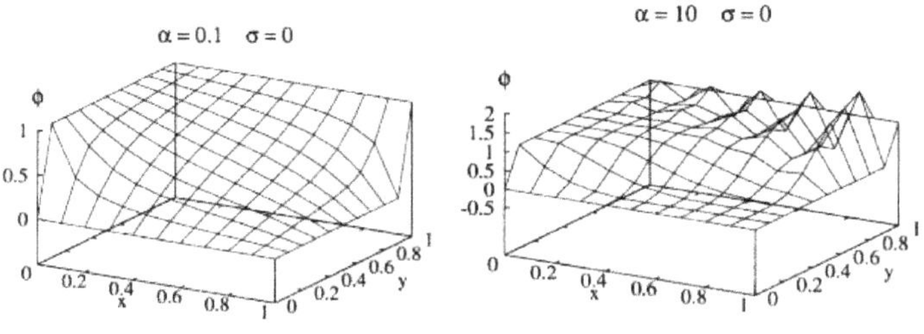

Fig. 26.8: Soluciones por el método de Galerkin para dos valores de α [8].

Los métodos estabilizados

El método de Galerkin produce discretizaciones centradas, que pueden dar lugar a soluciones globalmente oscilatorias para números de Peclet del elemento mayores de la unidad, esto es, $\alpha > 1$. Clásicamente, este tipo de oscilaciones se han venido eliminando a través de la discretización del término convectivo con fórmulas de tipo descentrado (upwind). En el método de elementos finitos, esto se puede realizar de forma variacional a través de los *métodos estabilizados*, como SUPG [4], GLS o SGS [5],[6]. Físicamente, estos métodos modifican las funciones de peso, de forma que la información se transmite aguas abajo.

En general, los métodos estabilizados (ME) introducen una integral adicional en la forma débil. En efecto, la forma débil de un método estabilizado se puede escribir de forma general como sigue: Dados las funciones campo de velocidad $\boldsymbol{a}$ incompresible, el coeficiente de difusividad $\kappa \geq 0$, el término independiente f y las condiciones de contorno esenciales $g\colon \Gamma_g \to \mathbb{R}$, y naturales $h\colon \Gamma_h \to \mathbb{R}$, encontrar la función $u^h \in \mathcal{S}^h$ de forma que para toda función $w^h \in \mathcal{V}^h$ se cumple que:

$$(ME)\left\{\; B_{ME}(w^h, u^h) = L_{ME}(w^h) \quad \forall w^h \in \mathcal{V}^h \right.$$

donde

$$B_{ME}(w^h, u^h) = B(w^h, u^h) + \int_{\tilde{\Omega}} \mathbb{L}w^h\, \tau\, (\boldsymbol{a} \cdot \boldsymbol{\nabla} u - \boldsymbol{\nabla} \cdot (\kappa \boldsymbol{\nabla} u))\; d\Omega$$

$$L_{ME}(w^h) = L(w^h) + \int_{\tilde{\Omega}} \mathbb{L}w^h\, \tau\, f\; d\Omega$$

Diferentes definiciones del operador diferencial $\mathbb{L}$ originan diferentes métodos, tal y como se recoge en la Tabla 26.2. La selección del parámetro τ^e es esencial, pues es parámetro responsable de *estabilizar* la solución manteniendo su *precisión*. Para SUPG, este parámetro se toma habitualmente como [4]:

$$\tau^e = \frac{h^e}{2|a|}\left(\coth \alpha - \frac{1}{\alpha}\right)$$

aunque otras aproximaciones son habituales.

Método	$\mathbb{L}w$
SUPG	$\boldsymbol{a} \cdot \boldsymbol{\nabla} w$
GLS	$\boldsymbol{a} \cdot \boldsymbol{\nabla} w - \boldsymbol{\nabla} \cdot (\kappa \boldsymbol{\nabla} u)$

SGS	$\boldsymbol{a} \cdot \boldsymbol{\nabla} w + \boldsymbol{\nabla} \cdot (\kappa \boldsymbol{\nabla} u)$

Tabla 26.2: Definiciones del operador $\mathbb{L}$ para la ecuación de transporte según el método estabilizado

Para la discretización y estabilización del término reactivo, ver por ejemplo [7].

Aplicación a un caso unidimensional

Apliquemos ahora los métodos estabilizados al primer ejemplo de convección-difusión unidimensional, sin término fuente, $f = 0$, con coeficientes constantes y con dos condiciones de contorno esenciales,

$$(F)\begin{cases} au_{,x} = (\kappa u_{,x})_{,x} \\ u(0) = g_0 \\ u(1) = g_1 \end{cases}$$

con $g_0 = 0$ y $g_1 = 1$. En la Fig. 26.9 pueden verse las soluciones numéricas para dos números de Peclet del elemento, donde ahora las soluciones numéricas son nodalmente exactas. En efecto, ahora la solución se ha estabilizado y no presenta oscilaciones para cualquier valor de α.

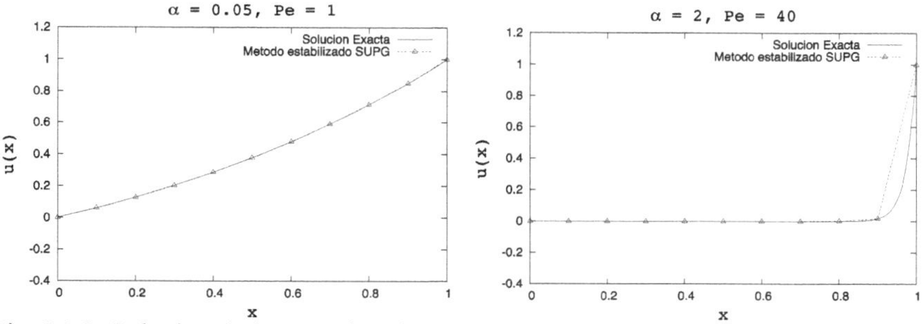

Fig. 26.9: Solución de la ecuación de transporte por el método estabilizado SUPG, para dos valores del número de Peclet del elemento, α.

Aplicación a un caso multidimensional

Apliquemos ahora el método estabilizado SGS al problema anterior de convección inclinada con respecto a la malla. Observamos ahora en la Fig. 26.10 que para ambos valores del número de Peclet del elemento, α, la solución no presenta oscilaciones.

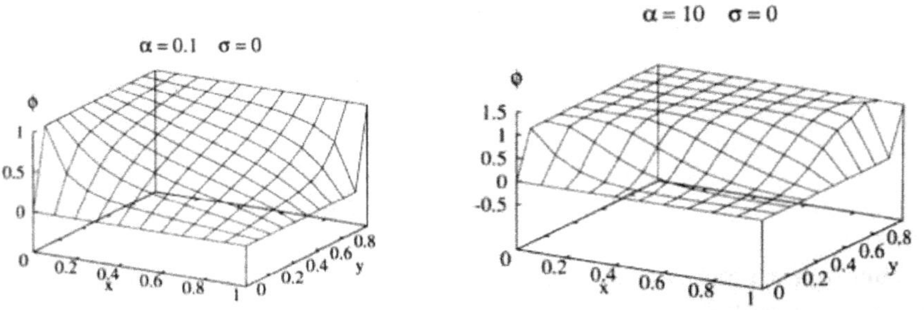

Fig. 26.10: Soluciones por el método de SGS para dos valores de α [7].

Referencias

[1] Hughes, TJ.R.; The finite element method: Linear static and dynamic finite element analysis, Dover Publications, New York, 2000.

[2] Löhner, R.; Applied CFD Techniques: An introduction based on finite element methods, Wiley, Chichester, 2001.

[3] Donea, J., Huerta, A.; Finite Element Methods for Flow Problems, Wiley, Chichester, 2003.

[4] Brook, A.N.; Hughes, T.J.R.; Streamline upwind/Petrov–Galerkin formulations for convection dominated flows with particular emphasis on the incompressible Navier–Stokes equations; Comp. Meth. in Appl. Mech. and Engrng., Vol. 32, páginas 199-259, 1982.

[5] Hughes, T.J.R.; Franca, L; Scovazzi, G; Multiscale and Stabilized Methods; Enciclopedia of Computational Mechanics, Vol III:, Wiley, 2004.

[6] Franca, L.; Hauke G.; Masud, A; Revisiting stabilized finite element methods for the advective–diffusive equation; Comp. Meth. in Appl. Mech. and Engrng., Vol. 195, páginas 1560-1572, 2006.

[7] Hauke, G.; A simple subgrid scale stabilized method for the advection–diffusion-reaction equation; Comp. Meth. in Appl. Mech. and Engrng., Vol. 191, páginas 2925-2947, 2001.

[8] Hauke, G.; Introducción al método de elementos finitos, Universidad de Zaragoza, 2007.

Capítulo 27
Velocidades de reacción dominadas por la cinética y por la mezcla

Eduardo Brizuela

Reactantes no premezclados

Cinética dominante:

Vimos que la ecuación de transporte de la especie química y_i era:

$$\frac{\partial(\bar{\rho}\tilde{y}_i)}{\partial t}+\frac{\partial(\bar{\rho}\tilde{u}_j\tilde{y}_i)}{\partial x_j}=\frac{\partial}{\partial x_j}\left(\bar{\rho}D_i\frac{\partial\tilde{y}_i}{\partial x_j}\right)+W_i\bar{w}_i,$$

donde

$$\bar{w}_i=(\nu'_i-\nu_i)\bar{w},\text{ y}$$

$$\bar{w}\cong k(\tilde{T})\bar{\rho}^{\sum_i\nu_i}\frac{\prod_i\tilde{y}_i^{\nu_i}}{\prod_i W_i^{\nu_i}}.$$

La velocidad de reacción puede utilizarse para estimar un tiempo característico de la química τ_c; si también definimos un tiempo característico de la mezcla τ_m podemos definir un número de Damkohler

$$Da=\tau_m/\tau_c$$

de tal modo que si $Da\ll 1$ el tiempo $\tau_c\gg\tau_m$ y la velocidad de reacción es la que domina por ser más lenta que la mezcla.
En otras palabras, si $Da\ll 1$ tenemos el caso en que la cinética es dominante.

Mezcla dominante

Si la cinética es mucho más rápida que la mezcla, el estado instantáneo de la mezcla estará totalmente determinado por la composición original, es decir, por la fracción de mezcla f.
En el caso de flujo turbulento, la reacción de mezcla f estará descripta por una función aleatoria, y se conocerá su forma y sus momentos de primero, segundo, etc, órdenes.

Modelo de mezcla rápida

Para el caso de mezcla dominante (mezcla lenta respecto a la cinética), basamos el análisis en la ecuación de un solo paso. Consideremos la reacción

$$F+rO\rightleftarrows(r+1)P,$$

donde

F: "fuel", uno de los reactantes, el que corresponde a f=1

O: "oxidante", el reactante que corresponde a f=0
r: factor estequiométrico, kg de oxidante por kg de F
P: productos
La reacción está escrita en forma estequiométrica, y sin balasto o especies inertes (ej: N_2)

En este caso deducimos inmediatamente que hay dos zonas, $f \geq f_s$ y $f \leq f_s$, donde f_s es el valor estequiométrico de f.

Para $f \geq f_s$

$$\begin{cases} y_F = y_B\left(f - f_s\right) \\ y_O = 0 \\ y_P = \left(1+r\right) y_B f_s \left(1-f\right) \end{cases},$$

y para $f \leq f_s$

$$\begin{cases} y_F = 0 \\ y_O = r y_B\left(f_s - f\right) \\ y_P = \left(1+r\right) y_B f \left(1-f_s\right) \end{cases},$$

donde

$$\begin{cases} y_B = \dfrac{y_{F,1}}{1-f_s} = \dfrac{y_{O,2}}{r f_s} \\ f_s = \dfrac{y_{O,2}}{r y_{F,1} + y_{O,2}} \end{cases},$$

siendo

$$\begin{cases} y_{F,1} = y_F \text{ en el chorro 1} \\ y_{O,2} = y_O \text{ en el chorro 2} \end{cases}.$$

Esto produce el gráfico y-f típico de la reacción de un solo paso ya visto.

La fracción de mezcla promedio responde a la ecuación de transporte

$$\frac{\partial\left(\bar{\rho}\tilde{f}\right)}{\partial t} + \frac{\partial\left(\bar{\rho}\tilde{u}_j\tilde{f}\right)}{\partial x_j} = \frac{\partial}{\partial x_j}\left(\bar{\rho} D_f \frac{\partial \tilde{f}}{\partial x_j}\right).$$

Más adelante se verán las posibilidades de modelar otros momentos de f a fin de definir la ecuación de distribución de f en flujo turbulento. Por el momento definimos la ecuación de distribución turbulenta

$$P = P\left(\rho, f, \vec{x}\right)$$

que nos determina la probabilidad de encontrar simultáneamente los valores instantáneos de ρ y f en el punto $\vec{x} \equiv x, y, z$.

De aquí definimos la función Favre de distribución

$$\tilde{P}(f,\vec{x}) = \frac{1}{\bar{\rho}} \int_0^{\infty} \rho P(\rho, f, \vec{x}) d\rho ,$$

de modo que si Q=Q(f)

$$\tilde{Q} = \int_0^1 Q(f)\tilde{P} df, \text{ etc.}$$

En el caso de cinética rápida podemos considerar que las concentraciones son las de equilibrio (a esa temperatura y presión), por lo que

$$y_i = y_i^e(f).$$

Luego,

$$y_i(\vec{x}) = \int_0^1 y_i^e(f)\tilde{P} df,$$

$$\tilde{T}(\vec{x}) = \int_0^1 T^e(f)\tilde{P} df,$$

$$\bar{\rho}(\vec{x}) = \frac{\int_0^{\infty} \rho^e(f) P(\rho^e(f), f, \vec{x}) d\rho}{\tilde{P}(f,\vec{x})} = \frac{\rho^e(f) P(f,\vec{x})}{\tilde{P}(f,\vec{x})} .$$

En la última

$$\bar{\rho}(\vec{x})\tilde{P}(f,\vec{x}) = \rho^e(f) P(f,\vec{x}) ,$$

$$\bar{\rho}(\vec{x}) \frac{\tilde{P}(f,\vec{x})}{\rho^e(f)} = P(f,\vec{x}) .$$

Integrando con respecto a f

$$\bar{\rho}(\vec{x}) = \frac{1}{\int_0^1 \frac{\tilde{P}(f,\vec{x})}{\rho^e(f)} df},$$

es decir

$$\frac{1}{\bar{\rho}} = \int_0^1 \frac{\tilde{P}(f)}{\rho^e(f)} df ,$$

o bien

$$\bar{\rho} = \int_0^1 \rho^e(f) P(f) df.$$

Con estas definiciones podemos integrar las expresiones instantáneas de y_F , y_O e y_P para hallar los promedios:

$$\tilde{y}_F = y_B \int_{f_s}^1 (f - f_s)\tilde{P} df,$$

$$\tilde{y}_O = r y_B \int_0^{f_s} (f_s - f)\tilde{P} df,$$

$$\tilde{y}_P = (r+1) y_B \left[(1-f_s) \int_0^{f_s} f\tilde{P} df + f_s \int_{f_s}^1 (1-f)\tilde{P} df \right],$$

donde hemos omitido $\vec{x}$ ya que estas expresiones se aplican a un punto $\vec{x} \equiv x, y, z$

El cambio de expresiones entre la zona pobre $(f \le f_s)$ y rica $(f \ge f_s)$ puede obviarse utilizando las expresiones

$$\tilde{y}_F = y_F^e(\tilde{f}) + \alpha y_B g^{1/2} J_1\left(\frac{f_s - \tilde{f}}{g^{1/2}}\right),$$

$$\tilde{y}_O = y_{FO}^e(\tilde{f}) + \alpha r y_B g^{1/2} J_1\left(\frac{f_s - \tilde{f}}{g^{1/2}}\right),$$

$$\tilde{y}_P = y_P^e(\tilde{f}) - \alpha(r+1) y_B g^{1/2} J_1\left(\frac{f_s - \tilde{f}}{g^{1/2}}\right),$$

donde $g = f''^2$ es la varianza o segundo momento de f, y

$$J_1\left(\frac{f_s - \tilde{f}}{g^{1/2}}\right) = \int_0^{f_s} \frac{f_s - \tilde{f}}{g^{1/2}} \tilde{P} df - H(f_s - \tilde{f}) \frac{f_s - \tilde{f}}{g^{1/2}},$$

siendo $H(f_s - \tilde{f})$ la función de Heaviside

$$H = 1 \text{ para } f_s - \tilde{f} \geq 0$$
$$H = 0 \text{ para } f_s - \tilde{f} \leq 0 \, .$$

Los valores de equilibrio como $y_F^e(\tilde{f})$ se obtienen de programas de equilibrio como ya se vió, entrando con $\tilde{f}$ y $\tilde{T}$. Para reacciones irreversibles de un solo paso $\alpha = 1$, y para otras, algo menor (digamos, 0.8).
J_1 es la integral de falta de mezclado, "unmixedness", que sólo es función de la función de distribución $\tilde{P}$. En la variable reducida $z_s = \frac{f_s - \tilde{f}}{g^{1/2}}$:

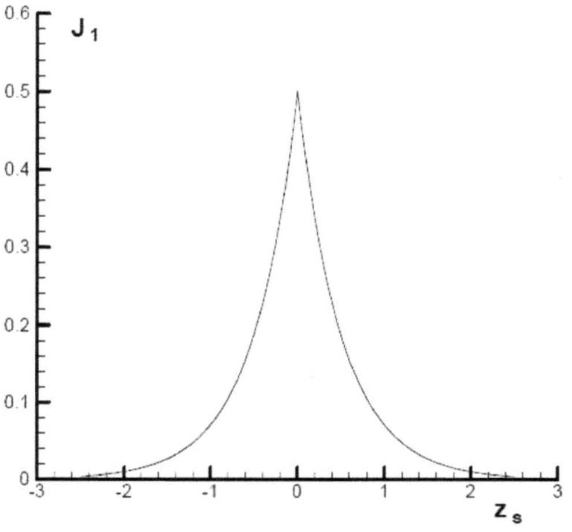

Figura 27.1: Función J_1

La forma de J_1 es bastante independiente de la función $\tilde{P}$, y puede ser simplemente aproximada por

$$J_1(z_s) = 0.45\, e^{-|z_s|}.$$

Finalmente, para $\bar{\rho}$ y $\tilde{T}$:

$$\frac{1}{\bar{\rho}} = \frac{1}{\rho(\tilde{f})} - \alpha \frac{\left[\frac{1}{\rho(f_s)} - \frac{1-f_s}{\rho(0)} + \frac{f_s}{\rho(1)}\right]}{f_s(1-f_s)} J_1 g^{1/2},$$

$$\tilde{T} = T(\tilde{f}) - \alpha \frac{\left[T(f_s) - (1-f_s)T(0) + f_s T(1)\right]}{f_s(1-f_s)} J_1 g^{1/2},$$

donde $\rho(0) = \rho(f=0,\ \text{equilibrio})$, $T(1) = T(f=1,\ \text{equilibrio})$, etc.

Este modelo entonces permite calcular los promedios de concentraciones, densidad y temperatura conociendo los valores de $\tilde{f}, \tilde{g}$ y el equilibrio químico. Como las condiciones de equilibrio químico son a su vez función de T, se requiere una solución iterativa. Más comúnmente se adoptan como valores de equilibrio los de la reacción instantánea, dada por las relaciones lineales

$$y_F^e(\tilde{f}) = y_F(\tilde{f}) = y_B(\tilde{f} - f_s) \text{ para } f \geq f_s$$
$$= 0 \text{ para } f \leq f_s, \text{ etc.}$$

Queda por determinar la función de distribución.

Funciones de distribución

Si representamos la probabilidad de f en función de f para distintos tipos de casos de mezcla obtenemos los diagramas típicos:

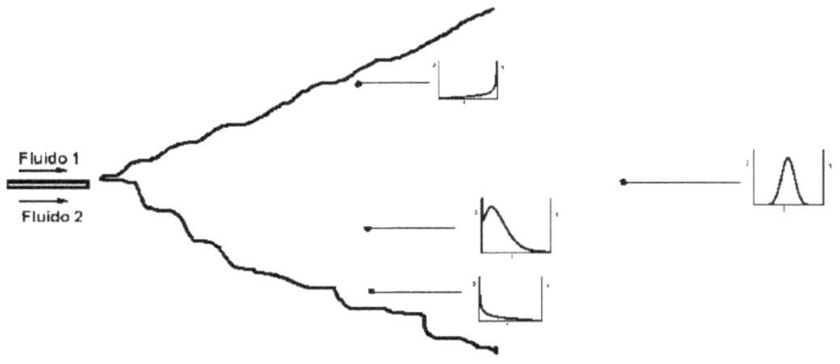

Figura 27.2: Distribuciones de probabilidades

Los picos en cero y uno indican que hay un número (alto) de casos de medición de fluido puro.

Una forma de modelar la función de distribución de f es asumir un grado de intermitencia $\tilde{I}$ tal que si $\tilde{I}=0$ estamos en uno de los fluidos puros, y si $\tilde{I}=1$ estamos en el fluido mezcla. El fluido mezcla tiene una función de distribución de f $\tilde{P}_1(f)$, de media $\tilde{f}_t$ y varianza $\tilde{g}_t = f_t''^2$, y definimos

$$\tilde{f} = \tilde{I}\,\tilde{f}_t\ ,$$

$$\tilde{g} = \tilde{I}\left[\tilde{g}_t + \left(\tilde{f}_t - \tilde{f}\right)^2\right] + \left(1-\tilde{I}\right)\left(\tilde{f}\right)^2,$$

$$\tilde{I} = \frac{1.25}{\tilde{g}\Big/\left(\tilde{f}\right)^2 + 1},$$

$$\tilde{g}_t = \frac{1}{2}\left(\tilde{f}_t\right)^2,$$

$$\tilde{P}_1(f) = \frac{1.023}{\sqrt{2\pi}}\,e^{-\left(\frac{\left(f-\tilde{f}_t\right)^2}{2\tilde{g}_t}\right)} \quad \text{(Gaussiana)},$$

y

$$\tilde{P}(f) = \left(1-\tilde{I}\right)\delta(f) + \tilde{I}\,\tilde{P}_1(f)\,.$$

El procedimiento es como sigue:

1) Obtener $\tilde{f}$ y $\tilde{g}$ de ecuaciones de transporte.

2) Calcular $\tilde{f}_t$ y $\tilde{g}_t$.

3) Calcular $\tilde{I},\ 0 \le \tilde{I} \le 1$.

4) Formar $\tilde{P}(f)$

Otro método consiste en obtener $\tilde{f}$ y $\tilde{g}$ y utilizar la función Beta:

$$\tilde{P}(f) = \frac{\Gamma\left(\beta_1+\beta_2\right)}{\Gamma\left(\beta_1\right)\Gamma\left(\beta_2\right)} f^{\beta_1-1}\left(1-f\right)^{\beta_2-1},$$

donde

$$\Gamma(\beta) = \int_0^1 x^{\beta_1-1} e^{-x} dx\,,$$

$$\beta_1 = \tilde{f}\left[\frac{\tilde{f}\left(1-\tilde{f}\right)}{\tilde{g}} - 1\right],\ \text{y}$$

$$\beta_2 = \left(1-\tilde{f}\right)\left[\frac{\tilde{f}\left(1-\tilde{f}\right)}{\tilde{g}} - 1\right],$$

cuya forma (para una media de 0.5) es:

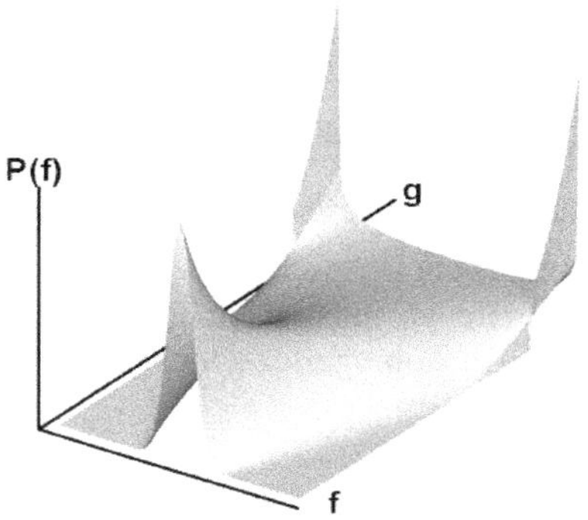

Figura 27.3: Función Beta

Es decir, aparenta ser adecuada para flujos de mezcla, con picos en f=0 y f=1 proporcionales a la posición de $\tilde{f}$.

El segundo momento de f

Una ecuación de transporte para $\tilde{g} = f''^2$ puede obtenerse de la ecuación de f, resultando

$$\bar{\rho}\tilde{u}_j \frac{\partial \tilde{g}}{\partial x_j} = -2\overline{\rho u_j'' f''} \frac{\partial \tilde{f}}{\partial x_j} - \frac{\partial}{\partial x_j}\left(\overline{\rho u_j'' f''^2}\right) - 2\overline{\rho D \left(\frac{\partial f''}{\partial x_j}\right)^2} .$$

Esta ecuación es modelada según Jones y Whitelaw [1] como

$$\bar{\rho}\tilde{u}_j \frac{\partial \tilde{g}}{\partial x_j} = C_{D,1}\left(\frac{\partial \tilde{f}}{\partial x_j}\right)^2 + \frac{\partial}{\partial x_j}\left(\frac{\mu_t}{\sigma_g}\frac{\partial \tilde{g}}{\partial x_j}\right) - C_{D,2}\frac{\bar{\rho}\tilde{\varepsilon}}{\tilde{\kappa}}\tilde{g} .$$

donde $C_{D,1} = 2.8$ y $C_{D,2} = 2.0$.

Notar que $\left(\frac{\partial \tilde{f}}{\partial x_j}\right)^2$ es en realidad

$$\frac{\partial \tilde{f}}{\partial x_j}\frac{\partial \tilde{f}}{\partial x_j} \equiv \left(\frac{\partial \tilde{f}}{\partial x}\right)^2 + \left(\frac{\partial \tilde{f}}{\partial y}\right)^2 + \left(\frac{\partial \tilde{f}}{\partial z}\right)^2 .$$

El término

$$\chi = 2D\frac{\partial f''}{\partial x_j}\frac{\partial f''}{\partial x_j}$$

es la disipación del escalar, y es la medida en que f' desaparece, o bien en que desaparece la inhomogeneidad de la mezcla (aunque no la turbulencia). En el modelo de Jones y Whitelaw

$$\tilde{\chi} \simeq 2\tilde{g}\frac{\tilde{\varepsilon}}{\tilde{\kappa}},$$

lo que implica relacionar la disipación escalar como el cociente de la dispersión $\tilde{g}$ y la escala de tiempo de la turbulencia κ / ε.

Este modelo es muy importante ya que relaciona la mezcla (basada en el escalar conservado f) y su disipación u homogeinización con el nivel de turbulencia y su velocidad de disipación ε.

La velocidad de reacción

Bilger [2] ha demostrado que

$$\omega_i = -\rho D \frac{\partial f}{\partial x_j}\frac{\partial f}{\partial x_j}\frac{d^2 y_i^e}{df^2}.$$

Tomando promedios, y con

$$\chi = 2D\frac{\partial f}{\partial x_j}\frac{\partial f}{\partial x_j}$$

$$\bar{\omega}_i = -\frac{1}{2}\bar{\rho}\int_0^1\int_0^\infty \frac{d^2 y_i^e}{df^2}\tilde{P}(\chi, f)\,d\chi df,$$

siendo $\tilde{P}(\chi, f)$ la función de distribución Favre de χ y f conjuntas.

Para el combustible y para química rápida, la segunda derivada de y_F^e sólo existe cerca de f_s (el quiebre del diagrama). Luego, la integral respecto a f se simplifica y nos queda

$$\bar{\omega}_F = -\frac{1}{2}\bar{\rho}y_B\tilde{\chi}(f_s)\tilde{P}(f_s),$$

donde $\tilde{\chi}(f_s)$ es la media de χ en $f = f_s$.

Notar que esta fórmula relaciona la disipación del escalar, $\tilde{\chi}$, con la velocidad de reacción $\bar{\omega}_F$. Estamos considerando cinética rápida por lo que es razonable esperar que la velocidad de reacción dependa más de la mezcla que de la composición.

El método EBU

El modelo de Eddy Break-up (ruptura de torbellinos) se debe a Magnussen [3] y otros. En esencia dice que la velocidad de reacción en el caso de cinética rápida es función de una concentración y un tiempo.

La concentración es la del componente deficiente, o de menor concentración. En nuestra nomenclatura, será y_F o bien y_O / r.

El tiempo es aquel de vida de un torbellino, ya que en una situación de mezcla turbulenta dos torbellinos, uno de F y otro de O deben destruirse para que las dos especies se mezclen hasta nivel molecular, y la reacción química pueda tener lugar. Un tiempo adecuado es κ / ε. Luego,

$$\bar{\omega}_F = -A_1 \bar{\rho} \frac{\varepsilon}{\kappa} \bar{y}_L ,$$

$$\bar{y}_L \equiv \bar{y}_F ; \bar{y}_O / r ,$$

donde A_1, es una constante empírica.

El valor de A, es comúnmente 2 aunque varios autores han propuesto desde 0.4 hasta 7. Si adoptamos al modelo de Jones y Whitelaw, donde

$$\tilde{\chi}_s \simeq 2 \frac{\tilde{\varepsilon}}{\tilde{\kappa}} \tilde{g} ,$$

y sabiendo que

$$\bar{y}_L = y_B \tilde{g}^{1/2} J_1(z_s) ,$$

resulta

$$A_1 = \frac{\tilde{P}(f_s)}{J_1(z_s)} .$$

Estos valores han sido calculados para la función Beta y Gaussiana, y sus gráficas son típicamente:

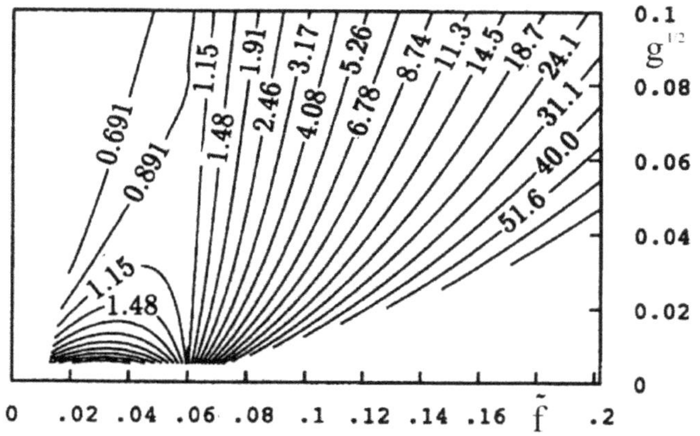

Figura 27.4: Parámetro A_1

Una forma empírica de A_1 es

$$\bar{\omega}_F = 4 \bar{\rho} \frac{\tilde{\varepsilon}}{\tilde{\kappa}} \frac{\bar{y}_F}{\left(1 + r\bar{y}_F / \bar{y}_O\right)} \sqrt{\frac{r\bar{y}_F}{\bar{y}_O}} .$$

En resumen, el modelo EBU de Magnussen tiene una base teórica (con la hipótesis de Jones y Whitelaw), y se logran reproducir los valores de las constantes experimentales.

Velocidad de reacción

En el caso en que la velocidad de reacción esté dominada por la mezcla (cinética rápida) vimos que una expresión adecuada es la forma EBU

$$\bar{\omega}_{F,EBU} = -A_1 \bar{\rho} \frac{\varepsilon}{\kappa} \bar{y}_L ,$$

Si la velocidad de reacción es dominada por la cinética, es decir, la cinética es mucho más lenta que la mezcla, las variaciones turbulentas en la composición media pueden ser despreciadas y escribir la velocidad de reacción, por ejemplo, para la reacción $F + rO \rightarrow (r+1)P$, como

$$\bar{\omega}_{F,C} = -\bar{\rho}^2 \bar{y}_F \bar{y}_O k e^{-E/RT} ,$$

es decir, la expresión de Arrhenius con las concentraciones medias.
Para formar la expresión general la forma empírica más adecuada parece ser la media armónica, para dar preponderancia a la velocidad de reacción más lenta de las dos:

$$\bar{\omega}_F = \left(\frac{1}{\bar{\omega}_{F,EBU}} + \frac{1}{\bar{\omega}_{F,C}} \right)^{-1} .$$

Reactantes premezclados

Hemos visto la ecuación de transporte del avance de reacción:

$$\frac{\partial\left(\bar{\rho}\,\tilde{\Theta}\right)}{\partial t} + \frac{\partial\left(\bar{\rho}\tilde{u}_j\,\tilde{\Theta}\right)}{\partial x_j} = \frac{\partial}{\partial x_j}\left(\bar{\rho} D_\Theta \frac{\partial\,\tilde{\Theta}}{\partial x_j} \right) + \bar{w}_\Theta .$$

Queda por definir el modelo de la velocidad de reacción $\bar{\omega}_\Theta$.

Química rápida

Par el caso en que la zona de reacción es delgada, vale decir, química rápida, se puede aplicar el modelo EBU como

$$\bar{\omega}_\Theta \simeq C_{EBU} \bar{\rho} \frac{\tilde{\varepsilon}}{\tilde{\kappa}} \sqrt{\Theta''^2} ,$$

donde C_{EBU} es del orden de A_1.
Si la zona de reacción es muy delgada el avance de reacción Θ toma solo dos valores, cero en los reactantes y 1 en los productos. Luego, podemos aproximar $\Theta^2 = \Theta$ y modelar

$$\bar{\rho}\Theta''^2 = \bar{\rho}\tilde{\Theta}\left(1 - \tilde{\Theta}\right),$$

con lo que queda

$$\bar{\omega}_\Theta \approx C_{EBU}\bar{\rho}\frac{\tilde{\varepsilon}}{\tilde{\kappa}}\tilde{\Theta}\left(1-\tilde{\Theta}\right).$$

Química lenta

En este caso modelamos en forma similar al caso no premezclado. Asumimos que existe un modelo de composición de la mezcla en función del avance de reacción o bien cinético (por ejemplo, de equilibrio químico) por lo que, si definimos una función de distribución de probabilidades $P(\Theta)$ las fracciones de masa se podrán obtener de

$$\tilde{y}_i = \int_0^1 y_i(\Theta)\tilde{P}(\Theta)d\Theta .$$

Igualmente la velocidad de reacción se obtendrá como

$$\bar{\omega}_\Theta = \int_0^1 \omega(\Theta)\tilde{P}(\Theta)d\Theta .$$

Para continuar es necesario definir la función de distribución que usualmente se asume ser la función Beta. Esto requiere el cómputo de la varianza $\tilde{q} = \Theta''^2$.

El segundo momento del avance de reacción

Una ecuación de transporte para la varianza del avance de reacción se puede deducir a partir de la de avance, obteniéndose:

$$\bar{\rho}\tilde{u}_j\frac{\partial\tilde{q}}{\partial x_j} = 2\bar{\rho}D\left(\frac{\partial\tilde{q}}{\partial x_j}\right)^2 + \frac{\partial}{\partial x_j}\left(\bar{\rho}D_{ef}\frac{\partial\tilde{q}}{\partial x_j}\right) - 2\frac{\bar{\rho}\tilde{\varepsilon}}{\tilde{\kappa}}\tilde{q} + 2\overline{\Theta''\omega(\Theta)} .$$

Se aprecia que es muy similar a la ecuación de la varianza de fracción de mezcla, salvo por el agregado de la última correlación, que se calcula como

$$\overline{\Theta''\omega(\Theta)} = \int_0^1\left(\Theta-\tilde{\Theta}\right)\omega(\Theta)\tilde{P}(\Theta)d\Theta .$$

La velocidad de reacción

Igualmente que en el caso de las reacciones no premezcladas, es aconsejable adoptar la media armónica de las velocidades de reacción EBU y cinéticas.

Modelos de equilibrio y bases de datos

Bases de datos

Las propiedades físicas, químicas y de transporte de las sustancias gaseosas pueden hallarse en varías Bases de Datos.

La referencia básica la forman las tablas de JANAF [4] (Joint Army- Navy – Air Force), originalmente compiladas en los laboratorios Dow en Michigan, USA. Estas tablas (y sus Addenda o añadidos) se obtienen del US Dept. of Commerce, National Bureau of Standards, Institute for Applied Technology.

En estas Tablas se listan, para un gran número de gases y algunos sólidos y líquidos, el calor específico, la entropía, la entalpía y la función de energía de libre de Gibbs en función de la temperatura. También se dan las constantes de equilibrio, los calores de formación y otras constantes.

Información más fácil de utilizar se encuentra en las bases de datos de la NASA, principalmente en dos publicaciones:

En la primera [5], el calor específico a volumen constante, la entalpía total y la entropía se han expresado como series de potencias de la temperatura:

$$\frac{C_P}{R} = a_1 + a_2 T + a_3 T^2 + a_4 T^3 + a_5 T^4 ,$$

$$\frac{H^0}{RT} = a_1 + \frac{a_2}{2} T + \frac{a_3}{3} T^2 + \frac{a_4}{4} T^3 + \frac{a_5}{5} T^4 + \frac{a_6}{T} ,$$

$$\frac{S^0}{R} = a_1 \ln T + a_2 T + \frac{a_3}{2} T^2 + \frac{a_4}{3} T^3 + \frac{a_5}{4} T^4 + a_7 .$$

El superíndice 0 se refiere al estado estándar de 1atm, 0°C.

La información está dada en el siguiente formato:

	Registro 1
	Registro 2
	Registro 3
	Registro 4

Registro 1: Nombre de la especie (18A1), fecha (6A1), símbolos atómicos y fórmula (4(2A1,I3), fase (S,L,G) (A1), temperatura baja (E10.0), temperatura alta (E10.0) temperatura común (E8.0), más símbolos atómicos y fórmula (si es necesario) 2A1, I3, número 1.

Registro 2: coeficientes a_1-a_5, intervalo superior de temperatura (común → alta), (5E15.0), número 2

Registro 3: coeficientes, a_6 y a_7 del intervalo superior. Coeficientes a_1-a_3 del intervalo inferior (5E15.0), número 3

Registro 4: coeficientes a_4-a_7, intervalo superior, número 4

En la versión revisada de 1993 [6] se listan coeficientes y además, en el registro 4, último bloque, se da $H^0 / R(298)$.

En esta versión también se dan los parámetros de transporte viscosidad, conductividad térmica y un parámetro de interacción viscosa. Para los tres:

$$\left.\begin{array}{l}\ln\eta\\ \ln\lambda\\ \ln\eta_{ij}\end{array}\right\} = A\ln T + \frac{B}{T} + \frac{C}{T^2} + D\,.$$

La viscosidad resulta en micro Poise (μP), la conductividad en μW/cm/K, y las unidades de η_{ij} son las mismas que las de η.
La estructura es como la anterior pero con hasta 17 registros que contienen:

Registro 1: Nombre (A15), segunda especie (para η_{ij}) (A15), V(A1), número de intervalos de viscosidad (I1), C(A1), número de intervalos de conductividad (I1), comentarios (A40).

Registro 2: V ó C (A1), primera y última temperatura del intervalo (2F9.2), coeficientes A-D (4E15.8)

Registros 3-17: como el registro 2
Las η_{ij} sólo están dadas para He-Ar, Ar-Kr y CH_4-CF_4

Modelos de equilibrio

El más popular de los programas de equilibrio es CHEMKIN, listado y publicado en Kee et al. [7].
La versión PC de CHEMKIN (CHEMKIN-PC) está disponible para corer en PC´s con un compilador FORTRAN.
El programa CHEMKIN requiere dos archivos de entrada: xxxx.dat y xxxx.in
El archivo xxxx.dat debe copiarse al archivo INRATE y puede tener la estructura sencilla de:

```
ELEMENTS
C H O N
SPECIES
CH4 CO2 H2O CO H2 N2 CH3 H O OH HCO HO2 CH2O O2 CH3O H2O2 C
END
```

o bien incluir reacciones con sus constantes A, β y E de

$$k = AT^{-\beta} e^{-E/RT}\,.$$

El siguiente ejemplo es el archivo INRATE para la combustión del Propano en aire:

```
ELEMENTS
 H  O  C  N
END
SPECIES
```

```
CH4 O2 N2 H2O CO2 H O OH HO2 H2 CO HCO CH2O CH3 C3H8 N*C3H7
I*C3H7 C3H6 C2H6 C2H5 CH3HCO C2H4 C2H3 CH2CO C2H2 HCCO C2H CH2
CH
END
REACTIONS
     O2 + H=OH + O                  1.200E17    -0.91    16530.
     H2 + O=OH + H                  1.5E7        2.0      7560.
     H2 + OH=H2O + H                1.000E08     1.6      3300.
     OH + OH=H2O + O                1.500E09     1.14      100.
     H +O2 + M - HO2 + M            2.00E18     -0.8         0.
          H2O/18.6/ CO2/4.2/ H2/2.86/ CO/2.11/ O2/0.0/ N2/1.26/
    HO2 +H-OH +OH                   1.500E14    0.0       1000.
    HO2 +H-H2 +O2                   2.500E13    0.0        690.
    HO2 +H-H2O +O                   3.000E13    0.0       1720.
    HO2 +OH-H2O +O2                 2.000E13    0.0         0.0
    CO +OH=CO2 +H                   4.400E06    1.5       -740.
    CH4 + H = H2 + CH3              2.200E04    3.0       8760.
    CH4 + OH - H2O + CH3            1.600E06    2.1       2460.
    CH3 + O  - CH2O + H             7.000E13    0.           0.
    CH3 + OH - CH2O + H + H         4.500E14    0.       15500.
    CH3 + OH - CH2O + H2            8.000E12    0.           0.
    CH3 + H - CH4                   1.9E36      -7.0      9066.
    CH2O +H-HCO +H2                 2.500E13    0.        4000.
    CH2O +OH - HCO +H2O             3.000E13    0.        1200.
    HCO + H - CO + H2               2.0E14      0.           0.
    HCO + OH - CO + H2O             1.0E14      0.           0.
    HCO +O2- CO +HO2                3.000E12    0.           0.
    HCO +M - CO+H+M                 7.100E14    0.       16820.
    CH3 + CH3 - C2H6                1.0E38      -7.66     9500.
    C2H6 + H - H2 + C2H5            5.400E02    3.5       5215.
    C2H6 + OH - H2O + C2H5          6.300E06    2.0        645.
    C2H5 - C2H4 + H                  1.0E38     -7.71    49000.
    C2H5 + H - CH3 + CH3            3.000E13    0.           0.
    C2H5 + O2 - HO2 + C2H4          2.000E12    0.        5000.
    C2H4 + OH - C2H3 + H2O          7.000E13    0.        3000.
    C2H3 = C2H2 + H                 1.600E32    -5.5     46290.
    C2H3 + O2 - CH2O + HCO          .500E12     0.           0.
    C2H3 + O - CH2CO + H            3.000E13    0.           0.
    CH2CO + H - CH3 + CO            7.000E12    0.        3000.
    CH2CO + OH -CH2O + HCO          1.000E13    0.           0.
    C2H2 + O - HCCO + H             4.300E14    0.       12130.
    C2H2 + O - CH2 + CO             4.100E08    1.5       1700.
    C2H2 + OH - H2O + C2H           1.000E13    0.        7000.
    HCCO + H - CH2 + CO             3.000E13    0.           0.
    HCCO + O - CO + CO +H           1.000E14    0.           0.
```

```
    CH2 +O2 - CO2 +H +H                 6.500E12   0.     1500.
    CH2 +O2 - CO +OH +H                 6.500E12   0.     1500.
    CH2 +H=CH +H2                       4.000E13   0.        0.
    CH +O2 - HCO +O                     3.000E13   0.0       0.
    C2H + O2 - HCCO + O                 5.000E13   0.     1500.
    C2H + H2 - C2H2 + H                 1.100E13   0.0    2870.
    CH3 + H - CH2 + H2                  1.800E14   0.    15070.
    CH3 + OH - CH2 + H2O                1.5E13     0.     5000.
    CH2 + OH - CH2O + H                 2.5E13     0.        0.
    CH2 + OH - CH + H2O                 4.5E13     0.     3000.
    CH + OH - HCO + H                   3.0E13     0.        0.
    C3H8 + H - N*C3H7 + H2              1.300E14   0.     9710.
    C3H8 + OH - N*C3H7 + H2O            3.7E12     0.     1650.
    C3H8 + H - I*C3H7 + H2              1.000E14   0.     8350.
    C3H8 + OH - I*C3H7 + H2O            2.8E12     0.      860.
    N*C3H7 + H - C3H8                   2.000E13   0.        0.
    I*C3H7 + H - C3H8                   2.000E13   0.        0.
    N*C3H7 - C2H4 + CH3                 3.000E14   0.    33033.
    N*C3H7 - C3H6 + H                   1.000E14   0.0   37340.
    N*C3H7 + O2 - C3H6 + HO2            1.000E12   0.     5000.
    I*C3H7 - C3H6 + H                   2.000E14   0.    38730.
    I*C3H7 + O2 - C3H6 + HO2            1.000E12   0.     2990.
    C3H6 + OH - CH3HCO + CH3            1.0E13     0.        0.
    CH3HCO + H - CH3 + CO + H2          4.0E13     0.     4210.
    CH3HCO + OH - CH3 + CO + H2O         1.0E13    0.        0.
END
```

Notar que para las reacciones en las que el "gas de baño" o "tercer cuerpo" M interviene, se dan los coeficientes catalíticos tal que:

$$[M]=\sum a_i [i].$$

Las reacciones irreversibles se indican con el signo -, y las reversibles con =

Post-procesado

Graficadores

La resolución numérica de las ecuaciones de transporte y relaciones algebraicas dá como resultado matrices (en principio tridimensionales) donde a cada celda, identificada por sus índices (i,j,k), corresponden valores discretos de los parámetros calculados.

El número de estos parámetros es muy grande; mencionamos

- x,y,z del centro de la celda
- x,y,z del vértice P
- u, v, w

- h, T, Cp, ν
- μ_T ,k , ε
- x_i, [i], y_i, Γ_i (i puede ser varias decenas)

Para poder analizar este cúmulo de datos es necesario post-procesar la información y presentarla en forma gráfica. También es necesario poder manipular los datos para realizar interpolaciones (por ejemplo, a puntos de muestreo experimental) y cambios de unidades.
Los post-procesadores gráficos pueden ser de acceso libre (freeware) o comerciales. Entre los gratuitos se pueden mencionar XMGR [8] (sólo bidimensional) y GNUPLOT. XMGR es un excelente generador de gráficos X-Y y de isolíneas, con gran variedad de fonts, símbolos y colores; la versión tridimensional, sin embargo es comercial.
GNUPLOT es producido por la Free Software Foundation, que también produce EMACS (editor), LEMACS, GHOSTVIEW (visor de gráficos postscript), GHOSTSCRIPT (visor de textos postscript).
GNUPLOT, en su versión PC, se obtiene de INTERNET. Produce gráficos en 2 y 3 dimensiones, isolineas y de gráficos de puntos. Tiene un número reducido de fonts y alguna capacidad de gráficos en colores.
De los graficadores comerciales el más popular es TECPLOT-3D. Es un graficador muy versátil, que produce isosuperficies, sombreado, trayectorias, etc, con amplia gama de colores, superposición de gráficos, etc.
Tanto GNUPLOT como TECPLOT proveen el manipuleo de las variables para realizar cambios de unidades o creación de otras (ej: $T = t + v^2/2c_p$). GNUPLOT incorpora también funciones útiles como la función Gamma, funciones de Bessel, etc.
Tanto GNUPLOT como TECPLOT producen gráficos en varios estándares como Bitmap (BMP), TIFF, Postscript (PS), Postscript encapsulado en TIFF (EPS). Sin embargo, la baja confiabilidad de los estándares hace que rara vez un procesador, digamos de WINDOWS, puede aprovechar un gráfico BMP o TIFF producido por un procesador gráfico científico como GNUPLOT o TECPLOT. Es más seguro producir los gráficos como Postscript (PS o CPS, color postscript) e imprimirlos con un traductor que pueda enviar PS o CPS a un impresor WINDOWS. El traductor gratis (Freeware) es GHOSTVIEW, aunque no es muy confiable, y no es seguro que funcione en color. Un traductor comercial de muy bajo costo es USPC, que toma gráficos (y texto) postscript e imprime directamente en impresoras tipo deskjet y laserjet.

Post-procesado de especies menores

En ciertos casos hay especies químicas que aparecen en concentraciones tan bajas que las energías involucradas no afectan los balances, y tampoco a las concentraciones de las especies principales. En este caso se pueden computar como un post-procesado.
Si las reacciones son rápidas esto puede hacerse con un programa de equilibrio como CHEMKIN, añadiendo las reacciones relevantes. Por ejemplo, para la producción de óxidos de nitrógeno del aire, se agregaría al archivo m.dat las reacciones siguientes:

N+NO<=>N2+O	3.500E+13	.000	330.00
N+O2<=>NO+O	2.650E+12	.000	6400.00
N+OH<=>NO+H	7.333E+13	.000	1120.00
N2O+O<=>N2+O2	1.400E+12	.000	10810.00
N2O+O<=>2NO	2.900E+13	.000	23150.00
N2O+H<=>N2+OH	4.400E+14	.000	18880.00
N2O(+M)<=>N2+O(+M)	1.300E+11	.000	59620.00
HO2+NO<=>NO2+OH	2.110E+12	.000	-480.00
NO+O+M<=>NO2+M	1.060E+20	-1.41	.00
NO2+O<=>NO+O2	3.900E+12	.000	-240.00
NO2+H<=>NO+OH	1.320E+14	.000	360.00
NH+O<=>NO+H	5.000E+13	.000	.00
NH+H<=>N+H2	3.200E+13	.000	330.00
NH+OH<=>HNO+H	2.000E+13	.000	.00
NH+OH<=>N+H2O	2.000E+09	1.200	.00
NH+O2<=>HNO+O	4.610E+05	2.000	6500.00
NH+O2<=>NO+OH	1.280E+06	1.500	100.00
NH+N<=>N2+H	1.500E+13	.000	.00
NH+H2O<=>HNO+H2	2.000E+13	.000	13850.00
NH+NO<=>N2+OH	2.160E+13	-.230	.00
NH+NO<=>N2O+H	4.160E+14	-.450	.00
NH2+O<=>OH+NH	7.000E+12	.000	.00
NH2+O<=>H+HNO	4.600E+13	.000	.00
NH2+H<=>NH+H2	4.000E+13	.000	3650.00
NH2+OH<=>NH+H2O	9.000E+07	1.500	-460.00
NNH+M<=>N2+H+M	1.300E+14	-.110	4980.00
NNH+O2<=>HO2+N2	5.000E+12	.000	.00
NNH+O<=>OH+N2	2.500E+13	.000	.00
NNH+O<=>NH+NO	7.000E+13	.000	.00
NNH+H<=>H2+N2	5.000E+13	.000	.00
NNH+OH<=>H2O+N2	2.000E+13	.000	.00
NNH+CH3<=>CH4+N2	2.500E+13	.000	.00
H+NO+M<=>HNO+M	8.950E+19	-1.32	740.00
HNO+O<=>NO+OH	2.500E+13	.000	.00
HNO+H<=>H2+NO	4.500E+11	.720	660.00
HNO+OH<=>NO+H2O	1.300E+07	1.900	-950.00
HNO+O2<=>HO2+NO	1.000E+13	.000	13000.00
CN+O<=>CO+N	7.700E+13	.000	.00
CN+OH<=>NCO+H	4.000E+13	.000	.00
CN+H2O<=>HCN+OH	8.000E+12	.000	7460.00
CN+O2<=>NCO+O	6.140E+12	.000	-440.00
CN+H2<=>HCN+H	2.100E+13	.000	4710.00
NCO+O<=>NO+CO	2.350E+13	.000	.00

NCO+H<=>NH+CO	5.400E+13	.000	.00
NCO+OH<=>NO+H+CO	2.500E+12	.000	.00
NCO+O2<=>NO+CO2	2.000E+12	.000	20000.00
NCO+M<=>N+CO+M	8.800E+16	-.500	48000.00
NCO+NO<=>N2O+CO	2.850E+17	-1.52	740.00
NCO+NO<=>N2+CO2	5.700E+18	-2.00	800.00
HCN+M<=>H+CN+M	1.040E+29	-3.30	126600.00
HCN+O<=>NCO+H	1.107E+04	2.640	4980.00
HCN+O<=>NH+CO	2.767E+03	2.640	4980.00
HCN+O<=>CN+OH	2.134E+09	1.580	26600.00
HCN+OH<=>HOCN+H	1.100E+06	2.030	13370.00
HCN+OH<=>HNCO+H	4.400E+03	2.260	6400.00
HCN+OH<=>NH2+CO	1.600E+02	2.560	9000.00
H+HCN+M<=>H2CN+M	1.400E+26	-3.40	1900.00
H2CN+N<=>N2+CH2	6.000E+13	.000	400.00
C+N2<=>CN+N	6.300E+13	.000	46020.00
CH+N2<=>HCN+N	2.857E+08	1.100	20400.00
CH+N2(+M)<=>HCNN(+M)	3.100E+12	.150	.00
CH2(S)+N2<=>NH+HCN	1.000E+11	.000	65000.00
C+NO<=>CN+O	1.900E+13	.000	.00
C+NO<=>CO+N	2.900E+13	.000	.00
CH+NO<=>HCN+O	5.000E+13	.000	.00
CH+NO<=>H+NCO	2.000E+13	.000	.00
CH+NO<=>N+HCO	3.000E+13	.000	.00
CH2+NO<=>H+HNCO	3.100E+17	-1.38	1270.00
CH2+NO<=>OH+HCN	2.900E+14	-.690	760.00
CH2+NO<=>H+HCNO	3.800E+13	-.360	580.00
CH2(S)+NO<=>H+HNCO	3.100E+17	-1.38	1270.00
CH2(S)+NO<=>OH+HCN	2.900E+14	-.690	760.00
CH2(S)+NO<=>H+HCNO	3.800E+13	-.360	580.00
CH3+NO<=>HCN+H2O	9.600E+13	.000	28800.00
CH3+NO<=>H2CN+OH	1.000E+12	.000	21750.00
HCNN+O<=>CO+H+N2	2.200E+13	.000	.00
HCNN+O<=>HCN+NO	2.000E+12	.000	.00
HCNN+O2<=>O+HCO+N2	1.200E+13	.000	.00
HCNN+OH<=>H+HCO+N2	1.200E+13	.000	.00
HCNN+H<=>CH2+N2	1.000E+14	.000	.00
HNCO+O<=>NH+CO2	9.800E+07	1.410	8500.00
HNCO+O<=>HNO+CO	1.500E+08	1.570	44000.00
HNCO+O<=>NCO+OH	2.200E+06	2.110	11400.00
HCNN+O<=>CO+H+N2	2.200E+13	.000	.00
HCNN+O<=>HCN+NO	2.000E+12	.000	.00
HCNN+O2<=>O+HCO+N2	1.200E+13	.000	.00

HCNN+OH<=>H+HCO+N2	1.200E+13	.000	.00
HCNN+H<=>CH2+N2	1.000E+14	.000	.00
HNCO+O<=>NH+CO2	9.800E+07	1.410	8500.00
HNCO+O<=>HNO+CO	1.500E+08	1.570	44000.00
HNCO+O<=>NCO+OH	2.200E+06	2.110	11400.00
HNCO+H<=>H2+NCO	1.050E+05	2.500	13300.00
HNCO+OH<=>NCO+H2O	4.650E+12	.000	6850.00
HNCO+OH<=>NH2+CO2	1.550E+12	.000	6850.00
HNCO+M<=>NH+CO+M	1.180E+16	.000	84720.00
HCNO+H<=>H+HNCO	2.100E+15	-.690	2850.00
HCNO+H<=>OH+HCN	2.700E+11	.180	2120.00
HCNO+H<=>NH2+CO	1.700E+14	-.750	2890.00
HOCN+H<=>H+HNCO	2.000E+07	2.000	2000.00
HCCO+NO<=>HCNO+CO	2.350E+13	.000	.00
CH3+N<=>H2CN+H	6.100E+14	-.310	290.00
CH3+N<=>HCN+H2	3.700E+12	.150	-90.00
NH3+H<=>NH2+H2	5.400E+05	2.400	9915.00
NH3+OH<=>NH2+H2O	5.000E+07	1.600	955.00
NH3+O<=>NH2+OH	9.400E+06	1.940	6460.00

(Las unidades son moles, cm^3, seg, Kelvin, calorías/mol)
Las concentraciones así obtenidas serían las de equilibrio $[NO]^e$. Sin embargo, en el caso del Nitrógeno, las concentraciones de NO en el escape son menores que las de equilibrio en la llama, aunque mucho mayores que las de equilibrio a la temperatura de escape.
Para corregir estos e puede utilizar un parámetro λ_s [velocidad al equilibrio, en seg^{-1}] que, para una llama de hidrocarburos estequiométrica se ilustra en la figura:

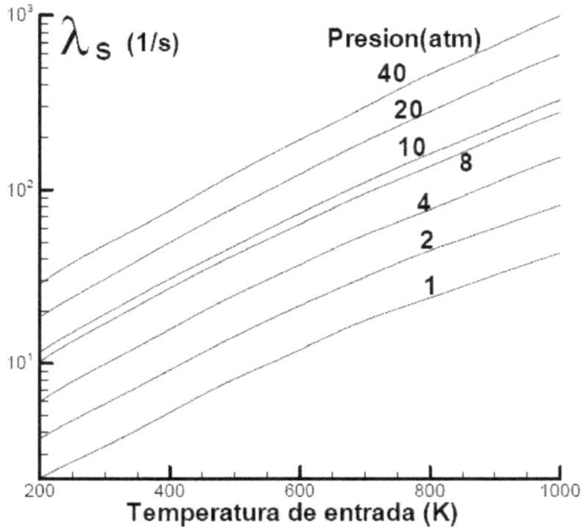

Figura 27.5: Factor de velocidad al equilibrio

Por ejemplo, para llamas a presión ambiente y y 400K de entrada al combustor, $\lambda_s \simeq 5\,s^{-1}$.

Si la llama no fuera estequiométrica se corrige λ_s con la gráfica siguiente:

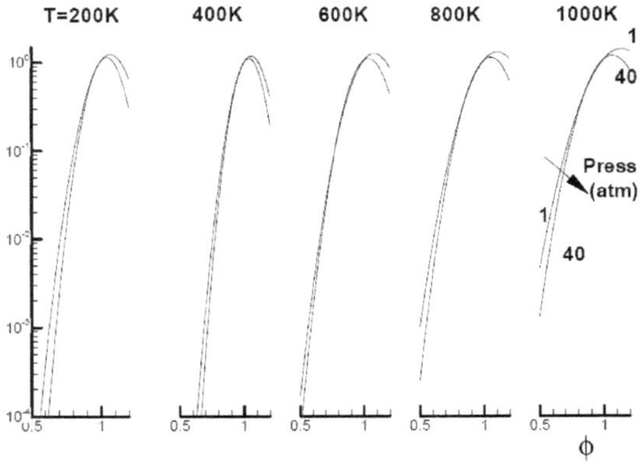

Figura 27.6: Corrección a λ_s

Obtenido λ, y nuevamente, para pequeñas concentraciones de [NO], puede calcularse

$$[NO] = \lambda \Delta t [NO]^e ,$$

donde Δt es el tiempo de residencia en la zona de llama donde fue calculado $[NO]^e$.

Referencias

[1] Jones, W. P., and Whitelaw, J. H; Calculation methods for reacting turbulent flows; Combustion and Flame, Vol. 48, páginas 1-26, 1982.

[2] Bilger, R. W.; The structure of diffusion flames; Combustion Science and Technology, Vol. 13, páginas 155-170, 1976.

[3] Magnussen, B. F., and Hertjager, B. H.; 16th. Symposium (International) on Combustion, Pittsburgh, 1977, página 719.

[4] NIST-JANAF Thermochemical Tables, 4th. Ed., Monograph No. 9 (Parts I & II), American Institute of Physics, 1998.

[5] Gordon, S. , and McBride, B.J., "Computer program for calculation of complex chemical equilibrium compositions, Rocket performance, incident and reflected shocks, and Chapman-Jouget detonations", NASA Special Publication SP-273 (1971)

[6] McBride, B.J., Gordon, S., Reno, M. "Coefficients for calculating Thermodynamic and transport properties of individual species", NASA Technical Memorandum 4513 (1993).

[7] Kee, R.J.; Miller, J.A.; and Jefferson, T.H.; CHEMKIN: a general-purpose, problem independent, transportable, fortran chemical kinetics code package; Sandia National Laboratories Report SAND80-8003, March 1980.

[8] GRACE; http://plasma-gate.weizmann.ac.il

Apéndice A: Sistemas esqueletales

Mecanismo GRI-Mech2.11 (Metano en aire)

ELEMENTOS

1. O
2. H
3. C
4. N
5. AR

ESPECIES

1. H2
2. H
3. O
4. O2
5. OH
6. H2O
7. HO2
8. H2O2
9. C
10. CH
11. CH2
12. CH2(S)
13. CH3
14. CH4
15. O
16. O2
17. HCO
18. CH2O
19. CH2OH
20. CH3O
21. CH3OH
22. C2H
23. C2H2

24. C2H3
25. C2H4
26. C2H5
27. C2H6
28. HCCO
29. CH2CO
30. HCCOH
31. N
32. NH
33. NH2
34. NH3
35. NNH
36. NO
37. NO2
38. N2O
39. HNO
40. CN
41. HCN
42. H2CN
43. HCNN
44. HCNO
45. HOCN
46. HNCO
47. NCO
48. N2
49. AR

REACCIONES	Constante	β	E
2O+M<=>O2+M	1.200E+17	-1.00	.00
O+H+M<=>OH+M	5.000E+17	-1.00	.00
O+H2<=>H+OH	5.000E+04	2.67	6290.00
O+HO2<=>OH+O2	2.000E+13	.000	.00
O+H2O2<=>OH+HO2	9.630E+06	2.00	4000.00
O+CH<=>H+CO	5.700E+13	.000	.00
O+CH2<=>H+HCO	8.000E+13	.000	.00
O+CH2(S)<=>H2+CO	1.500E+13	.000	.00
O+CH2(S)<=>H+HCO	1.500E+13	.000	.00
O+CH3<=>H+CH2O	8.430E+13	.000	.00

O+CH4<=>OH+CH3	1.020E+09	1.500	8600.00
O+CO+M<=>CO2+M	6.020E+14	.000	3000.00
O+HCO<=>OH+CO	3.000E+13	.000	.00
O+HCO<=>H+CO2	3.000E+13	.000	.00
O+CH2O<=>OH+HCO	3.900E+13	.000	3540.00
O+CH2OH<=>OH+CH2O	1.000E+13	.000	.00
O+CH3O<=>OH+CH2O	1.000E+13	.000	.00
O+CH3OH<=>OH+CH2OH	3.880E+05	.500	3100.00
O+CH3OH<=>OH+CH3O	1.300E+05	2.500	5000.00
O+C2H<=>CH+CO	5.000E+13	.000	.00
O+C2H2<=>H+HCCO	1.020E+07	2.000	1900.00
O+C2H2<=>CO+CH2	1.020E+07	2.000	1900.00
O+C2H3<=>H+CH2CO	3.000E+13	.000	.00
O+C2H4<=>CH3+HCO	1.920E+07	1.830	220.00
O+C2H5<=>CH3+CH2O	1.320E+14	.000	.00
O+C2H6<=>OH+C2H5	8.980E+07	1.920	5690.00
O+HCCO<=>H+2CO	1.000E+14	.000	.00
O+CH2CO<=>OH+HCCO	1.000E+13	.000	8000.00
O+CH2CO<=>CH2+CO2	1.750E+12	.000	1350.00
O2+CO<=>O+CO2	2.500E+12	.000	47800.00
O2+CH2O<=>HO2+HCO	1.000E+14	.000	40000.00
H+O2+M<=>HO2+M	2.800E+18	-.860	.00
H+2O2<=>HO2+O2	3.000E+20	-1.72	.00
H+O2+H2O<=>HO2+H2O	9.380E+18	-760	.00
H+O2+N2<=>HO2+N2	3.750E+20	-.720	.00
H+O2+AR<=>HO2+AR	7.000E+17	-.800	.00
H+O2<=>O+OH	8.300E+13	.000	14413.00
2H+M<=>H2+M	1.000E+18	-1.00	.00
2H+H2<=>2H2	9.000E+16	-.600	.00
2H+H2O<=>H2+H2O	6.000E+19	-1.25	.00
2H+CO2<=>H2+CO2	5.500E+20	-2.00	.00
H+HO2<=>O+H2O	3.970E+12	.000	671.00
H+HO2<=>O2+H2	2.800E+13	.000	1068.00
H+HO2<=>2OH	1.340E+14	.000	635.00
H+H2O2<=>HO2+H2	1.210E+07	2.00	5200.00
H+H2O2<=>OH+H2O	1.000E+13	.000	3600.00
H+CH<=>C+H2	1.100E+14	.000	.00

H+CH2(+M)<=>CH3(+M)	2.500E+16	-.80	.00
H+CH2(S)<=>CH+H2	3.000E+13	.000	.00
H+CH3(+M)<=>CH4(+M)	1.270E+16	-.630	383.00
H+CH4<=>CH3+H2	6.600E+08	1.62	10840.00
H+HCO(+M)<=>CH2O(+M)	1.090E+12	.480	-260.00
H+HCO<=>H2+CO	7.340E+13	.000	.00
H+CH2O(+M)<=>CH3O(+M)	5.400E+11	.454	2600.00
H+CH2O<=>HCO+H2	2.300E+10	1.05	3275.00
H+CH2OH(+M)<=>CH3OH(+M)	1.800E+13	.000	.00
H+CH2OH<=>H2+CH2O	2.000E+13	.000	.00
H+CH2OH<=>OH+CH3	1.200E+13	.000	.00
H+CH2OH<=>CH2(S)+H2O	6.000E+12	.000	.00
H+CH3O(+M)<=>CH3OH(+M)	5.000E+13	.000	.00
H+CH3O<=>H+CH2OH	3.400E+06	1.60	.00
H+CH3O<=>H2+CH2O	2.000E+13	.000	.00
H+CH3O<=>OH+CH3	3.200E+13	.000	.00
H+CH3OH<=>CH2OH+H2	1.700E+07	2.10	4870.00
H+CH3OH<=>CH3O+H2	4.200E+06	2.10	4870.00
H+C2H(+M)<=>C2H2(+M)	1.000E+17	-1.00	.00
H+C2H2(+M)<=>C2H3(+M)	5.600E+12	.000	2400.00
H+C2H3(+M)<=>C2H4(+M)	6.080E+12	.270	280.00
H+C2H3<=>H2+C2H2	3.000E+13	.000	.00
H+C2H4(+M)<=>C2H5(+M)	1.080E+12	.454	1820.00
H+C2H4<=>C2H3+H2	1.325E+06	2.53	12240.00
H+C2H5(+M)<=>C2H6(+M)	5.210E+17	-.99	1580.00
H+C2H5<=>H2+C2H4	2.000E+12	.000	.00
H+C2H6<=>C2H5+H2	1.150E+08	1.90	7530.00
H+HCCO<=>CH2(S)+CO	1.000E+14	.000	.00
H+CH2CO<=>HCCO+H2	5.000E+13	.000	8000.00
H+CH2CO<=>CH3+CO	1.130E+13	.000	3428.00
H+HCCOH<=>H+CH2CO	1.000E+13	.000	.00
H2+CO(+M)<=>CH2O(+M)	4.300E+07	1.50	79600.00
OH+H2<=>H+H2O	2.160E+08	1.51	3430.00
2OH(+M)<=>H2O2(+M)	7.400E+13	-.37	.00
2OH<=>O+H2O	3.570E+04	2.40	-2110.00
OH+HO2<=>O2+H2O	2.900E+13	.000	-500.00
OH+H2O2<=>HO2+H2O	1.750E+12	.000	320.00

OH+H2O2<=>HO2+H2O	5.800E+14	.000	9560.00
OH+CH<=>H+HCO	3.000E+13	.000	.00
OH+CH2<=>H+CH2O	2.000E+13	.000	.00
OH+CH2<=>CH+H2O	1.130E+07	2.00	3000.00
OH+CH2(S)<=>H+CH2O	3.000E+13	.000	.00
OH+CH3(+M)<=>CH3OH(+M)	6.300E+13	.000	.00
OH+CH3<=>CH2+H2O	5.600E+07	1.60	5420.00
OH+CH3<=>CH2(S)+H2O	2.501E+13	.000	.00
OH+CH4<=>CH3+H2O	1.000E+08	1.60	3120.00
OH+CO<=>H+CO2	4.760E+07	1.228	70.00
OH+HCO<=>H2O+CO	5.000E+13	.000	.00
OH+CH2O<=>HCO+H2O	3.430E+09	1.18	-447.00
OH+CH2OH<=>H2O+CH2O	5.000E+12	.000	.00
OH+CH3O<=>H2O+CH2O	5.000E+12	.000	.00
OH+CH3OH<=>CH2OH+H2O	1.440E+06	2.00	-840.00
OH+CH3OH<=>CH3O+H2O	6.300E+06	2.00	1500.00
OH+C2H<=>H+HCCO	2.000E+13	.000	.00
OH+C2H2<=>H+CH2CO	2.180E-04	4.50	-1000.00
OH+C2H2<=>H+HCCOH	5.040E+05	2.30	13500.00
OH+C2H2<=>C2H+H2O	3.370E+07	2.00	14000.00
OH+C2H3<=>H2O+C2H2	5.000E+12	.000	.00
OH+C2H4<=>C2H3+H2O	3.600E+06	2.00	2500.00
OH+C2H6<=>C2H5+H2O	3.540E+06	2.12	870.00
OH+CH2CO<=>HCCO+H2O	7.500E+12	.000	2000.00
2HO2<=>O2+H2O2	1.300E+11	.000	-1630.00
2HO2<=>O2+H2O2	4.200E+14	.000	12000.00
HO2+CH2<=>OH+CH2O	2.000E+13	.000	.00
HO2+CH3<=>O2+CH4	1.000E+12	.000	.00
HO2+CH3<=>OH+CH3O	2.000E+13	.000	.00
HO2+CO<=>OH+CO2	1.500E+14	.000	23600.00
HO2+CH2O<=>HCO+H2O2	1.000E+12	.000	8000.00
C+O2<=>O+CO	5.800E+13	.000	576.00
C+CH2<=>H+C2H	5.000E+13	.000	.00
C+CH3<=>H+C2H2	5.000E+13	.000	.00
CH+O2<=>O+HCO	3.300E+13	.000	.00
CH+H2<=>H+CH2	1.107E+08	1.79	1670.00
CH+H2O<=>H+CH2O	1.713E+13	.000	-755.00

CH+CH2<=>H+C2H2	4.000E+13	.000	.00
CH+CH3<=>H+C2H3	3.000E+13	.000	.00
CH+CH4<=>H+C2H4	6.000E+13	.000	.00
CH+CO2<=>HCO+CO	3.400E+12	.000	690.00
CH+CH2O<=>H+CH2CO	9.460E+13	.000	-515.00
CH+HCCO<=>CO+C2H2	5.000E+13	.000	.00
CH2+O2<=>OH+HCO	1.320E+13	.000	1500.00
CH2+H2<=>H+CH3	5.000E+05	2.00	7230.00
2CH2<=>H2+C2H2	3.200E+13	.000	.00
CH2+CH3<=>H+C2H4	4.000E+13	.000	.00
CH2+CH4<=>2CH3	2.460E+06	2.00	8270.00
CH2+CO(+M)<=>CH2CO(+M)	8.100E+11	.500	4510.00
CH2+HCCO<=>C2H3+CO	3.000E+13	.000	.00
CH2(S)+N2<=>CH2+N2	1.500E+13	.000	600.00
CH2(S)+AR<=>CH2+AR	9.000E+12	.000	600.00
CH2(S)+O2<=>H+OH+CO	2.800E+13	.000	.00
CH2(S)+O2<=>CO+H2O	1.200E+13	.000	.00
CH2(S)+H2<=>CH3+H	7.000E+13	.000	.00
CH2(S)+H2O(+M)<=>CH3OH(+M)	2.000E+13	.000	.00
CH2(S)+H2O<=>CH2+H2O	3.000E+13	.000	.00
CH2(S)+CH3<=>H+C2H4	1.200E+13	.000	-570.00
CH2(S)+CH4<=>2CH3	1.600E+13	.000	-570.00
CH2(S)+CO<=>CH2+CO	9.000E+12	.000	.00
CH2(S)+CO2<=>CH2+CO2	7.000E+12	.000	.00
CH2(S)+CO2<=>CO+CH2O	1.400E+13	.000	.00
CH2(S)+C2H6<=>CH3+C2H5	4.000E+13	.000	-550.00
CH3+O2<=>O+CH3O	2.675E+13	.000	28800.00
CH3+O2<=>OH+CH2O	3.600E+10	.000	8940.00
CH3+H2O2<=>HO2+CH4	2.450E+04	2.47	5180.00
2CH3(+M)<=>C2H6(+M)	2.120E+16	-.970	620.00
2CH3<=>H+C2H5	4.990E+12	.100	10600.00
CH3+HCO<=>CH4+CO	2.648E+13	.000	.00
CH3+CH2O<=>HCO+CH4	3.320E+03	2.81	5860.00
CH3+CH3OH<=>CH2OH+CH4	3.000E+07	1.50	9940.00
CH3+CH3OH<=>CH3O+CH4	1.000E+07	1.50	9940.00
CH3+C2H4<=>C2H3+CH4	2.270E+05	2.00	9200.00
HCO+H2O<=>H+CO+H2O	2.244E+18	-1.00	17000.00

HCO+M<=>H+CO+M	1.870E+17	-1.00	17000.00
HCO+O2<=>HO2+CO	7.600E+12	.000	400.00
CH2OH+O2<=>HO2+CH2O	1.800E+13	.000	900.00
CH3O+O2<=>HO2+CH2O	4.280E-13	7.60	-3530.00
C2H+O2<=>HCO+CO	5.000E+13	.000	1500.00
C2H+H2<=>H+C2H2	4.070E+05	2.40	200.00
C2H3+O2<=>HCO+CH2O	3.980E+12	.000	-240.00
C2H4(+M)<=>H2+C2H2(+M)	8.000E+12	.440	88770.00
C2H5+O2<=>HO2+C2H4	8.400E+11	.000	3875.00
HCCO+O2<=>OH+2CO	1.600E+12	.000	854.00
2HCCO<=>2CO+C2H2	1.000E+13	.000	.00
N+NO<=>N2+O	3.500E+13	.000	330.00
N+O2<=>NO+O	2.650E+12	.000	6400.00
N+OH<=>NO+H	7.333E+13	.000	1120.00
N2O+O<=>N2+O2	1.400E+12	.000	10810.00
N2O+O<=>2NO	2.900E+13	.000	23150.00
N2O+H<=>N2+OH	4.400E+14	.000	18880.00
N2O(+M)<=>N2+O(+M)	1.300E+11	.000	59620.00
HO2+NO<=>NO2+OH	2.110E+12	.000	-480.00
NO+O+M<=>NO2+M	1.060E+20	-1.41	.00
NO2+O<=>NO+O2	3.900E+12	.000	-240.00
NO2+H<=>NO+OH	1.320E+14	.000	360.00
NH+O<=>NO+H	5.000E+13	.000	.00
NH+H<=>N+H2	3.200E+13	.000	330.00
NH+OH<=>HNO+H	2.000E+13	.000	.00
NH+OH<=>N+H2O	2.000E+09	1.20	.00
NH+O2<=>HNO+O	4.610E+05	2.00	6500.00
NH+O2<=>NO+OH	1.280E+06	1.50	100.00
NH+N<=>N2+H	1.500E+13	.000	.00
NH+H2O<=>HNO+H2	2.000E+13	.000	13850.00
NH+NO<=>N2+OH	2.160E+13	-.230	.00
NH+NO<=>N2O+H	4.160E+14	-.450	.00
NH2+O<=>OH+NH	7.000E+12	.000	.00
NH2+O<=>H+HNO	4.600E+13	.000	.00
NH2+H<=>NH+H2	4.000E+13	.000	3650.00
NH2+OH<=>NH+H2O	9.000E+07	1.50	-460.00
NNH+M<=>N2+H+M	1.300E+14	-.110	4980.00

NNH+O2<=>HO2+N2	5.000E+12	.000	.00
NNH+O<=>OH+N2	2.500E+13	.000	.00
NNH+O<=>NH+NO	7.000E+13	.000	.00
NNH+H<=>H2+N2	5.000E+13	.000	.00
NNH+OH<=>H2O+N2	2.000E+13	.000	.00
NNH+CH3<=>CH4+N2	2.500E+13	.000	.00
H+NO+M<=>HNO+M	8.950E+19	-1.32	740.00
HNO+O<=>NO+OH	2.500E+13	.000	.00
HNO+H<=>H2+NO	4.500E+11	.720	660.00
HNO+OH<=>NO+H2O	1.300E+07	1.90	-950.00
HNO+O2<=>HO2+NO	1.000E+13	.000	13000.00
CN+O<=>CO+N	7.700E+13	.000	.00
CN+OH<=>NCO+H	4.000E+13	.000	.00
CN+H2O<=>HCN+OH	8.000E+12	.000	7460.00
CN+O2<=>NCO+O	6.140E+12	.000	-440.00
CN+H2<=>HCN+H	2.100E+13	.000	4710.00
NCO+O<=>NO+CO	2.350E+13	.000	.00
NCO+H<=>NH+CO	5.400E+13	.000	.00
NCO+OH<=>NO+H+CO	2.500E+12	.000	.00
NCO+O2<=>NO+CO2	2.000E+12	.000	20000.00
NCO+M<=>N+CO+M	8.800E+16	-.50	48000.00
NCO+NO<=>N2O+CO	2.850E+17	-1.52	740.00
NCO+NO<=>N2+CO2	5.700E+18	-2.00	800.00
HCN+M<=>H+CN+M	1.040E+29	-3.30	126600.00
HCN+O<=>NCO+H	1.107E+04	2.64	4980.00
HCN+O<=>NH+CO	2.767E+03	2.64	4980.00
HCN+O<=>CN+OH	2.134E+09	1.58	26600.00
HCN+OH<=>HOCN+H	1.100E+06	2.03	13370.00
HCN+OH<=>HNCO+H	4.400E+03	2.26	6400.00
HCN+OH<=>NH2+CO	1.600E+02	2.56	9000.00
H+HCN+M<=>H2CN+M	1.400E+26	-3.40	1900.00
H2CN+N<=>N2+CH2	6.000E+13	.000	400.00
C+N2<=>CN+N	6.300E+13	.000	46020.00
CH+N2<=>HCN+N	2.857E+08	1.10	20400.00
CH+N2(+M)<=>HCNN(+M)	3.100E+12	.150	.00
CH2(S)+N2<=>NH+HCN	1.000E+11	.000	65000.00
C+NO<=>CN+O	1.900E+13	.000	.00

C+NO<=>CO+N	2.900E+13	.000	.00
CH+NO<=>HCN+O	5.000E+13	.000	.00
CH+NO<=>H+NCO	2.000E+13	.000	.00
CH+NO<=>N+HCO	3.000E+13	.000	.00
CH2+NO<=>H+HNCO	3.100E+17	-1.38	1270.00
CH2+NO<=>OH+HCN	2.900E+14	-.690	760.00
CH2+NO<=>H+HCNO	3.800E+13	-.360	580.00
CH2(S)+NO<=>H+HNCO	3.100E+17	-1.38	1270.00
CH2(S)+NO<=>OH+HCN	2.900E+14	-.690	760.00
CH2(S)+NO<=>H+HCNO	3.800E+13	-.360	580.00
CH3+NO<=>HCN+H2O	9.600E+13	.000	28800.00
CH3+NO<=>H2CN+OH	1.000E+12	.000	21750.00
HCNN+O<=>CO+H+N2	2.200E+13	.000	.00
HCNN+O<=>HCN+NO	2.000E+12	.000	.00
HCNN+O2<=>O+HCO+N2	1.200E+13	.000	.00
HCNN+OH<=>H+HCO+N2	1.200E+13	.000	.00
HCNN+H<=>CH2+N2	1.000E+14	.000	.00
HNCO+O<=>NH+CO2	9.800E+07	1.41	8500.00
HNCO+O<=>HNO+CO	1.500E+08	1.57	44000.00
HNCO+O<=>NCO+OH	2.200E+06	2.11	11400.00
HCNN+O<=>CO+H+N2	2.200E+13	.000	.00
HCNN+O<=>HCN+NO	2.000E+12	.000	.00
HCNN+O2<=>O+HCO+N2	1.200E+13	.000	.00
HCNN+OH<=>H+HCO+N2	1.200E+13	.000	.00
HCNN+H<=>CH2+N2	1.000E+14	.000	.00
HNCO+O<=>NH+CO2	9.800E+07	1.41	8500.00
HNCO+O<=>HNO+CO	1.500E+08	1.57	44000.00
HNCO+O<=>NCO+OH	2.200E+06	2.11	11400.00
HNCO+H<=>H2+NCO	1.050E+05	2.50	13300.00
HNCO+OH<=>NCO+H2O	4.650E+12	.000	6850.00
HNCO+OH<=>NH2+CO2	1.550E+12	.000	6850.00
HNCO+M<=>NH+CO+M	1.180E+16	.000	84720.00
HCNO+H<=>H+HNCO	2.100E+15	-.690	2850.00
HCNO+H<=>OH+HCN	2.700E+11	.180	2120.00
HCNO+H<=>NH2+CO	1.700E+14	-.750	2890.00
HOCN+H<=>H+HNCO	2.000E+07	2.00	2000.00
HCCO+NO<=>HCNO+CO	2.350E+13	.000	.00

CH3+N<=>H2CN+H	6.100E+14	-.310	290.00
CH3+N<=>HCN+H2	3.700E+12	.150	-90.00
NH3+H<=>NH2+H2	5.400E+05	2.40	9915.00
NH3+OH<=>NH2+H2O	5.000E+07	1.60	955.00
NH3+O<=>NH2+OH	9.400E+06	1.94	6460.00

Apéndice B: Reducción de un sistema esqueletal

Comenzamos con un sistema esqueletal:

$$
\begin{aligned}
&(1)\ CH_4 + H \rightarrow CH_3 + H_2\\
&(2)\ CH_4 + OH \rightarrow CH_3 + H_2O\\
&(3)\ CH_3 + O \rightarrow CH_2O + H\\
&(4)\ CH_2O + H \rightarrow CHO + H_2\\
&(5)\ CH_2O + OH \rightarrow CHO + H_2O\\
&(6)\ CHO + H \rightarrow CO + H_2\\
&(7)\ CHO + M \rightarrow CO + H + M\\
&(8)\ CHO + O_2 \rightarrow CO + HO_2\\
&(9)\ CO + OH \rightarrow CO_2 + H\\
&(10)\ H + O_2 \rightarrow OH + O\\
&(11)\ O + H_2 \rightarrow OH + H\\
&(12)\ OH + H_2 \rightarrow H_2O + H\\
&(13)\ OH + OH \rightarrow H_2O + O\\
&(14)\ H + O_2 + M \rightarrow HO_2 + M\\
&(15)\ H + OH + M \rightarrow H_2O + M\\
&(16)\ H + HO_2 \rightarrow OH + OH\\
&(17)\ H + HO_2 \rightarrow H_2 + O_2\\
&(18)\ OH + HO_2 \rightarrow H_2O + O_2
\end{aligned}
$$

Hay 18 reacciones y 13 especies.

Las especies principales son CH_4, O_2, CO_2 y H_2O. Otras tres especies son significativas por su influencia en las velocidades de reacción, CO, H_2 y H. Luego, hay 7 especies en estado no-estacionario, a más del gas de baño M

Consideramos 6 especies en estado estacionario:

$$OH, O, HO_2, CH_3, CH_2O \text{ y } CHO.$$

Debemos encontrar

- Un juego de reacciones que sólo incluya las 7 especies no-estacionarias
- Las velocidades de reacción del nuevo juego en función de las originales
- Las velocidades de formación/destrucción de las 7 no-estacionarias
- Las concentraciones de las 6 estacionarias

Comenzamos planteando que la velocidad de creación/destrucción de las especies estacionarias es cero:

$$\frac{\partial \Gamma_i}{\partial t} = \dot{\Gamma}_i = \sum_i \nu_{i,k} w_k = 0 \, .$$

Luego,

$$\dot{\Gamma}_{OH} = -w_2 - w_5 - w_9 + w_{10} + w_{11} - w_{12} - 2w_{13} - w_{15} + 2w_{16} - w_{18} = 0$$

$$\dot{\Gamma}_{O} = -w_3 + w_{10} - w_{11} + w_{13} = 0$$

$$\dot{\Gamma}_{HO_2} = w_8 + w_{14} - w_{16} - w_{17} - w_{18} = 0$$

$$\dot{\Gamma}_{CH_3} = w_1 + w_2 - w_3 = 0$$

$$\dot{\Gamma}_{CH_2O} = w_3 - w_4 - w_5 = 0$$

$$\dot{\Gamma}_{CHO} = w_4 + w_5 - w_6 - w_7 - w_8 = 0$$

Utilizamos estas 6 ecuaciones para eliminar 6 velocidades de reacción; elegimos 3, 4, 7, 11, 12 y 17 (no importa cuales):

$$w_{17} = w_8 + w_{14} - w_{16} - w_{18}$$

$$w_3 = w_1 + w_2$$

$$w_7 = w_1 + w_2 - w_6 - w_8$$

$$w_{11} = -w_1 - w_2 + w_{10} + w_{13}$$

$$w_{12} = w_1 - 2w_2 - w_5 - w_9 +$$

$$2w_{10} - w_{13} - w_{15} + 2w_{16} - w_{18}$$

Utilizamos estas relaciones para reemplazar en la velocidad de creación/destrucción de las especies no-estacionarias:

$$\dot{\Gamma}_{H} = -w_1 + w_3 - w_4 - w_6 + w_7 + w_9 -$$

$$w_{10} + w_{11} + w_{12} - w_{14} - w_{15} - w_{16} - w_{17}$$

$$\dot{\Gamma}_{H_2} = w_1 + w_4 + w_6 - w_{11} - w_{12} + w_{17}$$

$$\dot{\Gamma}_{O_2} = -w_8 - w_{10} - w_{14} + w_{17} + w_{18}$$

$$\dot{\Gamma}_{H_2O} = w_2 + w_5 + w_{12} + w_{13} + w_{15} + w_{18}$$

$$\dot{\Gamma}_{CO} = w_6 + w_7 + w_8 - w_9$$

$$\dot{\Gamma}_{CO_2} = w_9$$

$$\dot{\Gamma}_{CH_4} = -w_1 - w_2$$

Reemplazando y cancelando:

$$\dot{\Gamma}_H = -2w_1 - 2w_2 - 2w_6 - 2w_8 +$$
$$2w_{10} - 2w_{14} - 2w_{15} + 2w_{16}$$
$$\dot{\Gamma}_{H_2} = 4w_1 + 4w_2 + w_6 + w_8 +$$
$$w_9 - 3w_{11} + w_{14} + w_{15} - 3w_{16}$$
$$\dot{\Gamma}_{O_2} = -w_{10} - w_{16}$$
$$\dot{\Gamma}_{H_2O} = -w_1 - w_2 - w_9 + 2w_{10} + 2w_{16}$$
$$\dot{\Gamma}_{CO} = w_1 + w_2 - w_9$$
$$\dot{\Gamma}_{CO_2} = w_9$$
$$\dot{\Gamma}_{CH_4} = -w_1 - w_2$$

Ahora debemos hallar un sistema de reacciones que sólo involucre estas siete especies y tal que las velocidades de creación/destrucción sean las de arriba.

Tomamos las reacciones 1, 9, 14 y 10 y probamos con combinaciones de las reacciones 3, 4, 7, 11, 12 y 17 para eliminar las 6 especies estacionarias. Si fuera necesario probamos con las 5, 13 y 18 en lugar de 4, 12 y 17.

La elección de las reacciones 1, 9, 14 y 10 implica que quedará un sistema de 4 reacciones en las 7 especies no-estacionarias. La elección de las otras es por prueba y error.

Nos quedamos con:

(I)	1, 3, 4, 7, 11 y 12
(II)	9, 12
(III)	14, 18 y 12
(IV)	10, 11 y 12

Veamos cómo balancear las reacciones elegidas:

Para la reacción (I), tomamos la reacción (1) y le sumamos las 3, 4, 7, 11(directa) y 12(directa) multiplicadas por factores a, b, c, d y e respectivamente. Balanceamos las especies estacionarias:

Para CH_3	a = 1	
Para O		a + d = 0, luego d = -1
Para CH_2O	b = a	, luego b = 1
Para CHO	c = b	, luego c = 1
Para OH		e = d , luego e = -1

Luego debimos haber tomado las 11 y 12 reversas. Verificamos sumando miembro a miembro:

$$\begin{aligned}
&(1)\ CH_4 + H \rightarrow CH_3 + H_2 \\
&(3)\ CH_3 + O \rightarrow CH_2O + H \\
&(4)\ CH_2O + H \rightarrow CHO + H_2 \\
&(7)\ CHO + M \rightarrow CO + H + M \\
&(11)\ OH + H \rightarrow O + H_2 \\
&(12)\ H_2O + H \rightarrow OH + H_2 \\
&\text{-------- -----------} \\
&CH_4 + H_2O + 2H \rightarrow CO + 4H_2 \quad \text{(I)}
\end{aligned}$$

Hemos hallado la reacción reducida (I). Las tres restantes son más sencillas:

$$\begin{aligned}
&(9)\ CO + OH \rightarrow CO_2 + H \\
&(12)\ H_2O + H \rightarrow OH + H_2 \quad \text{(reversa)} \\
&\text{---------- --------} \\
&CO + H_2O \rightarrow CO_2 + H_2 \quad \text{(II)}
\end{aligned}$$

$$\begin{aligned}
&(12)\ H_2O + H \rightarrow OH + H_2 \quad \text{(reversa)} \\
&(14)\ H + O_2 + M \rightarrow HO_2 + M \\
&(18)\ \mathrm{O}H + HO_2 \rightarrow H_2O + O_2 \\
&\text{------------ --------} \\
&H + H + M \rightarrow H_2 + M \quad \text{(III)}
\end{aligned}$$

$$\begin{aligned}
&(10)\ H + O_2 \rightarrow OH + O \\
&(11)\ O + H_2 \rightarrow OH + H \\
&(12)\ OH + H_2 \rightarrow H_2O + H \\
&(12)\ OH + H_2 \rightarrow H_2O + H \quad \text{(dos veces)} \\
&\text{---------- ---------} \\
&3H_2 + O_2 \rightarrow 2H + 2H_2O \quad \text{(IV)}
\end{aligned}$$

Hemos obtenido un sistema de cuatro reacciones en las siete especies no-estacionarias.

Hallamos ahora las velocidades de reacción de estas nuevas reacciones. Utilizando resultados anteriores:

$$\dot{\Gamma}_{CH_4} = -w_1 - w_2 = -w_I$$

$$\rightarrow \quad w_I = w_1 + w_2$$

$$\dot{\Gamma}_{CO_2} = w_9 = w_{II} \quad \rightarrow \quad w_{II} = w_9$$

$$\dot{\Gamma}_{O_2} = -w_{10} - w_{16} = -w_{IV}$$

$$\rightarrow \quad w_{IV} = w_{10} + w_{16}$$

$$\dot{\Gamma}_H = -2w_1 - 2w_2 - 2w_6 - 2w_8 +$$

$$2w_{10} - 2w_{14} - 2w_{15} + 2w_{16}$$

$$= -2w_I - 2w_{III} + 2w_{IV}$$

Reemplazando w_I, w_{II} y w_{IV}

$$w_{III} = w_6 + w_8 + w_{14} + w_{15}$$

Las nuevas velocidades de reacción se pueden calcular si sabemos algunas de las velocidades de reacción originales. Verificamos si se pueden calcular:

$$w_1 = k_1[CH_4][H]$$

$$w_2 = k_2[CH_4][OH]$$

$$w_6 = k_6[CHO][H]$$

$$w_8 = k_8[CH][O_2]$$

$$w_9 = k_{9d}[CO][OH] - k_{9r}[CO_2][H]$$

$$w_{10} = k_{10d}[H][O_2] - k_{10r}[OH][O]$$

$$w_{14} = k_{14}[H][O_2][M]$$

$$w_{15} = k_{15}[H][OH][M]$$

$$w_{16} = k_{16}[H][HO_2]$$

Luego, aparte de las especies no-estacionarias necesitamos las concentraciones de CHO, HO_2, OH y O. Para obtenerlas partimos de las velocidades de creación/destrucción de las especies estacionarias:

$$\dot{\Gamma}_{CH_3} = w_1 + w_2 - w_3 = 0$$

$$\dot{\Gamma}_{CH_2O} = w_3 - w_4 - w_5 = 0$$

$$\dot{\Gamma}_{CHO} = w_4 + w_5 - w_6 - w_7 - w_8 = 0$$

Sumándolas obtenemos $w_1 + w_2 = w_6 + w_7 + w_8$, que escribimos:

$$k_1[CH_4][H]+k_2[CH_4][OH]=k_6[CHO][H]+k_7[CHO][M]+k_8[CHO][O_2] \quad \text{(a)}$$

También de $\dot{\Gamma}_{HO_2} = 0$ obtenemos $w_{14} = w_{16} + w_{17} + w_{18} - w_8$, que escribimos:

$$k_{14}[H][O_2][M]=(k_{16}+k_{17})[H][HO_2]+k_{18}[OH][HO_2]-k_8[CHO][O_2] \quad \text{(b)}$$

Hasta aquí sólo hemos utilizado la hipótesis de estado estacionario. Planteamos ahora que las reacciones 11 y 12 están en equilibrio:

$$[O]=\frac{[H][OH]}{[H_2]K_{11}} \quad \text{(d)}$$

$$[OH]=\frac{[H][H_2O]}{[H_2]K_{12}} \quad \text{(c)}$$

Luego, con las especies no-estacionarias obtenemos [OH] de (c), y sucesivamente [O] de (d), [CHO] de (a) y [HO_2] de (b).
La concentración del gas de baño [M] se calcula de diversas maneras para las distintas reacciones. En general M representa la concentración de la mezcla en moles por m^3, y para la reacción 3

$$[M]=\frac{\rho}{W}.$$

Para las reacciones 14, 15 y III se calcula utilizando las eficiencias catalíticas recomendadas según la fórmula

$$[M]=\sum_i e_i[i].$$

donde e_i son las eficiencias catalíticas y [i] es la concentración de las especies. Tenemos

$[M]_{14}$=8.6[H_2O]+4.2[CO_2]+2.86[H_2]+2.11[CO]+1.26[N_2]
$[M]_{15}$ = 20.0[H_2O]
$[M]_{III}$ = 6.0[H_2O]+2.0[H]+3.0[H_2]

Finalmente, de $\dot{\Gamma}_{CH_3} = 0$ obtenemos $w_3 = w_1 + w_2$, que escribimos:

$$k_3[CH_3][O]=k_1[CH_4][H]+k_2[CH_4][OH],$$

de donde obtenemos [CH_3], y de $\dot{\Gamma}_{CH_2O} = 0$ obtenemos $w_3 = w_4 + w_5$, que escribimos:

$$k_3[CH_3][O]=k_4[CH_2O][H]+k_5[CH_2O][OH]$$

de donde obtenemos [CH_2O].

Notamos que de las 7 especies no-estacionarias, 3 se pueden obtener por balance de las especies atómicas C, O y H (conservación del número de átomos). Luego, sólo es necesario saber 4 especies no-estacionarias para calcular las otras 3, y de ellas las restantes 6 estacionarias y el gas de baño.

En resumen,

- Hemos asumido 6 especies en estado estacionario y dos reacciones en equilibrio.
- Partiendo de una solución inicial aproximada de las concentraciones, calculamos las velocidades w_i del sistema original y de ellas las w_I a w_{IV}. Notar que las primeras responden a la ley de acción de masas, no así las segundas.
- Con las velocidades de reacción del sistema reducido resolveremos ecuaciones de transporte para cuatro especies no-estacionarias, con términos de creación/destrucción que serán, por ejemplo:

$$\dot{\Gamma}_{CH_4} = -w_I$$

$$\dot{\Gamma}_{CO_2} = w_{II}\text{, etc.}$$

- Obtenemos las otras tres no-estacionarias de relaciones algebraicas (balance de átomos)
- Obtenemos las 6 estacionarias de relaciones algebraicas
- Calculamos la concentración del gas de baño
- Iteramos para ajustar la solución

Las propiedades de la mezcla se calculan una vez obtenida un juego de concentraciones como

$$W = \frac{1}{\sum_i \frac{y_i}{W_i}}$$

$$\rho = \frac{pW}{\Re T}$$

La elección de las cuatro reacciones para comenzar a generar el sistema reducido se basa en experiencia. Por ejemplo, las reacciones 1 y 9 se eligen por ser las más lentas del conjunto, mientras que las 14 y 10 se eligen por ser de inicio y terminación del sistema O-H.

Luego, el mecanismo de reacción reducido es:

$$CH_4 + H_2O + 2H \rightarrow CO + 4H_2 \quad \text{(I)}$$

$$CO + H_2O \rightarrow CO_2 + H_2 \quad \text{(II)}$$

$$H + H + M \rightarrow H_2 + M \quad \text{(III)}$$

$$3H_2 + O_2 \rightarrow 2H + 2H_2O \quad \text{(IV)}$$

Si consideramos la reacción III, cuya velocidad de reacción es muy alta, podemos sumarla con la IV para obtener un mecanismo de tres pasos:

$$CH_4 + H_2O + 2H \rightarrow CO + 4H_2 \quad (\mathrm{I'})$$

$$CO + H_2O \rightarrow CO_2 + H_2 \quad (\mathrm{II'})$$

$$2H_2 + O_2 \rightarrow 2H_2O \quad (\mathrm{III'})$$

La velocidad de III' es mucho mayor que la de I' por lo que si la multiplicamos por 2 y la sumamos a I' obtenemos el mecanismo de dos pasos (debemos también sumar la inversa de III):

$$CH_4 + 2O_2 + H_2 \rightarrow CO + 3H_2\mathrm{O} \quad (\mathrm{I''})$$

$$CO + H_2O \rightarrow CO_2 + H_2 \quad (\mathrm{II''})$$

Y finalmente, si asumimos H_2 o CO en estado estacionario obtenemos la reacción de un solo paso:

$$CH_4 + 2O_2 \rightarrow CO_2 + 2H_2\mathrm{O} \quad (\mathrm{I'''})$$

Apéndice C: Ecuaciones de Navier-Stokes en varios sistemas de coordenadas

- Coordenadas cartesianas ortogonales x, y, z

Componente x

$$\frac{\partial \rho u}{\partial t}+\frac{\partial \rho uu}{\partial x}+\frac{\partial \rho vu}{\partial y}+\frac{\partial \rho wu}{\partial z}=-\frac{\partial p}{\partial x}-\left(\frac{\partial \tau_{xx}}{\partial x}+\frac{\partial \tau_{yx}}{\partial y}+\frac{\partial \tau_{zx}}{\partial z}\right)$$

Componente y

$$\frac{\partial \rho v}{\partial t}+\frac{\partial \rho uv}{\partial x}+\frac{\partial \rho vv}{\partial y}+\frac{\partial \rho wv}{\partial z}=-\frac{\partial p}{\partial y}-\left(\frac{\partial \tau_{xy}}{\partial x}+\frac{\partial \tau_{yy}}{\partial y}+\frac{\partial \tau_{zy}}{\partial z}\right)$$

Componente z

$$\frac{\partial \rho w}{\partial t}+\frac{\partial \rho uw}{\partial x}+\frac{\partial \rho vw}{\partial y}+\frac{\partial \rho ww}{\partial z}=-\frac{\partial p}{\partial z}-\left(\frac{\partial \tau_{xz}}{\partial x}+\frac{\partial \tau_{yz}}{\partial y}+\frac{\partial \tau_{zz}}{\partial z}\right)$$

Componentes del tensor de tensiones de Reynolds

$$\tau_{xx}=-\mu\left[2\frac{\partial u}{\partial x}-\frac{2}{3}\theta\right]$$

$$\tau_{yy} = -\mu\left[2\frac{\partial v}{\partial y} - \frac{2}{3}\theta\right]$$

$$\tau_{zz} = -\mu\left[2\frac{\partial w}{\partial z} - \frac{2}{3}\theta\right]$$

$$\tau_{xy} = \tau_{yx} = -\mu\left[\frac{\partial u}{\partial y} + \frac{\partial v}{\partial x}\right]$$

$$\tau_{yz} = \tau_{zy} = -\mu\left[\frac{\partial v}{\partial z} + \frac{\partial w}{\partial y}\right]$$

$$\tau_{zx} = \tau_{xz} = -\mu\left[\frac{\partial u}{\partial z} + \frac{\partial w}{\partial x}\right]$$

- Coordenadas cilíndricas r, φ, z

Componente r (velocidad u)

$$\frac{\partial \rho u}{\partial t} + \frac{\partial \rho uu}{\partial r} + \frac{1}{r}\frac{\partial \rho vu}{\partial \varphi} - \frac{\rho v^2}{r} + \frac{\partial \rho wu}{\partial z} =$$
$$-\frac{\partial p}{\partial r} - \left(\frac{1}{r}\frac{\partial (r\tau_{rr})}{\partial r} + \frac{1}{r}\frac{\partial \tau_{r\varphi}}{\partial \varphi} - \frac{\tau_{\varphi\varphi}}{r} + \frac{\partial \tau_{rz}}{\partial z}\right)$$

Componente φ (velocidad v)

$$\frac{\partial \rho v}{\partial t}+\frac{\partial \rho u v}{\partial r}+\frac{1}{r}\frac{\partial \rho v v}{\partial \varphi}+\frac{\rho u v}{r}+\frac{\partial \rho w v}{\partial z}=$$

$$-\frac{1}{r}\frac{\partial p}{\partial \varphi}-\left(\frac{1}{r^2}\frac{\partial\left(r^2\tau_{r\varphi}\right)}{\partial r}+\frac{1}{r}\frac{\partial \tau_{\varphi\varphi}}{\partial \varphi}+\frac{\partial \tau_{\varphi z}}{\partial z}\right)$$

Componente z (velocidad w)

$$\frac{\partial \rho w}{\partial t}+\frac{\partial \rho u w}{\partial r}+\frac{1}{r}\frac{\partial \rho v w}{\partial \varphi}+\frac{\partial \rho w w}{\partial z}=$$

$$-\frac{\partial p}{\partial z}-\left(\frac{1}{r}\frac{\partial\left(r\tau_{rz}\right)}{\partial r}+\frac{1}{r}\frac{\partial \tau_{z\varphi}}{\partial \varphi}+\frac{\partial \tau_{zz}}{\partial z}\right)$$

Componentes del tensor de tensiones de Reynolds

$$\tau_{rr}=-\mu\left[2\frac{\partial u}{\partial r}-\frac{2}{3}\theta\right]$$

$$\tau_{\varphi\varphi}=-\mu\left[2\left(\frac{1}{r}\frac{\partial v}{\partial \varphi}\right)-\frac{2}{3}\theta\right]$$

$$\tau_{zz}=-\mu\left[2\frac{\partial w}{\partial z}-\frac{2}{3}\theta\right]$$

$$\tau_{r\varphi}=\tau_{\varphi r}=-\mu\left[\frac{\partial u}{\partial \varphi}+\frac{\partial v}{\partial r}\right]$$

$$\tau_{\varphi z}=\tau_{z\varphi}=-\mu\left[\frac{\partial v}{\partial z}+\frac{1}{r}\frac{\partial w}{\partial \varphi}\right]$$

$$\tau_{zr} = \tau_{rz} = -\mu \left[\frac{\partial u}{\partial z} + \frac{\partial w}{\partial r} \right]$$

$$\theta = \frac{1}{r}\frac{\partial (ru)}{\partial r} + \frac{1}{r}\frac{\partial v}{\partial \varphi} + \frac{\partial w}{\partial z}$$

Apéndice D: Intercambiabilidad de gases

General:

Se dice que dos gases son intercambiables respecto a un quemador cuando sin ninguna modificación o ajuste de éste, se lo puede alimentar con cualquiera de los dos gases y obtener condiciones de funcionamiento satisfactorio. La noción de intercambiabilidad que se va a expresar está dirigida básicamente a las utilizaciones térmicas clásicas, es decir aquellas en las que se requiere la producción de una determinada cantidad de calor sin que las condiciones en la que el calor es producido sean muy rigurosas. Tal es el caso de los usos domésticos y comerciales y una gran mayoría de los usos industriales del gas natural.

Lo que se requiere en un quemador que es del tipo atmosférico es que produzca un caudal calórico prácticamente constante y que no se produzca combustión incompleta, despegue de llama o retroceso de llama ni puntas amarillas.

En otras aplicaciones, llamémoslas especiales, no es aplicable el concepto anterior de intercambiabilidad. Se puede decir que en la noción de intercambiabilidad intervienen las características del gas y el parque de aparatos o quemadores a alimentar.

Como propiedades del gas, su composición y la presión de distribución o alimentación. Como parque de aparatos o quemadores, su aptitud para utilizar distintos gases combustibles, es decir su flexibilidad de funcionamiento.

Se hace notar que existen varios criterios y métodos para determinar la intercambiabilidad de gases, según el país o grupo de países (francés, norteamericano, británico, europeo, etc). En lo que sigue se trata principalmente el método francés.

Una revisión de los métodos aplicables a la intercambiabilidad de gases se puede hallar en Florez-Orrego [1].

En la industria del gas la International Gas Union (IGU), ha clasificado los gases combustibles en familias y grupos según su índice de Wobbe.

Índice de Wobbe

El caudal calórico de un quemador puede indicarse como

$$H \propto C\ A\ PC \frac{\sqrt{p}}{\sqrt{\rho}},$$

siendo C el coeficiente de descarga del orificio, A su área, PC el poder calorífico, p la presión de alimentación y ρ su densidad.

En condiciones invariables de sección, presión y temperatura el caudal calórico es función del parámetro

$$W = \frac{PC}{\sqrt{\rho_r}},$$

que es denominado índice de Wobbe por el nombre de Goffredo Wobbe, físico y matemático italiano que lo introdujo en 1926, y se designa con el sufijo "s" o "i" según se utilice el poder calorífico superior o inferior del gas. Salvo que se indique lo contrario, se utiliza el superior.
El poder calorífico se dará en unidades de energía por unidad de volumen (metros cúbicos en condiciones estándar de temperatura y presión, metros cúbicos normales), y la densidad es la relativa al aire.
Es decir, que para la definición de intercambiabilidad expresada, dos gases con similar índice de Wobbe cumplirán la condición de similar caudal calórico, con lo que se puede aceptar al índice de Wobbe como u n parámetro de intercambiabilidad.

Familias de gases

Los gases combustibles se agrupan en tres familias, de las cuales se dan algunos ejemplos:

Gases de la 1a familia:

- Gas de hulla
- Gas de agua
- Gas ciudad
- Mezclas aire-gas

Gases de la 2a familia:

- Gas natural
- Aire-GLP

Gases de la 3a familia:

- Butano comercial
- Propano comercial
- Propano metalúrgico

Se dan algunas composiciones típicas:

GAS DE HULLA. Producto de la fabricación de coque.
Composición aproximada en volumen:
50% Hidrógeno
30% Metano
10% Monóxido de carbono
Resto, otros hidrocarburos, CO_2, N_2
Densidad relativa = 0,4
P.C.S. = 5600 Kcal/m^3
Índice de Wobbe = 8854 Kcal/m^3

GAS DE AGUA. Se obtiene inyectando vapor de agua en un lecho de carbón.
Composición característica:
38% Hidrógeno
33% Monóxido de carbono
11% Metano
5% Dióxido de carbono
Resto, otros hidrocarburos, N_2
Densidad relativa = 0.62
P.C.S. = 4500 $Kcal/m^3$
índice de Wobbe = 5715 $Kcal/m^3$

GAS CIUDAD. Antiguamente el gas se obtenía mediante la mezcla de gas de agua carburado y gas de hulla en diversas proporciones, según países y fábricas. La composición de este gas aproximadamente era:
50% Hidrógeno
22% Metano
15% Monóxido de carbono
3% Otros hidrocarburos
4% Dióxido de carbono
6% Nitrógeno
Densidad relativa = 0.4 – 0.5
P.C.S. = 4200 a 5000 $Kcal/m^3$
índice de Wobbe = 5940 a 7900 $Kcal/m^3$

MEZCLAS AIRE-GAS. Las mezclas aire-gas permiten la intercambiabilidad pudiendo arder en un quemador construido para otro tipo de gas:

AIRE BUTANADO
21% Butano comercial
79% Aire
Densidad relativa = 1.22
P.C.S. = 6300 Kcal/m3
índice de Wobbe = 5750 Kcal/m3
AIRE PROPANADO
21% Propano comercial
79% Aire
Densidad relativa = 1.17
P.C.S. = 5000 Kcal/m3
índice de Wobbe = 4620 Kcal/m3
AIRE METANADO
42% Gas natural
58% Aire
Densidad relativa = 0.84
P.C.S. = 4000 Kcal/m3
índice de Wobbe = 4364 Kcal/m3

GAS NATURAL.
P.C.S. = 10500 Kcal/m^3
índice de Wobbe = 13335 Kcal/m^3

AIRE-GLP. En la segunda familia, las mezclas de aire y gas son más ricas en propano o en butano que las mezclas de la 1ª familia.
AIRE PROPANADO
60% Propano
40% Aire
Densidad relativa = 1.38
P.C.S. = 14500 Kcal/m^3
índice de Wobbe = 12487 Kcal/m^3

BUTANO COMERCIAL
Densidad relativa = 2.03
P.C.S. = 31138 Kcal/m^3 = 11683 Kcal/Kg
índice de Wobbe = 21855 Kcal/m^3

PROPANO COMERCIAL
Densidad relativa = 1.62
P.C.S. = 25189 Kcal/m^3 = 12025 Kcal/Kg
índice de Wobbe = 19790 Kcal/m^3

PROPANO METALURGICO. Para hornos metalúrgicos
1.1% Etano
96.25% Propano
1.44% Isobutano
1.21% Butano normal
Densidad relativa = 1.57
P.C.S. = 24465 Kcal/m^3 = 12051 Kcal/Kg
indice de Wobbe = 19525 Kcal/m^3

Índice de Wobbe corregido

Resultados experimentales indican que es aconsejable corregir el índice de Wobbe para las dos primeras familias según la composición del gas. Esto se logra mediante el uso de dos factores de corrección k_1 y k_2 que tienen en cuenta los efectos de la viscosidad; así pues:

$$W' = k_1 k_2 W$$

Los factores k_1 y k_2 se obtienen a partir de los gráficos siguientes, y son diferentes para la primera y la segunda familias de gases; x indica fracción molar; el PCS se expresa en Kcal/m^3:

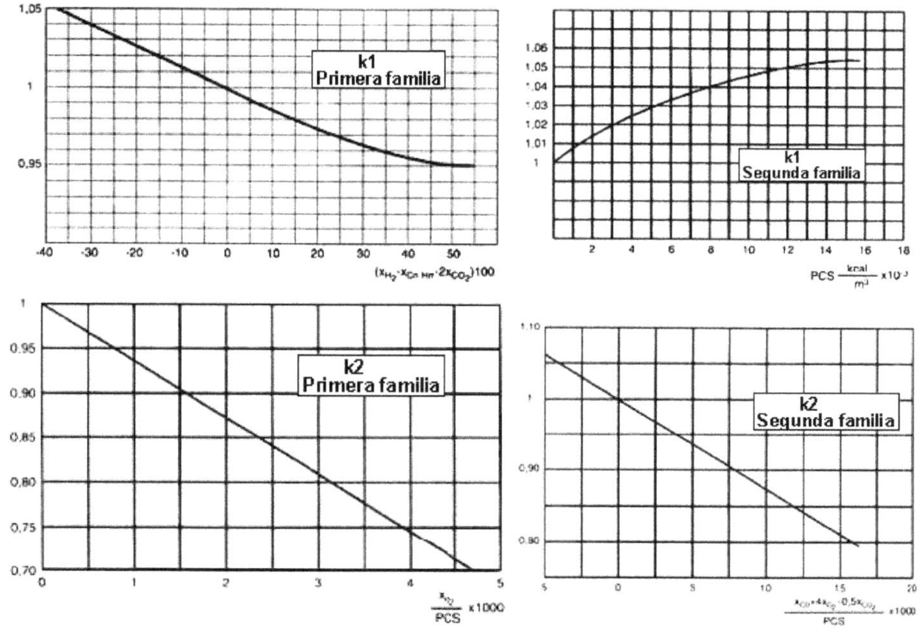

Figura D.1: Corrección del índice de Wobbe (adaptado de Miranda y Oliver [2])

Gases de ensayo

En el Mercado Común Europeo las normas técnicas para ensayos de equipos domésticos han clasificado los gases para dichos ensayos en función de la familia, grupo y del tipo de fenómeno a controlar (despegue, retroceso, etc.). Como ejemplo en la tabla siguiente se indican estos gases.

Familia y grupos de gas	Gas de ensayo	Composición, vol %	W_i MJ/m^3	Ws MJ/m^3	Densidad
	Gases de la primera familia				
Grupo a	Gas de referencia, límite de combustión incompleta, de desprendimiento de llama y de depósito de hollín	$CH_4 = 26$ $H_2 = 50$ $N_2 = 24$	21.76	24.75	0.411
	Gas límite de retroceso de llama	$CH_4 = 17$ $H_2 = 59$ $N_2 = 24$	19.48	22.36	0.367
	Gases de la segunda familia				
Grupo H	Gas de referencia	$CH_4 = 100$	45.67	50.72	0.555
	Gas límite de combustión incompleta y de depósito de hollín	$CH_4 = 87$ $C_3H_8=13$	49.60	54.76	0.684
	Gas límite de retroceso de llama	$CH_4 = 77$ $H_2 = 23$	42.87	47.87	0.443
	Gas límite de desprendimiento de llama	$CH_4 = 92.5$ $N_2 = 7.5$	41.11	45.66	0.586
Grupo L	Gas de referencia y límite de retroceso de llama	$CH_4 = 86$ $N_2 = 14$	37.38	41.52	0.612
	Gas límite de combustión incompleta y de depósito de hollín	$CH_4 = 80$ $C_3H_8 = 7$ $N_2 = 13$	40.52	44.83	0.678
	Gas límite de desprendimiento de llama	$CH_4 = 82$ $N_2 = 18$	35.17	39.06	0.629
Grupo E	Gas de referencia	$CH_4 = 100$	45.67	50.72	0.555
	Gas límite de combustión incompleta y de depósito de hollín	$CH_4 = 87$ $C_3H_8 = 13$	49.60	54.76	0.684
	Gas límite de retroceso de llama	$CH_4 =77$ $H_2 = 23$	42.87	47.87	0.443
	Gas límite de desprendimiento de llama	$CH_4 = 85$ $N_2 = 15$	36.82	40.90	0.617
	Gases de la tercera familia				
Familia 3 y Grupo 3B/P	Gas de referencia, límite de combustión incompleta y de depósito de hollín	$n\text{-}C_4H_{10} = 50$ $i\text{-}C_4H_{10} = 50$	80.58	87.33	2.075
	Gas límite de desprendimiento de llama	$C_3H_8= 100$	70.69	76.84	1.550
	Gas límite de retroceso de llama	$C_3H_6= 100$	68.14	72.86	1.476
Grupo 3P	Gas de referencia, límite de combustión incompleta, de depósito de hollín y de desprendimiento de llama	$C_3H_8= 100$	70.69	76.84	1.550
	Gas límite de retroceso de llama y de depósito de hollín	$C_3H_6=100$	68.14	72.86	1.476

Tabla D.1: Características de los gases de ensayo, gas seco a 15ºC, y 1013.25 mbar (adaptado de Delburg [3])

En la figura siguiente se observa el diagrama de funcionamiento de un quemador atmosférico de propano, el que se halla limitado por los fenómenos enunciados: puntas amarillas, combustión incompleta, despegue de llama y retroceso de llama, en función del caudal calórico unitario (Kcal/h cm^2) y la tasa de aireación primaria (inversa de la equivalencia):

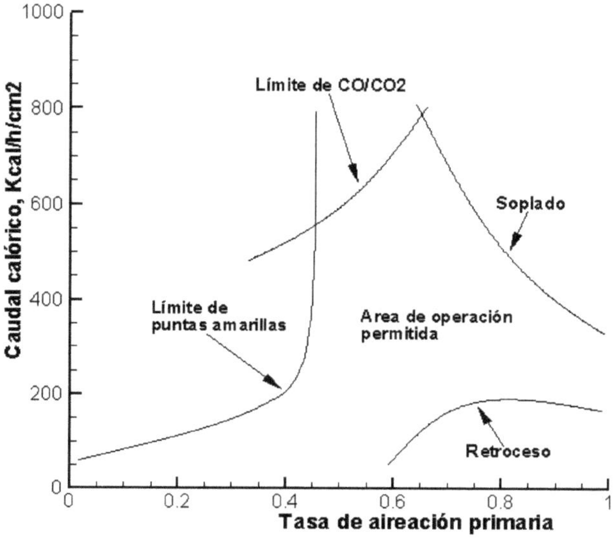

Figura D.2: Diagrama de funcionamiento (datos de Delburg [3])

Para las otras condiciones limitantes del funcionamiento del quemador atmosférico (combustión incompleta, despegue y retorno de llama y puntas amarillas) no se han podido integrar en un coeficiente único (C), de tal manera que las curvas de dichos fenómenos sean en función de W y C por lo que la determinación de dichas curvas quedan regidas por la determinación experimental.

Sin embargo, estudios posteriores han permitido constatar que tres curvas límites (combustión incompleta, despegue y retorno de llama) en un quemador determinado dependen básicamente de la altura del cono azul interno de la llama de gas, pero que sin embargo no incluye el fenómeno de puntas amarillas.

El estudio realizado permitió establecer un coeficiente C denominado potencial de combustión, que para la primera y segunda familias vale:

$$C = k_1 \frac{x_{H2} + 0.3x_{CO} + 0.3x_{CH4} + k_2 \sum k_3 x_{CnHm}}{\sqrt{\rho_r}} x100$$

y para la tercera familia:

$$C = \frac{k_1 k_2 \sum k_3 x_{CnHm}}{\sqrt{\rho_r}} x100$$

Los coeficientes k_3 se obtuvieron empíricamente para varios gases y figuran en la tabla siguiente.

Gas	PCS, Kcal/m^3	Densidad	Coef. k_3, Potencial de combustión	Coef. k_4, índice de puntas amarillas	Coef. k_5, índice de carbón
CO	3020	0.967	-	-	0.00
H_2	3050	0.070	-	-	0.00
Metano	9530	0.554	-	1.00	1.00
Etano	16860	1.049	0.95	2.85	2.00
Propano	24350	1.562	0.95	4.80	3.60
n-Butano	32060	2.091	1.10	6.80	4.70
i-Butano	31570	2.064	1.10	6.80	4.70
Pentano	40600	2.675	1.15	8.80	6.00
Hexano	45600	2.970	N/D	12.00	10.00
Heptano	52900	3.450	N/D	15.00	13.00
Acetileno	13980	0.906	3.00	2.40	N/D
Etileno	15180	0.975	1.75	2.65	2.80
Propileno	22430	1.481	1.25	4.80	6.00
n-Buteno	29050	1.937	1.50	6.80	7.00
i-Buteno	28880	1.937	1.50	6.80	7.00
Butadieno	26500	1.870	2.70	6.10	10.00
Benceno	35250	2.697	0.90	20.00	16.00
Tolueno	N/D	N/D	N/D	16.00	20.00
Nitrógeno	0	0.967	0.00	0.00	0.00
Anhídrido carbónico	0	1.529	0.00	0.00	0.00
Oxígeno	0	1.105	0.00	0.00	0.00

Tabla D.2: Coeficientes del potencial de combustión (datos de Delburg [3])

Los coeficientes k_1 y k_2 se obtienen de los siguientes gráficos:

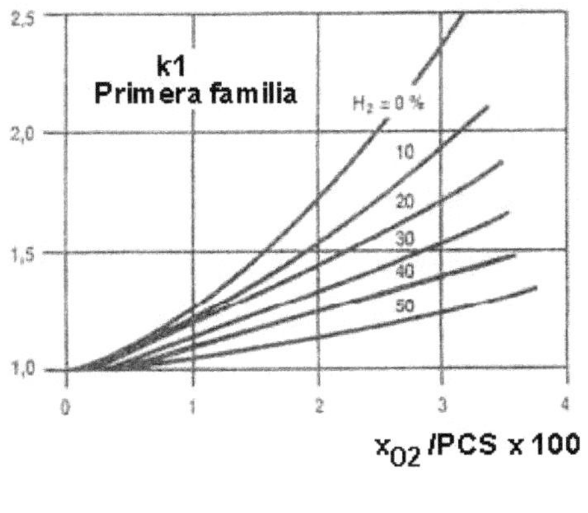

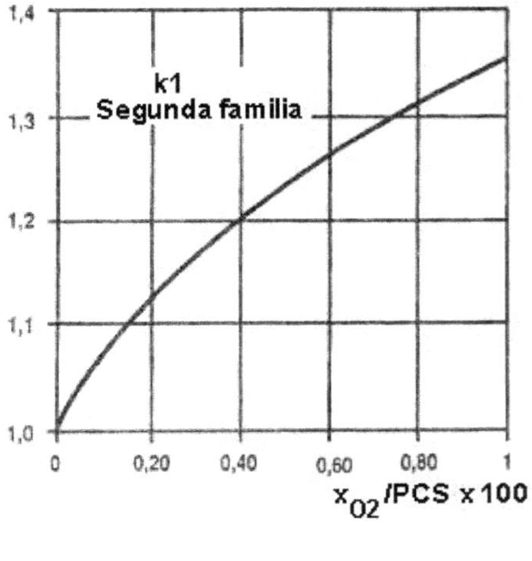

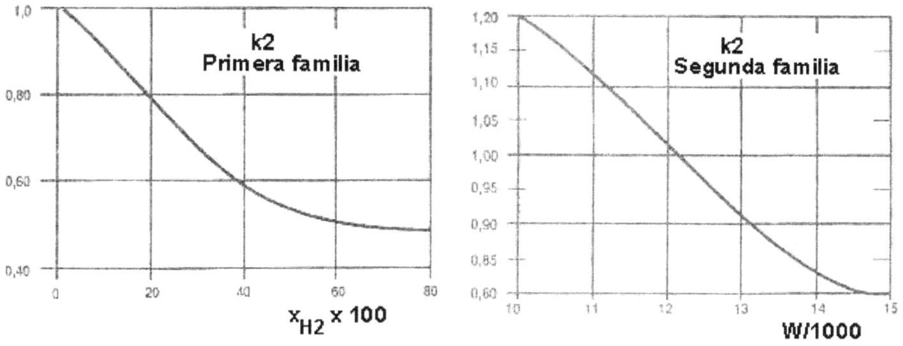

Figura D.3: Coeficientes del potencial de combustión (adaptado de Miranda y Oliver [2])

Para la tercera familia se utilizan los coeficientes k_1, k_2 y k_3 de la primera familia.

Intercambio de gases

Para utilizar un quemador con un gas o mezcla de gases distinto al de diseño se procede entonces a

- Plantear la mezcla reactante
- Calcular el PCS (en Kcal/m^3) y la densidad relativa de la mezcla
- Con los datos anteriores calcular el índice de Wobbe y el Potencial de Combustión
- Repetir para el gas original
- Verificar si la mezcla a utilizar pertenece a la misma familia que el gas original.

Esto se puede verificar gráficamente con el siguiente gráfico de intercambiabilidad:

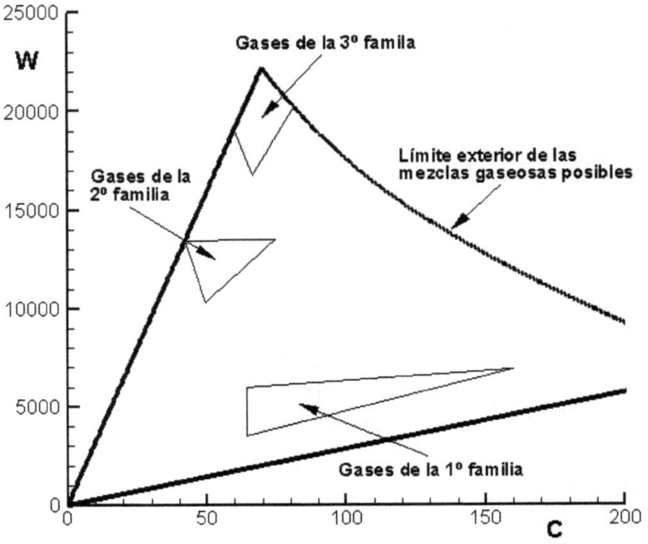

Figura D.4: Gráfico de intercambiabilidad (adaptado de Miranda y Oliver [2])

Otros coeficientes

También se puede verificar la intercambiabilidad comparando dos coeficientes, el Índice de Puntas Amarillas y el Índice de Carbono.

El Índice de Puntas Amarillas se calcula como

$$I = \frac{\sum\left(k_3 x_{CnHm}\right)}{\sqrt{\rho_r}}\left(1 - \frac{100x_{O2}}{PCS}\right)$$

e idealmente debiera ser menor a 170.

El Índice de Carbono se utiliza solamente para los gases de la primera familia e indica la tendencia a producir hollín que pudiera afectar los sensores del sistema de combustión. Se calcula como

$$I = \frac{1 + x_{H2} + x_{CO}}{\sqrt{\rho_r}}\sum\left(k_4 x_{CnHm}\right)\left(1 - 1.3x_{O2}\right)$$

Referencias

[1] Florez-Orrego, D.; Métodos para el estudio de la intercambiabilidad de una mezcla de Gas Natural y Gas Natural-Syngas en quemadores de premezcla de régimen laminar: Un artículo de revisión; en http://www.academia.edu/1910018/Intercambiabilidad_de_gases_combustibles_Fuel_Gas_Interchangeability_Intercambiabilidade_dos_gases_combustiveis

[2] Miranda Barreras, A. L., y Oliver Pujol, R.; La combustión; Ediciones CEAC, Barcelona, 1996.
[3] Delburg, P.; Interchangeabilité des gaz; Association Technique de l'Industrie du gaz en France, 1971.

Bibliografía

Textos básicos de combustión:

En inglés:

- Glassman, I.; Combustion; Academic Press, Orlando, 1987.
- Kuo, K. K.; Principles of combustion; Wiley-Interscience, New York, 1986.
- Lewis, B. y Von Elbe, G.; Combustion, Flames and Explosions of Gases, Academic Press, New York, 1961.
- Spalding, D. B.; Some fundamentals of combustion; Butterworths Scientific Publications, London, 1965.
- Strehlow, R. A. ; Fundamentals of Combustion, International Textbook Co., Pennsylvania, 1968.
- Turns, S. R.; An introduction to combustion; McGraw-Hill, New York, 1996.
- Williams, F. A.; Combustion Theory; Addison Wesley, New York, 1996.

En castellano:

- Márquez Martínez, M.; Combustión y quemadores; Marcombo Ed., Barcelona, 2005.
- Miranda Barreras, A. L., y Oliver Pujol, R.; La combustión; Ediciones CEAC, Barcelona, 1996.
- Salvi, G.; La combustión; Dossat, Madrid, 1975.

Textos avanzados y especializados:

- El-Mahallawy, F., and El-Din Habik, S.; Fundamentals and technology of combustion; Elsevier, Oxford, 2002
- Gupta, A. K.; Lilley, D. G., and Syred, N.; Swirl Flows; Abacus Press, Kent, 1985
- Kee, R. J.; Coltrin, M. E., and Glarborg, P.; Chemically reacting flow; Wiley-Interscience, New Jersey, 2003.
- Kuo, K. K. (Editor); Recent advances in spray combustion (2 volumes); AIAA Progress in Aeronautics and Astronautics, Cambridge, 1996.
- Law, C. K.; Combustion physics; Cambridge, New York, 2006.
- Peters, N.; Turbulent combustion; Cambridge University Press, Cambridge, 2004.
- Poinsot, T, and Veynante, D.; Theoretical and numerical combustion; Edwards, Philadelphia, 2001.
- Warnatz, J.; Maas, U., y Dibble, R. W. ; Combustion; Spinger, Germany, 2006.

Publicaciones periódicas:

- Los anales de los simposios del Instituto de Combustión (Proceedings of the Combustion Institute), desde el primero en 1928 hasta el 34ª en 2012.
- Las publicaciones *Combustion and Flame, Combustion Science and Technology, Progress in Eneregy and Combustion Science, Combustion Theory and Modeling,* entre otras.

Textos sobre física-química, turbulencia, etc.

- Bird, R. B.; Stewart, W. E., and Lightfoot, E. N.; Transport phenomena; Wiley International, New York, 1960.
- Gardiner, W. C. (Editor); Combustion chemistry; Springer-Verlag, New York, 1984.
- Glasstone, S., y Lewis, D.; Elementos de Química–Física, Editorial El Ateneo, 1983.
- Hinze, J. O.; Turbulence; McGraw Hill, New York, 1987.
- Perry, R. H., y Green, D. W.; Perry´s Chemical Engineer´s Handbook; McGraw Hill, New York, 1997
- Pope, S. B.; Turbulent flows; Cambridge University Press, Cambridge, 2000.
- Rodi, W.; Turbulence models and their application in hydraulics; International Association for Hydraulic Research, Delft, 1984.
- Schlichting, H.; Boundary-Layer Theory; Mc Graw-Hill, New York, 1979.
- Tennekes, H., and Lumley, J. L.; A first course in turbulence; MIT Press, Cambridge, 2001.

Textos sobre motores y hornos

- Heywood, J. B.; Internal combustion engine fundamentals; McGraw Hill, New York, 1988.
- Hünecke, K.; Jet engines, fundamentals of theory, design and operation; Motorbooks International, Wisconsin, 2000.
- Judge, A. W.; Modern Petrol Engines; Chapman and Hall, London, 1965.
- Lefevbre, A. H.; Gas turbine combustion; Hemisphere, New York, 1983.
- Lefevbre, A. H., and Ballal, D. R.; Gas turbine combustion, alternative fuels and emissions; CRC Press, 2010.
- Lichty, L. C.; Combustion engines processes : formerly published under the title of internal combustion engines; McGraw Hill, New York, 1967.
- Martinez de Vedia, R.; Teoría de motores térmicos; Alsina, Buenos Aires, 1977.
- Mattingly, J. D.; Elements of propulsion: gas turbines and rockets; AIAA, 2006.
- Mattingly, J. D.; Heiser, W. H., and Daley, D. H.; Aircraft Engine Design; AIAA Eduaction Series, New York, 1987.
- Steam its generation and use; Babcock & Wilcox, New York, 1978
- Taylor, C. F.; The internal combustion engine, Theory and practice; MIT Press, 1987.
- The Jet Engine, Rolls Royce PLC, Derby, 1986.

- Wilson, D. G.; The design of high efficiency turbomachinery and gas turbines; MIT Press, New York, 1985

Textos sobre contaminación ambiental:

- Air quality criteria for photochemical oxidants (AP-63), Environmental Protection Agency, Washington, 1976. Danielson, J. A. (Ed); Air pollution engineering manual; US Dept. of Health, Education and Welfare, Washington, 1967.
- De Nevers, N.; Air pollution control engineering; McGraw-Hill, International Editions, 1995.
- Faiz, A.; Weaver, C. S., and Walsh, M. P.; Air pollution from motor vehicles; The world Bank, Washington, 1996
- Stern, A. C.; Air Pollution; Academic Press, New York, 1968.
- Wark, K., y Warner, C. F.; Contaminación del aire; Limusa, México, 1998.

Textos sobre simulación numérica:

- Anderson, D. A., Tannehill, J. C., and Pletcher, R. H.; Computational Fluid Mechanics and Heat Transfer, Hemisphere, 1984
- Chung, T. J.; Numerical modeling in combustion; Taylor and Francis, 1993
- Fox, R. O.; Computational models for turbulent reacting flows, Cambridge UP, 2003
- Laney, C. B.; Computational gsdynamics, Cambridge University Press, 1998.
- Launder, B., and Sandham, N.; Closure strategies for turbulent and transitions l flows; Cambridge University Press, 2002.
- Patankar SV. Numerical Heat Transfer and Fluid Flow, Hemisphere, Washington, DC 1980; 113–137.
- Patankar, S. V., and Spalding, D. B.; heat and mass transfer in boundary layers; Intertext Books, London, 1970
- Poinsot, T., and Veynante, D.; Theoretical and numerical combustion, Edwards, 2001.
- Wilcox, D. C.; Turbulencer modeling for CFD; DCW Industries Inc, California, 1993.

www.ingramcontent.com/pod-product-compliance
Lightning Source LLC
Chambersburg PA
CBHW060415220326
41598CB00021BA/2187
9789507434037